冶金行业液压润滑原理图标准图册

胡邦喜　赵静一　主编

燕山大学出版社

2019 · 秦皇岛

图书在版编目（CIP）数据

冶金行业液压润滑原理图标准图册/胡邦喜， 赵静一 主编. -- 秦皇岛：燕山大学出版社，2019.6
ISBN 978-7-81142-816-2

Ⅰ. ①冶… Ⅱ. ①胡… ②赵… Ⅲ. ①冶金设备－液压系统－图集 Ⅳ. ①TF303-64

中国版本图书馆 CIP 数据核字（2019）第 104850 号

冶金行业液压润滑原理图标准图册

胡邦喜 赵静一 主编

出 版 人：	陈 玉	责任编辑：	裴立超
出版发行：	燕山大学出版社 YANSHAN UNIVERSITY PRESS	地 址：	河北省秦皇岛市河北大街西段 438 号
邮政编码：	066004	电 话：	0335-8387555
印 刷：	秦皇岛墨缘彩印有限公司	经 销：	全国新华书店

开 本：	889mm×1240mm 1/16	印 张：	30.25 字 数：330 千字
版 次：	2019 年 6 月第 1 版	印 次：	2019 年 6 月第 1 次印刷
书 号：	ISBN 978-7-81142-816-2	定 价：	168.00 元

《冶金行业液压润滑原理图标准图册》编委会

主　编：胡邦喜　赵静一
副主编：柏　峰　汪　诚　刘　波　湛从昌
编委名单（按姓氏笔画排序）：

丁常红　王　刚　王华军　王旭光　王松军　王建武　王海文　王　渝　文　广　邓晓林　邢丽华　刘凤潮
刘　炜　刘　勋　刘　航　刘新业　祁卫东　孙天健　牟　丹　李　刚　李宇林　李向前　李　军　李　轲
李　敏　李新有　杨守志　吴　卫　吴　杰　沈大乔　宋晓燕　宋锦春　张文彬　张业建　张光通　张宇青
张　杰　张彦滨　张振全　张　磊　张　翼　陈德国　陈　馨　周　颖　赵　明　胡志威　胡　俊　胡雪萍
姚永新　夏玉龙　钱向红　黄泽铭　曹绍银　曹　毅　崔明宇　崔德元　康　健　章德平　韩清刚　童代义
裘启春　靳华栋　冀　谦

编写办公室
主　任：刘　航
副主任：李文雷　蔡　伟
编写成员（按姓氏笔画排序）：

王柏岚　王留根　石玉龙　卢子帅　任文斌　刘昊轩　刘　鹤　闫振洋　杜冲冲　李志博　李海龙　张立轩
张亚卿　张　进　张启星　张梦哲　赵　晨　侯家兵　秦亚璐　蔺级申

前　　言

作为经济发展的重要基础产业，冶金工业在世界文明史的发展进程中发挥了不可替代的作用。对于正在加快工业化进程、全面建设小康社会的中国而言，冶金工业仍应是推动我国国民经济又好又快发展的一个支柱产业。经过不断的努力与完善，引进和有效吸收国外先进的设备，我国冶金工业陈旧的设备和落后的工艺正逐步被淘汰，行业技术装备水平也在不断提高。冶金设备制造关系到国民经济命脉和国家安全，随着中国汽车、造船、建筑、石油化工、核电能源、油气输送等国民经济各领域的飞跃发展，冶金设备的设计制造进入了节能降耗的发展阶段。

液压传动与控制技术因其独特的优点而被广泛应用在冶金工业各个领域中，几乎所有的冶金设备都离不开液压和润滑系统。目前，国内没有系统全面的冶金行业设备液压润滑的图集手册，钢铁冶金行业的企业、设计与研究院以及各大高等院校在面向冶金设备液压润滑系统资料收集与样本查询中遇到很多困难。在此之际，《冶金行业液压润滑原理图标准图册》编委会全体编委共同努力，在相关企业、科研院所和高校的支持下，总结我国近几十年来开发的钢铁冶金设备各类产品以及积累的相关成果和经验，编写了以实用为主的《冶金行业液压润滑原理图标准图册》。

本图册是国内第一部全面介绍冶金行业液压润滑系统图集的实用图册，力争为读者提供一个完整的冶金设备液压系统的实用知识体系，对从事钢铁冶金行业的技术人员和相关专业的大学生、研究生可以起到参考作用。

本图册分为十三章。内容涵盖了高炉炼铁液压系统、炼钢液压系统、板坯连铸机液压系统、方坯连铸机液压系统、RH 液压系统、热连轧液压系统、H 型钢液压系统、轨梁轧机机组液压系统、棒线材液压系统、冷连轧液压系统、连续热镀锌液压系统、润滑系统和智能干油集中润滑系统等各种冶金设备以及辅助设备的液压系统及润滑系统图。

本图册由胡邦喜和赵静一担任主编，柏峰、汪诚、刘波和湛从昌任副主编。图册的编者来自相关企业和高校的技术人员及研究者，由于图册篇幅所限，只能介绍他们某些领域的部分成果。

感谢中国金属学会冶金设备分会、北京中冶设备研究设计总院有限公司、中冶赛迪工程技术股份有限公司、中冶京诚工程技术有限公司、中冶华天工程技术有限公司、中冶东方工程技术有限公司、中冶南方工程技术股份有限公司、北京首钢国际工程技术有限公司等单位为编写图册提供的大力支持和帮助。

感谢燕山大学赵静一教授科研团队的博士生、硕士生所做的搜集、整理大量参考资料的工作，特别感谢刘航等同学在原始资料标准化、电子文档录入、电子图表绘制等工作中付出的辛勤劳动。

感谢燕山大学出版社的悉心指导和支持，才能够完成《冶金行业液压润滑原理图标准图册》的出版工作。

由于图册内容涉及的冶金设备门类众多，机型各异，技术复杂，编写难度大，鉴于编者水平所限，时间仓促，难免有疏漏和不当之处，望读者提出宝贵建议与意见。

2019 年 5 月

目　　录

第 4 章　方坯连铸机液压系统原理图

第 8 章　轨梁轧机机组液压系统原理图

第 9 章　棒线材液压系统原理图

第 10 章 冷连轧液压系统原理图

第 1 章　高炉炼铁液压系统原理图

1.1 风口平台及出铁场

1.1.1 风口平台及出铁场泵站原理图

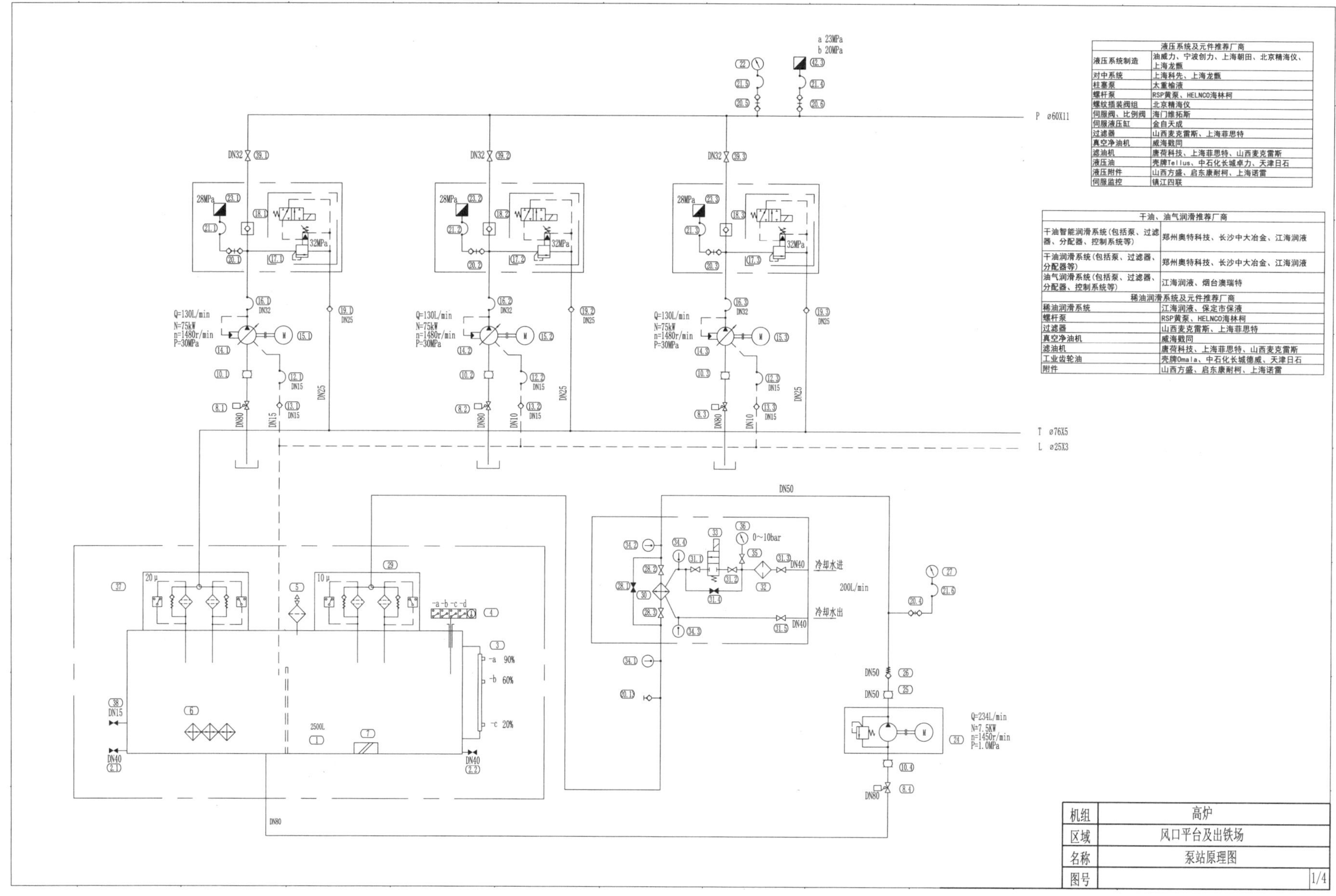

液压系统及元件推荐厂商	
液压系统制造	油威力、宁波创力、上海朝田、北京精海仪、上海龙甑
对中系统	上海科先、上海龙甑
柱塞泵	太重榆液
螺杆泵	RSP黄泵、HELNCO海林柯
螺纹插装阀组	北京精海仪
伺服阀、比例阀	海门维拓斯
伺服液压缸	金自天成
过滤器	山西麦克雷斯、上海菲思特
真空净油机	威海戥同
滤油机	唐荷科技、上海菲思特、山西麦克雷斯
液压油	壳牌Tellus、中石化长城卓力、天津日石
液压附件	山西方盛、启东康耐柯、上海诺雷
伺服监控	镇江四联

干油、油气润滑推荐厂商	
干油智能润滑系统(包括泵、过滤器、分配器、控制系统等)	郑州奥特科技、长沙中大冶金、江海润液
干油润滑系统(包括泵、过滤器、分配器等)	郑州奥特科技、长沙中大冶金、江海润液
油气润滑系统(包括泵、过滤器、分配器、控制系统等)	江海润液、烟台澳瑞特
稀油润滑系统及元件推荐厂商	
稀油润滑系统	江海润液、保定市保液
螺杆泵	RSP黄泵、HELNCO海林柯
过滤器	山西麦克雷斯、上海菲思特
真空净油机	威海戥同
滤油机	唐荷科技、上海菲思特、山西麦克雷斯
工业齿轮油	壳牌Omala、中石化长城德威、天津日石
附件	山西方盛、启东康耐柯、上海诺雷

1.1.2 风口平台及出铁场泵站蓄能器站原理图

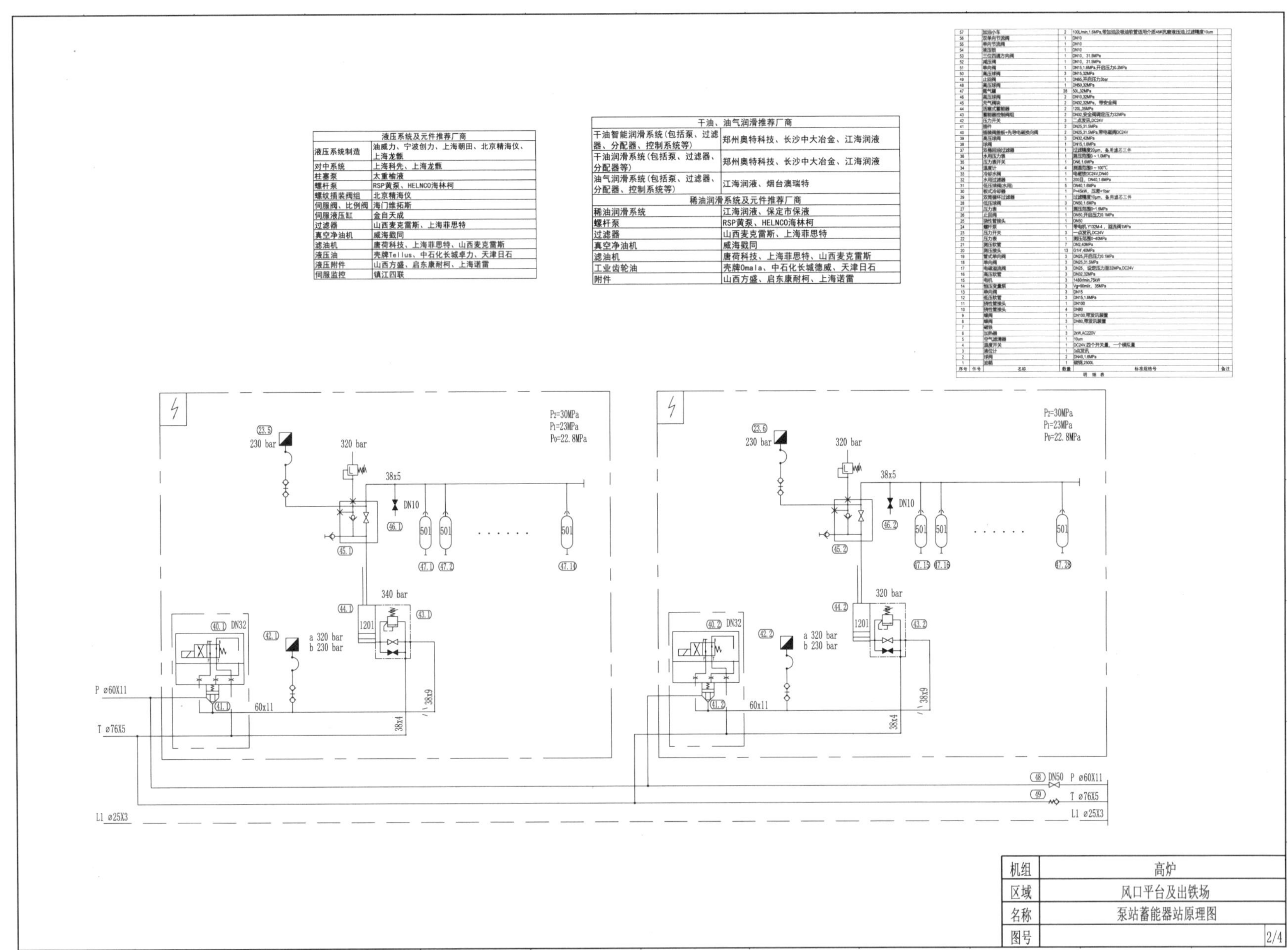

液压系统及元件推荐厂商	
液压系统制造	油威力、宁波创力、上海朝田、北京精海仪、上海龙甑
对中系统	上海科先、上海龙甑
柱塞泵	太重榆液
螺杆泵	RSP黄泵、HELNCO海林柯
螺纹插装阀组	北京精海仪
伺服阀、比例阀	海门维拓斯
伺服液压缸	金自天成
过滤器	山西麦克雷斯、上海菲思特
真空净油机	威海戳同
滤油机	唐荷科技、上海菲思特、山西麦克雷斯
液压油	壳牌Tellus、中石化长城卓力、天津日石
液压附件	山西方盛、启东康耐柯、上海诺雷
伺服监控	镇江四联

干油、油气润滑推荐厂商	
干油智能润滑系统(包括泵、过滤器、分配器、控制系统等)	郑州奥特科技、长沙中大冶金、江海润液
干油润滑系统(包括泵、过滤器、分配器等)	郑州奥特科技、长沙中大冶金、江海润液
油气润滑系统(包括泵、过滤器、分配器、控制系统等)	江海润液、烟台澳瑞特
稀油润滑系统及元件推荐厂商	
稀油润滑系统	江海润液、保定市保液
螺杆泵	RSP黄泵、HELNCO海林柯
过滤器	山西麦克雷斯、上海菲思特
真空净油机	威海戳同
滤油机	唐荷科技、上海菲思特、山西麦克雷斯
工业齿轮油	壳牌Omala、中石化长城德威、天津日石
附件	山西方盛、启东康耐柯、上海诺雷

序号	件号	名称	数量	标准规格号	备注
57		加油小车	2	100L/min,1.6MPa,带加油及吸油软管适用介质46#抗磨液压油,过滤精度10um	
56		双单向节流阀	1	DN10	
55		单向节流阀	1	DN10	
54		液压锁	1	DN10	
53		三位四通方向阀	1	DN10，31.5MPa	
52		减压阀	1	DN10，31.5MPa	
51		单向阀	1	DN15,1.6MPa,开启压力0.2MPa	
50		高压球阀	3	DN15,32MPa	
49		止回阀	1	DN65,开启压力3bar	
48		高压球阀	1	DN50,32MPa	
47		氮气罐	28	50L,32MPa	
46		高压球阀	2	DN10,32MPa	
45		充气阀块	2	DN32,32MPa，带安全阀	
44		活塞式蓄能器	2	120L,35MPa	
43		蓄能器控制阀组	2	DN32,安全阀调定压力32MPa	
42		压力开关	3	二点发讯,DC24V	
41		插件	2	DN25,31.5MPa	
40		插装阀盖板+先导电磁换向阀	2	DN25,31.5MPa,带电磁阀DC24V	
39		高压球阀	3	DN32,42MPa	
38		球阀	1	DN15,1.6MPa	
37		双筒回油过滤器	1	过滤精度20μm，备用滤芯三件	
36		水用压力表	1	测压范围0～1.0MPa	
35		压力表开关	1	DN6,1.6MPa	
34		温度计	4	测温范围0～100℃	
33		冷却水阀	1	电磁铁DC24V,DN40	
32		水用过滤器	1	200目，DN40,1.6MPa	
31		低压球阀(水用)	5	DN40,1.6MPa	
30		板式冷却器	1	P=45kW，压差<1bar	
29		双筒循环过滤器	1	过滤精度10μm，备用滤芯三件	
28		低压球阀	3	DN50,1.6MPa	
27		压力表	1	测压范围0~1.6MPa	
26		止回阀	1	DN50,开启压力0.1MPa	
25		挠性管接头	1	DN50	
24		螺杆泵	1	带电机 Y132M-4，溢流阀1MPa	
23		压力开关	3	一点发讯,DC24V	
22		压力表	1	测压范围0~40MPa	
21		测压软管	7	DN2,40MPa	
20		测压接头	13	G1/4',40MPa	
19		管式单向阀	3	DN25,开启压力0.1MPa	
18		单向阀	3	DN25,31.5MPa	
17		电磁溢流阀	3	DN25，设定压力至32MPa,DC24V	
16		高压软管	3	DN32,32MPa	
15		电机	3	1480r/min,75kW	
14		恒压变量泵	3	Vg=90ml/r，35MPa	
13		单向阀	3	DN15	
12		低压软管	3	DN15,1.6MPa	
11		挠性管接头	1	DN100	
10		挠性管接头	4	DN80	
9		蝶阀	1	DN100,带发讯装置	
8		蝶阀	3	DN80,带发讯装置	
7		磁铁	1		
6		加热器	3	2kW,AC220V	
5		空气滤清器	1	10um	
4		温度开关	1	DC24V,四个开关量，一个模拟量	
3		液位计	1	3点发讯	
2		球阀	2	DN40,1.6MPa	
1		油箱	1	碳钢,2500L	
明细表					

1.1.3 风口平台及出铁场开铁口机阀台原理图

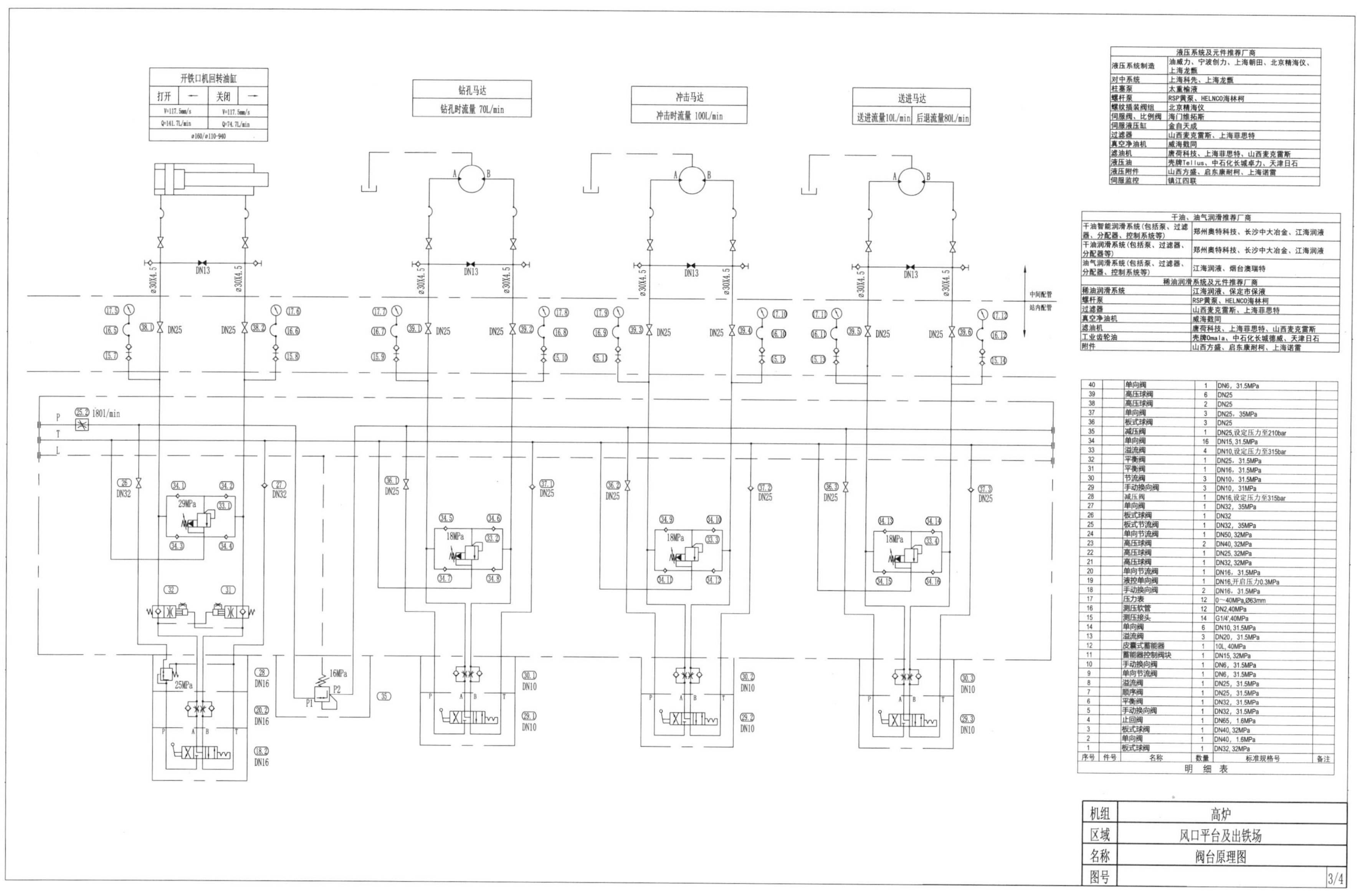

液压系统及元件推荐厂商	
液压系统制造	油威力、宁波创力、上海朝田、北京精海仪、上海龙甑
对中系统	上海科先、上海龙甑
柱塞泵	太重榆液
螺杆泵	RSP黄泵、HELNCO海林柯
螺纹插装阀组	北京精海仪
伺服阀、比例阀	海门维拓斯
伺服液压缸	金自天成
过滤器	山西麦克雷斯、上海菲思特
真空净油机	威海戥同
滤油机	唐荷科技、上海菲思特、山西麦克雷斯
液压油	壳牌Tellus、中石化长城卓力、天津日石
液压附件	山西方盛、启东康耐柯、上海诺雷
伺服监控	镇江四联

干油、油气润滑推荐厂商	
干油智能润滑系统(包括泵、过滤器、分配器、控制系统等)	郑州奥特科技、长沙中大冶金、江海润液
干油润滑系统(包括泵、过滤器、分配器等)	郑州奥特科技、长沙中大冶金、江海润液
油气润滑系统(包括泵、过滤器、分配器、控制系统等)	江海润液、烟台澳瑞特
稀油润滑系统及元件推荐厂商	
稀油润滑系统	江海润液、保定市保液
螺杆泵	RSP黄泵、HELNCO海林柯
过滤器	山西麦克雷斯、上海菲思特
真空净油机	威海戥同
滤油机	唐荷科技、上海菲思特、山西麦克雷斯
工业齿轮油	壳牌Omala、中石化长城德威、天津日石
附件	山西方盛、启东康耐柯、上海诺雷

序号	件号	名称	数量	标准规格号	备注
40		单向阀	1	DN6，31.5MPa	
39		高压球阀	6	DN25	
38		高压球阀	2	DN25	
37		单向阀	3	DN25，35MPa	
36		板式球阀	3	DN25	
35		减压阀	1	DN25,设定压力至210bar	
34		单向阀	16	DN15, 31.5MPa	
33		溢流阀	4	DN10,设定压力至315bar	
32		平衡阀	1	DN25，31.5MPa	
31		平衡阀	1	DN16，31.5MPa	
30		节流阀	3	DN10，31.5MPa	
29		手动换向阀	3	DN10，31MPa	
28		减压阀	1	DN16,设定压力至315bar	
27		单向阀	1	DN32，35MPa	
26		板式球阀	1	DN32	
25		板式节流阀	1	DN32，35MPa	
24		单向节流阀	1	DN50, 32MPa	
23		高压球阀	2	DN40, 32MPa	
22		高压球阀	1	DN25. 32MPa	
21		高压球阀	1	DN32, 32MPa	
20		单向节流阀	1	DN16，31.5MPa	
19		液控单向阀	1	DN16,开启压力0.3MPa	
18		手动换向阀	2	DN16，31.5MPa	
17		压力表	12	0～40MPa,Ø63mm	
16		测压软管	12	DN2,40MPa	
15		测压接头	14	G1/4',40MPa	
14		单向阀	6	DN10, 31.5MPa	
13		溢流阀	3	DN20，31.5MPa	
12		皮囊式蓄能器	1	10L, 40MPa	
11		蓄能器控制阀块	1	DN15, 32MPa	
10		手动换向阀	1	DN6，31.5MPa	
9		单向节流阀	1	DN6，31.5MPa	
8		溢流阀	1	DN25，31.5MPa	
7		顺序阀	1	DN25，31.5MPa	
6		平衡阀	1	DN32，31.5MPa	
5		手动换向阀	1	DN32，31.5MPa	
4		止回阀	1	DN65，1.6MPa	
3		板式球阀	1	DN40, 32MPa	
2		单向阀	1	DN40，1.6MPa	
1		板式球阀	1	DN32, 32MPa	

明　细　表

1.1.4 风口平台及出铁场泥炮阀台原理图

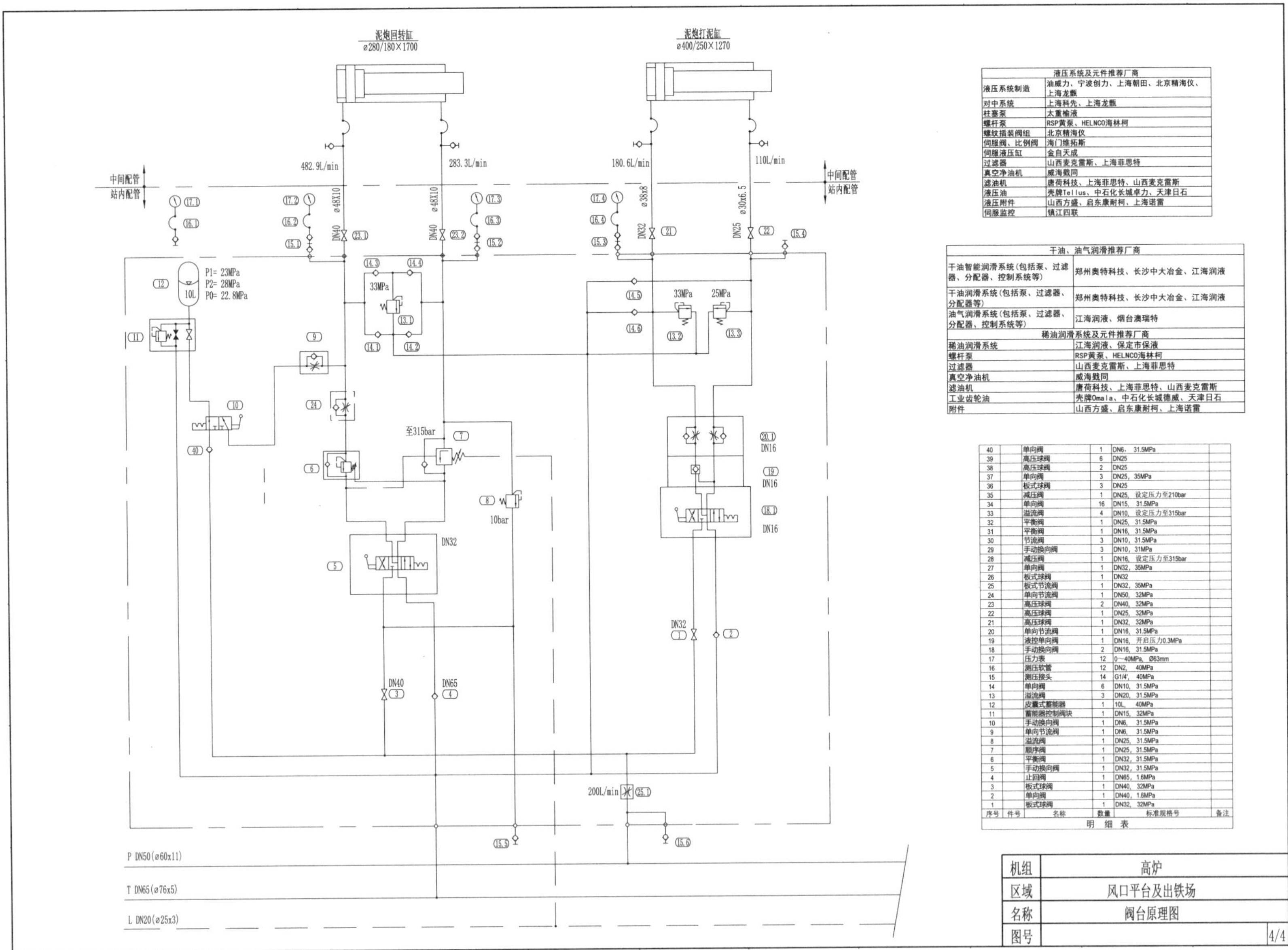

液压系统及元件推荐厂商	
液压系统制造	油威力、宁波创力、上海朝田、北京精海仪、上海龙甑
对中系统	上海科先、上海龙甑
柱塞泵	太重榆液
螺杆泵	RSP黄泵、HELNCO海林柯
螺纹插装阀组	北京精海仪
伺服阀、比例阀	海门维拓斯
伺服液压缸	金自天成
过滤器	山西麦克雷斯、上海菲思特
真空净油机	威海戳同
滤油机	唐荷科技、上海菲思特、山西麦克雷斯
液压油	壳牌Tellus、中石化长城卓力、天津日石
液压附件	山西方盛、启东康耐柯、上海诺雷
伺服监控	镇江四联

干油、油气润滑推荐厂商	
干油智能润滑系统(包括泵、过滤器、分配器、控制系统等)	郑州奥特科技、长沙中大冶金、江海润液
干油润滑系统(包括泵、过滤器、分配器等)	郑州奥特科技、长沙中大冶金、江海润液
油气润滑系统(包括泵、过滤器、分配器、控制系统等)	江海润液、烟台澳瑞特
稀油润滑系统及元件推荐厂商	
稀油润滑系统	江海润液、保定市保液
螺杆泵	RSP黄泵、HELNCO海林柯
过滤器	山西麦克雷斯、上海菲思特
真空净油机	威海戳同
滤油机	唐荷科技、上海菲思特、山西麦克雷斯
工业齿轮油	壳牌Omala、中石化长城德威、天津日石
附件	山西方盛、启东康耐柯、上海诺雷

序号	件号	名称	数量	标准规格号	备注
40		单向阀	1	DN6, 31.5MPa	
39		高压球阀	6	DN25	
38		高压球阀	2	DN25	
37		单向阀	3	DN25，35MPa	
36		板式球阀	3	DN25	
35		减压阀	1	DN25, 设定压力至210bar	
34		单向阀	16	DN15, 31.5MPa	
33		溢流阀	4	DN10, 设定压力至315bar	
32		平衡阀	1	DN25, 31.5MPa	
31		平衡阀	1	DN16, 31.5MPa	
30		节流阀	3	DN10，31.5MPa	
29		手动换向阀	3	DN10，31MPa	
28		减压阀	1	DN16, 设定压力至315bar	
27		单向阀	1	DN32，35MPa	
26		板式球阀	1	DN32	
25		板式节流阀	1	DN32，35MPa	
24		单向节流阀	1	DN50, 32MPa	
23		高压球阀	2	DN40, 32MPa	
22		高压球阀	1	DN25, 32MPa	
21		高压球阀	1	DN32, 32MPa	
20		单向节流阀	1	DN16, 31.5MPa	
19		液控单向阀	1	DN16, 开启压力0.3MPa	
18		手动换向阀	2	DN16, 31.5MPa	
17		压力表	12	0～40MPa, Ø63mm	
16		测压软管	12	DN2, 40MPa	
15		测压接头	14	G1/4', 40MPa	
14		单向阀	6	DN10, 31.5MPa	
13		溢流阀	3	DN20, 31.5MPa	
12		皮囊式蓄能器	1	10L, 40MPa	
11		蓄能器控制阀块	1	DN15, 32MPa	
10		手动换向阀	1	DN6, 31.5MPa	
9		单向节流阀	1	DN6, 31.5MPa	
8		溢流阀	1	DN25, 31.5MPa	
7		顺序阀	1	DN25，31.5MPa	
6		平衡阀	1	DN32，31.5MPa	
5		手动换向阀	1	DN32，31.5MPa	
4		止回阀	1	DN65，1.6MPa	
3		板式球阀	1	DN40, 32MPa	
2		单向阀	1	DN40，1.6MPa	
1		板式球阀	1	DN32, 32MPa	

明 细 表

机组	高炉
区域	风口平台及出铁场
名称	阀台原理图
图号	4/4

1.2 原料贮运及上料系统

1.2.1 矿焦槽泵站原理图

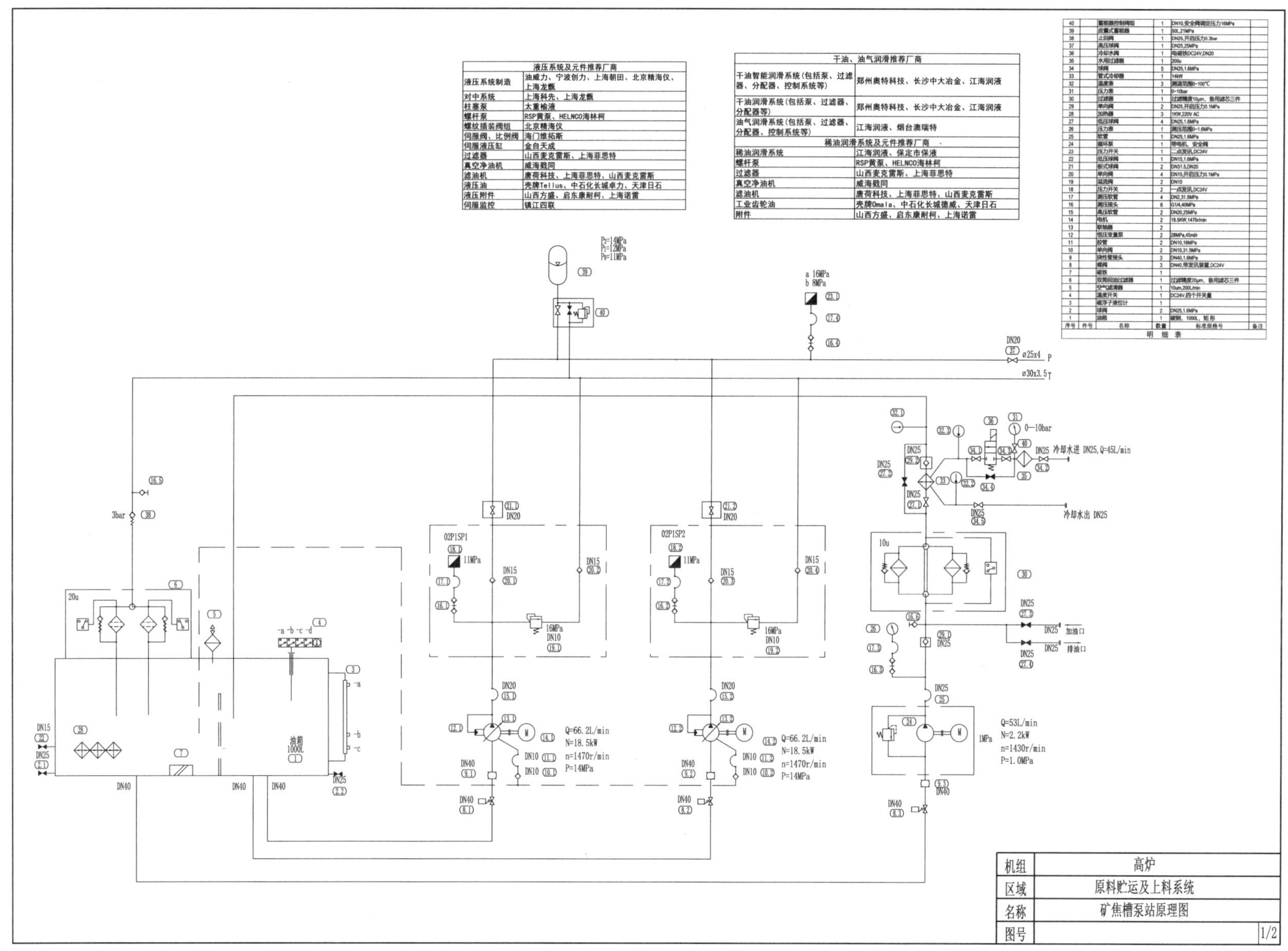

液压系统及元件推荐厂商	
液压系统制造	油威力、宁波创力、上海朝田、北京精海仪、上海龙甑
对中系统	上海科先、上海龙甑
柱塞泵	太重榆液
螺杆泵	RSP黄泵、HELNCO海林柯
螺纹插装阀组	北京精海仪
伺服阀、比例阀	海门维拓斯
伺服液压缸	金自天成
过滤器	山西麦克雷斯、上海菲思特
真空净油机	威海戥同
滤油机	唐荷科技、上海菲思特、山西麦克雷斯
液压油	壳牌Tellus、中石化长城卓力、天津日石
液压附件	山西方盛、启东康耐柯、上海诺雷
伺服监控	镇江四联

干油、油气润滑推荐厂商	
干油智能润滑系统(包括泵、过滤器、分配器、控制系统等)	郑州奥特科技、长沙中大冶金、江海润液
干油润滑系统(包括泵、过滤器、分配器等)	郑州奥特科技、长沙中大冶金、江海润液
油气润滑系统(包括泵、过滤器、分配器、控制系统等)	江海润液、烟台澳瑞特
稀油润滑系统及元件推荐厂商	
稀油润滑系统	江海润液、保定市保液
螺杆泵	RSP黄泵、HELNCO海林柯
过滤器	山西麦克雷斯、上海菲思特
真空净油机	威海戥同
滤油机	唐荷科技、上海菲思特、山西麦克雷斯
工业齿轮油	壳牌Omala、中石化长城德威、天津日石
附件	山西方盛、启东康耐柯、上海诺雷

序号	件号	名称	数量	标准规格号	备注
40		蓄能器控制阀组	1	DN10,安全阀调定压力16MPa	
39		皮囊式蓄能器	1	50L,21MPa	
38		止回阀	1	DN25,开启压力0.3bar	
37		高压球阀	1	DN25,25MPa	
36		冷却水阀	1	电磁铁DC24V,DN20	
35		水用过滤器	1	200u	
34		球阀	5	DN25,1.6MPa	
33		管式冷却器	1	14kW	
32		温度表	3	测温范围0~100℃	
31		压力表	1	0~10bar	
30		过滤器	1	过滤精度10μm，备用滤芯三件	
29		单向阀	2	DN25,开启压力0.1MPa	
28		加热器	3	1KW,220V AC	
27		低压球阀	4	DN25,1.6MPa	
26		压力表	1	测压范围0~1.6MPa	
25		软管	1	DN25,1.6MPa	
24		循环泵	1	带电机、安全阀	
23		压力开关	1	二点发讯,DC24V	
22		低压球阀	1	DN15,1.6MPa	
21		板式球阀	2	DN31.5,DN20	
20		单向阀	4	DN15,开启压力0.1MPa	
19		溢流阀	2	DN10	
18		压力开关	2	一点发讯,DC24V	
17		测压软管	4	DN2,31.5MPa	
16		测压接头	6	G1/4,40MPa	
15		高压软管	2	DN20,25MPa	
14		电机	2	18.5KW,1470r/min	
13		联轴器	2		
12		恒压变量泵	2	28MPa,45ml/r	
11		胶管	2	DN10,16MPa	
10		单向阀	2	DN10,31.5MPa	
9		挠性管接头	3	DN40,1.6MPa	
8		蝶阀	3	DN40,带发讯装置,DC24V	
7		磁铁	1		
6		双筒回油过滤器	1	过滤精度20μm，备用滤芯三件	
5		空气滤清器	1	10um,200L/min	
4		温度开关	1	DC24V,四个开关量	
3		磁浮子液位计	1		
2		球阀	2	DN25,1.6MPa	
1		油箱	1	碳钢，1000L，矩形	
明　细　表					

机组	高炉	
区域	原料贮运及上料系统	
名称	矿焦槽泵站原理图	
图号		1/2

1.2.2 矿焦槽阀台原理图

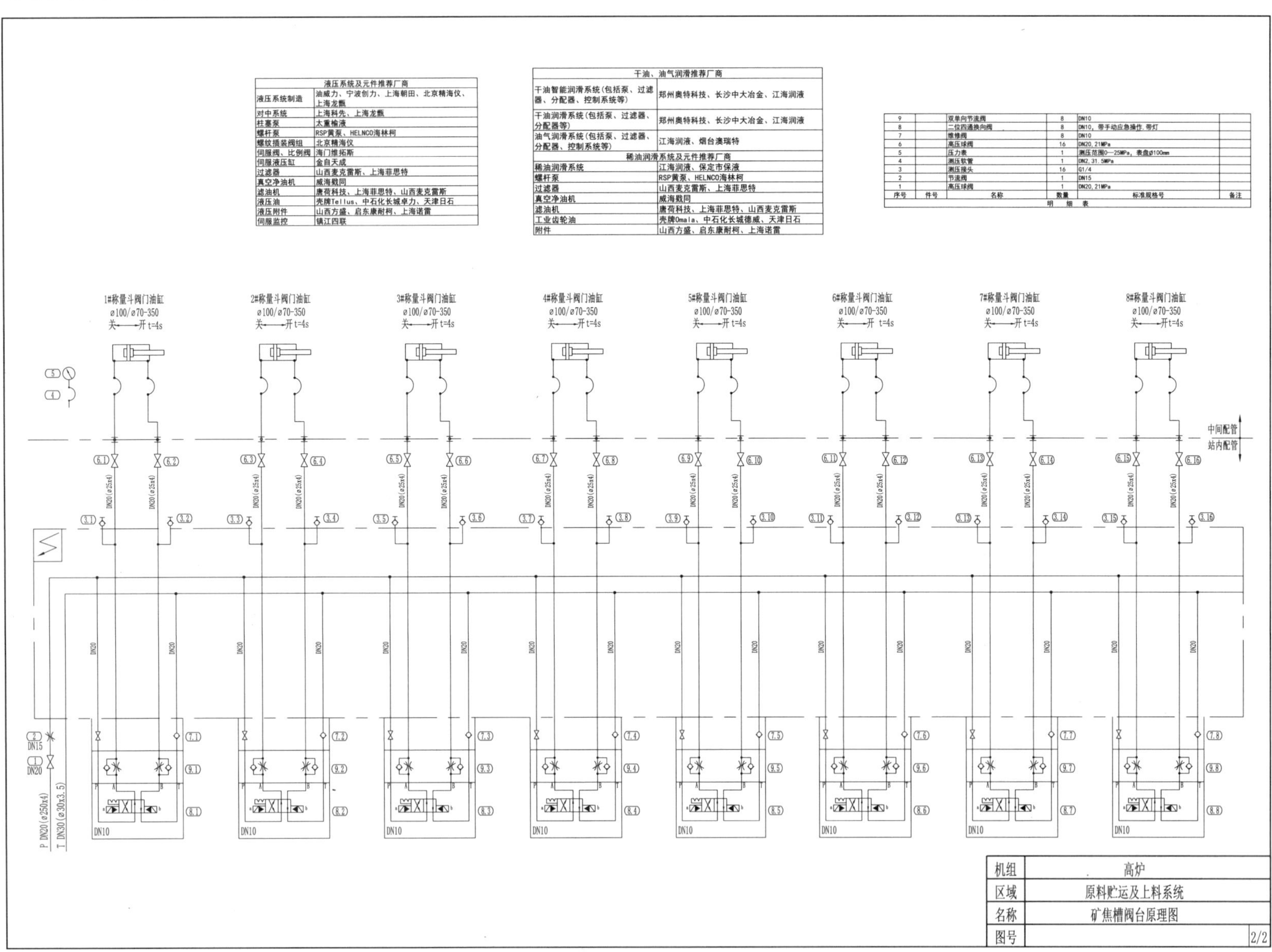

液压系统及元件推荐厂商	
液压系统制造	油威力、宁波创力、上海朝田、北京精海仪、上海龙甑
对中系统	上海科先、上海龙甑
柱塞泵	太重榆液
螺杆泵	RSP黄泵、HELNCO海林柯
螺纹插装阀组	北京精海仪
伺服阀、比例阀	海门维拓斯
伺服液压缸	金自天成
过滤器	山西麦克雷斯、上海菲思特
真空净油机	威海戥同
滤油机	唐荷科技、上海菲思特、山西麦克雷斯
液压油	壳牌Tellus、中石化长城卓力、天津日石
液压附件	山西方盛、启东康耐柯、上海诺雷
伺服监控	镇江四联

干油、油气润滑推荐厂商	
干油智能润滑系统(包括泵、过滤器、分配器、控制系统等)	郑州奥特科技、长沙中大冶金、江海润液
干油润滑系统(包括泵、过滤器、分配器等)	郑州奥特科技、长沙中大冶金、江海润液
油气润滑系统(包括泵、过滤器、分配器、控制系统等)	江海润液、烟台澳瑞特
稀油润滑系统及元件推荐厂商	
稀油润滑系统	江海润液、保定市保液
螺杆泵	RSP黄泵、HELNCO海林柯
过滤器	山西麦克雷斯、上海菲思特
真空净油机	威海戥同
滤油机	唐荷科技、上海菲思特、山西麦克雷斯
工业齿轮油	壳牌Omala、中石化长城德威、天津日石
附件	山西方盛、启东康耐柯、上海诺雷

序号	件号	名称	数量	标准规格号	备注
9		双单向节流阀	8	DN10	
8		二位四通换向阀	8	DN10，带手动应急操作，带灯	
7		维修阀	8	DN10	
6		高压球阀	16	DN20，21MPa	
5		压力表	1	测压范围0—25MPa，表盘ø100mm	
4		测压软管	1	DN2，31.5MPa	
3		测压接头	16	G1/4	
2		节流阀	1	DN15	
1		高压球阀	1	DN20，21MPa	
明细表					

机组	高炉
区域	原料贮运及上料系统
名称	矿焦槽阀台原理图
图号	2/2

1.3 炉顶及其附属设施

1.3.1 炉顶液压系统泵站原理图

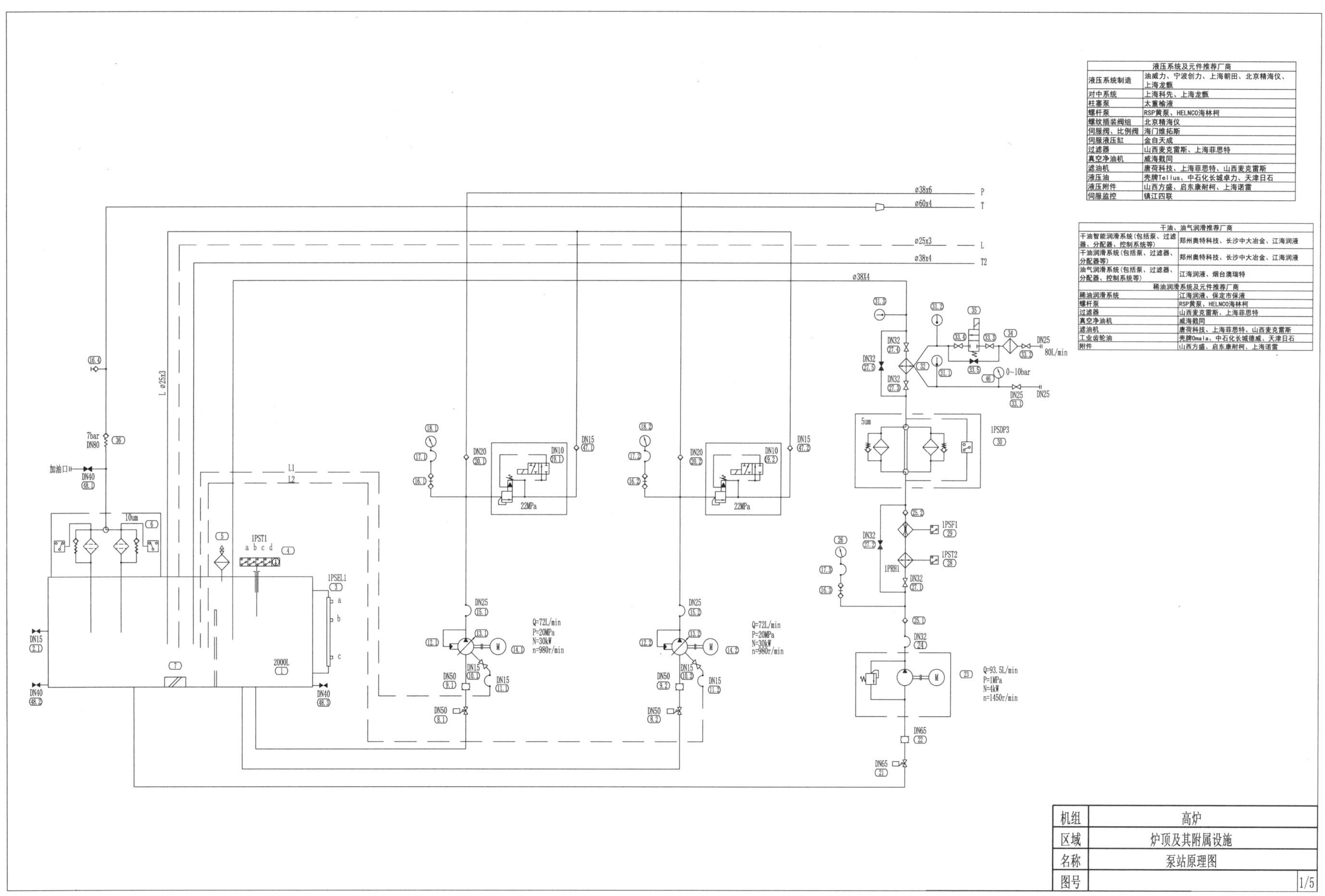

液压系统及元件推荐厂商	
液压系统制造	油威力、宁波创力、上海朝田、北京精海仪、上海龙甑
对中系统	上海科先、上海龙甑
柱塞泵	太重榆液
螺杆泵	RSP黄泵、HELNCO海林柯
螺纹插装阀组	北京精海仪
伺服阀、比例阀	海门维拓斯
伺服液压缸	金自天成
过滤器	山西麦克雷斯、上海菲思特
真空净油机	威海戥同
滤油机	唐荷科技、上海菲思特、山西麦克雷斯
液压油	壳牌Tellus、中石化长城卓力、天津日石
液压附件	山西方盛、启东康耐柯、上海诺雷
伺服监控	镇江四联

干油、油气润滑推荐厂商	
干油智能润滑系统(包括泵、过滤器、分配器、控制系统等)	郑州奥特科技、长沙中大冶金、江海润液
干油润滑系统(包括泵、过滤器、分配器等)	郑州奥特科技、长沙中大冶金、江海润液
油气润滑系统(包括泵、过滤器、分配器、控制系统等)	江海润液、烟台澳瑞特
稀油润滑系统及元件推荐厂商	
稀油润滑系统	江海润液、保定市保液
螺杆泵	RSP黄泵、HELNCO海林柯
过滤器	山西麦克雷斯、上海菲思特
真空净油机	威海戥同
滤油机	唐荷科技、上海菲思特、山西麦克雷斯
工业齿轮油	壳牌Omala、中石化长城德威、天津日石
附件	山西方盛、启东康耐柯、上海诺雷

机组	高炉	
区域	炉顶及其附属设施	
名称	泵站原理图	
图号		1/5

1.3.2 炉顶液压系统蓄能器站原理图

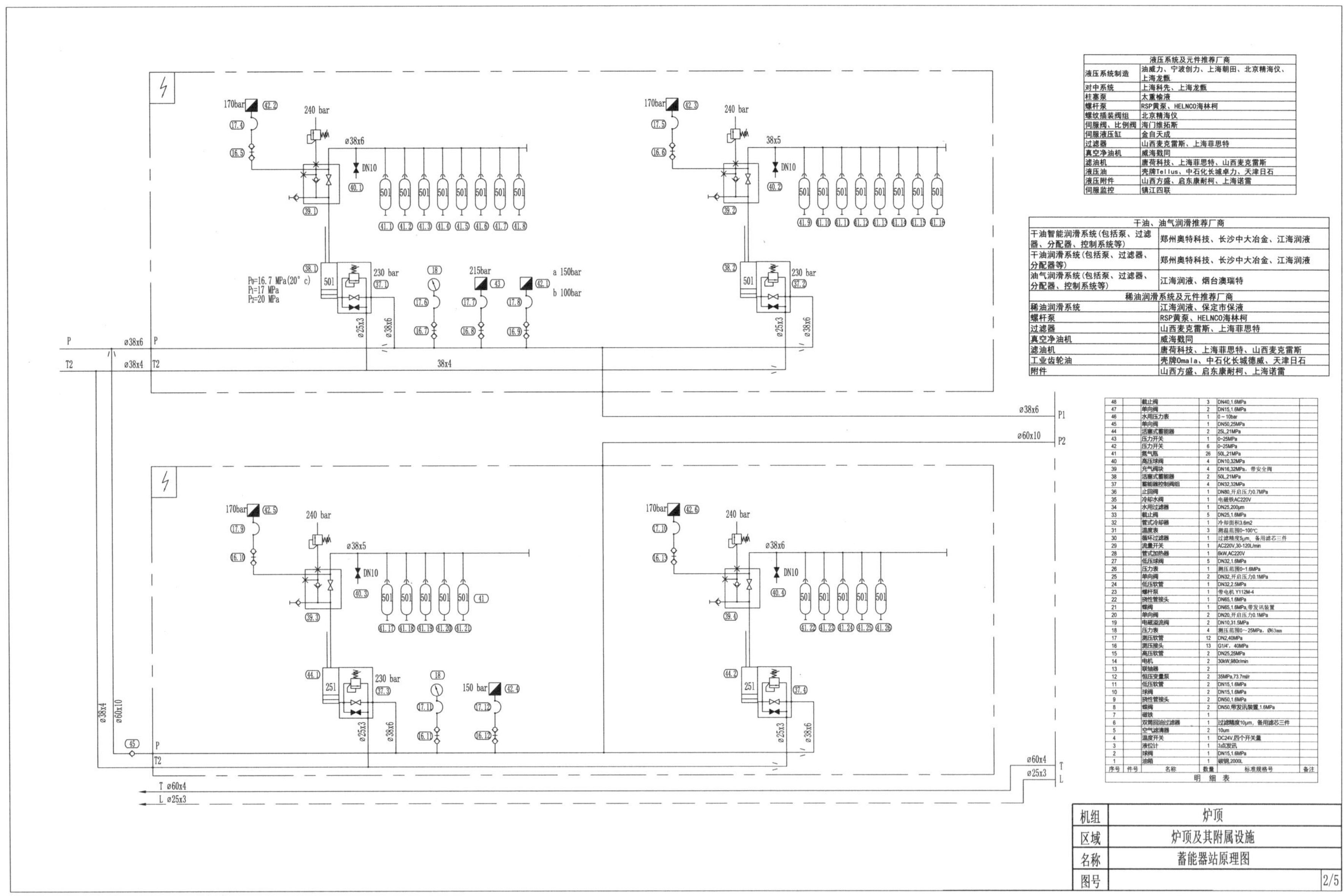

液压系统及元件推荐厂商	
液压系统制造	油威力、宁波创力、上海朝田、北京精海仪、上海龙甑
对中系统	上海科先、上海龙甑
柱塞泵	太重榆液
螺杆泵	RSP黄泵、HELNCO海林柯
螺纹插装阀组	北京精海仪
伺服阀、比例阀	海门维拓斯
伺服液压缸	金自天成
过滤器	山西麦克雷斯、上海菲思特
真空净油机	威海戥同
滤油机	唐荷科技、上海菲思特、山西麦克雷斯
液压油	壳牌Tellus、中石化长城卓力、天津日石
液压附件	山西方盛、启东康耐柯、上海诺雷
伺服监控	镇江四联

干油、油气润滑推荐厂商	
干油智能润滑系统(包括泵、过滤器、分配器、控制系统等)	郑州奥特科技、长沙中大冶金、江海润液
干油润滑系统(包括泵、过滤器、分配器等)	郑州奥特科技、长沙中大冶金、江海润液
油气润滑系统(包括泵、过滤器、分配器、控制系统等)	江海润液、烟台澳瑞特
稀油润滑系统及元件推荐厂商	
稀油润滑系统	江海润液、保定市保液
螺杆泵	RSP黄泵、HELNCO海林柯
过滤器	山西麦克雷斯、上海菲思特
真空净油机	威海戥同
滤油机	唐荷科技、上海菲思特、山西麦克雷斯
工业齿轮油	壳牌Omala、中石化长城德威、天津日石
附件	山西方盛、启东康耐柯、上海诺雷

序号	件号	名称	数量	标准规格号	备注
48		截止阀	3	DN40,1.6MPa	
47		单向阀	2	DN15,1.6MPa	
46		水用压力表	1	0~10bar	
45		单向阀	1	DN50,25MPa	
44		活塞式蓄能器	2	25L,21MPa	
43		压力开关	1	0~25MPa	
42		压力开关	6	0~25MPa	
41		氮气瓶	26	50L,21MPa	
40		高压球阀	4	DN10,32MPa	
39		充气阀块	4	DN16,32MPa，带安全阀	
38		活塞式蓄能器	2	50L,21MPa	
37		蓄能器控制阀组	4	DN32,32MPa	
36		止回阀	1	DN80,开启压力0.7MPa	
35		冷却水阀	1	电磁铁AC220V	
34		水用过滤器	1	DN25,200μm	
33		截止阀	5	DN25,1.6MPa	
32		管式冷却器	1	冷却面积3.6m2	
31		温度表	3	测温范围0~100℃	
30		循环过滤器	1	过滤精度5μm，备用滤芯三件	
29		流量开关	1	AC220V,30-120L/min	
28		管式加热器	1	6kW,AC220V	
27		低压球阀	5	DN32,1.6MPa	
26		压力表	1	测压范围0~1.6MPa	
25		单向阀	2	DN32,开启压力0.1MPa	
24		低压软管	1	DN32,2.5MPa	
23		螺杆泵	1	带电机 Y112M-4	
22		挠性管接头	1	DN65,1.6MPa	
21		蝶阀	1	DN65,1.6MPa,带发讯装置	
20		单向阀	2	DN20,开启压力0.1MPa	
19		电磁溢流阀	2	DN10,31.5MPa	
18		压力表	4	测压范围0~25MPa，Ø63mm	
17		测压软管	12	DN2,40MPa	
16		测压接头	13	G1/4'，40MPa	
15		高压软管	2	DN25,25MPa	
14		电机	2	30kW,980r/min	
13		联轴器	2		
12		恒压变量泵	2	35MPa,73.7ml/r	
11		低压软管	2	DN15,1.6MPa	
10		球阀	2	DN15,1.6MPa	
9		挠性管接头	2	DN50,1.6MPa	
8		蝶阀	2	DN50,带发讯装置,1.6MPa	
7		磁铁	1		
6		双筒回油过滤器	1	过滤精度10μm，备用滤芯三件	
5		空气滤清器	2	10um	
4		温度开关	1	DC24V,四个开关量	
3		液位计	1	3点发讯	
2		球阀	1	DN15,1.6MPa	
1		油箱	1	碳钢,2000L	

明 细 表

机组	炉顶	
区域	炉顶及其附属设施	
名称	蓄能器站原理图	
图号		2/5

1.3.3 炉顶液压系统阀台原理图（1）

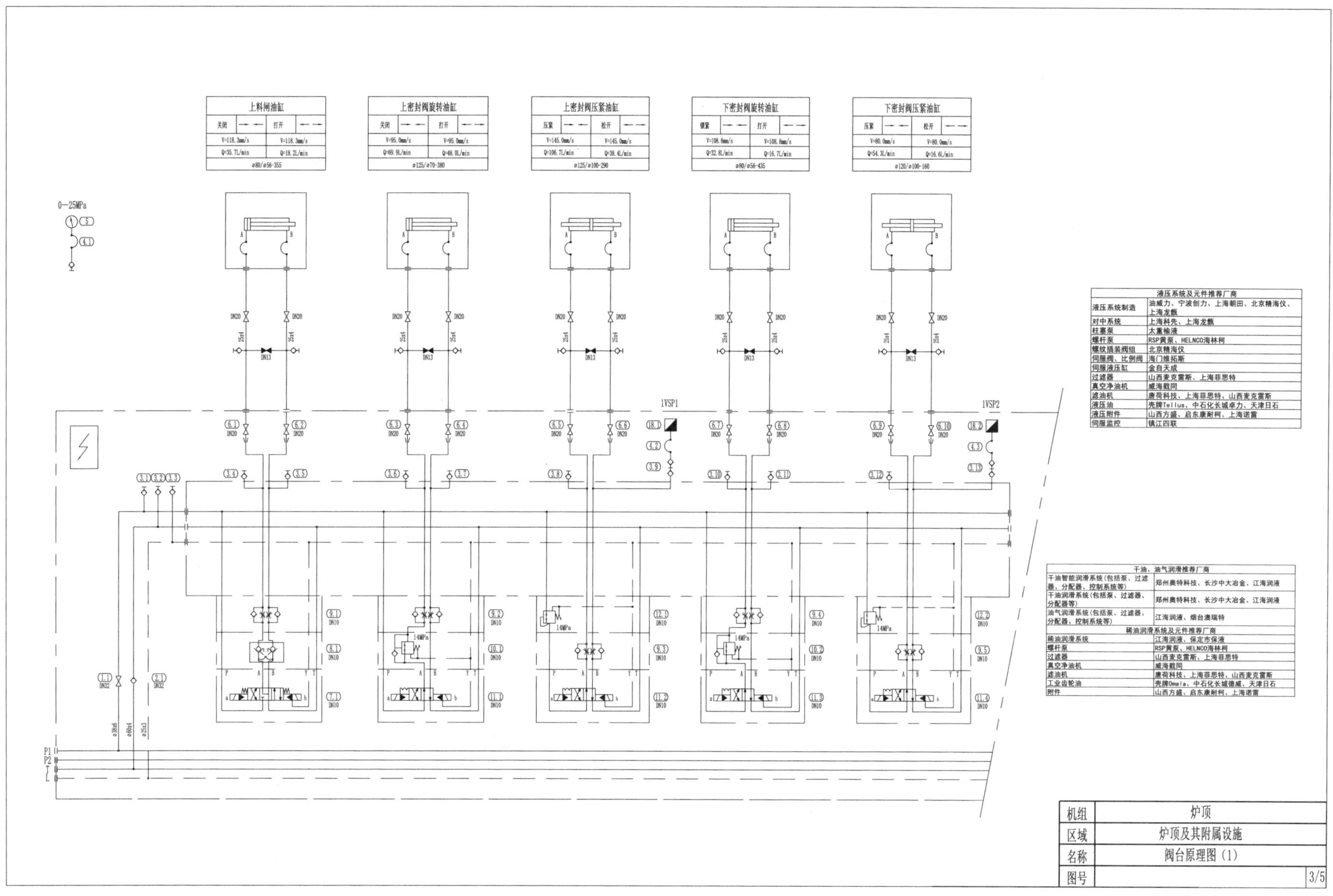

液压系统及元件推荐厂商	
液压系统制造	油威力、宁波创力、上海朝田、北京精海仪、上海龙甑
对中系统	上海科先、上海龙甑
柱塞泵	太重榆液
螺杆泵	RSP黄泵、HELNCO海林柯
螺纹插装阀组	北京精海仪
伺服阀、比例阀	海门维拓斯
伺服液压缸	金自天成
过滤器	山西麦克雷斯、上海菲思特
真空净油机	威海戳同
滤油机	唐荷科技、上海菲思特、山西麦克雷斯
液压油	壳牌Tellus、中石化长城卓力、天津日石
液压附件	山西方盛、启东康耐柯、上海诺雷
伺服监控	镇江四联

干油、油气润滑推荐厂商	
干油智能润滑系统(包括泵、过滤器、分配器、控制系统等)	郑州奥特科技、长沙中大冶金、江海润液
干油润滑系统(包括泵、过滤器、分配器等)	郑州奥特科技、长沙中大冶金、江海润液
油气润滑系统(包括泵、过滤器、分配器、控制系统等)	江海润液、烟台澳瑞特
稀油润滑系统及元件推荐厂商	
稀油润滑系统	江海润液、保定市保液
螺杆泵	RSP黄泵、HELNCO海林柯
过滤器	山西麦克雷斯、上海菲思特
真空净油机	威海戳同
滤油机	唐荷科技、上海菲思特、山西麦克雷斯
工业齿轮油	壳牌Omala、中石化长城德威、天津日石
附件	山西方盛、启东康耐柯、上海诺雷

机组	炉顶	
区域	炉顶及其附属设施	
名称	阀台原理图（1）	
图号		3/5

1.3.4 炉顶液压系统阀台原理图（2）

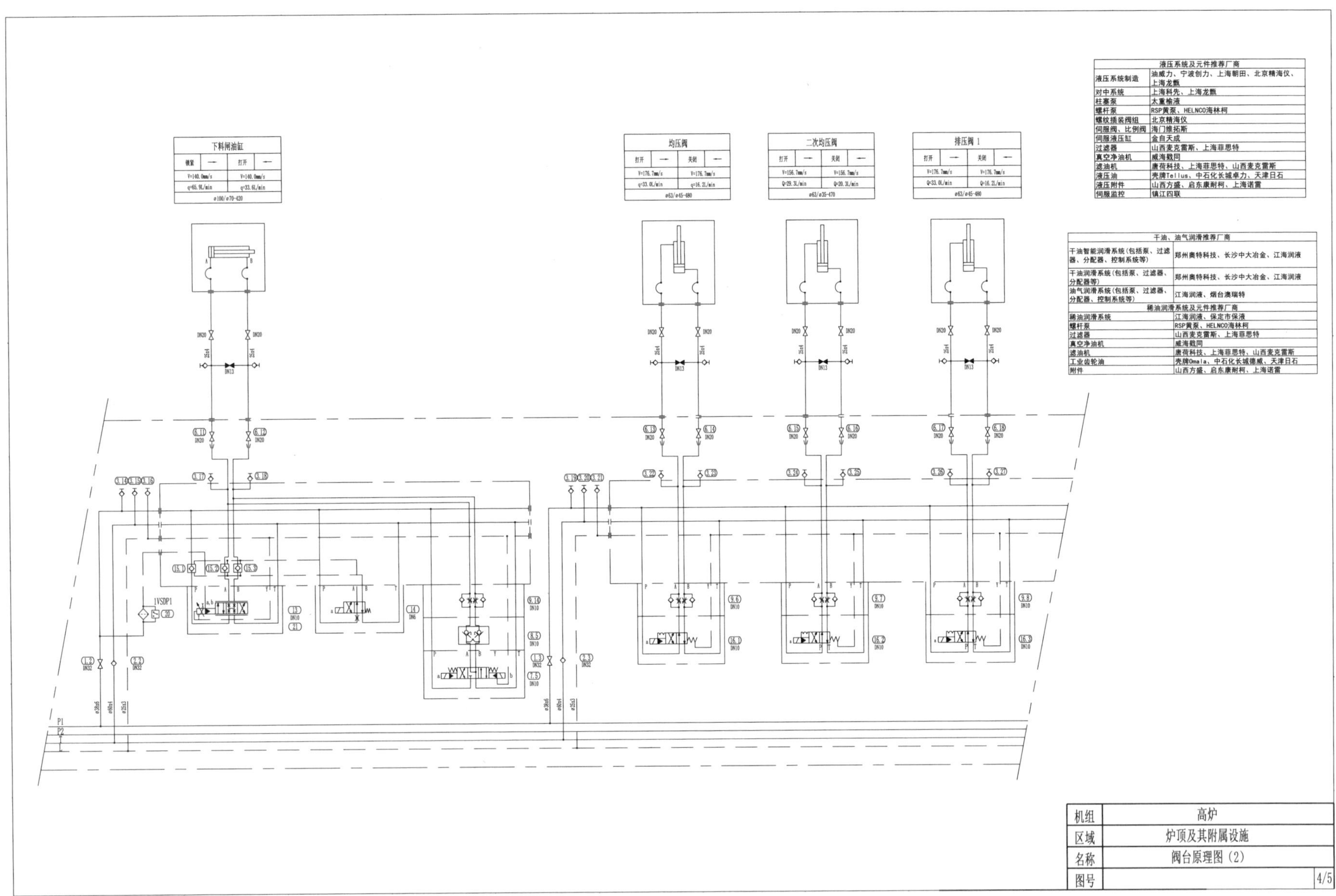

液压系统及元件推荐厂商	
液压系统制造	油威力、宁波创力、上海朝田、北京精海仪、上海龙甑
对中系统	上海科先、上海龙甑
柱塞泵	太重榆液
螺杆泵	RSP黄泵、HELNCO海林柯
螺纹插装阀组	北京精海仪
伺服阀、比例阀	海门维拓斯
伺服液压缸	金自天成
过滤器	山西麦克雷斯、上海菲思特
真空净油机	威海戥同
滤油机	唐荷科技、上海菲思特、山西麦克雷斯
液压油	壳牌Tellus、中石化长城卓力、天津日石
液压附件	山西方盛、启东康耐柯、上海诺雷
伺服监控	镇江四联

干油、油气润滑推荐厂商	
干油智能润滑系统(包括泵、过滤器、分配器、控制系统等)	郑州奥特科技、长沙中大冶金、江海润液
干油润滑系统(包括泵、过滤器、分配器等)	郑州奥特科技、长沙中大冶金、江海润液
油气润滑系统(包括泵、过滤器、分配器、控制系统等)	江海润液、烟台澳瑞特
稀油润滑系统及元件推荐厂商	
稀油润滑系统	江海润液、保定市保液
螺杆泵	RSP黄泵、HELNCO海林柯
过滤器	山西麦克雷斯、上海菲思特
真空净油机	威海戥同
滤油机	唐荷科技、上海菲思特、山西麦克雷斯
工业齿轮油	壳牌Omala、中石化长城德威、天津日石
附件	山西方盛、启东康耐柯、上海诺雷

机组	高炉
区域	炉顶及其附属设施
名称	阀台原理图（2）
图号	4/5

1.3.5 炉顶液压系统阀台原理图（3）

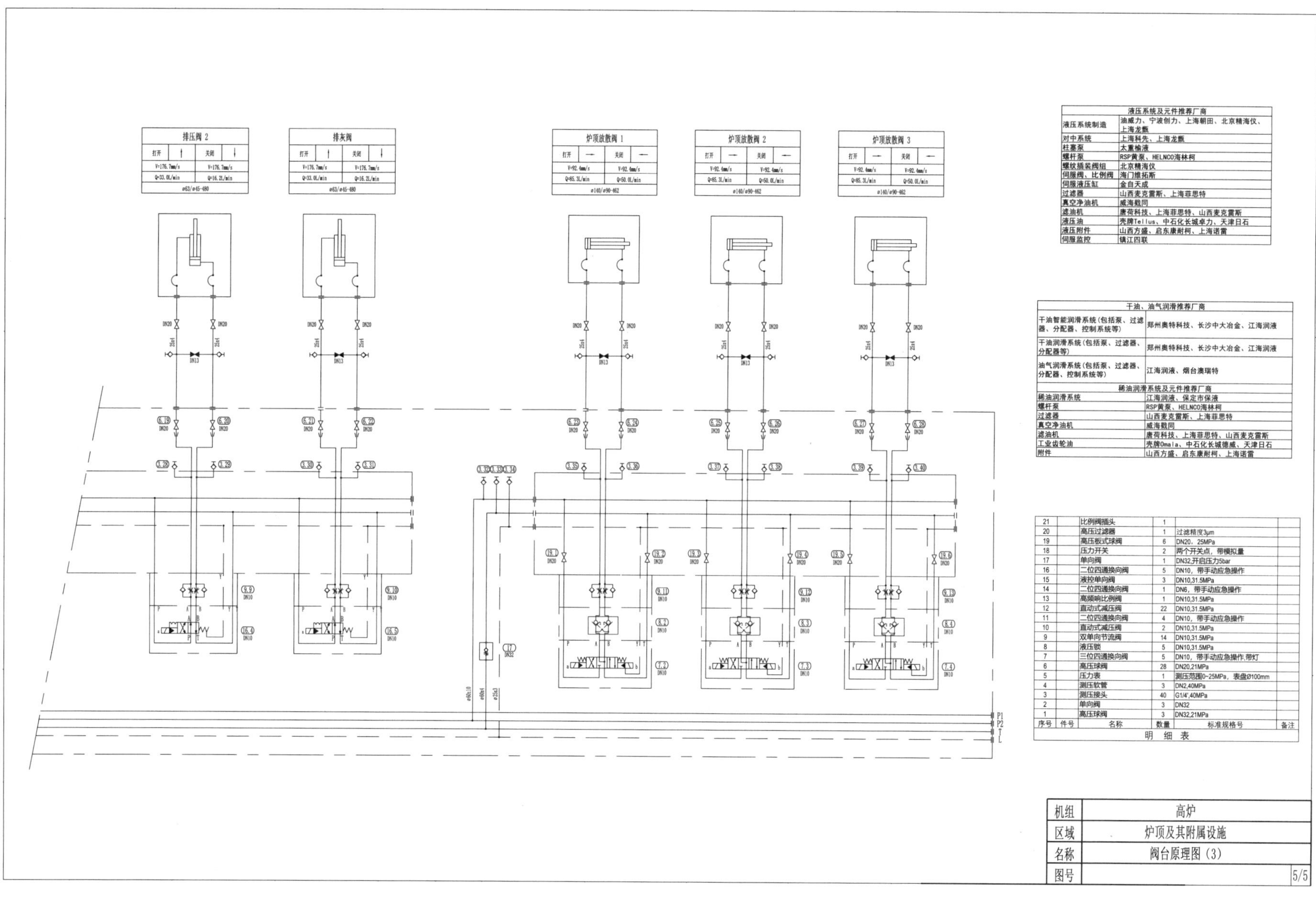

液压系统及元件推荐厂商	
液压系统制造	油威力、宁波创力、上海朝田、北京精海仪、上海龙甑
对中系统	上海科先、上海龙甑
柱塞泵	太重榆液
螺杆泵	RSP黄泵、HELNCO海林柯
螺纹插装阀组	北京精海仪
伺服阀、比例阀	海门维拓斯
伺服液压缸	金自天成
过滤器	山西麦克雷斯、上海菲思特
真空净油机	威海戡同
滤油机	唐荷科技、上海菲思特、山西麦克雷斯
液压油	壳牌Tellus、中石化长城卓力、天津日石
液压附件	山西方盛、启东康耐柯、上海诺雷
伺服监控	镇江四联

干油、油气润滑推荐厂商	
干油智能润滑系统(包括泵、过滤器、分配器、控制系统等)	郑州奥特科技、长沙中大冶金、江海润液
干油润滑系统(包括泵、过滤器、分配器等)	郑州奥特科技、长沙中大冶金、江海润液
油气润滑系统(包括泵、过滤器、分配器、控制系统等)	江海润液、烟台澳瑞特
稀油润滑系统及元件推荐厂商	
稀油润滑系统	江海润液、保定市保液
螺杆泵	RSP黄泵、HELNCO海林柯
过滤器	山西麦克雷斯、上海菲思特
真空净油机	威海戡同
滤油机	唐荷科技、上海菲思特、山西麦克雷斯
工业齿轮油	壳牌Omala、中石化长城德威、天津日石
附件	山西方盛、启东康耐柯、上海诺雷

序号	件号	名称	数量	标准规格号	备注
21		比例阀插头	1		
20		高压过滤器	1	过滤精度3μm	
19		高压板式球阀	6	DN20，25MPa	
18		压力开关	2	两个开关点，带模拟量	
17		单向阀	1	DN32,开启压力5bar	
16		二位四通换向阀	5	DN10，带手动应急操作	
15		液控单向阀	3	DN10,31.5MPa	
14		二位四通换向阀	1	DN6，带手动应急操作	
13		高频响比例阀	1	DN10,31.5MPa	
12		直动式减压阀	22	DN10,31.5MPa	
11		二位四通换向阀	4	DN10，带手动应急操作	
10		直动式减压阀	2	DN10,31.5MPa	
9		双单向节流阀	14	DN10,31.5MPa	
8		液压锁	5	DN10,31.5MPa	
7		三位四通换向阀	5	DN10，带手动应急操作,带灯	
6		高压球阀	28	DN20,21MPa	
5		压力表	1	测压范围0~25MPa，表盘Ø100mm	
4		测压软管	3	DN2,40MPa	
3		测压接头	40	G1/4',40MPa	
2		单向阀	3	DN32	
1		高压球阀	3	DN32,21MPa	

明　细　表

机组	高炉
区域	炉顶及其附属设施
名称	阀台原理图（3）
图号	5/5

1.4 热风炉及其附属设施

1.4.1 热风炉液压系统泵站原理图

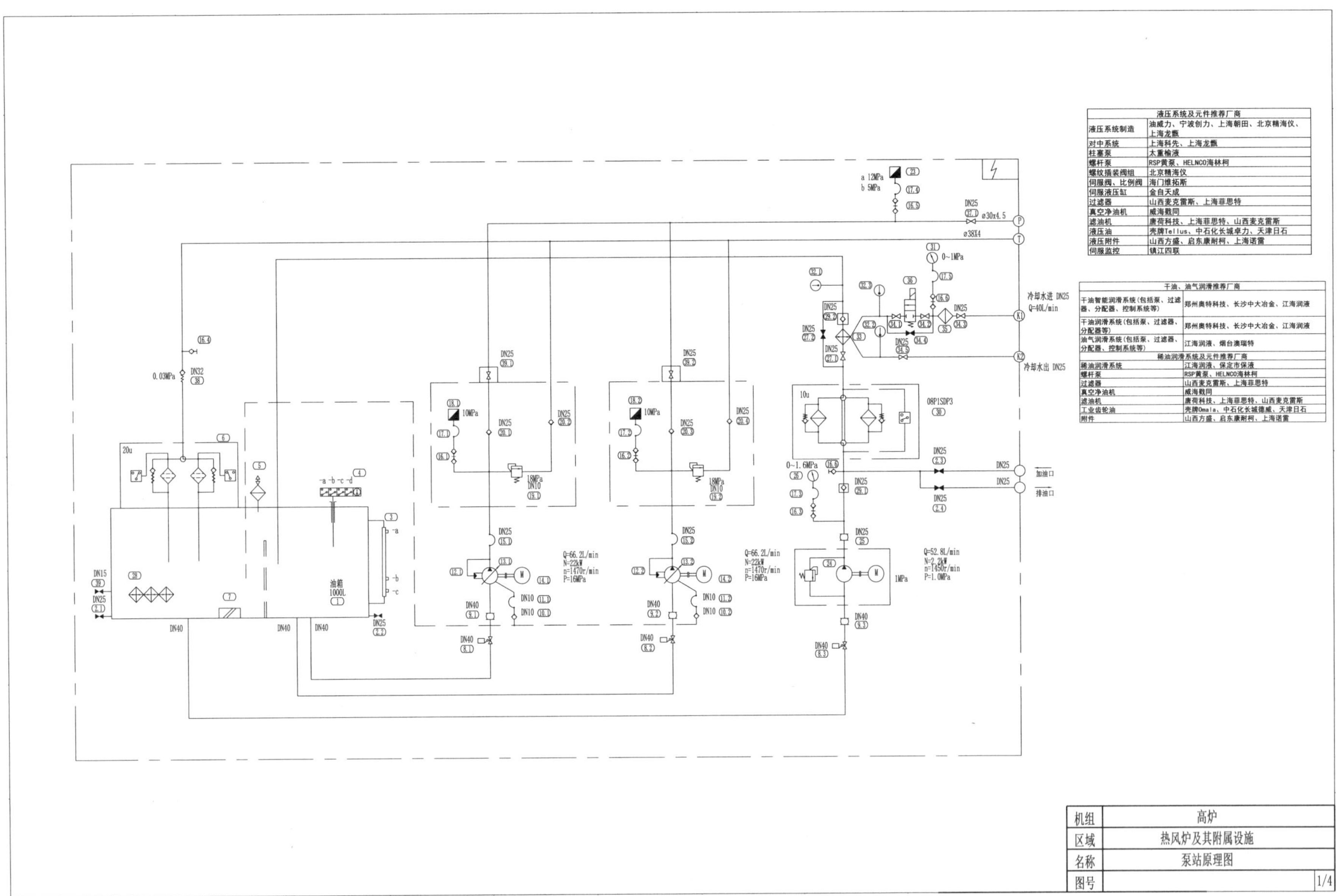

液压系统及元件推荐厂商	
液压系统制造	油威力、宁波创力、上海朝田、北京精海仪、上海龙甑
对中系统	上海科先、上海龙甑
柱塞泵	太重榆液
螺杆泵	RSP黄泵、HELNCO海林柯
螺纹插装阀组	北京精海仪
伺服阀、比例阀	海门维拓斯
伺服液压缸	金自天成
过滤器	山西麦克雷斯、上海菲思特
真空净油机	威海戥同
滤油机	唐荷科技、上海菲思特、山西麦克雷斯
液压油	壳牌Tellus、中石化长城卓力、天津日石
液压附件	山西方盛、启东康耐柯、上海诺雷
伺服监控	镇江四联

干油、油气润滑推荐厂商	
干油智能润滑系统(包括泵、过滤器、分配器、控制系统等)	郑州奥特科技、长沙中大冶金、江海润液
干油润滑系统(包括泵、过滤器、分配器等)	郑州奥特科技、长沙中大冶金、江海润液
油气润滑系统(包括泵、过滤器、分配器、控制系统等)	江海润液、烟台澳瑞特
稀油润滑系统及元件推荐厂商	
稀油润滑系统	江海润液、保定市保液
螺杆泵	RSP黄泵、HELNCO海林柯
过滤器	山西麦克雷斯、上海菲思特
真空净油机	威海戥同
滤油机	唐荷科技、上海菲思特、山西麦克雷斯
工业齿轮油	壳牌Omala、中石化长城德威、天津日石
附件	山西方盛、启东康耐柯、上海诺雷

机组	高炉
区域	热风炉及其附属设施
名称	泵站原理图
图号	1/4

1.4.2 热风炉液压系统泵站蓄能器站原理图

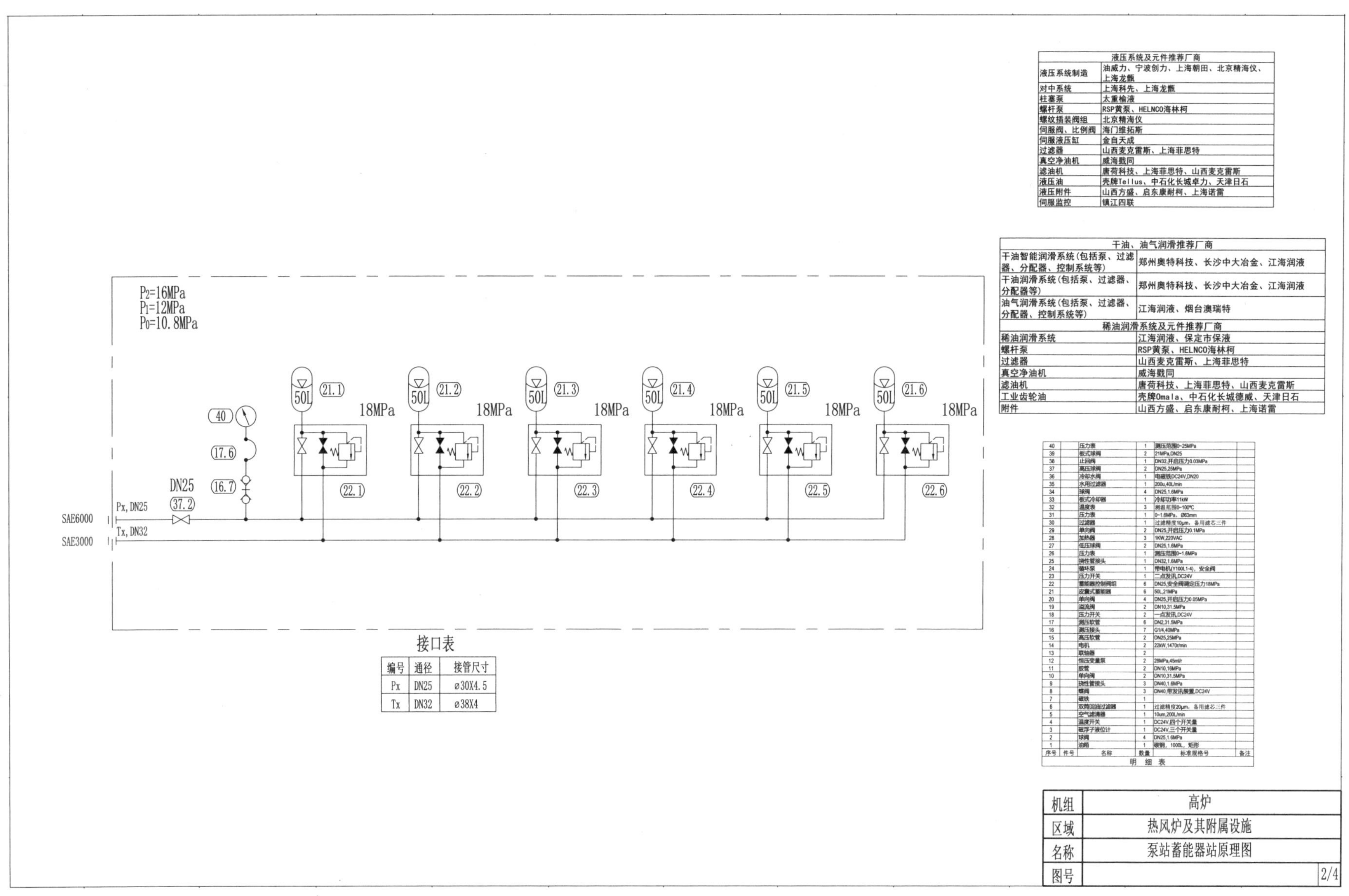

液压系统及元件推荐厂商	
液压系统制造	油威力、宁波创力、上海朝田、北京精海仪、上海龙甑
对中系统	上海科先、上海龙甑
柱塞泵	太重榆液
螺杆泵	RSP黄泵、HELNCO海林柯
螺纹插装阀组	北京精海仪
伺服阀、比例阀	海门维拓斯
伺服液压缸	金自天成
过滤器	山西麦克雷斯、上海菲思特
真空净油机	威海戥同
滤油机	唐荷科技、上海菲思特、山西麦克雷斯
液压油	壳牌Tellus、中石化长城卓力、天津日石
液压附件	山西方盛、启东康耐柯、上海诺雷
伺服监控	镇江四联

干油、油气润滑推荐厂商	
干油智能润滑系统(包括泵、过滤器、分配器、控制系统等)	郑州奥特科技、长沙中大冶金、江海润液
干油润滑系统(包括泵、过滤器、分配器等)	郑州奥特科技、长沙中大冶金、江海润液
油气润滑系统(包括泵、过滤器、分配器、控制系统等)	江海润液、烟台澳瑞特
稀油润滑系统及元件推荐厂商	
稀油润滑系统	江海润液、保定市保液
螺杆泵	RSP黄泵、HELNCO海林柯
过滤器	山西麦克雷斯、上海菲思特
真空净油机	威海戥同
滤油机	唐荷科技、上海菲思特、山西麦克雷斯
工业齿轮油	壳牌Omala、中石化长城德威、天津日石
附件	山西方盛、启东康耐柯、上海诺雷

接口表

编号	通径	接管尺寸
Px	DN25	ø30X4.5
Tx	DN32	ø38X4

序号	件号	名称	数量	标准规格号	备注
40		压力表	1	测压范围0~25MPa	
39		板式球阀	2	21MPa,DN25	
38		止回阀	1	DN32,开启压力0.03MPa	
37		高压球阀	2	DN25,25MPa	
36		冷却水阀	1	电磁铁DC24V,DN20	
35		水用过滤器	1	200u,40L/min	
34		球阀	4	DN25,1.6MPa	
33		板式冷却器	1	冷却功率11kW	
32		温度表	3	测温范围0~100℃	
31		压力表	1	0~1.6MPa，Ø63mm	
30		过滤器	1	过滤精度10μm，备用滤芯三件	
29		单向阀	2	DN25,开启压力0.1MPa	
28		加热器	3	1KW,220VAC	
27		低压球阀	2	DN25,1.6MPa	
26		压力表	1	测压范围0~1.6MPa	
25		挠性管接头	1	DN32,1.6MPa	
24		循环泵	1	带电机(Y100L1-4)，安全阀	
23		压力开关	1	二点发讯,DC24V	
22		蓄能器控制阀组	6	DN25,安全阀调定压力18MPa	
21		皮囊式蓄能器	6	50L,21MPa	
20		单向阀	4	DN25,开启压力0.05MPa	
19		溢流阀	2	DN10,31.5MPa	
18		压力开关	2	一点发讯,DC24V	
17		测压软管	6	DN2,31.5MPa	
16		测压接头	7	G1/4,40MPa	
15		高压软管	2	DN25,25MPa	
14		电机	2	22kW,1470r/min	
13		联轴器	2		
12		恒压变量泵	2	28MPa,45ml/r	
11		胶管	2	DN10,16MPa	
10		单向阀	2	DN10,31.5MPa	
9		挠性管接头	3	DN40,1.6MPa	
8		蝶阀	3	DN40,带发讯装置,DC24V	
7		磁铁	1		
6		双筒回油过滤器	1	过滤精度20μm，备用滤芯三件	
5		空气滤清器	1	10um,200L/min	
4		温度开关	1	DC24V,四个开关量	
3		磁浮子液位计	1	DC24V,三个开关量	
2		球阀	4	DN25,1.6MPa	
1		油箱	1	碳钢，1000L，矩形	

明　细　表

机组	高炉
区域	热风炉及其附属设施
名称	泵站蓄能器站原理图
图号	2/4

1.4.3 热风炉液压系统阀台原理图（1）

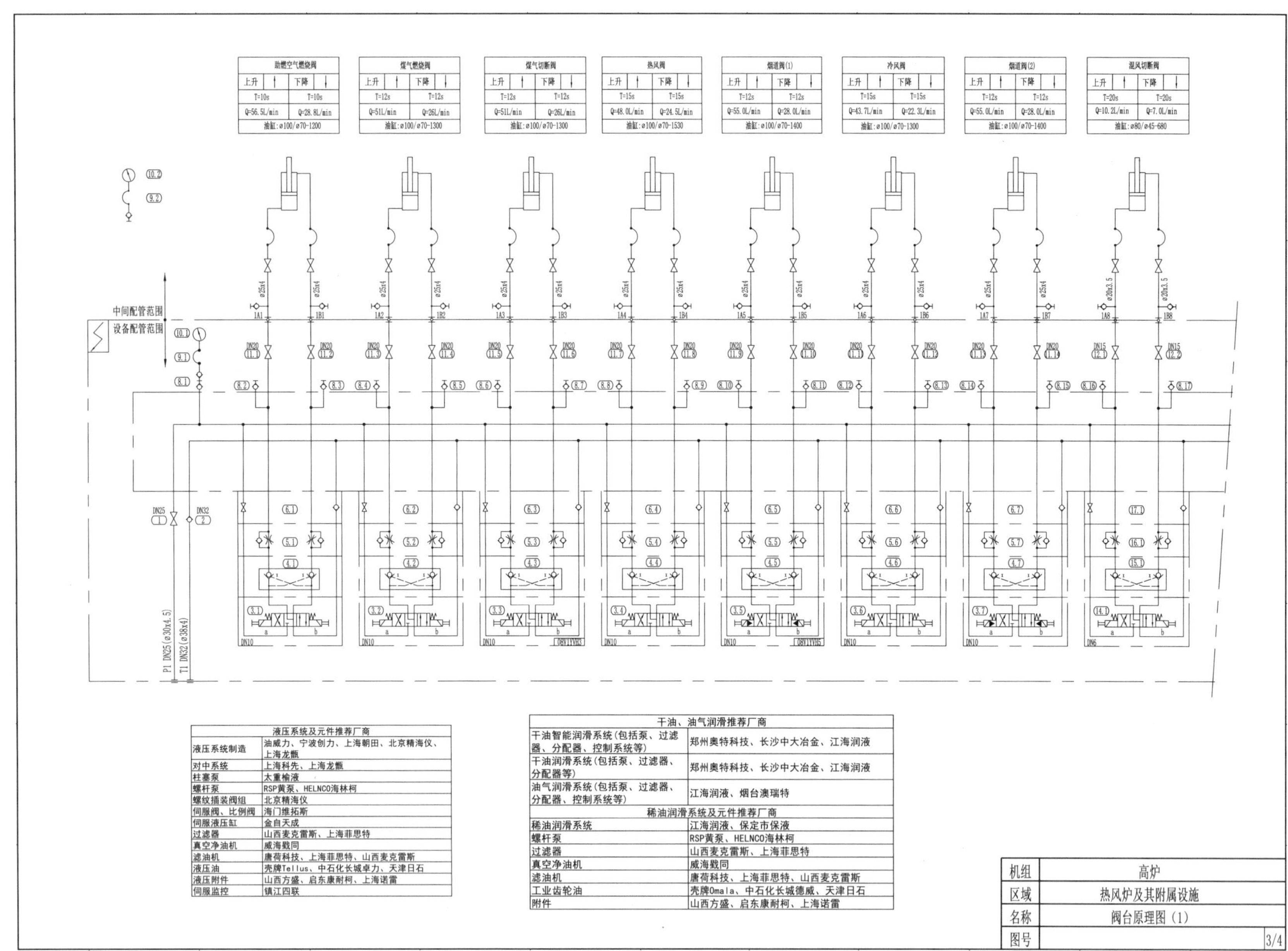

阀名	上升	下降	油缸
助燃空气燃烧阀	T=10s，Q=56.5L/min	T=10s，Q=28.8L/min	ø100/ø70-1200
煤气燃烧阀	T=12s，Q=51L/min	T=12s，Q=26L/min	ø100/ø70-1300
煤气切断阀	T=12s，Q=51L/min	T=12s，Q=26L/min	ø100/ø70-1300
热风阀	T=15s，Q=48.0L/min	T=15s，Q=24.5L/min	ø100/ø70-1530
烟道阀(1)	T=12s，Q=55.0L/min	T=12s，Q=28.0L/min	ø100/ø70-1400
冷风阀	T=15s，Q=43.7L/min	T=15s，Q=22.3L/min	ø100/ø70-1300
烟道阀(2)	T=12s，Q=55.0L/min	T=12s，Q=28.0L/min	ø100/ø70-1400
混风切断阀	T=20s，Q=10.2L/min	T=20s，Q=7.0L/min	ø80/ø45-680

液压系统及元件推荐厂商	
液压系统制造	油威力、宁波创力、上海朝田、北京精海仪、上海龙甑
对中系统	上海科先、上海龙甑
柱塞泵	太重榆液
螺杆泵	RSP黄泵、HELNCO海林柯
螺纹插装阀组	北京精海仪
伺服阀、比例阀	海门维拓斯
伺服液压缸	金自天成
过滤器	山西麦克雷斯、上海菲思特
真空净油机	威海戥同
滤油机	唐荷科技、上海菲思特、山西麦克雷斯
液压油	壳牌Tellus、中石化长城卓力、天津日石
液压附件	山西方盛、启东康耐柯、上海诺雷
伺服监控	镇江四联

干油、油气润滑推荐厂商	
干油智能润滑系统(包括泵、过滤器、分配器、控制系统等)	郑州奥特科技、长沙中大冶金、江海润液
干油润滑系统(包括泵、过滤器、分配器等)	郑州奥特科技、长沙中大冶金、江海润液
油气润滑系统(包括泵、过滤器、分配器、控制系统等)	江海润液、烟台澳瑞特
稀油润滑系统及元件推荐厂商	
稀油润滑系统	江海润液、保定市保液
螺杆泵	RSP黄泵、HELNCO海林柯
过滤器	山西麦克雷斯、上海菲思特
真空净油机	威海戥同
滤油机	唐荷科技、上海菲思特、山西麦克雷斯
工业齿轮油	壳牌Omala、中石化长城德威、天津日石
附件	山西方盛、启东康耐柯、上海诺雷

机组	高炉
区域	热风炉及其附属设施
名称	阀台原理图（1）
图号	3/4

1.4.4 热风炉液压系统阀台原理图（2）

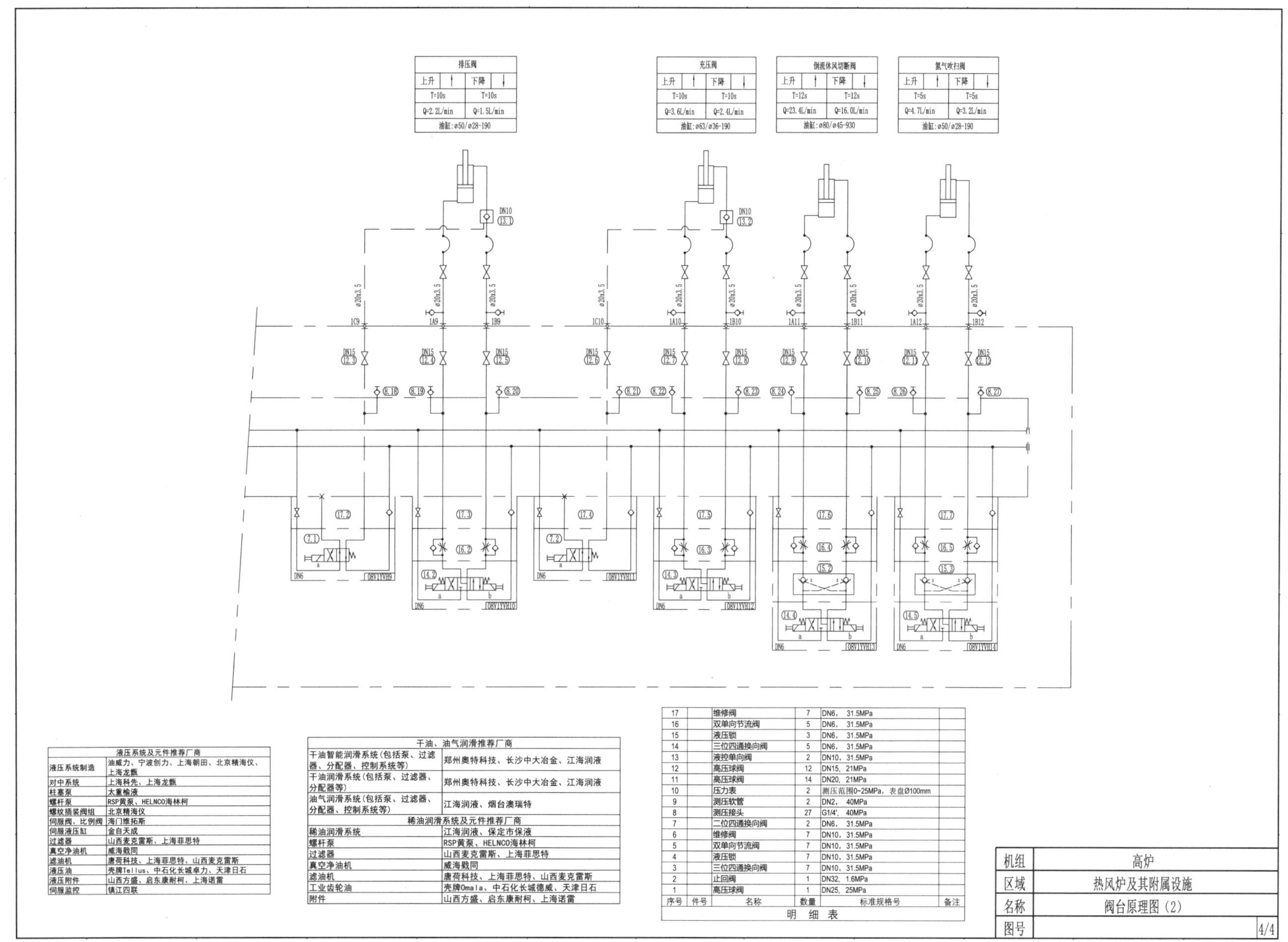

液压系统及元件推荐厂商	
液压系统制造	油威力、宁波创力、上海朝田、北京精海仪、上海龙甑
对中系统	上海科先、上海龙甑
柱塞泵	太重榆液
螺杆泵	RSP黄泵、HELNCO海林柯
螺纹插装阀组	北京精海仪
伺服阀、比例阀	海门维拓斯
伺服液压缸	金自天成
过滤器	山西麦克雷斯、上海菲思特
真空净油机	威海戥同
滤油机	唐荷科技、上海菲思特、山西麦克雷斯
液压油	壳牌Tellus、中石化长城卓力、天津日石
液压附件	山西方盛、启东康耐柯、上海诺雷
伺服监控	镇江四联

干油、油气润滑推荐厂商	
干油智能润滑系统(包括泵、过滤器、分配器、控制系统等)	郑州奥特科技、长沙中大冶金、江海润液
干油润滑系统(包括泵、过滤器、分配器等)	郑州奥特科技、长沙中大冶金、江海润液
油气润滑系统(包括泵、过滤器、分配器、控制系统等)	江海润液、烟台澳瑞特
稀油润滑系统及元件推荐厂商	
稀油润滑系统	江海润液、保定市保液
螺杆泵	RSP黄泵、HELNCO海林柯
过滤器	山西麦克雷斯、上海菲思特
真空净油机	威海戥同
滤油机	唐荷科技、上海菲思特、山西麦克雷斯
工业齿轮油	壳牌Omala、中石化长城德威、天津日石
附件	山西方盛、启东康耐柯、上海诺雷

序号	件号	名称	数量	标准规格号	备注
17		维修阀	7	DN6，31.5MPa	
16		双单向节流阀	5	DN6，31.5MPa	
15		液压锁	3	DN6，31.5MPa	
14		三位四通换向阀	5	DN6，31.5MPa	
13		液控单向阀	2	DN10，31.5MPa	
12		高压球阀	12	DN15，21MPa	
11		高压球阀	14	DN20，21MPa	
10		压力表	2	测压范围0~25MPa，表盘Ø100mm	
9		测压软管	2	DN2，40MPa	
8		测压接头	27	G1/4'，40MPa	
7		二位四通换向阀	2	DN6，31.5MPa	
6		维修阀	7	DN10，31.5MPa	
5		双单向节流阀	7	DN10，31.5MPa	
4		液压锁	7	DN10，31.5MPa	
3		三位四通换向阀	7	DN10，31.5MPa	
2		止回阀	1	DN32，1.6MPa	
1		高压球阀	1	DN25，25MPa	

明　细　表

第 2 章　炼钢液压系统原理图

2.1 铁水脱硫液压系统

2.1.1 铁水脱硫液压系统泵站原理图（1）

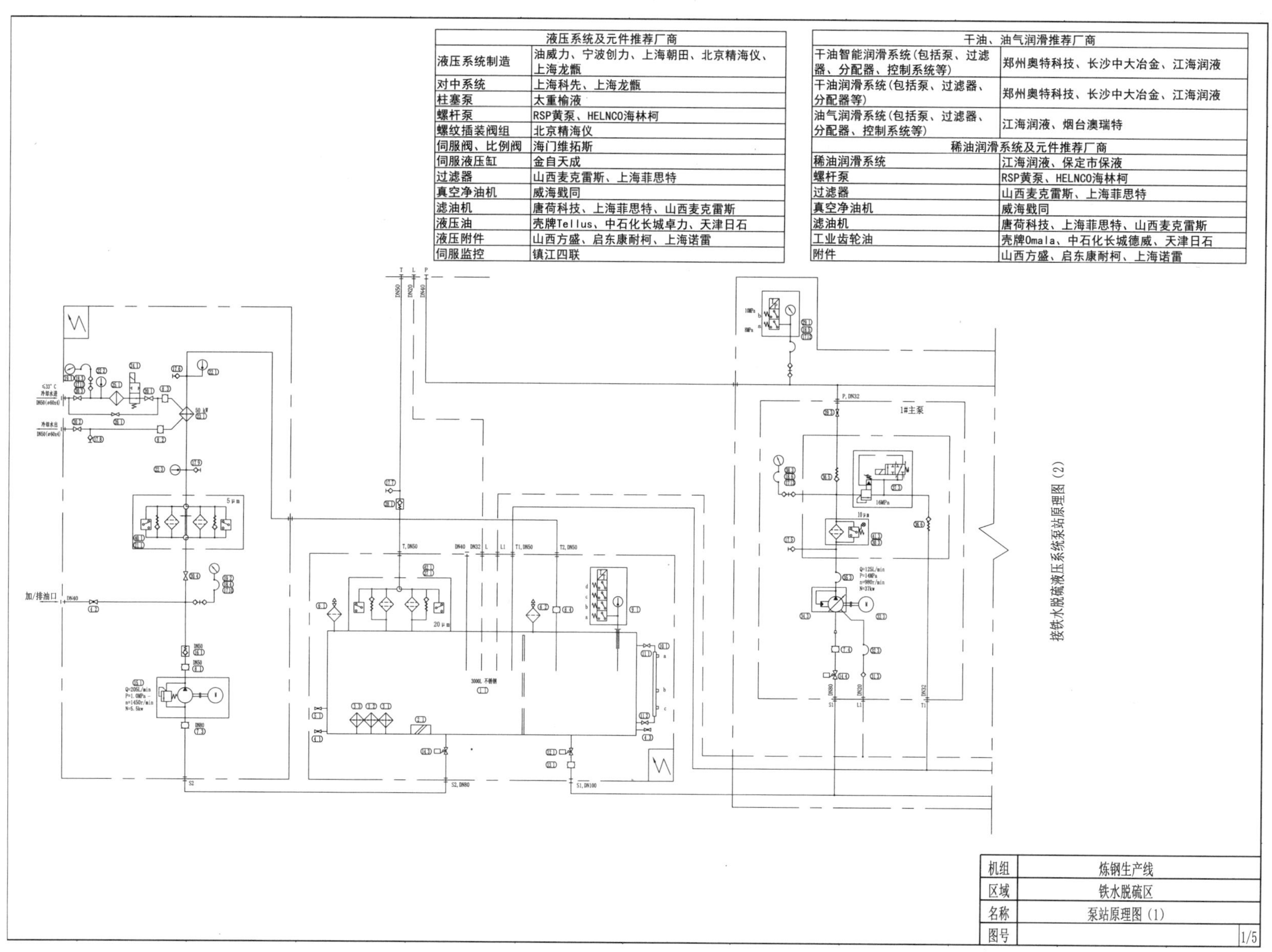

液压系统及元件推荐厂商	
液压系统制造	油威力、宁波创力、上海朝田、北京精海仪、上海龙甑
对中系统	上海科先、上海龙甑
柱塞泵	太重榆液
螺杆泵	RSP黄泵、HELNCO海林柯
螺纹插装阀组	北京精海仪
伺服阀、比例阀	海门维拓斯
伺服液压缸	金自天成
过滤器	山西麦克雷斯、上海菲思特
真空净油机	威海戥同
滤油机	唐荷科技、上海菲思特、山西麦克雷斯
液压油	壳牌Tellus、中石化长城卓力、天津日石
液压附件	山西方盛、启东康耐柯、上海诺雷
伺服监控	镇江四联

干油、油气润滑推荐厂商	
干油智能润滑系统(包括泵、过滤器、分配器、控制系统等)	郑州奥特科技、长沙中大冶金、江海润液
干油润滑系统(包括泵、过滤器、分配器等)	郑州奥特科技、长沙中大冶金、江海润液
油气润滑系统(包括泵、过滤器、分配器、控制系统等)	江海润液、烟台澳瑞特
稀油润滑系统及元件推荐厂商	
稀油润滑系统	江海润液、保定市保液
螺杆泵	RSP黄泵、HELNCO海林柯
过滤器	山西麦克雷斯、上海菲思特
真空净油机	威海戥同
滤油机	唐荷科技、上海菲思特、山西麦克雷斯
工业齿轮油	壳牌Omala、中石化长城德威、天津日石
附件	山西方盛、启东康耐柯、上海诺雷

机组	炼钢生产线
区域	铁水脱硫区
名称	泵站原理图（1）
图号	1/5

2.1.2 铁水脱硫液压系统泵站原理图（2）

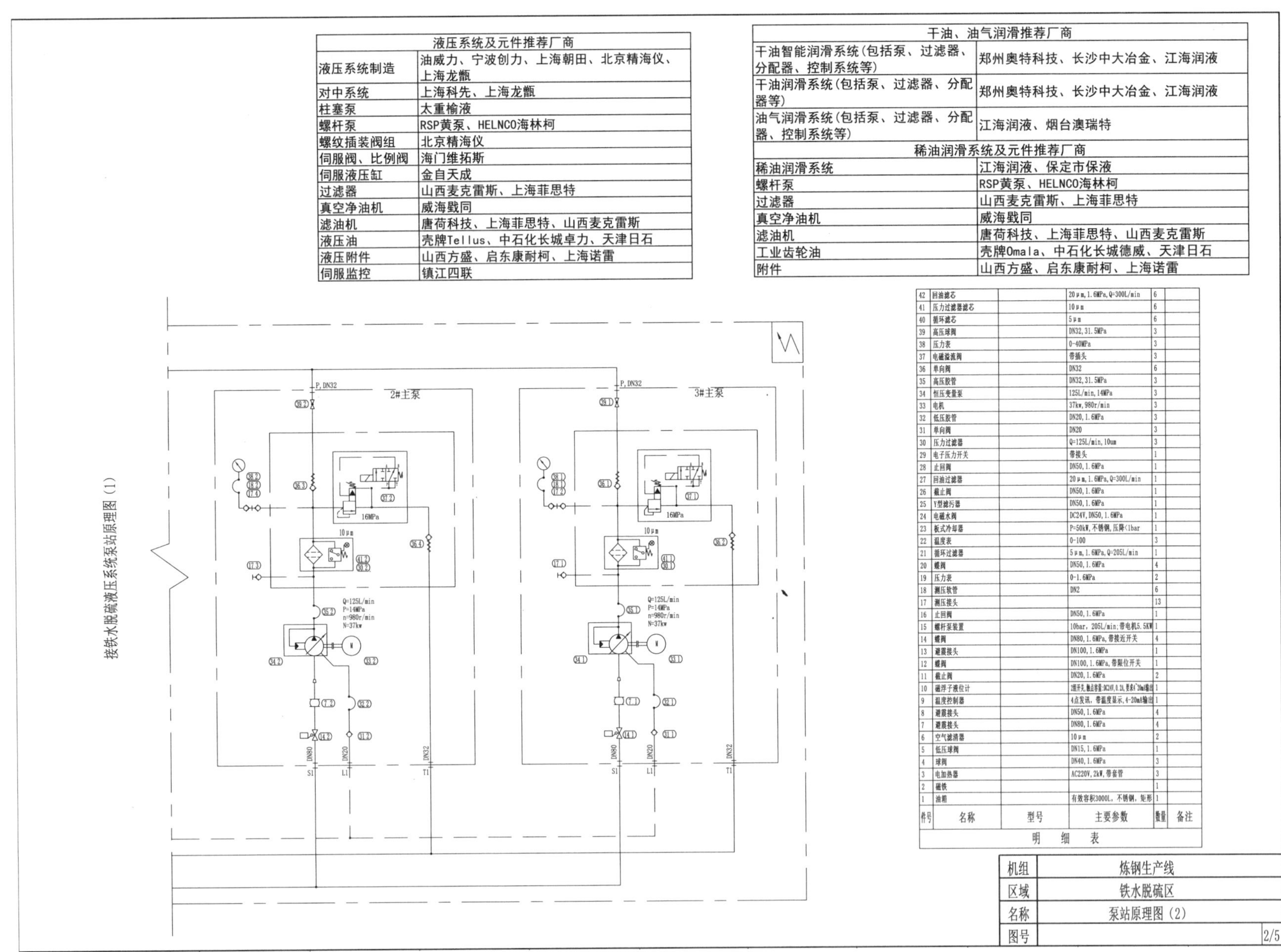

液压系统及元件推荐厂商	
液压系统制造	油威力、宁波创力、上海朝田、北京精海仪、上海龙甑
对中系统	上海科先、上海龙甑
柱塞泵	太重榆液
螺杆泵	RSP黄泵、HELNCO海林柯
螺纹插装阀组	北京精海仪
伺服阀、比例阀	海门维拓斯
伺服液压缸	金自天成
过滤器	山西麦克雷斯、上海菲思特
真空净油机	威海戥同
滤油机	唐荷科技、上海菲思特、山西麦克雷斯
液压油	壳牌Tellus、中石化长城卓力、天津日石
液压附件	山西方盛、启东康耐柯、上海诺雷
伺服监控	镇江四联

干油、油气润滑推荐厂商	
干油智能润滑系统(包括泵、过滤器、分配器、控制系统等)	郑州奥特科技、长沙中大冶金、江海润液
干油润滑系统(包括泵、过滤器、分配器等)	郑州奥特科技、长沙中大冶金、江海润液
油气润滑系统(包括泵、过滤器、分配器、控制系统等)	江海润液、烟台澳瑞特
稀油润滑系统及元件推荐厂商	
稀油润滑系统	江海润液、保定市保液
螺杆泵	RSP黄泵、HELNCO海林柯
过滤器	山西麦克雷斯、上海菲思特
真空净油机	威海戥同
滤油机	唐荷科技、上海菲思特、山西麦克雷斯
工业齿轮油	壳牌Omala、中石化长城德威、天津日石
附件	山西方盛、启东康耐柯、上海诺雷

件号	名称	型号	主要参数	数量	备注
42	回油滤芯		20μm,1.6MPa,Q=300L/min	6	
41	压力过滤器滤芯		10μm	6	
40	循环滤芯		5μm	6	
39	高压球阀		DN32,31.5MPa	3	
38	压力表		0-40MPa	3	
37	电磁溢流阀		带插头	3	
36	单向阀		DN32	6	
35	高压胶管		DN32,31.5MPa	3	
34	恒压变量泵		125L/min,14MPa	3	
33	电机		37kw,980r/min	3	
32	低压胶管		DN20,1.6MPa	3	
31	单向阀		DN20	3	
30	压力过滤器		Q=125L/min,10um	3	
29	电子压力开关		带接头	1	
28	止回阀		DN50,1.6MPa	1	
27	回油过滤器		20μm,1.6MPa,Q=300L/min	1	
26	截止阀		DN50,1.6MPa	1	
25	Y型滤污器		DN50,1.6MPa	1	
24	电磁水阀		DC24V,DN50,1.6MPa	1	
23	板式冷却器		P=50kW,不锈钢,压降<1bar	1	
22	温度表		0-100	3	
21	循环过滤器		5μm,1.6MPa,Q=205L/min	1	
20	蝶阀		DN50,1.6MPa	4	
19	压力表		0-1.6MPa	2	
18	测压软管		DN2	6	
17	测压接头			13	
16	止回阀		DN50,1.6MPa	1	
15	螺杆泵装置		10bar，205L/min;带电机5.5KW	1	
14	蝶阀		DN80,1.6MPa,带接近开关	4	
13	避震接头		DN100,1.6MPa	1	
12	蝶阀		DN100,1.6MPa,带限位开关	1	
11	截止阀		DN20,1.6MPa	2	
10	磁浮子液位计		2组开关,触点容量:DC24V,0.2A,要求4~20mA输出	1	
9	温度控制器		4点发讯，带温度显示,4-20mA输出	1	
8	避震接头		DN50,1.6MPa	4	
7	避震接头		DN80,1.6MPa	4	
6	空气滤清器		10μm	2	
5	低压球阀		DN15,1.6MPa	1	
4	球阀		DN40,1.6MPa	3	
3	电加热器		AC220V,2kW,带套管	3	
2	磁铁			1	
1	油箱		有效容积3000L，不锈钢，矩形	1	

明　细　表

机组	炼钢生产线
区域	铁水脱硫区
名称	泵站原理图（2）
图号	2/5

2.1.3 铁水脱硫液压系统蓄能器组原理图

液压系统及元件推荐厂商	
液压系统制造	油威力、宁波创力、上海朝田、北京精海仪、上海龙甑
对中系统	上海科先、上海龙甑
柱塞泵	太重榆液
螺杆泵	RSP黄泵、HELNCO海林柯
螺纹插装阀组	北京精海仪
伺服阀、比例阀	海门维拓斯
伺服液压缸	金自天成
过滤器	山西麦克雷斯、上海菲思特
真空净油机	威海戥同
滤油机	唐荷科技、上海菲思特、山西麦克雷斯
液压油	壳牌Tellus、中石化长城卓力、天津日石
液压附件	山西方盛、启东康耐柯、上海诺雷
伺服监控	镇江四联

干油、油气润滑推荐厂商	
干油智能润滑系统(包括泵、过滤器、分配器、控制系统等)	郑州奥特科技、长沙中大冶金、江海润液
干油润滑系统(包括泵、过滤器、分配器等)	郑州奥特科技、长沙中大冶金、江海润液
油气润滑系统(包括泵、过滤器、分配器、控制系统等)	江海润液、烟台澳瑞特
稀油润滑系统及元件推荐厂商	
稀油润滑系统	江海润液、保定市保液
螺杆泵	RSP黄泵、HELNCO海林柯
过滤器	山西麦克雷斯、上海菲思特
真空净油机	威海戥同
滤油机	唐荷科技、上海菲思特、山西麦克雷斯
工业齿轮油	壳牌Omala、中石化长城德威、天津日石
附件	山西方盛、启东康耐柯、上海诺雷

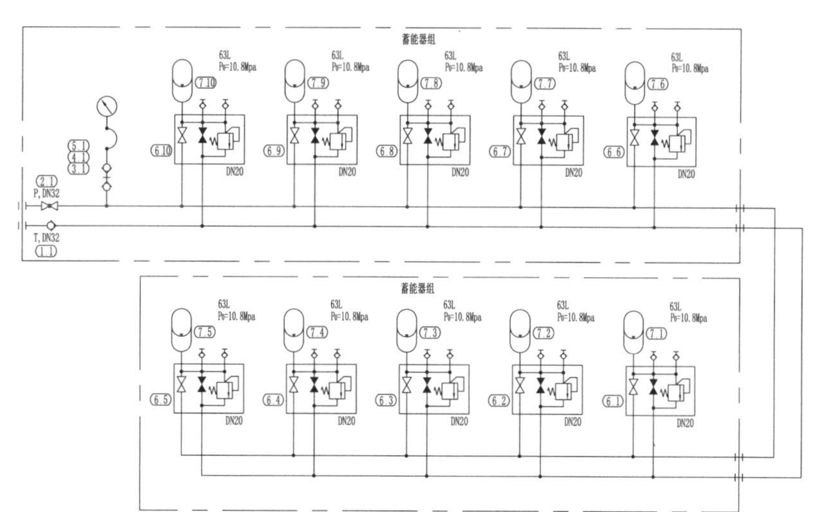

件号	名称	型号	主要参数	数量	备注
7	皮囊式蓄能器		63L, 31.5MPa	10	
6	蓄能器安全阀组		DN20, 31.5MPa	10	
5	耐震压力表		0-40MPa	1	
4	测压软管		DN2	1	
3	测压接头		G1/4", 40MPa	1	
2	高压球阀		DN32, 31.5MPa	1	
1	止回阀		DN32, 开启压力 0.1MPa	1	

明　细　表

机组	炼钢生产线
区域	铁水脱硫区
名称	蓄能器组原理图
图号	3/5

2.1.4 铁水脱硫液压系统阀台原理图（1）

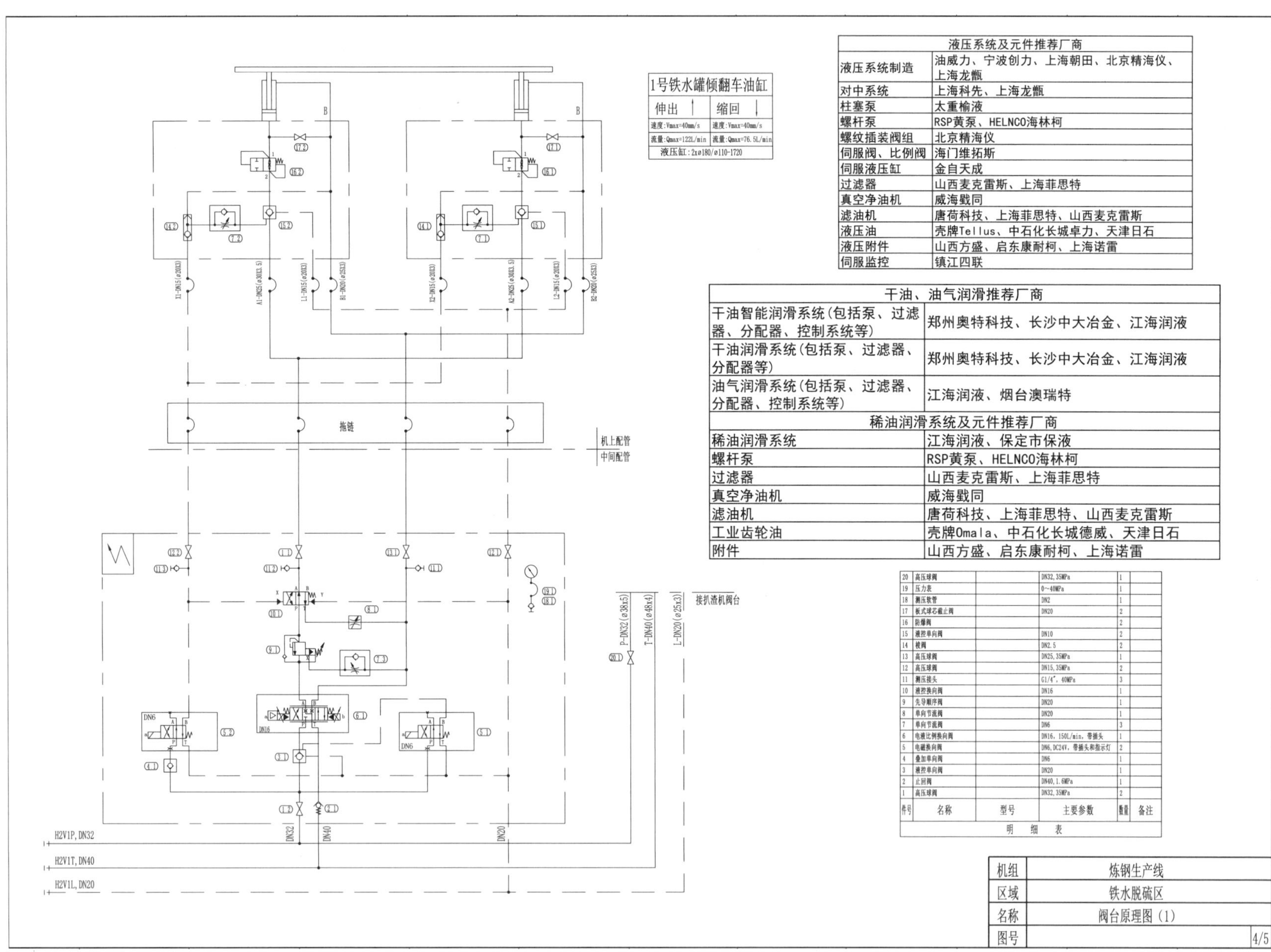

液压系统及元件推荐厂商	
液压系统制造	油威力、宁波创力、上海朝田、北京精海仪、上海龙甑
对中系统	上海科先、上海龙甑
柱塞泵	太重榆液
螺杆泵	RSP黄泵、HELNCO海林柯
螺纹插装阀组	北京精海仪
伺服阀、比例阀	海门维拓斯
伺服液压缸	金自天成
过滤器	山西麦克雷斯、上海菲思特
真空净油机	威海戥同
滤油机	唐荷科技、上海菲思特、山西麦克雷斯
液压油	壳牌Tellus、中石化长城卓力、天津日石
液压附件	山西方盛、启东康耐柯、上海诺雷
伺服监控	镇江四联

干油、油气润滑推荐厂商	
干油智能润滑系统(包括泵、过滤器、分配器、控制系统等)	郑州奥特科技、长沙中大冶金、江海润液
干油润滑系统(包括泵、过滤器、分配器等)	郑州奥特科技、长沙中大冶金、江海润液
油气润滑系统(包括泵、过滤器、分配器、控制系统等)	江海润液、烟台澳瑞特
稀油润滑系统及元件推荐厂商	
稀油润滑系统	江海润液、保定市保液
螺杆泵	RSP黄泵、HELNCO海林柯
过滤器	山西麦克雷斯、上海菲思特
真空净油机	威海戥同
滤油机	唐荷科技、上海菲思特、山西麦克雷斯
工业齿轮油	壳牌Omala、中石化长城德威、天津日石
附件	山西方盛、启东康耐柯、上海诺雷

件号	名称	型号	主要参数	数量	备注
20	高压球阀		DN32, 35MPa	1	
19	压力表		0~40MPa	1	
18	测压软管		DN2	1	
17	板式球芯截止阀		DN20	2	
16	防爆阀			2	
15	液控单向阀		DN10	2	
14	梭阀		DN2.5	2	
13	高压球阀		DN25, 35MPa	1	
12	高压球阀		DN15, 35MPa	2	
11	测压接头		G1/4", 40MPa	3	
10	液控换向阀		DN16	1	
9	先导顺序阀		DN20	1	
8	单向节流阀		DN20	1	
7	单向节流阀		DN6	3	
6	电液比例换向阀		DN16, 150L/min, 带插头	1	
5	电磁换向阀		DN6, DC24V, 带插头和指示灯	2	
4	叠加单向阀		DN6	1	
3	液控单向阀		DN20	1	
2	止回阀		DN40, 1.6MPa	1	
1	高压球阀		DN32, 35MPa	2	

明细表

机组	炼钢生产线
区域	铁水脱硫区
名称	阀台原理图（1）
图号	4/5

2.1.5 铁水脱硫液压系统阀台原理图（2）

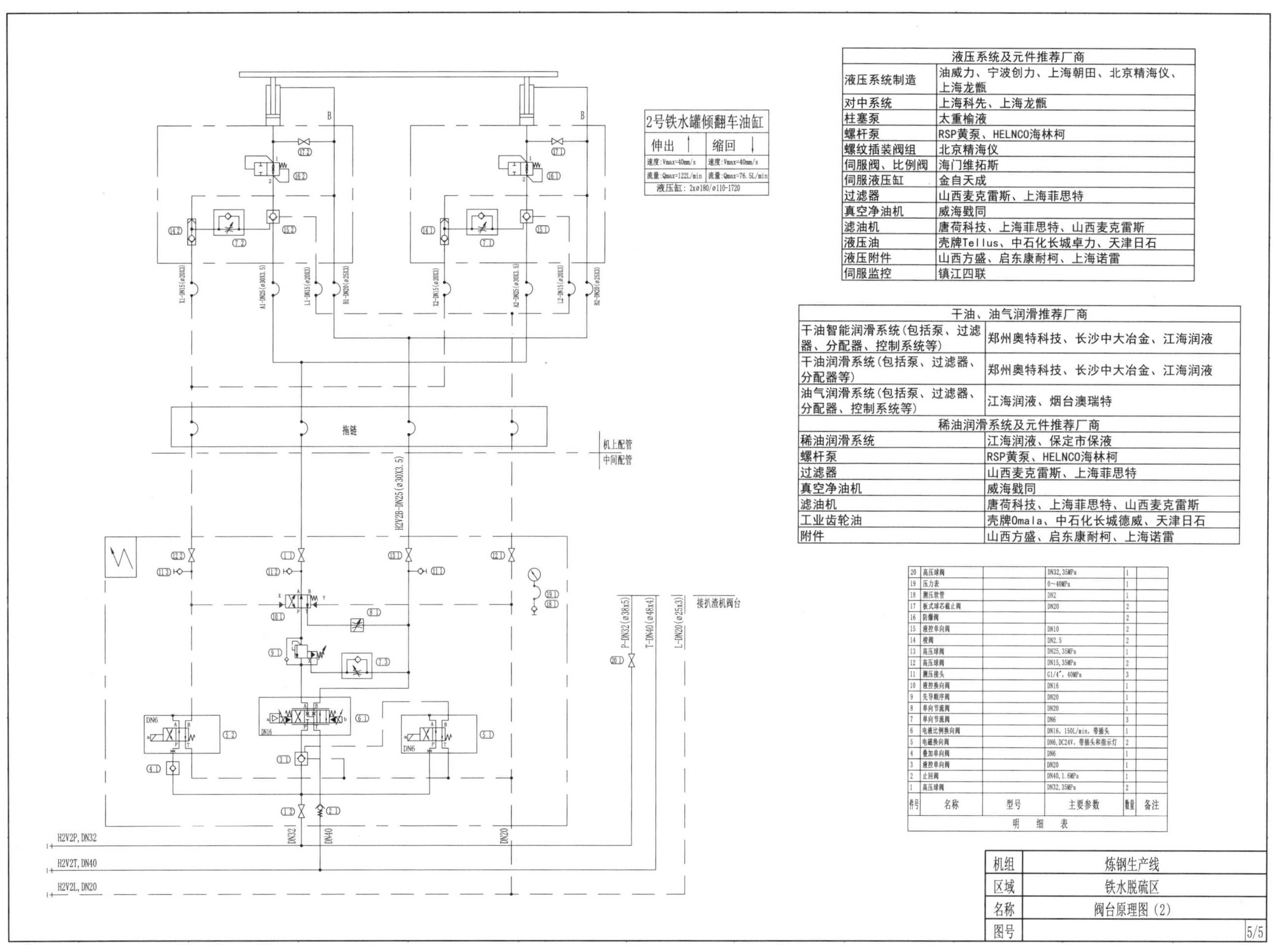

液压系统及元件推荐厂商	
液压系统制造	油威力、宁波创力、上海朝田、北京精海仪、上海龙甑
对中系统	上海科先、上海龙甑
柱塞泵	太重榆液
螺杆泵	RSP黄泵、HELNCO海林柯
螺纹插装阀组	北京精海仪
伺服阀、比例阀	海门维拓斯
伺服液压缸	金自天成
过滤器	山西麦克雷斯、上海菲思特
真空净油机	威海戥同
滤油机	唐荷科技、上海菲思特、山西麦克雷斯
液压油	壳牌Tellus、中石化长城卓力、天津日石
液压附件	山西方盛、启东康耐柯、上海诺雷
伺服监控	镇江四联

干油、油气润滑推荐厂商	
干油智能润滑系统(包括泵、过滤器、分配器、控制系统等)	郑州奥特科技、长沙中大冶金、江海润液
干油润滑系统(包括泵、过滤器、分配器等)	郑州奥特科技、长沙中大冶金、江海润液
油气润滑系统(包括泵、过滤器、分配器、控制系统等)	江海润液、烟台澳瑞特
稀油润滑系统及元件推荐厂商	
稀油润滑系统	江海润液、保定市保液
螺杆泵	RSP黄泵、HELNCO海林柯
过滤器	山西麦克雷斯、上海菲思特
真空净油机	威海戥同
滤油机	唐荷科技、上海菲思特、山西麦克雷斯
工业齿轮油	壳牌Omala、中石化长城德威、天津日石
附件	山西方盛、启东康耐柯、上海诺雷

件号	名称	型号	主要参数	数量	备注
20	高压球阀		DN32, 35MPa	1	
19	压力表		0~40MPa	1	
18	测压软管		DN2	1	
17	板式球芯截止阀		DN20	2	
16	防爆阀			2	
15	液控单向阀		DN10	2	
14	梭阀		DN2.5	2	
13	高压球阀		DN25, 35MPa	1	
12	高压球阀		DN15, 35MPa	2	
11	测压接头		G1/4″, 40MPa	3	
10	液控换向阀		DN16	1	
9	先导顺序阀		DN20	1	
8	单向节流阀		DN20	1	
7	单向节流阀		DN6	3	
6	电液比例换向阀		DN16，150L/min，带插头	1	
5	电磁换向阀		DN6, DC24V，带插头和指示灯	2	
4	叠加单向阀		DN6	1	
3	液控单向阀		DN20	1	
2	止回阀		DN40, 1.6MPa	1	
1	高压球阀		DN32, 35MPa	2	
明　细　表					

机组	炼钢生产线
区域	铁水脱硫区
名称	阀台原理图（2）
图号	5/5

2.2 电炉液压系统

2.2.1 电炉液压系统泵站原理图（1）

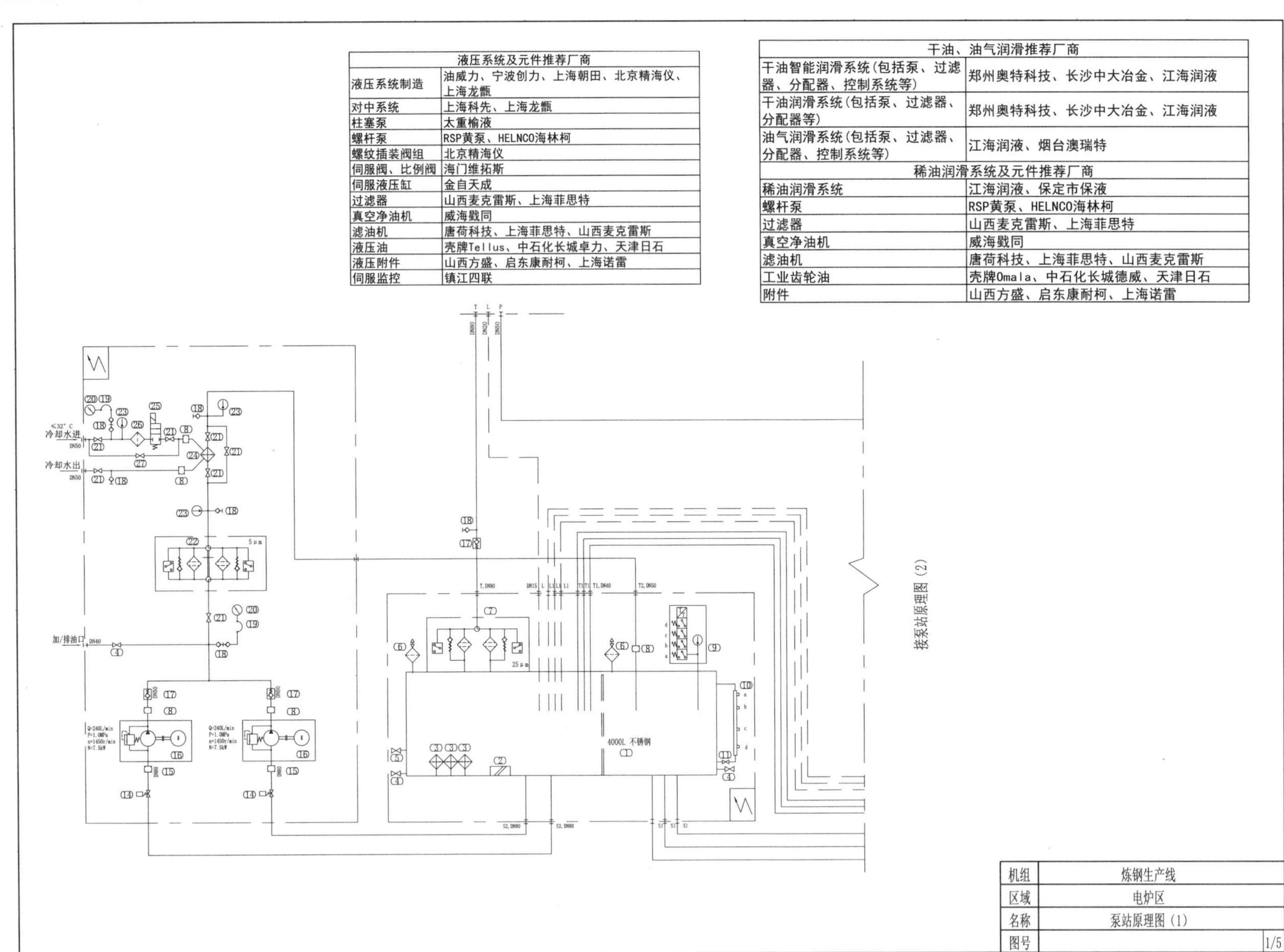

液压系统及元件推荐厂商	
液压系统制造	油威力、宁波创力、上海朝田、北京精海仪、上海龙甑
对中系统	上海科先、上海龙甑
柱塞泵	太重榆液
螺杆泵	RSP黄泵、HELNCO海林柯
螺纹插装阀组	北京精海仪
伺服阀、比例阀	海门维拓斯
伺服液压缸	金自天成
过滤器	山西麦克雷斯、上海菲思特
真空净油机	威海戬同
滤油机	唐荷科技、上海菲思特、山西麦克雷斯
液压油	壳牌Tellus、中石化长城卓力、天津日石
液压附件	山西方盛、启东康耐柯、上海诺雷
伺服监控	镇江四联

干油、油气润滑推荐厂商	
干油智能润滑系统(包括泵、过滤器、分配器、控制系统等)	郑州奥特科技、长沙中大冶金、江海润液
干油润滑系统(包括泵、过滤器、分配器等)	郑州奥特科技、长沙中大冶金、江海润液
油气润滑系统(包括泵、过滤器、分配器、控制系统等)	江海润液、烟台澳瑞特
稀油润滑系统及元件推荐厂商	
稀油润滑系统	江海润液、保定市保液
螺杆泵	RSP黄泵、HELNCO海林柯
过滤器	山西麦克雷斯、上海菲思特
真空净油机	威海戬同
滤油机	唐荷科技、上海菲思特、山西麦克雷斯
工业齿轮油	壳牌Omala、中石化长城德威、天津日石
附件	山西方盛、启东康耐柯、上海诺雷

机组	炼钢生产线
区域	电炉区
名称	泵站原理图（1）
图号	1/5

2.2.2 电炉液压系统泵站原理图（2）

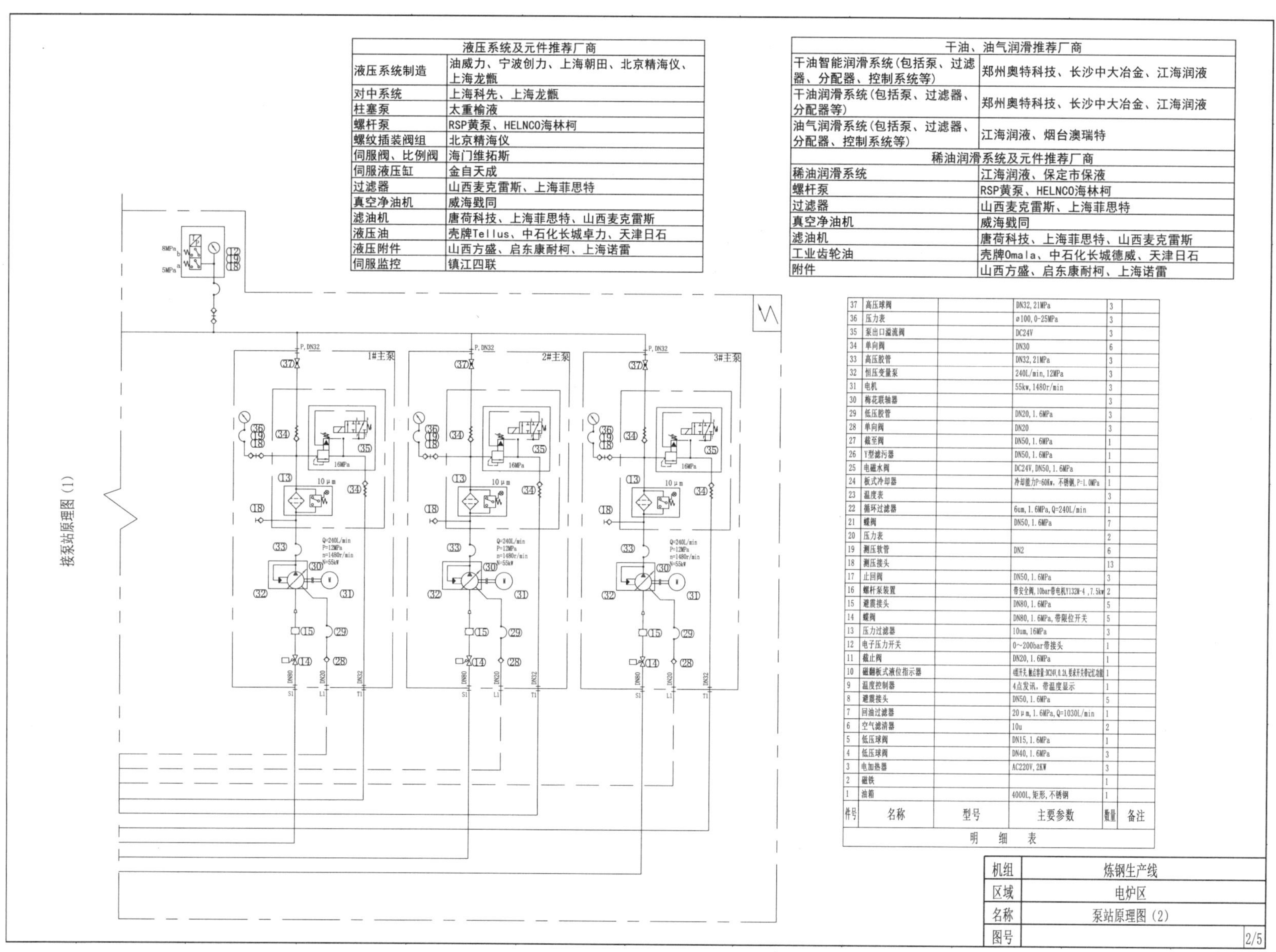

液压系统及元件推荐厂商	
液压系统制造	油威力、宁波创力、上海朝田、北京精海仪、上海龙甑
对中系统	上海科先、上海龙甑
柱塞泵	太重榆液
螺杆泵	RSP黄泵、HELNCO海林柯
螺纹插装阀组	北京精海仪
伺服阀、比例阀	海门维拓斯
伺服液压缸	金自天成
过滤器	山西麦克雷斯、上海菲思特
真空净油机	威海戡同
滤油机	唐荷科技、上海菲思特、山西麦克雷斯
液压油	壳牌Tellus、中石化长城卓力、天津日石
液压附件	山西方盛、启东康耐柯、上海诺雷
伺服监控	镇江四联

干油、油气润滑推荐厂商	
干油智能润滑系统(包括泵、过滤器、分配器、控制系统等)	郑州奥特科技、长沙中大冶金、江海润液
干油润滑系统(包括泵、过滤器、分配器等)	郑州奥特科技、长沙中大冶金、江海润液
油气润滑系统(包括泵、过滤器、分配器、控制系统等)	江海润液、烟台澳瑞特
稀油润滑系统及元件推荐厂商	
稀油润滑系统	江海润液、保定市保液
螺杆泵	RSP黄泵、HELNCO海林柯
过滤器	山西麦克雷斯、上海菲思特
真空净油机	威海戡同
滤油机	唐荷科技、上海菲思特、山西麦克雷斯
工业齿轮油	壳牌Omala、中石化长城德威、天津日石
附件	山西方盛、启东康耐柯、上海诺雷

件号	名称	型号	主要参数	数量	备注
37	高压球阀		DN32,21MPa	3	
36	压力表		ø100,0-25MPa	3	
35	泵出口溢流阀		DC24V	3	
34	单向阀		DN30	6	
33	高压胶管		DN32,21MPa	3	
32	恒压变量泵		240L/min,12MPa	3	
31	电机		55kw,1480r/min	3	
30	梅花联轴器			3	
29	低压胶管		DN20,1.6MPa	3	
28	单向阀		DN20	3	
27	截至阀		DN50,1.6MPa	1	
26	Y型滤污器		DN50,1.6MPa	1	
25	电磁水阀		DC24V,DN50,1.6MPa	1	
24	板式冷却器		冷却能力P=60Kw,不锈钢,P=1.0MPa	1	
23	温度表			3	
22	循环过滤器		6um,1.6MPa,Q=240L/min	1	
21	蝶阀		DN50,1.6MPa	7	
20	压力表			2	
19	测压软管		DN2	6	
18	测压接头			13	
17	止回阀		DN50,1.6MPa	3	
16	螺杆泵装置		带安全阀,10bar带电机Y132M-4 ,7.5kw	2	
15	避震接头		DN80,1.6MPa	5	
14	蝶阀		DN80,1.6MPa,带限位开关	5	
13	压力过滤器		10um,16MPa	3	
12	电子压力开关		0~200bar带接头	1	
11	截止阀		DN20,1.6MPa	1	
10	磁翻板式液位指示器		4组开关,触点容量:DC24V,0.2A,要求开关带记忆功能	1	
9	温度控制器		4点发讯，带温度显示	1	
8	避震接头		DN50,1.6MPa	5	
7	回油过滤器		20μm,1.6MPa,Q=1030L/min	1	
6	空气滤清器		10u	2	
5	低压球阀		DN15,1.6MPa	1	
4	低压球阀		DN40,1.6MPa	3	
3	电加热器		AC220V,2KW	3	
2	磁铁			1	
1	油箱		4000L,矩形,不锈钢	1	
明　细　表					

机组	炼钢生产线
区域	电炉区
名称	泵站原理图（2）
图号	2/5

2.2.3 电炉液压系统蓄能器组原理图

液压系统及元件推荐厂商	
液压系统制造	油威力、宁波创力、上海朝田、北京精海仪、上海龙甑
对中系统	上海科先、上海龙甑
柱塞泵	太重榆液
螺杆泵	RSP黄泵、HELNCO海林柯
螺纹插装阀组	北京精海仪
伺服阀、比例阀	海门维拓斯
伺服液压缸	金自天成
过滤器	山西麦克雷斯、上海菲思特
真空净油机	威海戥同
滤油机	唐荷科技、上海菲思特、山西麦克雷斯
液压油	壳牌Tellus、中石化长城卓力、天津日石
液压附件	山西方盛、启东康耐柯、上海诺雷
伺服监控	镇江四联

干油、油气润滑推荐厂商	
干油智能润滑系统(包括泵、过滤器、分配器、控制系统等)	郑州奥特科技、长沙中大冶金、江海润液
干油润滑系统(包括泵、过滤器、分配器等)	郑州奥特科技、长沙中大冶金、江海润液
油气润滑系统(包括泵、过滤器、分配器、控制系统等)	江海润液、烟台澳瑞特
稀油润滑系统及元件推荐厂商	
稀油润滑系统	江海润液、保定市保液
螺杆泵	RSP黄泵、HELNCO海林柯
过滤器	山西麦克雷斯、上海菲思特
真空净油机	威海戥同
滤油机	唐荷科技、上海菲思特、山西麦克雷斯
工业齿轮油	壳牌Omala、中石化长城德威、天津日石
附件	山西方盛、启东康耐柯、上海诺雷

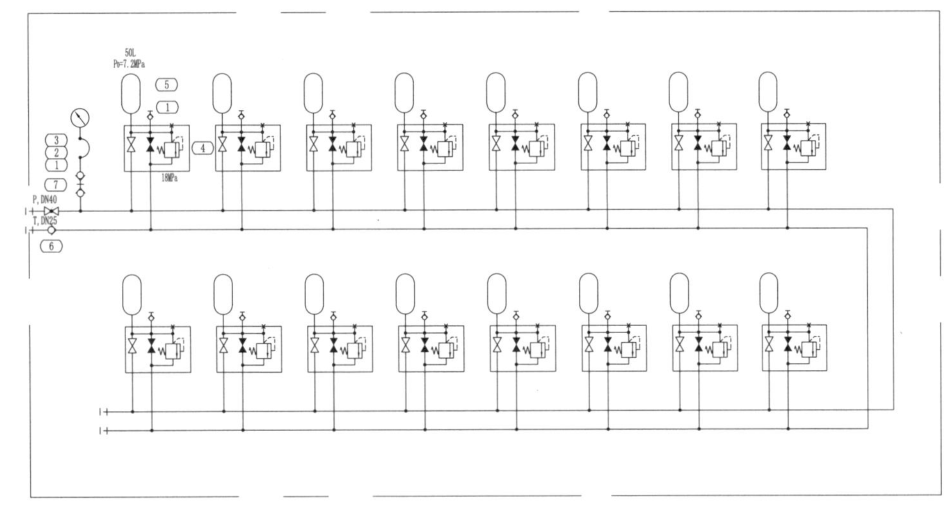

件号	名称	型号	主要参数	数量	备注
7	高压球阀		DN40	1	
6	单向阀			1	
5	蓄能器		50L	16	
4	蓄能器安全阀组		DN32	16	
3	压力表		DN100, 0-25MPa	1	
2	测压软管		DN2	1	
1	测压接头			17	

明细表

机组	炼钢生产线
区域	电炉区
名称	蓄能器组原理图
图号	3/5

2.2.4 电炉液压系统阀台原理图（1）

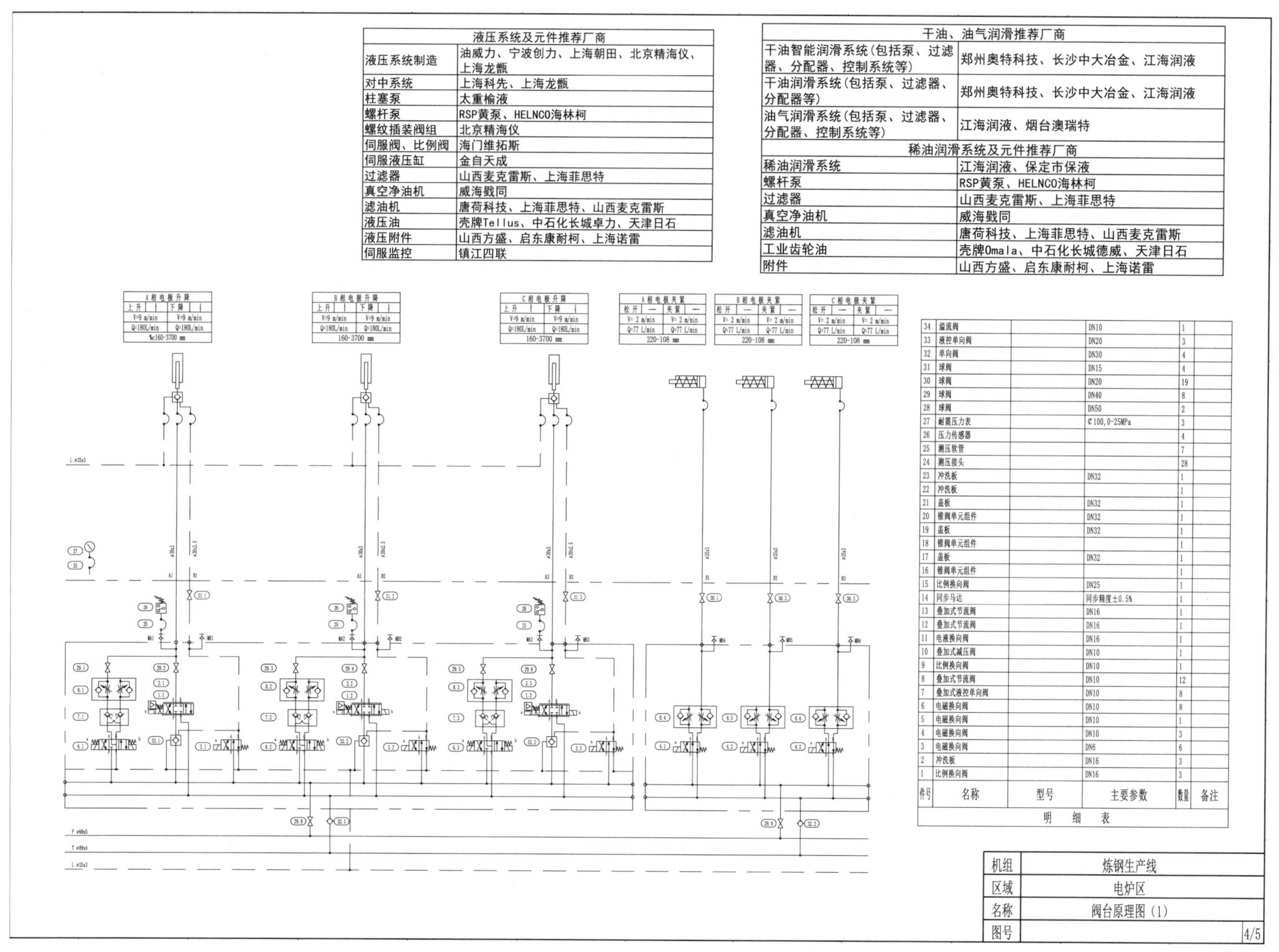

液压系统及元件推荐厂商	
液压系统制造	油威力、宁波创力、上海朝田、北京精海仪、上海龙甑
对中系统	上海科先、上海龙甑
柱塞泵	太重榆液
螺杆泵	RSP黄泵、HELNCO海林柯
螺纹插装阀组	北京精海仪
伺服阀、比例阀	海门维拓斯
伺服液压缸	金自天成
过滤器	山西麦克雷斯、上海菲思特
真空净油机	威海戥同
滤油机	唐荷科技、上海菲思特、山西麦克雷斯
液压油	壳牌Tellus、中石化长城卓力、天津日石
液压附件	山西方盛、启东康耐柯、上海诺雷
伺服监控	镇江四联

干油、油气润滑推荐厂商	
干油智能润滑系统(包括泵、过滤器、分配器、控制系统等)	郑州奥特科技、长沙中大冶金、江海润液
干油润滑系统(包括泵、过滤器、分配器等)	郑州奥特科技、长沙中大冶金、江海润液
油气润滑系统(包括泵、过滤器、分配器、控制系统等)	江海润液、烟台澳瑞特
稀油润滑系统及元件推荐厂商	
稀油润滑系统	江海润液、保定市保液
螺杆泵	RSP黄泵、HELNCO海林柯
过滤器	山西麦克雷斯、上海菲思特
真空净油机	威海戥同
滤油机	唐荷科技、上海菲思特、山西麦克雷斯
工业齿轮油	壳牌Omala、中石化长城德威、天津日石
附件	山西方盛、启东康耐柯、上海诺雷

件号	名称	型号	主要参数	数量	备注
34	溢流阀		DN10	1	
33	液控单向阀		DN20	3	
32	单向阀		DN30	4	
31	球阀		DN15	4	
30	球阀		DN20	19	
29	球阀		DN40	8	
28	球阀		DN50	2	
27	耐震压力表		¢100,0-25MPa	3	
26	压力传感器			4	
25	测压软管			7	
24	测压接头			28	
23	冲洗板		DN32	1	
22	冲洗板			1	
21	盖板		DN32	1	
20	锥阀单元组件		DN32	1	
19	盖板		DN32	1	
18	锥阀单元组件			1	
17	盖板		DN32	1	
16	锥阀单元组件			1	
15	比例换向阀		DN25	1	
14	同步马达		同步精度±0.5%	1	
13	叠加式节流阀		DN16	1	
12	叠加式节流阀		DN16	1	
11	电液换向阀		DN16	1	
10	叠加式减压阀		DN10	1	
9	比例换向阀		DN10	1	
8	叠加式节流阀		DN10	12	
7	叠加式液控单向阀		DN10	8	
6	电磁换向阀		DN10	8	
5	电磁换向阀		DN10	1	
4	电磁换向阀		DN10	3	
3	电磁换向阀		DN6	6	
2	冲洗板		DN16	3	
1	比例换向阀		DN16	3	
明细表					

机组	炼钢生产线
区域	电炉区
名称	阀台原理图（1）
图号	4/5

2.2.5 电炉液压系统阀台原理图（2）

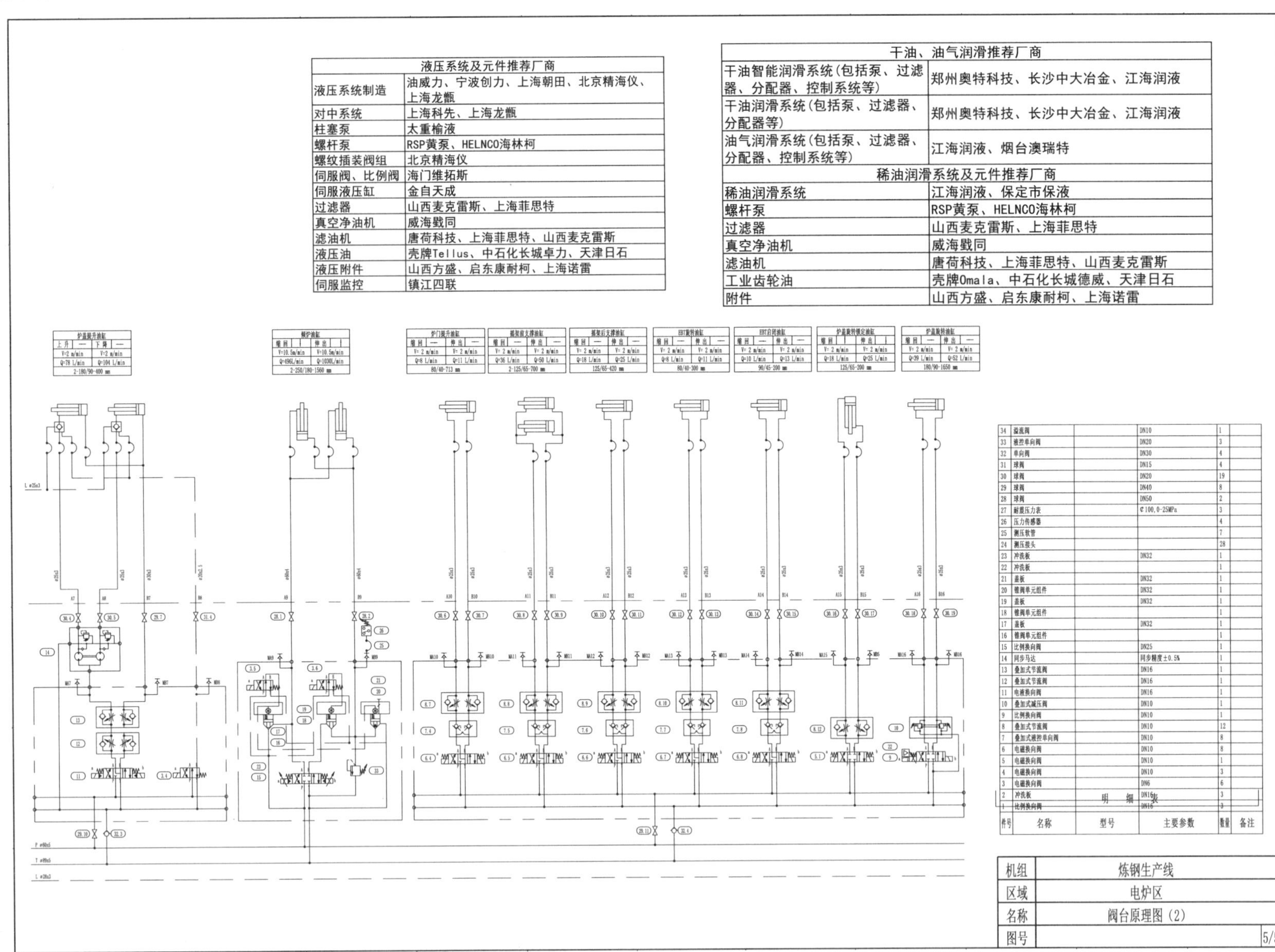

液压系统及元件推荐厂商	
液压系统制造	油威力、宁波创力、上海朝田、北京精海仪、上海龙甑
对中系统	上海科先、上海龙甑
柱塞泵	太重榆液
螺杆泵	RSP黄泵、HELNCO海林柯
螺纹插装阀组	北京精海仪
伺服阀、比例阀	海门维拓斯
伺服液压缸	金自天成
过滤器	山西麦克雷斯、上海菲思特
真空净油机	威海戥同
滤油机	唐荷科技、上海菲思特、山西麦克雷斯
液压油	壳牌Tellus、中石化长城卓力、天津日石
液压附件	山西方盛、启东康耐柯、上海诺雷
伺服监控	镇江四联

干油、油气润滑推荐厂商	
干油智能润滑系统(包括泵、过滤器、分配器、控制系统等)	郑州奥特科技、长沙中大冶金、江海润液
干油润滑系统(包括泵、过滤器、分配器等)	郑州奥特科技、长沙中大冶金、江海润液
油气润滑系统(包括泵、过滤器、分配器、控制系统等)	江海润液、烟台澳瑞特
稀油润滑系统及元件推荐厂商	
稀油润滑系统	江海润液、保定市保液
螺杆泵	RSP黄泵、HELNCO海林柯
过滤器	山西麦克雷斯、上海菲思特
真空净油机	威海戥同
滤油机	唐荷科技、上海菲思特、山西麦克雷斯
工业齿轮油	壳牌Omala、中石化长城德威、天津日石
附件	山西方盛、启东康耐柯、上海诺雷

明细表

件号	名称	型号	主要参数	数量	备注
34	溢流阀		DN10	1	
33	液控单向阀		DN20	3	
32	单向阀		DN30	4	
31	球阀		DN15	4	
30	球阀		DN20	19	
29	球阀		DN40	8	
28	球阀		DN50	2	
27	耐震压力表		¢100,0-25MPa	3	
26	压力传感器			4	
25	测压软管			7	
24	测压接头			28	
23	冲洗板		DN32	1	
22	冲洗板			1	
21	盖板		DN32	1	
20	锥阀单元组件		DN32	1	
19	盖板		DN32	1	
18	锥阀单元组件			1	
17	盖板		DN32	1	
16	锥阀单元组件			1	
15	比例换向阀		DN25	1	
14	同步马达		同步精度±0.5%	1	
13	叠加式节流阀		DN16	1	
12	叠加式节流阀		DN16	1	
11	电液换向阀		DN16	1	
10	叠加式减压阀		DN10	1	
9	比例换向阀		DN10	1	
8	叠加式节流阀		DN10	12	
7	叠加式液控单向阀		DN10	8	
6	电磁换向阀		DN10	8	
5	电磁换向阀		DN10	1	
4	电磁换向阀		DN10	3	
3	电磁换向阀		DN6	6	
2	冲洗板		DN16	3	
1	比例换向阀		DN16	3	

机组	炼钢生产线
区域	电炉区
名称	阀台原理图（2）
图号	5/5

2.3 LF 炉液压系统

2.3.1 LF 炉液压系统泵站原理图（1）

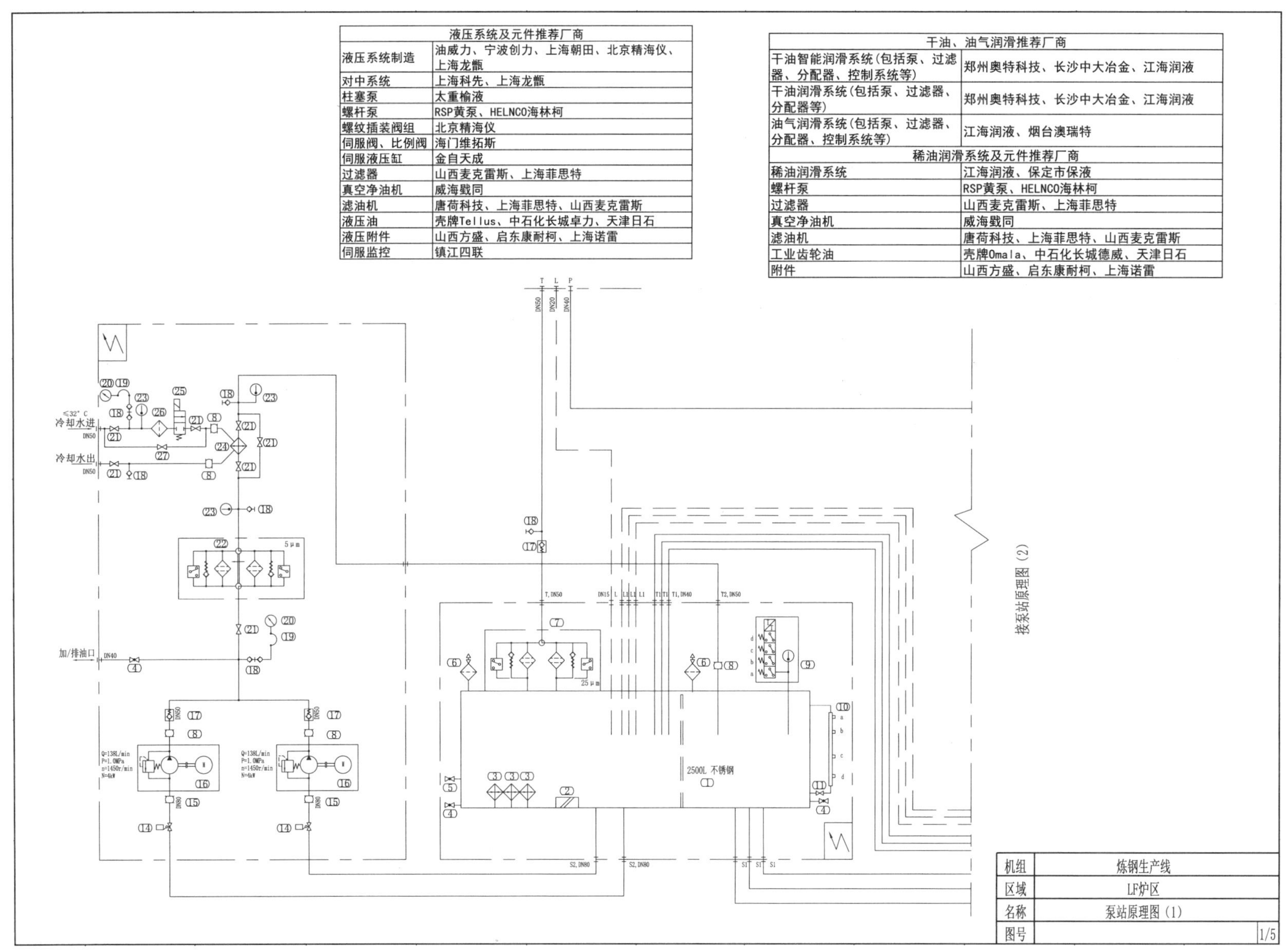

液压系统及元件推荐厂商	
液压系统制造	油威力、宁波创力、上海朝田、北京精海仪、上海龙甑
对中系统	上海科先、上海龙甑
柱塞泵	太重榆液
螺杆泵	RSP黄泵、HELNCO海林柯
螺纹插装阀组	北京精海仪
伺服阀、比例阀	海门维拓斯
伺服液压缸	金自天成
过滤器	山西麦克雷斯、上海菲思特
真空净油机	威海戬同
滤油机	唐荷科技、上海菲思特、山西麦克雷斯
液压油	壳牌Tellus、中石化长城卓力、天津日石
液压附件	山西方盛、启东康耐柯、上海诺雷
伺服监控	镇江四联

干油、油气润滑推荐厂商	
干油智能润滑系统(包括泵、过滤器、分配器、控制系统等)	郑州奥特科技、长沙中大冶金、江海润液
干油润滑系统(包括泵、过滤器、分配器等)	郑州奥特科技、长沙中大冶金、江海润液
油气润滑系统(包括泵、过滤器、分配器、控制系统等)	江海润液、烟台澳瑞特
稀油润滑系统及元件推荐厂商	
稀油润滑系统	江海润液、保定市保液
螺杆泵	RSP黄泵、HELNCO海林柯
过滤器	山西麦克雷斯、上海菲思特
真空净油机	威海戬同
滤油机	唐荷科技、上海菲思特、山西麦克雷斯
工业齿轮油	壳牌Omala、中石化长城德威、天津日石
附件	山西方盛、启东康耐柯、上海诺雷

2.3.2 LF 炉液压系统泵站原理图（2）

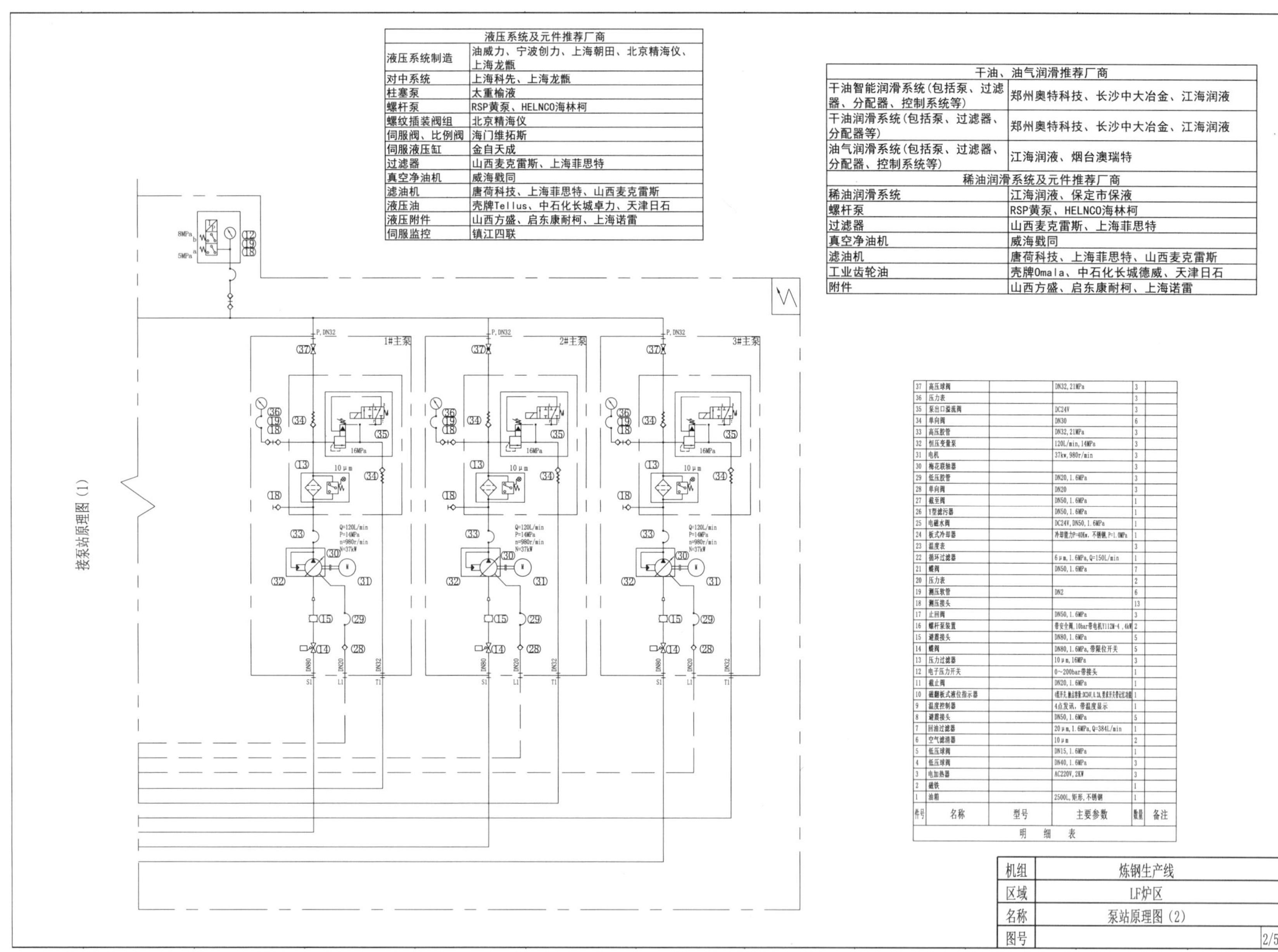

液压系统及元件推荐厂商	
液压系统制造	油威力、宁波创力、上海朝田、北京精海仪、上海龙甑
对中系统	上海科先、上海龙甑
柱塞泵	太重榆液
螺杆泵	RSP黄泵、HELNCO海林柯
螺纹插装阀组	北京精海仪
伺服阀、比例阀	海门维拓斯
伺服液压缸	金自天成
过滤器	山西麦克雷斯、上海菲思特
真空净油机	威海戳同
滤油机	唐荷科技、上海菲思特、山西麦克雷斯
液压油	壳牌Tellus、中石化长城卓力、天津日石
液压附件	山西方盛、启东康耐柯、上海诺雷
伺服监控	镇江四联

干油、油气润滑推荐厂商	
干油智能润滑系统(包括泵、过滤器、分配器、控制系统等)	郑州奥特科技、长沙中大冶金、江海润液
干油润滑系统(包括泵、过滤器、分配器等)	郑州奥特科技、长沙中大冶金、江海润液
油气润滑系统(包括泵、过滤器、分配器、控制系统等)	江海润液、烟台澳瑞特
稀油润滑系统及元件推荐厂商	
稀油润滑系统	江海润液、保定市保液
螺杆泵	RSP黄泵、HELNCO海林柯
过滤器	山西麦克雷斯、上海菲思特
真空净油机	威海戳同
滤油机	唐荷科技、上海菲思特、山西麦克雷斯
工业齿轮油	壳牌Omala、中石化长城德威、天津日石
附件	山西方盛、启东康耐柯、上海诺雷

件号	名称	型号	主要参数	数量	备注
37	高压球阀		DN32,21MPa	3	
36	压力表			3	
35	泵出口溢流阀		DC24V	3	
34	单向阀		DN30	6	
33	高压胶管		DN32,21MPa	3	
32	恒压变量泵		120L/min,14MPa	3	
31	电机		37kw,980r/min	3	
30	梅花联轴器			3	
29	低压胶管		DN20,1.6MPa	3	
28	单向阀		DN20	3	
27	截至阀		DN50,1.6MPa	1	
26	Y型滤污器		DN50,1.6MPa	1	
25	电磁水阀		DC24V,DN50,1.6MPa	1	
24	板式冷却器		冷却能力P=40Kw，不锈钢,P=1.0MPa	1	
23	温度表			3	
22	循环过滤器		6μm,1.6MPa,Q=150L/min	1	
21	蝶阀		DN50,1.6MPa	7	
20	压力表			2	
19	测压软管		DN2	6	
18	测压接头			13	
17	止回阀		DN50,1.6MPa	3	
16	螺杆泵装置		带安全阀,10bar带电机Y112M-4 ,4kW	2	
15	避震接头		DN80,1.6MPa	5	
14	蝶阀		DN80,1.6MPa,带限位开关	5	
13	压力过滤器		10μm,16MPa	3	
12	电子压力开关		0~200bar带接头	1	
11	截止阀		DN20,1.6MPa	1	
10	磁翻板式液位指示器		4组开关,触点容量:DC24V,0.2A,要求开关带记忆功能	1	
9	温度控制器		4点发讯，带温度显示	1	
8	避震接头		DN50,1.6MPa	5	
7	回油过滤器		20μm,1.6MPa,Q=384L/min	1	
6	空气滤清器		10μm	2	
5	低压球阀		DN15,1.6MPa	1	
4	低压球阀		DN40,1.6MPa	3	
3	电加热器		AC220V,2KW	3	
2	磁铁			1	
1	油箱		2500L,矩形,不锈钢	1	

明　细　表

机组	炼钢生产线
区域	LF炉区
名称	泵站原理图（2）
图号	2/5

2.3.3 LF 炉液压系统蓄能器组原理图

液压系统及元件推荐厂商	
液压系统制造	油威力、宁波创力、上海朝田、北京精海仪、上海龙甑
对中系统	上海科先、上海龙甑
柱塞泵	太重榆液
螺杆泵	RSP黄泵、HELNCO海林柯
螺纹插装阀组	北京精海仪
伺服阀、比例阀	海门维拓斯
伺服液压缸	金自天成
过滤器	山西麦克雷斯、上海菲思特
真空净油机	威海戬同
滤油机	唐荷科技、上海菲思特、山西麦克雷斯
液压油	壳牌Tellus、中石化长城卓力、天津日石
液压附件	山西方盛、启东康耐柯、上海诺雷
伺服监控	镇江四联

干油、油气润滑推荐厂商	
干油智能润滑系统(包括泵、过滤器、分配器、控制系统等)	郑州奥特科技、长沙中大冶金、江海润液
干油润滑系统(包括泵、过滤器、分配器等)	郑州奥特科技、长沙中大冶金、江海润液
油气润滑系统(包括泵、过滤器、分配器、控制系统等)	江海润液、烟台澳瑞特
稀油润滑系统及元件推荐厂商	
稀油润滑系统	江海润液、保定市保液
螺杆泵	RSP黄泵、HELNCO海林柯
过滤器	山西麦克雷斯、上海菲思特
真空净油机	威海戬同
滤油机	唐荷科技、上海菲思特、山西麦克雷斯
工业齿轮油	壳牌Omala、中石化长城德威、天津日石
附件	山西方盛、启东康耐柯、上海诺雷

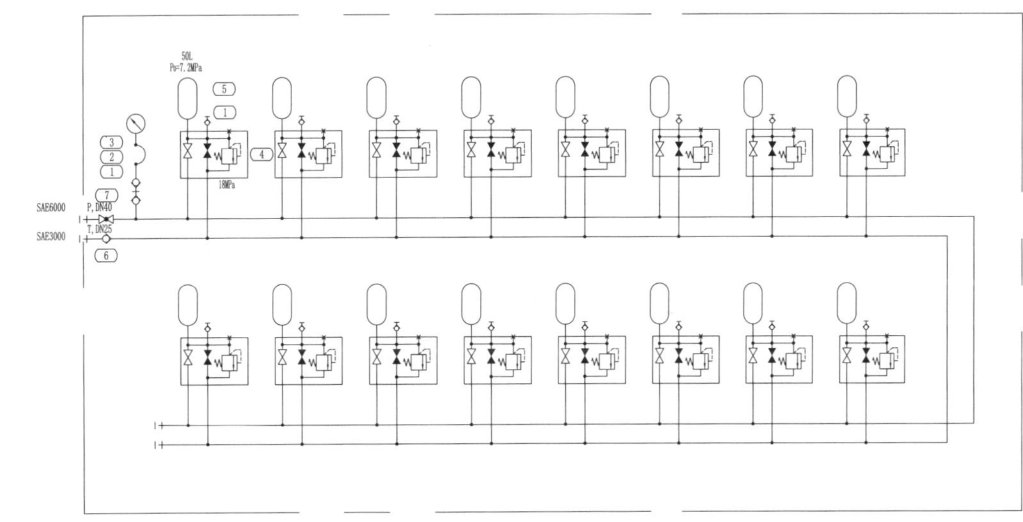

件号	名称	型号	主要参数	数量	备注
7	高压球阀		DN40	1	
6	单向阀			1	
5	蓄能器		50L	16	
4	蓄能器安全阀组		DN32	16	
3	压力表		⌀100,0-25MPa	1	
2	测压软管		DN2	1	
1	测压接头			17	
明　细　表					

机组	炼钢生产线
区域	LF炉区
名称	蓄能器组原理图
图号	3/5

2.3.4 LF 炉液压系统阀台原理图（1）

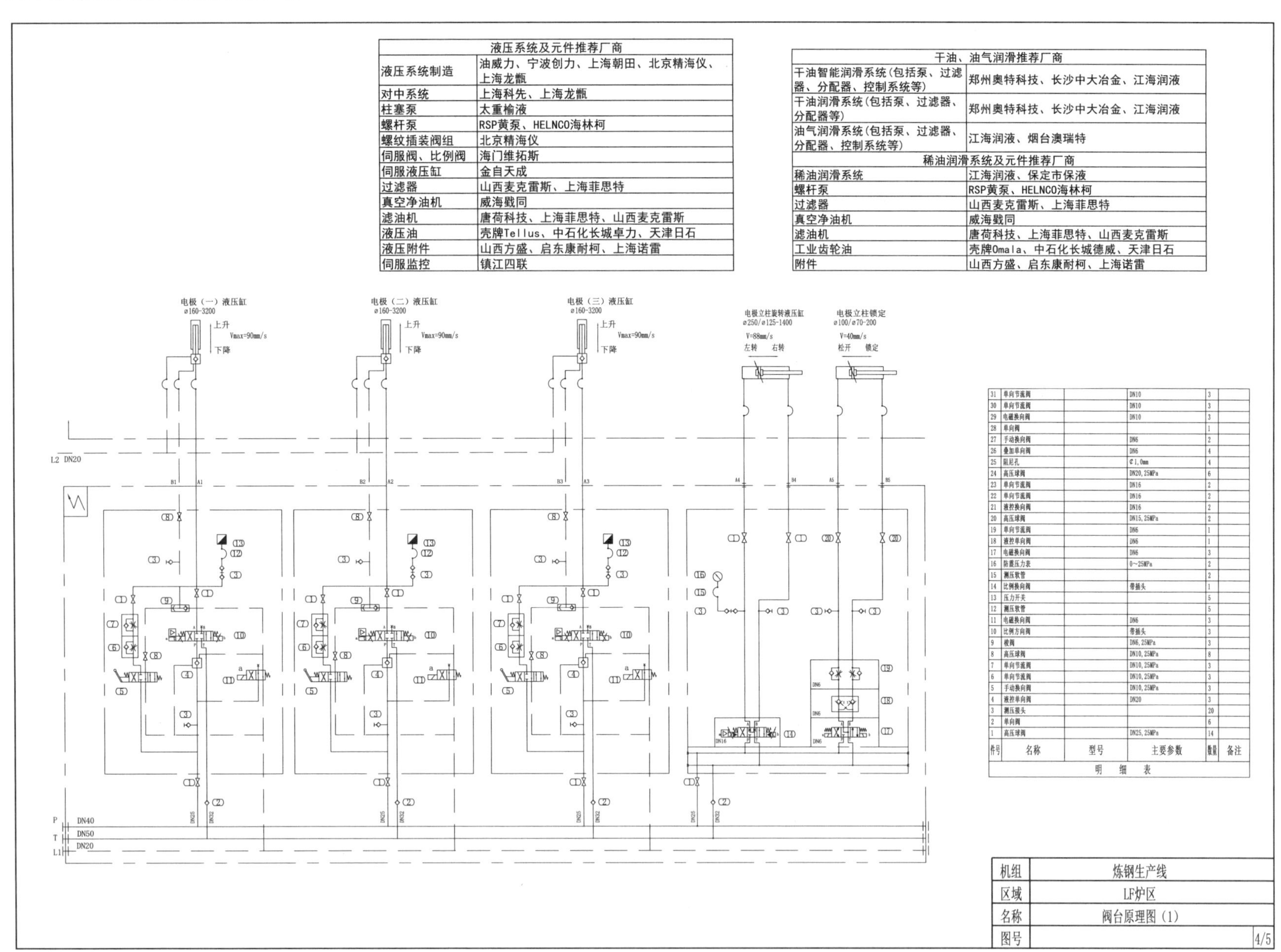

液压系统及元件推荐厂商	
液压系统制造	油威力、宁波创力、上海朝田、北京精海仪、上海龙甑
对中系统	上海科先、上海龙甑
柱塞泵	太重榆液
螺杆泵	RSP黄泵、HELNCO海林柯
螺纹插装阀组	北京精海仪
伺服阀、比例阀	海门维拓斯
伺服液压缸	金自天成
过滤器	山西麦克雷斯、上海菲思特
真空净油机	威海戬同
滤油机	唐荷科技、上海菲思特、山西麦克雷斯
液压油	壳牌Tellus、中石化长城卓力、天津日石
液压附件	山西方盛、启东康耐柯、上海诺雷
伺服监控	镇江四联

干油、油气润滑推荐厂商	
干油智能润滑系统(包括泵、过滤器、分配器、控制系统等)	郑州奥特科技、长沙中大冶金、江海润液
干油润滑系统(包括泵、过滤器、分配器等)	郑州奥特科技、长沙中大冶金、江海润液
油气润滑系统(包括泵、过滤器、分配器、控制系统等)	江海润液、烟台澳瑞特
稀油润滑系统及元件推荐厂商	
稀油润滑系统	江海润液、保定市保液
螺杆泵	RSP黄泵、HELNCO海林柯
过滤器	山西麦克雷斯、上海菲思特
真空净油机	威海戬同
滤油机	唐荷科技、上海菲思特、山西麦克雷斯
工业齿轮油	壳牌Omala、中石化长城德威、天津日石
附件	山西方盛、启东康耐柯、上海诺雷

件号	名称	型号	主要参数	数量	备注
31	单向节流阀		DN10	3	
30	单向节流阀		DN10	3	
29	电磁换向阀		DN10	3	
28	单向阀			1	
27	手动换向阀		DN6	2	
26	叠加单向阀		DN6	4	
25	阻尼孔		¢1,0mm	4	
24	高压球阀		DN20,25MPa	6	
23	单向节流阀		DN16	2	
22	单向节流阀		DN16	2	
21	液控换向阀		DN16	2	
20	高压球阀		DN15,25MPa	2	
19	单向节流阀		DN6	1	
18	液控单向阀		DN6	1	
17	电磁换向阀		DN6	3	
16	防震压力表		0~25MPa	2	
15	测压软管			2	
14	比例换向阀		带插头	1	
13	压力开关			5	
12	测压软管			5	
11	电磁换向阀		DN6	3	
10	比例方向阀		带插头	3	
9	梭阀		DN6,25MPa	3	
8	高压球阀		DN10,25MPa	8	
7	单向节流阀		DN10,25MPa	3	
6	单向节流阀		DN10,25MPa	3	
5	手动换向阀		DN10,25MPa	3	
4	液控单向阀		DN20	3	
3	测压接头			20	
2	单向阀			6	
1	高压球阀		DN25,25MPa	14	
明细表					

机组	炼钢生产线
区域	LF炉区
名称	阀台原理图（1）
图号	4/5

2.3.5 LF 炉液压系统阀台原理图（2）

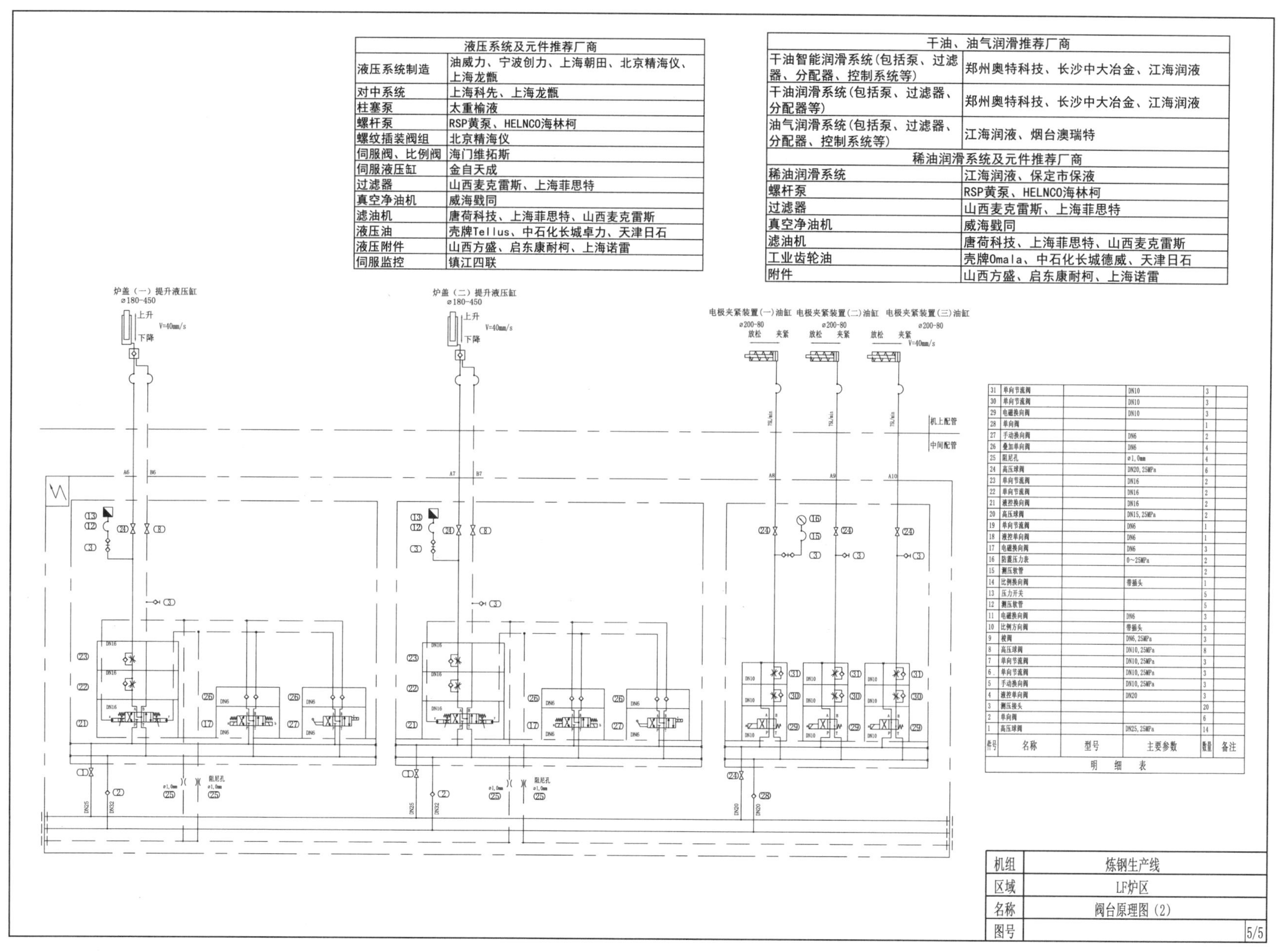

液压系统及元件推荐厂商	
液压系统制造	油威力、宁波创力、上海朝田、北京精海仪、上海龙甑
对中系统	上海科先、上海龙甑
柱塞泵	太重榆液
螺杆泵	RSP黄泵、HELNCO海林柯
螺纹插装阀组	北京精海仪
伺服阀、比例阀	海门维拓斯
伺服液压缸	金自天成
过滤器	山西麦克雷斯、上海菲思特
真空净油机	威海戥同
滤油机	唐荷科技、上海菲思特、山西麦克雷斯
液压油	壳牌Tellus、中石化长城卓力、天津日石
液压附件	山西方盛、启东康耐柯、上海诺雷
伺服监控	镇江四联

干油、油气润滑推荐厂商	
干油智能润滑系统(包括泵、过滤器、分配器、控制系统等)	郑州奥特科技、长沙中大冶金、江海润液
干油润滑系统(包括泵、过滤器、分配器等)	郑州奥特科技、长沙中大冶金、江海润液
油气润滑系统(包括泵、过滤器、分配器、控制系统等)	江海润液、烟台澳瑞特
稀油润滑系统及元件推荐厂商	
稀油润滑系统	江海润液、保定市保液
螺杆泵	RSP黄泵、HELNCO海林柯
过滤器	山西麦克雷斯、上海菲思特
真空净油机	威海戥同
滤油机	唐荷科技、上海菲思特、山西麦克雷斯
工业齿轮油	壳牌Omala、中石化长城德威、天津日石
附件	山西方盛、启东康耐柯、上海诺雷

件号	名称	型号	主要参数	数量	备注
31	单向节流阀		DN10	3	
30	单向节流阀		DN10	3	
29	电磁换向阀		DN10	3	
28	单向阀			1	
27	手动换向阀		DN6	2	
26	叠加单向阀		DN6	4	
25	阻尼孔		ø1,0mm	4	
24	高压球阀		DN20,25MPa	6	
23	单向节流阀		DN16	2	
22	单向节流阀		DN16	2	
21	液控换向阀		DN16	2	
20	高压球阀		DN15,25MPa	2	
19	单向节流阀		DN6	1	
18	液控单向阀		DN6	1	
17	电磁换向阀		DN6	3	
16	防震压力表		0～25MPa	2	
15	测压软管			2	
14	比例换向阀		带插头	1	
13	压力开关			5	
12	测压软管			5	
11	电磁换向阀		DN6	3	
10	比例方向阀		带插头	3	
9	梭阀		DN6,25MPa	3	
8	高压球阀		DN10,25MPa	8	
7	单向节流阀		DN10,25MPa	3	
6	单向节流阀		DN10,25MPa	3	
5	手动换向阀		DN10,25MPa	3	
4	液控单向阀		DN20	3	
3	测压接头			20	
2	单向阀			6	
1	高压球阀		DN25,25MPa	14	

明　细　表

机组	炼钢生产线
区域	LF炉区
名称	阀台原理图（2）
图号	5/5

2.4 烟罩升降液压系统

2.4.1 烟罩升降液压系统泵站原理图

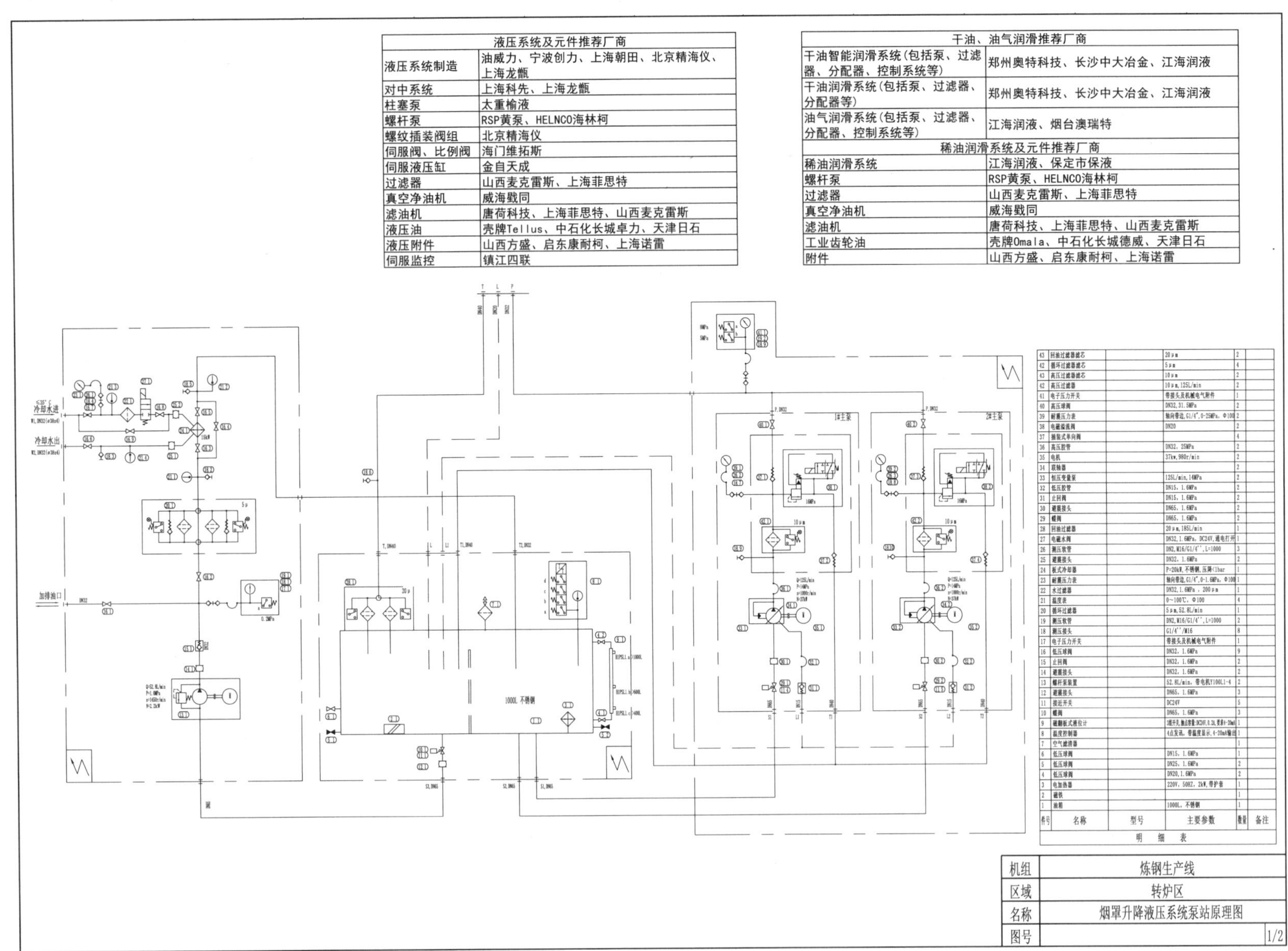

液压系统及元件推荐厂商	
液压系统制造	油威力、宁波创力、上海朝田、北京精海仪、上海龙甑
对中系统	上海科先、上海龙甑
柱塞泵	太重榆液
螺杆泵	RSP黄泵、HELNCO海林柯
螺纹插装阀组	北京精海仪
伺服阀、比例阀	海门维拓斯
伺服液压缸	金自天成
过滤器	山西麦克雷斯、上海菲思特
真空净油机	威海戥同
滤油机	唐荷科技、上海菲思特、山西麦克雷斯
液压油	壳牌Tellus、中石化长城卓力、天津日石
液压附件	山西方盛、启东康耐柯、上海诺雷
伺服监控	镇江四联

干油、油气润滑推荐厂商	
干油智能润滑系统(包括泵、过滤器、分配器、控制系统等)	郑州奥特科技、长沙中大冶金、江海润液
干油润滑系统(包括泵、过滤器、分配器等)	郑州奥特科技、长沙中大冶金、江海润液
油气润滑系统(包括泵、过滤器、分配器、控制系统等)	江海润液、烟台澳瑞特
稀油润滑系统及元件推荐厂商	
稀油润滑系统	江海润液、保定市保液
螺杆泵	RSP黄泵、HELNCO海林柯
过滤器	山西麦克雷斯、上海菲思特
真空净油机	威海戥同
滤油机	唐荷科技、上海菲思特、山西麦克雷斯
工业齿轮油	壳牌Omala、中石化长城德威、天津日石
附件	山西方盛、启东康耐柯、上海诺雷

件号	名称	型号	主要参数	数量	备注
43	回油过滤器滤芯		20μm	2	
42	循环过滤器滤芯		5μm	4	
43	高压过滤器滤芯		10μm	2	
42	高压过滤器		10μm,125L/min	2	
41	电子压力开关		带接头及机械电气附件	1	
40	高压球阀		DN32,31.5MPa	2	
39	耐震压力表		轴向带边,G1/4",0-25MPa，Φ100	2	
38	电磁溢流阀		DN20	2	
37	插装式单向阀			4	
36	高压胶管		DN32，25MPa	2	
35	电机		37kw,980r/min	2	
34	联轴器			2	
33	恒压变量泵		125L/min,14MPa	2	
32	低压胶管		DN15，1.6MPa	2	
31	止回阀		DN15，1.6MPa	2	
30	避震接头		DN65，1.6MPa	2	
29	蝶阀		DN65，1.6MPa	2	
28	回油过滤器		20μm,185L/min	1	
27	电磁水阀		DN32,1.6MPa，DC24V,通电打开	1	
26	测压软管		DN2,M16/G1/4'',L=1000	3	
25	避震接头		DN32，1.6MPa	2	
24	板式冷却器		P=20kW,不锈钢,压降<1bar	1	
23	耐震压力表		轴向带边,G1/4",0-1.6MPa，Φ100	1	
22	水过滤器		DN32,1.6MPa，200μm	1	
21	温度表		0~100℃，Φ100	4	
20	循环过滤器		5μm,52.8L/min	1	
19	测压软管		DN2,M16/G1/4'',L=1000	2	
18	测压接头		G1/4''/M16	8	
17	电子压力开关		带接头及机械电气附件	1	
16	低压球阀		DN32，1.6MPa	9	
15	止回阀		DN32，1.6MPa	2	
14	避震接头		DN32，1.6MPa	2	
13	螺杆泵装置		52.8L/min，带电机Y100L1-4	2	
12	避震接头		DN65，1.6MPa	3	
11	接近开关		DC24V	5	
10	蝶阀		DN65，1.6MPa	3	
9	磁翻板式液位计		3组开关,触点容量:DC24V,0.2A,要求4-20mA	1	
8	温度控制器		4点发讯，带温度显示,4-20mA输出	1	
7	空气滤清器			1	
6	低压球阀		DN15，1.6MPa	1	
5	低压球阀		DN25，1.6MPa	2	
4	低压球阀		DN20,1.6MPa	2	
3	电加热器		220V，50HZ，2kW,带护套	1	
2	磁铁			1	
1	油箱		1000L，不锈钢	1	

明细表

机组	炼钢生产线
区域	转炉区
名称	烟罩升降液压系统泵站原理图
图号	1/2

2.4.2 烟罩升降液压系统阀台原理图

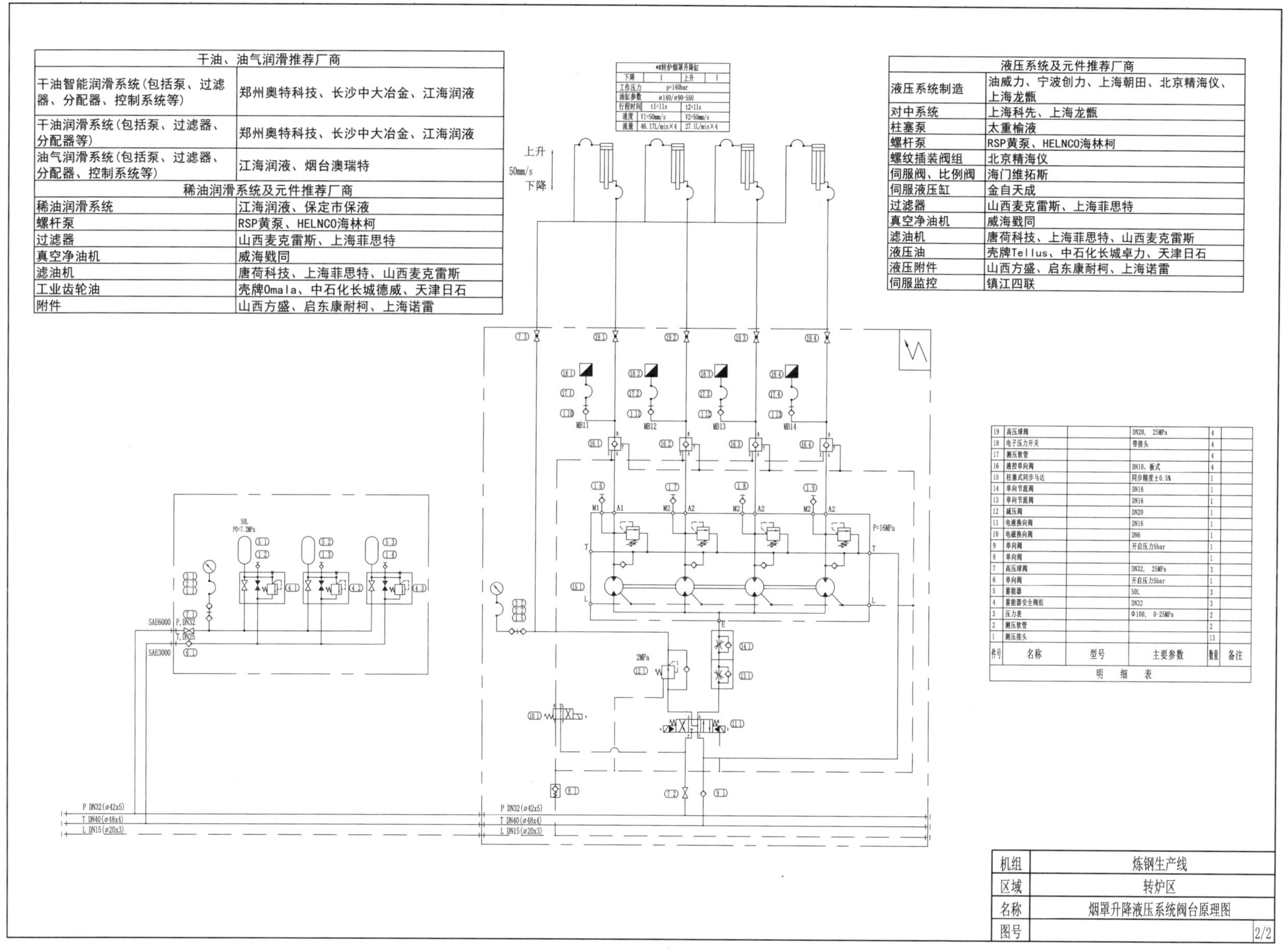

干油、油气润滑推荐厂商	
干油智能润滑系统(包括泵、过滤器、分配器、控制系统等)	郑州奥特科技、长沙中大冶金、江海润液
干油润滑系统(包括泵、过滤器、分配器等)	郑州奥特科技、长沙中大冶金、江海润液
油气润滑系统(包括泵、过滤器、分配器、控制系统等)	江海润液、烟台澳瑞特
稀油润滑系统及元件推荐厂商	
稀油润滑系统	江海润液、保定市保液
螺杆泵	RSP黄泵、HELNCO海林柯
过滤器	山西麦克雷斯、上海菲思特
真空净油机	威海戥同
滤油机	唐荷科技、上海菲思特、山西麦克雷斯
工业齿轮油	壳牌Omala、中石化长城德威、天津日石
附件	山西方盛、启东康耐柯、上海诺雷

*#转炉烟罩升降缸			
下降	I	上升	I
工作压力	p=140bar		
油缸参数	ø140/ø90-550		
行程时间	t1=11s	t2=11s	
速度	V1=50mm/s	V2=50mm/s	
流量	46.17L/min×4	27.1L/min×4	

液压系统及元件推荐厂商	
液压系统制造	油威力、宁波创力、上海朝田、北京精海仪、上海龙甑
对中系统	上海科先、上海龙甑
柱塞泵	太重榆液
螺杆泵	RSP黄泵、HELNCO海林柯
螺纹插装阀组	北京精海仪
伺服阀、比例阀	海门维拓斯
伺服液压缸	金自天成
过滤器	山西麦克雷斯、上海菲思特
真空净油机	威海戥同
滤油机	唐荷科技、上海菲思特、山西麦克雷斯
液压油	壳牌Tellus、中石化长城卓力、天津日石
液压附件	山西方盛、启东康耐柯、上海诺雷
伺服监控	镇江四联

件号	名称	型号	主要参数	数量	备注
19	高压球阀		DN20，25MPa	4	
18	电子压力开关		带接头	4	
17	测压软管			4	
16	液控单向阀		DN10，板式	4	
15	柱塞式同步马达		同步精度±0.5%	1	
14	单向节流阀		DN16	1	
13	单向节流阀		DN16	1	
12	减压阀		DN20	1	
11	电液换向阀		DN16	1	
10	电磁换向阀		DN6	1	
9	单向阀		开启压力5bar	1	
8	单向阀			1	
7	高压球阀		DN32，25MPa	3	
6	单向阀		开启压力5bar	1	
5	蓄能器		50L	3	
4	蓄能器安全阀组		DN32	3	
3	压力表		Φ100，0-25MPa	2	
2	测压软管			2	
1	测压接头			13	
明　细　表					

机组	炼钢生产线
区域	转炉区
名称	烟罩升降液压系统阀台原理图
图号	2/2

第 3 章　板坯连铸机液压系统原理图

3.1 大包回转台及中间罐车系统

3.1.1 大包回转台及中间罐车液压系统泵站原理图

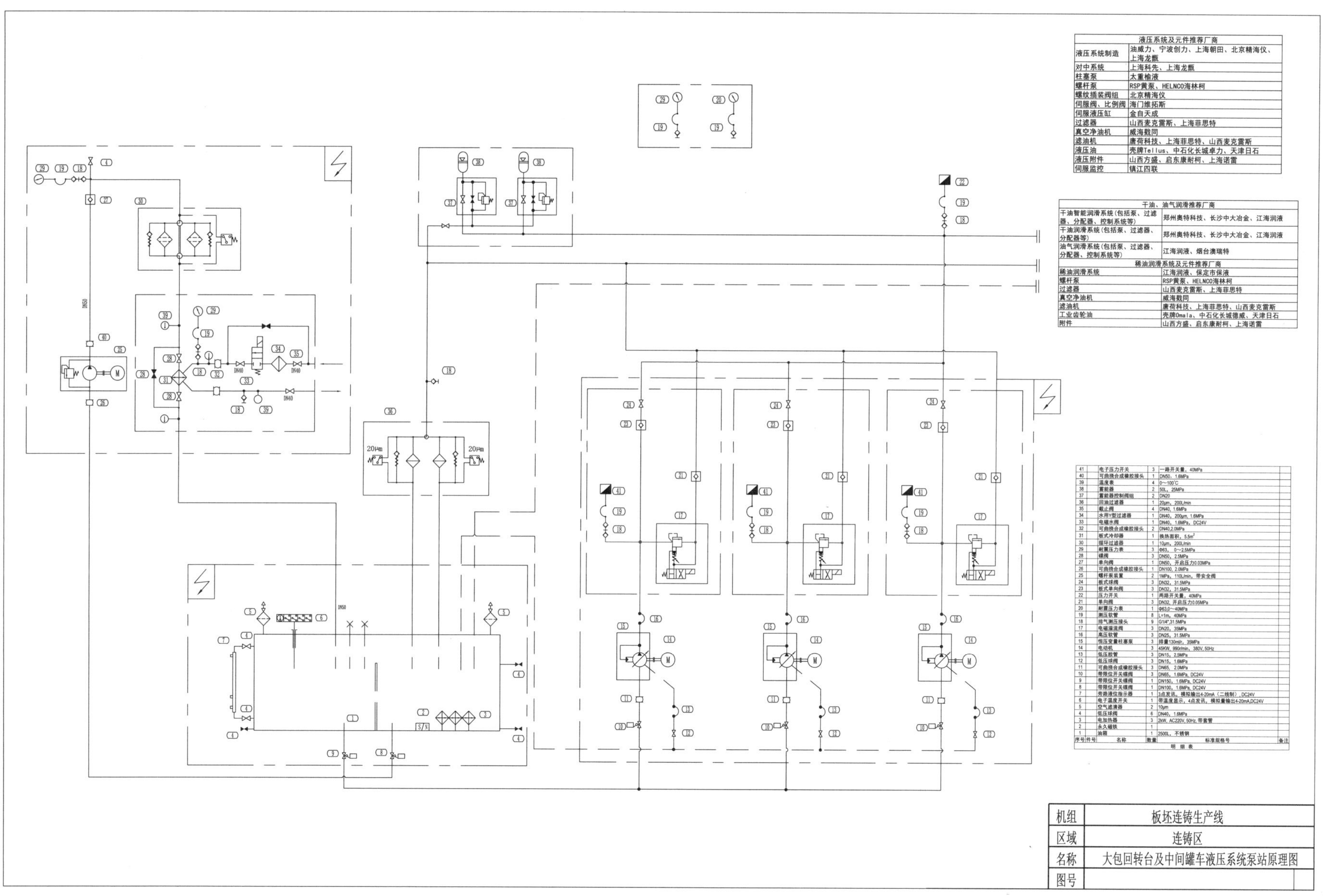

液压系统及元件推荐厂商	
液压系统制造	油威力、宁波创力、上海朝田、北京精海仪、上海龙甑
对中系统	上海科先、上海龙甑
柱塞泵	太重榆液
螺杆泵	RSP黄泵、HELNCO海林柯
螺纹插装阀组	北京精海仪
伺服阀、比例阀	海门维拓斯
伺服液压缸	金自天成
过滤器	山西麦克雷斯、上海菲思特
真空净油机	威海戥同
滤油机	唐荷科技、上海菲思特、山西麦克雷斯
液压油	壳牌Tellus、中石化长城卓力、天津日石
液压附件	山西方盛、启东康耐柯、上海诺雷
伺服监控	镇江四联

干油、油气润滑推荐厂商	
干油智能润滑系统(包括泵、过滤器、分配器、控制系统等)	郑州奥特科技、长沙中大冶金、江海润液
干油润滑系统(包括泵、过滤器、分配器等)	郑州奥特科技、长沙中大冶金、江海润液
油气润滑系统(包括泵、过滤器、分配器、控制系统等)	江海润液、烟台澳瑞特
稀油润滑系统及元件推荐厂商	
稀油润滑系统	江海润液、保定市保液
螺杆泵	RSP黄泵、HELNCO海林柯
过滤器	山西麦克雷斯、上海菲思特
真空净油机	威海戥同
滤油机	唐荷科技、上海菲思特、山西麦克雷斯
工业齿轮油	壳牌Omala、中石化长城德威、天津日石
附件	山西方盛、启东康耐柯、上海诺雷

序号	件号	名称	数量	标准规格号	备注
41		电子压力开关	3	一路开关量，40MPa	
40		可曲挠合成橡胶接头	1	DN50，1.6MPa	
39		温度表	4	0～100°C	
38		蓄能器	2	50L，25MPa	
37		蓄能器控制阀组	2	DN20	
36		回油过滤器	1	20μm，200L/min	
35		截止阀	4	DN40，1.6MPa	
34		水用Y型过滤器	1	DN40，200μm，1.6MPa	
33		电磁水阀	1	DN40，1.6MPa，DC24V	
32		可曲挠合成橡胶接头	2	DN40,2.0MPa	
31		板式冷却器	1	换热面积，5.5m²	
30		循环过滤器	1	10μm，200L/min	
29		耐震压力表	3	Φ63，0～2.5MPa	
28		碟阀	3	DN50，2.5MPa	
27		单向阀	1	DN50，开启压力0.03MPa	
26		可曲挠合成橡胶接头	1	DN100，2.0MPa	
25		螺杆泵装置	2	1MPa，110L/min，带安全阀	
24		板式球阀	3	DN32，31.5MPa	
23		板式单向阀	3	DN32，31.5MPa	
22		压力开关	1	两路开关量，40MPa	
21		单向阀	3	DN32，开启压力0.05MPa	
20		耐震压力表	1	Φ63,0～40MPa	
19		测压软管	8	L=1m，40MPa	
18		排气测压接头	9	G1/4",31.5MPa	
17		电磁溢流阀	3	DN20，35MPa	
16		高压软管	3	DN25，31.5MPa	
15		恒压变量柱塞泵	3	排量130ml/r，35MPa	
14		电动机	3	45KW，990r/min，380V，50Hz	
13		低压胶管	3	DN15，2.5MPa	
12		低压球阀	3	DN15，1.6MPa	
11		可曲挠合成橡胶接头	3	DN65，2.0MPa	
10		带限位开关蝶阀	3	DN65，1.6MPa，DC24V	
9		带限位开关蝶阀	1	DN150，1.6MPa，DC24V	
8		带限位开关蝶阀	1	DN100，1.6MPa，DC24V	
7		旁路液位指示器	1	3点发讯，模拟输出4-20mA（二线制），DC24V	
6		电子温度开关	1	带温度显示，4点发讯，模拟量输出4-20mA,DC24V	
5		空气滤清器	2	10μm	
4		低压球阀	6	DN40，1.6MPa	
3		电加热器	3	2kW，AC220V，50Hz，带套管	
2		永久磁铁	1		
1		油箱	1	2500L，不锈钢	

明细表

机组	板坯连铸生产线
区域	连铸区
名称	大包回转台及中间罐车液压系统泵站原理图
图号	

3.1.2 大包回转台及中间罐车阀台原理图（1）

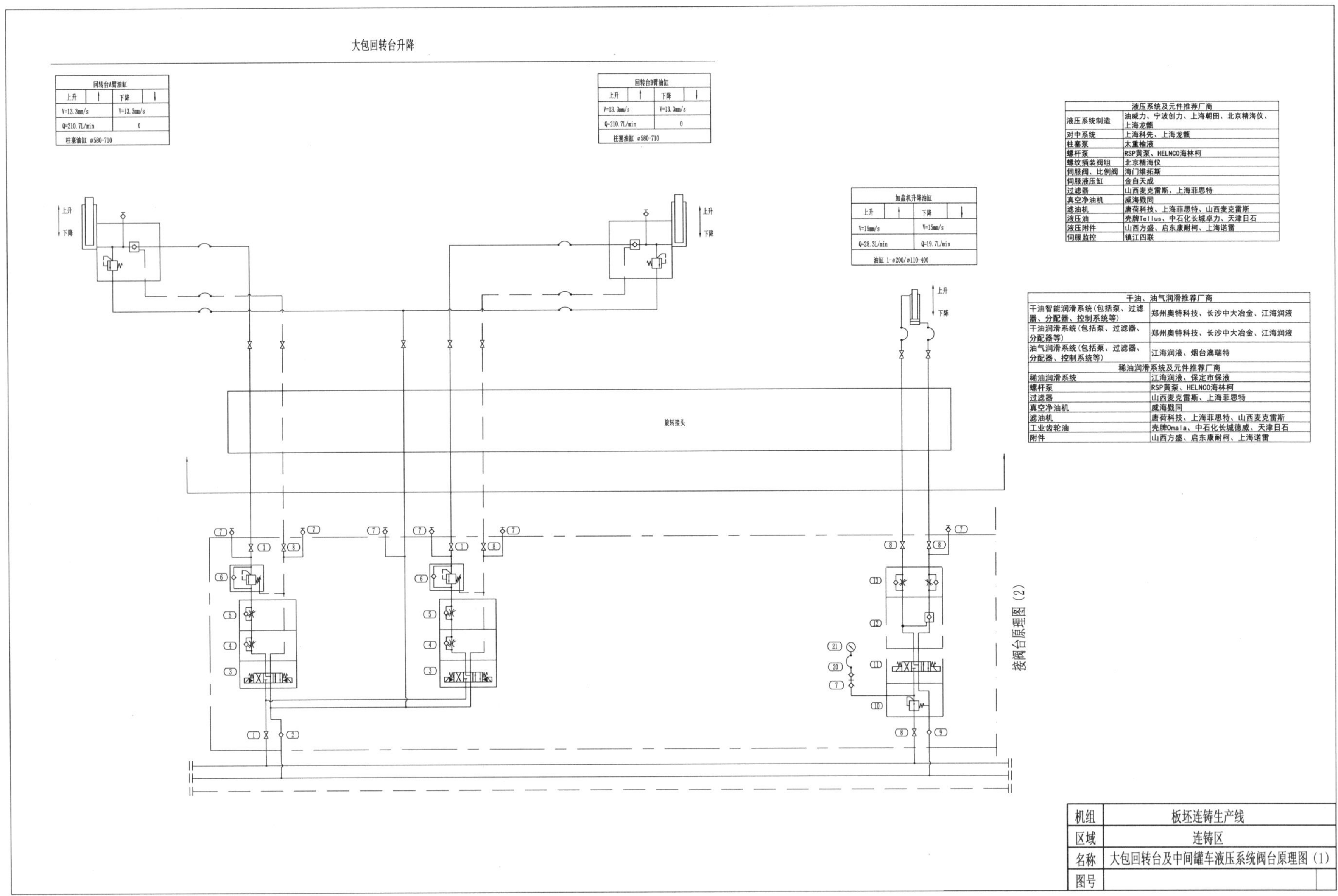

液压系统及元件推荐厂商	
液压系统制造	油威力、宁波创力、上海朝田、北京精海仪、上海龙甑
对中系统	上海科先、上海龙甑
柱塞泵	太重榆液
螺杆泵	RSP黄泵、HELNCO海林柯
螺纹插装阀组	北京精海仪
伺服阀、比例阀	海门维拓斯
伺服液压缸	金自天成
过滤器	山西麦克雷斯、上海菲思特
真空净油机	威海戳同
滤油机	唐荷科技、上海菲思特、山西麦克雷斯
液压油	壳牌Tellus、中石化长城卓力、天津日石
液压附件	山西方盛、启东康耐柯、上海诺雷
伺服监控	镇江四联

干油、油气润滑推荐厂商	
干油智能润滑系统(包括泵、过滤器、分配器、控制系统等)	郑州奥特科技、长沙中大冶金、江海润液
干油润滑系统(包括泵、过滤器、分配器等)	郑州奥特科技、长沙中大冶金、江海润液
油气润滑系统(包括泵、过滤器、分配器、控制系统等)	江海润液、烟台澳瑞特
稀油润滑系统及元件推荐厂商	
稀油润滑系统	江海润液、保定市保液
螺杆泵	RSP黄泵、HELNCO海林柯
过滤器	山西麦克雷斯、上海菲思特
真空净油机	威海戳同
滤油机	唐荷科技、上海菲思特、山西麦克雷斯
工业齿轮油	壳牌Omala、中石化长城德威、天津日石
附件	山西方盛、启东康耐柯、上海诺雷

机组	板坯连铸生产线
区域	连铸区
名称	大包回转台及中间罐车液压系统阀台原理图（1）
图号	

3.1.3 大包回转台及中间罐车阀台原理图（2）

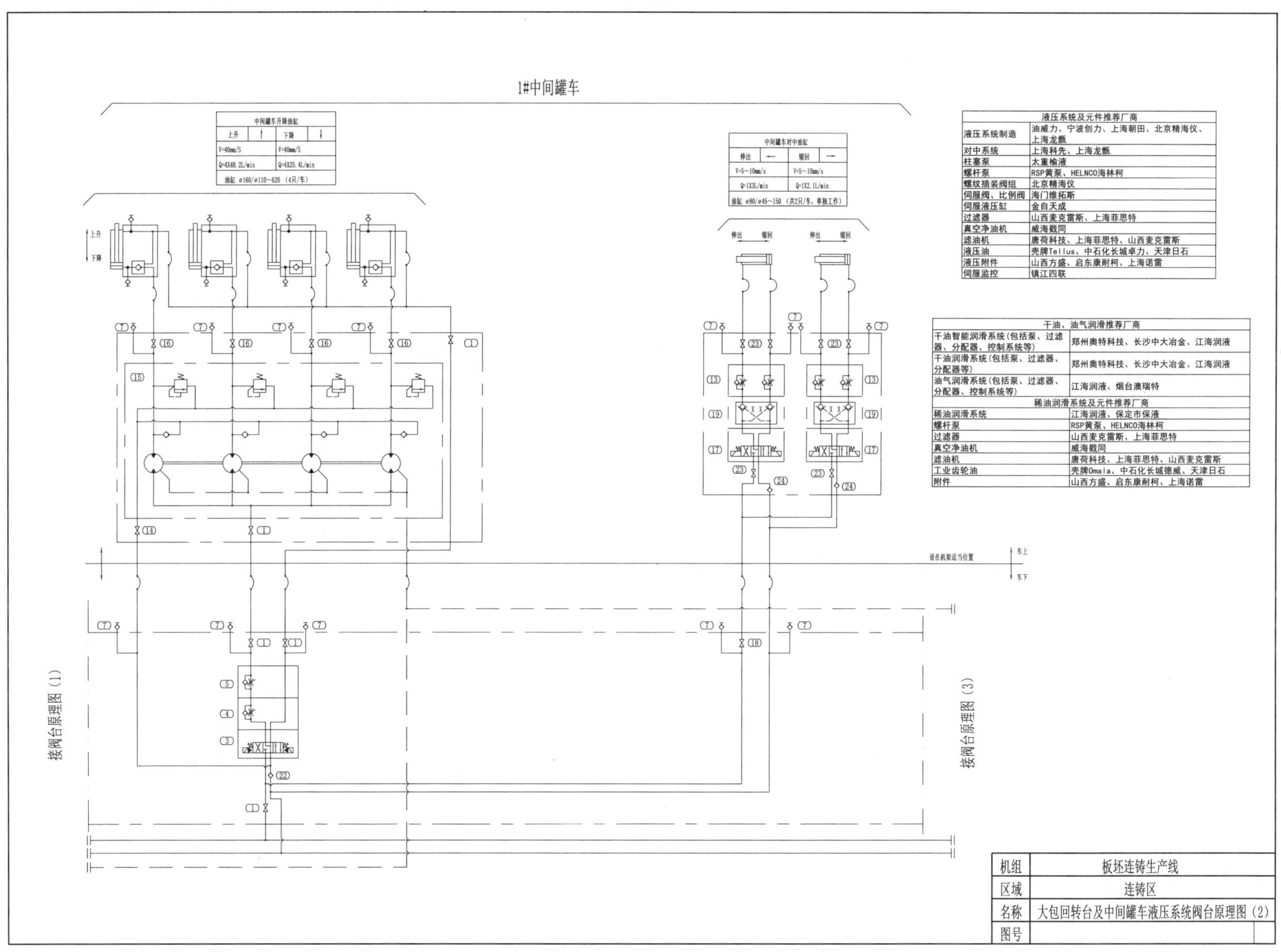

中间罐车升降油缸			
上升	↑	下降	↓
V=40mm/S		V=40mm/S	
Q=4X48.2L/min		Q=4X25.4L/min	
油缸 ø160/ø110～620（4只/车）			

中间罐车对中油缸			
伸出	←	缩回	→
V=5～10mm/s		V=5～10mm/s	
Q=1X3L/min		Q=1X2.1L/min	
油缸 ø80/ø45～150（共2只/车，单独工作）			

液压系统及元件推荐厂商	
液压系统制造	油威力、宁波创力、上海朝田、北京精海仪、上海龙甑
对中系统	上海科先、上海龙甑
柱塞泵	太重榆液
螺杆泵	RSP黄泵、HELNCO海林柯
螺纹插装阀组	北京精海仪
伺服阀、比例阀	海门维拓斯
伺服液压缸	金自天成
过滤器	山西麦克雷斯、上海菲思特
真空净油机	威海戳同
滤油机	唐荷科技、上海菲思特、山西麦克雷斯
液压油	壳牌Tellus、中石化长城卓力、天津日石
液压附件	山西方盛、启东康耐柯、上海诺雷
伺服监控	镇江四联

干油、油气润滑推荐厂商	
干油智能润滑系统(包括泵、过滤器、分配器、控制系统等)	郑州奥特科技、长沙中大冶金、江海润液
干油润滑系统(包括泵、过滤器、分配器等)	郑州奥特科技、长沙中大冶金、江海润液
油气润滑系统(包括泵、过滤器、分配器、控制系统等)	江海润液、烟台澳瑞特
稀油润滑系统及元件推荐厂商	
稀油润滑系统	江海润液、保定市保液
螺杆泵	RSP黄泵、HELNCO海林柯
过滤器	山西麦克雷斯、上海菲思特
真空净油机	威海戳同
滤油机	唐荷科技、上海菲思特、山西麦克雷斯
工业齿轮油	壳牌Omala、中石化长城德威、天津日石
附件	山西方盛、启东康耐柯、上海诺雷

机组	板坯连铸生产线
区域	连铸区
名称	大包回转台及中间罐车液压系统阀台原理图（2）
图号	

3.1.4 大包回转台及中间罐车阀台原理图（3）

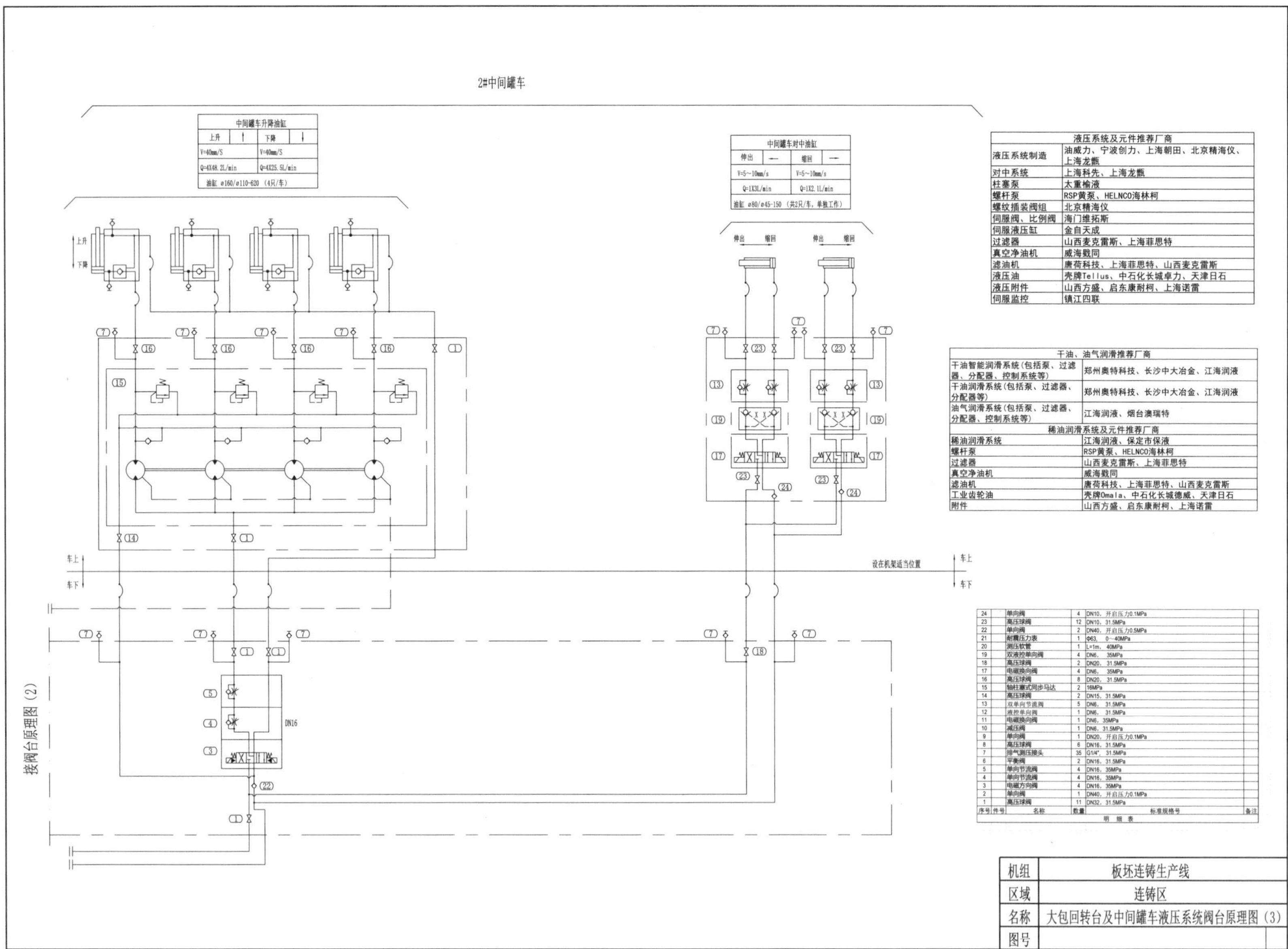

中间罐车升降油缸			
上升	↑	下降	↓
V=40mm/S		V=40mm/S	
Q=4X48.2L/min		Q=4X25.5L/min	
油缸 ø160/ø110-620 （4只/车）			

中间罐车对中油缸			
伸出	←	缩回	→
V=5～10mm/s		V=5～10mm/s	
Q=1X3L/min		Q=1X2.1L/min	
油缸 ø80/ø45-150 （共2只/车，单独工作）			

液压系统及元件推荐厂商	
液压系统制造	油威力、宁波创力、上海朝田、北京精海仪、上海龙甑
对中系统	上海科先、上海龙甑
柱塞泵	太重榆液
螺杆泵	RSP黄泵、HELNCO海林柯
螺纹插装阀组	北京精海仪
伺服阀、比例阀	海门维拓斯
伺服液压缸	金自天成
过滤器	山西麦克雷斯、上海菲思特
真空净油机	威海戥同
滤油机	唐荷科技、上海菲思特、山西麦克雷斯
液压油	壳牌Tellus、中石化长城卓力、天津日石
液压附件	山西方盛、启东康耐柯、上海诺雷
伺服监控	镇江四联

干油、油气润滑推荐厂商	
干油智能润滑系统(包括泵、过滤器、分配器、控制系统等)	郑州奥特科技、长沙中大冶金、江海润液
干油润滑系统(包括泵、过滤器、分配器等)	郑州奥特科技、长沙中大冶金、江海润液
油气润滑系统(包括泵、过滤器、分配器、控制系统等)	江海润液、烟台澳瑞特
稀油润滑系统及元件推荐厂商	
稀油润滑系统	江海润液、保定市保液
螺杆泵	RSP黄泵、HELNCO海林柯
过滤器	山西麦克雷斯、上海菲思特
真空净油机	威海戥同
滤油机	唐荷科技、上海菲思特、山西麦克雷斯
工业齿轮油	壳牌Omala、中石化长城德威、天津日石
附件	山西方盛、启东康耐柯、上海诺雷

24		单向阀	4	DN10，开启压力0.1MPa	
23		高压球阀	12	DN10，31.5MPa	
22		单向阀	2	DN40，开启压力0.5MPa	
21		耐震压力表	1	Φ63，0～40MPa	
20		测压软管	1	L=1m，40MPa	
19		双液控单向阀	4	DN6，35MPa	
18		高压球阀	2	DN20，31.5MPa	
17		电磁换向阀	4	DN6，35MPa	
16		高压球阀	8	DN20，31.5MPa	
15		轴柱塞式同步马达	2	16MPa	
14		高压球阀	2	DN15，31.5MPa	
13		双单向节流阀	5	DN6，31.5MPa	
12		液控单向阀	1	DN6，31.5MPa	
11		电磁换向阀	1	DN6，35MPa	
10		减压阀	1	DN6，31.5MPa	
9		单向阀	1	DN20，开启压力0.1MPa	
8		高压球阀	6	DN16，31.5MPa	
7		排气测压接头	35	G1/4"，31.5MPa	
6		平衡阀	2	DN16，31.5MPa	
5		单向节流阀	4	DN16，35MPa	
4		单向节流阀	4	DN16，35MPa	
3		电磁方向阀	4	DN16，35MPa	
2		单向阀	1	DN40，开启压力0.1MPa	
1		高压球阀	11	DN32，31.5MPa	
序号	件号	名称	数量	标准规格号	备注
明 细 表					

机组	板坯连铸生产线
区域	连铸区
名称	大包回转台及中间罐车液压系统阀台原理图（3）
图号	

3.2 主机液压系统

3.2.1 主机液压系统泵站原理图

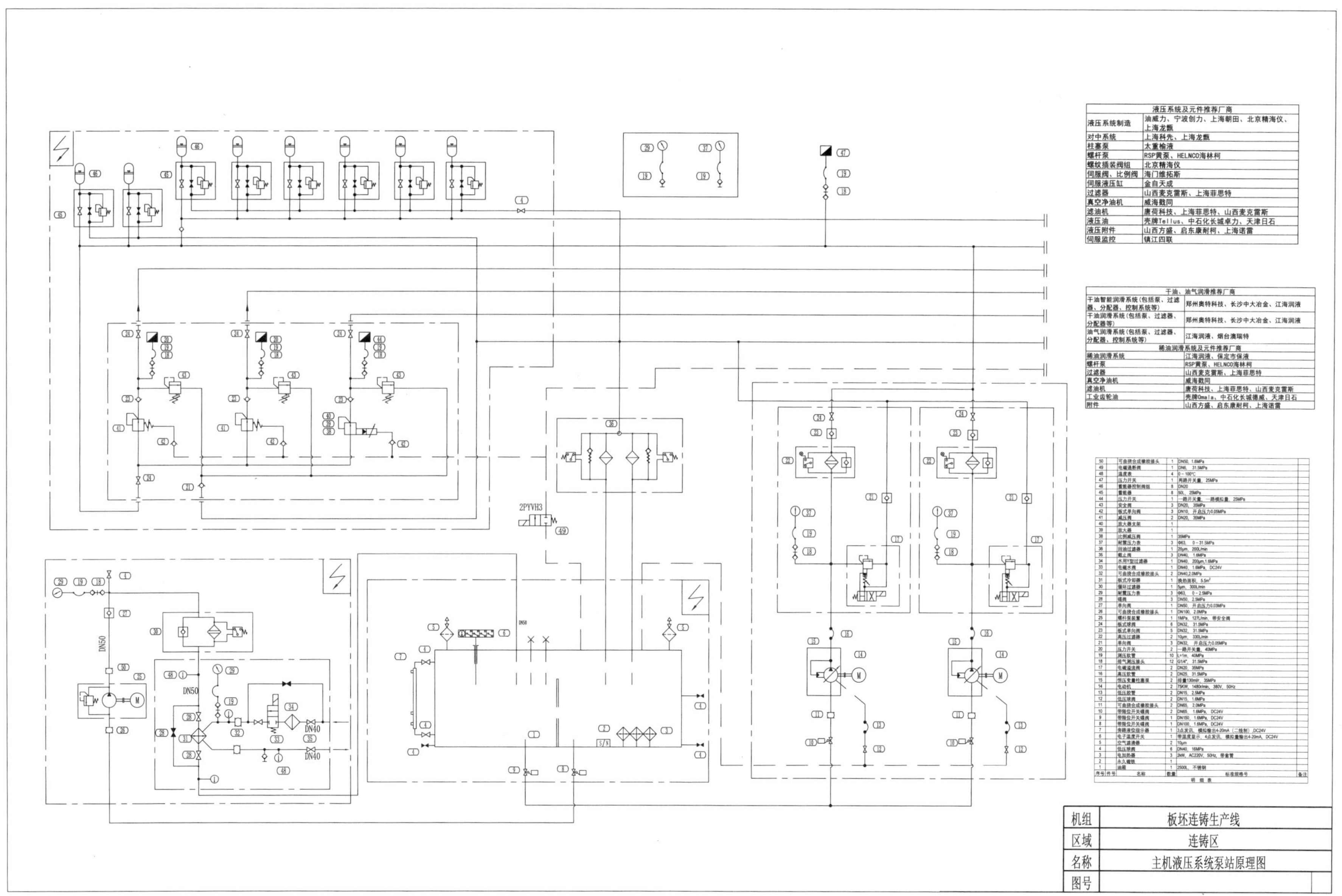

液压系统及元件推荐厂商	
液压系统制造	油威力、宁波创力、上海朝田、北京精海仪、上海龙甑
对中系统	上海科先、上海龙甑
柱塞泵	太重榆液
螺杆泵	RSP黄泵、HELNCO海林柯
螺纹插装阀组	北京精海仪
伺服阀、比例阀	海门维拓斯
伺服液压缸	金自天成
过滤器	山西麦克雷斯、上海菲思特
真空净油机	威海戳同
滤油机	唐荷科技、上海菲思特、山西麦克雷斯
液压油	壳牌Tellus、中石化长城卓力、天津日石
液压附件	山西方盛、启东康耐柯、上海诺雷
伺服监控	镇江四联

干油、油气润滑推荐厂商	
干油智能润滑系统(包括泵、过滤器、分配器、控制系统等)	郑州奥特科技、长沙中大冶金、江海润液
干油润滑系统(包括泵、过滤器、分配器等)	郑州奥特科技、长沙中大冶金、江海润液
油气润滑系统(包括泵、过滤器、分配器、控制系统等)	江海润液、烟台澳瑞特
稀油润滑系统及元件推荐厂商	
稀油润滑系统	江海润液、保定市保液
螺杆泵	RSP黄泵、HELNCO海林柯
过滤器	山西麦克雷斯、上海菲思特
真空净油机	威海戳同
滤油机	唐荷科技、上海菲思特、山西麦克雷斯
工业齿轮油	壳牌Omala、中石化长城德威、天津日石
附件	山西方盛、启东康耐柯、上海诺雷

序号	件号	名称	数量	标准规格号	备注
50		可曲挠合成橡胶接头	1	DN50, 1.6MPa	
49		电磁通断阀	1	DN6, 31.5MPa	
48		温度表	4	0～100℃	
47		压力开关	1	两路开关量, 25MPa	
46		蓄能器控制阀组	8	DN20	
45		蓄能器	8	50L, 25MPa	
44		压力开关	1	一路开关量, 一路模拟量, 25MPa	
43		安全阀	3	DN20, 35MPa	
42		板式单向阀	3	DN10, 开启压力0.05MPa	
41		减压阀	2	DN20, 35MPa	
40		放大器支架	1		
39		放大器	1		
38		比例减压阀	1	35MPa	
37		耐震压力表	3	Φ63, 0～31.5MPa	
36		回油过滤器	1	20μm, 200L/min	
35		截止阀	3	DN40, 1.6MPa	
34		水用Y型过滤器	1	DN40, 200μm,1.6MPa	
33		电磁水阀	1	DN40, 1.6MPa, DC24V	
32		可曲挠合成橡胶接头	2	DN40,2.0MPa	
31		板式冷却器	1	换热面积, 5.5m²	
30		循环过滤器	1	5μm, 300L/min	
29		耐震压力表	3	Φ63, 0～2.5MPa	
28		蝶阀	3	DN50, 2.5MPa	
27		单向阀	1	DN50, 开启压力0.03MPa	
26		可曲挠合成橡胶接头	1	DN100, 2.0MPa	
25		螺杆泵装置	1	1MPa, 127L/min, 带安全阀	
24		板式球阀	6	DN32, 31.5MPa	
23		板式单向阀	5	DN32, 31.5MPa	
22		高压过滤器	2	10μm, 330L/min	
21		单向阀	3	DN32, 开启压力0.05MPa	
20		压力开关	2	一路开关量, 40MPa	
19		测压软管	10	L=1m, 40MPa	
18		排气测压接头	12	G1/4", 31.5MPa	
17		电磁溢流阀	2	DN20, 35MPa	
16		高压软管	2	DN25, 31.5MPa	
15		恒压变量柱塞泵	2	排量130ml/r, 35MPa	
14		电动机	2	75KW, 1480r/min, 380V, 50Hz	
13		低压胶管	2	DN15, 2.5MPa	
12		低压球阀	2	DN15, 1.6MPa	
11		可曲挠合成橡胶接头	2	DN65, 2.0MPa	
10		带限位开关蝶阀	2	DN65, 1.6MPa, DC24V	
9		带限位开关蝶阀	1	DN150, 1.6MPa, DC24V	
8		带限位开关蝶阀	1	DN100, 1.6MPa, DC24V	
7		旁路液位指示器	1	3点发讯, 模拟输出4-20mA（二线制）DC24V	
6		电子温度开关	1	带温度显示, 4点发讯, 模拟量输出4-20mA, DC24V	
5		空气滤清器	2	10μm	
4		低压球阀	6	DN40, 16MPa	
3		电加热器	3	2kW, AC220V, 50Hz, 带套管	
2		永久磁铁	1		
1		油箱	1	2500L, 不锈钢	

明细表

机组	板坯连铸生产线
区域	连铸区
名称	主机液压系统泵站原理图
图号	

3.2.2 主机液压系统阀台原理图（1）

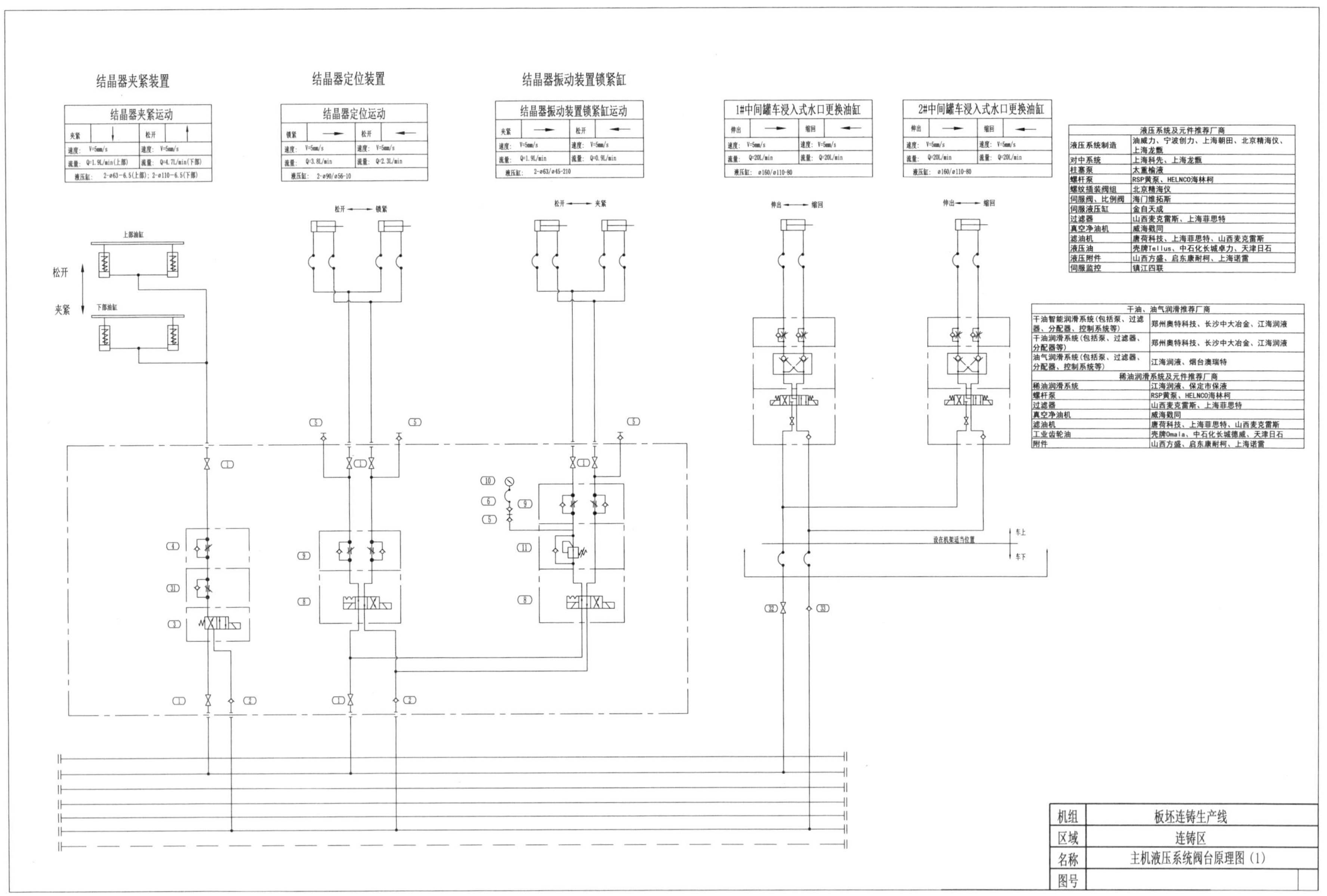

液压系统及元件推荐厂商	
液压系统制造	油威力、宁波创力、上海朝田、北京精海仪、上海龙甑
对中系统	上海科先、上海龙甑
柱塞泵	太重榆液
螺杆泵	RSP黄泵、HELNCO海林柯
螺纹插装阀组	北京精海仪
伺服阀、比例阀	海门维拓斯
伺服液压缸	金自天成
过滤器	山西麦克雷斯、上海菲思特
真空净油机	威海戬同
滤油机	唐荷科技、上海菲思特、山西麦克雷斯
液压油	壳牌Tellus、中石化长城卓力、天津日石
液压附件	山西方盛、启东康耐柯、上海诺雷
伺服监控	镇江四联

干油、油气润滑推荐厂商	
干油智能润滑系统(包括泵、过滤器、分配器、控制系统等)	郑州奥特科技、长沙中大冶金、江海润液
干油润滑系统(包括泵、过滤器、分配器等)	郑州奥特科技、长沙中大冶金、江海润液
油气润滑系统(包括泵、过滤器、分配器、控制系统等)	江海润液、烟台澳瑞特
稀油润滑系统及元件推荐厂商	
稀油润滑系统	江海润液、保定市保液
螺杆泵	RSP黄泵、HELNCO海林柯
过滤器	山西麦克雷斯、上海菲思特
真空净油机	威海戬同
滤油机	唐荷科技、上海菲思特、山西麦克雷斯
工业齿轮油	壳牌Omala、中石化长城德威、天津日石
附件	山西方盛、启东康耐柯、上海诺雷

机组	板坯连铸生产线
区域	连铸区
名称	主机液压系统阀台原理图（1）
图号	

3.2.3 主机液压系统阀台原理图（2）

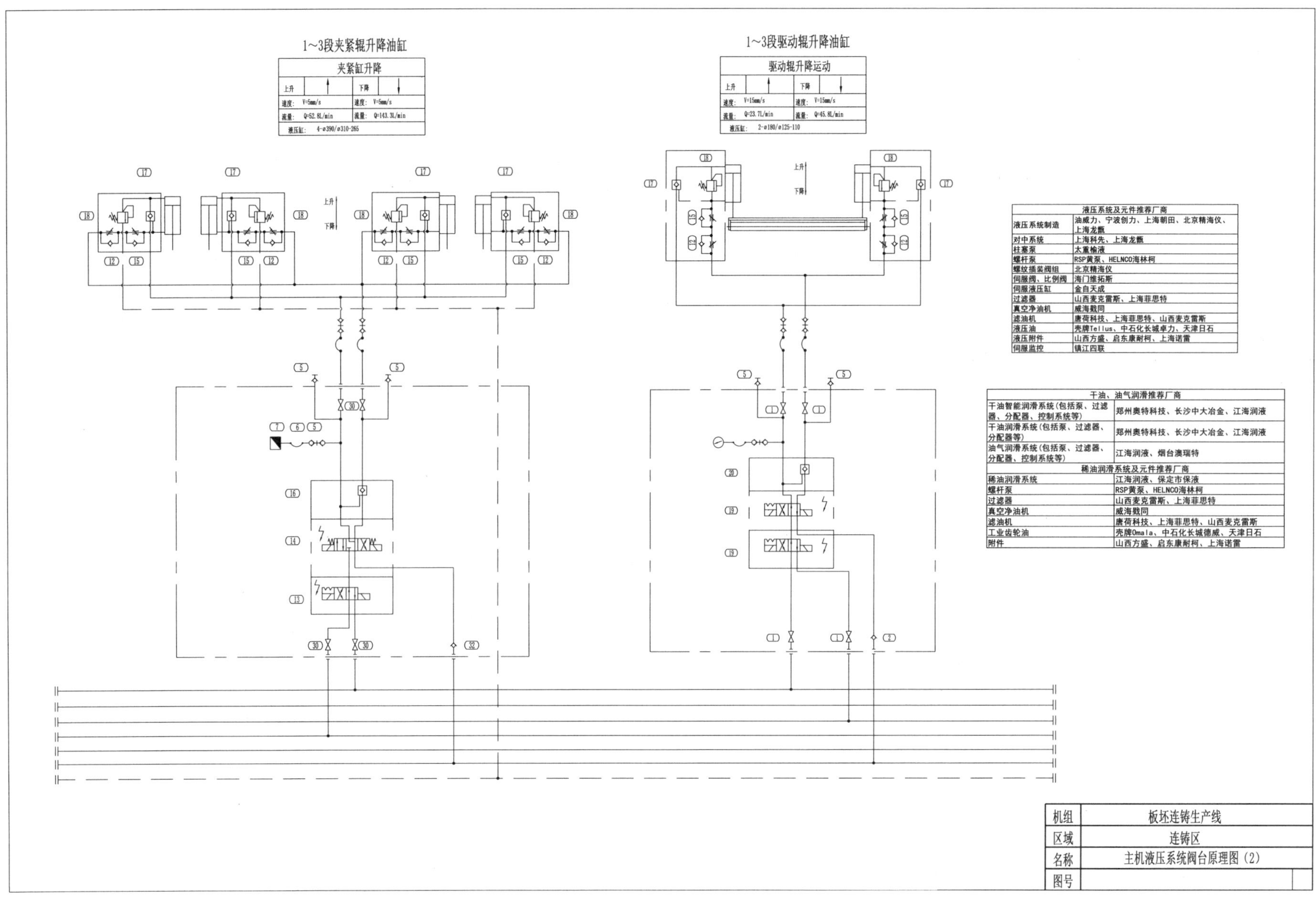

液压系统及元件推荐厂商	
液压系统制造	油威力、宁波创力、上海朝田、北京精海仪、上海龙甑
对中系统	上海科先、上海龙甑
柱塞泵	太重榆液
螺杆泵	RSP黄泵、HELNCO海林柯
螺纹插装阀组	北京精海仪
伺服阀、比例阀	海门维拓斯
伺服液压缸	金自天成
过滤器	山西麦克雷斯、上海菲思特
真空净油机	威海戬同
滤油机	唐荷科技、上海菲思特、山西麦克雷斯
液压油	壳牌Tellus、中石化长城卓力、天津日石
液压附件	山西方盛、启东康耐柯、上海诺雷
伺服监控	镇江四联

干油、油气润滑推荐厂商	
干油智能润滑系统(包括泵、过滤器、分配器、控制系统等)	郑州奥特科技、长沙中大冶金、江海润液
干油润滑系统(包括泵、过滤器、分配器等)	郑州奥特科技、长沙中大冶金、江海润液
油气润滑系统(包括泵、过滤器、分配器、控制系统等)	江海润液、烟台澳瑞特
稀油润滑系统及元件推荐厂商	
稀油润滑系统	江海润液、保定市保液
螺杆泵	RSP黄泵、HELNCO海林柯
过滤器	山西麦克雷斯、上海菲思特
真空净油机	威海戬同
滤油机	唐荷科技、上海菲思特、山西麦克雷斯
工业齿轮油	壳牌Omala、中石化长城德威、天津日石
附件	山西方盛、启东康耐柯、上海诺雷

3.2.4 主机液压系统阀台原理图（3）

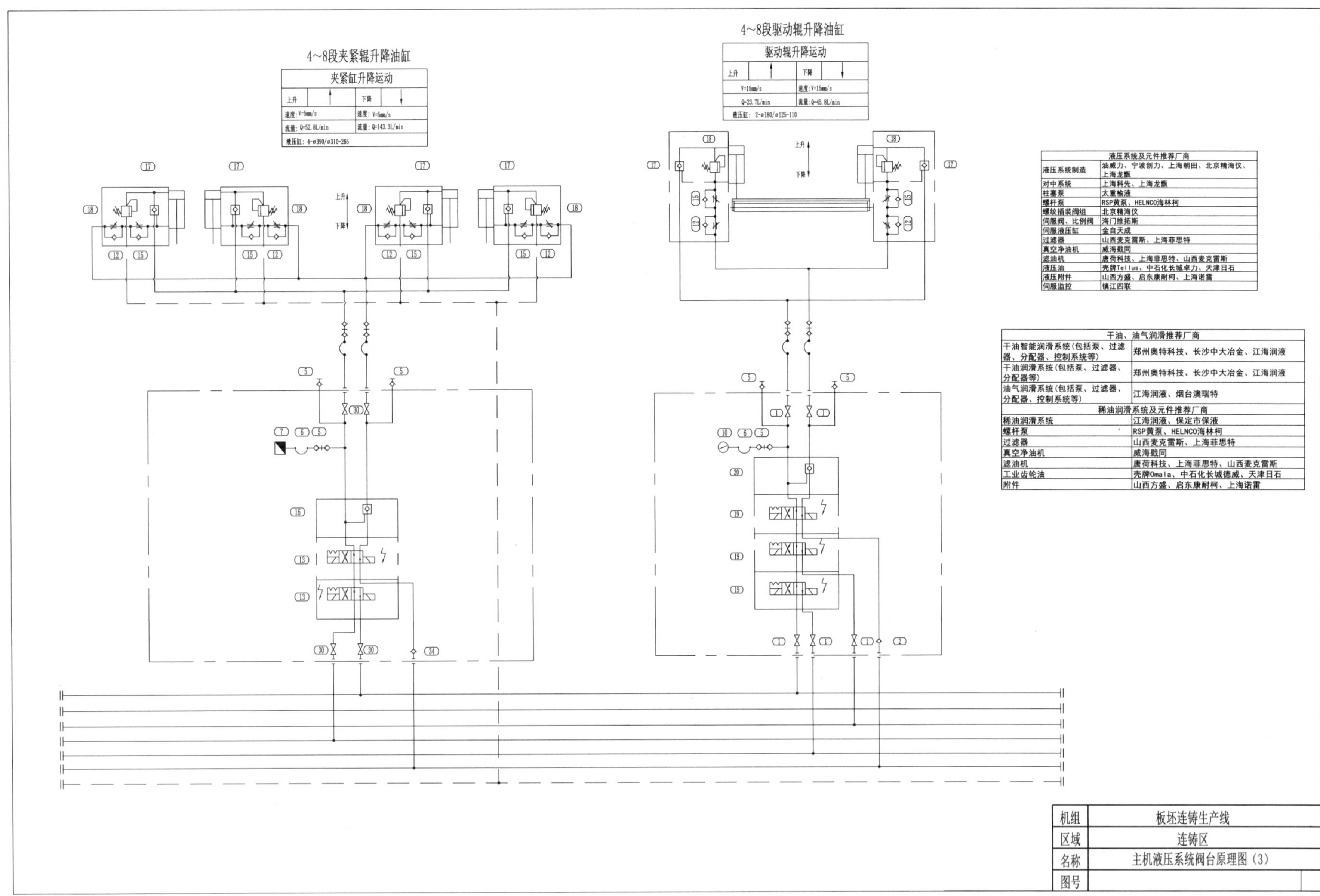

液压系统及元件推荐厂商	
液压系统制造	油威力、宁波创力、上海朝田、北京精海仪、上海龙甑
对中系统	上海科先、上海龙甑
柱塞泵	太重榆液
螺杆泵	RSP黄泵、HELNCO海林柯
螺纹插装阀组	北京精海仪
伺服阀、比例阀	海门维拓斯
伺服液压缸	金自天成
过滤器	山西麦克雷斯、上海菲思特
真空净油机	威海戥同
滤油机	唐荷科技、上海菲思特、山西麦克雷斯
液压油	壳牌Tellus、中石化长城卓力、天津日石
液压附件	山西方盛、启东康耐柯、上海诺雷
伺服监控	镇江四联

干油、油气润滑推荐厂商	
干油智能润滑系统(包括泵、过滤器、分配器、控制系统等)	郑州奥特科技、长沙中大冶金、江海润液
干油润滑系统(包括泵、过滤器、分配器等)	郑州奥特科技、长沙中大冶金、江海润液
油气润滑系统(包括泵、过滤器、分配器、控制系统等)	江海润液、烟台澳瑞特
稀油润滑系统及元件推荐厂商	
稀油润滑系统	江海润液、保定市保液
螺杆泵	RSP黄泵、HELNCO海林柯
过滤器	山西麦克雷斯、上海菲思特
真空净油机	威海戥同
滤油机	唐荷科技、上海菲思特、山西麦克雷斯
工业齿轮油	壳牌Omala、中石化长城德威、天津日石
附件	山西方盛、启东康耐柯、上海诺雷

3.2.5 主机液压系统阀台原理图（4）

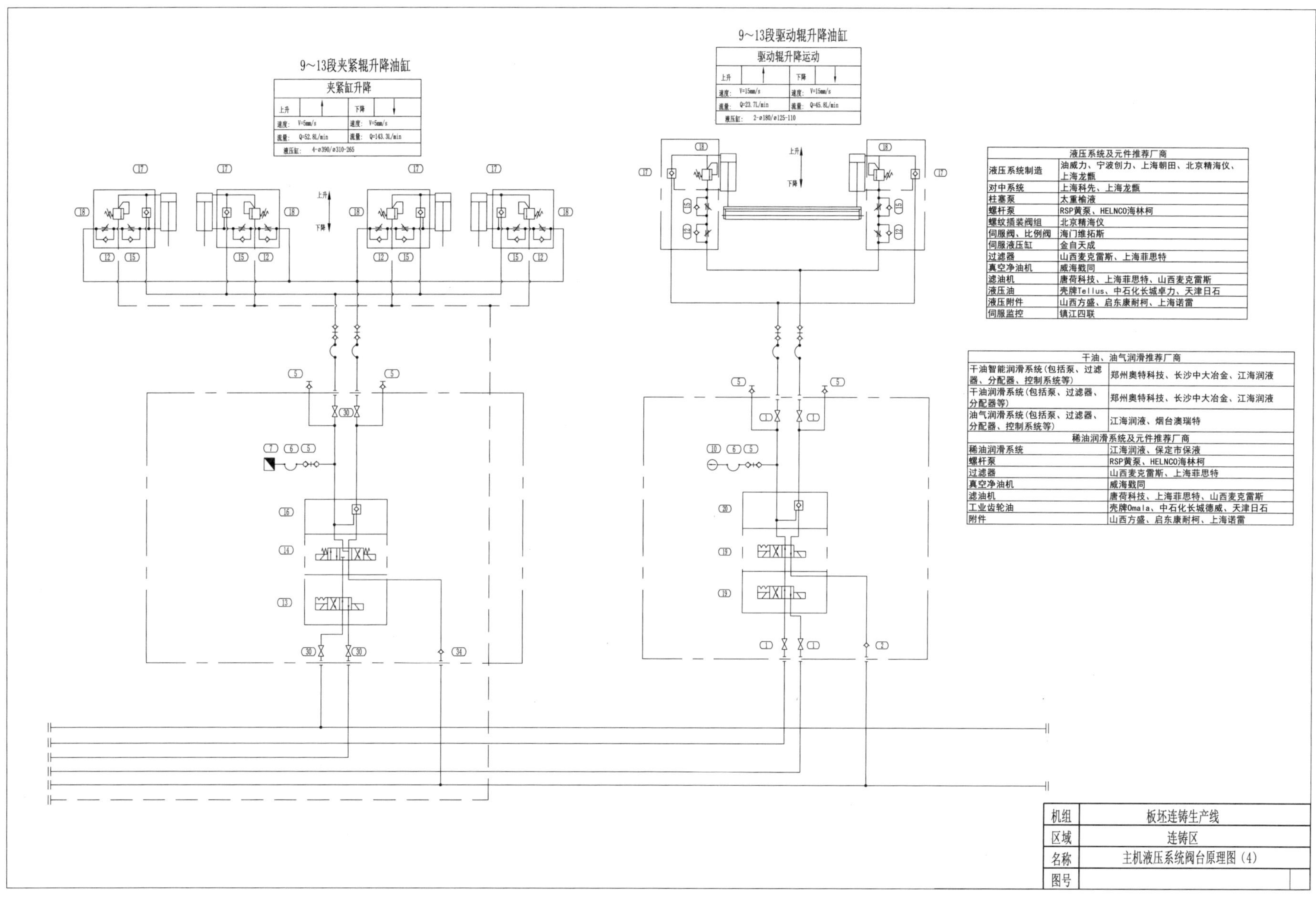

液压系统及元件推荐厂商	
液压系统制造	油威力、宁波创力、上海朝田、北京精海仪、上海龙甑
对中系统	上海科先、上海龙甑
柱塞泵	太重榆液
螺杆泵	RSP黄泵、HELNCO海林柯
螺纹插装阀组	北京精海仪
伺服阀、比例阀	海门维拓斯
伺服液压缸	金自天成
过滤器	山西麦克雷斯、上海菲思特
真空净油机	威海戳同
滤油机	唐荷科技、上海菲思特、山西麦克雷斯
液压油	壳牌Tellus、中石化长城卓力、天津日石
液压附件	山西方盛、启东康耐柯、上海诺雷
伺服监控	镇江四联

干油、油气润滑推荐厂商	
干油智能润滑系统(包括泵、过滤器、分配器、控制系统等)	郑州奥特科技、长沙中大冶金、江海润液
干油润滑系统(包括泵、过滤器、分配器等)	郑州奥特科技、长沙中大冶金、江海润液
油气润滑系统(包括泵、过滤器、分配器、控制系统等)	江海润液、烟台澳瑞特
稀油润滑系统及元件推荐厂商	
稀油润滑系统	江海润液、保定市保液
螺杆泵	RSP黄泵、HELNCO海林柯
过滤器	山西麦克雷斯、上海菲思特
真空净油机	威海戳同
滤油机	唐荷科技、上海菲思特、山西麦克雷斯
工业齿轮油	壳牌Omala、中石化长城德威、天津日石
附件	山西方盛、启东康耐柯、上海诺雷

机组	板坯连铸生产线
区域	连铸区
名称	主机液压系统阀台原理图（4）
图号	

3.2.6 主机液压系统阀台原理图（5）

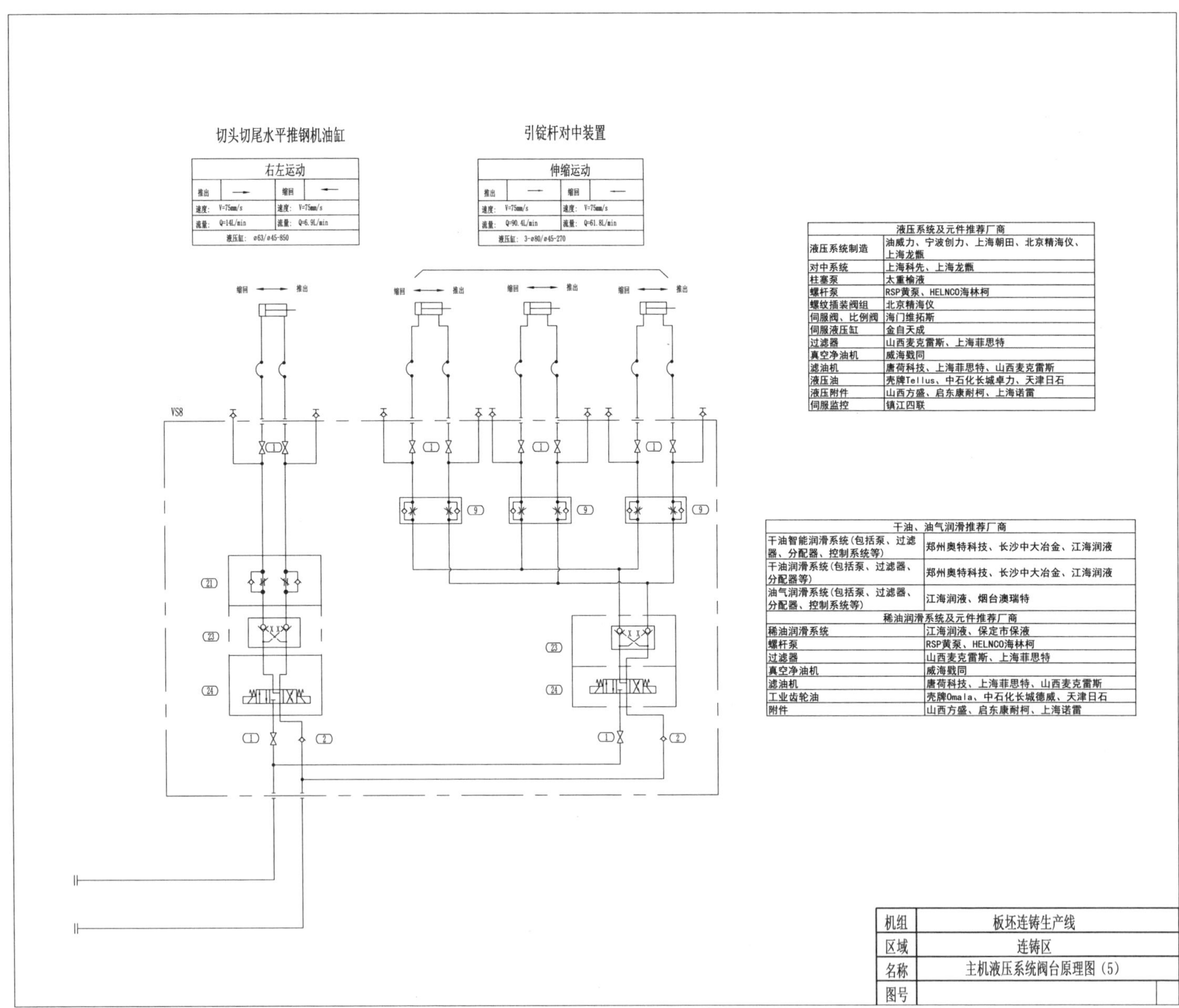

液压系统及元件推荐厂商	
液压系统制造	油威力、宁波创力、上海朝田、北京精海仪、上海龙甑
对中系统	上海科先、上海龙甑
柱塞泵	太重榆液
螺杆泵	RSP黄泵、HELNCO海林柯
螺纹插装阀组	北京精海仪
伺服阀、比例阀	海门维拓斯
伺服液压缸	金自天成
过滤器	山西麦克雷斯、上海菲思特
真空净油机	威海戥同
滤油机	唐荷科技、上海菲思特、山西麦克雷斯
液压油	壳牌Tellus、中石化长城卓力、天津日石
液压附件	山西方盛、启东康耐柯、上海诺雷
伺服监控	镇江四联

干油、油气润滑推荐厂商	
干油智能润滑系统(包括泵、过滤器、分配器、控制系统等)	郑州奥特科技、长沙中大冶金、江海润液
干油润滑系统(包括泵、过滤器、分配器等)	郑州奥特科技、长沙中大冶金、江海润液
油气润滑系统(包括泵、过滤器、分配器、控制系统等)	江海润液、烟台澳瑞特
稀油润滑系统及元件推荐厂商	
稀油润滑系统	江海润液、保定市保液
螺杆泵	RSP黄泵、HELNCO海林柯
过滤器	山西麦克雷斯、上海菲思特
真空净油机	威海戥同
滤油机	唐荷科技、上海菲思特、山西麦克雷斯
工业齿轮油	壳牌Omala、中石化长城德威、天津日石
附件	山西方盛、启东康耐柯、上海诺雷

3.2.7 主机液压系统阀台原理图（6）

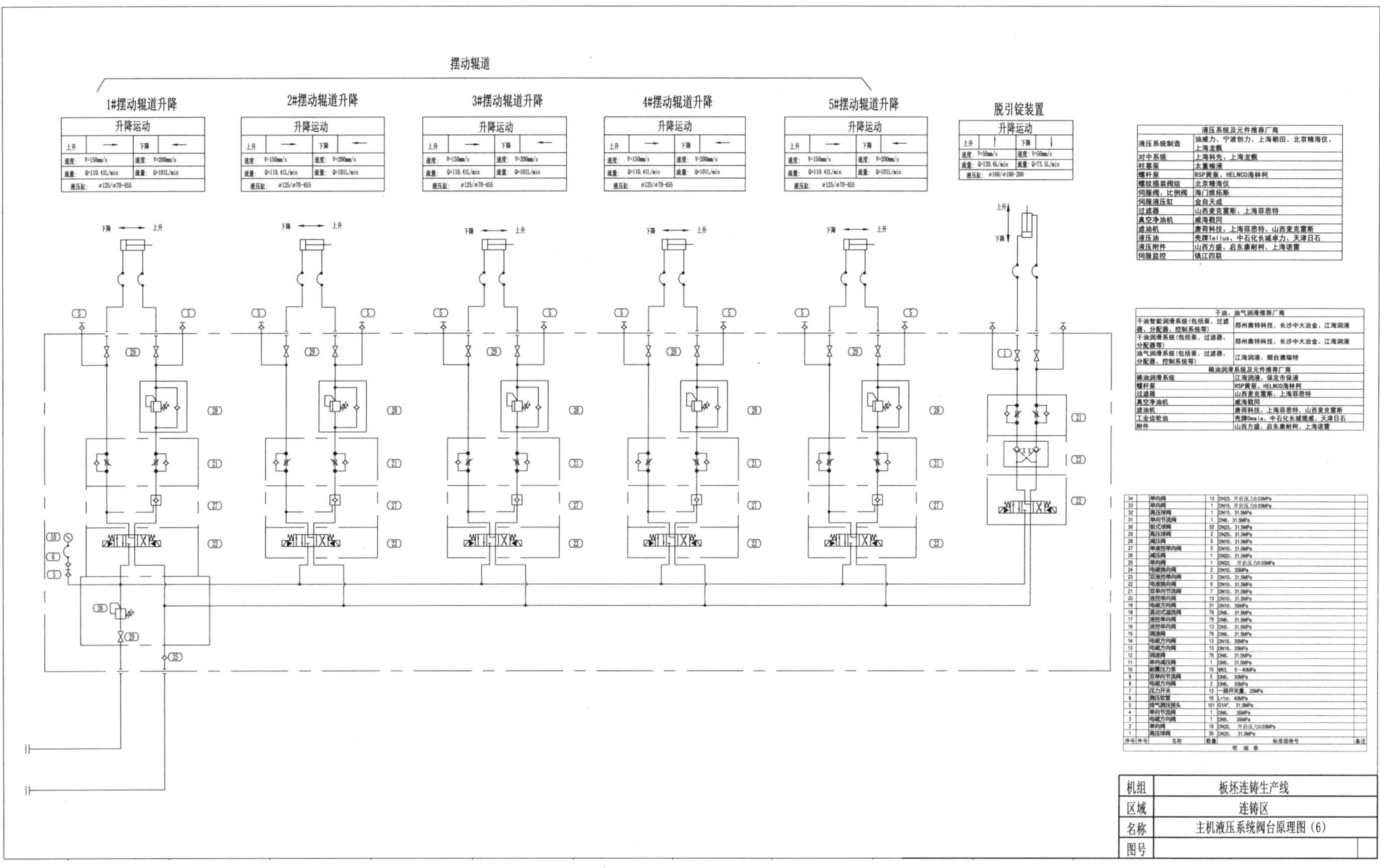

液压系统及元件推荐厂商	
液压系统制造	油威力、宁波创力、上海朝田、北京精海仪、上海龙甑
对中系统	上海科先、上海龙甑
柱塞泵	太重榆液
螺杆泵	RSP黄泵、HELNCO海林柯
螺纹插装阀组	北京精海仪
伺服阀、比例阀	海门维拓斯
伺服液压缸	金自天成
过滤器	山西麦克雷斯、上海菲思特
真空净油机	威海戥同
滤油机	唐荷科技、上海菲思特、山西麦克雷斯
液压油	壳牌Tellus、中石化长城卓力、天津日石
液压附件	山西方盛、启东康耐柯、上海诺雷
伺服监控	镇江四联

干油、油气润滑推荐厂商	
干油智能润滑系统(包括泵、过滤器、分配器、控制系统等)	郑州奥特科技、长沙中大冶金、江海润液
干油润滑系统(包括泵、过滤器、分配器等)	郑州奥特科技、长沙中大冶金、江海润液
油气润滑系统(包括泵、过滤器、分配器、控制系统等)	江海润液、烟台澳瑞特
稀油润滑系统及元件推荐厂商	
稀油润滑系统	江海润液、保定市保液
螺杆泵	RSP黄泵、HELNCO海林柯
过滤器	山西麦克雷斯、上海菲思特
真空净油机	威海戥同
滤油机	康荷科技、上海菲思特、山西麦克雷斯
工业齿轮油	壳牌Omala、中石化长城德威、天津日石
附件	山西方盛、启东康耐柯、上海诺雷

序号	件号	名称	数量	标准规格号	备注
34		单向阀	13	DN25，开启压力0.03MPa	
33		单向阀	1	DN15，开启压力0.03MPa	
32		高压球阀	1	DN15，31.5MPa	
31		单向节流阀	1	DN6，31.5MPa	
30		板式球阀	52	DN25，31.5MPa	
29		高压球阀	2	DN25，31.5MPa	
28		减压阀	5	DN10，31.5MPa	
27		单液控单向阀	5	DN10，31.5MPa	
26		减压阀	1	DN20，31.5MPa	
25		单向阀	1	DN32，开启压力0.03MPa	
24		电磁换向阀	2	DN10，35MPa	
23		双液控单向阀	3	DN10，31.5MPa	
22		电液换向阀	6	DN10，31.5MPa	
21		双单向节流阀	7	DN10，31.5MPa	
20		液控单向阀	13	DN10，31.5MPa	
19		电磁方向阀	31	DN10，35MPa	
18		直动式溢流阀	78	DN6，31.5MPa	
17		液控单向阀	78	DN6，31.5MPa	
16		液控单向阀	13	DN6，31.5MPa	
15		调速阀	78	DN6，31.5MPa	
14		电磁方向阀	13	DN16，35MPa	
13		电磁方向阀	13	DN16，35MPa	
12		调速阀	78	DN6，31.5MPa	
11		单向减压阀	1	DN6，31.5MPa	
10		耐震压力表	15	Φ63，0～40MPa	
9		双单向节流阀	5	DN6，35MPa	
8		电磁方向阀	2	DN6，35MPa	
7		压力开关	13	一路开关量，25MPa	
6		测压软管	16	L=1m，40MPa	
5		排气测压接头	101	G1/4"，31.5MPa	
4		单向节流阀	1	DN6，35MPa	
3		电磁方向阀	1	DN6，35MPa	
2		单向阀	18	DN20，开启压力0.03MPa	
1		高压球阀	35	DN20，31.5MPa	
明细表					

机组	板坯连铸生产线
区域	连铸区
名称	主机液压系统阀台原理图（6）
图号	

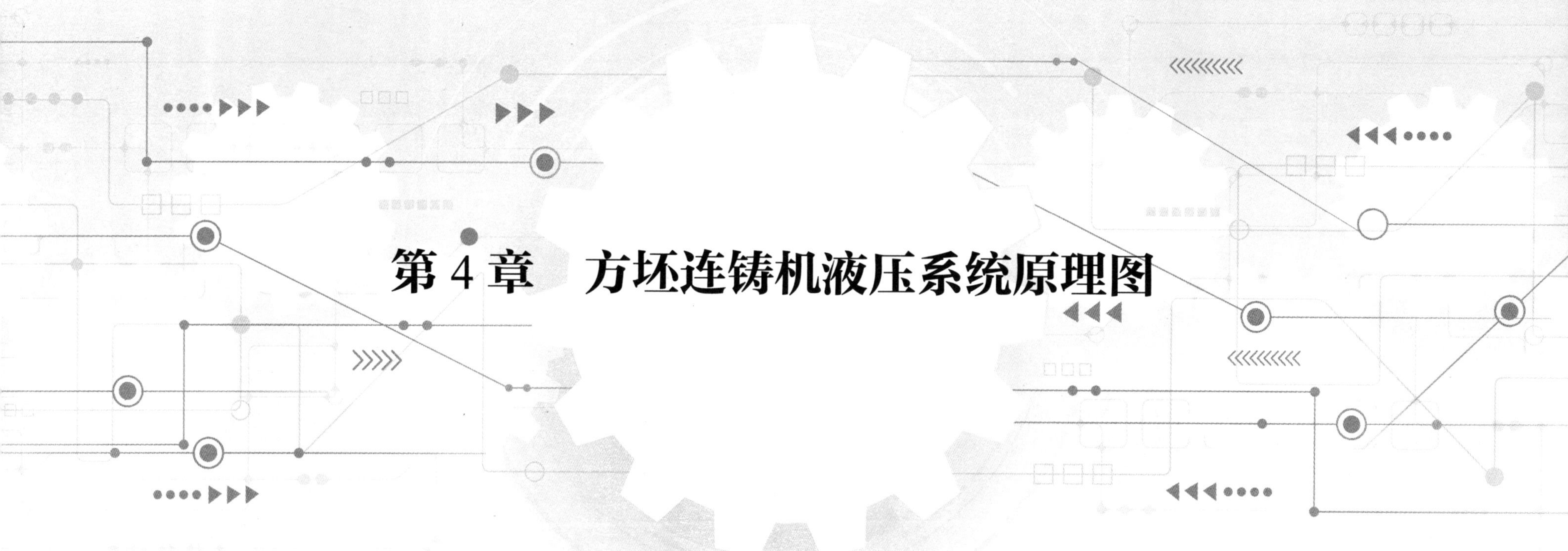

第 4 章　方坯连铸机液压系统原理图

4.1 前区液压系统

4.1.1 前区液压系统泵站原理图（1）

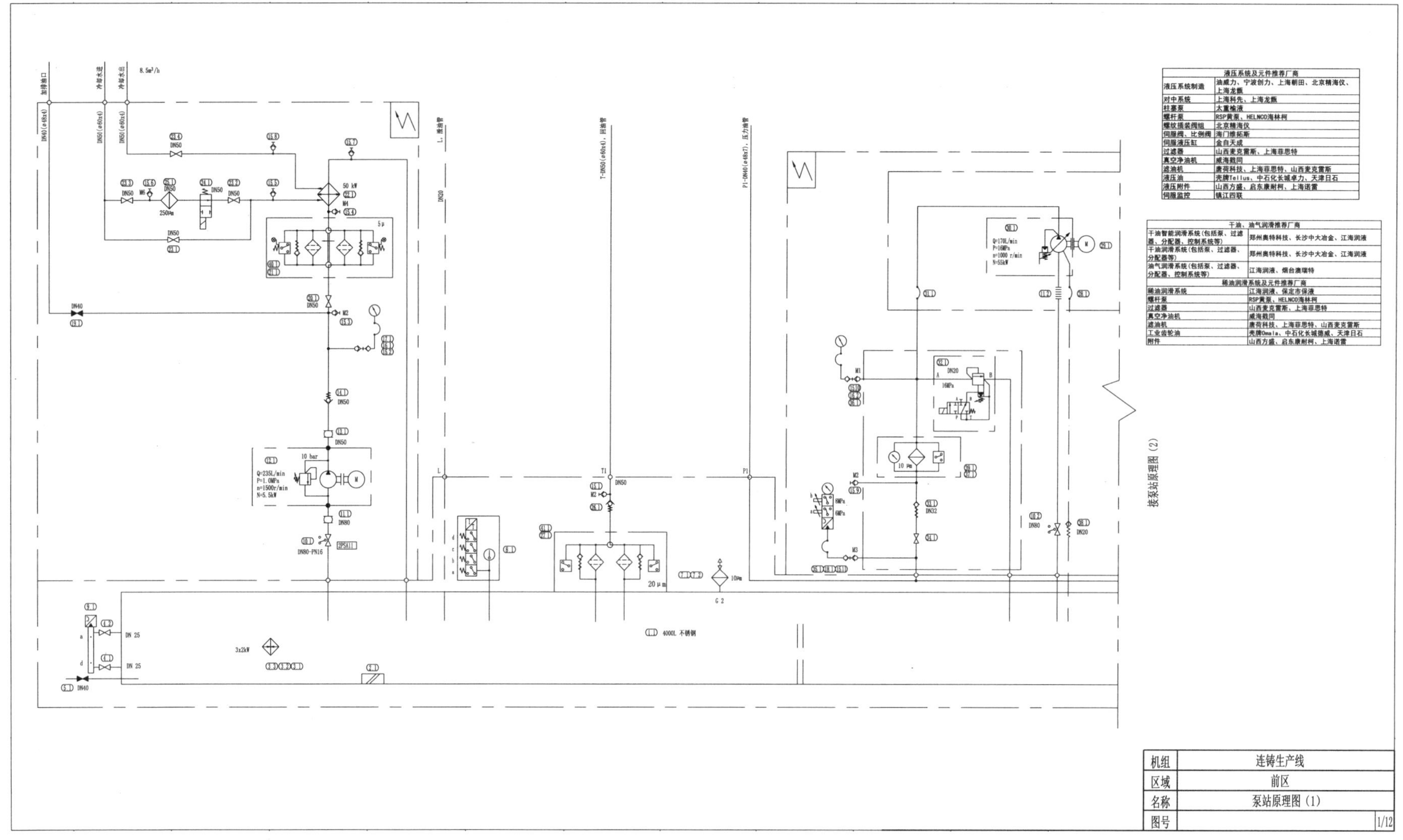

液压系统及元件推荐厂商	
液压系统制造	油威力、宁波创力、上海朝田、北京精海仪、上海龙甑
对中系统	上海科先、上海龙甑
柱塞泵	太重榆液
螺杆泵	RSP黄泵、HELNCO海林柯
螺纹插装阀组	北京精海仪
伺服阀、比例阀	海门维拓斯
伺服液压缸	金自天成
过滤器	山西麦克雷斯、上海菲思特
真空净油机	威海戥同
滤油机	唐荷科技、上海菲思特、山西麦克雷斯
液压油	壳牌Tellus、中石化长城卓力、天津日石
液压附件	山西方盛、启东康耐柯、上海诺雷
伺服监控	镇江四联

干油、油气润滑推荐厂商	
干油智能润滑系统(包括泵、过滤器、分配器、控制系统等)	郑州奥特科技、长沙中大冶金、江海润液
干油润滑系统(包括泵、过滤器、分配器等)	郑州奥特科技、长沙中大冶金、江海润液
油气润滑系统(包括泵、过滤器、分配器、控制系统等)	江海润液、烟台澳瑞特
稀油润滑系统及元件推荐厂商	
稀油润滑系统	江海润液、保定市保液
螺杆泵	RSP黄泵、HELNCO海林柯
过滤器	山西麦克雷斯、上海菲思特
真空净油机	威海戥同
滤油机	唐荷科技、上海菲思特、山西麦克雷斯
工业齿轮油	壳牌Omala、中石化长城德威、天津日石
附件	山西方盛、启东康耐柯、上海诺雷

机组	连铸生产线	
区域	前区	
名称	泵站原理图（1）	
图号		1/12

4.1.2 前区液压系统泵站原理图（2）

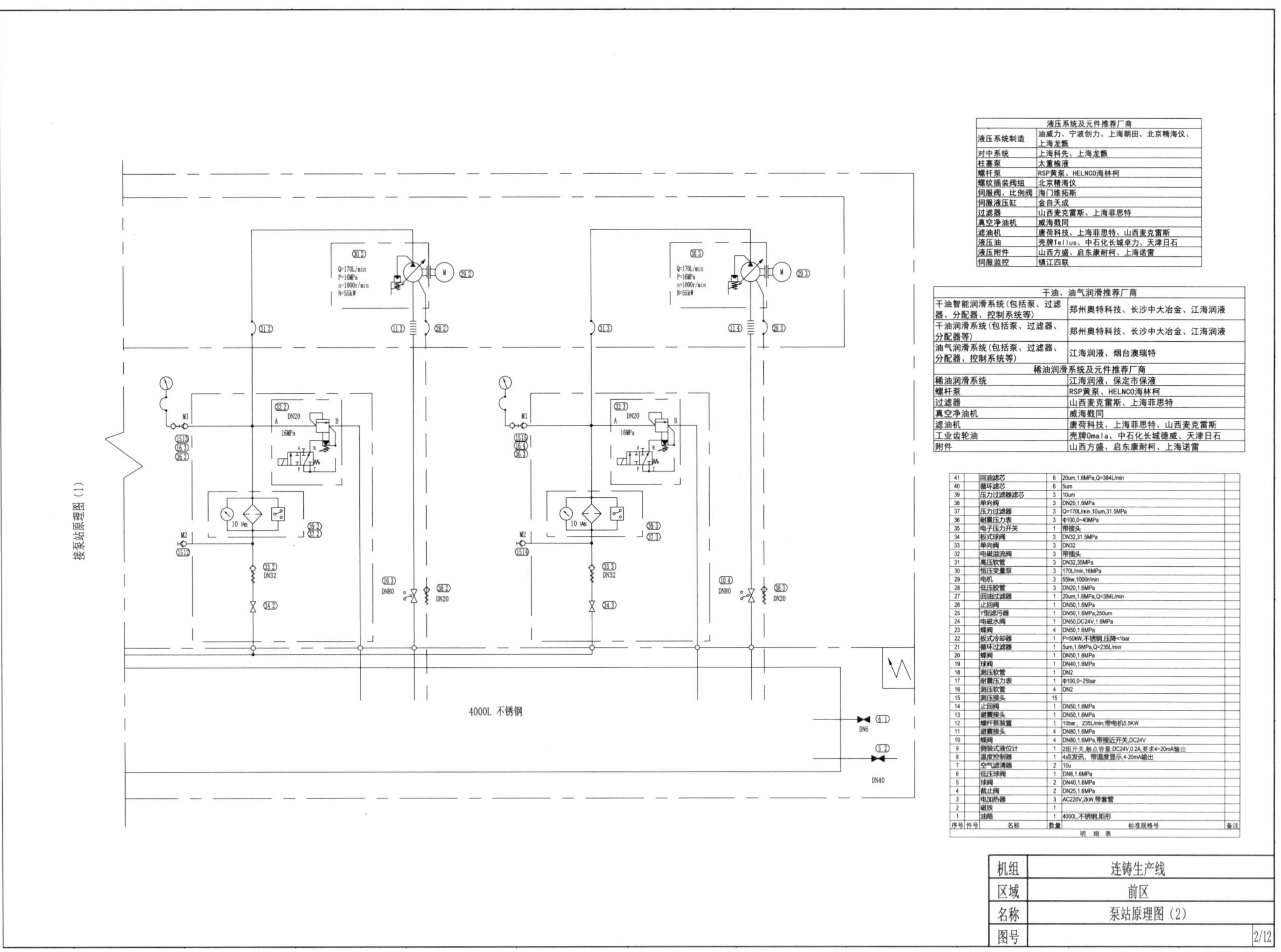

液压系统及元件推荐厂商	
液压系统制造	油威力、宁波创力、上海朝田、北京精海仪、上海龙甑
对中系统	上海科先、上海龙甑
柱塞泵	太重榆液
螺杆泵	RSP黄泵、HELNCO海林柯
螺纹插装阀组	北京精海仪
伺服阀、比例阀	海门维拓斯
伺服液压缸	金自天成
过滤器	山西麦克雷斯、上海菲思特
真空净油机	威海戳同
滤油机	唐荷科技、上海菲思特、山西麦克雷斯
液压油	壳牌Tellus、中石化长城卓力、天津日石
液压附件	山西方盛、启东康耐柯、上海诺雷
伺服监控	镇江四联

干油、油气润滑推荐厂商	
干油智能润滑系统(包括泵、过滤器、分配器、控制系统等)	郑州奥特科技、长沙中大冶金、江海润液
干油润滑系统(包括泵、过滤器、分配器等)	郑州奥特科技、长沙中大冶金、江海润液
油气润滑系统(包括泵、过滤器、分配器、控制系统等)	江海润液、烟台澳瑞特
稀油润滑系统及元件推荐厂商	
稀油润滑系统	江海润液、保定市保液
螺杆泵	RSP黄泵、HELNCO海林柯
过滤器	山西麦克雷斯、上海菲思特
真空净油机	威海戳同
滤油机	唐荷科技、上海菲思特、山西麦克雷斯
工业齿轮油	壳牌Omala、中石化长城德威、天津日石
附件	山西方盛、启东康耐柯、上海诺雷

序号	件号	名称	数量	标准规格号	备注
41		回油滤芯	6	20um,1.6MPa,Q=384L/min	
40		循环滤芯	6	5um	
39		压力过滤器滤芯	3	10um	
38		单向阀	3	DN20,1.6MPa	
37		压力过滤器	3	Q=170L/min,10um,31.5MPa	
36		耐震压力表	3	Φ100,0~40MPa	
35		电子压力开关	1	带接头	
34		板式球阀	3	DN32,31.5MPa	
33		单向阀	3	DN32	
32		电磁溢流阀	3	带插头	
31		高压软管	3	DN32,35MPa	
30		恒压变量泵	3	170L/min,16MPa	
29		电机	3	55kw,1000r/min	
28		低压胶管	3	DN20,1.6MPa	
27		回油过滤器	1	20um,1.6MPa,Q=384L/min	
26		止回阀	1	DN50,1.6MPa	
25		Y型滤污器	1	DN50,1.6MPa,250um	
24		电磁水阀	1	DN50,DC24V,1.6MPa	
23		蝶阀	4	DN50,1.6MPa	
22		板式冷却器	1	P=50kW,不锈钢,压降<1bar	
21		循环过滤器	1	5um,1.6MPa,Q=235L/min	
20		蝶阀	1	DN50,1.6MPa	
19		球阀	1	DN40,1.6MPa	
18		测压软管	1	DN2	
17		耐震压力表	1	Φ100,0~25bar	
16		测压软管	4	DN2	
15		测压接头	15		
14		止回阀	1	DN50,1.6MPa	
13		避震接头	1	DN50,1.6MPa	
12		螺杆泵装置	1	10bar，235L/min,带电机5.5KW	
11		避震接头	4	DN80,1.6MPa	
10		蝶阀	4	DN80,1.6MPa,带接近开关,DC24V	
9		侧装式液位计	1	2组开关,触点容量:DC24V,0.2A,要求4~20mA输出	
8		温度控制器	1	4点发讯，带温度显示,4-20mA输出	
7		空气滤清器	2	10u	
6		低压球阀	1	DN6,1.6MPa	
5		球阀	2	DN40,1.6MPa	
4		截止阀	2	DN25,1.6MPa	
3		电加热器	3	AC220V,2kW,带套管	
2		磁铁	1		
1		油箱	1	4000L,不锈钢,矩形	

明细表

机组	连铸生产线
区域	前区
名称	泵站原理图（2）
图号	2/12

4.1.3 前区液压系统蓄能器组原理图

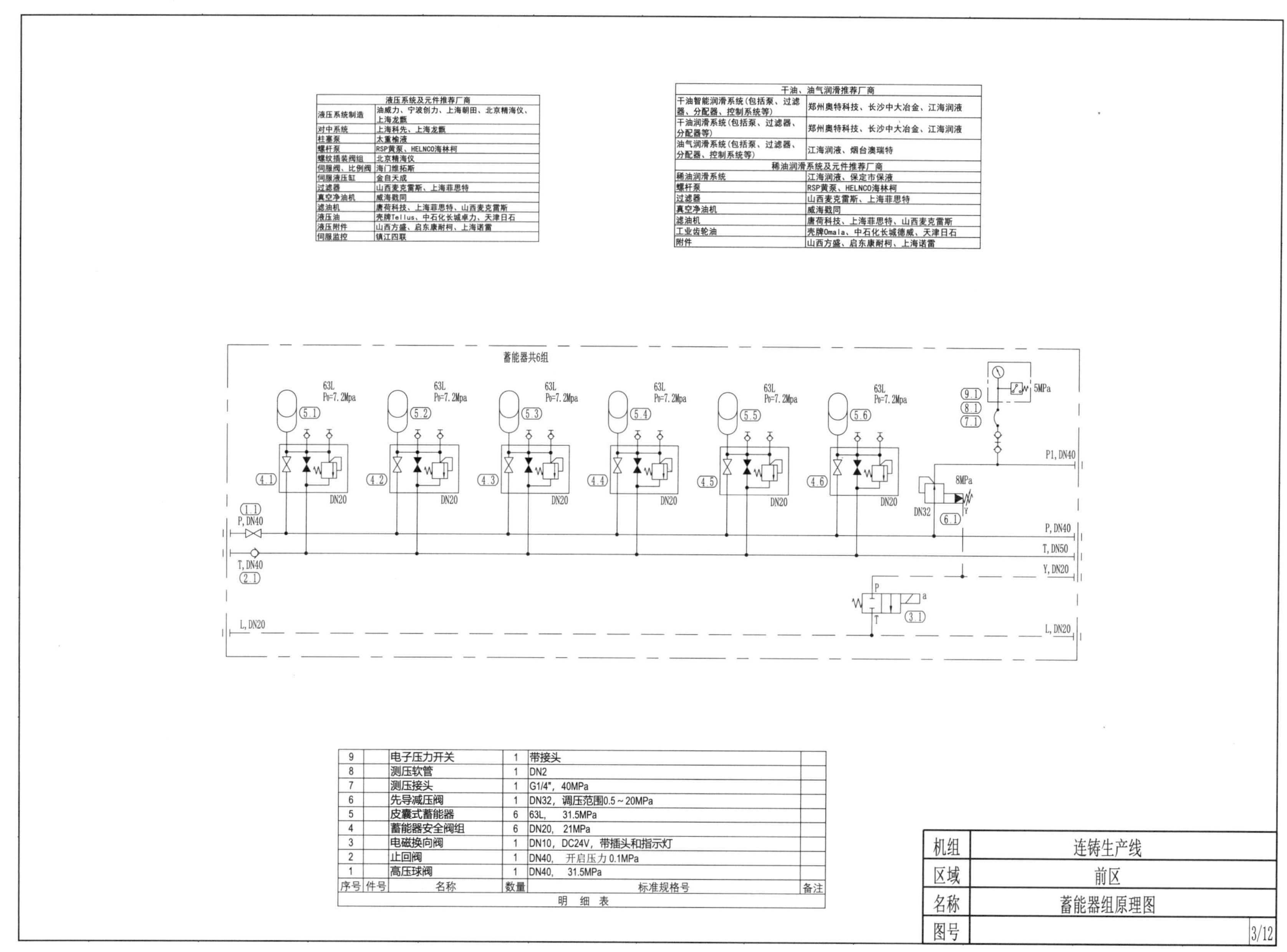

液压系统及元件推荐厂商	
液压系统制造	油威力、宁波创力、上海朝田、北京精海仪、上海龙甑
对中系统	上海科先、上海龙甑
柱塞泵	太重榆液
螺杆泵	RSP黄泵、HELNCO海林柯
螺纹插装阀组	北京精海仪
伺服阀、比例阀	海门维拓斯
伺服液压缸	金自天成
过滤器	山西麦克雷斯、上海菲思特
真空净油机	威海戥同
滤油机	唐荷科技、上海菲思特、山西麦克雷斯
液压油	壳牌Tellus、中石化长城卓力、天津日石
液压附件	山西方盛、启东康耐柯、上海诺雷
伺服监控	镇江四联

干油、油气润滑推荐厂商	
干油智能润滑系统(包括泵、过滤器、分配器、控制系统等)	郑州奥特科技、长沙中大冶金、江海润液
干油润滑系统(包括泵、过滤器、分配器等)	郑州奥特科技、长沙中大冶金、江海润液
油气润滑系统(包括泵、过滤器、分配器、控制系统等)	江海润液、烟台澳瑞特
稀油润滑系统及元件推荐厂商	
稀油润滑系统	江海润液、保定市保液
螺杆泵	RSP黄泵、HELNCO海林柯
过滤器	山西麦克雷斯、上海菲思特
真空净油机	威海戥同
滤油机	唐荷科技、上海菲思特、山西麦克雷斯
工业齿轮油	壳牌Omala、中石化长城德威、天津日石
附件	山西方盛、启东康耐柯、上海诺雷

序号	件号	名称	数量	标准规格号	备注
9		电子压力开关	1	带接头	
8		测压软管	1	DN2	
7		测压接头	1	G1/4", 40MPa	
6		先导减压阀	1	DN32，调压范围0.5～20MPa	
5		皮囊式蓄能器	6	63L,　31.5MPa	
4		蓄能器安全阀组	6	DN20,　21MPa	
3		电磁换向阀	1	DN10，DC24V，带插头和指示灯	
2		止回阀	1	DN40,　开启压力 0.1MPa	
1		高压球阀	1	DN40,　31.5MPa	

明　细　表

机组	连铸生产线
区域	前区
名称	蓄能器组原理图
图号	3/12

4.1.4 前区液压系统阀台原理图（1）

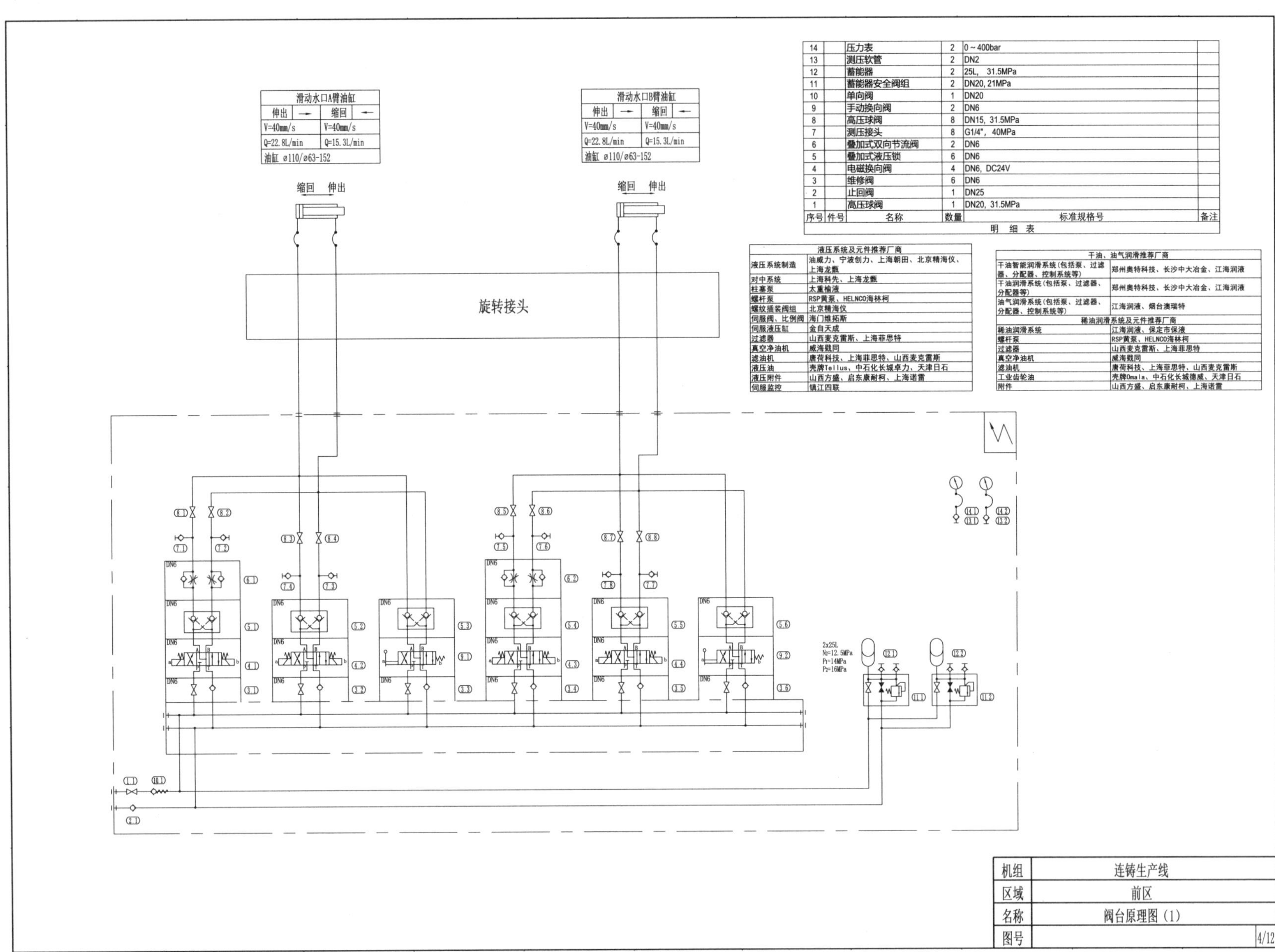

序号	件号	名称	数量	标准规格号	备注
14		压力表	2	0～400bar	
13		测压软管	2	DN2	
12		蓄能器	2	25L，31.5MPa	
11		蓄能器安全阀组	2	DN20, 21MPa	
10		单向阀	1	DN20	
9		手动换向阀	2	DN6	
8		高压球阀	8	DN15，31.5MPa	
7		测压接头	8	G1/4"，40MPa	
6		叠加式双向节流阀	2	DN6	
5		叠加式液压锁	6	DN6	
4		电磁换向阀	4	DN6，DC24V	
3		维修阀	6	DN6	
2		止回阀	1	DN25	
1		高压球阀	1	DN20，31.5MPa	

明　细　表

液压系统及元件推荐厂商	
液压系统制造	油威力、宁波创力、上海朝田、北京精海仪、上海龙甑
对中系统	上海科先、上海龙甑
柱塞泵	太重榆液
螺杆泵	RSP黄泵、HELNCO海林柯
螺纹插装阀组	北京精海仪
伺服阀、比例阀	海门维拓斯
伺服液压缸	金自天成
过滤器	山西麦克雷斯、上海菲思特
真空净油机	威海戳同
滤油机	唐荷科技、上海菲思特、山西麦克雷斯
液压油	壳牌Tellus、中石化长城卓力、天津日石
液压附件	山西方盛、启东康耐柯、上海诺雷
伺服监控	镇江四联

干油、油气润滑推荐厂商	
干油智能润滑系统（包括泵、过滤器、分配器、控制系统等）	郑州奥特科技、长沙中大冶金、江海润液
干油润滑系统（包括泵、过滤器、分配器等）	郑州奥特科技、长沙中大冶金、江海润液
油气润滑系统（包括泵、过滤器、分配器、控制系统等）	江海润液、烟台澳瑞特
稀油润滑系统及元件推荐厂商	
稀油润滑系统	江海润液、保定市保液
螺杆泵	RSP黄泵、HELNCO海林柯
过滤器	山西麦克雷斯、上海菲思特
真空净油机	威海戳同
滤油机	唐荷科技、上海菲思特、山西麦克雷斯
工业齿轮油	壳牌Omala、中石化长城德威、天津日石
附件	山西方盛、启东康耐柯、上海诺雷

机组	连铸生产线
区域	前区
名称	阀台原理图（1）
图号	4/12

4.1.5 前区液压系统阀台原理图（2）

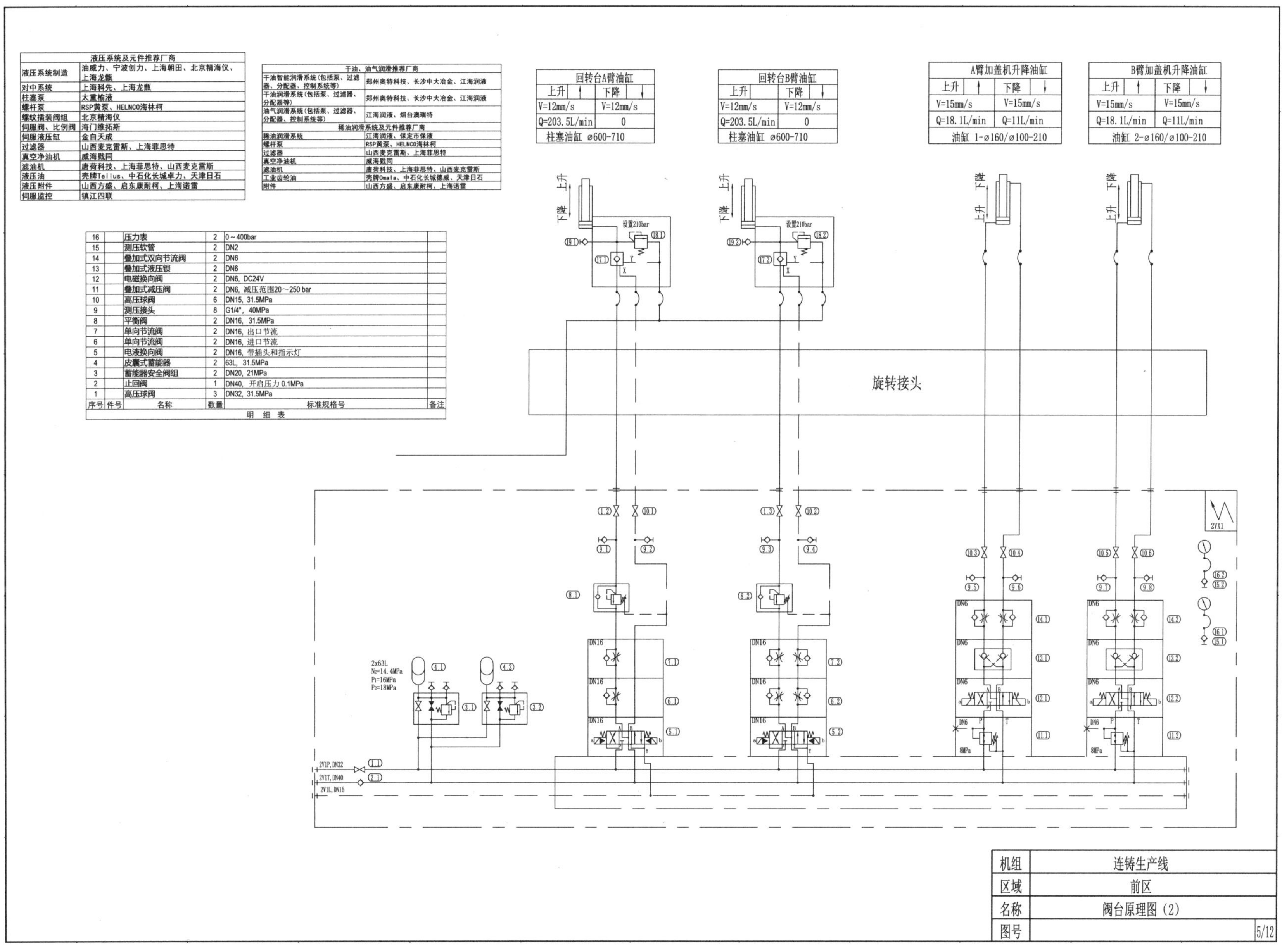

液压系统及元件推荐厂商	
液压系统制造	油威力、宁波创力、上海朝田、北京精海仪、上海龙甑
对中系统	上海科先、上海龙甑
柱塞泵	太重榆液
螺杆泵	RSP黄泵、HELNCO海林柯
螺纹插装阀组	北京精海仪
伺服阀、比例阀	海门维拓斯
伺服液压缸	金自天成
过滤器	山西麦克雷斯、上海菲思特
真空净油机	威海戥同
滤油机	唐荷科技、上海菲思特、山西麦克雷斯
液压油	壳牌Tellus、中石化长城卓力、天津日石
液压附件	山西方盛、启东康耐柯、上海诺雷
伺服监控	镇江四联

干油、油气润滑推荐厂商	
干油智能润滑系统(包括泵、过滤器、分配器、控制系统等)	郑州奥特科技、长沙中大冶金、江海润液
干油润滑系统(包括泵、过滤器、分配器等)	郑州奥特科技、长沙中大冶金、江海润液
油气润滑系统(包括泵、过滤器、分配器、控制系统等)	江海润液、烟台澳瑞特
稀油润滑系统及元件推荐厂商	
稀油润滑系统	江海润液、保定市保液
螺杆泵	RSP黄泵、HELNCO海林柯
过滤器	山西麦克雷斯、上海菲思特
真空净油机	威海戥同
滤油机	唐荷科技、上海菲思特、山西麦克雷斯
工业齿轮油	壳牌Omala、中石化长城德威、天津日石
附件	山西方盛、启东康耐柯、上海诺雷

序号	件号	名称	数量	标准规格号	备注
16		压力表	2	0～400bar	
15		测压软管	2	DN2	
14		叠加式双向节流阀	2	DN6	
13		叠加式液压锁	2	DN6	
12		电磁换向阀	2	DN6, DC24V	
11		叠加式减压阀	2	DN6, 减压范围20～250 bar	
10		高压球阀	6	DN15, 31.5MPa	
9		测压接头	8	G1/4", 40MPa	
8		平衡阀	2	DN16, 31.5MPa	
7		单向节流阀	2	DN16, 出口节流	
6		单向节流阀	2	DN16, 进口节流	
5		电液换向阀	2	DN16, 带插头和指示灯	
4		皮囊式蓄能器	2	63L, 31.5MPa	
3		蓄能器安全阀组	2	DN20, 21MPa	
2		止回阀	1	DN40, 开启压力 0.1MPa	
1		高压球阀	3	DN32, 31.5MPa	

明细表

机组	连铸生产线
区域	前区
名称	阀台原理图（2）
图号	5/12

4.1.6 前区液压系统阀台原理图（3）

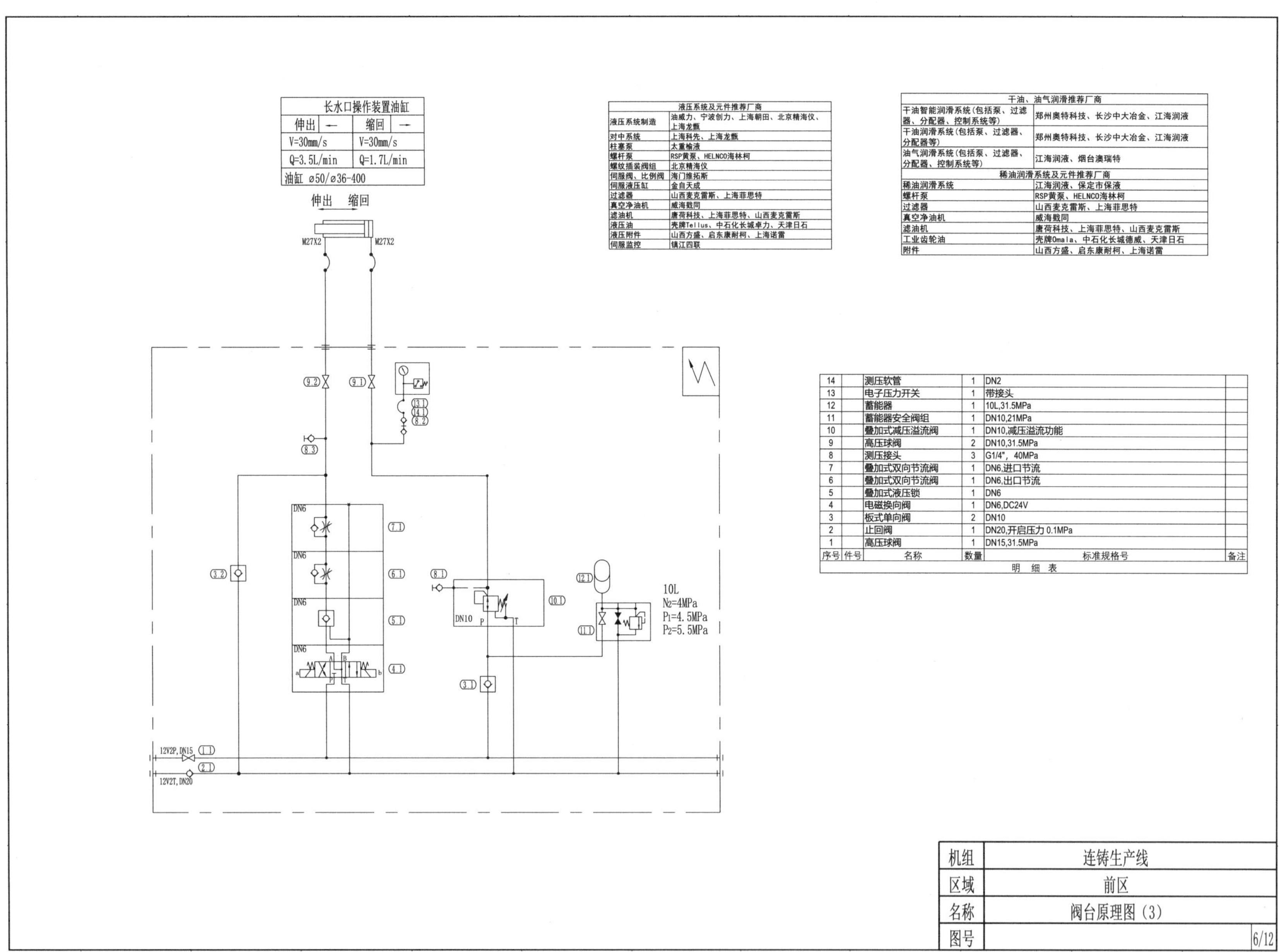

长水口操作装置油缸			
伸出	←	缩回	→
V=30mm/s		V=30mm/s	
Q=3.5L/min		Q=1.7L/min	
油缸 ø50/ø36-400			

液压系统及元件推荐厂商	
液压系统制造	油威力、宁波创力、上海朝田、北京精海仪、上海龙甑
对中系统	上海科先、上海龙甑
柱塞泵	太重榆液
螺杆泵	RSP黄泵、HELNCO海林柯
螺纹插装阀组	北京精海仪
伺服阀、比例阀	海门维拓斯
伺服液压缸	金自天成
过滤器	山西麦克雷斯、上海菲思特
真空净油机	威海戥同
滤油机	唐荷科技、上海菲思特、山西麦克雷斯
液压油	壳牌Tellus、中石化长城卓力、天津日石
液压附件	山西方盛、启东康耐柯、上海诺雷
伺服监控	镇江四联

干油、油气润滑推荐厂商	
干油智能润滑系统(包括泵、过滤器、分配器、控制系统等)	郑州奥特科技、长沙中大冶金、江海润液
干油润滑系统(包括泵、过滤器、分配器等)	郑州奥特科技、长沙中大冶金、江海润液
油气润滑系统(包括泵、过滤器、分配器、控制系统等)	江海润液、烟台澳瑞特
稀油润滑系统及元件推荐厂商	
稀油润滑系统	江海润液、保定市保液
螺杆泵	RSP黄泵、HELNCO海林柯
过滤器	山西麦克雷斯、上海菲思特
真空净油机	威海戥同
滤油机	唐荷科技、上海菲思特、山西麦克雷斯
工业齿轮油	壳牌Omala、中石化长城德威、天津日石
附件	山西方盛、启东康耐柯、上海诺雷

序号	件号	名称	数量	标准规格号	备注
14		测压软管	1	DN2	
13		电子压力开关	1	带接头	
12		蓄能器	1	10L,31.5MPa	
11		蓄能器安全阀组	1	DN10,21MPa	
10		叠加式减压溢流阀	1	DN10,减压溢流功能	
9		高压球阀	2	DN10,31.5MPa	
8		测压接头	3	G1/4"，40MPa	
7		叠加式双向节流阀	1	DN6,进口节流	
6		叠加式双向节流阀	1	DN6,出口节流	
5		叠加式液压锁	1	DN6	
4		电磁换向阀	1	DN6,DC24V	
3		板式单向阀	2	DN10	
2		止回阀	1	DN20,开启压力 0.1MPa	
1		高压球阀	1	DN15,31.5MPa	

明 细 表

机组	连铸生产线
区域	前区
名称	阀台原理图（3）
图号	6/12

4.1.7 前区液压系统阀台原理图（4）

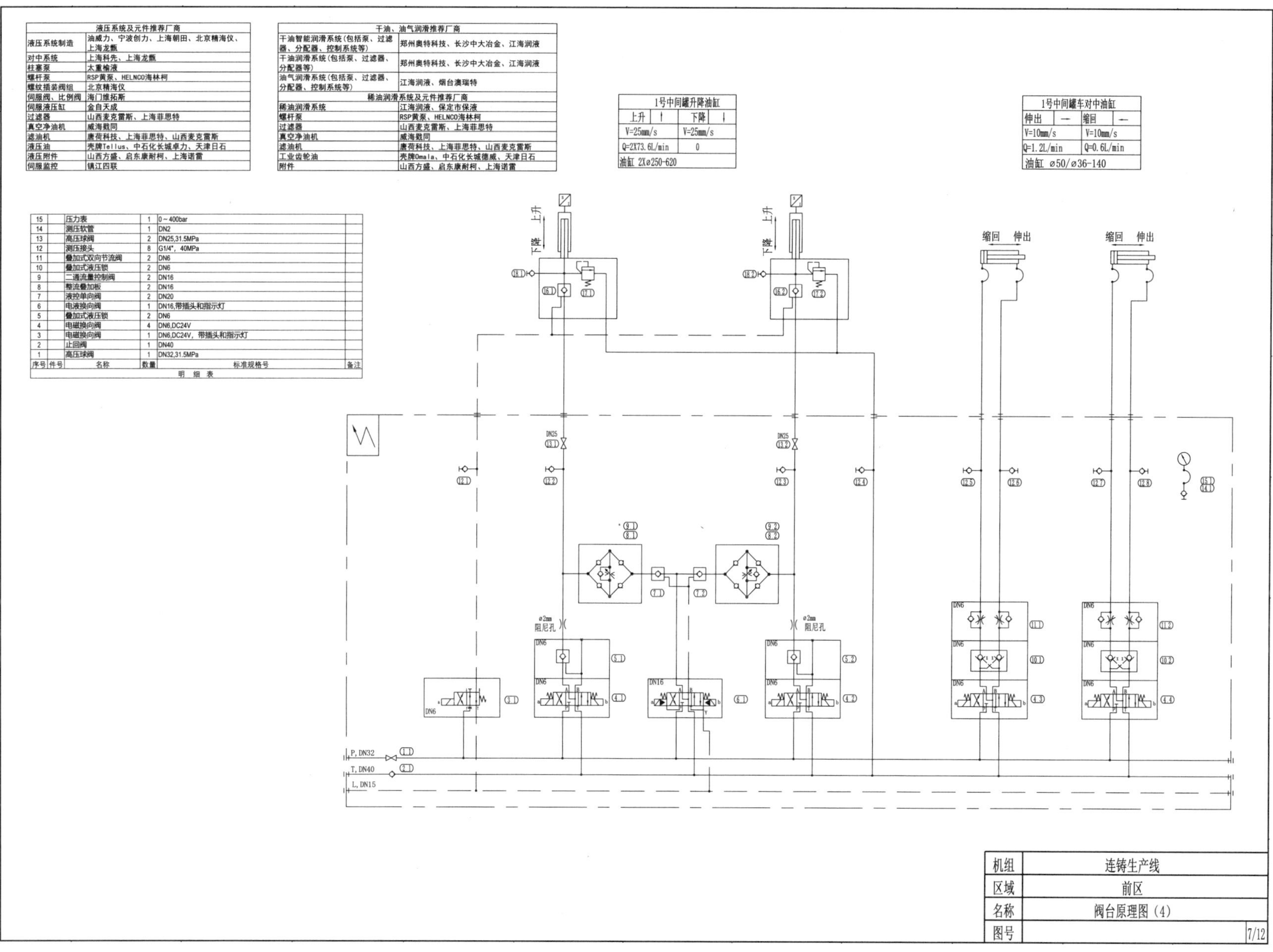

液压系统及元件推荐厂商	
液压系统制造	油威力、宁波创力、上海朝田、北京精海仪、上海龙甑
对中系统	上海科先、上海龙甑
柱塞泵	太重榆液
螺杆泵	RSP黄泵、HELNCO海林柯
螺纹插装阀组	北京精海仪
伺服阀、比例阀	海门维拓斯
伺服液压缸	金自天成
过滤器	山西麦克雷斯、上海菲思特
真空净油机	威海戥同
滤油机	唐荷科技、上海菲思特、山西麦克雷斯
液压油	壳牌Tellus、中石化长城卓力、天津日石
液压附件	山西方盛、启东康耐柯、上海诺雷
伺服监控	镇江四联

干油、油气润滑推荐厂商	
干油智能润滑系统(包括泵、过滤器、分配器、控制系统等)	郑州奥特科技、长沙中大冶金、江海润液
干油润滑系统(包括泵、过滤器、分配器等)	郑州奥特科技、长沙中大冶金、江海润液
油气润滑系统(包括泵、过滤器、分配器、控制系统等)	江海润液、烟台澳瑞特
稀油润滑系统及元件推荐厂商	
稀油润滑系统	江海润液、保定市保液
螺杆泵	RSP黄泵、HELNCO海林柯
过滤器	山西麦克雷斯、上海菲思特
真空净油机	威海戥同
滤油机	唐荷科技、上海菲思特、山西麦克雷斯
工业齿轮油	壳牌Omala、中石化长城德威、天津日石
附件	山西方盛、启东康耐柯、上海诺雷

1号中间罐升降油缸			
上升	↑	下降	↓
V=25mm/s		V=25mm/s	
Q=2X73.6L/min		0	
油缸 2Xø250-620			

1号中间罐车对中油缸			
伸出	→	缩回	←
V=10mm/s		V=10mm/s	
Q=1.2L/min		Q=0.6L/min	
油缸 ø50/ø36-140			

序号	件号	名称	数量	标准规格号	备注
15		压力表	1	0～400bar	
14		测压软管	1	DN2	
13		高压球阀	2	DN25,31.5MPa	
12		测压接头	8	G1/4", 40MPa	
11		叠加式双向节流阀	2	DN6	
10		叠加式液压锁	2	DN6	
9		二通流量控制阀	2	DN16	
8		整流叠加板	2	DN16	
7		液控单向阀	2	DN20	
6		电液换向阀	1	DN16,带插头和指示灯	
5		叠加式液压锁	2	DN6	
4		电磁换向阀	4	DN6,DC24V	
3		电磁换向阀	1	DN6,DC24V，带插头和指示灯	
2		止回阀	1	DN40	
1		高压球阀	1	DN32,31.5MPa	

明　细　表

机组	连铸生产线
区域	前区
名称	阀台原理图(4)
图号	7/12

4.1.8 前区液压系统阀台原理图（5）

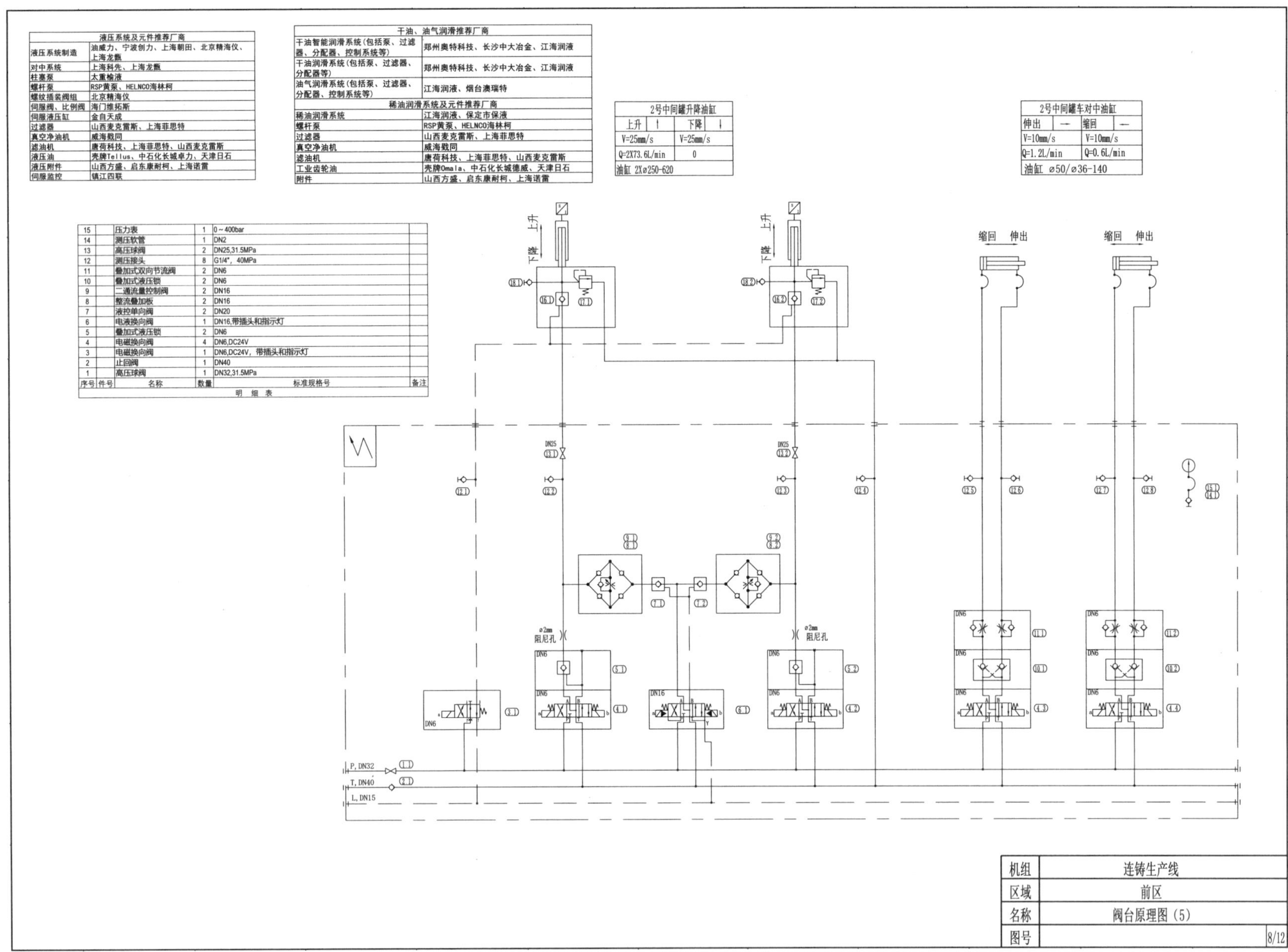

液压系统及元件推荐厂商	
液压系统制造	油威力、宁波创力、上海朝田、北京精海仪、上海龙甑
对中系统	上海科先、上海龙甑
柱塞泵	太重榆液
螺杆泵	RSP黄泵、HELNCO海林柯
螺纹插装阀组	北京精海仪
伺服阀、比例阀	海门维拓斯
伺服液压缸	金自天成
过滤器	山西麦克雷斯、上海菲思特
真空净油机	威海戥同
滤油机	唐荷科技、上海菲思特、山西麦克雷斯
液压油	壳牌Tellus、中石化长城卓力、天津日石
液压附件	山西方盛、启东康耐柯、上海诺雷
伺服监控	镇江四联

干油、油气润滑推荐厂商	
干油智能润滑系统(包括泵、过滤器、分配器、控制系统等)	郑州奥特科技、长沙中大冶金、江海润液
干油润滑系统(包括泵、过滤器、分配器等)	郑州奥特科技、长沙中大冶金、江海润液
油气润滑系统(包括泵、过滤器、分配器、控制系统等)	江海润液、烟台澳瑞特
稀油润滑系统及元件推荐厂商	
稀油润滑系统	江海润液、保定市保液
螺杆泵	RSP黄泵、HELNCO海林柯
过滤器	山西麦克雷斯、上海菲思特
真空净油机	威海戥同
滤油机	唐荷科技、上海菲思特、山西麦克雷斯
工业齿轮油	壳牌Omala、中石化长城德威、天津日石
附件	山西方盛、启东康耐柯、上海诺雷

2号中间罐升降油缸			
上升	↑	下降	↓
V=25mm/s		V=25mm/s	
Q=2X73.6L/min		0	
油缸 2Xø250-620			

2号中间罐车对中油缸			
伸出	→	缩回	←
V=10mm/s		V=10mm/s	
Q=1.2L/min		Q=0.6L/min	
油缸 ø50/ø36-140			

序号	件号	名称	数量	标准规格号	备注
15		压力表	1	0～400bar	
14		测压软管	1	DN2	
13		高压球阀	2	DN25,31.5MPa	
12		测压接头	8	G1/4", 40MPa	
11		叠加式双向节流阀	2	DN6	
10		叠加式液压锁	2	DN6	
9		二通流量控制阀	2	DN16	
8		整流叠加板	2	DN16	
7		液控单向阀	2	DN20	
6		电液换向阀	1	DN16,带插头和指示灯	
5		叠加式液压锁	2	DN6	
4		电磁换向阀	4	DN6,DC24V	
3		电磁换向阀	1	DN6,DC24V，带插头和指示灯	
2		止回阀	1	DN40	
1		高压球阀	1	DN32,31.5MPa	
明细表					

机组	连铸生产线
区域	前区
名称	阀台原理图（5）
图号	8/12

4.1.9 前区液压系统阀台原理图（6）

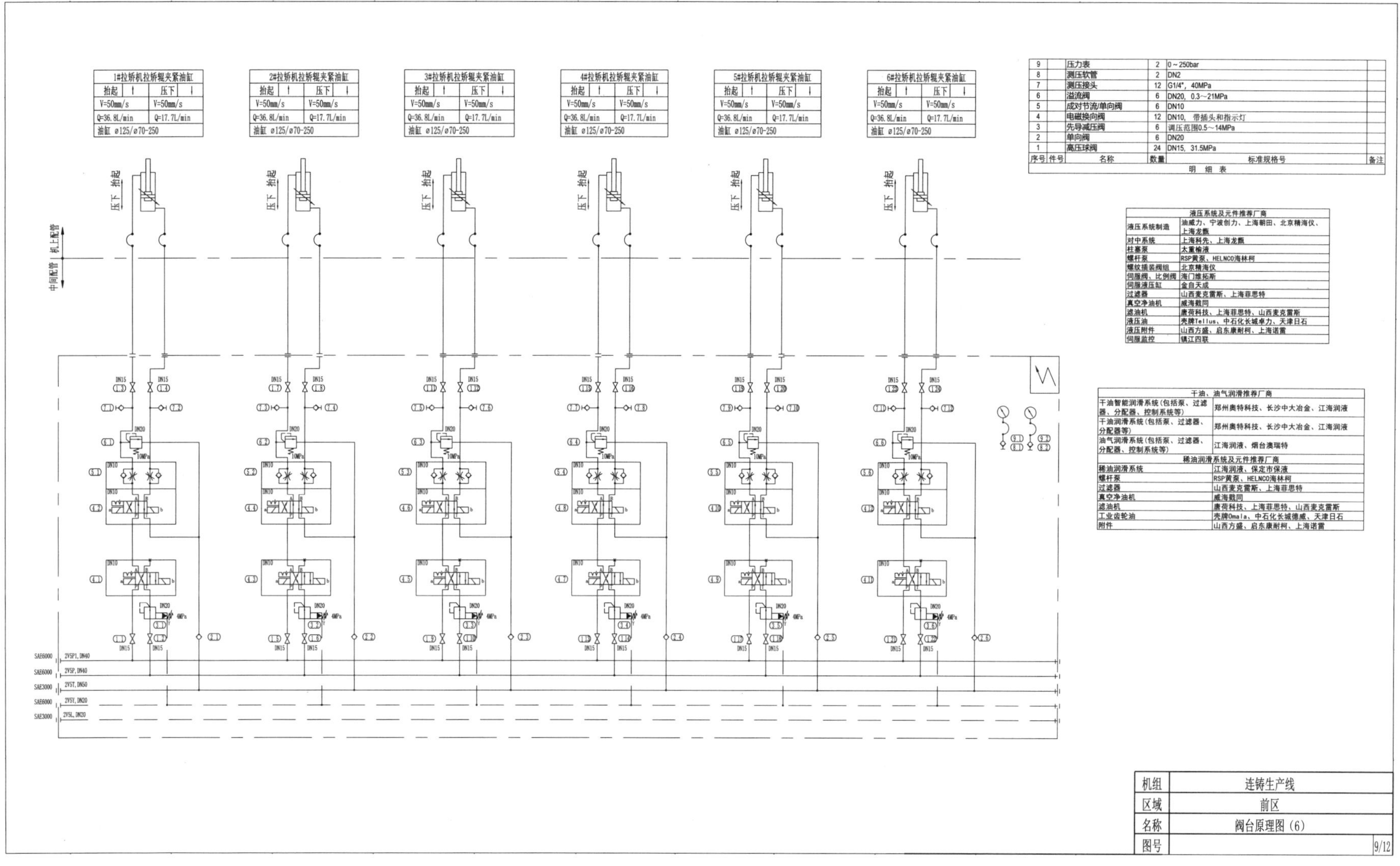

9		压力表	2	0～250bar	
8		测压软管	2	DN2	
7		测压接头	12	G1/4"，40MPa	
6		溢流阀	6	DN20，0.3～21MPa	
5		成对节流/单向阀	6	DN10	
4		电磁换向阀	12	DN10，带插头和指示灯	
3		先导减压阀	6	调压范围0.5～14MPa	
2		单向阀	6	DN20	
1		高压球阀	24	DN15，31.5MPa	
序号	件号	名称	数量	标准规格号	备注
明　细　表					

液压系统及元件推荐厂商	
液压系统制造	油威力、宁波创力、上海朝田、北京精海仪、上海龙甑
对中系统	上海科先、上海龙甑
柱塞泵	太重榆液
螺杆泵	RSP黄泵、HELNCO海林柯
螺纹插装阀组	北京精海仪
伺服阀、比例阀	海门维拓斯
伺服液压缸	金自天成
过滤器	山西麦克雷斯、上海菲思特
真空净油机	威海戥同
滤油机	唐荷科技、上海菲思特、山西麦克雷斯
液压油	壳牌Tellus、中石化长城卓力、天津日石
液压附件	山西方盛、启东康耐柯、上海诺雷
伺服监控	镇江四联

干油、油气润滑推荐厂商	
干油智能润滑系统（包括泵、过滤器、分配器、控制系统等）	郑州奥特科技、长沙中大冶金、江海润液
干油润滑系统（包括泵、过滤器、分配器等）	郑州奥特科技、长沙中大冶金、江海润液
油气润滑系统（包括泵、过滤器、分配器、控制系统等）	江海润液、烟台澳瑞特
稀油润滑系统及元件推荐厂商	
稀油润滑系统	江海润液、保定市保液
螺杆泵	RSP黄泵、HELNCO海林柯
过滤器	山西麦克雷斯、上海菲思特
真空净油机	威海戥同
滤油机	唐荷科技、上海菲思特、山西麦克雷斯
工业齿轮油	壳牌Omala、中石化长城德威、天津日石
附件	山西方盛、启东康耐柯、上海诺雷

机组	连铸生产线
区域	前区
名称	阀台原理图（6）
图号	9/12

4.1.10 前区液压系统阀台原理图（7）

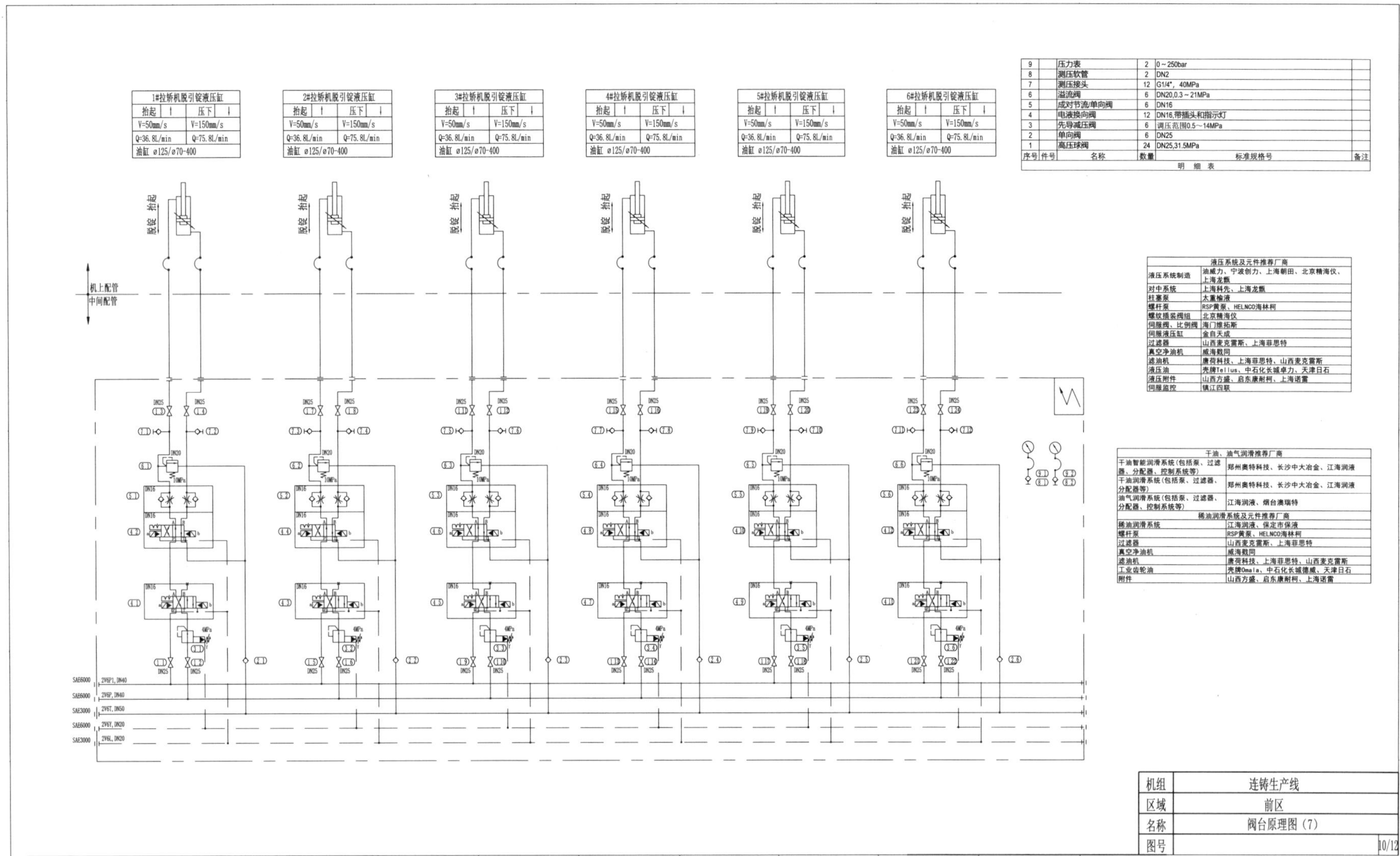

9		压力表	2	0～250bar	
8		测压软管	2	DN2	
7		测压接头	12	G1/4"，40MPa	
6		溢流阀	6	DN20,0.3～21MPa	
5		成对节流/单向阀	6	DN16	
4		电液换向阀	12	DN16,带插头和指示灯	
3		先导减压阀	6	调压范围0.5～14MPa	
2		单向阀	6	DN25	
1		高压球阀	24	DN25,31.5MPa	
序号	件号	名称	数量	标准规格号	备注
明细表					

液压系统及元件推荐厂商	
液压系统制造	油威力、宁波创力、上海朝田、北京精海仪、上海龙甑
对中系统	上海科先、上海龙甑
柱塞泵	太重榆液
螺杆泵	RSP黄泵、HELNCO海林柯
螺纹插装阀组	北京精海仪
伺服阀、比例阀	海门维拓斯
伺服液压缸	金自天成
过滤器	山西麦克雷斯、上海菲思特
真空净油机	威海戥同
滤油机	唐荷科技、上海菲思特、山西麦克雷斯
液压油	壳牌Tellus、中石化长城卓力、天津日石
液压附件	山西方盛、启东康耐柯、上海诺雷
伺服监控	镇江四联

干油、油气润滑推荐厂商	
干油智能润滑系统(包括泵、过滤器、分配器、控制系统等)	郑州奥特科技、长沙中大冶金、江海润液
干油润滑系统(包括泵、过滤器、分配器等)	郑州奥特科技、长沙中大冶金、江海润液
油气润滑系统(包括泵、过滤器、分配器、控制系统等)	江海润液、烟台澳瑞特
稀油润滑系统及元件推荐厂商	
稀油润滑系统	江海润液、保定市保液
螺杆泵	RSP黄泵、HELNCO海林柯
过滤器	山西麦克雷斯、上海菲思特
真空净油机	威海戥同
滤油机	唐荷科技、上海菲思特、山西麦克雷斯
工业齿轮油	壳牌Omala、中石化长城德威、天津日石
附件	山西方盛、启东康耐柯、上海诺雷

机组	连铸生产线
区域	前区
名称	阀台原理图（7）
图号	10/12

4.1.11 前区液压系统阀台原理图（8）

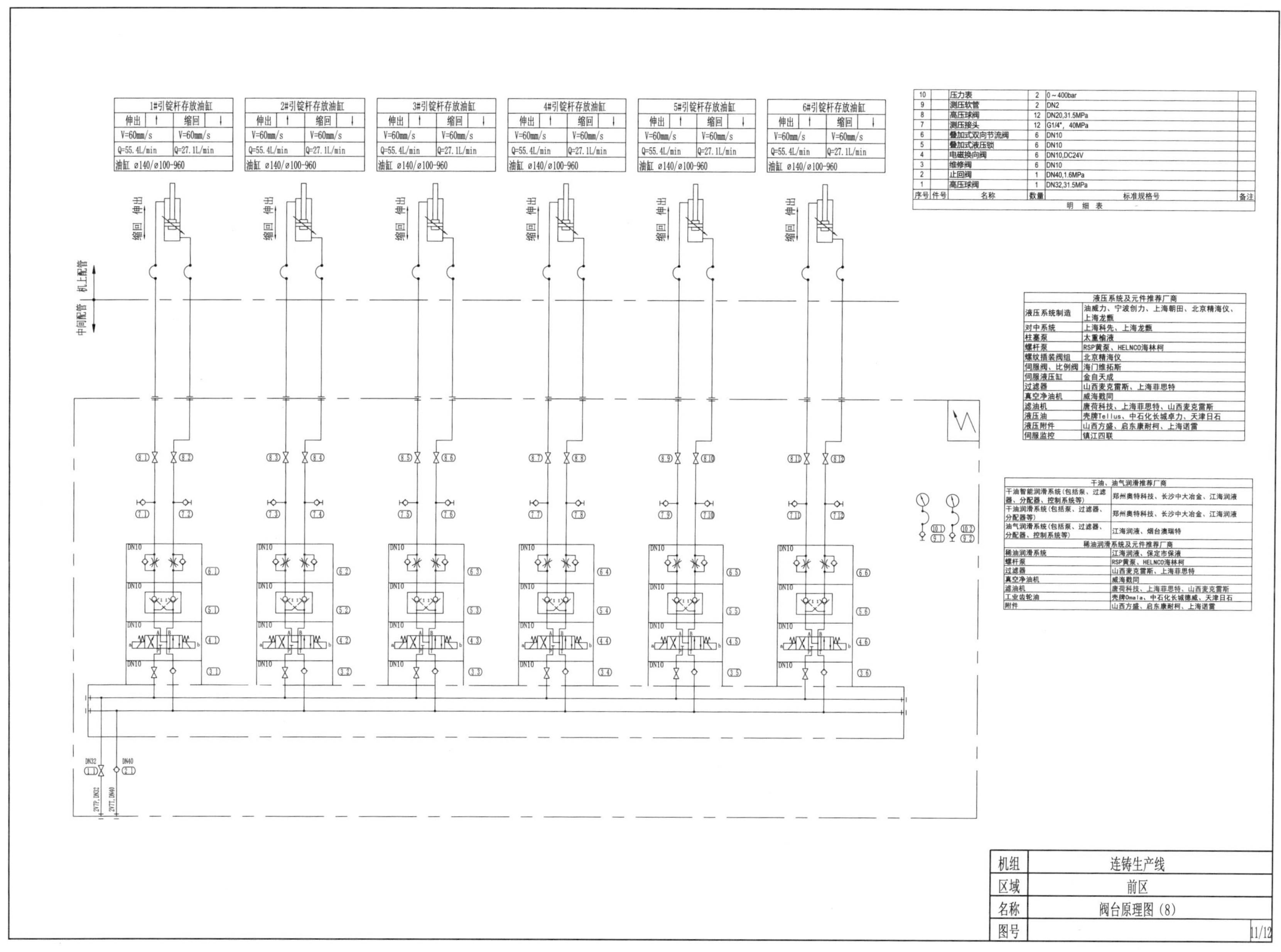

1#引锭杆存放油缸			
伸出	↑	缩回	↓
V=60mm/s		V=60mm/s	
Q=55.4L/min		Q=27.1L/min	
油缸 ø140/ø100-960			

2#引锭杆存放油缸			
伸出	↑	缩回	↓
V=60mm/s		V=60mm/s	
Q=55.4L/min		Q=27.1L/min	
油缸 ø140/ø100-960			

3#引锭杆存放油缸			
伸出	↑	缩回	↓
V=60mm/s		V=60mm/s	
Q=55.4L/min		Q=27.1L/min	
油缸 ø140/ø100-960			

4#引锭杆存放油缸			
伸出	↑	缩回	↓
V=60mm/s		V=60mm/s	
Q=55.4L/min		Q=27.1L/min	
油缸 ø140/ø100-960			

5#引锭杆存放油缸			
伸出	↑	缩回	↓
V=60mm/s		V=60mm/s	
Q=55.4L/min		Q=27.1L/min	
油缸 ø140/ø100-960			

6#引锭杆存放油缸			
伸出	↑	缩回	↓
V=60mm/s		V=60mm/s	
Q=55.4L/min		Q=27.1L/min	
油缸 ø140/ø100-960			

序号	件号	名称	数量	标准规格号	备注
10		压力表	2	0～400bar	
9		测压软管	2	DN2	
8		高压球阀	12	DN20,31.5MPa	
7		测压接头	12	G1/4"，40MPa	
6		叠加式双向节流阀	6	DN10	
5		叠加式液压锁	6	DN10	
4		电磁换向阀	6	DN10,DC24V	
3		维修阀	6	DN10	
2		止回阀	1	DN40,1.6MPa	
1		高压球阀	1	DN32,31.5MPa	

明　细　表

液压系统及元件推荐厂商	
液压系统制造	油威力、宁波创力、上海朝田、北京精海仪、上海龙甑
对中系统	上海科先、上海龙甑
柱塞泵	太重榆液
螺杆泵	RSP黄泵、HELNCO海林柯
螺纹插装阀组	北京精海仪
伺服阀、比例阀	海门维拓斯
伺服液压缸	金自天成
过滤器	山西麦克雷斯、上海菲思特
真空净油机	威海戥同
滤油机	唐荷科技、上海菲思特、山西麦克雷斯
液压油	壳牌Tellus、中石化长城卓力、天津日石
液压附件	山西方盛、启东康耐柯、上海诺雷
伺服监控	镇江四联

干油、油气润滑推荐厂商	
干油智能润滑系统（包括泵、过滤器、分配器、控制系统等）	郑州奥特科技、长沙中大冶金、江海润液
干油润滑系统（包括泵、过滤器、分配器等）	郑州奥特科技、长沙中大冶金、江海润液
油气润滑系统（包括泵、过滤器、分配器、控制系统等）	江海润液、烟台澳瑞特
稀油润滑系统及元件推荐厂商	
稀油润滑系统	江海润液、保定市保液
螺杆泵	RSP黄泵、HELNCO海林柯
过滤器	山西麦克雷斯、上海菲思特
真空净油机	威海戥同
滤油机	唐荷科技、上海菲思特、山西麦克雷斯
工业齿轮油	壳牌Omala、中石化长城德威、天津日石
附件	山西方盛、启东康耐柯、上海诺雷

机组	连铸生产线
区域	前区
名称	阀台原理图（8）
图号	11/12

4.1.12 前区液压系统阀台原理图（9）

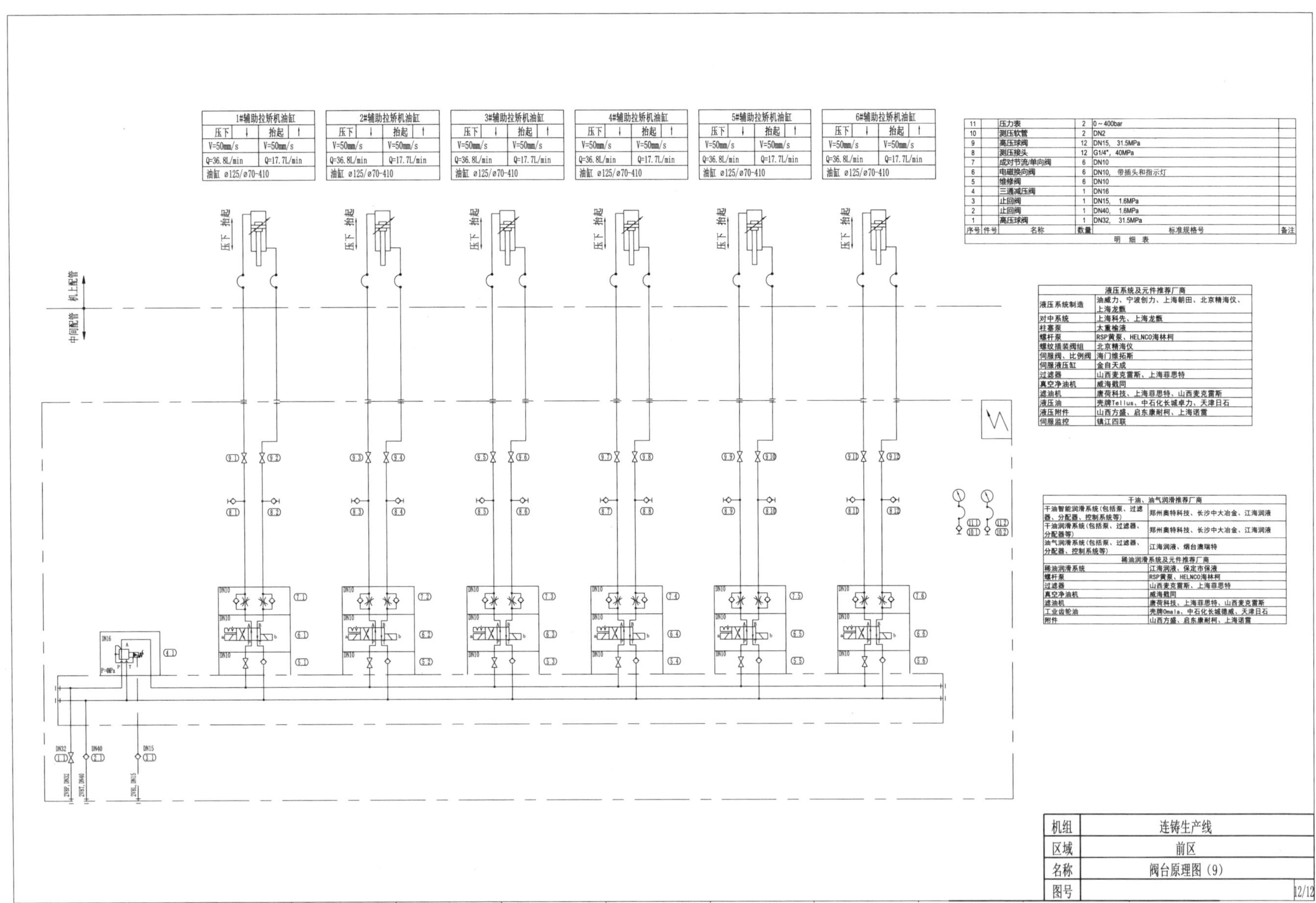

11		压力表	2	0～400bar	
10		测压软管	2	DN2	
9		高压球阀	12	DN15, 31.5MPa	
8		测压接头	12	G1/4", 40MPa	
7		成对节流/单向阀	6	DN10	
6		电磁换向阀	6	DN10, 带插头和指示灯	
5		维修阀	6	DN10	
4		三通减压阀	1	DN16	
3		止回阀	1	DN15, 1.6MPa	
2		止回阀	1	DN40, 1.6MPa	
1		高压球阀	1	DN32, 31.5MPa	
序号	件号	名称	数量	标准规格号	备注
明 细 表					

液压系统及元件推荐厂商	
液压系统制造	油威力、宁波创力、上海朝田、北京精海仪、上海龙甑
对中系统	上海科先、上海龙甑
柱塞泵	太重榆液
螺杆泵	RSP黄泵、HELNCO海林柯
螺纹插装阀组	北京精海仪
伺服阀、比例阀	海门维拓斯
伺服液压缸	金自天成
过滤器	山西麦克雷斯、上海菲思特
真空净油机	威海戳同
滤油机	唐荷科技、上海菲思特、山西麦克雷斯
液压油	壳牌Tellus、中石化长城卓力、天津日石
液压附件	山西方盛、启东康耐柯、上海诺雷
伺服监控	镇江四联

干油、油气润滑推荐厂商	
干油智能润滑系统(包括泵、过滤器、分配器、控制系统等)	郑州奥特科技、长沙中大冶金、江海润液
干油润滑系统(包括泵、过滤器、分配器等)	郑州奥特科技、长沙中大冶金、江海润液
油气润滑系统(包括泵、过滤器、分配器、控制系统等)	江海润液、烟台澳瑞特
稀油润滑系统及元件推荐厂商	
稀油润滑系统	江海润液、保定市保液
螺杆泵	RSP黄泵、HELNCO海林柯
过滤器	山西麦克雷斯、上海菲思特
真空净油机	威海戳同
滤油机	唐荷科技、上海菲思特、山西麦克雷斯
工业齿轮油	壳牌Omala、中石化长城德威、天津日石
附件	山西方盛、启东康耐柯、上海诺雷

机组	连铸生产线
区域	前区
名称	阀台原理图（9）
图号	12/12

4.2 出坯区液压系统原理图

4.2.1 出坯区液压系统泵站原理图（1）

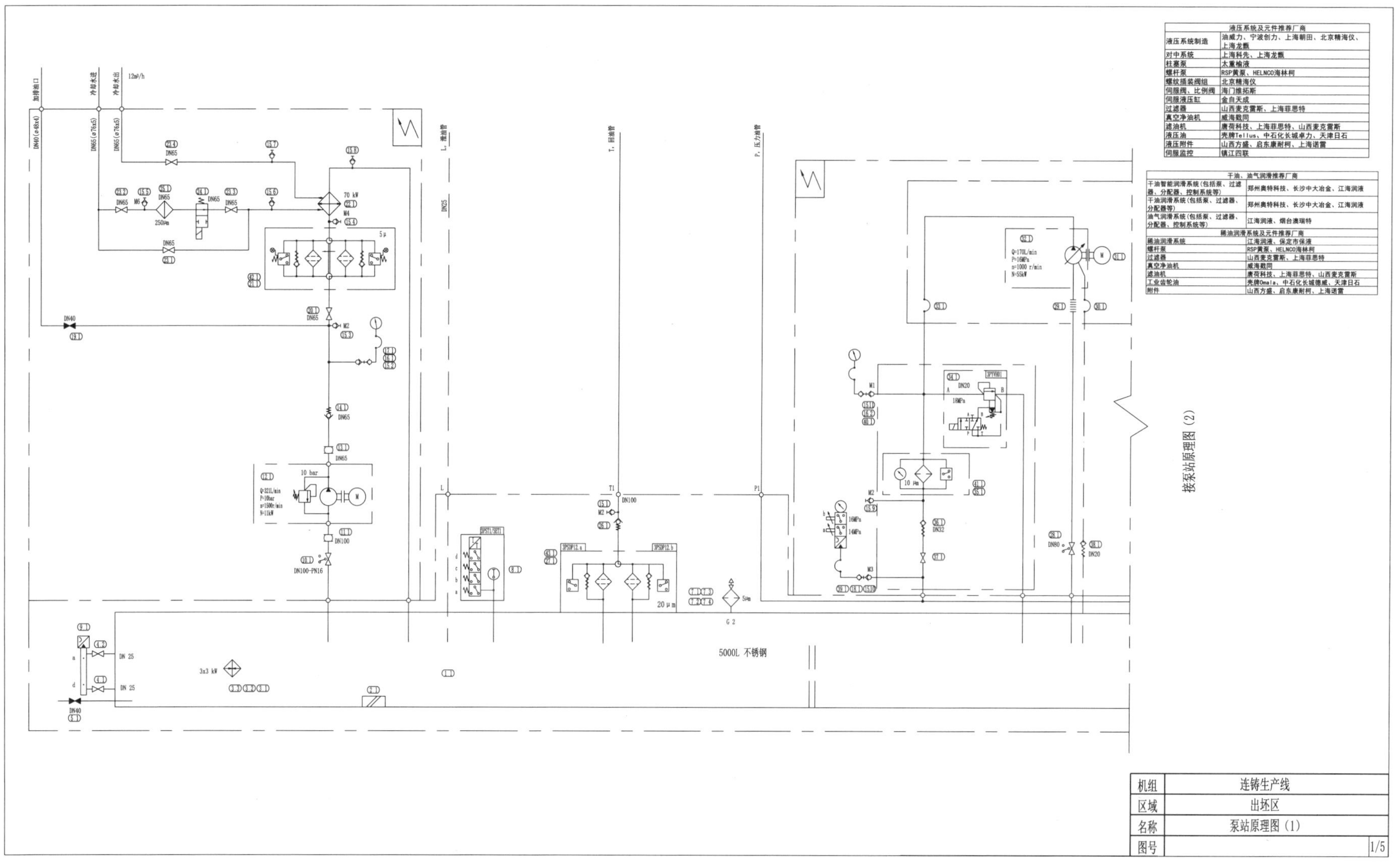

液压系统及元件推荐厂商	
液压系统制造	油威力、宁波创力、上海朝田、北京精海仪、上海龙甑
对中系统	上海科先、上海龙甑
柱塞泵	太重榆液
螺杆泵	RSP黄泵、HELNCO海林柯
螺纹插装阀组	北京精海仪
伺服阀、比例阀	海门维拓斯
伺服液压缸	金自天成
过滤器	山西麦克雷斯、上海菲思特
真空净油机	威海戥同
滤油机	唐荷科技、上海菲思特、山西麦克雷斯
液压油	壳牌Tellus、中石化长城卓力、天津日石
液压附件	山西方盛、启东康耐柯、上海诺雷
伺服监控	镇江四联

干油、油气润滑推荐厂商	
干油智能润滑系统(包括泵、过滤器、分配器、控制系统等)	郑州奥特科技、长沙中大冶金、江海润液
干油润滑系统(包括泵、过滤器、分配器等)	郑州奥特科技、长沙中大冶金、江海润液
油气润滑系统(包括泵、过滤器、分配器、控制系统等)	江海润液、烟台澳瑞特
稀油润滑系统及元件推荐厂商	
稀油润滑系统	江海润液、保定市保液
螺杆泵	RSP黄泵、HELNCO海林柯
过滤器	山西麦克雷斯、上海菲思特
真空净油机	威海戥同
滤油机	唐荷科技、上海菲思特、山西麦克雷斯
工业齿轮油	壳牌Omala、中石化长城德威、天津日石
附件	山西方盛、启东康耐柯、上海诺雷

机组	连铸生产线	
区域	出坯区	
名称	泵站原理图（1）	
图号		1/5

4.2.2 出坯区液压系统泵站原理图（2）

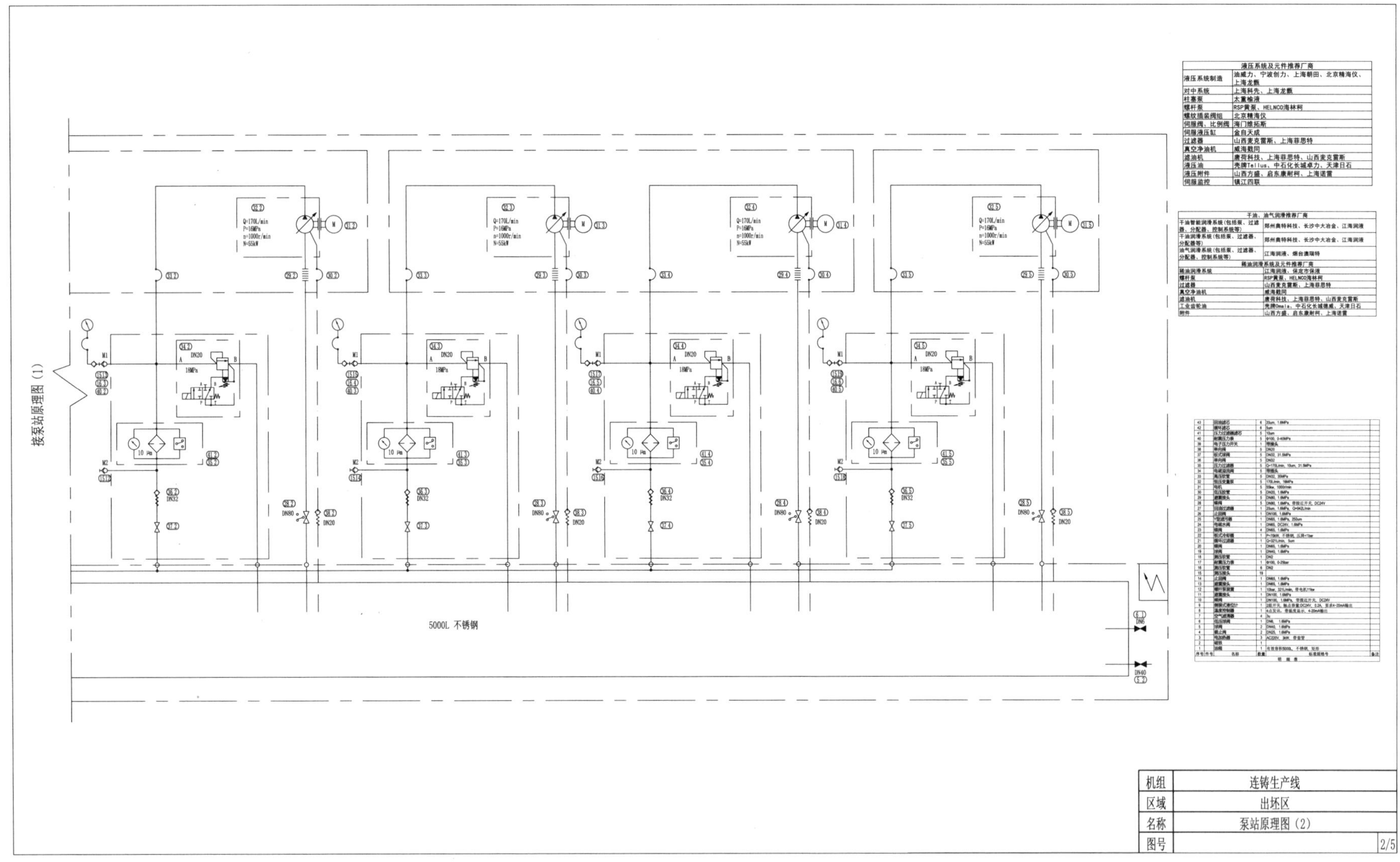

液压系统及元件推荐厂商	
液压系统制造	油威力、宁波创力、上海朝田、北京精海仪、上海龙甑
对中系统	上海科先、上海龙甑
柱塞泵	太重榆液
螺杆泵	RSP黄泵、HELNCO海林柯
螺纹插装阀组	北京精海仪
伺服阀、比例阀	海门维拓斯
伺服液压缸	金自天成
过滤器	山西麦克雷斯、上海菲思特
真空净油机	威海戴同
滤油机	康荷科技、上海菲思特、山西麦克雷斯
液压油	壳牌Tellus、中石化长城卓力、天津日石
液压附件	山西方盛、启东康耐柯、上海诺雷
伺服监控	镇江四联

干油、油气润滑推荐厂商	
干油智能润滑系统(包括泵、过滤器、分配器、控制系统等)	郑州奥特科技、长沙中大冶金、江海润液
干油润滑系统(包括泵、过滤器、分配器等)	郑州奥特科技、长沙中大冶金、江海润液
油气润滑系统(包括泵、过滤器、分配器、控制系统等)	江海润液、烟台奥瑞特
稀油润滑系统及元件推荐厂商	
稀油润滑系统	江海润液、保定市保液
螺杆泵	RSP黄泵、HELNCO海林柯
过滤器	山西麦克雷斯、上海菲思特
真空净油机	威海戴同
滤油机	康荷科技、上海菲思特、山西麦克雷斯
工业齿轮油	壳牌Omala、中石化长城德威、天津日石
附件	山西方盛、启东康耐柯、上海诺雷

机组	连铸生产线
区域	出坯区
名称	泵站原理图（2）
图号	2/5

4.2.3 出坯区液压系统蓄能器组原理图

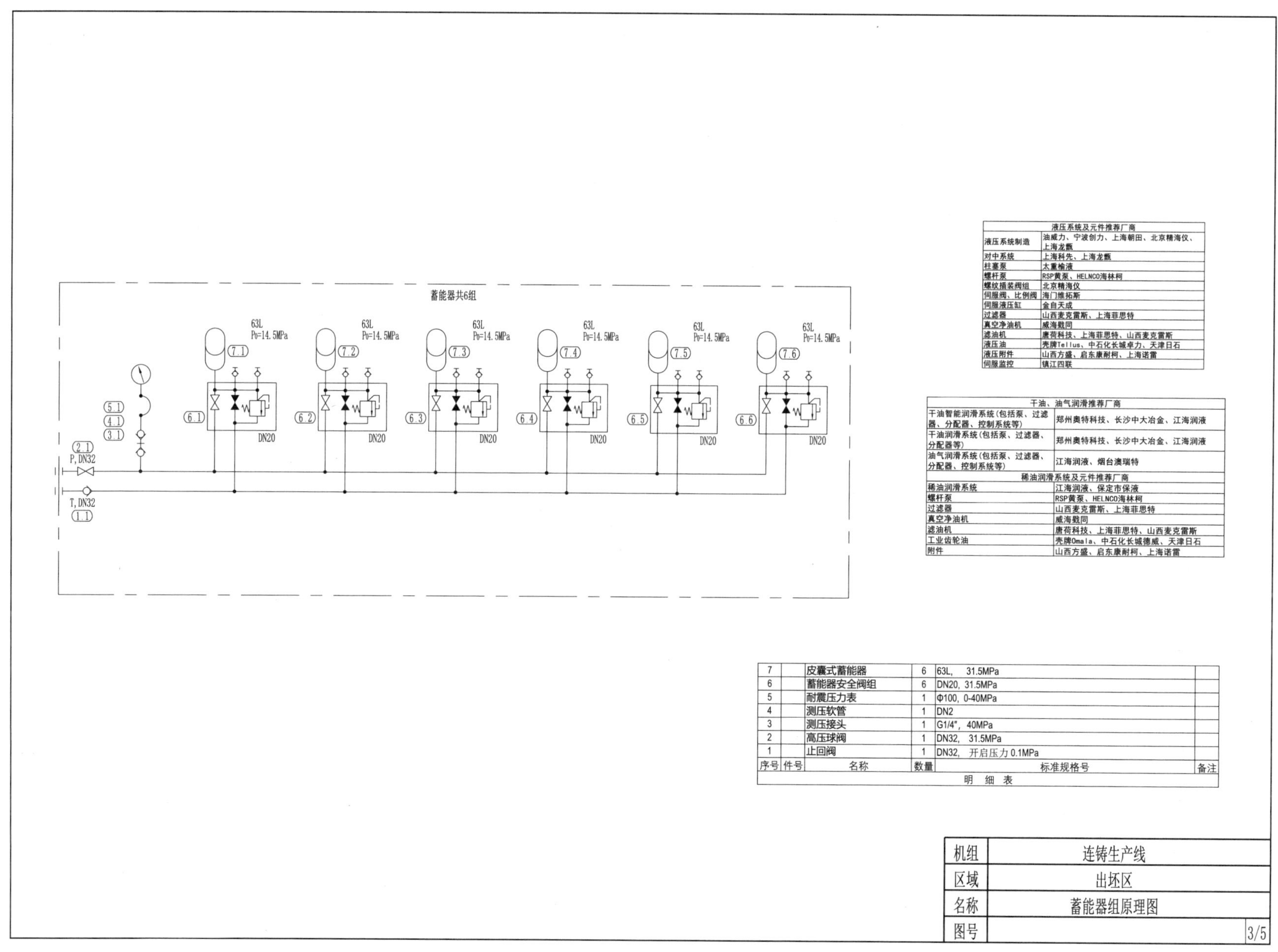

液压系统及元件推荐厂商	
液压系统制造	油威力、宁波创力、上海朝田、北京精海仪、上海龙甑
对中系统	上海科先、上海龙甑
柱塞泵	太重榆液
螺杆泵	RSP黄泵、HELNCO海林柯
螺纹插装阀组	北京精海仪
伺服阀、比例阀	海门维拓斯
伺服液压缸	金自天成
过滤器	山西麦克雷斯、上海菲思特
真空净油机	威海戳同
滤油机	唐荷科技、上海菲思特、山西麦克雷斯
液压油	壳牌Tellus、中石化长城卓力、天津日石
液压附件	山西方盛、启东康耐柯、上海诺雷
伺服监控	镇江四联

干油、油气润滑推荐厂商	
干油智能润滑系统(包括泵、过滤器、分配器、控制系统等)	郑州奥特科技、长沙中大冶金、江海润液
干油润滑系统(包括泵、过滤器、分配器等)	郑州奥特科技、长沙中大冶金、江海润液
油气润滑系统(包括泵、过滤器、分配器、控制系统等)	江海润液、烟台澳瑞特
稀油润滑系统及元件推荐厂商	
稀油润滑系统	江海润液、保定市保液
螺杆泵	RSP黄泵、HELNCO海林柯
过滤器	山西麦克雷斯、上海菲思特
真空净油机	威海戳同
滤油机	唐荷科技、上海菲思特、山西麦克雷斯
工业齿轮油	壳牌Omala、中石化长城德威、天津日石
附件	山西方盛、启东康耐柯、上海诺雷

序号	件号	名称	数量	标准规格号	备注
7		皮囊式蓄能器	6	63L,　31.5MPa	
6		蓄能器安全阀组	6	DN20, 31.5MPa	
5		耐震压力表	1	Φ100, 0-40MPa	
4		测压软管	1	DN2	
3		测压接头	1	G1/4", 40MPa	
2		高压球阀	1	DN32,　31.5MPa	
1		止回阀	1	DN32,　开启压力 0.1MPa	
明　细　表					

4.2.4 出坯区液压系统阀台原理图（1）

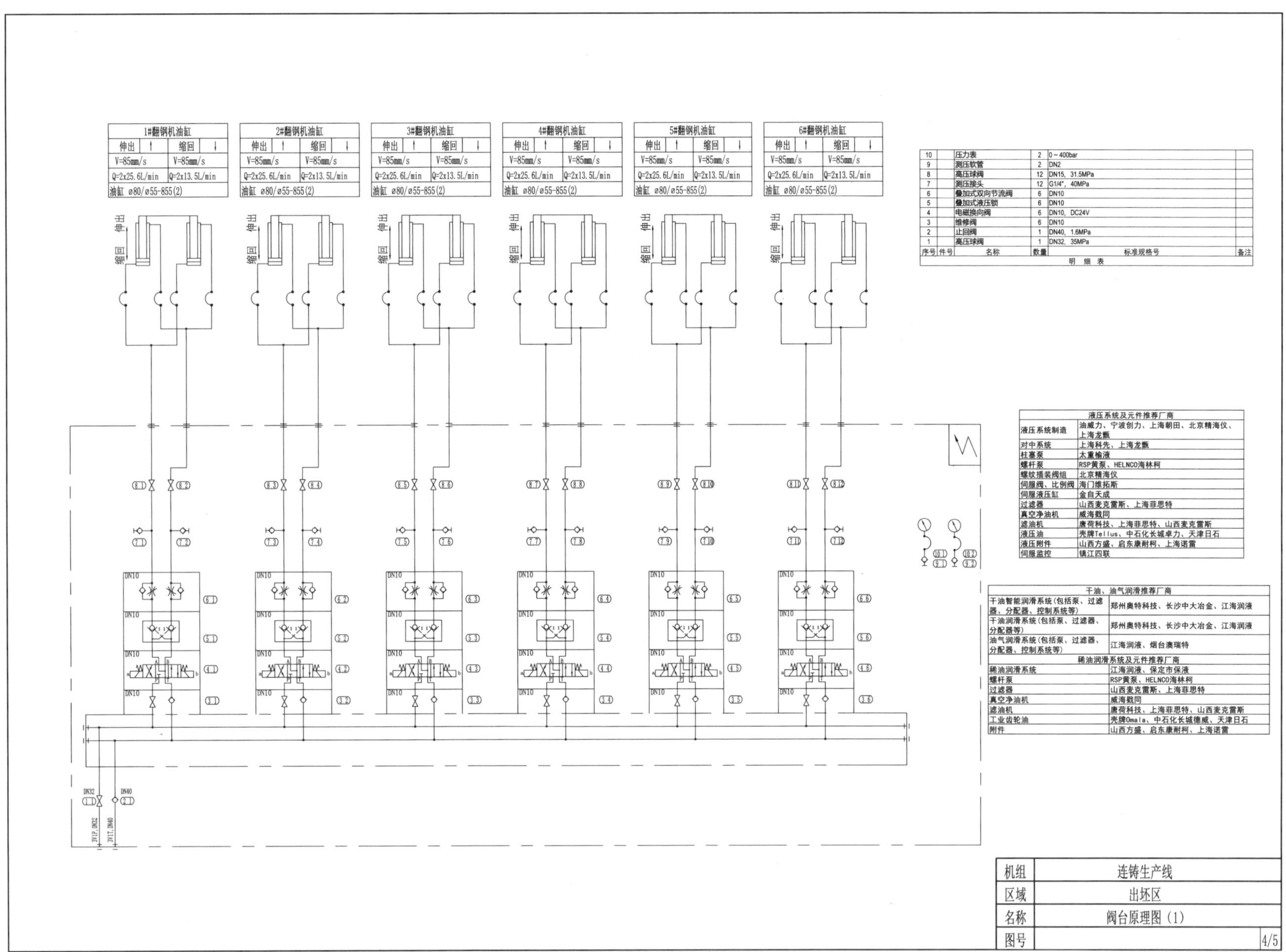

1#翻钢机油缸			
伸出	↑	缩回	↓
V=85mm/s		V=85mm/s	
Q=2x25.6L/min		Q=2x13.5L/min	
油缸 ø80/ø55-855(2)			

2#翻钢机油缸			
伸出	↑	缩回	↓
V=85mm/s		V=85mm/s	
Q=2x25.6L/min		Q=2x13.5L/min	
油缸 ø80/ø55-855(2)			

3#翻钢机油缸			
伸出	↑	缩回	↓
V=85mm/s		V=85mm/s	
Q=2x25.6L/min		Q=2x13.5L/min	
油缸 ø80/ø55-855(2)			

4#翻钢机油缸			
伸出	↑	缩回	↓
V=85mm/s		V=85mm/s	
Q=2x25.6L/min		Q=2x13.5L/min	
油缸 ø80/ø55-855(2)			

5#翻钢机油缸			
伸出	↑	缩回	↓
V=85mm/s		V=85mm/s	
Q=2x25.6L/min		Q=2x13.5L/min	
油缸 ø80/ø55-855(2)			

6#翻钢机油缸			
伸出	↑	缩回	↓
V=85mm/s		V=85mm/s	
Q=2x25.6L/min		Q=2x13.5L/min	
油缸 ø80/ø55-855(2)			

序号	件号	名称	数量	标准规格号	备注
10		压力表	2	0～400bar	
9		测压软管	2	DN2	
8		高压球阀	12	DN15，31.5MPa	
7		测压接头	12	G1/4"，40MPa	
6		叠加式双向节流阀	6	DN10	
5		叠加式液压锁	6	DN10	
4		电磁换向阀	6	DN10，DC24V	
3		维修阀	6	DN10	
2		止回阀	1	DN40，1.6MPa	
1		高压球阀	1	DN32，35MPa	
明　细　表					

液压系统及元件推荐厂商	
液压系统制造	油威力、宁波创力、上海朝田、北京精海仪、上海龙甑
对中系统	上海科先、上海龙甑
柱塞泵	太重榆液
螺杆泵	RSP黄泵、HELNCO海林柯
螺纹插装阀组	北京精海仪
伺服阀、比例阀	海门维拓斯
伺服液压缸	金自天成
过滤器	山西麦克雷斯、上海菲思特
真空净油机	威海戥同
滤油机	唐荷科技、上海菲思特、山西麦克雷斯
液压油	壳牌Tellus、中石化长城卓力、天津日石
液压附件	山西方盛、启东康耐柯、上海诺雷
伺服监控	镇江四联

干油、油气润滑推荐厂商	
干油智能润滑系统(包括泵、过滤器、分配器、控制系统等)	郑州奥特科技、长沙中大冶金、江海润液
干油润滑系统(包括泵、过滤器、分配器等)	郑州奥特科技、长沙中大冶金、江海润液
油气润滑系统(包括泵、过滤器、分配器、控制系统等)	江海润液、烟台澳瑞特
稀油润滑系统及元件推荐厂商	
稀油润滑系统	江海润液、保定市保液
螺杆泵	RSP黄泵、HELNCO海林柯
过滤器	山西麦克雷斯、上海菲思特
真空净油机	威海戥同
滤油机	唐荷科技、上海菲思特、山西麦克雷斯
工业齿轮油	壳牌Omala、中石化长城德威、天津日石
附件	山西方盛、启东康耐柯、上海诺雷

机组	连铸生产线
区域	出坯区
名称	阀台原理图（1）
图号	4/5

4.2.5 出坯区液压系统阀台原理图（2）

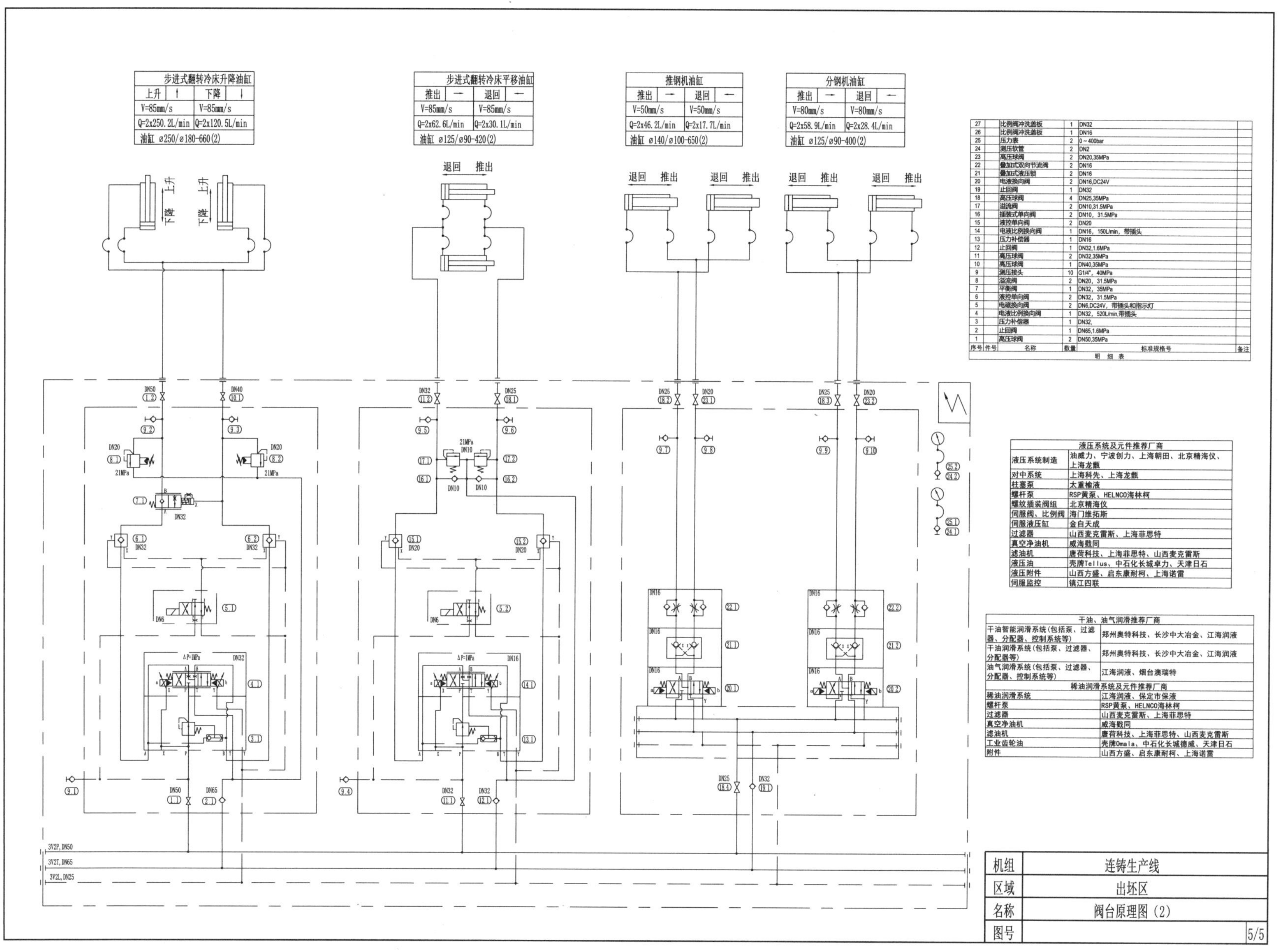

第 5 章　RH 液压系统原理图

5.1 RH 比例泵控钢包升降液压系统

5.1.1 RH 比例泵控钢包升降液压系统原理图（1）

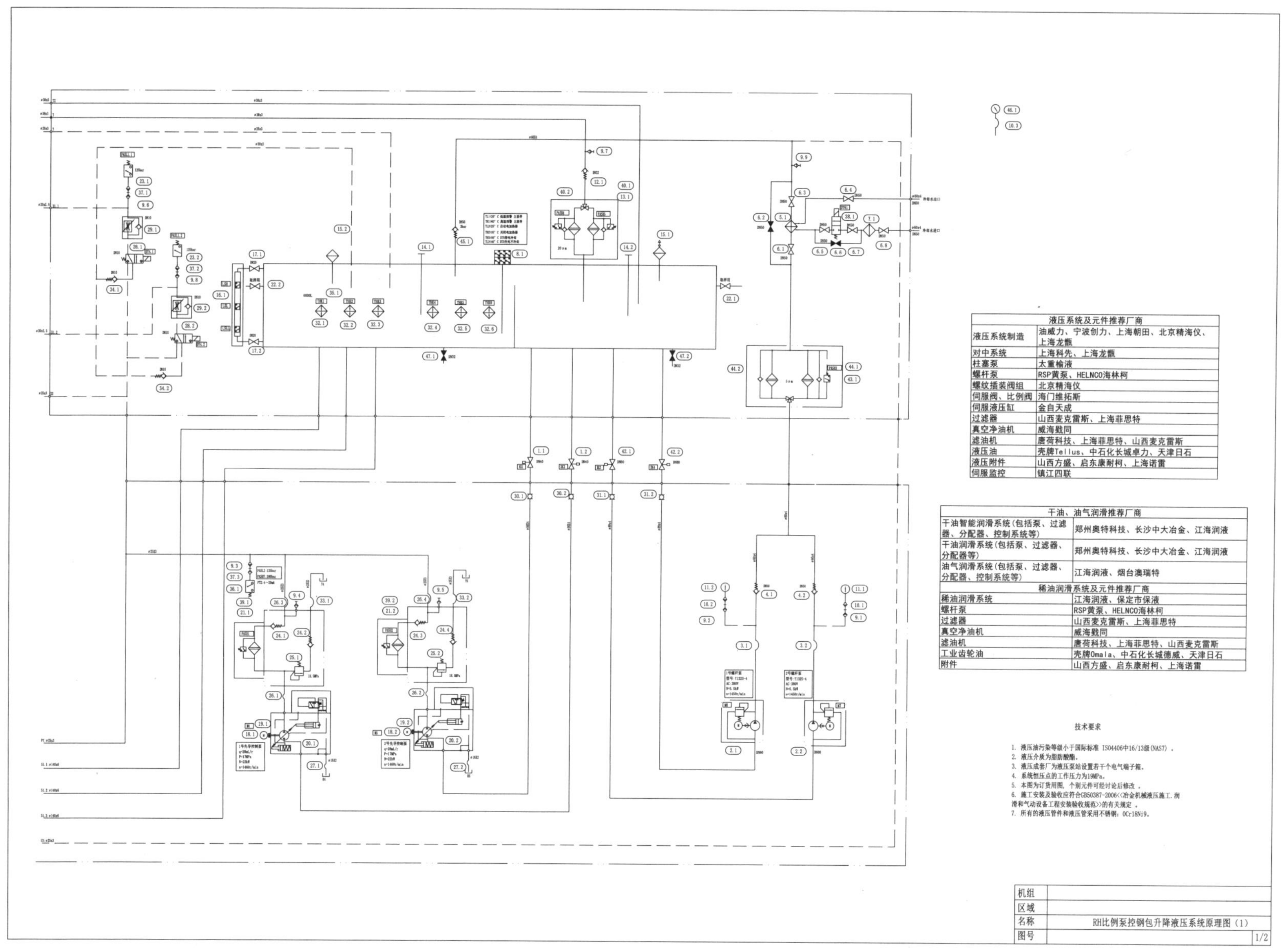

液压系统及元件推荐厂商	
液压系统制造	油威力、宁波创力、上海朝田、北京精海仪、上海龙甑
对中系统	上海科先、上海龙甑
柱塞泵	太重榆液
螺杆泵	RSP黄泵、HELNCO海林柯
螺纹插装阀组	北京精海仪
伺服阀、比例阀	海门维拓斯
伺服液压缸	金自天成
过滤器	山西麦克雷斯、上海菲思特
真空净油机	威海戥同
滤油机	唐荷科技、上海菲思特、山西麦克雷斯
液压油	壳牌Tellus、中石化长城卓力、天津日石
液压附件	山西方盛、启东康耐柯、上海诺雷
伺服监控	镇江四联

干油、油气润滑推荐厂商	
干油智能润滑系统(包括泵、过滤器、分配器、控制系统等)	郑州奥特科技、长沙中大冶金、江海润液
干油润滑系统(包括泵、过滤器、分配器等)	郑州奥特科技、长沙中大冶金、江海润液
油气润滑系统(包括泵、过滤器、分配器、控制系统等)	江海润液、烟台澳瑞特
稀油润滑系统及元件推荐厂商	
稀油润滑系统	江海润液、保定市保液
螺杆泵	RSP黄泵、HELNCO海林柯
过滤器	山西麦克雷斯、上海菲思特
真空净油机	威海戥同
滤油机	唐荷科技、上海菲思特、山西麦克雷斯
工业齿轮油	壳牌Omala、中石化长城德威、天津日石
附件	山西方盛、启东康耐柯、上海诺雷

5.1.2 RH 比例泵控钢包升降液压系统原理图（2）

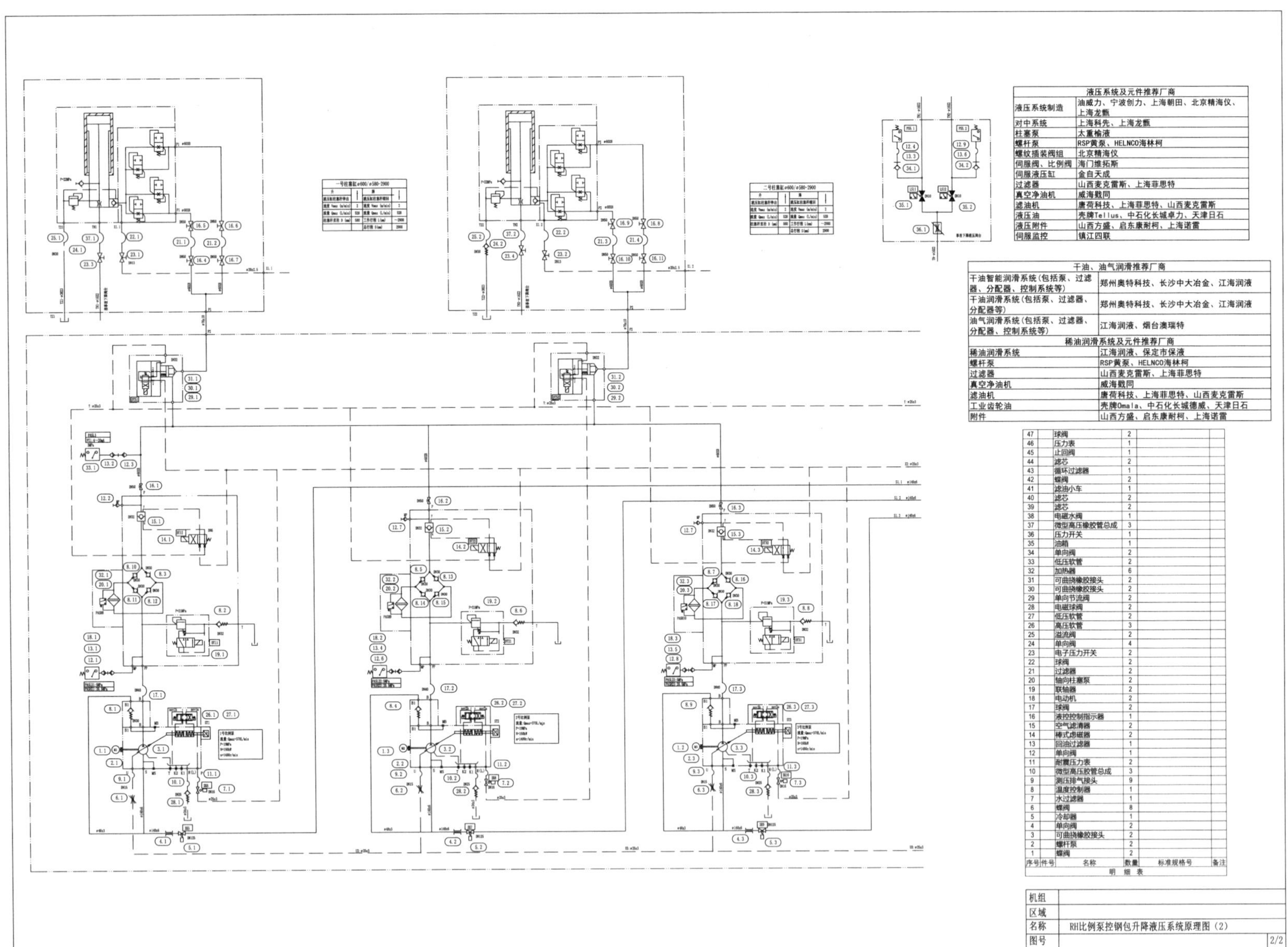

液压系统及元件推荐厂商	
液压系统制造	油威力、宁波创力、上海朝田、北京精海仪、上海龙甑
对中系统	上海科先、上海龙甑
柱塞泵	太重榆液
螺杆泵	RSP黄泵、HELNCO海林柯
螺纹插装阀组	北京精海仪
伺服阀、比例阀	海门维拓斯
伺服液压缸	金自天成
过滤器	山西麦克雷斯、上海菲思特
真空净油机	威海戥同
滤油机	唐荷科技、上海菲思特、山西麦克雷斯
液压油	壳牌Tellus、中石化长城卓力、天津日石
液压附件	山西方盛、启东康耐柯、上海诺雷
伺服监控	镇江四联

干油、油气润滑推荐厂商	
干油智能润滑系统(包括泵、过滤器、分配器、控制系统等)	郑州奥特科技、长沙中大冶金、江海润液
干油润滑系统(包括泵、过滤器、分配器等)	郑州奥特科技、长沙中大冶金、江海润液
油气润滑系统(包括泵、过滤器、分配器、控制系统等)	江海润液、烟台澳瑞特
稀油润滑系统及元件推荐厂商	
稀油润滑系统	江海润液、保定市保液
螺杆泵	RSP黄泵、HELNCO海林柯
过滤器	山西麦克雷斯、上海菲思特
真空净油机	威海戥同
滤油机	唐荷科技、上海菲思特、山西麦克雷斯
工业齿轮油	壳牌Omala、中石化长城德威、天津日石
附件	山西方盛、启东康耐柯、上海诺雷

序号	件号	名称	数量	标准规格号	备注
47		球阀	2		
46		压力表	1		
45		止回阀	1		
44		滤芯	2		
43		循环过滤器	1		
42		蝶阀	2		
41		滤油小车	1		
40		滤芯	2		
39		滤芯	2		
38		电磁水阀	1		
37		微型高压橡胶管总成	3		
36		压力开关	1		
35		油箱	1		
34		单向阀	2		
33		低压软管	2		
32		加热器	6		
31		可曲挠橡胶接头	2		
30		可曲挠橡胶接头	2		
29		单向节流阀	2		
28		电磁球阀	2		
27		低压软管	2		
26		高压软管	3		
25		溢流阀	2		
24		单向阀	4		
23		电子压力开关	2		
22		球阀	2		
21		过滤器	2		
20		轴向柱塞泵	2		
19		联轴器	2		
18		电动机	2		
17		球阀	2		
16		液控控制指示器	1		
15		空气滤清器	2		
14		棒式虑磁器	2		
13		回油过滤器	1		
12		单向阀	1		
11		耐震压力表	2		
10		微型高压胶管总成	3		
9		测压排气接头	9		
8		温度控制器	1		
7		水过滤器	1		
6		蝶阀	8		
5		冷却器	1		
4		单向阀	2		
3		可曲挠橡胶接头	2		
2		螺杆泵	2		
1		蝶阀	2		

明 细 表

机组		
区域		
名称	RH比例泵控钢包升降液压系统原理图（2）	
图号		2/2

5.2 RH 压力伺服变量泵控钢包升降液压系统

5.2.1 RH 压力伺服变量泵控钢包升降液压系统原理图流程图

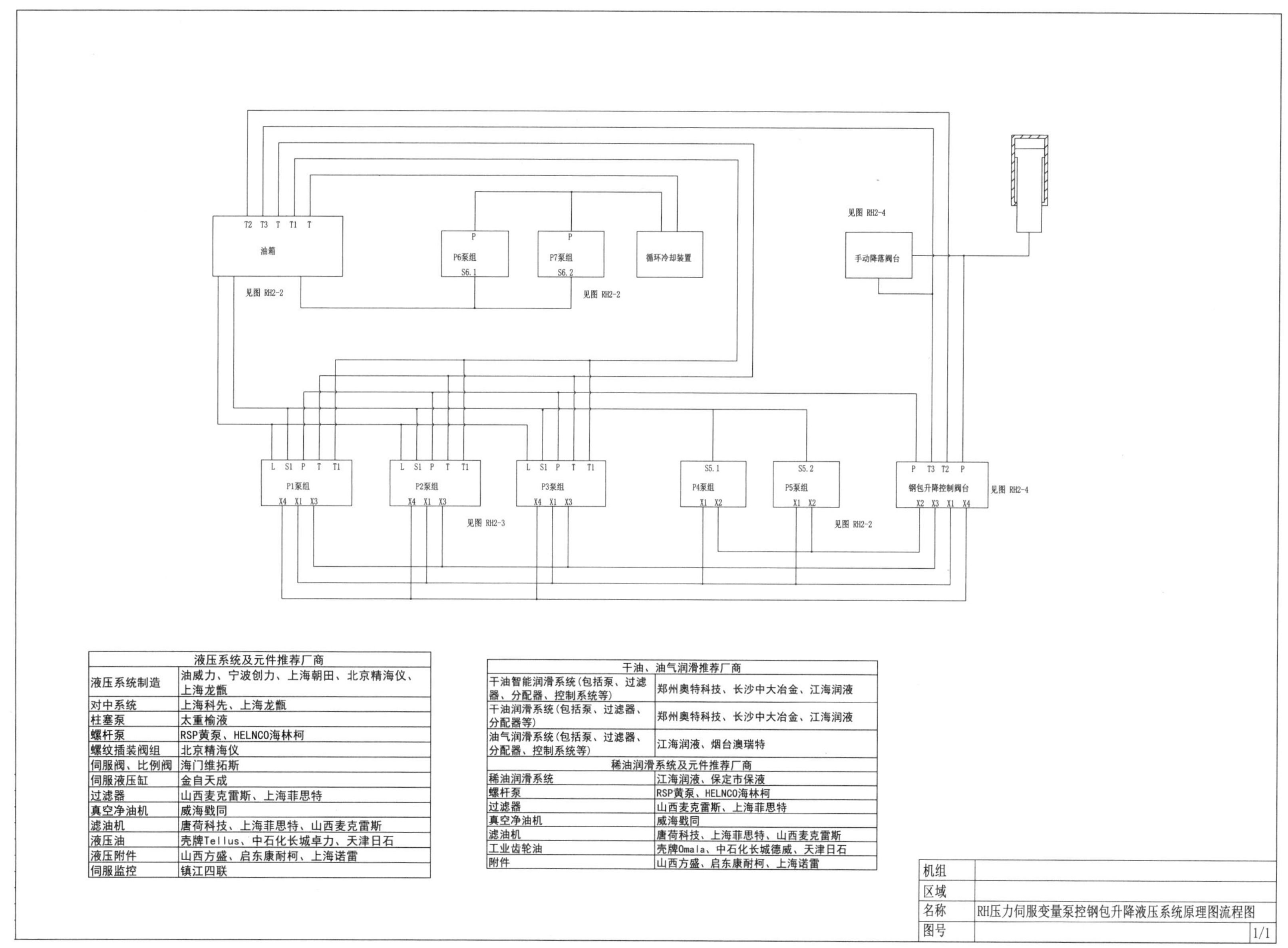

液压系统及元件推荐厂商	
液压系统制造	油威力、宁波创力、上海朝田、北京精海仪、上海龙甑
对中系统	上海科先、上海龙甑
柱塞泵	太重榆液
螺杆泵	RSP黄泵、HELNCO海林柯
螺纹插装阀组	北京精海仪
伺服阀、比例阀	海门维拓斯
伺服液压缸	金自天成
过滤器	山西麦克雷斯、上海菲思特
真空净油机	威海戥同
滤油机	唐荷科技、上海菲思特、山西麦克雷斯
液压油	壳牌Tellus、中石化长城卓力、天津日石
液压附件	山西方盛、启东康耐柯、上海诺雷
伺服监控	镇江四联

干油、油气润滑推荐厂商	
干油智能润滑系统(包括泵、过滤器、分配器、控制系统等)	郑州奥特科技、长沙中大冶金、江海润液
干油润滑系统(包括泵、过滤器、分配器等)	郑州奥特科技、长沙中大冶金、江海润液
油气润滑系统(包括泵、过滤器、分配器、控制系统等)	江海润液、烟台澳瑞特
稀油润滑系统及元件推荐厂商	
稀油润滑系统	江海润液、保定市保液
螺杆泵	RSP黄泵、HELNCO海林柯
过滤器	山西麦克雷斯、上海菲思特
真空净油机	威海戥同
滤油机	唐荷科技、上海菲思特、山西麦克雷斯
工业齿轮油	壳牌Omala、中石化长城德威、天津日石
附件	山西方盛、启东康耐柯、上海诺雷

5.2.2 RH 压力伺服变量泵控钢包升降液压系统原理图（1）

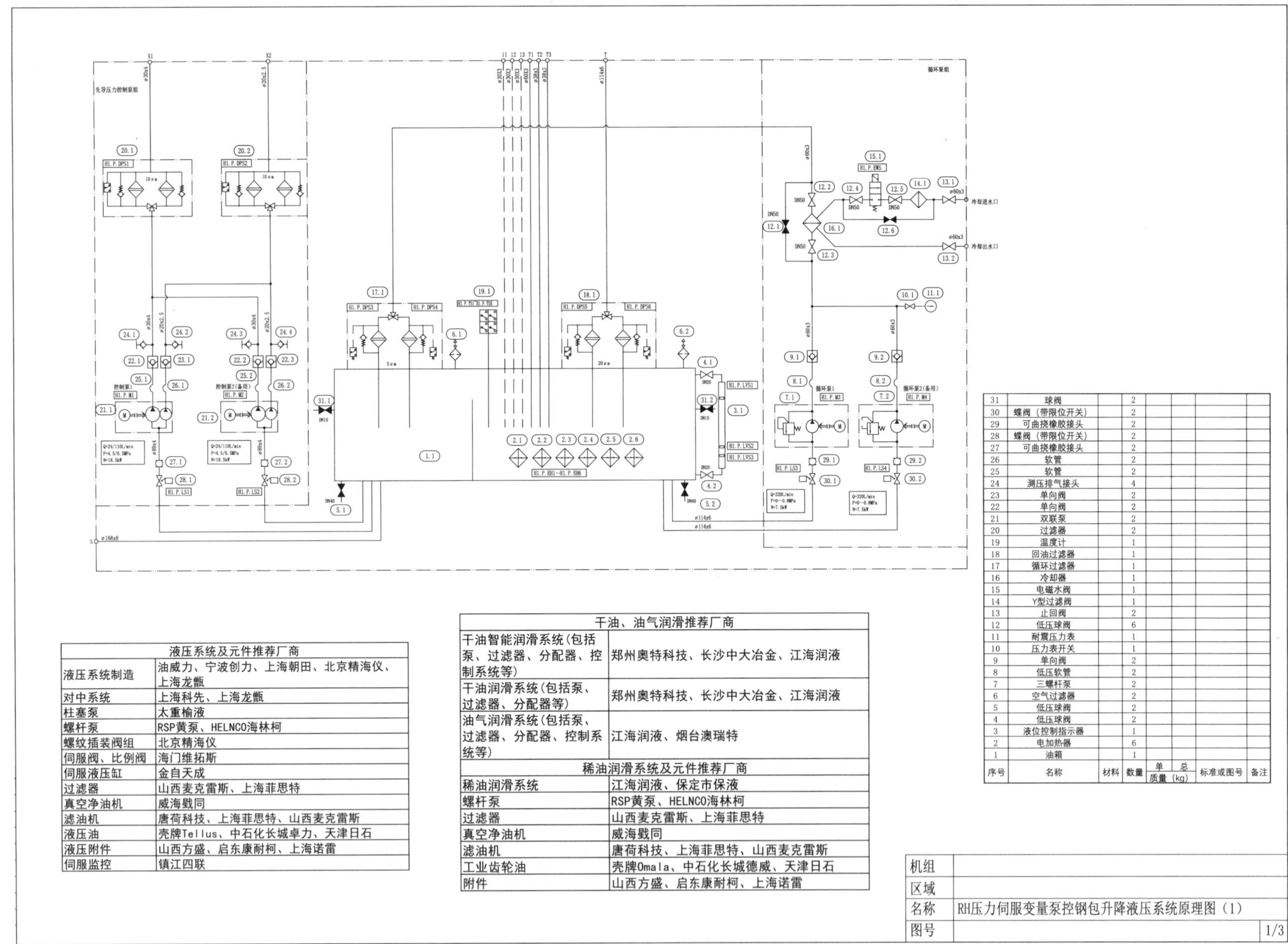

序号	名称	材料	数量	单 质量（kg）	总 质量（kg）	标准或图号	备注
31	球阀		2				
30	蝶阀（带限位开关）		2				
29	可曲挠橡胶接头		2				
28	蝶阀（带限位开关）		2				
27	可曲挠橡胶接头		2				
26	软管		2				
25	软管		2				
24	测压排气接头		4				
23	单向阀		2				
22	单向阀		2				
21	双联泵		2				
20	过滤器		2				
19	温度计		1				
18	回油过滤器		1				
17	循环过滤器		1				
16	冷却器		1				
15	电磁水阀		1				
14	Y型过滤阀		1				
13	止回阀		2				
12	低压球阀		6				
11	耐震压力表		1				
10	压力表开关		1				
9	单向阀		2				
8	低压软管		2				
7	三螺杆泵		2				
6	空气过滤器		2				
5	低压球阀		2				
4	低压球阀		2				
3	液位控制指示器		1				
2	电加热器		6				
1	油箱		1				

液压系统及元件推荐厂商	
液压系统制造	油威力、宁波创力、上海朝田、北京精海仪、上海龙甑
对中系统	上海科先、上海龙甑
柱塞泵	太重榆液
螺杆泵	RSP黄泵、HELNCO海林柯
螺纹插装阀组	北京精海仪
伺服阀、比例阀	海门维拓斯
伺服液压缸	金自天成
过滤器	山西麦克雷斯、上海菲思特
真空净油机	威海戬同
滤油机	唐荷科技、上海菲思特、山西麦克雷斯
液压油	壳牌Tellus、中石化长城卓力、天津日石
液压附件	山西方盛、启东康耐柯、上海诺雷
伺服监控	镇江四联

干油、油气润滑推荐厂商	
干油智能润滑系统(包括泵、过滤器、分配器、控制系统等)	郑州奥特科技、长沙中大冶金、江海润液
干油润滑系统(包括泵、过滤器、分配器等)	郑州奥特科技、长沙中大冶金、江海润液
油气润滑系统(包括泵、过滤器、分配器、控制系统等)	江海润液、烟台澳瑞特
稀油润滑系统及元件推荐厂商	
稀油润滑系统	江海润液、保定市保液
螺杆泵	RSP黄泵、HELNCO海林柯
过滤器	山西麦克雷斯、上海菲思特
真空净油机	威海戬同
滤油机	唐荷科技、上海菲思特、山西麦克雷斯
工业齿轮油	壳牌Omala、中石化长城德威、天津日石
附件	山西方盛、启东康耐柯、上海诺雷

机组	
区域	
名称	RH压力伺服变量泵控钢包升降液压系统原理图（1）
图号	1/3

5.2.3 RH 压力伺服变量泵控钢包升降液压系统原理图（2）

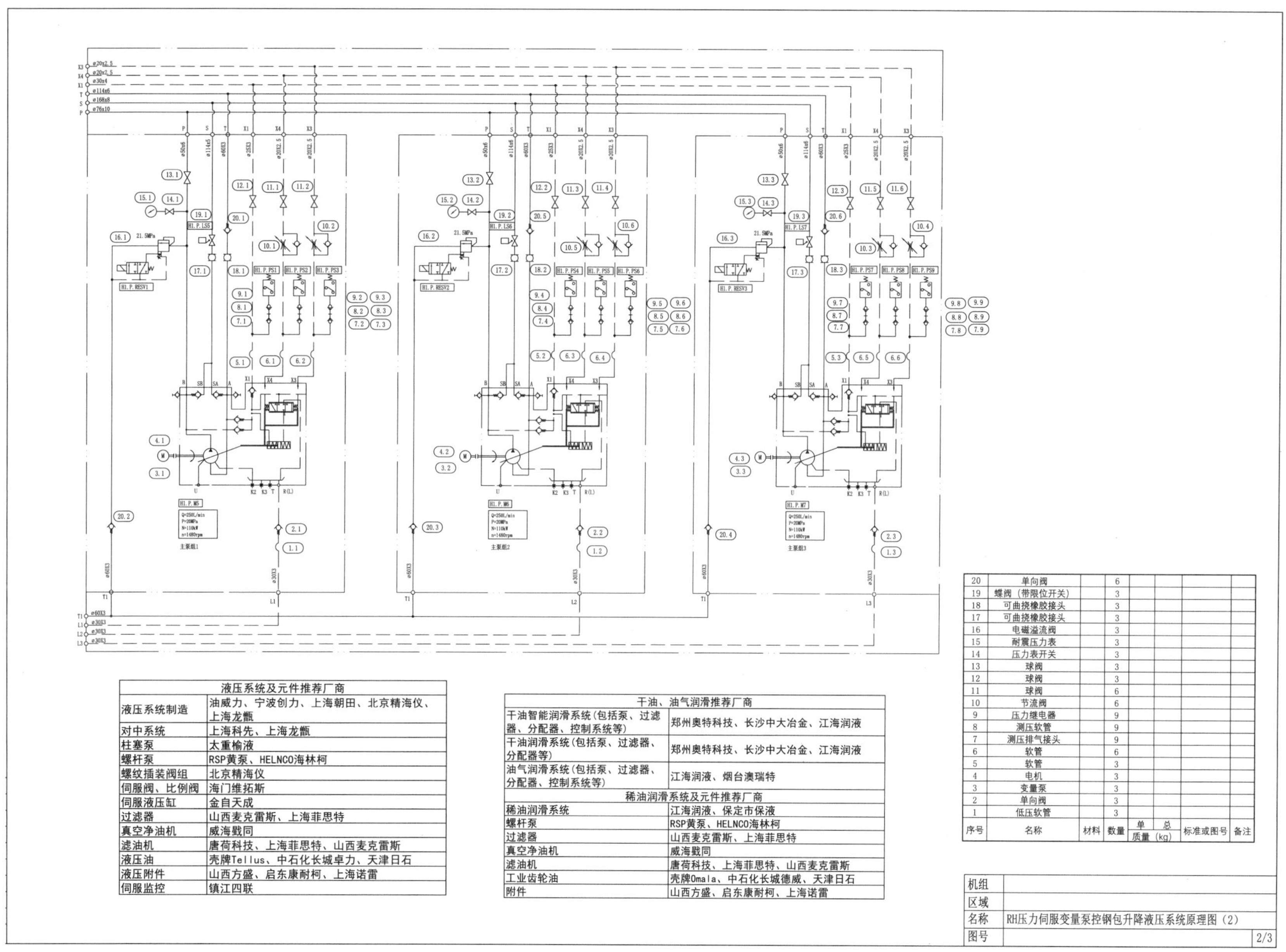

液压系统及元件推荐厂商	
液压系统制造	油威力、宁波创力、上海朝田、北京精海仪、上海龙甑
对中系统	上海科先、上海龙甑
柱塞泵	太重榆液
螺杆泵	RSP黄泵、HELNCO海林柯
螺纹插装阀组	北京精海仪
伺服阀、比例阀	海门维拓斯
伺服液压缸	金自天成
过滤器	山西麦克雷斯、上海菲思特
真空净油机	威海戳同
滤油机	唐荷科技、上海菲思特、山西麦克雷斯
液压油	壳牌Tellus、中石化长城卓力、天津日石
液压附件	山西方盛、启东康耐柯、上海诺雷
伺服监控	镇江四联

干油、油气润滑推荐厂商	
干油智能润滑系统(包括泵、过滤器、分配器、控制系统等)	郑州奥特科技、长沙中大冶金、江海润液
干油润滑系统(包括泵、过滤器、分配器等)	郑州奥特科技、长沙中大冶金、江海润液
油气润滑系统(包括泵、过滤器、分配器、控制系统等)	江海润液、烟台澳瑞特
稀油润滑系统及元件推荐厂商	
稀油润滑系统	江海润液、保定市保液
螺杆泵	RSP黄泵、HELNCO海林柯
过滤器	山西麦克雷斯、上海菲思特
真空净油机	威海戳同
滤油机	唐荷科技、上海菲思特、山西麦克雷斯
工业齿轮油	壳牌Omala、中石化长城德威、天津日石
附件	山西方盛、启东康耐柯、上海诺雷

序号	名称	材料	数量	单 质量（kg）	总 质量（kg）	标准或图号	备注
20	单向阀		6				
19	蝶阀（带限位开关）		3				
18	可曲挠橡胶接头		3				
17	可曲挠橡胶接头		3				
16	电磁溢流阀		3				
15	耐震压力表		3				
14	压力表开关		3				
13	球阀		3				
12	球阀		3				
11	球阀		6				
10	节流阀		6				
9	压力继电器		9				
8	测压软管		9				
7	测压排气接头		9				
6	软管		6				
5	软管		3				
4	电机		3				
3	变量泵		3				
2	单向阀		3				
1	低压软管		3				

机组		
区域		
名称	RH压力伺服变量泵控钢包升降液压系统原理图（2）	
图号		2/3

5.2.4 RH 压力伺服变量泵控钢包升降液压系统原理图（3）

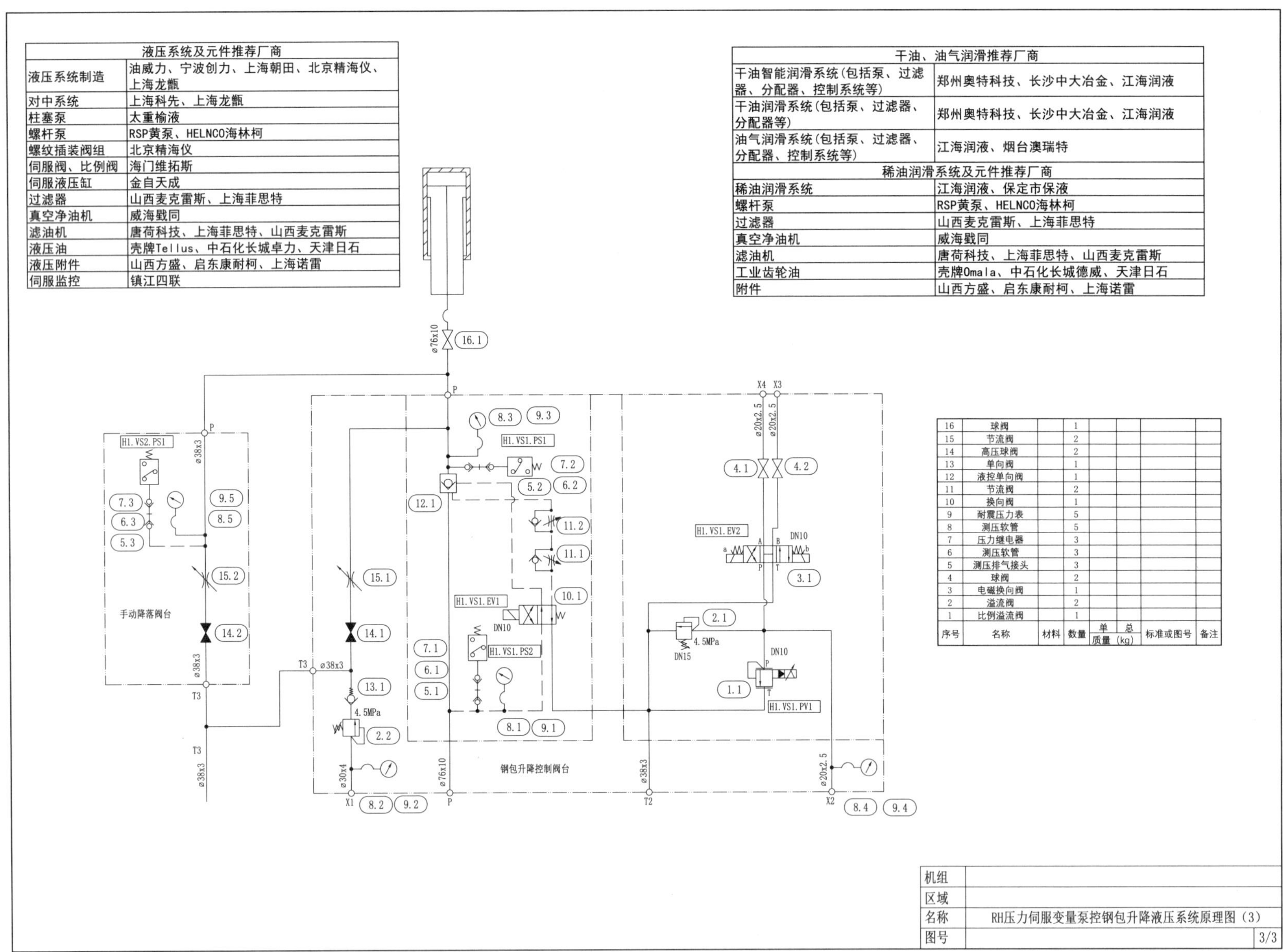

液压系统及元件推荐厂商	
液压系统制造	油威力、宁波创力、上海朝田、北京精海仪、上海龙甑
对中系统	上海科先、上海龙甑
柱塞泵	太重榆液
螺杆泵	RSP黄泵、HELNCO海林柯
螺纹插装阀组	北京精海仪
伺服阀、比例阀	海门维拓斯
伺服液压缸	金自天成
过滤器	山西麦克雷斯、上海菲思特
真空净油机	威海戳同
滤油机	唐荷科技、上海菲思特、山西麦克雷斯
液压油	壳牌Tellus、中石化长城卓力、天津日石
液压附件	山西方盛、启东康耐柯、上海诺雷
伺服监控	镇江四联

干油、油气润滑推荐厂商	
干油智能润滑系统(包括泵、过滤器、分配器、控制系统等)	郑州奥特科技、长沙中大冶金、江海润液
干油润滑系统(包括泵、过滤器、分配器等)	郑州奥特科技、长沙中大冶金、江海润液
油气润滑系统(包括泵、过滤器、分配器、控制系统等)	江海润液、烟台澳瑞特
稀油润滑系统及元件推荐厂商	
稀油润滑系统	江海润液、保定市保液
螺杆泵	RSP黄泵、HELNCO海林柯
过滤器	山西麦克雷斯、上海菲思特
真空净油机	威海戳同
滤油机	唐荷科技、上海菲思特、山西麦克雷斯
工业齿轮油	壳牌Omala、中石化长城德威、天津日石
附件	山西方盛、启东康耐柯、上海诺雷

16	球阀		1				
15	节流阀		2				
14	高压球阀		2				
13	单向阀		1				
12	液控单向阀		1				
11	节流阀		2				
10	换向阀		1				
9	耐震压力表		5				
8	测压软管		5				
7	压力继电器		3				
6	测压软管		3				
5	测压排气接头		3				
4	球阀		2				
3	电磁换向阀		1				
2	溢流阀		2				
1	比例溢流阀		1				
序号	名称	材料	数量	单 质量（kg）	总	标准或图号	备注

机组	
区域	
名称	RH压力伺服变量泵控钢包升降液压系统原理图（3）
图号	3/3

5.3 RH 比例阀加负载敏感钢包升降液压系统

5.3.1 RH 比例阀加负载敏感钢包升降液压系统原理图（1）

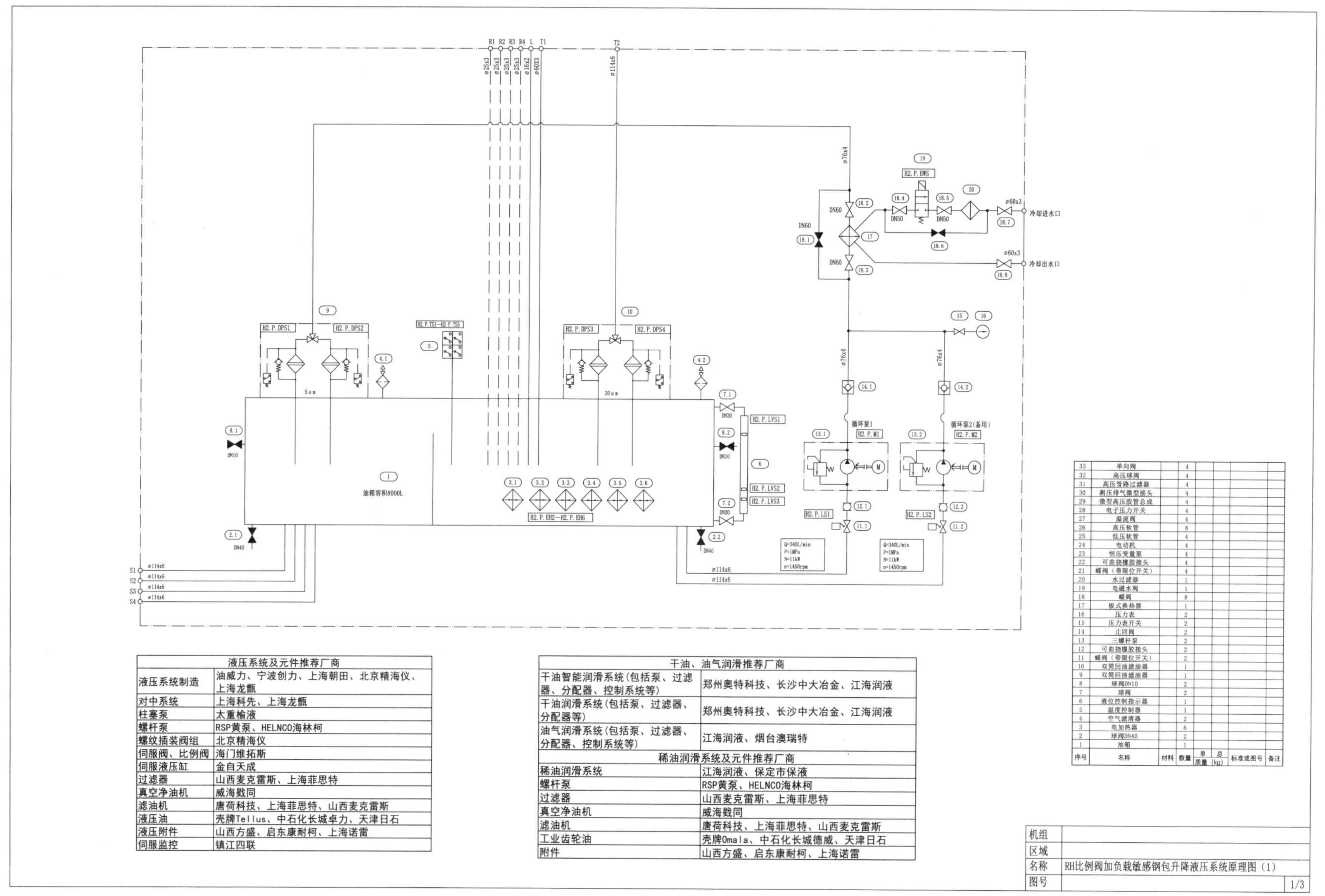

33	单向阀		4				
32	高压球阀		4				
31	高压管路过滤器		4				
30	测压排气微型接头		4				
29	微型高压胶管总成		4				
28	电子压力开关		4				
27	溢流阀		4				
26	高压软管		8				
25	低压软管		4				
24	电动机		4				
23	恒压变量泵		4				
22	可曲挠橡胶接头		4				
21	蝶阀（带限位开关）		4				
20	水过滤器		1				
19	电磁水阀		1				
18	蝶阀		8				
17	板式换热器		1				
16	压力表		2				
15	压力表开关		2				
14	止回阀		2				
13	三螺杆泵		2				
12	可曲挠橡胶接头		2				
11	蝶阀（带限位开关）		2				
10	双筒回油滤油器		1				
9	双筒回油滤油器		1				
8	球阀DN10		2				
7	球阀		2				
6	液位控制指示器		1				
5	温度控制器		1				
4	空气滤清器		2				
3	电加热器		6				
2	球阀DN40		2				
1	油箱		1				
序号	名称	材料	数量	单 质量（kg）	总	标准或图号	备注

液压系统及元件推荐厂商	
液压系统制造	油威力、宁波创力、上海朝田、北京精海仪、上海龙甑
对中系统	上海科先、上海龙甑
柱塞泵	太重榆液
螺杆泵	RSP黄泵、HELNCO海林柯
螺纹插装阀组	北京精海仪
伺服阀、比例阀	海门维拓斯
伺服液压缸	金自天成
过滤器	山西麦克雷斯、上海菲思特
真空净油机	威海戥同
滤油机	唐荷科技、上海菲思特、山西麦克雷斯
液压油	壳牌Tellus、中石化长城卓力、天津日石
液压附件	山西方盛、启东康耐柯、上海诺雷
伺服监控	镇江四联

干油、油气润滑推荐厂商	
干油智能润滑系统(包括泵、过滤器、分配器、控制系统等)	郑州奥特科技、长沙中大冶金、江海润液
干油润滑系统(包括泵、过滤器、分配器等)	郑州奥特科技、长沙中大冶金、江海润液
油气润滑系统(包括泵、过滤器、分配器、控制系统等)	江海润液、烟台澳瑞特
稀油润滑系统及元件推荐厂商	
稀油润滑系统	江海润液、保定市保液
螺杆泵	RSP黄泵、HELNCO海林柯
过滤器	山西麦克雷斯、上海菲思特
真空净油机	威海戥同
滤油机	唐荷科技、上海菲思特、山西麦克雷斯
工业齿轮油	壳牌Omala、中石化长城德威、天津日石
附件	山西方盛、启东康耐柯、上海诺雷

机组	
区域	
名称	RH比例阀加负载敏感钢包升降液压系统原理图（1）
图号	1/3

5.3.2 RH 比例阀加负载敏感钢包升降液压系统原理图（2）

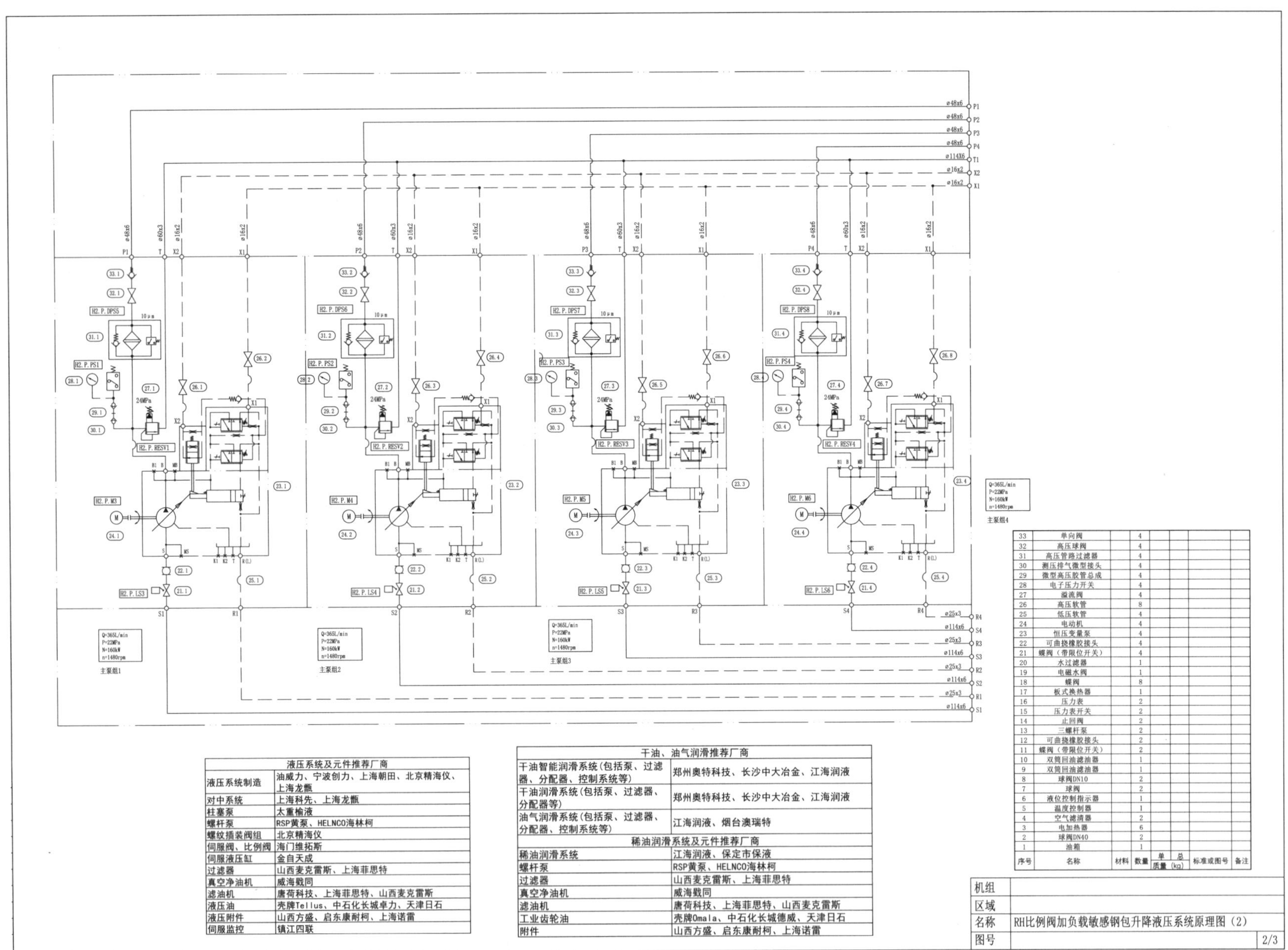

33	单向阀		4				
32	高压球阀		4				
31	高压管路过滤器		4				
30	测压排气微型接头		4				
29	微型高压胶管总成		4				
28	电子压力开关		4				
27	溢流阀		4				
26	高压软管		8				
25	低压软管		4				
24	电动机		4				
23	恒压变量泵		4				
22	可曲挠橡胶接头		4				
21	蝶阀（带限位开关）		4				
20	水过滤器		1				
19	电磁水阀		1				
18	蝶阀		8				
17	板式换热器		1				
16	压力表		2				
15	压力表开关		2				
14	止回阀		2				
13	三螺杆泵		2				
12	可曲挠橡胶接头		2				
11	蝶阀（带限位开关）		2				
10	双筒回油滤油器		1				
9	双筒回油滤油器		1				
8	球阀DN10		2				
7	球阀		2				
6	液位控制指示器		1				
5	温度控制器		1				
4	空气滤清器		2				
3	电加热器		6				
2	球阀DN40		2				
1	油箱		1				
序号	名称	材料	数量	单 质量（kg）	总	标准或图号	备注

液压系统及元件推荐厂商	
液压系统制造	油威力、宁波创力、上海朝田、北京精海仪、上海龙甑
对中系统	上海科先、上海龙甑
柱塞泵	太重榆液
螺杆泵	RSP黄泵、HELNCO海林柯
螺纹插装阀组	北京精海仪
伺服阀、比例阀	海门维拓斯
伺服液压缸	金自天成
过滤器	山西麦克雷斯、上海菲思特
真空净油机	威海戳同
滤油机	康荷科技、上海菲思特、山西麦克雷斯
液压油	壳牌Tellus、中石化长城卓力、天津日石
液压附件	山西方盛、启东康耐柯、上海诺雷
伺服监控	镇江四联

干油、油气润滑推荐厂商	
干油智能润滑系统（包括泵、过滤器、分配器、控制系统等）	郑州奥特科技、长沙中大冶金、江海润液
干油润滑系统（包括泵、过滤器、分配器等）	郑州奥特科技、长沙中大冶金、江海润液
油气润滑系统（包括泵、过滤器、分配器、控制系统等）	江海润液、烟台澳瑞特
稀油润滑系统及元件推荐厂商	
稀油润滑系统	江海润液、保定市保液
螺杆泵	RSP黄泵、HELNCO海林柯
过滤器	山西麦克雷斯、上海菲思特
真空净油机	威海戳同
滤油机	康荷科技、上海菲思特、山西麦克雷斯
工业齿轮油	壳牌Omala、中石化长城德威、天津日石
附件	山西方盛、启东康耐柯、上海诺雷

机组	
区域	
名称	RH比例阀加负载敏感钢包升降液压系统原理图（2）
图号	2/3

5.3.3 RH 比例阀加负载敏感钢包升降液压系统原理图（3）

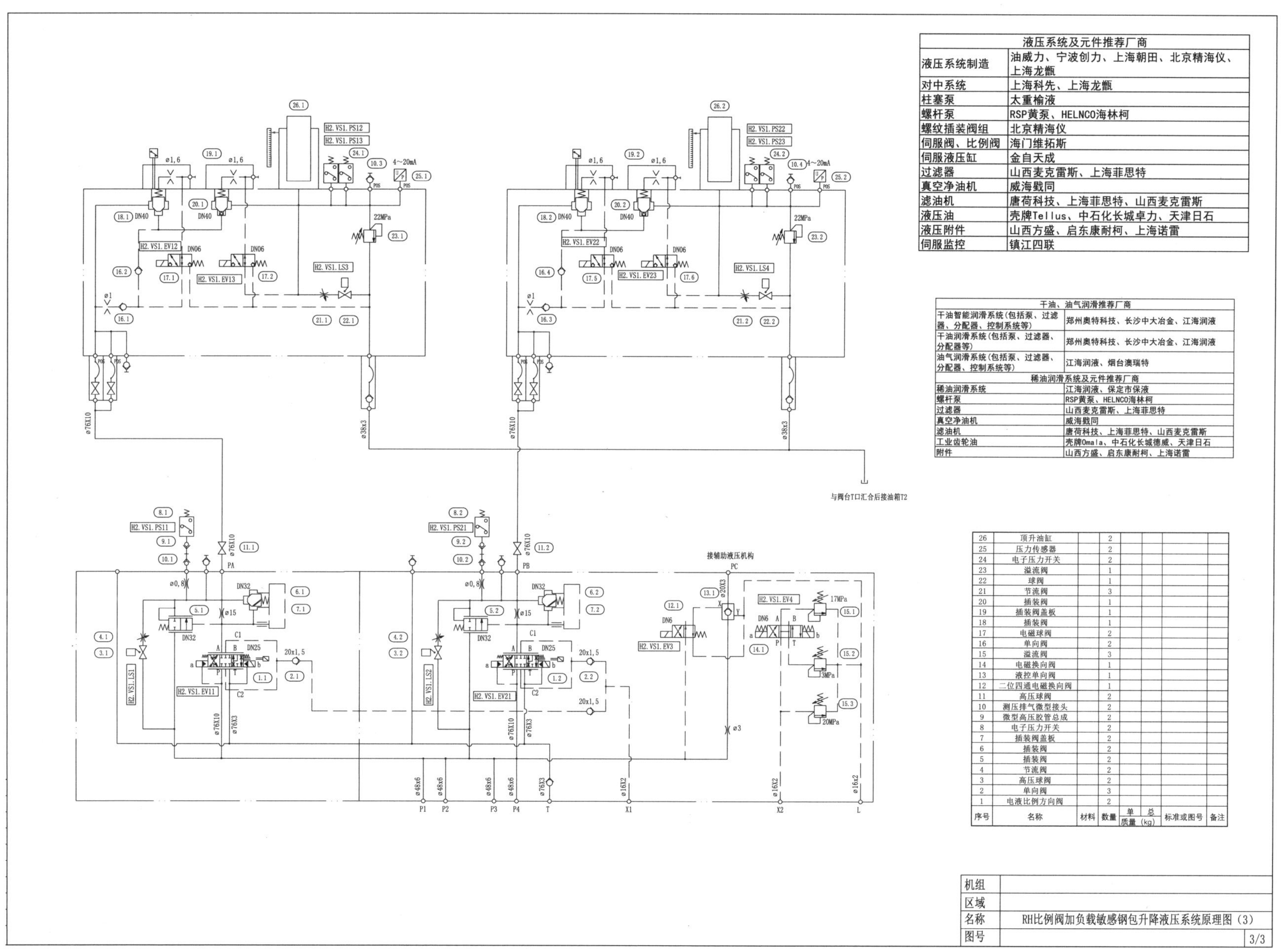

液压系统及元件推荐厂商	
液压系统制造	油威力、宁波创力、上海朝田、北京精海仪、上海龙甑
对中系统	上海科先、上海龙甑
柱塞泵	太重榆液
螺杆泵	RSP黄泵、HELNCO海林柯
螺纹插装阀组	北京精海仪
伺服阀、比例阀	海门维拓斯
伺服液压缸	金自天成
过滤器	山西麦克雷斯、上海菲思特
真空净油机	威海戥同
滤油机	唐荷科技、上海菲思特、山西麦克雷斯
液压油	壳牌Tellus、中石化长城卓力、天津日石
液压附件	山西方盛、启东康耐柯、上海诺雷
伺服监控	镇江四联

干油、油气润滑推荐厂商	
干油智能润滑系统（包括泵、过滤器、分配器、控制系统等）	郑州奥特科技、长沙中大冶金、江海润液
干油润滑系统（包括泵、过滤器、分配器等）	郑州奥特科技、长沙中大冶金、江海润液
油气润滑系统（包括泵、过滤器、分配器、控制系统等）	江海润液、烟台澳瑞特
稀油润滑系统及元件推荐厂商	
稀油润滑系统	江海润液、保定市保液
螺杆泵	RSP黄泵、HELNCO海林柯
过滤器	山西麦克雷斯、上海菲思特
真空净油机	威海戥同
滤油机	唐荷科技、上海菲思特、山西麦克雷斯
工业齿轮油	壳牌Omala、中石化长城德威、天津日石
附件	山西方盛、启东康耐柯、上海诺雷

序号	名称	材料	数量	单 质量（kg）	总 质量（kg）	标准或图号	备注
26	顶升油缸		2				
25	压力传感器		2				
24	电子压力开关		2				
23	溢流阀		1				
22	球阀		1				
21	节流阀		3				
20	插装阀		1				
19	插装阀盖板		1				
18	插装阀		1				
17	电磁球阀		2				
16	单向阀		2				
15	溢流阀		3				
14	电磁换向阀		1				
13	液控单向阀		1				
12	二位四通电磁换向阀		1				
11	高压球阀		2				
10	测压排气微型接头		2				
9	微型高压胶管总成		2				
8	电子压力开关		2				
7	插装阀盖板		2				
6	插装阀		2				
5	插装阀		2				
4	节流阀		2				
3	高压球阀		2				
2	单向阀		3				
1	电液比例方向阀		2				

机组	
区域	
名称	RH比例阀加负载敏感钢包升降液压系统原理图（3）
图号	3/3

第 6 章　热连轧液压系统原理图

6.1 加热炉液压系统

6.1.1 加热炉液压系统泵站原理图（1）

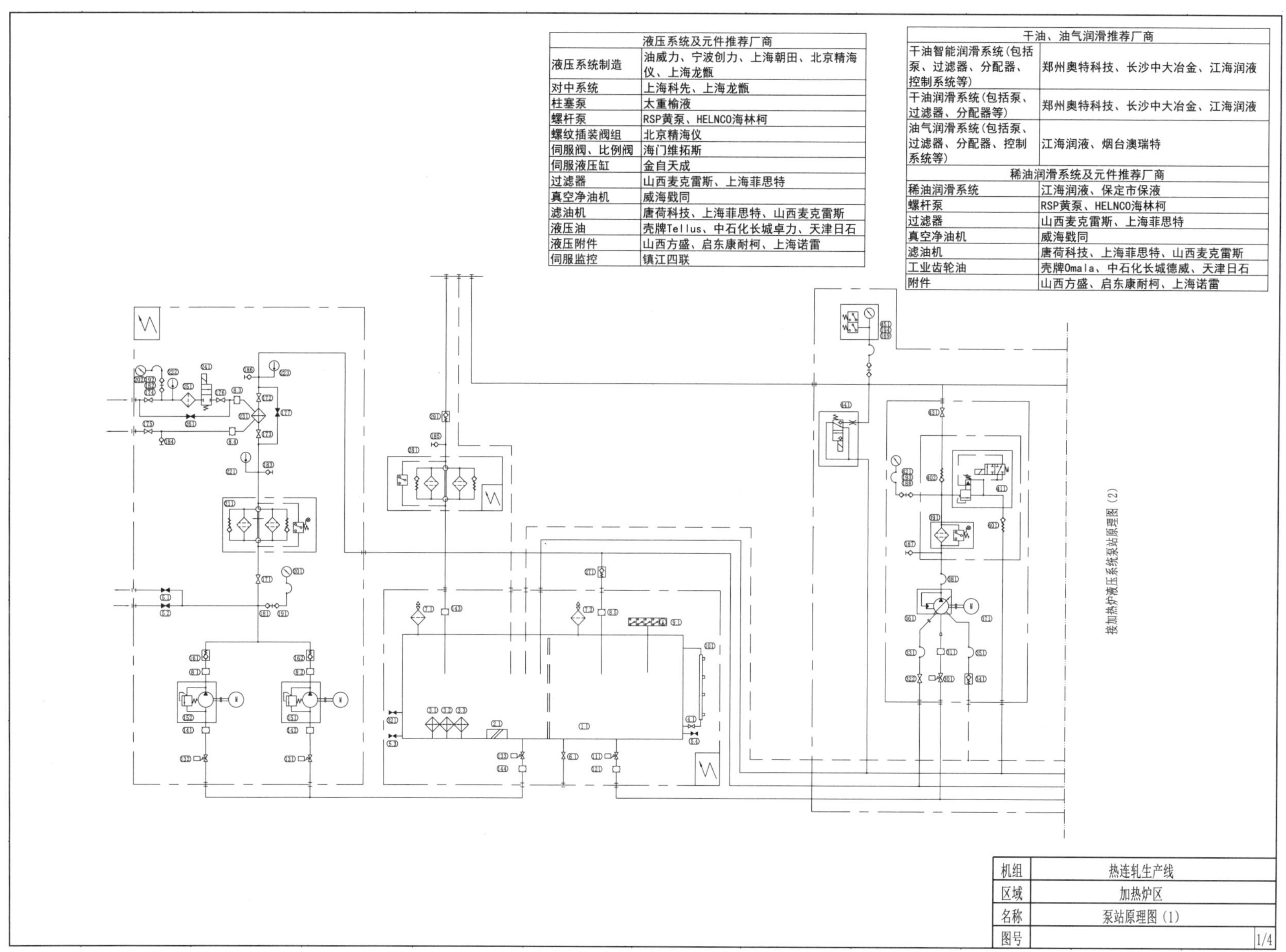

液压系统及元件推荐厂商	
液压系统制造	油威力、宁波创力、上海朝田、北京精海仪、上海龙甑
对中系统	上海科先、上海龙甑
柱塞泵	太重榆液
螺杆泵	RSP黄泵、HELNCO海林柯
螺纹插装阀组	北京精海仪
伺服阀、比例阀	海门维拓斯
伺服液压缸	金自天成
过滤器	山西麦克雷斯、上海菲思特
真空净油机	威海戥同
滤油机	唐荷科技、上海菲思特、山西麦克雷斯
液压油	壳牌Tellus、中石化长城卓力、天津日石
液压附件	山西方盛、启东康耐柯、上海诺雷
伺服监控	镇江四联

干油、油气润滑推荐厂商	
干油智能润滑系统(包括泵、过滤器、分配器、控制系统等)	郑州奥特科技、长沙中大冶金、江海润液
干油润滑系统(包括泵、过滤器、分配器等)	郑州奥特科技、长沙中大冶金、江海润液
油气润滑系统(包括泵、过滤器、分配器、控制系统等)	江海润液、烟台澳瑞特
稀油润滑系统及元件推荐厂商	
稀油润滑系统	江海润液、保定市保液
螺杆泵	RSP黄泵、HELNCO海林柯
过滤器	山西麦克雷斯、上海菲思特
真空净油机	威海戥同
滤油机	唐荷科技、上海菲思特、山西麦克雷斯
工业齿轮油	壳牌Omala、中石化长城德威、天津日石
附件	山西方盛、启东康耐柯、上海诺雷

机组	热连轧生产线
区域	加热炉区
名称	泵站原理图(1)
图号	1/4

6.1.2 加热炉液压系统泵站原理图（2）

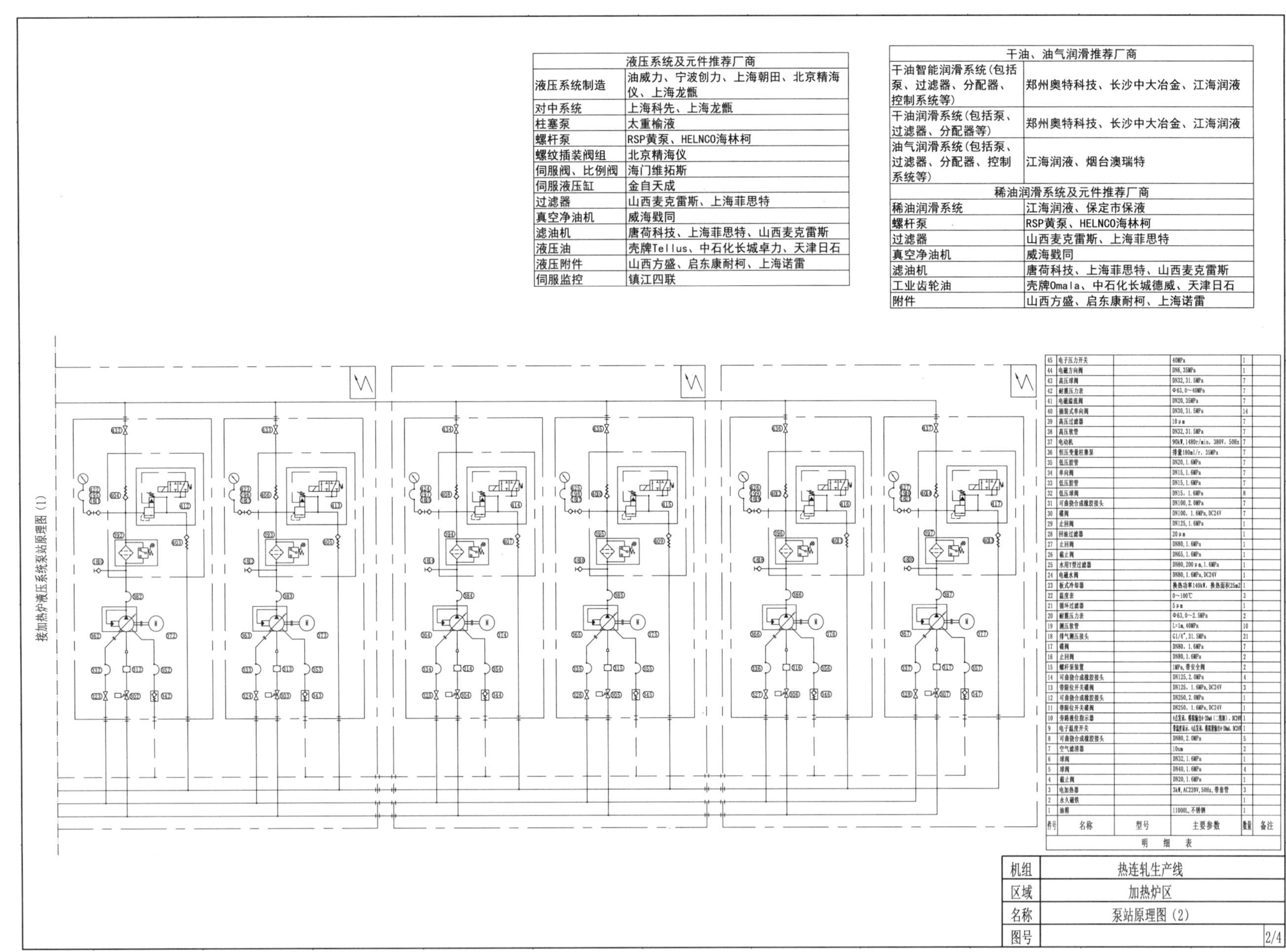

液压系统及元件推荐厂商	
液压系统制造	油威力、宁波创力、上海朝田、北京精海仪、上海龙甑
对中系统	上海科先、上海龙甑
柱塞泵	太重榆液
螺杆泵	RSP黄泵、HELNCO海林柯
螺纹插装阀组	北京精海仪
伺服阀、比例阀	海门维拓斯
伺服液压缸	金自天成
过滤器	山西麦克雷斯、上海菲思特
真空净油机	威海戬同
滤油机	唐荷科技、上海菲思特、山西麦克雷斯
液压油	壳牌Tellus、中石化长城卓力、天津日石
液压附件	山西方盛、启东康耐柯、上海诺雷
伺服监控	镇江四联

干油、油气润滑推荐厂商	
干油智能润滑系统（包括泵、过滤器、分配器、控制系统等）	郑州奥特科技、长沙中大冶金、江海润液
干油润滑系统（包括泵、过滤器、分配器等）	郑州奥特科技、长沙中大冶金、江海润液
油气润滑系统（包括泵、过滤器、分配器、控制系统等）	江海润液、烟台澳瑞特
稀油润滑系统及元件推荐厂商	
稀油润滑系统	江海润液、保定市保液
螺杆泵	RSP黄泵、HELNCO海林柯
过滤器	山西麦克雷斯、上海菲思特
真空净油机	威海戬同
滤油机	唐荷科技、上海菲思特、山西麦克雷斯
工业齿轮油	壳牌Omala、中石化长城德威、天津日石
附件	山西方盛、启东康耐柯、上海诺雷

件号	名称	型号	主要参数	数量	备注
45	电子压力开关		40MPa	1	
44	电磁方向阀		DN6，35MPa	1	
43	高压球阀		DN32，31.5MPa	7	
42	耐震压力表		Φ63，0～40MPa	7	
41	电磁溢流阀		DN20，35MPa	7	
40	插装式单向阀		DN30，31.5MPa	14	
39	高压过滤器		10μm	7	
38	高压软管		DN32，31.5MPa	7	
37	电动机		90kW，1480r/min，380V，50Hz	7	
36	恒压变量柱塞泵		排量180ml/r，35MPa	7	
35	低压胶管		DN20，1.6MPa	7	
34	单向阀		DN15，1.6MPa	7	
33	低压胶管		DN15，1.6MPa	7	
32	低压球阀		DN15，1.6MPa	8	
31	可曲挠合成橡胶接头		DN100，2.0MPa	7	
30	蝶阀		DN100，1.6MPa，DC24V	7	
29	止回阀		DN125，1.6MPa	1	
28	回油过滤器		20μm	1	
27	止回阀		DN80，1.6MPa	1	
26	截止阀		DN65，1.6MPa	1	
25	水用Y型过滤器		DN80，200μm，1.6MPa	1	
24	电磁水阀		DN80，1.6MPa，DC24V	1	
23	板式冷却器		换热功率140kW，换热面积25m2	1	
22	温度表		0～100℃	3	
21	循环过滤器		5μm	1	
20	耐震压力表		Φ63，0～2.5MPa	2	
19	测压软管		L=1m，40MPa	10	
18	排气测压接头		G1/4″，31.5MPa	21	
17	蝶阀		DN80，1.6MPa	7	
16	止回阀		DN80，1.6MPa	2	
15	螺杆泵装置		1MPa，带安全阀	2	
14	可曲挠合成橡胶接头		DN125，2.0MPa	4	
13	带限位开关蝶阀		DN125，1.6MPa，DC24V	3	
12	可曲挠合成橡胶接头		DN250，2.0MPa	1	
11	带限位开关蝶阀		DN250，1.6MPa，DC24V	1	
10	旁路液位指示器		4点发讯，模拟输出4-20mA（二线制），DC24V	1	
9	电子温度开关		带温度显示，4点发讯，模拟量输出4-20mA，DC24V	1	
8	可曲挠合成橡胶接头		DN80，2.0MPa	5	
7	空气滤清器		10um	2	
6	球阀		DN32，1.6MPa	1	
5	球阀		DN40，1.6MPa	4	
4	截止阀		DN20，1.6MPa	1	
3	电加热器		3kW，AC220V，50Hz，带套管	3	
2	永久磁铁			1	
1	油箱		11000L，不锈钢	1	

明细表

机组	热连轧生产线
区域	加热炉区
名称	泵站原理图（2）
图号	2/4

6.1.3 加热炉液压系统升降阀台原理图（1）

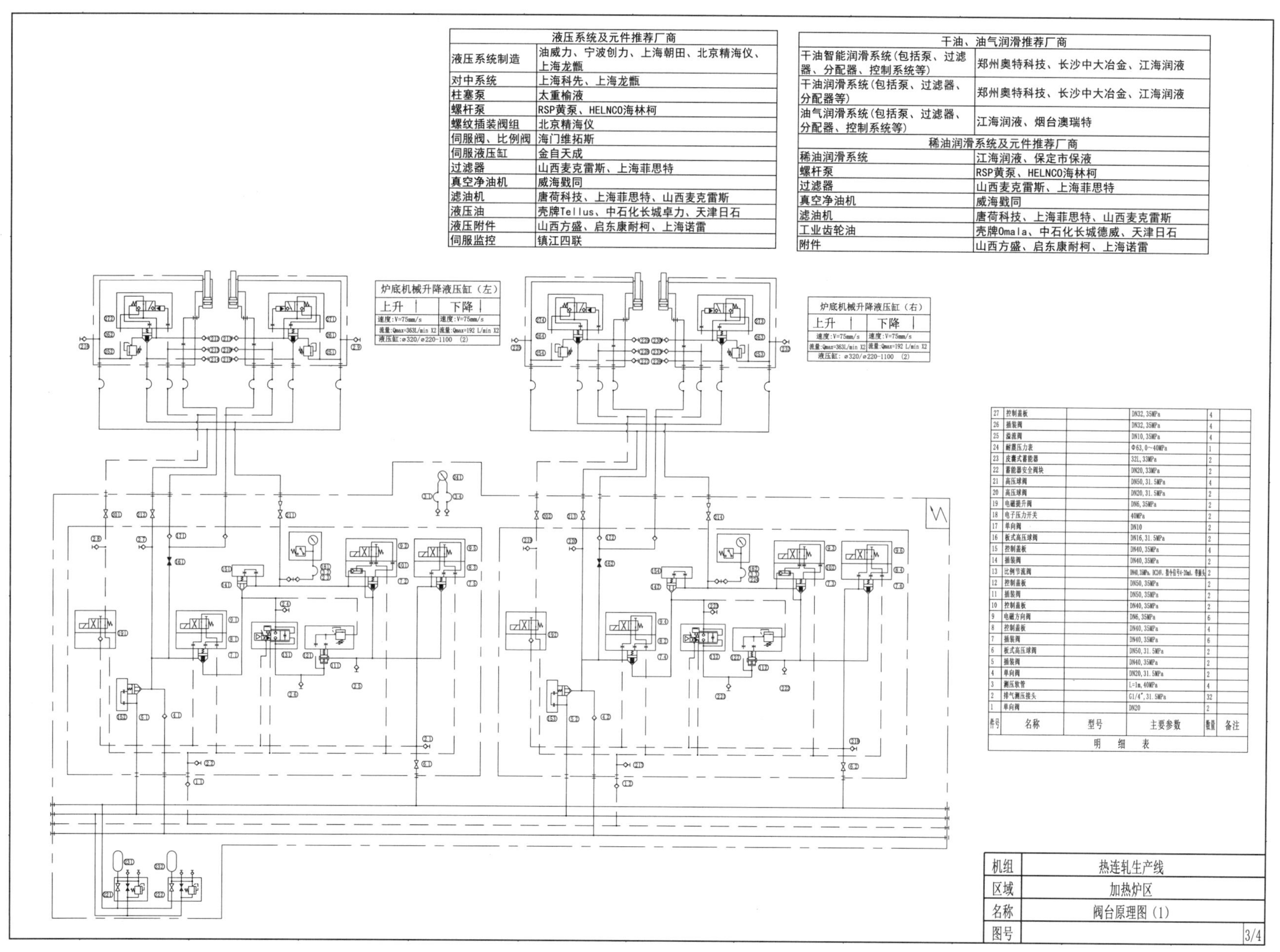

液压系统及元件推荐厂商	
液压系统制造	油威力、宁波创力、上海朝田、北京精海仪、上海龙甑
对中系统	上海科先、上海龙甑
柱塞泵	太重榆液
螺杆泵	RSP黄泵、HELNCO海林柯
螺纹插装阀组	北京精海仪
伺服阀、比例阀	海门维拓斯
伺服液压缸	金自天成
过滤器	山西麦克雷斯、上海菲思特
真空净油机	威海戥同
滤油机	唐荷科技、上海菲思特、山西麦克雷斯
液压油	壳牌Tellus、中石化长城卓力、天津日石
液压附件	山西方盛、启东康耐柯、上海诺雷
伺服监控	镇江四联

干油、油气润滑推荐厂商	
干油智能润滑系统（包括泵、过滤器、分配器、控制系统等）	郑州奥特科技、长沙中大冶金、江海润液
干油润滑系统（包括泵、过滤器、分配器等）	郑州奥特科技、长沙中大冶金、江海润液
油气润滑系统（包括泵、过滤器、分配器、控制系统等）	江海润液、烟台澳瑞特
稀油润滑系统及元件推荐厂商	
稀油润滑系统	江海润液、保定市保液
螺杆泵	RSP黄泵、HELNCO海林柯
过滤器	山西麦克雷斯、上海菲思特
真空净油机	威海戥同
滤油机	唐荷科技、上海菲思特、山西麦克雷斯
工业齿轮油	壳牌Omala、中石化长城德威、天津日石
附件	山西方盛、启东康耐柯、上海诺雷

炉底机械升降液压缸（左）	
上升 ↑	下降 ↓
速度：V=75mm/s	速度：V=75mm/s
流量：Qmax=363L/min X2	流量：Qmax=192 L/min X2
液压缸：⌀320/⌀220-1100 （2）	

炉底机械升降液压缸（右）	
上升 ↑	下降 ↓
速度：V=75mm/s	速度：V=75mm/s
流量：Qmax=363L/min X2	流量：Qmax=192 L/min X2
液压缸：⌀320/⌀220-1100 （2）	

件号	名称	型号	主要参数	数量	备注
27	控制盖板		DN32, 35MPa	4	
26	插装阀		DN32, 35MPa	4	
25	溢流阀		DN10, 35MPa	4	
24	耐震压力表		Φ63, 0～40MPa	1	
23	皮囊式蓄能器		32L, 33MPa	2	
22	蓄能器安全阀块		DN20, 33MPa	2	
21	高压球阀		DN50, 31.5MPa	4	
20	高压球阀		DN20, 31.5MPa	2	
19	电磁提升阀		DN6, 35MPa	2	
18	电子压力开关		40MPa	2	
17	单向阀		DN10	2	
16	板式高压球阀		DN16, 31.5MPa	2	
15	控制盖板		DN40, 35MPa	4	
14	插装阀		DN40, 35MPa	2	
13	比例节流阀		DN40, 35MPa, DC24V, 指令信号4-20mA, 带插头	2	
12	控制盖板		DN50, 35MPa	2	
11	插装阀		DN50, 35MPa	2	
10	控制盖板		DN40, 35MPa	2	
9	电磁方向阀		DN6, 35MPa	6	
8	控制盖板		DN40, 35MPa	4	
7	插装阀		DN40, 35MPa	6	
6	板式高压球阀		DN50, 31.5MPa	2	
5	插装阀		DN40, 35MPa	2	
4	单向阀		DN20, 31.5MPa	2	
3	测压软管		L=1m, 40MPa	4	
2	排气测压接头		G1/4", 31.5MPa	32	
1	单向阀		DN20	2	

明　细　表

机组	热连轧生产线
区域	加热炉区
名称	阀台原理图（1）
图号	3/4

6.1.4 加热炉液压系统升降阀台原理图（2）

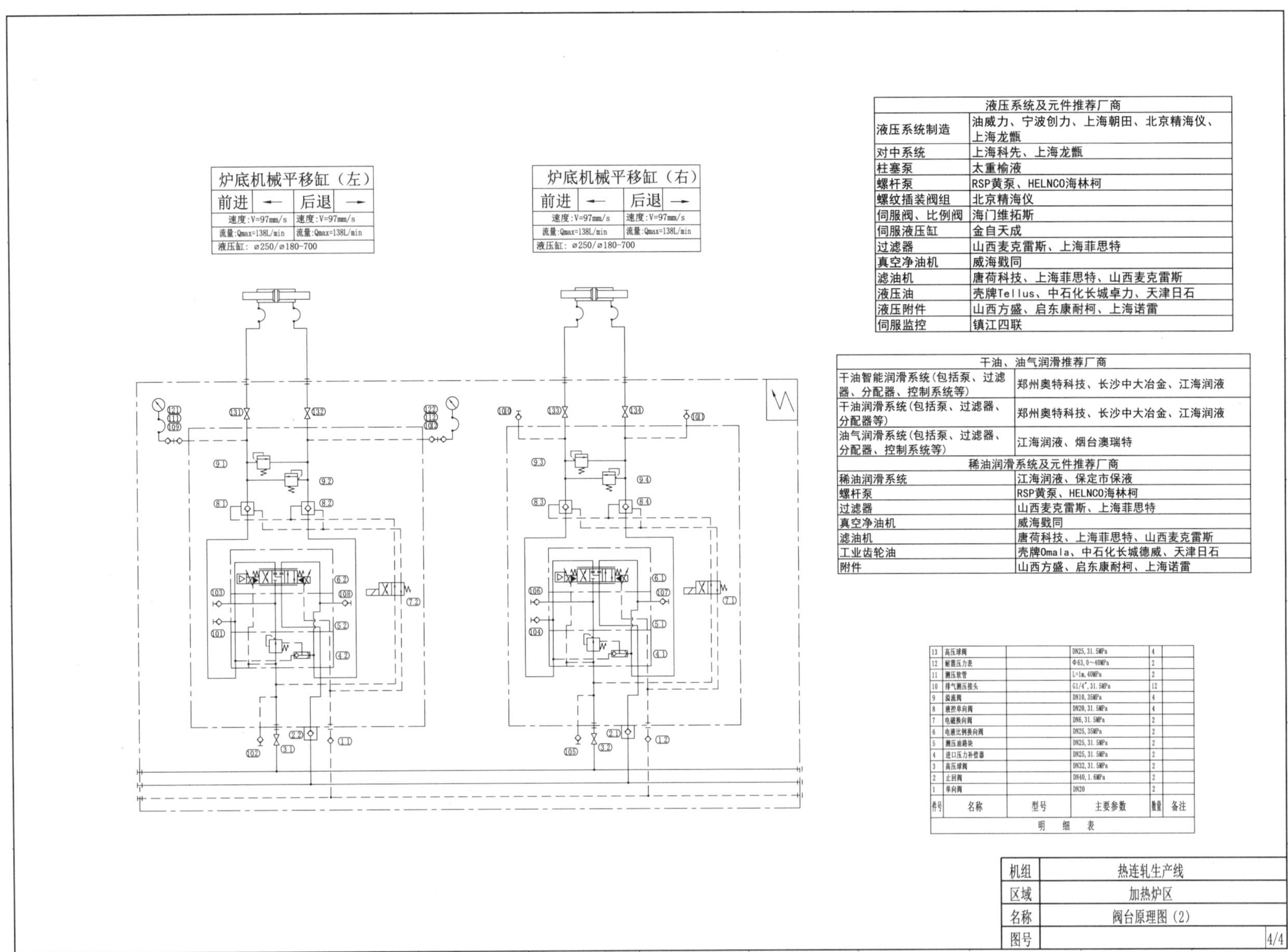

液压系统及元件推荐厂商	
液压系统制造	油威力、宁波创力、上海朝田、北京精海仪、上海龙甑
对中系统	上海科先、上海龙甑
柱塞泵	太重榆液
螺杆泵	RSP黄泵、HELNCO海林柯
螺纹插装阀组	北京精海仪
伺服阀、比例阀	海门维拓斯
伺服液压缸	金自天成
过滤器	山西麦克雷斯、上海菲思特
真空净油机	威海戥同
滤油机	唐荷科技、上海菲思特、山西麦克雷斯
液压油	壳牌Tellus、中石化长城卓力、天津日石
液压附件	山西方盛、启东康耐柯、上海诺雷
伺服监控	镇江四联

干油、油气润滑推荐厂商	
干油智能润滑系统(包括泵、过滤器、分配器、控制系统等)	郑州奥特科技、长沙中大冶金、江海润液
干油润滑系统(包括泵、过滤器、分配器等)	郑州奥特科技、长沙中大冶金、江海润液
油气润滑系统(包括泵、过滤器、分配器、控制系统等)	江海润液、烟台澳瑞特
稀油润滑系统及元件推荐厂商	
稀油润滑系统	江海润液、保定市保液
螺杆泵	RSP黄泵、HELNCO海林柯
过滤器	山西麦克雷斯、上海菲思特
真空净油机	威海戥同
滤油机	唐荷科技、上海菲思特、山西麦克雷斯
工业齿轮油	壳牌Omala、中石化长城德威、天津日石
附件	山西方盛、启东康耐柯、上海诺雷

件号	名称	型号	主要参数	数量	备注
13	高压球阀		DN25, 31.5MPa	4	
12	耐震压力表		Φ63, 0~40MPa	2	
11	测压软管		L=1m, 40MPa	2	
10	排气测压接头		G1/4", 31.5MPa	12	
9	溢流阀		DN10, 35MPa	4	
8	液控单向阀		DN20, 31.5MPa	4	
7	电磁换向阀		DN6, 31.5MPa	2	
6	电液比例换向阀		DN25, 35MPa	2	
5	测压油路块		DN25, 31.5MPa	2	
4	进口压力补偿器		DN25, 31.5MPa	2	
3	高压球阀		DN32, 31.5MPa	2	
2	止回阀		DN40, 1.6MPa	2	
1	单向阀		DN20	2	

明　细　表

机组	热连轧生产线
区域	加热炉区
名称	阀台原理图（2）
图号	4/4

6.2 粗轧辅助液压系统

6.2.1 粗轧辅助液压系统泵站原理图（1）

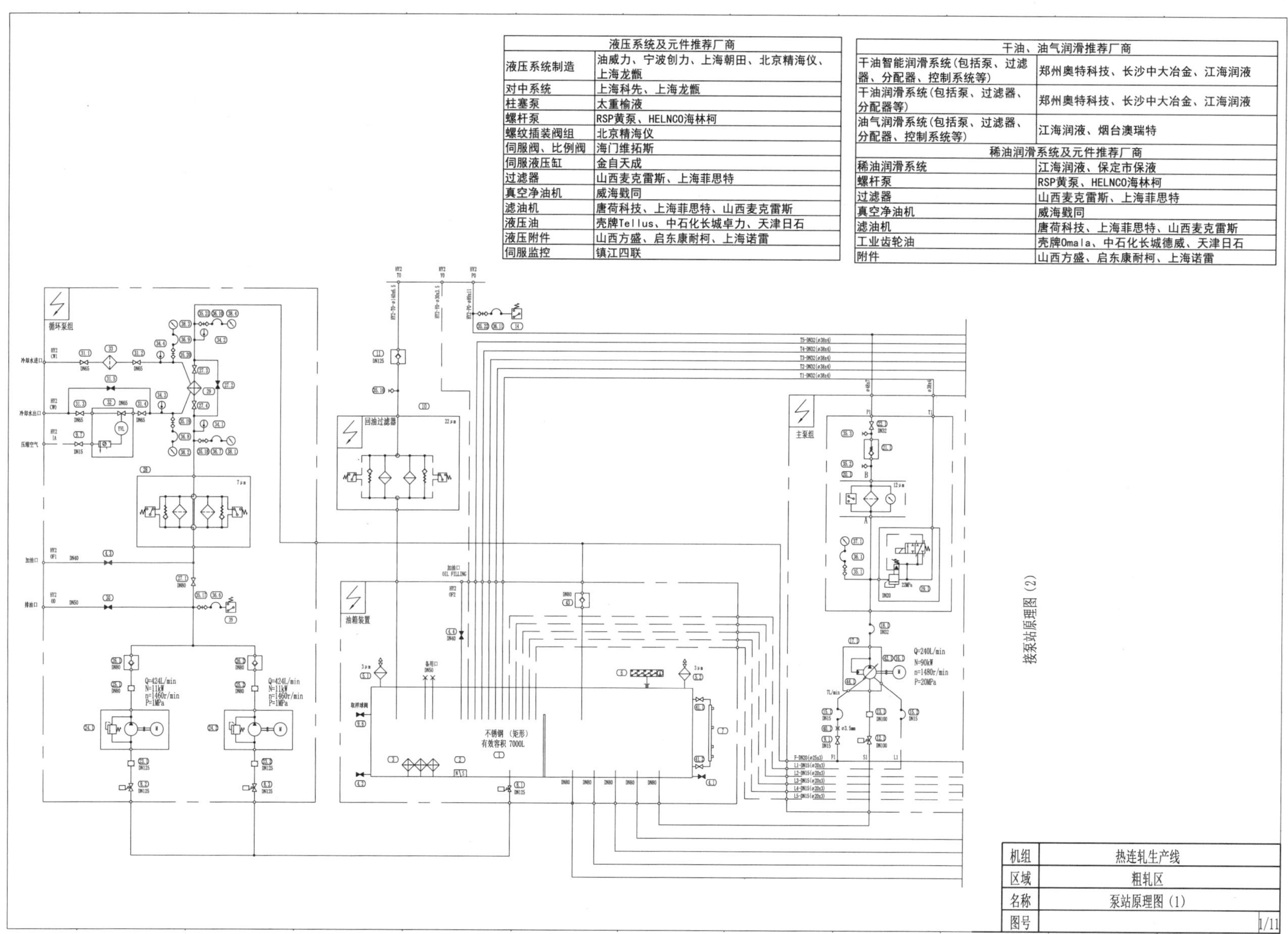

液压系统及元件推荐厂商	
液压系统制造	油威力、宁波创力、上海朝田、北京精海仪、上海龙甑
对中系统	上海科先、上海龙甑
柱塞泵	太重榆液
螺杆泵	RSP黄泵、HELNCO海林柯
螺纹插装阀组	北京精海仪
伺服阀、比例阀	海门维拓斯
伺服液压缸	金自天成
过滤器	山西麦克雷斯、上海菲思特
真空净油机	威海戥同
滤油机	唐荷科技、上海菲思特、山西麦克雷斯
液压油	壳牌Tellus、中石化长城卓力、天津日石
液压附件	山西方盛、启东康耐柯、上海诺雷
伺服监控	镇江四联

干油、油气润滑推荐厂商	
干油智能润滑系统(包括泵、过滤器、分配器、控制系统等)	郑州奥特科技、长沙中大冶金、江海润液
干油润滑系统(包括泵、过滤器、分配器等)	郑州奥特科技、长沙中大冶金、江海润液
油气润滑系统(包括泵、过滤器、分配器、控制系统等)	江海润液、烟台澳瑞特
稀油润滑系统及元件推荐厂商	
稀油润滑系统	江海润液、保定市保液
螺杆泵	RSP黄泵、HELNCO海林柯
过滤器	山西麦克雷斯、上海菲思特
真空净油机	威海戥同
滤油机	唐荷科技、上海菲思特、山西麦克雷斯
工业齿轮油	壳牌Omala、中石化长城德威、天津日石
附件	山西方盛、启东康耐柯、上海诺雷

6.2.2 粗轧辅助液压系统泵站原理图（2）

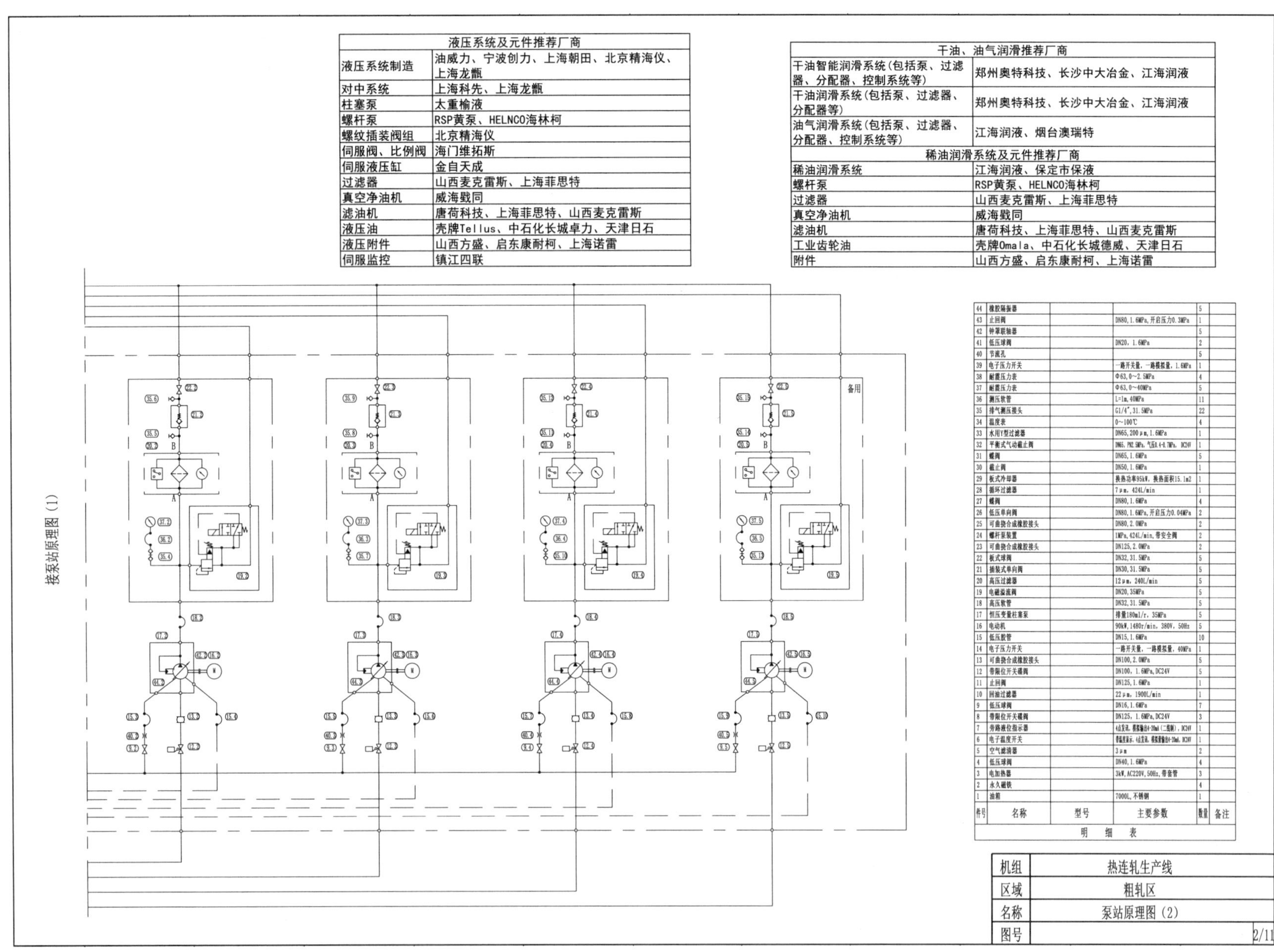

液压系统及元件推荐厂商	
液压系统制造	油威力、宁波创力、上海朝田、北京精海仪、上海龙甑
对中系统	上海科先、上海龙甑
柱塞泵	太重榆液
螺杆泵	RSP黄泵、HELNCO海林柯
螺纹插装阀组	北京精海仪
伺服阀、比例阀	海门维拓斯
伺服液压缸	金自天成
过滤器	山西麦克雷斯、上海菲思特
真空净油机	威海戥同
滤油机	唐荷科技、上海菲思特、山西麦克雷斯
液压油	壳牌Tellus、中石化长城卓力、天津日石
液压附件	山西方盛、启东康耐柯、上海诺雷
伺服监控	镇江四联

干油、油气润滑推荐厂商	
干油智能润滑系统(包括泵、过滤器、分配器、控制系统等)	郑州奥特科技、长沙中大冶金、江海润液
干油润滑系统(包括泵、过滤器、分配器等)	郑州奥特科技、长沙中大冶金、江海润液
油气润滑系统(包括泵、过滤器、分配器、控制系统等)	江海润液、烟台澳瑞特
稀油润滑系统及元件推荐厂商	
稀油润滑系统	江海润液、保定市保液
螺杆泵	RSP黄泵、HELNCO海林柯
过滤器	山西麦克雷斯、上海菲思特
真空净油机	威海戥同
滤油机	唐荷科技、上海菲思特、山西麦克雷斯
工业齿轮油	壳牌Omala、中石化长城德威、天津日石
附件	山西方盛、启东康耐柯、上海诺雷

件号	名称	型号	主要参数	数量	备注
44	橡胶隔振器			5	
43	止回阀		DN80,1.6MPa,开启压力0.3MPa	1	
42	钟罩联轴器			5	
41	低压球阀		DN20，1.6MPa	2	
40	节流孔			5	
39	电子压力开关		一路开关量，一路模拟量，1.6MPa	1	
38	耐震压力表		Φ63,0~2.5MPa	4	
37	耐震压力表		Φ63,0~40MPa	5	
36	测压软管		L=1m,40MPa	11	
35	排气测压接头		G1/4″,31.5MPa	22	
34	温度表		0~100℃	4	
33	水用Y型过滤器		DN65,200μm,1.6MPa	1	
32	平衡式气动截止阀		DN65，PN2.5MPa，气压0.4-0.7MPa，DC24V	1	
31	蝶阀		DN65,1.6MPa	5	
30	截止阀		DN50,1.6MPa	1	
29	板式冷却器		换热功率95kW，换热面积15.1m2	1	
28	循环过滤器		7μm，424L/min	1	
27	蝶阀		DN80,1.6MPa	4	
26	低压单向阀		DN80,1.6MPa,开启压力0.04MPa	2	
25	可曲挠合成橡胶接头		DN80,2.0MPa	2	
24	螺杆泵装置		1MPa,424L/min,带安全阀	2	
23	可曲挠合成橡胶接头		DN125,2.0MPa	2	
22	板式球阀		DN32,31.5MPa	5	
21	插装式单向阀		DN30,31.5MPa	5	
20	高压过滤器		12μm，240L/min	5	
19	电磁溢流阀		DN20,35MPa	5	
18	高压软管		DN32,31.5MPa	5	
17	恒压变量柱塞泵		排量180ml/r，35MPa	5	
16	电动机		90kW,1480r/min，380V，50Hz	5	
15	低压胶管		DN15,1.6MPa	10	
14	电子压力开关		一路开关量，一路模拟量，40MPa	1	
13	可曲挠合成橡胶接头		DN100,2.0MPa	5	
12	带限位开关碟阀		DN100，1.6MPa,DC24V	5	
11	止回阀		DN125,1.6MPa	1	
10	回油过滤器		22μm，1900L/min	1	
9	低压球阀		DN16,1.6MPa	7	
8	带限位开关碟阀		DN125，1.6MPa,DC24V	3	
7	旁路液位指示器		4点发讯，模拟输出4-20mA（二线制），DC24V	1	
6	电子温度开关		带温度显示，4点发讯，模拟量输出4-20mA，DC24V	1	
5	空气滤清器		3μm	2	
4	低压球阀		DN40,1.6MPa	4	
3	电加热器		3kW,AC220V,50Hz,带套管	3	
2	永久磁铁			4	
1	油箱		7000L,不锈钢	1	

明细表

机组	热连轧生产线
区域	粗轧区
名称	泵站原理图（2）
图号	2/11

6.2.3 粗轧辅助液压系统蓄能器组原理图

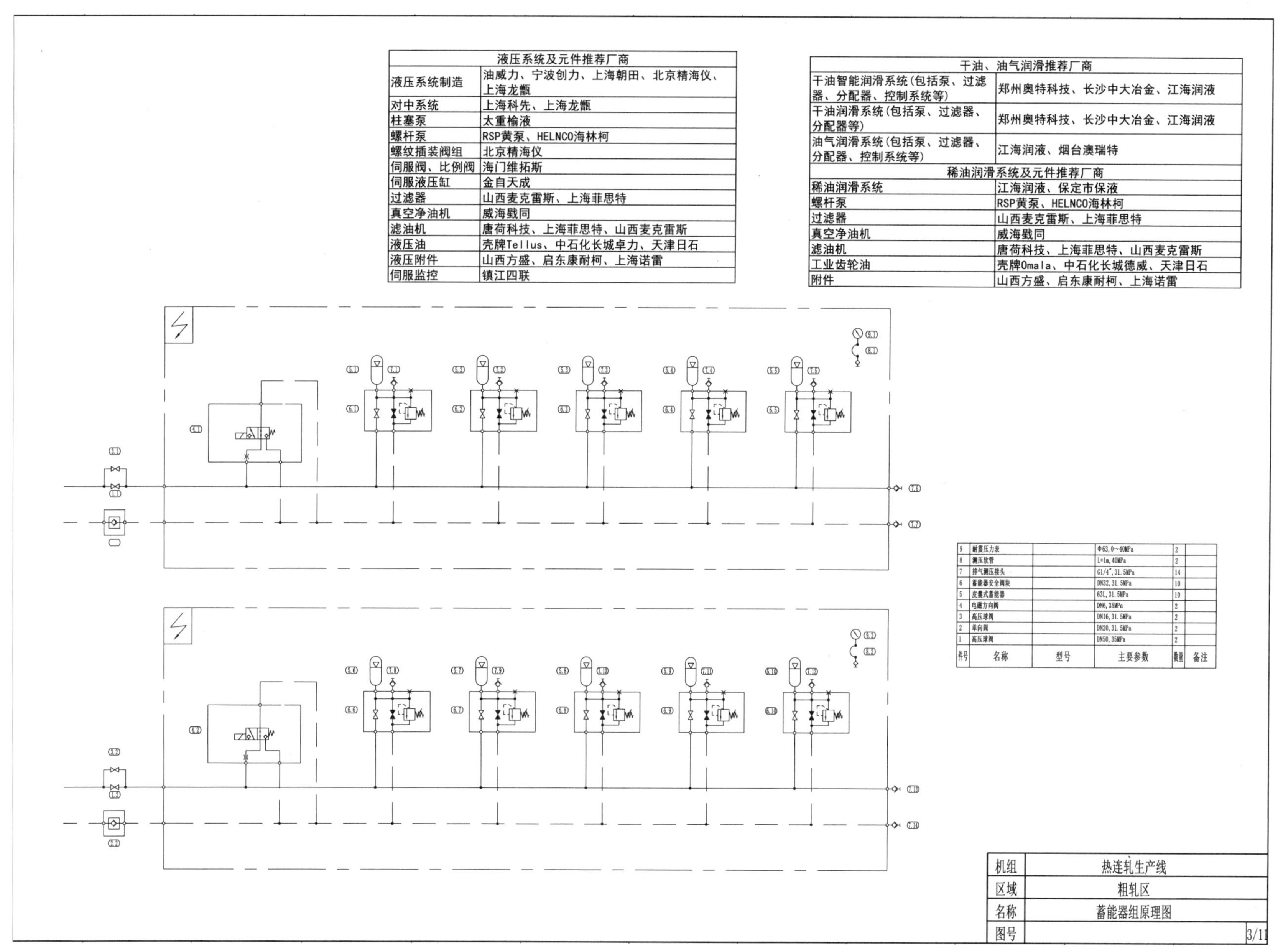

液压系统及元件推荐厂商	
液压系统制造	油威力、宁波创力、上海朝田、北京精海仪、上海龙甑
对中系统	上海科先、上海龙甑
柱塞泵	太重榆液
螺杆泵	RSP黄泵、HELNCO海林柯
螺纹插装阀组	北京精海仪
伺服阀、比例阀	海门维拓斯
伺服液压缸	金自天成
过滤器	山西麦克雷斯、上海菲思特
真空净油机	威海戥同
滤油机	唐荷科技、上海菲思特、山西麦克雷斯
液压油	壳牌Tellus、中石化长城卓力、天津日石
液压附件	山西方盛、启东康耐柯、上海诺雷
伺服监控	镇江四联

干油、油气润滑推荐厂商	
干油智能润滑系统(包括泵、过滤器、分配器、控制系统等)	郑州奥特科技、长沙中大冶金、江海润液
干油润滑系统(包括泵、过滤器、分配器等)	郑州奥特科技、长沙中大冶金、江海润液
油气润滑系统(包括泵、过滤器、分配器、控制系统等)	江海润液、烟台澳瑞特
稀油润滑系统及元件推荐厂商	
稀油润滑系统	江海润液、保定市保液
螺杆泵	RSP黄泵、HELNCO海林柯
过滤器	山西麦克雷斯、上海菲思特
真空净油机	威海戥同
滤油机	唐荷科技、上海菲思特、山西麦克雷斯
工业齿轮油	壳牌Omala、中石化长城德威、天津日石
附件	山西方盛、启东康耐柯、上海诺雷

件号	名称	型号	主要参数	数量	备注
9	耐震压力表		Φ63,0~40MPa	2	
8	测压软管		L=1m,40MPa	2	
7	排气测压接头		G1/4",31.5MPa	14	
6	蓄能器安全阀块		DN32,31.5MPa	10	
5	皮囊式蓄能器		63L,31.5MPa	10	
4	电磁方向阀		DN6,35MPa	2	
3	高压球阀		DN16,31.5MPa	2	
2	单向阀		DN20,31.5MPa	2	
1	高压球阀		DN50,35MPa	2	

机组	热连轧生产线
区域	粗轧区
名称	蓄能器组原理图
图号	3/11

6.2.4 粗轧辅助液压系统换辊控制阀台原理图（1）

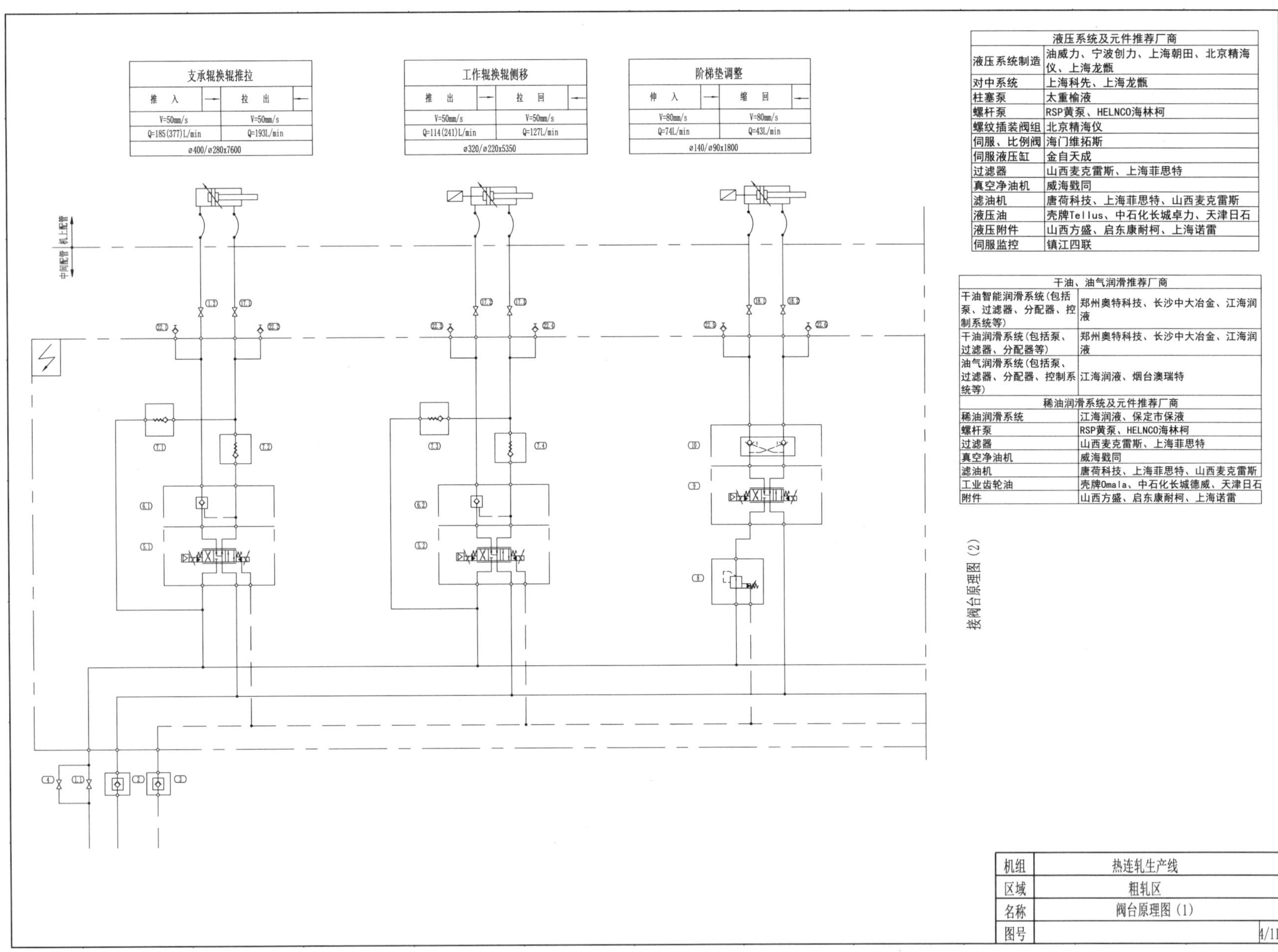

支承辊换辊推拉	
推 入 →	拉 出 ←
V=50mm/s	V=50mm/s
Q=185(377)L/min	Q=193L/min
ø400/ø280x7600	

工作辊换辊侧移	
推 出 →	拉 回 ←
V=50mm/s	V=50mm/s
Q=114(241)L/min	Q=127L/min
ø320/ø220x5350	

阶梯垫调整	
伸 入 →	缩 回 ←
V=80mm/s	V=80mm/s
Q=74L/min	Q=43L/min
ø140/ø90x1800	

液压系统及元件推荐厂商	
液压系统制造	油威力、宁波创力、上海朝田、北京精海仪、上海龙甑
对中系统	上海科先、上海龙甑
柱塞泵	太重榆液
螺杆泵	RSP黄泵、HELNCO海林柯
螺纹插装阀组	北京精海仪
伺服、比例阀	海门维拓斯
伺服液压缸	金自天成
过滤器	山西麦克雷斯、上海菲思特
真空净油机	威海戥同
滤油机	唐荷科技、上海菲思特、山西麦克雷斯
液压油	壳牌Tellus、中石化长城卓力、天津日石
液压附件	山西方盛、启东康耐柯、上海诺雷
伺服监控	镇江四联

干油、油气润滑推荐厂商	
干油智能润滑系统(包括泵、过滤器、分配器、控制系统等)	郑州奥特科技、长沙中大冶金、江海润液
干油润滑系统(包括泵、过滤器、分配器等)	郑州奥特科技、长沙中大冶金、江海润液
油气润滑系统(包括泵、过滤器、分配器、控制系统等)	江海润液、烟台澳瑞特
稀油润滑系统及元件推荐厂商	
稀油润滑系统	江海润液、保定市保液
螺杆泵	RSP黄泵、HELNCO海林柯
过滤器	山西麦克雷斯、上海菲思特
真空净油机	威海戥同
滤油机	唐荷科技、上海菲思特、山西麦克雷斯
工业齿轮油	壳牌Omala、中石化长城德威、天津日石
附件	山西方盛、启东康耐柯、上海诺雷

机组	热连轧生产线
区域	粗轧区
名称	阀台原理图（1）
图号	4/11

6.2.5 粗轧辅助液压系统换辊控制阀台原理图（2）

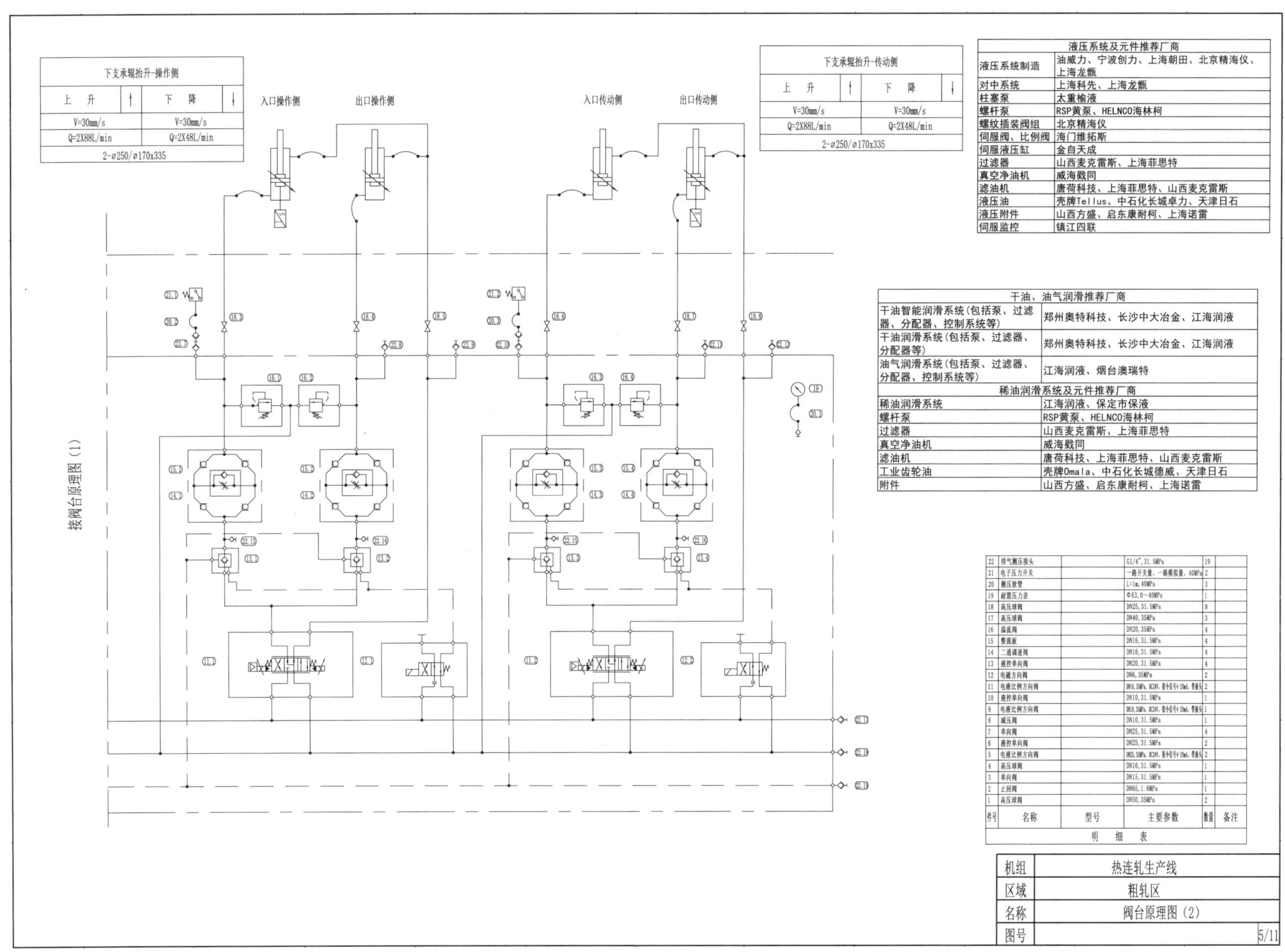

液压系统及元件推荐厂商	
液压系统制造	油威力、宁波创力、上海朝田、北京精海仪、上海龙甑
对中系统	上海科先、上海龙甑
柱塞泵	太重榆液
螺杆泵	RSP黄泵、HELNCO海林柯
螺纹插装阀组	北京精海仪
伺服阀、比例阀	海门维拓斯
伺服液压缸	金自天成
过滤器	山西麦克雷斯、上海菲思特
真空净油机	威海戥同
滤油机	唐荷科技、上海菲思特、山西麦克雷斯
液压油	壳牌Tellus、中石化长城卓力、天津日石
液压附件	山西方盛、启东康耐柯、上海诺雷
伺服监控	镇江四联

干油、油气润滑推荐厂商	
干油智能润滑系统（包括泵、过滤器、分配器、控制系统等）	郑州奥特科技、长沙中大冶金、江海润液
干油润滑系统（包括泵、过滤器、分配器等）	郑州奥特科技、长沙中大冶金、江海润液
油气润滑系统（包括泵、过滤器、分配器、控制系统等）	江海润液、烟台澳瑞特
稀油润滑系统及元件推荐厂商	
稀油润滑系统	江海润液、保定市保液
螺杆泵	RSP黄泵、HELNCO海林柯
过滤器	山西麦克雷斯、上海菲思特
真空净油机	威海戥同
滤油机	唐荷科技、上海菲思特、山西麦克雷斯
工业齿轮油	壳牌Omala、中石化长城德威、天津日石
附件	山西方盛、启东康耐柯、上海诺雷

件号	名称	型号	主要参数	数量	备注
22	排气测压接头		G1/4",31.5MPa	19	
21	电子压力开关		一路开关量，一路模拟量，40MPa	2	
20	测压软管		L=1m,40MPa	3	
19	耐震压力表		Φ63,0~40MPa	1	
18	高压球阀		DN25,31.5MPa	8	
17	高压球阀		DN40,35MPa	3	
16	溢流阀		DN20,35MPa	4	
15	整流板		DN16,31.5MPa	4	
14	二通调速阀		DN16,31.5MPa	4	
13	液控单向阀		DN20,31.5MPa	4	
12	电磁方向阀		DN6,35MPa	2	
11	电液比例方向阀		DN16,35MPa，DC24V，指令信号4-20mA，带插头	2	
10	液控单向阀		DN10,31.5MPa	1	
9	电液比例方向阀		DN10,35MPa，DC24V，指令信号4-20mA，带插头	1	
8	减压阀		DN10,31.5MPa	1	
7	单向阀		DN25,31.5MPa	4	
6	液控单向阀		DN25,31.5MPa	2	
5	电液比例方向阀		DN25,35MPa，DC24V，指令信号4-20mA，带插头	2	
4	高压球阀		DN16,31.5MPa	1	
3	单向阀		DN15,31.5MPa	1	
2	止回阀		DN65,1.6MPa	1	
1	高压球阀		DN50,35MPa	2	

明　细　表

6.2.6 粗轧辅助液压系统工作辊平衡阀台（操作侧）原理图

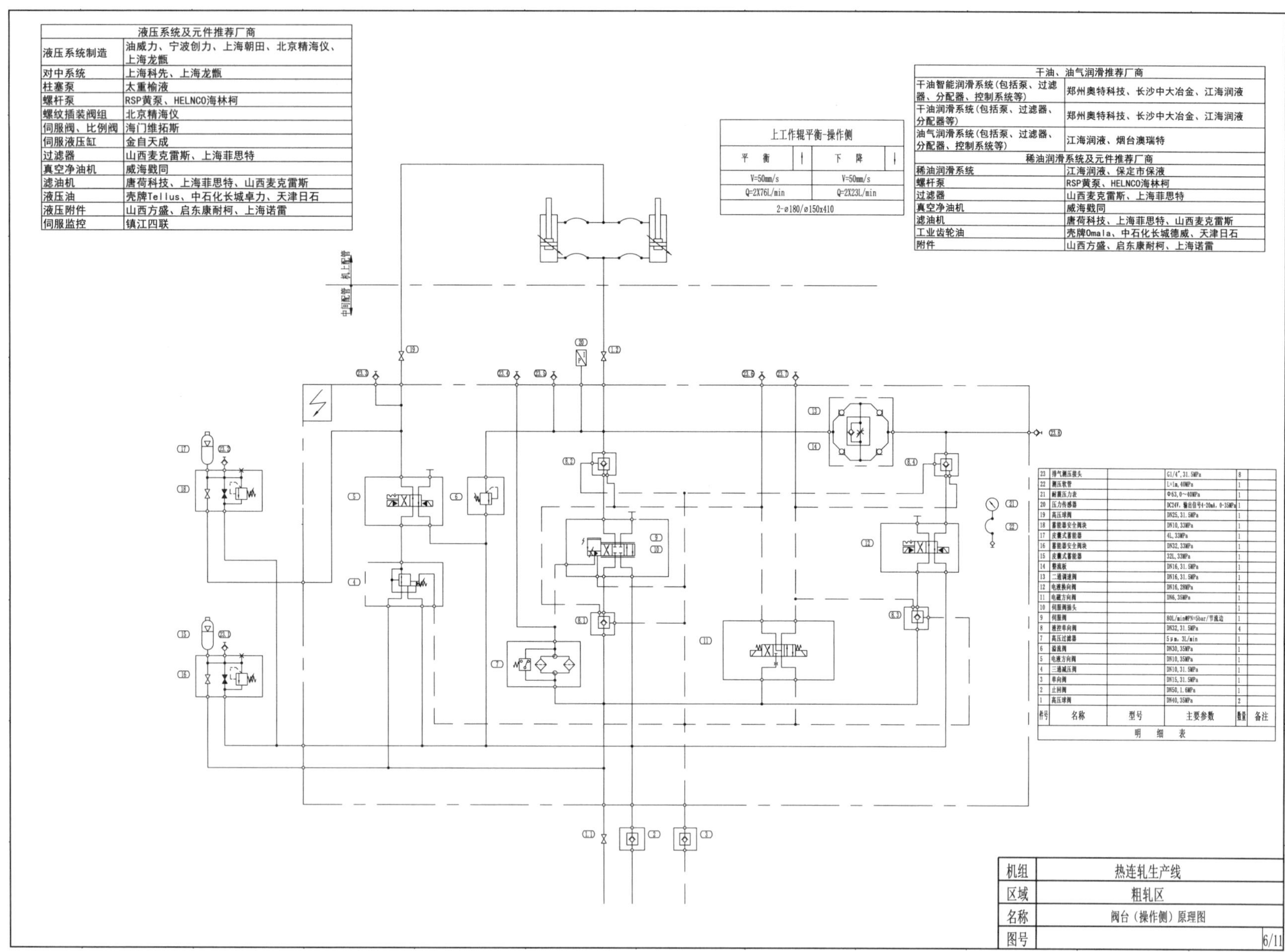

液压系统及元件推荐厂商	
液压系统制造	油威力、宁波创力、上海朝田、北京精海仪、上海龙甑
对中系统	上海科先、上海龙甑
柱塞泵	太重榆液
螺杆泵	RSP黄泵、HELNCO海林柯
螺纹插装阀组	北京精海仪
伺服阀、比例阀	海门维拓斯
伺服液压缸	金自天成
过滤器	山西麦克雷斯、上海菲思特
真空净油机	威海戳同
滤油机	唐荷科技、上海菲思特、山西麦克雷斯
液压油	壳牌Tellus、中石化长城卓力、天津日石
液压附件	山西方盛、启东康耐柯、上海诺雷
伺服监控	镇江四联

上工作辊平衡-操作侧			
平　衡	↑	下　降	↓
V=50mm/s		V=50mm/s	
Q=2X76L/min		Q=2X23L/min	
2-ø180/ø150x410			

干油、油气润滑推荐厂商	
干油智能润滑系统(包括泵、过滤器、分配器、控制系统等)	郑州奥特科技、长沙中大冶金、江海润液
干油润滑系统(包括泵、过滤器、分配器等)	郑州奥特科技、长沙中大冶金、江海润液
油气润滑系统(包括泵、过滤器、分配器、控制系统等)	江海润液、烟台澳瑞特
稀油润滑系统及元件推荐厂商	
稀油润滑系统	江海润液、保定市保液
螺杆泵	RSP黄泵、HELNCO海林柯
过滤器	山西麦克雷斯、上海菲思特
真空净油机	威海戳同
滤油机	唐荷科技、上海菲思特、山西麦克雷斯
工业齿轮油	壳牌Omala、中石化长城德威、天津日石
附件	山西方盛、启东康耐柯、上海诺雷

件号	名称	型号	主要参数	数量	备注
23	排气测压接头		G1/4″,31.5MPa	8	
22	测压软管		L=1m,40MPa	1	
21	耐震压力表		Φ63,0～40MPa	1	
20	压力传感器		DC24V，输出信号4-20mA，0-35MPa	1	
19	高压球阀		DN25,31.5MPa	1	
18	蓄能器安全阀块		DN10,33MPa	1	
17	皮囊式蓄能器		4L,33MPa	1	
16	蓄能器安全阀块		DN32,33MPa	1	
15	皮囊式蓄能器		32L,33MPa	1	
14	整流板		DN16,31.5MPa	1	
13	二通调速阀		DN16,31.5MPa	1	
12	电液换向阀		DN16,28MPa	1	
11	电磁方向阀		DN6,35MPa	1	
10	伺服阀插头			1	
9	伺服阀		80L/min@PN=5bar/节流边	1	
8	液控单向阀		DN32,31.5MPa	4	
7	高压过滤器		5μm，3L/min	1	
6	溢流阀		DN30,35MPa	1	
5	电液方向阀		DN10,35MPa	1	
4	三通减压阀		DN10,31.5MPa	1	
3	单向阀		DN15,31.5MPa	1	
2	止回阀		DN50,1.6MPa	1	
1	高压球阀		DN40,35MPa	2	
明　细　表					

机组	热连轧生产线
区域	粗轧区
名称	阀台（操作侧）原理图
图号	6/11

6.2.7 粗轧辅助液压系统锁紧及导卫阀台原理图（1）

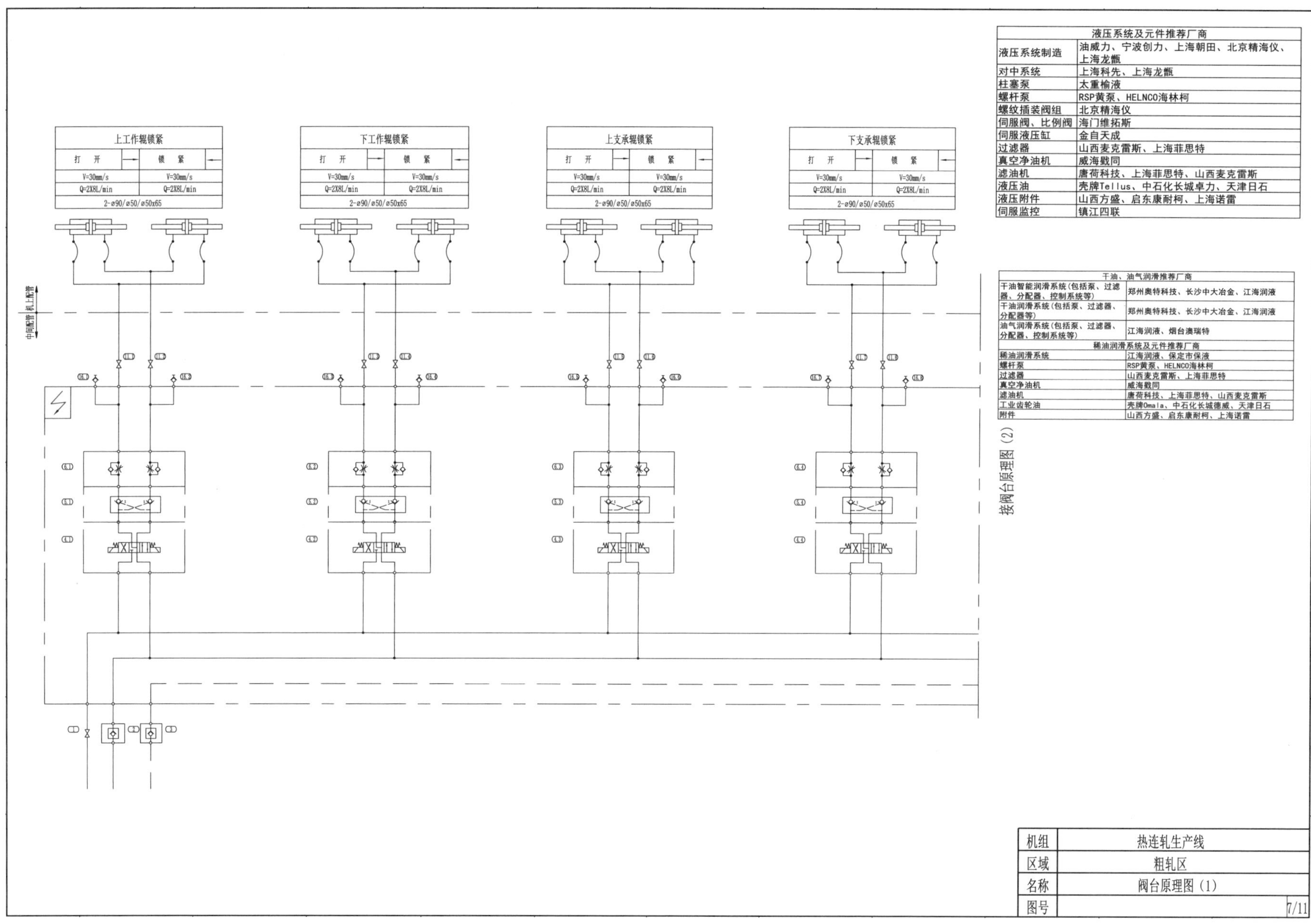

液压系统及元件推荐厂商	
液压系统制造	油威力、宁波创力、上海朝田、北京精海仪、上海龙甑
对中系统	上海科先、上海龙甑
柱塞泵	太重榆液
螺杆泵	RSP黄泵、HELNCO海林柯
螺纹插装阀组	北京精海仪
伺服阀、比例阀	海门维拓斯
伺服液压缸	金自天成
过滤器	山西麦克雷斯、上海菲思特
真空净油机	威海戬同
滤油机	唐荷科技、上海菲思特、山西麦克雷斯
液压油	壳牌Tellus、中石化长城卓力、天津日石
液压附件	山西方盛、启东康耐柯、上海诺雷
伺服监控	镇江四联

干油、油气润滑推荐厂商	
干油智能润滑系统(包括泵、过滤器、分配器、控制系统等)	郑州奥特科技、长沙中大冶金、江海润液
干油润滑系统(包括泵、过滤器、分配器等)	郑州奥特科技、长沙中大冶金、江海润液
油气润滑系统(包括泵、过滤器、分配器、控制系统等)	江海润液、烟台澳瑞特
稀油润滑系统及元件推荐厂商	
稀油润滑系统	江海润液、保定市保液
螺杆泵	RSP黄泵、HELNCO海林柯
过滤器	山西麦克雷斯、上海菲思特
真空净油机	威海戬同
滤油机	唐荷科技、上海菲思特、山西麦克雷斯
工业齿轮油	壳牌Omala、中石化长城德威、天津日石
附件	山西方盛、启东康耐柯、上海诺雷

6.2.8 粗轧辅助液压系统锁紧及导卫阀台原理图（2）

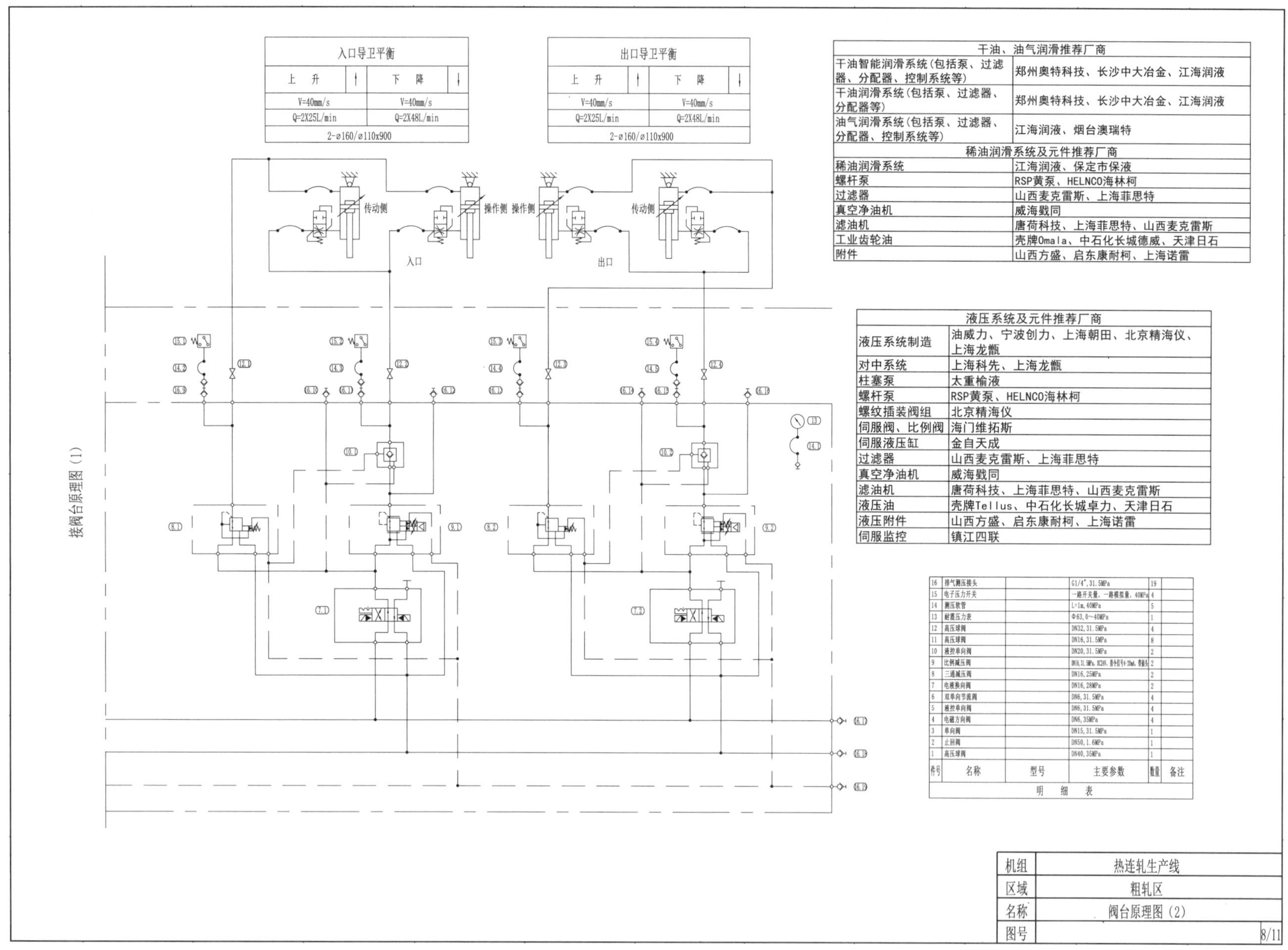

干油、油气润滑推荐厂商	
干油智能润滑系统(包括泵、过滤器、分配器、控制系统等)	郑州奥特科技、长沙中大冶金、江海润液
干油润滑系统(包括泵、过滤器、分配器等)	郑州奥特科技、长沙中大冶金、江海润液
油气润滑系统(包括泵、过滤器、分配器、控制系统等)	江海润液、烟台澳瑞特
稀油润滑系统及元件推荐厂商	
稀油润滑系统	江海润液、保定市保液
螺杆泵	RSP黄泵、HELNCO海林柯
过滤器	山西麦克雷斯、上海菲思特
真空净油机	威海戥同
滤油机	唐荷科技、上海菲思特、山西麦克雷斯
工业齿轮油	壳牌Omala、中石化长城德威、天津日石
附件	山西方盛、启东康耐柯、上海诺雷

液压系统及元件推荐厂商	
液压系统制造	油威力、宁波创力、上海朝田、北京精海仪、上海龙甑
对中系统	上海科先、上海龙甑
柱塞泵	太重榆液
螺杆泵	RSP黄泵、HELNCO海林柯
螺纹插装阀组	北京精海仪
伺服阀、比例阀	海门维拓斯
伺服液压缸	金自天成
过滤器	山西麦克雷斯、上海菲思特
真空净油机	威海戥同
滤油机	唐荷科技、上海菲思特、山西麦克雷斯
液压油	壳牌Tellus、中石化长城卓力、天津日石
液压附件	山西方盛、启东康耐柯、上海诺雷
伺服监控	镇江四联

件号	名称	型号	主要参数	数量	备注
16	排气测压接头		G1/4″,31.5MPa	19	
15	电子压力开关		一路开关量，一路模拟量，40MPa	4	
14	测压软管		L=1m,40MPa	5	
13	耐震压力表		Φ63,0~40MPa	1	
12	高压球阀		DN32,31.5MPa	4	
11	高压球阀		DN16,31.5MPa	8	
10	液控单向阀		DN20,31.5MPa	2	
9	比例减压阀		DN16,31.5MPa，DC24V，指令信号4-20mA，带插头	2	
8	三通减压阀		DN16,25MPa	2	
7	电液换向阀		DN16,28MPa	2	
6	双单向节流阀		DN6,31.5MPa	4	
5	液控单向阀		DN6,31.5MPa	4	
4	电磁方向阀		DN6,35MPa	4	
3	单向阀		DN15,31.5MPa	1	
2	止回阀		DN50,1.6MPa	1	
1	高压球阀		DN40,35MPa	1	
明细表					

6.2.9 粗轧辅助液压系统工作辊平衡阀台（传动侧）原理图

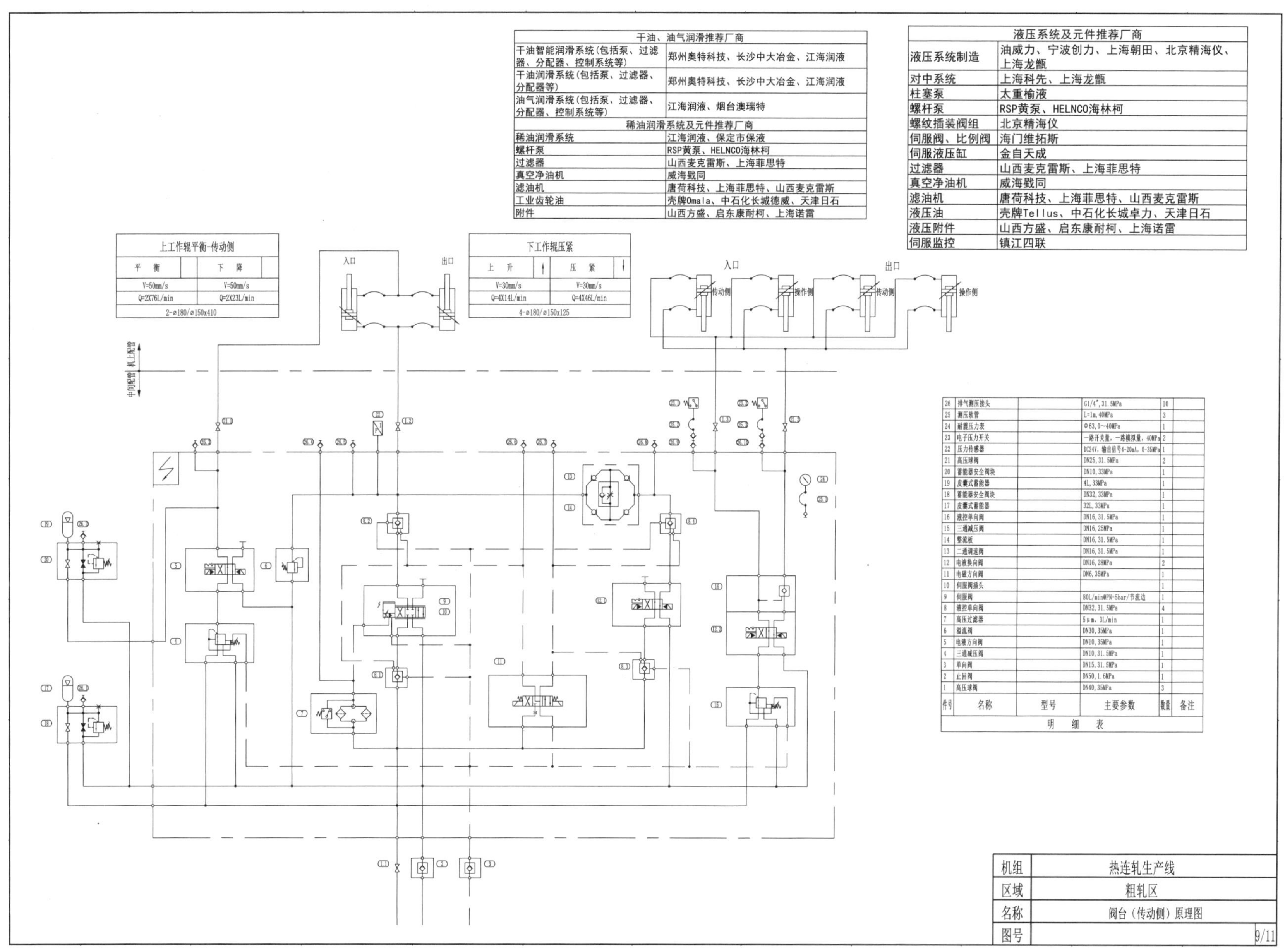

干油、油气润滑推荐厂商	
干油智能润滑系统(包括泵、过滤器、分配器、控制系统等)	郑州奥特科技、长沙中大冶金、江海润液
干油润滑系统(包括泵、过滤器、分配器等)	郑州奥特科技、长沙中大冶金、江海润液
油气润滑系统(包括泵、过滤器、分配器、控制系统等)	江海润液、烟台澳瑞特
稀油润滑系统及元件推荐厂商	
稀油润滑系统	江海润液、保定市保液
螺杆泵	RSP黄泵、HELNCO海林柯
过滤器	山西麦克雷斯、上海菲思特
真空净油机	威海戳同
滤油机	唐荷科技、上海菲思特、山西麦克雷斯
工业齿轮油	壳牌Omala、中石化长城德威、天津日石
附件	山西方盛、启东康耐柯、上海诺雷

液压系统及元件推荐厂商	
液压系统制造	油威力、宁波创力、上海朝田、北京精海仪、上海龙甑
对中系统	上海科先、上海龙甑
柱塞泵	太重榆液
螺杆泵	RSP黄泵、HELNCO海林柯
螺纹插装阀组	北京精海仪
伺服阀、比例阀	海门维拓斯
伺服液压缸	金自天成
过滤器	山西麦克雷斯、上海菲思特
真空净油机	威海戳同
滤油机	唐荷科技、上海菲思特、山西麦克雷斯
液压油	壳牌Tellus、中石化长城卓力、天津日石
液压附件	山西方盛、启东康耐柯、上海诺雷
伺服监控	镇江四联

件号	名称	型号	主要参数	数量	备注
26	排气测压接头		G1/4″,31.5MPa	10	
25	测压软管		L=1m,40MPa	3	
24	耐震压力表		Φ63,0~40MPa	1	
23	电子压力开关		一路开关量，一路模拟量，40MPa	2	
22	压力传感器		DC24V，输出信号4-20mA，0-35MPa	1	
21	高压球阀		DN25,31.5MPa	2	
20	蓄能器安全阀块		DN10,33MPa	1	
19	皮囊式蓄能器		4L,33MPa	1	
18	蓄能器安全阀块		DN32,33MPa	1	
17	皮囊式蓄能器		32L,33MPa	1	
16	液控单向阀		DN16,31.5MPa	1	
15	三通减压阀		DN16,25MPa	1	
14	整流板		DN16,31.5MPa	1	
13	二通调速阀		DN16,31.5MPa	1	
12	电液换向阀		DN16,28MPa	2	
11	电磁方向阀		DN6,35MPa	1	
10	伺服阀插头			1	
9	伺服阀		80L/min@PN=5bar/节流边	1	
8	液控单向阀		DN32,31.5MPa	4	
7	高压过滤器		5μm，3L/min	1	
6	溢流阀		DN30,35MPa	1	
5	电液方向阀		DN10,35MPa	1	
4	三通减压阀		DN10,31.5MPa	1	
3	单向阀		DN15,31.5MPa	1	
2	止回阀		DN50,1.6MPa	1	
1	高压球阀		DN40,35MPa	3	
明　细　表					

6.2.10 粗轧辅助液压系统接轴平衡阀台原理图（1）

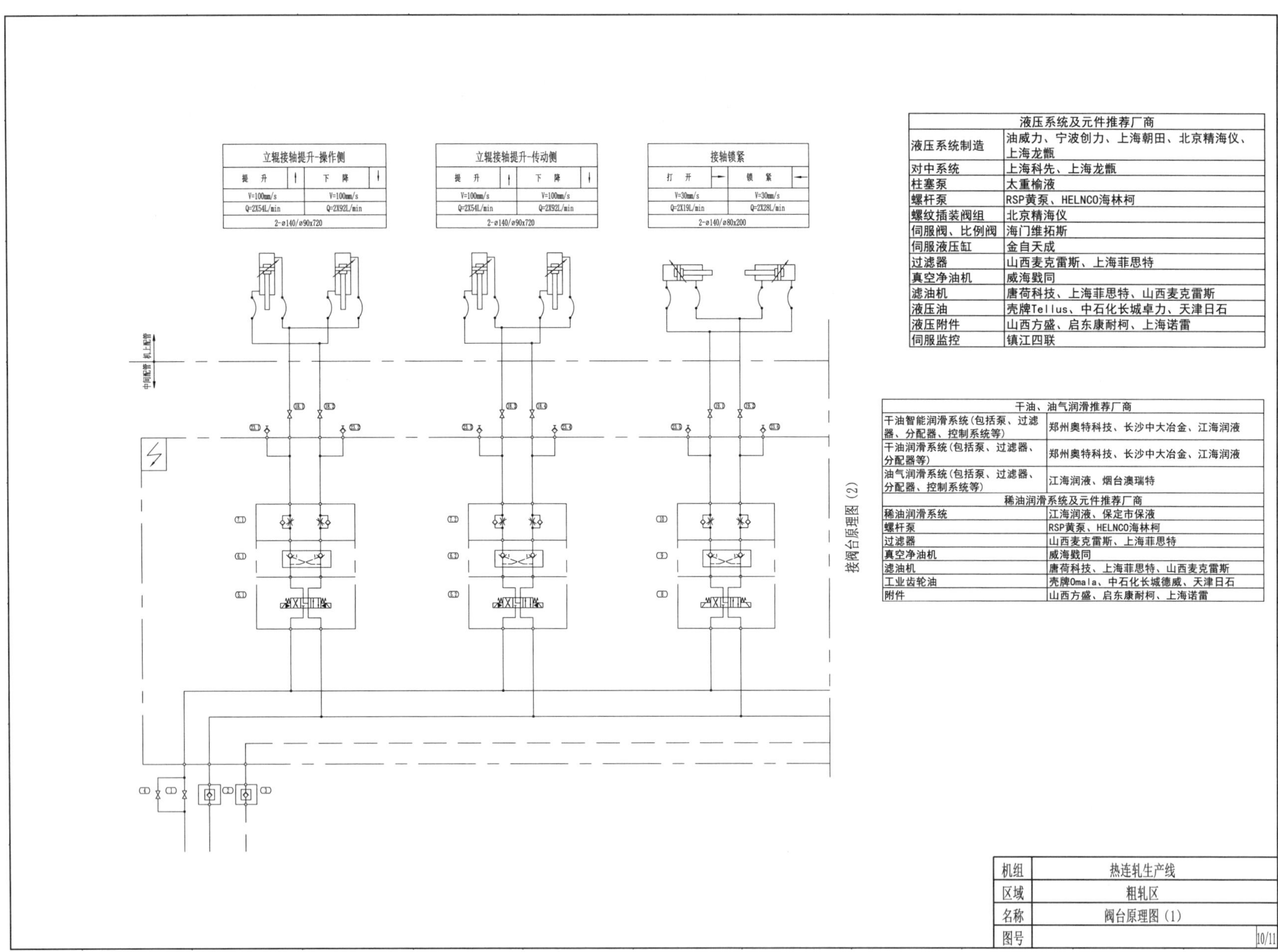

6.2.11 粗轧辅助液压系统接轴平衡阀台原理图（2）

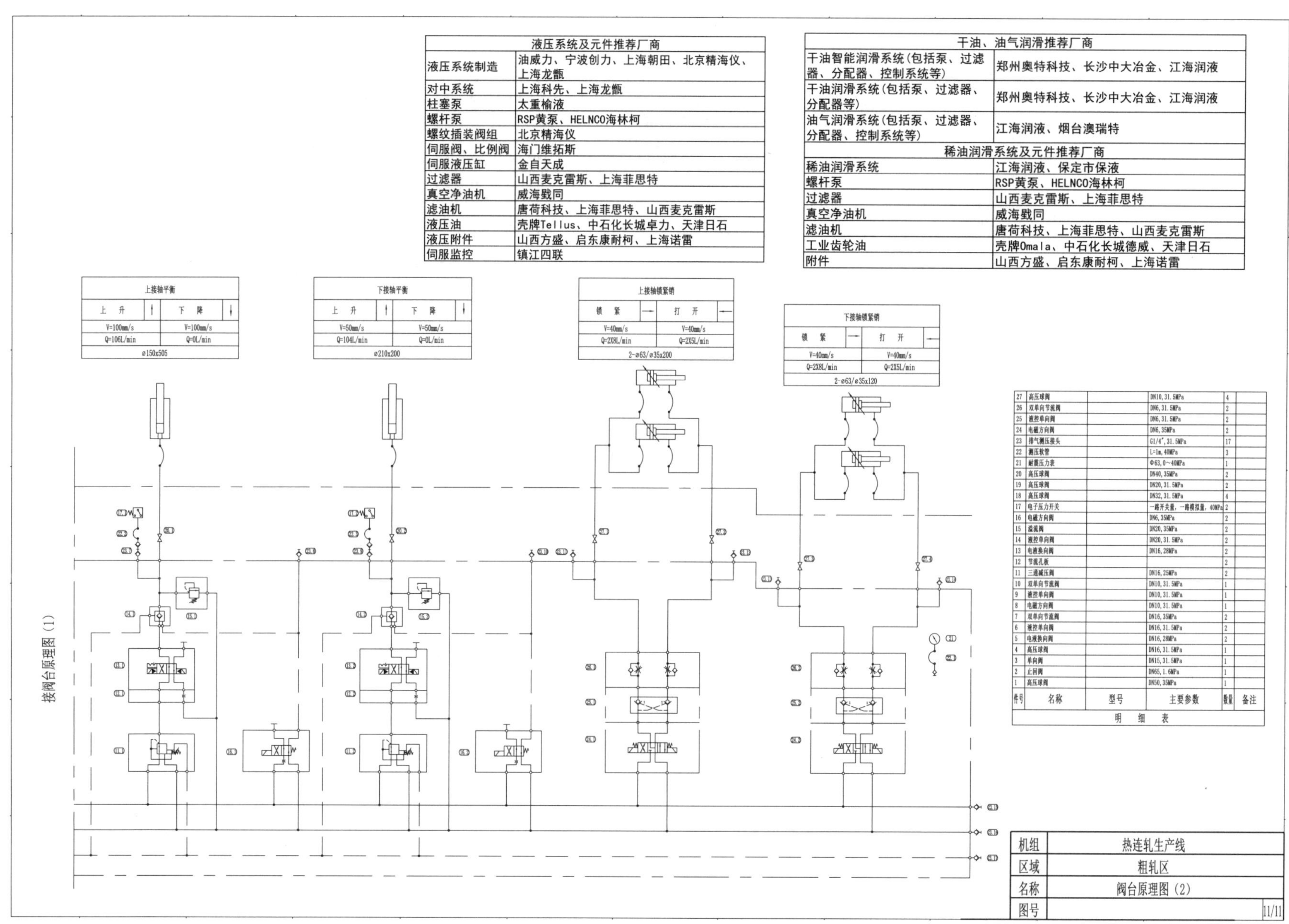

液压系统及元件推荐厂商	
液压系统制造	油威力、宁波创力、上海朝田、北京精海仪、上海龙甑
对中系统	上海科先、上海龙甑
柱塞泵	太重榆液
螺杆泵	RSP黄泵、HELNCO海林柯
螺纹插装阀组	北京精海仪
伺服阀、比例阀	海门维拓斯
伺服液压缸	金自天成
过滤器	山西麦克雷斯、上海菲思特
真空净油机	威海戥同
滤油机	唐荷科技、上海菲思特、山西麦克雷斯
液压油	壳牌Tellus、中石化长城卓力、天津日石
液压附件	山西方盛、启东康耐柯、上海诺雷
伺服监控	镇江四联

干油、油气润滑推荐厂商	
干油智能润滑系统(包括泵、过滤器、分配器、控制系统等)	郑州奥特科技、长沙中大冶金、江海润液
干油润滑系统(包括泵、过滤器、分配器等)	郑州奥特科技、长沙中大冶金、江海润液
油气润滑系统(包括泵、过滤器、分配器、控制系统等)	江海润液、烟台澳瑞特
稀油润滑系统及元件推荐厂商	
稀油润滑系统	江海润液、保定市保液
螺杆泵	RSP黄泵、HELNCO海林柯
过滤器	山西麦克雷斯、上海菲思特
真空净油机	威海戥同
滤油机	唐荷科技、上海菲思特、山西麦克雷斯
工业齿轮油	壳牌Omala、中石化长城德威、天津日石
附件	山西方盛、启东康耐柯、上海诺雷

件号	名称	型号	主要参数	数量	备注
27	高压球阀		DN10,31.5MPa	4	
26	双单向节流阀		DN6,31.5MPa	2	
25	液控单向阀		DN6,31.5MPa	2	
24	电磁方向阀		DN6,35MPa	2	
23	排气测压接头		G1/4″,31.5MPa	17	
22	测压软管		L=1m,40MPa	3	
21	耐震压力表		Φ63,0~40MPa	1	
20	高压球阀		DN40,35MPa	2	
19	高压球阀		DN20,31.5MPa	2	
18	高压球阀		DN32,31.5MPa	4	
17	电子压力开关		一路开关量，一路模拟量，40MPa	2	
16	电磁方向阀		DN6,35MPa	2	
15	溢流阀		DN20,35MPa	2	
14	液控单向阀		DN20,31.5MPa	2	
13	电液换向阀		DN16,28MPa	2	
12	节流孔板			2	
11	三通减压阀		DN16,25MPa	2	
10	双单向节流阀		DN10,31.5MPa	1	
9	液控单向阀		DN10,31.5MPa	1	
8	电磁方向阀		DN10,31.5MPa	1	
7	双单向节流阀		DN16,35MPa	2	
6	液控单向阀		DN16,31.5MPa	2	
5	电液换向阀		DN16,28MPa	2	
4	高压球阀		DN16,31.5MPa	1	
3	单向阀		DN15,31.5MPa	1	
2	止回阀		DN65,1.6MPa	1	
1	高压球阀		DN50,35MPa	1	

明　细　表

6.3 粗轧伺服液压系统

6.3.1 粗轧伺服液压系统泵站原理图（1）

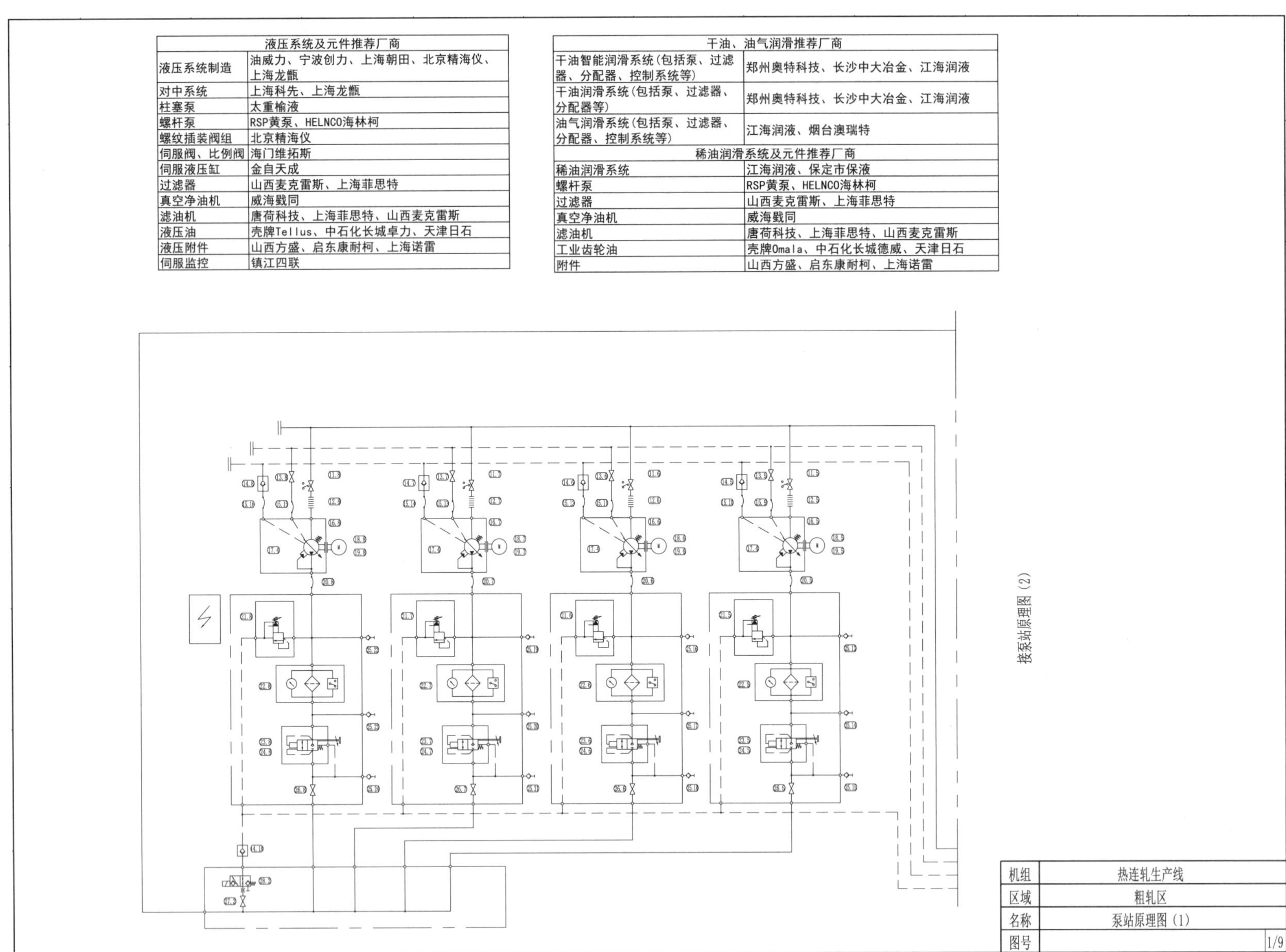

液压系统及元件推荐厂商	
液压系统制造	油威力、宁波创力、上海朝田、北京精海仪、上海龙甑
对中系统	上海科先、上海龙甑
柱塞泵	太重榆液
螺杆泵	RSP黄泵、HELNCO海林柯
螺纹插装阀组	北京精海仪
伺服阀、比例阀	海门维拓斯
伺服液压缸	金自天成
过滤器	山西麦克雷斯、上海菲思特
真空净油机	威海戥同
滤油机	唐荷科技、上海菲思特、山西麦克雷斯
液压油	壳牌Tellus、中石化长城卓力、天津日石
液压附件	山西方盛、启东康耐柯、上海诺雷
伺服监控	镇江四联

干油、油气润滑推荐厂商	
干油智能润滑系统(包括泵、过滤器、分配器、控制系统等)	郑州奥特科技、长沙中大冶金、江海润液
干油润滑系统(包括泵、过滤器、分配器等)	郑州奥特科技、长沙中大冶金、江海润液
油气润滑系统(包括泵、过滤器、分配器、控制系统等)	江海润液、烟台澳瑞特
稀油润滑系统及元件推荐厂商	
稀油润滑系统	江海润液、保定市保液
螺杆泵	RSP黄泵、HELNCO海林柯
过滤器	山西麦克雷斯、上海菲思特
真空净油机	威海戥同
滤油机	唐荷科技、上海菲思特、山西麦克雷斯
工业齿轮油	壳牌Omala、中石化长城德威、天津日石
附件	山西方盛、启东康耐柯、上海诺雷

6.3.2 粗轧伺服液压系统泵站原理图（2）

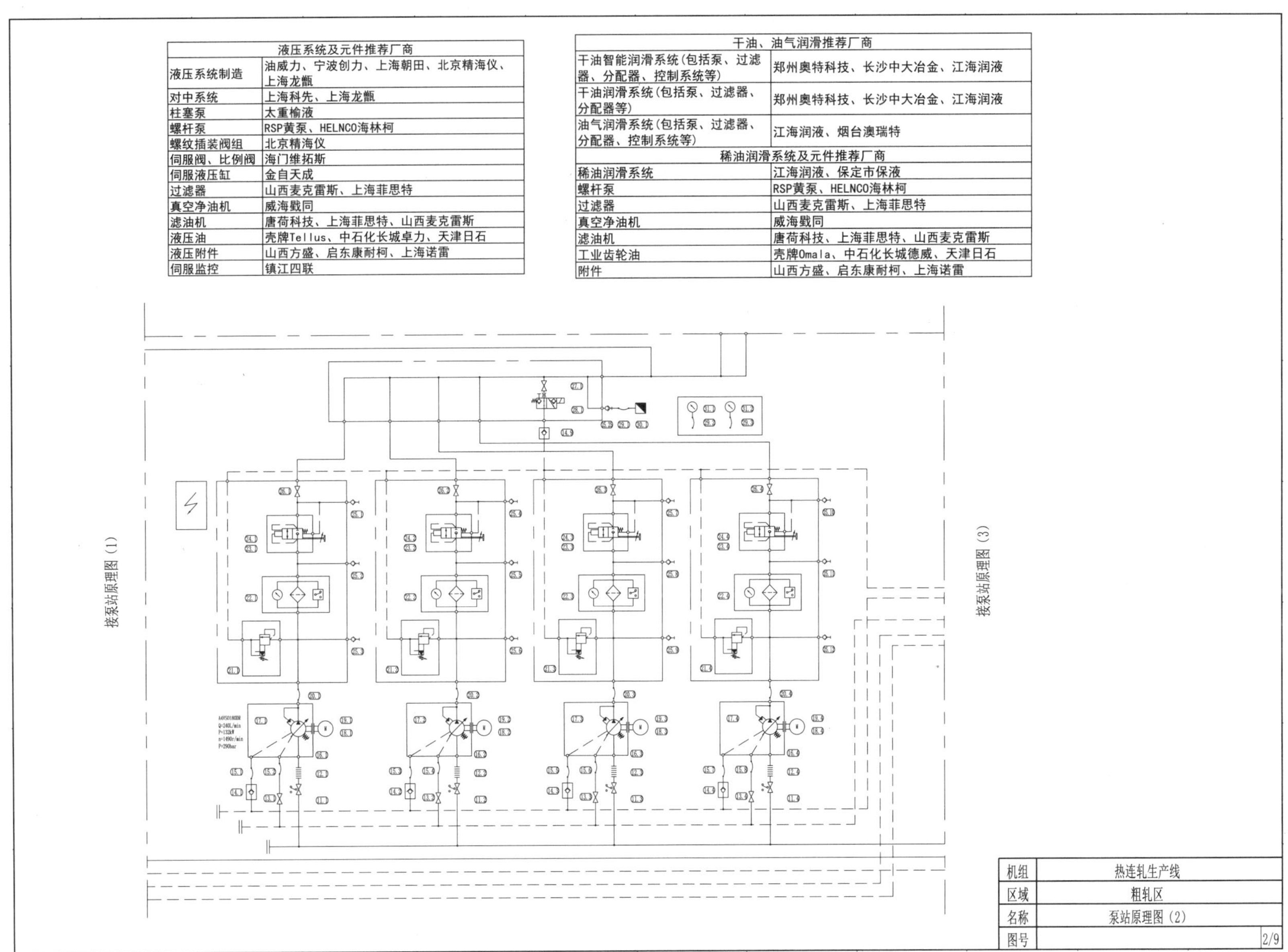

液压系统及元件推荐厂商	
液压系统制造	油威力、宁波创力、上海朝田、北京精海仪、上海龙甑
对中系统	上海科先、上海龙甑
柱塞泵	太重榆液
螺杆泵	RSP黄泵、HELNCO海林柯
螺纹插装阀组	北京精海仪
伺服阀、比例阀	海门维拓斯
伺服液压缸	金自天成
过滤器	山西麦克雷斯、上海菲思特
真空净油机	威海戥同
滤油机	唐荷科技、上海菲思特、山西麦克雷斯
液压油	壳牌Tellus、中石化长城卓力、天津日石
液压附件	山西方盛、启东康耐柯、上海诺雷
伺服监控	镇江四联

干油、油气润滑推荐厂商	
干油智能润滑系统（包括泵、过滤器、分配器、控制系统等）	郑州奥特科技、长沙中大冶金、江海润液
干油润滑系统（包括泵、过滤器、分配器等）	郑州奥特科技、长沙中大冶金、江海润液
油气润滑系统（包括泵、过滤器、分配器、控制系统等）	江海润液、烟台澳瑞特
稀油润滑系统及元件推荐厂商	
稀油润滑系统	江海润液、保定市保液
螺杆泵	RSP黄泵、HELNCO海林柯
过滤器	山西麦克雷斯、上海菲思特
真空净油机	威海戥同
滤油机	唐荷科技、上海菲思特、山西麦克雷斯
工业齿轮油	壳牌Omala、中石化长城德威、天津日石
附件	山西方盛、启东康耐柯、上海诺雷

6.3.3 粗轧伺服液压系统泵站原理图（3）

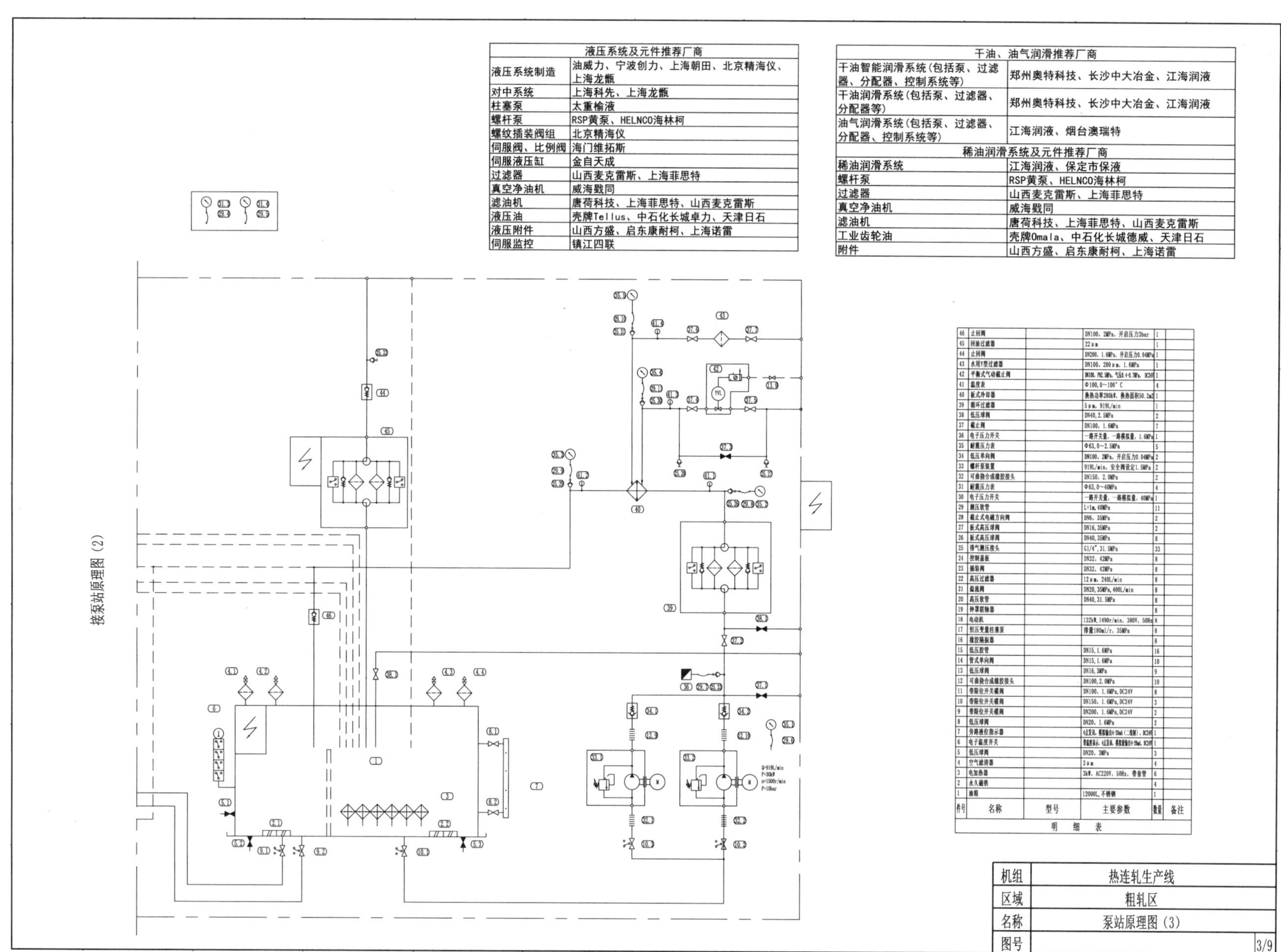

液压系统及元件推荐厂商	
液压系统制造	油威力、宁波创力、上海朝田、北京精海仪、上海龙甑
对中系统	上海科先、上海龙甑
柱塞泵	太重榆液
螺杆泵	RSP黄泵、HELNCO海林柯
螺纹插装阀组	北京精海仪
伺服阀、比例阀	海门维拓斯
伺服液压缸	金自天成
过滤器	山西麦克雷斯、上海菲思特
真空净油机	威海戥同
滤油机	唐荷科技、上海菲思特、山西麦克雷斯
液压油	壳牌Tellus、中石化长城卓力、天津日石
液压附件	山西方盛、启东康耐柯、上海诺雷
伺服监控	镇江四联

干油、油气润滑推荐厂商	
干油智能润滑系统(包括泵、过滤器、分配器、控制系统等)	郑州奥特科技、长沙中大冶金、江海润液
干油润滑系统(包括泵、过滤器、分配器等)	郑州奥特科技、长沙中大冶金、江海润液
油气润滑系统(包括泵、过滤器、分配器、控制系统等)	江海润液、烟台澳瑞特
稀油润滑系统及元件推荐厂商	
稀油润滑系统	江海润液、保定市保液
螺杆泵	RSP黄泵、HELNCO海林柯
过滤器	山西麦克雷斯、上海菲思特
真空净油机	威海戥同
滤油机	唐荷科技、上海菲思特、山西麦克雷斯
工业齿轮油	壳牌Omala、中石化长城德威、天津日石
附件	山西方盛、启东康耐柯、上海诺雷

件号	名称	型号	主要参数	数量	备注
46	止回阀		DN100，2MPa，开启压力3bar	1	
45	回油过滤器		22μm	1	
44	止回阀		DN200，1.6MPa，开启压力0.04MPa	1	
43	水用Y型过滤器		DN100，200μm，1.6MPa	1	
42	平衡式气动截止阀		DN100，PN2.5MPa，气压0.4-0.7MPa，DC24V	1	
41	温度表		Φ100，0～100°C	4	
40	板式冷却器		换热功率280kW，换热面积50.2m2	1	
39	循环过滤器		5μm，919L/min	1	
38	低压球阀		DN40，2.5MPa	2	
37	截止阀		DN100，1.6MPa	7	
36	电子压力开关		一路开关量，一路模拟量，1.6MPa	1	
35	耐震压力表		Φ63，0～2.5MPa	5	
34	低压单向阀		DN100，2MPa，开启压力0.04MPa	2	
33	螺杆泵装置		919L/min，安全阀设定1.5MPa	2	
32	可曲挠合成橡胶接头		DN150，2.0MPa	2	
31	耐震压力表		Φ63，0～40MPa	4	
30	电子压力开关		一路开关量，一路模拟量，40MPa	1	
29	测压软管		L=1m，40MPa	11	
28	截止式电磁方向阀		DN6，35MPa	2	
27	板式高压球阀		DN16，35MPa	2	
26	板式高压球阀		DN40，35MPa	8	
25	排气测压接头		G1/4″，31.5MPa	33	
24	控制盖板		DN32，42MPa	8	
23	插装阀		DN32，42MPa	8	
22	高压过滤器		12μm，240L/min	8	
21	溢流阀		DN20，35MPa，400L/min	8	
20	高压软管		DN40，31.5MPa	8	
19	钟罩联轴器			8	
18	电动机		132kW，1490r/min，380V，50Hz	8	
17	恒压变量柱塞泵		排量180ml/r，35MPa	8	
16	橡胶隔振器			8	
15	低压胶管		DN15，1.6MPa	16	
14	管式单向阀		DN15，1.6MPa	10	
13	低压球阀		DN16，3MPa	9	
12	可曲挠合成橡胶接头		DN100，2.0MPa	10	
11	带限位开关蝶阀		DN100，1.6MPa，DC24V	8	
10	带限位开关蝶阀		DN150，1.6MPa，DC24V	3	
9	带限位开关蝶阀		DN200，1.6MPa，DC24V	2	
8	低压球阀		DN20，1.6MPa	2	
7	旁路液位指示器		4点发讯，模拟输出4-20mA（二线制），DC24V	1	
6	电子温度开关		带温度显示，4点发讯，模拟量输出4-20mA，DC24V	1	
5	低压球阀		DN20，3MPa	3	
4	空气滤清器		3μm	4	
3	电加热器		3kW，AC220V，50Hz，带套管	6	
2	永久磁铁			4	
1	油箱		12000L，不锈钢	1	

明　细　表

机组	热连轧生产线
区域	粗轧区
名称	泵站原理图（3）
图号	3/9

6.3.4 粗轧伺服液压系统蓄能器组原理图

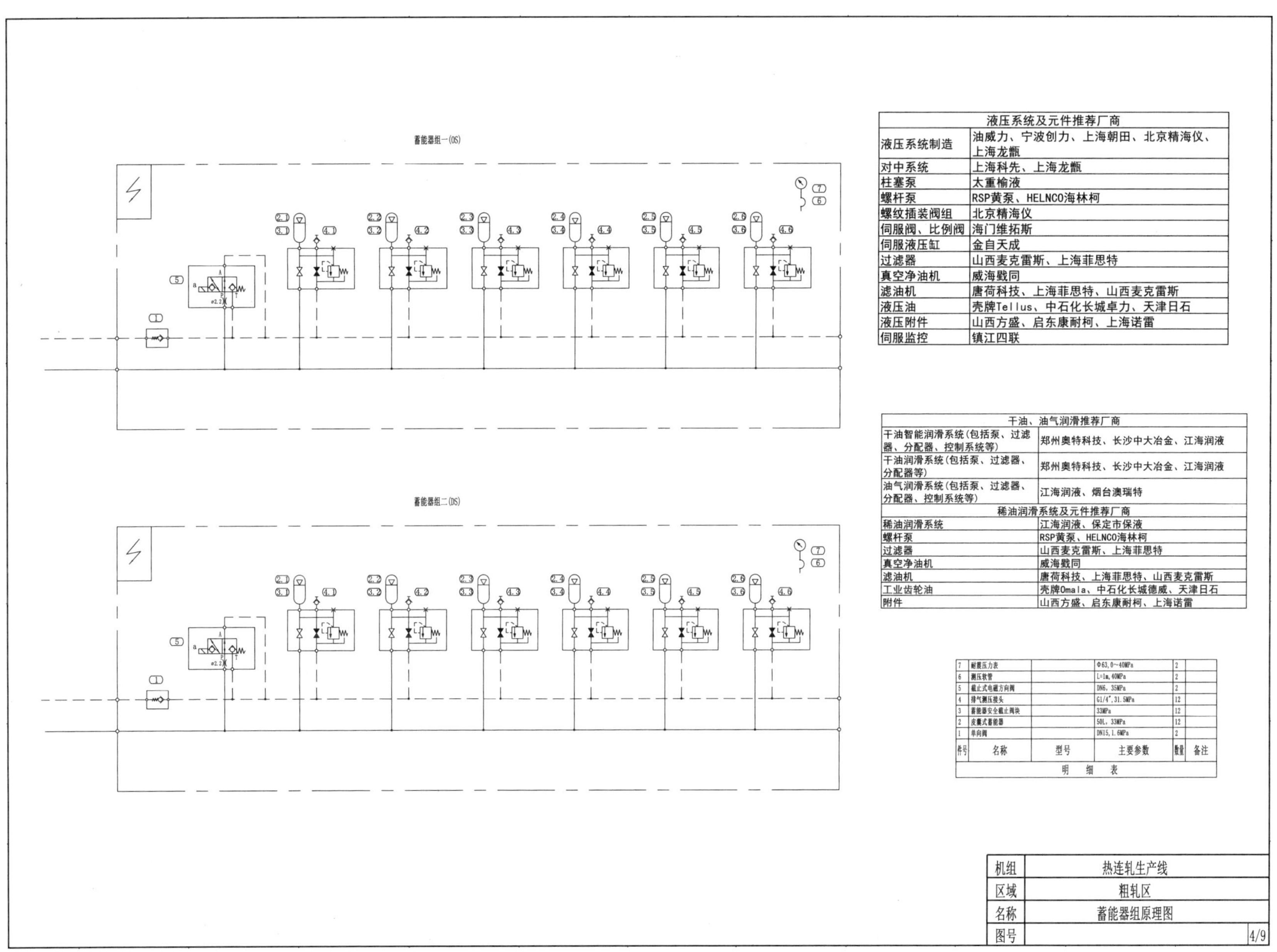

液压系统及元件推荐厂商	
液压系统制造	油威力、宁波创力、上海朝田、北京精海仪、上海龙甑
对中系统	上海科先、上海龙甑
柱塞泵	太重榆液
螺杆泵	RSP黄泵、HELNCO海林柯
螺纹插装阀组	北京精海仪
伺服阀、比例阀	海门维拓斯
伺服液压缸	金自天成
过滤器	山西麦克雷斯、上海菲思特
真空净油机	威海戳同
滤油机	唐荷科技、上海菲思特、山西麦克雷斯
液压油	壳牌Tellus、中石化长城卓力、天津日石
液压附件	山西方盛、启东康耐柯、上海诺雷
伺服监控	镇江四联

干油、油气润滑推荐厂商	
干油智能润滑系统(包括泵、过滤器、分配器、控制系统等)	郑州奥特科技、长沙中大冶金、江海润液
干油润滑系统(包括泵、过滤器、分配器等)	郑州奥特科技、长沙中大冶金、江海润液
油气润滑系统(包括泵、过滤器、分配器、控制系统等)	江海润液、烟台澳瑞特
稀油润滑系统及元件推荐厂商	
稀油润滑系统	江海润液、保定市保液
螺杆泵	RSP黄泵、HELNCO海林柯
过滤器	山西麦克雷斯、上海菲思特
真空净油机	威海戳同
滤油机	唐荷科技、上海菲思特、山西麦克雷斯
工业齿轮油	壳牌Omala、中石化长城德威、天津日石
附件	山西方盛、启东康耐柯、上海诺雷

件号	名称	型号	主要参数	数量	备注
7	耐震压力表		Φ63,0～40MPa	2	
6	测压软管		L=1m,40MPa	2	
5	截止式电磁方向阀		DN6，35MPa	2	
4	排气测压接头		G1/4″,31.5MPa	12	
3	蓄能器安全截止阀块		33MPa	12	
2	皮囊式蓄能器		50L，33MPa	12	
1	单向阀		DN15,1.6MPa	2	

明　细　表

机组	热连轧生产线
区域	粗轧区
名称	蓄能器组原理图
图号	4/9

6.3.5 粗轧伺服液压系统前后侧导板阀台原理图

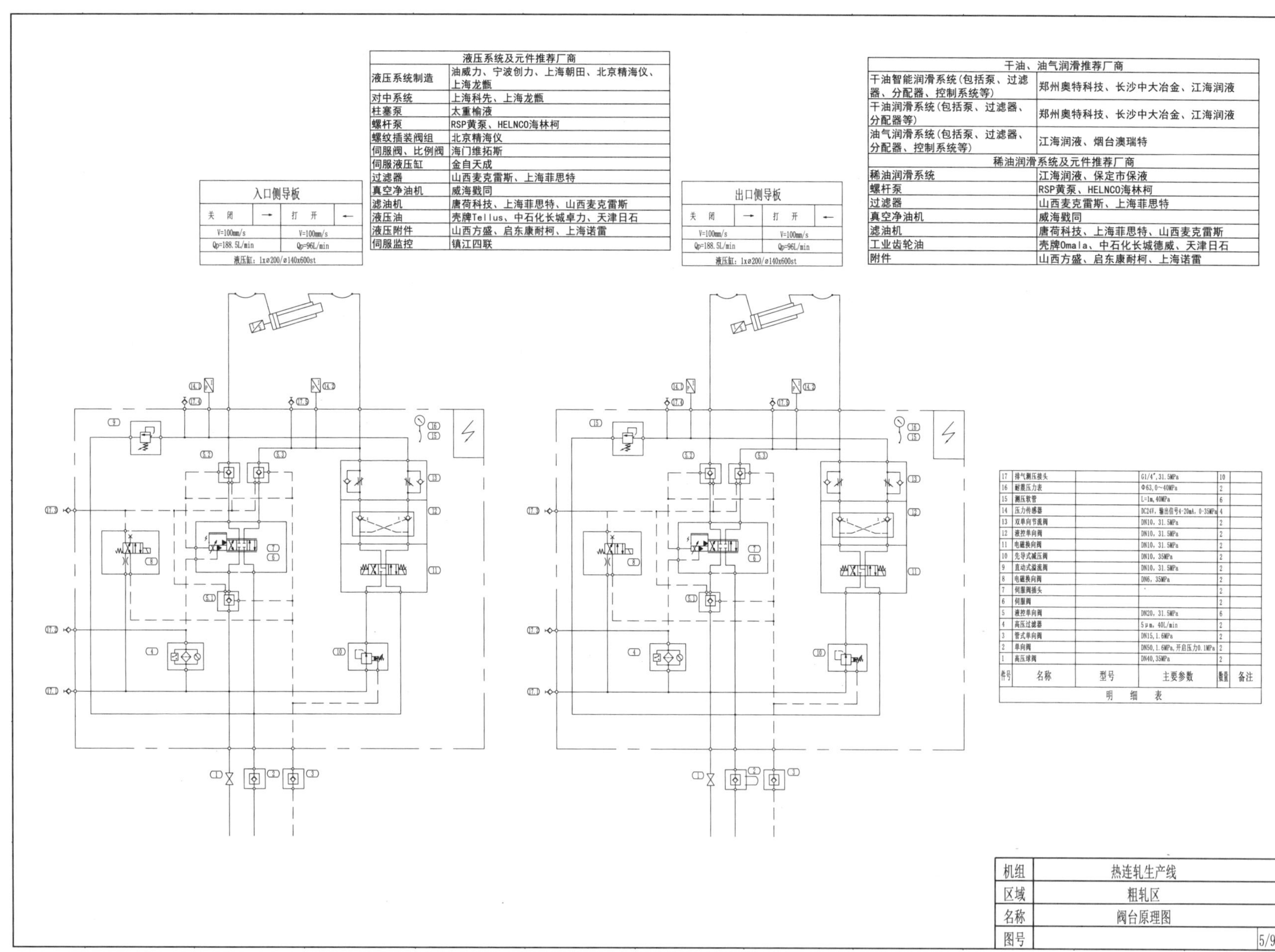

入口侧导板			
关 闭	→	打 开	←
V=100mm/s		V=100mm/s	
Qp=188.5L/min		Qp=96L/min	
液压缸：1xø200/ø140x600st			

液压系统及元件推荐厂商	
液压系统制造	油威力、宁波创力、上海朝田、北京精海仪、上海龙甑
对中系统	上海科先、上海龙甑
柱塞泵	太重榆液
螺杆泵	RSP黄泵、HELNCO海林柯
螺纹插装阀组	北京精海仪
伺服阀、比例阀	海门维拓斯
伺服液压缸	金自天成
过滤器	山西麦克雷斯、上海菲思特
真空净油机	威海戥同
滤油机	唐荷科技、上海菲思特、山西麦克雷斯
液压油	壳牌Tellus、中石化长城卓力、天津日石
液压附件	山西方盛、启东康耐柯、上海诺雷
伺服监控	镇江四联

出口侧导板			
关 闭	→	打 开	←
V=100mm/s		V=100mm/s	
Qp=188.5L/min		Qp=96L/min	
液压缸：1xø200/ø140x600st			

干油、油气润滑推荐厂商	
干油智能润滑系统(包括泵、过滤器、分配器、控制系统等)	郑州奥特科技、长沙中大冶金、江海润液
干油润滑系统(包括泵、过滤器、分配器等)	郑州奥特科技、长沙中大冶金、江海润液
油气润滑系统(包括泵、过滤器、分配器、控制系统等)	江海润液、烟台澳瑞特
稀油润滑系统及元件推荐厂商	
稀油润滑系统	江海润液、保定市保液
螺杆泵	RSP黄泵、HELNCO海林柯
过滤器	山西麦克雷斯、上海菲思特
真空净油机	威海戥同
滤油机	唐荷科技、上海菲思特、山西麦克雷斯
工业齿轮油	壳牌Omala、中石化长城德威、天津日石
附件	山西方盛、启东康耐柯、上海诺雷

件号	名称	型号	主要参数	数量	备注
17	排气测压接头		G1/4″, 31.5MPa	10	
16	耐震压力表		Φ63, 0~40MPa	2	
15	测压软管		L=1m, 40MPa	6	
14	压力传感器		DC24V，输出信号4-20mA，0-35MPa	4	
13	双单向节流阀		DN10，31.5MPa	2	
12	液控单向阀		DN10，31.5MPa	2	
11	电磁换向阀		DN10，31.5MPa	2	
10	先导式减压阀		DN10，35MPa	2	
9	直动式溢流阀		DN10，31.5MPa	2	
8	电磁换向阀		DN6，35MPa	2	
7	伺服阀插头			2	
6	伺服阀			2	
5	液控单向阀		DN20，31.5MPa	6	
4	高压过滤器		5μm，40L/min	2	
3	管式单向阀		DN15, 1.6MPa	2	
2	单向阀		DN50, 1.6MPa, 开启压力0.1MPa	2	
1	高压球阀		DN40, 35MPa	2	
明 细 表					

机组	热连轧生产线
区域	粗轧区
名称	阀台原理图
图号	5/9

6.3.6 粗轧伺服液压系统立辊 AWC+ 平衡（OS）控制阀台原理图（1）

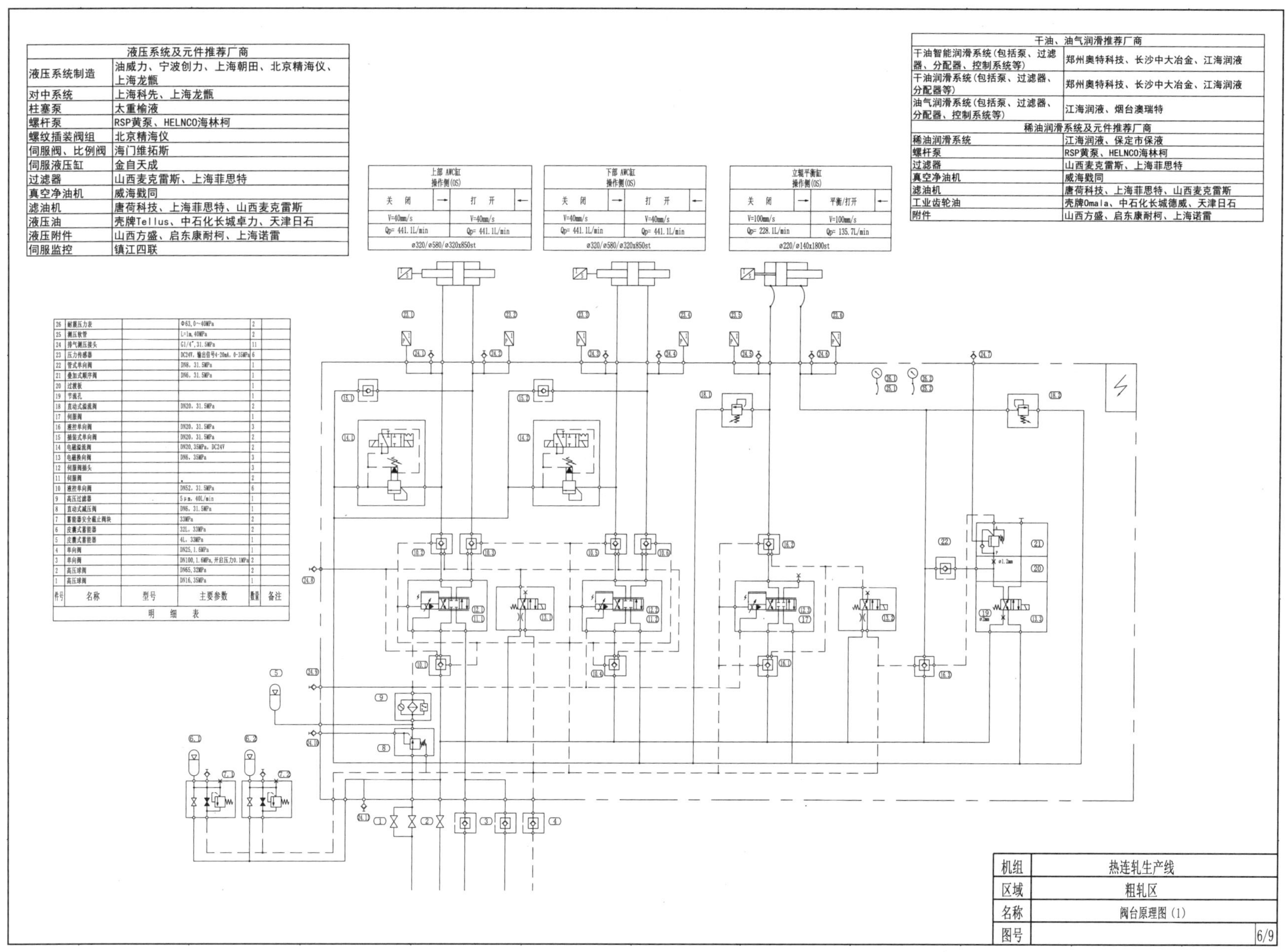

液压系统及元件推荐厂商	
液压系统制造	油威力、宁波创力、上海朝田、北京精海仪、上海龙甑
对中系统	上海科先、上海龙甑
柱塞泵	太重榆液
螺杆泵	RSP黄泵、HELNCO海林柯
螺纹插装阀组	北京精海仪
伺服阀、比例阀	海门维拓斯
伺服液压缸	金自天成
过滤器	山西麦克雷斯、上海菲思特
真空净油机	威海戥同
滤油机	唐荷科技、上海菲思特、山西麦克雷斯
液压油	壳牌Tellus、中石化长城卓力、天津日石
液压附件	山西方盛、启东康耐柯、上海诺雷
伺服监控	镇江四联

干油、油气润滑推荐厂商	
干油智能润滑系统（包括泵、过滤器、分配器、控制系统等）	郑州奥特科技、长沙中大冶金、江海润液
干油润滑系统（包括泵、过滤器、分配器等）	郑州奥特科技、长沙中大冶金、江海润液
油气润滑系统（包括泵、过滤器、分配器、控制系统等）	江海润液、烟台澳瑞特
稀油润滑系统及元件推荐厂商	
稀油润滑系统	江海润液、保定市保液
螺杆泵	RSP黄泵、HELNCO海林柯
过滤器	山西麦克雷斯、上海菲思特
真空净油机	威海戥同
滤油机	唐荷科技、上海菲思特、山西麦克雷斯
工业齿轮油	壳牌Omala、中石化长城德威、天津日石
附件	山西方盛、启东康耐柯、上海诺雷

上部 AWC缸 操作侧(OS)			
关　闭	→	打　开	←
V=40mm/s		V=40mm/s	
Qp= 441.1L/min		Qp= 441.1L/min	
ø320/ø580/ø320x850st			

下部 AWC缸 操作侧(OS)			
关　闭	→	打　开	←
V=40mm/s		V=40mm/s	
Qp= 441.1L/min		Qp= 441.1L/min	
ø320/ø580/ø320x850st			

立辊平衡缸 操作侧(OS)			
关　闭	→	平衡/打开	←
V=100mm/s		V=100mm/s	
Qp= 228.1L/min		Qp= 135.7L/min	
ø220/ø140x1800st			

件号	名称	型号	主要参数	数量	备注
26	耐震压力表		Φ63,0~40MPa	2	
25	测压软管		L=1m,40MPa	2	
24	排气测压接头		G1/4",31.5MPa	11	
23	压力传感器		DC24V，输出信号4-20mA，0-35MPa	6	
22	管式单向阀		DN8，31.5MPa	1	
21	叠加式顺序阀		DN6，31.5MPa	1	
20	过渡板			1	
19	节流孔			1	
18	直动式溢流阀		DN20，31.5MPa	2	
17	伺服阀			1	
16	液控单向阀		DN20，31.5MPa	3	
15	插装式单向阀		DN20，31.5MPa	2	
14	电磁溢流阀		DN20,35MPa，DC24V	2	
13	电磁换向阀		DN6，35MPa	3	
12	伺服阀插头			3	
11	伺服阀		.	2	
10	液控单向阀		DN52，31.5MPa	6	
9	高压过滤器		5μm，40L/min	1	
8	直动式减压阀		DN6，31.5MPa	1	
7	蓄能器安全截止阀块		33MPa	2	
6	皮囊式蓄能器		32L，33MPa	2	
5	皮囊式蓄能器		4L，33MPa	1	
4	单向阀		DN25,1.6MPa	1	
3	单向阀		DN100,1.6MPa,开启压力0.1MPa	2	
2	高压球阀		DN65,32MPa	2	
1	高压球阀		DN16,35MPa	1	
明　细　表					

机组	热连轧生产线
区域	粗轧区
名称	阀台原理图（1）
图号	6/9

6.3.7 粗轧伺服液压系统立辊 AWC+ 平衡（DS）控制阀台原理图（2）

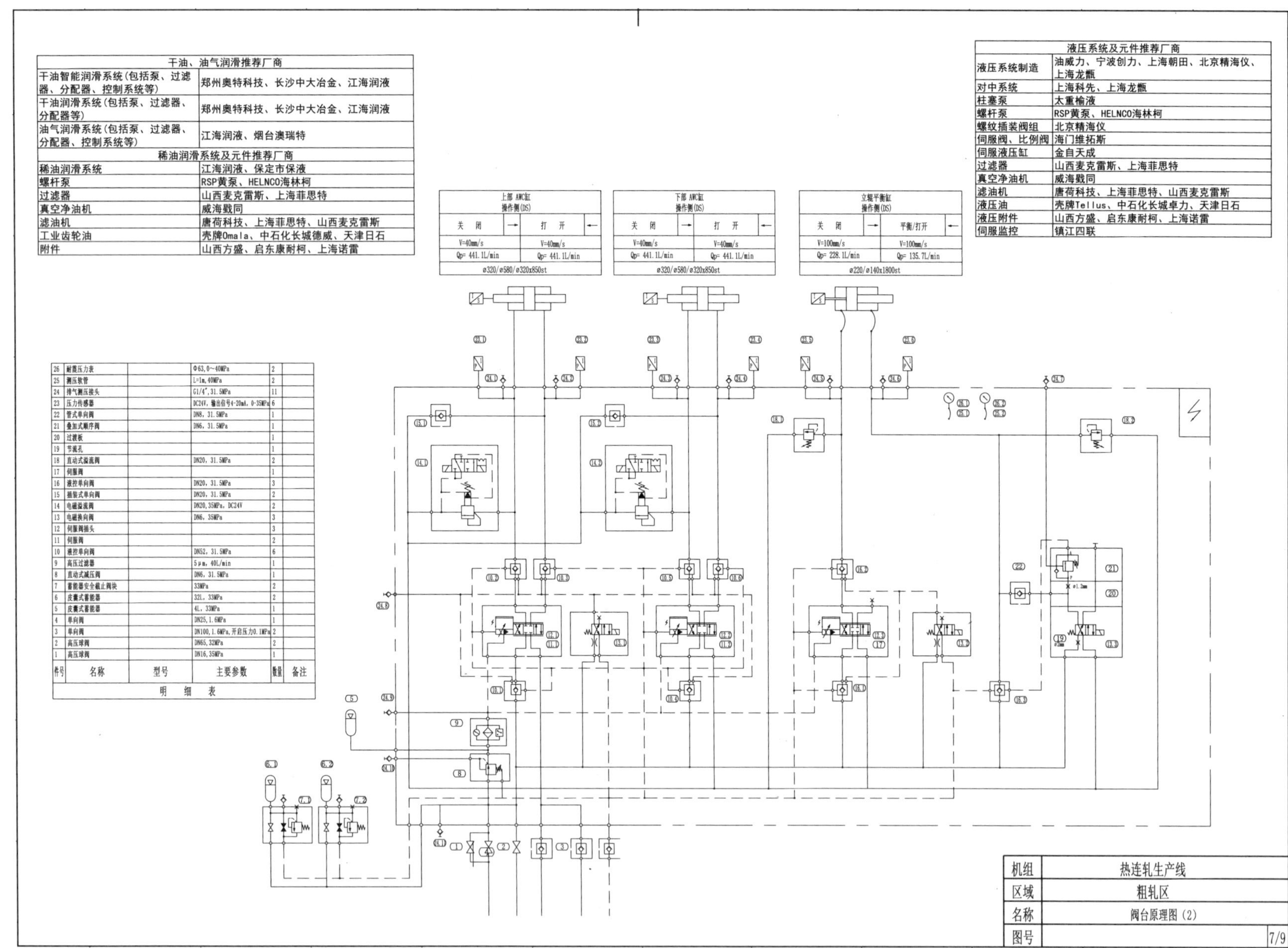

干油、油气润滑推荐厂商	
干油智能润滑系统(包括泵、过滤器、分配器、控制系统等)	郑州奥特科技、长沙中大冶金、江海润液
干油润滑系统(包括泵、过滤器、分配器等)	郑州奥特科技、长沙中大冶金、江海润液
油气润滑系统(包括泵、过滤器、分配器、控制系统等)	江海润液、烟台澳瑞特
稀油润滑系统及元件推荐厂商	
稀油润滑系统	江海润液、保定市保液
螺杆泵	RSP黄泵、HELNCO海林柯
过滤器	山西麦克雷斯、上海菲思特
真空净油机	威海戥同
滤油机	唐荷科技、上海菲思特、山西麦克雷斯
工业齿轮油	壳牌Omala、中石化长城德威、天津日石
附件	山西方盛、启东康耐柯、上海诺雷

液压系统及元件推荐厂商	
液压系统制造	油威力、宁波创力、上海朝田、北京精海仪、上海龙甑
对中系统	上海科先、上海龙甑
柱塞泵	太重榆液
螺杆泵	RSP黄泵、HELNCO海林柯
螺纹插装阀组	北京精海仪
伺服阀、比例阀	海门维拓斯
伺服液压缸	金自天成
过滤器	山西麦克雷斯、上海菲思特
真空净油机	威海戥同
滤油机	唐荷科技、上海菲思特、山西麦克雷斯
液压油	壳牌Tellus、中石化长城卓力、天津日石
液压附件	山西方盛、启东康耐柯、上海诺雷
伺服监控	镇江四联

上部 AWC缸 操作侧(DS)			
关　闭	→	打　开	←
V=40mm/s		V=40mm/s	
Qp= 441.1L/min		Qp= 441.1L/min	
ø320/ø580/ø320x850st			

下部 AWC缸 操作侧(DS)			
关　闭	→	打　开	←
V=40mm/s		V=40mm/s	
Qp= 441.1L/min		Qp= 441.1L/min	
ø320/ø580/ø320x850st			

立辊平衡缸 操作侧(DS)			
关　闭	→	平衡/打开	←
V=100mm/s		V=100mm/s	
Qp= 228.1L/min		Qp= 135.7L/min	
ø220/ø140x1800st			

件号	名称	型号	主要参数	数量	备注
26	耐震压力表		Φ63,0~40MPa	2	
25	测压软管		L=1m,40MPa	2	
24	排气测压接头		G1/4″,31.5MPa	11	
23	压力传感器		DC24V，输出信号4-20mA，0-35MPa	6	
22	管式单向阀		DN8，31.5MPa	1	
21	叠加式顺序阀		DN6，31.5MPa	1	
20	过渡板			1	
19	节流孔			1	
18	直动式溢流阀		DN20，31.5MPa	2	
17	伺服阀			1	
16	液控单向阀		DN20，31.5MPa	3	
15	插装式单向阀		DN20，31.5MPa	2	
14	电磁溢流阀		DN20,35MPa，DC24V	2	
13	电磁换向阀		DN6，35MPa	3	
12	伺服阀插头			3	
11	伺服阀			2	
10	液控单向阀		DN52，31.5MPa	6	
9	高压过滤器		5μm，40L/min	1	
8	直动式减压阀		DN6，31.5MPa	1	
7	蓄能器安全截止阀块		33MPa	2	
6	皮囊式蓄能器		32L，33MPa	2	
5	皮囊式蓄能器		4L，33MPa	1	
4	单向阀		DN25,1.6MPa	1	
3	单向阀		DN100,1.6MPa,开启压力0.1MPa	2	
2	高压球阀		DN65,32MPa	2	
1	高压球阀		DN16,35MPa	1	

明　细　表

机组	热连轧生产线
区域	粗轧区
名称	阀台原理图(2)
图号	7/9

6.3.8 粗轧伺服液压系统 APC 阀台原理图

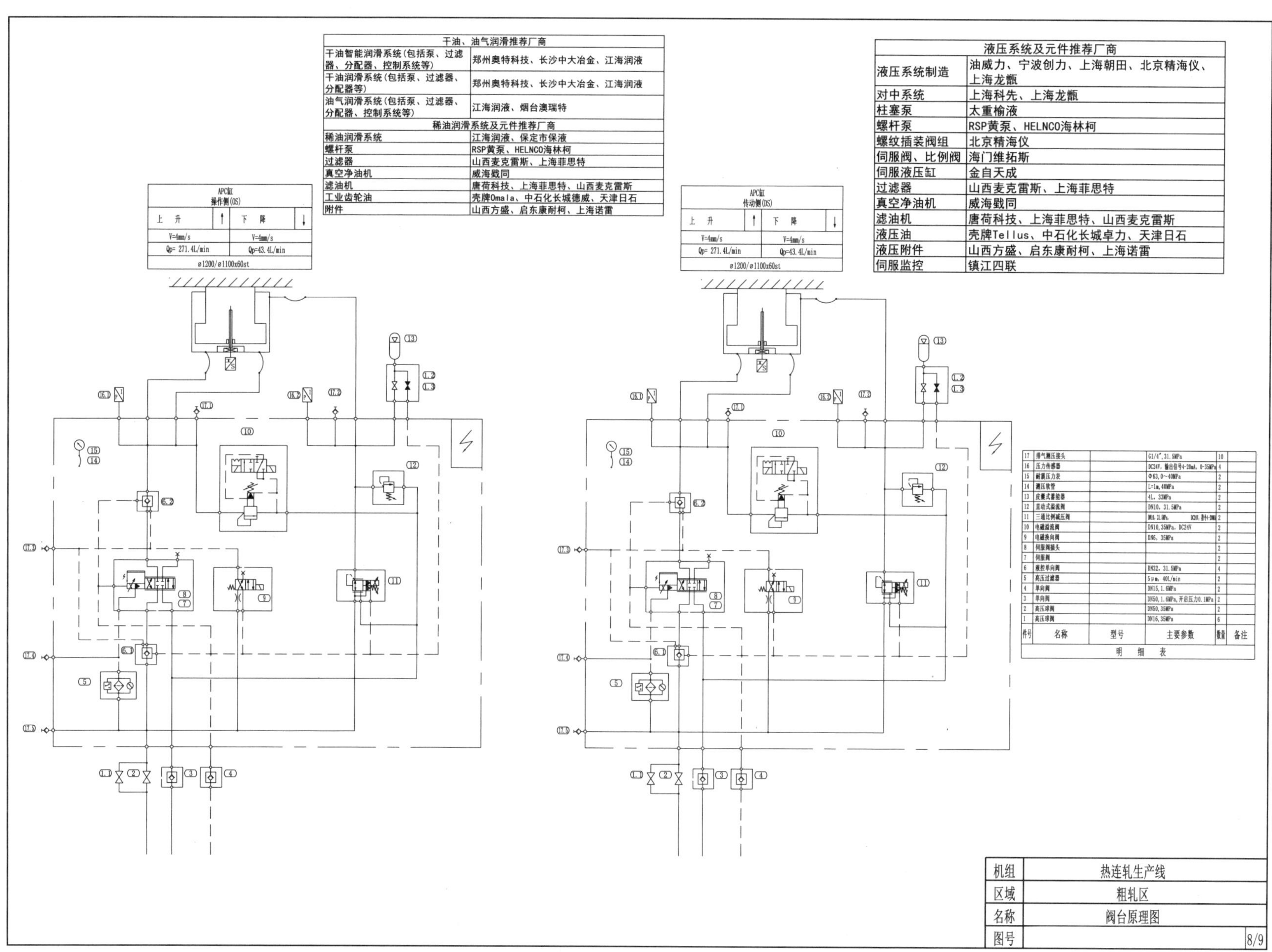

6.3.9 粗轧伺服液压系统上支承辊平衡阀台原理图

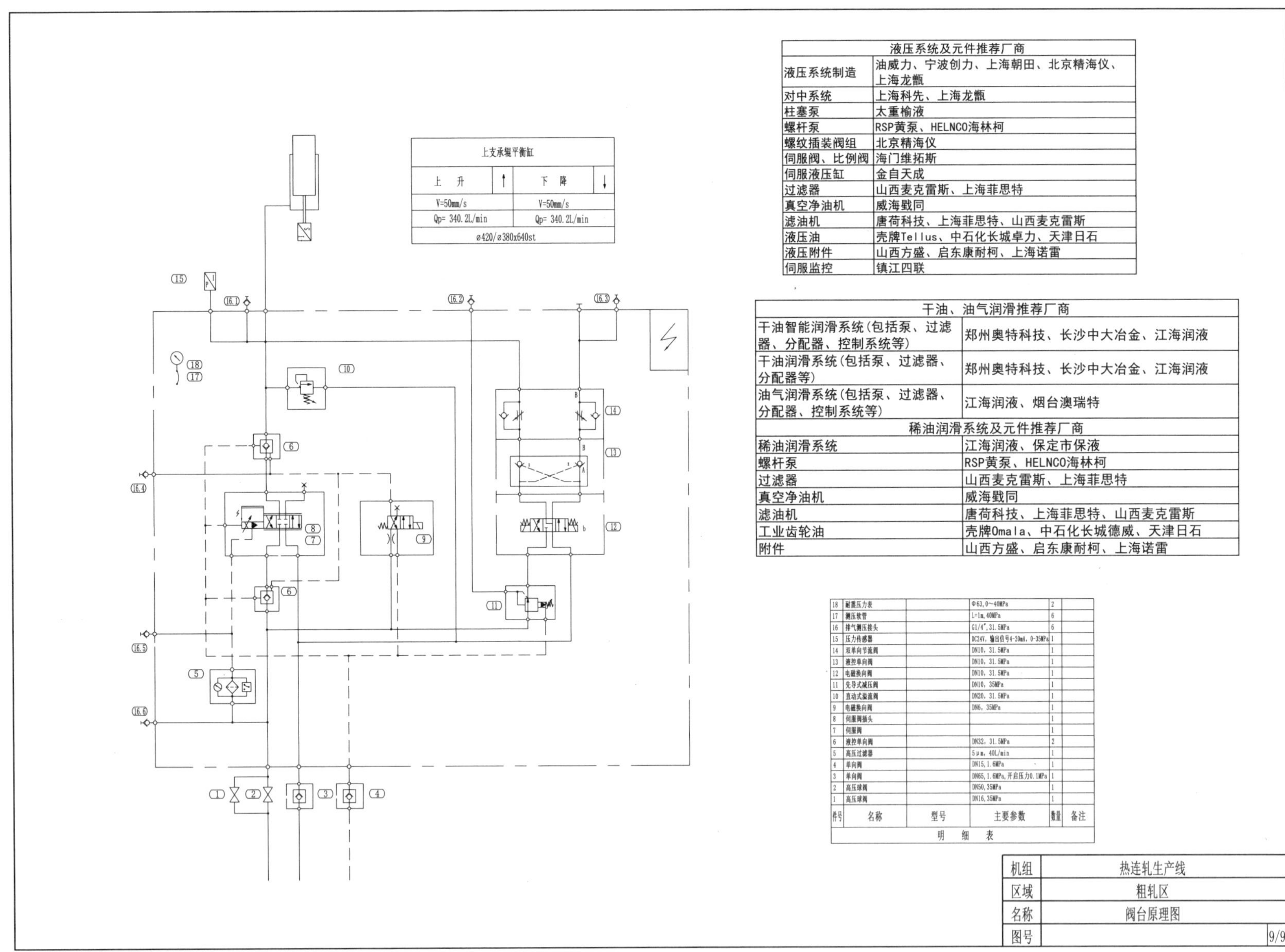

液压系统及元件推荐厂商	
液压系统制造	油威力、宁波创力、上海朝田、北京精海仪、上海龙甑
对中系统	上海科先、上海龙甑
柱塞泵	太重榆液
螺杆泵	RSP黄泵、HELNCO海林柯
螺纹插装阀组	北京精海仪
伺服阀、比例阀	海门维拓斯
伺服液压缸	金自天成
过滤器	山西麦克雷斯、上海菲思特
真空净油机	威海戰同
滤油机	唐荷科技、上海菲思特、山西麦克雷斯
液压油	壳牌Tellus、中石化长城卓力、天津日石
液压附件	山西方盛、启东康耐柯、上海诺雷
伺服监控	镇江四联

干油、油气润滑推荐厂商	
干油智能润滑系统(包括泵、过滤器、分配器、控制系统等)	郑州奥特科技、长沙中大冶金、江海润液
干油润滑系统(包括泵、过滤器、分配器等)	郑州奥特科技、长沙中大冶金、江海润液
油气润滑系统(包括泵、过滤器、分配器、控制系统等)	江海润液、烟台澳瑞特
稀油润滑系统及元件推荐厂商	
稀油润滑系统	江海润液、保定市保液
螺杆泵	RSP黄泵、HELNCO海林柯
过滤器	山西麦克雷斯、上海菲思特
真空净油机	威海戰同
滤油机	唐荷科技、上海菲思特、山西麦克雷斯
工业齿轮油	壳牌Omala、中石化长城德威、天津日石
附件	山西方盛、启东康耐柯、上海诺雷

件号	名称	型号	主要参数	数量	备注
18	耐震压力表		Φ63,0~40MPa	2	
17	测压软管		L=1m,40MPa	6	
16	排气测压接头		G1/4″,31.5MPa	6	
15	压力传感器		DC24V，输出信号4-20mA，0-35MPa	1	
14	双单向节流阀		DN10，31.5MPa	1	
13	液控单向阀		DN10，31.5MPa	1	
12	电磁换向阀		DN10，31.5MPa	1	
11	先导式减压阀		DN10，35MPa	1	
10	直动式溢流阀		DN20，31.5MPa	1	
9	电磁换向阀		DN6，35MPa	1	
8	伺服阀插头			1	
7	伺服阀			1	
6	液控单向阀		DN32，31.5MPa	2	
5	高压过滤器		5μm，40L/min	1	
4	单向阀		DN15,1.6MPa	1	
3	单向阀		DN65,1.6MPa,开启压力0.1MPa	1	
2	高压球阀		DN50,35MPa	1	
1	高压球阀		DN16,35MPa	1	

明 细 表

机组	热连轧生产线
区域	粗轧区
名称	阀台原理图
图号	9/9

6.4 精轧辅助液压系统

6.4.1 精轧辅助液压系统泵站原理图（1）

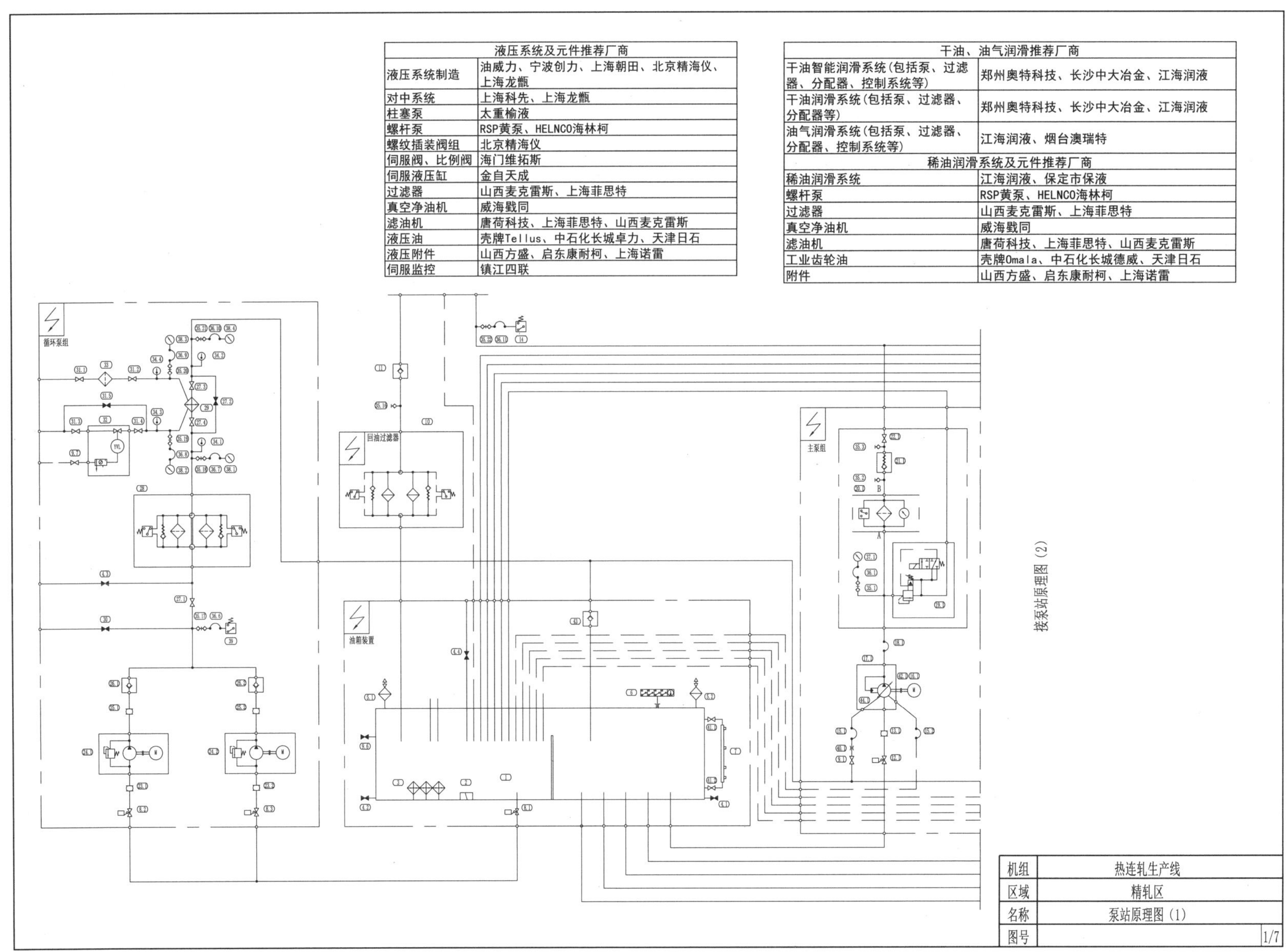

液压系统及元件推荐厂商	
液压系统制造	油威力、宁波创力、上海朝田、北京精海仪、上海龙甑
对中系统	上海科先、上海龙甑
柱塞泵	太重榆液
螺杆泵	RSP黄泵、HELNCO海林柯
螺纹插装阀组	北京精海仪
伺服阀、比例阀	海门维拓斯
伺服液压缸	金自天成
过滤器	山西麦克雷斯、上海菲思特
真空净油机	威海戥同
滤油机	唐荷科技、上海菲思特、山西麦克雷斯
液压油	壳牌Tellus、中石化长城卓力、天津日石
液压附件	山西方盛、启东康耐柯、上海诺雷
伺服监控	镇江四联

干油、油气润滑推荐厂商	
干油智能润滑系统(包括泵、过滤器、分配器、控制系统等)	郑州奥特科技、长沙中大冶金、江海润液
干油润滑系统(包括泵、过滤器、分配器等)	郑州奥特科技、长沙中大冶金、江海润液
油气润滑系统(包括泵、过滤器、分配器、控制系统等)	江海润液、烟台澳瑞特
稀油润滑系统及元件推荐厂商	
稀油润滑系统	江海润液、保定市保液
螺杆泵	RSP黄泵、HELNCO海林柯
过滤器	山西麦克雷斯、上海菲思特
真空净油机	威海戥同
滤油机	唐荷科技、上海菲思特、山西麦克雷斯
工业齿轮油	壳牌Omala、中石化长城德威、天津日石
附件	山西方盛、启东康耐柯、上海诺雷

6.4.2 精轧辅助液压系统泵站原理图（2）

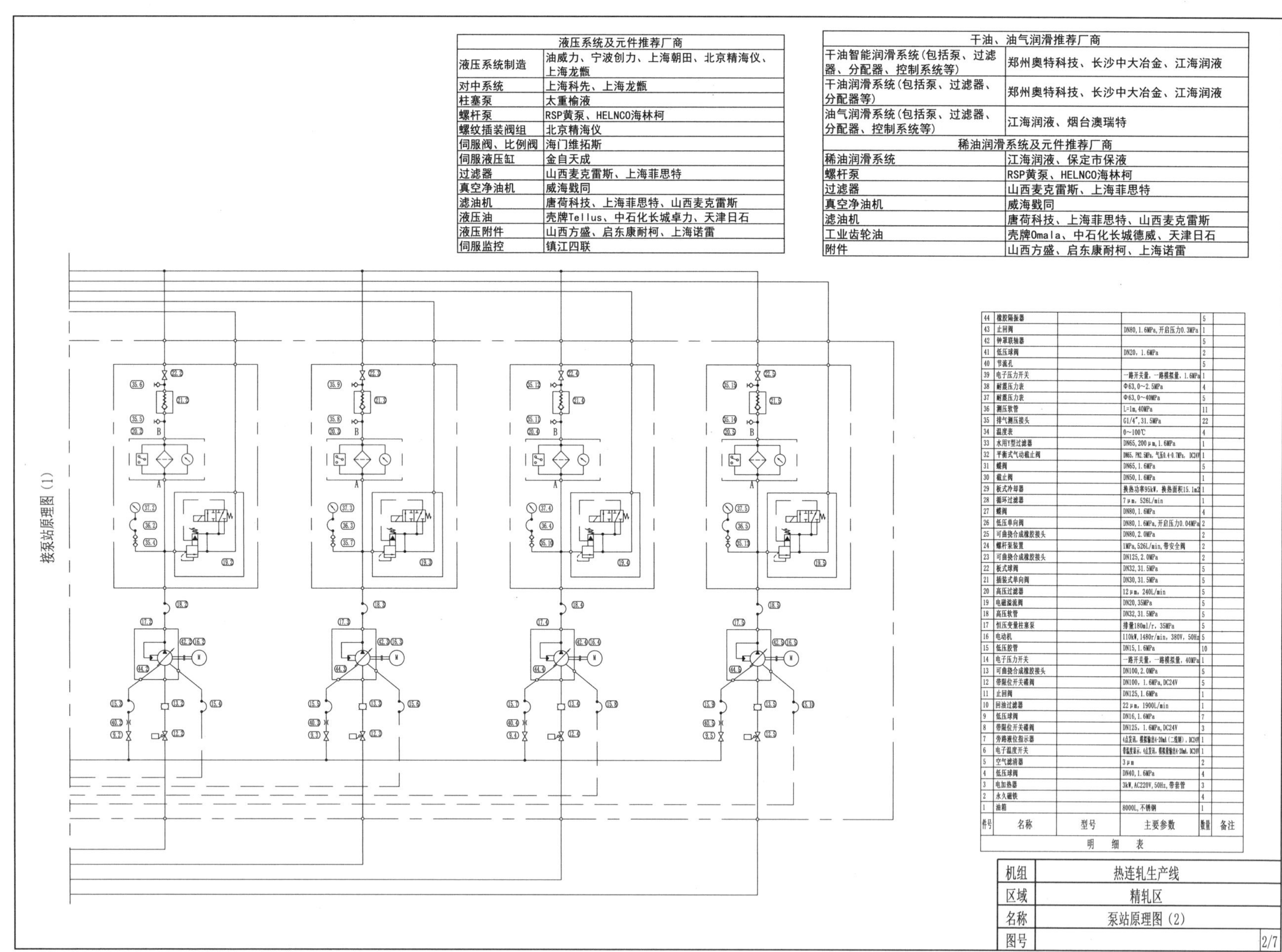

液压系统及元件推荐厂商	
液压系统制造	油威力、宁波创力、上海朝田、北京精海仪、上海龙甑
对中系统	上海科先、上海龙甑
柱塞泵	太重榆液
螺杆泵	RSP黄泵、HELNCO海林柯
螺纹插装阀组	北京精海仪
伺服阀、比例阀	海门维拓斯
伺服液压缸	金自天成
过滤器	山西麦克雷斯、上海菲思特
真空净油机	威海戥同
滤油机	唐荷科技、上海菲思特、山西麦克雷斯
液压油	壳牌Tellus、中石化长城卓力、天津日石
液压附件	山西方盛、启东康耐柯、上海诺雷
伺服监控	镇江四联

干油、油气润滑推荐厂商	
干油智能润滑系统(包括泵、过滤器、分配器、控制系统等)	郑州奥特科技、长沙中大冶金、江海润液
干油润滑系统(包括泵、过滤器、分配器等)	郑州奥特科技、长沙中大冶金、江海润液
油气润滑系统(包括泵、过滤器、分配器、控制系统等)	江海润液、烟台澳瑞特
稀油润滑系统及元件推荐厂商	
稀油润滑系统	江海润液、保定市保液
螺杆泵	RSP黄泵、HELNCO海林柯
过滤器	山西麦克雷斯、上海菲思特
真空净油机	威海戥同
滤油机	唐荷科技、上海菲思特、山西麦克雷斯
工业齿轮油	壳牌Omala、中石化长城德威、天津日石
附件	山西方盛、启东康耐柯、上海诺雷

件号	名称	型号	主要参数	数量	备注
44	橡胶隔振器			5	
43	止回阀		DN80, 1.6MPa, 开启压力0.3MPa	1	
42	钟罩联轴器			5	
41	低压球阀		DN20, 1.6MPa	2	
40	节流孔			5	
39	电子压力开关		一路开关量，一路模拟量，1.6MPa	1	
38	耐震压力表		Φ63, 0～2.5MPa	4	
37	耐震压力表		Φ63, 0～40MPa	5	
36	测压软管		L=1m, 40MPa	11	
35	排气测压接头		G1/4″, 31.5MPa	22	
34	温度表		0～100℃	4	
33	水用Y型过滤器		DN65, 200μm, 1.6MPa	1	
32	平衡式气动截止阀		DN65, PN2.5MPa, 气压0.4-0.7MPa, DC24V	1	
31	蝶阀		DN65, 1.6MPa	5	
30	截止阀		DN50, 1.6MPa	1	
29	板式冷却器		换热功率95kW, 换热面积15.1m2	1	
28	循环过滤器		7μm, 526L/min	1	
27	蝶阀		DN80, 1.6MPa	4	
26	低压单向阀		DN80, 1.6MPa, 开启压力0.04MPa	2	
25	可曲挠合成橡胶接头		DN80, 2.0MPa	2	
24	螺杆泵装置		1MPa, 526L/min, 带安全阀	2	
23	可曲挠合成橡胶接头		DN125, 2.0MPa	2	
22	板式球阀		DN32, 31.5MPa	5	
21	插装式单向阀		DN30, 31.5MPa	5	
20	高压过滤器		12μm, 240L/min	5	
19	电磁溢流阀		DN20, 35MPa	5	
18	高压软管		DN32, 31.5MPa	5	
17	恒压变量柱塞泵		排量180ml/r, 35MPa	5	
16	电动机		110kW, 1480r/min, 380V, 50Hz	5	
15	低压胶管		DN15, 1.6MPa	10	
14	电子压力开关		一路开关量，一路模拟量，40MPa	1	
13	可曲挠合成橡胶接头		DN100, 2.0MPa	5	
12	带限位开关碟阀		DN100, 1.6MPa, DC24V	5	
11	止回阀		DN125, 1.6MPa	1	
10	回油过滤器		22μm, 1900L/min	1	
9	低压球阀		DN16, 1.6MPa	7	
8	带限位开关碟阀		DN125, 1.6MPa, DC24V	3	
7	旁路液位指示器		4点发讯，模拟输出4-20mA（二线制），DC24V	1	
6	电子温度开关		带温度显示，4点发讯，模拟量输出4-20mA, DC24V	1	
5	空气滤清器		3μm	2	
4	低压球阀		DN40, 1.6MPa	4	
3	电加热器		3kW, AC220V, 50Hz, 带套管	3	
2	永久磁铁			4	
1	油箱		8000L, 不锈钢	1	

明细表

机组	热连轧生产线
区域	精轧区
名称	泵站原理图（2）
图号	2/7

6.4.3 精轧辅助液压系统 F_1~F_7 锁紧及导卫阀台原理图（1）

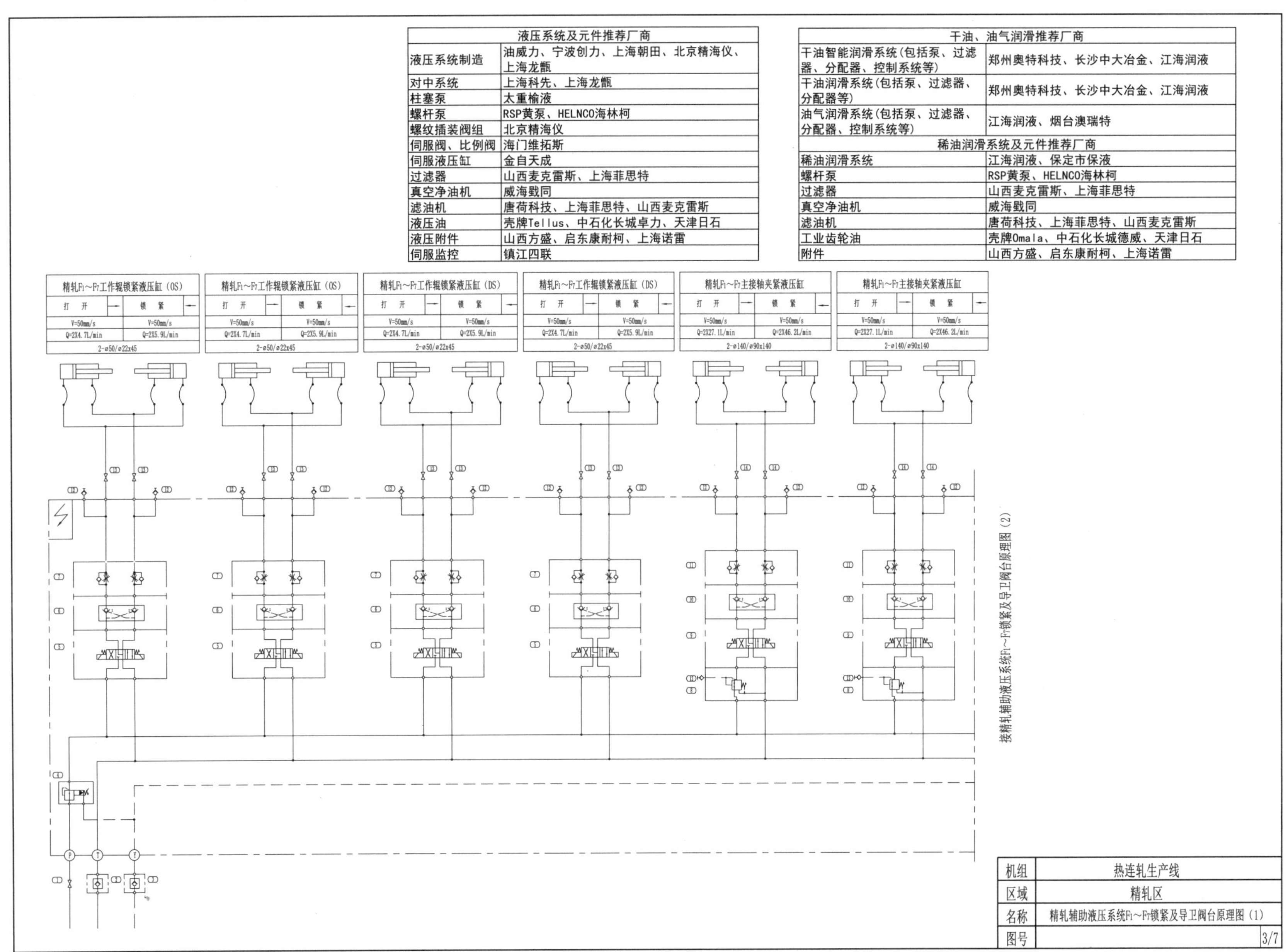

液压系统及元件推荐厂商	
液压系统制造	油威力、宁波创力、上海朝田、北京精海仪、上海龙甑
对中系统	上海科先、上海龙甑
柱塞泵	太重榆液
螺杆泵	RSP黄泵、HELNCO海林柯
螺纹插装阀组	北京精海仪
伺服阀、比例阀	海门维拓斯
伺服液压缸	金自天成
过滤器	山西麦克雷斯、上海菲思特
真空净油机	威海戬同
滤油机	唐荷科技、上海菲思特、山西麦克雷斯
液压油	壳牌Tellus、中石化长城卓力、天津日石
液压附件	山西方盛、启东康耐柯、上海诺雷
伺服监控	镇江四联

干油、油气润滑推荐厂商	
干油智能润滑系统（包括泵、过滤器、分配器、控制系统等）	郑州奥特科技、长沙中大冶金、江海润液
干油润滑系统（包括泵、过滤器、分配器等）	郑州奥特科技、长沙中大冶金、江海润液
油气润滑系统（包括泵、过滤器、分配器、控制系统等）	江海润液、烟台澳瑞特
稀油润滑系统及元件推荐厂商	
稀油润滑系统	江海润液、保定市保液
螺杆泵	RSP黄泵、HELNCO海林柯
过滤器	山西麦克雷斯、上海菲思特
真空净油机	威海戬同
滤油机	唐荷科技、上海菲思特、山西麦克雷斯
工业齿轮油	壳牌Omala、中石化长城德威、天津日石
附件	山西方盛、启东康耐柯、上海诺雷

6.4.4 精轧辅助液压系统 F_1~F_7 锁紧及导卫阀台原理图（2）

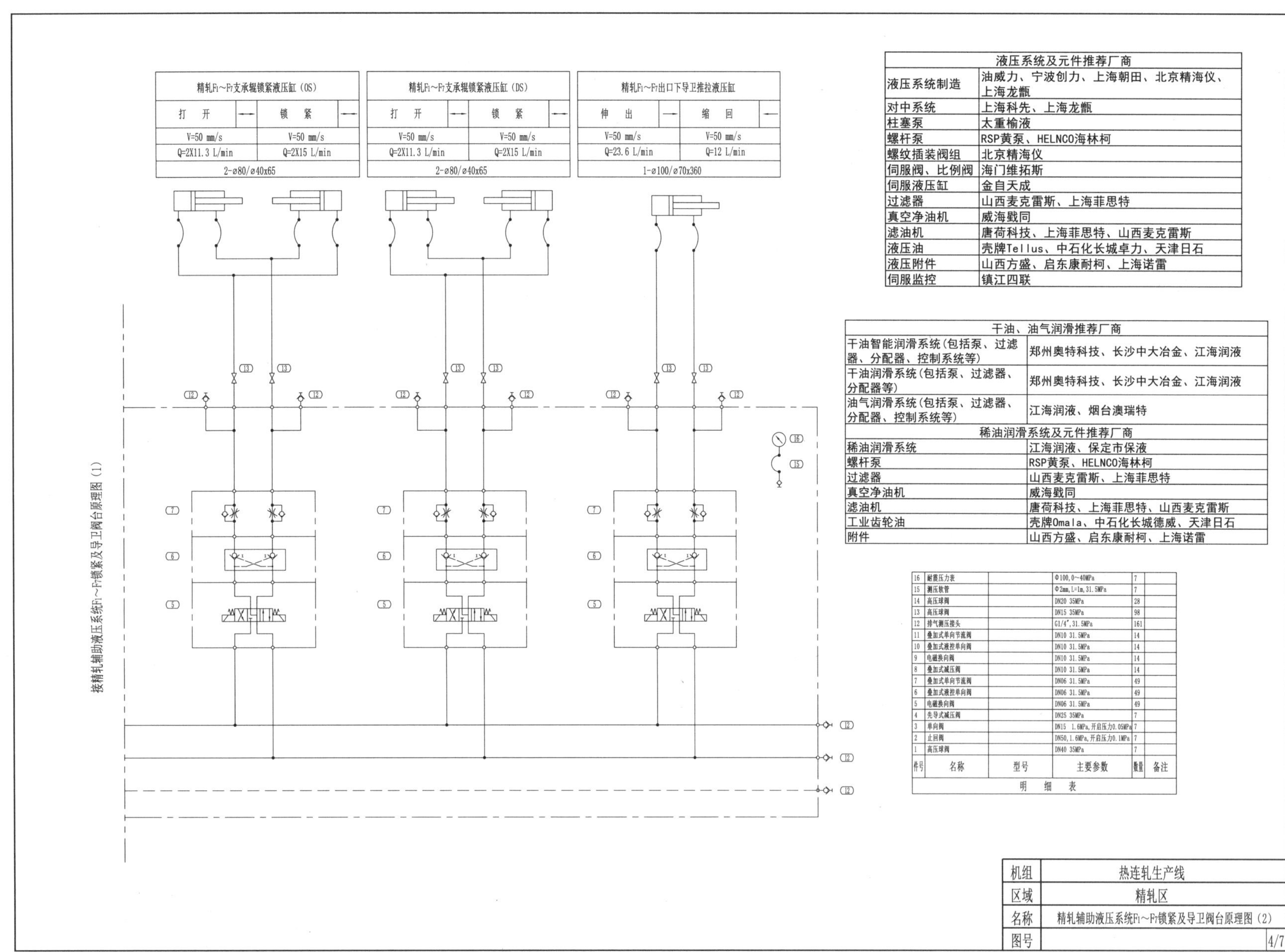

液压系统及元件推荐厂商	
液压系统制造	油威力、宁波创力、上海朝田、北京精海仪、上海龙甑
对中系统	上海科先、上海龙甑
柱塞泵	太重榆液
螺杆泵	RSP黄泵、HELNCO海林柯
螺纹插装阀组	北京精海仪
伺服阀、比例阀	海门维拓斯
伺服液压缸	金自天成
过滤器	山西麦克雷斯、上海菲思特
真空净油机	威海戥同
滤油机	唐荷科技、上海菲思特、山西麦克雷斯
液压油	壳牌Tellus、中石化长城卓力、天津日石
液压附件	山西方盛、启东康耐柯、上海诺雷
伺服监控	镇江四联

干油、油气润滑推荐厂商	
干油智能润滑系统(包括泵、过滤器、分配器、控制系统等)	郑州奥特科技、长沙中大冶金、江海润液
干油润滑系统(包括泵、过滤器、分配器等)	郑州奥特科技、长沙中大冶金、江海润液
油气润滑系统(包括泵、过滤器、分配器、控制系统等)	江海润液、烟台澳瑞特
稀油润滑系统及元件推荐厂商	
稀油润滑系统	江海润液、保定市保液
螺杆泵	RSP黄泵、HELNCO海林柯
过滤器	山西麦克雷斯、上海菲思特
真空净油机	威海戥同
滤油机	唐荷科技、上海菲思特、山西麦克雷斯
工业齿轮油	壳牌Omala、中石化长城德威、天津日石
附件	山西方盛、启东康耐柯、上海诺雷

件号	名称	型号	主要参数	数量	备注
16	耐震压力表		Φ100,0~40MPa	7	
15	测压软管		Φ2mm,L=1m,31.5MPa	7	
14	高压球阀		DN20 35MPa	28	
13	高压球阀		DN15 35MPa	98	
12	排气测压接头		G1/4",31.5MPa	161	
11	叠加式单向节流阀		DN10 31.5MPa	14	
10	叠加式液控单向阀		DN10 31.5MPa	14	
9	电磁换向阀		DN10 31.5MPa	14	
8	叠加式减压阀		DN10 31.5MPa	14	
7	叠加式单向节流阀		DN06 31.5MPa	49	
6	叠加式液控单向阀		DN06 31.5MPa	49	
5	电磁换向阀		DN06 31.5MPa	49	
4	先导式减压阀		DN25 35MPa	7	
3	单向阀		DN15 1.6MPa,开启压力0.05MPa	7	
2	止回阀		DN50,1.6MPa,开启压力0.1MPa	7	
1	高压球阀		DN40 35MPa	7	
明细表					

机组	热连轧生产线
区域	精轧区
名称	精轧辅助液压系统F1~F7锁紧及导卫阀台原理图（2）
图号	4/7

6.4.5 精轧辅助液压系统 F_1~F_7 换辊阀台原理图（1）

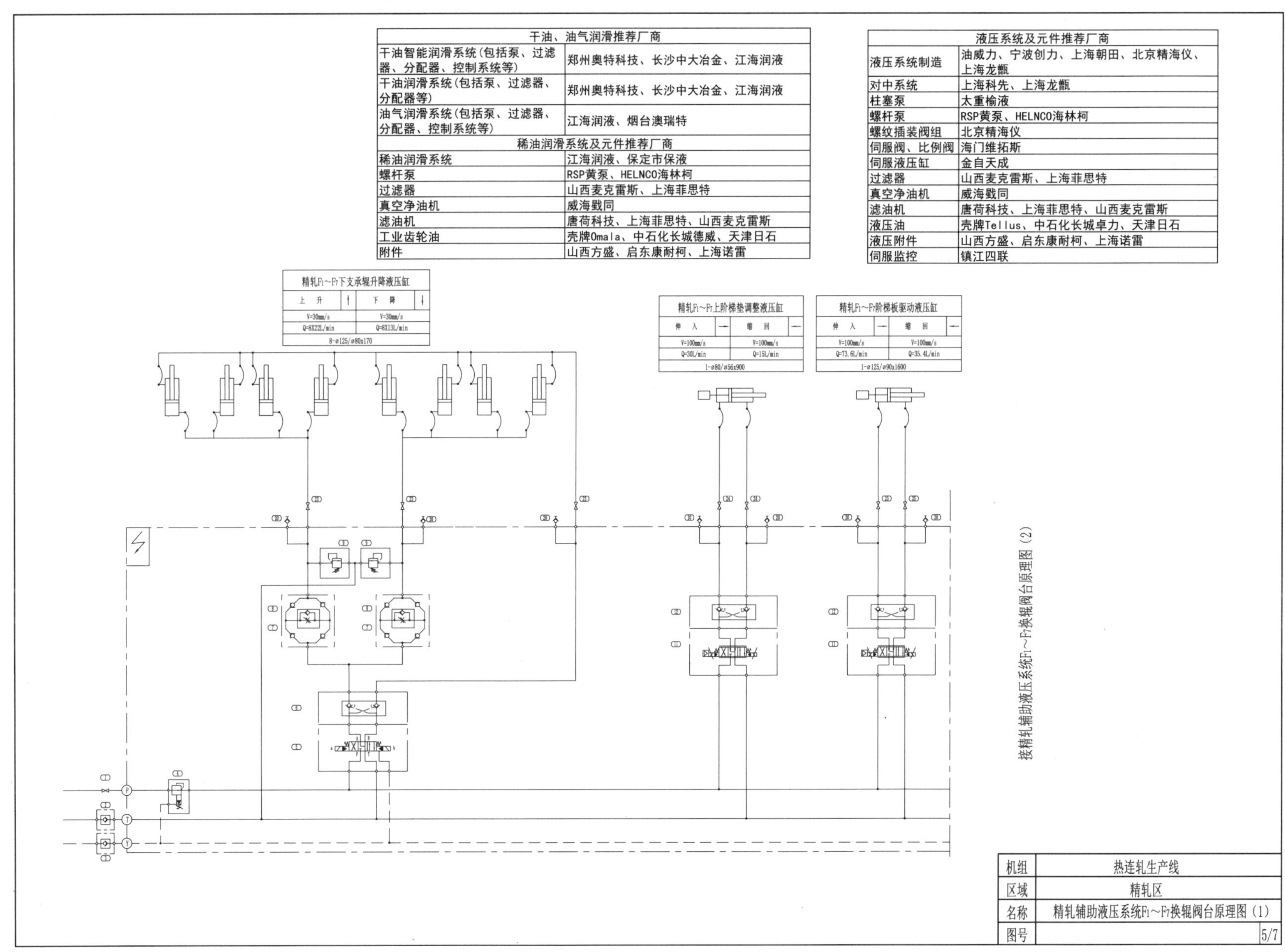

干油、油气润滑推荐厂商	
干油智能润滑系统(包括泵、过滤器、分配器、控制系统等)	郑州奥特科技、长沙中大冶金、江海润液
干油润滑系统(包括泵、过滤器、分配器等)	郑州奥特科技、长沙中大冶金、江海润液
油气润滑系统(包括泵、过滤器、分配器、控制系统等)	江海润液、烟台澳瑞特
稀油润滑系统及元件推荐厂商	
稀油润滑系统	江海润液、保定市保液
螺杆泵	RSP黄泵、HELNCO海林柯
过滤器	山西麦克雷斯、上海菲思特
真空净油机	威海戥同
滤油机	唐荷科技、上海菲思特、山西麦克雷斯
工业齿轮油	壳牌Omala、中石化长城德威、天津日石
附件	山西方盛、启东康耐柯、上海诺雷

液压系统及元件推荐厂商	
液压系统制造	油威力、宁波创力、上海朝田、北京精海仪、上海龙甑
对中系统	上海科先、上海龙甑
柱塞泵	太重榆液
螺杆泵	RSP黄泵、HELNCO海林柯
螺纹插装阀组	北京精海仪
伺服阀、比例阀	海门维拓斯
伺服液压缸	金自天成
过滤器	山西麦克雷斯、上海菲思特
真空净油机	威海戥同
滤油机	唐荷科技、上海菲思特、山西麦克雷斯
液压油	壳牌Tellus、中石化长城卓力、天津日石
液压附件	山西方盛、启东康耐柯、上海诺雷
伺服监控	镇江四联

机组	热连轧生产线	
区域	精轧区	
名称	精轧辅助液压系统F1~F7换辊阀台原理图（1）	
图号		5/7

6.4.6 精轧辅助液压系统 F_1~F_7 换辊阀台原理图（2）

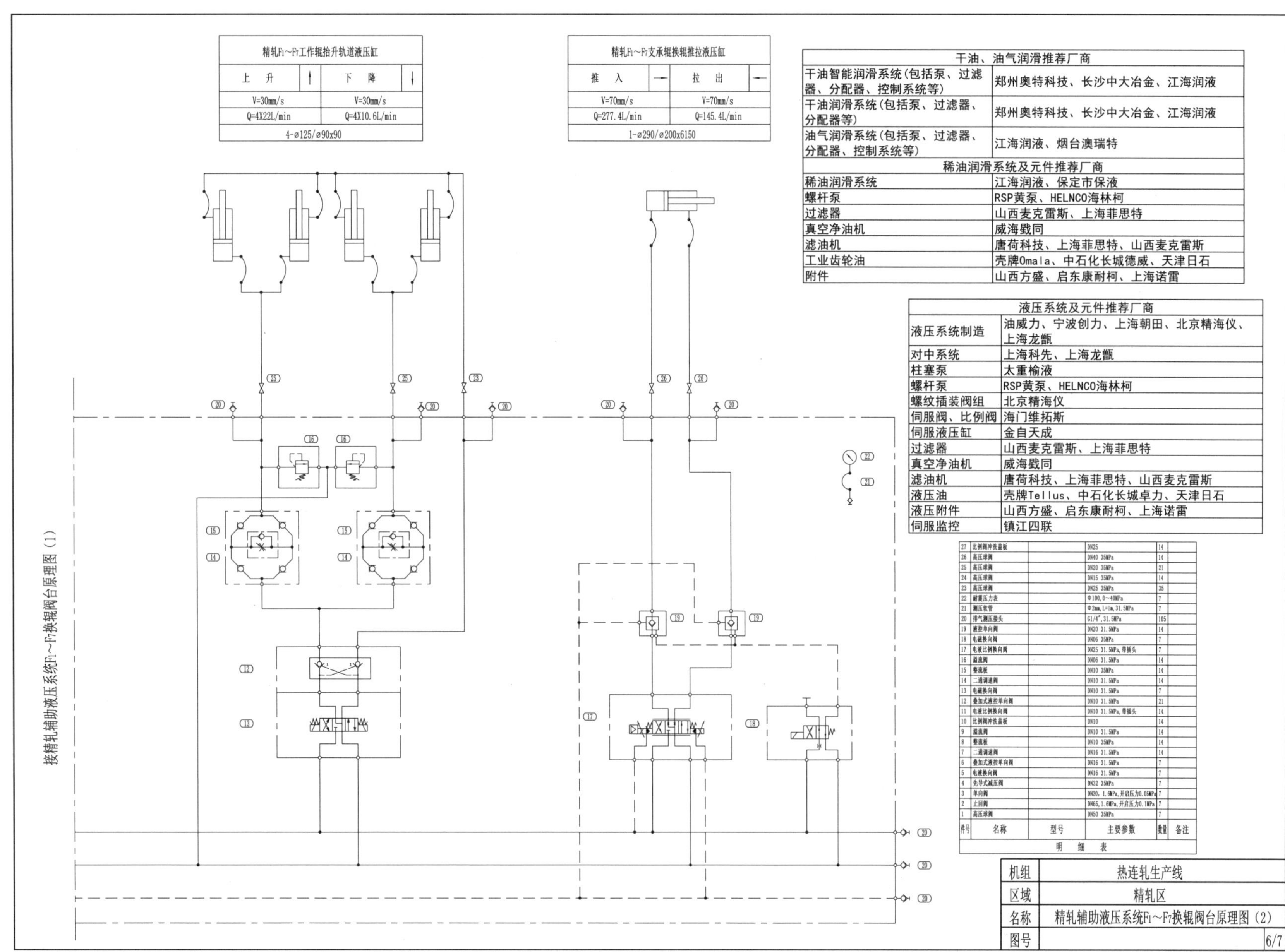

精轧F1~F7工作辊抬升轨道液压缸	
上 升 ↑	下 降 ↓
V=30mm/s	V=30mm/s
Q=4X22L/min	Q=4X10.6L/min
4-ø125/ø90x90	

精轧F1~F7支承辊换辊推拉液压缸	
推 入 →	拉 出 ←
V=70mm/s	V=70mm/s
Q=277.4L/min	Q=145.4L/min
1-ø290/ø200x6150	

干油、油气润滑推荐厂商	
干油智能润滑系统(包括泵、过滤器、分配器、控制系统等)	郑州奥特科技、长沙中大冶金、江海润液
干油润滑系统(包括泵、过滤器、分配器等)	郑州奥特科技、长沙中大冶金、江海润液
油气润滑系统(包括泵、过滤器、分配器、控制系统等)	江海润液、烟台澳瑞特
稀油润滑系统及元件推荐厂商	
稀油润滑系统	江海润液、保定市保液
螺杆泵	RSP黄泵、HELNCO海林柯
过滤器	山西麦克雷斯、上海菲思特
真空净油机	威海戥同
滤油机	唐荷科技、上海菲思特、山西麦克雷斯
工业齿轮油	壳牌Omala、中石化长城德威、天津日石
附件	山西方盛、启东康耐柯、上海诺雷

液压系统及元件推荐厂商	
液压系统制造	油威力、宁波创力、上海朝田、北京精海仪、上海龙甑
对中系统	上海科先、上海龙甑
柱塞泵	太重榆液
螺杆泵	RSP黄泵、HELNCO海林柯
螺纹插装阀组	北京精海仪
伺服阀、比例阀	海门维拓斯
伺服液压缸	金自天成
过滤器	山西麦克雷斯、上海菲思特
真空净油机	威海戥同
滤油机	唐荷科技、上海菲思特、山西麦克雷斯
液压油	壳牌Tellus、中石化长城卓力、天津日石
液压附件	山西方盛、启东康耐柯、上海诺雷
伺服监控	镇江四联

件号	名称	型号	主要参数	数量	备注
27	比例阀冲洗盖板		DN25	14	
26	高压球阀		DN40 35MPa	14	
25	高压球阀		DN20 35MPa	21	
24	高压球阀		DN15 35MPa	14	
23	高压球阀		DN25 35MPa	35	
22	耐震压力表		Φ100,0~40MPa	7	
21	测压软管		Φ2mm,L=1m,31.5MPa	7	
20	排气测压接头		G1/4",31.5MPa	105	
19	液控单向阀		DN20 31.5MPa	14	
18	电磁换向阀		DN06 35MPa	7	
17	电液比例换向阀		DN25 31.5MPa,带插头	7	
16	溢流阀		DN06 31.5MPa	14	
15	整流板		DN10 35MPa	14	
14	二通调速阀		DN10 31.5MPa	14	
13	电磁换向阀		DN10 31.5MPa	7	
12	叠加式液控单向阀		DN10 31.5MPa	21	
11	电液比例换向阀		DN10 31.5MPa,带插头	14	
10	比例阀冲洗盖板		DN10	14	
9	溢流阀		DN10 31.5MPa	14	
8	整流板		DN10 35MPa	14	
7	二通调速阀		DN16 31.5MPa	14	
6	叠加式液控单向阀		DN16 31.5MPa	7	
5	电液换向阀		DN16 31.5MPa	7	
4	先导式减压阀		DN32 35MPa	7	
3	单向阀		DN20，1.6MPa,开启压力0.05MPa	7	
2	止回阀		DN65,1.6MPa,开启压力0.1MPa	7	
1	高压球阀		DN50 35MPa	7	
明 细 表					

机组	热连轧生产线
区域	精轧区
名称	精轧辅助液压系统F1~F7换辊阀台原理图（2）
图号	6/7

6.4.7 精轧辅助液压系统 F_1~F_7 上支承辊平衡阀台原理图

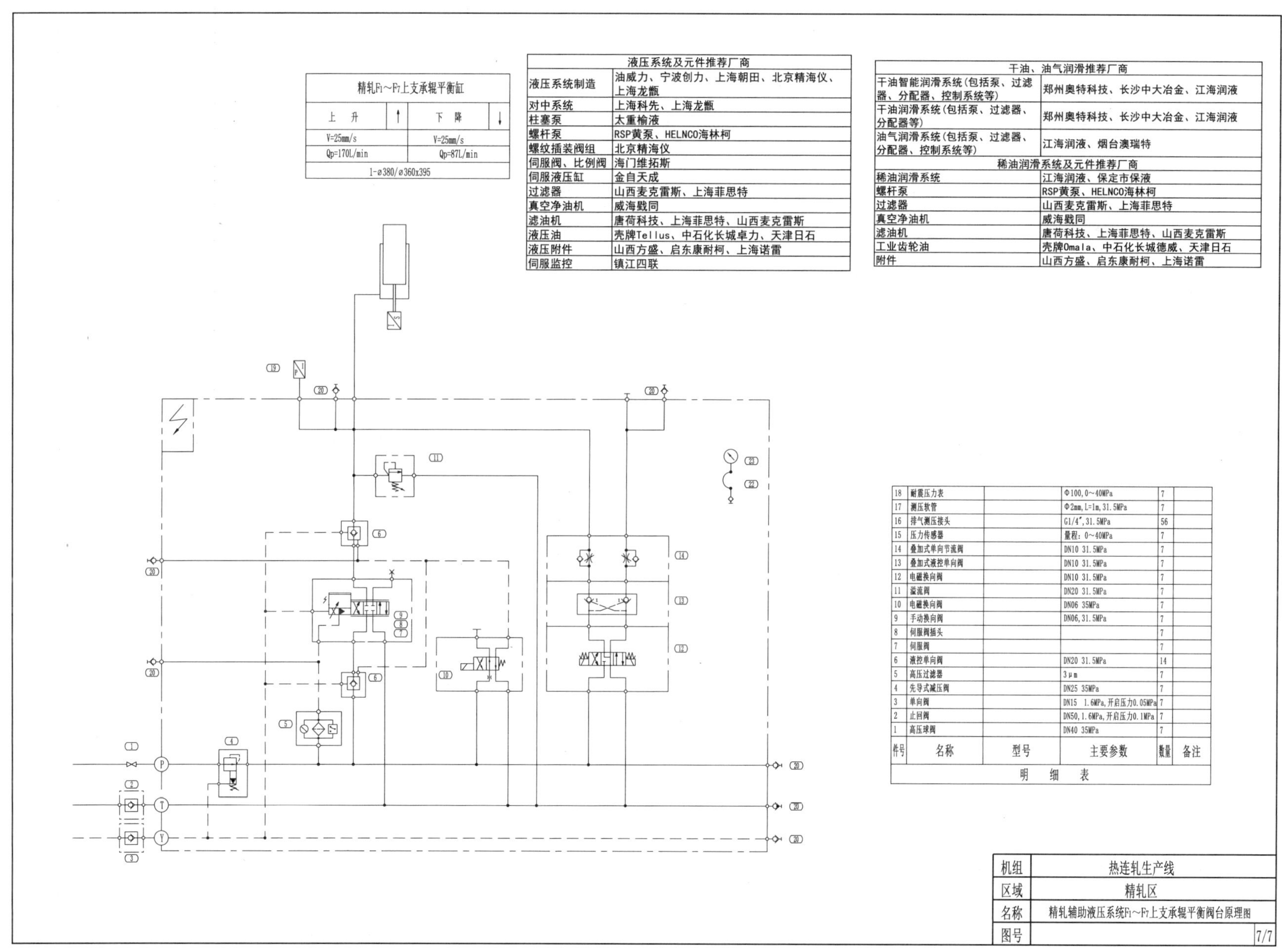

液压系统及元件推荐厂商	
液压系统制造	油威力、宁波创力、上海朝田、北京精海仪、上海龙甑
对中系统	上海科先、上海龙甑
柱塞泵	太重榆液
螺杆泵	RSP黄泵、HELNCO海林柯
螺纹插装阀组	北京精海仪
伺服阀、比例阀	海门维拓斯
伺服液压缸	金自天成
过滤器	山西麦克雷斯、上海菲思特
真空净油机	威海戥同
滤油机	唐荷科技、上海菲思特、山西麦克雷斯
液压油	壳牌Tellus、中石化长城卓力、天津日石
液压附件	山西方盛、启东康耐柯、上海诺雷
伺服监控	镇江四联

干油、油气润滑推荐厂商	
干油智能润滑系统(包括泵、过滤器、分配器、控制系统等)	郑州奥特科技、长沙中大冶金、江海润液
干油润滑系统(包括泵、过滤器、分配器等)	郑州奥特科技、长沙中大冶金、江海润液
油气润滑系统(包括泵、过滤器、分配器、控制系统等)	江海润液、烟台澳瑞特
稀油润滑系统及元件推荐厂商	
稀油润滑系统	江海润液、保定市保液
螺杆泵	RSP黄泵、HELNCO海林柯
过滤器	山西麦克雷斯、上海菲思特
真空净油机	威海戥同
滤油机	唐荷科技、上海菲思特、山西麦克雷斯
工业齿轮油	壳牌Omala、中石化长城德威、天津日石
附件	山西方盛、启东康耐柯、上海诺雷

件号	名称	型号	主要参数	数量	备注
18	耐震压力表		Φ100,0~40MPa	7	
17	测压软管		Φ2mm,L=1m,31.5MPa	7	
16	排气测压接头		G1/4″,31.5MPa	56	
15	压力传感器		量程：0~40MPa	7	
14	叠加式单向节流阀		DN10 31.5MPa	7	
13	叠加式液控单向阀		DN10 31.5MPa	7	
12	电磁换向阀		DN10 31.5MPa	7	
11	溢流阀		DN20 31.5MPa	7	
10	电磁换向阀		DN06 35MPa	7	
9	手动换向阀		DN06,31.5MPa	7	
8	伺服阀插头			7	
7	伺服阀			7	
6	液控单向阀		DN20 31.5MPa	14	
5	高压过滤器		3μm	7	
4	先导式减压阀		DN25 35MPa	7	
3	单向阀		DN15 1.6MPa,开启压力0.05MPa	7	
2	止回阀		DN50,1.6MPa,开启压力0.1MPa	7	
1	高压球阀		DN40 35MPa	7	

明　细　表

机组	热连轧生产线
区域	精轧区
名称	精轧辅助液压系统F1~F7上支承辊平衡阀台原理图
图号	7/7

6.5 精轧伺服液压系统

6.5.1 精轧伺服液压系统泵站原理图（1）

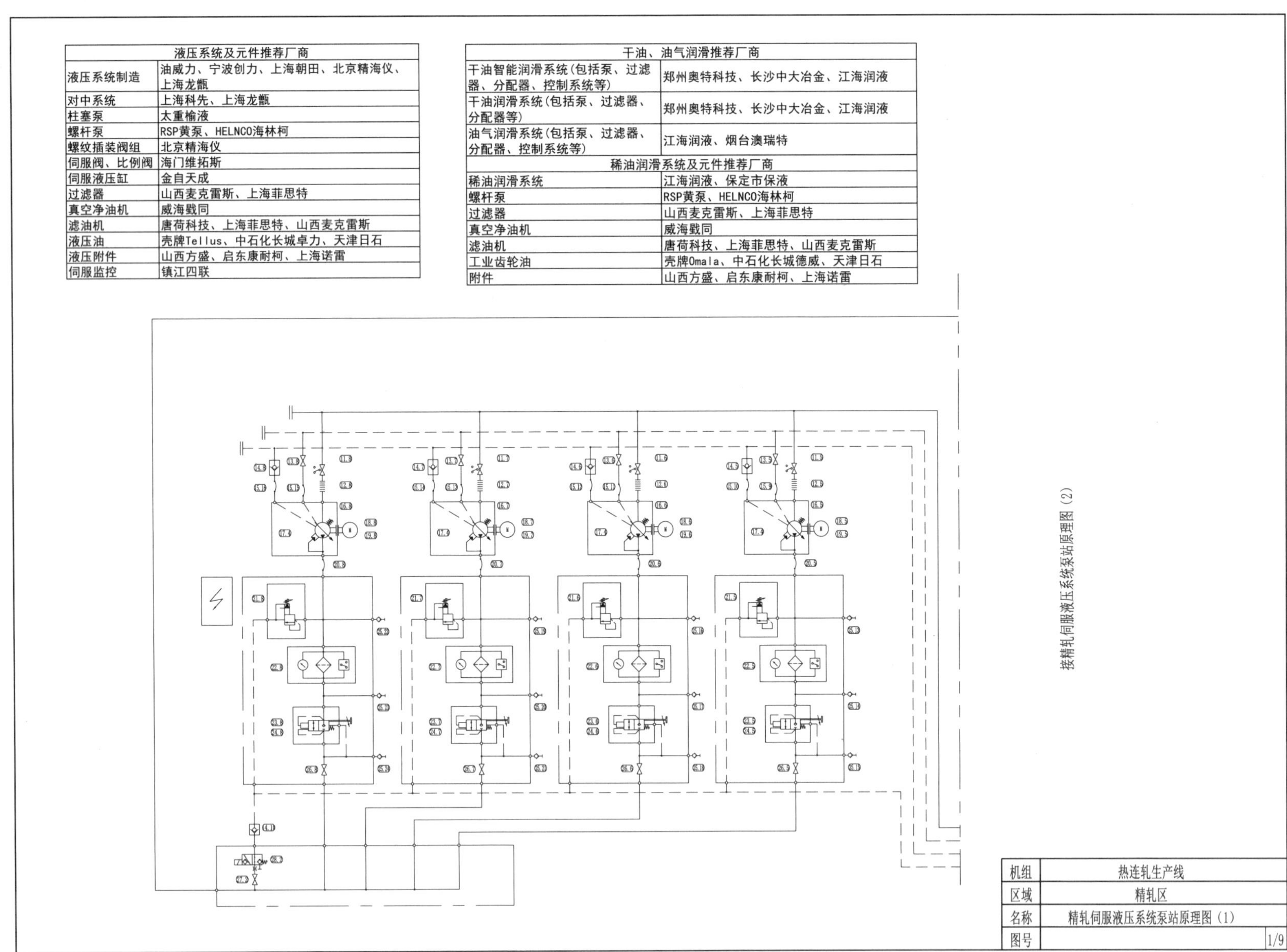

液压系统及元件推荐厂商	
液压系统制造	油威力、宁波创力、上海朝田、北京精海仪、上海龙甑
对中系统	上海科先、上海龙甑
柱塞泵	太重榆液
螺杆泵	RSP黄泵、HELNCO海林柯
螺纹插装阀组	北京精海仪
伺服阀、比例阀	海门维拓斯
伺服液压缸	金自天成
过滤器	山西麦克雷斯、上海菲思特
真空净油机	威海戥同
滤油机	唐荷科技、上海菲思特、山西麦克雷斯
液压油	壳牌Tellus、中石化长城卓力、天津日石
液压附件	山西方盛、启东康耐柯、上海诺雷
伺服监控	镇江四联

干油、油气润滑推荐厂商	
干油智能润滑系统(包括泵、过滤器、分配器、控制系统等)	郑州奥特科技、长沙中大冶金、江海润液
干油润滑系统(包括泵、过滤器、分配器等)	郑州奥特科技、长沙中大冶金、江海润液
油气润滑系统(包括泵、过滤器、分配器、控制系统等)	江海润液、烟台澳瑞特
稀油润滑系统及元件推荐厂商	
稀油润滑系统	江海润液、保定市保液
螺杆泵	RSP黄泵、HELNCO海林柯
过滤器	山西麦克雷斯、上海菲思特
真空净油机	威海戥同
滤油机	唐荷科技、上海菲思特、山西麦克雷斯
工业齿轮油	壳牌Omala、中石化长城德威、天津日石
附件	山西方盛、启东康耐柯、上海诺雷

机组	热连轧生产线
区域	精轧区
名称	精轧伺服液压系统泵站原理图（1）
图号	1/9

6.5.2 精轧伺服液压系统泵站原理图（2）

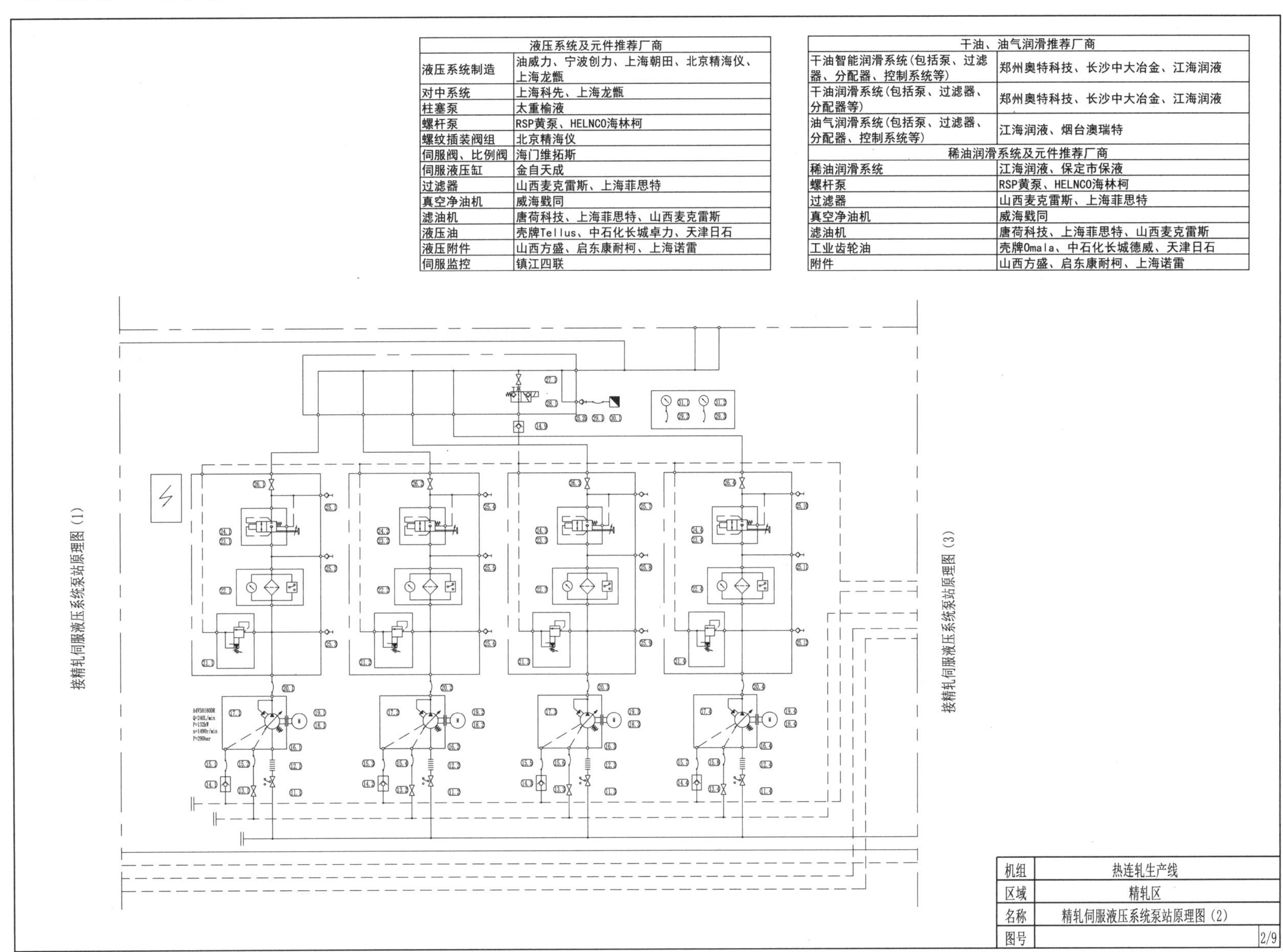

液压系统及元件推荐厂商	
液压系统制造	油威力、宁波创力、上海朝田、北京精海仪、上海龙甑
对中系统	上海科先、上海龙甑
柱塞泵	太重榆液
螺杆泵	RSP黄泵、HELNCO海林柯
螺纹插装阀组	北京精海仪
伺服阀、比例阀	海门维拓斯
伺服液压缸	金自天成
过滤器	山西麦克雷斯、上海菲思特
真空净油机	威海戥同
滤油机	唐荷科技、上海菲思特、山西麦克雷斯
液压油	壳牌Tellus、中石化长城卓力、天津日石
液压附件	山西方盛、启东康耐柯、上海诺雷
伺服监控	镇江四联

干油、油气润滑推荐厂商	
干油智能润滑系统(包括泵、过滤器、分配器、控制系统等)	郑州奥特科技、长沙中大冶金、江海润液
干油润滑系统(包括泵、过滤器、分配器等)	郑州奥特科技、长沙中大冶金、江海润液
油气润滑系统(包括泵、过滤器、分配器、控制系统等)	江海润液、烟台澳瑞特
稀油润滑系统及元件推荐厂商	
稀油润滑系统	江海润液、保定市保液
螺杆泵	RSP黄泵、HELNCO海林柯
过滤器	山西麦克雷斯、上海菲思特
真空净油机	威海戥同
滤油机	唐荷科技、上海菲思特、山西麦克雷斯
工业齿轮油	壳牌Omala、中石化长城德威、天津日石
附件	山西方盛、启东康耐柯、上海诺雷

机组	热连轧生产线
区域	精轧区
名称	精轧伺服液压系统泵站原理图（2）
图号	2/9

6.5.3 精轧伺服液压系统泵站原理图（3）

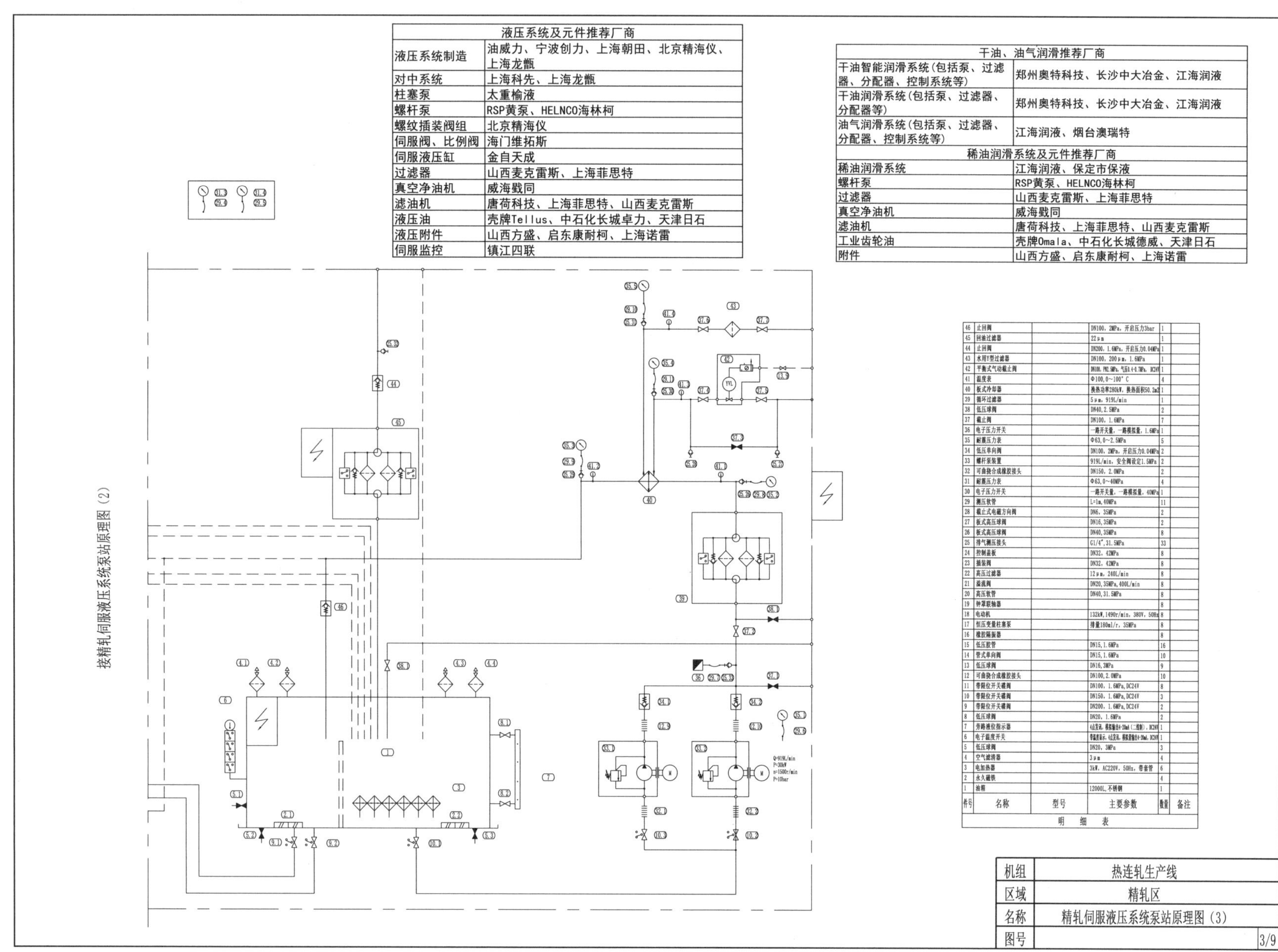

液压系统及元件推荐厂商	
液压系统制造	油威力、宁波创力、上海朝田、北京精海仪、上海龙甑
对中系统	上海科先、上海龙甑
柱塞泵	太重榆液
螺杆泵	RSP黄泵、HELNCO海林柯
螺纹插装阀组	北京精海仪
伺服阀、比例阀	海门维拓斯
伺服液压缸	金自天成
过滤器	山西麦克雷斯、上海菲思特
真空净油机	威海戦同
滤油机	唐荷科技、上海菲思特、山西麦克雷斯
液压油	壳牌Tellus、中石化长城卓力、天津日石
液压附件	山西方盛、启东康耐柯、上海诺雷
伺服监控	镇江四联

干油、油气润滑推荐厂商	
干油智能润滑系统(包括泵、过滤器、分配器、控制系统等)	郑州奥特科技、长沙中大冶金、江海润液
干油润滑系统(包括泵、过滤器、分配器等)	郑州奥特科技、长沙中大冶金、江海润液
油气润滑系统(包括泵、过滤器、分配器、控制系统等)	江海润液、烟台澳瑞特
稀油润滑系统及元件推荐厂商	
稀油润滑系统	江海润液、保定市保液
螺杆泵	RSP黄泵、HELNCO海林柯
过滤器	山西麦克雷斯、上海菲思特
真空净油机	威海戦同
滤油机	唐荷科技、上海菲思特、山西麦克雷斯
工业齿轮油	壳牌Omala、中石化长城德威、天津日石
附件	山西方盛、启东康耐柯、上海诺雷

件号	名称	型号	主要参数	数量	备注
46	止回阀		DN100，2MPa，开启压力3bar	1	
45	回油过滤器		22μm	1	
44	止回阀		DN200，1.6MPa，开启压力0.04MPa	1	
43	水用Y型过滤器		DN100，200μm，1.6MPa	1	
42	平衡式气动截止阀		DN100，PN2.5MPa，气压0.4-0.7MPa，DC24V	1	
41	温度表		Φ100，0~100°C	4	
40	板式冷却器		换热功率280kW，换热面积50.2m2	1	
39	循环过滤器		5μm，919L/min	1	
38	低压球阀		DN40，2.5MPa	2	
37	截止阀		DN100，1.6MPa	7	
36	电子压力开关		一路开关量，一路模拟量，1.6MPa	1	
35	耐震压力表		Φ63，0~2.5MPa	5	
34	低压单向阀		DN100，2MPa，开启压力0.04MPa	2	
33	螺杆泵装置		919L/min，安全阀设定1.5MPa	2	
32	可曲挠合成橡胶接头		DN150，2.0MPa	2	
31	耐震压力表		Φ63，0~40MPa	4	
30	电子压力开关		一路开关量，一路模拟量，40MPa	1	
29	测压软管		L=1m，40MPa	11	
28	截止式电磁方向阀		DN6，35MPa	2	
27	板式高压球阀		DN16，35MPa	2	
26	板式高压球阀		DN40，35MPa	8	
25	排气测压接头		G1/4″，31.5MPa	33	
24	控制盖板		DN32，42MPa	8	
23	插装阀		DN32，42MPa	8	
22	高压过滤器		12μm，240L/min	8	
21	溢流阀		DN20，35MPa，400L/min	8	
20	高压软管		DN40，31.5MPa	8	
19	钟罩联轴器			8	
18	电动机		132kW，1490r/min，380V，50Hz	8	
17	恒压变量柱塞泵		排量180ml/r，35MPa	8	
16	橡胶隔振器			8	
15	低压胶管		DN15，1.6MPa	16	
14	管式单向阀		DN15，1.6MPa	10	
13	低压球阀		DN16，3MPa	9	
12	可曲挠合成橡胶接头		DN100，2.0MPa	10	
11	带限位开关碟阀		DN100，1.6MPa，DC24V	8	
10	带限位开关碟阀		DN150，1.6MPa，DC24V	3	
9	带限位开关碟阀		DN200，1.6MPa，DC24V	2	
8	低压球阀		DN20，1.6MPa	2	
7	旁路液位指示器		4点发讯，模拟输出4-20mA（二线制），DC24V	1	
6	电子温度开关		带温度显示，4点发讯，模拟量输出4-20mA，DC24V	1	
5	低压球阀		DN20，3MPa	3	
4	空气滤清器		3μm	4	
3	电加热器		3kW，AC220V，50Hz，带套管	6	
2	永久磁铁			4	
1	油箱		12000L，不锈钢	1	

明细表

机组	热连轧生产线
区域	精轧区
名称	精轧伺服液压系统泵站原理图（3）
图号	3/9

6.5.4 精轧伺服液压系统蓄能器组原理图

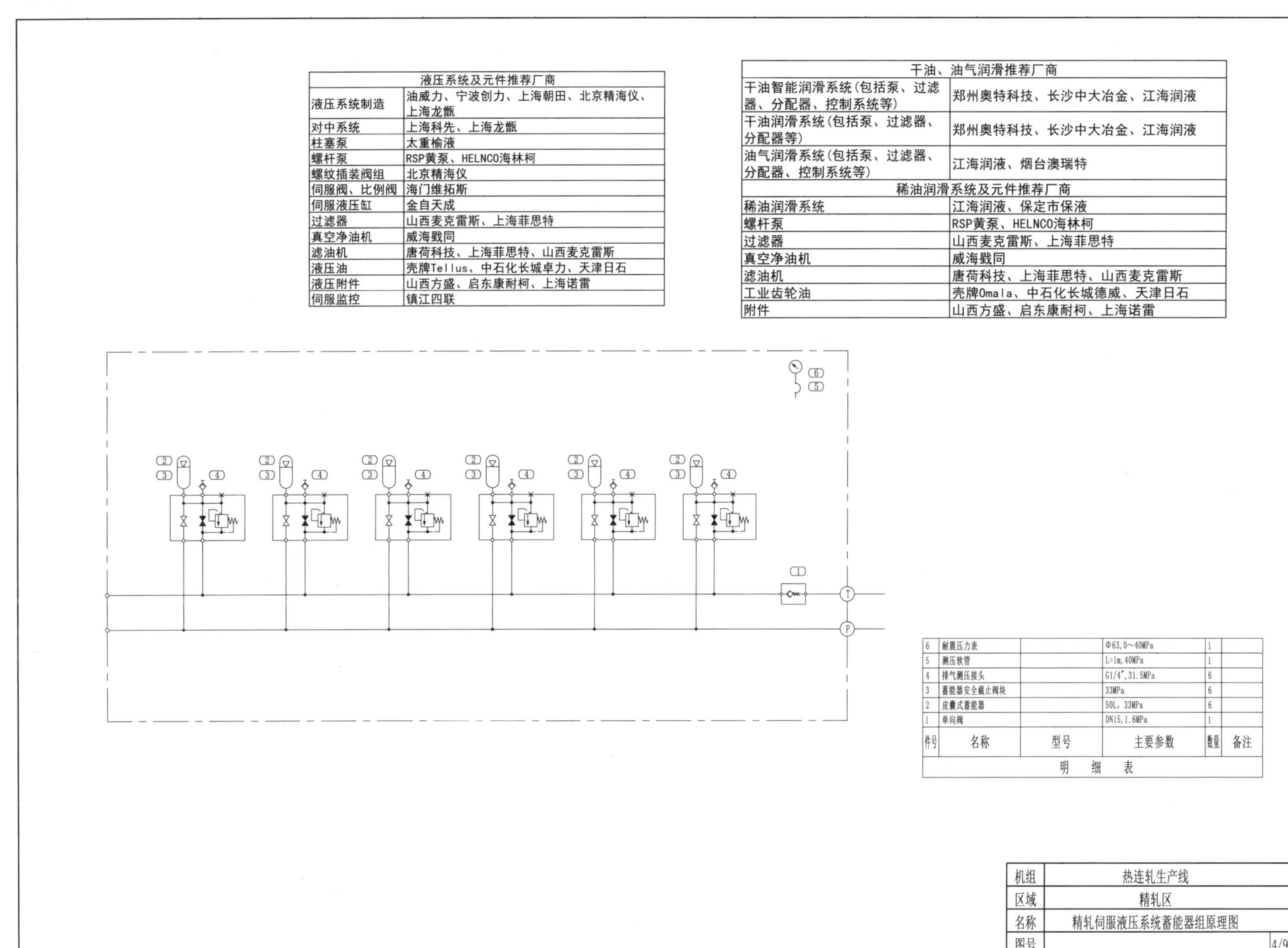

液压系统及元件推荐厂商	
液压系统制造	油威力、宁波创力、上海朝田、北京精海仪、上海龙甑
对中系统	上海科先、上海龙甑
柱塞泵	太重榆液
螺杆泵	RSP黄泵、HELNCO海林柯
螺纹插装阀组	北京精海仪
伺服阀、比例阀	海门维拓斯
伺服液压缸	金自天成
过滤器	山西麦克雷斯、上海菲思特
真空净油机	威海戥同
滤油机	唐荷科技、上海菲思特、山西麦克雷斯
液压油	壳牌Tellus、中石化长城卓力、天津日石
液压附件	山西方盛、启东康耐柯、上海诺雷
伺服监控	镇江四联

干油、油气润滑推荐厂商	
干油智能润滑系统(包括泵、过滤器、分配器、控制系统等)	郑州奥特科技、长沙中大冶金、江海润液
干油润滑系统(包括泵、过滤器、分配器等)	郑州奥特科技、长沙中大冶金、江海润液
油气润滑系统(包括泵、过滤器、分配器、控制系统等)	江海润液、烟台澳瑞特
稀油润滑系统及元件推荐厂商	
稀油润滑系统	江海润液、保定市保液
螺杆泵	RSP黄泵、HELNCO海林柯
过滤器	山西麦克雷斯、上海菲思特
真空净油机	威海戥同
滤油机	唐荷科技、上海菲思特、山西麦克雷斯
工业齿轮油	壳牌Omala、中石化长城德威、天津日石
附件	山西方盛、启东康耐柯、上海诺雷

件号	名称	型号	主要参数	数量	备注
6	耐震压力表		Φ63,0～40MPa	1	
5	测压软管		L=1m,40MPa	1	
4	排气测压接头		G1/4″,31.5MPa	6	
3	蓄能器安全截止阀块		33MPa	6	
2	皮囊式蓄能器		50L，33MPa	6	
1	单向阀		DN15,1.6MPa	1	
明　细　表					

机组	热连轧生产线
区域	精轧区
名称	精轧伺服液压系统蓄能器组原理图
图号	4/9

6.5.5 精轧伺服液压系统 F_1~F_7 WRB-OS 阀台原理图

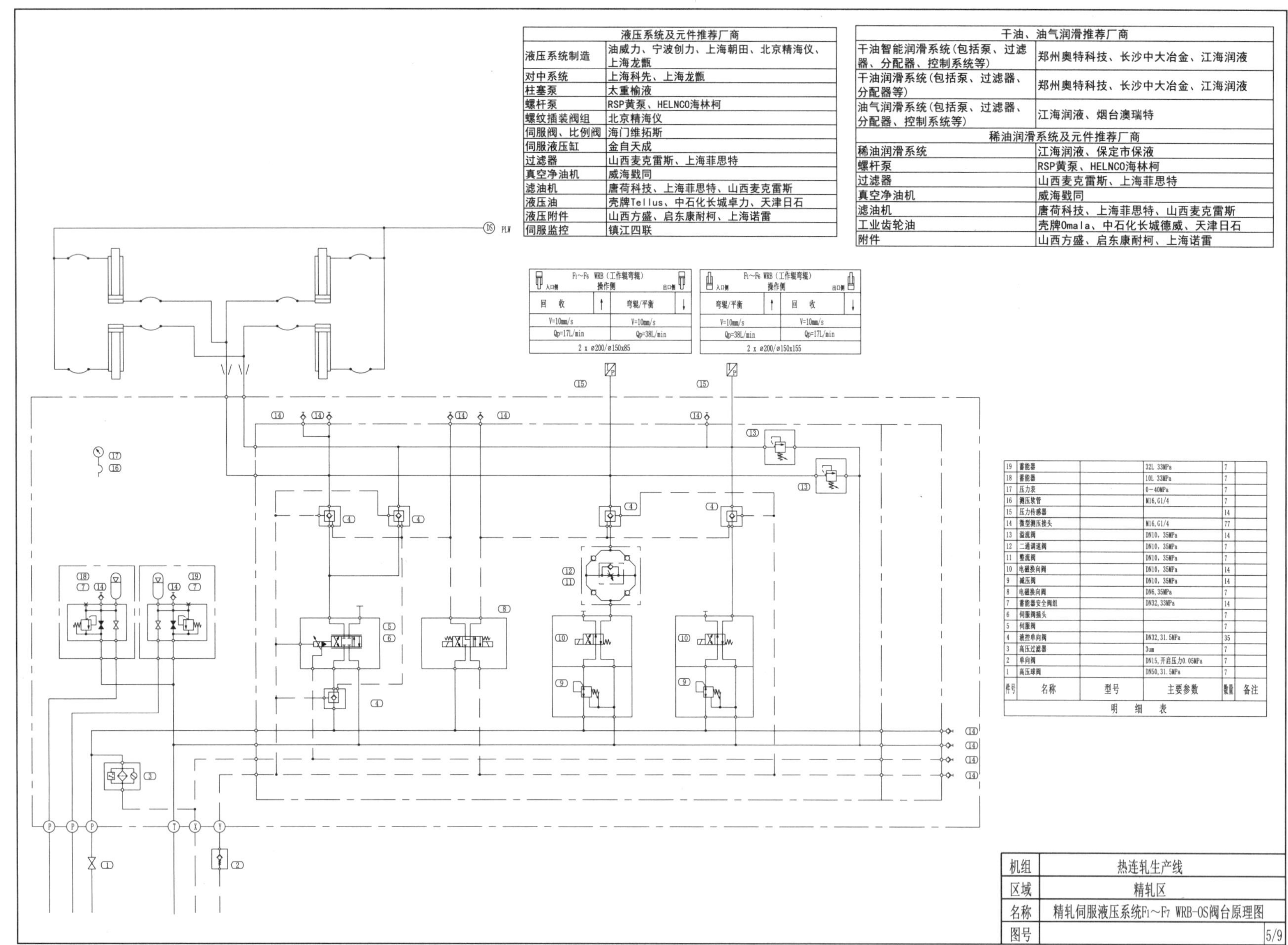

液压系统及元件推荐厂商	
液压系统制造	油威力、宁波创力、上海朝田、北京精海仪、上海龙甑
对中系统	上海科先、上海龙甑
柱塞泵	太重榆液
螺杆泵	RSP黄泵、HELNCO海林柯
螺纹插装阀组	北京精海仪
伺服阀、比例阀	海门维拓斯
伺服液压缸	金自天成
过滤器	山西麦克雷斯、上海菲思特
真空净油机	威海戥同
滤油机	唐荷科技、上海菲思特、山西麦克雷斯
液压油	壳牌Tellus、中石化长城卓力、天津日石
液压附件	山西方盛、启东康耐柯、上海诺雷
伺服监控	镇江四联

干油、油气润滑推荐厂商	
干油智能润滑系统(包括泵、过滤器、分配器、控制系统等)	郑州奥特科技、长沙中大冶金、江海润液
干油润滑系统(包括泵、过滤器、分配器等)	郑州奥特科技、长沙中大冶金、江海润液
油气润滑系统(包括泵、过滤器、分配器、控制系统等)	江海润液、烟台澳瑞特
稀油润滑系统及元件推荐厂商	
稀油润滑系统	江海润液、保定市保液
螺杆泵	RSP黄泵、HELNCO海林柯
过滤器	山西麦克雷斯、上海菲思特
真空净油机	威海戥同
滤油机	唐荷科技、上海菲思特、山西麦克雷斯
工业齿轮油	壳牌Omala、中石化长城德威、天津日石
附件	山西方盛、启东康耐柯、上海诺雷

件号	名称	型号	主要参数	数量	备注
19	蓄能器		32L 33MPa	7	
18	蓄能器		10L 33MPa	7	
17	压力表		0-40MPa	7	
16	测压软管		M16,G1/4	7	
15	压力传感器			14	
14	微型测压接头		M16,G1/4	77	
13	溢流阀		DN10，35MPa	14	
12	二通调速阀		DN10，35MPa	7	
11	整流阀		DN10，35MPa	7	
10	电磁换向阀		DN10，35MPa	14	
9	减压阀		DN10，35MPa	14	
8	电磁换向阀		DN6,35MPa	7	
7	蓄能器安全阀组		DN32,33MPa	14	
6	伺服阀插头			7	
5	伺服阀			7	
4	液控单向阀		DN32,31.5MPa	35	
3	高压过滤器		3um	7	
2	单向阀		DN15,开启压力0.05MPa	7	
1	高压球阀		DN50,31.5MPa	7	

明 细 表

机组	热连轧生产线
区域	精轧区
名称	精轧伺服液压系统F1~F7 WRB-OS阀台原理图
图号	5/9

6.5.6 精轧伺服液压系统 F_1~F_7 WRB-DS 阀台原理图

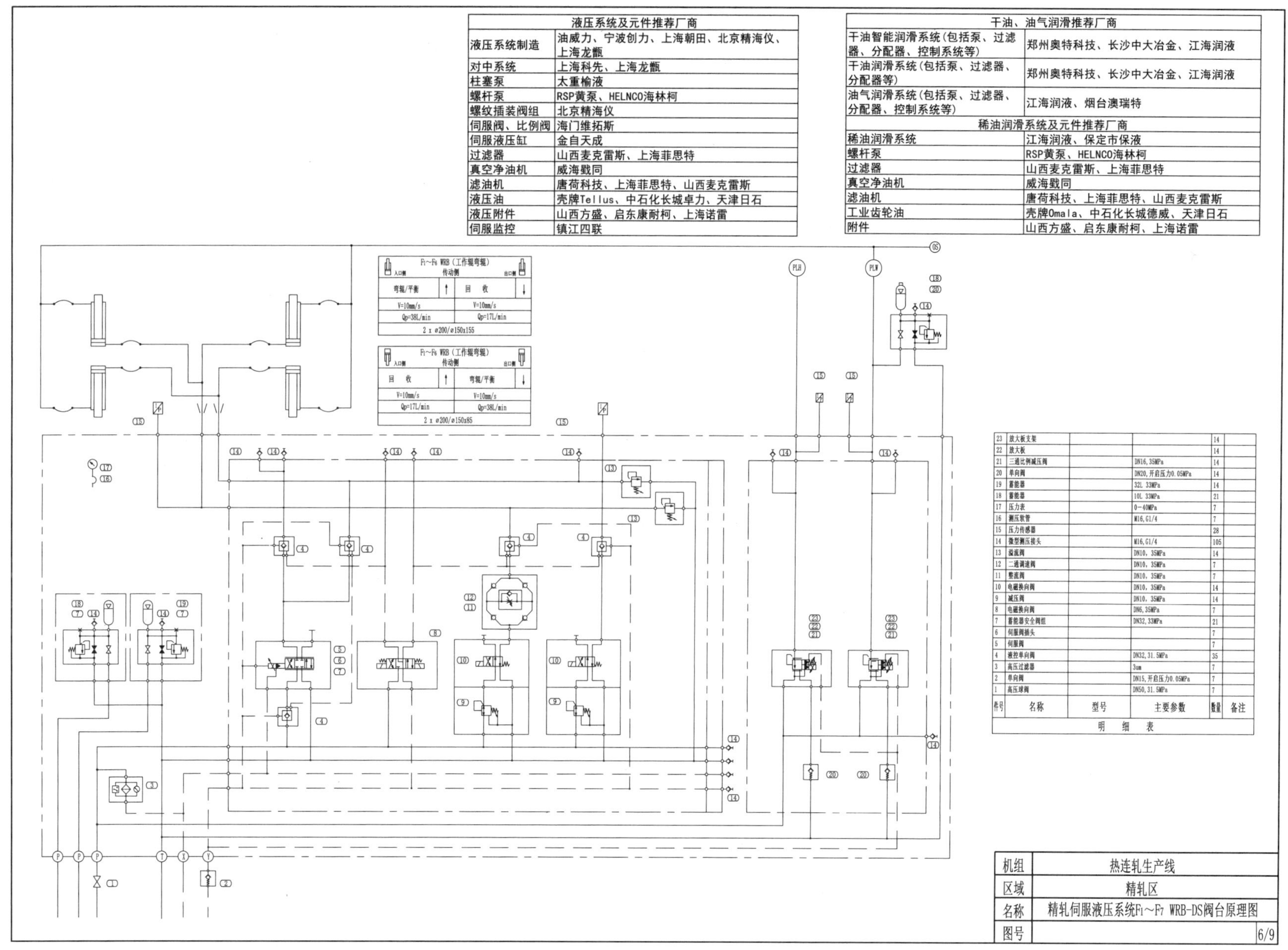

液压系统及元件推荐厂商	
液压系统制造	油威力、宁波创力、上海朝田、北京精海仪、上海龙甑
对中系统	上海科先、上海龙甑
柱塞泵	太重榆液
螺杆泵	RSP黄泵、HELNCO海林柯
螺纹插装阀组	北京精海仪
伺服阀、比例阀	海门维拓斯
伺服液压缸	金自天成
过滤器	山西麦克雷斯、上海菲思特
真空净油机	威海戥同
滤油机	唐荷科技、上海菲思特、山西麦克雷斯
液压油	壳牌Tellus、中石化长城卓力、天津日石
液压附件	山西方盛、启东康耐柯、上海诺雷
伺服监控	镇江四联

干油、油气润滑推荐厂商	
干油智能润滑系统(包括泵、过滤器、分配器、控制系统等)	郑州奥特科技、长沙中大冶金、江海润液
干油润滑系统(包括泵、过滤器、分配器等)	郑州奥特科技、长沙中大冶金、江海润液
油气润滑系统(包括泵、过滤器、分配器、控制系统等)	江海润液、烟台澳瑞特
稀油润滑系统及元件推荐厂商	
稀油润滑系统	江海润液、保定市保液
螺杆泵	RSP黄泵、HELNCO海林柯
过滤器	山西麦克雷斯、上海菲思特
真空净油机	威海戥同
滤油机	唐荷科技、上海菲思特、山西麦克雷斯
工业齿轮油	壳牌Omala、中石化长城德威、天津日石
附件	山西方盛、启东康耐柯、上海诺雷

件号	名称	型号	主要参数	数量	备注
23	放大板支架			14	
22	放大板			14	
21	三通比例减压阀		DN16, 35MPa	14	
20	单向阀		DN20, 开启压力0.05MPa	14	
19	蓄能器		32L 33MPa	14	
18	蓄能器		10L 33MPa	21	
17	压力表		0-40MPa	7	
16	测压软管		M16, G1/4	7	
15	压力传感器			28	
14	微型测压接头		M16, G1/4	105	
13	溢流阀		DN10，35MPa	14	
12	二通调速阀		DN10，35MPa	7	
11	整流阀		DN10，35MPa	7	
10	电磁换向阀		DN10，35MPa	14	
9	减压阀		DN10，35MPa	14	
8	电磁换向阀		DN6, 35MPa	7	
7	蓄能器安全阀组		DN32, 33MPa	21	
6	伺服阀插头			7	
5	伺服阀			7	
4	液控单向阀		DN32, 31.5MPa	35	
3	高压过滤器		3um	7	
2	单向阀		DN15, 开启压力0.05MPa	7	
1	高压球阀		DN50, 31.5MPa	7	

明　细　表

机组	热连轧生产线
区域	精轧区
名称	精轧伺服液压系统F1~F7 WRB-DS阀台原理图
图号	6/9

6.5.7 精轧伺服液压系统 F_1~F_7 WRS 阀台原理图

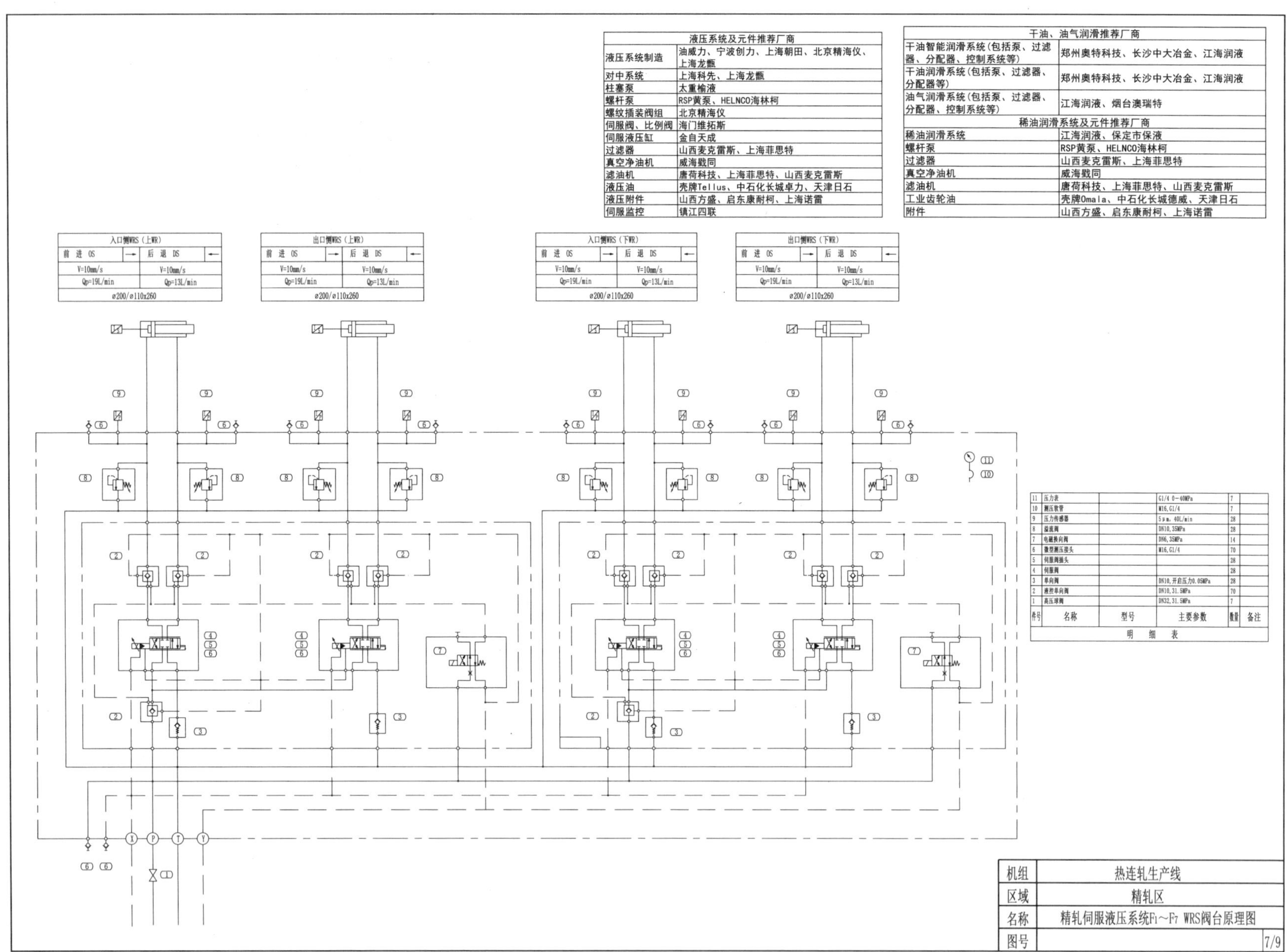

液压系统及元件推荐厂商	
液压系统制造	油威力、宁波创力、上海朝田、北京精海仪、上海龙甑
对中系统	上海科先、上海龙甑
柱塞泵	太重榆液
螺杆泵	RSP黄泵、HELNCO海林柯
螺纹插装阀组	北京精海仪
伺服阀、比例阀	海门维拓斯
伺服液压缸	金自天成
过滤器	山西麦克雷斯、上海菲思特
真空净油机	威海戥同
滤油机	唐荷科技、上海菲思特、山西麦克雷斯
液压油	壳牌Tellus、中石化长城卓力、天津日石
液压附件	山西方盛、启东康耐柯、上海诺雷
伺服监控	镇江四联

干油、油气润滑推荐厂商	
干油智能润滑系统(包括泵、过滤器、分配器、控制系统等)	郑州奥特科技、长沙中大冶金、江海润液
干油润滑系统(包括泵、过滤器、分配器等)	郑州奥特科技、长沙中大冶金、江海润液
油气润滑系统(包括泵、过滤器、分配器、控制系统等)	江海润液、烟台澳瑞特
稀油润滑系统及元件推荐厂商	
稀油润滑系统	江海润液、保定市保液
螺杆泵	RSP黄泵、HELNCO海林柯
过滤器	山西麦克雷斯、上海菲思特
真空净油机	威海戥同
滤油机	唐荷科技、上海菲思特、山西麦克雷斯
工业齿轮油	壳牌Omala、中石化长城德威、天津日石
附件	山西方盛、启东康耐柯、上海诺雷

入口侧WRS(上WR)			
前 进 OS	→	后 退 DS	←
V=10mm/s		V=10mm/s	
Qp=19L/min		Qp=13L/min	
⌀200/⌀110x260			

出口侧WRS(上WR)			
前 进 OS	→	后 退 DS	←
V=10mm/s		V=10mm/s	
Qp=19L/min		Qp=13L/min	
⌀200/⌀110x260			

入口侧WRS(下WR)			
前 进 OS	→	后 退 DS	←
V=10mm/s		V=10mm/s	
Qp=19L/min		Qp=13L/min	
⌀200/⌀110x260			

出口侧WRS(下WR)			
前 进 OS	→	后 退 DS	←
V=10mm/s		V=10mm/s	
Qp=19L/min		Qp=13L/min	
⌀200/⌀110x260			

件号	名称	型号	主要参数	数量	备注
11	压力表		G1/4 0-40MPa	7	
10	测压软管		M16,G1/4	7	
9	压力传感器		5μm, 40L/min	28	
8	溢流阀		DN10,35MPa	28	
7	电磁换向阀		DN6,35MPa	14	
6	微型测压接头		M16,G1/4	70	
5	伺服阀插头			28	
4	伺服阀			28	
3	单向阀		DN10,开启压力0.05MPa	28	
2	液控单向阀		DN10,31.5MPa	70	
1	高压球阀		DN32,31.5MPa	7	

明 细 表

机组	热连轧生产线
区域	精轧区
名称	精轧伺服液压系统F_1~F_7 WRS阀台原理图
图号	7/9

6.5.8 精轧伺服液压系统 F_1~F_6 活套阀台原理图

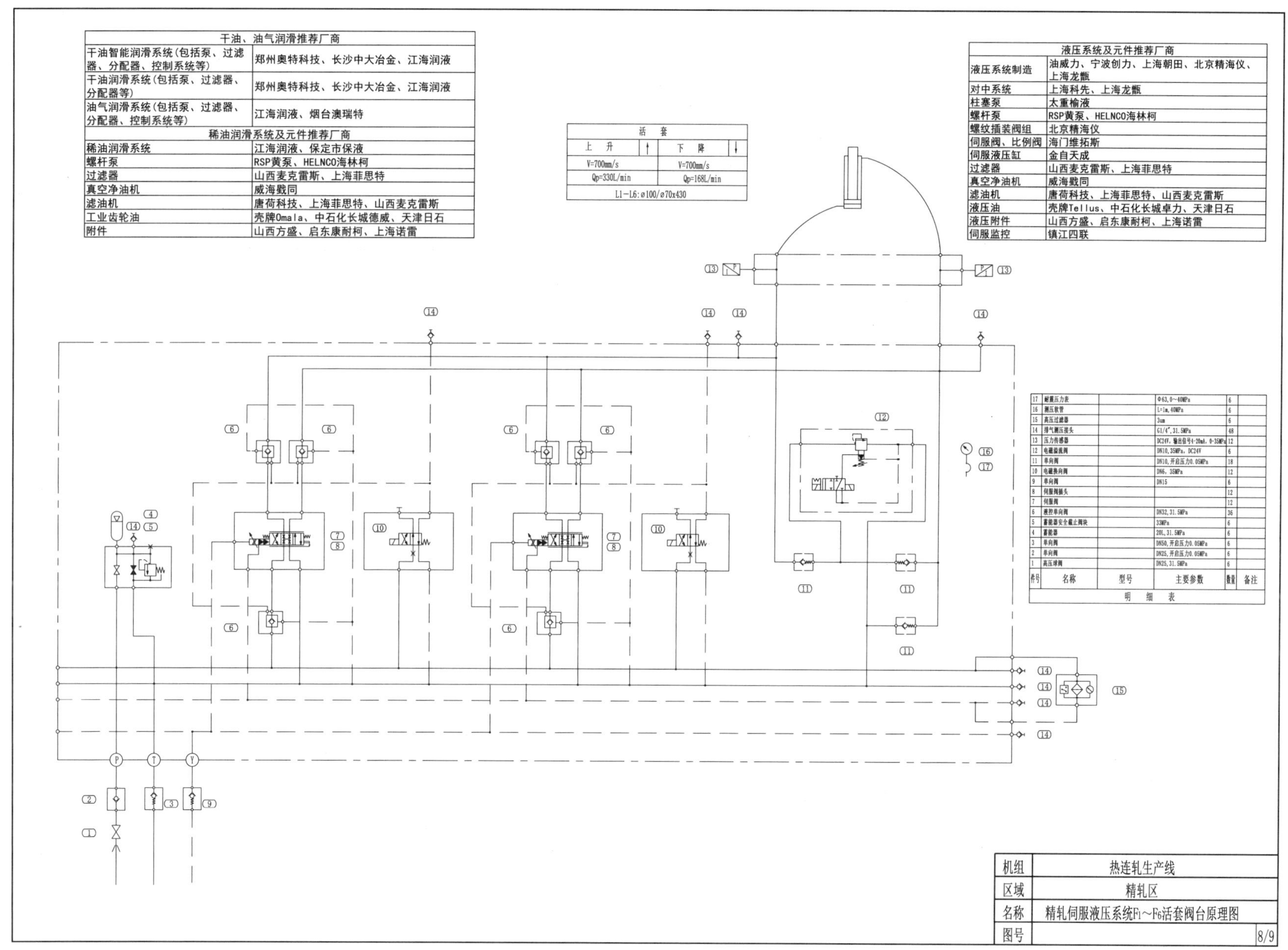

干油、油气润滑推荐厂商	
干油智能润滑系统(包括泵、过滤器、分配器、控制系统等)	郑州奥特科技、长沙中大冶金、江海润液
干油润滑系统(包括泵、过滤器、分配器等)	郑州奥特科技、长沙中大冶金、江海润液
油气润滑系统(包括泵、过滤器、分配器、控制系统等)	江海润液、烟台澳瑞特
稀油润滑系统及元件推荐厂商	
稀油润滑系统	江海润液、保定市保液
螺杆泵	RSP黄泵、HELNCO海林柯
过滤器	山西麦克雷斯、上海菲思特
真空净油机	威海戴同
滤油机	唐荷科技、上海菲思特、山西麦克雷斯
工业齿轮油	壳牌Omala、中石化长城德威、天津日石
附件	山西方盛、启东康耐柯、上海诺雷

液压系统及元件推荐厂商	
液压系统制造	油威力、宁波创力、上海朝田、北京精海仪、上海龙甑
对中系统	上海科先、上海龙甑
柱塞泵	太重榆液
螺杆泵	RSP黄泵、HELNCO海林柯
螺纹插装阀组	北京精海仪
伺服阀、比例阀	海门维拓斯
伺服液压缸	金自天成
过滤器	山西麦克雷斯、上海菲思特
真空净油机	威海戴同
滤油机	唐荷科技、上海菲思特、山西麦克雷斯
液压油	壳牌Tellus、中石化长城卓力、天津日石
液压附件	山西方盛、启东康耐柯、上海诺雷
伺服监控	镇江四联

活套			
上 升	↑	下 降	↓
V=700mm/s		V=700mm/s	
Qp=330L/min		Qp=168L/min	
L1—L6: ø100/ø70x430			

件号	名称	型号	主要参数	数量	备注
17	耐震压力表		Φ63, 0~40MPa	6	
16	测压软管		L=1m, 40MPa	6	
15	高压过滤器		3um	6	
14	排气测压接头		G1/4″, 31.5MPa	48	
13	压力传感器		DC24V，输出信号4-20mA，0-35MPa	12	
12	电磁溢流阀		DN10, 35MPa，DC24V	6	
11	单向阀		DN10, 开启压力0.05MPa	18	
10	电磁换向阀		DN6，35MPa	12	
9	单向阀		DN15	6	
8	伺服阀插头			12	
7	伺服阀			12	
6	液控单向阀		DN32, 31.5MPa	36	
5	蓄能器安全截止阀块		33MPa	6	
4	蓄能器		20L, 31.5MPa	6	
3	单向阀		DN50, 开启压力0.05MPa	6	
2	单向阀		DN25, 开启压力0.05MPa	6	
1	高压球阀		DN25, 31.5MPa	6	
明 细 表					

机组	热连轧生产线
区域	精轧区
名称	精轧伺服液压系统F1~F6活套阀台原理图
图号	8/9

6.5.9 精轧伺服液压系统 F_1~F_7 HGC 阀台原理图

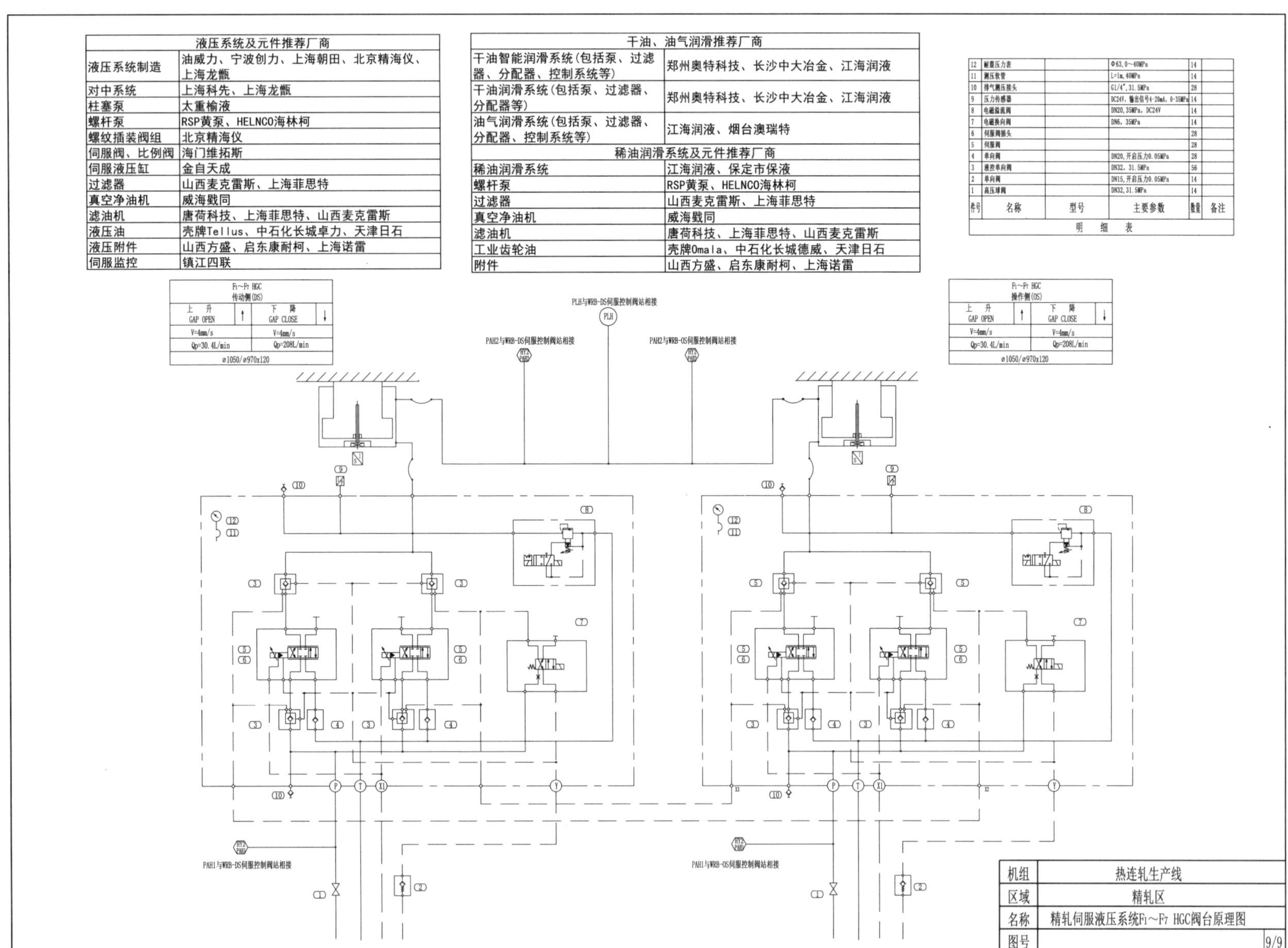

液压系统及元件推荐厂商	
液压系统制造	油威力、宁波创力、上海朝田、北京精海仪、上海龙甑
对中系统	上海科先、上海龙甑
柱塞泵	太重榆液
螺杆泵	RSP黄泵、HELNCO海林柯
螺纹插装阀组	北京精海仪
伺服阀、比例阀	海门维拓斯
伺服液压缸	金自天成
过滤器	山西麦克雷斯、上海菲思特
真空净油机	威海戥同
滤油机	唐荷科技、上海菲思特、山西麦克雷斯
液压油	壳牌Tellus、中石化长城卓力、天津日石
液压附件	山西方盛、启东康耐柯、上海诺雷
伺服监控	镇江四联

干油、油气润滑推荐厂商	
干油智能润滑系统(包括泵、过滤器、分配器、控制系统等)	郑州奥特科技、长沙中大冶金、江海润液
干油润滑系统(包括泵、过滤器、分配器等)	郑州奥特科技、长沙中大冶金、江海润液
油气润滑系统(包括泵、过滤器、分配器、控制系统等)	江海润液、烟台澳瑞特
稀油润滑系统及元件推荐厂商	
稀油润滑系统	江海润液、保定市保液
螺杆泵	RSP黄泵、HELNCO海林柯
过滤器	山西麦克雷斯、上海菲思特
真空净油机	威海戥同
滤油机	唐荷科技、上海菲思特、山西麦克雷斯
工业齿轮油	壳牌Omala、中石化长城德威、天津日石
附件	山西方盛、启东康耐柯、上海诺雷

件号	名称	型号	主要参数	数量	备注
12	耐震压力表		Φ63,0~40MPa	14	
11	测压软管		L=1m,40MPa	14	
10	排气测压接头		G1/4",31.5MPa	28	
9	压力传感器		DC24V,输出信号4-20mA,0-35MPa	14	
8	电磁溢流阀		DN20,35MPa,DC24V	14	
7	电磁换向阀		DN6,35MPa	14	
6	伺服阀插头			28	
5	伺服阀			28	
4	单向阀		DN20,开启压力0.05MPa	28	
3	液控单向阀		DN32,31.5MPa	56	
2	单向阀		DN15,开启压力0.05MPa	14	
1	高压球阀		DN32,31.5MPa	14	
明细表					

F1~F7 HGC 传动侧(DS)			
上升 GAP OPEN	↑	下降 GAP CLOSE	↓
V=4mm/s		V=4mm/s	
Qp=30.4L/min		Qp=208L/min	
ø1050/ø970x120			

F1~F7 HGC 操作侧(OS)			
上升 GAP OPEN	↑	下降 GAP CLOSE	↓
V=4mm/s		V=4mm/s	
Qp=30.4L/min		Qp=208L/min	
ø1050/ø970x120			

机组	热连轧生产线
区域	精轧区
名称	精轧伺服液压系统F1~F7 HGC阀台原理图
图号	9/9

6.6 卷取辅助液压系统

6.6.1 卷取辅助液压系统泵站原理图（1）

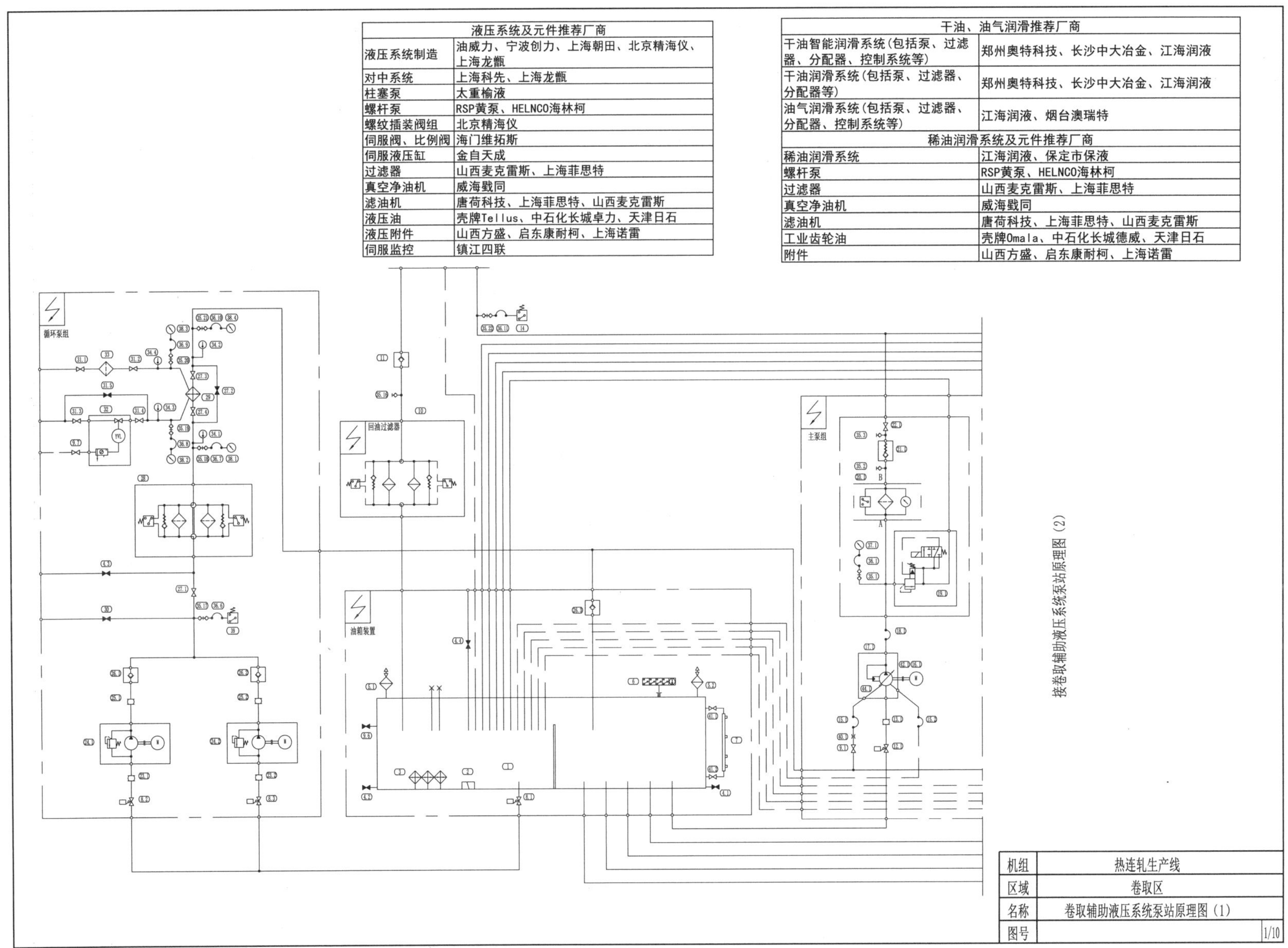

液压系统及元件推荐厂商	
液压系统制造	油威力、宁波创力、上海朝田、北京精海仪、上海龙甑
对中系统	上海科先、上海龙甑
柱塞泵	太重榆液
螺杆泵	RSP黄泵、HELNCO海林柯
螺纹插装阀组	北京精海仪
伺服阀、比例阀	海门维拓斯
伺服液压缸	金自天成
过滤器	山西麦克雷斯、上海菲思特
真空净油机	威海戳同
滤油机	唐荷科技、上海菲思特、山西麦克雷斯
液压油	壳牌Tellus、中石化长城卓力、天津日石
液压附件	山西方盛、启东康耐柯、上海诺雷
伺服监控	镇江四联

干油、油气润滑推荐厂商	
干油智能润滑系统(包括泵、过滤器、分配器、控制系统等)	郑州奥特科技、长沙中大冶金、江海润液
干油润滑系统(包括泵、过滤器、分配器等)	郑州奥特科技、长沙中大冶金、江海润液
油气润滑系统(包括泵、过滤器、分配器、控制系统等)	江海润液、烟台澳瑞特
稀油润滑系统及元件推荐厂商	
稀油润滑系统	江海润液、保定市保液
螺杆泵	RSP黄泵、HELNCO海林柯
过滤器	山西麦克雷斯、上海菲思特
真空净油机	威海戳同
滤油机	唐荷科技、上海菲思特、山西麦克雷斯
工业齿轮油	壳牌Omala、中石化长城德威、天津日石
附件	山西方盛、启东康耐柯、上海诺雷

机组	热连轧生产线
区域	卷取区
名称	卷取辅助液压系统泵站原理图（1）
图号	1/10

6.6.2 卷取辅助液压系统泵站原理图（2）

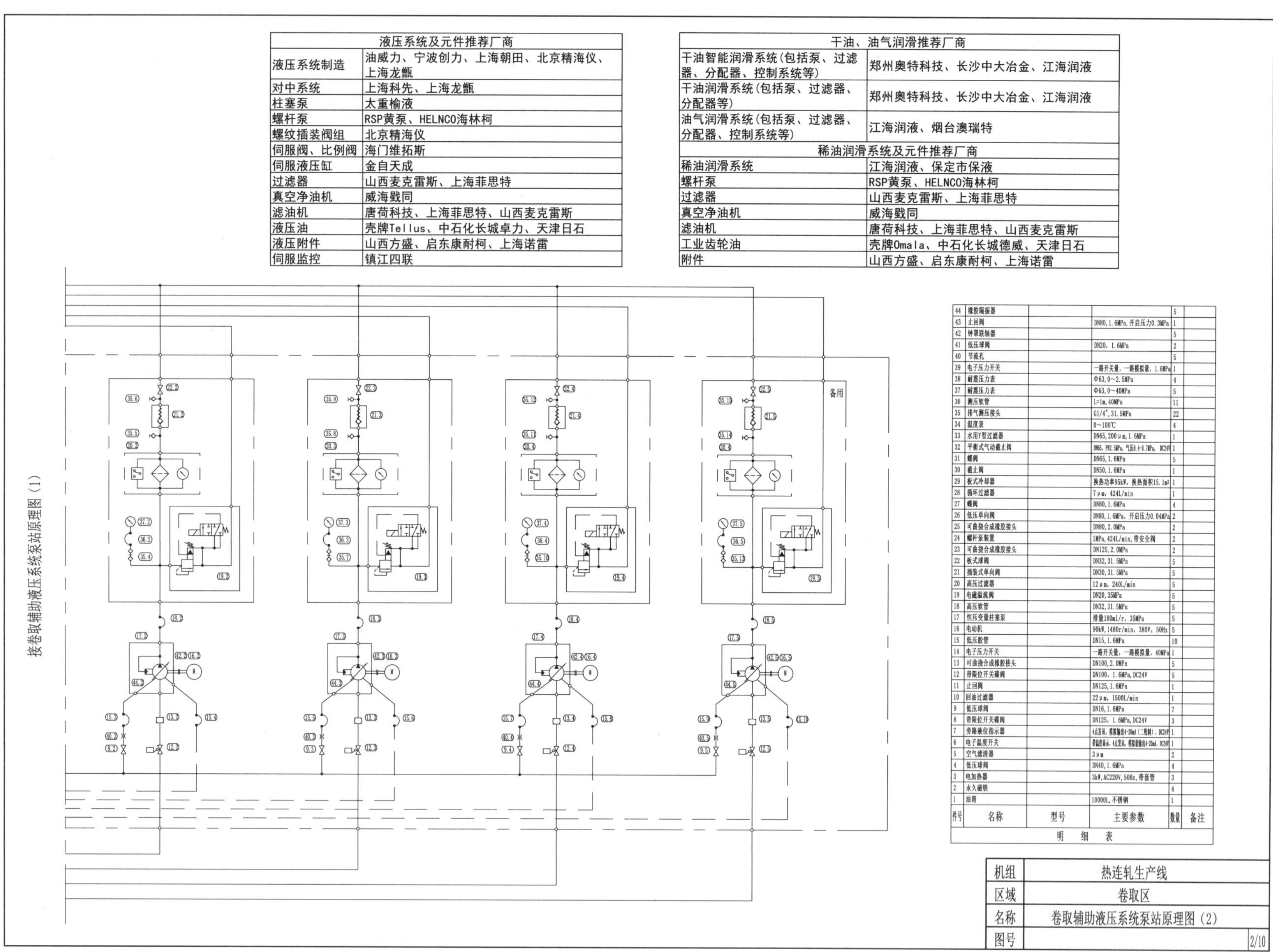

液压系统及元件推荐厂商	
液压系统制造	油威力、宁波创力、上海朝田、北京精海仪、上海龙甑
对中系统	上海科先、上海龙甑
柱塞泵	太重榆液
螺杆泵	RSP黄泵、HELNCO海林柯
螺纹插装阀组	北京精海仪
伺服阀、比例阀	海门维拓斯
伺服液压缸	金自天成
过滤器	山西麦克雷斯、上海菲思特
真空净油机	威海戥同
滤油机	唐荷科技、上海菲思特、山西麦克雷斯
液压油	壳牌Tellus、中石化长城卓力、天津日石
液压附件	山西方盛、启东康耐柯、上海诺雷
伺服监控	镇江四联

干油、油气润滑推荐厂商	
干油智能润滑系统(包括泵、过滤器、分配器、控制系统等)	郑州奥特科技、长沙中大冶金、江海润液
干油润滑系统(包括泵、过滤器、分配器等)	郑州奥特科技、长沙中大冶金、江海润液
油气润滑系统(包括泵、过滤器、分配器、控制系统等)	江海润液、烟台澳瑞特
稀油润滑系统及元件推荐厂商	
稀油润滑系统	江海润液、保定市保液
螺杆泵	RSP黄泵、HELNCO海林柯
过滤器	山西麦克雷斯、上海菲思特
真空净油机	威海戥同
滤油机	唐荷科技、上海菲思特、山西麦克雷斯
工业齿轮油	壳牌Omala、中石化长城德威、天津日石
附件	山西方盛、启东康耐柯、上海诺雷

件号	名称	型号	主要参数	数量	备注
44	橡胶隔振器			5	
43	止回阀		DN80,1.6MPa,开启压力0.3MPa	1	
42	钟罩联轴器			5	
41	低压球阀		DN20，1.6MPa	2	
40	节流孔			5	
39	电子压力开关		一路开关量，一路模拟量，1.6MPa	1	
38	耐震压力表		Φ63,0~2.5MPa	4	
37	耐震压力表		Φ63,0~40MPa	5	
36	测压软管		L=1m,40MPa	11	
35	排气测压接头		G1/4″,31.5MPa	22	
34	温度表		0~100℃	4	
33	水用Y型过滤器		DN65,200μm,1.6MPa	1	
32	平衡式气动截止阀		DN65，PN2.5MPa，气压0.4-0.7MPa，DC24V	1	
31	蝶阀		DN65,1.6MPa	5	
30	截止阀		DN50,1.6MPa	1	
29	板式冷却器		换热功率95kW，换热面积15.1m²	1	
28	循环过滤器		7μm，424L/min	1	
27	蝶阀		DN80,1.6MPa	4	
26	低压单向阀		DN80,1.6MPa，开启压力0.04MPa	2	
25	可曲挠合成橡胶接头		DN80,2.0MPa	2	
24	螺杆泵装置		1MPa,424L/min,带安全阀	2	
23	可曲挠合成橡胶接头		DN125,2.0MPa	2	
22	板式球阀		DN32,31.5MPa	5	
21	插装式单向阀		DN30,31.5MPa	5	
20	高压过滤器		12μm，240L/min	5	
19	电磁溢流阀		DN20,35MPa	5	
18	高压软管		DN32,31.5MPa	5	
17	恒压变量柱塞泵		排量180ml/r，35MPa	5	
16	电动机		90kW,1480r/min，380V，50Hz	5	
15	低压胶管		DN15,1.6MPa	10	
14	电子压力开关		一路开关量，一路模拟量，40MPa	1	
13	可曲挠合成橡胶接头		DN100,2.0MPa	5	
12	带限位开关碟阀		DN100，1.6MPa,DC24V	5	
11	止回阀		DN125,1.6MPa	1	
10	回油过滤器		22μm，1500L/min	1	
9	低压球阀		DN16,1.6MPa	7	
8	带限位开关碟阀		DN125，1.6MPa,DC24V	3	
7	旁路液位指示器		4点发讯，模拟输出4-20mA（二线制），DC24V	1	
6	电子温度开关		带温度显示，4点发讯，模拟量输出4-20mA，DC24V	1	
5	空气滤清器		3μm	2	
4	低压球阀		DN40,1.6MPa	4	
3	电加热器		3kW,AC220V,50Hz,带套管	3	
2	永久磁铁			4	
1	油箱		10000L,不锈钢	1	

明　细　表

机组	热连轧生产线
区域	卷取区
名称	卷取辅助液压系统泵站原理图（2）
图号	2/10

6.6.3 卷取辅助液压系统蓄能器组原理图

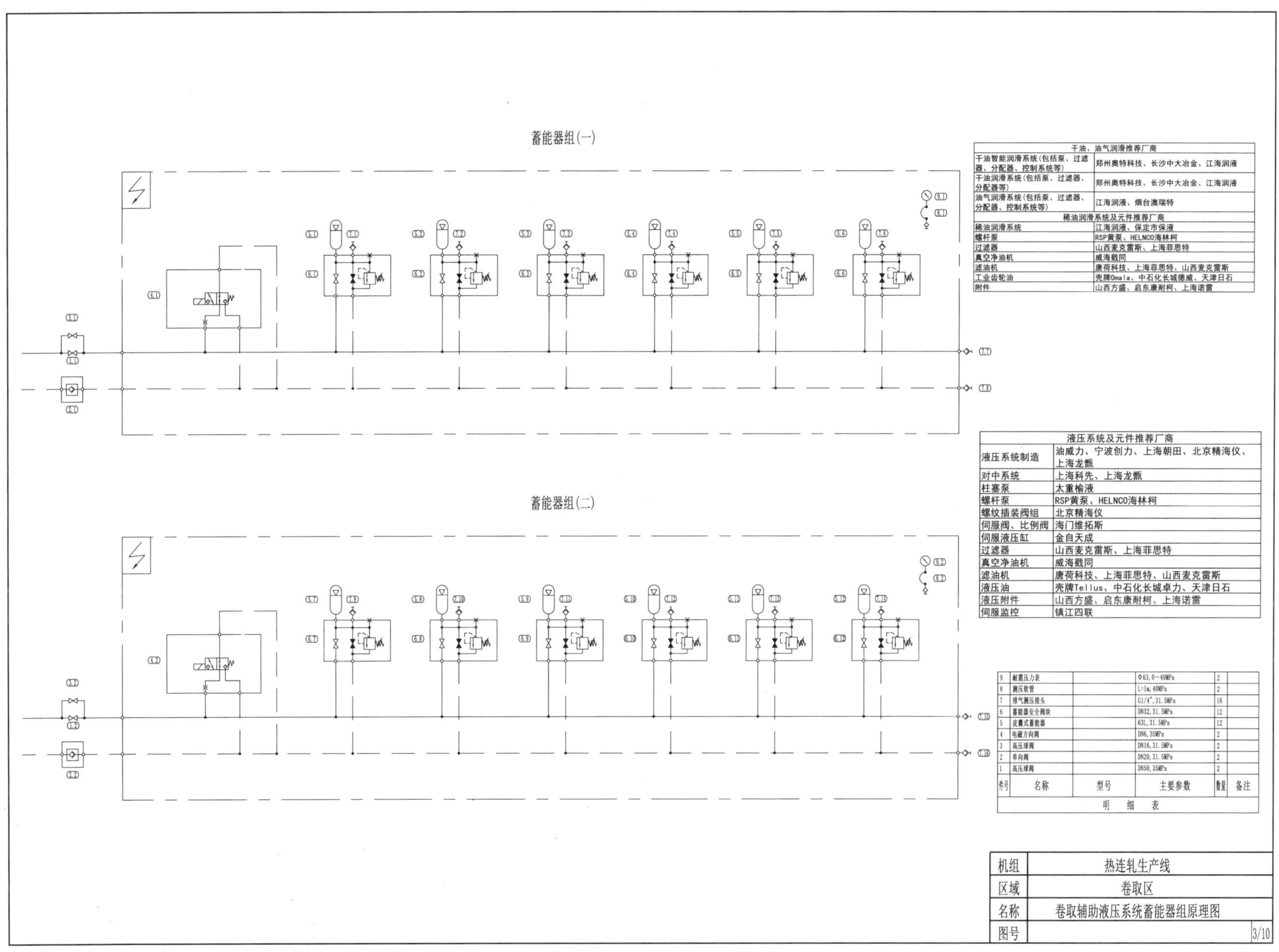

干油、油气润滑推荐厂商	
干油智能润滑系统(包括泵、过滤器、分配器、控制系统等)	郑州奥特科技、长沙中大冶金、江海润液
干油润滑系统(包括泵、过滤器、分配器等)	郑州奥特科技、长沙中大冶金、江海润液
油气润滑系统(包括泵、过滤器、分配器、控制系统等)	江海润液、烟台澳瑞特
稀油润滑系统及元件推荐厂商	
稀油润滑系统	江海润液、保定市保液
螺杆泵	RSP黄泵、HELNCO海林柯
过滤器	山西麦克雷斯、上海菲思特
真空净油机	威海戥同
滤油机	唐荷科技、上海菲思特、山西麦克雷斯
工业齿轮油	壳牌Omala、中石化长城德威、天津日石
附件	山西方盛、启东康耐柯、上海诺雷

液压系统及元件推荐厂商	
液压系统制造	油威力、宁波创力、上海朝田、北京精海仪、上海龙甑
对中系统	上海科先、上海龙甑
柱塞泵	太重榆液
螺杆泵	RSP黄泵、HELNCO海林柯
螺纹插装阀组	北京精海仪
伺服阀、比例阀	海门维拓斯
伺服液压缸	金自天成
过滤器	山西麦克雷斯、上海菲思特
真空净油机	威海戥同
滤油机	唐荷科技、上海菲思特、山西麦克雷斯
液压油	壳牌Tellus、中石化长城卓力、天津日石
液压附件	山西方盛、启东康耐柯、上海诺雷
伺服监控	镇江四联

件号	名称	型号	主要参数	数量	备注
9	耐震压力表		Φ63,0~40MPa	2	
8	测压软管		L=1m,40MPa	2	
7	排气测压接头		G1/4″,31.5MPa	16	
6	蓄能器安全阀块		DN32,31.5MPa	12	
5	皮囊式蓄能器		63L,31.5MPa	12	
4	电磁方向阀		DN6,35MPa	2	
3	高压球阀		DN16,31.5MPa	2	
2	单向阀		DN20,31.5MPa	2	
1	高压球阀		DN50,35MPa	2	

明　细　表

机组	热连轧生产线
区域	卷取区
名称	卷取辅助液压系统蓄能器组原理图
图号	3/10

6.6.4 卷取辅助液压系统上集管翻转 1#~5# 阀台原理图

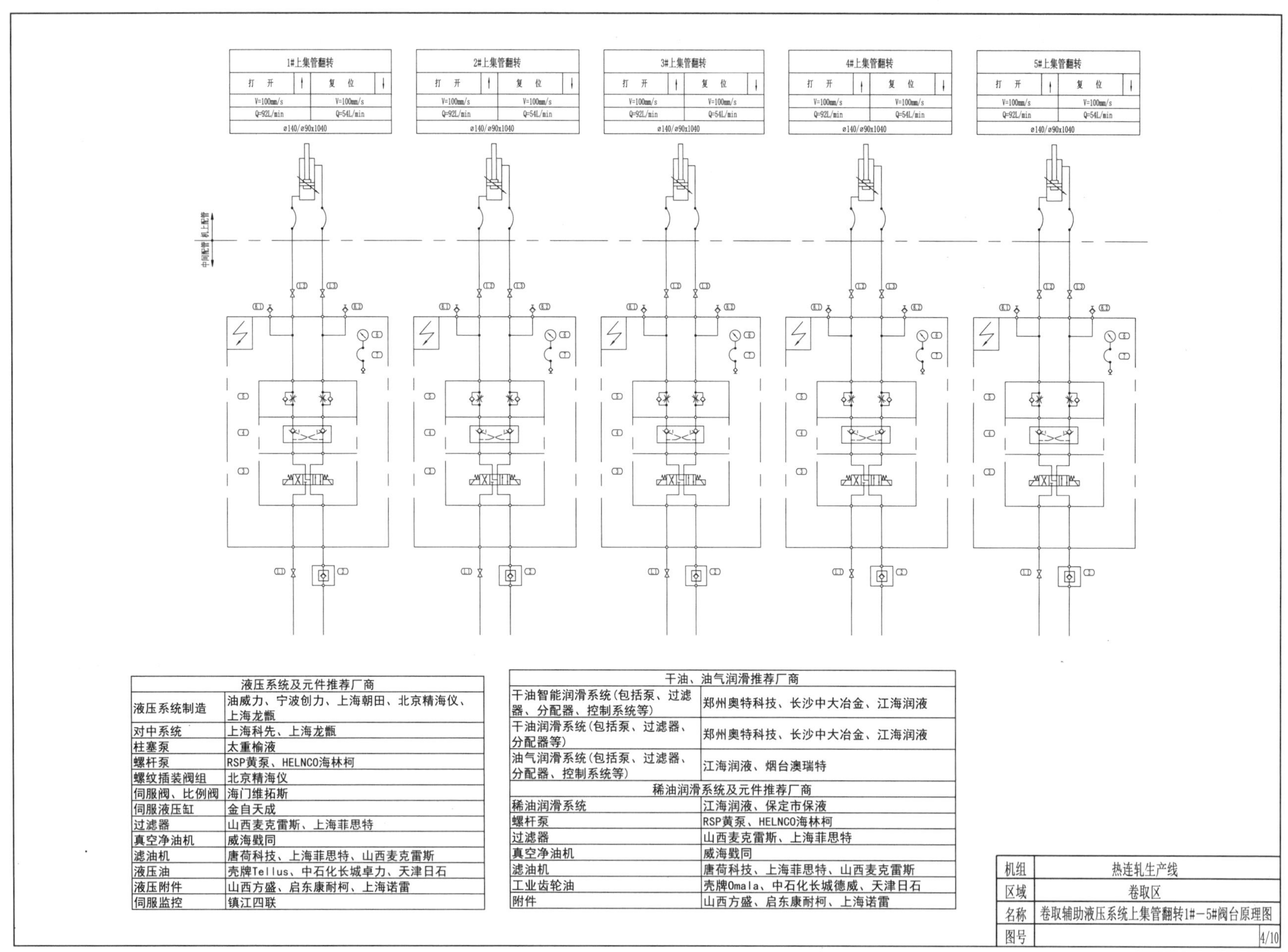

液压系统及元件推荐厂商	
液压系统制造	油威力、宁波创力、上海朝田、北京精海仪、上海龙甑
对中系统	上海科先、上海龙甑
柱塞泵	太重榆液
螺杆泵	RSP黄泵、HELNCO海林柯
螺纹插装阀组	北京精海仪
伺服阀、比例阀	海门维拓斯
伺服液压缸	金自天成
过滤器	山西麦克雷斯、上海菲思特
真空净油机	威海戥同
滤油机	唐荷科技、上海菲思特、山西麦克雷斯
液压油	壳牌Tellus、中石化长城卓力、天津日石
液压附件	山西方盛、启东康耐柯、上海诺雷
伺服监控	镇江四联

干油、油气润滑推荐厂商	
干油智能润滑系统(包括泵、过滤器、分配器、控制系统等)	郑州奥特科技、长沙中大冶金、江海润液
干油润滑系统(包括泵、过滤器、分配器等)	郑州奥特科技、长沙中大冶金、江海润液
油气润滑系统(包括泵、过滤器、分配器、控制系统等)	江海润液、烟台澳瑞特
稀油润滑系统及元件推荐厂商	
稀油润滑系统	江海润液、保定市保液
螺杆泵	RSP黄泵、HELNCO海林柯
过滤器	山西麦克雷斯、上海菲思特
真空净油机	威海戥同
滤油机	唐荷科技、上海菲思特、山西麦克雷斯
工业齿轮油	壳牌Omala、中石化长城德威、天津日石
附件	山西方盛、启东康耐柯、上海诺雷

机组	热连轧生产线
区域	卷取区
名称	卷取辅助液压系统上集管翻转1#－5#阀台原理图
图号	4/10

6.6.5 卷取辅助液压系统上集管翻转 6#~10# 阀台原理图

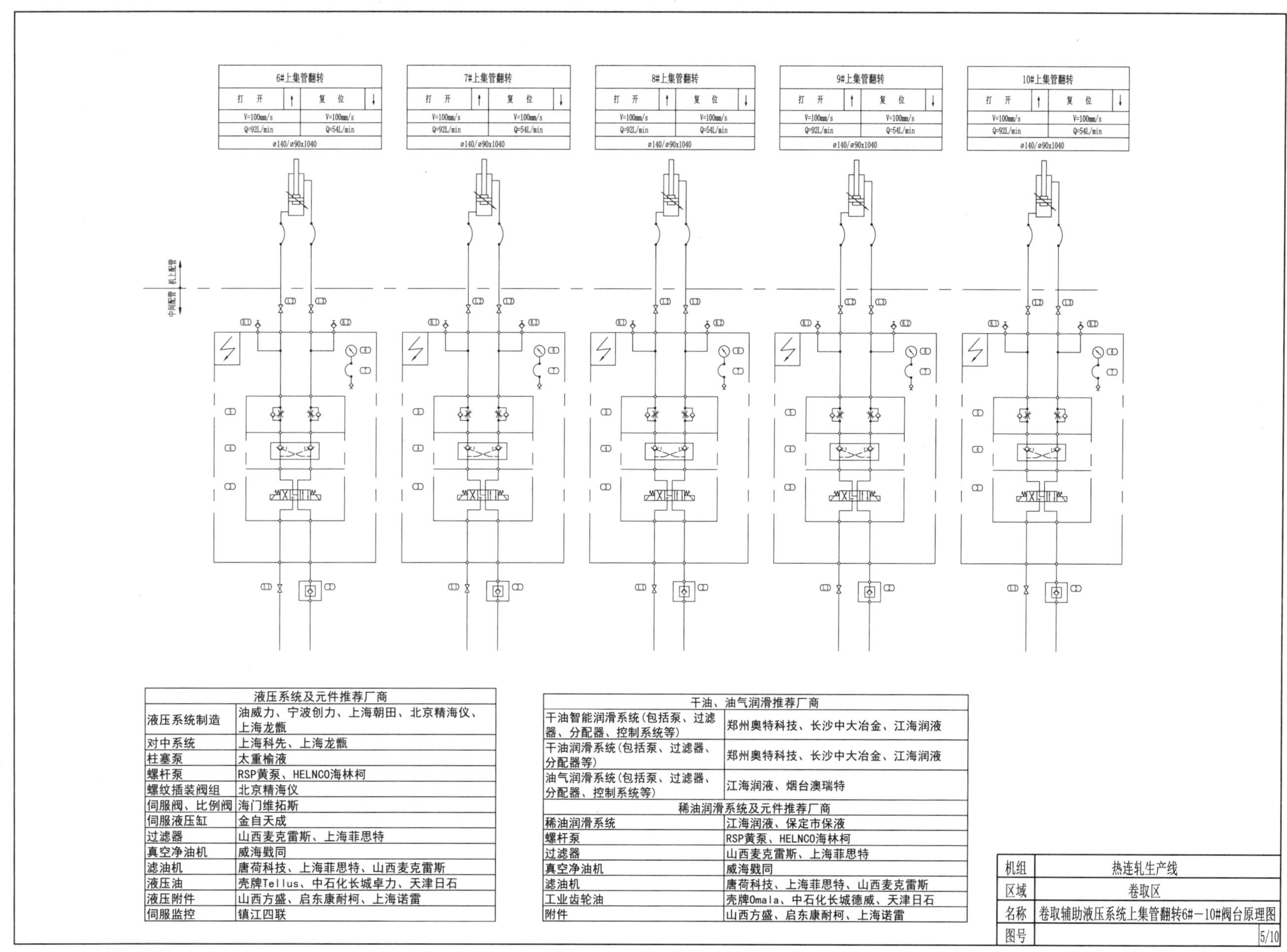

液压系统及元件推荐厂商	
液压系统制造	油威力、宁波创力、上海朝田、北京精海仪、上海龙甑
对中系统	上海科先、上海龙甑
柱塞泵	太重榆液
螺杆泵	RSP黄泵、HELNCO海林柯
螺纹插装阀组	北京精海仪
伺服阀、比例阀	海门维拓斯
伺服液压缸	金自天成
过滤器	山西麦克雷斯、上海菲思特
真空净油机	威海戥同
滤油机	唐荷科技、上海菲思特、山西麦克雷斯
液压油	壳牌Tellus、中石化长城卓力、天津日石
液压附件	山西方盛、启东康耐柯、上海诺雷
伺服监控	镇江四联

干油、油气润滑推荐厂商	
干油智能润滑系统(包括泵、过滤器、分配器、控制系统等)	郑州奥特科技、长沙中大冶金、江海润液
干油润滑系统(包括泵、过滤器、分配器等)	郑州奥特科技、长沙中大冶金、江海润液
油气润滑系统(包括泵、过滤器、分配器、控制系统等)	江海润液、烟台澳瑞特
稀油润滑系统及元件推荐厂商	
稀油润滑系统	江海润液、保定市保液
螺杆泵	RSP黄泵、HELNCO海林柯
过滤器	山西麦克雷斯、上海菲思特
真空净油机	威海戥同
滤油机	唐荷科技、上海菲思特、山西麦克雷斯
工业齿轮油	壳牌Omala、中石化长城德威、天津日石
附件	山西方盛、启东康耐柯、上海诺雷

机组	热连轧生产线
区域	卷取区
名称	卷取辅助液压系统上集管翻转6#－10#阀台原理图
图号	5/10

6.6.6 卷取辅助液压系统上集管翻转 11#~15# 阀台原理图

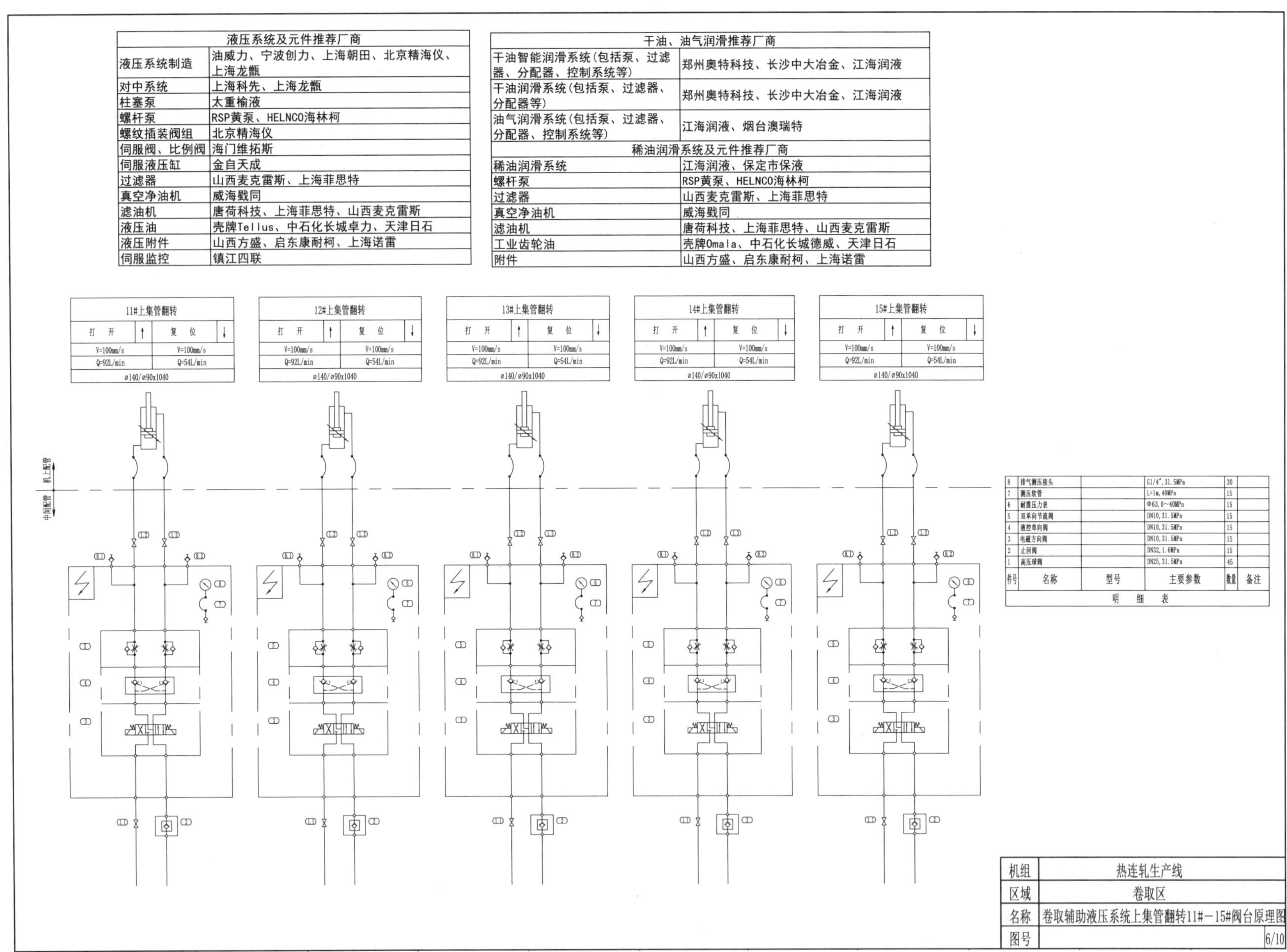

液压系统及元件推荐厂商	
液压系统制造	油威力、宁波创力、上海朝田、北京精海仪、上海龙甑
对中系统	上海科先、上海龙甑
柱塞泵	太重榆液
螺杆泵	RSP黄泵、HELNCO海林柯
螺纹插装阀组	北京精海仪
伺服阀、比例阀	海门维拓斯
伺服液压缸	金自天成
过滤器	山西麦克雷斯、上海菲思特
真空净油机	威海戥同
滤油机	唐荷科技、上海菲思特、山西麦克雷斯
液压油	壳牌Tellus、中石化长城卓力、天津日石
液压附件	山西方盛、启东康耐柯、上海诺雷
伺服监控	镇江四联

干油、油气润滑推荐厂商	
干油智能润滑系统(包括泵、过滤器、分配器、控制系统等)	郑州奥特科技、长沙中大冶金、江海润液
干油润滑系统(包括泵、过滤器、分配器等)	郑州奥特科技、长沙中大冶金、江海润液
油气润滑系统(包括泵、过滤器、分配器、控制系统等)	江海润液、烟台澳瑞特
稀油润滑系统及元件推荐厂商	
稀油润滑系统	江海润液、保定市保液
螺杆泵	RSP黄泵、HELNCO海林柯
过滤器	山西麦克雷斯、上海菲思特
真空净油机	威海戥同
滤油机	唐荷科技、上海菲思特、山西麦克雷斯
工业齿轮油	壳牌Omala、中石化长城德威、天津日石
附件	山西方盛、启东康耐柯、上海诺雷

件号	名称	型号	主要参数	数量	备注
8	排气测压接头		G1/4″,31.5MPa	30	
7	测压软管		L=1m,40MPa	15	
6	耐震压力表		Φ63,0~40MPa	15	
5	双单向节流阀		DN10,31.5MPa	15	
4	液控单向阀		DN10,31.5MPa	15	
3	电磁方向阀		DN10,31.5MPa	15	
2	止回阀		DN32,1.6MPa	15	
1	高压球阀		DN25,31.5MPa	45	

明　细　表

机组	热连轧生产线
区域	卷取区
名称	卷取辅助液压系统上集管翻转11#—15#阀台原理图
图号	6/10

6.6.7 卷取辅助液压系统 1#、2# 卷取机夹送辊阀台原理图（1）

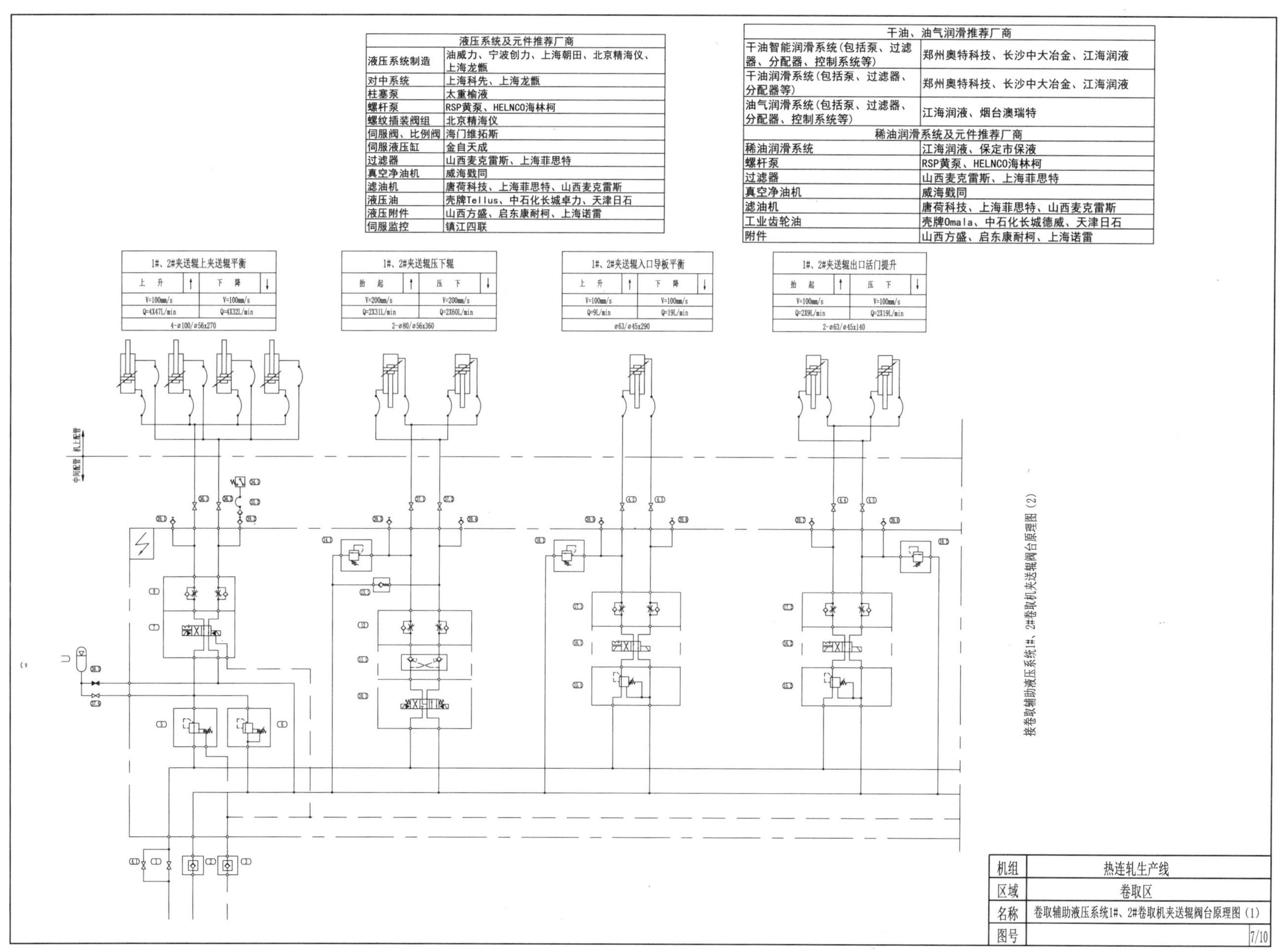

液压系统及元件推荐厂商	
液压系统制造	油威力、宁波创力、上海朝田、北京精海仪、上海龙甑
对中系统	上海科先、上海龙甑
柱塞泵	太重榆液
螺杆泵	RSP黄泵、HELNCO海林柯
螺纹插装阀组	北京精海仪
伺服阀、比例阀	海门维拓斯
伺服液压缸	金自天成
过滤器	山西麦克雷斯、上海菲思特
真空净油机	威海戥同
滤油机	唐荷科技、上海菲思特、山西麦克雷斯
液压油	壳牌Tellus、中石化长城卓力、天津日石
液压附件	山西方盛、启东康耐柯、上海诺雷
伺服监控	镇江四联

干油、油气润滑推荐厂商	
干油智能润滑系统(包括泵、过滤器、分配器、控制系统等)	郑州奥特科技、长沙中大冶金、江海润液
干油润滑系统(包括泵、过滤器、分配器等)	郑州奥特科技、长沙中大冶金、江海润液
油气润滑系统(包括泵、过滤器、分配器、控制系统等)	江海润液、烟台澳瑞特
稀油润滑系统及元件推荐厂商	
稀油润滑系统	江海润液、保定市保液
螺杆泵	RSP黄泵、HELNCO海林柯
过滤器	山西麦克雷斯、上海菲思特
真空净油机	威海戥同
滤油机	唐荷科技、上海菲思特、山西麦克雷斯
工业齿轮油	壳牌Omala、中石化长城德威、天津日石
附件	山西方盛、启东康耐柯、上海诺雷

1#、2#夹送辊上夹送辊平衡			
上　升	↑	下　降	↓
V=100mm/s		V=100mm/s	
Q=4X47L/min		Q=4X32L/min	
4-ø100/ø56x270			

1#、2#夹送辊压下辊			
抬　起	↑	压　下	↓
V=200mm/s		V=200mm/s	
Q=2X31L/min		Q=2X60L/min	
2-ø80/ø56x360			

1#、2#夹送辊入口导板平衡			
上　升	↑	下　降	↓
V=100mm/s		V=100mm/s	
Q=9L/min		Q=19L/min	
ø63/ø45x290			

1#、2#夹送辊出口活门提升			
抬　起	↑	压　下	↓
V=100mm/s		V=100mm/s	
Q=2X9L/min		Q=2X19L/min	
2-ø63/ø45x140			

机组	热连轧生产线
区域	卷取区
名称	卷取辅助液压系统1#、2#卷取机夹送辊阀台原理图(1)
图号	7/10

6.6.8 卷取辅助液压系统 1#、2# 卷取机夹送辊阀台原理图（2）

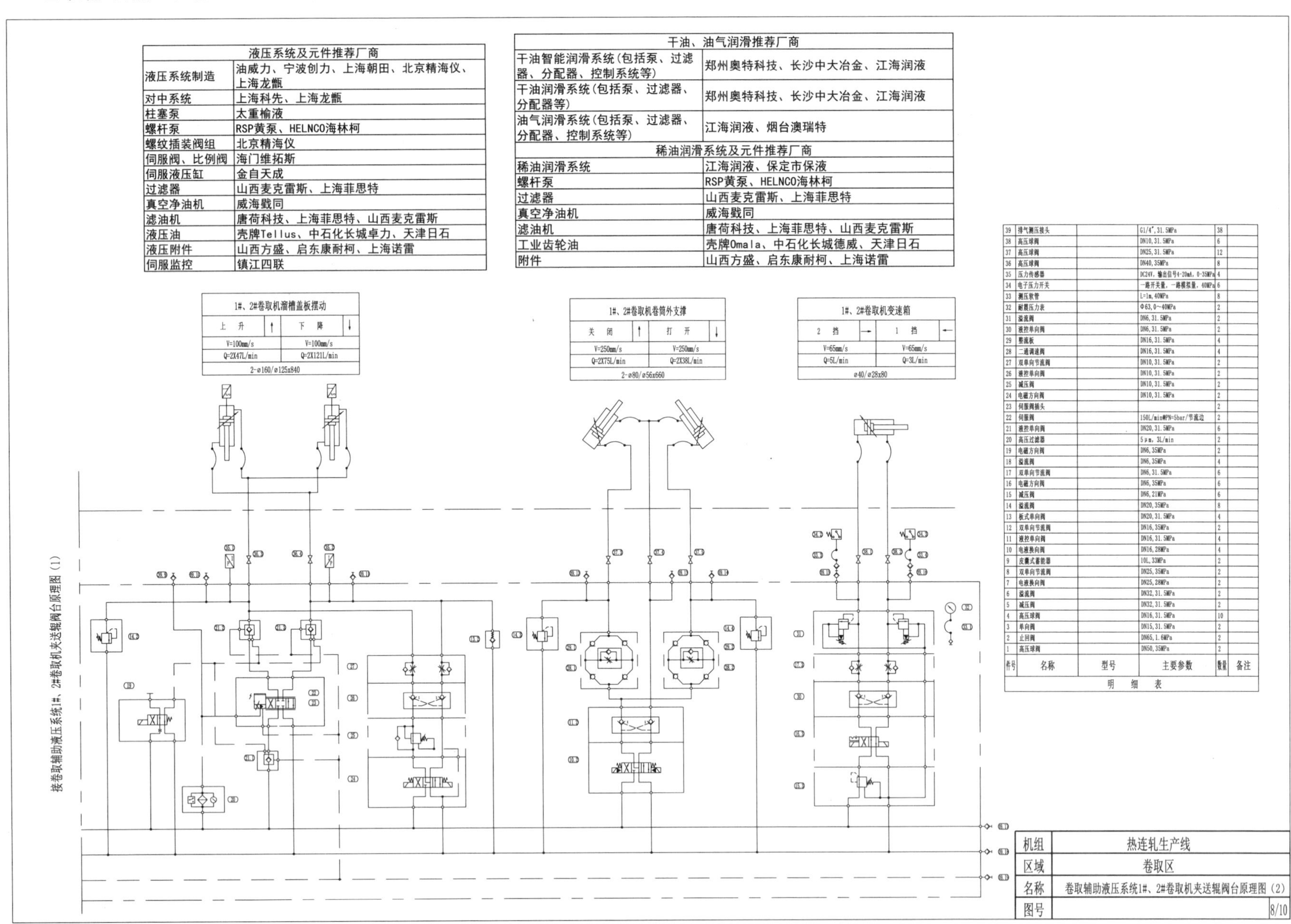

液压系统及元件推荐厂商	
液压系统制造	油威力、宁波创力、上海朝田、北京精海仪、上海龙甑
对中系统	上海科先、上海龙甑
柱塞泵	太重榆液
螺杆泵	RSP黄泵、HELNCO海林柯
螺纹插装阀组	北京精海仪
伺服阀、比例阀	海门维拓斯
伺服液压缸	金自天成
过滤器	山西麦克雷斯、上海菲思特
真空净油机	威海戥同
滤油机	唐荷科技、上海菲思特、山西麦克雷斯
液压油	壳牌Tellus、中石化长城卓力、天津日石
液压附件	山西方盛、启东康耐柯、上海诺雷
伺服监控	镇江四联

干油、油气润滑推荐厂商	
干油智能润滑系统(包括泵、过滤器、分配器、控制系统等)	郑州奥特科技、长沙中大冶金、江海润液
干油润滑系统(包括泵、过滤器、分配器等)	郑州奥特科技、长沙中大冶金、江海润液
油气润滑系统(包括泵、过滤器、分配器、控制系统等)	江海润液、烟台澳瑞特
稀油润滑系统及元件推荐厂商	
稀油润滑系统	江海润液、保定市保液
螺杆泵	RSP黄泵、HELNCO海林柯
过滤器	山西麦克雷斯、上海菲思特
真空净油机	威海戥同
滤油机	唐荷科技、上海菲思特、山西麦克雷斯
工业齿轮油	壳牌Omala、中石化长城德威、天津日石
附件	山西方盛、启东康耐柯、上海诺雷

1#、2#卷取机溜槽盖板摆动	
上升 ↑	下降 ↓
V=100mm/s	V=100mm/s
Q=2X47L/min	Q=2X121L/min
2-ø160/ø125x840	

1#、2#卷取机卷筒外支撑	
关闭 ↑	打开 ↓
V=250mm/s	V=250mm/s
Q=2X75L/min	Q=2X38L/min
2-ø80/ø56x660	

1#、2#卷取机变速箱	
2 挡 →	1 挡 ←
V=65mm/s	V=65mm/s
Q=5L/min	Q=3L/min
ø40/ø28x80	

件号	名称	型号	主要参数	数量	备注
39	排气测压接头		G1/4″,31.5MPa	38	
38	高压球阀		DN10,31.5MPa	6	
37	高压球阀		DN25,31.5MPa	12	
36	高压球阀		DN40,35MPa	8	
35	压力传感器		DC24V，输出信号4-20mA，0-35MPa	4	
34	电子压力开关		一路开关量，一路模拟量，40MPa	6	
33	测压软管		L=1m,40MPa	8	
32	耐震压力表		Φ63,0~40MPa	2	
31	溢流阀		DN6,31.5MPa	2	
30	液控单向阀		DN6,31.5MPa	2	
29	整流板		DN16,31.5MPa	4	
28	二通调速阀		DN16,31.5MPa	4	
27	双单向节流阀		DN10,31.5MPa	2	
26	液控单向阀		DN10,31.5MPa	2	
25	减压阀		DN10,31.5MPa	2	
24	电磁方向阀		DN10,31.5MPa	2	
23	伺服阀插头			2	
22	伺服阀		150L/min@PN=5bar/节流边	2	
21	液控单向阀		DN20,31.5MPa	6	
20	高压过滤器		5μm，3L/min	2	
19	电磁方向阀		DN6,35MPa	2	
18	溢流阀		DN6,35MPa	4	
17	双单向节流阀		DN6,31.5MPa	6	
16	电磁方向阀		DN6,35MPa	6	
15	减压阀		DN6,21MPa	6	
14	溢流阀		DN20,35MPa	8	
13	板式单向阀		DN20,31.5MPa	4	
12	双单向节流阀		DN16,35MPa	2	
11	液控单向阀		DN16,31.5MPa	4	
10	电液换向阀		DN16,28MPa	4	
9	皮囊式蓄能器		10L,33MPa	2	
8	双单向节流阀		DN25,35MPa	2	
7	电液换向阀		DN25,28MPa	2	
6	溢流阀		DN32,31.5MPa	2	
5	减压阀		DN32,31.5MPa	2	
4	高压球阀		DN16,31.5MPa	10	
3	单向阀		DN15,31.5MPa	2	
2	止回阀		DN65,1.6MPa	2	
1	高压球阀		DN50,35MPa	2	

明细表

机组	热连轧生产线
区域	卷取区
名称	卷取辅助液压系统1#、2#卷取机夹送辊阀台原理图（2）
图号	8/10

6.6.9 卷取辅助液压系统 1#、2# 卸卷、运卷小车阀台原理图（1）

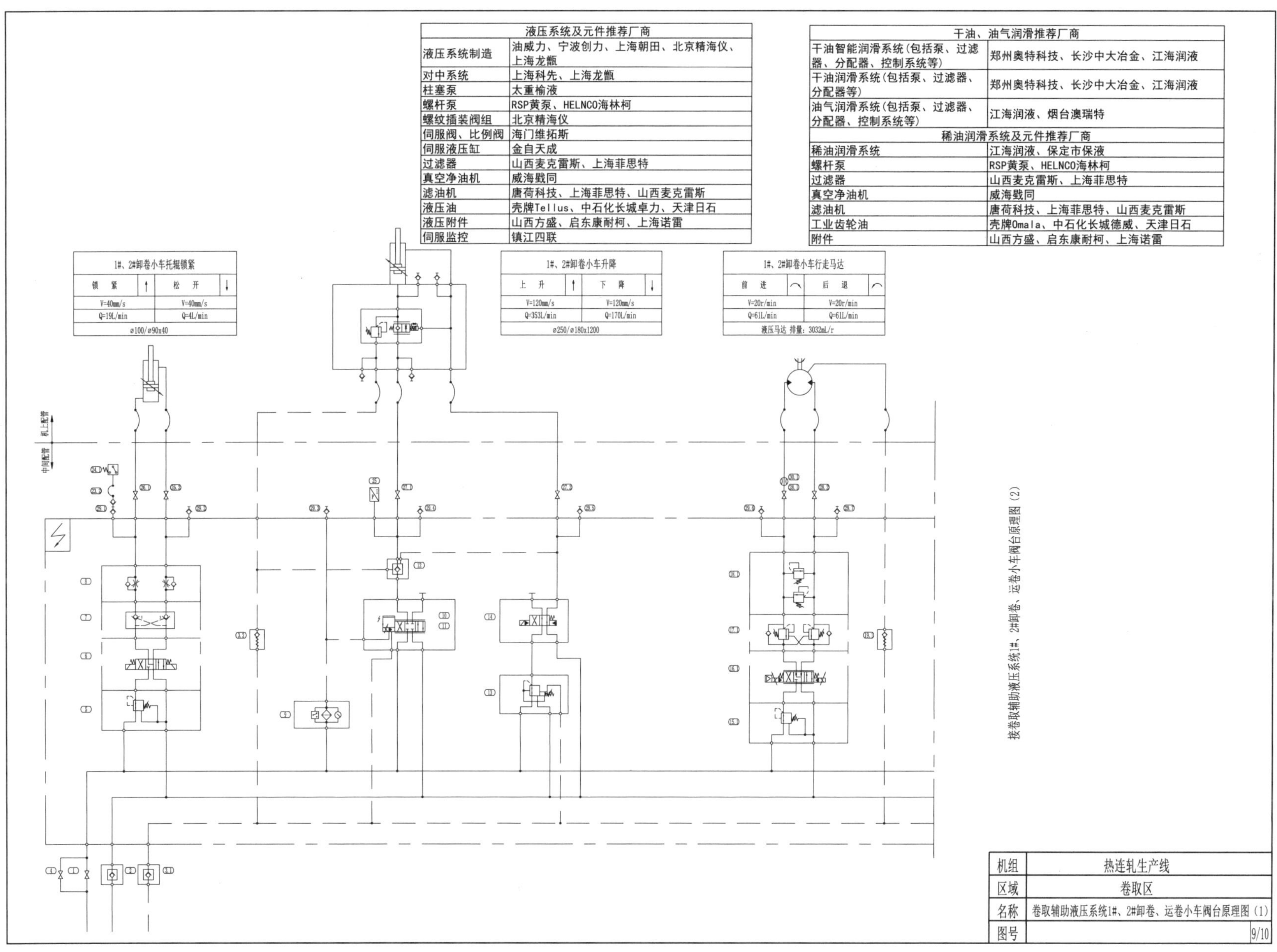

液压系统及元件推荐厂商	
液压系统制造	油威力、宁波创力、上海朝田、北京精海仪、上海龙甑
对中系统	上海科先、上海龙甑
柱塞泵	太重榆液
螺杆泵	RSP黄泵、HELNCO海林柯
螺纹插装阀组	北京精海仪
伺服阀、比例阀	海门维拓斯
伺服液压缸	金自天成
过滤器	山西麦克雷斯、上海菲思特
真空净油机	威海戥同
滤油机	唐荷科技、上海菲思特、山西麦克雷斯
液压油	壳牌Tellus、中石化长城卓力、天津日石
液压附件	山西方盛、启东康耐柯、上海诺雷
伺服监控	镇江四联

干油、油气润滑推荐厂商	
干油智能润滑系统(包括泵、过滤器、分配器、控制系统等)	郑州奥特科技、长沙中大冶金、江海润液
干油润滑系统(包括泵、过滤器、分配器等)	郑州奥特科技、长沙中大冶金、江海润液
油气润滑系统(包括泵、过滤器、分配器、控制系统等)	江海润液、烟台澳瑞特
稀油润滑系统及元件推荐厂商	
稀油润滑系统	江海润液、保定市保液
螺杆泵	RSP黄泵、HELNCO海林柯
过滤器	山西麦克雷斯、上海菲思特
真空净油机	威海戥同
滤油机	唐荷科技、上海菲思特、山西麦克雷斯
工业齿轮油	壳牌Omala、中石化长城德威、天津日石
附件	山西方盛、启东康耐柯、上海诺雷

1#、2#卸卷小车托辊锁紧	
锁　紧 ↑	松　开 ↓
V=40mm/s	V=40mm/s
Q=19L/min	Q=4L/min
ø100/ø90x40	

1#、2#卸卷小车升降	
上　升 ↑	下　降 ↓
V=120mm/s	V=120mm/s
Q=353L/min	Q=170L/min
ø250/ø180x1200	

1#、2#卸卷小车行走马达	
前　进	后　退
V=20r/min	V=20r/min
Q=61L/min	Q=61L/min
液压马达 排量：3032mL/r	

机组	热连轧生产线
区域	卷取区
名称	卷取辅助液压系统1#、2#卸卷、运卷小车阀台原理图(1)
图号	9/10

6.6.10 卷取辅助液压系统 1#、2# 卸卷、运卷小车阀台原理图（2）

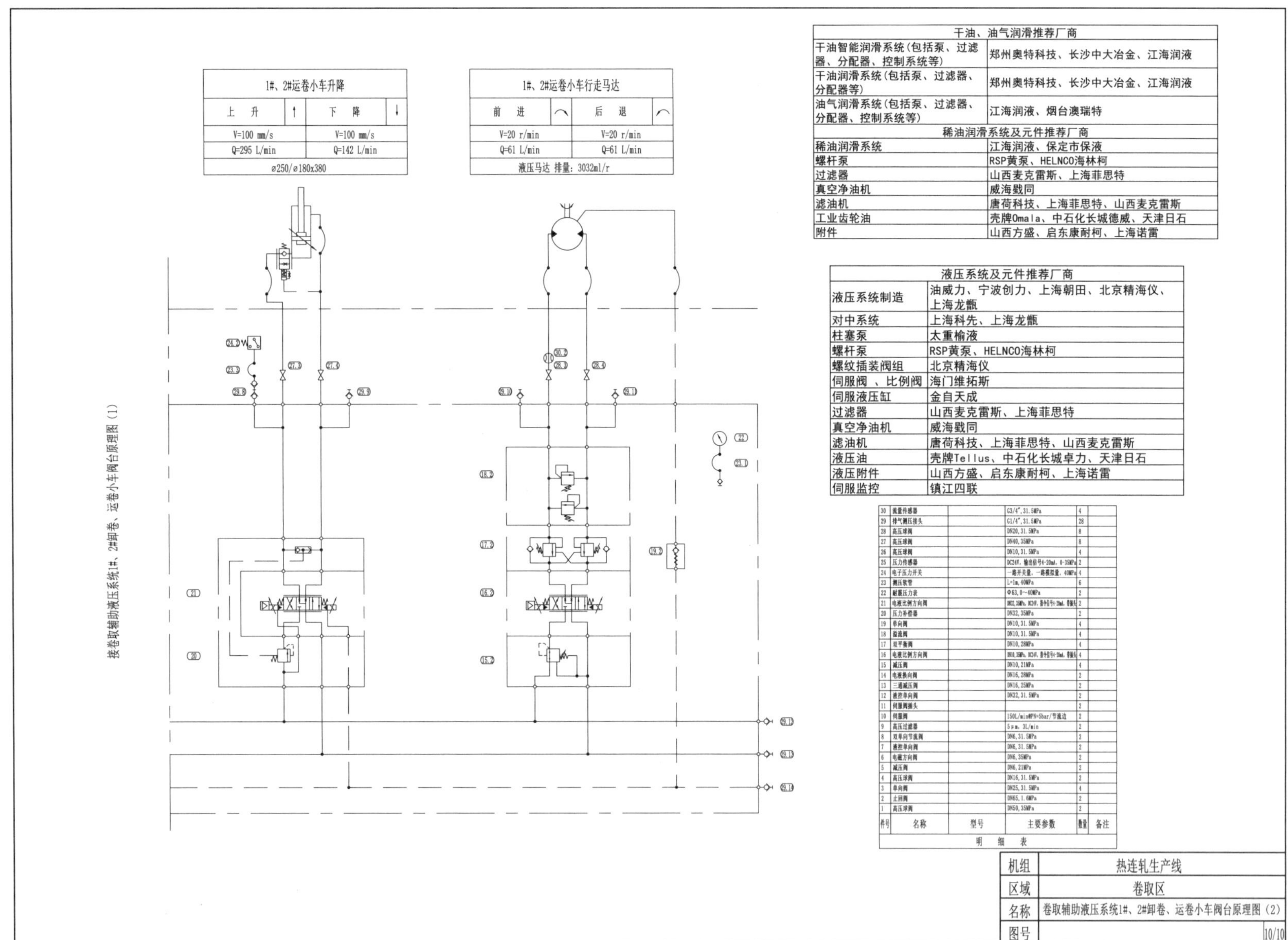

1#、2#运卷小车升降	
上 升 ↑	下 降 ↓
V=100 mm/s	V=100 mm/s
Q=295 L/min	Q=142 L/min
ø250/ø180x380	

1#、2#运卷小车行走马达	
前 进	后 退
V=20 r/min	V=20 r/min
Q=61 L/min	Q=61 L/min
液压马达 排量：3032ml/r	

干油、油气润滑推荐厂商	
干油智能润滑系统（包括泵、过滤器、分配器、控制系统等）	郑州奥特科技、长沙中大冶金、江海润液
干油润滑系统（包括泵、过滤器、分配器等）	郑州奥特科技、长沙中大冶金、江海润液
油气润滑系统（包括泵、过滤器、分配器、控制系统等）	江海润液、烟台澳瑞特
稀油润滑系统及元件推荐厂商	
稀油润滑系统	江海润液、保定市保液
螺杆泵	RSP黄泵、HELNCO海林柯
过滤器	山西麦克雷斯、上海菲思特
真空净油机	威海戥同
滤油机	唐荷科技、上海菲思特、山西麦克雷斯
工业齿轮油	壳牌Omala、中石化长城德威、天津日石
附件	山西方盛、启东康耐柯、上海诺雷

液压系统及元件推荐厂商	
液压系统制造	油威力、宁波创力、上海朝田、北京精海仪、上海龙甑
对中系统	上海科先、上海龙甑
柱塞泵	太重榆液
螺杆泵	RSP黄泵、HELNCO海林柯
螺纹插装阀组	北京精海仪
伺服阀 、比例阀	海门维拓斯
伺服液压缸	金自天成
过滤器	山西麦克雷斯、上海菲思特
真空净油机	威海戥同
滤油机	唐荷科技、上海菲思特、山西麦克雷斯
液压油	壳牌Tellus、中石化长城卓力、天津日石
液压附件	山西方盛、启东康耐柯、上海诺雷
伺服监控	镇江四联

件号	名称	型号	主要参数	数量	备注
30	流量传感器		G3/4″,31.5MPa	4	
29	排气测压接头		G1/4″,31.5MPa	28	
28	高压球阀		DN20,31.5MPa	8	
27	高压球阀		DN40,35MPa	8	
26	高压球阀		DN10,31.5MPa	4	
25	压力传感器		DC24V，输出信号4-20mA，0-35MPa	2	
24	电子压力开关		一路开关量，一路模拟量，40MPa	4	
23	测压软管		L=1m,40MPa	6	
22	耐震压力表		Φ63,0~40MPa	2	
21	电液比例方向阀		DN32,35MPa，DC24V，指令信号4-20mA，带插头	2	
20	压力补偿器		DN32,35MPa	2	
19	单向阀		DN10,31.5MPa	4	
18	溢流阀		DN10,31.5MPa	4	
17	双平衡阀		DN10,28MPa	4	
16	电液比例方向阀		DN10,35MPa，DC24V，指令信号4-20mA，带插头	4	
15	减压阀		DN10,21MPa	4	
14	电液换向阀		DN16,28MPa	2	
13	三通减压阀		DN16,25MPa	2	
12	液控单向阀		DN32,31.5MPa	2	
11	伺服阀插头			2	
10	伺服阀		150L/min@PN=5bar/节流边	2	
9	高压过滤器		5μm，3L/min	2	
8	双单向节流阀		DN6,31.5MPa	2	
7	液控单向阀		DN6,31.5MPa	2	
6	电磁方向阀		DN6,35MPa	2	
5	减压阀		DN6,21MPa	2	
4	高压球阀		DN16,31.5MPa	2	
3	单向阀		DN25,31.5MPa	4	
2	止回阀		DN65,1.6MPa	2	
1	高压球阀		DN50,35MPa	2	

明 细 表

机组	热连轧生产线
区域	卷取区
名称	卷取辅助液压系统1#、2#卸卷、运卷小车阀台原理图（2）
图号	10/10

6.7 卷取伺服液压系统

6.7.1 卷取辅助液压系统泵站原理图（1）

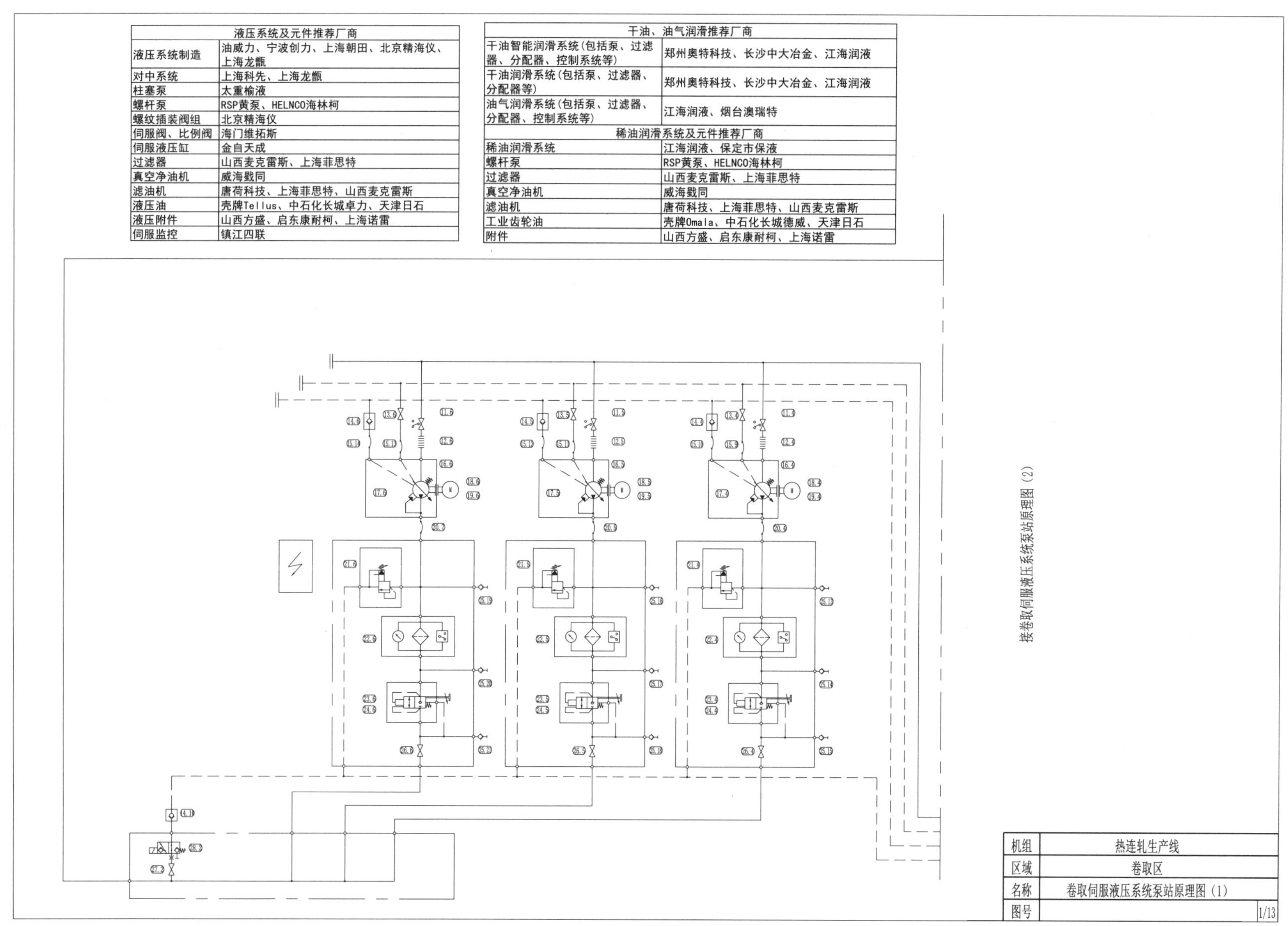

液压系统及元件推荐厂商	
液压系统制造	油威力、宁波创力、上海朝田、北京精海仪、上海龙甑
对中系统	上海科先、上海龙甑
柱塞泵	太重榆液
螺杆泵	RSP黄泵、HELNCO海林柯
螺纹插装阀组	北京精海仪
伺服阀、比例阀	海门维拓斯
伺服液压缸	金自天成
过滤器	山西麦克雷斯、上海菲思特
真空净油机	威海戥同
滤油机	唐荷科技、上海菲思特、山西麦克雷斯
液压油	壳牌Tellus、中石化长城卓力、天津日石
液压附件	山西方盛、启东康耐柯、上海诺雷
伺服监控	镇江四联

干油、油气润滑推荐厂商	
干油智能润滑系统(包括泵、过滤器、分配器、控制系统等)	郑州奥特科技、长沙中大冶金、江海润液
干油润滑系统(包括泵、过滤器、分配器等)	郑州奥特科技、长沙中大冶金、江海润液
油气润滑系统(包括泵、过滤器、分配器、控制系统等)	江海润液、烟台澳瑞特
稀油润滑系统及元件推荐厂商	
稀油润滑系统	江海润液、保定市保液
螺杆泵	RSP黄泵、HELNCO海林柯
过滤器	山西麦克雷斯、上海菲思特
真空净油机	威海戥同
滤油机	唐荷科技、上海菲思特、山西麦克雷斯
工业齿轮油	壳牌Omala、中石化长城德威、天津日石
附件	山西方盛、启东康耐柯、上海诺雷

6.7.2 卷取辅助液压系统泵站原理图（2）

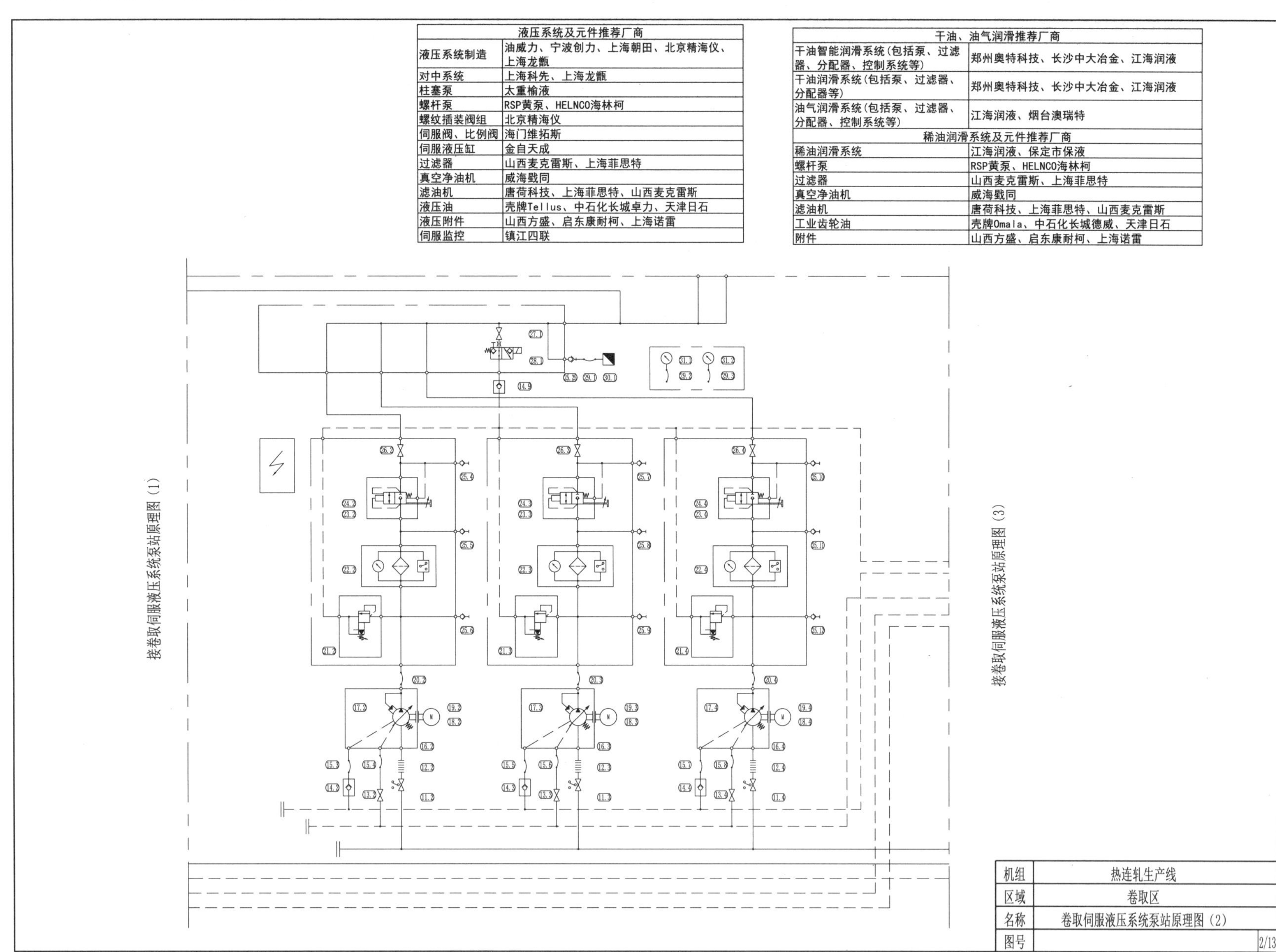

液压系统及元件推荐厂商	
液压系统制造	油威力、宁波创力、上海朝田、北京精海仪、上海龙甑
对中系统	上海科先、上海龙甑
柱塞泵	太重榆液
螺杆泵	RSP黄泵、HELNCO海林柯
螺纹插装阀组	北京精海仪
伺服阀、比例阀	海门维拓斯
伺服液压缸	金自天成
过滤器	山西麦克雷斯、上海菲思特
真空净油机	威海戥同
滤油机	唐荷科技、上海菲思特、山西麦克雷斯
液压油	壳牌Tellus、中石化长城卓力、天津日石
液压附件	山西方盛、启东康耐柯、上海诺雷
伺服监控	镇江四联

干油、油气润滑推荐厂商	
干油智能润滑系统(包括泵、过滤器、分配器、控制系统等)	郑州奥特科技、长沙中大冶金、江海润液
干油润滑系统(包括泵、过滤器、分配器等)	郑州奥特科技、长沙中大冶金、江海润液
油气润滑系统(包括泵、过滤器、分配器、控制系统等)	江海润液、烟台澳瑞特
稀油润滑系统及元件推荐厂商	
稀油润滑系统	江海润液、保定市保液
螺杆泵	RSP黄泵、HELNCO海林柯
过滤器	山西麦克雷斯、上海菲思特
真空净油机	威海戥同
滤油机	唐荷科技、上海菲思特、山西麦克雷斯
工业齿轮油	壳牌Omala、中石化长城德威、天津日石
附件	山西方盛、启东康耐柯、上海诺雷

机组	热连轧生产线
区域	卷取区
名称	卷取伺服液压系统泵站原理图（2）
图号	2/13

6.7.3 卷取辅助液压系统泵站原理图（3）

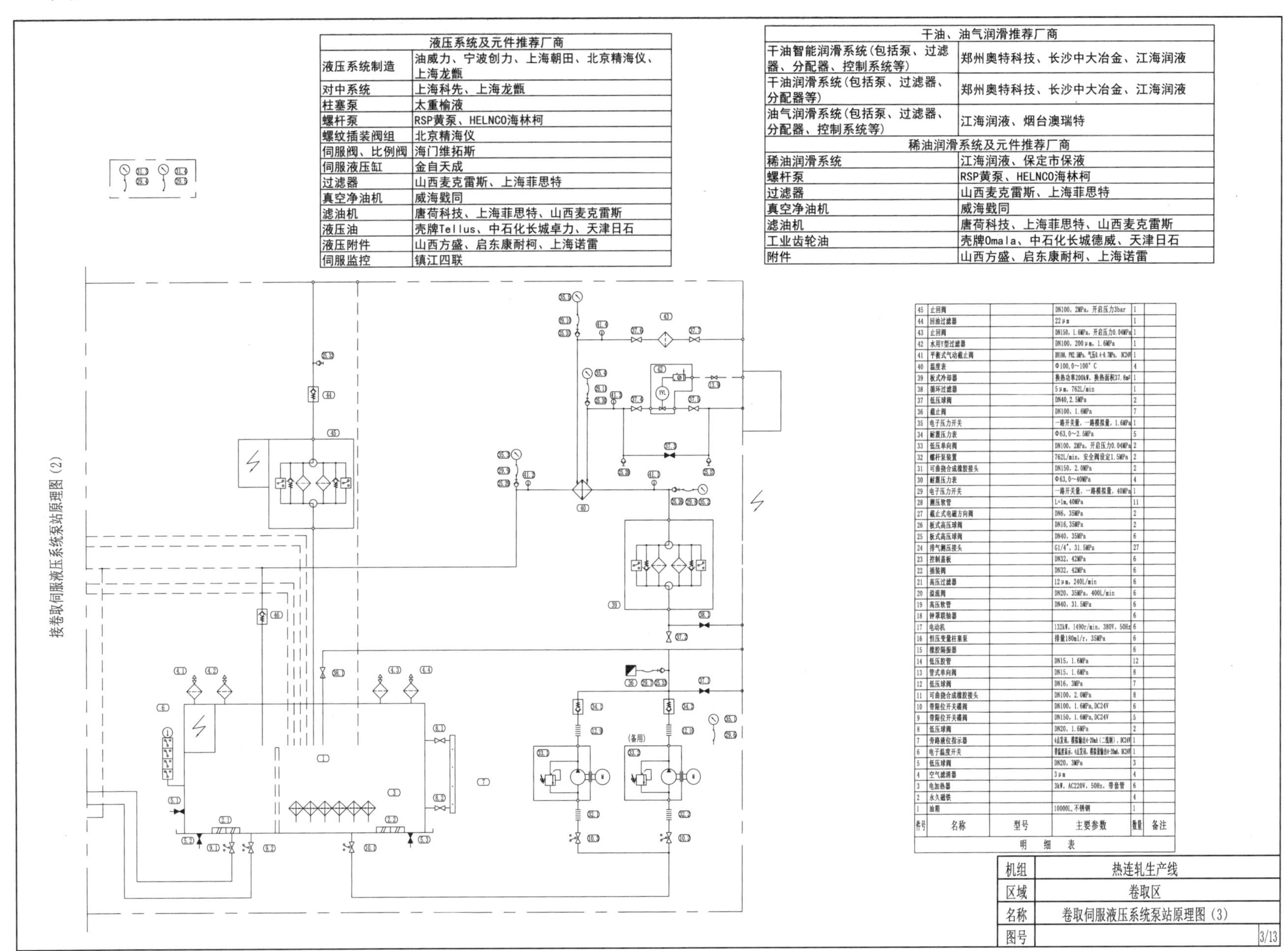

液压系统及元件推荐厂商	
液压系统制造	油威力、宁波创力、上海朝田、北京精海仪、上海龙甑
对中系统	上海科先、上海龙甑
柱塞泵	太重榆液
螺杆泵	RSP黄泵、HELNCO海林柯
螺纹插装阀组	北京精海仪
伺服阀、比例阀	海门维拓斯
伺服液压缸	金自天成
过滤器	山西麦克雷斯、上海菲思特
真空净油机	威海戬同
滤油机	唐荷科技、上海菲思特、山西麦克雷斯
液压油	壳牌Tellus、中石化长城卓力、天津日石
液压附件	山西方盛、启东康耐柯、上海诺雷
伺服监控	镇江四联

干油、油气润滑推荐厂商	
干油智能润滑系统(包括泵、过滤器、分配器、控制系统等)	郑州奥特科技、长沙中大冶金、江海润液
干油润滑系统(包括泵、过滤器、分配器等)	郑州奥特科技、长沙中大冶金、江海润液
油气润滑系统(包括泵、过滤器、分配器、控制系统等)	江海润液、烟台澳瑞特
稀油润滑系统及元件推荐厂商	
稀油润滑系统	江海润液、保定市保液
螺杆泵	RSP黄泵、HELNCO海林柯
过滤器	山西麦克雷斯、上海菲思特
真空净油机	威海戬同
滤油机	唐荷科技、上海菲思特、山西麦克雷斯
工业齿轮油	壳牌Omala、中石化长城德威、天津日石
附件	山西方盛、启东康耐柯、上海诺雷

件号	名称	型号	主要参数	数量	备注
45	止回阀		DN100，2MPa，开启压力3bar	1	
44	回油过滤器		22μm	1	
43	止回阀		DN150，1.6MPa，开启压力0.04MPa	1	
42	水用Y型过滤器		DN100，200μm，1.6MPa	1	
41	平衡式气动截止阀		DN100，PN2.5MPa，气压0.4-0.7MPa，DC24V	1	
40	温度表		Φ100，0~100°C	4	
39	板式冷却器		换热功率200kW，换热面积37.8m²	1	
38	循环过滤器		5μm，762L/min	1	
37	低压球阀		DN40，2.5MPa	2	
36	截止阀		DN100，1.6MPa	7	
35	电子压力开关		一路开关量，一路模拟量，1.6MPa	1	
34	耐震压力表		Φ63，0~2.5MPa	5	
33	低压单向阀		DN100，2MPa，开启压力0.04MPa	2	
32	螺杆泵装置		762L/min，安全阀设定1.5MPa	2	
31	可曲挠合成橡胶接头		DN150，2.0MPa	2	
30	耐震压力表		Φ63，0~40MPa	4	
29	电子压力开关		一路开关量，一路模拟量，40MPa	1	
28	测压软管		L=1m，40MPa	11	
27	截止式电磁方向阀		DN6，35MPa	2	
26	板式高压球阀		DN16，35MPa	2	
25	板式高压球阀		DN40，35MPa	6	
24	排气测压接头		G1/4″，31.5MPa	27	
23	控制盖板		DN32，42MPa	6	
22	插装阀		DN32，42MPa	6	
21	高压过滤器		12μm，240L/min	6	
20	溢流阀		DN20，35MPa，400L/min	6	
19	高压软管		DN40，31.5MPa	6	
18	钟罩联轴器			6	
17	电动机		132kW，1490r/min，380V，50Hz	6	
16	恒压变量柱塞泵		排量180ml/r，35MPa	6	
15	橡胶隔振器			6	
14	低压胶管		DN15，1.6MPa	12	
13	管式单向阀		DN15，1.6MPa	8	
12	低压球阀		DN16，3MPa	7	
11	可曲挠合成橡胶接头		DN100，2.0MPa	8	
10	带限位开关蝶阀		DN100，1.6MPa，DC24V	6	
9	带限位开关蝶阀		DN150，1.6MPa，DC24V	5	
8	低压球阀		DN20，1.6MPa	2	
7	旁路液位指示器		4点发讯，模拟输出4-20mA（二线制），DC24V	1	
6	电子温度开关		带温度显示，4点发讯，模拟量输出4-20mA，DC24V	1	
5	低压球阀		DN20，3MPa	3	
4	空气滤清器		3μm	4	
3	电加热器		3kW，AC220V，50Hz，带套管	6	
2	永久磁铁			4	
1	油箱		10000L，不锈钢	1	

明　细　表

机组	热连轧生产线
区域	卷取区
名称	卷取伺服液压系统泵站原理图（3）
图号	3/13

6.7.4 卷取伺服液压系统蓄能器组原理图

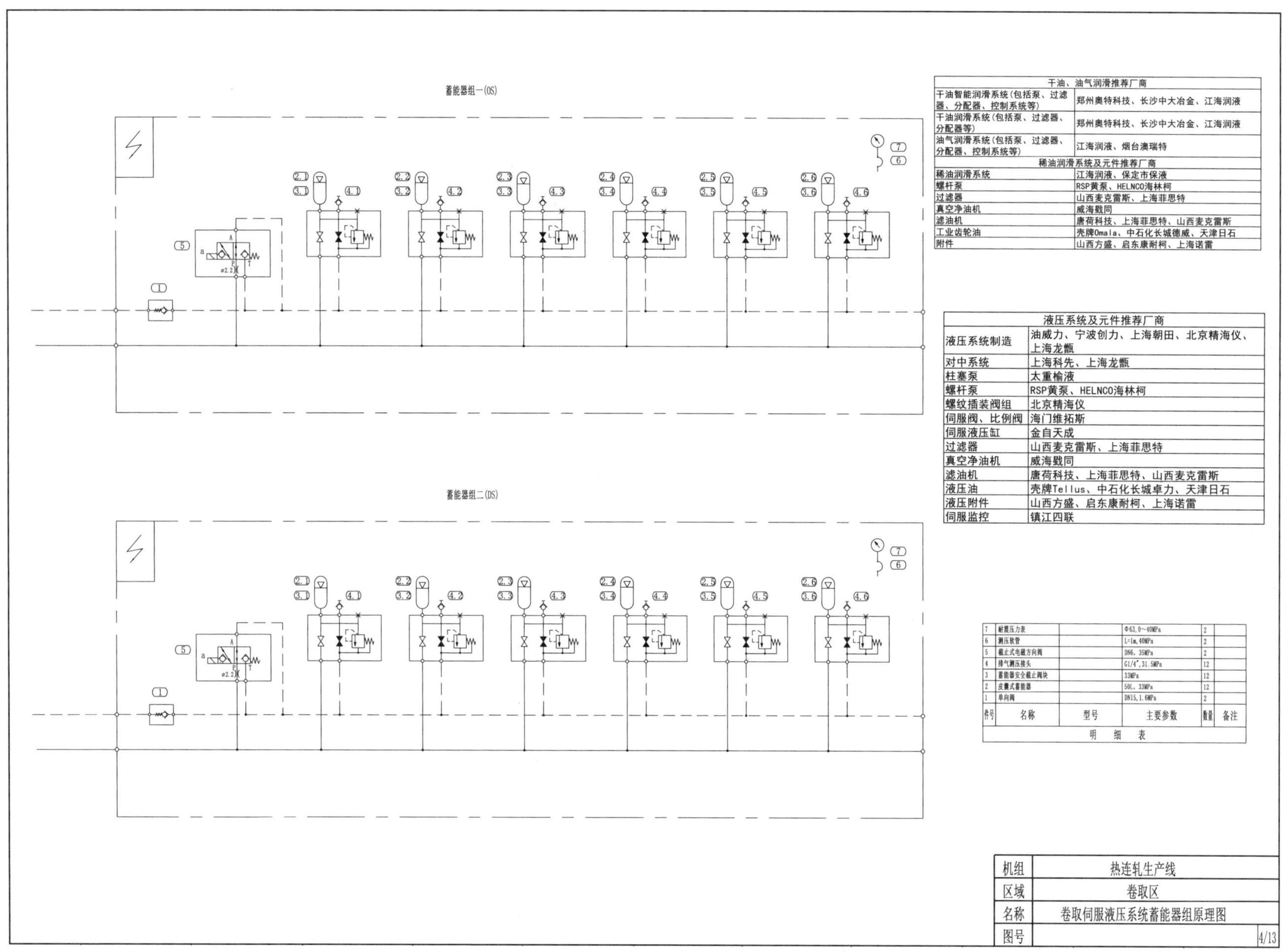

干油、油气润滑推荐厂商	
干油智能润滑系统(包括泵、过滤器、分配器、控制系统等)	郑州奥特科技、长沙中大冶金、江海润液
干油润滑系统(包括泵、过滤器、分配器等)	郑州奥特科技、长沙中大冶金、江海润液
油气润滑系统(包括泵、过滤器、分配器、控制系统等)	江海润液、烟台澳瑞特
稀油润滑系统及元件推荐厂商	
稀油润滑系统	江海润液、保定市保液
螺杆泵	RSP黄泵、HELNCO海林柯
过滤器	山西麦克雷斯、上海菲思特
真空净油机	威海戳同
滤油机	唐荷科技、上海菲思特、山西麦克雷斯
工业齿轮油	壳牌Omala、中石化长城德威、天津日石
附件	山西方盛、启东康耐柯、上海诺雷

液压系统及元件推荐厂商	
液压系统制造	油威力、宁波创力、上海朝田、北京精海仪、上海龙甑
对中系统	上海科先、上海龙甑
柱塞泵	太重榆液
螺杆泵	RSP黄泵、HELNCO海林柯
螺纹插装阀组	北京精海仪
伺服阀、比例阀	海门维拓斯
伺服液压缸	金自天成
过滤器	山西麦克雷斯、上海菲思特
真空净油机	威海戳同
滤油机	唐荷科技、上海菲思特、山西麦克雷斯
液压油	壳牌Tellus、中石化长城卓力、天津日石
液压附件	山西方盛、启东康耐柯、上海诺雷
伺服监控	镇江四联

件号	名称	型号	主要参数	数量	备注
7	耐震压力表		Φ63,0~40MPa	2	
6	测压软管		L=1m,40MPa	2	
5	截止式电磁方向阀		DN6，35MPa	2	
4	排气测压接头		G1/4″,31.5MPa	12	
3	蓄能器安全截止阀块		33MPa	12	
2	皮囊式蓄能器		50L，33MPa	12	
1	单向阀		DN15,1.6MPa	2	
明　细　表					

机组	热连轧生产线
区域	卷取区
名称	卷取伺服液压系统蓄能器组原理图
图号	4/13

6.7.5 卷取伺服液压系统 1# 卷取机入口侧导板（OS）阀台原理图

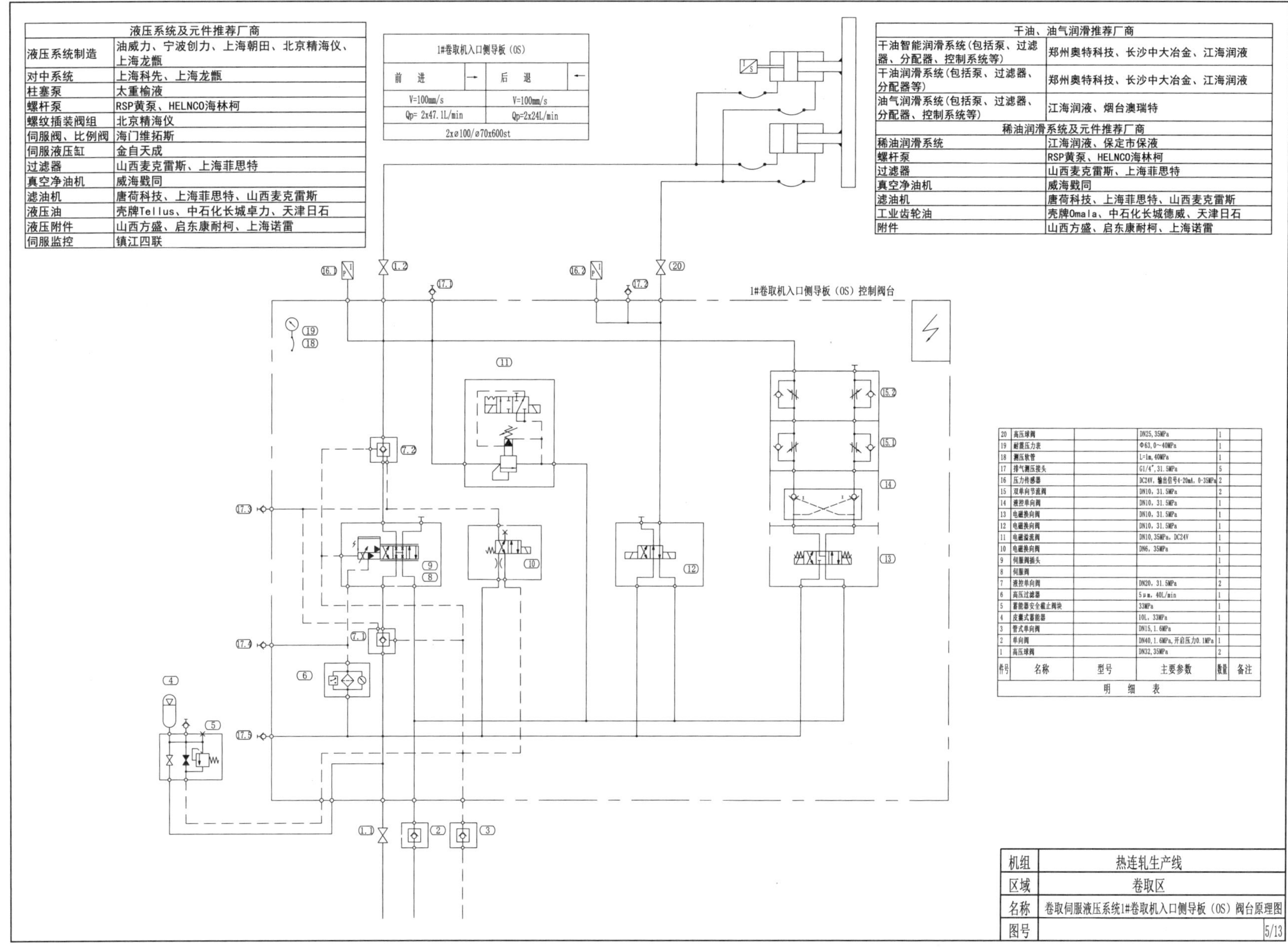

液压系统及元件推荐厂商	
液压系统制造	油威力、宁波创力、上海朝田、北京精海仪、上海龙甑
对中系统	上海科先、上海龙甑
柱塞泵	太重榆液
螺杆泵	RSP黄泵、HELNCO海林柯
螺纹插装阀组	北京精海仪
伺服阀、比例阀	海门维拓斯
伺服液压缸	金自天成
过滤器	山西麦克雷斯、上海菲思特
真空净油机	威海戳同
滤油机	唐荷科技、上海菲思特、山西麦克雷斯
液压油	壳牌Tellus、中石化长城卓力、天津日石
液压附件	山西方盛、启东康耐柯、上海诺雷
伺服监控	镇江四联

1#卷取机入口侧导板（OS）			
前　进	→	后　退	←
V=100mm/s		V=100mm/s	
Qp= 2x47.1L/min		Qp=2x24L/min	
2xø100/ø70x600st			

干油、油气润滑推荐厂商	
干油智能润滑系统(包括泵、过滤器、分配器、控制系统等)	郑州奥特科技、长沙中大冶金、江海润液
干油润滑系统(包括泵、过滤器、分配器等)	郑州奥特科技、长沙中大冶金、江海润液
油气润滑系统(包括泵、过滤器、分配器、控制系统等)	江海润液、烟台澳瑞特
稀油润滑系统及元件推荐厂商	
稀油润滑系统	江海润液、保定市保液
螺杆泵	RSP黄泵、HELNCO海林柯
过滤器	山西麦克雷斯、上海菲思特
真空净油机	威海戳同
滤油机	唐荷科技、上海菲思特、山西麦克雷斯
工业齿轮油	壳牌Omala、中石化长城德威、天津日石
附件	山西方盛、启东康耐柯、上海诺雷

件号	名称	型号	主要参数	数量	备注
20	高压球阀		DN25,35MPa	1	
19	耐震压力表		Φ63,0～40MPa	1	
18	测压软管		L=1m,40MPa	1	
17	排气测压接头		G1/4″,31.5MPa	5	
16	压力传感器		DC24V，输出信号4-20mA，0-35MPa	2	
15	双单向节流阀		DN10，31.5MPa	2	
14	液控单向阀		DN10，31.5MPa	1	
13	电磁换向阀		DN10，31.5MPa	1	
12	电磁换向阀		DN10，31.5MPa	1	
11	电磁溢流阀		DN10,35MPa，DC24V	1	
10	电磁换向阀		DN6，35MPa	1	
9	伺服阀插头			1	
8	伺服阀			1	
7	液控单向阀		DN20，31.5MPa	2	
6	高压过滤器		5μm，40L/min	1	
5	蓄能器安全截止阀块		33MPa	1	
4	皮囊式蓄能器		10L，33MPa	1	
3	管式单向阀		DN15,1.6MPa	1	
2	单向阀		DN40,1.6MPa,开启压力0.1MPa	1	
1	高压球阀		DN32,35MPa	2	
明　细　表					

机组	热连轧生产线
区域	卷取区
名称	卷取伺服液压系统1#卷取机入口侧导板（OS）阀台原理图
图号	5/13

6.7.6 卷取伺服液压系统 1# 卷取机入口侧导板（DS）阀台原理图

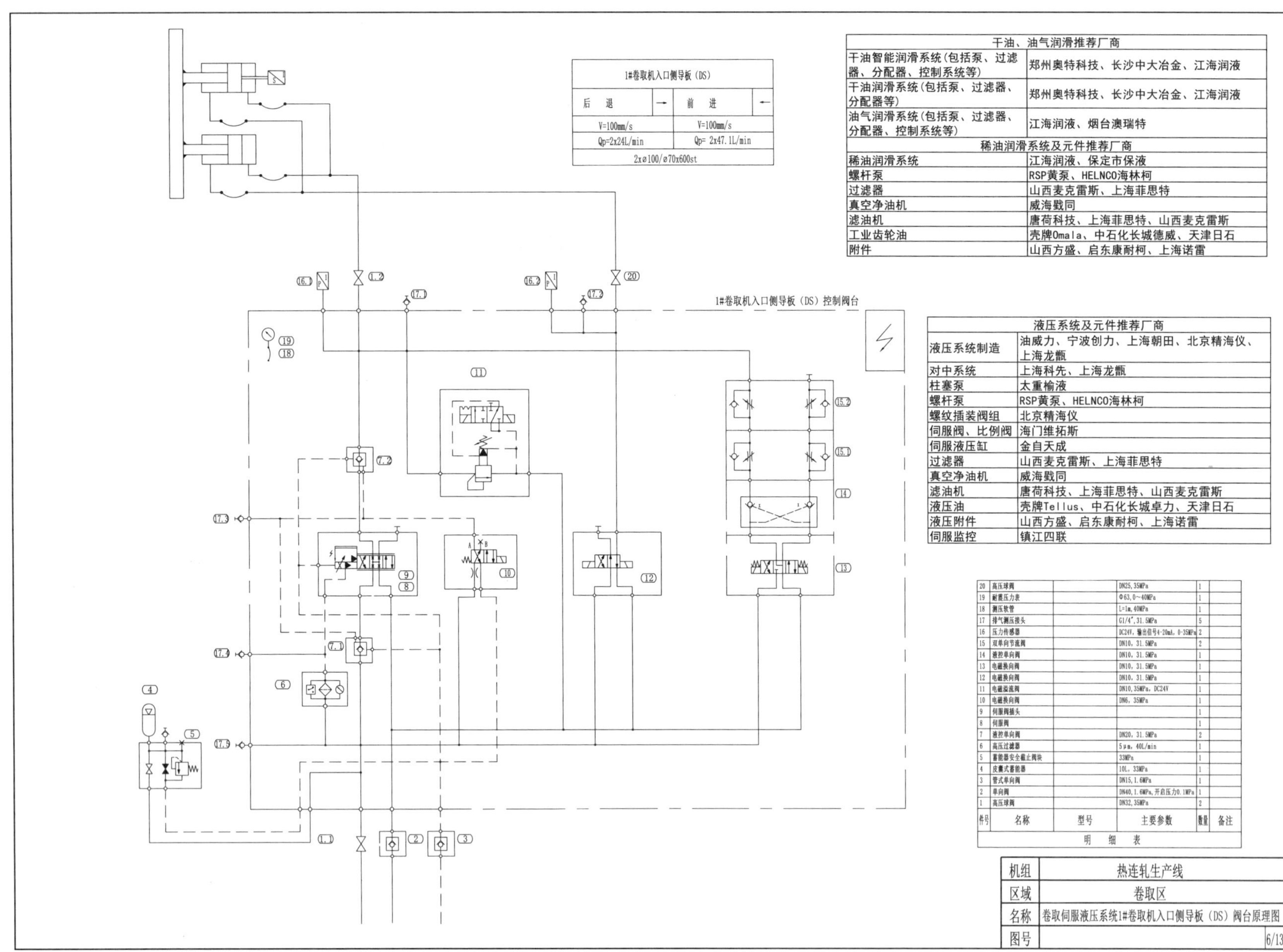

1#卷取机入口侧导板（DS）			
后　退	→	前　进	←
V=100mm/s		V=100mm/s	
Qp=2x24L/min		Qp= 2x47.1L/min	
2xø100/ø70x600st			

干油、油气润滑推荐厂商	
干油智能润滑系统(包括泵、过滤器、分配器、控制系统等)	郑州奥特科技、长沙中大冶金、江海润液
干油润滑系统(包括泵、过滤器、分配器等)	郑州奥特科技、长沙中大冶金、江海润液
油气润滑系统(包括泵、过滤器、分配器、控制系统等)	江海润液、烟台澳瑞特
稀油润滑系统及元件推荐厂商	
稀油润滑系统	江海润液、保定市保液
螺杆泵	RSP黄泵、HELNCO海林柯
过滤器	山西麦克雷斯、上海菲思特
真空净油机	威海戥同
滤油机	唐荷科技、上海菲思特、山西麦克雷斯
工业齿轮油	壳牌Omala、中石化长城德威、天津日石
附件	山西方盛、启东康耐柯、上海诺雷

液压系统及元件推荐厂商	
液压系统制造	油威力、宁波创力、上海朝田、北京精海仪、上海龙甑
对中系统	上海科先、上海龙甑
柱塞泵	太重榆液
螺杆泵	RSP黄泵、HELNCO海林柯
螺纹插装阀组	北京精海仪
伺服阀、比例阀	海门维拓斯
伺服液压缸	金自天成
过滤器	山西麦克雷斯、上海菲思特
真空净油机	威海戥同
滤油机	唐荷科技、上海菲思特、山西麦克雷斯
液压油	壳牌Tellus、中石化长城卓力、天津日石
液压附件	山西方盛、启东康耐柯、上海诺雷
伺服监控	镇江四联

件号	名称	型号	主要参数	数量	备注
20	高压球阀		DN25, 35MPa	1	
19	耐震压力表		Φ63, 0~40MPa	1	
18	测压软管		L=1m, 40MPa	1	
17	排气测压接头		G1/4", 31.5MPa	5	
16	压力传感器		DC24V, 输出信号4-20mA, 0-35MPa	2	
15	双单向节流阀		DN10, 31.5MPa	2	
14	液控单向阀		DN10, 31.5MPa	1	
13	电磁换向阀		DN10, 31.5MPa	1	
12	电磁换向阀		DN10, 31.5MPa	1	
11	电磁溢流阀		DN10, 35MPa, DC24V	1	
10	电磁换向阀		DN6, 35MPa	1	
9	伺服阀插头			1	
8	伺服阀			1	
7	液控单向阀		DN20, 31.5MPa	2	
6	高压过滤器		5μm, 40L/min	1	
5	蓄能器安全截止阀块		33MPa	1	
4	皮囊式蓄能器		10L, 33MPa	1	
3	管式单向阀		DN15, 1.6MPa	1	
2	单向阀		DN40, 1.6MPa, 开启压力0.1MPa	1	
1	高压球阀		DN32, 35MPa	2	
明　细　表					

机组	热连轧生产线
区域	卷取区
名称	卷取伺服液压系统1#卷取机入口侧导板（DS）阀台原理图
图号	6/13

6.7.7 卷取伺服液压系统 1#、2# 卷取机夹送辊辊缝调节（OS）阀台原理图

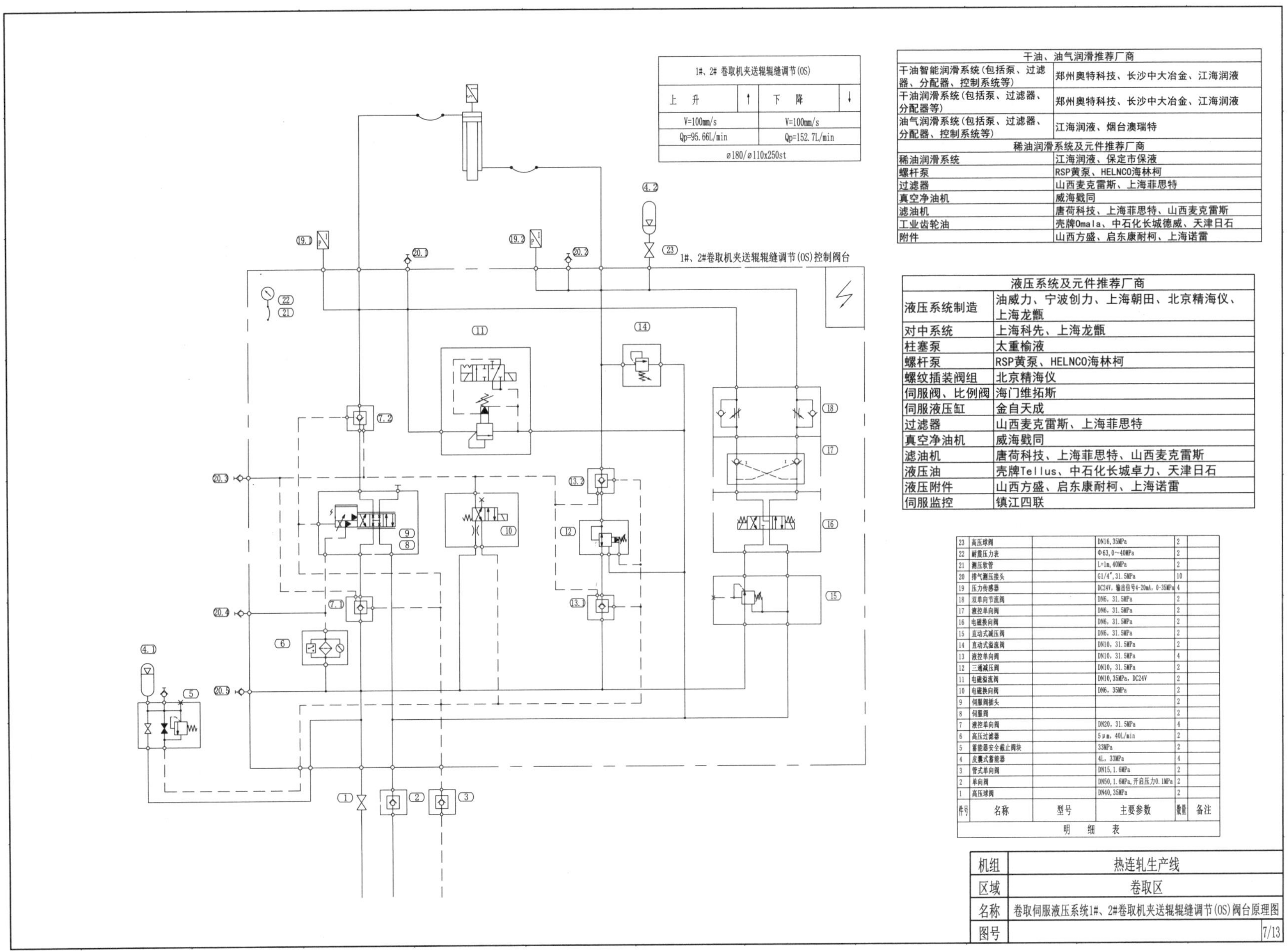

1#、2# 卷取机夹送辊辊缝调节(OS)			
上　升	↑	下　降	↓
V=100mm/s		V=100mm/s	
Qp=95.66L/min		Qp=152.7L/min	
ø180/ø110x250st			

干油、油气润滑推荐厂商	
干油智能润滑系统(包括泵、过滤器、分配器、控制系统等)	郑州奥特科技、长沙中大冶金、江海润液
干油润滑系统(包括泵、过滤器、分配器等)	郑州奥特科技、长沙中大冶金、江海润液
油气润滑系统(包括泵、过滤器、分配器、控制系统等)	江海润液、烟台澳瑞特
稀油润滑系统及元件推荐厂商	
稀油润滑系统	江海润液、保定市保液
螺杆泵	RSP黄泵、HELNCO海林柯
过滤器	山西麦克雷斯、上海菲思特
真空净油机	威海戳同
滤油机	唐荷科技、上海菲思特、山西麦克雷斯
工业齿轮油	壳牌Omala、中石化长城德威、天津日石
附件	山西方盛、启东康耐柯、上海诺雷

液压系统及元件推荐厂商	
液压系统制造	油威力、宁波创力、上海朝田、北京精海仪、上海龙甑
对中系统	上海科先、上海龙甑
柱塞泵	太重榆液
螺杆泵	RSP黄泵、HELNCO海林柯
螺纹插装阀组	北京精海仪
伺服阀、比例阀	海门维拓斯
伺服液压缸	金自天成
过滤器	山西麦克雷斯、上海菲思特
真空净油机	威海戳同
滤油机	唐荷科技、上海菲思特、山西麦克雷斯
液压油	壳牌Tellus、中石化长城卓力、天津日石
液压附件	山西方盛、启东康耐柯、上海诺雷
伺服监控	镇江四联

件号	名称	型号	主要参数	数量	备注
23	高压球阀		DN16,35MPa	2	
22	耐震压力表		Φ63,0~40MPa	2	
21	测压软管		L=1m,40MPa	2	
20	排气测压接头		G1/4″,31.5MPa	10	
19	压力传感器		DC24V，输出信号4-20mA，0-35MPa	4	
18	双单向节流阀		DN6，31.5MPa	2	
17	液控单向阀		DN6，31.5MPa	2	
16	电磁换向阀		DN6，31.5MPa	2	
15	直动式减压阀		DN6，31.5MPa	2	
14	直动式溢流阀		DN10，31.5MPa	2	
13	液控单向阀		DN10，31.5MPa	4	
12	三通减压阀		DN10，31.5MPa	2	
11	电磁溢流阀		DN10,35MPa，DC24V	2	
10	电磁换向阀		DN6，35MPa	2	
9	伺服阀插头			2	
8	伺服阀			2	
7	液控单向阀		DN20，31.5MPa	4	
6	高压过滤器		5μm，40L/min	2	
5	蓄能器安全截止阀块		33MPa	2	
4	皮囊式蓄能器		4L，33MPa	4	
3	管式单向阀		DN15,1.6MPa	2	
2	单向阀		DN50,1.6MPa,开启压力0.1MPa	2	
1	高压球阀		DN40,35MPa	2	

明　细　表

机组	热连轧生产线
区域	卷取区
名称	卷取伺服液压系统1#、2#卷取机夹送辊辊缝调节(OS)阀台原理图
图号	7/13

6.7.8 卷取伺服液压系统 1#、2# 卷取机夹送辊辊缝调节（DS）阀台原理图

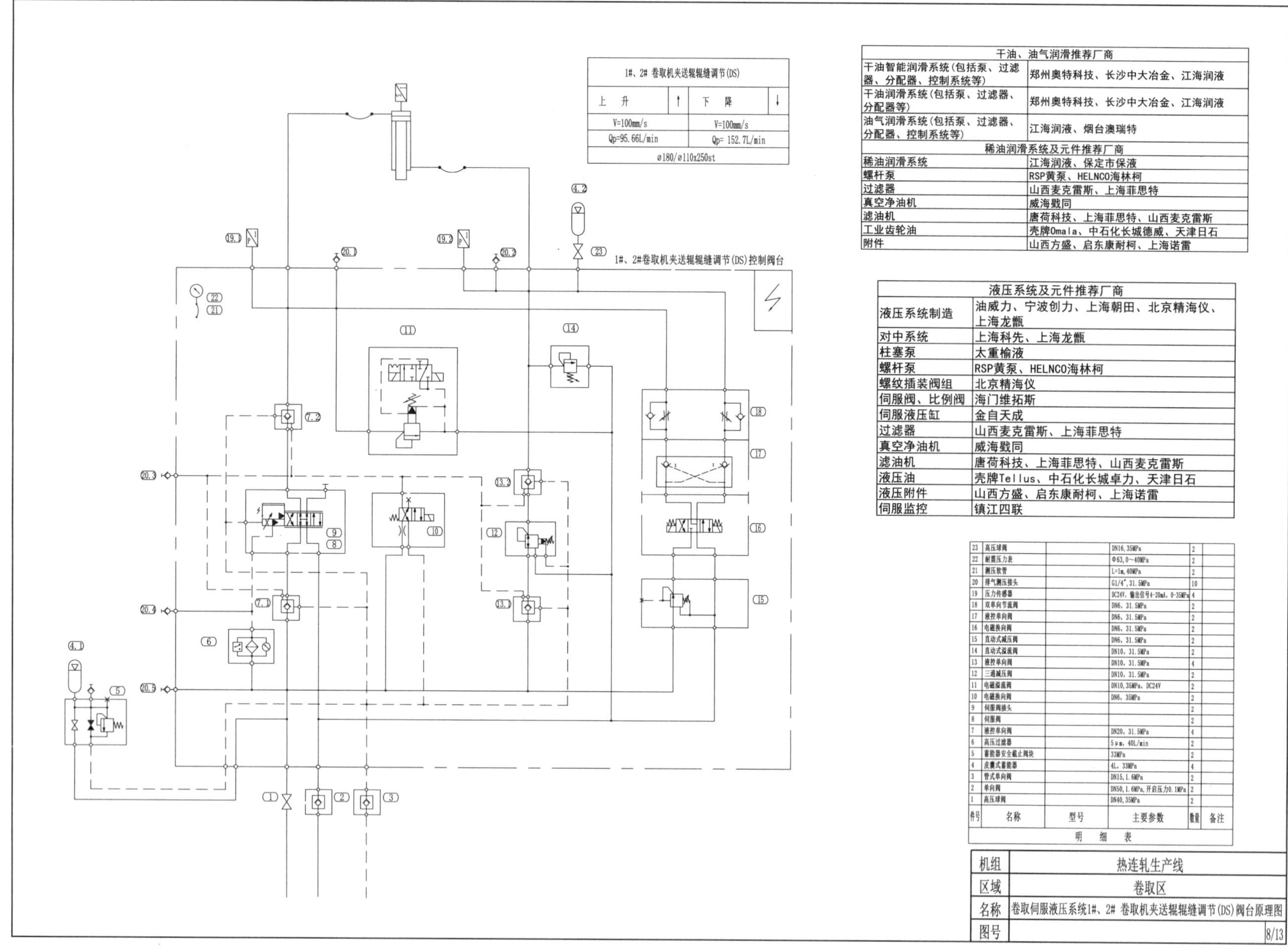

1#、2# 卷取机夹送辊辊缝调节(DS)			
上　升	↑	下　降	↓
V=100mm/s		V=100mm/s	
Qp=95.66L/min		Qp= 152.7L/min	
ø180/ø110x250st			

干油、油气润滑推荐厂商	
干油智能润滑系统(包括泵、过滤器、分配器、控制系统等)	郑州奥特科技、长沙中大冶金、江海润液
干油润滑系统(包括泵、过滤器、分配器等)	郑州奥特科技、长沙中大冶金、江海润液
油气润滑系统(包括泵、过滤器、分配器、控制系统等)	江海润液、烟台澳瑞特
稀油润滑系统及元件推荐厂商	
稀油润滑系统	江海润液、保定市保液
螺杆泵	RSP黄泵、HELNCO海林柯
过滤器	山西麦克雷斯、上海菲思特
真空净油机	威海戥同
滤油机	唐荷科技、上海菲思特、山西麦克雷斯
工业齿轮油	壳牌Omala、中石化长城德威、天津日石
附件	山西方盛、启东康耐柯、上海诺雷

液压系统及元件推荐厂商	
液压系统制造	油威力、宁波创力、上海朝田、北京精海仪、上海龙甑
对中系统	上海科先、上海龙甑
柱塞泵	太重榆液
螺杆泵	RSP黄泵、HELNCO海林柯
螺纹插装阀组	北京精海仪
伺服阀、比例阀	海门维拓斯
伺服液压缸	金自天成
过滤器	山西麦克雷斯、上海菲思特
真空净油机	威海戥同
滤油机	唐荷科技、上海菲思特、山西麦克雷斯
液压油	壳牌Tellus、中石化长城卓力、天津日石
液压附件	山西方盛、启东康耐柯、上海诺雷
伺服监控	镇江四联

件号	名称	型号	主要参数	数量	备注
23	高压球阀		DN16,35MPa	2	
22	耐震压力表		Φ63,0~40MPa	2	
21	测压软管		L=1m,40MPa	2	
20	排气测压接头		G1/4″,31.5MPa	10	
19	压力传感器		DC24V，输出信号4-20mA，0-35MPa	4	
18	双单向节流阀		DN6，31.5MPa	2	
17	液控单向阀		DN6，31.5MPa	2	
16	电磁换向阀		DN6，31.5MPa	2	
15	直动式减压阀		DN6，31.5MPa	2	
14	直动式溢流阀		DN10，31.5MPa	2	
13	液控单向阀		DN10，31.5MPa	4	
12	三通减压阀		DN10，31.5MPa	2	
11	电磁溢流阀		DN10,35MPa，DC24V	2	
10	电磁换向阀		DN6，35MPa	2	
9	伺服阀插头			2	
8	伺服阀			2	
7	液控单向阀		DN20，31.5MPa	4	
6	高压过滤器		5μm，40L/min	2	
5	蓄能器安全截止阀块		33MPa	2	
4	皮囊式蓄能器		4L，33MPa	4	
3	管式单向阀		DN15,1.6MPa	2	
2	单向阀		DN50,1.6MPa,开启压力0.1MPa	2	
1	高压球阀		DN40,35MPa	2	

明　细　表

机组	热连轧生产线
区域	卷取区
名称	卷取伺服液压系统1#、2# 卷取机夹送辊辊缝调节(DS)阀台原理图
图号	8/13

6.7.9 卷取伺服液压系统 1#、2# 卷取机卷筒涨缩阀台原理图

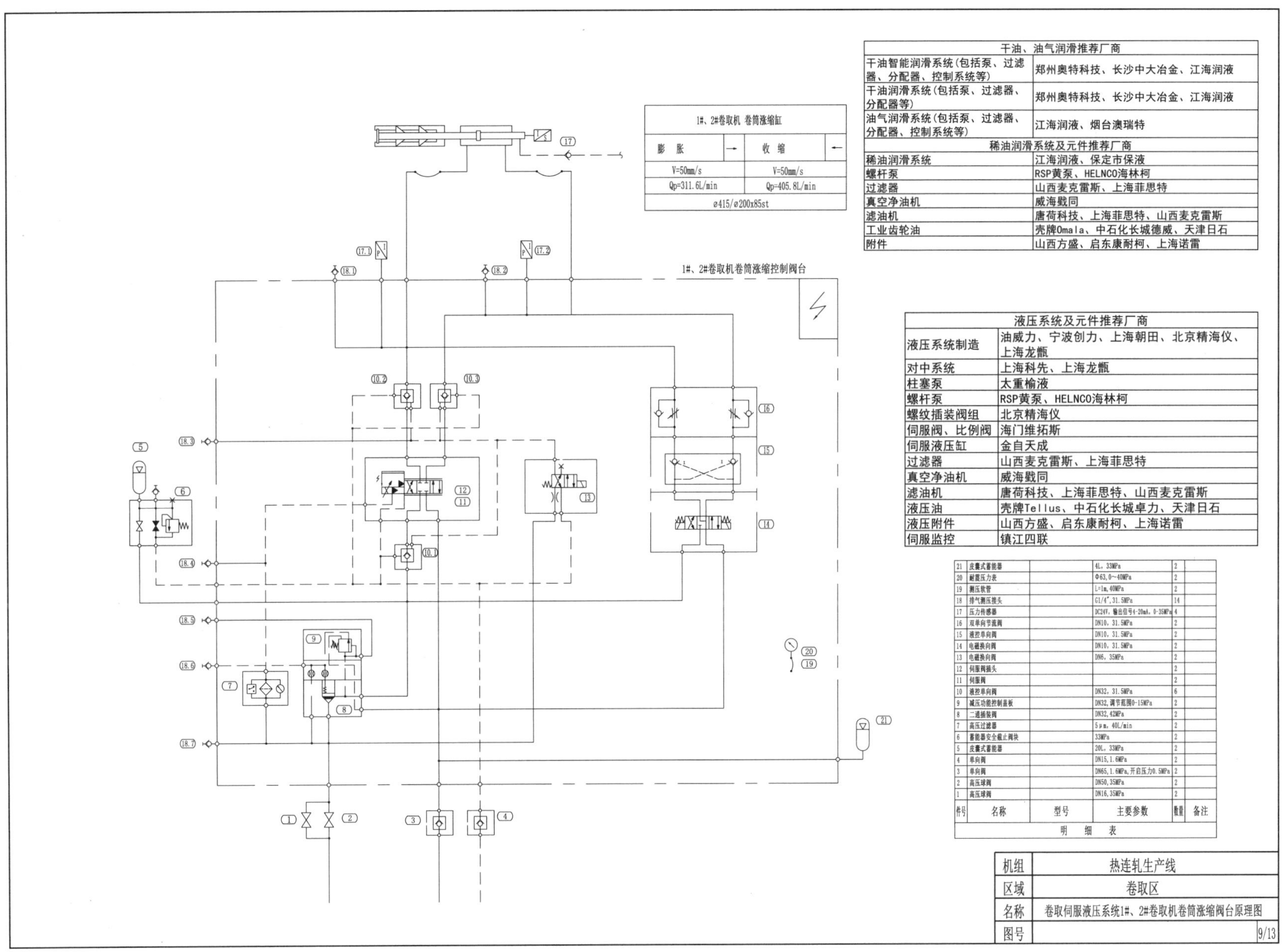

1#、2#卷取机 卷筒涨缩缸			
膨　胀	→	收　缩	←
V=50mm/s		V=50mm/s	
Qp=311.6L/min		Qp=405.8L/min	
ø415/ø200x85st			

干油、油气润滑推荐厂商	
干油智能润滑系统(包括泵、过滤器、分配器、控制系统等)	郑州奥特科技、长沙中大冶金、江海润液
干油润滑系统(包括泵、过滤器、分配器等)	郑州奥特科技、长沙中大冶金、江海润液
油气润滑系统(包括泵、过滤器、分配器、控制系统等)	江海润液、烟台澳瑞特
稀油润滑系统及元件推荐厂商	
稀油润滑系统	江海润液、保定市保液
螺杆泵	RSP黄泵、HELNCO海林柯
过滤器	山西麦克雷斯、上海菲思特
真空净油机	威海戴同
滤油机	唐荷科技、上海菲思特、山西麦克雷斯
工业齿轮油	壳牌Omala、中石化长城德威、天津日石
附件	山西方盛、启东康耐柯、上海诺雷

液压系统及元件推荐厂商	
液压系统制造	油威力、宁波创力、上海朝田、北京精海仪、上海龙甑
对中系统	上海科先、上海龙甑
柱塞泵	太重榆液
螺杆泵	RSP黄泵、HELNCO海林柯
螺纹插装阀组	北京精海仪
伺服阀、比例阀	海门维拓斯
伺服液压缸	金自天成
过滤器	山西麦克雷斯、上海菲思特
真空净油机	威海戴同
滤油机	唐荷科技、上海菲思特、山西麦克雷斯
液压油	壳牌Tellus、中石化长城卓力、天津日石
液压附件	山西方盛、启东康耐柯、上海诺雷
伺服监控	镇江四联

件号	名称	型号	主要参数	数量	备注
21	皮囊式蓄能器		4L，33MPa	2	
20	耐震压力表		Φ63,0~40MPa	2	
19	测压软管		L=1m,40MPa	2	
18	排气测压接头		G1/4″,31.5MPa	14	
17	压力传感器		DC24V，输出信号4-20mA，0-35MPa	4	
16	双单向节流阀		DN10，31.5MPa	2	
15	液控单向阀		DN10，31.5MPa	2	
14	电磁换向阀		DN10，31.5MPa	2	
13	电磁换向阀		DN6，35MPa	2	
12	伺服阀插头			2	
11	伺服阀			2	
10	液控单向阀		DN32，31.5MPa	6	
9	减压功能控制盖板		DN32,调节范围0-15MPa	2	
8	二通插装阀		DN32,42MPa	2	
7	高压过滤器		5μm，40L/min	2	
6	蓄能器安全截止阀块		33MPa	2	
5	皮囊式蓄能器		20L，33MPa	2	
4	单向阀		DN15,1.6MPa	2	
3	单向阀		DN65,1.6MPa,开启压力0.5MPa	2	
2	高压球阀		DN50,35MPa	2	
1	高压球阀		DN16,35MPa	2	
明　细　表					

机组	热连轧生产线
区域	卷取区
名称	卷取伺服液压系统1#、2#卷取机卷筒涨缩阀台原理图
图号	9/13

6.7.10 卷取伺服液压系统 1#、2# 卷取机 1#、2# 助卷辊阀台原理图

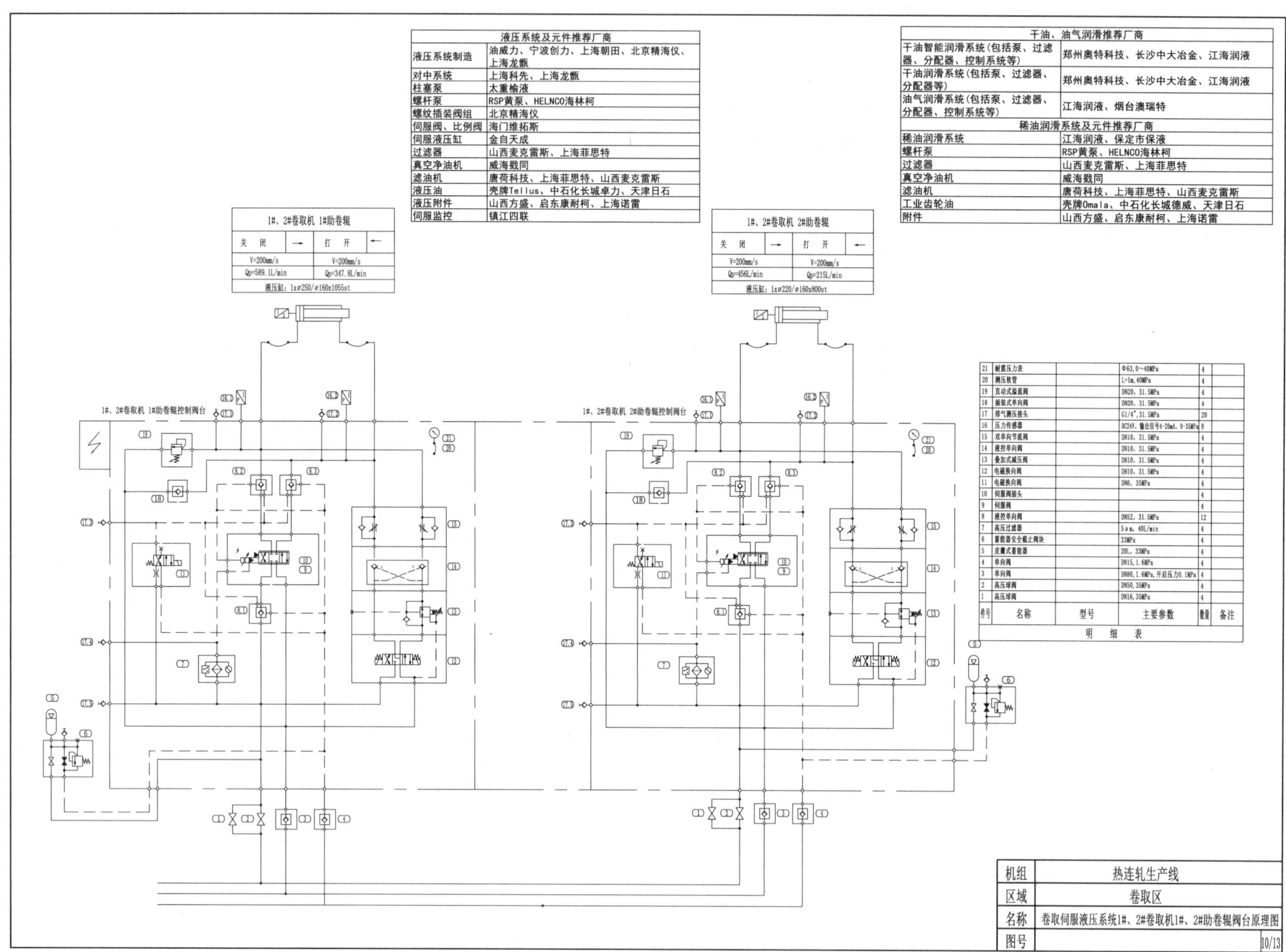

液压系统及元件推荐厂商	
液压系统制造	油威力、宁波创力、上海朝田、北京精海仪、上海龙甑
对中系统	上海科先、上海龙甑
柱塞泵	太重榆液
螺杆泵	RSP黄泵、HELNCO海林柯
螺纹插装阀组	北京精海仪
伺服阀、比例阀	海门维拓斯
伺服液压缸	金自天成
过滤器	山西麦克雷斯、上海菲思特
真空净油机	威海戥同
滤油机	唐荷科技、上海菲思特、山西麦克雷斯
液压油	壳牌Tellus、中石化长城卓力、天津日石
液压附件	山西方盛、启东康耐柯、上海诺雷
伺服监控	镇江四联

干油、油气润滑推荐厂商	
干油智能润滑系统(包括泵、过滤器、分配器、控制系统等)	郑州奥特科技、长沙中大冶金、江海润液
干油润滑系统(包括泵、过滤器、分配器等)	郑州奥特科技、长沙中大冶金、江海润液
油气润滑系统(包括泵、过滤器、分配器、控制系统等)	江海润液、烟台澳瑞特
稀油润滑系统及元件推荐厂商	
稀油润滑系统	江海润液、保定市保液
螺杆泵	RSP黄泵、HELNCO海林柯
过滤器	山西麦克雷斯、上海菲思特
真空净油机	威海戥同
滤油机	唐荷科技、上海菲思特、山西麦克雷斯
工业齿轮油	壳牌Omala、中石化长城德威、天津日石
附件	山西方盛、启东康耐柯、上海诺雷

1#、2#卷取机 1#助卷辊			
关 闭	→	打 开	←
V=200mm/s		V=200mm/s	
Qp=589.1L/min		Qp=347.8L/min	
液压缸：1xø250/ø160x1055st			

1#、2#卷取机 2#助卷辊			
关 闭	→	打 开	←
V=200mm/s		V=200mm/s	
Qp=456L/min		Qp=215L/min	
液压缸：1xø220/ø160x800st			

件号	名称	型号	主要参数	数量	备注
21	耐震压力表		Φ63,0~40MPa	4	
20	测压软管		L=1m,40MPa	4	
19	直动式溢流阀		DN20，31.5MPa	4	
18	插装式单向阀		DN20，31.5MPa	4	
17	排气测压接头		G1/4",31.5MPa	20	
16	压力传感器		DC24V，输出信号4-20mA，0-35MPa	8	
15	双单向节流阀		DN10，31.5MPa	4	
14	液控单向阀		DN10，31.5MPa	4	
13	叠加式减压阀		DN10，31.5MPa	4	
12	电磁换向阀		DN10，31.5MPa	4	
11	电磁换向阀		DN6，35MPa	4	
10	伺服阀插头			4	
9	伺服阀			4	
8	液控单向阀		DN52，31.5MPa	12	
7	高压过滤器		5μm，40L/min	4	
6	蓄能器安全截止阀块		33MPa	4	
5	皮囊式蓄能器		20L，33MPa	4	
4	单向阀		DN15,1.6MPa	4	
3	单向阀		DN80,1.6MPa,开启压力0.1MPa	4	
2	高压球阀		DN50,35MPa	4	
1	高压球阀		DN16,35MPa	4	
明 细 表					

机组	热连轧生产线
区域	卷取区
名称	卷取伺服液压系统1#、2#卷取机1#、2#助卷辊阀台原理图
图号	10/13

6.7.11 卷取伺服液压系统 1#、2# 卷取机 3# 助卷辊阀台原理图

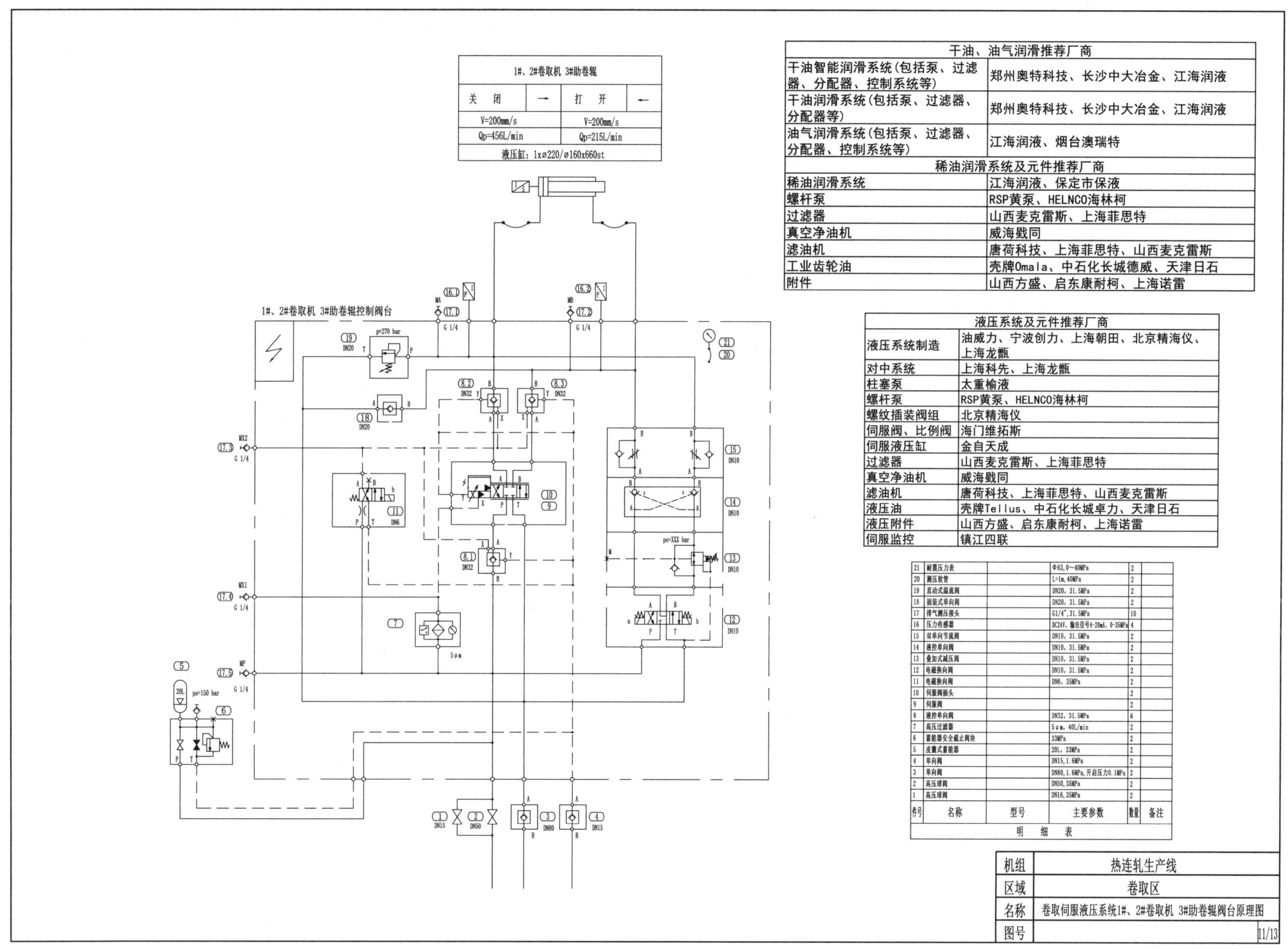

1#、2#卷取机 3#助卷辊			
关　闭	→	打　开	←
V=200mm/s		V=200mm/s	
Qp=456L/min		Qp=215L/min	
液压缸：1xø220/ø160x660st			

干油、油气润滑推荐厂商	
干油智能润滑系统(包括泵、过滤器、分配器、控制系统等)	郑州奥特科技、长沙中大冶金、江海润液
干油润滑系统(包括泵、过滤器、分配器等)	郑州奥特科技、长沙中大冶金、江海润液
油气润滑系统(包括泵、过滤器、分配器、控制系统等)	江海润液、烟台澳瑞特
稀油润滑系统及元件推荐厂商	
稀油润滑系统	江海润液、保定市保液
螺杆泵	RSP黄泵、HELNCO海林柯
过滤器	山西麦克雷斯、上海菲思特
真空净油机	威海戥同
滤油机	唐荷科技、上海菲思特、山西麦克雷斯
工业齿轮油	壳牌Omala、中石化长城德威、天津日石
附件	山西方盛、启东康耐柯、上海诺雷

液压系统及元件推荐厂商	
液压系统制造	油威力、宁波创力、上海朝田、北京精海仪、上海龙甑
对中系统	上海科先、上海龙甑
柱塞泵	太重榆液
螺杆泵	RSP黄泵、HELNCO海林柯
螺纹插装阀组	北京精海仪
伺服阀、比例阀	海门维拓斯
伺服液压缸	金自天成
过滤器	山西麦克雷斯、上海菲思特
真空净油机	威海戥同
滤油机	唐荷科技、上海菲思特、山西麦克雷斯
液压油	壳牌Tellus、中石化长城卓力、天津日石
液压附件	山西方盛、启东康耐柯、上海诺雷
伺服监控	镇江四联

件号	名称	型号	主要参数	数量	备注
21	耐震压力表		Φ63,0~40MPa	2	
20	测压软管		L=1m,40MPa	2	
19	直动式溢流阀		DN20，31.5MPa	2	
18	插装式单向阀		DN20，31.5MPa	2	
17	排气测压接头		G1/4″,31.5MPa	10	
16	压力传感器		DC24V，输出信号4-20mA，0-35MPa	4	
15	双单向节流阀		DN10，31.5MPa	2	
14	液控单向阀		DN10，31.5MPa	2	
13	叠加式减压阀		DN10，31.5MPa	2	
12	电磁换向阀		DN10，31.5MPa	2	
11	电磁换向阀		DN6，35MPa	2	
10	伺服阀插头			2	
9	伺服阀			2	
8	液控单向阀		DN32，31.5MPa	6	
7	高压过滤器		5μm，40L/min	2	
6	蓄能器安全截止阀块		33MPa	2	
5	皮囊式蓄能器		20L，33MPa	2	
4	单向阀		DN15,1.6MPa	2	
3	单向阀		DN80,1.6MPa,开启压力0.1MPa	2	
2	高压球阀		DN50,35MPa	2	
1	高压球阀		DN16,35MPa	2	
明　细　表					

机组	热连轧生产线
区域	卷取区
名称	卷取伺服液压系统1#、2#卷取机 3#助卷辊阀台原理图
图号	11/13

6.7.12 卷取伺服液压系统 2# 卷取机入口侧导板（OS）阀台原理图

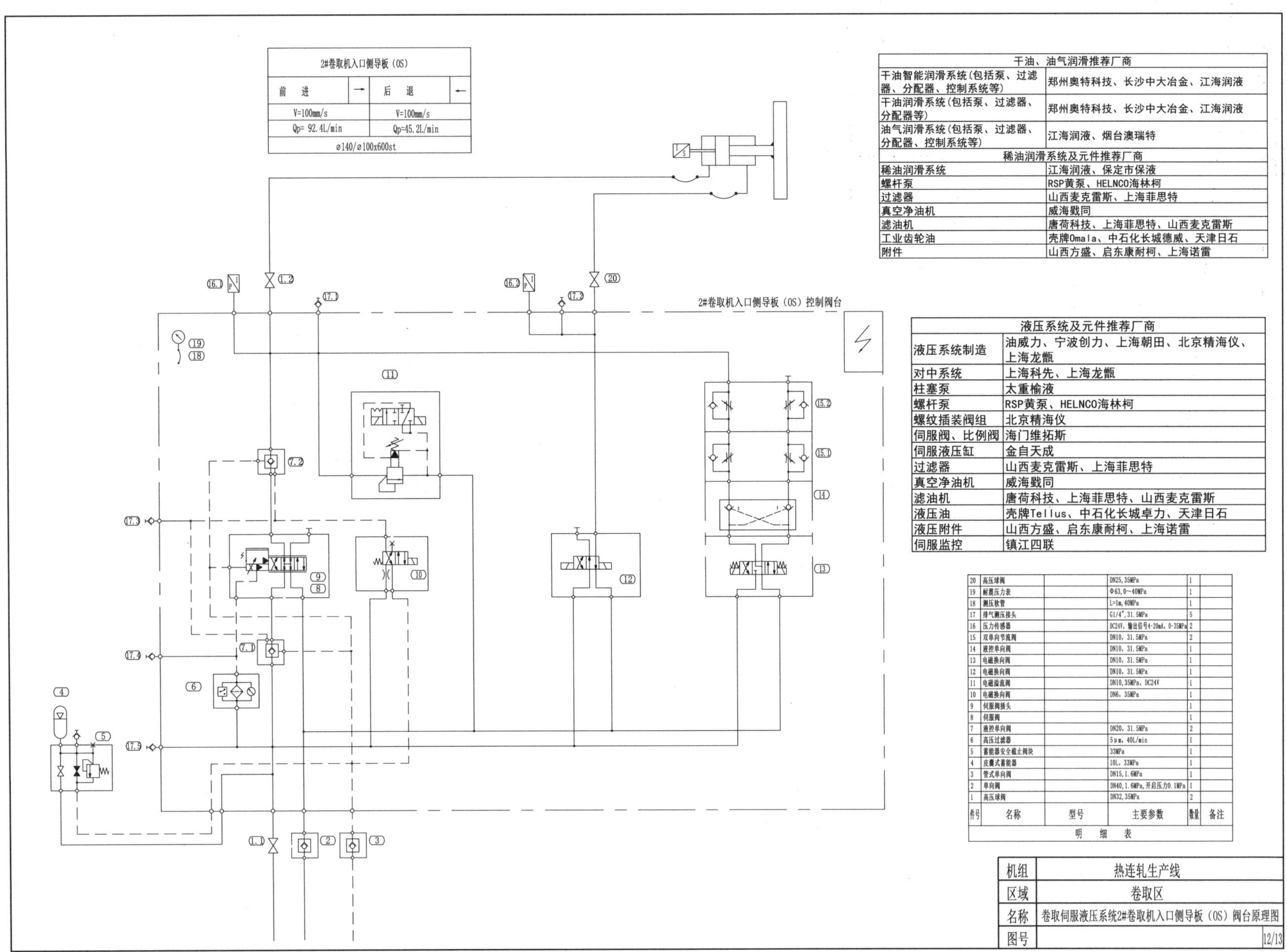

2#卷取机入口侧导板（OS）			
前　进	→	后　退	←
V=100mm/s		V=100mm/s	
Qp= 92.4L/min		Qp=45.2L/min	
ø140/ø100x600st			

干油、油气润滑推荐厂商	
干油智能润滑系统(包括泵、过滤器、分配器、控制系统等)	郑州奥特科技、长沙中大冶金、江海润液
干油润滑系统(包括泵、过滤器、分配器等)	郑州奥特科技、长沙中大冶金、江海润液
油气润滑系统(包括泵、过滤器、分配器、控制系统等)	江海润液、烟台澳瑞特
稀油润滑系统及元件推荐厂商	
稀油润滑系统	江海润液、保定市保液
螺杆泵	RSP黄泵、HELNCO海林柯
过滤器	山西麦克雷斯、上海菲思特
真空净油机	威海戥同
滤油机	唐荷科技、上海菲思特、山西麦克雷斯
工业齿轮油	壳牌Omala、中石化长城德威、天津日石
附件	山西方盛、启东康耐柯、上海诺雷

液压系统及元件推荐厂商	
液压系统制造	油威力、宁波创力、上海朝田、北京精海仪、上海龙甑
对中系统	上海科先、上海龙甑
柱塞泵	太重榆液
螺杆泵	RSP黄泵、HELNCO海林柯
螺纹插装阀组	北京精海仪
伺服阀、比例阀	海门维拓斯
伺服液压缸	金自天成
过滤器	山西麦克雷斯、上海菲思特
真空净油机	威海戥同
滤油机	唐荷科技、上海菲思特、山西麦克雷斯
液压油	壳牌Tellus、中石化长城卓力、天津日石
液压附件	山西方盛、启东康耐柯、上海诺雷
伺服监控	镇江四联

件号	名称	型号	主要参数	数量	备注
20	高压球阀		DN25,35MPa	1	
19	耐震压力表		Φ63,0~40MPa	1	
18	测压软管		L=1m,40MPa	1	
17	排气测压接头		G1/4",31.5MPa	5	
16	压力传感器		DC24V，输出信号4-20mA，0-35MPa	2	
15	双单向节流阀		DN10，31.5MPa	2	
14	液控单向阀		DN10，31.5MPa	1	
13	电磁换向阀		DN10，31.5MPa	1	
12	电磁换向阀		DN10，31.5MPa	1	
11	电磁溢流阀		DN10,35MPa，DC24V	1	
10	电磁换向阀		DN6，35MPa	1	
9	伺服阀插头			1	
8	伺服阀			1	
7	液控单向阀		DN20，31.5MPa	2	
6	高压过滤器		5μm，40L/min	1	
5	蓄能器安全截止阀块		33MPa	1	
4	皮囊式蓄能器		10L，33MPa	1	
3	管式单向阀		DN15,1.6MPa	1	
2	单向阀		DN40,1.6MPa,开启压力0.1MPa	1	
1	高压球阀		DN32,35MPa	2	

明　细　表

机组	热连轧生产线
区域	卷取区
名称	卷取伺服液压系统2#卷取机入口侧导板（OS）阀台原理图
图号	12/13

6.7.13 卷取伺服液压系统 2# 卷取机入口侧导板（DS）阀台原理图

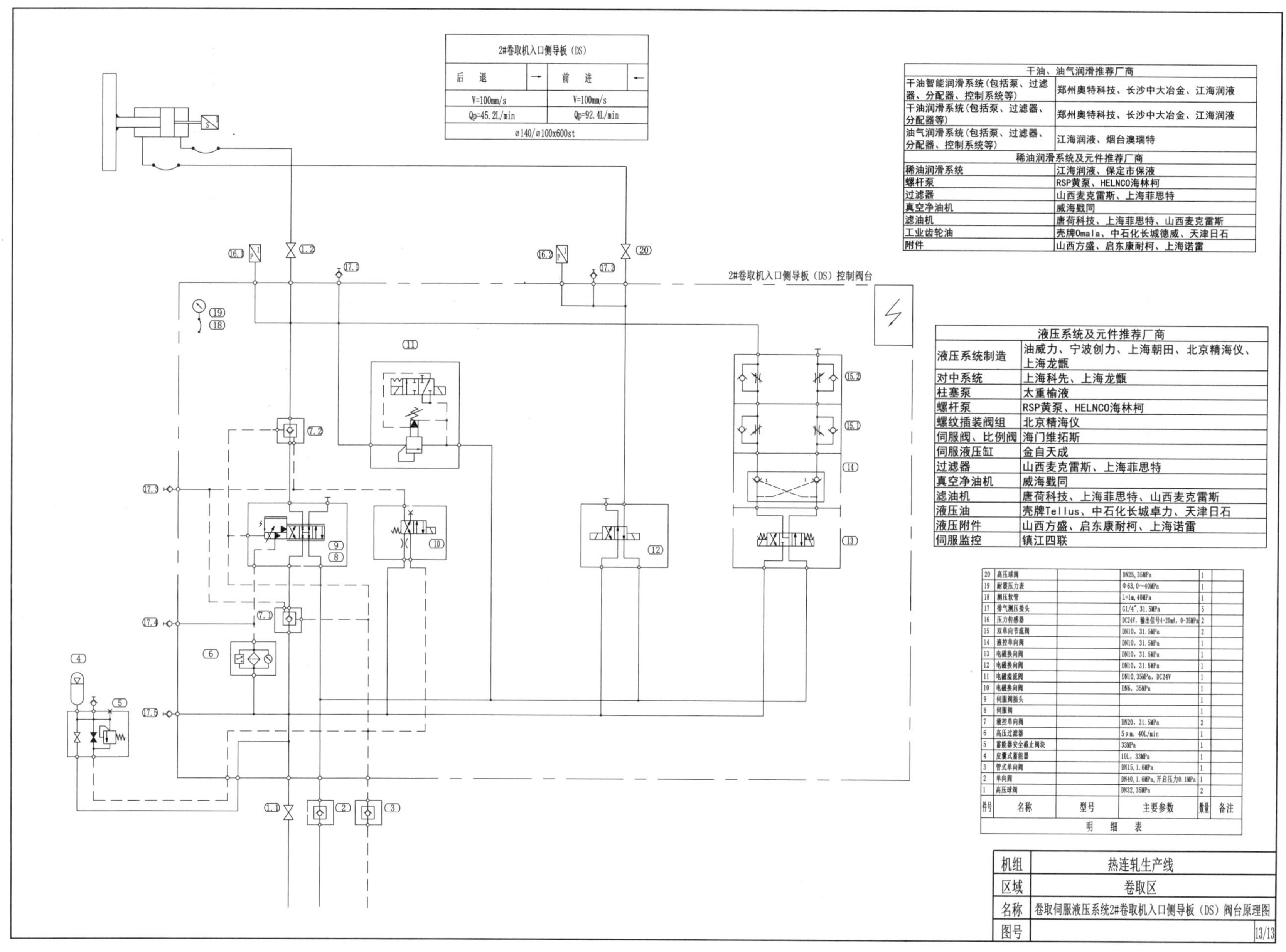

2#卷取机入口侧导板（DS）			
后　退	→	前　进	←
V=100mm/s		V=100mm/s	
Qp=45.2L/min		Qp=92.4L/min	
ø140/ø100x600st			

干油、油气润滑推荐厂商	
干油智能润滑系统(包括泵、过滤器、分配器、控制系统等)	郑州奥特科技、长沙中大冶金、江海润液
干油润滑系统(包括泵、过滤器、分配器等)	郑州奥特科技、长沙中大冶金、江海润液
油气润滑系统(包括泵、过滤器、分配器、控制系统等)	江海润液、烟台澳瑞特
稀油润滑系统及元件推荐厂商	
稀油润滑系统	江海润液、保定市保液
螺杆泵	RSP黄泵、HELNCO海林柯
过滤器	山西麦克雷斯、上海菲思特
真空净油机	威海戥同
滤油机	唐荷科技、上海菲思特、山西麦克雷斯
工业齿轮油	壳牌Omala、中石化长城德威、天津日石
附件	山西方盛、启东康耐柯、上海诺雷

液压系统及元件推荐厂商	
液压系统制造	油威力、宁波创力、上海朝田、北京精海仪、上海龙甑
对中系统	上海科先、上海龙甑
柱塞泵	太重榆液
螺杆泵	RSP黄泵、HELNCO海林柯
螺纹插装阀组	北京精海仪
伺服阀、比例阀	海门维拓斯
伺服液压缸	金自天成
过滤器	山西麦克雷斯、上海菲思特
真空净油机	威海戥同
滤油机	唐荷科技、上海菲思特、山西麦克雷斯
液压油	壳牌Tellus、中石化长城卓力、天津日石
液压附件	山西方盛、启东康耐柯、上海诺雷
伺服监控	镇江四联

件号	名称	型号	主要参数	数量	备注
20	高压球阀		DN25,35MPa	1	
19	耐震压力表		Φ63,0~40MPa	1	
18	测压软管		L=1m,40MPa	1	
17	排气测压接头		G1/4″,31.5MPa	5	
16	压力传感器		DC24V，输出信号4-20mA，0-35MPa	2	
15	双单向节流阀		DN10，31.5MPa	2	
14	液控单向阀		DN10，31.5MPa	1	
13	电磁换向阀		DN10，31.5MPa	1	
12	电磁换向阀		DN10，31.5MPa	1	
11	电磁溢流阀		DN10,35MPa，DC24V	1	
10	电磁换向阀		DN6，35MPa	1	
9	伺服阀插头			1	
8	伺服阀			1	
7	液控单向阀		DN20，31.5MPa	2	
6	高压过滤器		5μm，40L/min	1	
5	蓄能器安全截止阀块		33MPa	1	
4	皮囊式蓄能器		10L，33MPa	1	
3	管式单向阀		DN15,1.6MPa	1	
2	单向阀		DN40,1.6MPa,开启压力0.1MPa	1	
1	高压球阀		DN32,35MPa	2	
明　细　表					

机组	热连轧生产线
区域	卷取区
名称	卷取伺服液压系统2#卷取机入口侧导板（DS）阀台原理图
图号	13/13

第 7 章　H 型钢生产线液压系统原理图

7.1 开坯机液压系统

7.1.1 开坯机泵源原理图（1）

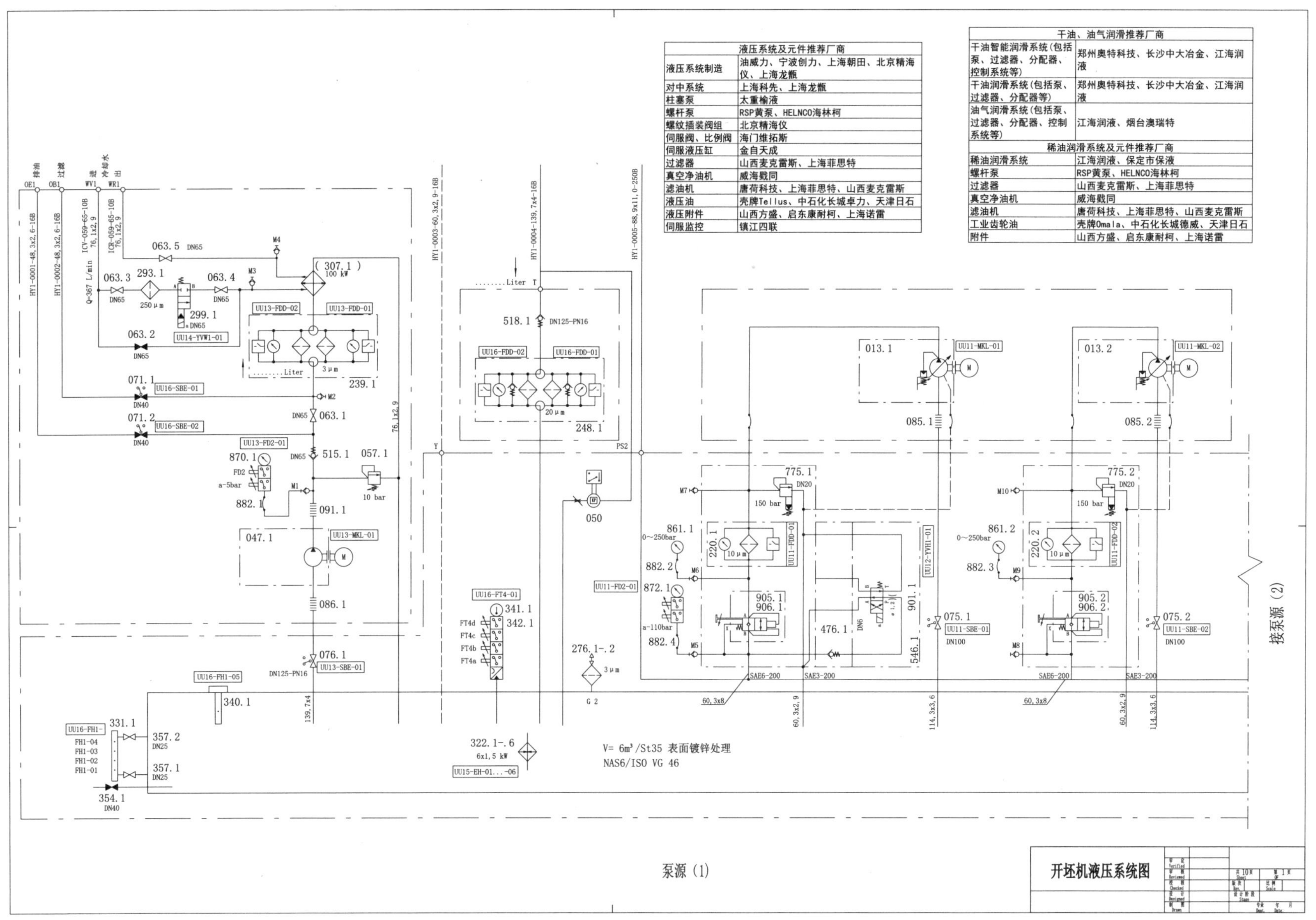

液压系统及元件推荐厂商	
液压系统制造	油威力、宁波创力、上海朝田、北京精海仪、上海龙甑
对中系统	上海科先、上海龙甑
柱塞泵	太重榆液
螺杆泵	RSP黄泵、HELNCO海林柯
螺纹插装阀组	北京精海仪
伺服阀、比例阀	海门维拓斯
伺服液压缸	金自天成
过滤器	山西麦克雷斯、上海菲思特
真空净油机	威海戥同
滤油机	唐荷科技、上海菲思特、山西麦克雷斯
液压油	壳牌Tellus、中石化长城卓力、天津日石
液压附件	山西方盛、启东康耐柯、上海诺雷
伺服监控	镇江四联

干油、油气润滑推荐厂商	
干油智能润滑系统(包括泵、过滤器、分配器、控制系统等)	郑州奥特科技、长沙中大冶金、江海润液
干油润滑系统(包括泵、过滤器、分配器等)	郑州奥特科技、长沙中大冶金、江海润液
油气润滑系统(包括泵、过滤器、分配器、控制系统等)	江海润液、烟台澳瑞特
稀油润滑系统及元件推荐厂商	
稀油润滑系统	江海润液、保定市保液
螺杆泵	RSP黄泵、HELNCO海林柯
过滤器	山西麦克雷斯、上海菲思特
真空净油机	威海戥同
滤油机	唐荷科技、上海菲思特、山西麦克雷斯
工业齿轮油	壳牌Omala、中石化长城德威、天津日石
附件	山西方盛、启东康耐柯、上海诺雷

7.1.2 开坯机泵源原理图（2）

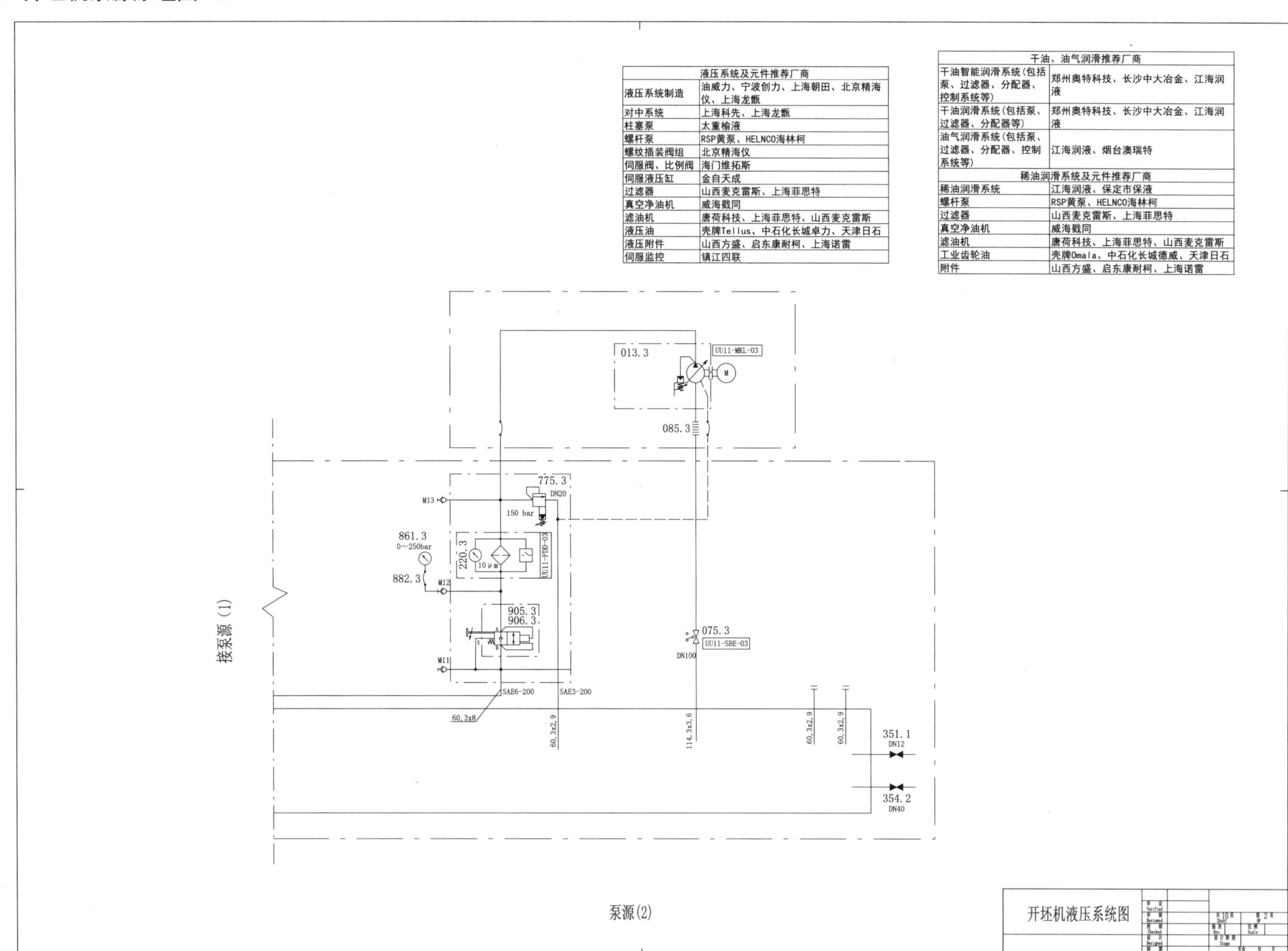

液压系统及元件推荐厂商	
液压系统制造	油威力、宁波创力、上海朝田、北京精海仪、上海龙甑
对中系统	上海科先、上海龙甑
柱塞泵	太重榆液
螺杆泵	RSP黄泵、HELNCO海林柯
螺纹插装阀组	北京精海仪
伺服阀、比例阀	海门维拓斯
伺服液压缸	金自天成
过滤器	山西麦克雷斯、上海菲思特
真空净油机	威海戥同
滤油机	唐荷科技、上海菲思特、山西麦克雷斯
液压油	壳牌Tellus、中石化长城卓力、天津日石
液压附件	山西方盛、启东康耐柯、上海诺雷
伺服监控	镇江四联

干油、油气润滑推荐厂商	
干油智能润滑系统(包括泵、过滤器、分配器、控制系统等)	郑州奥特科技、长沙中大冶金、江海润液
干油润滑系统(包括泵、过滤器、分配器等)	郑州奥特科技、长沙中大冶金、江海润液
油气润滑系统(包括泵、过滤器、分配器、控制系统等)	江海润液、烟台澳瑞特
稀油润滑系统及元件推荐厂商	
稀油润滑系统	江海润液、保定市保液
螺杆泵	RSP黄泵、HELNCO海林柯
过滤器	山西麦克雷斯、上海菲思特
真空净油机	威海戥同
滤油机	唐荷科技、上海菲思特、山西麦克雷斯
工业齿轮油	壳牌Omala、中石化长城德威、天津日石
附件	山西方盛、启东康耐柯、上海诺雷

7.1.3 开坯机泵源原理图（3）

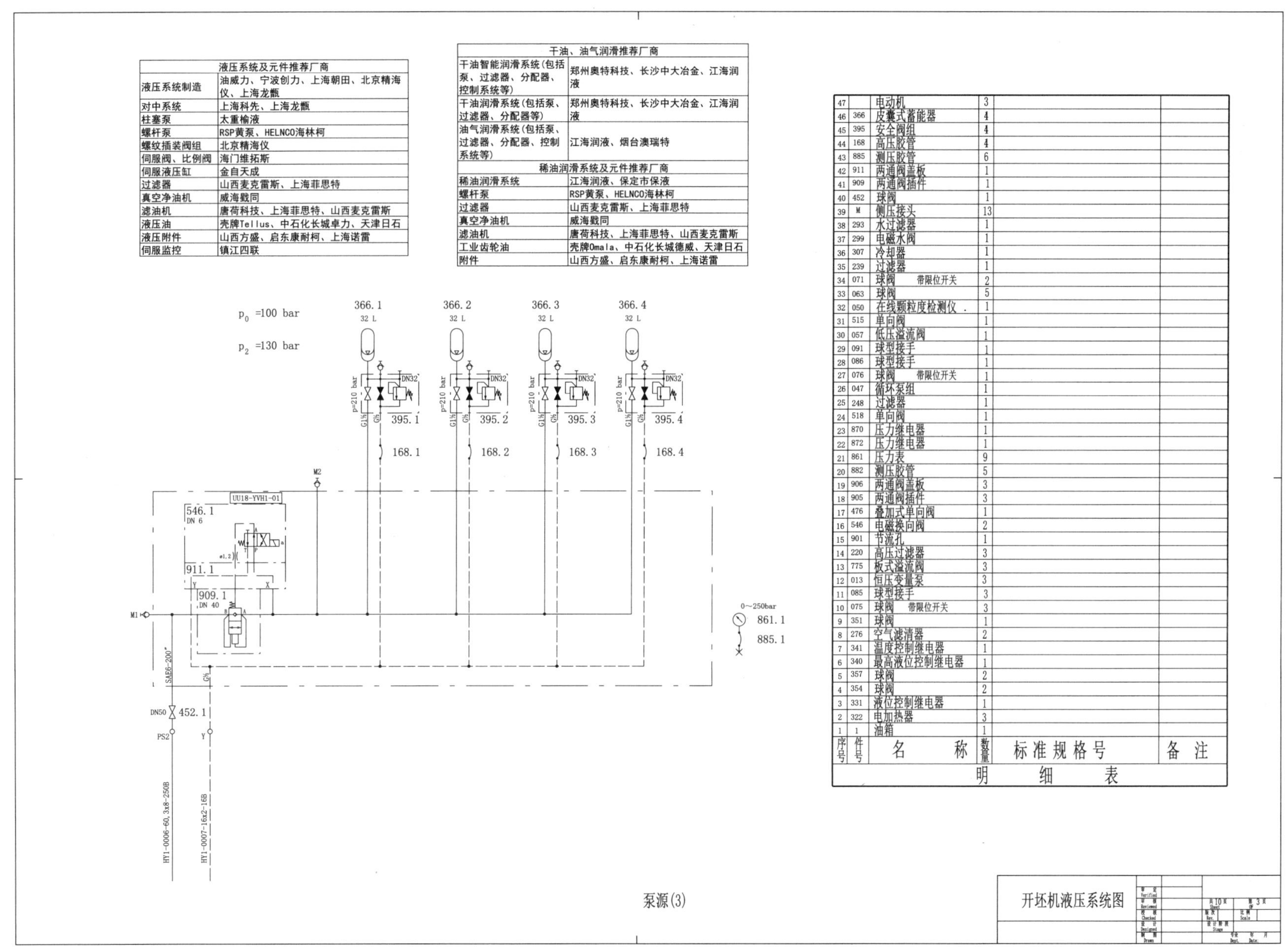

液压系统及元件推荐厂商	
液压系统制造	油威力、宁波创力、上海朝田、北京精海仪、上海龙甑
对中系统	上海科先、上海龙甑
柱塞泵	太重榆液
螺杆泵	RSP黄泵、HELNCO海林柯
螺纹插装阀组	北京精海仪
伺服阀、比例阀	海门维拓斯
伺服液压缸	金自天成
过滤器	山西麦克雷斯、上海菲思特
真空净油机	威海戥同
滤油机	唐荷科技、上海菲思特、山西麦克雷斯
液压油	壳牌Tellus、中石化长城卓力、天津日石
液压附件	山西方盛、启东康耐柯、上海诺雷
伺服监控	镇江四联

干油、油气润滑推荐厂商	
干油智能润滑系统(包括泵、过滤器、分配器、控制系统等)	郑州奥特科技、长沙中大冶金、江海润液
干油润滑系统(包括泵、过滤器、分配器等)	郑州奥特科技、长沙中大冶金、江海润液
油气润滑系统(包括泵、过滤器、分配器、控制系统等)	江海润液、烟台澳瑞特
稀油润滑系统及元件推荐厂商	
稀油润滑系统	江海润液、保定市保液
螺杆泵	RSP黄泵、HELNCO海林柯
过滤器	山西麦克雷斯、上海菲思特
真空净油机	威海戥同
滤油机	唐荷科技、上海菲思特、山西麦克雷斯
工业齿轮油	壳牌Omala、中石化长城德威、天津日石
附件	山西方盛、启东康耐柯、上海诺雷

序号	件号	名　称	数量	标准规格号	备注
47		电动机	3		
46	366	皮囊式蓄能器	4		
45	395	安全阀组	4		
44	168	高压胶管	4		
43	885	测压胶管	6		
42	911	两通阀盖板	1		
41	909	两通阀插件	1		
40	452	球阀	1		
39	M	侧压接头	13		
38	293	水过滤器	1		
37	299	电磁水阀	1		
36	307	冷却器	1		
35	239	过滤器	1		
34	071	球阀　带限位开关	2		
33	063	球阀	5		
32	050	在线颗粒度检测仪 .	1		
31	515	单向阀	1		
30	057	低压溢流阀	1		
29	091	球型接手	1		
28	086	球型接手	1		
27	076	球阀　带限位开关	1		
26	047	循环泵组	1		
25	248	过滤器	1		
24	518	单向阀	1		
23	870	压力继电器	1		
22	872	压力继电器	1		
21	861	压力表	9		
20	882	测压胶管	5		
19	906	两通阀盖板	3		
18	905	两通阀插件	3		
17	476	叠加式单向阀	1		
16	546	电磁换向阀	2		
15	901	节流孔	1		
14	220	高压过滤器	3		
13	775	板式溢流阀	3		
12	013	恒压变量泵	3		
11	085	球型接手	3		
10	075	球阀　带限位开关	3		
9	351	球阀	1		
8	276	空气滤清器	2		
7	341	温度控制继电器	1		
6	340	最高液位控制继电器	1		
5	357	球阀	2		
4	354	球阀	2		
3	331	液位控制继电器	1		
2	322	电加热器	3		
1	1	油箱	1		

明　细　表

7.1.4 开坯机阀台原理图（1）

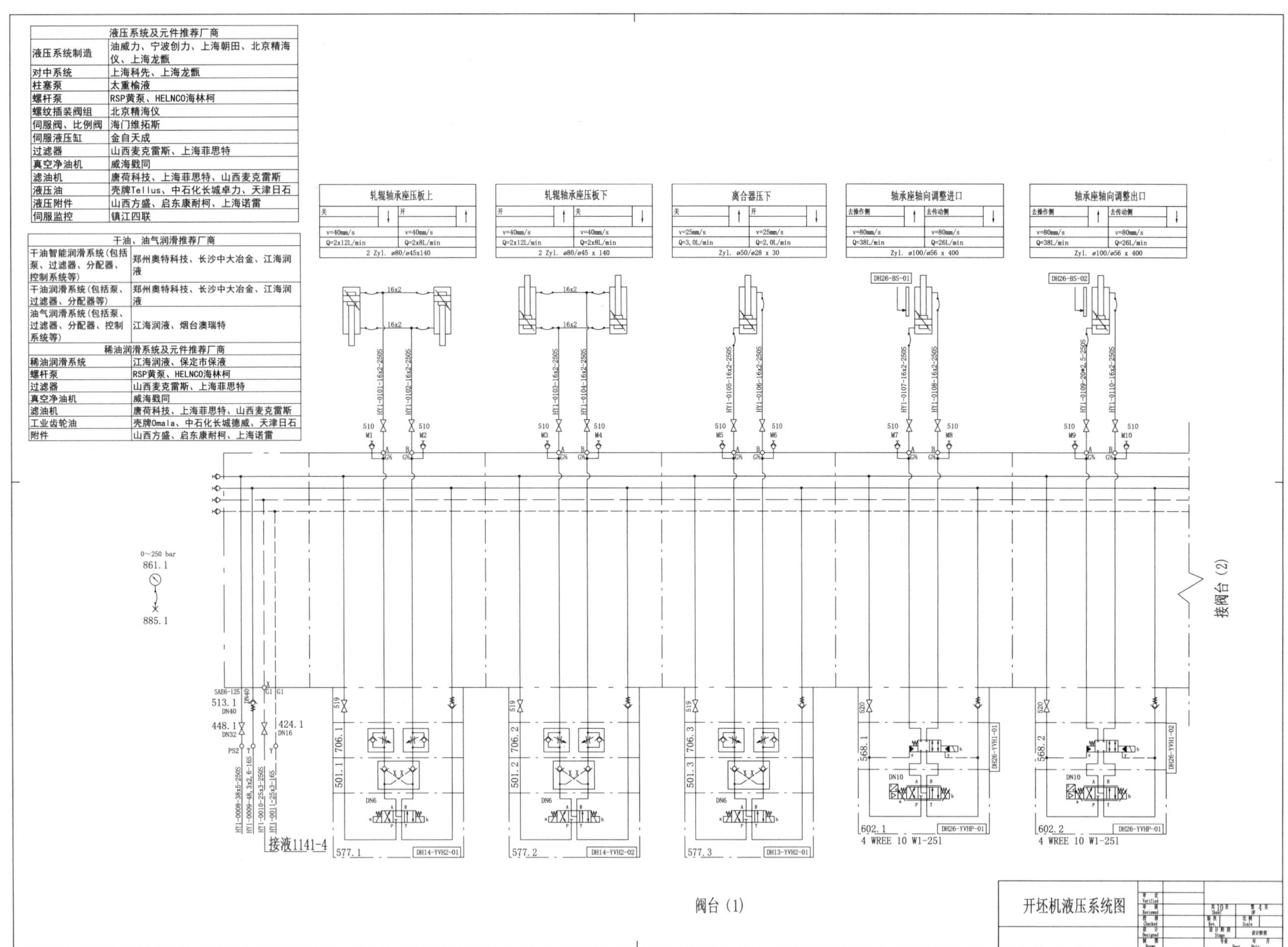

液压系统及元件推荐厂商	
液压系统制造	油威力、宁波创力、上海朝田、北京精海仪、上海龙甑
对中系统	上海科先、上海龙甑
柱塞泵	太重榆液
螺杆泵	RSP黄泵、HELNCO海林柯
螺纹插装阀组	北京精海仪
伺服阀、比例阀	海门维拓斯
伺服液压缸	金自天成
过滤器	山西麦克雷斯、上海菲思特
真空净油机	威海戥同
滤油机	唐荷科技、上海菲思特、山西麦克雷斯
液压油	壳牌Tellus、中石化长城卓力、天津日石
液压附件	山西方盛、启东康耐柯、上海诺雷
伺服监控	镇江四联

干油、油气润滑推荐厂商	
干油智能润滑系统(包括泵、过滤器、分配器、控制系统等)	郑州奥特科技、长沙中大冶金、江海润液
干油润滑系统(包括泵、过滤器、分配器等)	郑州奥特科技、长沙中大冶金、江海润液
油气润滑系统(包括泵、过滤器、分配器、控制系统等)	江海润液、烟台澳瑞特
稀油润滑系统及元件推荐厂商	
稀油润滑系统	江海润液、保定市保液
螺杆泵	RSP黄泵、HELNCO海林柯
过滤器	山西麦克雷斯、上海菲思特
真空净油机	威海戥同
滤油机	唐荷科技、上海菲思特、山西麦克雷斯
工业齿轮油	壳牌Omala、中石化长城德威、天津日石
附件	山西方盛、启东康耐柯、上海诺雷

7.1.5 开坯机阀台原理图（2）

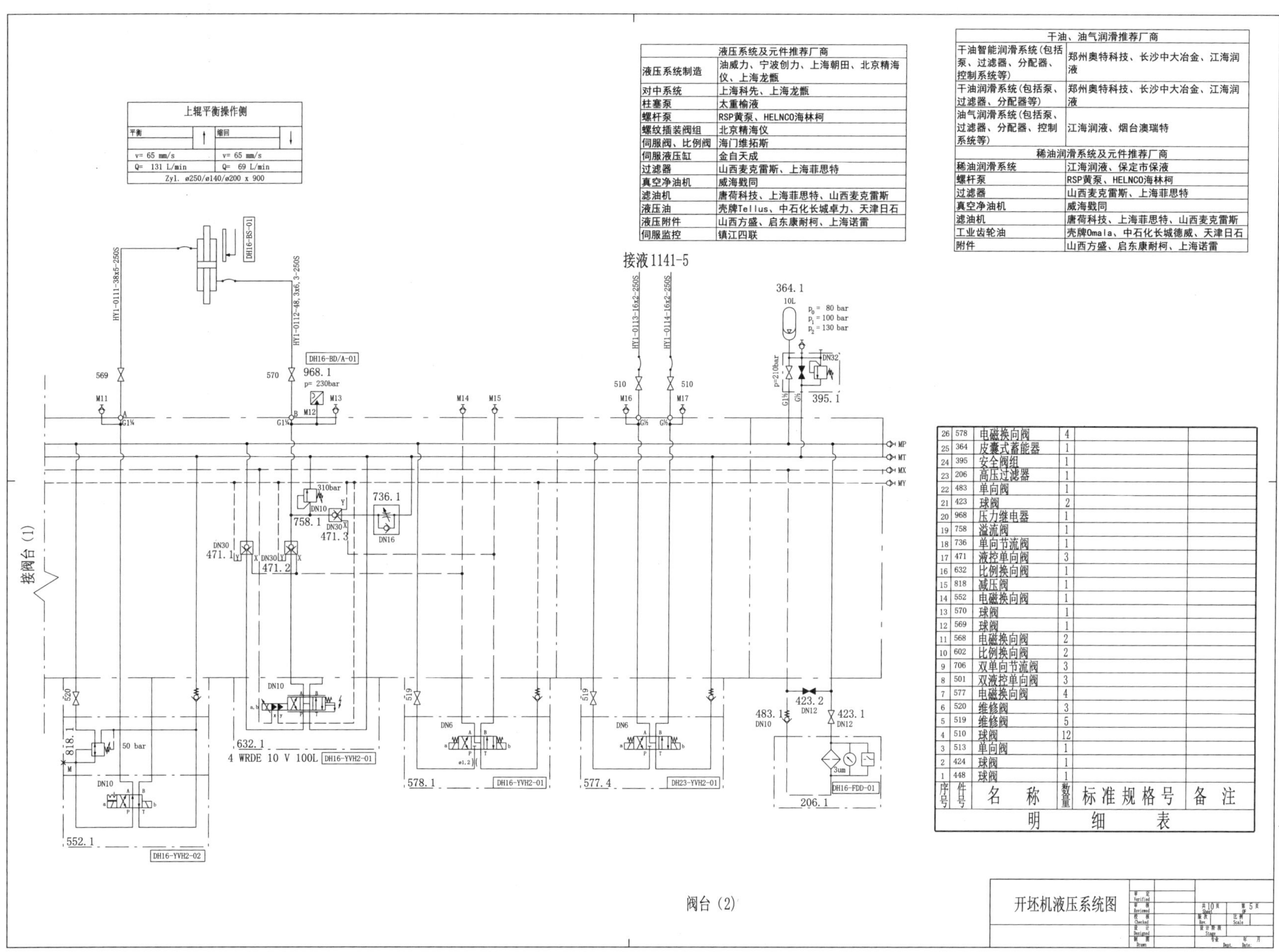

液压系统及元件推荐厂商	
液压系统制造	油威力、宁波创力、上海朝田、北京精海仪、上海龙甑
对中系统	上海科先、上海龙甑
柱塞泵	太重榆液
螺杆泵	RSP黄泵、HELNCO海林柯
螺纹插装阀组	北京精海仪
伺服阀、比例阀	海门维拓斯
伺服液压缸	金自天成
过滤器	山西麦克雷斯、上海菲思特
真空净油机	威海戥同
滤油机	唐荷科技、上海菲思特、山西麦克雷斯
液压油	壳牌Tellus、中石化长城卓力、天津日石
液压附件	山西方盛、启东康耐柯、上海诺雷
伺服监控	镇江四联

干油、油气润滑推荐厂商	
干油智能润滑系统(包括泵、过滤器、分配器、控制系统等)	郑州奥特科技、长沙中大冶金、江海润液
干油润滑系统(包括泵、过滤器、分配器等)	郑州奥特科技、长沙中大冶金、江海润液
油气润滑系统(包括泵、过滤器、分配器、控制系统等)	江海润液、烟台澳瑞特
稀油润滑系统及元件推荐厂商	
稀油润滑系统	江海润液、保定市保液
螺杆泵	RSP黄泵、HELNCO海林柯
过滤器	山西麦克雷斯、上海菲思特
真空净油机	威海戥同
滤油机	唐荷科技、上海菲思特、山西麦克雷斯
工业齿轮油	壳牌Omala、中石化长城德威、天津日石
附件	山西方盛、启东康耐柯、上海诺雷

序号	件号	名称	数量	标准规格号	备注
26	578	电磁换向阀	4		
25	364	皮囊式蓄能器	1		
24	395	安全阀组	1		
23	206	高压过滤器	1		
22	483	单向阀	1		
21	423	球阀	2		
20	968	压力继电器	1		
19	758	溢流阀	1		
18	736	单向节流阀	1		
17	471	液控单向阀	3		
16	632	比例换向阀	1		
15	818	减压阀	1		
14	552	电磁换向阀	1		
13	570	球阀	1		
12	569	球阀	1		
11	568	电磁换向阀	2		
10	602	比例换向阀	2		
9	706	双单向节流阀	3		
8	501	双液控单向阀	3		
7	577	电磁换向阀	4		
6	520	维修阀	3		
5	519	维修阀	5		
4	510	球阀	12		
3	513	单向阀	1		
2	424	球阀	1		
1	448	球阀	1		
明细表					

7.1.6 开坯机阀台原理图（3）

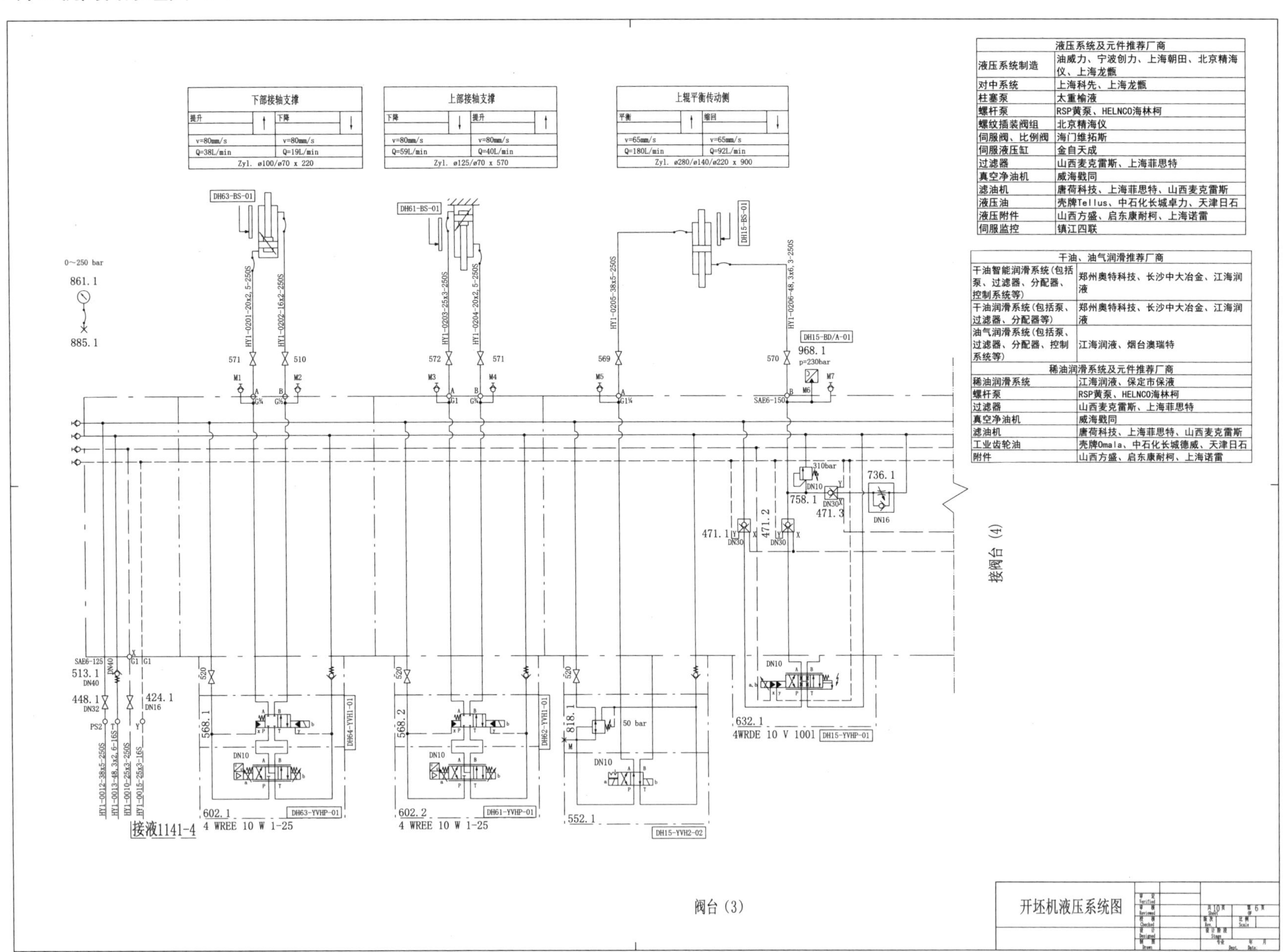

液压系统及元件推荐厂商	
液压系统制造	油威力、宁波创力、上海朝田、北京精海仪、上海龙甑
对中系统	上海科先、上海龙甑
柱塞泵	太重榆液
螺杆泵	RSP黄泵、HELNCO海林柯
螺纹插装阀组	北京精海仪
伺服阀、比例阀	海门维拓斯
伺服液压缸	金自天成
过滤器	山西麦克雷斯、上海菲思特
真空净油机	威海戳同
滤油机	唐荷科技、上海菲思特、山西麦克雷斯
液压油	壳牌Tellus、中石化长城卓力、天津日石
液压附件	山西方盛、启东康耐柯、上海诺雷
伺服监控	镇江四联

干油、油气润滑推荐厂商	
干油智能润滑系统(包括泵、过滤器、分配器、控制系统等)	郑州奥特科技、长沙中大冶金、江海润液
干油润滑系统(包括泵、过滤器、分配器等)	郑州奥特科技、长沙中大冶金、江海润液
油气润滑系统(包括泵、过滤器、分配器、控制系统等)	江海润液、烟台澳瑞特
稀油润滑系统及元件推荐厂商	
稀油润滑系统	江海润液、保定市保液
螺杆泵	RSP黄泵、HELNCO海林柯
过滤器	山西麦克雷斯、上海菲思特
真空净油机	威海戳同
滤油机	唐荷科技、上海菲思特、山西麦克雷斯
工业齿轮油	壳牌Omala、中石化长城德威、天津日石
附件	山西方盛、启东康耐柯、上海诺雷

7.1.7 开坯机阀台原理图（4）

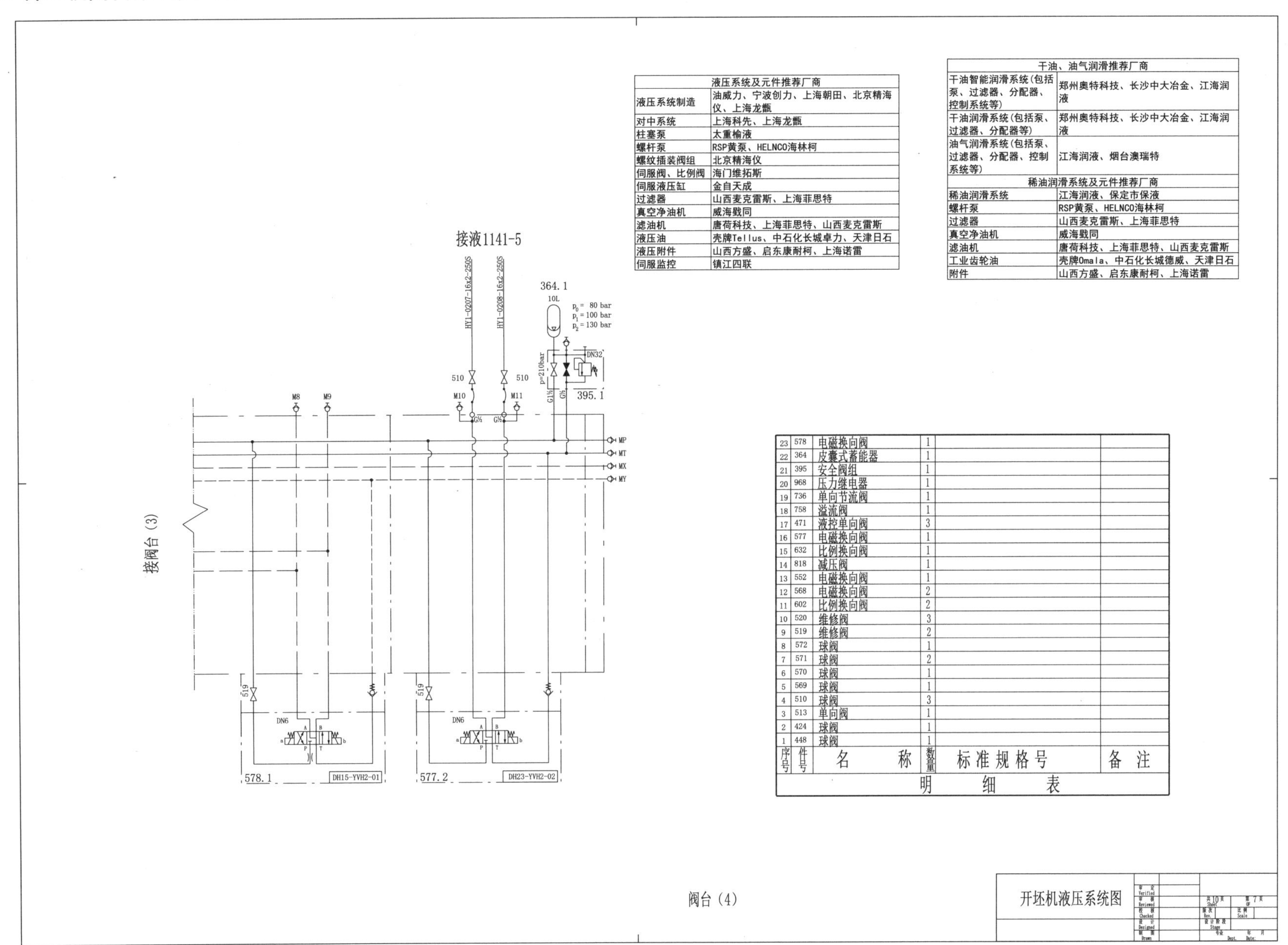

液压系统及元件推荐厂商	
液压系统制造	油威力、宁波创力、上海朝田、北京精海仪、上海龙甑
对中系统	上海科先、上海龙甑
柱塞泵	太重榆液
螺杆泵	RSP黄泵、HELNCO海林柯
螺纹插装阀组	北京精海仪
伺服阀、比例阀	海门维拓斯
伺服液压缸	金自天成
过滤器	山西麦克雷斯、上海菲思特
真空净油机	威海戥同
滤油机	唐荷科技、上海菲思特、山西麦克雷斯
液压油	壳牌Tellus、中石化长城卓力、天津日石
液压附件	山西方盛、启东康耐柯、上海诺雷
伺服监控	镇江四联

干油、油气润滑推荐厂商	
干油智能润滑系统(包括泵、过滤器、分配器、控制系统等)	郑州奥特科技、长沙中大冶金、江海润液
干油润滑系统(包括泵、过滤器、分配器等)	郑州奥特科技、长沙中大冶金、江海润液
油气润滑系统(包括泵、过滤器、分配器、控制系统等)	江海润液、烟台澳瑞特
稀油润滑系统及元件推荐厂商	
稀油润滑系统	江海润液、保定市保液
螺杆泵	RSP黄泵、HELNCO海林柯
过滤器	山西麦克雷斯、上海菲思特
真空净油机	威海戥同
滤油机	唐荷科技、上海菲思特、山西麦克雷斯
工业齿轮油	壳牌Omala、中石化长城德威、天津日石
附件	山西方盛、启东康耐柯、上海诺雷

序号	件号	名称	数量	标准规格号	备注
23	578	电磁换向阀	1		
22	364	皮囊式蓄能器	1		
21	395	安全阀组	1		
20	968	压力继电器	1		
19	736	单向节流阀	1		
18	758	溢流阀	1		
17	471	液控单向阀	3		
16	577	电磁换向阀	1		
15	632	比例换向阀	1		
14	818	减压阀	1		
13	552	电磁换向阀	1		
12	568	电磁换向阀	2		
11	602	比例换向阀	2		
10	520	维修阀	3		
9	519	维修阀	2		
8	572	球阀	1		
7	571	球阀	2		
6	570	球阀	1		
5	569	球阀	1		
4	510	球阀	3		
3	513	单向阀	1		
2	424	球阀	1		
1	448	球阀	1		

明　细　表

7.1.8 开坯机阀台原理图（5）

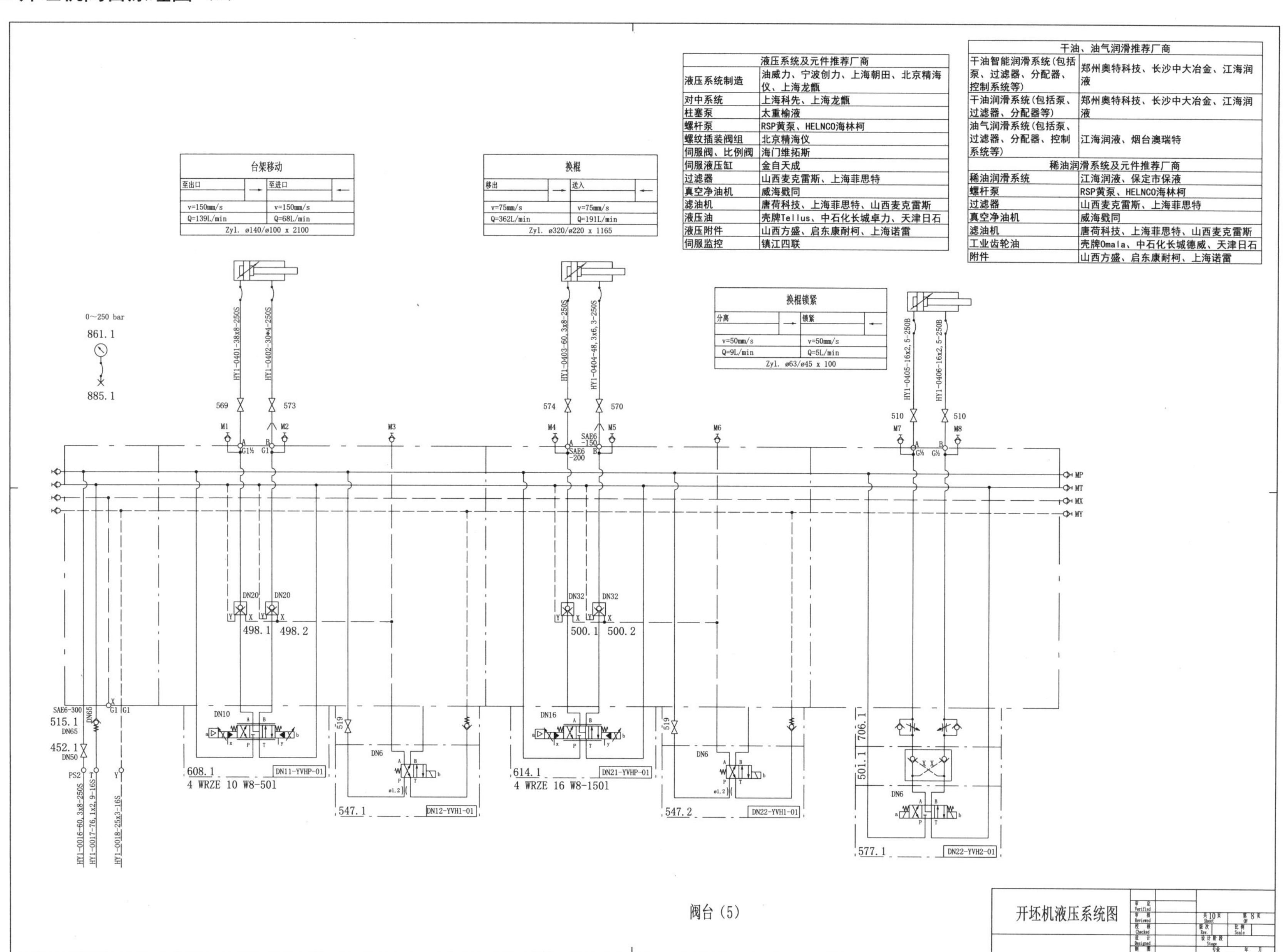

台架移动			
至出口	→	至进口	←
v=150mm/s		v=150mm/s	
Q=139L/min		Q=68L/min	
Zyl. ø140/ø100 x 2100			

换棍			
移出	→	送入	←
v=75mm/s		v=75mm/s	
Q=362L/min		Q=191L/min	
Zyl. ø320/ø220 x 1165			

换棍锁紧			
分离	→	锁紧	←
v=50mm/s		v=50mm/s	
Q=9L/min		Q=5L/min	
Zyl. ø63/ø45 x 100			

液压系统及元件推荐厂商	
液压系统制造	油威力、宁波创力、上海朝田、北京精海仪、上海龙甑
对中系统	上海科先、上海龙甑
柱塞泵	太重榆液
螺杆泵	RSP黄泵、HELNCO海林柯
螺纹插装阀组	北京精海仪
伺服阀、比例阀	海门维拓斯
伺服液压缸	金自天成
过滤器	山西麦克雷斯、上海菲思特
真空净油机	威海戬同
滤油机	唐荷科技、上海菲思特、山西麦克雷斯
液压油	壳牌Tellus、中石化长城卓力、天津日石
液压附件	山西方盛、启东康耐柯、上海诺雷
伺服监控	镇江四联

干油、油气润滑推荐厂商	
干油智能润滑系统(包括泵、过滤器、分配器、控制系统等)	郑州奥特科技、长沙中大冶金、江海润液
干油润滑系统(包括泵、过滤器、分配器等)	郑州奥特科技、长沙中大冶金、江海润液
油气润滑系统(包括泵、过滤器、分配器、控制系统等)	江海润液、烟台澳瑞特
稀油润滑系统及元件推荐厂商	
稀油润滑系统	江海润液、保定市保液
螺杆泵	RSP黄泵、HELNCO海林柯
过滤器	山西麦克雷斯、上海菲思特
真空净油机	威海戬同
滤油机	唐荷科技、上海菲思特、山西麦克雷斯
工业齿轮油	壳牌Omala、中石化长城德威、天津日石
附件	山西方盛、启东康耐柯、上海诺雷

7.1.9 开坯机阀台原理图（6）

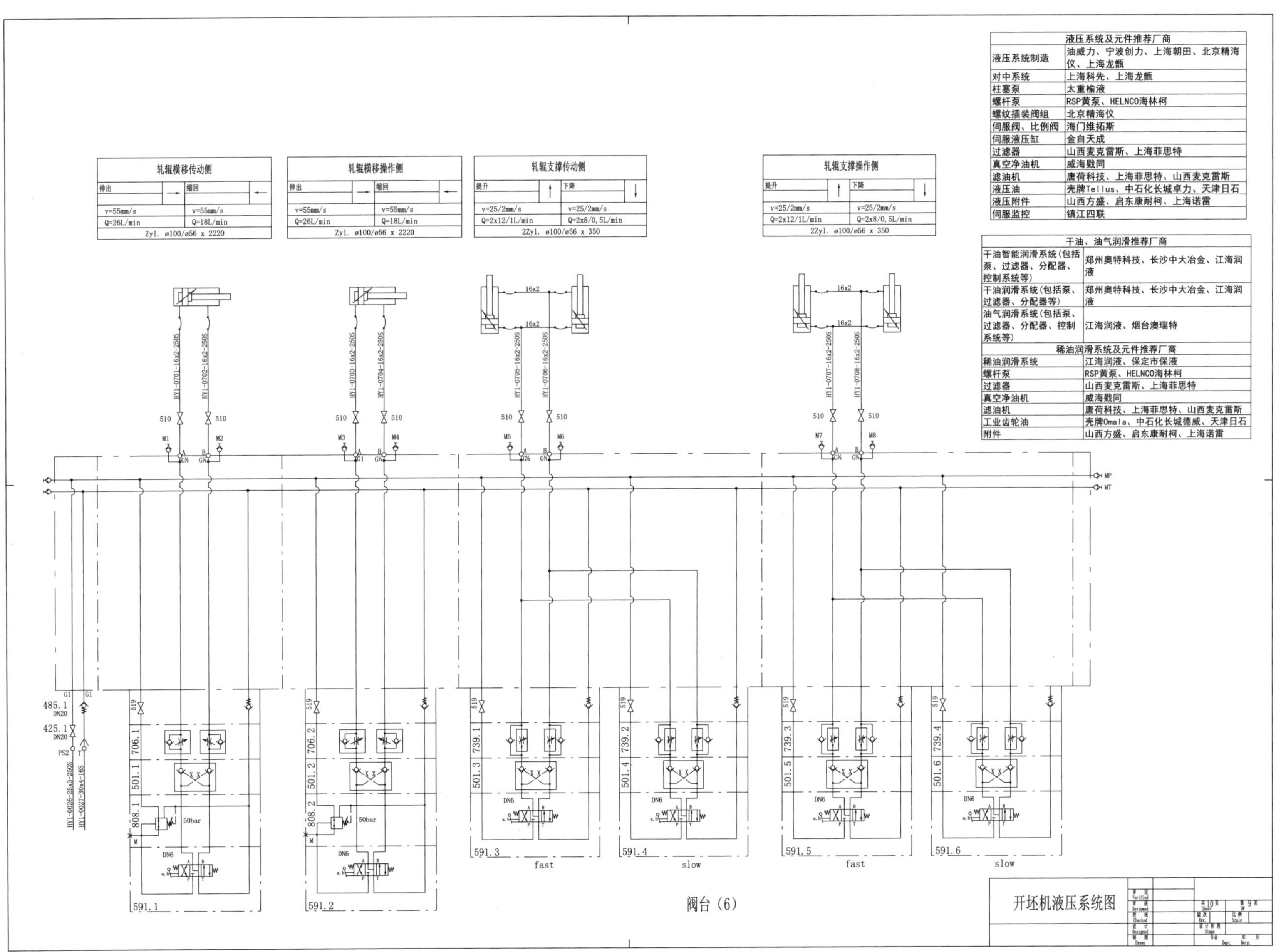

7.1.10 开坯机阀台（5）与阀台（6）明细表

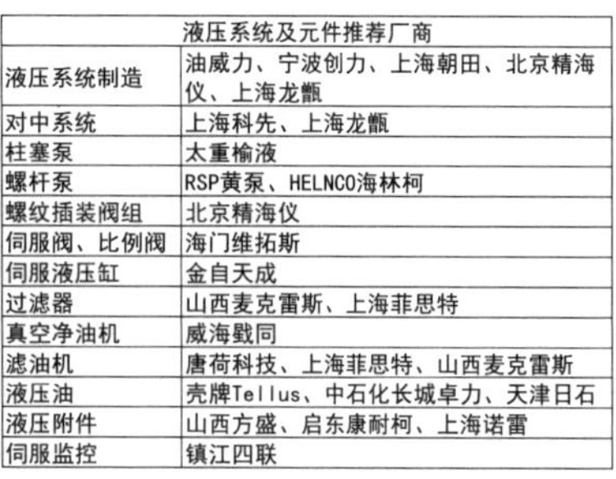

液压系统及元件推荐厂商	
液压系统制造	油威力、宁波创力、上海朝田、北京精海仪、上海龙甑
对中系统	上海科先、上海龙甑
柱塞泵	太重榆液
螺杆泵	RSP黄泵、HELNCO海林柯
螺纹插装阀组	北京精海仪
伺服阀、比例阀	海门维拓斯
伺服液压缸	金自天成
过滤器	山西麦克雷斯、上海菲思特
真空净油机	威海戥同
滤油机	唐荷科技、上海菲思特、山西麦克雷斯
液压油	壳牌Tellus、中石化长城卓力、天津日石
液压附件	山西方盛、启东康耐柯、上海诺雷
伺服监控	镇江四联

干油、油气润滑推荐厂商	
干油智能润滑系统(包括泵、过滤器、分配器、控制系统等)	郑州奥特科技、长沙中大冶金、江海润液
干油润滑系统(包括泵、过滤器、分配器等)	郑州奥特科技、长沙中大冶金、江海润液
油气润滑系统(包括泵、过滤器、分配器、控制系统等)	江海润液、烟台澳瑞特
稀油润滑系统及元件推荐厂商	
稀油润滑系统	江海润液、保定市保液
螺杆泵	RSP黄泵、HELNCO海林柯
过滤器	山西麦克雷斯、上海菲思特
真空净油机	威海戥同
滤油机	唐荷科技、上海菲思特、山西麦克雷斯
工业齿轮油	壳牌Omala、中石化长城德威、天津日石
附件	山西方盛、启东康耐柯、上海诺雷

序号	件号	名称	数量	标准规格号	备注
16	510	球阀	2		
15	706	双单向节流阀	1		
14	501	双液控单向阀	1		
13	577	电磁换向阀	1		
12	500	液控单向阀	2		
11	498	液控单向阀	2		
10	614	比例换向阀	1		
9	547	电磁换向阀	2		
8	608	比例换向阀	1		
7	519	维修阀	2		
6	574	球阀	1		
5	573	球阀	1		
4	570	球阀	1		
3	569	球阀	1		
2	515	单向阀	1		
1	452	球阀	1		
明细表					

阀台（5）

序号	件号	名称	数量	标准规格号	备注
9	739	双单向调速阀	4		
8	706	双单向节流阀	2		
7	501	双液控单向阀	6		
6	808	减压阀	2		
5	591	手动换向阀	6		
4	519	维修阀	2		
3	510	球阀	8		
2	485	单向阀	1		
1	425	球阀	1		
明细表					

阀台（6）

开坯机液压系统图

7.2 连轧机液压系统

7.2.1 连轧机液压系统泵源原理图（1）

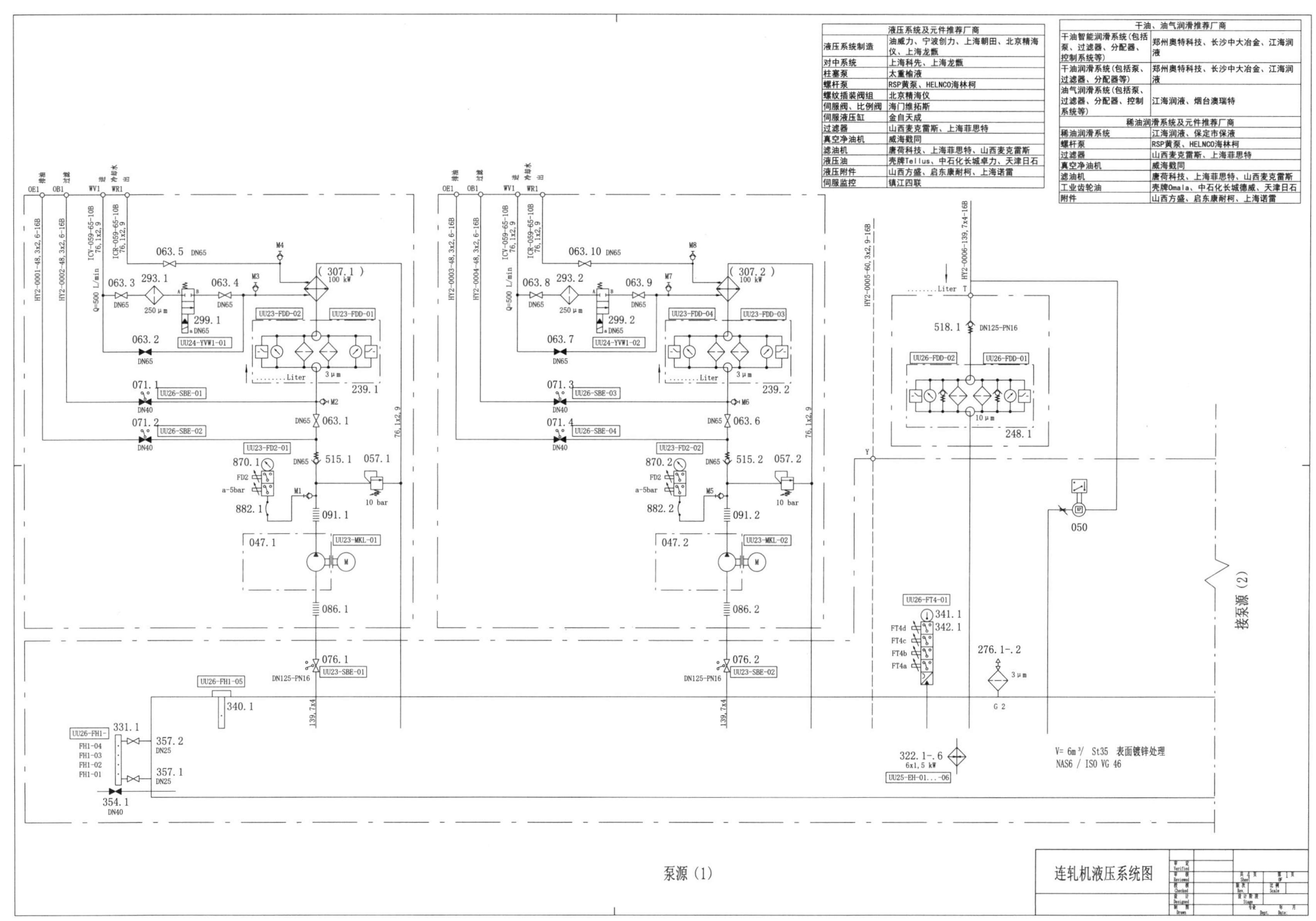

液压系统及元件推荐厂商	
液压系统制造	油威力、宁波创力、上海朝田、北京精海仪、上海龙甑
对中系统	上海科先、上海龙甑
柱塞泵	太重榆液
螺杆泵	RSP黄泵、HELNCO海林柯
螺纹插装阀组	北京精海仪
伺服阀、比例阀	海门维拓斯
伺服液压缸	金自天成
过滤器	山西麦克雷斯、上海菲思特
真空净油机	威海戬同
滤油机	唐荷科技、上海菲思特、山西麦克雷斯
液压油	壳牌Tellus、中石化长城卓力、天津日石
液压附件	山西方盛、启东康耐柯、上海诺雷
伺服监控	镇江四联

干油、油气润滑推荐厂商	
干油智能润滑系统(包括泵、过滤器、分配器、控制系统等)	郑州奥特科技、长沙中大冶金、江海润液
干油润滑系统(包括泵、过滤器、分配器等)	郑州奥特科技、长沙中大冶金、江海润液
油气润滑系统(包括泵、过滤器、分配器、控制系统等)	江海润液、烟台澳瑞特
稀油润滑系统及元件推荐厂商	
稀油润滑系统	江海润液、保定市保液
螺杆泵	RSP黄泵、HELNCO海林柯
过滤器	山西麦克雷斯、上海菲思特
真空净油机	威海戬同
滤油机	唐荷科技、上海菲思特、山西麦克雷斯
工业齿轮油	壳牌Omala、中石化长城德威、天津日石
附件	山西方盛、启东康耐柯、上海诺雷

7.2.2 连轧机液压系统泵源原理图（2）

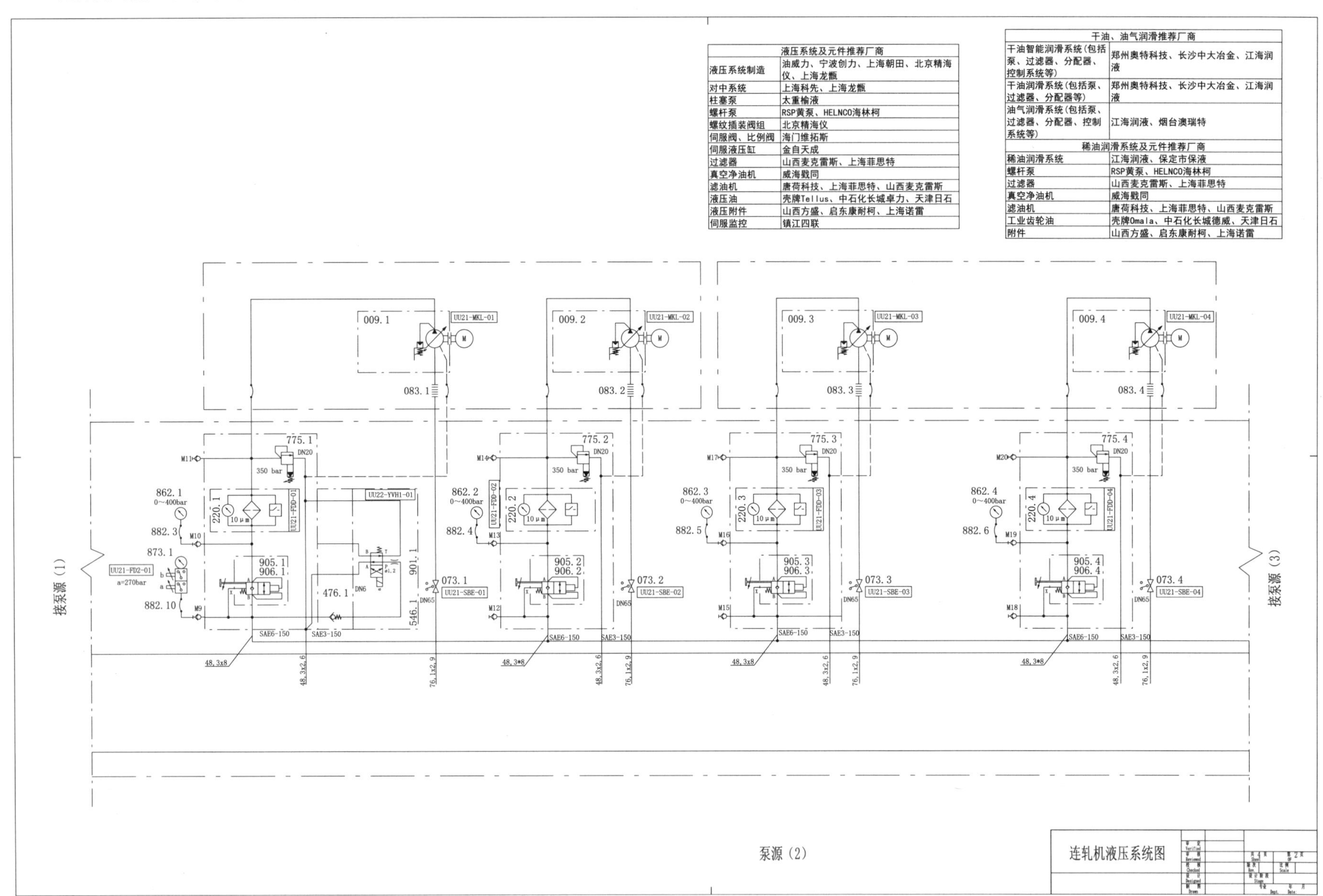

液压系统及元件推荐厂商	
液压系统制造	油威力、宁波创力、上海朝田、北京精海仪、上海龙甑
对中系统	上海科先、上海龙甑
柱塞泵	太重榆液
螺杆泵	RSP黄泵、HELNCO海林柯
螺纹插装阀组	北京精海仪
伺服阀、比例阀	海门维拓斯
伺服液压缸	金自天成
过滤器	山西麦克雷斯、上海菲思特
真空净油机	威海戥同
滤油机	唐荷科技、上海菲思特、山西麦克雷斯
液压油	壳牌Tellus、中石化长城卓力、天津日石
液压附件	山西方盛、启东康耐柯、上海诺雷
伺服监控	镇江四联

干油、油气润滑推荐厂商	
干油智能润滑系统(包括泵、过滤器、分配器、控制系统等)	郑州奥特科技、长沙中大冶金、江海润液
干油润滑系统(包括泵、过滤器、分配器等)	郑州奥特科技、长沙中大冶金、江海润液
油气润滑系统(包括泵、过滤器、分配器、控制系统等)	江海润液、烟台澳瑞特
稀油润滑系统及元件推荐厂商	
稀油润滑系统	江海润液、保定市保液
螺杆泵	RSP黄泵、HELNCO海林柯
过滤器	山西麦克雷斯、上海菲思特
真空净油机	威海戥同
滤油机	唐荷科技、上海菲思特、山西麦克雷斯
工业齿轮油	壳牌Omala、中石化长城德威、天津日石
附件	山西方盛、启东康耐柯、上海诺雷

7.2.3 连轧机液压系统泵源原理图（3）

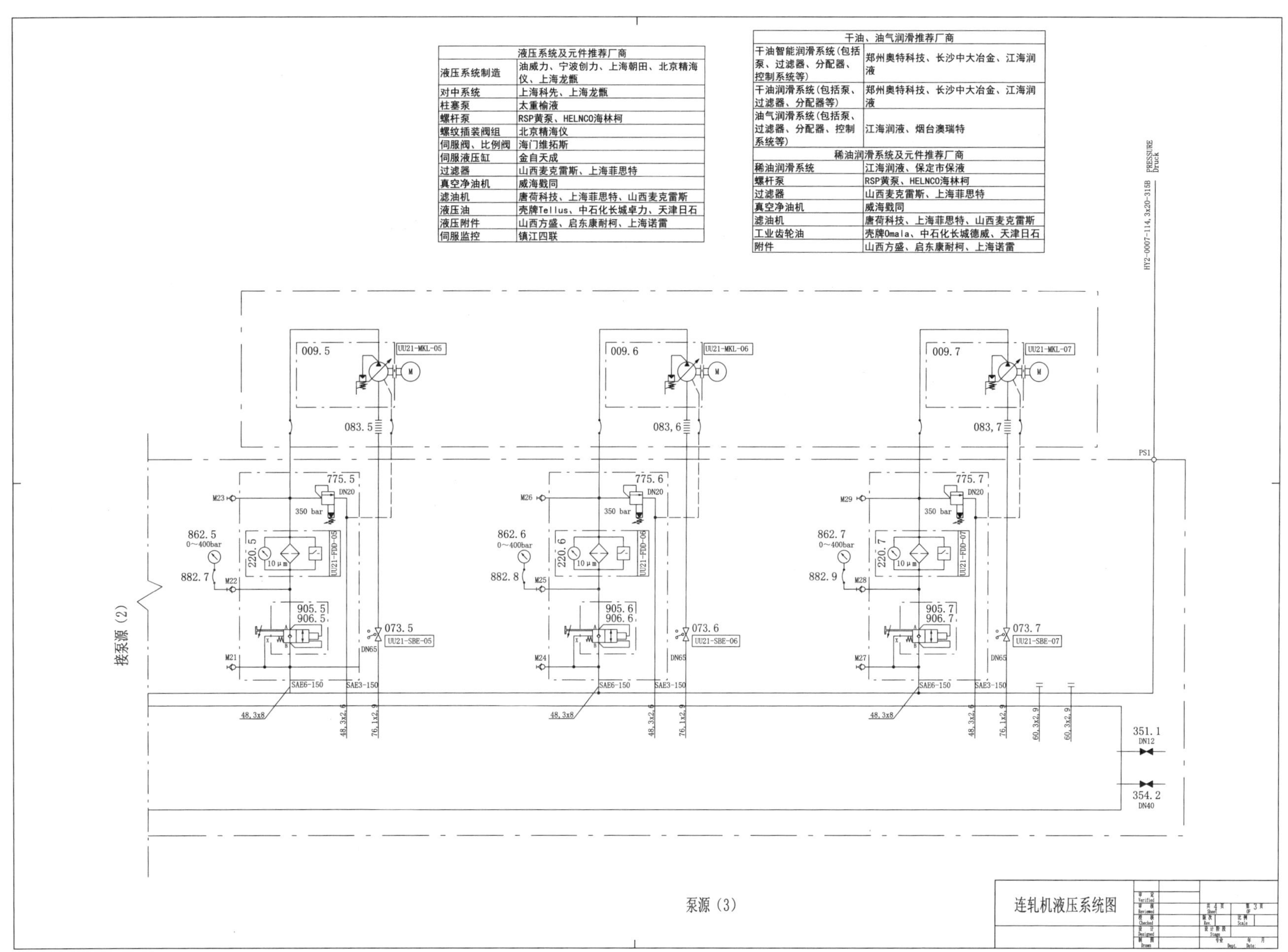

液压系统及元件推荐厂商	
液压系统制造	油威力、宁波创力、上海朝田、北京精海仪、上海龙甑
对中系统	上海科先、上海龙甑
柱塞泵	太重榆液
螺杆泵	RSP黄泵、HELNCO海林柯
螺纹插装阀组	北京精海仪
伺服阀、比例阀	海门维拓斯
伺服液压缸	金自天成
过滤器	山西麦克雷斯、上海菲思特
真空净油机	威海戣同
滤油机	唐荷科技、上海菲思特、山西麦克雷斯
液压油	壳牌Tellus、中石化长城卓力、天津日石
液压附件	山西方盛、启东康耐柯、上海诺雷
伺服监控	镇江四联

干油、油气润滑推荐厂商	
干油智能润滑系统(包括泵、过滤器、分配器、控制系统等)	郑州奥特科技、长沙中大冶金、江海润液
干油润滑系统(包括泵、过滤器、分配器等)	郑州奥特科技、长沙中大冶金、江海润液
油气润滑系统(包括泵、过滤器、分配器、控制系统等)	江海润液、烟台澳瑞特
稀油润滑系统及元件推荐厂商	
稀油润滑系统	江海润液、保定市保液
螺杆泵	RSP黄泵、HELNCO海林柯
过滤器	山西麦克雷斯、上海菲思特
真空净油机	威海戣同
滤油机	唐荷科技、上海菲思特、山西麦克雷斯
工业齿轮油	壳牌Omala、中石化长城德威、天津日石
附件	山西方盛、启东康耐柯、上海诺雷

7.2.4 连轧机液压系统泵源原理图（4）

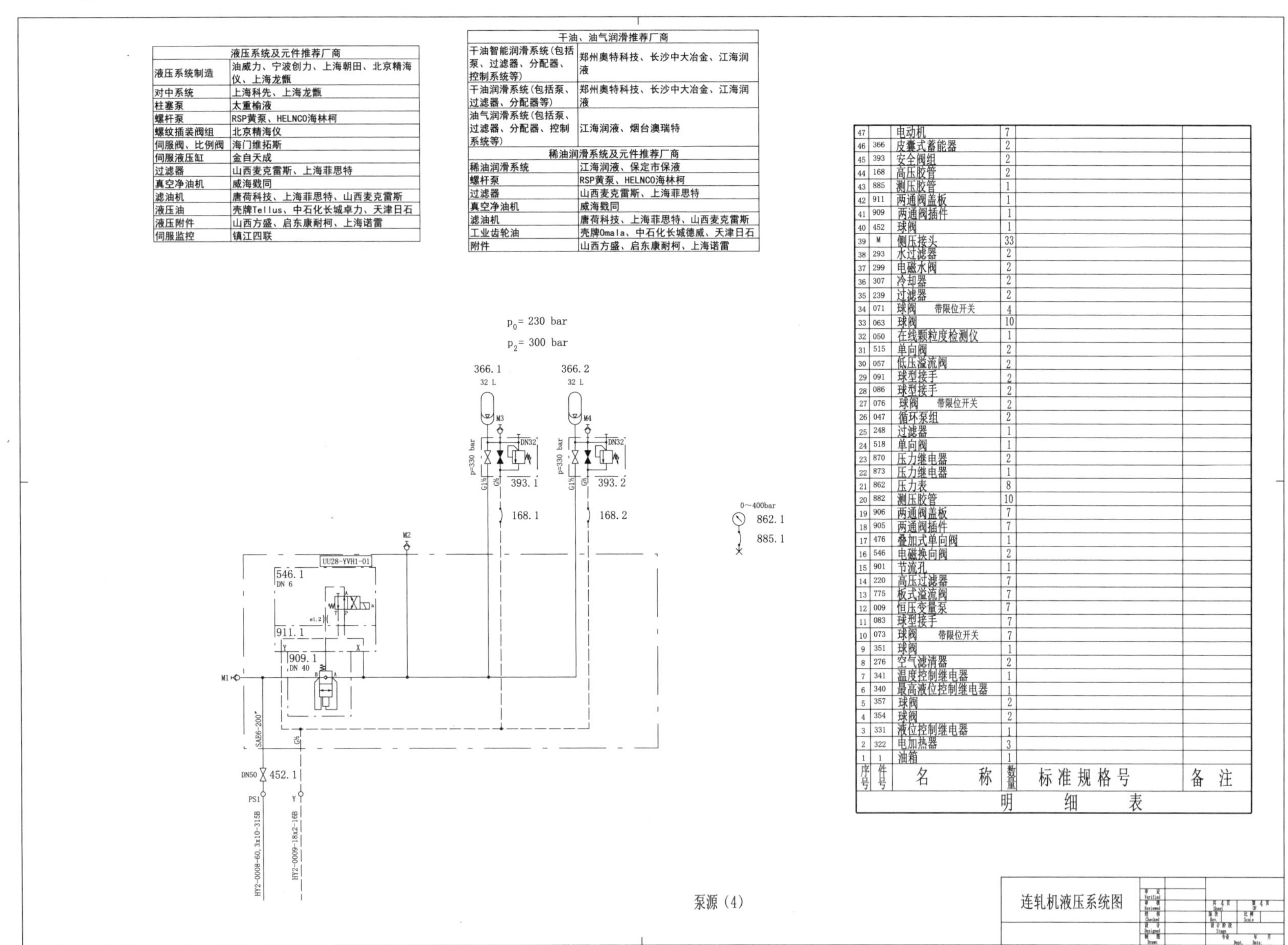

液压系统及元件推荐厂商	
液压系统制造	油威力、宁波创力、上海朝田、北京精海仪、上海龙甑
对中系统	上海科先、上海龙甑
柱塞泵	太重榆液
螺杆泵	RSP黄泵、HELNCO海林柯
螺纹插装阀组	北京精海仪
伺服阀、比例阀	海门维拓斯
伺服液压缸	金自天成
过滤器	山西麦克雷斯、上海菲思特
真空净油机	威海戳同
滤油机	唐荷科技、上海菲思特、山西麦克雷斯
液压油	壳牌Tellus、中石化长城卓力、天津日石
液压附件	山西方盛、启东康耐柯、上海诺雷
伺服监控	镇江四联

干油、油气润滑推荐厂商	
干油智能润滑系统(包括泵、过滤器、分配器、控制系统等)	郑州奥特科技、长沙中大冶金、江海润液
干油润滑系统(包括泵、过滤器、分配器等)	郑州奥特科技、长沙中大冶金、江海润液
油气润滑系统(包括泵、过滤器、分配器、控制系统等)	江海润液、烟台澳瑞特
稀油润滑系统及元件推荐厂商	
稀油润滑系统	江海润液、保定市保液
螺杆泵	RSP黄泵、HELNCO海林柯
过滤器	山西麦克雷斯、上海菲思特
真空净油机	威海戳同
滤油机	唐荷科技、上海菲思特、山西麦克雷斯
工业齿轮油	壳牌Omala、中石化长城德威、天津日石
附件	山西方盛、启东康耐柯、上海诺雷

序号	件号	名称	数量	标准规格号	备注
47		电动机	7		
46	366	皮囊式蓄能器	2		
45	393	安全阀组	2		
44	168	高压胶管	2		
43	885	测压胶管	1		
42	911	两通阀盖板	1		
41	909	两通阀插件	1		
40	452	球阀	1		
39	M	侧压接头	33		
38	293	水过滤器	2		
37	299	电磁水阀	2		
36	307	冷却器	2		
35	239	过滤器	2		
34	071	球阀　带限位开关	4		
33	063	球阀	10		
32	050	在线颗粒度检测仪	1		
31	515	单向阀	2		
30	057	低压溢流阀	2		
29	091	球型接手	2		
28	086	球型接手	2		
27	076	球阀　带限位开关	2		
26	047	循环泵组	2		
25	248	过滤器	1		
24	518	单向阀	1		
23	870	压力继电器	2		
22	873	压力继电器	1		
21	862	压力表	8		
20	882	测压胶管	10		
19	906	两通阀盖板	7		
18	905	两通阀插件	7		
17	476	叠加式单向阀	1		
16	546	电磁换向阀	2		
15	901	节流孔	1		
14	220	高压过滤器	7		
13	775	板式溢流阀	7		
12	009	恒压变量泵	7		
11	083	球型接手	7		
10	073	球阀　带限位开关	7		
9	351	球阀	1		
8	276	空气滤清器	2		
7	341	温度控制继电器	1		
6	340	最高液位控制继电器	1		
5	357	球阀	2		
4	354	球阀	2		
3	331	液位控制继电器	1		
2	322	电加热器	3		
1	1	油箱	1		

明　细　表

7.3 码垛台架区液压系统

7.3.1 码垛机泵源原理图（1）

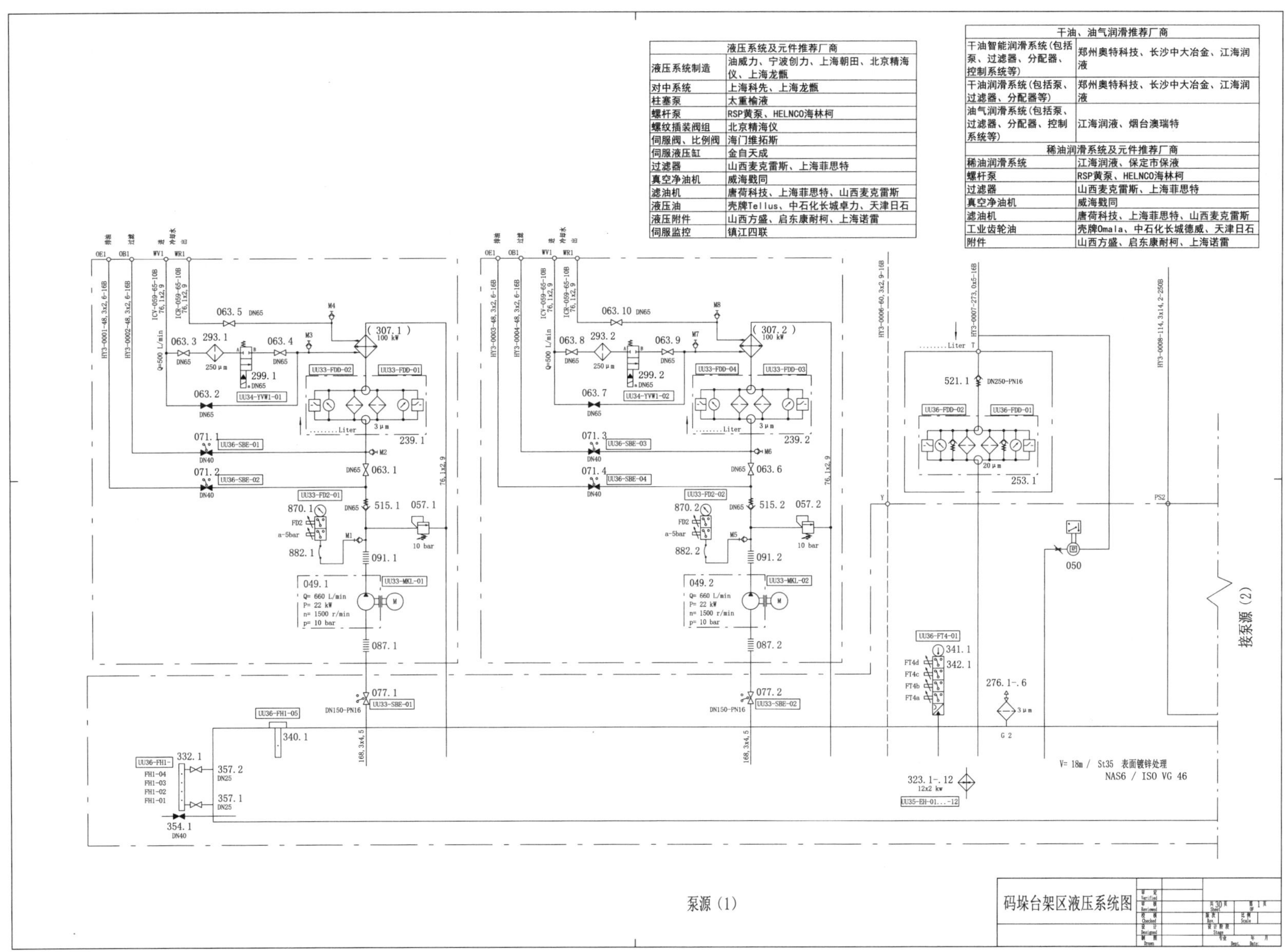

液压系统及元件推荐厂商	
液压系统制造	油威力、宁波创力、上海朝田、北京精海仪、上海龙甑
对中系统	上海科先、上海龙甑
柱塞泵	太重榆液
螺杆泵	RSP黄泵、HELNCO海林柯
螺纹插装阀组	北京精海仪
伺服阀、比例阀	海门维拓斯
伺服液压缸	金自天成
过滤器	山西麦克雷斯、上海菲思特
真空净油机	威海戬同
滤油机	唐荷科技、上海菲思特、山西麦克雷斯
液压油	壳牌Tellus、中石化长城卓力、天津日石
液压附件	山西方盛、启东康耐柯、上海诺雷
伺服监控	镇江四联

干油、油气润滑推荐厂商	
干油智能润滑系统(包括泵、过滤器、分配器、控制系统等)	郑州奥特科技、长沙中大冶金、江海润液
干油润滑系统(包括泵、过滤器、分配器等)	郑州奥特科技、长沙中大冶金、江海润液
油气润滑系统(包括泵、过滤器、分配器、控制系统等)	江海润液、烟台澳瑞特
稀油润滑系统及元件推荐厂商	
稀油润滑系统	江海润液、保定市保液
螺杆泵	RSP黄泵、HELNCO海林柯
过滤器	山西麦克雷斯、上海菲思特
真空净油机	威海戬同
滤油机	唐荷科技、上海菲思特、山西麦克雷斯
工业齿轮油	壳牌Omala、中石化长城德威、天津日石
附件	山西方盛、启东康耐柯、上海诺雷

7.3.2 码垛机泵源原理图（2）

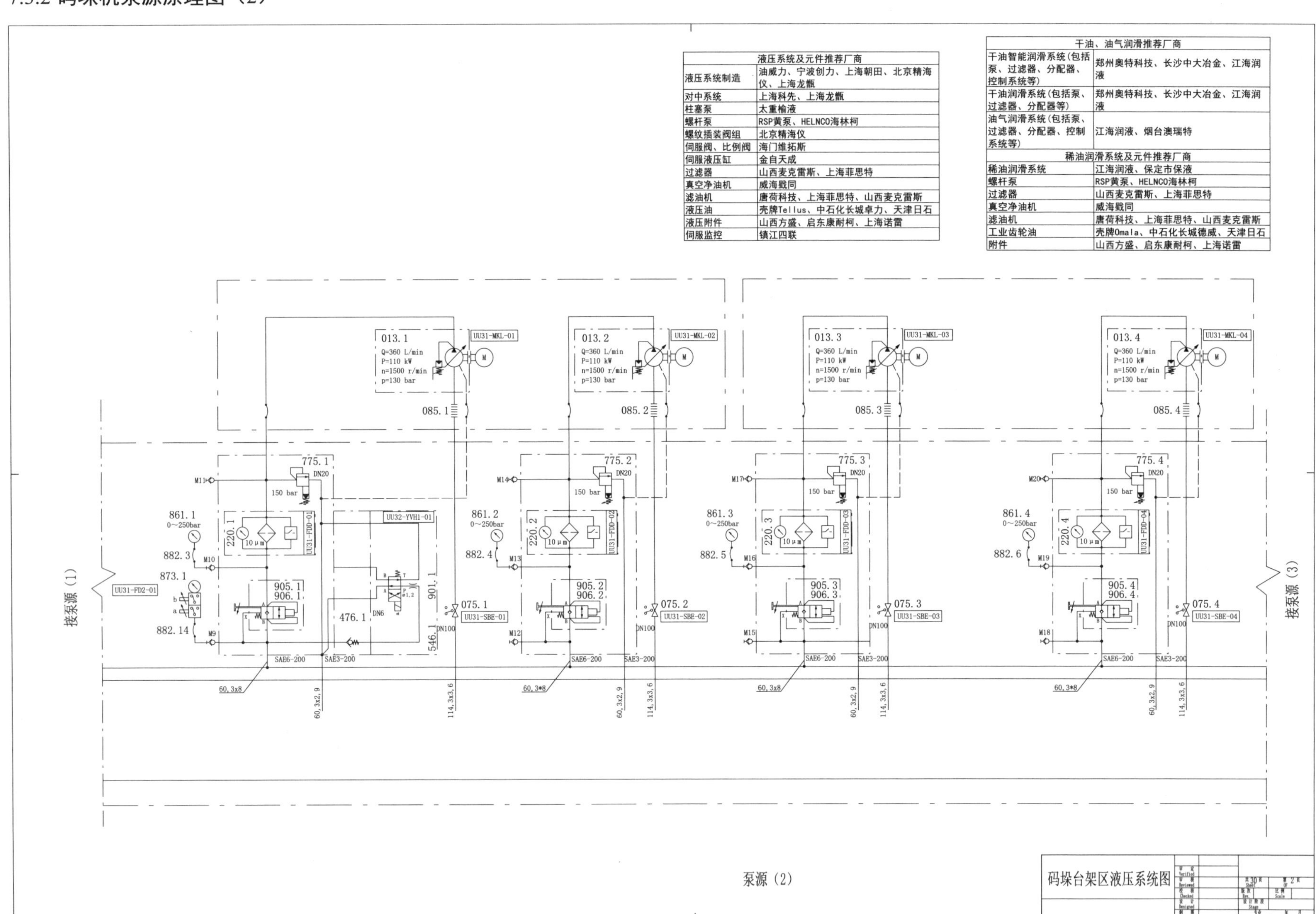

液压系统及元件推荐厂商	
液压系统制造	油威力、宁波创力、上海朝田、北京精海仪、上海龙甑
对中系统	上海科先、上海龙甑
柱塞泵	太重榆液
螺杆泵	RSP黄泵、HELNCO海林柯
螺纹插装阀组	北京精海仪
伺服阀、比例阀	海门维拓斯
伺服液压缸	金自天成
过滤器	山西麦克雷斯、上海菲思特
真空净油机	威海戥同
滤油机	唐荷科技、上海菲思特、山西麦克雷斯
液压油	壳牌Tellus、中石化长城卓力、天津日石
液压附件	山西方盛、启东康耐柯、上海诺雷
伺服监控	镇江四联

干油、油气润滑推荐厂商	
干油智能润滑系统(包括泵、过滤器、分配器、控制系统等)	郑州奥特科技、长沙中大冶金、江海润液
干油润滑系统(包括泵、过滤器、分配器等)	郑州奥特科技、长沙中大冶金、江海润液
油气润滑系统(包括泵、过滤器、分配器、控制系统等)	江海润液、烟台澳瑞特
稀油润滑系统及元件推荐厂商	
稀油润滑系统	江海润液、保定市保液
螺杆泵	RSP黄泵、HELNCO海林柯
过滤器	山西麦克雷斯、上海菲思特
真空净油机	威海戥同
滤油机	唐荷科技、上海菲思特、山西麦克雷斯
工业齿轮油	壳牌Omala、中石化长城德威、天津日石
附件	山西方盛、启东康耐柯、上海诺雷

7.3.3 码垛机泵源原理图（3）

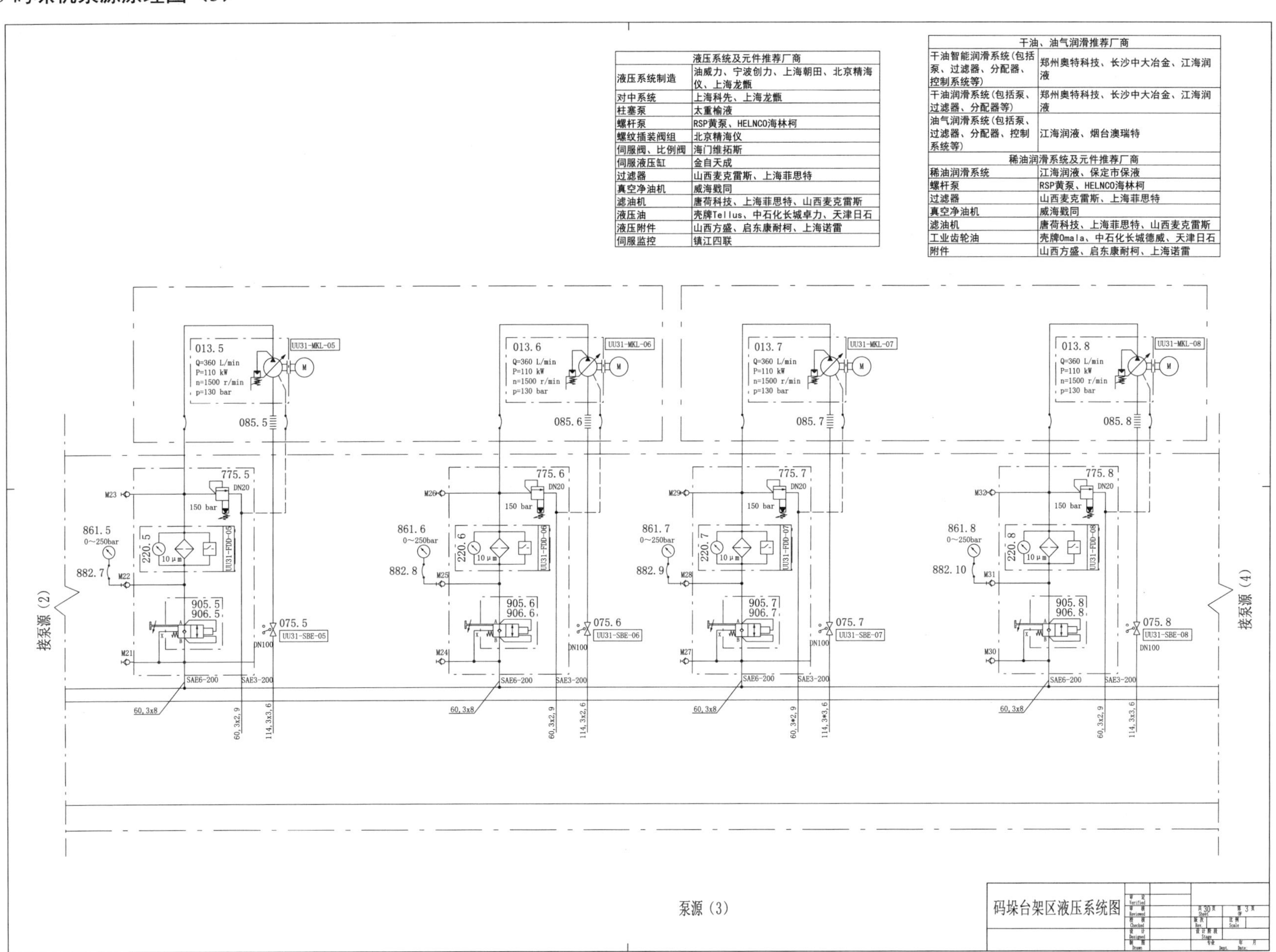

液压系统及元件推荐厂商	
液压系统制造	油威力、宁波创力、上海朝田、北京精海仪、上海龙甑
对中系统	上海科先、上海龙甑
柱塞泵	太重榆液
螺杆泵	RSP黄泵、HELNCO海林柯
螺纹插装阀组	北京精海仪
伺服阀、比例阀	海门维拓斯
伺服液压缸	金自天成
过滤器	山西麦克雷斯、上海菲思特
真空净油机	威海戥同
滤油机	唐荷科技、上海菲思特、山西麦克雷斯
液压油	壳牌Tellus、中石化长城卓力、天津日石
液压附件	山西方盛、启东康耐柯、上海诺雷
伺服监控	镇江四联

干油、油气润滑推荐厂商	
干油智能润滑系统(包括泵、过滤器、分配器、控制系统等)	郑州奥特科技、长沙中大冶金、江海润液
干油润滑系统(包括泵、过滤器、分配器等)	郑州奥特科技、长沙中大冶金、江海润液
油气润滑系统(包括泵、过滤器、分配器、控制系统等)	江海润液、烟台澳瑞特
稀油润滑系统及元件推荐厂商	
稀油润滑系统	江海润液、保定市保液
螺杆泵	RSP黄泵、HELNCO海林柯
过滤器	山西麦克雷斯、上海菲思特
真空净油机	威海戥同
滤油机	唐荷科技、上海菲思特、山西麦克雷斯
工业齿轮油	壳牌Omala、中石化长城德威、天津日石
附件	山西方盛、启东康耐柯、上海诺雷

7.3.4 码垛机泵源原理图（4）

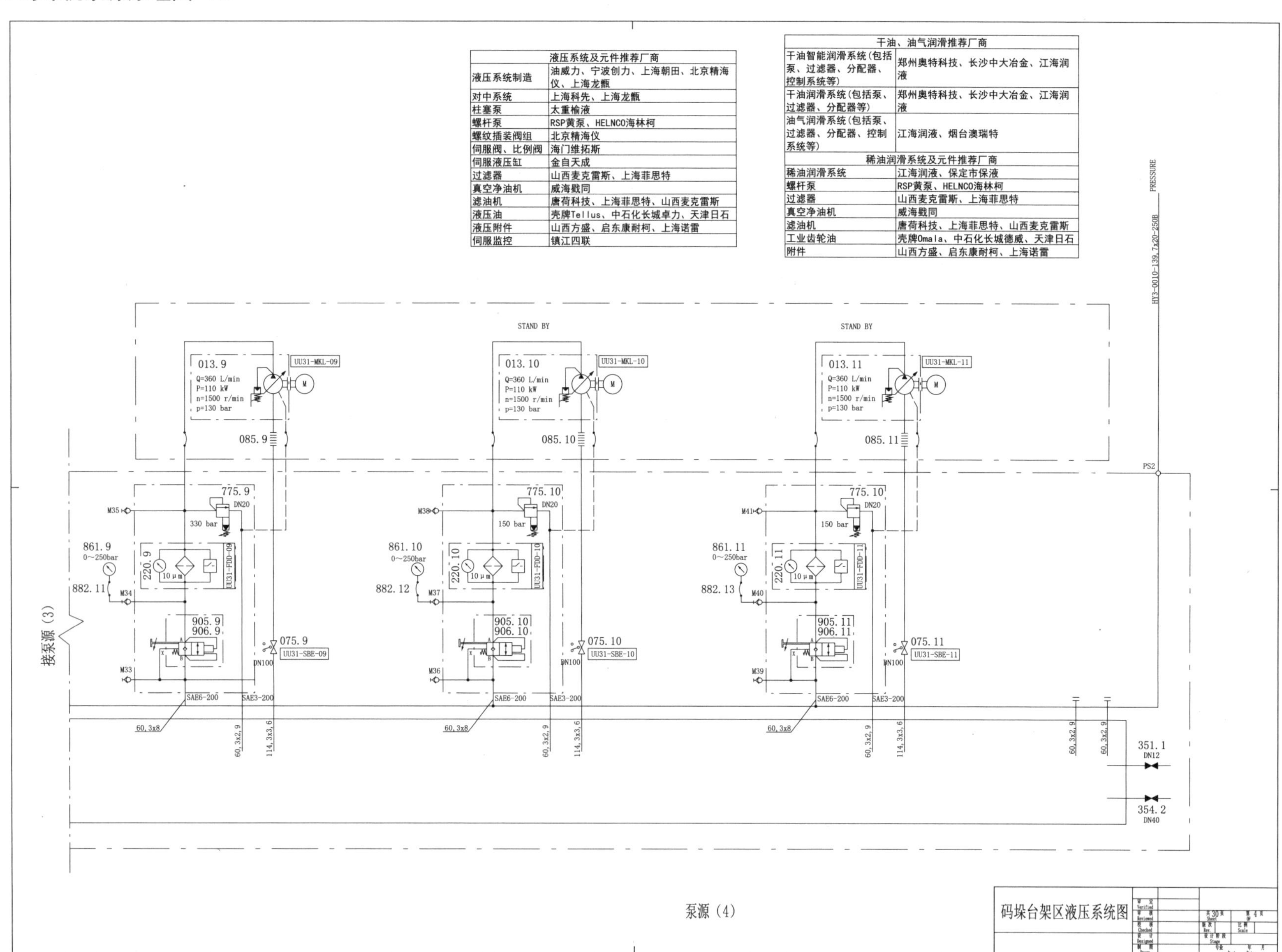

液压系统及元件推荐厂商	
液压系统制造	油威力、宁波创力、上海朝田、北京精海仪、上海龙甑
对中系统	上海科先、上海龙甑
柱塞泵	太重榆液
螺杆泵	RSP黄泵、HELNCO海林柯
螺纹插装阀组	北京精海仪
伺服阀、比例阀	海门维拓斯
伺服液压缸	金自天成
过滤器	山西麦克雷斯、上海菲思特
真空净油机	威海戥同
滤油机	唐荷科技、上海菲思特、山西麦克雷斯
液压油	壳牌Tellus、中石化长城卓力、天津日石
液压附件	山西方盛、启东康耐柯、上海诺雷
伺服监控	镇江四联

干油、油气润滑推荐厂商	
干油智能润滑系统(包括泵、过滤器、分配器、控制系统等)	郑州奥特科技、长沙中大冶金、江海润液
干油润滑系统(包括泵、过滤器、分配器等)	郑州奥特科技、长沙中大冶金、江海润液
油气润滑系统(包括泵、过滤器、分配器、控制系统等)	江海润液、烟台澳瑞特
稀油润滑系统及元件推荐厂商	
稀油润滑系统	江海润液、保定市保液
螺杆泵	RSP黄泵、HELNCO海林柯
过滤器	山西麦克雷斯、上海菲思特
真空净油机	威海戥同
滤油机	唐荷科技、上海菲思特、山西麦克雷斯
工业齿轮油	壳牌Omala、中石化长城德威、天津日石
附件	山西方盛、启东康耐柯、上海诺雷

7.3.5 码垛机泵源原理图（5）

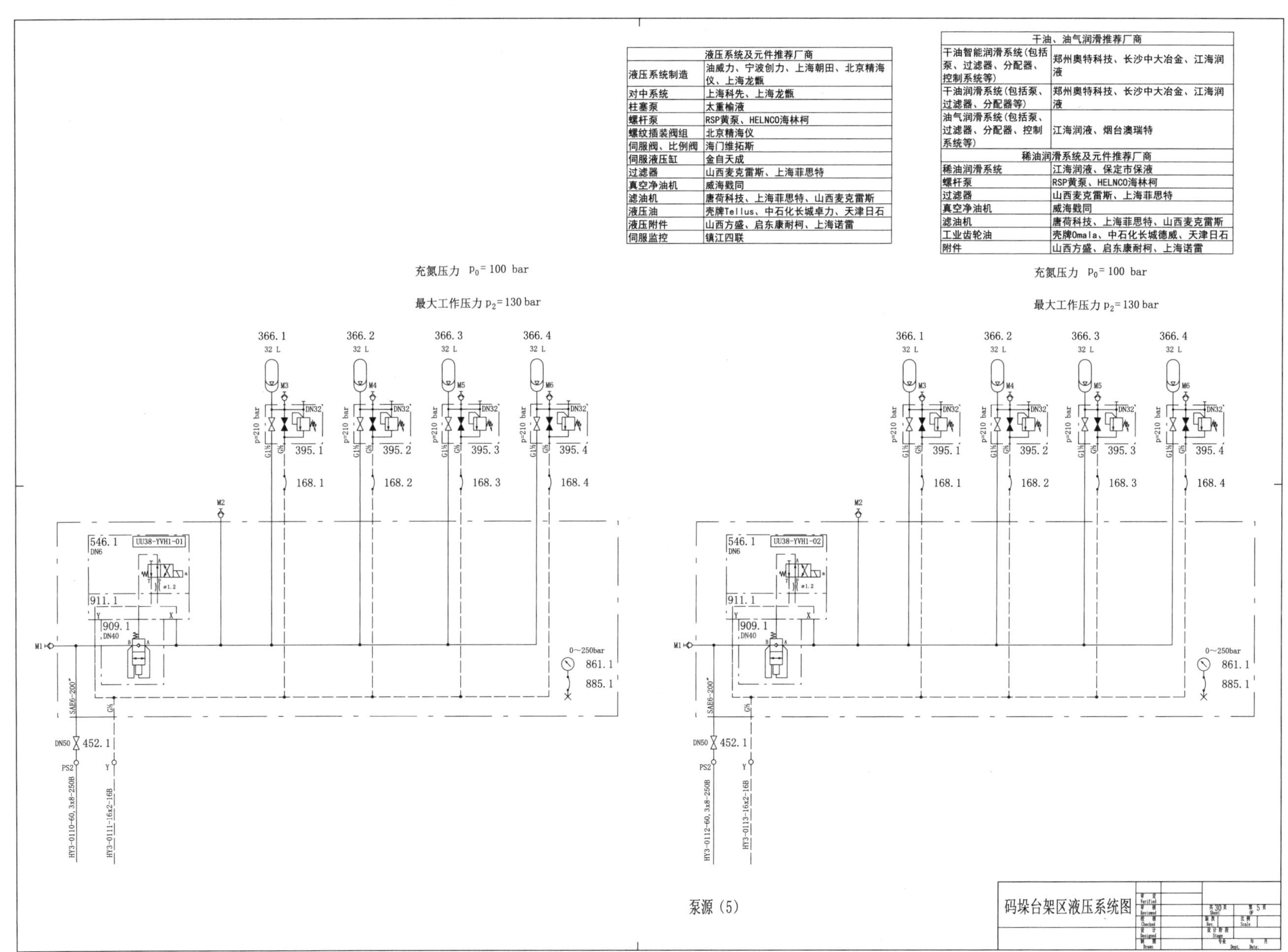

液压系统及元件推荐厂商	
液压系统制造	油威力、宁波创力、上海朝田、北京精海仪、上海龙甑
对中系统	上海科先、上海龙甑
柱塞泵	太重榆液
螺杆泵	RSP黄泵、HELNCO海林柯
螺纹插装阀组	北京精海仪
伺服阀、比例阀	海门维拓斯
伺服液压缸	金自天成
过滤器	山西麦克雷斯、上海菲思特
真空净油机	威海戳同
滤油机	唐荷科技、上海菲思特、山西麦克雷斯
液压油	壳牌Tellus、中石化长城卓力、天津日石
液压附件	山西方盛、启东康耐柯、上海诺雷
伺服监控	镇江四联

干油、油气润滑推荐厂商	
干油智能润滑系统(包括泵、过滤器、分配器、控制系统等)	郑州奥特科技、长沙中大冶金、江海润液
干油润滑系统(包括泵、过滤器、分配器等)	郑州奥特科技、长沙中大冶金、江海润液
油气润滑系统(包括泵、过滤器、分配器、控制系统等)	江海润液、烟台澳瑞特
稀油润滑系统及元件推荐厂商	
稀油润滑系统	江海润液、保定市保液
螺杆泵	RSP黄泵、HELNCO海林柯
过滤器	山西麦克雷斯、上海菲思特
真空净油机	威海戳同
滤油机	唐荷科技、上海菲思特、山西麦克雷斯
工业齿轮油	壳牌Omala、中石化长城德威、天津日石
附件	山西方盛、启东康耐柯、上海诺雷

7.3.6 码垛机泵源原理图（6）

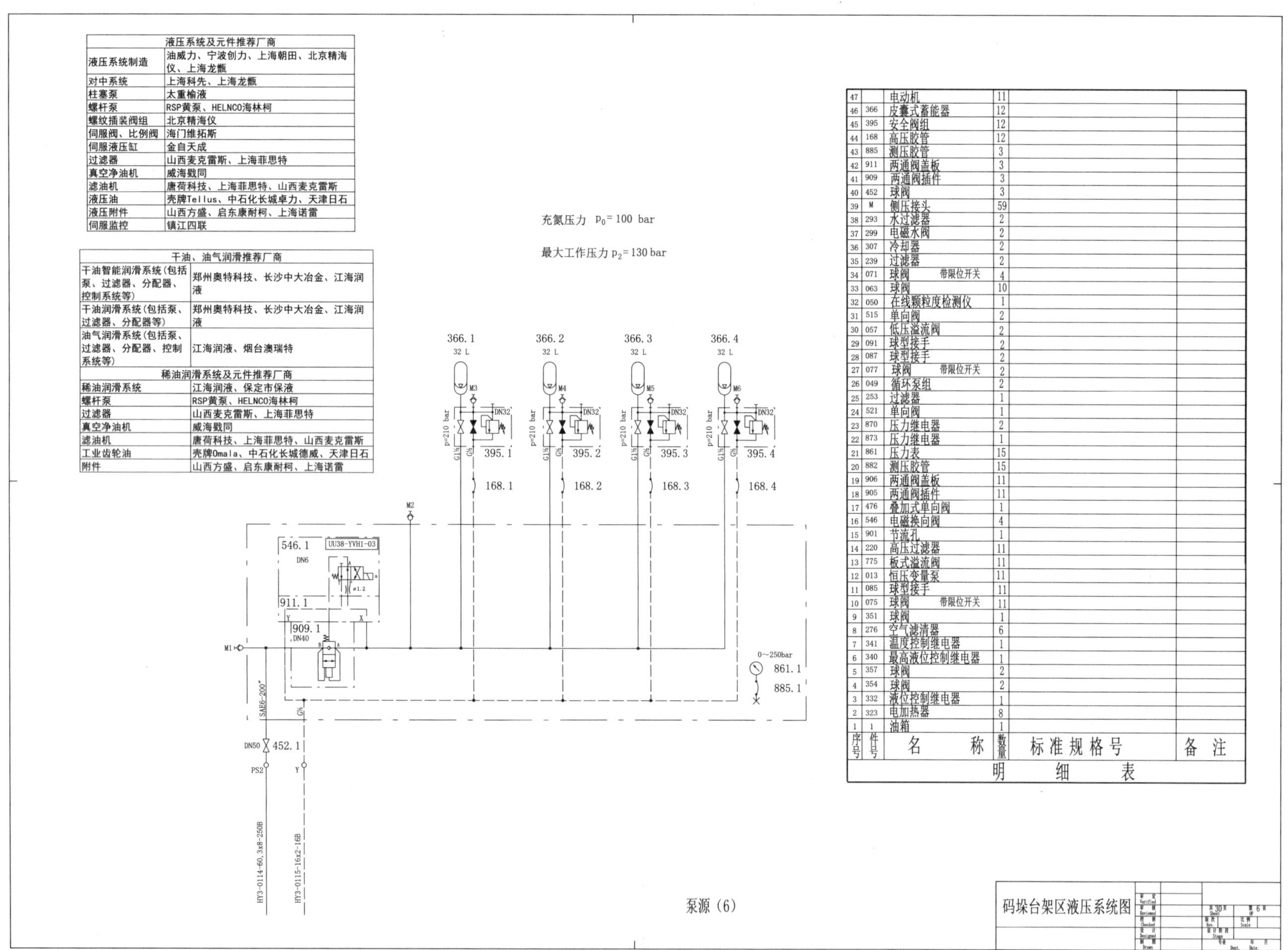

液压系统及元件推荐厂商	
液压系统制造	油威力、宁波创力、上海朝田、北京精海仪、上海龙甑
对中系统	上海科先、上海龙甑
柱塞泵	太重榆液
螺杆泵	RSP黄泵、HELNCO海林柯
螺纹插装阀组	北京精海仪
伺服阀、比例阀	海门维拓斯
伺服液压缸	金自天成
过滤器	山西麦克雷斯、上海菲思特
真空净油机	威海戥同
滤油机	唐荷科技、上海菲思特、山西麦克雷斯
液压油	壳牌Tellus、中石化长城卓力、天津日石
液压附件	山西方盛、启东康耐柯、上海诺雷
伺服监控	镇江四联

干油、油气润滑推荐厂商	
干油智能润滑系统（包括泵、过滤器、分配器、控制系统等）	郑州奥特科技、长沙中大冶金、江海润液
干油润滑系统（包括泵、过滤器、分配器等）	郑州奥特科技、长沙中大冶金、江海润液
油气润滑系统（包括泵、过滤器、分配器、控制系统等）	江海润液、烟台澳瑞特
稀油润滑系统及元件推荐厂商	
稀油润滑系统	江海润液、保定市保液
螺杆泵	RSP黄泵、HELNCO海林柯
过滤器	山西麦克雷斯、上海菲思特
真空净油机	威海戥同
滤油机	唐荷科技、上海菲思特、山西麦克雷斯
工业齿轮油	壳牌Omala、中石化长城德威、天津日石
附件	山西方盛、启东康耐柯、上海诺雷

序号	件号	名称	数量	标准规格号	备注
47		电动机	11		
46	366	皮囊式蓄能器	12		
45	395	安全阀组	12		
44	168	高压胶管	12		
43	885	测压胶管	3		
42	911	两通阀盖板	3		
41	909	两通阀插件	3		
40	452	球阀	3		
39	M	侧压接头	59		
38	293	水过滤器	2		
37	299	电磁水阀	2		
36	307	冷却器	2		
35	239	过滤器	2		
34	071	球阀 带限位开关	4		
33	063	球阀	10		
32	050	在线颗粒度检测仪	1		
31	515	单向阀	2		
30	057	低压溢流阀	2		
29	091	球型接手	2		
28	087	球型接手	2		
27	077	球阀 带限位开关	2		
26	049	循环泵组	2		
25	253	过滤器	1		
24	521	单向阀	1		
23	870	压力继电器	2		
22	873	压力继电器	1		
21	861	压力表	15		
20	882	测压胶管	15		
19	906	两通阀盖板	11		
18	905	两通阀插件	11		
17	476	叠加式单向阀	1		
16	546	电磁换向阀	4		
15	901	节流孔	1		
14	220	高压过滤器	11		
13	775	板式溢流阀	11		
12	013	恒压变量泵	11		
11	085	球型接手	11		
10	075	球阀 带限位开关	11		
9	351	球阀	1		
8	276	空气滤清器	6		
7	341	温度控制继电器	1		
6	340	最高液位控制继电器	1		
5	357	球阀	2		
4	354	球阀	2		
3	332	液位控制继电器	1		
2	323	电加热器	8		
1	1	油箱	1		
明细表					

7.3.7 码垛机阀台原理图（1）

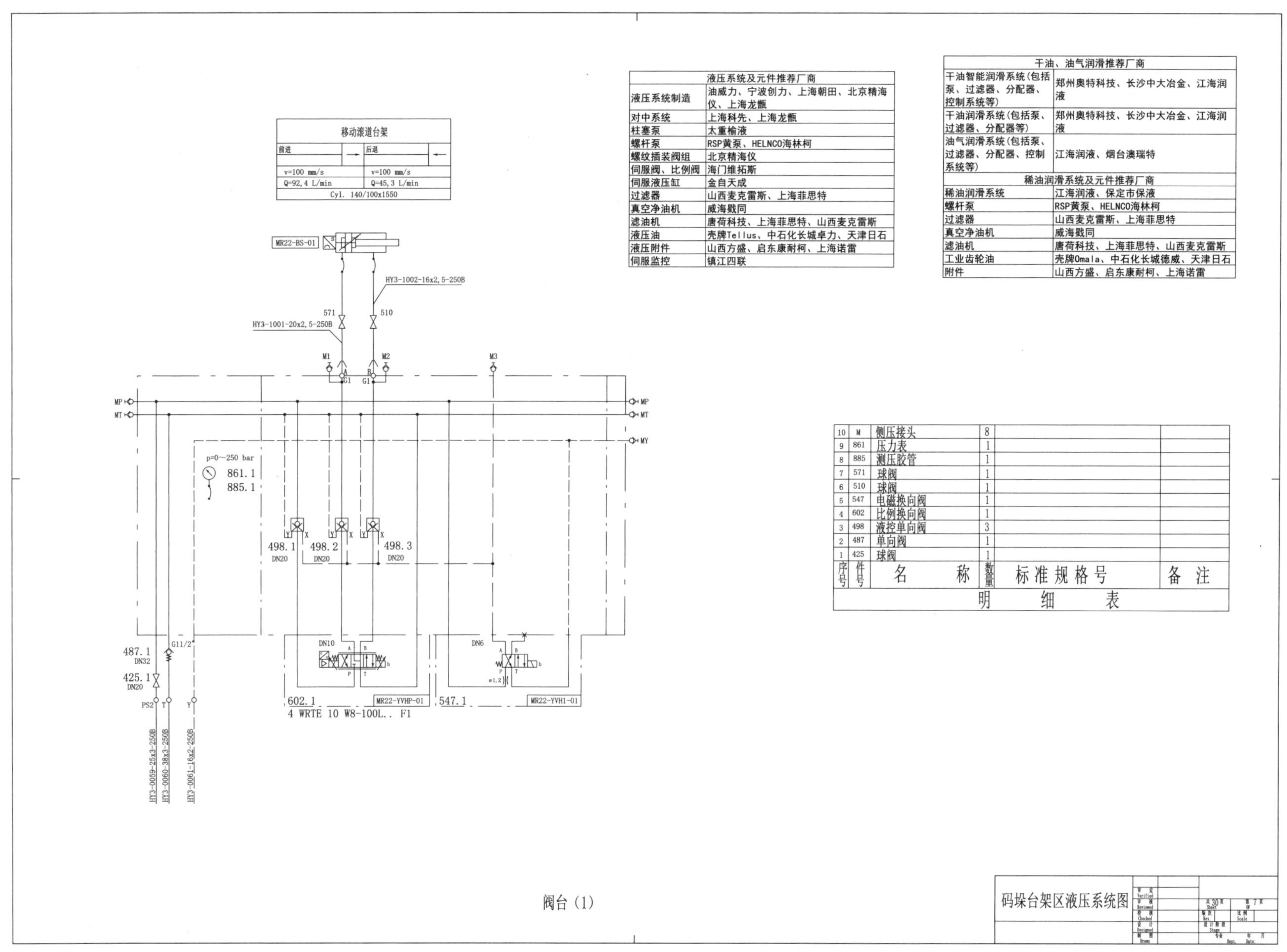

移动滚道台架			
前进	→	后退	←
v=100 mm/s		v=100 mm/s	
Q=92,4 L/min		Q=45,3 L/min	
Cyl. 140/100x1550			

液压系统及元件推荐厂商	
液压系统制造	油威力、宁波创力、上海朝田、北京精海仪、上海龙甑
对中系统	上海科先、上海龙甑
柱塞泵	太重榆液
螺杆泵	RSP黄泵、HELNCO海林柯
螺纹插装阀组	北京精海仪
伺服阀、比例阀	海门维拓斯
伺服液压缸	金自天成
过滤器	山西麦克雷斯、上海菲思特
真空净油机	威海戥同
滤油机	唐荷科技、上海菲思特、山西麦克雷斯
液压油	壳牌Tellus、中石化长城卓力、天津日石
液压附件	山西方盛、启东康耐柯、上海诺雷
伺服监控	镇江四联

干油、油气润滑推荐厂商	
干油智能润滑系统(包括泵、过滤器、分配器、控制系统等)	郑州奥特科技、长沙中大冶金、江海润液
干油润滑系统(包括泵、过滤器、分配器等)	郑州奥特科技、长沙中大冶金、江海润液
油气润滑系统(包括泵、过滤器、分配器、控制系统等)	江海润液、烟台澳瑞特
稀油润滑系统及元件推荐厂商	
稀油润滑系统	江海润液、保定市保液
螺杆泵	RSP黄泵、HELNCO海林柯
过滤器	山西麦克雷斯、上海菲思特
真空净油机	威海戥同
滤油机	唐荷科技、上海菲思特、山西麦克雷斯
工业齿轮油	壳牌Omala、中石化长城德威、天津日石
附件	山西方盛、启东康耐柯、上海诺雷

10	M	侧压接头	8		
9	861	压力表	1		
8	885	测压胶管	1		
7	571	球阀	1		
6	510	球阀	1		
5	547	电磁换向阀	1		
4	602	比例换向阀	1		
3	498	液控单向阀	3		
2	487	单向阀	1		
1	425	球阀	1		
序号	件号	名　　称	数量	标准规格号	备　注
明　　细　　表					

阀台（1）

7.3.8 码垛机阀台原理图（2-1）

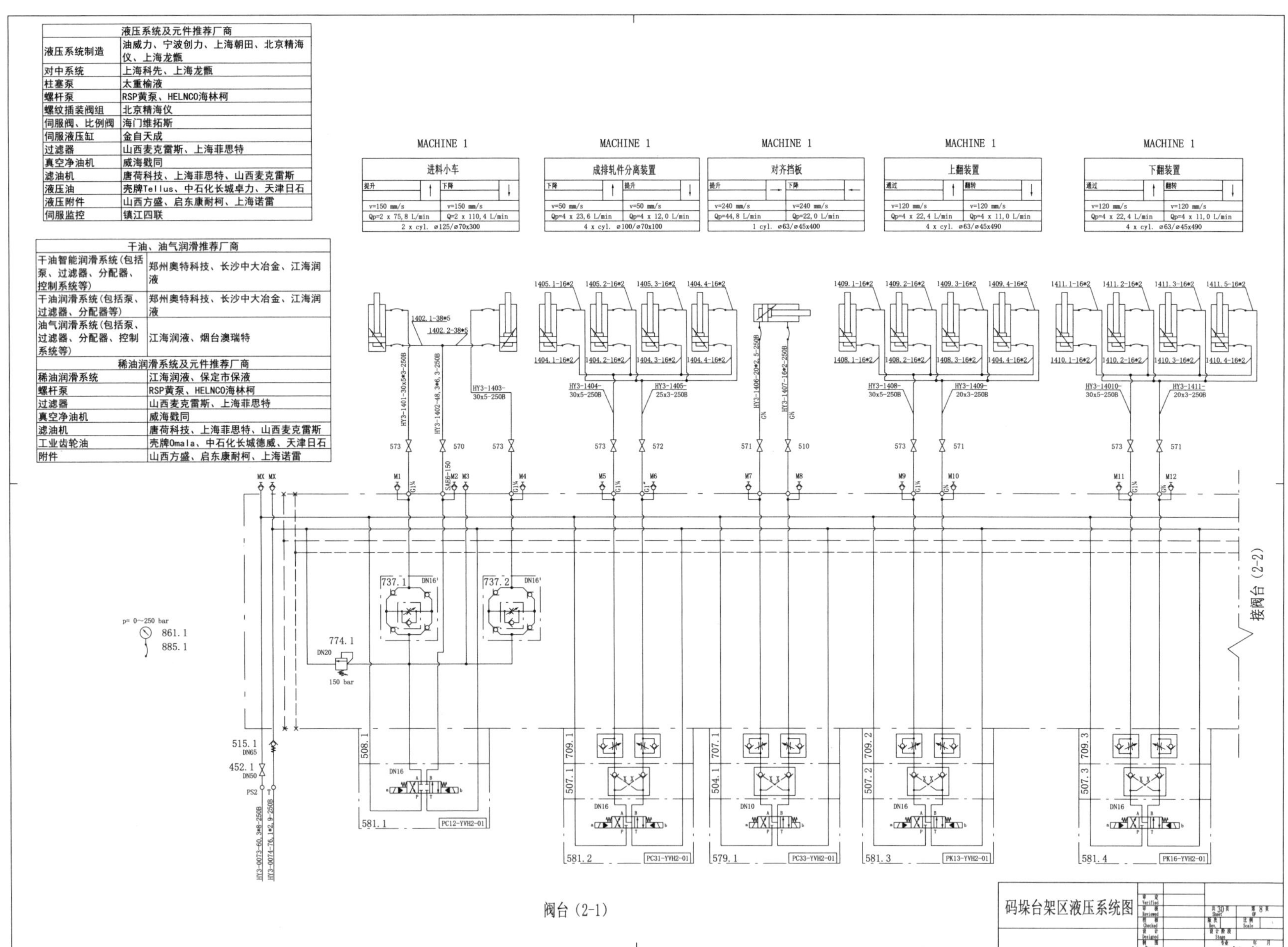

液压系统及元件推荐厂商	
液压系统制造	油威力、宁波创力、上海朝田、北京精海仪、上海龙甑
对中系统	上海科先、上海龙甑
柱塞泵	太重榆液
螺杆泵	RSP黄泵、HELNCO海林柯
螺纹插装阀组	北京精海仪
伺服阀、比例阀	海门维拓斯
伺服液压缸	金自天成
过滤器	山西麦克雷斯、上海菲思特
真空净油机	威海戥同
滤油机	唐荷科技、上海菲思特、山西麦克雷斯
液压油	壳牌Tellus、中石化长城卓力、天津日石
液压附件	山西方盛、启东康耐柯、上海诺雷
伺服监控	镇江四联

干油、油气润滑推荐厂商	
干油智能润滑系统（包括泵、过滤器、分配器、控制系统等）	郑州奥特科技、长沙中大冶金、江海润液
干油润滑系统（包括泵、过滤器、分配器等）	郑州奥特科技、长沙中大冶金、江海润液
油气润滑系统（包括泵、过滤器、分配器、控制系统等）	江海润液、烟台澳瑞特
稀油润滑系统及元件推荐厂商	
稀油润滑系统	江海润液、保定市保液
螺杆泵	RSP黄泵、HELNCO海林柯
过滤器	山西麦克雷斯、上海菲思特
真空净油机	威海戥同
滤油机	唐荷科技、上海菲思特、山西麦克雷斯
工业齿轮油	壳牌Omala、中石化长城德威、天津日石
附件	山西方盛、启东康耐柯、上海诺雷

7.3.9 码垛机阀台原理图（2-2）

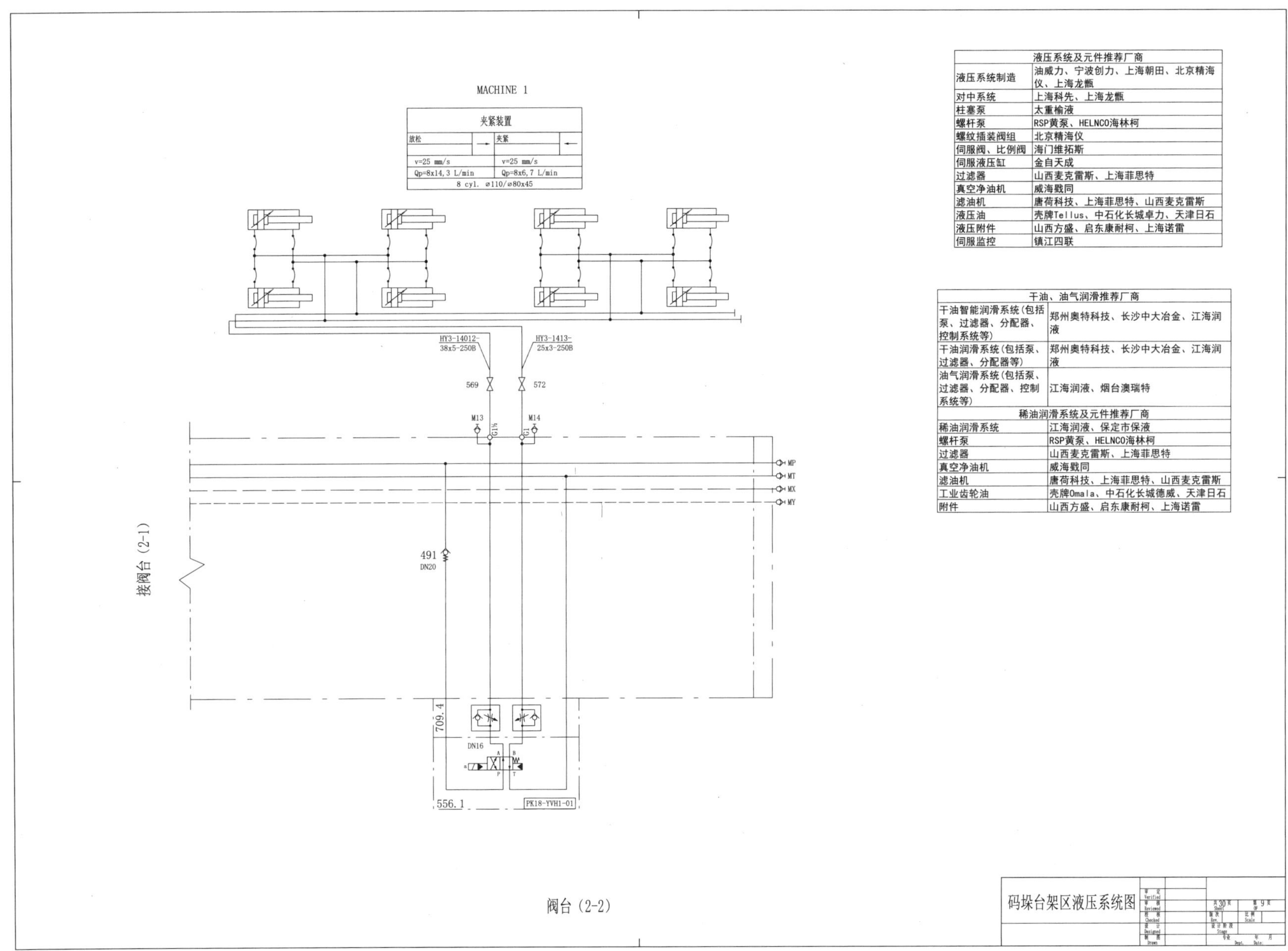

液压系统及元件推荐厂商	
液压系统制造	油威力、宁波创力、上海朝田、北京精海仪、上海龙甑
对中系统	上海科先、上海龙甑
柱塞泵	太重榆液
螺杆泵	RSP黄泵、HELNCO海林柯
螺纹插装阀组	北京精海仪
伺服阀、比例阀	海门维拓斯
伺服液压缸	金自天成
过滤器	山西麦克雷斯、上海菲思特
真空净油机	威海戳同
滤油机	唐荷科技、上海菲思特、山西麦克雷斯
液压油	壳牌Tellus、中石化长城卓力、天津日石
液压附件	山西方盛、启东康耐柯、上海诺雷
伺服监控	镇江四联

干油、油气润滑推荐厂商	
干油智能润滑系统(包括泵、过滤器、分配器、控制系统等)	郑州奥特科技、长沙中大冶金、江海润液
干油润滑系统(包括泵、过滤器、分配器等)	郑州奥特科技、长沙中大冶金、江海润液
油气润滑系统(包括泵、过滤器、分配器、控制系统等)	江海润液、烟台澳瑞特
稀油润滑系统及元件推荐厂商	
稀油润滑系统	江海润液、保定市保液
螺杆泵	RSP黄泵、HELNCO海林柯
过滤器	山西麦克雷斯、上海菲思特
真空净油机	威海戳同
滤油机	唐荷科技、上海菲思特、山西麦克雷斯
工业齿轮油	壳牌Omala、中石化长城德威、天津日石
附件	山西方盛、启东康耐柯、上海诺雷

7.3.10 码垛机阀台原理图（2-3）

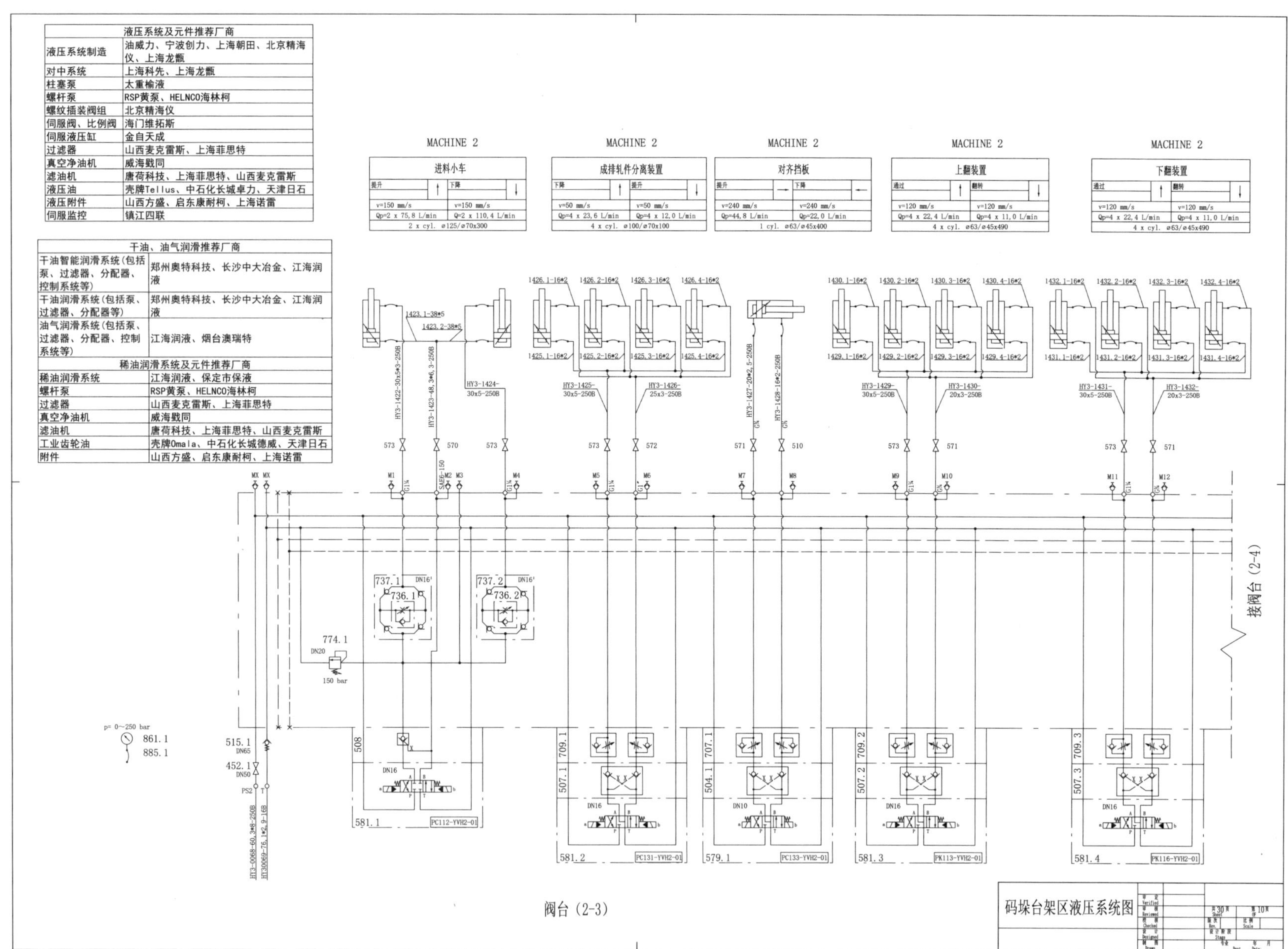

液压系统及元件推荐厂商	
液压系统制造	油威力、宁波创力、上海朝田、北京精海仪、上海龙甑
对中系统	上海科先、上海龙甑
柱塞泵	太重榆液
螺杆泵	RSP黄泵、HELNCO海林柯
螺纹插装阀组	北京精海仪
伺服阀、比例阀	海门维拓斯
伺服液压缸	金自天成
过滤器	山西麦克雷斯、上海菲思特
真空净油机	威海戥同
滤油机	唐荷科技、上海菲思特、山西麦克雷斯
液压油	壳牌Tellus、中石化长城卓力、天津日石
液压附件	山西方盛、启东康耐柯、上海诺雷
伺服监控	镇江四联

干油、油气润滑推荐厂商	
干油智能润滑系统(包括泵、过滤器、分配器、控制系统等)	郑州奥特科技、长沙中大冶金、江海润液
干油润滑系统(包括泵、过滤器、分配器等)	郑州奥特科技、长沙中大冶金、江海润液
油气润滑系统(包括泵、过滤器、分配器、控制系统等)	江海润液、烟台澳瑞特
稀油润滑系统及元件推荐厂商	
稀油润滑系统	江海润液、保定市保液
螺杆泵	RSP黄泵、HELNCO海林柯
过滤器	山西麦克雷斯、上海菲思特
真空净油机	威海戥同
滤油机	唐荷科技、上海菲思特、山西麦克雷斯
工业齿轮油	壳牌Omala、中石化长城德威、天津日石
附件	山西方盛、启东康耐柯、上海诺雷

7.3.11 码垛机阀台原理图（2-4）

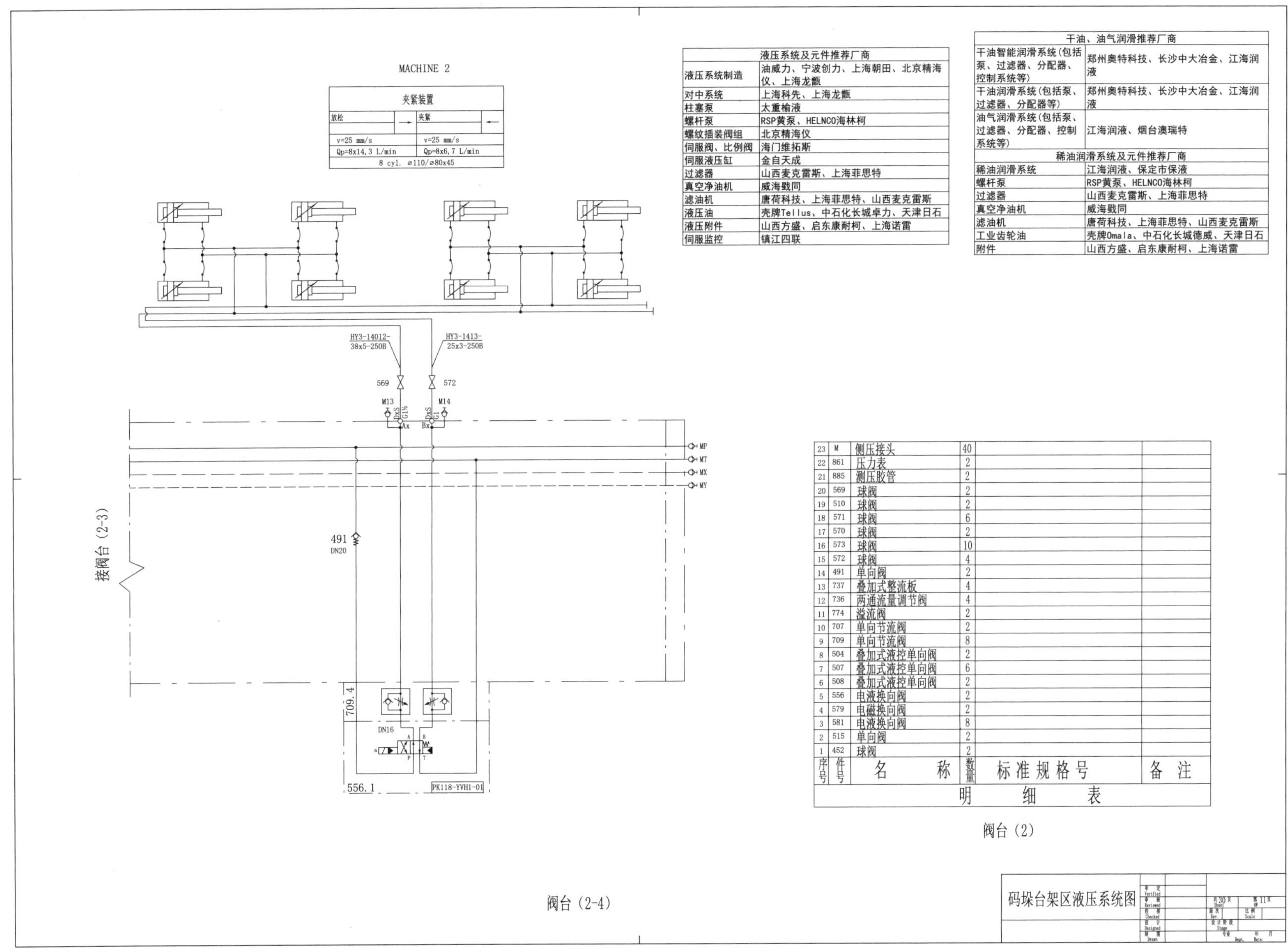

液压系统及元件推荐厂商	
液压系统制造	油威力、宁波创力、上海朝田、北京精海仪、上海龙甑
对中系统	上海科先、上海龙甑
柱塞泵	太重榆液
螺杆泵	RSP黄泵、HELNCO海林柯
螺纹插装阀组	北京精海仪
伺服阀、比例阀	海门维拓斯
伺服液压缸	金自天成
过滤器	山西麦克雷斯、上海菲思特
真空净油机	威海戬同
滤油机	唐荷科技、上海菲思特、山西麦克雷斯
液压油	壳牌Tellus、中石化长城卓力、天津日石
液压附件	山西方盛、启东康耐柯、上海诺雷
伺服监控	镇江四联

干油、油气润滑推荐厂商	
干油智能润滑系统(包括泵、过滤器、分配器、控制系统等)	郑州奥特科技、长沙中大冶金、江海润液
干油润滑系统(包括泵、过滤器、分配器等)	郑州奥特科技、长沙中大冶金、江海润液
油气润滑系统(包括泵、过滤器、分配器、控制系统等)	江海润液、烟台澳瑞特
稀油润滑系统及元件推荐厂商	
稀油润滑系统	江海润液、保定市保液
螺杆泵	RSP黄泵、HELNCO海林柯
过滤器	山西麦克雷斯、上海菲思特
真空净油机	威海戬同
滤油机	唐荷科技、上海菲思特、山西麦克雷斯
工业齿轮油	壳牌Omala、中石化长城德威、天津日石
附件	山西方盛、启东康耐柯、上海诺雷

序号	件号	名称	数量	标准规格号	备注
23	M	侧压接头	40		
22	861	压力表	2		
21	885	测压胶管	2		
20	569	球阀	2		
19	510	球阀	2		
18	571	球阀	6		
17	570	球阀	2		
16	573	球阀	10		
15	572	球阀	4		
14	491	单向阀	2		
13	737	叠加式整流板	4		
12	736	两通流量调节阀	4		
11	774	溢流阀	2		
10	707	单向节流阀	2		
9	709	单向节流阀	8		
8	504	叠加式液控单向阀	2		
7	507	叠加式液控单向阀	6		
6	508	叠加式液控单向阀	2		
5	556	电液换向阀	2		
4	579	电磁换向阀	2		
3	581	电液换向阀	8		
2	515	单向阀	2		
1	452	球阀	2		

明　　细　　表

7.3.12 码垛机阀台原理图（3-1）

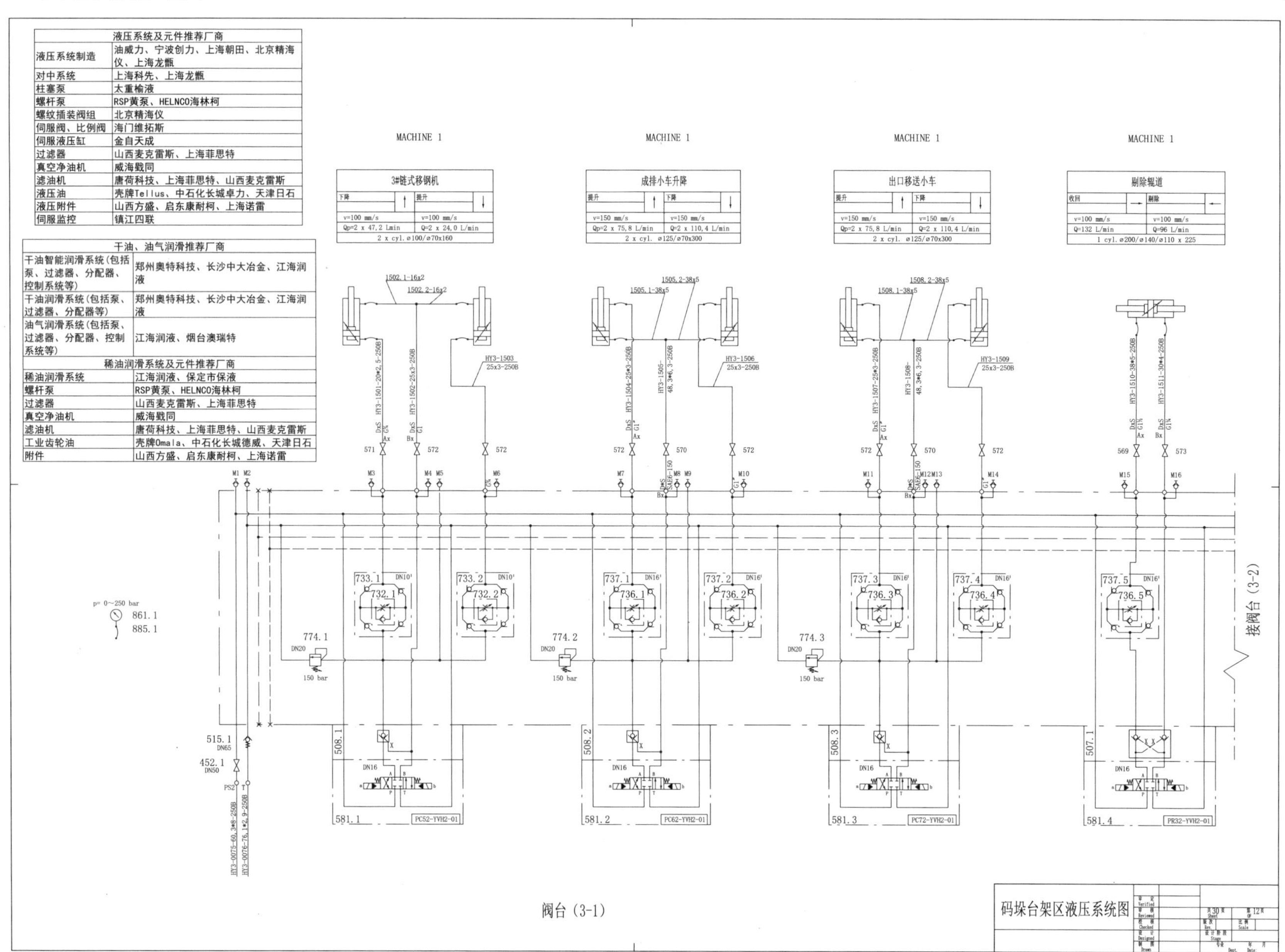

液压系统及元件推荐厂商	
液压系统制造	油威力、宁波创力、上海朝田、北京精海仪、上海龙甑
对中系统	上海科先、上海龙甑
柱塞泵	太重榆液
螺杆泵	RSP黄泵、HELNCO海林柯
螺纹插装阀组	北京精海仪
伺服阀、比例阀	海门维拓斯
伺服液压缸	金自天成
过滤器	山西麦克雷斯、上海菲思特
真空净油机	威海戬同
滤油机	唐荷科技、上海菲思特、山西麦克雷斯
液压油	壳牌Tellus、中石化长城卓力、天津日石
液压附件	山西方盛、启东康耐柯、上海诺雷
伺服监控	镇江四联

干油、油气润滑推荐厂商	
干油智能润滑系统(包括泵、过滤器、分配器、控制系统等)	郑州奥特科技、长沙中大冶金、江海润液
干油润滑系统(包括泵、过滤器、分配器等)	郑州奥特科技、长沙中大冶金、江海润液
油气润滑系统(包括泵、过滤器、分配器、控制系统等)	江海润液、烟台澳瑞特
稀油润滑系统及元件推荐厂商	
稀油润滑系统	江海润液、保定市保液
螺杆泵	RSP黄泵、HELNCO海林柯
过滤器	山西麦克雷斯、上海菲思特
真空净油机	威海戬同
滤油机	唐荷科技、上海菲思特、山西麦克雷斯
工业齿轮油	壳牌Omala、中石化长城德威、天津日石
附件	山西方盛、启东康耐柯、上海诺雷

7.3.13 码垛机阀台原理图（3-2）

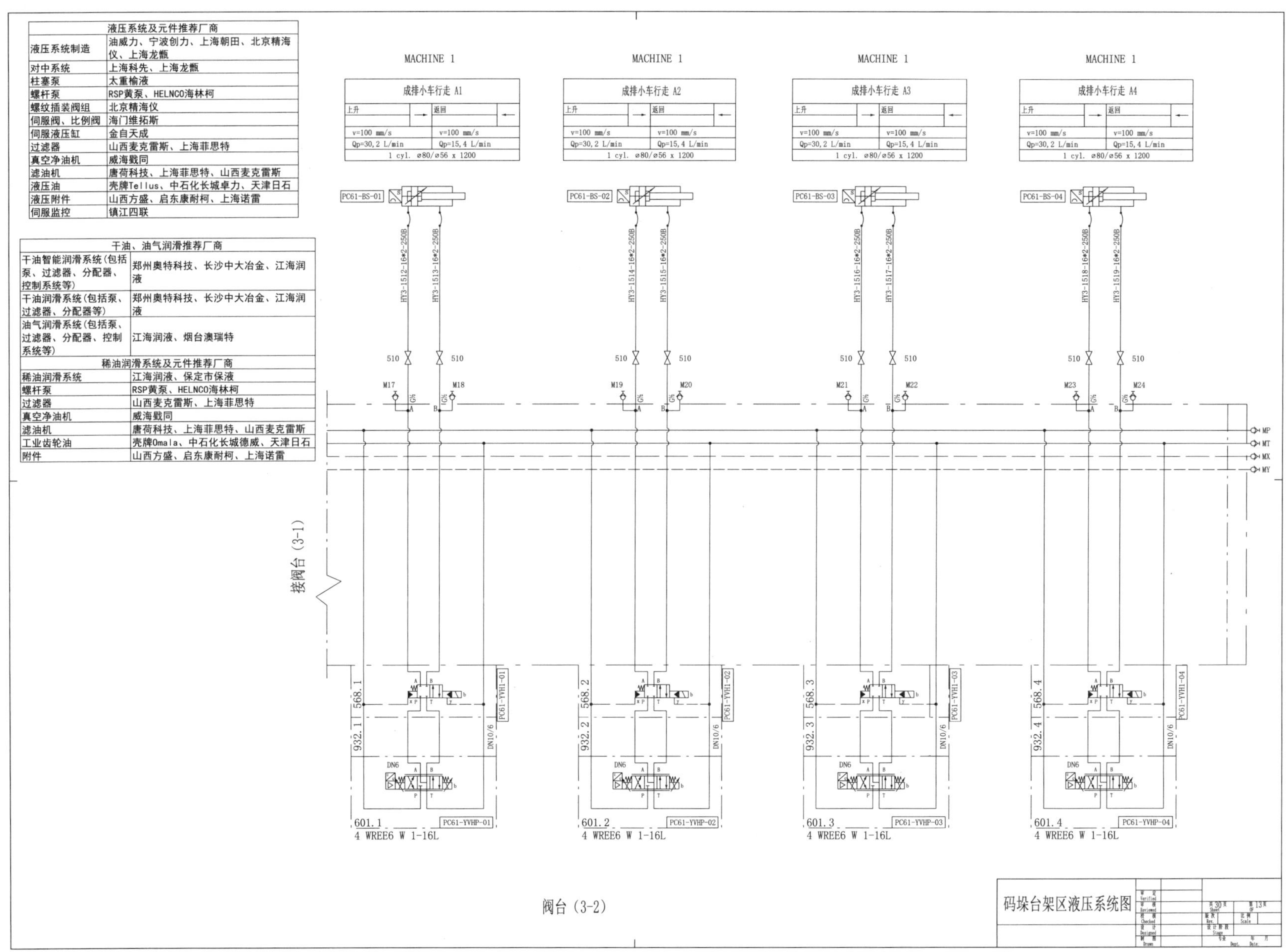

液压系统及元件推荐厂商	
液压系统制造	油威力、宁波创力、上海朝田、北京精海仪、上海龙甑
对中系统	上海科先、上海龙甑
柱塞泵	太重榆液
螺杆泵	RSP黄泵、HELNCO海林柯
螺纹插装阀组	北京精海仪
伺服阀、比例阀	海门维拓斯
伺服液压缸	金自天成
过滤器	山西麦克雷斯、上海菲思特
真空净油机	威海戬同
滤油机	唐荷科技、上海菲思特、山西麦克雷斯
液压油	壳牌Tellus、中石化长城卓力、天津日石
液压附件	山西方盛、启东康耐柯、上海诺雷
伺服监控	镇江四联

干油、油气润滑推荐厂商	
干油智能润滑系统(包括泵、过滤器、分配器、控制系统等)	郑州奥特科技、长沙中大冶金、江海润液
干油润滑系统(包括泵、过滤器、分配器等)	郑州奥特科技、长沙中大冶金、江海润液
油气润滑系统(包括泵、过滤器、分配器、控制系统等)	江海润液、烟台澳瑞特
稀油润滑系统及元件推荐厂商	
稀油润滑系统	江海润液、保定市保液
螺杆泵	RSP黄泵、HELNCO海林柯
过滤器	山西麦克雷斯、上海菲思特
真空净油机	威海戬同
滤油机	唐荷科技、上海菲思特、山西麦克雷斯
工业齿轮油	壳牌Omala、中石化长城德威、天津日石
附件	山西方盛、启东康耐柯、上海诺雷

7.3.14 码垛机阀台原理图（3-3）

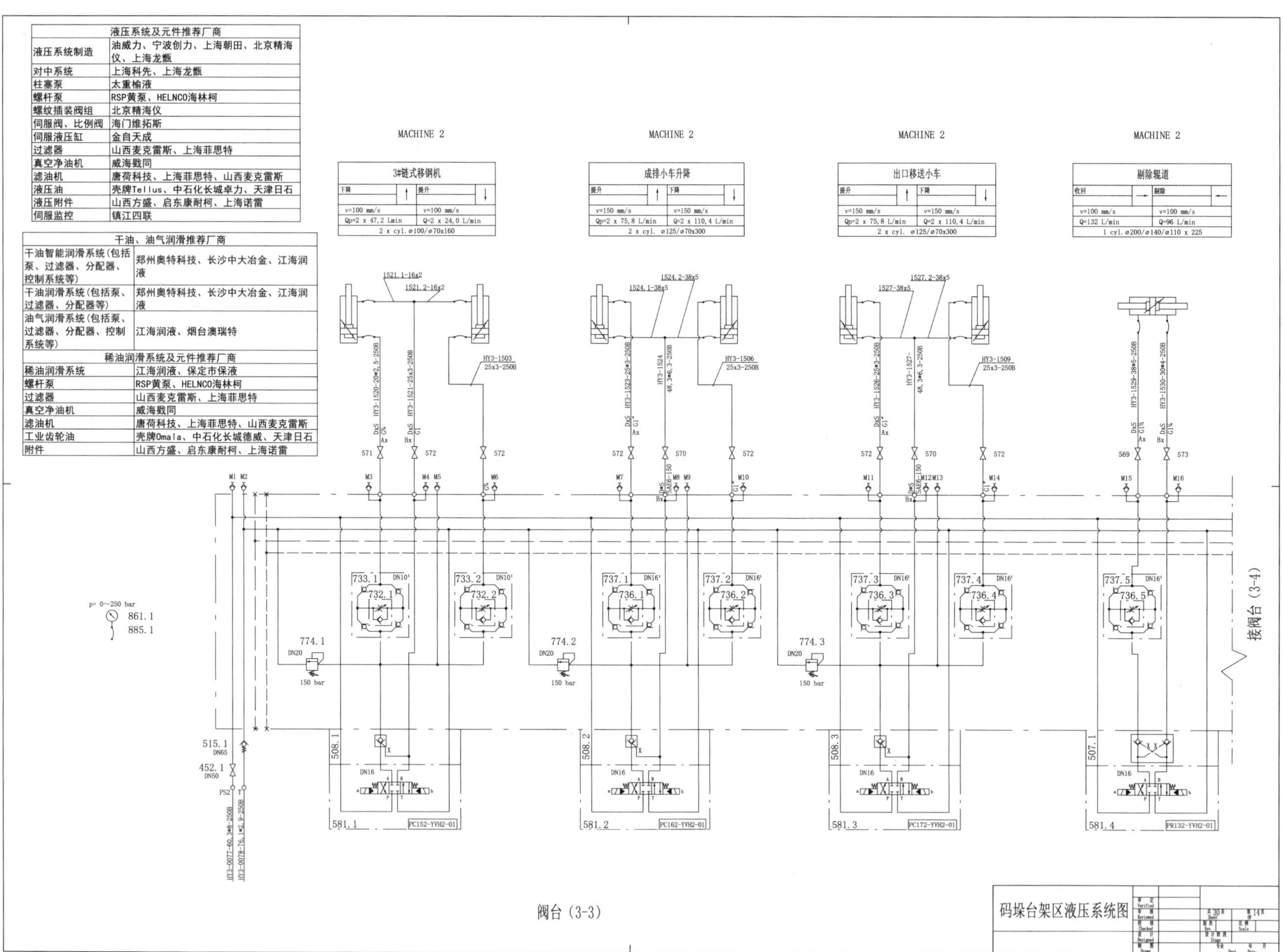

液压系统及元件推荐厂商	
液压系统制造	油威力、宁波创力、上海朝田、北京精海仪、上海龙甑
对中系统	上海科先、上海龙甑
柱塞泵	太重榆液
螺杆泵	RSP黄泵、HELNCO海林柯
螺纹插装阀组	北京精海仪
伺服阀、比例阀	海门维拓斯
伺服液压缸	金自天成
过滤器	山西麦克雷斯、上海菲思特
真空净油机	威海戥同
滤油机	唐荷科技、上海菲思特、山西麦克雷斯
液压油	壳牌Tellus、中石化长城卓力、天津日石
液压附件	山西方盛、启东康耐柯、上海诺雷
伺服监控	镇江四联

干油、油气润滑推荐厂商	
干油智能润滑系统(包括泵、过滤器、分配器、控制系统等)	郑州奥特科技、长沙中大冶金、江海润液
干油润滑系统(包括泵、过滤器、分配器等)	郑州奥特科技、长沙中大冶金、江海润液
油气润滑系统(包括泵、过滤器、分配器、控制系统等)	江海润液、烟台澳瑞特
稀油润滑系统及元件推荐厂商	
稀油润滑系统	江海润液、保定市保液
螺杆泵	RSP黄泵、HELNCO海林柯
过滤器	山西麦克雷斯、上海菲思特
真空净油机	威海戥同
滤油机	唐荷科技、上海菲思特、山西麦克雷斯
工业齿轮油	壳牌Omala、中石化长城德威、天津日石
附件	山西方盛、启东康耐柯、上海诺雷

7.3.15 码垛机阀台原理图（3-4）

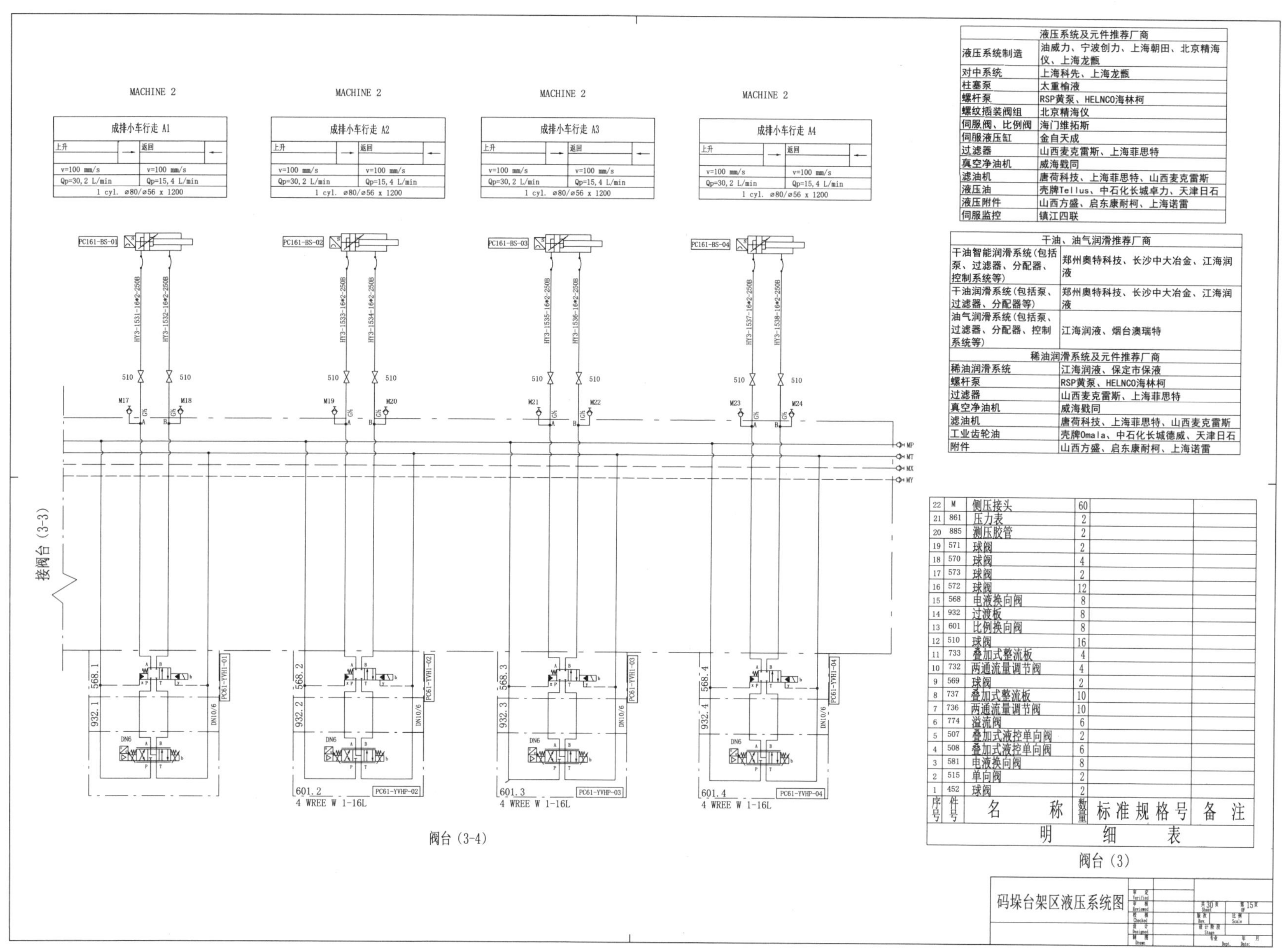

7.3.16 码垛机阀台原理图（4-1）

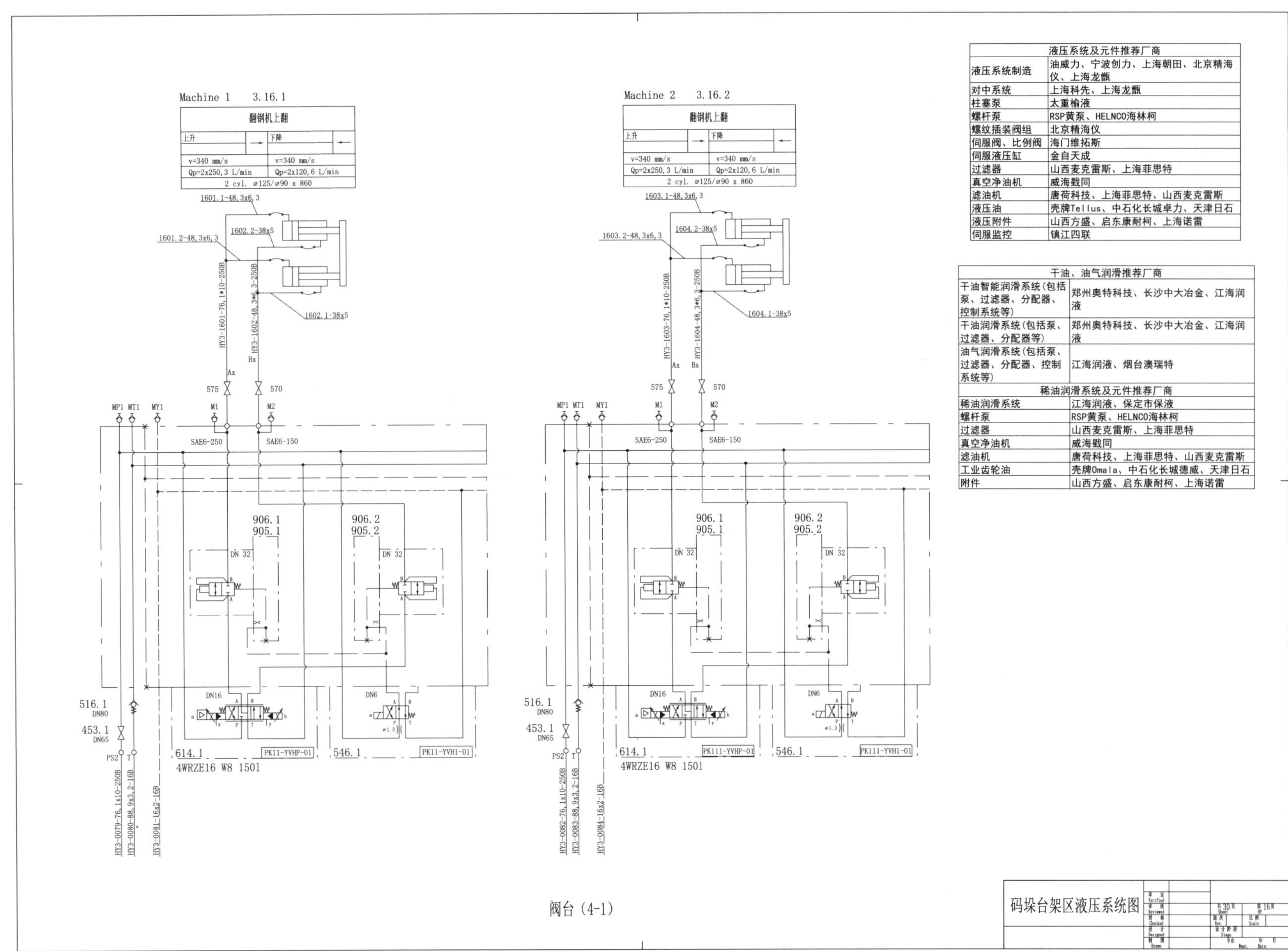

液压系统及元件推荐厂商	
液压系统制造	油威力、宁波创力、上海朝田、北京精海仪、上海龙甑
对中系统	上海科先、上海龙甑
柱塞泵	太重榆液
螺杆泵	RSP黄泵、HELNCO海林柯
螺纹插装阀组	北京精海仪
伺服阀、比例阀	海门维拓斯
伺服液压缸	金自天成
过滤器	山西麦克雷斯、上海菲思特
真空净油机	威海戥同
滤油机	唐荷科技、上海菲思特、山西麦克雷斯
液压油	壳牌Tellus、中石化长城卓力、天津日石
液压附件	山西方盛、启东康耐柯、上海诺雷
伺服监控	镇江四联

干油、油气润滑推荐厂商	
干油智能润滑系统(包括泵、过滤器、分配器、控制系统等)	郑州奥特科技、长沙中大冶金、江海润液
干油润滑系统(包括泵、过滤器、分配器等)	郑州奥特科技、长沙中大冶金、江海润液
油气润滑系统(包括泵、过滤器、分配器、控制系统等)	江海润液、烟台澳瑞特
稀油润滑系统及元件推荐厂商	
稀油润滑系统	江海润液、保定市保液
螺杆泵	RSP黄泵、HELNCO海林柯
过滤器	山西麦克雷斯、上海菲思特
真空净油机	威海戥同
滤油机	唐荷科技、上海菲思特、山西麦克雷斯
工业齿轮油	壳牌Omala、中石化长城德威、天津日石
附件	山西方盛、启东康耐柯、上海诺雷

7.3.17 码垛机阀台原理图（4-2）

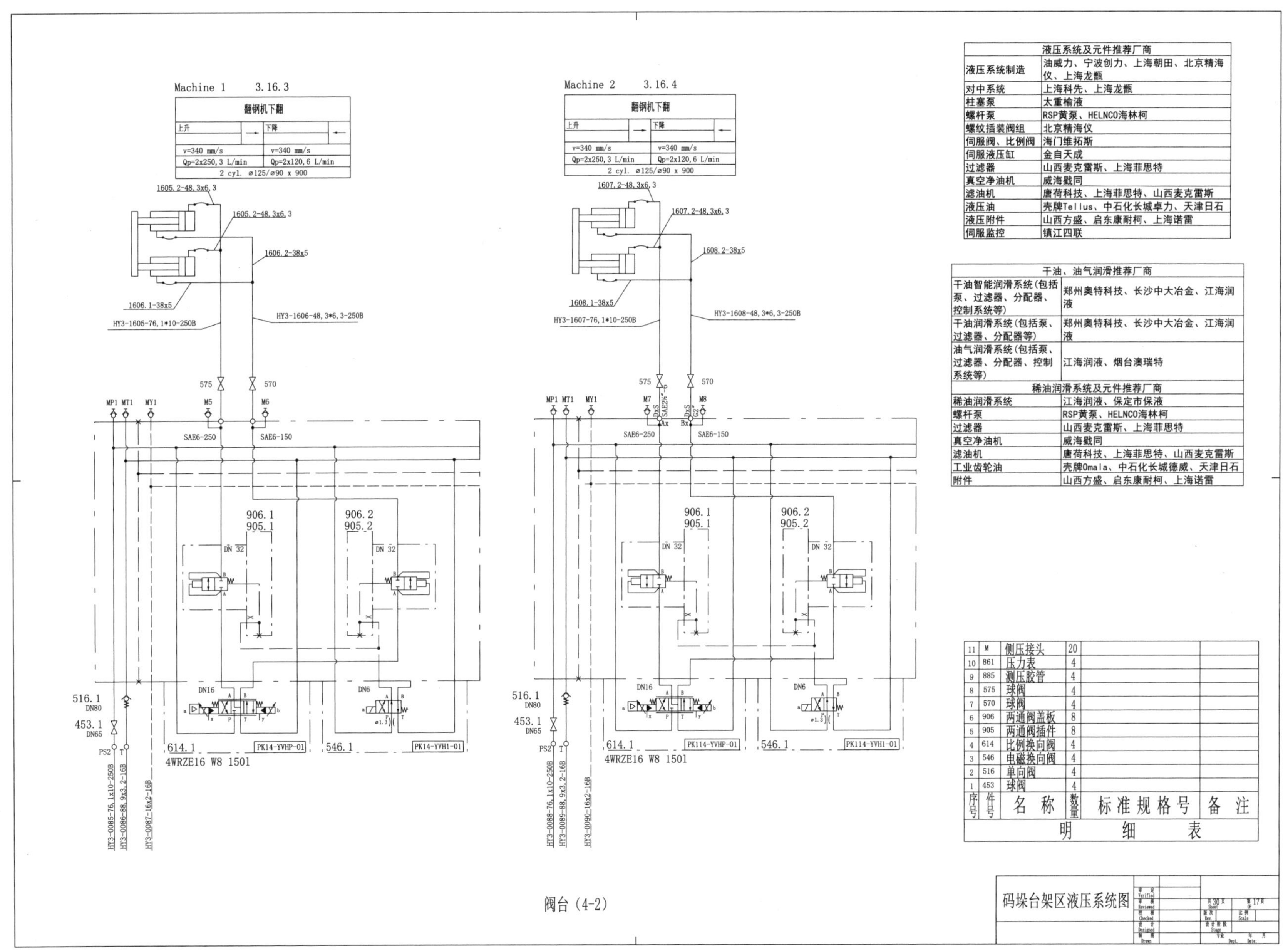

液压系统及元件推荐厂商	
液压系统制造	油威力、宁波创力、上海朝田、北京精海仪、上海龙甑
对中系统	上海科先、上海龙甑
柱塞泵	太重榆液
螺杆泵	RSP黄泵、HELNCO海林柯
螺纹插装阀组	北京精海仪
伺服阀、比例阀	海门维拓斯
伺服液压缸	金自天成
过滤器	山西麦克雷斯、上海菲思特
真空净油机	威海戥同
滤油机	唐荷科技、上海菲思特、山西麦克雷斯
液压油	壳牌Tellus、中石化长城卓力、天津日石
液压附件	山西方盛、启东康耐柯、上海诺雷
伺服监控	镇江四联

干油、油气润滑推荐厂商	
干油智能润滑系统(包括泵、过滤器、分配器、控制系统等)	郑州奥特科技、长沙中大冶金、江海润液
干油润滑系统(包括泵、过滤器、分配器等)	郑州奥特科技、长沙中大冶金、江海润液
油气润滑系统(包括泵、过滤器、分配器、控制系统等)	江海润液、烟台澳瑞特
稀油润滑系统及元件推荐厂商	
稀油润滑系统	江海润液、保定市保液
螺杆泵	RSP黄泵、HELNCO海林柯
过滤器	山西麦克雷斯、上海菲思特
真空净油机	威海戥同
滤油机	唐荷科技、上海菲思特、山西麦克雷斯
工业齿轮油	壳牌Omala、中石化长城德威、天津日石
附件	山西方盛、启东康耐柯、上海诺雷

序号	件号	名称	数量	标准规格号	备注
11	M	侧压接头	20		
10	861	压力表	4		
9	885	测压胶管	4		
8	575	球阀	4		
7	570	球阀	4		
6	906	两通阀盖板	8		
5	905	两通阀插件	8		
4	614	比例换向阀	4		
3	546	电磁换向阀	4		
2	516	单向阀	4		
1	453	球阀	4		
明细表					

7.3.18 码垛机阀台原理图（5-1）

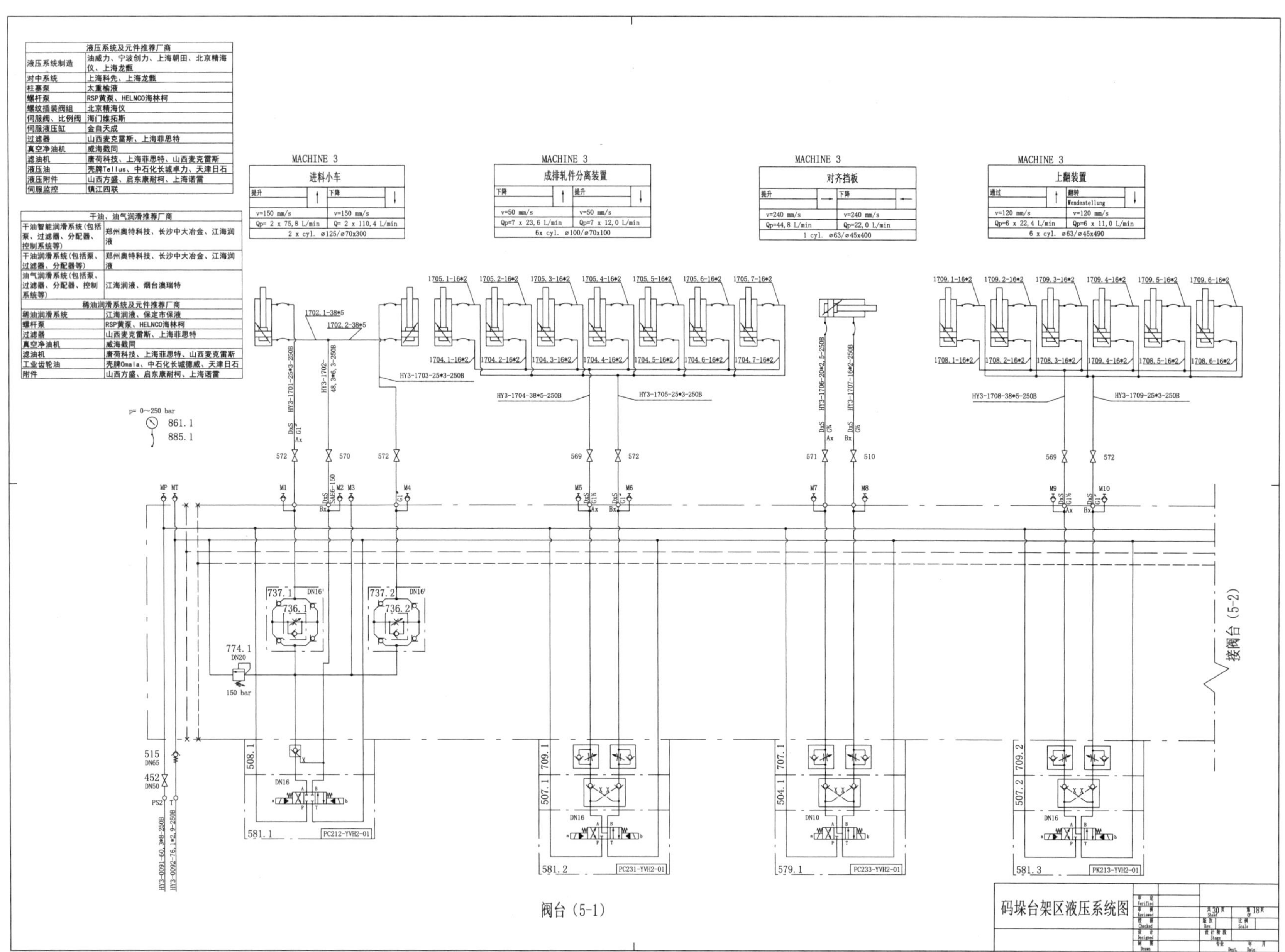

液压系统及元件推荐厂商	
液压系统制造	油威力、宁波创力、上海朝田、北京精海仪、上海龙甑
对中系统	上海科先、上海龙甑
柱塞泵	太重榆液
螺杆泵	RSP黄泵、HELNCO海林柯
螺纹插装阀组	北京精海仪
伺服阀、比例阀	海门维拓斯
伺服液压缸	金自天成
过滤器	山西麦克雷斯、上海菲思特
真空净油机	威海戥同
滤油机	唐荷科技、上海菲思特、山西麦克雷斯
液压油	壳牌Tellus、中石化长城卓力、天津日石
液压附件	山西方盛、启东康耐柯、上海诺雷
伺服监控	镇江四联

干油、油气润滑推荐厂商	
干油智能润滑系统（包括泵、过滤器、分配器、控制系统等）	郑州奥特科技、长沙中大冶金、江海润液
干油润滑系统（包括泵、过滤器、分配器等）	郑州奥特科技、长沙中大冶金、江海润液
油气润滑系统（包括泵、过滤器、分配器、控制系统等）	江海润液、烟台澳瑞特
稀油润滑系统及元件推荐厂商	
稀油润滑系统	江海润液、保定市保液
螺杆泵	RSP黄泵、HELNCO海林柯
过滤器	山西麦克雷斯、上海菲思特
真空净油机	威海戥同
滤油机	唐荷科技、上海菲思特、山西麦克雷斯
工业齿轮油	壳牌Omala、中石化长城德威、天津日石
附件	山西方盛、启东康耐柯、上海诺雷

7.3.19 码垛机阀台原理图（5-2）

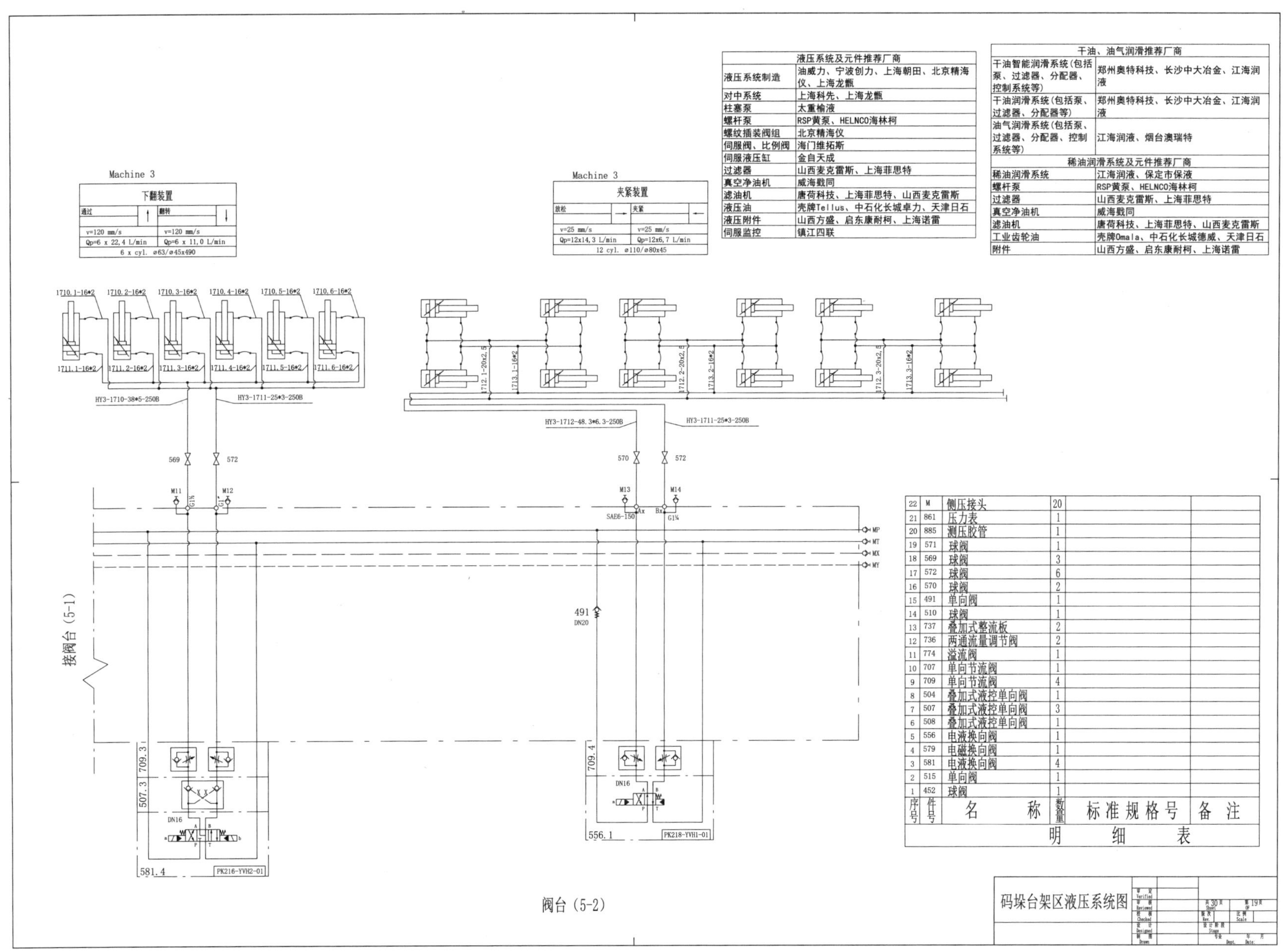

液压系统及元件推荐厂商	
液压系统制造	油威力、宁波创力、上海朝田、北京精海仪、上海龙甑
对中系统	上海科先、上海龙甑
柱塞泵	太重榆液
螺杆泵	RSP黄泵、HELNCO海林柯
螺纹插装阀组	北京精海仪
伺服阀、比例阀	海门维拓斯
伺服液压缸	金自天成
过滤器	山西麦克雷斯、上海菲思特
真空净油机	威海戥同
滤油机	唐荷科技、上海菲思特、山西麦克雷斯
液压油	壳牌Tellus、中石化长城卓力、天津日石
液压附件	山西方盛、启东康耐柯、上海诺雷
伺服监控	镇江四联

干油、油气润滑推荐厂商	
干油智能润滑系统（包括泵、过滤器、分配器、控制系统等）	郑州奥特科技、长沙中大冶金、江海润液
干油润滑系统（包括泵、过滤器、分配器等）	郑州奥特科技、长沙中大冶金、江海润液
油气润滑系统（包括泵、过滤器、分配器、控制系统等）	江海润液、烟台澳瑞特
稀油润滑系统及元件推荐厂商	
稀油润滑系统	江海润液、保定市保液
螺杆泵	RSP黄泵、HELNCO海林柯
过滤器	山西麦克雷斯、上海菲思特
真空净油机	威海戥同
滤油机	唐荷科技、上海菲思特、山西麦克雷斯
工业齿轮油	壳牌Omala、中石化长城德威、天津日石
附件	山西方盛、启东康耐柯、上海诺雷

序号	件号	名称	数量	标准规格号	备注
22	M	侧压接头	20		
21	861	压力表	1		
20	885	测压胶管	1		
19	571	球阀	1		
18	569	球阀	3		
17	572	球阀	6		
16	570	球阀	2		
15	491	单向阀	1		
14	510	球阀	1		
13	737	叠加式整流板	2		
12	736	两通流量调节阀	2		
11	774	溢流阀	1		
10	707	单向节流阀	1		
9	709	单向节流阀	4		
8	504	叠加式液控单向阀	1		
7	507	叠加式液控单向阀	3		
6	508	叠加式液控单向阀	1		
5	556	电液换向阀	1		
4	579	电磁换向阀	1		
3	581	电液换向阀	4		
2	515	单向阀	1		
1	452	球阀	1		
明细表					

7.3.20 码垛机阀台原理图（6-1）

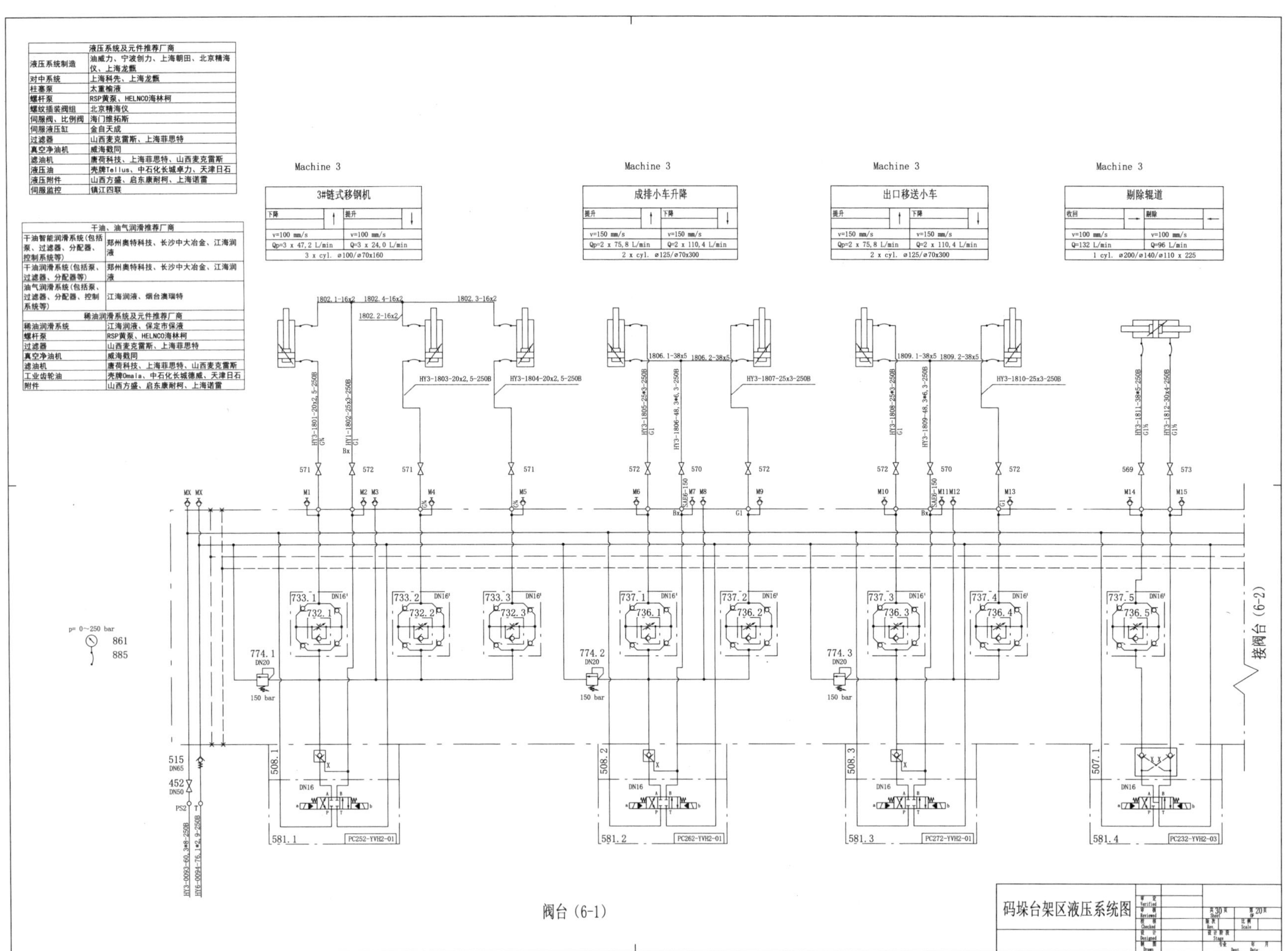

液压系统及元件推荐厂商	
液压系统制造	油威力、宁波创力、上海朝田、北京精海仪、上海龙甑
对中系统	上海科先、上海龙甑
柱塞泵	太重榆液
螺杆泵	RSP黄泵、HELNCO海林柯
螺纹插装阀组	北京精海仪
伺服阀、比例阀	海门维拓斯
伺服液压缸	金自天成
过滤器	山西麦克雷斯、上海菲思特
真空净油机	威海戳同
滤油机	唐荷科技、上海菲思特、山西麦克雷斯
液压油	壳牌Tellus、中石化长城卓力、天津日石
液压附件	山西方盛、启东康耐柯、上海诺雷
伺服监控	镇江四联

干油、油气润滑推荐厂商	
干油智能润滑系统(包括泵、过滤器、分配器、控制系统等)	郑州奥特科技、长沙中大冶金、江海润液
干油润滑系统(包括泵、过滤器、分配器等)	郑州奥特科技、长沙中大冶金、江海润液
油气润滑系统(包括泵、过滤器、分配器、控制系统等)	江海润液、烟台澳瑞特
稀油润滑系统及元件推荐厂商	
稀油润滑系统	江海润液、保定市保液
螺杆泵	RSP黄泵、HELNCO海林柯
过滤器	山西麦克雷斯、上海菲思特
真空净油机	威海戳同
滤油机	唐荷科技、上海菲思特、山西麦克雷斯
工业齿轮油	壳牌Omala、中石化长城德威、天津日石
附件	山西方盛、启东康耐柯、上海诺雷

7.3.21 码垛机阀台原理图（6-2）

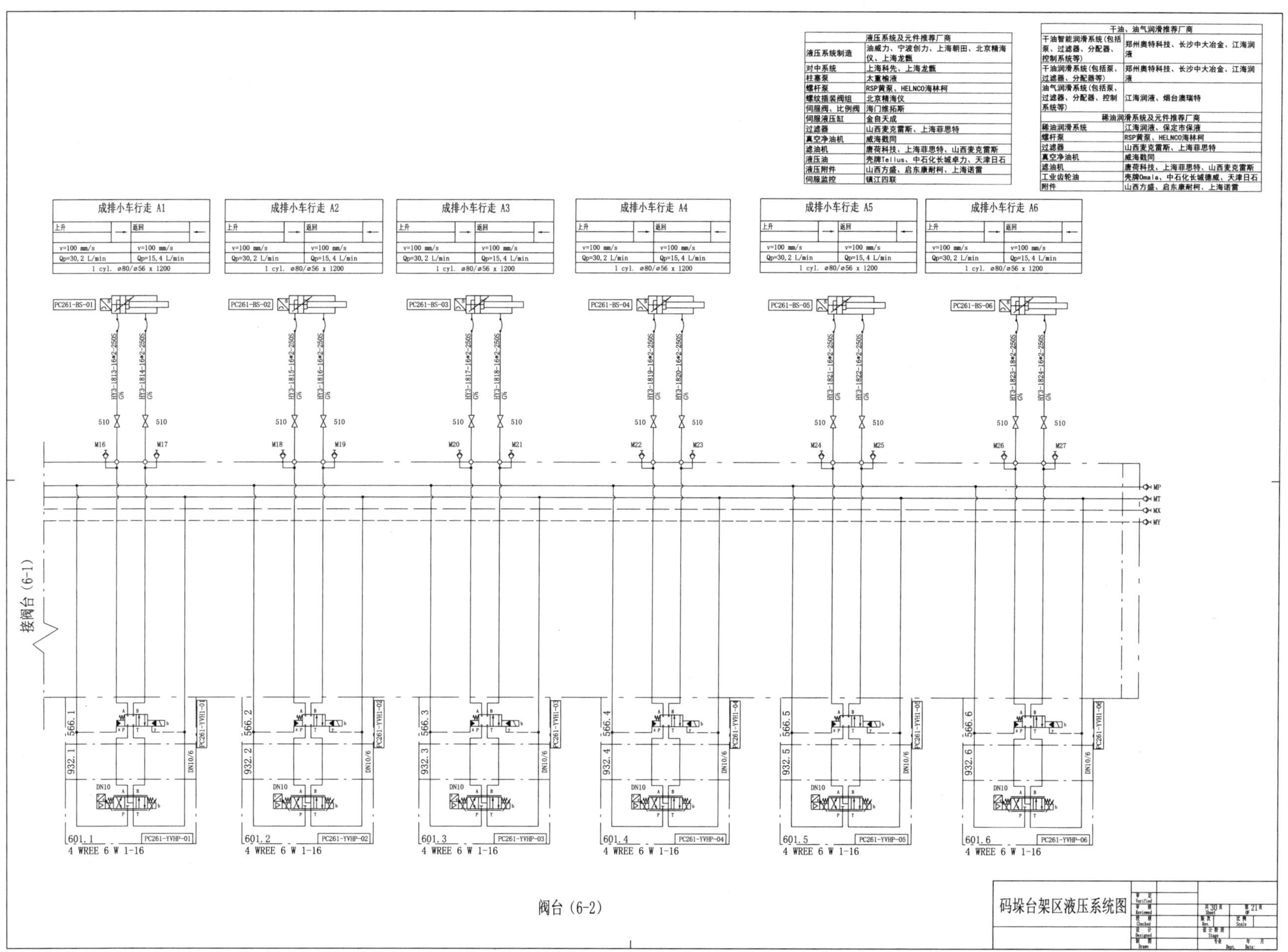

液压系统及元件推荐厂商	
液压系统制造	油威力、宁波创力、上海朝田、北京精海仪、上海龙甑
对中系统	上海科先、上海龙甑
柱塞泵	太重榆液
螺杆泵	RSP黄泵、HELNCO海林柯
螺纹插装阀组	北京精海仪
伺服阀、比例阀	海门维拓斯
伺服液压缸	金自天成
过滤器	山西麦克雷斯、上海菲思特
真空净油机	威海戳同
滤油机	唐荷科技、上海菲思特、山西麦克雷斯
液压油	壳牌Tellus、中石化长城卓力、天津日石
液压附件	山西方盛、启东康耐柯、上海诺雷
伺服监控	镇江四联

干油、油气润滑推荐厂商	
干油智能润滑系统(包括泵、过滤器、分配器、控制系统等)	郑州奥特科技、长沙中大冶金、江海润液
干油润滑系统(包括泵、过滤器、分配器等)	郑州奥特科技、长沙中大冶金、江海润液
油气润滑系统(包括泵、过滤器、分配器、控制系统等)	江海润液、烟台澳瑞特
稀油润滑系统及元件推荐厂商	
稀油润滑系统	江海润液、保定市保液
螺杆泵	RSP黄泵、HELNCO海林柯
过滤器	山西麦克雷斯、上海菲思特
真空净油机	威海戳同
滤油机	唐荷科技、上海菲思特、山西麦克雷斯
工业齿轮油	壳牌Omala、中石化长城德威、天津日石
附件	山西方盛、启东康耐柯、上海诺雷

7.3.22 码垛机阀台原理图（7）

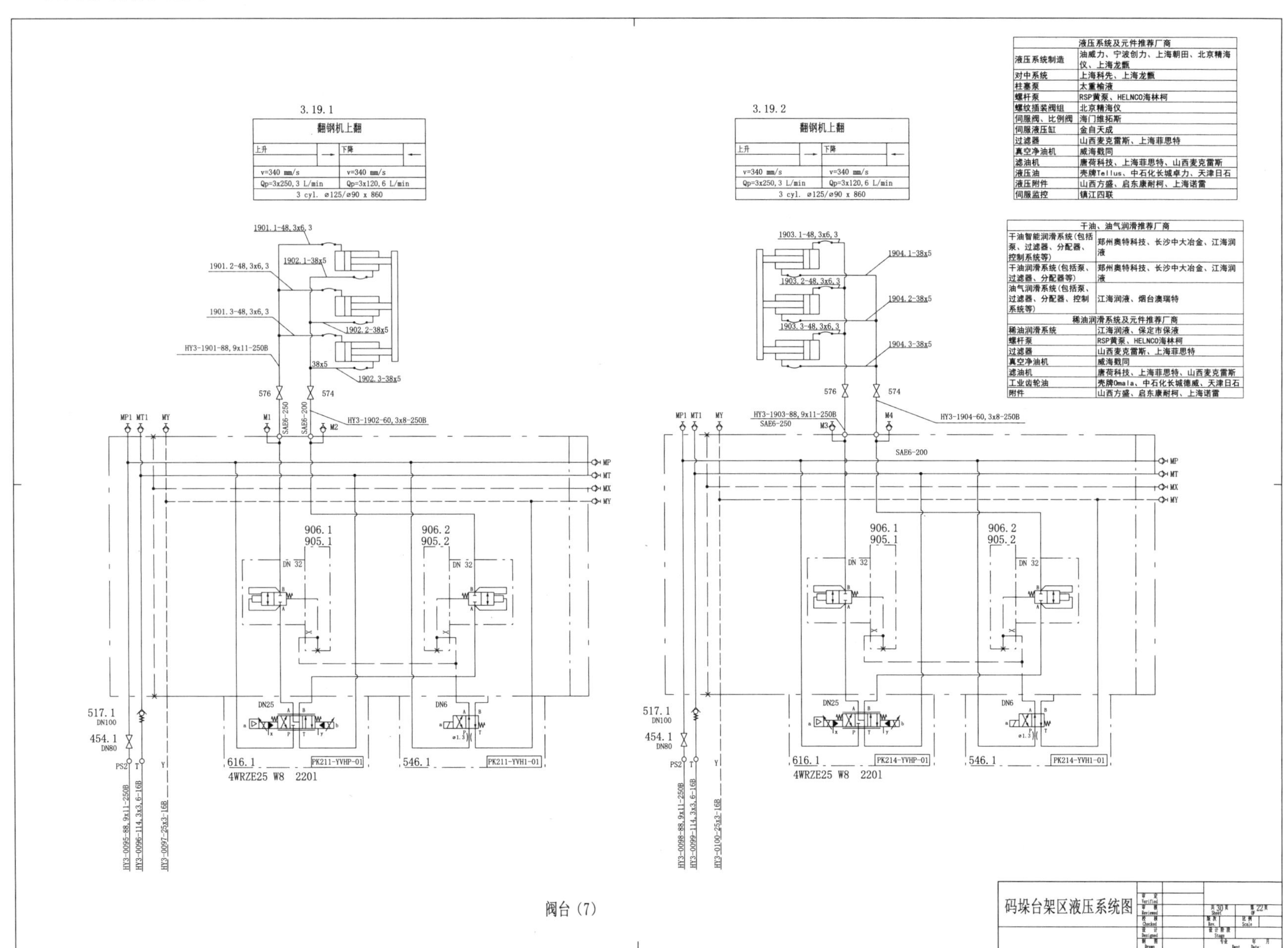

液压系统及元件推荐厂商	
液压系统制造	油威力、宁波创力、上海朝田、北京精海仪、上海龙甑
对中系统	上海科先、上海龙甑
柱塞泵	太重榆液
螺杆泵	RSP黄泵、HELNCO海林柯
螺纹插装阀组	北京精海仪
伺服阀、比例阀	海门维拓斯
伺服液压缸	金自天成
过滤器	山西麦克雷斯、上海菲思特
真空净油机	威海戥同
滤油机	唐荷科技、上海菲思特、山西麦克雷斯
液压油	壳牌Tellus、中石化长城卓力、天津日石
液压附件	山西方盛、启东康耐柯、上海诺雷
伺服监控	镇江四联

干油、油气润滑推荐厂商	
干油智能润滑系统(包括泵、过滤器、分配器、控制系统等)	郑州奥特科技、长沙中大冶金、江海润液
干油润滑系统(包括泵、过滤器、分配器等)	郑州奥特科技、长沙中大冶金、江海润液
油气润滑系统(包括泵、过滤器、分配器、控制系统等)	江海润液、烟台澳瑞特
稀油润滑系统及元件推荐厂商	
稀油润滑系统	江海润液、保定市保液
螺杆泵	RSP黄泵、HELNCO海林柯
过滤器	山西麦克雷斯、上海菲思特
真空净油机	威海戥同
滤油机	唐荷科技、上海菲思特、山西麦克雷斯
工业齿轮油	壳牌Omala、中石化长城德威、天津日石
附件	山西方盛、启东康耐柯、上海诺雷

7.3.23 码垛机阀台（6）与阀台（7）明细表

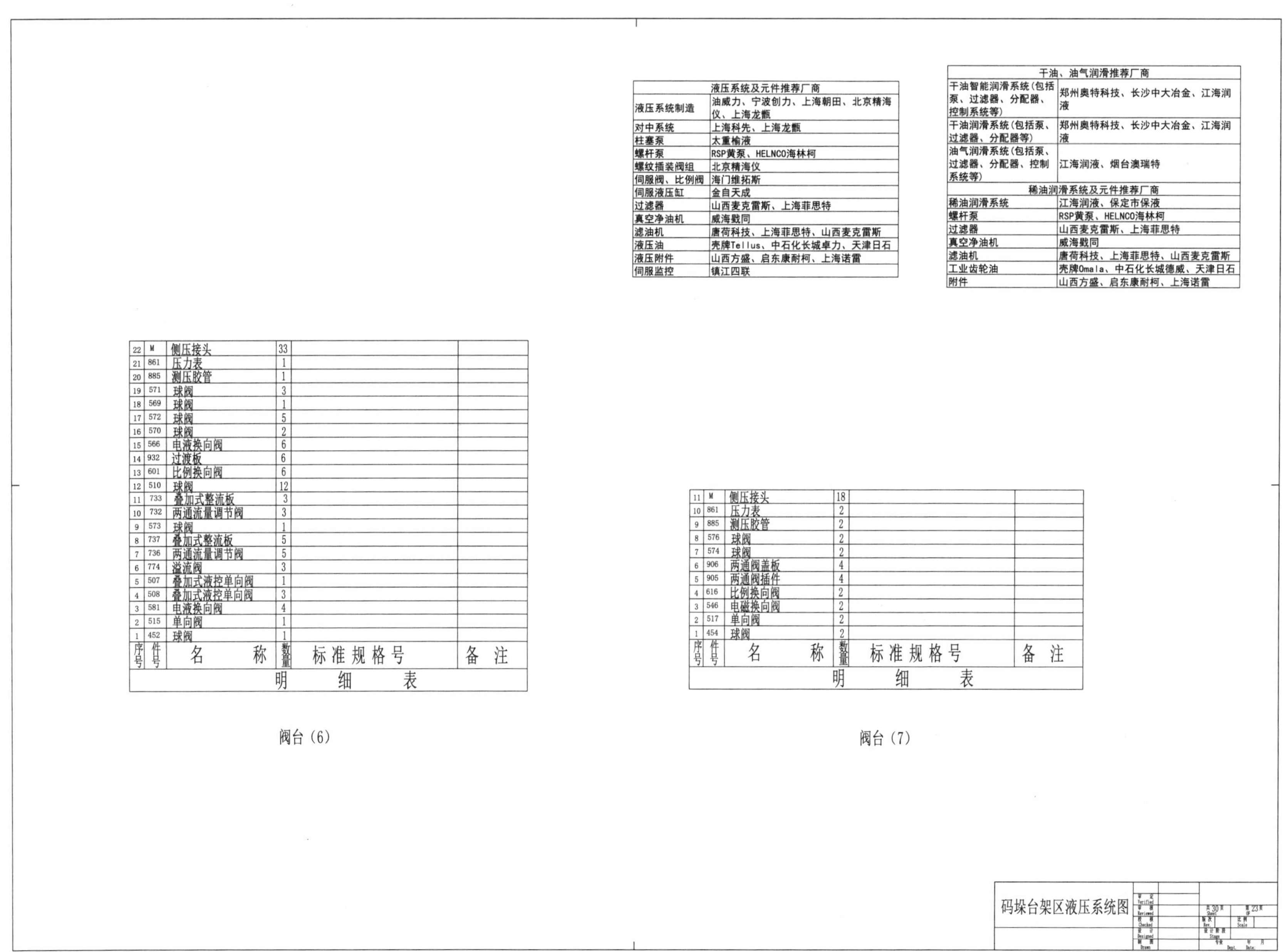

液压系统及元件推荐厂商	
液压系统制造	油威力、宁波创力、上海朝田、北京精海仪、上海龙甑
对中系统	上海科先、上海龙甑
柱塞泵	太重榆液
螺杆泵	RSP黄泵、HELNCO海林柯
螺纹插装阀组	北京精海仪
伺服阀、比例阀	海门维拓斯
伺服液压缸	金自天成
过滤器	山西麦克雷斯、上海菲思特
真空净油机	威海戥同
滤油机	唐荷科技、上海菲思特、山西麦克雷斯
液压油	壳牌Tellus、中石化长城卓力、天津日石
液压附件	山西方盛、启东康耐柯、上海诺雷
伺服监控	镇江四联

干油、油气润滑推荐厂商	
干油智能润滑系统(包括泵、过滤器、分配器、控制系统等)	郑州奥特科技、长沙中大冶金、江海润液
干油润滑系统(包括泵、过滤器、分配器等)	郑州奥特科技、长沙中大冶金、江海润液
油气润滑系统(包括泵、过滤器、分配器、控制系统等)	江海润液、烟台澳瑞特
稀油润滑系统及元件推荐厂商	
稀油润滑系统	江海润液、保定市保液
螺杆泵	RSP黄泵、HELNCO海林柯
过滤器	山西麦克雷斯、上海菲思特
真空净油机	威海戥同
滤油机	唐荷科技、上海菲思特、山西麦克雷斯
工业齿轮油	壳牌Omala、中石化长城德威、天津日石
附件	山西方盛、启东康耐柯、上海诺雷

序号	件号	名称	数量	标准规格号	备注
22	M	侧压接头	33		
21	861	压力表	1		
20	885	测压胶管	1		
19	571	球阀	3		
18	569	球阀	1		
17	572	球阀	5		
16	570	球阀	2		
15	566	电液换向阀	6		
14	932	过渡板	6		
13	601	比例换向阀	6		
12	510	球阀	12		
11	733	叠加式整流板	3		
10	732	两通流量调节阀	3		
9	573	球阀	1		
8	737	叠加式整流板	5		
7	736	两通流量调节阀	5		
6	774	溢流阀	3		
5	507	叠加式液控单向阀	1		
4	508	叠加式液控单向阀	3		
3	581	电液换向阀	4		
2	515	单向阀	1		
1	452	球阀	1		
明细表					

阀台（6）

序号	件号	名称	数量	标准规格号	备注
11	M	侧压接头	18		
10	861	压力表	2		
9	885	测压胶管	2		
8	576	球阀	2		
7	574	球阀	2		
6	906	两通阀盖板	4		
5	905	两通阀插件	4		
4	616	比例换向阀	2		
3	546	电磁换向阀	2		
2	517	单向阀	2		
1	454	球阀	2		
明细表					

阀台（7）

码垛台架区液压系统图　共 30 页　第 23 页

7.3.24 码垛机阀台原理图（8-1）

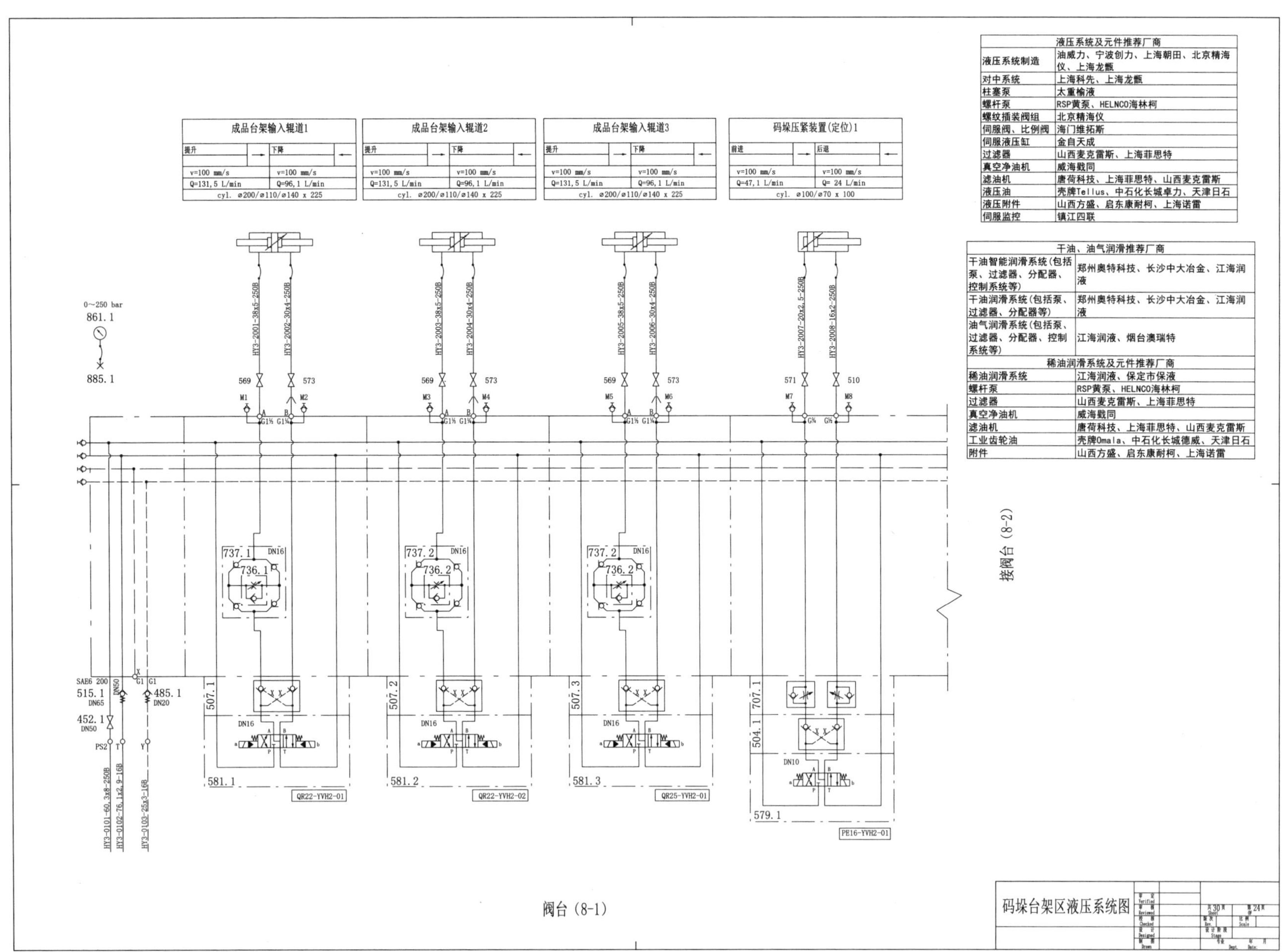

7.3.25 码垛机阀台原理图（8-2）

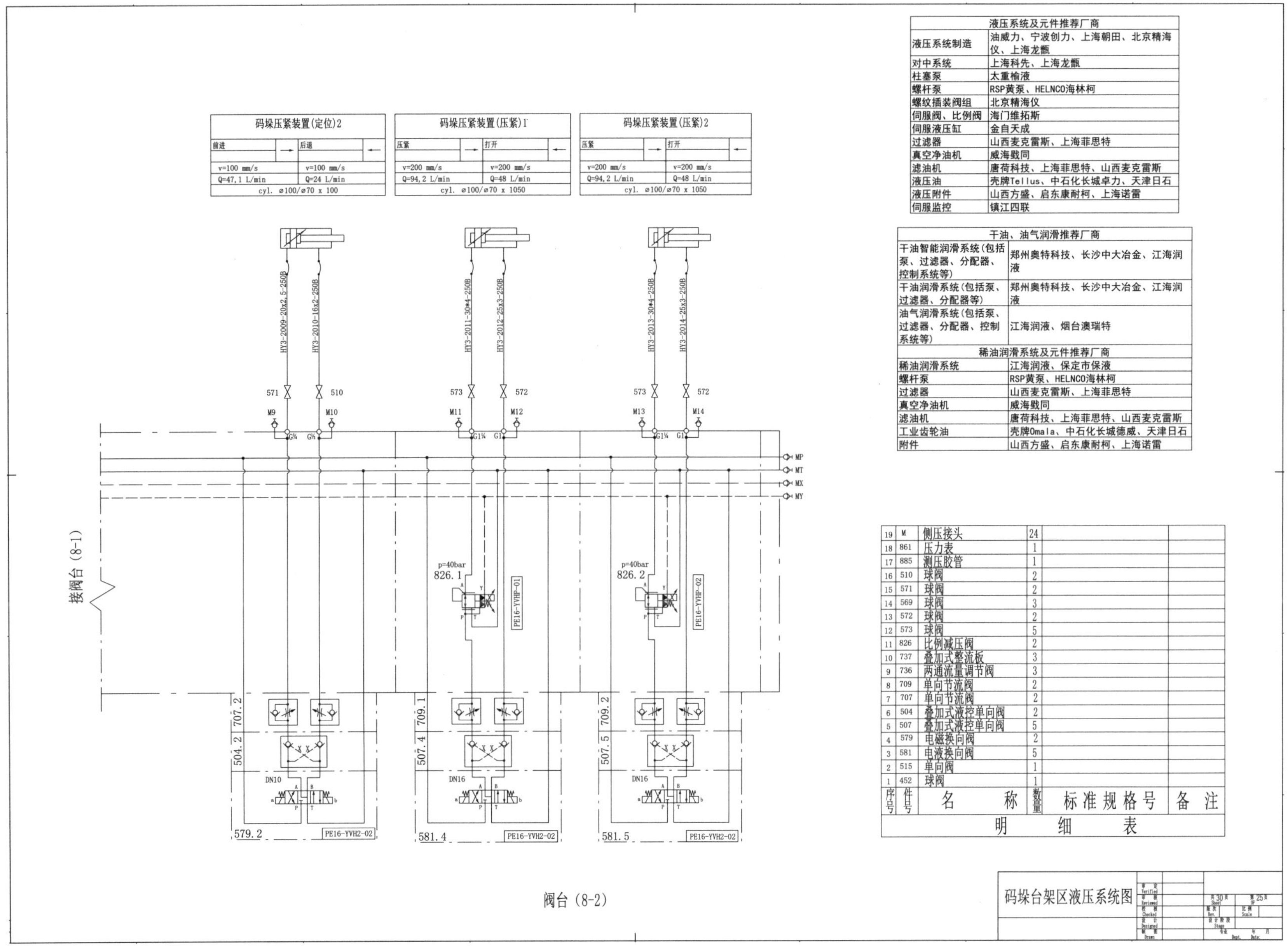

液压系统及元件推荐厂商	
液压系统制造	油威力、宁波创力、上海朝田、北京精海仪、上海龙甑
对中系统	上海科先、上海龙甑
柱塞泵	太重榆液
螺杆泵	RSP黄泵、HELNCO海林柯
螺纹插装阀组	北京精海仪
伺服阀、比例阀	海门维拓斯
伺服液压缸	金自天成
过滤器	山西麦克雷斯、上海菲思特
真空净油机	威海戥同
滤油机	唐荷科技、上海菲思特、山西麦克雷斯
液压油	壳牌Tellus、中石化长城卓力、天津日石
液压附件	山西方盛、启东康耐柯、上海诺雷
伺服监控	镇江四联

干油、油气润滑推荐厂商	
干油智能润滑系统(包括泵、过滤器、分配器、控制系统等)	郑州奥特科技、长沙中大冶金、江海润液
干油润滑系统(包括泵、过滤器、分配器等)	郑州奥特科技、长沙中大冶金、江海润液
油气润滑系统(包括泵、过滤器、分配器、控制系统等)	江海润液、烟台澳瑞特
稀油润滑系统及元件推荐厂商	
稀油润滑系统	江海润液、保定市保液
螺杆泵	RSP黄泵、HELNCO海林柯
过滤器	山西麦克雷斯、上海菲思特
真空净油机	威海戥同
滤油机	唐荷科技、上海菲思特、山西麦克雷斯
工业齿轮油	壳牌Omala、中石化长城德威、天津日石
附件	山西方盛、启东康耐柯、上海诺雷

序号	件号	名称	数量	标准规格号	备注
19	M	侧压接头	24		
18	861	压力表	1		
17	885	测压胶管	1		
16	510	球阀	2		
15	571	球阀	2		
14	569	球阀	3		
13	572	球阀	2		
12	573	球阀	5		
11	826	比例减压阀	2		
10	737	叠加式整流板	3		
9	736	两通流量调节阀	3		
8	709	单向节流阀	2		
7	707	单向节流阀	2		
6	504	叠加式液控单向阀	2		
5	507	叠加式液控单向阀	5		
4	579	电磁换向阀	2		
3	581	电液换向阀	5		
2	515	单向阀	1		
1	452	球阀	1		
明细表					

7.3.26 码垛机阀台原理图（9）

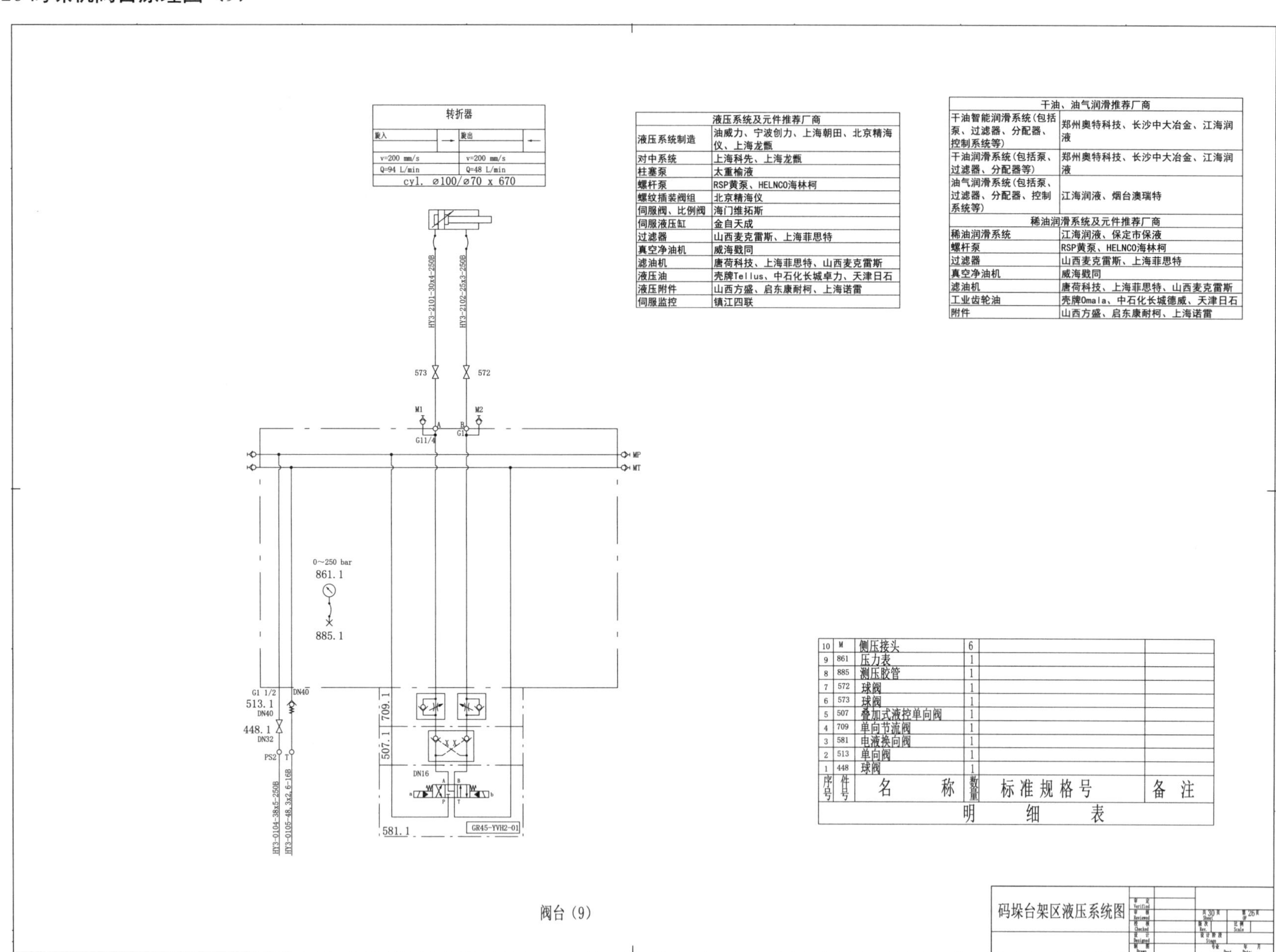

液压系统及元件推荐厂商	
液压系统制造	油威力、宁波创力、上海朝田、北京精海仪、上海龙甑
对中系统	上海科先、上海龙甑
柱塞泵	太重榆液
螺杆泵	RSP黄泵、HELNCO海林柯
螺纹插装阀组	北京精海仪
伺服阀、比例阀	海门维拓斯
伺服液压缸	金自天成
过滤器	山西麦克雷斯、上海菲思特
真空净油机	威海戥同
滤油机	唐荷科技、上海菲思特、山西麦克雷斯
液压油	壳牌Tellus、中石化长城卓力、天津日石
液压附件	山西方盛、启东康耐柯、上海诺雷
伺服监控	镇江四联

干油、油气润滑推荐厂商	
干油智能润滑系统(包括泵、过滤器、分配器、控制系统等)	郑州奥特科技、长沙中大冶金、江海润液
干油润滑系统(包括泵、过滤器、分配器等)	郑州奥特科技、长沙中大冶金、江海润液
油气润滑系统(包括泵、过滤器、分配器、控制系统等)	江海润液、烟台澳瑞特
稀油润滑系统及元件推荐厂商	
稀油润滑系统	江海润液、保定市保液
螺杆泵	RSP黄泵、HELNCO海林柯
过滤器	山西麦克雷斯、上海菲思特
真空净油机	威海戥同
滤油机	唐荷科技、上海菲思特、山西麦克雷斯
工业齿轮油	壳牌Omala、中石化长城德威、天津日石
附件	山西方盛、启东康耐柯、上海诺雷

序号	件号	名称	数量	标准规格号	备注
10	M	侧压接头	6		
9	861	压力表	1		
8	885	测压胶管	1		
7	572	球阀	1		
6	573	球阀	1		
5	507	叠加式液控单向阀	1		
4	709	单向节流阀	1		
3	581	电液换向阀	1		
2	513	单向阀	1		
1	448	球阀	1		

明细表

7.3.27 码垛机阀台原理图（10-1）

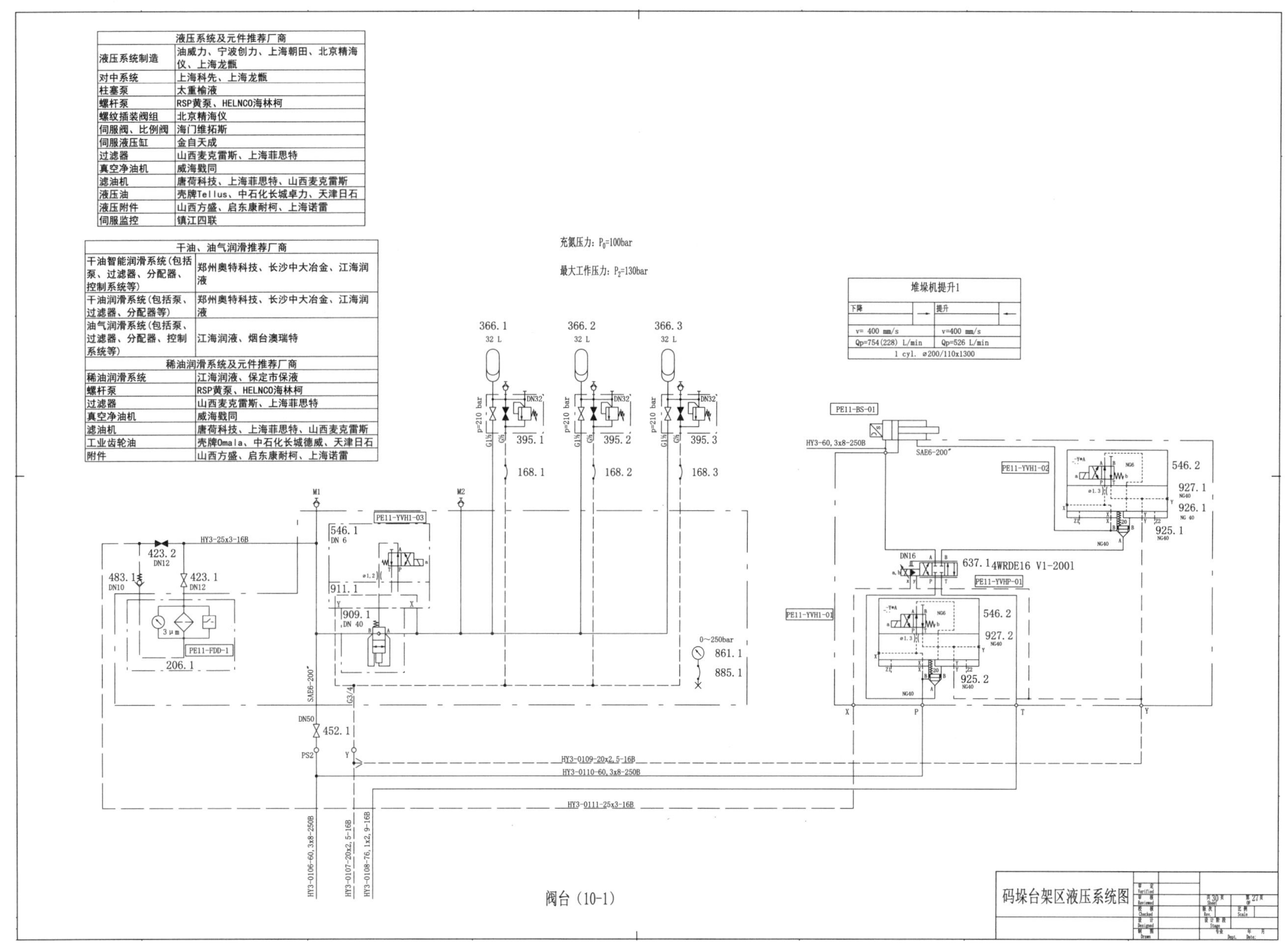

液压系统及元件推荐厂商	
液压系统制造	油威力、宁波创力、上海朝田、北京精海仪、上海龙甑
对中系统	上海科先、上海龙甑
柱塞泵	太重榆液
螺杆泵	RSP黄泵、HELNCO海林柯
螺纹插装阀组	北京精海仪
伺服阀、比例阀	海门维拓斯
伺服液压缸	金自天成
过滤器	山西麦克雷斯、上海菲思特
真空净油机	威海戥同
滤油机	唐荷科技、上海菲思特、山西麦克雷斯
液压油	壳牌Tellus、中石化长城卓力、天津日石
液压附件	山西方盛、启东康耐柯、上海诺雷
伺服监控	镇江四联

干油、油气润滑推荐厂商	
干油智能润滑系统(包括泵、过滤器、分配器、控制系统等)	郑州奥特科技、长沙中大冶金、江海润液
干油润滑系统(包括泵、过滤器、分配器等)	郑州奥特科技、长沙中大冶金、江海润液
油气润滑系统(包括泵、过滤器、分配器、控制系统等)	江海润液、烟台澳瑞特
稀油润滑系统及元件推荐厂商	
稀油润滑系统	江海润液、保定市保液
螺杆泵	RSP黄泵、HELNCO海林柯
过滤器	山西麦克雷斯、上海菲思特
真空净油机	威海戥同
滤油机	唐荷科技、上海菲思特、山西麦克雷斯
工业齿轮油	壳牌Omala、中石化长城德威、天津日石
附件	山西方盛、启东康耐柯、上海诺雷

堆垛机提升1	
下降	提升
v= 400 mm/s	v=400 mm/s
Qp=754(228) L/min	Qp=526 L/min
1 cyl. ⌀200/110x1300	

7.3.28 码垛机阀台原理图（10-2）

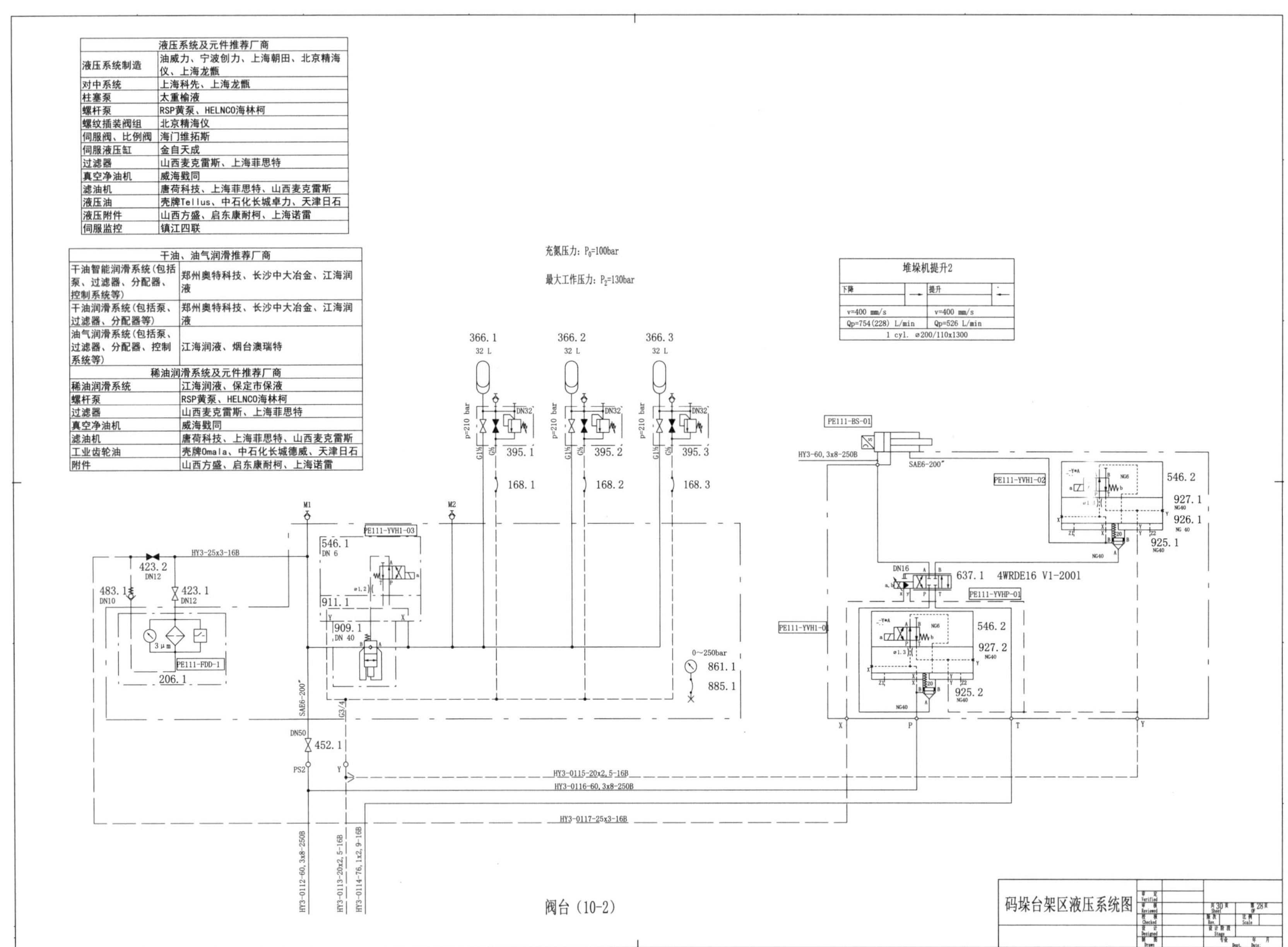

液压系统及元件推荐厂商	
液压系统制造	油威力、宁波创力、上海朝田、北京精海仪、上海龙甑
对中系统	上海科先、上海龙甑
柱塞泵	太重榆液
螺杆泵	RSP黄泵、HELNCO海林柯
螺纹插装阀组	北京精海仪
伺服阀、比例阀	海门维拓斯
伺服液压缸	金自天成
过滤器	山西麦克雷斯、上海菲思特
真空净油机	威海戳同
滤油机	唐荷科技、上海菲思特、山西麦克雷斯
液压油	壳牌Tellus、中石化长城卓力、天津日石
液压附件	山西方盛、启东康耐柯、上海诺雷
伺服监控	镇江四联

干油、油气润滑推荐厂商	
干油智能润滑系统(包括泵、过滤器、分配器、控制系统等)	郑州奥特科技、长沙中大冶金、江海润液
干油润滑系统(包括泵、过滤器、分配器等)	郑州奥特科技、长沙中大冶金、江海润液
油气润滑系统(包括泵、过滤器、分配器、控制系统等)	江海润液、烟台澳瑞特
稀油润滑系统及元件推荐厂商	
稀油润滑系统	江海润液、保定市保液
螺杆泵	RSP黄泵、HELNCO海林柯
过滤器	山西麦克雷斯、上海菲思特
真空净油机	威海戳同
滤油机	唐荷科技、上海菲思特、山西麦克雷斯
工业齿轮油	壳牌Omala、中石化长城德威、天津日石
附件	山西方盛、启东康耐柯、上海诺雷

堆垛机提升2			
下降	→	提升	←
v=400 mm/s		v=400 mm/s	
Qp=754(228) L/min		Qp=526 L/min	
1 cyl. ⌀200/110x1300			

7.3.29 码垛机阀台原理图（10-3）

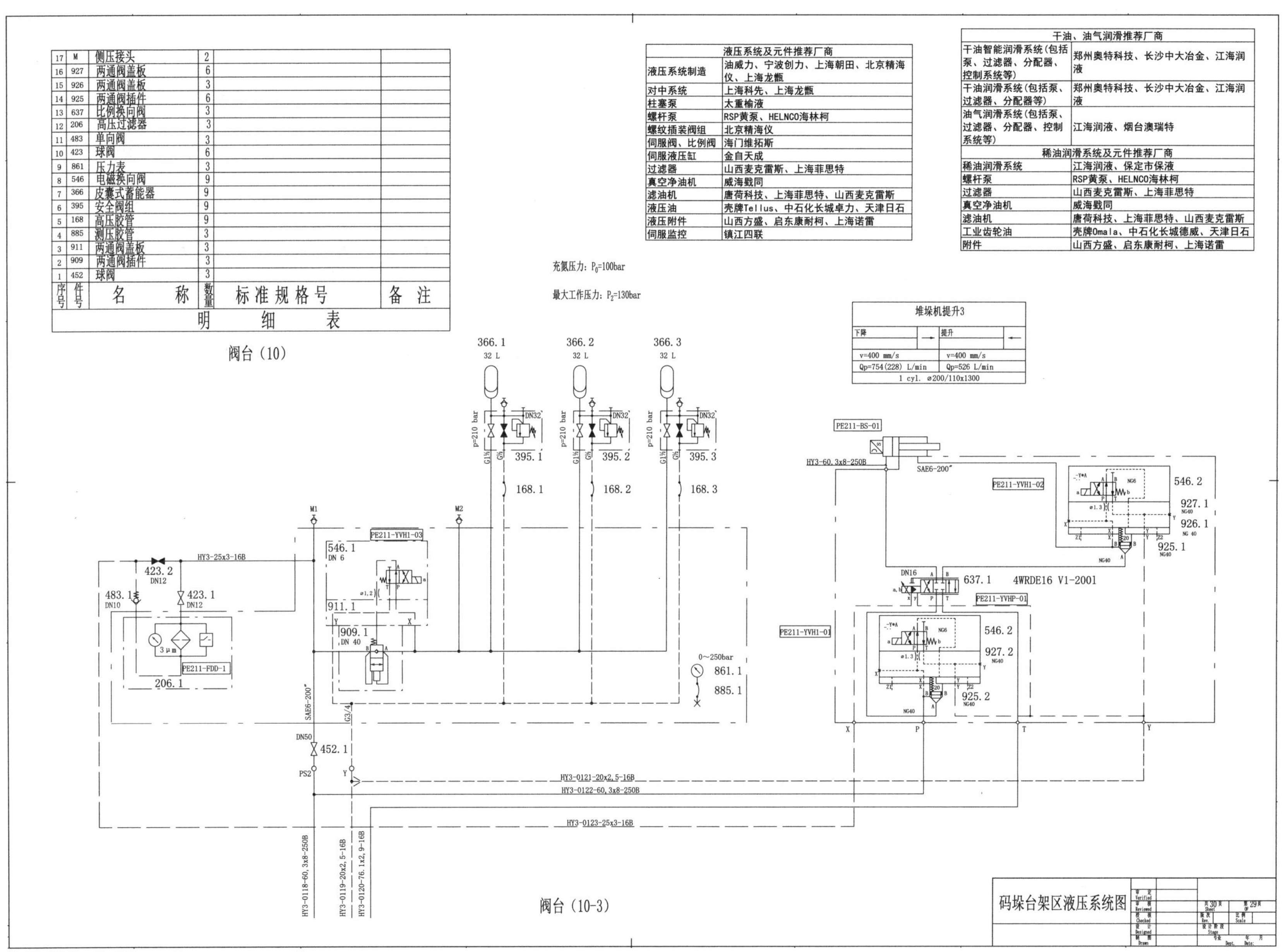

序号	件号	名称	数量	标准规格号	备注
17	M	侧压接头	2		
16	927	两通阀盖板	6		
15	926	两通阀盖板	3		
14	925	两通阀插件	6		
13	637	比例换向阀	3		
12	206	高压过滤器	3		
11	483	单向阀	3		
10	423	球阀	6		
9	861	压力表	3		
8	546	电磁换向阀	9		
7	366	皮囊式蓄能器	9		
6	395	安全阀组	9		
5	168	高压胶管	9		
4	885	测压胶管	3		
3	911	两通阀盖板	3		
2	909	两通阀插件	3		
1	452	球阀	3		

明　细　表

阀台（10）

液压系统及元件推荐厂商	
液压系统制造	油威力、宁波创力、上海朝田、北京精海仪、上海龙甑
对中系统	上海科先、上海龙甑
柱塞泵	太重榆液
螺杆泵	RSP黄泵、HELNCO海林柯
螺纹插装阀组	北京精海仪
伺服阀、比例阀	海门维拓斯
伺服液压缸	金自天成
过滤器	山西麦克雷斯、上海菲思特
真空净油机	威海戥同
滤油机	唐荷科技、上海菲思特、山西麦克雷斯
液压油	壳牌Tellus、中石化长城卓力、天津日石
液压附件	山西方盛、启东康耐柯、上海诺雷
伺服监控	镇江四联

干油、油气润滑推荐厂商	
干油智能润滑系统(包括泵、过滤器、分配器、控制系统等)	郑州奥特科技、长沙中大冶金、江海润液
干油润滑系统(包括泵、过滤器、分配器等)	郑州奥特科技、长沙中大冶金、江海润液
油气润滑系统(包括泵、过滤器、分配器、控制系统等)	江海润液、烟台澳瑞特
稀油润滑系统及元件推荐厂商	
稀油润滑系统	江海润液、保定市保液
螺杆泵	RSP黄泵、HELNCO海林柯
过滤器	山西麦克雷斯、上海菲思特
真空净油机	威海戥同
滤油机	唐荷科技、上海菲思特、山西麦克雷斯
工业齿轮油	壳牌Omala、中石化长城德威、天津日石
附件	山西方盛、启东康耐柯、上海诺雷

阀台（10-3）

7.3.30 码垛机阀台原理图（11）

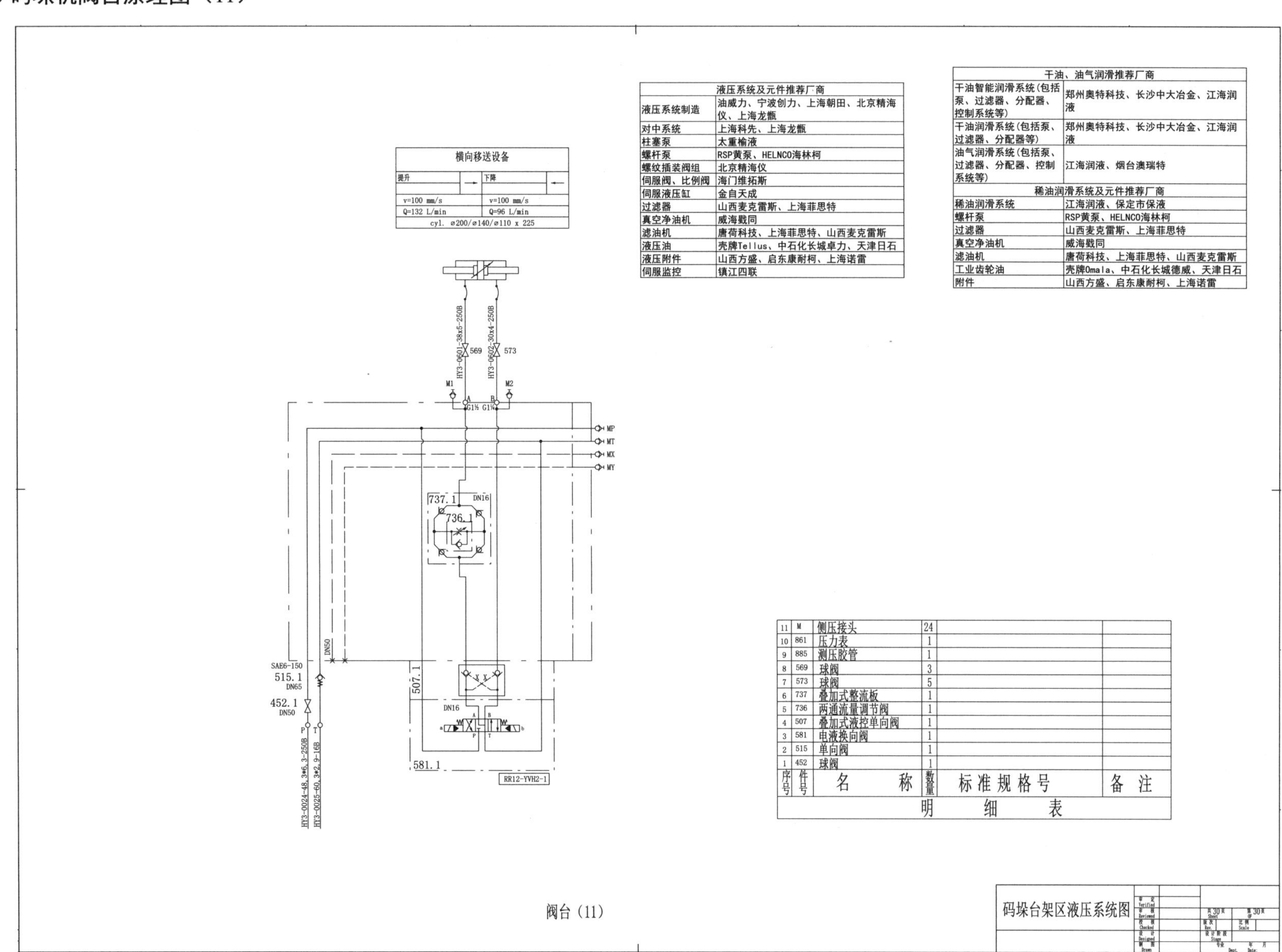

横向移送设备	
提升 →	下降 ←
v=100 mm/s	v=100 mm/s
Q=132 L/min	Q=96 L/min
cyl. ⌀200/⌀140/⌀110 x 225	

液压系统及元件推荐厂商	
液压系统制造	油威力、宁波创力、上海朝田、北京精海仪、上海龙甑
对中系统	上海科先、上海龙甑
柱塞泵	太重榆液
螺杆泵	RSP黄泵、HELNCO海林柯
螺纹插装阀组	北京精海仪
伺服阀、比例阀	海门维拓斯
伺服液压缸	金自天成
过滤器	山西麦克雷斯、上海菲思特
真空净油机	威海戥同
滤油机	唐荷科技、上海菲思特、山西麦克雷斯
液压油	壳牌Tellus、中石化长城卓力、天津日石
液压附件	山西方盛、启东康耐柯、上海诺雷
伺服监控	镇江四联

干油、油气润滑推荐厂商	
干油智能润滑系统(包括泵、过滤器、分配器、控制系统等)	郑州奥特科技、长沙中大冶金、江海润液
干油润滑系统(包括泵、过滤器、分配器等)	郑州奥特科技、长沙中大冶金、江海润液
油气润滑系统(包括泵、过滤器、分配器、控制系统等)	江海润液、烟台澳瑞特
稀油润滑系统及元件推荐厂商	
稀油润滑系统	江海润液、保定市保液
螺杆泵	RSP黄泵、HELNCO海林柯
过滤器	山西麦克雷斯、上海菲思特
真空净油机	威海戥同
滤油机	唐荷科技、上海菲思特、山西麦克雷斯
工业齿轮油	壳牌Omala、中石化长城德威、天津日石
附件	山西方盛、启东康耐柯、上海诺雷

序号	件号	名称	数量	标准规格号	备注
11	M	侧压接头	24		
10	861	压力表	1		
9	885	测压胶管	1		
8	569	球阀	3		
7	573	球阀	5		
6	737	叠加式整流板	1		
5	736	两通流量调节阀	1		
4	507	叠加式液控单向阀	1		
3	581	电液换向阀	1		
2	515	单向阀	1		
1	452	球阀	1		
明细表					

阀台（11）

7.4 冷床、热锯液压系统

7.4.1 冷床、热锯泵源原理图（1）

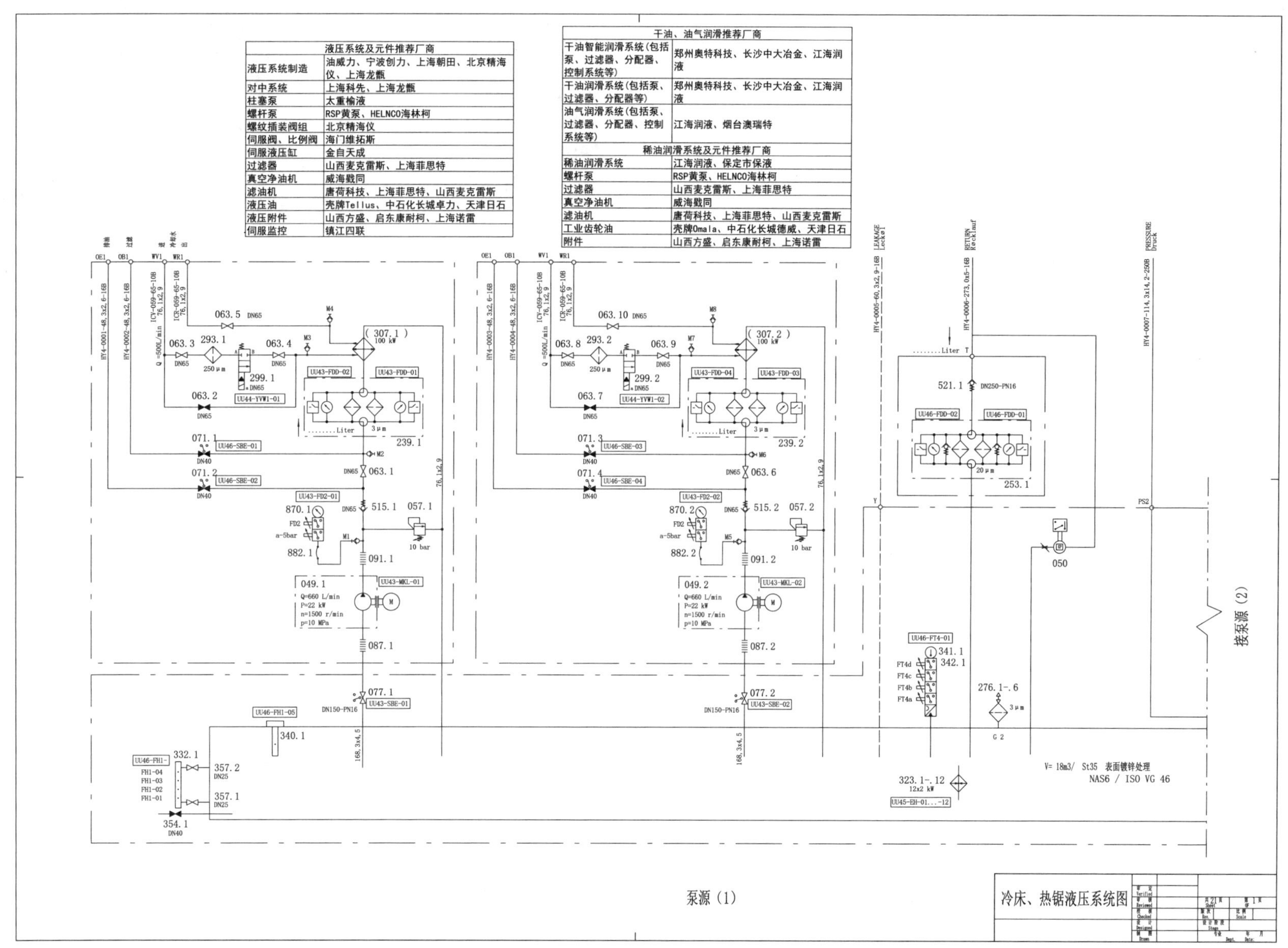

液压系统及元件推荐厂商	
液压系统制造	油威力、宁波创力、上海朝田、北京精海仪、上海龙甑
对中系统	上海科先、上海龙甑
柱塞泵	太重榆液
螺杆泵	RSP黄泵、HELNCO海林柯
螺纹插装阀组	北京精海仪
伺服阀、比例阀	海门维拓斯
伺服液压缸	金自天成
过滤器	山西麦克雷斯、上海菲思特
真空净油机	威海戥同
滤油机	唐荷科技、上海菲思特、山西麦克雷斯
液压油	壳牌Tellus、中石化长城卓力、天津日石
液压附件	山西方盛、启东康耐柯、上海诺雷
伺服监控	镇江四联

干油、油气润滑推荐厂商	
干油智能润滑系统(包括泵、过滤器、分配器、控制系统等)	郑州奥特科技、长沙中大冶金、江海润液
干油润滑系统(包括泵、过滤器、分配器等)	郑州奥特科技、长沙中大冶金、江海润液
油气润滑系统(包括泵、过滤器、分配器、控制系统等)	江海润液、烟台澳瑞特
稀油润滑系统及元件推荐厂商	
稀油润滑系统	江海润液、保定市保液
螺杆泵	RSP黄泵、HELNCO海林柯
过滤器	山西麦克雷斯、上海菲思特
真空净油机	威海戥同
滤油机	唐荷科技、上海菲思特、山西麦克雷斯
工业齿轮油	壳牌Omala、中石化长城德威、天津日石
附件	山西方盛、启东康耐柯、上海诺雷

7.4.2 冷床、热锯泵源原理图（2）

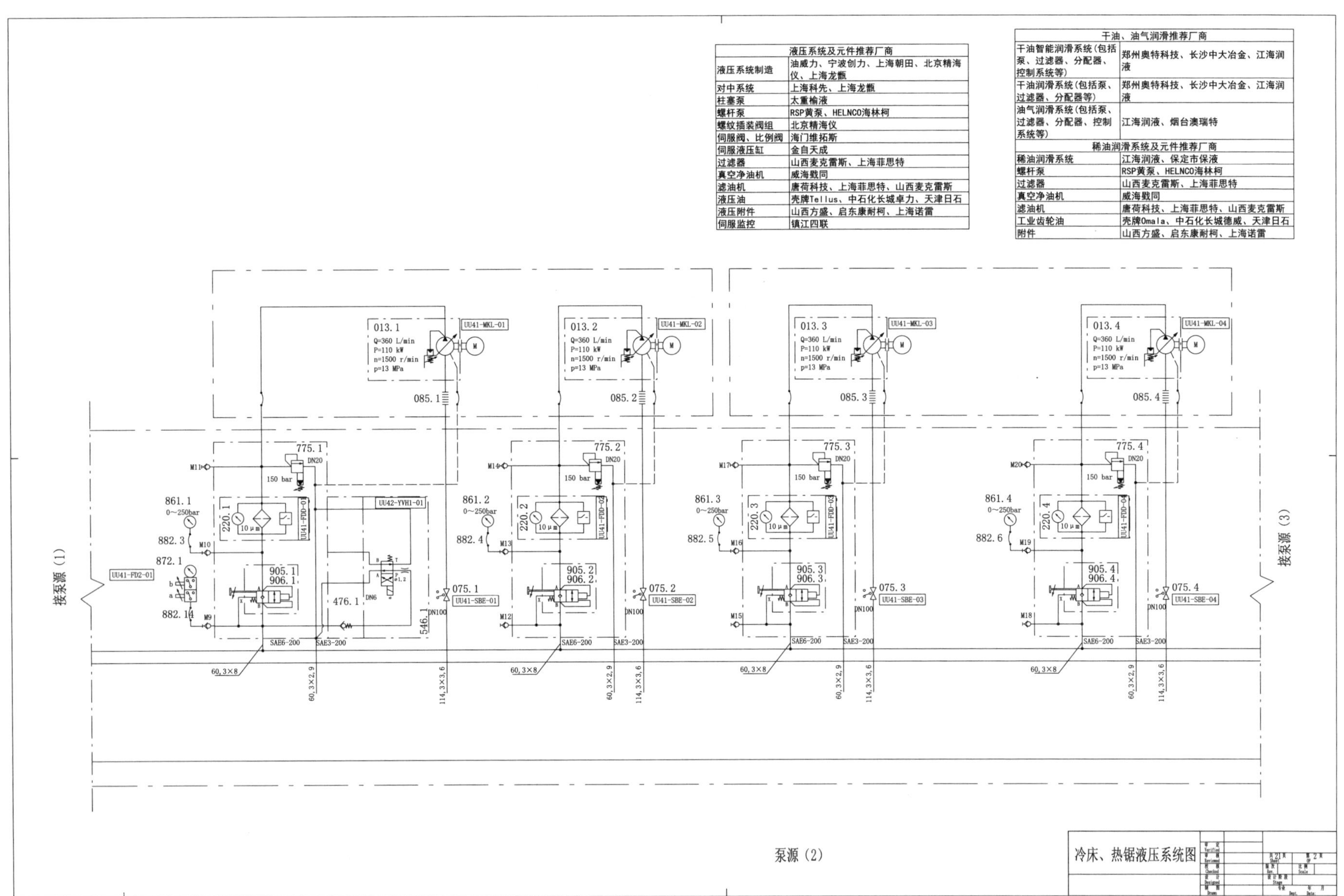

液压系统及元件推荐厂商	
液压系统制造	油威力、宁波创力、上海朝田、北京精海仪、上海龙甑
对中系统	上海科先、上海龙甑
柱塞泵	太重榆液
螺杆泵	RSP黄泵、HELNCO海林柯
螺纹插装阀组	北京精海仪
伺服阀、比例阀	海门维拓斯
伺服液压缸	金自天成
过滤器	山西麦克雷斯、上海菲思特
真空净油机	威海戥同
滤油机	唐荷科技、上海菲思特、山西麦克雷斯
液压油	壳牌Tellus、中石化长城卓力、天津日石
液压附件	山西方盛、启东康耐柯、上海诺雷
伺服监控	镇江四联

干油、油气润滑推荐厂商	
干油智能润滑系统(包括泵、过滤器、分配器、控制系统等)	郑州奥特科技、长沙中大冶金、江海润液
干油润滑系统(包括泵、过滤器、分配器等)	郑州奥特科技、长沙中大冶金、江海润液
油气润滑系统(包括泵、过滤器、分配器、控制系统等)	江海润液、烟台澳瑞特
稀油润滑系统及元件推荐厂商	
稀油润滑系统	江海润液、保定市保液
螺杆泵	RSP黄泵、HELNCO海林柯
过滤器	山西麦克雷斯、上海菲思特
真空净油机	威海戥同
滤油机	唐荷科技、上海菲思特、山西麦克雷斯
工业齿轮油	壳牌Omala、中石化长城德威、天津日石
附件	山西方盛、启东康耐柯、上海诺雷

7.4.3 冷床、热锯泵源原理图（3）

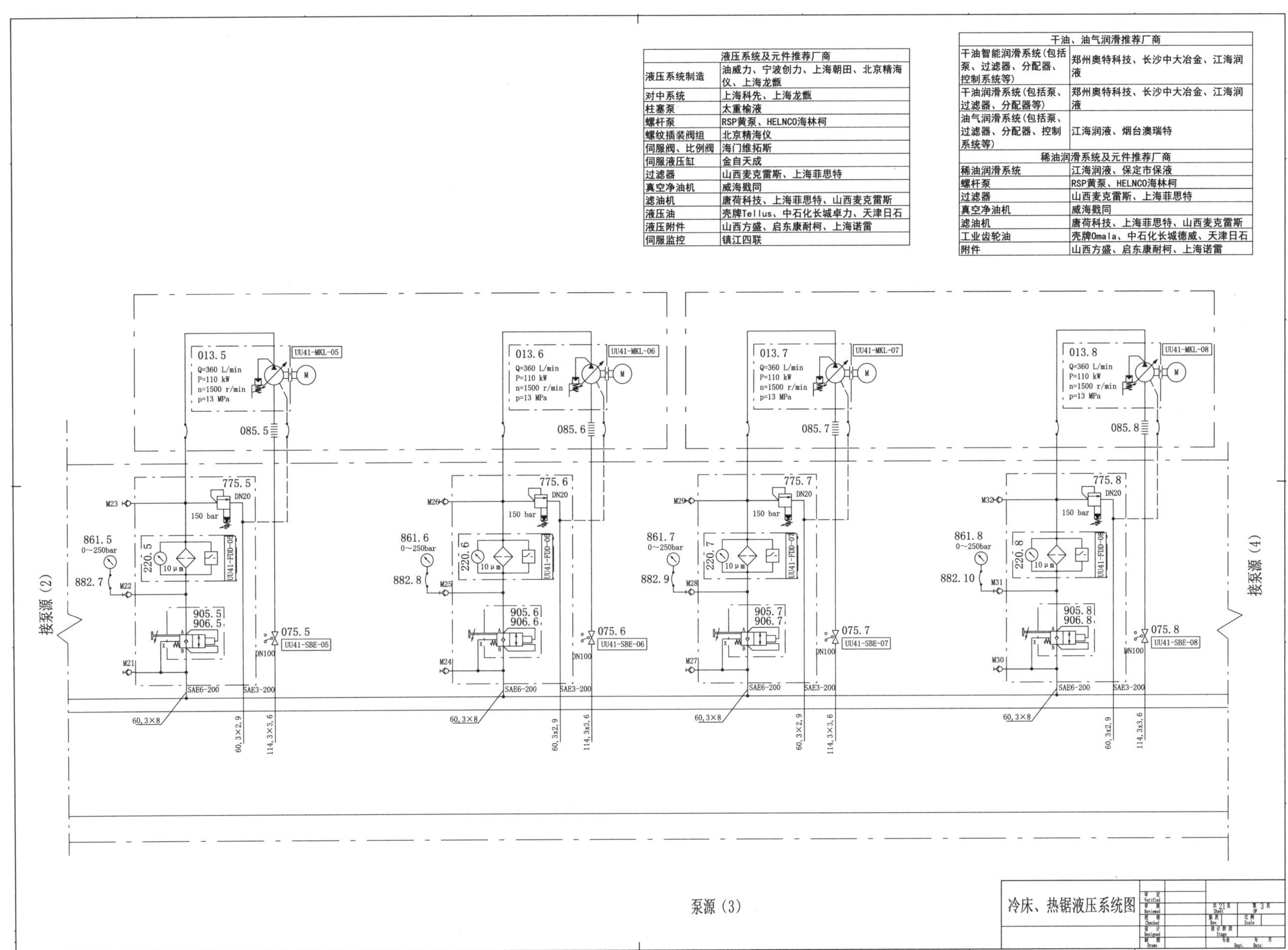

液压系统及元件推荐厂商	
液压系统制造	油威力、宁波创力、上海朝田、北京精海仪、上海龙甑
对中系统	上海科先、上海龙甑
柱塞泵	太重榆液
螺杆泵	RSP黄泵、HELNCO海林柯
螺纹插装阀组	北京精海仪
伺服阀、比例阀	海门维拓斯
伺服液压缸	金自天成
过滤器	山西麦克雷斯、上海菲思特
真空净油机	威海戡同
滤油机	唐荷科技、上海菲思特、山西麦克雷斯
液压油	壳牌Tellus、中石化长城卓力、天津日石
液压附件	山西方盛、启东康耐柯、上海诺雷
伺服监控	镇江四联

干油、油气润滑推荐厂商	
干油智能润滑系统(包括泵、过滤器、分配器、控制系统等)	郑州奥特科技、长沙中大冶金、江海润液
干油润滑系统(包括泵、过滤器、分配器等)	郑州奥特科技、长沙中大冶金、江海润液
油气润滑系统(包括泵、过滤器、分配器、控制系统等)	江海润液、烟台澳瑞特
稀油润滑系统及元件推荐厂商	
稀油润滑系统	江海润液、保定市保液
螺杆泵	RSP黄泵、HELNCO海林柯
过滤器	山西麦克雷斯、上海菲思特
真空净油机	威海戡同
滤油机	唐荷科技、上海菲思特、山西麦克雷斯
工业齿轮油	壳牌Omala、中石化长城德威、天津日石
附件	山西方盛、启东康耐柯、上海诺雷

7.4.4 冷床、热锯泵源原理图（4）

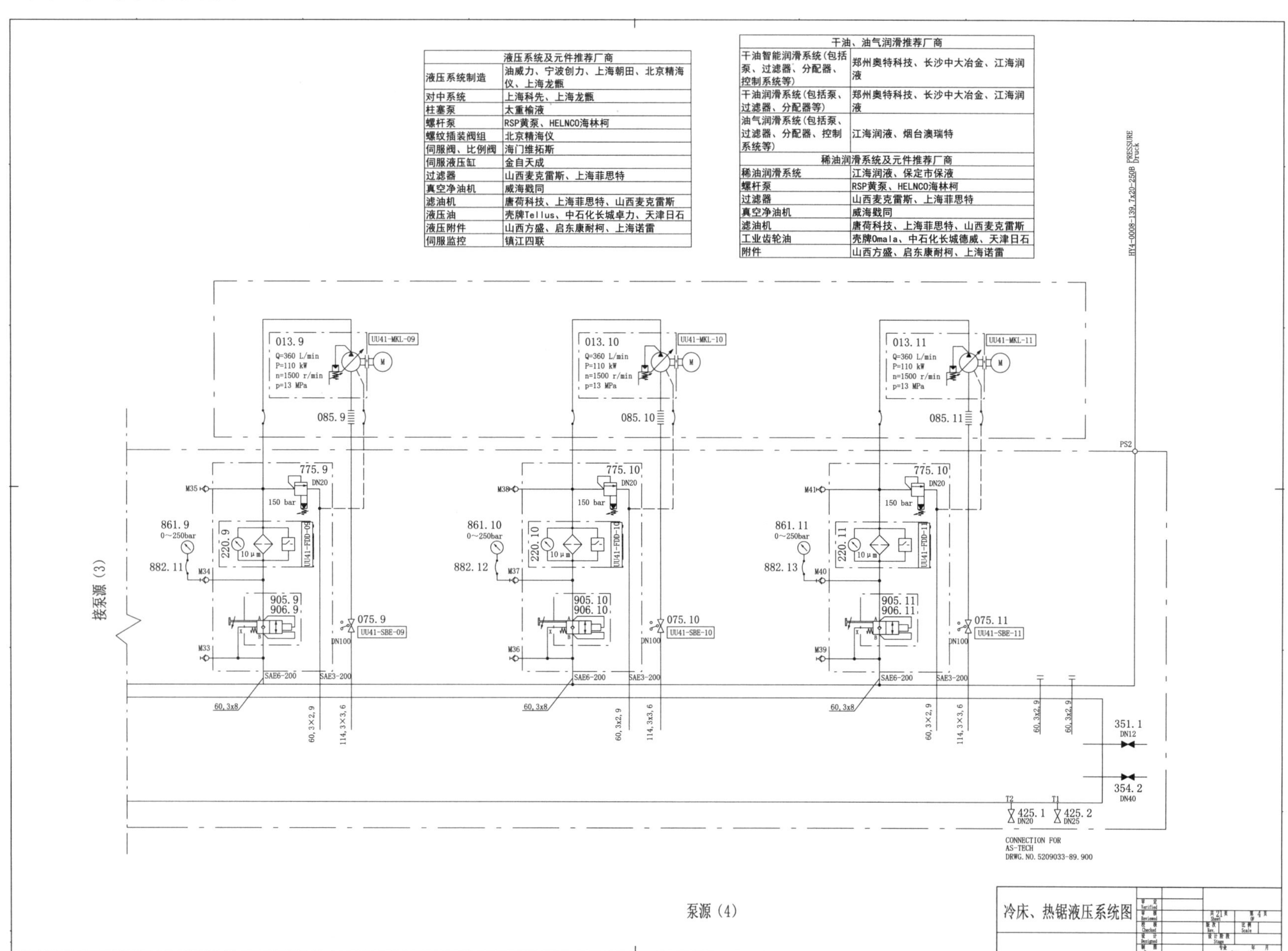

液压系统及元件推荐厂商	
液压系统制造	油威力、宁波创力、上海朝田、北京精海仪、上海龙甑
对中系统	上海科先、上海龙甑
柱塞泵	太重榆液
螺杆泵	RSP黄泵、HELNCO海林柯
螺纹插装阀组	北京精海仪
伺服阀、比例阀	海门维拓斯
伺服液压缸	金自天成
过滤器	山西麦克雷斯、上海菲思特
真空净油机	威海戥同
滤油机	唐荷科技、上海菲思特、山西麦克雷斯
液压油	壳牌Tellus、中石化长城卓力、天津日石
液压附件	山西方盛、启东康耐柯、上海诺雷
伺服监控	镇江四联

干油、油气润滑推荐厂商	
干油智能润滑系统(包括泵、过滤器、分配器、控制系统等)	郑州奥特科技、长沙中大冶金、江海润液
干油润滑系统(包括泵、过滤器、分配器等)	郑州奥特科技、长沙中大冶金、江海润液
油气润滑系统(包括泵、过滤器、分配器、控制系统等)	江海润液、烟台澳瑞特
稀油润滑系统及元件推荐厂商	
稀油润滑系统	江海润液、保定市保液
螺杆泵	RSP黄泵、HELNCO海林柯
过滤器	山西麦克雷斯、上海菲思特
真空净油机	威海戥同
滤油机	唐荷科技、上海菲思特、山西麦克雷斯
工业齿轮油	壳牌Omala、中石化长城德威、天津日石
附件	山西方盛、启东康耐柯、上海诺雷

7.4.5 冷床、热锯泵源原理图（5）

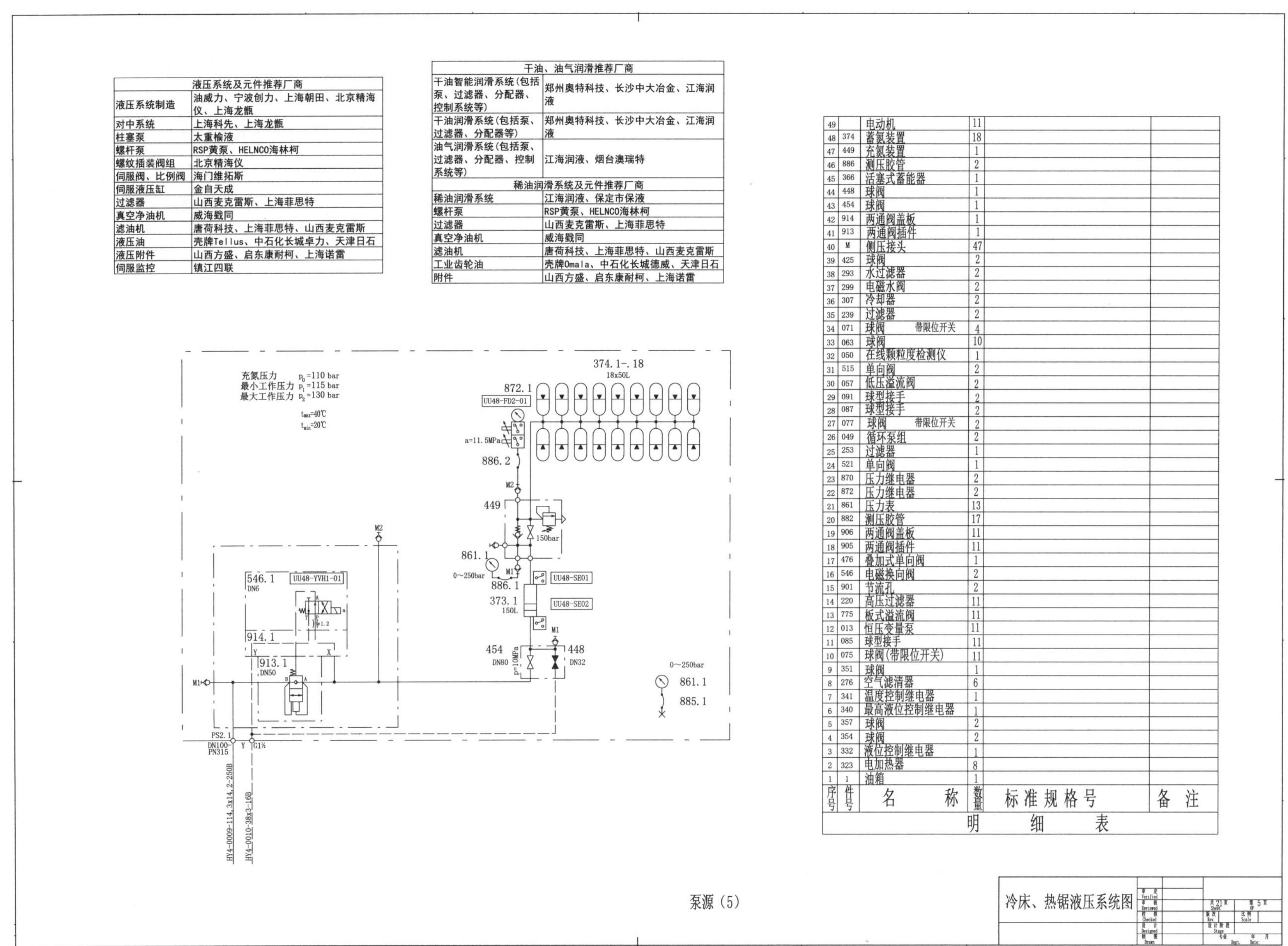

液压系统及元件推荐厂商	
液压系统制造	油威力、宁波创力、上海朝田、北京精海仪、上海龙甑
对中系统	上海科先、上海龙甑
柱塞泵	太重榆液
螺杆泵	RSP黄泵、HELNCO海林柯
螺纹插装阀组	北京精海仪
伺服阀、比例阀	海门维拓斯
伺服液压缸	金自天成
过滤器	山西麦克雷斯、上海菲思特
真空净油机	威海戥同
滤油机	唐荷科技、上海菲思特、山西麦克雷斯
液压油	壳牌Tellus、中石化长城卓力、天津日石
液压附件	山西方盛、启东康耐柯、上海诺雷
伺服监控	镇江四联

干油、油气润滑推荐厂商	
干油智能润滑系统(包括泵、过滤器、分配器、控制系统等)	郑州奥特科技、长沙中大冶金、江海润液
干油润滑系统(包括泵、过滤器、分配器等)	郑州奥特科技、长沙中大冶金、江海润液
油气润滑系统(包括泵、过滤器、分配器、控制系统等)	江海润液、烟台澳瑞特
稀油润滑系统及元件推荐厂商	
稀油润滑系统	江海润液、保定市保液
螺杆泵	RSP黄泵、HELNCO海林柯
过滤器	山西麦克雷斯、上海菲思特
真空净油机	威海戥同
滤油机	唐荷科技、上海菲思特、山西麦克雷斯
工业齿轮油	壳牌Omala、中石化长城德威、天津日石
附件	山西方盛、启东康耐柯、上海诺雷

序号	件号	名称	数量	标准规格号	备注
49		电动机	11		
48	374	蓄氮装置	18		
47	449	充氮装置	1		
46	886	测压胶管	2		
45	366	活塞式蓄能器	1		
44	448	球阀	1		
43	454	球阀	1		
42	914	两通阀盖板	1		
41	913	两通阀插件	1		
40	M	侧压接头	47		
39	425	球阀	2		
38	293	水过滤器	2		
37	299	电磁水阀	2		
36	307	冷却器	2		
35	239	过滤器	2		
34	071	球阀　带限位开关	4		
33	063	球阀	10		
32	050	在线颗粒度检测仪	1		
31	515	单向阀	2		
30	057	低压溢流阀	2		
29	091	球型接手	2		
28	087	球型接手	2		
27	077	球阀　带限位开关	2		
26	049	循环泵组	2		
25	253	过滤器	1		
24	521	单向阀	1		
23	870	压力继电器	2		
22	872	压力继电器	2		
21	861	压力表	13		
20	882	测压胶管	17		
19	906	两通阀盖板	11		
18	905	两通阀插件	11		
17	476	叠加式单向阀	1		
16	546	电磁换向阀	2		
15	901	节流孔	2		
14	220	高压过滤器	11		
13	775	板式溢流阀	11		
12	013	恒压变量泵	11		
11	085	球型接手	11		
10	075	球阀(带限位开关)	11		
9	351	球阀	1		
8	276	空气滤清器	6		
7	341	温度控制继电器	1		
6	340	最高液位控制继电器	1		
5	357	球阀	2		
4	354	球阀	2		
3	332	液位控制继电器	1		
2	323	电加热器	8		
1	1	油箱	1		
明细表					

7.4.6 冷床、热锯阀台原理图（1-1）

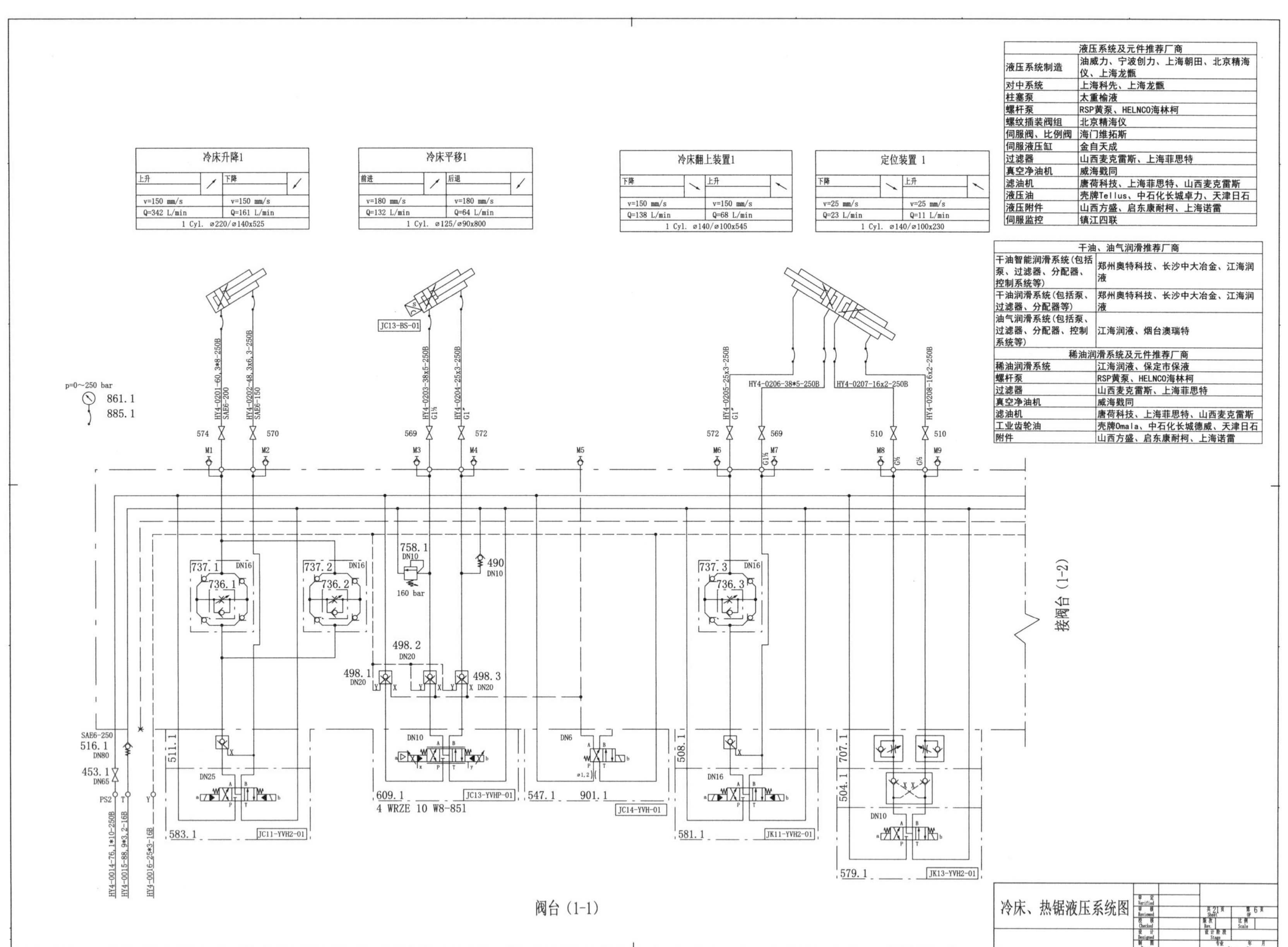

7.4.7 冷床、热锯阀台原理图（1-2）

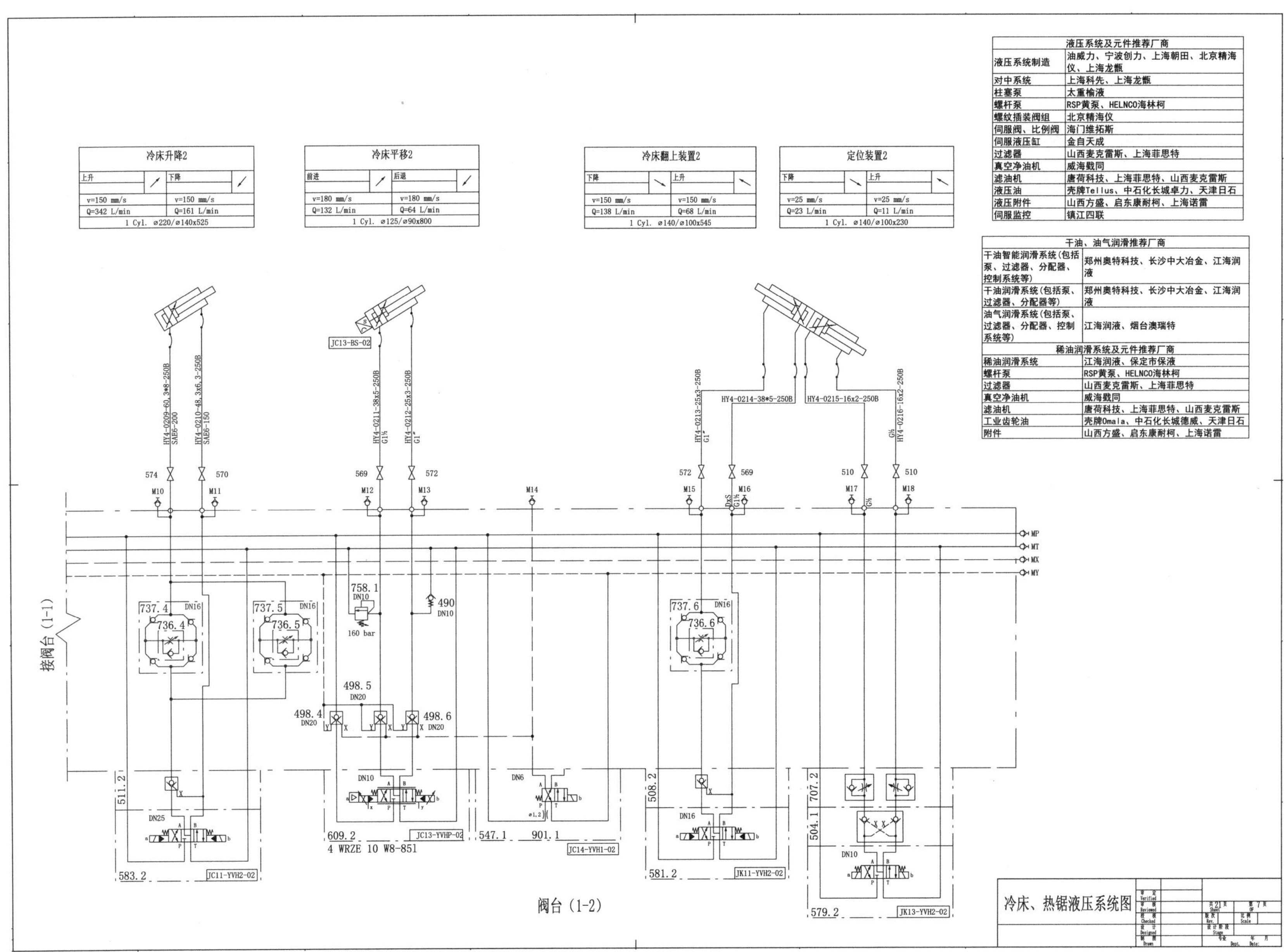

7.4.8 冷床、热锯阀台原理图（1-3）

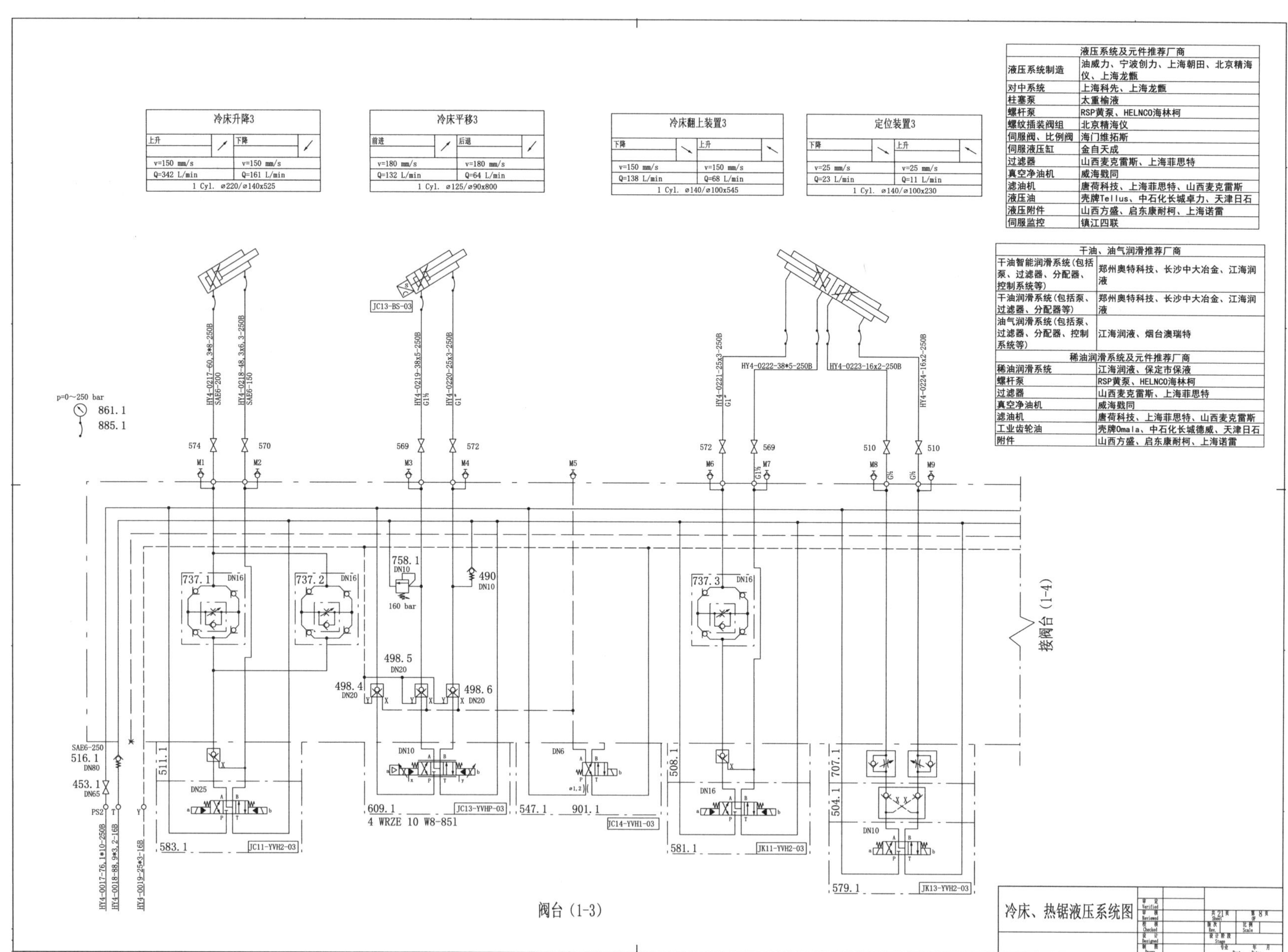

7.4.9 冷床、热锯阀台原理图（1-4）

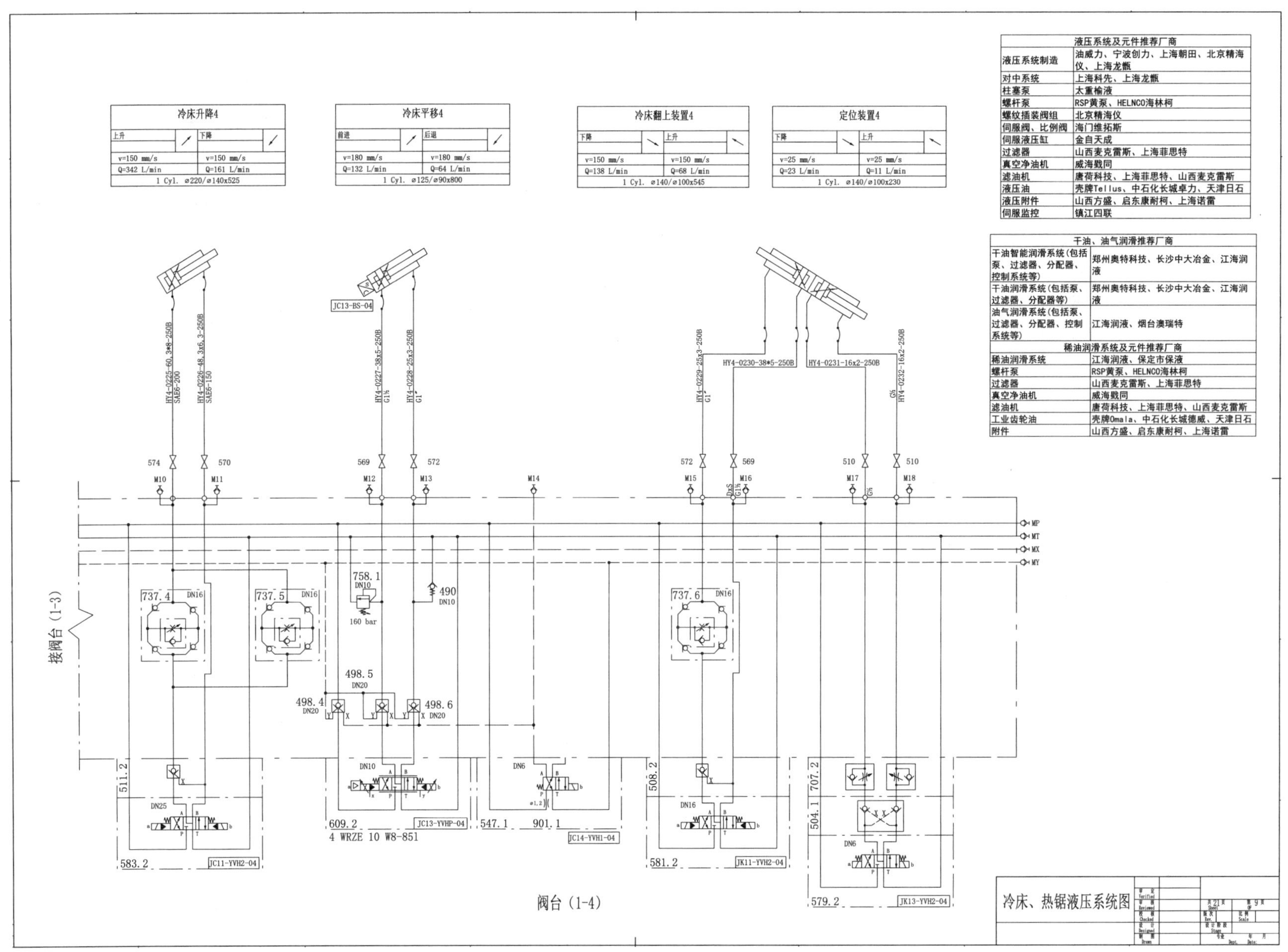

液压系统及元件推荐厂商	
液压系统制造	油威力、宁波创力、上海朝田、北京精海仪、上海龙甑
对中系统	上海科先、上海龙甑
柱塞泵	太重榆液
螺杆泵	RSP黄泵、HELNCO海林柯
螺纹插装阀组	北京精海仪
伺服阀、比例阀	海门维拓斯
伺服液压缸	金自天成
过滤器	山西麦克雷斯、上海菲思特
真空净油机	威海戳同
滤油机	唐荷科技、上海菲思特、山西麦克雷斯
液压油	壳牌Tellus、中石化长城卓力、天津日石
液压附件	山西方盛、启东康耐柯、上海诺雷
伺服监控	镇江四联

干油、油气润滑推荐厂商	
干油智能润滑系统(包括泵、过滤器、分配器、控制系统等)	郑州奥特科技、长沙中大冶金、江海润液
干油润滑系统(包括泵、过滤器、分配器等)	郑州奥特科技、长沙中大冶金、江海润液
油气润滑系统(包括泵、过滤器、分配器、控制系统等)	江海润液、烟台澳瑞特
稀油润滑系统及元件推荐厂商	
稀油润滑系统	江海润液、保定市保液
螺杆泵	RSP黄泵、HELNCO海林柯
过滤器	山西麦克雷斯、上海菲思特
真空净油机	威海戳同
滤油机	唐荷科技、上海菲思特、山西麦克雷斯
工业齿轮油	壳牌Omala、中石化长城德威、天津日石
附件	山西方盛、启东康耐柯、上海诺雷

7.4.10 冷床、热锯阀台原理图（1-5）

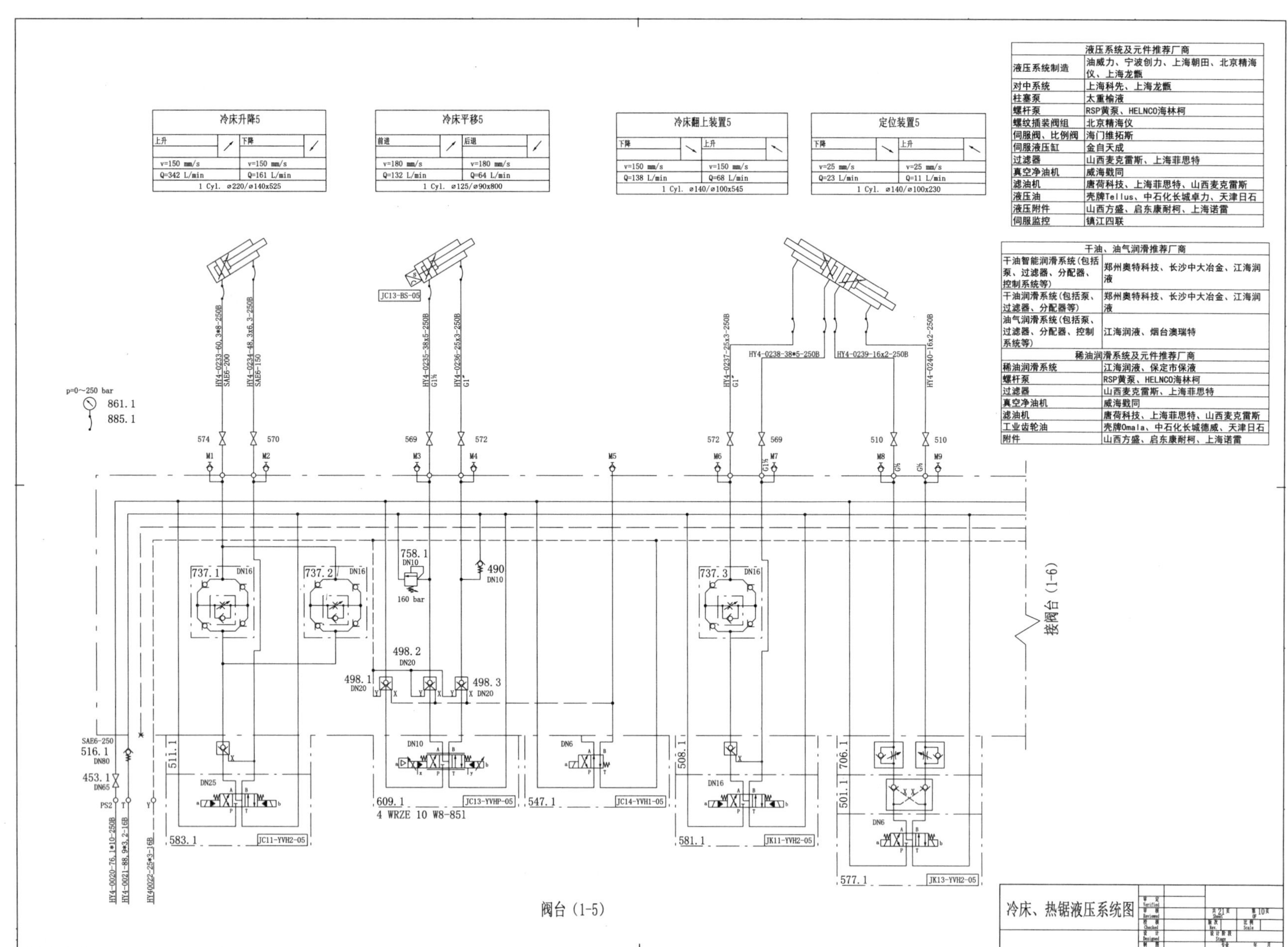

液压系统及元件推荐厂商	
液压系统制造	油威力、宁波创力、上海朝田、北京精海仪、上海龙甑
对中系统	上海科先、上海龙甑
柱塞泵	太重榆液
螺杆泵	RSP黄泵、HELNCO海林柯
螺纹插装阀组	北京精海仪
伺服阀、比例阀	海门维拓斯
伺服液压缸	金自天成
过滤器	山西麦克雷斯、上海菲思特
真空净油机	威海戥同
滤油机	唐荷科技、上海菲思特、山西麦克雷斯
液压油	壳牌Tellus、中石化长城卓力、天津日石
液压附件	山西方盛、启东康耐柯、上海诺雷
伺服监控	镇江四联

干油、油气润滑推荐厂商	
干油智能润滑系统(包括泵、过滤器、分配器、控制系统等)	郑州奥特科技、长沙中大冶金、江海润液
干油润滑系统(包括泵、过滤器、分配器等)	郑州奥特科技、长沙中大冶金、江海润液
油气润滑系统(包括泵、过滤器、分配器、控制系统等)	江海润液、烟台澳瑞特
稀油润滑系统及元件推荐厂商	
稀油润滑系统	江海润液、保定市保液
螺杆泵	RSP黄泵、HELNCO海林柯
过滤器	山西麦克雷斯、上海菲思特
真空净油机	威海戥同
滤油机	唐荷科技、上海菲思特、山西麦克雷斯
工业齿轮油	壳牌Omala、中石化长城德威、天津日石
附件	山西方盛、启东康耐柯、上海诺雷

7.4.11 冷床、热锯阀台原理图（1-6）

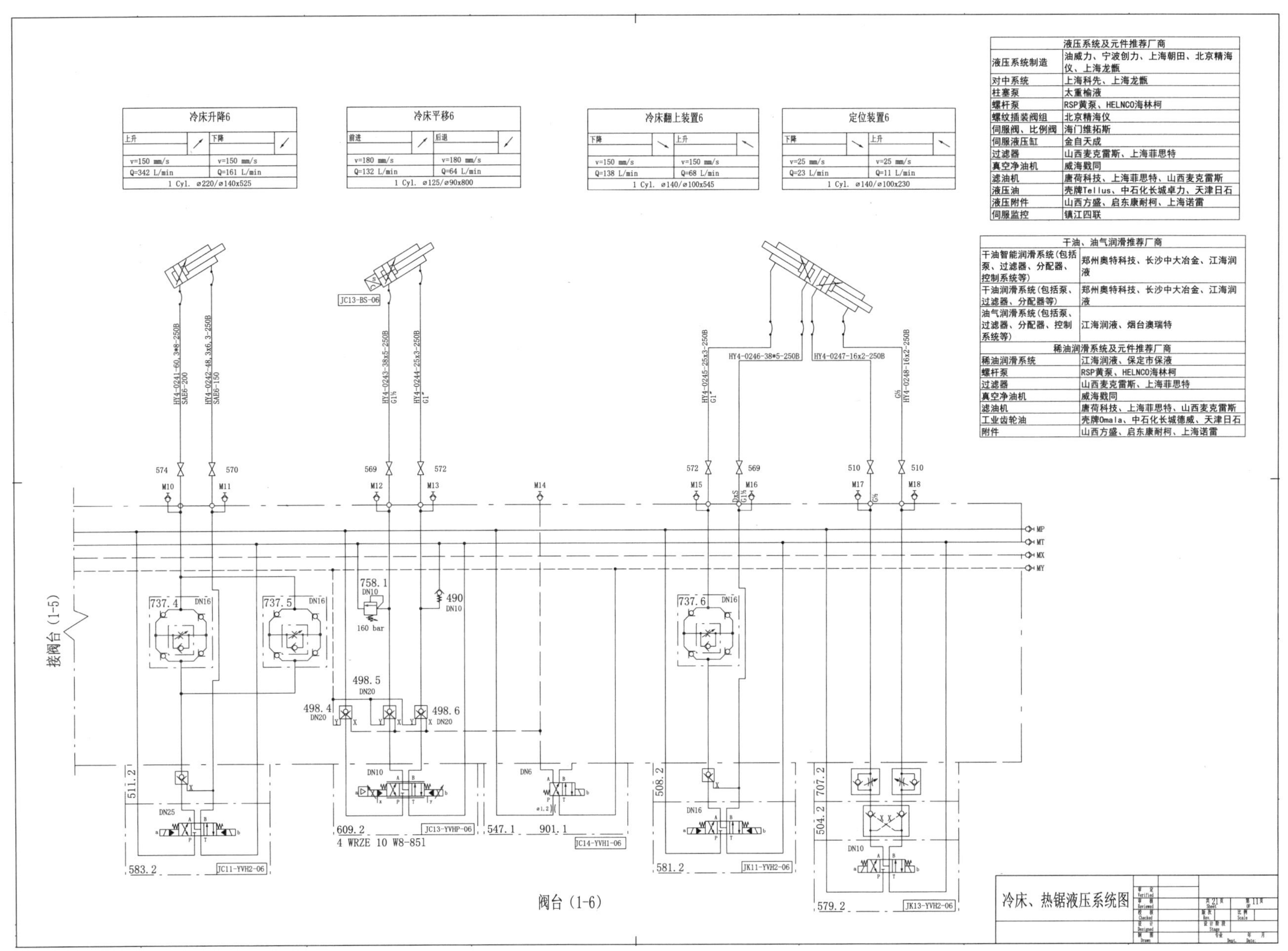

液压系统及元件推荐厂商	
液压系统制造	油威力、宁波创力、上海朝田、北京精海仪、上海龙甑
对中系统	上海科先、上海龙甑
柱塞泵	太重榆液
螺杆泵	RSP黄泵、HELNCO海林柯
螺纹插装阀组	北京精海仪
伺服阀、比例阀	海门维拓斯
伺服液压缸	金自天成
过滤器	山西麦克雷斯、上海菲思特
真空净油机	威海戥同
滤油机	唐荷科技、上海菲思特、山西麦克雷斯
液压油	壳牌Tellus、中石化长城卓力、天津日石
液压附件	山西方盛、启东康耐柯、上海诺雷
伺服监控	镇江四联

干油、油气润滑推荐厂商	
干油智能润滑系统(包括泵、过滤器、分配器、控制系统等)	郑州奥特科技、长沙中大冶金、江海润液
干油润滑系统(包括泵、过滤器、分配器等)	郑州奥特科技、长沙中大冶金、江海润液
油气润滑系统(包括泵、过滤器、分配器、控制系统等)	江海润液、烟台澳瑞特
稀油润滑系统及元件推荐厂商	
稀油润滑系统	江海润液、保定市保液
螺杆泵	RSP黄泵、HELNCO海林柯
过滤器	山西麦克雷斯、上海菲思特
真空净油机	威海戥同
滤油机	唐荷科技、上海菲思特、山西麦克雷斯
工业齿轮油	壳牌Omala、中石化长城德威、天津日石
附件	山西方盛、启东康耐柯、上海诺雷

7.4.12 冷床、热锯阀台原理图（1-7）

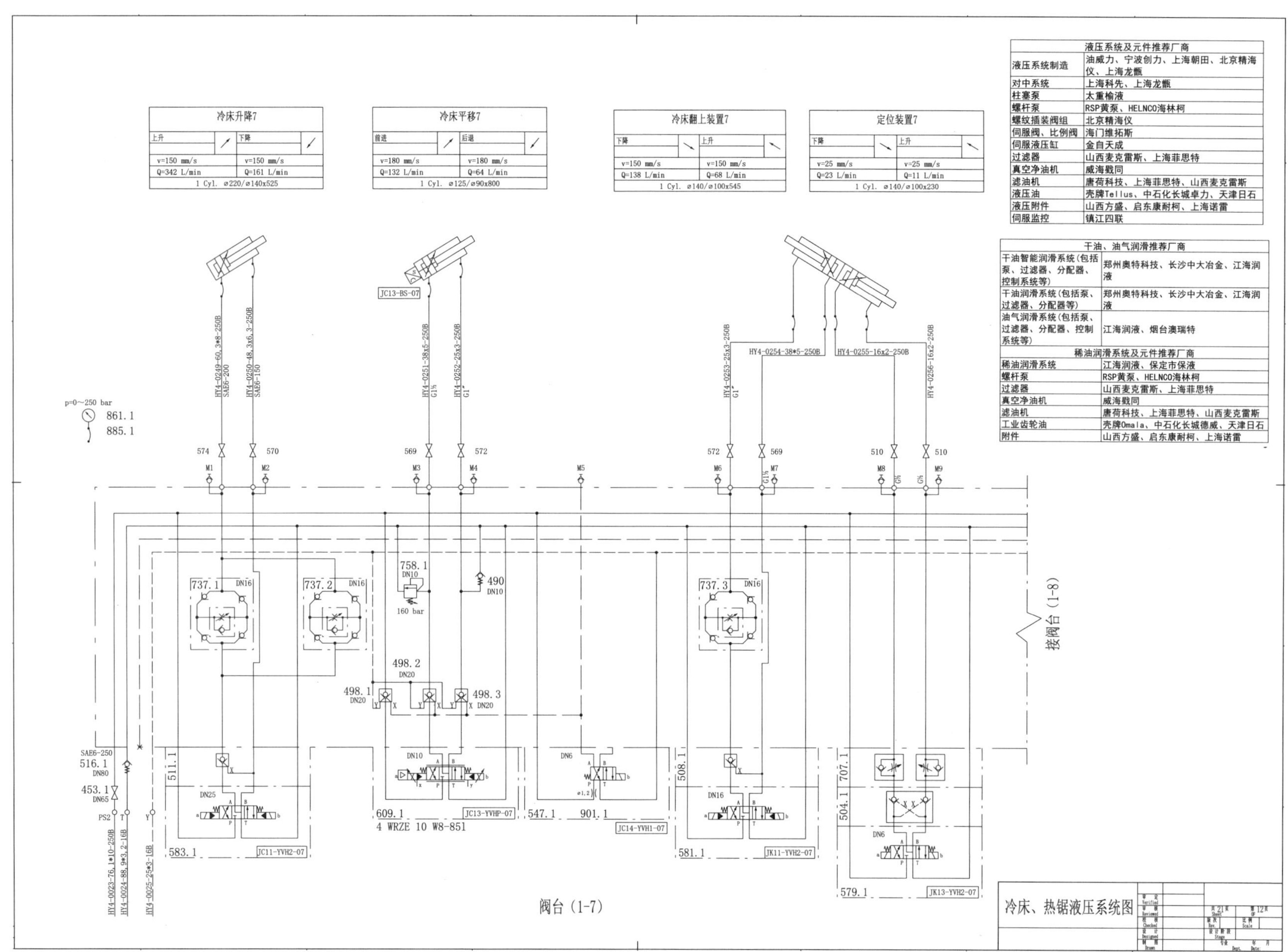

液压系统及元件推荐厂商	
液压系统制造	油威力、宁波创力、上海朝田、北京精海仪、上海龙甑
对中系统	上海科先、上海龙甑
柱塞泵	太重榆液
螺杆泵	RSP黄泵、HELNCO海林柯
螺纹插装阀组	北京精海仪
伺服阀、比例阀	海门维拓斯
伺服液压缸	金自天成
过滤器	山西麦克雷斯、上海菲思特
真空净油机	威海戥同
滤油机	唐荷科技、上海菲思特、山西麦克雷斯
液压油	壳牌Tellus、中石化长城卓力、天津日石
液压附件	山西方盛、启东康耐柯、上海诺雷
伺服监控	镇江四联

干油、油气润滑推荐厂商	
干油智能润滑系统(包括泵、过滤器、分配器、控制系统等)	郑州奥特科技、长沙中大冶金、江海润液
干油润滑系统(包括泵、过滤器、分配器等)	郑州奥特科技、长沙中大冶金、江海润液
油气润滑系统(包括泵、过滤器、分配器、控制系统等)	江海润液、烟台澳瑞特
稀油润滑系统及元件推荐厂商	
稀油润滑系统	江海润液、保定市保液
螺杆泵	RSP黄泵、HELNCO海林柯
过滤器	山西麦克雷斯、上海菲思特
真空净油机	威海戥同
滤油机	唐荷科技、上海菲思特、山西麦克雷斯
工业齿轮油	壳牌Omala、中石化长城德威、天津日石
附件	山西方盛、启东康耐柯、上海诺雷

7.4.13 冷床、热锯阀台原理图（1-8）

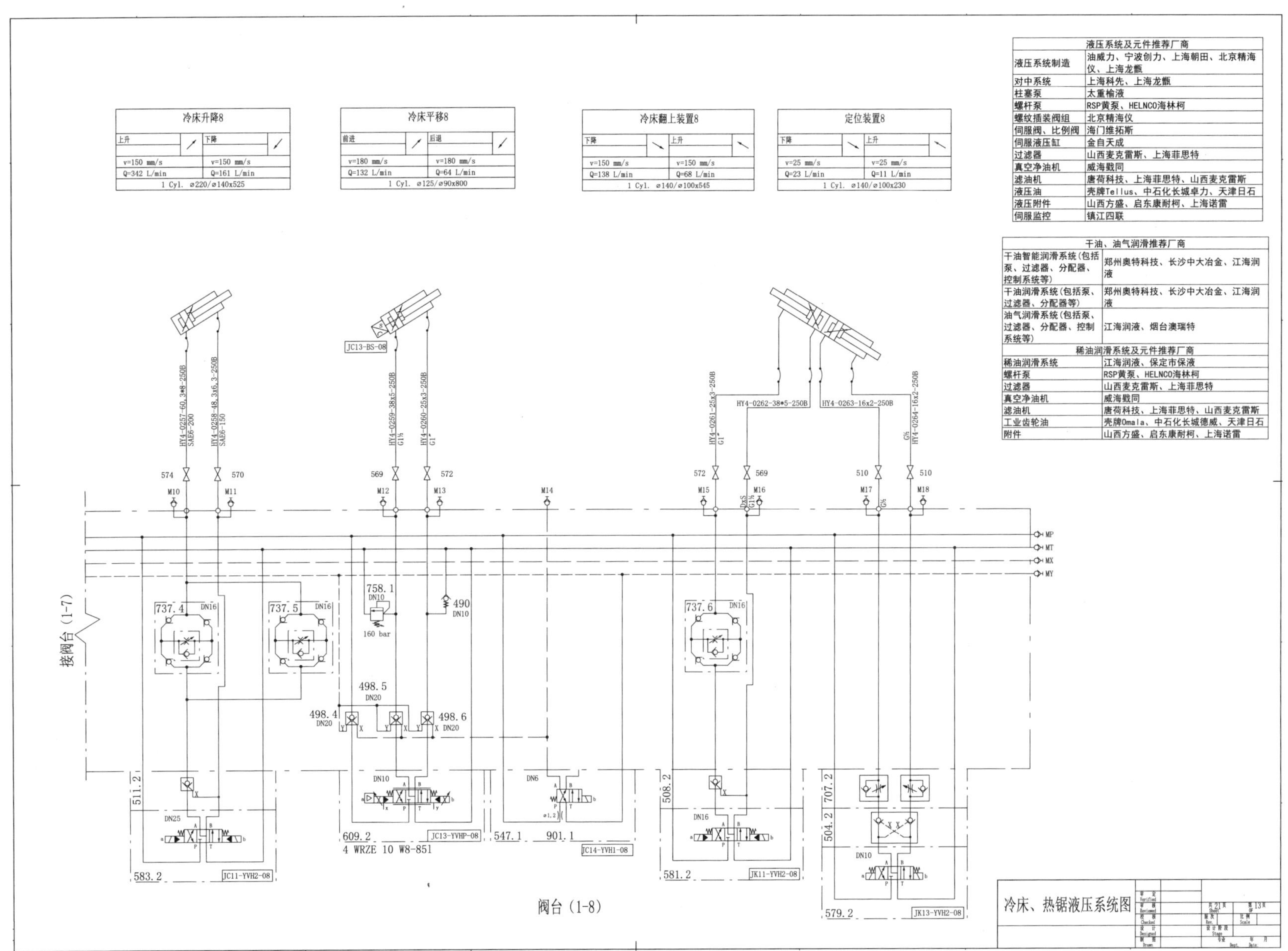

液压系统及元件推荐厂商	
液压系统制造	油威力、宁波创力、上海朝田、北京精海仪、上海龙甑
对中系统	上海科先、上海龙甑
柱塞泵	太重榆液
螺杆泵	RSP黄泵、HELNCO海林柯
螺纹插装阀组	北京精海仪
伺服阀、比例阀	海门维拓斯
伺服液压缸	金自天成
过滤器	山西麦克雷斯、上海菲思特
真空净油机	威海戥同
滤油机	唐荷科技、上海菲思特、山西麦克雷斯
液压油	壳牌Tellus、中石化长城卓力、天津日石
液压附件	山西方盛、启东康耐柯、上海诺雷
伺服监控	镇江四联

干油、油气润滑推荐厂商	
干油智能润滑系统(包括泵、过滤器、分配器、控制系统等)	郑州奥特科技、长沙中大冶金、江海润液
干油润滑系统(包括泵、过滤器、分配器等)	郑州奥特科技、长沙中大冶金、江海润液
油气润滑系统(包括泵、过滤器、分配器、控制系统等)	江海润液、烟台澳瑞特

稀油润滑系统及元件推荐厂商	
稀油润滑系统	江海润液、保定市保液
螺杆泵	RSP黄泵、HELNCO海林柯
过滤器	山西麦克雷斯、上海菲思特
真空净油机	威海戥同
滤油机	唐荷科技、上海菲思特、山西麦克雷斯
工业齿轮油	壳牌Omala、中石化长城德威、天津日石
附件	山西方盛、启东康耐柯、上海诺雷

7.4.14 冷床、热锯阀台原理图（1-9）

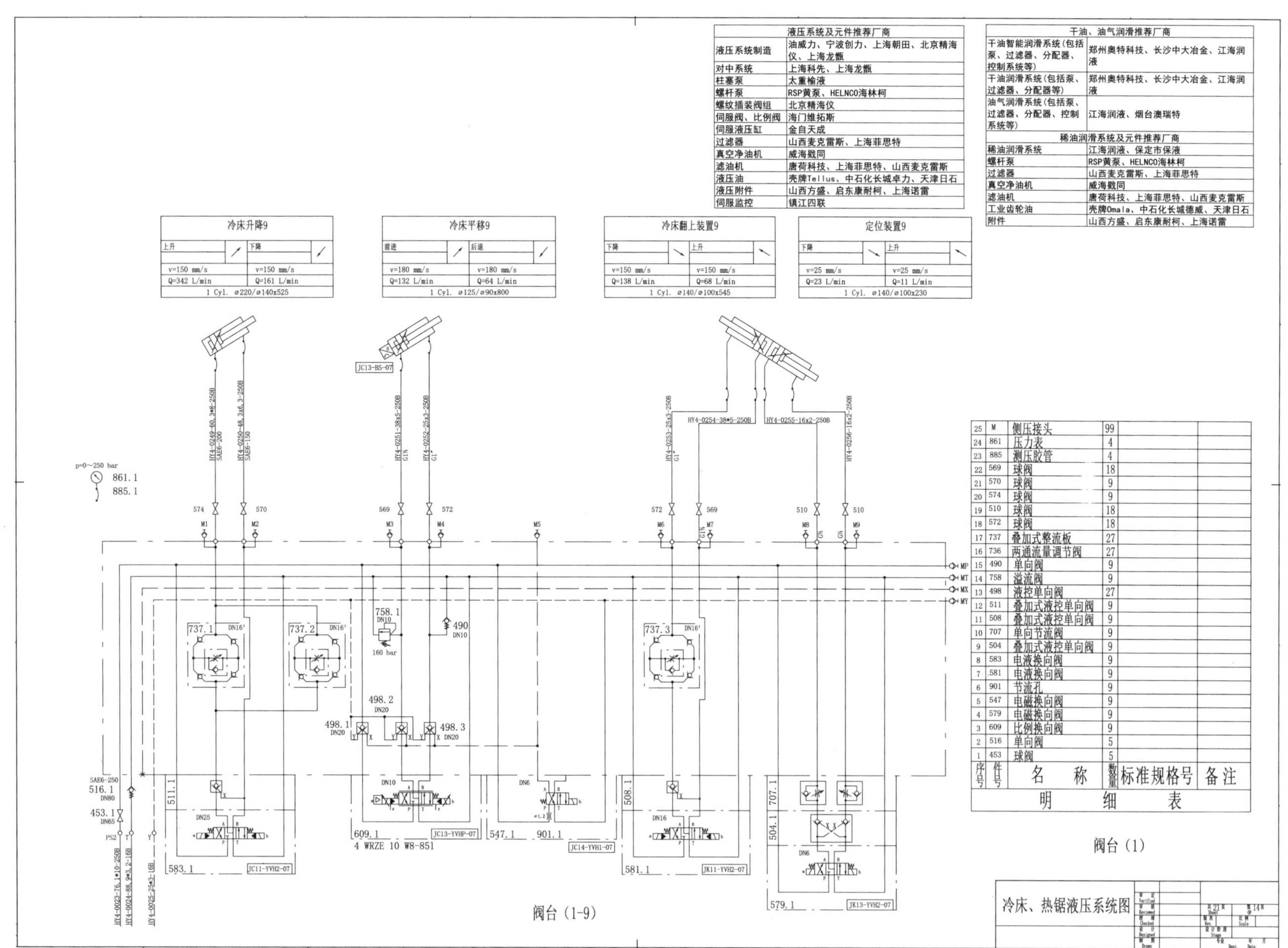

液压系统及元件推荐厂商	
液压系统制造	油威力、宁波创力、上海朝田、北京精海仪、上海龙甑
对中系统	上海科先、上海龙甑
柱塞泵	太重榆液
螺杆泵	RSP黄泵、HELNCO海林柯
螺纹插装阀组	北京精海仪
伺服阀、比例阀	海门维拓斯
伺服液压缸	金自天成
过滤器	山西麦克雷斯、上海菲思特
真空净油机	威海戥同
滤油机	唐荷科技、上海菲思特、山西麦克雷斯
液压油	壳牌Tellus、中石化长城卓力、天津日石
液压附件	山西方盛、启东康耐柯、上海诺雷
伺服监控	镇江四联

干油、油气润滑推荐厂商	
干油智能润滑系统(包括泵、过滤器、分配器、控制系统等)	郑州奥特科技、长沙中大冶金、江海润液
干油润滑系统(包括泵、过滤器、分配器等)	郑州奥特科技、长沙中大冶金、江海润液
油气润滑系统(包括泵、过滤器、分配器、控制系统等)	江海润液、烟台澳瑞特
稀油润滑系统及元件推荐厂商	
稀油润滑系统	江海润液、保定市保液
螺杆泵	RSP黄泵、HELNCO海林柯
过滤器	山西麦克雷斯、上海菲思特
真空净油机	威海戥同
滤油机	唐荷科技、上海菲思特、山西麦克雷斯
工业齿轮油	壳牌Omala、中石化长城德威、天津日石
附件	山西方盛、启东康耐柯、上海诺雷

序号	件号	名称	数量	标准规格号	备注
25	M	侧压接头	99		
24	861	压力表	4		
23	885	测压胶管	4		
22	569	球阀	18		
21	570	球阀	9		
20	574	球阀	9		
19	510	球阀	18		
18	572	球阀	18		
17	737	叠加式整流板	27		
16	736	两通流量调节阀	27		
15	490	单向阀	9		
14	758	溢流阀	9		
13	498	液控单向阀	27		
12	511	叠加式液控单向阀	9		
11	508	叠加式液控单向阀	9		
10	707	单向节流阀	9		
9	504	叠加式液控单向阀	9		
8	583	电液换向阀	9		
7	581	电液换向阀	9		
6	901	节流孔	9		
5	547	电磁换向阀	9		
4	579	电磁换向阀	9		
3	609	比例换向阀	9		
2	516	单向阀	5		
1	453	球阀	5		
明细表					

7.4.15 冷床、热锯阀台原理图（2-1）

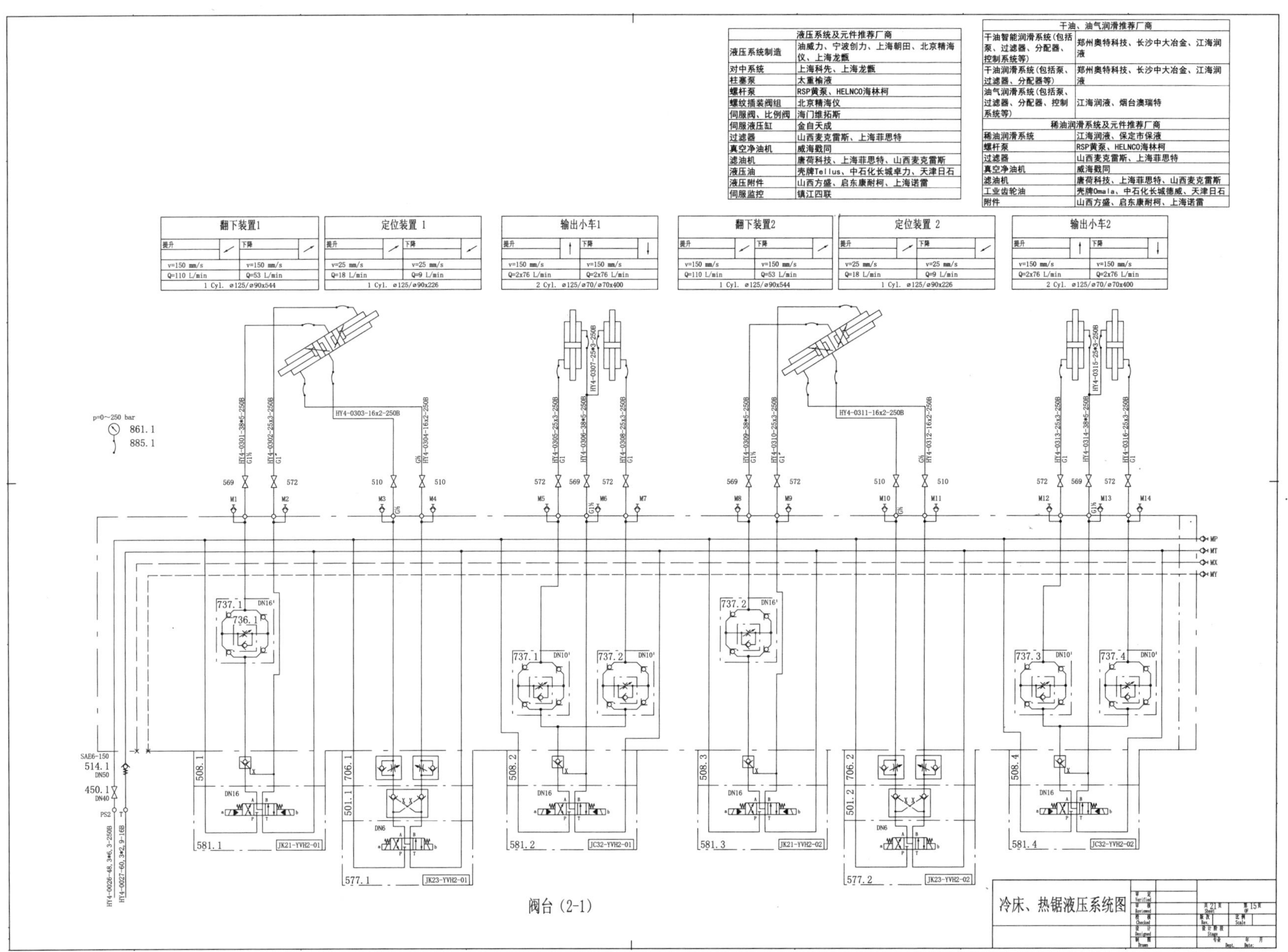

液压系统及元件推荐厂商	
液压系统制造	油威力、宁波创力、上海朝田、北京精海仪、上海龙甑
对中系统	上海科先、上海龙甑
柱塞泵	太重榆液
螺杆泵	RSP黄泵、HELNCO海林柯
螺纹插装阀组	北京精海仪
伺服阀、比例阀	海门维拓斯
伺服液压缸	金自天成
过滤器	山西麦克雷斯、上海菲思特
真空净油机	威海戥同
滤油机	唐荷科技、上海菲思特、山西麦克雷斯
液压油	壳牌Tellus、中石化长城卓力、天津日石
液压附件	山西方盛、启东康耐柯、上海诺雷
伺服监控	镇江四联

干油、油气润滑推荐厂商	
干油智能润滑系统(包括泵、过滤器、分配器、控制系统等)	郑州奥特科技、长沙中大冶金、江海润液
干油润滑系统(包括泵、过滤器、分配器等)	郑州奥特科技、长沙中大冶金、江海润液
油气润滑系统(包括泵、过滤器、分配器、控制系统等)	江海润液、烟台澳瑞特
稀油润滑系统及元件推荐厂商	
稀油润滑系统	江海润液、保定市保液
螺杆泵	RSP黄泵、HELNCO海林柯
过滤器	山西麦克雷斯、上海菲思特
真空净油机	威海戥同
滤油机	唐荷科技、上海菲思特、山西麦克雷斯
工业齿轮油	壳牌Omala、中石化长城德威、天津日石
附件	山西方盛、启东康耐柯、上海诺雷

7.4.16 冷床、热锯阀台原理图（2-2）

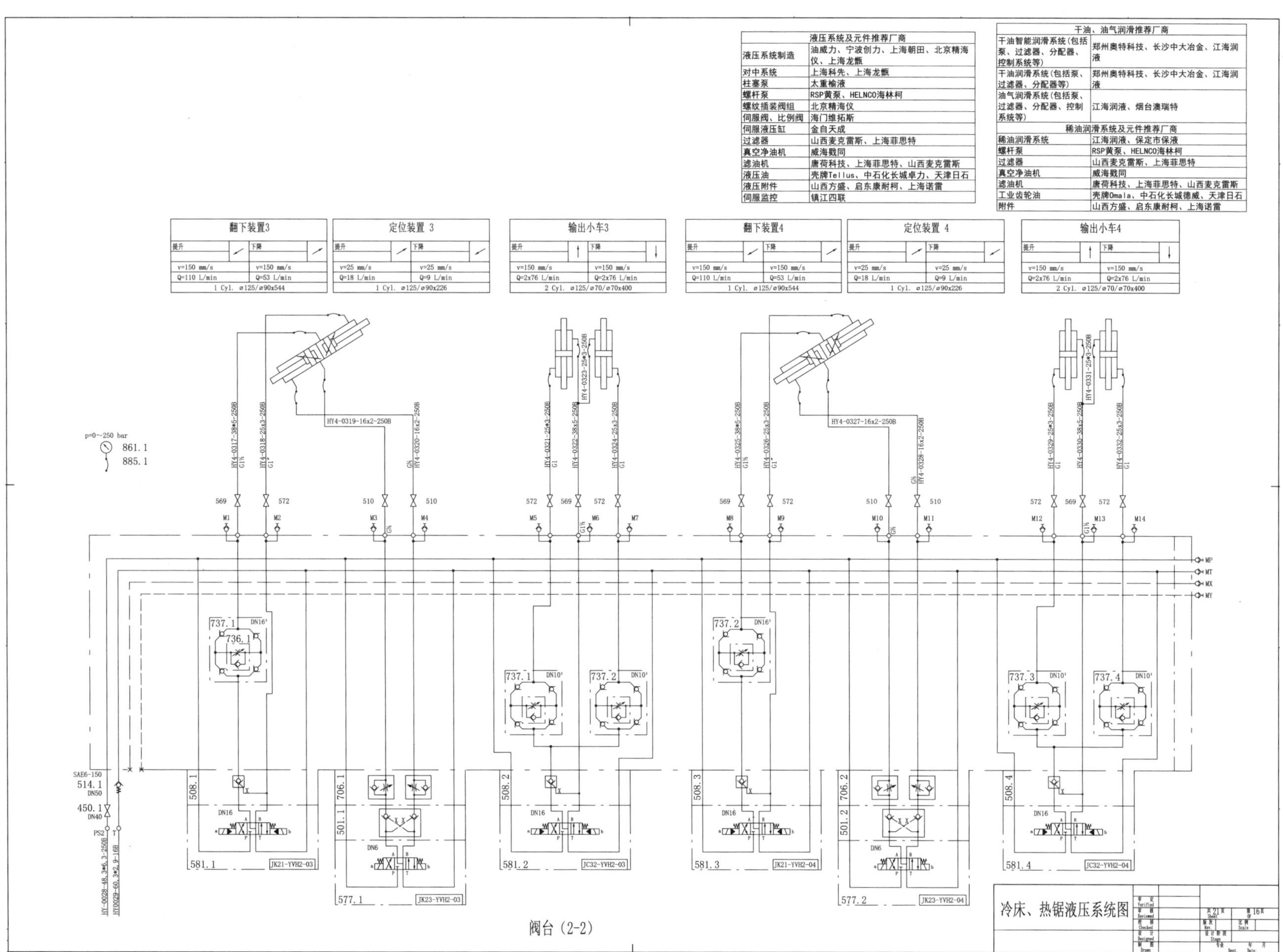

液压系统及元件推荐厂商	
液压系统制造	油威力、宁波创力、上海朝田、北京精海仪、上海龙甑
对中系统	上海科先、上海龙甑
柱塞泵	太重榆液
螺杆泵	RSP黄泵、HELNCO海林柯
螺纹插装阀组	北京精海仪
伺服阀、比例阀	海门维拓斯
伺服液压缸	金自天成
过滤器	山西麦克雷斯、上海菲思特
真空净油机	威海戥同
滤油机	唐荷科技、上海菲思特、山西麦克雷斯
液压油	壳牌Tellus、中石化长城卓力、天津日石
液压附件	山西方盛、启东康耐柯、上海诺雷
伺服监控	镇江四联

干油、油气润滑推荐厂商	
干油智能润滑系统(包括泵、过滤器、分配器、控制系统等)	郑州奥特科技、长沙中大冶金、江海润液
干油润滑系统(包括泵、过滤器、分配器等)	郑州奥特科技、长沙中大冶金、江海润液
油气润滑系统(包括泵、过滤器、分配器、控制系统等)	江海润液、烟台澳瑞特
稀油润滑系统及元件推荐厂商	
稀油润滑系统	江海润液、保定市保液
螺杆泵	RSP黄泵、HELNCO海林柯
过滤器	山西麦克雷斯、上海菲思特
真空净油机	威海戥同
滤油机	唐荷科技、上海菲思特、山西麦克雷斯
工业齿轮油	壳牌Omala、中石化长城德威、天津日石
附件	山西方盛、启东康耐柯、上海诺雷

7.4.17 冷床、热锯阀台原理图（2-3）

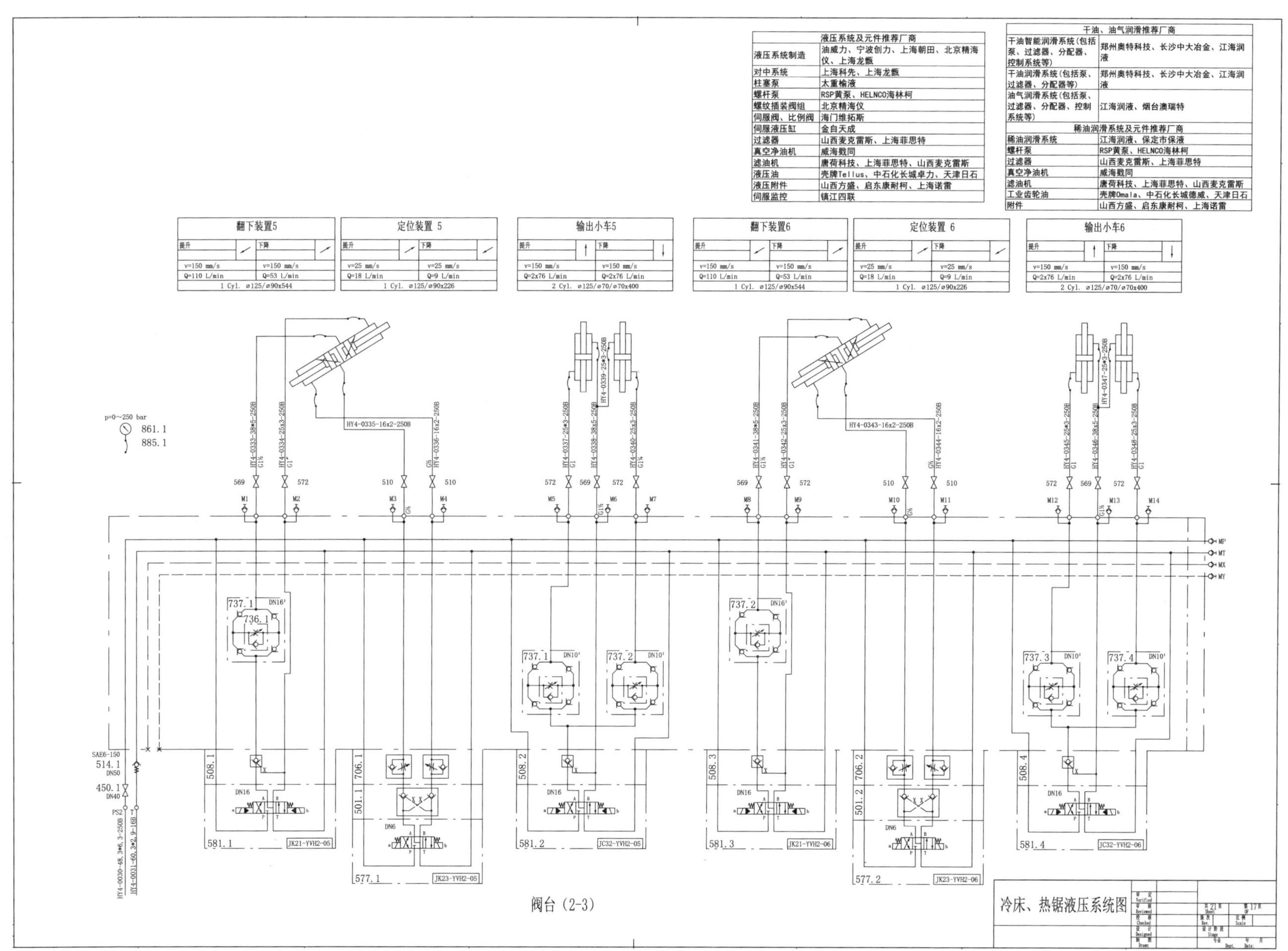

7.4.18 冷床、热锯阀台原理图（2-4）

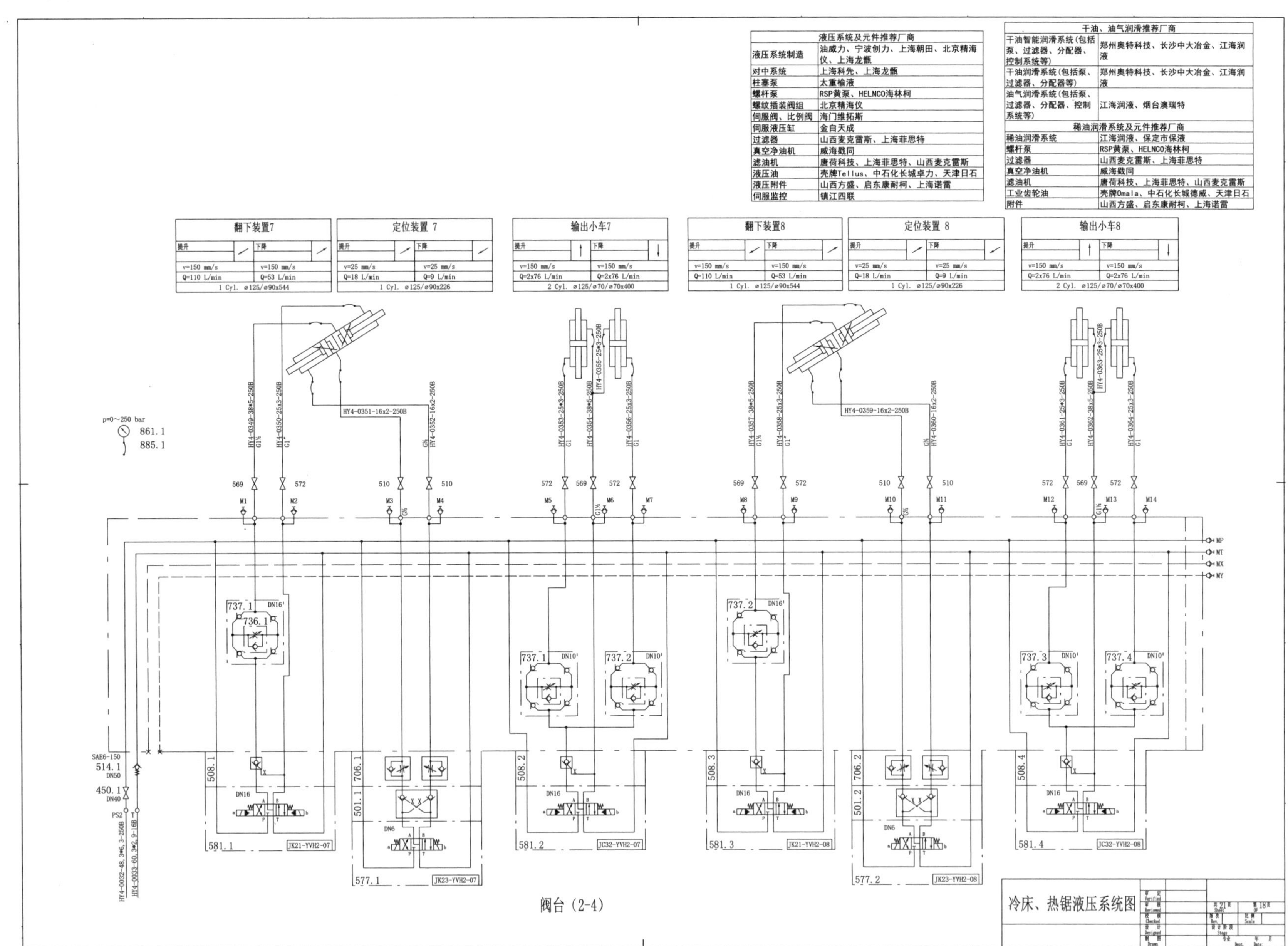

液压系统及元件推荐厂商	
液压系统制造	油威力、宁波创力、上海朝田、北京精海仪、上海龙甑
对中系统	上海科先、上海龙甑
柱塞泵	太重榆液
螺杆泵	RSP黄泵、HELNCO海林柯
螺纹插装阀组	北京精海仪
伺服阀、比例阀	海门维拓斯
伺服液压缸	金自天成
过滤器	山西麦克雷斯、上海菲思特
真空净油机	威海戥同
滤油机	唐荷科技、上海菲思特、山西麦克雷斯
液压油	壳牌Tellus、中石化长城卓力、天津日石
液压附件	山西方盛、启东康耐柯、上海诺雷
伺服监控	镇江四联

干油、油气润滑推荐厂商	
干油智能润滑系统(包括泵、过滤器、分配器、控制系统等)	郑州奥特科技、长沙中大冶金、江海润液
干油润滑系统(包括泵、过滤器、分配器等)	郑州奥特科技、长沙中大冶金、江海润液
油气润滑系统(包括泵、过滤器、分配器、控制系统等)	江海润液、烟台澳瑞特
稀油润滑系统及元件推荐厂商	
稀油润滑系统	江海润液、保定市保液
螺杆泵	RSP黄泵、HELNCO海林柯
过滤器	山西麦克雷斯、上海菲思特
真空净油机	威海戥同
滤油机	唐荷科技、上海菲思特、山西麦克雷斯
工业齿轮油	壳牌Omala、中石化长城德威、天津日石
附件	山西方盛、启东康耐柯、上海诺雷

7.4.19 冷床、热锯阀台原理图（2-5）

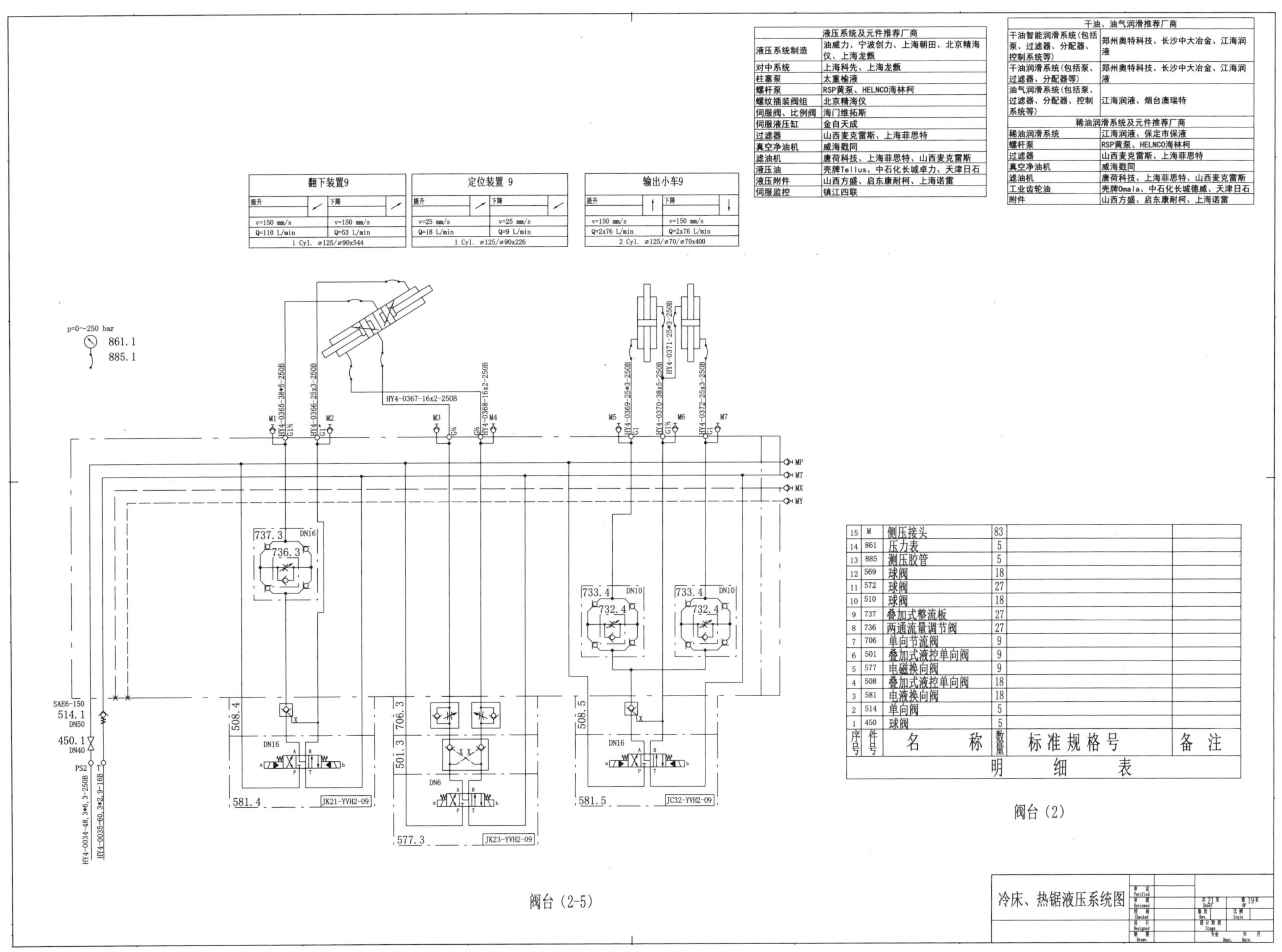

翻下装置9	
提升	下降
v=150 mm/s	v=150 mm/s
Q=110 L/min	Q=53 L/min
1 Cyl. ø125/ø90x544	

定位装置 9	
提升	下降
v=25 mm/s	v=25 mm/s
Q=18 L/min	Q=9 L/min
1 Cyl. ø125/ø90x226	

输出小车9	
提升	下降
v=150 mm/s	v=150 mm/s
Q=2x76 L/min	Q=2x76 L/min
2 Cyl. ø125/ø70/ø70x400	

液压系统及元件推荐厂商	
液压系统制造	油威力、宁波创力、上海朝田、北京精海仪、上海龙甑
对中系统	上海科先、上海龙甑
柱塞泵	太重榆液
螺杆泵	RSP黄泵、HELNCO海林柯
螺纹插装阀组	北京精海仪
伺服阀、比例阀	海门维拓斯
伺服液压缸	金自天成
过滤器	山西麦克雷斯、上海菲思特
真空净油机	威海戥同
滤油机	唐荷科技、上海菲思特、山西麦克雷斯
液压油	壳牌Tellus、中石化长城卓力、天津日石
液压附件	山西方盛、启东康耐柯、上海诺雷
伺服监控	镇江四联

干油、油气润滑推荐厂商	
干油智能润滑系统(包括泵、过滤器、分配器、控制系统等)	郑州奥特科技、长沙中大冶金、江海润液
干油润滑系统(包括泵、过滤器、分配器等)	郑州奥特科技、长沙中大冶金、江海润液
油气润滑系统(包括泵、过滤器、分配器、控制系统等)	江海润液、烟台澳瑞特
稀油润滑系统及元件推荐厂商	
稀油润滑系统	江海润液、保定市保液
螺杆泵	RSP黄泵、HELNCO海林柯
过滤器	山西麦克雷斯、上海菲思特
真空净油机	威海戥同
滤油机	唐荷科技、上海菲思特、山西麦克雷斯
工业齿轮油	壳牌Omala、中石化长城德威、天津日石
附件	山西方盛、启东康耐柯、上海诺雷

序号	件号	名称	数量	标准规格号	备注
15	M	侧压接头	83		
14	861	压力表	5		
13	885	测压胶管	5		
12	569	球阀	18		
11	572	球阀	27		
10	510	球阀	18		
9	737	叠加式整流板	27		
8	736	两通流量调节阀	27		
7	706	单向节流阀	9		
6	501	叠加式液控单向阀	9		
5	577	电磁换向阀	9		
4	508	叠加式液控单向阀	18		
3	581	电液换向阀	18		
2	514	单向阀	5		
1	450	球阀	5		
明细表					

7.4.20 冷床、热锯阀台原理图（3-1）

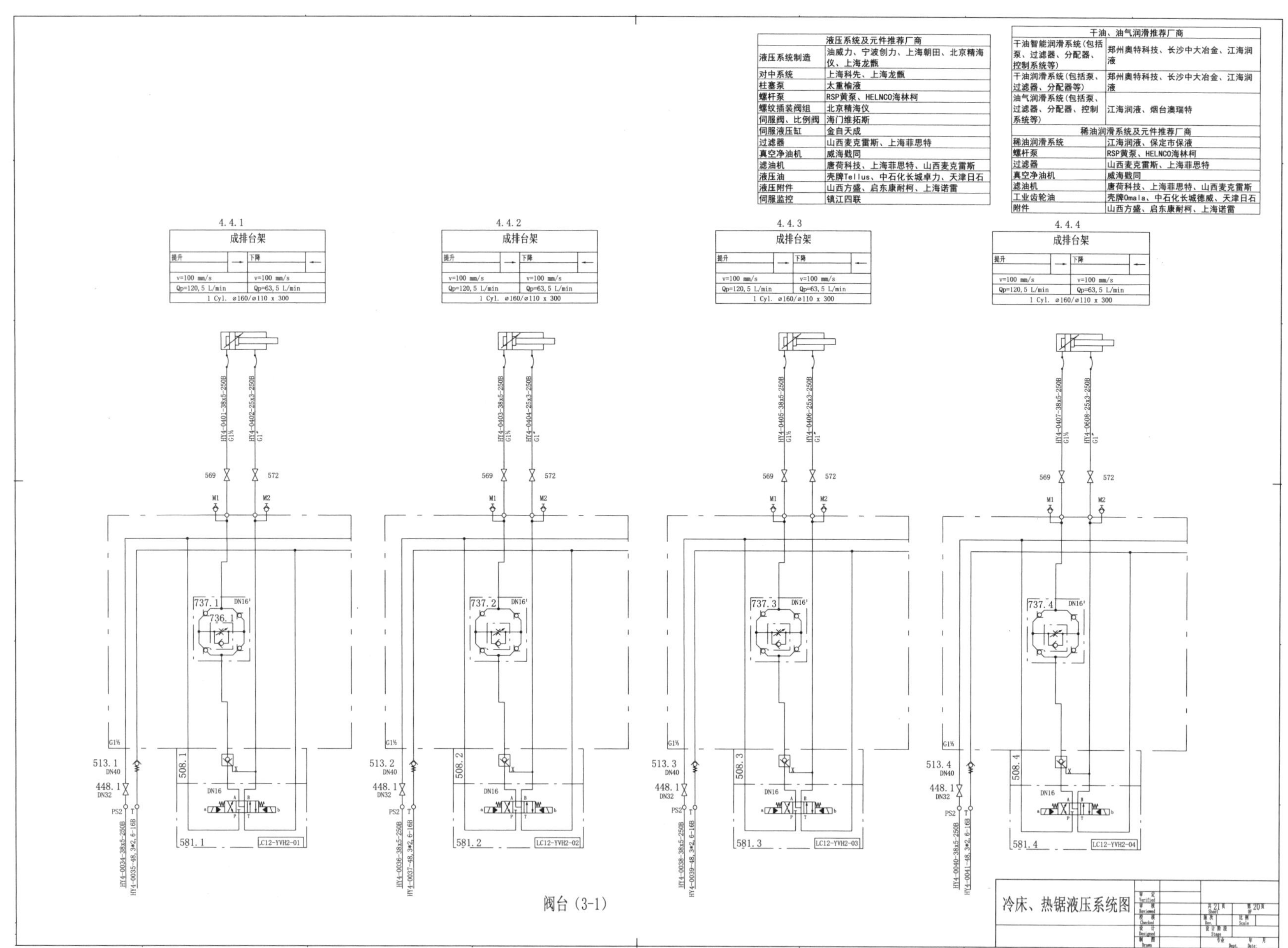

液压系统及元件推荐厂商	
液压系统制造	油威力、宁波创力、上海朝田、北京精海仪、上海龙甑
对中系统	上海科先、上海龙甑
柱塞泵	太重榆液
螺杆泵	RSP黄泵、HELNCO海林柯
螺纹插装阀组	北京精海仪
伺服阀、比例阀	海门维拓斯
伺服液压缸	金自天成
过滤器	山西麦克雷斯、上海菲思特
真空净油机	威海戥同
滤油机	唐荷科技、上海菲思特、山西麦克雷斯
液压油	壳牌Tellus、中石化长城卓力、天津日石
液压附件	山西方盛、启东康耐柯、上海诺雷
伺服监控	镇江四联

干油、油气润滑推荐厂商	
干油智能润滑系统（包括泵、过滤器、分配器、控制系统等）	郑州奥特科技、长沙中大冶金、江海润液
干油润滑系统（包括泵、过滤器、分配器等）	郑州奥特科技、长沙中大冶金、江海润液
油气润滑系统（包括泵、过滤器、分配器、控制系统等）	江海润液、烟台澳瑞特
稀油润滑系统及元件推荐厂商	
稀油润滑系统	江海润液、保定市保液
螺杆泵	RSP黄泵、HELNCO海林柯
过滤器	山西麦克雷斯、上海菲思特
真空净油机	威海戥同
滤油机	唐荷科技、上海菲思特、山西麦克雷斯
工业齿轮油	壳牌Omala、中石化长城德威、天津日石
附件	山西方盛、启东康耐柯、上海诺雷

7.4.21 冷床、热锯阀台原理图（3-2）

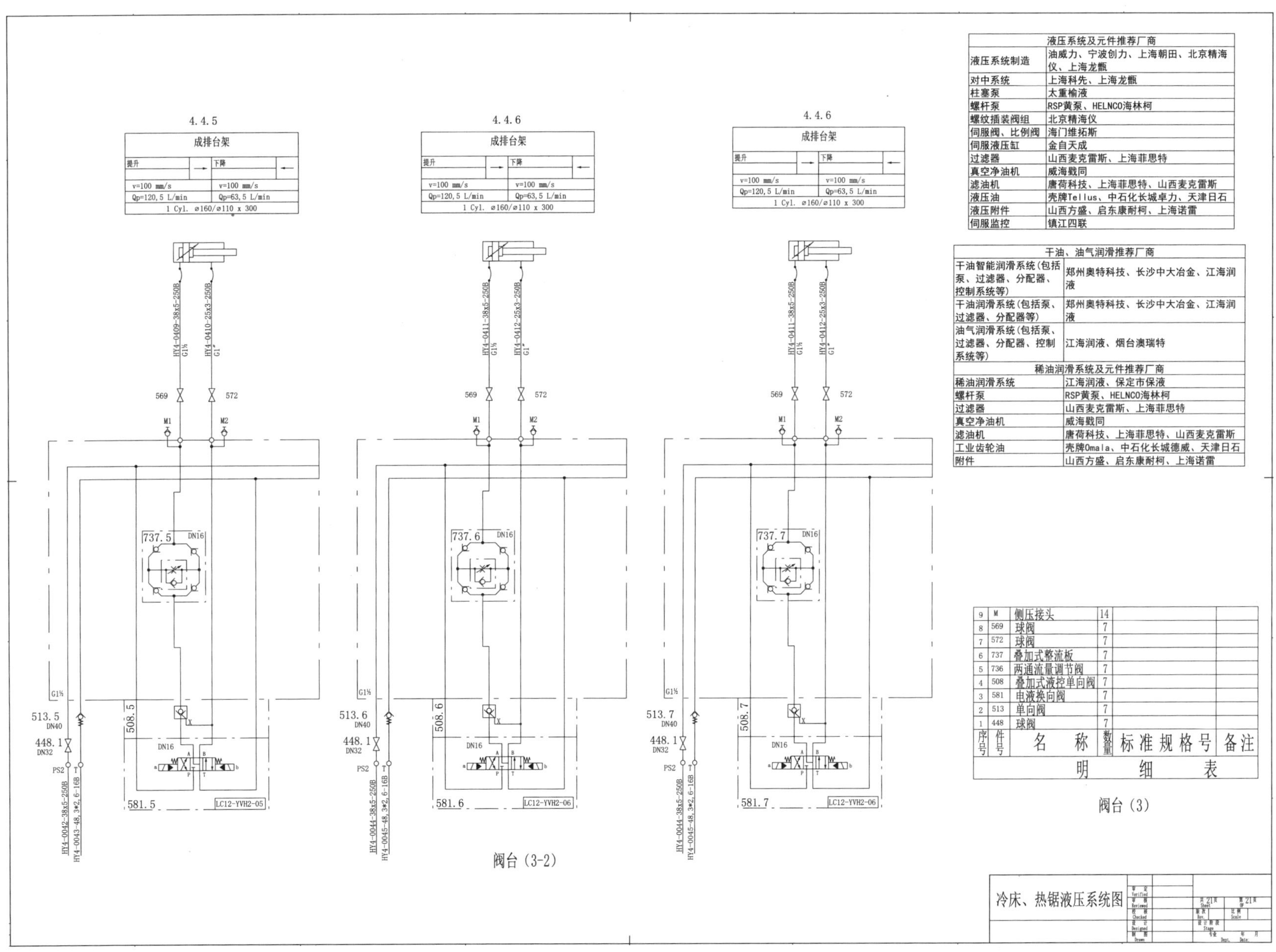

液压系统及元件推荐厂商	
液压系统制造	油威力、宁波创力、上海朝田、北京精海仪、上海龙甑
对中系统	上海科先、上海龙甑
柱塞泵	太重榆液
螺杆泵	RSP黄泵、HELNCO海林柯
螺纹插装阀组	北京精海仪
伺服阀、比例阀	海门维拓斯
伺服液压缸	金自天成
过滤器	山西麦克雷斯、上海菲思特
真空净油机	威海戥同
滤油机	唐荷科技、上海菲思特、山西麦克雷斯
液压油	壳牌Tellus、中石化长城卓力、天津日石
液压附件	山西方盛、启东康耐柯、上海诺雷
伺服监控	镇江四联

干油、油气润滑推荐厂商	
干油智能润滑系统(包括泵、过滤器、分配器、控制系统等)	郑州奥特科技、长沙中大冶金、江海润液
干油润滑系统(包括泵、过滤器、分配器等)	郑州奥特科技、长沙中大冶金、江海润液
油气润滑系统(包括泵、过滤器、分配器、控制系统等)	江海润液、烟台澳瑞特
稀油润滑系统及元件推荐厂商	
稀油润滑系统	江海润液、保定市保液
螺杆泵	RSP黄泵、HELNCO海林柯
过滤器	山西麦克雷斯、上海菲思特
真空净油机	威海戥同
滤油机	唐荷科技、上海菲思特、山西麦克雷斯
工业齿轮油	壳牌Omala、中石化长城德威、天津日石
附件	山西方盛、启东康耐柯、上海诺雷

序号	件号	名称	数量	标准规格号	备注
9	M	侧压接头	14		
8	569	球阀	7		
7	572	球阀	7		
6	737	叠加式整流板	7		
5	736	两通流量调节阀	7		
4	508	叠加式液控单向阀	7		
3	581	电液换向阀	7		
2	513	单向阀	7		
1	448	球阀	7		
明细表					

阀台（3）

7.5 矫直机液压系统

7.5.1 矫直机泵站原理图（1）

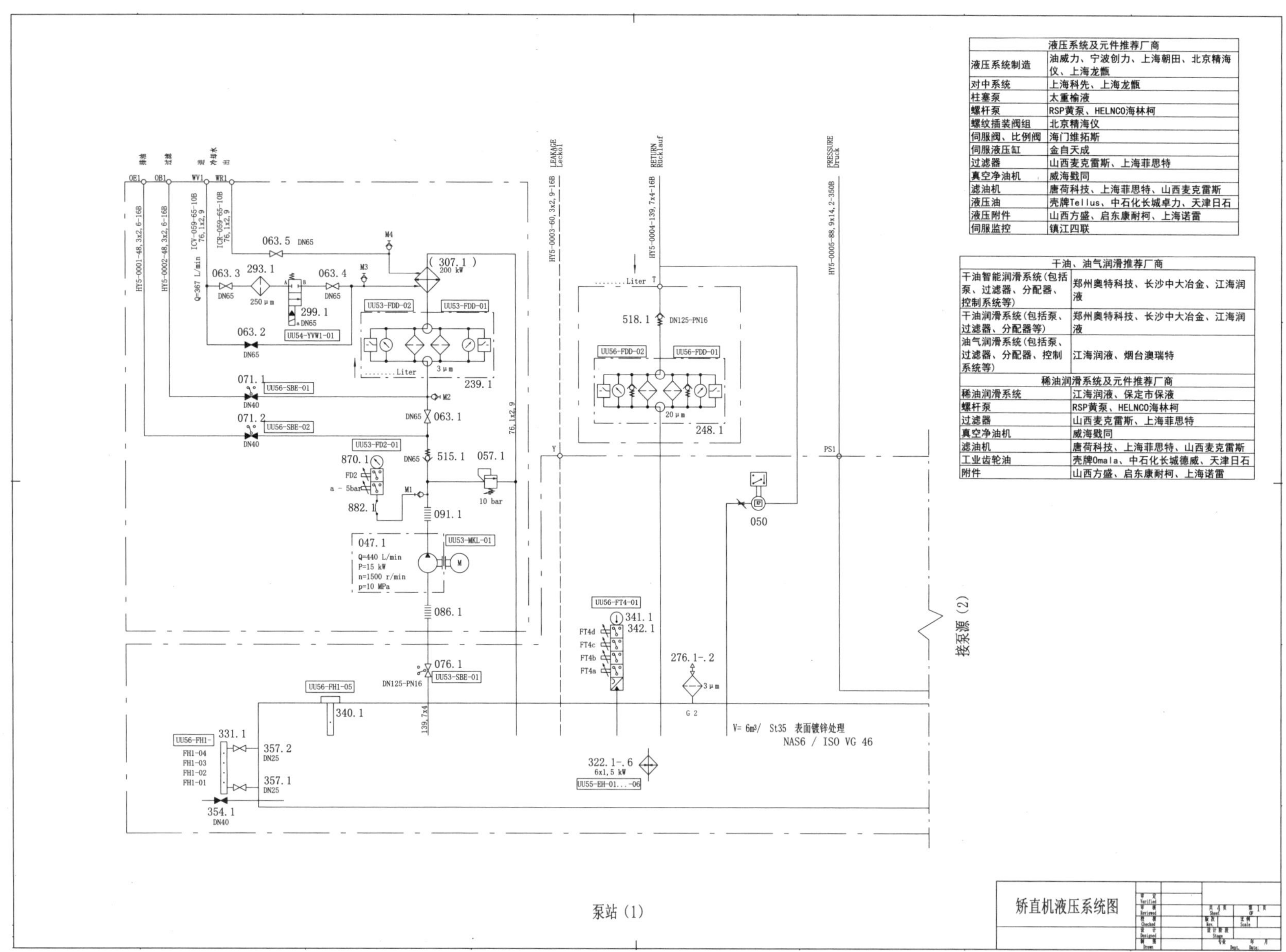

液压系统及元件推荐厂商	
液压系统制造	油威力、宁波创力、上海朝田、北京精海仪、上海龙甑
对中系统	上海科先、上海龙甑
柱塞泵	太重榆液
螺杆泵	RSP黄泵、HELNCO海林柯
螺纹插装阀组	北京精海仪
伺服阀、比例阀	海门维拓斯
伺服液压缸	金自天成
过滤器	山西麦克雷斯、上海菲思特
真空净油机	威海戥同
滤油机	唐荷科技、上海菲思特、山西麦克雷斯
液压油	壳牌Tellus、中石化长城卓力、天津日石
液压附件	山西方盛、启东康耐柯、上海诺雷
伺服监控	镇江四联

干油、油气润滑推荐厂商	
干油智能润滑系统(包括泵、过滤器、分配器、控制系统等)	郑州奥特科技、长沙中大冶金、江海润液
干油润滑系统(包括泵、过滤器、分配器等)	郑州奥特科技、长沙中大冶金、江海润液
油气润滑系统(包括泵、过滤器、分配器、控制系统等)	江海润液、烟台澳瑞特
稀油润滑系统及元件推荐厂商	
稀油润滑系统	江海润液、保定市保液
螺杆泵	RSP黄泵、HELNCO海林柯
过滤器	山西麦克雷斯、上海菲思特
真空净油机	威海戥同
滤油机	唐荷科技、上海菲思特、山西麦克雷斯
工业齿轮油	壳牌Omala、中石化长城德威、天津日石
附件	山西方盛、启东康耐柯、上海诺雷

7.5.2 矫直机泵站原理图（2）

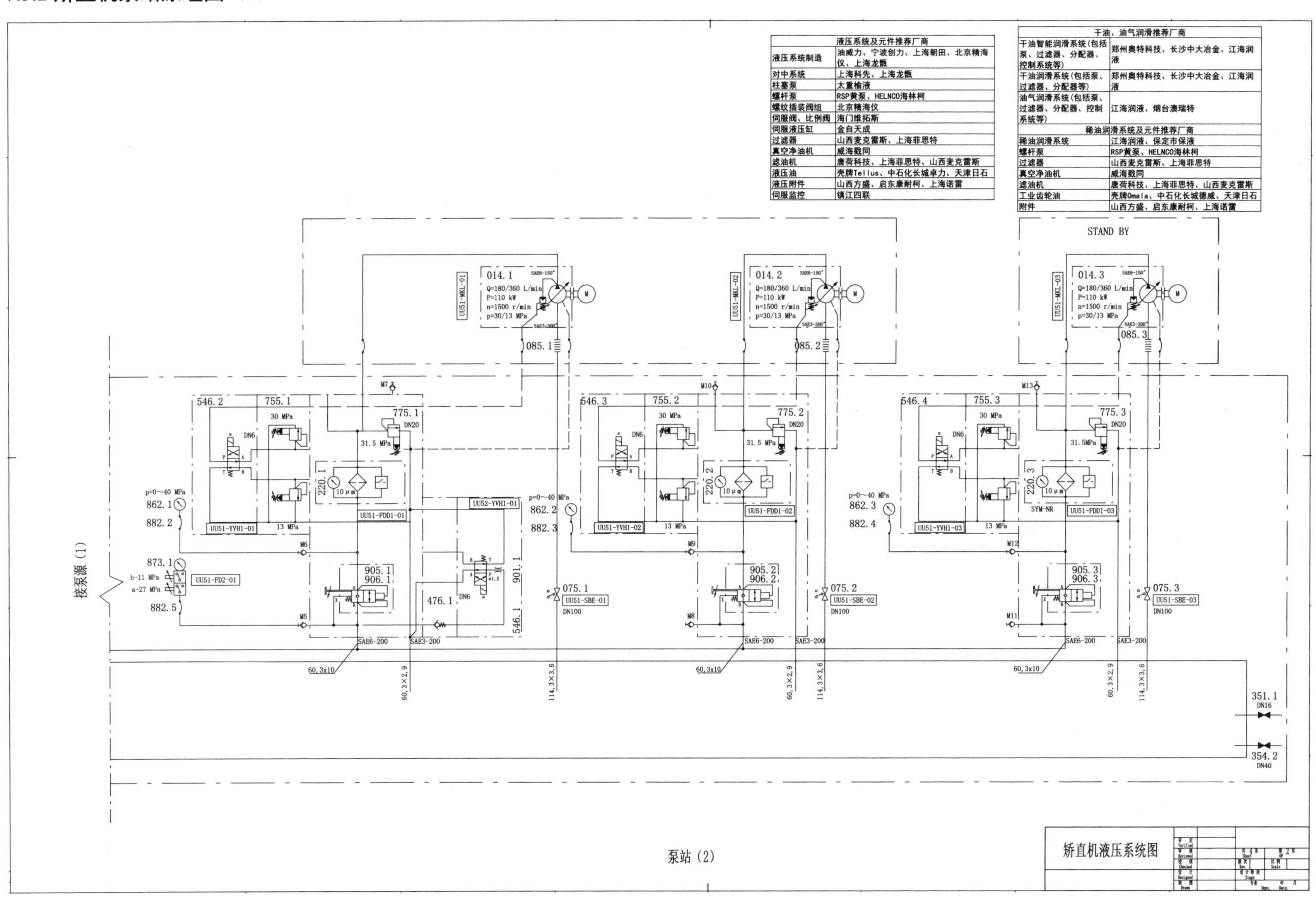

液压系统及元件推荐厂商	
液压系统制造	油威力、宁波创力、上海朝田、北京精海仪、上海龙甑
对中系统	上海科先、上海龙甑
柱塞泵	太重榆液
螺杆泵	RSP黄泵、HELNCO海林柯
螺纹插装阀组	北京精海仪
伺服阀、比例阀	海门维拓斯
伺服液压缸	金自天成
过滤器	山西麦克雷斯、上海菲思特
真空净油机	威海戣同
滤油机	唐荷科技、上海菲思特、山西麦克雷斯
液压油	壳牌Tellus、中石化长城卓力、天津日石
液压附件	山西方盛、启东康耐柯、上海诺雷
伺服监控	镇江四联

干油、油气润滑推荐厂商	
干油智能润滑系统(包括泵、过滤器、分配器、控制系统等)	郑州奥特科技、长沙中大冶金、江海润液
干油润滑系统(包括泵、过滤器、分配器等)	郑州奥特科技、长沙中大冶金、江海润液
油气润滑系统(包括泵、过滤器、分配器、控制系统等)	江海润液、烟台澳瑞特
稀油润滑系统及元件推荐厂商	
稀油润滑系统	江海润液、保定市保液
螺杆泵	RSP黄泵、HELNCO海林柯
过滤器	山西麦克雷斯、上海菲思特
真空净油机	威海戣同
滤油机	唐荷科技、上海菲思特、山西麦克雷斯
工业齿轮油	壳牌Omala、中石化长城德威、天津日石
附件	山西方盛、启东康耐柯、上海诺雷

7.5.3 矫直机泵站原理图（3）

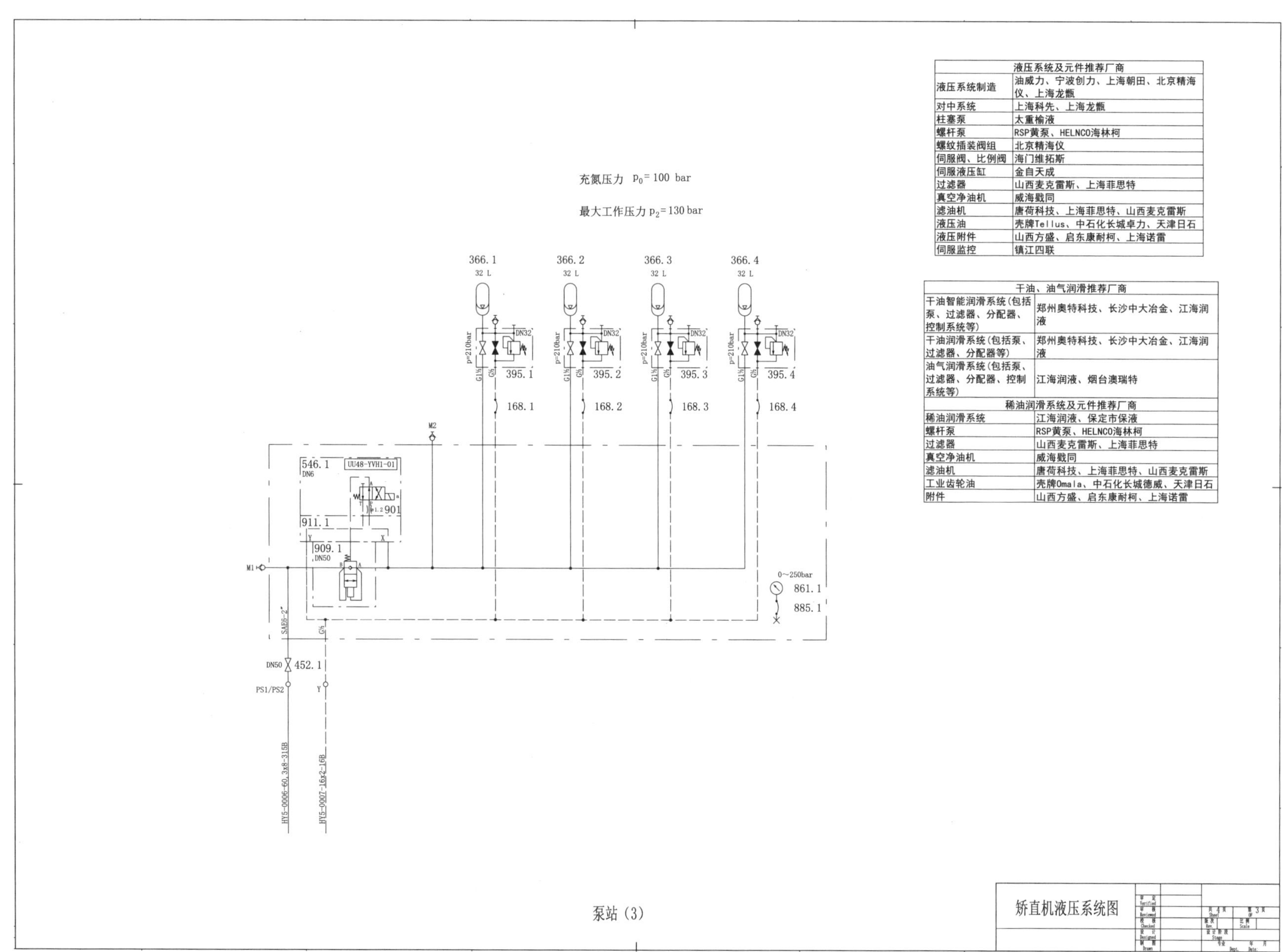

液压系统及元件推荐厂商	
液压系统制造	油威力、宁波创力、上海朝田、北京精海仪、上海龙甑
对中系统	上海科先、上海龙甑
柱塞泵	太重榆液
螺杆泵	RSP黄泵、HELNCO海林柯
螺纹插装阀组	北京精海仪
伺服阀、比例阀	海门维拓斯
伺服液压缸	金自天成
过滤器	山西麦克雷斯、上海菲思特
真空净油机	威海戥同
滤油机	唐荷科技、上海菲思特、山西麦克雷斯
液压油	壳牌Tellus、中石化长城卓力、天津日石
液压附件	山西方盛、启东康耐柯、上海诺雷
伺服监控	镇江四联

干油、油气润滑推荐厂商	
干油智能润滑系统(包括泵、过滤器、分配器、控制系统等)	郑州奥特科技、长沙中大冶金、江海润液
干油润滑系统(包括泵、过滤器、分配器等)	郑州奥特科技、长沙中大冶金、江海润液
油气润滑系统(包括泵、过滤器、分配器、控制系统等)	江海润液、烟台澳瑞特
稀油润滑系统及元件推荐厂商	
稀油润滑系统	江海润液、保定市保液
螺杆泵	RSP黄泵、HELNCO海林柯
过滤器	山西麦克雷斯、上海菲思特
真空净油机	威海戥同
滤油机	唐荷科技、上海菲思特、山西麦克雷斯
工业齿轮油	壳牌Omala、中石化长城德威、天津日石
附件	山西方盛、启东康耐柯、上海诺雷

7.5.4 矫直机泵站原理图（4）

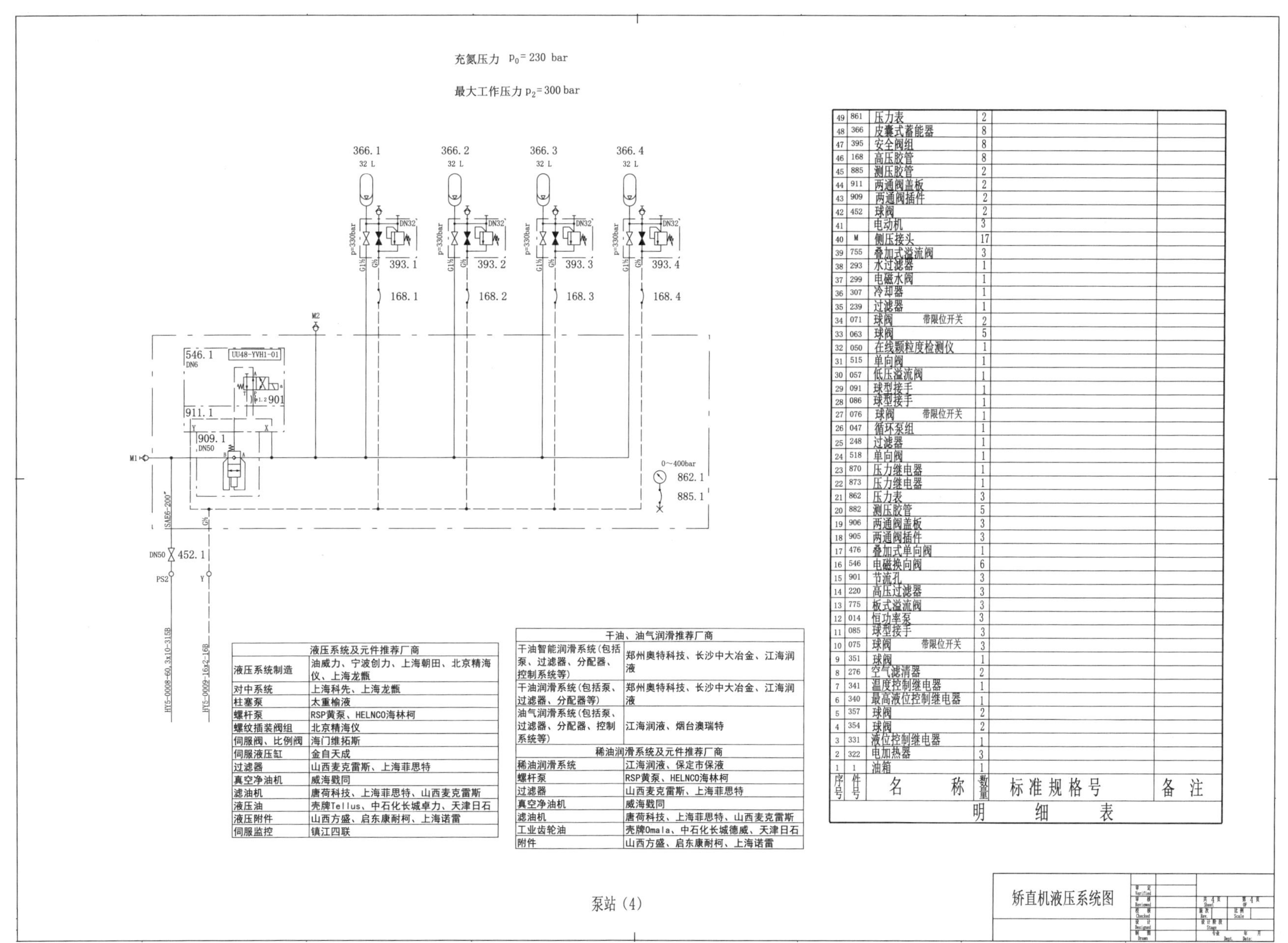

液压系统及元件推荐厂商	
液压系统制造	油威力、宁波创力、上海朝田、北京精海仪、上海龙甑
对中系统	上海科先、上海龙甑
柱塞泵	太重榆液
螺杆泵	RSP黄泵、HELNCO海林柯
螺纹插装阀组	北京精海仪
伺服阀、比例阀	海门维拓斯
伺服液压缸	金自天成
过滤器	山西麦克雷斯、上海菲思特
真空净油机	威海戥同
滤油机	唐荷科技、上海菲思特、山西麦克雷斯
液压油	壳牌Tellus、中石化长城卓力、天津日石
液压附件	山西方盛、启东康耐柯、上海诺雷
伺服监控	镇江四联

干油、油气润滑推荐厂商	
干油智能润滑系统(包括泵、过滤器、分配器、控制系统等)	郑州奥特科技、长沙中大冶金、江海润液
干油润滑系统(包括泵、过滤器、分配器等)	郑州奥特科技、长沙中大冶金、江海润液
油气润滑系统(包括泵、过滤器、分配器、控制系统等)	江海润液、烟台澳瑞特
稀油润滑系统及元件推荐厂商	
稀油润滑系统	江海润液、保定市保液
螺杆泵	RSP黄泵、HELNCO海林柯
过滤器	山西麦克雷斯、上海菲思特
真空净油机	威海戥同
滤油机	唐荷科技、上海菲思特、山西麦克雷斯
工业齿轮油	壳牌Omala、中石化长城德威、天津日石
附件	山西方盛、启东康耐柯、上海诺雷

序号	件号	名称	数量	标准规格号	备注
49	861	压力表	2		
48	366	皮囊式蓄能器	8		
47	395	安全阀组	8		
46	168	高压胶管	8		
45	885	测压胶管	2		
44	911	两通阀盖板	2		
43	909	两通阀插件	2		
42	452	球阀	2		
41		电动机	3		
40	M	侧压接头	17		
39	755	叠加式溢流阀	3		
38	293	水过滤器	1		
37	299	电磁水阀	1		
36	307	冷却器	1		
35	239	过滤器	1		
34	071	球阀　带限位开关	2		
33	063	球阀	5		
32	050	在线颗粒度检测仪	1		
31	515	单向阀	1		
30	057	低压溢流阀	1		
29	091	球型接手	1		
28	086	球型接手	1		
27	076	球阀　带限位开关	1		
26	047	循环泵组	1		
25	248	过滤器	1		
24	518	单向阀	1		
23	870	压力继电器	1		
22	873	压力继电器	1		
21	862	压力表	3		
20	882	测压胶管	5		
19	906	两通阀盖板	3		
18	905	两通阀插件	3		
17	476	叠加式单向阀	1		
16	546	电磁换向阀	6		
15	901	节流孔	3		
14	220	高压过滤器	3		
13	775	板式溢流阀	3		
12	014	恒功率泵	3		
11	085	球型接手	3		
10	075	球阀　带限位开关	3		
9	351	球阀	1		
8	276	空气滤清器	2		
7	341	温度控制继电器	1		
6	340	最高液位控制继电器	1		
5	357	球阀	2		
4	354	球阀	2		
3	331	液位控制继电器	1		
2	322	电加热器	3		
1	1	油箱	1		

明细表

第 8 章　轨梁轧机机组液压系统原理图

8.1 BD1 轧机区液压系统

8.1.1 BD1 轧机区液压泵站原理图

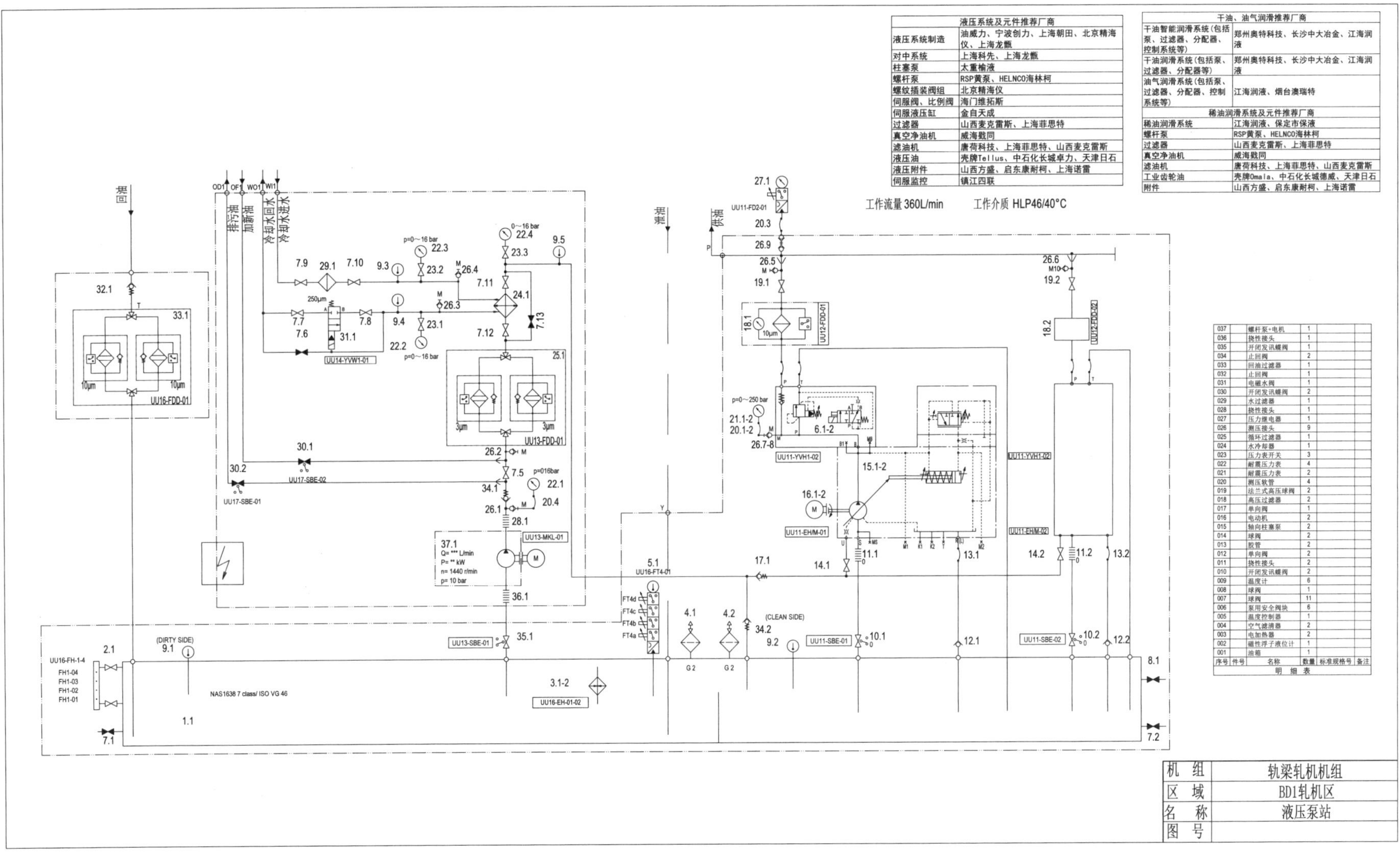

液压系统及元件推荐厂商	
液压系统制造	油威力、宁波创力、上海朝田、北京精海仪、上海龙甑
对中系统	上海科先、上海龙甑
柱塞泵	太重榆液
螺杆泵	RSP黄泵、HELNCO海林柯
螺纹插装阀组	北京精海仪
伺服阀、比例阀	海门维拓斯
伺服液压缸	金自天成
过滤器	山西麦克雷斯、上海菲思特
真空净油机	威海戥同
滤油机	唐荷科技、上海菲思特、山西麦克雷斯
液压油	壳牌Tellus、中石化长城卓力、天津日石
液压附件	山西方盛、启东康耐柯、上海诺雷
伺服监控	镇江四联

干油、油气润滑推荐厂商	
干油智能润滑系统(包括泵、过滤器、分配器、控制系统等)	郑州奥特科技、长沙中大冶金、江海润液
干油润滑系统(包括泵、过滤器、分配器等)	郑州奥特科技、长沙中大冶金、江海润液
油气润滑系统(包括泵、过滤器、分配器、控制系统等)	江海润液、烟台澳瑞特
稀油润滑系统及元件推荐厂商	
稀油润滑系统	江海润液、保定市保液
螺杆泵	RSP黄泵、HELNCO海林柯
过滤器	山西麦克雷斯、上海菲思特
真空净油机	威海戥同
滤油机	唐荷科技、上海菲思特、山西麦克雷斯
工业齿轮油	壳牌Omala、中石化长城德威、天津日石
附件	山西方盛、启东康耐柯、上海诺雷

序号	件号	名称	数量	标准规格号	备注
037		螺杆泵+电机	1		
036		挠性接头	1		
035		开闭发讯蝶阀	1		
034		止回阀	2		
033		回油过滤器	1		
032		止回阀	1		
031		电磁水阀	1		
030		开闭发讯蝶阀	2		
029		水过滤器	1		
028		挠性接头	1		
027		压力继电器	1		
026		测压接头	9		
025		循环过滤器	1		
024		水冷却器	1		
023		压力表开关	3		
022		耐震压力表	4		
021		耐震压力表	2		
020		测压软管	4		
019		法兰式高压球阀	2		
018		高压过滤器	2		
017		单向阀	1		
016		电动机	2		
015		轴向柱塞泵	2		
014		球阀	2		
013		胶管	2		
012		单向阀	2		
011		挠性接头	2		
010		开闭发讯蝶阀	2		
009		温度计	6		
008		球阀	1		
007		球阀	11		
006		泵用安全阀块	6		
005		温度控制器	1		
004		空气滤清器	2		
003		电加热器	2		
002		磁性浮子液位计	1		
001		油箱	1		

明　细　表

8.1.2 BD1 轧机区蓄能器站原理图

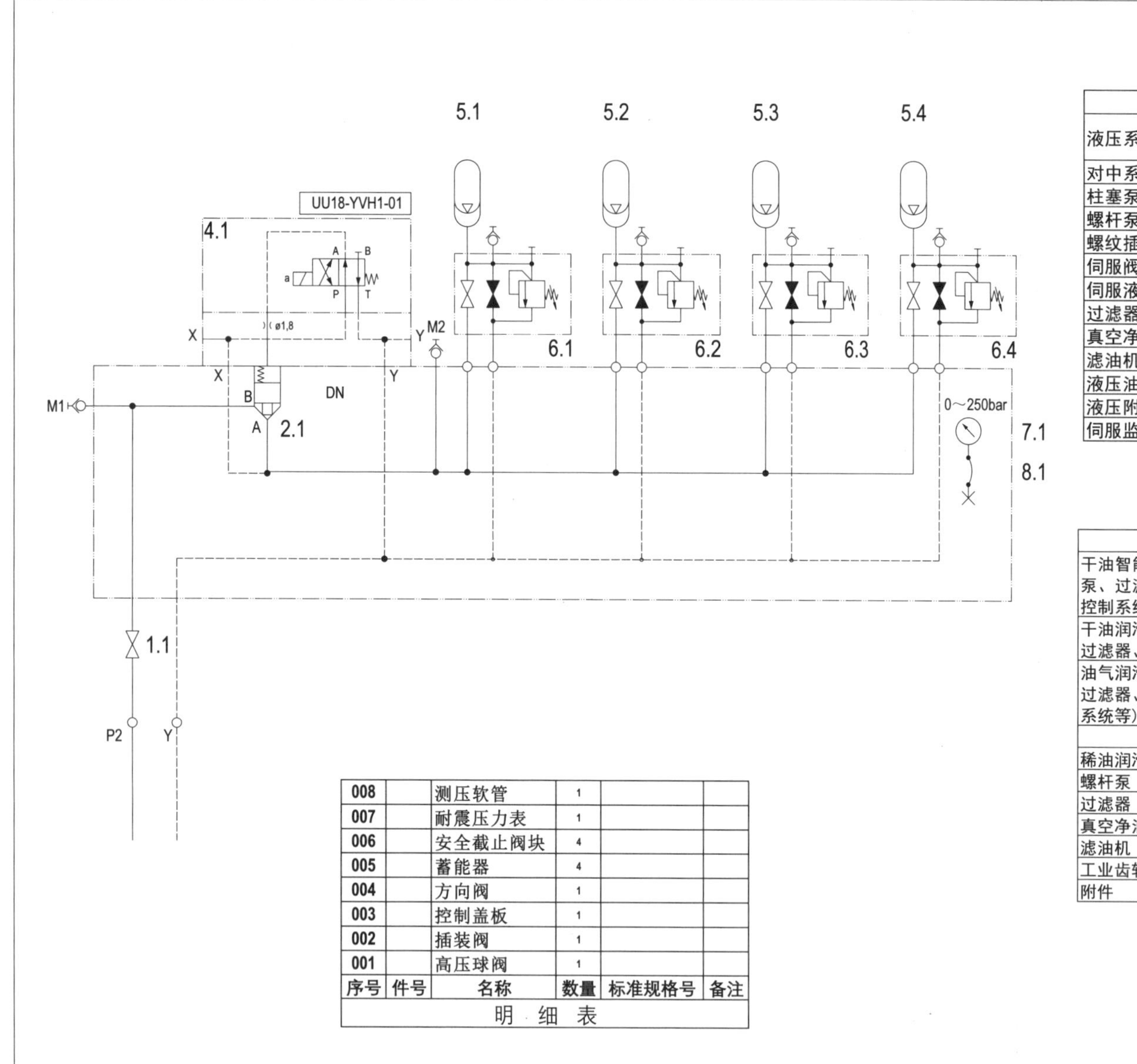

序号	件号	名称	数量	标准规格号	备注
008		测压软管	1		
007		耐震压力表	1		
006		安全截止阀块	4		
005		蓄能器	4		
004		方向阀	1		
003		控制盖板	1		
002		插装阀	1		
001		高压球阀	1		

明　细　表

液压系统及元件推荐厂商	
液压系统制造	油威力、宁波创力、上海朝田、北京精海仪、上海龙甑
对中系统	上海科先、上海龙甑
柱塞泵	太重榆液
螺杆泵	RSP黄泵、HELNCO海林柯
螺纹插装阀组	北京精海仪
伺服阀、比例阀	海门维拓斯
伺服液压缸	金自天成
过滤器	山西麦克雷斯、上海菲思特
真空净油机	威海戥同
滤油机	唐荷科技、上海菲思特、山西麦克雷斯
液压油	壳牌Tellus、中石化长城卓力、天津日石
液压附件	山西方盛、启东康耐柯、上海诺雷
伺服监控	镇江四联

干油、油气润滑推荐厂商	
干油智能润滑系统(包括泵、过滤器、分配器、控制系统等)	郑州奥特科技、长沙中大冶金、江海润液
干油润滑系统(包括泵、过滤器、分配器等)	郑州奥特科技、长沙中大冶金、江海润液
油气润滑系统(包括泵、过滤器、分配器、控制系统等)	江海润液、烟台澳瑞特
稀油润滑系统及元件推荐厂商	
稀油润滑系统	江海润液、保定市保液
螺杆泵	RSP黄泵、HELNCO海林柯
过滤器	山西麦克雷斯、上海菲思特
真空净油机	威海戥同
滤油机	唐荷科技、上海菲思特、山西麦克雷斯
工业齿轮油	壳牌Omala、中石化长城德威、天津日石
附件	山西方盛、启东康耐柯、上海诺雷

机　组	轨梁轧机机组
区　域	BD1轧机区
名　称	蓄能器站
图　号	

8.1.3 BD1 轧机区阀台 VS1 原理图（1）

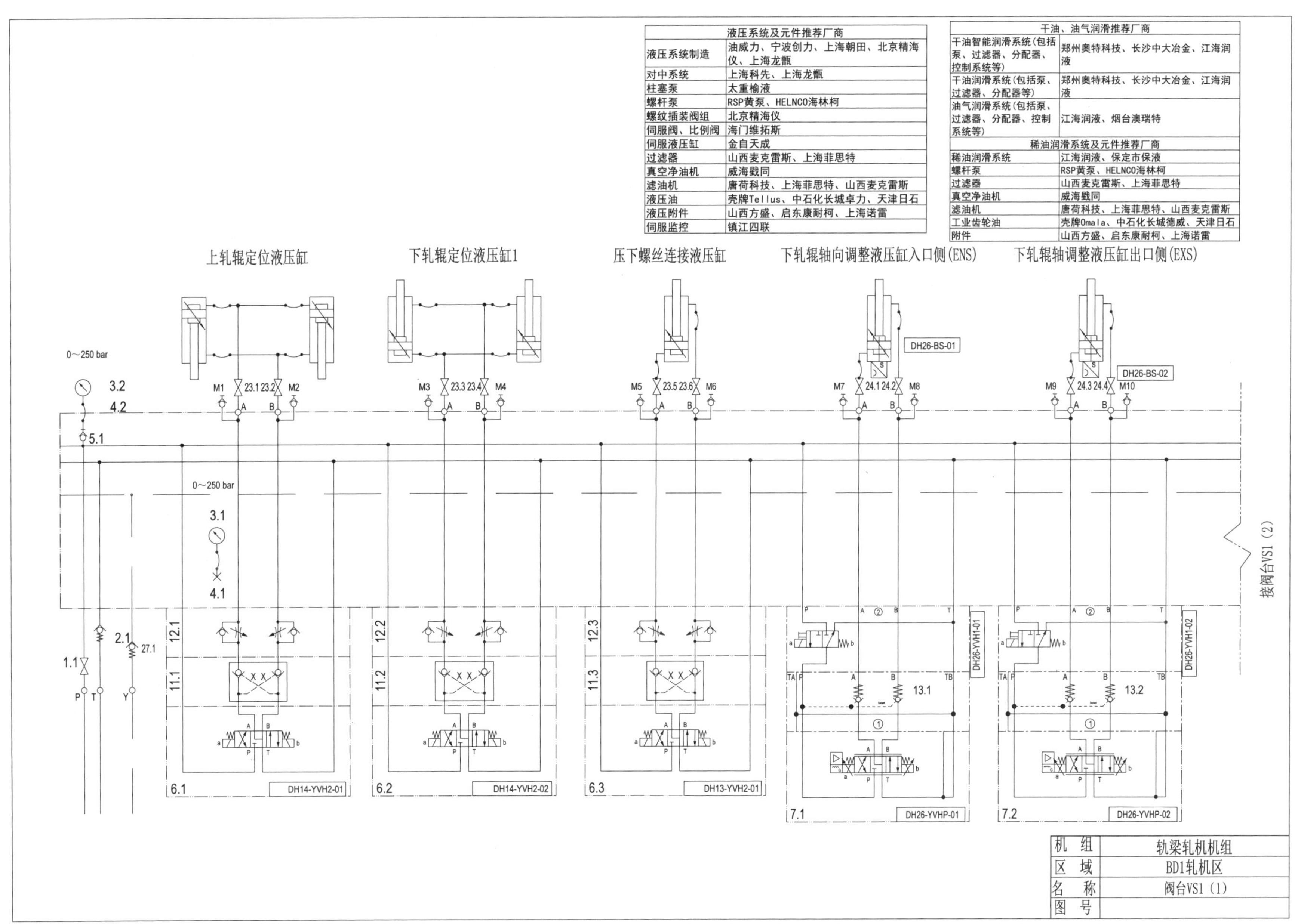

液压系统及元件推荐厂商	
液压系统制造	油威力、宁波创力、上海朝田、北京精海仪、上海龙甑
对中系统	上海科先、上海龙甑
柱塞泵	太重榆液
螺杆泵	RSP黄泵、HELNCO海林柯
螺纹插装阀组	北京精海仪
伺服阀、比例阀	海门维拓斯
伺服液压缸	金自天成
过滤器	山西麦克雷斯、上海菲思特
真空净油机	威海戳同
滤油机	唐荷科技、上海菲思特、山西麦克雷斯
液压油	壳牌Tellus、中石化长城卓力、天津日石
液压附件	山西方盛、启东康耐柯、上海诺雷
伺服监控	镇江四联

干油、油气润滑推荐厂商	
干油智能润滑系统(包括泵、过滤器、分配器、控制系统等)	郑州奥特科技、长沙中大冶金、江海润液
干油润滑系统(包括泵、过滤器、分配器等)	郑州奥特科技、长沙中大冶金、江海润液
油气润滑系统(包括泵、过滤器、分配器、控制系统等)	江海润液、烟台澳瑞特
稀油润滑系统及元件推荐厂商	
稀油润滑系统	江海润液、保定市保液
螺杆泵	RSP黄泵、HELNCO海林柯
过滤器	山西麦克雷斯、上海菲思特
真空净油机	威海戳同
滤油机	唐荷科技、上海菲思特、山西麦克雷斯
工业齿轮油	壳牌Omala、中石化长城德威、天津日石
附件	山西方盛、启东康耐柯、上海诺雷

8.1.4 BD1 轧机区阀台 VS1 原理图（2）

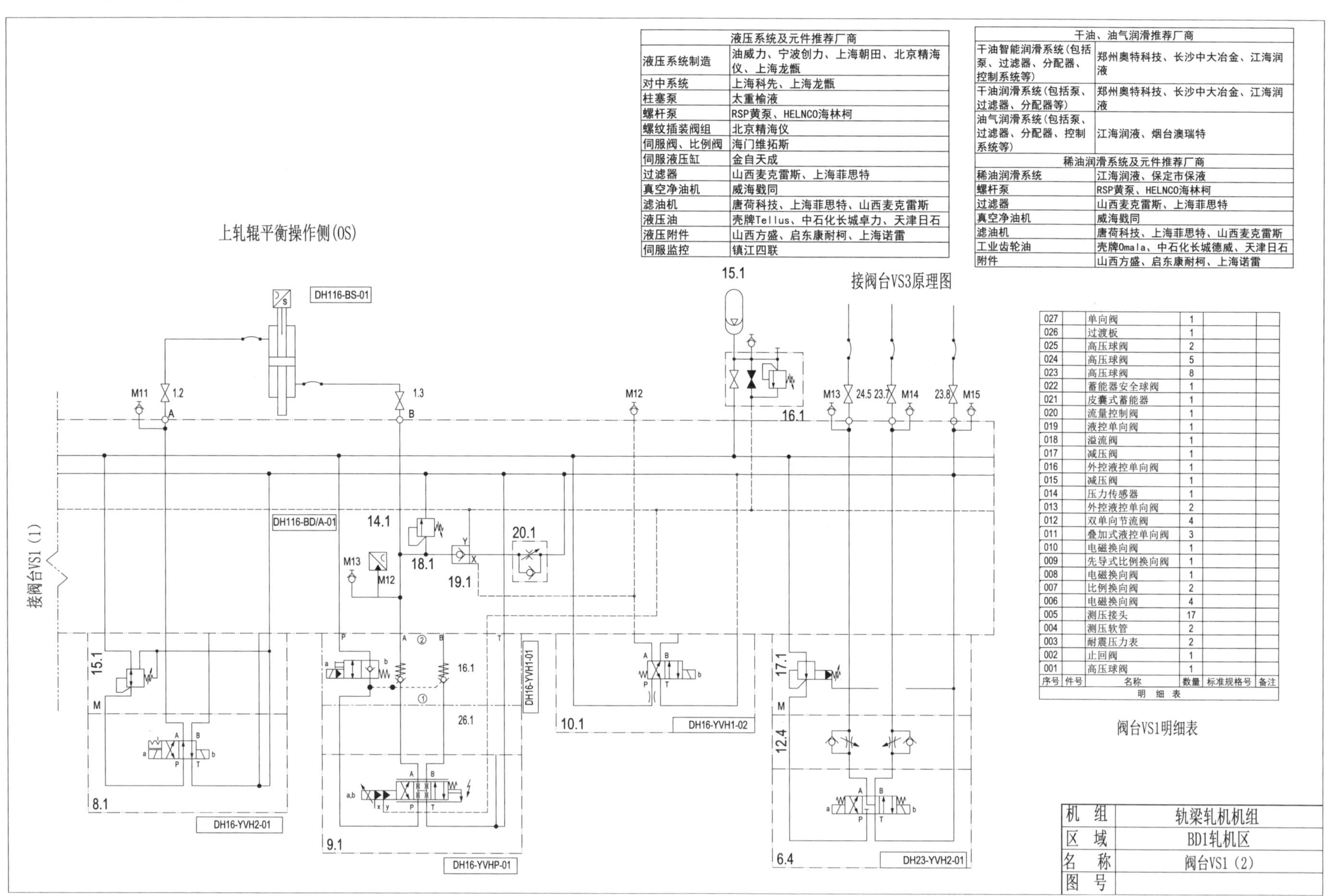

液压系统及元件推荐厂商	
液压系统制造	油威力、宁波创力、上海朝田、北京精海仪、上海龙甑
对中系统	上海科先、上海龙甑
柱塞泵	太重榆液
螺杆泵	RSP黄泵、HELNCO海林柯
螺纹插装阀组	北京精海仪
伺服阀、比例阀	海门维拓斯
伺服液压缸	金自天成
过滤器	山西麦克雷斯、上海菲思特
真空净油机	威海戥同
滤油机	唐荷科技、上海菲思特、山西麦克雷斯
液压油	壳牌Tellus、中石化长城卓力、天津日石
液压附件	山西方盛、启东康耐柯、上海诺雷
伺服监控	镇江四联

干油、油气润滑推荐厂商	
干油智能润滑系统(包括泵、过滤器、分配器、控制系统等)	郑州奥特科技、长沙中大冶金、江海润液
干油润滑系统(包括泵、过滤器、分配器等)	郑州奥特科技、长沙中大冶金、江海润液
油气润滑系统(包括泵、过滤器、分配器、控制系统等)	江海润液、烟台澳瑞特
稀油润滑系统及元件推荐厂商	
稀油润滑系统	江海润液、保定市保液
螺杆泵	RSP黄泵、HELNCO海林柯
过滤器	山西麦克雷斯、上海菲思特
真空净油机	威海戥同
滤油机	唐荷科技、上海菲思特、山西麦克雷斯
工业齿轮油	壳牌Omala、中石化长城德威、天津日石
附件	山西方盛、启东康耐柯、上海诺雷

序号	件号	名称	数量	标准规格号	备注
027		单向阀	1		
026		过渡板	1		
025		高压球阀	2		
024		高压球阀	5		
023		高压球阀	8		
022		蓄能器安全球阀	1		
021		皮囊式蓄能器	1		
020		流量控制阀	1		
019		液控单向阀	1		
018		溢流阀	1		
017		减压阀	1		
016		外控液控单向阀	1		
015		减压阀	1		
014		压力传感器	1		
013		外控液控单向阀	2		
012		双单向节流阀	4		
011		叠加式液控单向阀	3		
010		电磁换向阀	1		
009		先导式比例换向阀	1		
008		电磁换向阀	1		
007		比例换向阀	2		
006		电磁换向阀	4		
005		测压接头	17		
004		测压软管	2		
003		耐震压力表	2		
002		止回阀	1		
001		高压球阀	1		
明细表					

阀台VS1明细表

8.1.5 BD1 轧机区阀台 VS2 原理图（1）

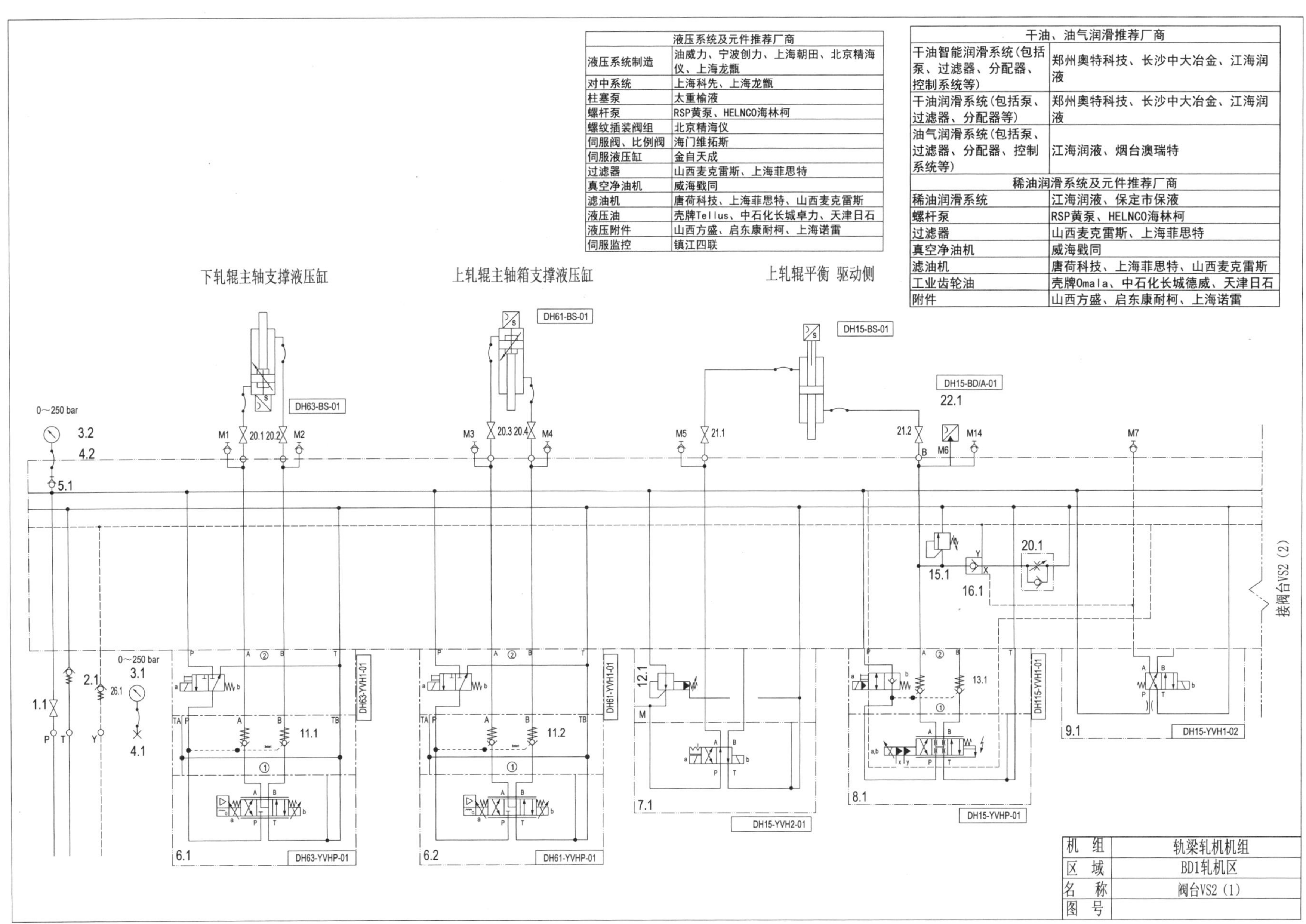

液压系统及元件推荐厂商	
液压系统制造	油威力、宁波创力、上海朝田、北京精海仪、上海龙甑
对中系统	上海科先、上海龙甑
柱塞泵	太重榆液
螺杆泵	RSP黄泵、HELNCO海林柯
螺纹插装阀组	北京精海仪
伺服阀、比例阀	海门维拓斯
伺服液压缸	金自天成
过滤器	山西麦克雷斯、上海菲思特
真空净油机	威海戥同
滤油机	唐荷科技、上海菲思特、山西麦克雷斯
液压油	壳牌Tellus、中石化长城卓力、天津日石
液压附件	山西方盛、启东康耐柯、上海诺雷
伺服监控	镇江四联

干油、油气润滑推荐厂商	
干油智能润滑系统(包括泵、过滤器、分配器、控制系统等)	郑州奥特科技、长沙中大冶金、江海润液
干油润滑系统(包括泵、过滤器、分配器等)	郑州奥特科技、长沙中大冶金、江海润液
油气润滑系统(包括泵、过滤器、分配器、控制系统等)	江海润液、烟台澳瑞特
稀油润滑系统及元件推荐厂商	
稀油润滑系统	江海润液、保定市保液
螺杆泵	RSP黄泵、HELNCO海林柯
过滤器	山西麦克雷斯、上海菲思特
真空净油机	威海戥同
滤油机	唐荷科技、上海菲思特、山西麦克雷斯
工业齿轮油	壳牌Omala、中石化长城德威、天津日石
附件	山西方盛、启东康耐柯、上海诺雷

机　组	轨梁轧机机组
区　域	BD1轧机区
名　称	阀台VS2（1）
图　号	

8.1.6 BD1 轧机区阀台 VS2 原理图（2）

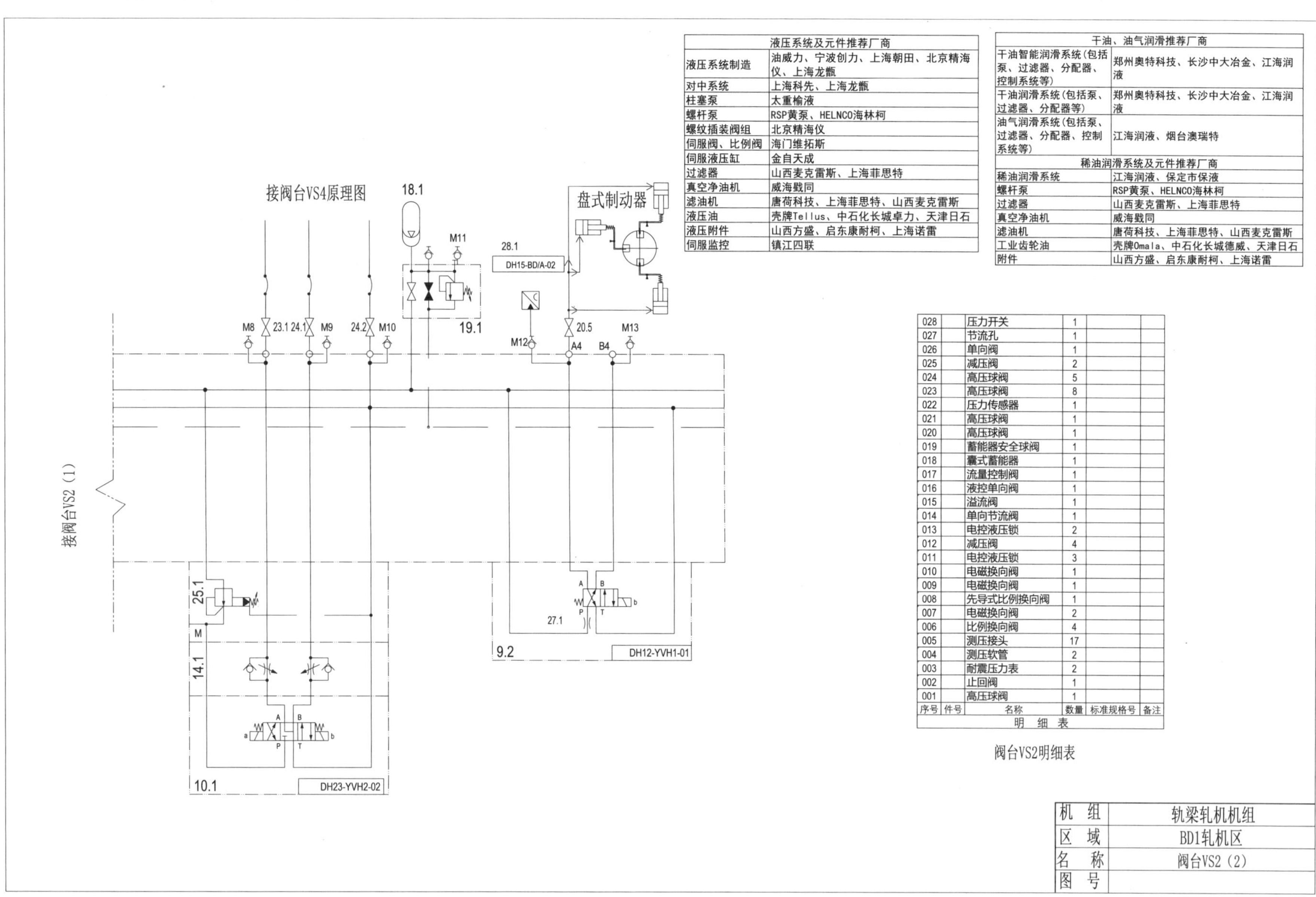

液压系统及元件推荐厂商	
液压系统制造	油威力、宁波创力、上海朝田、北京精海仪、上海龙甑
对中系统	上海科先、上海龙甑
柱塞泵	太重榆液
螺杆泵	RSP黄泵、HELNCO海林柯
螺纹插装阀组	北京精海仪
伺服阀、比例阀	海门维拓斯
伺服液压缸	金自天成
过滤器	山西麦克雷斯、上海菲思特
真空净油机	威海戥同
滤油机	唐荷科技、上海菲思特、山西麦克雷斯
液压油	壳牌Tellus、中石化长城卓力、天津日石
液压附件	山西方盛、启东康耐柯、上海诺雷
伺服监控	镇江四联

干油、油气润滑推荐厂商	
干油智能润滑系统(包括泵、过滤器、分配器、控制系统等)	郑州奥特科技、长沙中大冶金、江海润液
干油润滑系统(包括泵、过滤器、分配器等)	郑州奥特科技、长沙中大冶金、江海润液
油气润滑系统(包括泵、过滤器、分配器、控制系统等)	江海润液、烟台澳瑞特
稀油润滑系统及元件推荐厂商	
稀油润滑系统	江海润液、保定市保液
螺杆泵	RSP黄泵、HELNCO海林柯
过滤器	山西麦克雷斯、上海菲思特
真空净油机	威海戥同
滤油机	唐荷科技、上海菲思特、山西麦克雷斯
工业齿轮油	壳牌Omala、中石化长城德威、天津日石
附件	山西方盛、启东康耐柯、上海诺雷

序号	件号	名称	数量	标准规格号	备注
028		压力开关	1		
027		节流孔	1		
026		单向阀	1		
025		减压阀	2		
024		高压球阀	5		
023		高压球阀	8		
022		压力传感器	1		
021		高压球阀	1		
020		高压球阀	1		
019		蓄能器安全球阀	1		
018		囊式蓄能器	1		
017		流量控制阀	1		
016		液控单向阀	1		
015		溢流阀	1		
014		单向节流阀	1		
013		电控液压锁	2		
012		减压阀	4		
011		电控液压锁	3		
010		电磁换向阀	1		
009		电磁换向阀	1		
008		先导式比例换向阀	1		
007		电磁换向阀	2		
006		比例换向阀	4		
005		测压接头	17		
004		测压软管	2		
003		耐震压力表	2		
002		止回阀	1		
001		高压球阀	1		

明　细　表

阀台VS2明细表

机　组	轨梁轧机机组
区　域	BD1轧机区
名　称	阀台VS2（2）
图　号	

8.1.7 BD1 轧机区阀台 VS3 原理图

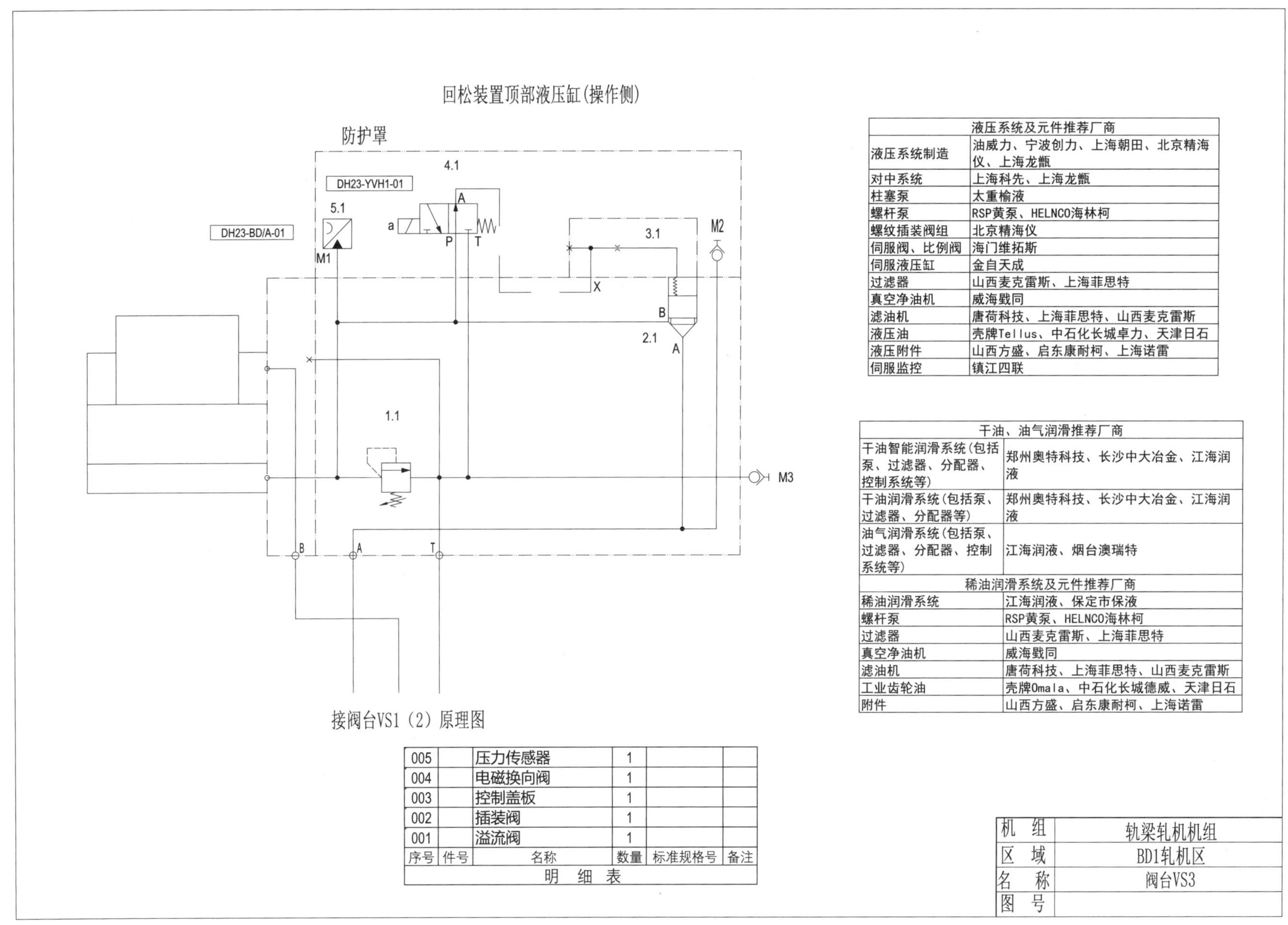

液压系统及元件推荐厂商	
液压系统制造	油威力、宁波创力、上海朝田、北京精海仪、上海龙甑
对中系统	上海科先、上海龙甑
柱塞泵	太重榆液
螺杆泵	RSP黄泵、HELNCO海林柯
螺纹插装阀组	北京精海仪
伺服阀、比例阀	海门维拓斯
伺服液压缸	金自天成
过滤器	山西麦克雷斯、上海菲思特
真空净油机	威海戥同
滤油机	唐荷科技、上海菲思特、山西麦克雷斯
液压油	壳牌Tellus、中石化长城卓力、天津日石
液压附件	山西方盛、启东康耐柯、上海诺雷
伺服监控	镇江四联

干油、油气润滑推荐厂商	
干油智能润滑系统(包括泵、过滤器、分配器、控制系统等)	郑州奥特科技、长沙中大冶金、江海润液
干油润滑系统(包括泵、过滤器、分配器等)	郑州奥特科技、长沙中大冶金、江海润液
油气润滑系统(包括泵、过滤器、分配器、控制系统等)	江海润液、烟台澳瑞特
稀油润滑系统及元件推荐厂商	
稀油润滑系统	江海润液、保定市保液
螺杆泵	RSP黄泵、HELNCO海林柯
过滤器	山西麦克雷斯、上海菲思特
真空净油机	威海戥同
滤油机	唐荷科技、上海菲思特、山西麦克雷斯
工业齿轮油	壳牌Omala、中石化长城德威、天津日石
附件	山西方盛、启东康耐柯、上海诺雷

序号	件号	名称	数量	标准规格号	备注
005		压力传感器	1		
004		电磁换向阀	1		
003		控制盖板	1		
002		插装阀	1		
001		溢流阀	1		
明　细　表					

机　组	轨梁轧机机组
区　域	BD1轧机区
名　称	阀台VS3
图　号	

8.1.8 BD1 轧机区阀台 VS4 原理图

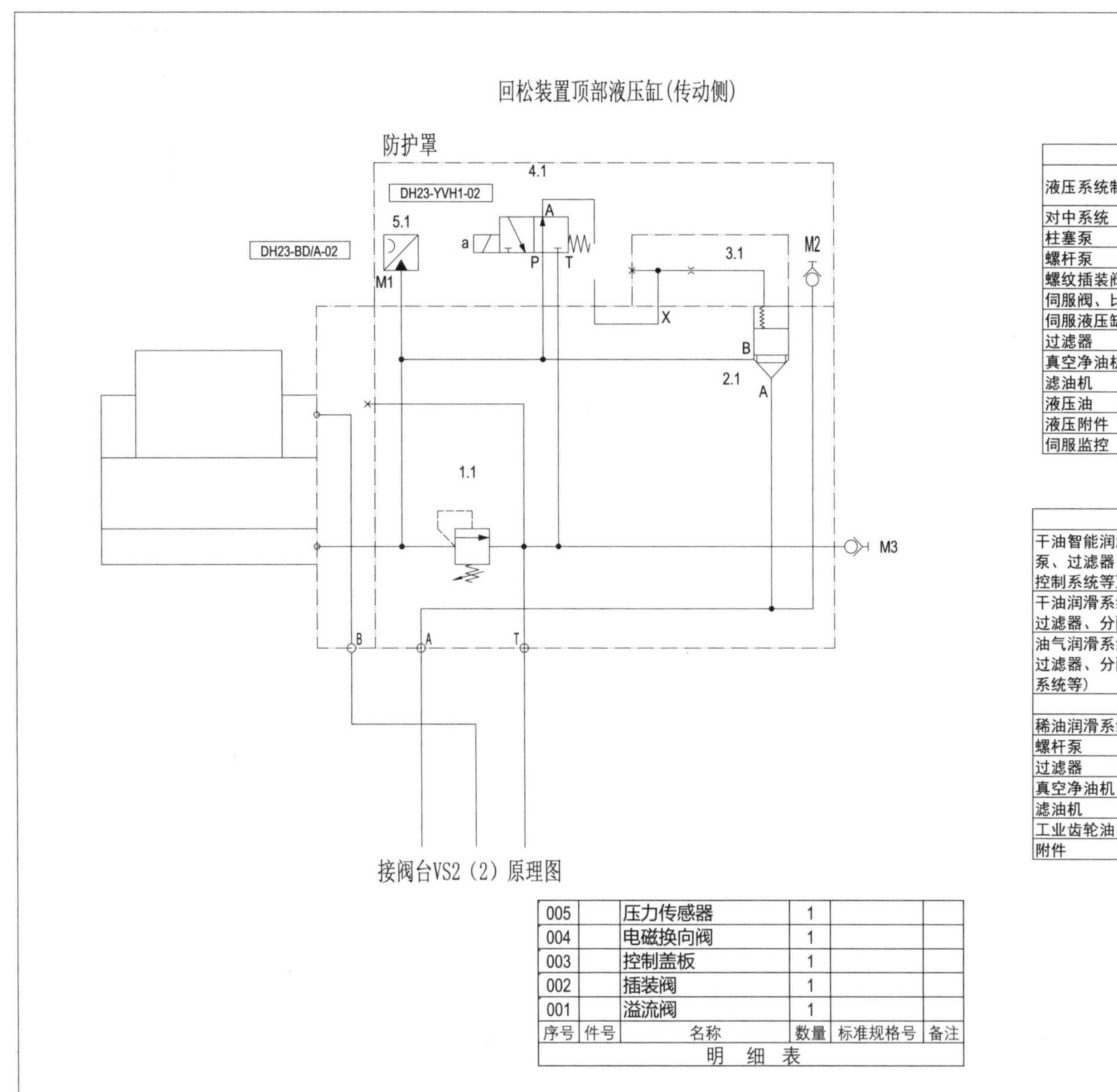

液压系统及元件推荐厂商	
液压系统制造	油威力、宁波创力、上海朝田、北京精海仪、上海龙甑
对中系统	上海科先、上海龙甑
柱塞泵	太重榆液
螺杆泵	RSP黄泵、HELNCO海林柯
螺纹插装阀组	北京精海仪
伺服阀、比例阀	海门维拓斯
伺服液压缸	金自天成
过滤器	山西麦克雷斯、上海菲思特
真空净油机	威海戥同
滤油机	唐荷科技、上海菲思特、山西麦克雷斯
液压油	壳牌Tellus、中石化长城卓力、天津日石
液压附件	山西方盛、启东康耐柯、上海诺雷
伺服监控	镇江四联

干油、油气润滑推荐厂商	
干油智能润滑系统(包括泵、过滤器、分配器、控制系统等)	郑州奥特科技、长沙中大冶金、江海润液
干油润滑系统(包括泵、过滤器、分配器等)	郑州奥特科技、长沙中大冶金、江海润液
油气润滑系统(包括泵、过滤器、分配器、控制系统等)	江海润液、烟台澳瑞特
稀油润滑系统及元件推荐厂商	
稀油润滑系统	江海润液、保定市保液
螺杆泵	RSP黄泵、HELNCO海林柯
过滤器	山西麦克雷斯、上海菲思特
真空净油机	威海戥同
滤油机	唐荷科技、上海菲思特、山西麦克雷斯
工业齿轮油	壳牌Omala、中石化长城德威、天津日石
附件	山西方盛、启东康耐柯、上海诺雷

序号	件号	名称	数量	标准规格号	备注
005		压力传感器	1		
004		电磁换向阀	1		
003		控制盖板	1		
002		插装阀	1		
001		溢流阀	1		

明　细　表

机　组	轨梁轧机机组
区　域	BD1轧机区
名　称	阀台VS4
图　号	

8.1.9 BD1 轧机区阀台 VS5 原理图

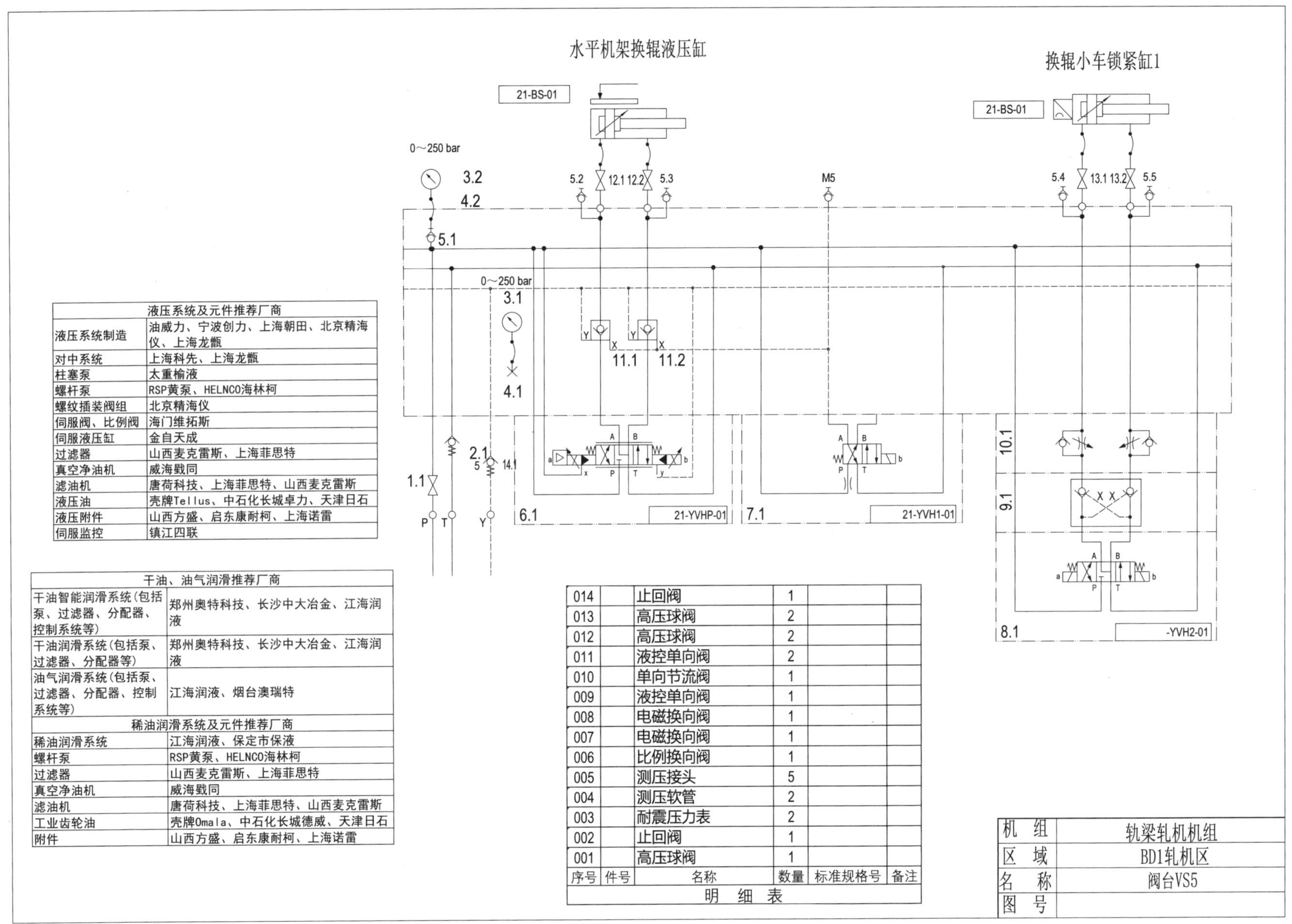

液压系统及元件推荐厂商	
液压系统制造	油威力、宁波创力、上海朝田、北京精海仪、上海龙甑
对中系统	上海科先、上海龙甑
柱塞泵	太重榆液
螺杆泵	RSP黄泵、HELNCO海林柯
螺纹插装阀组	北京精海仪
伺服阀、比例阀	海门维拓斯
伺服液压缸	金自天成
过滤器	山西麦克雷斯、上海菲思特
真空净油机	威海戬同
滤油机	唐荷科技、上海菲思特、山西麦克雷斯
液压油	壳牌Tellus、中石化长城卓力、天津日石
液压附件	山西方盛、启东康耐柯、上海诺雷
伺服监控	镇江四联

干油、油气润滑推荐厂商	
干油智能润滑系统(包括泵、过滤器、分配器、控制系统等)	郑州奥特科技、长沙中大冶金、江海润液
干油润滑系统(包括泵、过滤器、分配器等)	郑州奥特科技、长沙中大冶金、江海润液
油气润滑系统(包括泵、过滤器、分配器、控制系统等)	江海润液、烟台澳瑞特
稀油润滑系统及元件推荐厂商	
稀油润滑系统	江海润液、保定市保液
螺杆泵	RSP黄泵、HELNCO海林柯
过滤器	山西麦克雷斯、上海菲思特
真空净油机	威海戬同
滤油机	唐荷科技、上海菲思特、山西麦克雷斯
工业齿轮油	壳牌Omala、中石化长城德威、天津日石
附件	山西方盛、启东康耐柯、上海诺雷

序号	件号	名称	数量	标准规格号	备注
014		止回阀	1		
013		高压球阀	2		
012		高压球阀	2		
011		液控单向阀	2		
010		单向节流阀	1		
009		液控单向阀	1		
008		电磁换向阀	1		
007		电磁换向阀	1		
006		比例换向阀	1		
005		测压接头	5		
004		测压软管	2		
003		耐震压力表	2		
002		止回阀	1		
001		高压球阀	1		

明　细　表

机　组	轨梁轧机机组
区　域	BD1轧机区
名　称	阀台VS5
图　号	

8.1.10 BD1 轧机区阀台 VS6 原理图

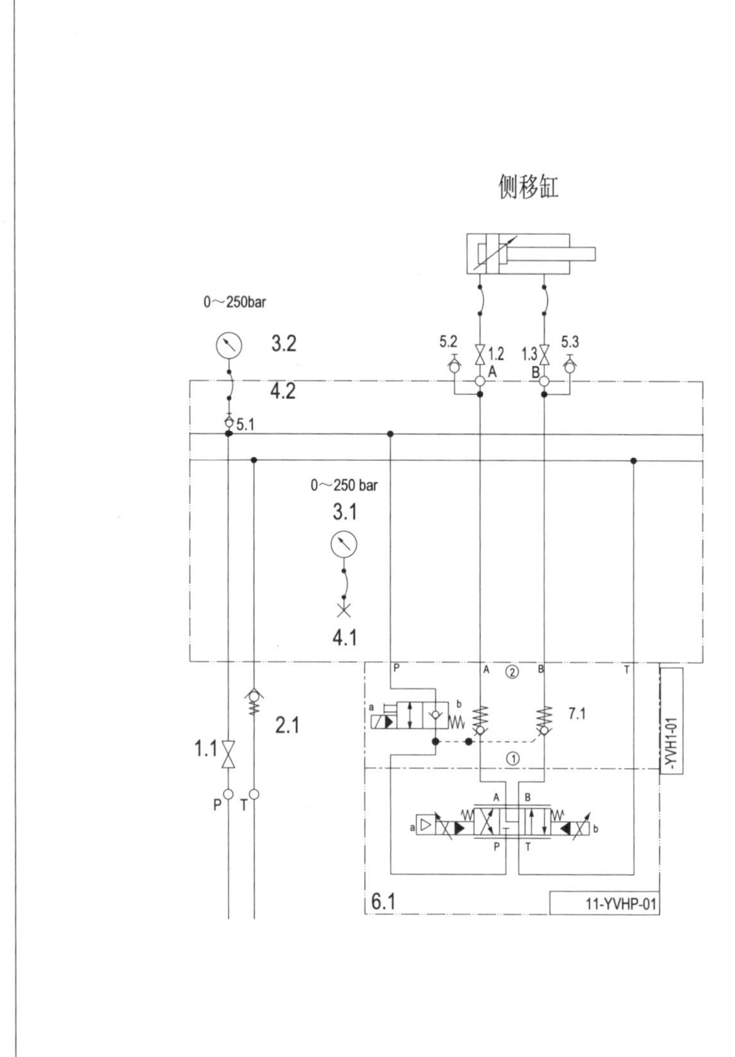

液压系统及元件推荐厂商	
液压系统制造	油威力、宁波创力、上海朝田、北京精海仪、上海龙甑
对中系统	上海科先、上海龙甑
柱塞泵	太重榆液
螺杆泵	RSP黄泵、HELNCO海林柯
螺纹插装阀组	北京精海仪
伺服阀、比例阀	海门维拓斯
伺服液压缸	金自天成
过滤器	山西麦克雷斯、上海菲思特
真空净油机	威海戳同
滤油机	唐荷科技、上海菲思特、山西麦克雷斯
液压油	壳牌Tellus、中石化长城卓力、天津日石
液压附件	山西方盛、启东康耐柯、上海诺雷
伺服监控	镇江四联

干油、油气润滑推荐厂商	
干油智能润滑系统(包括泵、过滤器、分配器、控制系统等)	郑州奥特科技、长沙中大冶金、江海润液
干油润滑系统(包括泵、过滤器、分配器等)	郑州奥特科技、长沙中大冶金、江海润液
油气润滑系统(包括泵、过滤器、分配器、控制系统等)	江海润液、烟台澳瑞特
稀油润滑系统及元件推荐厂商	
稀油润滑系统	江海润液、保定市保液
螺杆泵	RSP黄泵、HELNCO海林柯
过滤器	山西麦克雷斯、上海菲思特
真空净油机	威海戳同
滤油机	唐荷科技、上海菲思特、山西麦克雷斯
工业齿轮油	壳牌Omala、中石化长城德威、天津日石
附件	山西方盛、启东康耐柯、上海诺雷

序号	件号	名称	数量	标准规格号	备注
007		外控液控单向阀	1		
006		比例换向阀	1		
005		测压接头	3		
004		测压软管	2		
003		耐震压力表	2		
002		止回阀	1		
001		高压球阀	1		

明　细　表

机　组	轨梁轧机机组
区　域	BD1轧机区
名　称	阀台VS6
图　号	

8.1.11 BD1 轧机区阀台 VS7 原理图

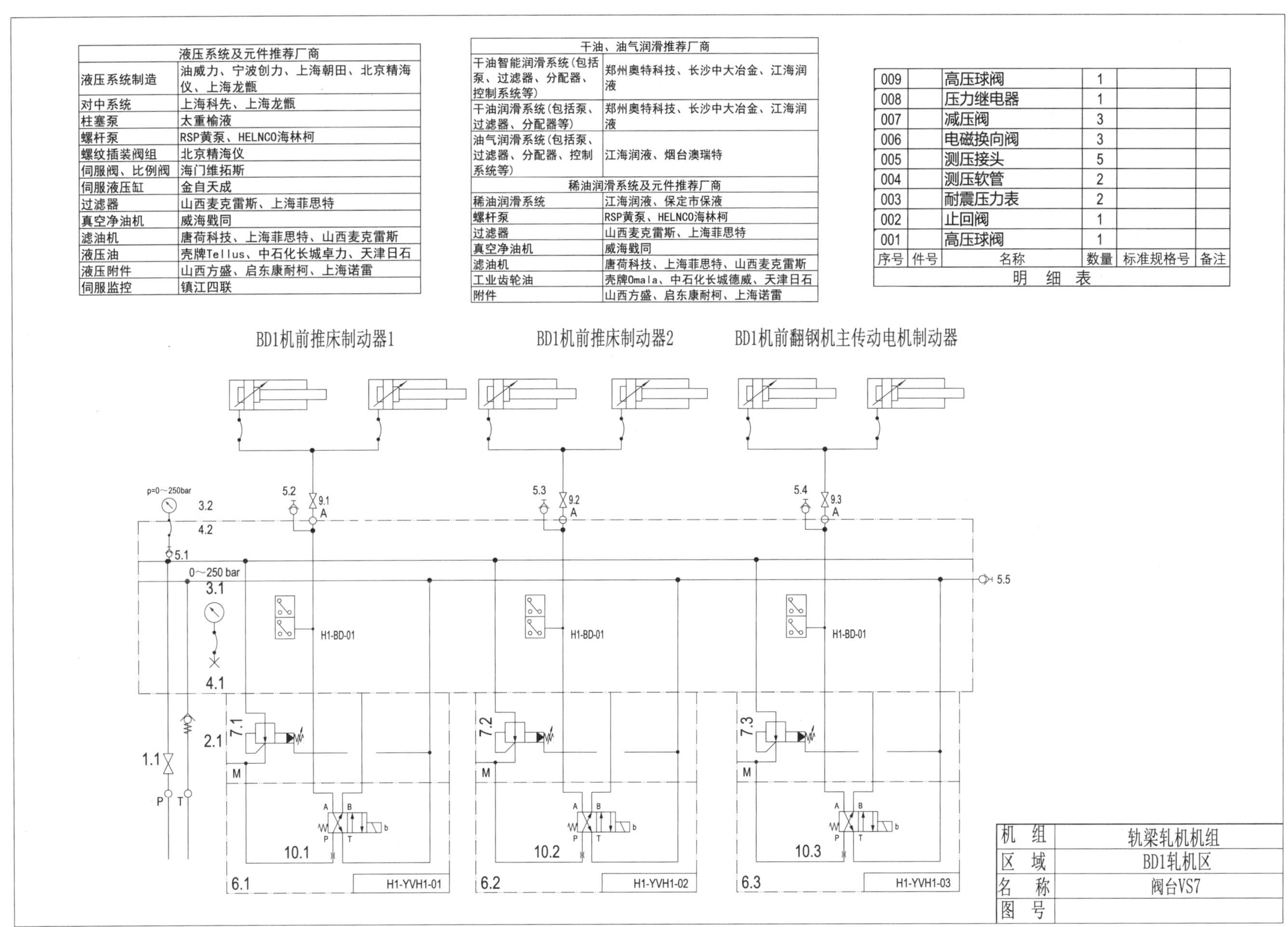

液压系统及元件推荐厂商	
液压系统制造	油威力、宁波创力、上海朝田、北京精海仪、上海龙甑
对中系统	上海科先、上海龙甑
柱塞泵	太重榆液
螺杆泵	RSP黄泵、HELNCO海林柯
螺纹插装阀组	北京精海仪
伺服阀、比例阀	海门维拓斯
伺服液压缸	金自天成
过滤器	山西麦克雷斯、上海菲思特
真空净油机	威海戥同
滤油机	唐荷科技、上海菲思特、山西麦克雷斯
液压油	壳牌Tellus、中石化长城卓力、天津日石
液压附件	山西方盛、启东康耐柯、上海诺雷
伺服监控	镇江四联

干油、油气润滑推荐厂商	
干油智能润滑系统(包括泵、过滤器、分配器、控制系统等)	郑州奥特科技、长沙中大冶金、江海润液
干油润滑系统(包括泵、过滤器、分配器等)	郑州奥特科技、长沙中大冶金、江海润液
油气润滑系统(包括泵、过滤器、分配器、控制系统等)	江海润液、烟台澳瑞特
稀油润滑系统及元件推荐厂商	
稀油润滑系统	江海润液、保定市保液
螺杆泵	RSP黄泵、HELNCO海林柯
过滤器	山西麦克雷斯、上海菲思特
真空净油机	威海戥同
滤油机	唐荷科技、上海菲思特、山西麦克雷斯
工业齿轮油	壳牌Omala、中石化长城德威、天津日石
附件	山西方盛、启东康耐柯、上海诺雷

序号	件号	名称	数量	标准规格号	备注
009		高压球阀	1		
008		压力继电器	1		
007		减压阀	3		
006		电磁换向阀	3		
005		测压接头	5		
004		测压软管	2		
003		耐震压力表	2		
002		止回阀	1		
001		高压球阀	1		
明　细　表					

机　组	轨梁轧机机组
区　域	BD1轧机区
名　称	阀台VS7
图　号	

8.1.12 BD1 轧机区阀台 VS8 原理图

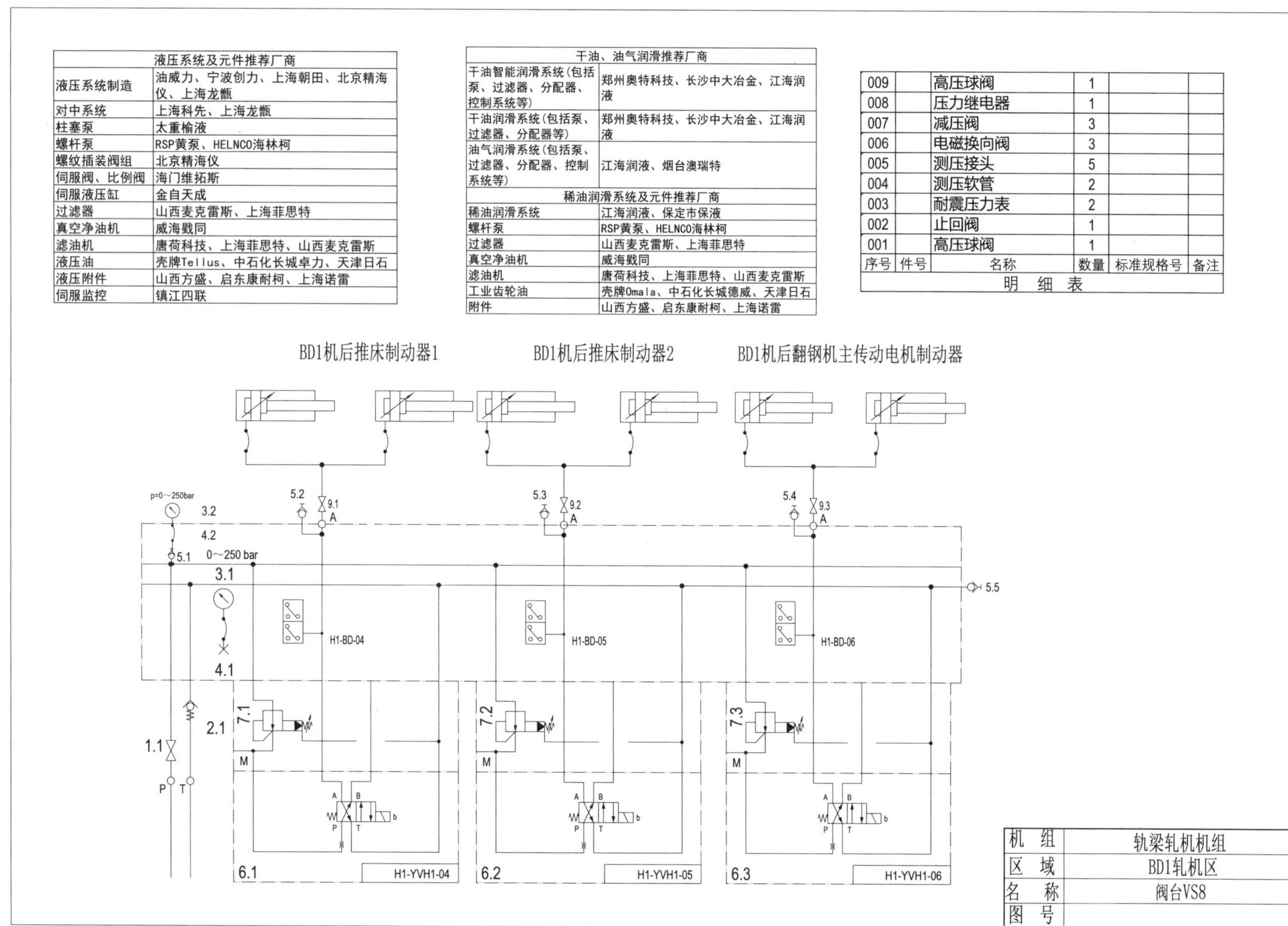

液压系统及元件推荐厂商	
液压系统制造	油威力、宁波创力、上海朝田、北京精海仪、上海龙甑
对中系统	上海科先、上海龙甑
柱塞泵	太重榆液
螺杆泵	RSP黄泵、HELNCO海林柯
螺纹插装阀组	北京精海仪
伺服阀、比例阀	海门维拓斯
伺服液压缸	金自天成
过滤器	山西麦克雷斯、上海菲思特
真空净油机	威海戥同
滤油机	唐荷科技、上海菲思特、山西麦克雷斯
液压油	壳牌Tellus、中石化长城卓力、天津日石
液压附件	山西方盛、启东康耐柯、上海诺雷
伺服监控	镇江四联

干油、油气润滑推荐厂商	
干油智能润滑系统(包括泵、过滤器、分配器、控制系统等)	郑州奥特科技、长沙中大冶金、江海润液
干油润滑系统(包括泵、过滤器、分配器等)	郑州奥特科技、长沙中大冶金、江海润液
油气润滑系统(包括泵、过滤器、分配器、控制系统等)	江海润液、烟台澳瑞特
稀油润滑系统及元件推荐厂商	
稀油润滑系统	江海润液、保定市保液
螺杆泵	RSP黄泵、HELNCO海林柯
过滤器	山西麦克雷斯、上海菲思特
真空净油机	威海戥同
滤油机	唐荷科技、上海菲思特、山西麦克雷斯
工业齿轮油	壳牌Omala、中石化长城德威、天津日石
附件	山西方盛、启东康耐柯、上海诺雷

序号	件号	名称	数量	标准规格号	备注
009		高压球阀	1		
008		压力继电器	1		
007		减压阀	3		
006		电磁换向阀	3		
005		测压接头	5		
004		测压软管	2		
003		耐震压力表	2		
002		止回阀	1		
001		高压球阀	1		
明细表					

机组	轨梁轧机机组
区域	BD1轧机区
名称	阀台VS8
图号	

8.2 BD2 轧机区液压系统

8.2.1 BD2 轧机区液压泵站原理图

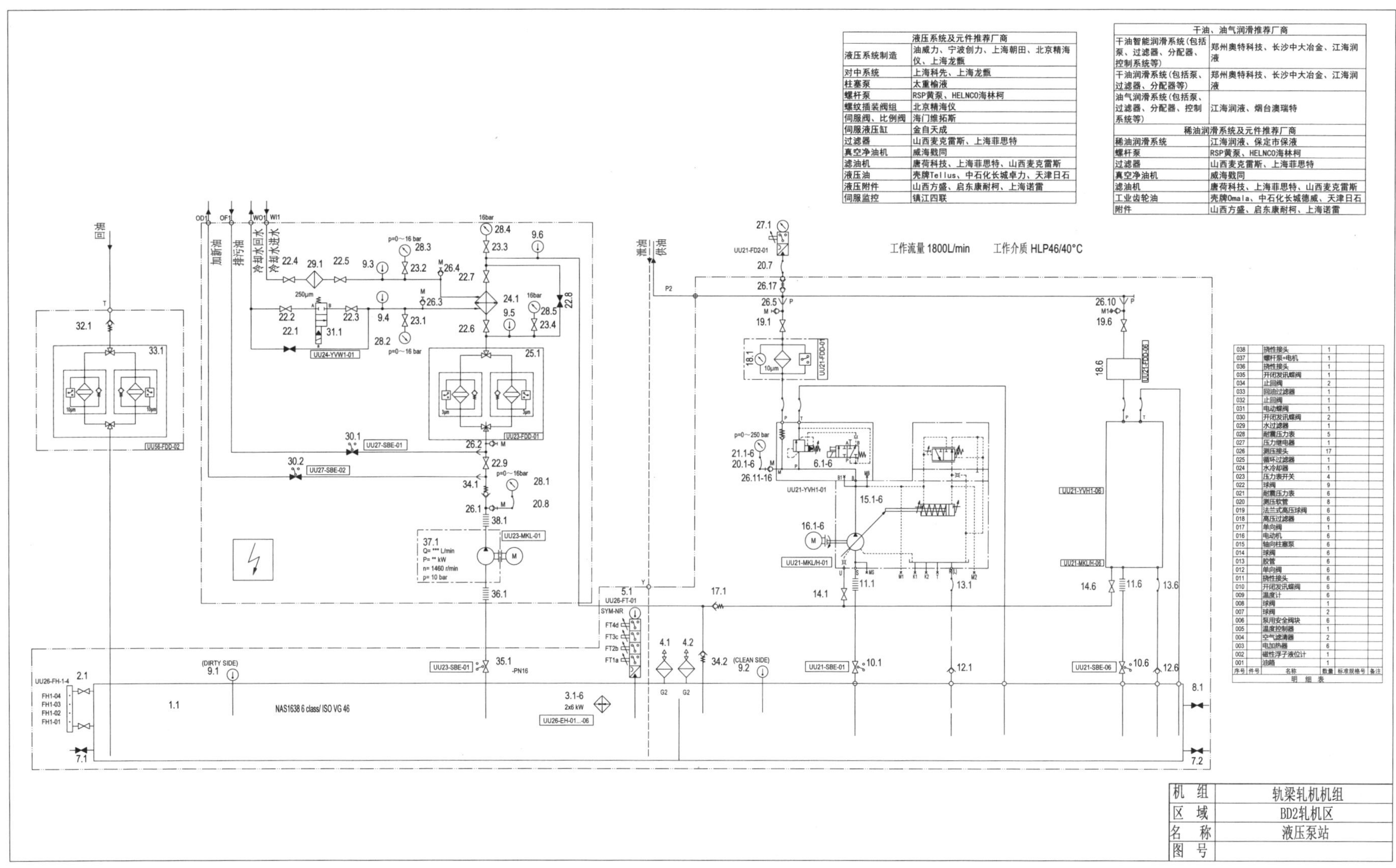

液压系统及元件推荐厂商	
液压系统制造	油威力、宁波创力、上海朝田、北京精海仪、上海龙甑
对中系统	上海科先、上海龙甑
柱塞泵	太重榆液
螺杆泵	RSP黄泵、HELNCO海林柯
螺纹插装阀组	北京精海仪
伺服阀、比例阀	海门维拓斯
伺服液压缸	金自天成
过滤器	山西麦克雷斯、上海菲思特
真空净油机	威海戥同
滤油机	唐荷科技、上海菲思特、山西麦克雷斯
液压油	壳牌Tellus、中石化长城卓力、天津日石
液压附件	山西方盛、启东康耐柯、上海诺雷
伺服监控	镇江四联

干油、油气润滑推荐厂商	
干油智能润滑系统(包括泵、过滤器、分配器、控制系统等)	郑州奥特科技、长沙中大冶金、江海润液
干油润滑系统(包括泵、过滤器、分配器等)	郑州奥特科技、长沙中大冶金、江海润液
油气润滑系统(包括泵、过滤器、分配器、控制系统等)	江海润液、烟台澳瑞特
稀油润滑系统及元件推荐厂商	
稀油润滑系统	江海润液、保定市保液
螺杆泵	RSP黄泵、HELNCO海林柯
过滤器	山西麦克雷斯、上海菲思特
真空净油机	威海戥同
滤油机	唐荷科技、上海菲思特、山西麦克雷斯
工业齿轮油	壳牌Omala、中石化长城德威、天津日石
附件	山西方盛、启东康耐柯、上海诺雷

序号	件号	名称	数量	标准规格号	备注
038		挠性接头	1		
037		螺杆泵+电机	1		
036		挠性接头	1		
035		开闭发讯蝶阀	1		
034		止回阀	2		
033		回油过滤器	1		
032		止回阀	1		
031		电动蝶阀	1		
030		开闭发讯蝶阀	2		
029		水过滤器	1		
028		耐震压力表	5		
027		压力继电器	1		
026		测压接头	17		
025		循环过滤器	1		
024		水冷却器	1		
023		压力表开关	4		
022		球阀	9		
021		耐震压力表	6		
020		测压软管	8		
019		法兰式高压球阀	6		
018		高压过滤器	6		
017		单向阀	1		
016		电动机	6		
015		轴向柱塞泵	6		
014		球阀	6		
013		胶管	6		
012		单向阀	6		
011		挠性接头	6		
010		开闭发讯蝶阀	6		
009		温度计	6		
008		球阀	1		
007		球阀	2		
006		泵用安全阀块	6		
005		温度控制器	1		
004		空气滤清器	2		
003		电加热器	6		
002		磁性浮子液位计	1		
001		油箱	1		

明　细　表

机　组	轧梁轧机机组
区　域	BD2轧机区
名　称	液压泵站
图　号	

8.2.2 BD2 轧机区蓄能器站原理图

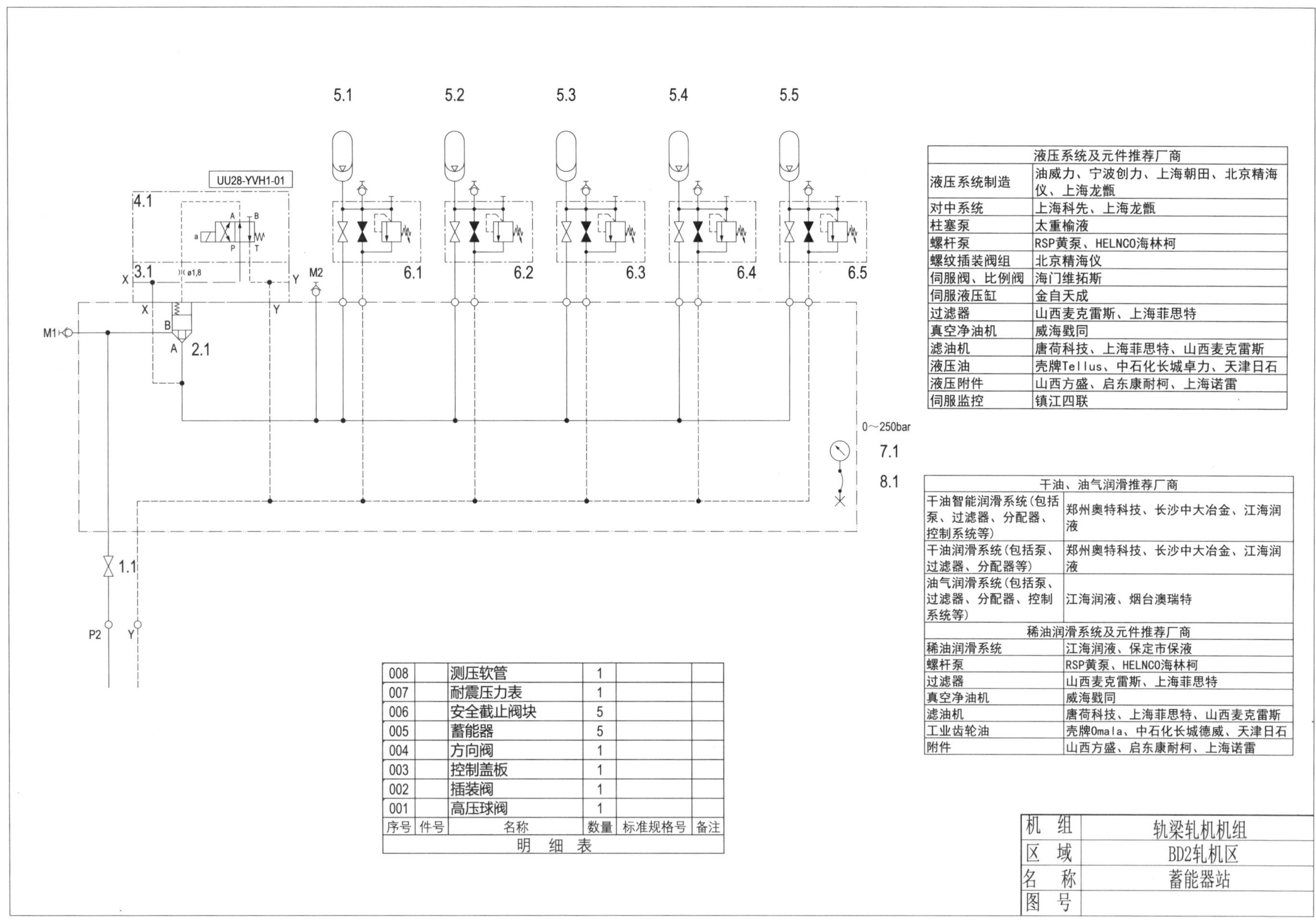

液压系统及元件推荐厂商	
液压系统制造	油威力、宁波创力、上海朝田、北京精海仪、上海龙甑
对中系统	上海科先、上海龙甑
柱塞泵	太重榆液
螺杆泵	RSP黄泵、HELNCO海林柯
螺纹插装阀组	北京精海仪
伺服阀、比例阀	海门维拓斯
伺服液压缸	金自天成
过滤器	山西麦克雷斯、上海菲思特
真空净油机	威海戥同
滤油机	唐荷科技、上海菲思特、山西麦克雷斯
液压油	壳牌Tellus、中石化长城卓力、天津日石
液压附件	山西方盛、启东康耐柯、上海诺雷
伺服监控	镇江四联

干油、油气润滑推荐厂商	
干油智能润滑系统(包括泵、过滤器、分配器、控制系统等)	郑州奥特科技、长沙中大冶金、江海润液
干油润滑系统(包括泵、过滤器、分配器等)	郑州奥特科技、长沙中大冶金、江海润液
油气润滑系统(包括泵、过滤器、分配器、控制系统等)	江海润液、烟台澳瑞特
稀油润滑系统及元件推荐厂商	
稀油润滑系统	江海润液、保定市保液
螺杆泵	RSP黄泵、HELNCO海林柯
过滤器	山西麦克雷斯、上海菲思特
真空净油机	威海戥同
滤油机	唐荷科技、上海菲思特、山西麦克雷斯
工业齿轮油	壳牌Omala、中石化长城德威、天津日石
附件	山西方盛、启东康耐柯、上海诺雷

序号	件号	名称	数量	标准规格号	备注
008		测压软管	1		
007		耐震压力表	1		
006		安全截止阀块	5		
005		蓄能器	5		
004		方向阀	1		
003		控制盖板	1		
002		插装阀	1		
001		高压球阀	1		

明 细 表

机 组	轨梁轧机机组
区 域	BD2轧机区
名 称	蓄能器站
图 号	

8.2.3 BD2 轧机区阀台 VS1 原理图（1）

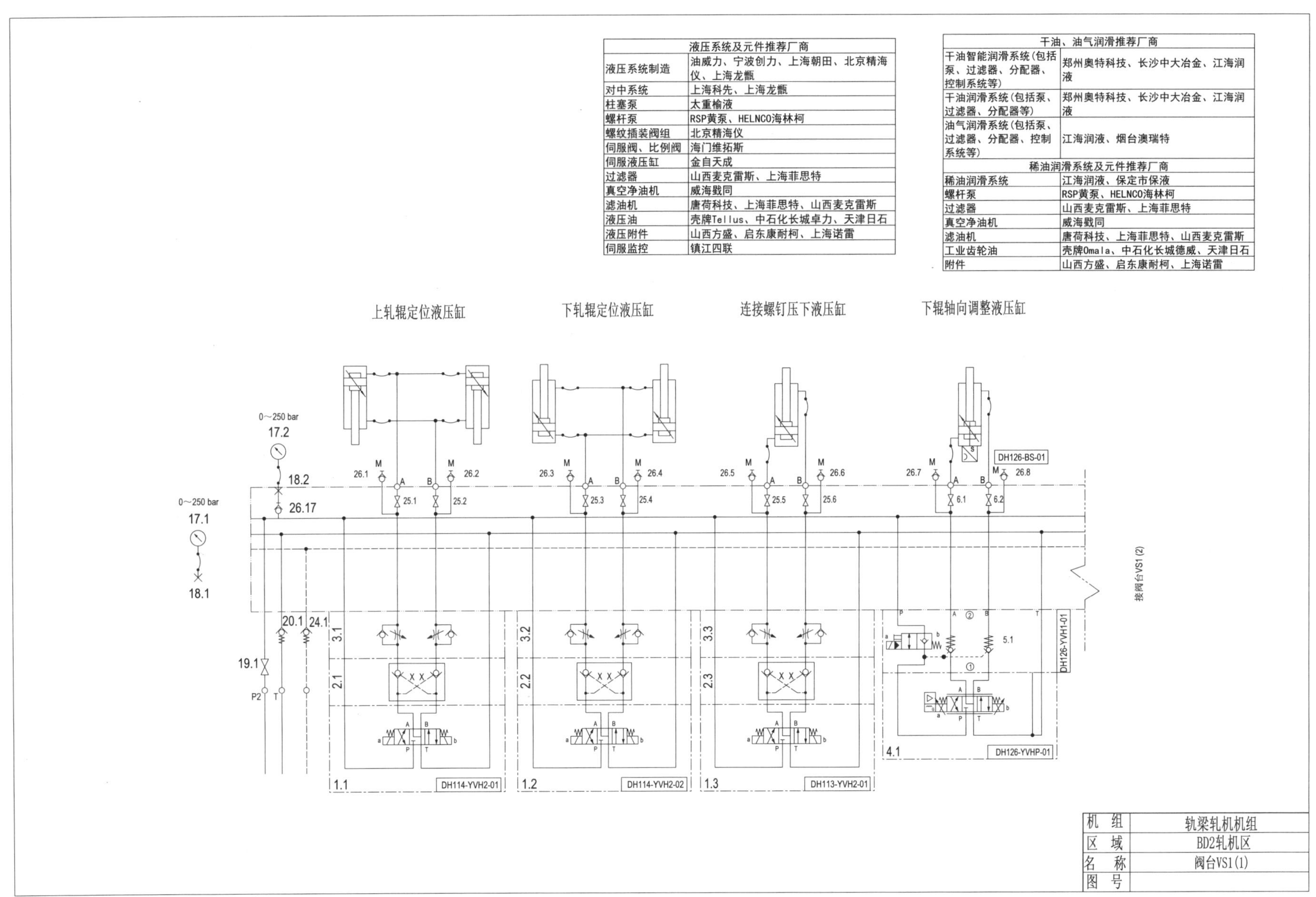

液压系统及元件推荐厂商	
液压系统制造	油威力、宁波创力、上海朝田、北京精海仪、上海龙甑
对中系统	上海科先、上海龙甑
柱塞泵	太重榆液
螺杆泵	RSP黄泵、HELNCO海林柯
螺纹插装阀组	北京精海仪
伺服阀、比例阀	海门维拓斯
伺服液压缸	金自天成
过滤器	山西麦克雷斯、上海菲思特
真空净油机	威海戳同
滤油机	唐荷科技、上海菲思特、山西麦克雷斯
液压油	壳牌Tellus、中石化长城卓力、天津日石
液压附件	山西方盛、启东康耐柯、上海诺雷
伺服监控	镇江四联

干油、油气润滑推荐厂商	
干油智能润滑系统(包括泵、过滤器、分配器、控制系统等)	郑州奥特科技、长沙中大冶金、江海润液
干油润滑系统(包括泵、过滤器、分配器等)	郑州奥特科技、长沙中大冶金、江海润液
油气润滑系统(包括泵、过滤器、分配器、控制系统等)	江海润液、烟台澳瑞特
稀油润滑系统及元件推荐厂商	
稀油润滑系统	江海润液、保定市保液
螺杆泵	RSP黄泵、HELNCO海林柯
过滤器	山西麦克雷斯、上海菲思特
真空净油机	威海戳同
滤油机	唐荷科技、上海菲思特、山西麦克雷斯
工业齿轮油	壳牌Omala、中石化长城德威、天津日石
附件	山西方盛、启东康耐柯、上海诺雷

机　组	轨梁轧机机组
区　域	BD2轧机区
名　称	阀台VS1(1)
图　号	

8.2.4 BD2 轧机区阀台 VS1 原理图（2）

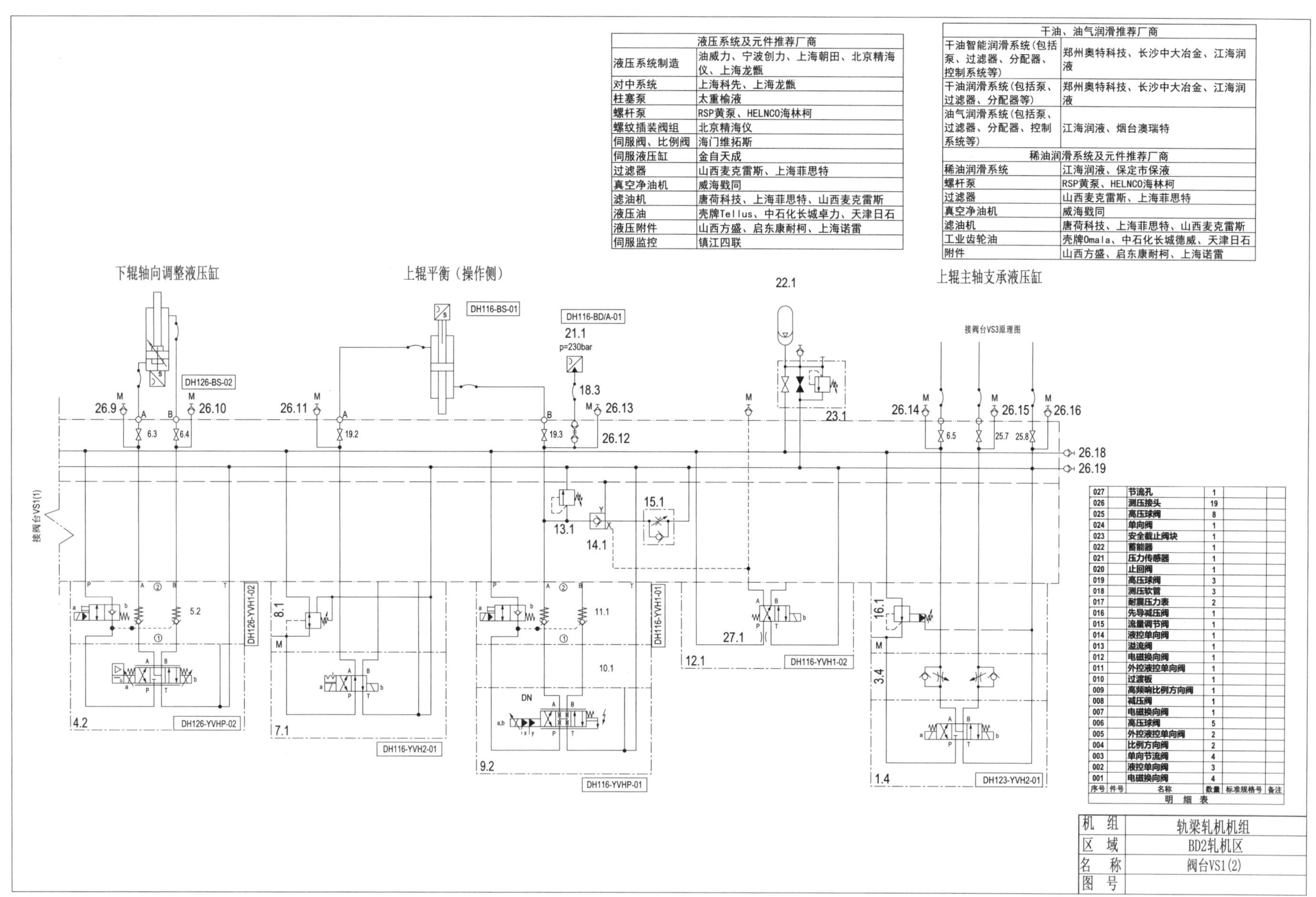

液压系统及元件推荐厂商	
液压系统制造	油威力、宁波创力、上海朝田、北京精海仪、上海龙甑
对中系统	上海科先、上海龙甑
柱塞泵	太重榆液
螺杆泵	RSP黄泵、HELNCO海林柯
螺纹插装阀组	北京精海仪
伺服阀、比例阀	海门维拓斯
伺服液压缸	金自天成
过滤器	山西麦克雷斯、上海菲思特
真空净油机	威海戥同
滤油机	唐荷科技、上海菲思特、山西麦克雷斯
液压油	壳牌Tellus、中石化长城卓力、天津日石
液压附件	山西方盛、启东康耐柯、上海诺雷
伺服监控	镇江四联

干油、油气润滑推荐厂商	
干油智能润滑系统(包括泵、过滤器、分配器、控制系统等)	郑州奥特科技、长沙中大冶金、江海润液
干油润滑系统(包括泵、过滤器、分配器等)	郑州奥特科技、长沙中大冶金、江海润液
油气润滑系统(包括泵、过滤器、分配器、控制系统等)	江海润液、烟台澳瑞特
稀油润滑系统及元件推荐厂商	
稀油润滑系统	江海润液、保定市保液
螺杆泵	RSP黄泵、HELNCO海林柯
过滤器	山西麦克雷斯、上海菲思特
真空净油机	威海戥同
滤油机	唐荷科技、上海菲思特、山西麦克雷斯
工业齿轮油	壳牌Omala、中石化长城德威、天津日石
附件	山西方盛、启东康耐柯、上海诺雷

序号	件号	名称	数量	标准规格号	备注
027		节流孔	1		
026		测压接头	19		
025		高压球阀	8		
024		单向阀	1		
023		安全截止阀块	1		
022		蓄能器	1		
021		压力传感器	1		
020		止回阀	1		
019		高压球阀	3		
018		测压软管	3		
017		耐震压力表	2		
016		先导减压阀	1		
015		流量调节阀	1		
014		液控单向阀	1		
013		溢流阀	1		
012		电磁换向阀	1		
011		外控液控单向阀	1		
010		过渡板	1		
009		高频响比例方向阀	1		
008		减压阀	1		
007		电磁换向阀	1		
006		高压球阀	5		
005		外控液控单向阀	2		
004		比例方向阀	2		
003		单向节流阀	4		
002		液控单向阀	3		
001		电磁换向阀	4		

明　细　表

机　组	轨梁轧机机组
区　域	BD2轧机区
名　称	阀台VS1(2)
图　号	

8.2.5 BD2 轧机区阀台 VS2 原理图（1）

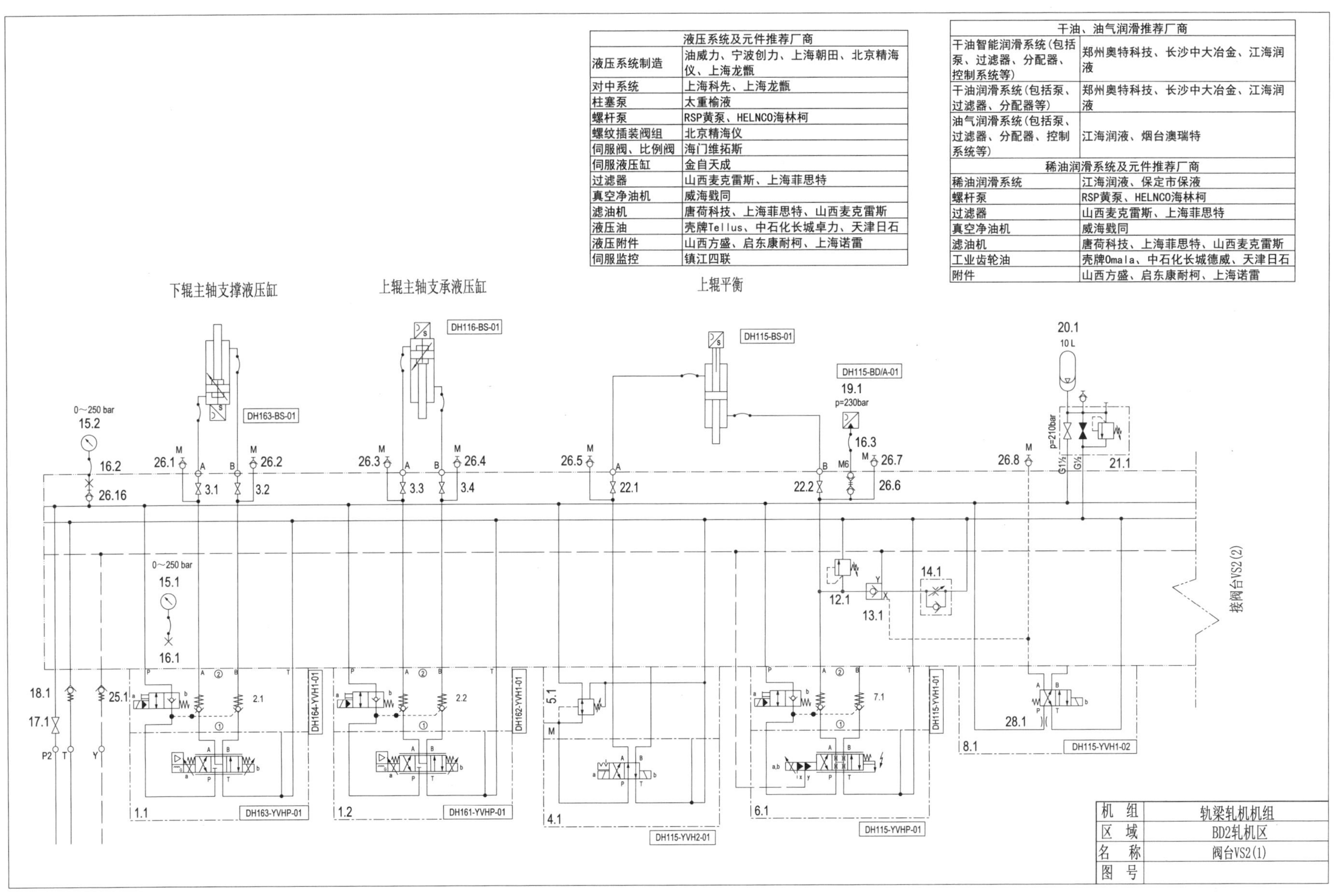

液压系统及元件推荐厂商	
液压系统制造	油威力、宁波创力、上海朝田、北京精海仪、上海龙甑
对中系统	上海科先、上海龙甑
柱塞泵	太重榆液
螺杆泵	RSP黄泵、HELNCO海林柯
螺纹插装阀组	北京精海仪
伺服阀、比例阀	海门维拓斯
伺服液压缸	金自天成
过滤器	山西麦克雷斯、上海菲思特
真空净油机	威海戬同
滤油机	唐荷科技、上海菲思特、山西麦克雷斯
液压油	壳牌Tellus、中石化长城卓力、天津日石
液压附件	山西方盛、启东康耐柯、上海诺雷
伺服监控	镇江四联

干油、油气润滑推荐厂商	
干油智能润滑系统(包括泵、过滤器、分配器、控制系统等)	郑州奥特科技、长沙中大冶金、江海润液
干油润滑系统(包括泵、过滤器、分配器等)	郑州奥特科技、长沙中大冶金、江海润液
油气润滑系统(包括泵、过滤器、分配器、控制系统等)	江海润液、烟台澳瑞特
稀油润滑系统及元件推荐厂商	
稀油润滑系统	江海润液、保定市保液
螺杆泵	RSP黄泵、HELNCO海林柯
过滤器	山西麦克雷斯、上海菲思特
真空净油机	威海戬同
滤油机	唐荷科技、上海菲思特、山西麦克雷斯
工业齿轮油	壳牌Omala、中石化长城德威、天津日石
附件	山西方盛、启东康耐柯、上海诺雷

机　组	轧梁轧机机组
区　域	BD2轧机区
名　称	阀台VS2(1)
图　号	

8.2.6 BD2 轧机区阀台 VS2 原理图（2）

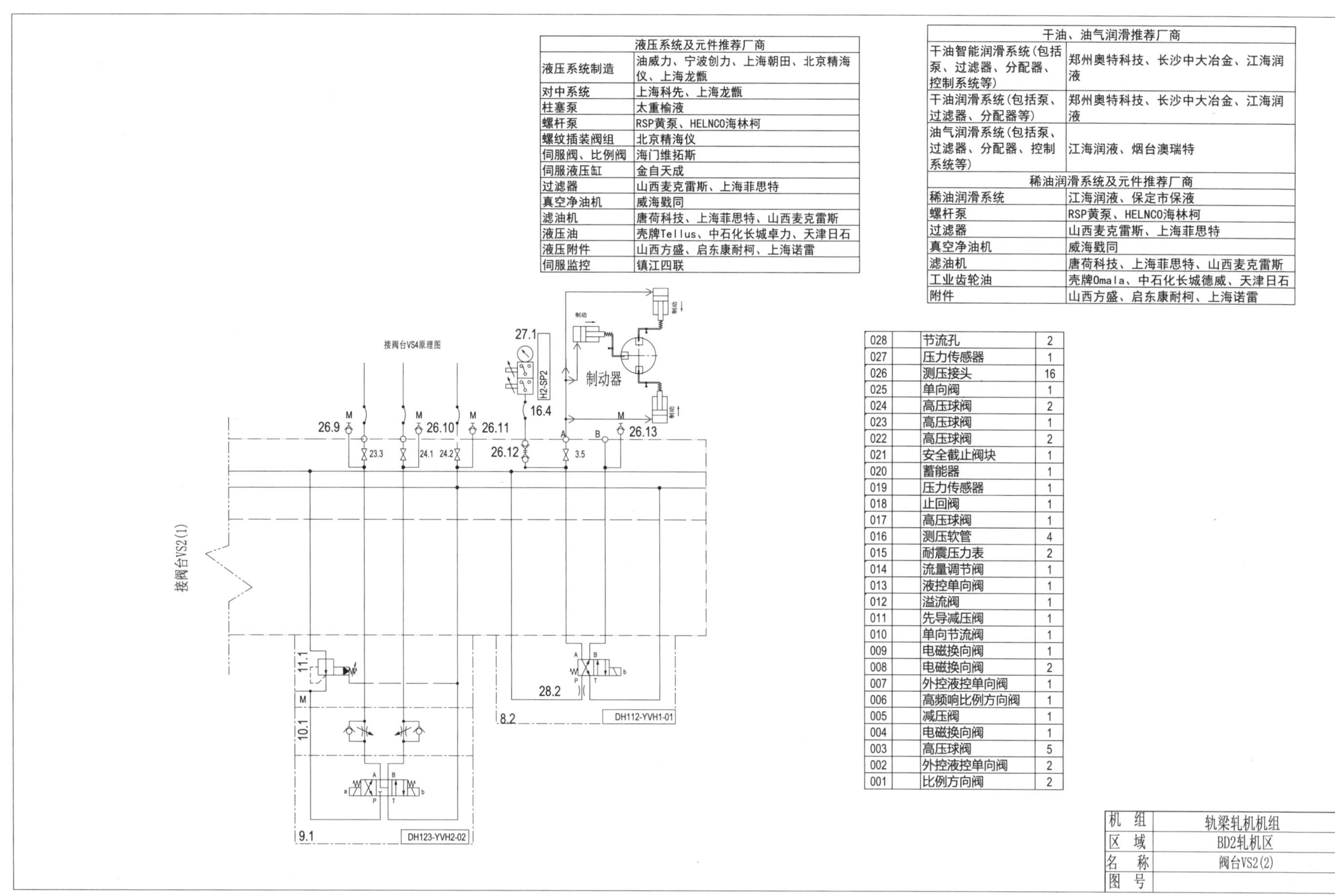

液压系统及元件推荐厂商	
液压系统制造	油威力、宁波创力、上海朝田、北京精海仪、上海龙甑
对中系统	上海科先、上海龙甑
柱塞泵	太重榆液
螺杆泵	RSP黄泵、HELNCO海林柯
螺纹插装阀组	北京精海仪
伺服阀、比例阀	海门维拓斯
伺服液压缸	金自天成
过滤器	山西麦克雷斯、上海菲思特
真空净油机	威海戥同
滤油机	唐荷科技、上海菲思特、山西麦克雷斯
液压油	壳牌Tellus、中石化长城卓力、天津日石
液压附件	山西方盛、启东康耐柯、上海诺雷
伺服监控	镇江四联

干油、油气润滑推荐厂商	
干油智能润滑系统(包括泵、过滤器、分配器、控制系统等)	郑州奥特科技、长沙中大冶金、江海润液
干油润滑系统(包括泵、过滤器、分配器等)	郑州奥特科技、长沙中大冶金、江海润液
油气润滑系统(包括泵、过滤器、分配器、控制系统等)	江海润液、烟台澳瑞特
稀油润滑系统及元件推荐厂商	
稀油润滑系统	江海润液、保定市保液
螺杆泵	RSP黄泵、HELNCO海林柯
过滤器	山西麦克雷斯、上海菲思特
真空净油机	威海戥同
滤油机	唐荷科技、上海菲思特、山西麦克雷斯
工业齿轮油	壳牌Omala、中石化长城德威、天津日石
附件	山西方盛、启东康耐柯、上海诺雷

028		节流孔	2
027		压力传感器	1
026		测压接头	16
025		单向阀	1
024		高压球阀	2
023		高压球阀	1
022		高压球阀	2
021		安全截止阀块	1
020		蓄能器	1
019		压力传感器	1
018		止回阀	1
017		高压球阀	1
016		测压软管	4
015		耐震压力表	2
014		流量调节阀	1
013		液控单向阀	1
012		溢流阀	1
011		先导减压阀	1
010		单向节流阀	1
009		电磁换向阀	1
008		电磁换向阀	2
007		外控液控单向阀	1
006		高频响比例方向阀	1
005		减压阀	1
004		电磁换向阀	1
003		高压球阀	5
002		外控液控单向阀	2
001		比例方向阀	2

机　组	轨梁轧机机组
区　域	BD2轧机区
名　称	阀台VS2(2)
图　号	

8.2.7 BD2 轧机区阀台 VS3 原理图

液压系统及元件推荐厂商	
液压系统制造	油威力、宁波创力、上海朝田、北京精海仪、上海龙甑
对中系统	上海科先、上海龙甑
柱塞泵	太重榆液
螺杆泵	RSP黄泵、HELNCO海林柯
螺纹插装阀组	北京精海仪
伺服阀、比例阀	海门维拓斯
伺服液压缸	金自天成
过滤器	山西麦克雷斯、上海菲思特
真空净油机	威海戥同
滤油机	唐荷科技、上海菲思特、山西麦克雷斯
液压油	壳牌Tellus、中石化长城卓力、天津日石
液压附件	山西方盛、启东康耐柯、上海诺雷
伺服监控	镇江四联

回松装置顶部液压缸(操作侧)

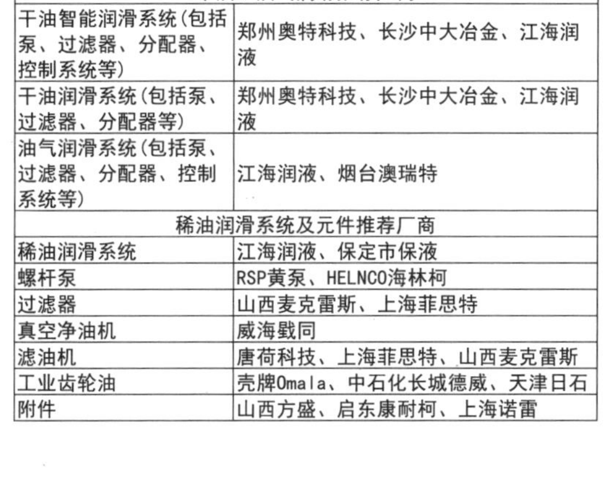

干油、油气润滑推荐厂商	
干油智能润滑系统(包括泵、过滤器、分配器、控制系统等)	郑州奥特科技、长沙中大冶金、江海润液
干油润滑系统(包括泵、过滤器、分配器等)	郑州奥特科技、长沙中大冶金、江海润液
油气润滑系统(包括泵、过滤器、分配器、控制系统等)	江海润液、烟台澳瑞特
稀油润滑系统及元件推荐厂商	
稀油润滑系统	江海润液、保定市保液
螺杆泵	RSP黄泵、HELNCO海林柯
过滤器	山西麦克雷斯、上海菲思特
真空净油机	威海戥同
滤油机	唐荷科技、上海菲思特、山西麦克雷斯
工业齿轮油	壳牌Omala、中石化长城德威、天津日石
附件	山西方盛、启东康耐柯、上海诺雷

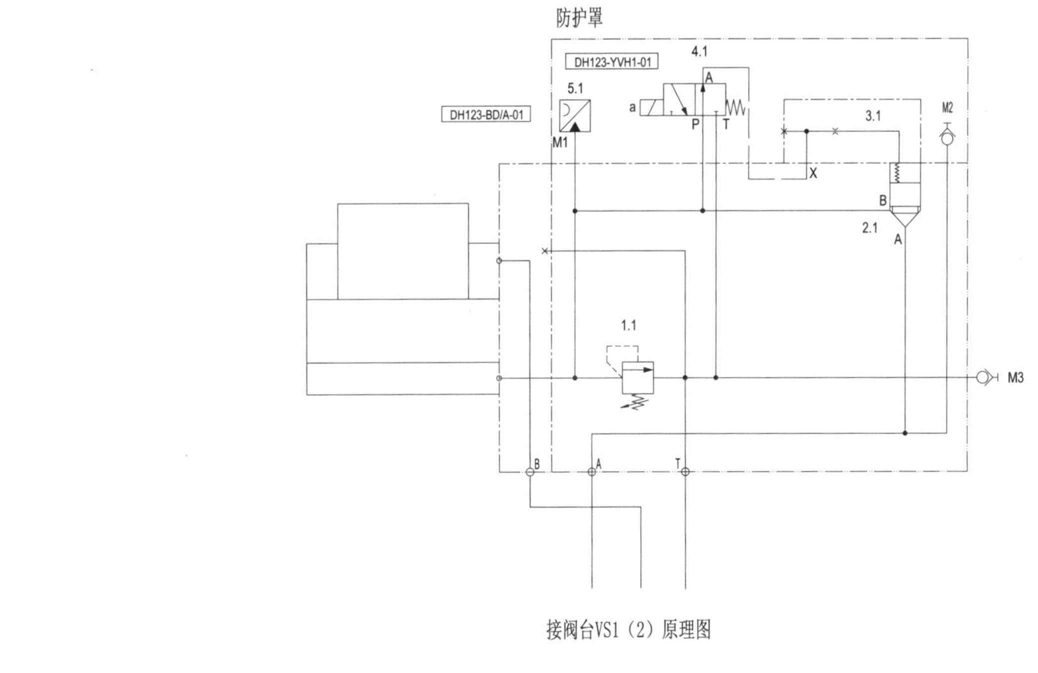

005		压力传感器	1		
004		电磁换向阀	1		
003		控制盖板	1		
002		插装阀	1		
001		溢流阀	1		
序号	件号	名称	数量	标准规格号	备注
明　细　表					

机　组	轧梁轧机机组
区　域	BD2轧机区
名　称	阀台VS3
图　号	

8.2.8 BD2 轧机区阀台 VS4 原理图

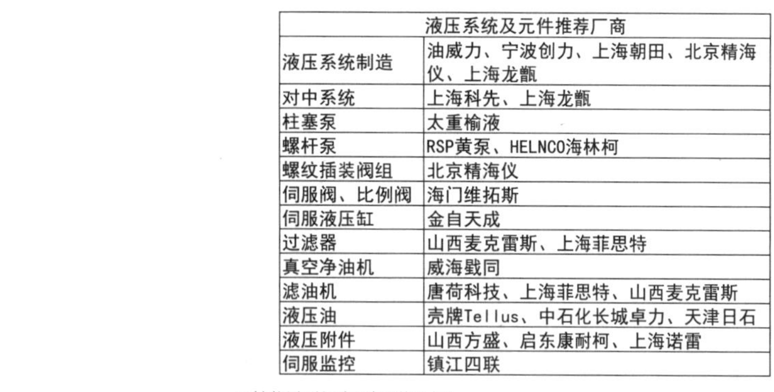

液压系统及元件推荐厂商	
液压系统制造	油威力、宁波创力、上海朝田、北京精海仪、上海龙甑
对中系统	上海科先、上海龙甑
柱塞泵	太重榆液
螺杆泵	RSP黄泵、HELNCO海林柯
螺纹插装阀组	北京精海仪
伺服阀、比例阀	海门维拓斯
伺服液压缸	金自天成
过滤器	山西麦克雷斯、上海菲思特
真空净油机	威海戥同
滤油机	唐荷科技、上海菲思特、山西麦克雷斯
液压油	壳牌Tellus、中石化长城卓力、天津日石
液压附件	山西方盛、启东康耐柯、上海诺雷
伺服监控	镇江四联

干油、油气润滑推荐厂商	
干油智能润滑系统(包括泵、过滤器、分配器、控制系统等)	郑州奥特科技、长沙中大冶金、江海润液
干油润滑系统(包括泵、过滤器、分配器等)	郑州奥特科技、长沙中大冶金、江海润液
油气润滑系统(包括泵、过滤器、分配器、控制系统等)	江海润液、烟台澳瑞特
稀油润滑系统及元件推荐厂商	
稀油润滑系统	江海润液、保定市保液
螺杆泵	RSP黄泵、HELNCO海林柯
过滤器	山西麦克雷斯、上海菲思特
真空净油机	威海戥同
滤油机	唐荷科技、上海菲思特、山西麦克雷斯
工业齿轮油	壳牌Omala、中石化长城德威、天津日石
附件	山西方盛、启东康耐柯、上海诺雷

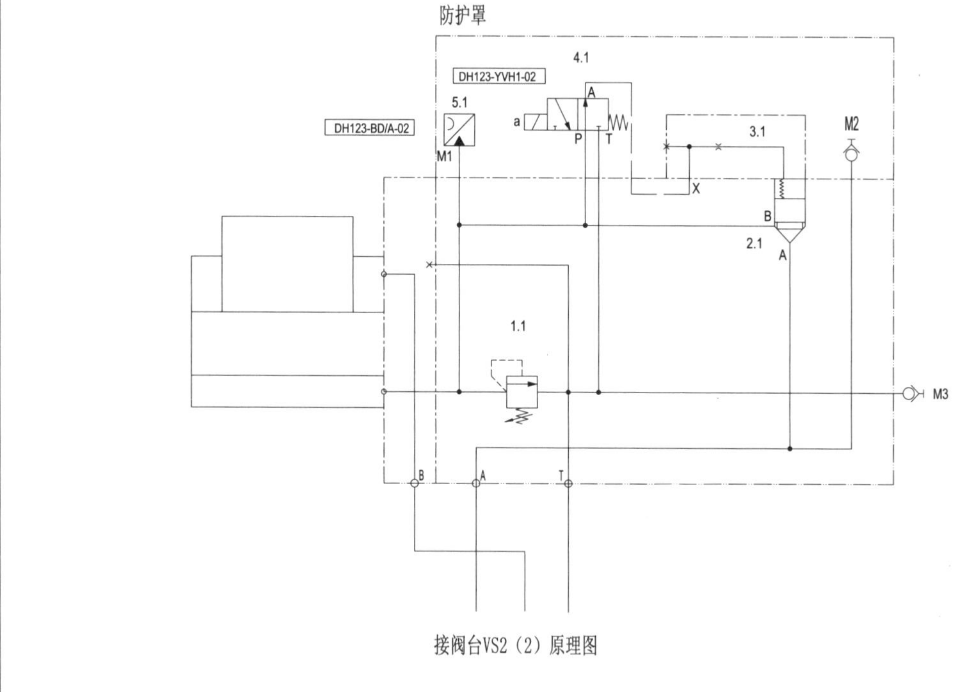

序号	件号	名称	数量	标准规格号	备注
005		压力传感器	1		
004		电磁换向阀	1		
003		控制盖板	1		
002		插装阀	1		
001		溢流阀	1		

明 细 表

机 组	轨梁轧机机组
区 域	BD2轧机区
名 称	阀台VS4
图 号	

8.2.9 BD2 轧机区阀台 VS5 原理图（1）

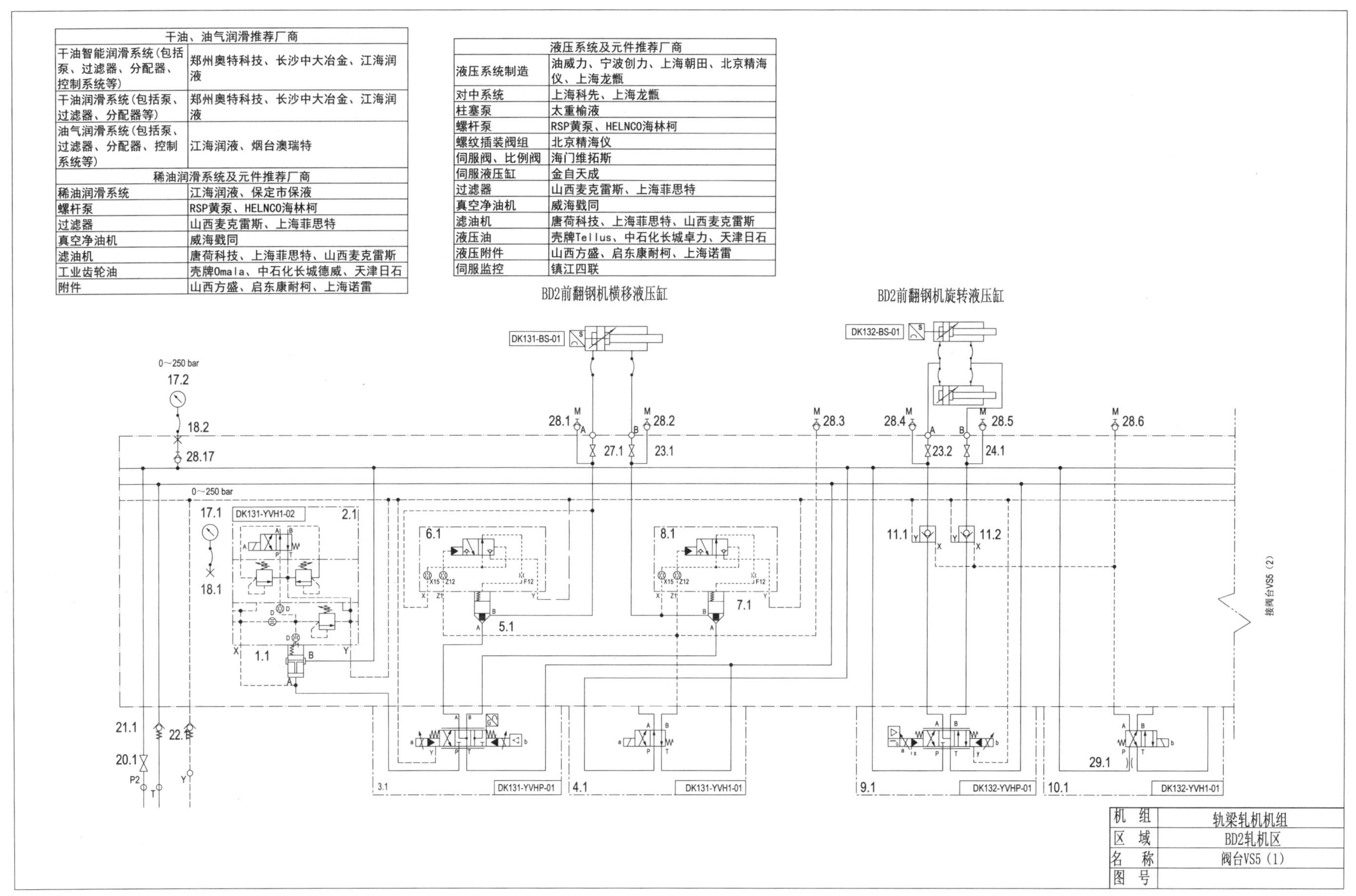

干油、油气润滑推荐厂商	
干油智能润滑系统(包括泵、过滤器、分配器、控制系统等)	郑州奥特科技、长沙中大冶金、江海润液
干油润滑系统(包括泵、过滤器、分配器等)	郑州奥特科技、长沙中大冶金、江海润液
油气润滑系统(包括泵、过滤器、分配器、控制系统等)	江海润液、烟台澳瑞特
稀油润滑系统及元件推荐厂商	
稀油润滑系统	江海润液、保定市保液
螺杆泵	RSP黄泵、HELNCO海林柯
过滤器	山西麦克雷斯、上海菲思特
真空净油机	威海戥同
滤油机	唐荷科技、上海菲思特、山西麦克雷斯
工业齿轮油	壳牌Omala、中石化长城德威、天津日石
附件	山西方盛、启东康耐柯、上海诺雷

液压系统及元件推荐厂商	
液压系统制造	油威力、宁波创力、上海朝田、北京精海仪、上海龙甑
对中系统	上海科先、上海龙甑
柱塞泵	太重榆液
螺杆泵	RSP黄泵、HELNCO海林柯
螺纹插装阀组	北京精海仪
伺服阀、比例阀	海门维拓斯
伺服液压缸	金自天成
过滤器	山西麦克雷斯、上海菲思特
真空净油机	威海戥同
滤油机	唐荷科技、上海菲思特、山西麦克雷斯
液压油	壳牌Tellus、中石化长城卓力、天津日石
液压附件	山西方盛、启东康耐柯、上海诺雷
伺服监控	镇江四联

机　组	轨梁轧机机组
区　域	BD2轧机区
名　称	阀台VS5（1）
图　号	

8.2.10 BD2 轧机区阀台 VS5 原理图（2）

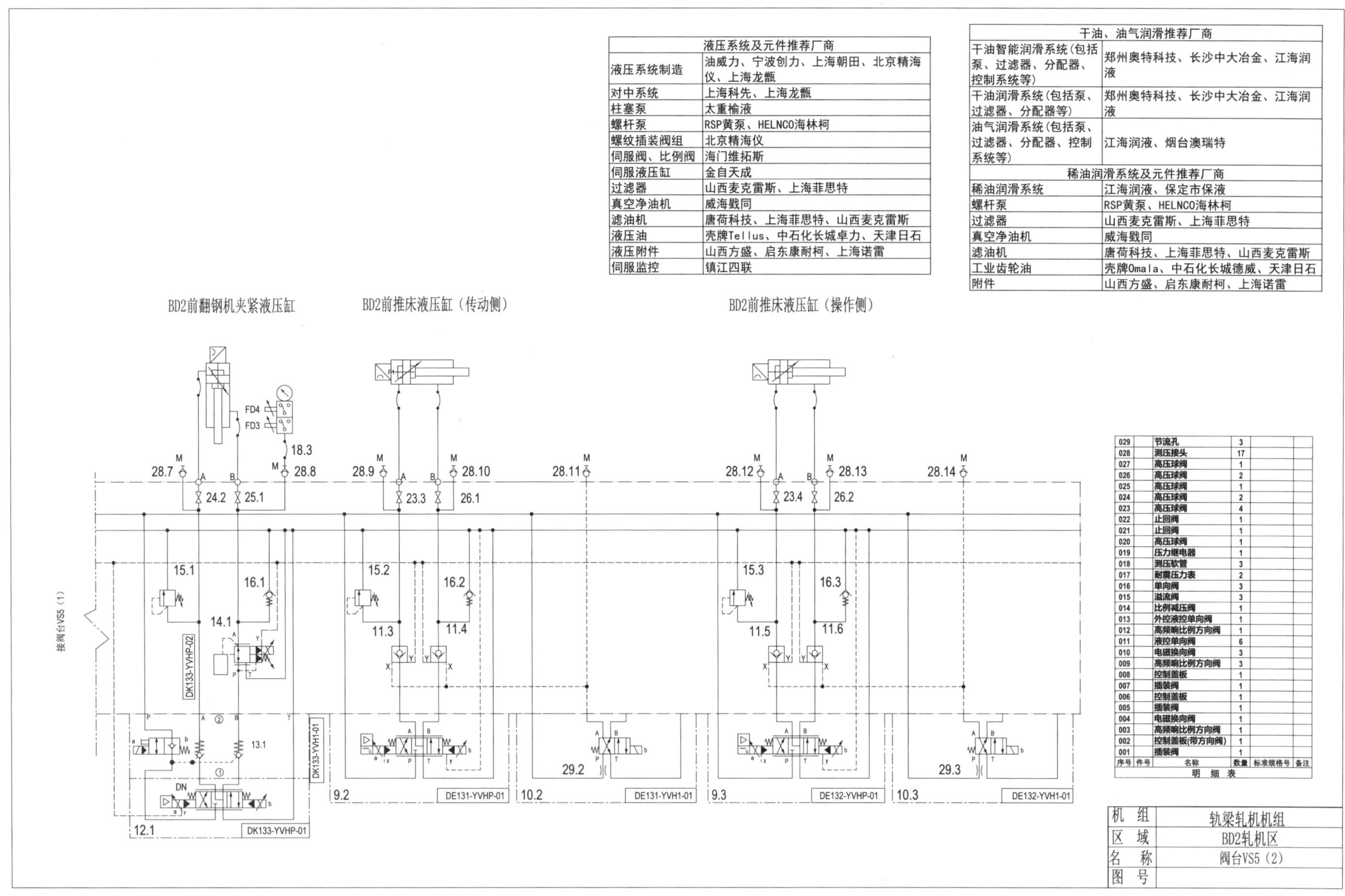

液压系统及元件推荐厂商	
液压系统制造	油威力、宁波创力、上海朝田、北京精海仪、上海龙甑
对中系统	上海科先、上海龙甑
柱塞泵	太重榆液
螺杆泵	RSP黄泵、HELNCO海林柯
螺纹插装阀组	北京精海仪
伺服阀、比例阀	海门维拓斯
伺服液压缸	金自天成
过滤器	山西麦克雷斯、上海菲思特
真空净油机	威海戥同
滤油机	唐荷科技、上海菲思特、山西麦克雷斯
液压油	壳牌Tellus、中石化长城卓力、天津日石
液压附件	山西方盛、启东康耐柯、上海诺雷
伺服监控	镇江四联

干油、油气润滑推荐厂商	
干油智能润滑系统(包括泵、过滤器、分配器、控制系统等)	郑州奥特科技、长沙中大冶金、江海润液
干油润滑系统(包括泵、过滤器、分配器等)	郑州奥特科技、长沙中大冶金、江海润液
油气润滑系统(包括泵、过滤器、分配器、控制系统等)	江海润液、烟台澳瑞特
稀油润滑系统及元件推荐厂商	
稀油润滑系统	江海润液、保定市保液
螺杆泵	RSP黄泵、HELNCO海林柯
过滤器	山西麦克雷斯、上海菲思特
真空净油机	威海戥同
滤油机	唐荷科技、上海菲思特、山西麦克雷斯
工业齿轮油	壳牌Omala、中石化长城德威、天津日石
附件	山西方盛、启东康耐柯、上海诺雷

序号	件号	名称	数量	标准规格号	备注
029		节流孔	3		
028		测压接头	17		
027		高压球阀	1		
026		高压球阀	2		
025		高压球阀	1		
024		高压球阀	2		
023		高压球阀	4		
022		止回阀	1		
021		止回阀	1		
020		高压球阀	1		
019		压力继电器	1		
018		测压软管	3		
017		耐震压力表	2		
016		单向阀	3		
015		溢流阀	3		
014		比例减压阀	1		
013		外控液控单向阀	1		
012		高频响比例方向阀	1		
011		液控单向阀	6		
010		电磁换向阀	3		
009		高频响比例方向阀	3		
008		控制盖板	1		
007		插装阀	1		
006		控制盖板	1		
005		插装阀	1		
004		电磁换向阀	1		
003		高频响比例方向阀	1		
002		控制盖板(带方向阀)	1		
001		插装阀	1		

明　细　表

机　组	轨梁轧机机组
区　域	BD2轧机区
名　称	阀台VS5（2）
图　号	

8.2.11 BD2 轧机区阀台 VS6 原理图（1）

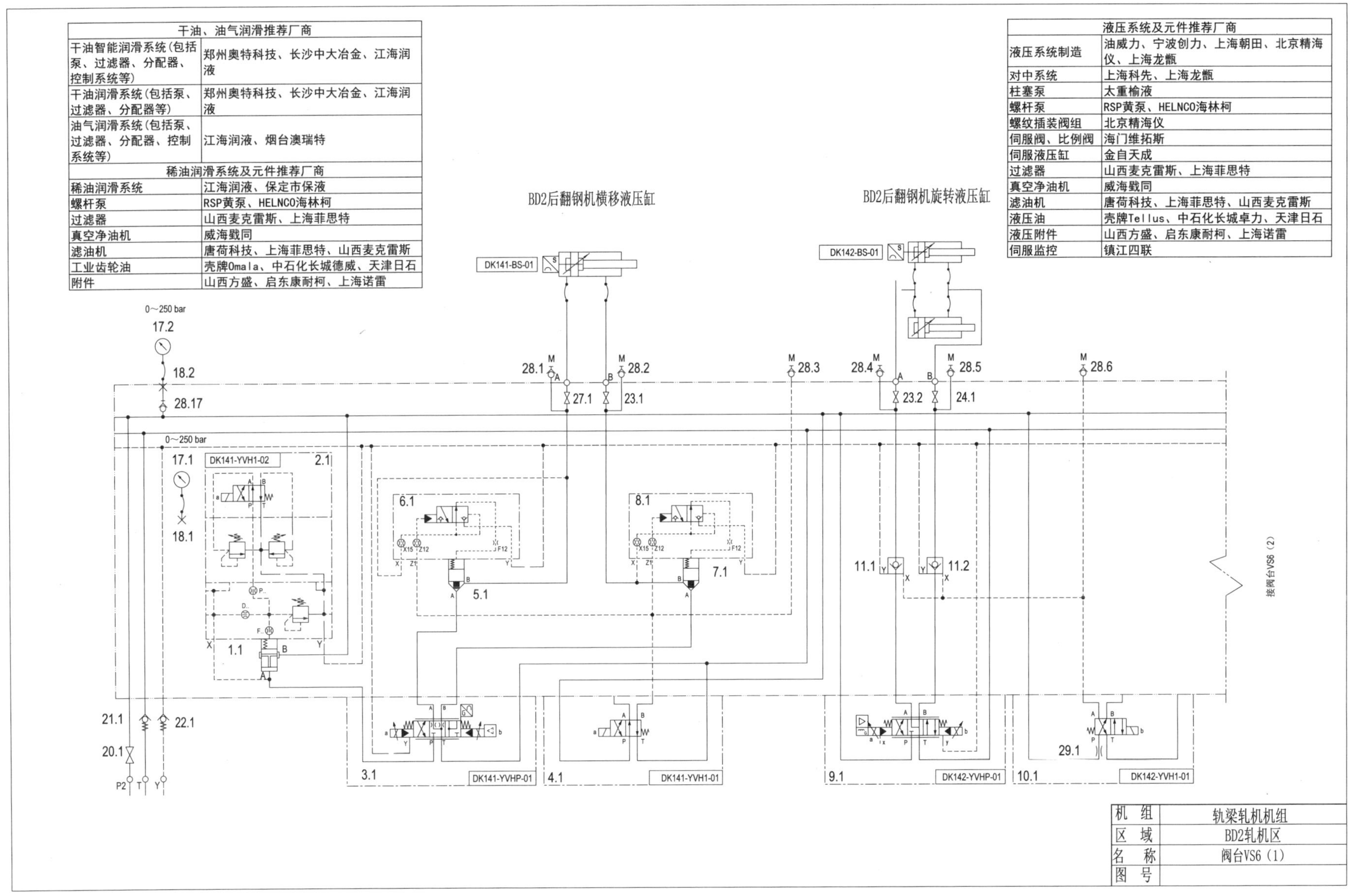

干油、油气润滑推荐厂商	
干油智能润滑系统(包括泵、过滤器、分配器、控制系统等)	郑州奥特科技、长沙中大冶金、江海润液
干油润滑系统(包括泵、过滤器、分配器等)	郑州奥特科技、长沙中大冶金、江海润液
油气润滑系统(包括泵、过滤器、分配器、控制系统等)	江海润液、烟台澳瑞特
稀油润滑系统及元件推荐厂商	
稀油润滑系统	江海润液、保定市保液
螺杆泵	RSP黄泵、HELNCO海林柯
过滤器	山西麦克雷斯、上海菲思特
真空净油机	威海戥同
滤油机	唐荷科技、上海菲思特、山西麦克雷斯
工业齿轮油	壳牌Omala、中石化长城德威、天津日石
附件	山西方盛、启东康耐柯、上海诺雷

液压系统及元件推荐厂商	
液压系统制造	油威力、宁波创力、上海朝田、北京精海仪、上海龙甑
对中系统	上海科先、上海龙甑
柱塞泵	太重榆液
螺杆泵	RSP黄泵、HELNCO海林柯
螺纹插装阀组	北京精海仪
伺服阀、比例阀	海门维拓斯
伺服液压缸	金自天成
过滤器	山西麦克雷斯、上海菲思特
真空净油机	威海戥同
滤油机	唐荷科技、上海菲思特、山西麦克雷斯
液压油	壳牌Tellus、中石化长城卓力、天津日石
液压附件	山西方盛、启东康耐柯、上海诺雷
伺服监控	镇江四联

机　组	轨梁轧机机组
区　域	BD2轧机区
名　称	阀台VS6（1）
图　号	

8.2.12 BD2 轧机区阀台 VS6 原理图（2）

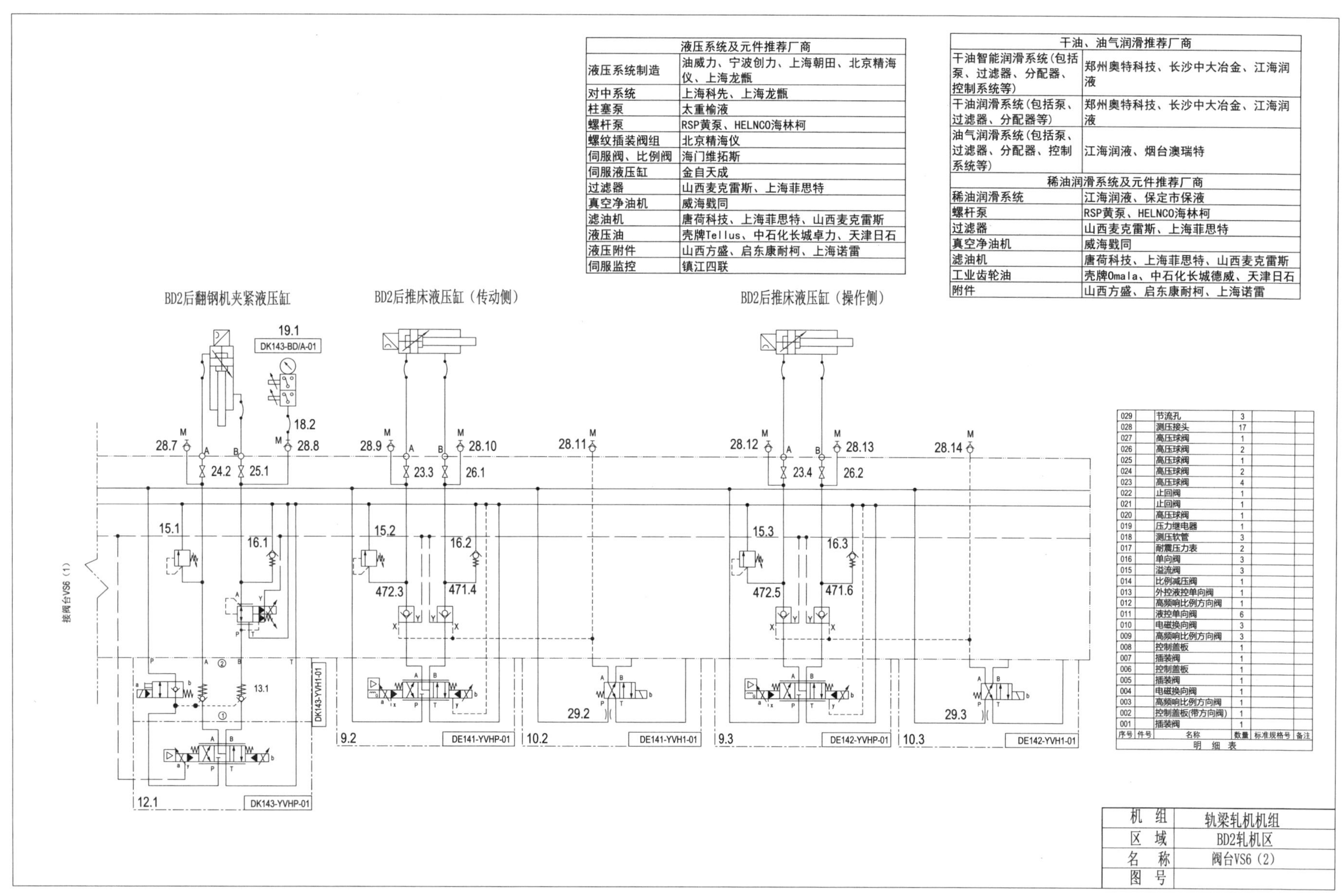

8.2.13 BD2 轧机区阀台 VS7 原理图

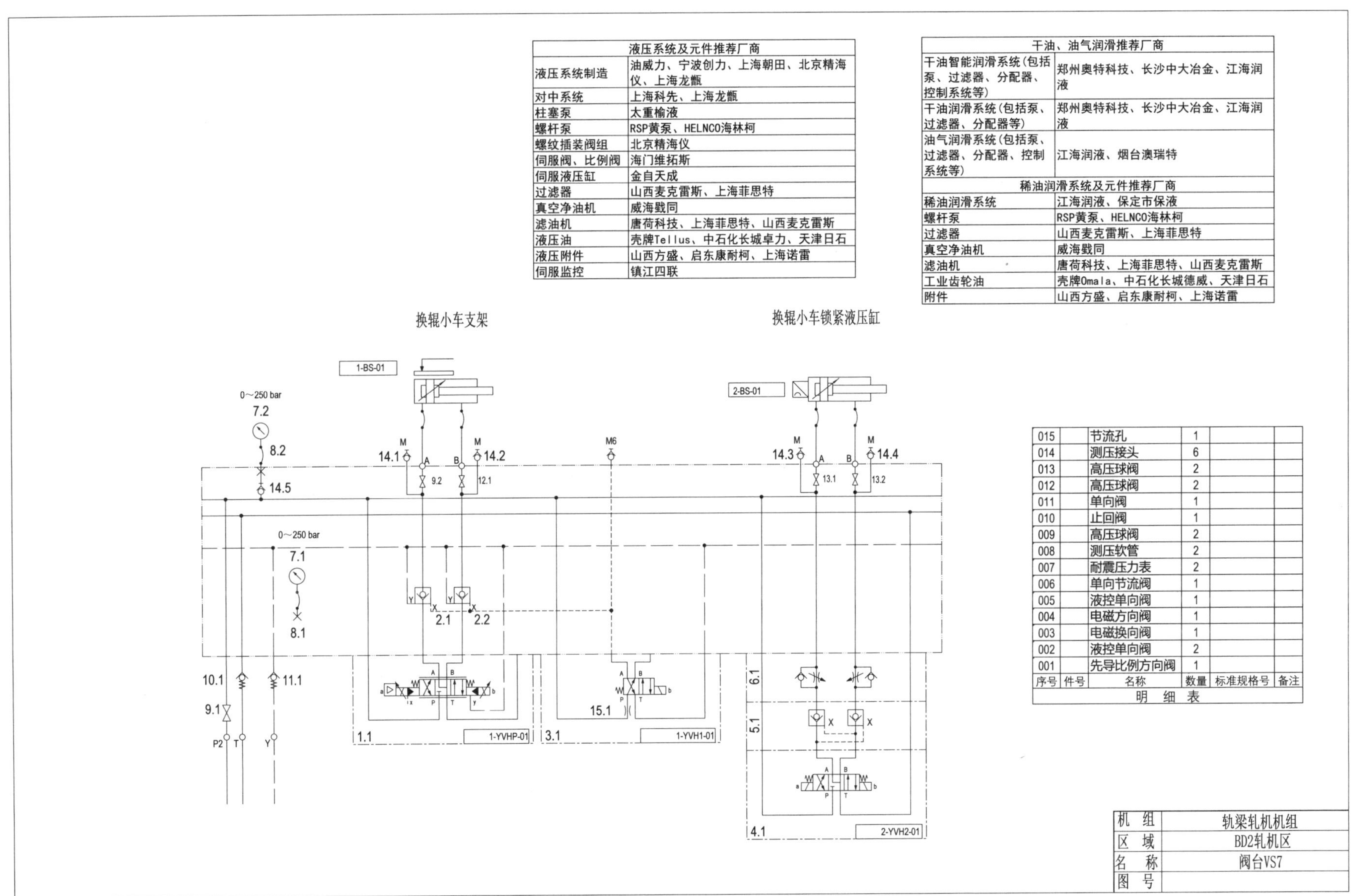

液压系统及元件推荐厂商	
液压系统制造	油威力、宁波创力、上海朝田、北京精海仪、上海龙甑
对中系统	上海科先、上海龙甑
柱塞泵	太重榆液
螺杆泵	RSP黄泵、HELNCO海林柯
螺纹插装阀组	北京精海仪
伺服阀、比例阀	海门维拓斯
伺服液压缸	金自天成
过滤器	山西麦克雷斯、上海菲思特
真空净油机	威海戬同
滤油机	唐荷科技、上海菲思特、山西麦克雷斯
液压油	壳牌Tellus、中石化长城卓力、天津日石
液压附件	山西方盛、启东康耐柯、上海诺雷
伺服监控	镇江四联

干油、油气润滑推荐厂商	
干油智能润滑系统(包括泵、过滤器、分配器、控制系统等)	郑州奥特科技、长沙中大冶金、江海润液
干油润滑系统(包括泵、过滤器、分配器等)	郑州奥特科技、长沙中大冶金、江海润液
油气润滑系统(包括泵、过滤器、分配器、控制系统等)	江海润液、烟台澳瑞特
稀油润滑系统及元件推荐厂商	
稀油润滑系统	江海润液、保定市保液
螺杆泵	RSP黄泵、HELNCO海林柯
过滤器	山西麦克雷斯、上海菲思特
真空净油机	威海戬同
滤油机	唐荷科技、上海菲思特、山西麦克雷斯
工业齿轮油	壳牌Omala、中石化长城德威、天津日石
附件	山西方盛、启东康耐柯、上海诺雷

序号	件号	名称	数量	标准规格号	备注
015		节流孔	1		
014		测压接头	6		
013		高压球阀	2		
012		高压球阀	2		
011		单向阀	1		
010		止回阀	1		
009		高压球阀	2		
008		测压软管	2		
007		耐震压力表	2		
006		单向节流阀	1		
005		液控单向阀	1		
004		电磁方向阀	1		
003		电磁换向阀	1		
002		液控单向阀	2		
001		先导比例方向阀	1		

明　细　表

机　组	轨梁轧机机组
区　域	BD2轧机区
名　称	阀台VS7
图　号	

8.2.14 BD2 轧机区阀台 VS8 原理图

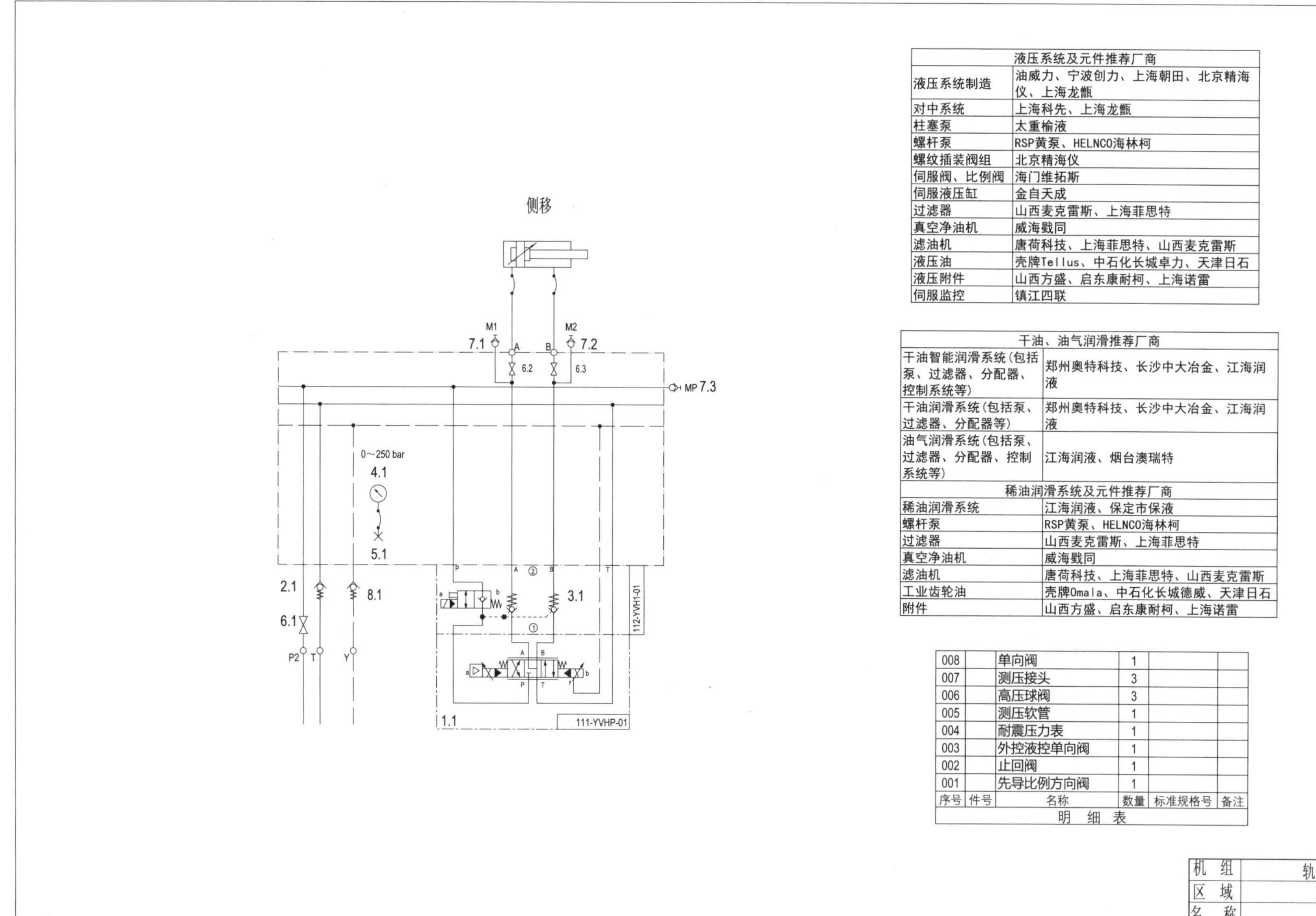

液压系统及元件推荐厂商	
液压系统制造	油威力、宁波创力、上海朝田、北京精海仪、上海龙甑
对中系统	上海科先、上海龙甑
柱塞泵	太重榆液
螺杆泵	RSP黄泵、HELNCO海林柯
螺纹插装阀组	北京精海仪
伺服阀、比例阀	海门维拓斯
伺服液压缸	金自天成
过滤器	山西麦克雷斯、上海菲思特
真空净油机	威海戥同
滤油机	唐荷科技、上海菲思特、山西麦克雷斯
液压油	壳牌Tellus、中石化长城卓力、天津日石
液压附件	山西方盛、启东康耐柯、上海诺雷
伺服监控	镇江四联

干油、油气润滑推荐厂商	
干油智能润滑系统(包括泵、过滤器、分配器、控制系统等)	郑州奥特科技、长沙中大冶金、江海润液
干油润滑系统(包括泵、过滤器、分配器等)	郑州奥特科技、长沙中大冶金、江海润液
油气润滑系统(包括泵、过滤器、分配器、控制系统等)	江海润液、烟台澳瑞特
稀油润滑系统及元件推荐厂商	
稀油润滑系统	江海润液、保定市保液
螺杆泵	RSP黄泵、HELNCO海林柯
过滤器	山西麦克雷斯、上海菲思特
真空净油机	威海戥同
滤油机	唐荷科技、上海菲思特、山西麦克雷斯
工业齿轮油	壳牌Omala、中石化长城德威、天津日石
附件	山西方盛、启东康耐柯、上海诺雷

序号	件号	名称	数量	标准规格号	备注
008		单向阀	1		
007		测压接头	3		
006		高压球阀	3		
005		测压软管	1		
004		耐震压力表	1		
003		外控液控单向阀	1		
002		止回阀	1		
001		先导比例方向阀	1		

明 细 表

机 组	轨梁轧机机组
区 域	BD2轧机区
名 称	阀台VS8
图 号	

8.2.15 BD2 轧机区阀台 VS9 原理图

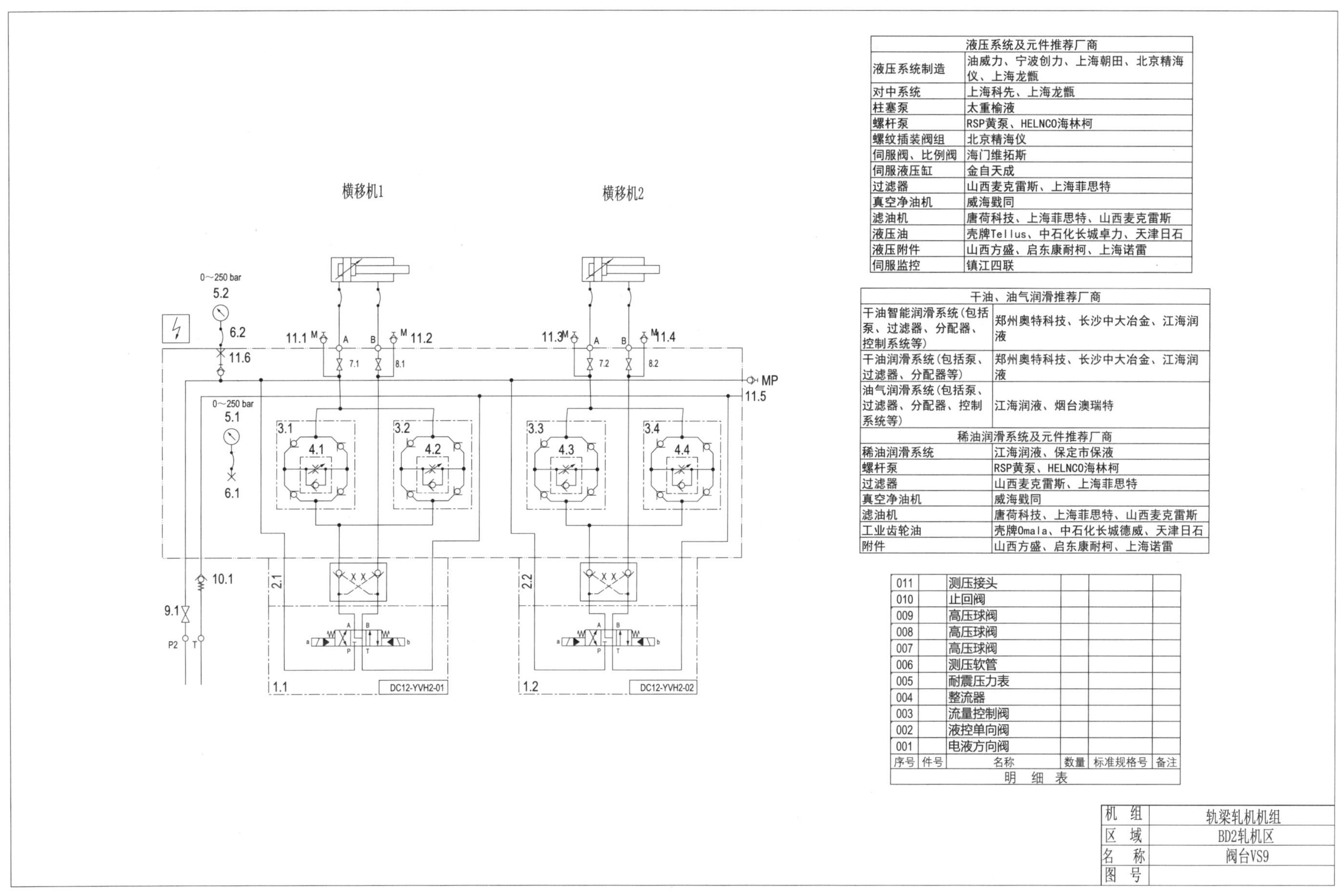

液压系统及元件推荐厂商	
液压系统制造	油威力、宁波创力、上海朝田、北京精海仪、上海龙甑
对中系统	上海科先、上海龙甑
柱塞泵	太重榆液
螺杆泵	RSP黄泵、HELNCO海林柯
螺纹插装阀组	北京精海仪
伺服阀、比例阀	海门维拓斯
伺服液压缸	金自天成
过滤器	山西麦克雷斯、上海菲思特
真空净油机	威海戳同
滤油机	唐荷科技、上海菲思特、山西麦克雷斯
液压油	壳牌Tellus、中石化长城卓力、天津日石
液压附件	山西方盛、启东康耐柯、上海诺雷
伺服监控	镇江四联

干油、油气润滑推荐厂商	
干油智能润滑系统（包括泵、过滤器、分配器、控制系统等）	郑州奥特科技、长沙中大冶金、江海润液
干油润滑系统（包括泵、过滤器、分配器等）	郑州奥特科技、长沙中大冶金、江海润液
油气润滑系统（包括泵、过滤器、分配器、控制系统等）	江海润液、烟台澳瑞特
稀油润滑系统及元件推荐厂商	
稀油润滑系统	江海润液、保定市保液
螺杆泵	RSP黄泵、HELNCO海林柯
过滤器	山西麦克雷斯、上海菲思特
真空净油机	威海戳同
滤油机	唐荷科技、上海菲思特、山西麦克雷斯
工业齿轮油	壳牌Omala、中石化长城德威、天津日石
附件	山西方盛、启东康耐柯、上海诺雷

序号	件号	名称	数量	标准规格号	备注
011		测压接头			
010		止回阀			
009		高压球阀			
008		高压球阀			
007		高压球阀			
006		测压软管			
005		耐震压力表			
004		整流器			
003		流量控制阀			
002		液控单向阀			
001		电液方向阀			

明　细　表

机　组	轨梁轧机机组
区　域	BD2轧机区
名　称	阀台VS9
图　号	

8.2.16 BD2 轧机区阀台 VS10 原理图

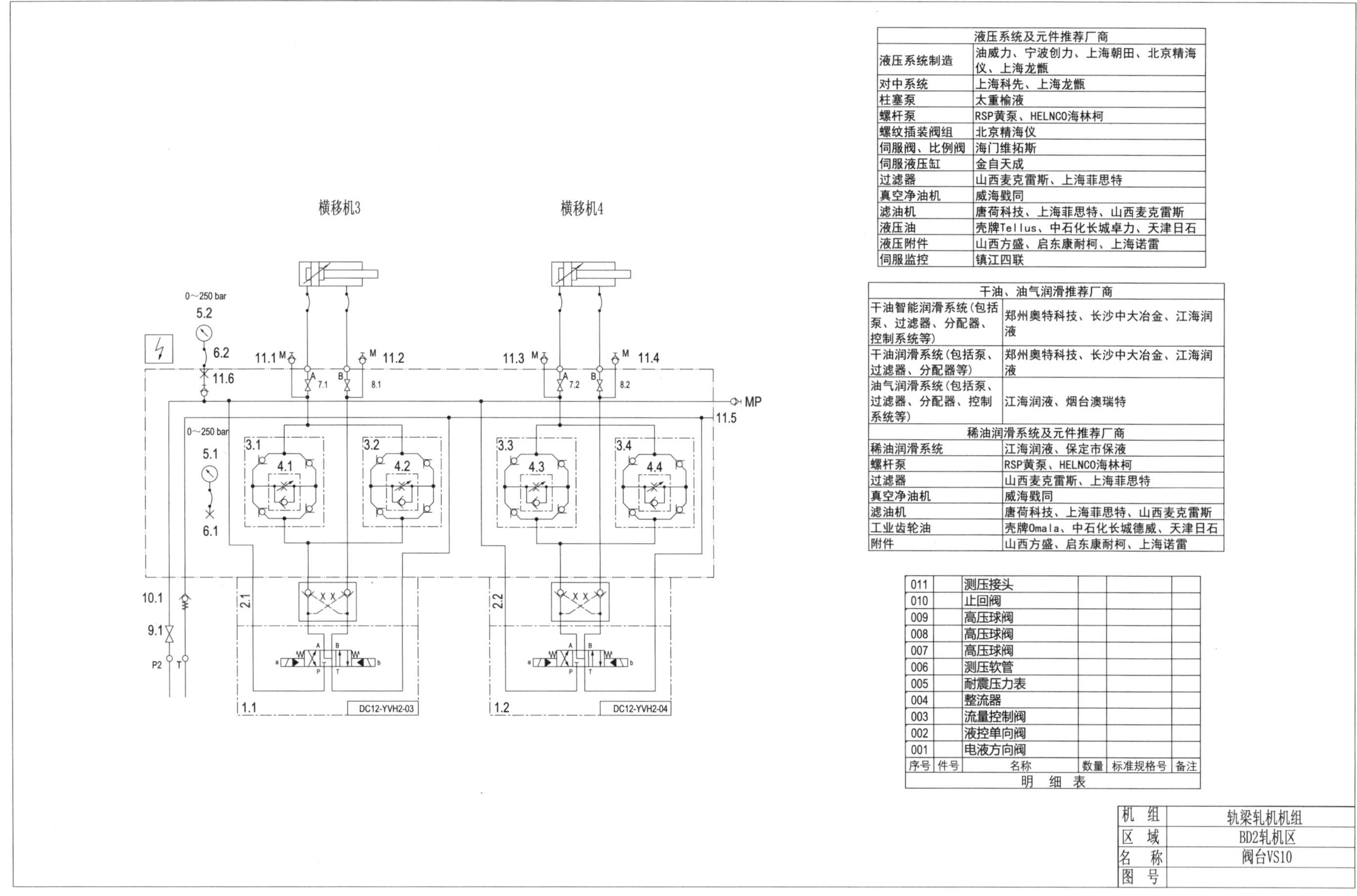

液压系统及元件推荐厂商	
液压系统制造	油威力、宁波创力、上海朝田、北京精海仪、上海龙甑
对中系统	上海科先、上海龙甑
柱塞泵	太重榆液
螺杆泵	RSP黄泵、HELNCO海林柯
螺纹插装阀组	北京精海仪
伺服阀、比例阀	海门维拓斯
伺服液压缸	金自天成
过滤器	山西麦克雷斯、上海菲思特
真空净油机	威海戬同
滤油机	唐荷科技、上海菲思特、山西麦克雷斯
液压油	壳牌Tellus、中石化长城卓力、天津日石
液压附件	山西方盛、启东康耐柯、上海诺雷
伺服监控	镇江四联

干油、油气润滑推荐厂商	
干油智能润滑系统(包括泵、过滤器、分配器、控制系统等)	郑州奥特科技、长沙中大冶金、江海润液
干油润滑系统(包括泵、过滤器、分配器等)	郑州奥特科技、长沙中大冶金、江海润液
油气润滑系统(包括泵、过滤器、分配器、控制系统等)	江海润液、烟台澳瑞特
稀油润滑系统及元件推荐厂商	
稀油润滑系统	江海润液、保定市保液
螺杆泵	RSP黄泵、HELNCO海林柯
过滤器	山西麦克雷斯、上海菲思特
真空净油机	威海戬同
滤油机	唐荷科技、上海菲思特、山西麦克雷斯
工业齿轮油	壳牌Omala、中石化长城德威、天津日石
附件	山西方盛、启东康耐柯、上海诺雷

序号	件号	名称	数量	标准规格号	备注
011		测压接头			
010		止回阀			
009		高压球阀			
008		高压球阀			
007		高压球阀			
006		测压软管			
005		耐震压力表			
004		整流器			
003		流量控制阀			
002		液控单向阀			
001		电液方向阀			

明　细　表

机　组	轨梁轧机机组
区　域	BD2轧机区
名　称	阀台VS10
图　号	

8.2.17 BD2 轧机区阀台 VS11 原理图

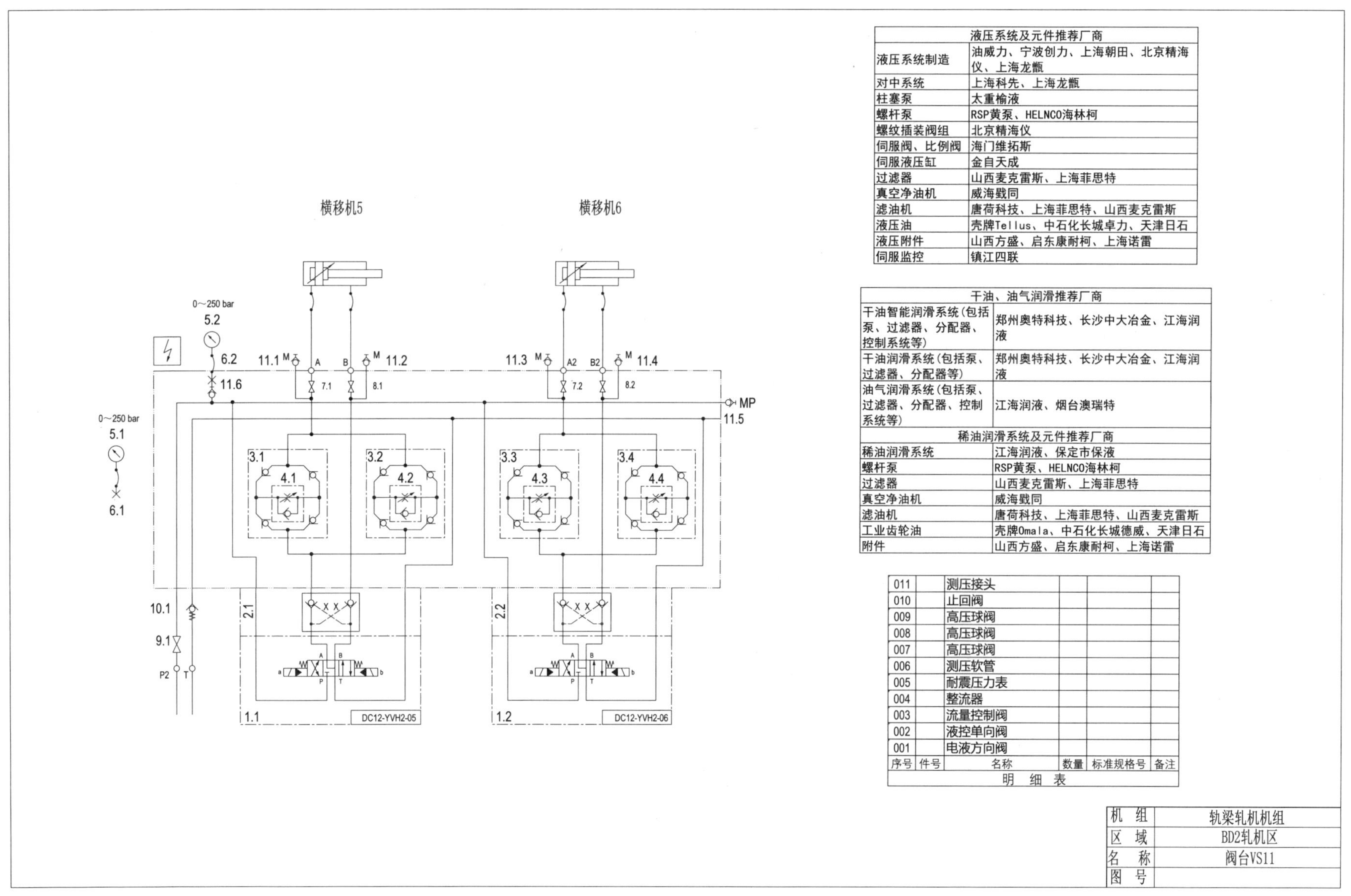

液压系统及元件推荐厂商	
液压系统制造	油威力、宁波创力、上海朝田、北京精海仪、上海龙甑
对中系统	上海科先、上海龙甑
柱塞泵	太重榆液
螺杆泵	RSP黄泵、HELNCO海林柯
螺纹插装阀组	北京精海仪
伺服阀、比例阀	海门维拓斯
伺服液压缸	金自天成
过滤器	山西麦克雷斯、上海菲思特
真空净油机	威海戥同
滤油机	唐荷科技、上海菲思特、山西麦克雷斯
液压油	壳牌Tellus、中石化长城卓力、天津日石
液压附件	山西方盛、启东康耐柯、上海诺雷
伺服监控	镇江四联

干油、油气润滑推荐厂商	
干油智能润滑系统(包括泵、过滤器、分配器、控制系统等)	郑州奥特科技、长沙中大冶金、江海润液
干油润滑系统(包括泵、过滤器、分配器等)	郑州奥特科技、长沙中大冶金、江海润液
油气润滑系统(包括泵、过滤器、分配器、控制系统等)	江海润液、烟台澳瑞特
稀油润滑系统及元件推荐厂商	
稀油润滑系统	江海润液、保定市保液
螺杆泵	RSP黄泵、HELNCO海林柯
过滤器	山西麦克雷斯、上海菲思特
真空净油机	威海戥同
滤油机	唐荷科技、上海菲思特、山西麦克雷斯
工业齿轮油	壳牌Omala、中石化长城德威、天津日石
附件	山西方盛、启东康耐柯、上海诺雷

序号	件号	名称	数量	标准规格号	备注
011		测压接头			
010		止回阀			
009		高压球阀			
008		高压球阀			
007		高压球阀			
006		测压软管			
005		耐震压力表			
004		整流器			
003		流量控制阀			
002		液控单向阀			
001		电液方向阀			

明　细　表

机　组	轨梁轧机机组
区　域	BD2轧机区
名　称	阀台VS11
图　号	

8.3 CCS 轧机区液压系统

8.3.1 CCS 轧机区液压泵站原理图

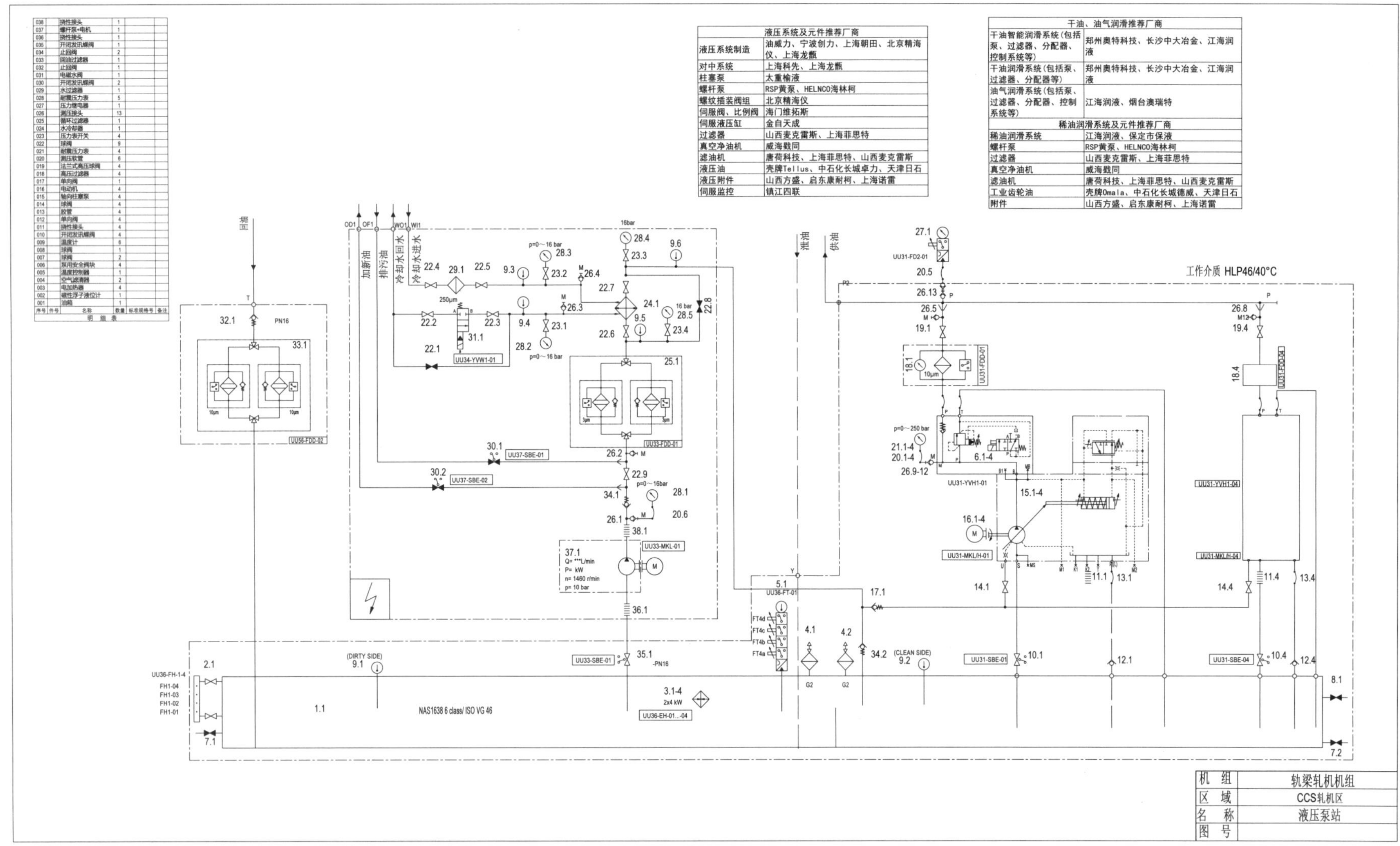

序号	件号	名称	数量	标准规格号	备注
038		挠性接头	1		
037		螺杆泵+电机	1		
036		挠性接头	1		
035		开闭发讯蝶阀	1		
034		止回阀	2		
033		回油过滤器	1		
032		止回阀	1		
031		电磁水阀	1		
030		开闭发讯蝶阀	2		
029		水过滤器	1		
028		耐震压力表	5		
027		压力继电器	1		
026		测压接头	13		
025		循环过滤器	1		
024		水冷却器	1		
023		压力表开关	4		
022		球阀	9		
021		耐震压力表	4		
020		测压软管	6		
019		法兰式高压球阀	4		
018		高压过滤器	4		
017		单向阀	1		
016		电动机	4		
015		轴向柱塞泵	4		
014		球阀	4		
013		胶管	4		
012		单向阀	4		
011		挠性接头	4		
010		开闭发讯蝶阀	4		
009		温度计	6		
008		球阀	1		
007		球阀	2		
006		泵用安全阀块	4		
005		温度控制器	1		
004		空气滤清器	2		
003		电加热器	4		
002		磁性浮子液位计	1		
001		油箱	1		

明细表

液压系统及元件推荐厂商	
液压系统制造	油威力、宁波创力、上海朝田、北京精海仪、上海龙甑
对中系统	上海科先、上海龙甑
柱塞泵	太重榆液
螺杆泵	RSP黄泵、HELNCO海林柯
螺纹插装阀组	北京精海仪
伺服阀、比例阀	海门维拓斯
伺服液压缸	金自天成
过滤器	山西麦克雷斯、上海菲思特
真空净油机	威海戳同
滤油机	唐荷科技、上海菲思特、山西麦克雷斯
液压油	壳牌Tellus、中石化长城卓力、天津日石
液压附件	山西方盛、启东康耐柯、上海诺雷
伺服监控	镇江四联

干油、油气润滑推荐厂商	
干油智能润滑系统(包括泵、过滤器、分配器、控制系统等)	郑州奥特科技、长沙中大冶金、江海润液
干油润滑系统(包括泵、过滤器、分配器等)	郑州奥特科技、长沙中大冶金、江海润液
油气润滑系统(包括泵、过滤器、分配器、控制系统等)	江海润液、烟台澳瑞特
稀油润滑系统及元件推荐厂商	
稀油润滑系统	江海润液、保定市保液
螺杆泵	RSP黄泵、HELNCO海林柯
过滤器	山西麦克雷斯、上海菲思特
真空净油机	威海戳同
滤油机	唐荷科技、上海菲思特、山西麦克雷斯
工业齿轮油	壳牌Omala、中石化长城德威、天津日石
附件	山西方盛、启东康耐柯、上海诺雷

机组	轨梁轧机机组
区域	CCS轧机区
名称	液压泵站
图号	

8.3.2 CCS 轧机区蓄能器站原理图

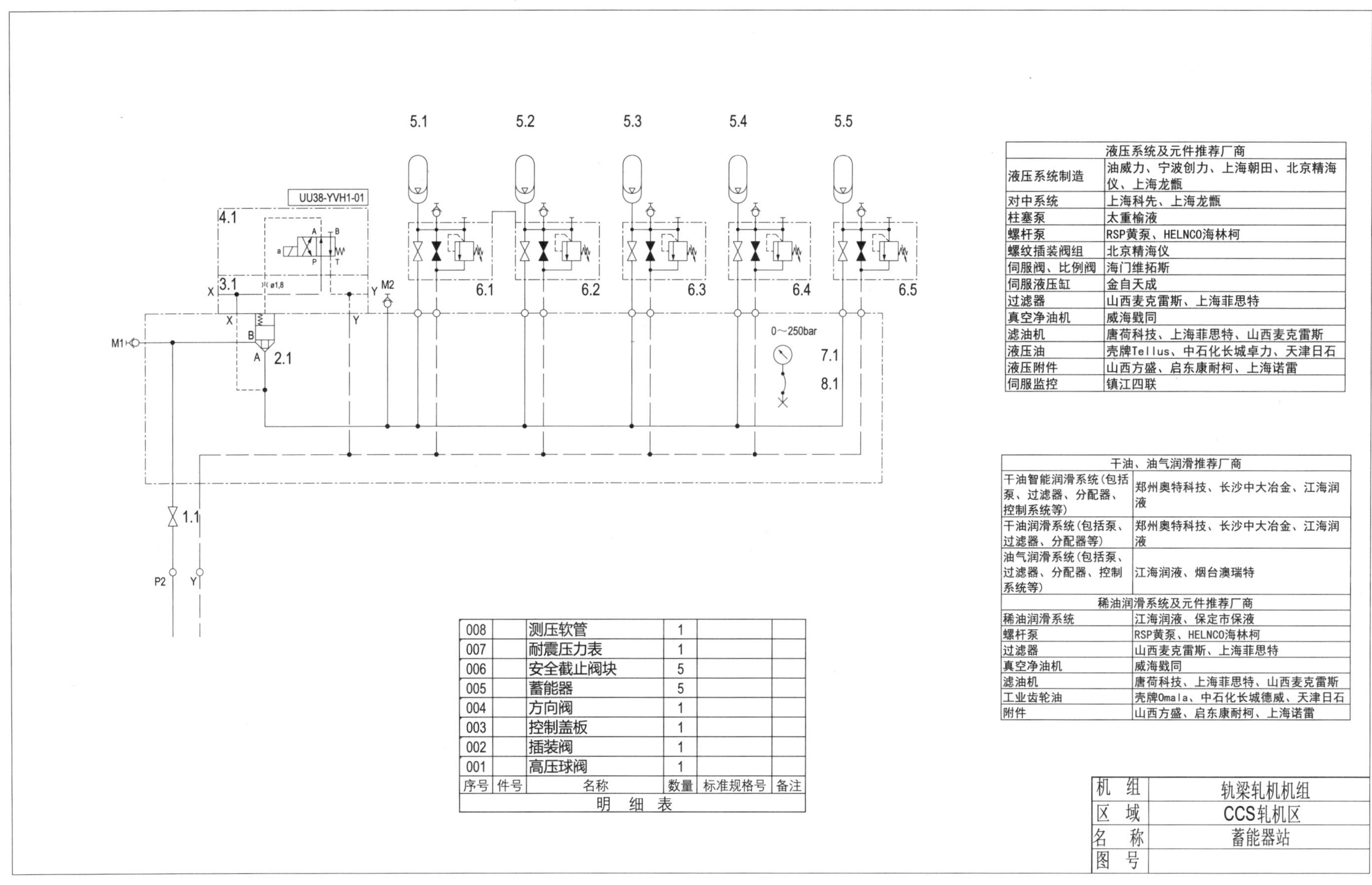

液压系统及元件推荐厂商	
液压系统制造	油威力、宁波创力、上海朝田、北京精海仪、上海龙甑
对中系统	上海科先、上海龙甑
柱塞泵	太重榆液
螺杆泵	RSP黄泵、HELNCO海林柯
螺纹插装阀组	北京精海仪
伺服阀、比例阀	海门维拓斯
伺服液压缸	金自天成
过滤器	山西麦克雷斯、上海菲思特
真空净油机	威海戥同
滤油机	唐荷科技、上海菲思特、山西麦克雷斯
液压油	壳牌Tellus、中石化长城卓力、天津日石
液压附件	山西方盛、启东康耐柯、上海诺雷
伺服监控	镇江四联

干油、油气润滑推荐厂商	
干油智能润滑系统(包括泵、过滤器、分配器、控制系统等)	郑州奥特科技、长沙中大冶金、江海润液
干油润滑系统(包括泵、过滤器、分配器等)	郑州奥特科技、长沙中大冶金、江海润液
油气润滑系统(包括泵、过滤器、分配器、控制系统等)	江海润液、烟台澳瑞特
稀油润滑系统及元件推荐厂商	
稀油润滑系统	江海润液、保定市保液
螺杆泵	RSP黄泵、HELNCO海林柯
过滤器	山西麦克雷斯、上海菲思特
真空净油机	威海戥同
滤油机	唐荷科技、上海菲思特、山西麦克雷斯
工业齿轮油	壳牌Omala、中石化长城德威、天津日石
附件	山西方盛、启东康耐柯、上海诺雷

序号	件号	名称	数量	标准规格号	备注
008		测压软管	1		
007		耐震压力表	1		
006		安全截止阀块	5		
005		蓄能器	5		
004		方向阀	1		
003		控制盖板	1		
002		插装阀	1		
001		高压球阀	1		

明　细　表

机　组	轧梁轧机机组
区　域	CCS轧机区
名　称	蓄能器站
图　号	

8.3.3 CCS 轧机区阀台 VS1 原理图

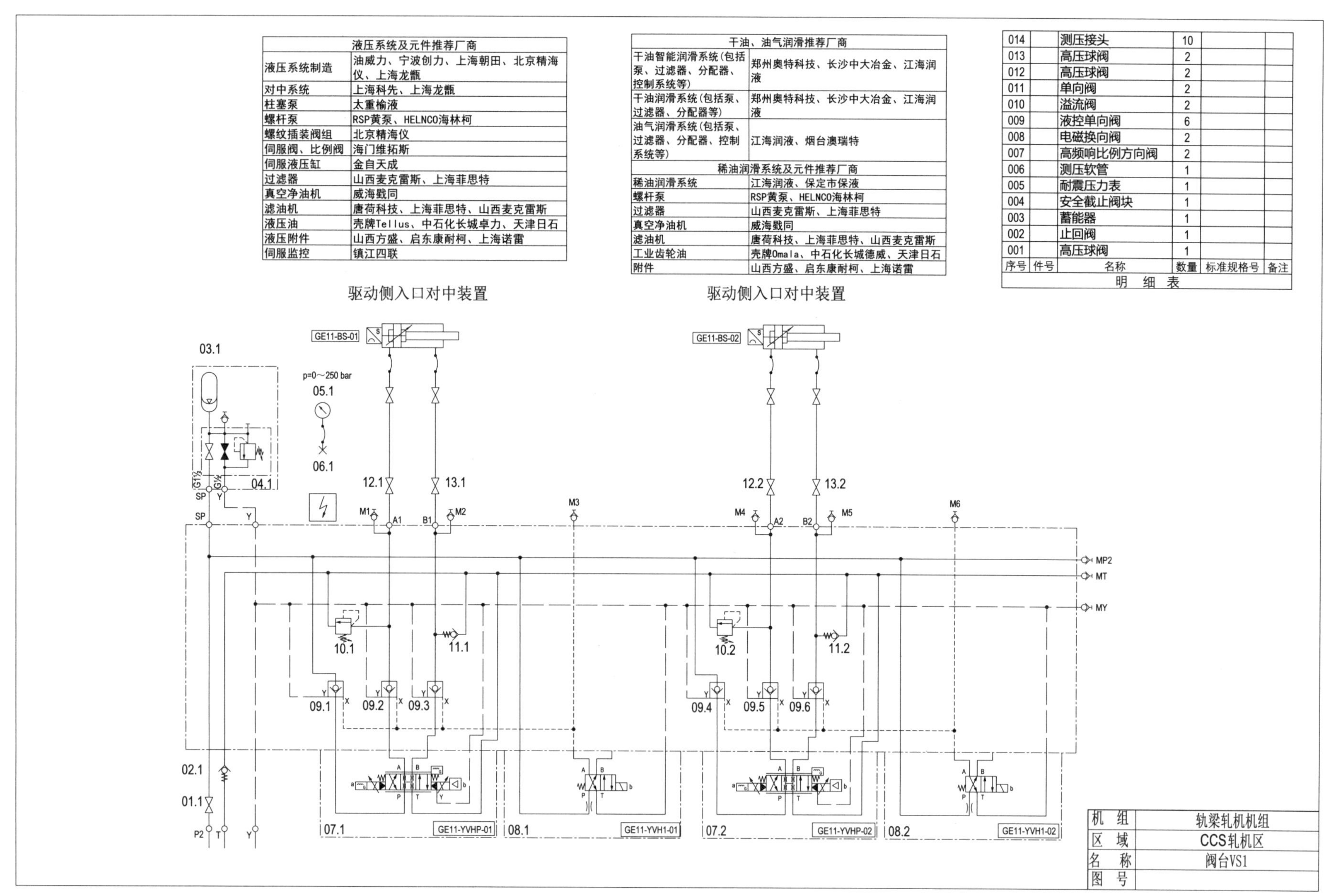

液压系统及元件推荐厂商	
液压系统制造	油威力、宁波创力、上海朝田、北京精海仪、上海龙甑
对中系统	上海科先、上海龙甑
柱塞泵	太重榆液
螺杆泵	RSP黄泵、HELNCO海林柯
螺纹插装阀组	北京精海仪
伺服阀、比例阀	海门维拓斯
伺服液压缸	金自天成
过滤器	山西麦克雷斯、上海菲思特
真空净油机	威海戥同
滤油机	唐荷科技、上海菲思特、山西麦克雷斯
液压油	壳牌Tellus、中石化长城卓力、天津日石
液压附件	山西方盛、启东康耐柯、上海诺雷
伺服监控	镇江四联

干油、油气润滑推荐厂商	
干油智能润滑系统(包括泵、过滤器、分配器、控制系统等)	郑州奥特科技、长沙中大冶金、江海润液
干油润滑系统(包括泵、过滤器、分配器等)	郑州奥特科技、长沙中大冶金、江海润液
油气润滑系统(包括泵、过滤器、分配器、控制系统等)	江海润液、烟台澳瑞特
稀油润滑系统及元件推荐厂商	
稀油润滑系统	江海润液、保定市保液
螺杆泵	RSP黄泵、HELNCO海林柯
过滤器	山西麦克雷斯、上海菲思特
真空净油机	威海戥同
滤油机	唐荷科技、上海菲思特、山西麦克雷斯
工业齿轮油	壳牌Omala、中石化长城德威、天津日石
附件	山西方盛、启东康耐柯、上海诺雷

序号	件号	名称	数量	标准规格号	备注
014		测压接头	10		
013		高压球阀	2		
012		高压球阀	2		
011		单向阀	2		
010		溢流阀	2		
009		液控单向阀	6		
008		电磁换向阀	2		
007		高频响比例方向阀	2		
006		测压软管	1		
005		耐震压力表	1		
004		安全截止阀块	1		
003		蓄能器	1		
002		止回阀	1		
001		高压球阀	1		

明 细 表

机 组	轨梁轧机机组
区 域	CCS轧机区
名 称	阀台VS1
图 号	

8.3.4 CCS 轧机区阀台 VS2 原理图

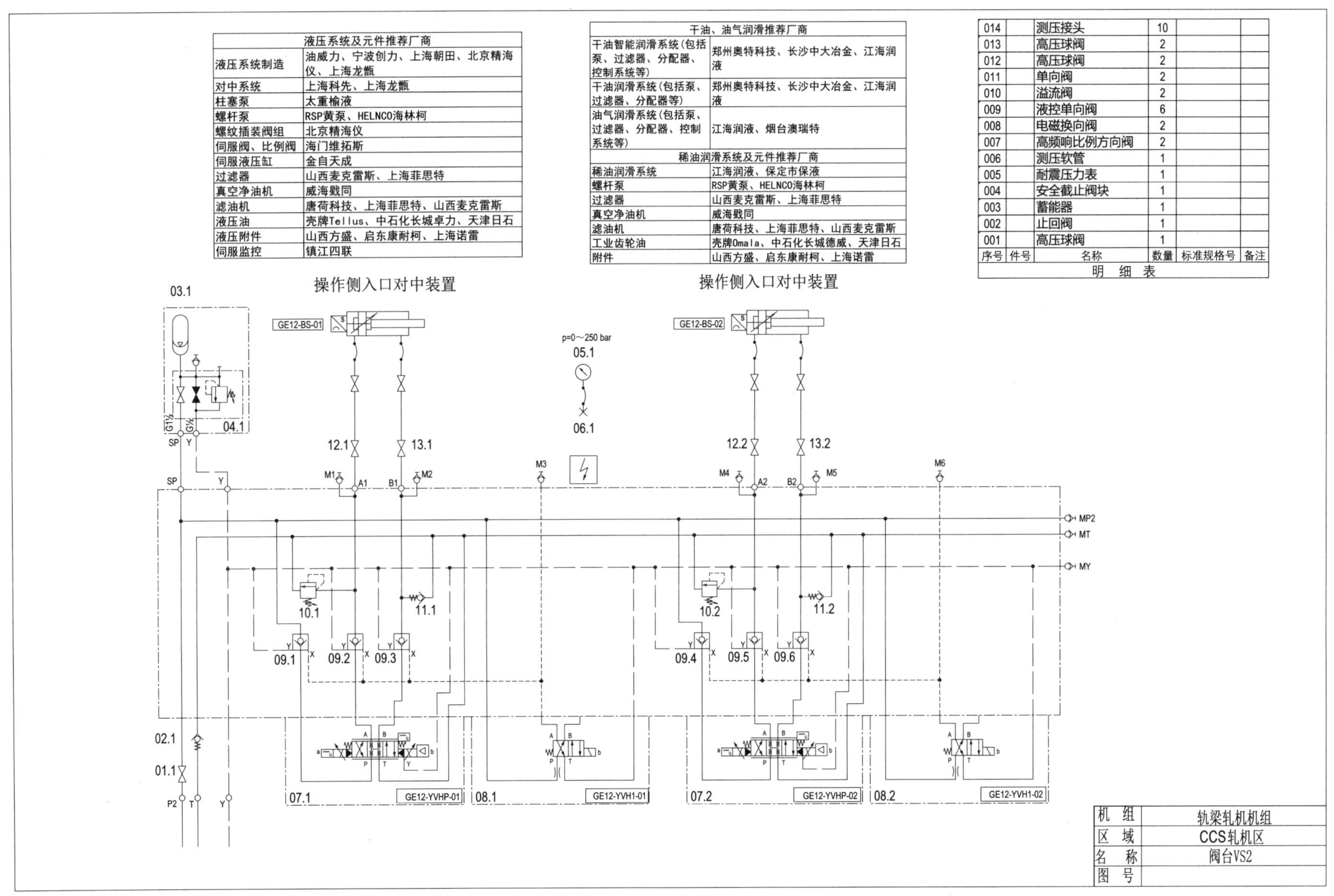

液压系统及元件推荐厂商	
液压系统制造	油威力、宁波创力、上海朝田、北京精海仪、上海龙甑
对中系统	上海科先、上海龙甑
柱塞泵	太重榆液
螺杆泵	RSP黄泵、HELNCO海林柯
螺纹插装阀组	北京精海仪
伺服阀、比例阀	海门维拓斯
伺服液压缸	金自天成
过滤器	山西麦克雷斯、上海菲思特
真空净油机	威海戥同
滤油机	唐荷科技、上海菲思特、山西麦克雷斯
液压油	壳牌Tellus、中石化长城卓力、天津日石
液压附件	山西方盛、启东康耐柯、上海诺雷
伺服监控	镇江四联

干油、油气润滑推荐厂商	
干油智能润滑系统(包括泵、过滤器、分配器、控制系统等)	郑州奥特科技、长沙中大冶金、江海润液
干油润滑系统(包括泵、过滤器、分配器等)	郑州奥特科技、长沙中大冶金、江海润液
油气润滑系统(包括泵、过滤器、分配器、控制系统等)	江海润液、烟台澳瑞特
稀油润滑系统及元件推荐厂商	
稀油润滑系统	江海润液、保定市保液
螺杆泵	RSP黄泵、HELNCO海林柯
过滤器	山西麦克雷斯、上海菲思特
真空净油机	威海戥同
滤油机	唐荷科技、上海菲思特、山西麦克雷斯
工业齿轮油	壳牌Omala、中石化长城德威、天津日石
附件	山西方盛、启东康耐柯、上海诺雷

序号	件号	名称	数量	标准规格号	备注
014		测压接头	10		
013		高压球阀	2		
012		高压球阀	2		
011		单向阀	2		
010		溢流阀	2		
009		液控单向阀	6		
008		电磁换向阀	2		
007		高频响比例方向阀	2		
006		测压软管	1		
005		耐震压力表	1		
004		安全截止阀块	1		
003		蓄能器	1		
002		止回阀	1		
001		高压球阀	1		
明　细　表					

机　组	轧梁轧机机组
区　域	CCS轧机区
名　称	阀台VS2
图　号	

8.3.5 CCS 轧机区阀台 VS3 原理图

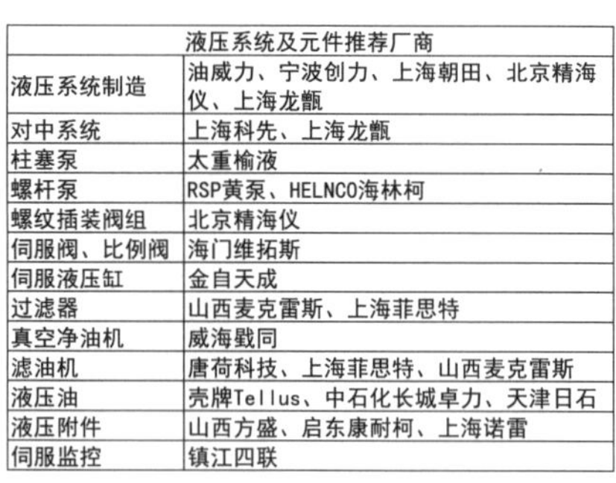

液压系统及元件推荐厂商	
液压系统制造	油威力、宁波创力、上海朝田、北京精海仪、上海龙甑
对中系统	上海科先、上海龙甑
柱塞泵	太重榆液
螺杆泵	RSP黄泵、HELNCO海林柯
螺纹插装阀组	北京精海仪
伺服阀、比例阀	海门维拓斯
伺服液压缸	金自天成
过滤器	山西麦克雷斯、上海菲思特
真空净油机	威海戥同
滤油机	唐荷科技、上海菲思特、山西麦克雷斯
液压油	壳牌Tellus、中石化长城卓力、天津日石
液压附件	山西方盛、启东康耐柯、上海诺雷
伺服监控	镇江四联

干油、油气润滑推荐厂商	
干油智能润滑系统(包括泵、过滤器、分配器、控制系统等)	郑州奥特科技、长沙中大冶金、江海润液
干油润滑系统(包括泵、过滤器、分配器等)	郑州奥特科技、长沙中大冶金、江海润液
油气润滑系统(包括泵、过滤器、分配器、控制系统等)	江海润液、烟台澳瑞特
稀油润滑系统及元件推荐厂商	
稀油润滑系统	江海润液、保定市保液
螺杆泵	RSP黄泵、HELNCO海林柯
过滤器	山西麦克雷斯、上海菲思特
真空净油机	威海戥同
滤油机	唐荷科技、上海菲思特、山西麦克雷斯
工业齿轮油	壳牌Omala、中石化长城德威、天津日石
附件	山西方盛、启东康耐柯、上海诺雷

序号	件号	名称	数量	标准规格号	备注
009		测压接头	5		
008		盖板	2		
007		二通插装阀	2		
006		电磁换向阀	1		
005		比例方向阀	1		
004		测压软管	1		
003		耐震压力表	1		
002		止回阀	1		
001		高压球阀	1		

明　细　表

轧边机E机架更换

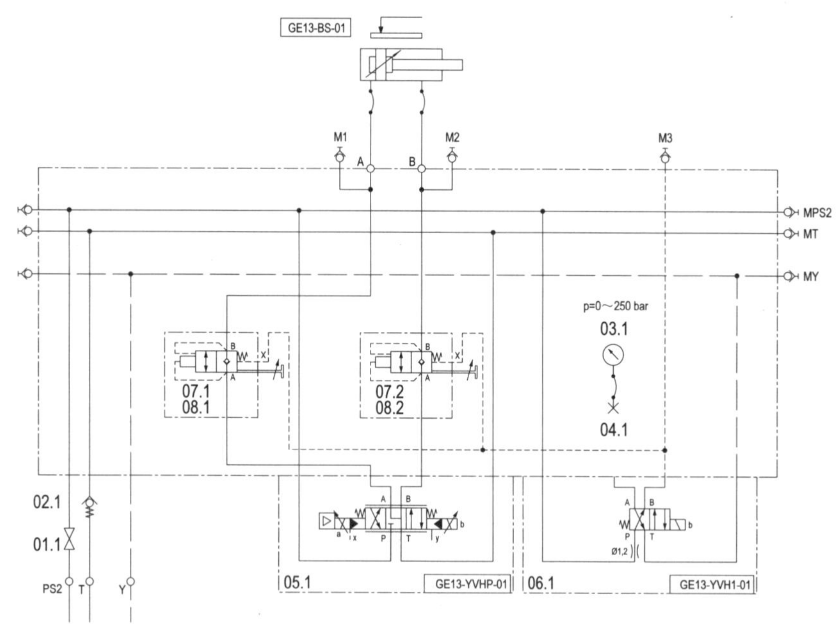

机　组	轧梁轧机机组
区　域	CCS轧机区
名　称	阀台VS3
图　号	

8.3.6 CCS 轧机区阀台 VS4 原理图

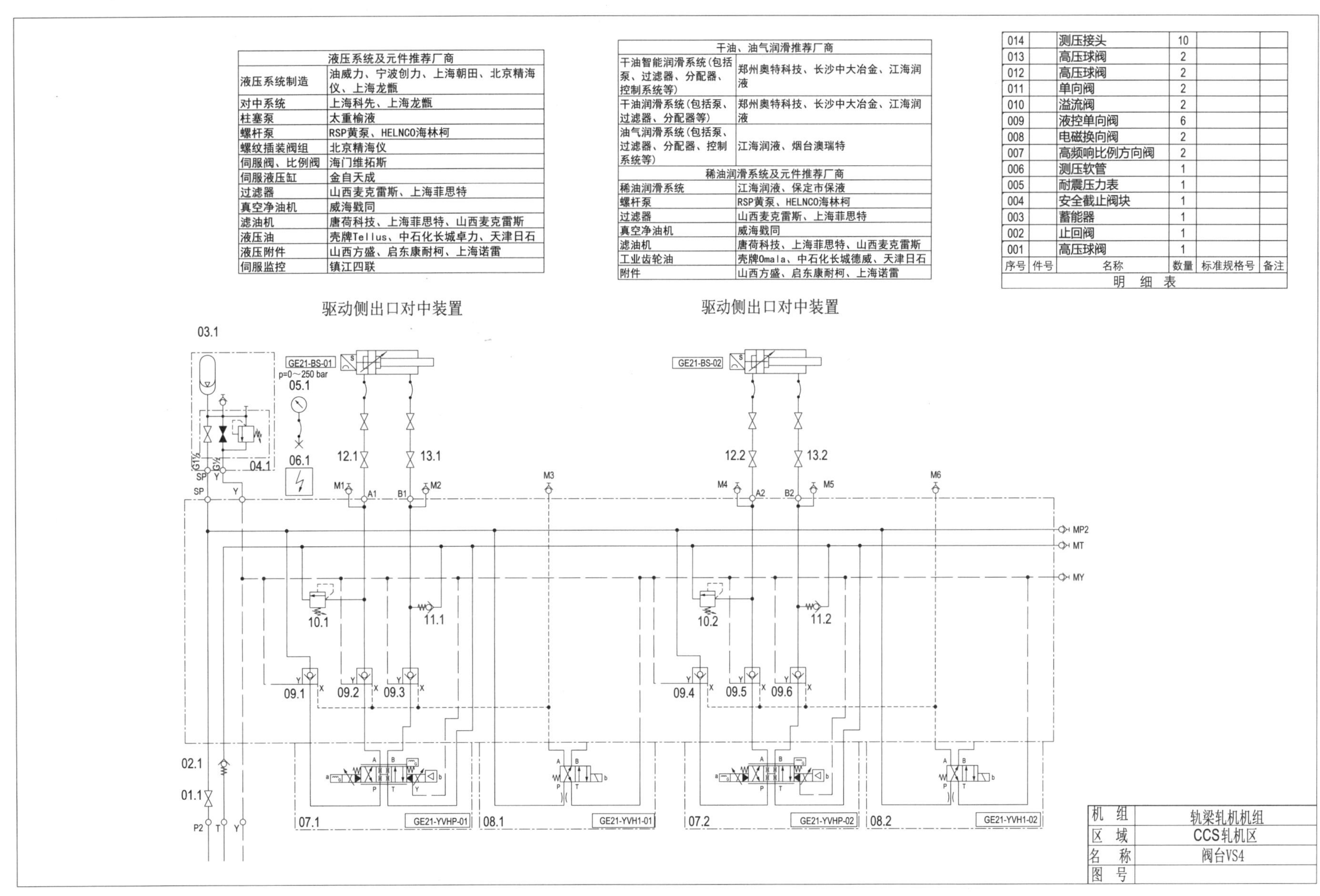

液压系统及元件推荐厂商	
液压系统制造	油威力、宁波创力、上海朝田、北京精海仪、上海龙甑
对中系统	上海科先、上海龙甑
柱塞泵	太重榆液
螺杆泵	RSP黄泵、HELNCO海林柯
螺纹插装阀组	北京精海仪
伺服阀、比例阀	海门维拓斯
伺服液压缸	金自天成
过滤器	山西麦克雷斯、上海菲思特
真空净油机	威海戬同
滤油机	唐荷科技、上海菲思特、山西麦克雷斯
液压油	壳牌Tellus、中石化长城卓力、天津日石
液压附件	山西方盛、启东康耐柯、上海诺雷
伺服监控	镇江四联

干油、油气润滑推荐厂商	
干油智能润滑系统(包括泵、过滤器、分配器、控制系统等)	郑州奥特科技、长沙中大冶金、江海润液
干油润滑系统(包括泵、过滤器、分配器等)	郑州奥特科技、长沙中大冶金、江海润液
油气润滑系统(包括泵、过滤器、分配器、控制系统等)	江海润液、烟台澳瑞特
稀油润滑系统及元件推荐厂商	
稀油润滑系统	江海润液、保定市保液
螺杆泵	RSP黄泵、HELNCO海林柯
过滤器	山西麦克雷斯、上海菲思特
真空净油机	威海戬同
滤油机	唐荷科技、上海菲思特、山西麦克雷斯
工业齿轮油	壳牌Omala、中石化长城德威、天津日石
附件	山西方盛、启东康耐柯、上海诺雷

序号	件号	名称	数量	标准规格号	备注
014		测压接头	10		
013		高压球阀	2		
012		高压球阀	2		
011		单向阀	2		
010		溢流阀	2		
009		液控单向阀	6		
008		电磁换向阀	2		
007		高频响比例方向阀	2		
006		测压软管	1		
005		耐震压力表	1		
004		安全截止阀块	1		
003		蓄能器	1		
002		止回阀	1		
001		高压球阀	1		
明　细　表					

机　组	轨梁轧机机组
区　域	CCS轧机区
名　称	阀台VS4
图　号	

8.3.7 CCS 轧机区阀台 VS5 原理图

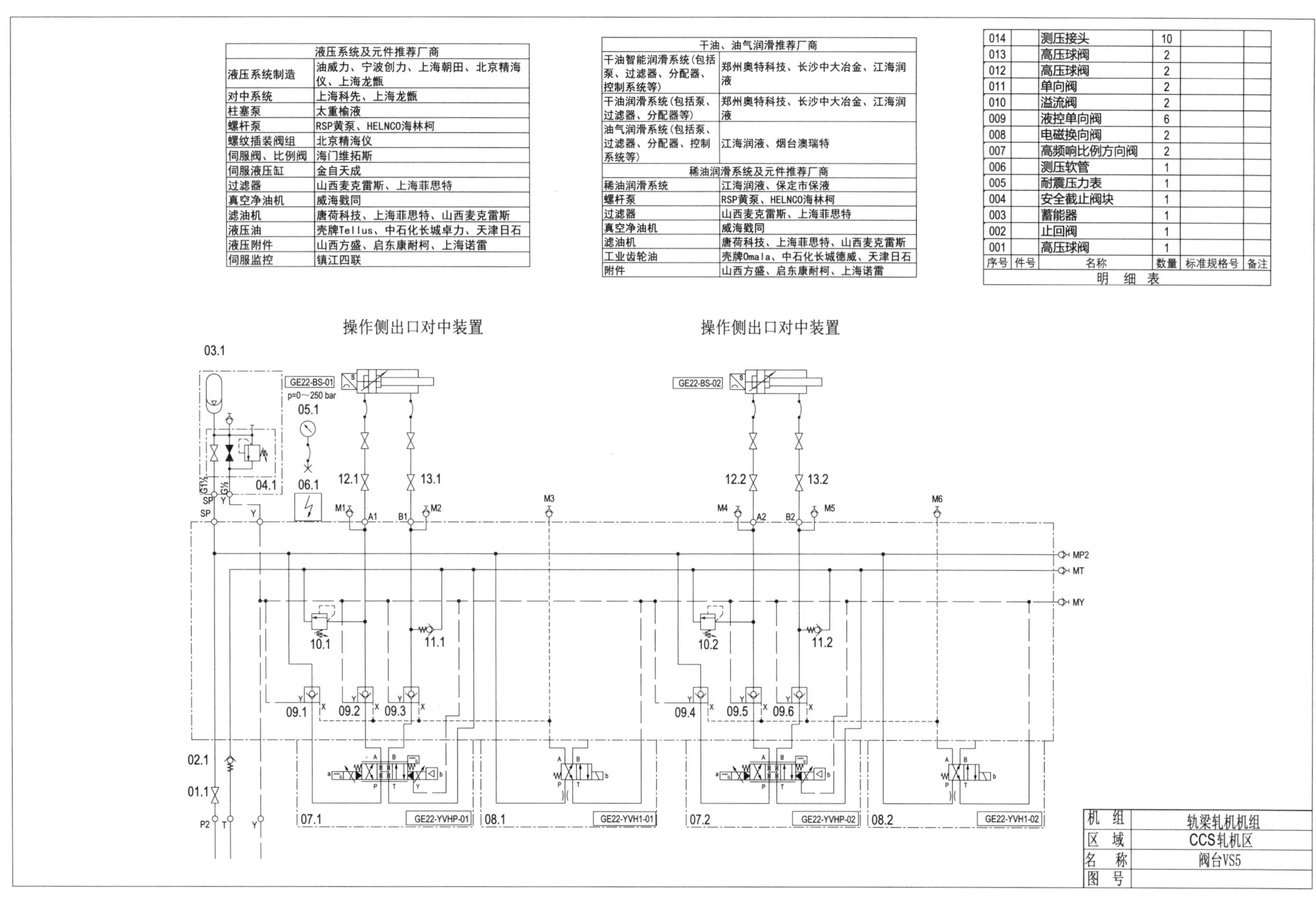

液压系统及元件推荐厂商	
液压系统制造	油威力、宁波创力、上海朝田、北京精海仪、上海龙甑
对中系统	上海科先、上海龙甑
柱塞泵	太重榆液
螺杆泵	RSP黄泵、HELNCO海林柯
螺纹插装阀组	北京精海仪
伺服阀、比例阀	海门维拓斯
伺服液压缸	金自天成
过滤器	山西麦克雷斯、上海菲思特
真空净油机	威海戳同
滤油机	唐荷科技、上海菲思特、山西麦克雷斯
液压油	壳牌Tellus、中石化长城卓力、天津日石
液压附件	山西方盛、启东康耐柯、上海诺雷
伺服监控	镇江四联

干油、油气润滑推荐厂商	
干油智能润滑系统(包括泵、过滤器、分配器、控制系统等)	郑州奥特科技、长沙中大冶金、江海润液
干油润滑系统(包括泵、过滤器、分配器等)	郑州奥特科技、长沙中大冶金、江海润液
油气润滑系统(包括泵、过滤器、分配器、控制系统等)	江海润液、烟台澳瑞特
稀油润滑系统及元件推荐厂商	
稀油润滑系统	江海润液、保定市保液
螺杆泵	RSP黄泵、HELNCO海林柯
过滤器	山西麦克雷斯、上海菲思特
真空净油机	威海戳同
滤油机	唐荷科技、上海菲思特、山西麦克雷斯
工业齿轮油	壳牌Omala、中石化长城德威、天津日石
附件	山西方盛、启东康耐柯、上海诺雷

序号	件号	名称	数量	标准规格号	备注
014		测压接头	10		
013		高压球阀	2		
012		高压球阀	2		
011		单向阀	2		
010		溢流阀	2		
009		液控单向阀	6		
008		电磁换向阀	2		
007		高频响比例方向阀	2		
006		测压软管	1		
005		耐震压力表	1		
004		安全截止阀块	1		
003		蓄能器	1		
002		止回阀	1		
001		高压球阀	1		

明　细　表

机　组	轨梁轧机机组
区　域	CCS轧机区
名　称	阀台VS5
图　号	

8.3.8 CCS 轧机区阀台 VS6 原理图

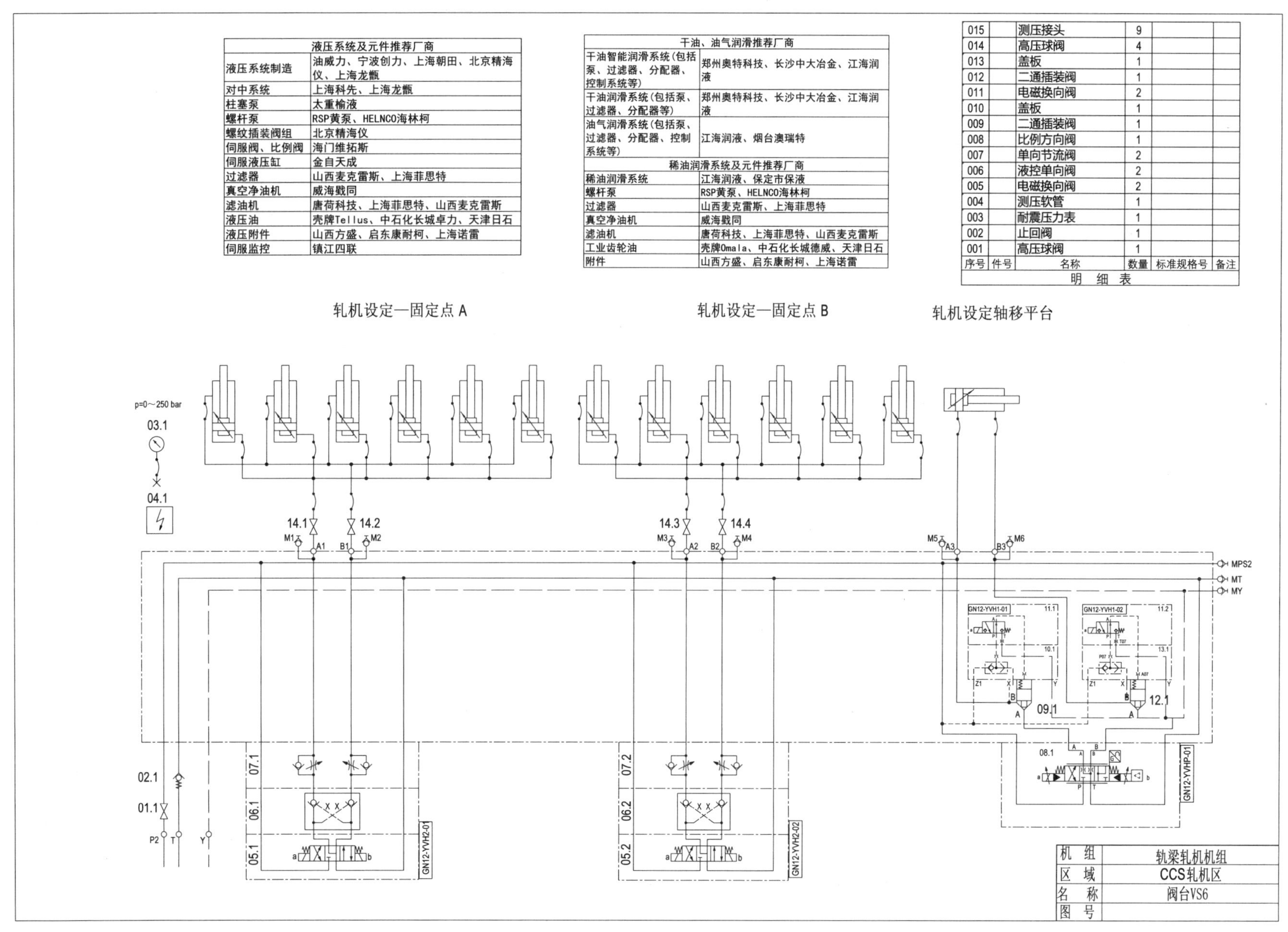

液压系统及元件推荐厂商	
液压系统制造	油威力、宁波创力、上海朝田、北京精海仪、上海龙甑
对中系统	上海科先、上海龙甑
柱塞泵	太重榆液
螺杆泵	RSP黄泵、HELNCO海林柯
螺纹插装阀组	北京精海仪
伺服阀、比例阀	海门维拓斯
伺服液压缸	金自天成
过滤器	山西麦克雷斯、上海菲思特
真空净油机	威海戥同
滤油机	唐荷科技、上海菲思特、山西麦克雷斯
液压油	壳牌Tellus、中石化长城卓力、天津日石
液压附件	山西方盛、启东康耐柯、上海诺雷
伺服监控	镇江四联

干油、油气润滑推荐厂商	
干油智能润滑系统(包括泵、过滤器、分配器、控制系统等)	郑州奥特科技、长沙中大冶金、江海润液
干油润滑系统(包括泵、过滤器、分配器等)	郑州奥特科技、长沙中大冶金、江海润液
油气润滑系统(包括泵、过滤器、分配器、控制系统等)	江海润液、烟台澳瑞特
稀油润滑系统及元件推荐厂商	
稀油润滑系统	江海润液、保定市保液
螺杆泵	RSP黄泵、HELNCO海林柯
过滤器	山西麦克雷斯、上海菲思特
真空净油机	威海戥同
滤油机	唐荷科技、上海菲思特、山西麦克雷斯
工业齿轮油	壳牌Omala、中石化长城德威、天津日石
附件	山西方盛、启东康耐柯、上海诺雷

序号	件号	名称	数量	标准规格号	备注
015		测压接头	9		
014		高压球阀	4		
013		盖板	1		
012		二通插装阀	1		
011		电磁换向阀	2		
010		盖板	1		
009		二通插装阀	1		
008		比例方向阀	1		
007		单向节流阀	2		
006		液控单向阀	2		
005		电磁换向阀	2		
004		测压软管	1		
003		耐震压力表	1		
002		止回阀	1		
001		高压球阀	1		

明　细　表

机　组	轧梁轧机机组
区　域	CCS轧机区
名　称	阀台VS6
图　号	

8.3.9 CCS 轧机区阀台 VS7 原理图

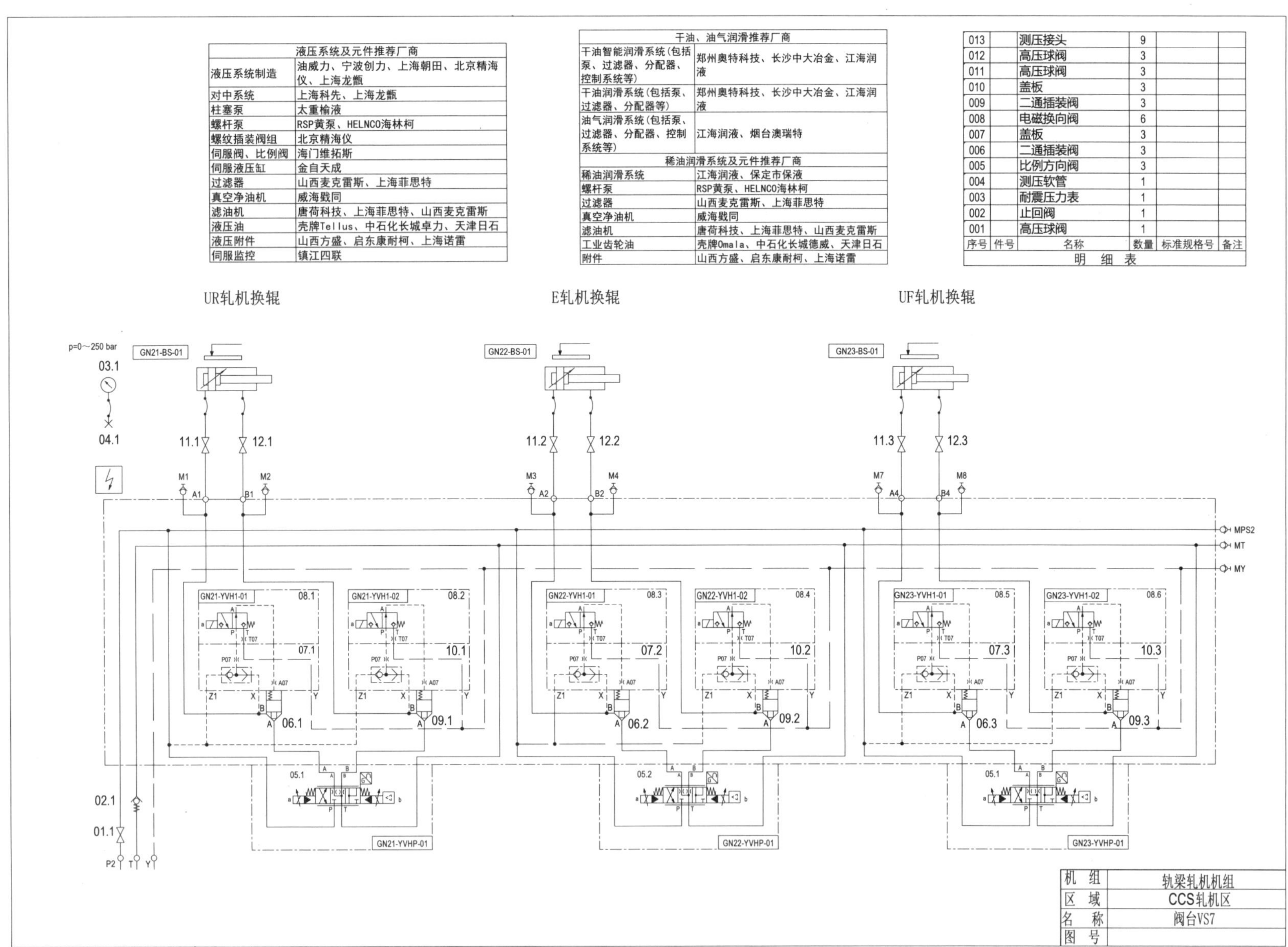

液压系统及元件推荐厂商	
液压系统制造	油威力、宁波创力、上海朝田、北京精海仪、上海龙甑
对中系统	上海科先、上海龙甑
柱塞泵	太重榆液
螺杆泵	RSP黄泵、HELNCO海林柯
螺纹插装阀组	北京精海仪
伺服阀、比例阀	海门维拓斯
伺服液压缸	金自天成
过滤器	山西麦克雷斯、上海菲思特
真空净油机	威海戥同
滤油机	唐荷科技、上海菲思特、山西麦克雷斯
液压油	壳牌Tellus、中石化长城卓力、天津日石
液压附件	山西方盛、启东康耐柯、上海诺雷
伺服监控	镇江四联

干油、油气润滑推荐厂商	
干油智能润滑系统(包括泵、过滤器、分配器、控制系统等)	郑州奥特科技、长沙中大冶金、江海润液
干油润滑系统(包括泵、过滤器、分配器等)	郑州奥特科技、长沙中大冶金、江海润液
油气润滑系统(包括泵、过滤器、分配器、控制系统等)	江海润液、烟台澳瑞特
稀油润滑系统及元件推荐厂商	
稀油润滑系统	江海润液、保定市保液
螺杆泵	RSP黄泵、HELNCO海林柯
过滤器	山西麦克雷斯、上海菲思特
真空净油机	威海戥同
滤油机	唐荷科技、上海菲思特、山西麦克雷斯
工业齿轮油	壳牌Omala、中石化长城德威、天津日石
附件	山西方盛、启东康耐柯、上海诺雷

序号	件号	名称	数量	标准规格号	备注
013		测压接头	9		
012		高压球阀	3		
011		高压球阀	3		
010		盖板	3		
009		二通插装阀	3		
008		电磁换向阀	6		
007		盖板	3		
006		二通插装阀	3		
005		比例方向阀	3		
004		测压软管	1		
003		耐震压力表	1		
002		止回阀	1		
001		高压球阀	1		

明 细 表

机 组	轨梁轧机机组
区 域	CCS轧机区
名 称	阀台VS7
图 号	

8.4 冷床区液压系统

8.4.1 冷床区液压泵站原理图

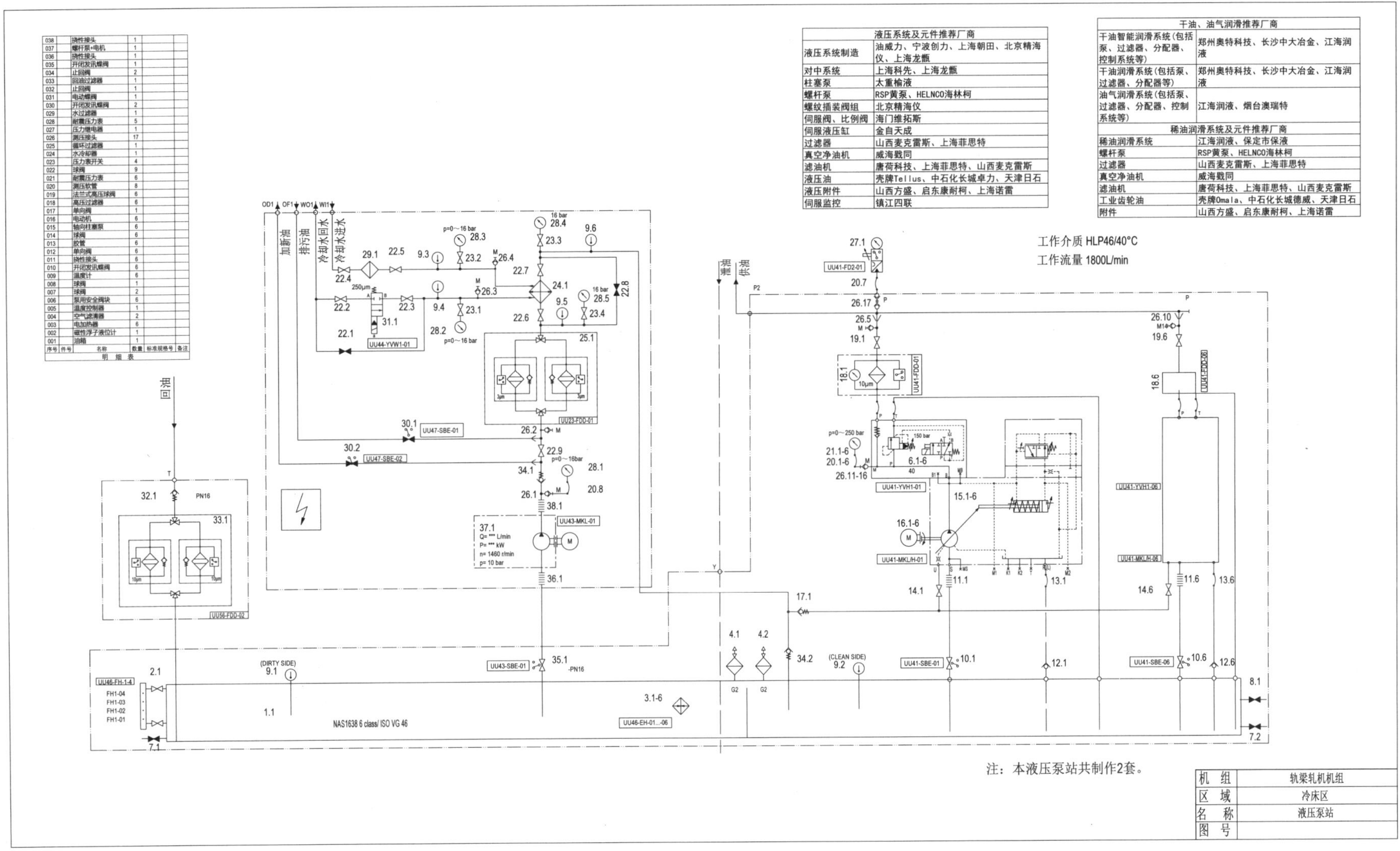

038		挠性接头	1		
037		螺杆泵+电机	1		
036		挠性接头	1		
035		开闭发讯蝶阀	1		
034		止回阀	2		
033		回油过滤器	1		
032		止回阀	1		
031		电动蝶阀	1		
030		开闭发讯蝶阀	2		
029		水过滤器	1		
028		耐震压力表	5		
027		压力继电器	1		
026		测压接头	17		
025		循环过滤器	1		
024		水冷却器	1		
023		压力表开关	4		
022		球阀	9		
021		耐震压力表	6		
020		测压软管	8		
019		法兰式高压球阀	6		
018		高压过滤器	6		
017		单向阀	1		
016		电动机	6		
015		轴向柱塞泵	6		
014		球阀	6		
013		胶管	6		
012		单向阀	6		
011		挠性接头	6		
010		开闭发讯蝶阀	6		
009		温度计	6		
008		球阀	1		
007		球阀	2		
006		泵用安全阀块	6		
005		温度控制器	1		
004		空气滤清器	2		
003		电加热器	6		
002		磁性浮子液位计	1		
001		油箱	1		
序号	件号	名称	数量	标准规格号	备注
明　细　表					

液压系统及元件推荐厂商	
液压系统制造	油威力、宁波创力、上海朝田、北京精海仪、上海龙甑
对中系统	上海科先、上海龙甑
柱塞泵	太重榆液
螺杆泵	RSP黄泵、HELNCO海林柯
螺纹插装阀组	北京精海仪
伺服阀、比例阀	海门维拓斯
伺服液压缸	金自天成
过滤器	山西麦克雷斯、上海菲思特
真空净油机	威海戥同
滤油机	唐荷科技、上海菲思特、山西麦克雷斯
液压油	壳牌Tellus、中石化长城卓力、天津日石
液压附件	山西方盛、启东康耐柯、上海诺雷
伺服监控	镇江四联

干油、油气润滑推荐厂商	
干油智能润滑系统(包括泵、过滤器、分配器、控制系统等)	郑州奥特科技、长沙中大冶金、江海润液
干油润滑系统(包括泵、过滤器、分配器等)	郑州奥特科技、长沙中大冶金、江海润液
油气润滑系统(包括泵、过滤器、分配器、控制系统等)	江海润液、烟台澳瑞特
稀油润滑系统及元件推荐厂商	
稀油润滑系统	江海润液、保定市保液
螺杆泵	RSP黄泵、HELNCO海林柯
过滤器	山西麦克雷斯、上海菲思特
真空净油机	威海戥同
滤油机	唐荷科技、上海菲思特、山西麦克雷斯
工业齿轮油	壳牌Omala、中石化长城德威、天津日石
附件	山西方盛、启东康耐柯、上海诺雷

注：本液压泵站共制作2套。

机　组	轨梁轧机机组
区　域	冷床区
名　称	液压泵站
图　号	

8.4.2 冷床区蓄能器站原理图

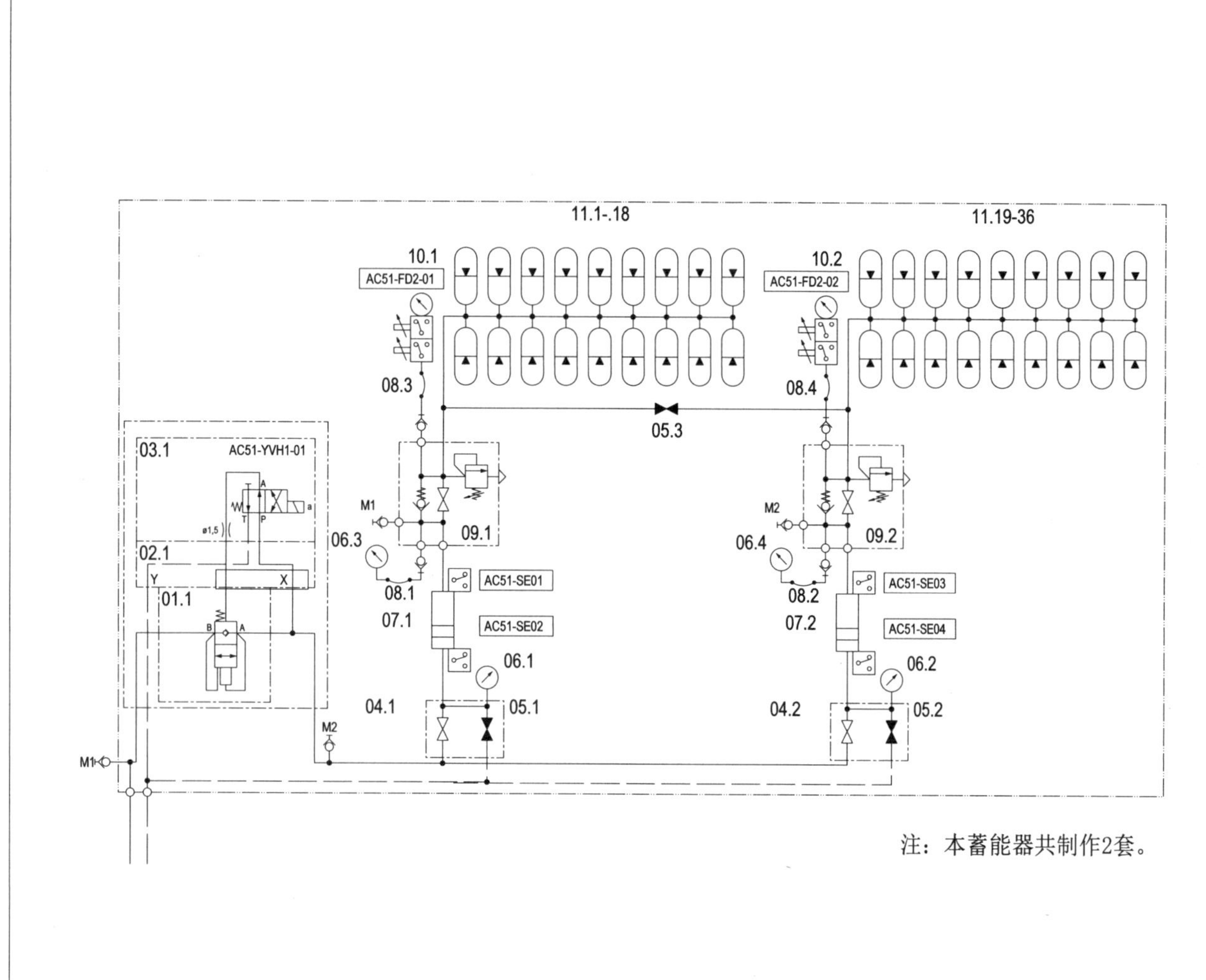

注：本蓄能器共制作2套。

液压系统及元件推荐厂商	
液压系统制造	油威力、宁波创力、上海朝田、北京精海仪、上海龙甑
对中系统	上海科先、上海龙甑
柱塞泵	太重榆液
螺杆泵	RSP黄泵、HELNCO海林柯
螺纹插装阀组	北京精海仪
伺服阀、比例阀	海门维拓斯
伺服液压缸	金自天成
过滤器	山西麦克雷斯、上海菲思特
真空净油机	威海戬同
滤油机	唐荷科技、上海菲思特、山西麦克雷斯
液压油	壳牌Tellus、中石化长城卓力、天津日石
液压附件	山西方盛、启东康耐柯、上海诺雷
伺服监控	镇江四联

干油、油气润滑推荐厂商	
干油智能润滑系统(包括泵、过滤器、分配器、控制系统等)	郑州奥特科技、长沙中大冶金、江海润液
干油润滑系统(包括泵、过滤器、分配器等)	郑州奥特科技、长沙中大冶金、江海润液
油气润滑系统(包括泵、过滤器、分配器、控制系统等)	江海润液、烟台澳瑞特
稀油润滑系统及元件推荐厂商	
稀油润滑系统	江海润液、保定市保液
螺杆泵	RSP黄泵、HELNCO海林柯
过滤器	山西麦克雷斯、上海菲思特
真空净油机	威海戬同
滤油机	唐荷科技、上海菲思特、山西麦克雷斯
工业齿轮油	壳牌Omala、中石化长城德威、天津日石
附件	山西方盛、启东康耐柯、上海诺雷

序号	件号	名称	数量	标准规格号	备注
012		测压接头	2		
011		氮气瓶	36		
010		电子压力继电器	2		
009		充气检测阀块	2		
008		测压软管	4		
007		柱塞蓄能器	2		
006		耐震压力表	4		
005		高压球阀	3		
004		高压球阀	2		
003		电磁换向阀	1		
002		控制盖板	1		
001		插装阀	1		

明细表

机组	轨梁轧机机组
区域	冷床区
名称	蓄能器站
图号	

8.4.3 冷床区阀台 VS1 原理图

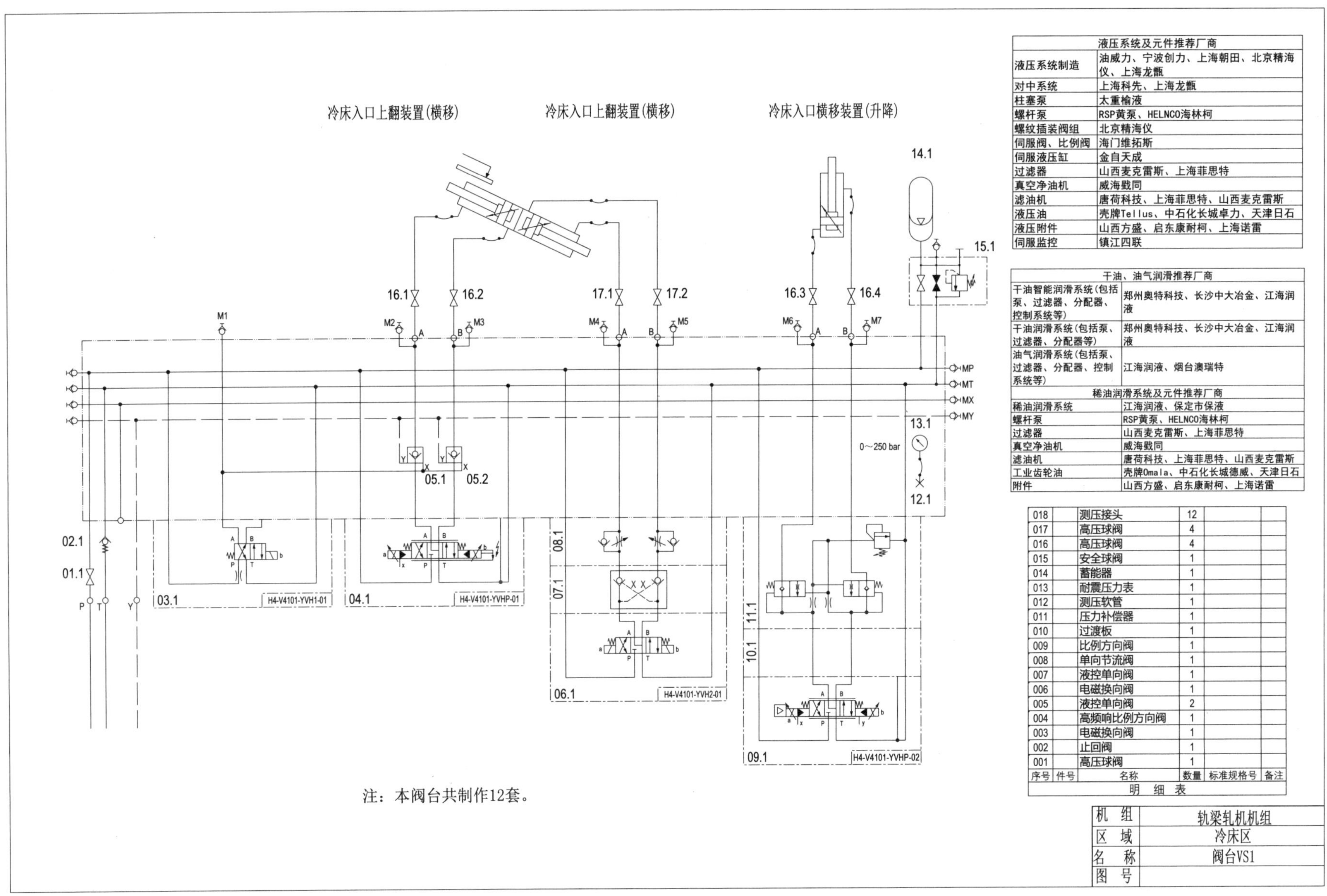

液压系统及元件推荐厂商	
液压系统制造	油威力、宁波创力、上海朝田、北京精海仪、上海龙甑
对中系统	上海科先、上海龙甑
柱塞泵	太重榆液
螺杆泵	RSP黄泵、HELNCO海林柯
螺纹插装阀组	北京精海仪
伺服阀、比例阀	海门维拓斯
伺服液压缸	金自天成
过滤器	山西麦克雷斯、上海菲思特
真空净油机	威海戥同
滤油机	唐荷科技、上海菲思特、山西麦克雷斯
液压油	壳牌Tellus、中石化长城卓力、天津日石
液压附件	山西方盛、启东康耐柯、上海诺雷
伺服监控	镇江四联

干油、油气润滑推荐厂商	
干油智能润滑系统(包括泵、过滤器、分配器、控制系统等)	郑州奥特科技、长沙中大冶金、江海润液
干油润滑系统(包括泵、过滤器、分配器等)	郑州奥特科技、长沙中大冶金、江海润液
油气润滑系统(包括泵、过滤器、分配器、控制系统等)	江海润液、烟台澳瑞特
稀油润滑系统及元件推荐厂商	
稀油润滑系统	江海润液、保定市保液
螺杆泵	RSP黄泵、HELNCO海林柯
过滤器	山西麦克雷斯、上海菲思特
真空净油机	威海戥同
滤油机	唐荷科技、上海菲思特、山西麦克雷斯
工业齿轮油	壳牌Omala、中石化长城德威、天津日石
附件	山西方盛、启东康耐柯、上海诺雷

序号	件号	名称	数量	标准规格号	备注
018		测压接头	12		
017		高压球阀	4		
016		高压球阀	4		
015		安全球阀	1		
014		蓄能器	1		
013		耐震压力表	1		
012		测压软管	1		
011		压力补偿器	1		
010		过渡板	1		
009		比例方向阀	1		
008		单向节流阀	1		
007		液控单向阀	1		
006		电磁换向阀	1		
005		液控单向阀	2		
004		高频响比例方向阀	1		
003		电磁换向阀	1		
002		止回阀	1		
001		高压球阀	1		
明　细　表					

机　组	轧梁轧机机组
区　域	冷床区
名　称	阀台VS1
图　号	

8.4.4 冷床区阀台 VS2 原理图

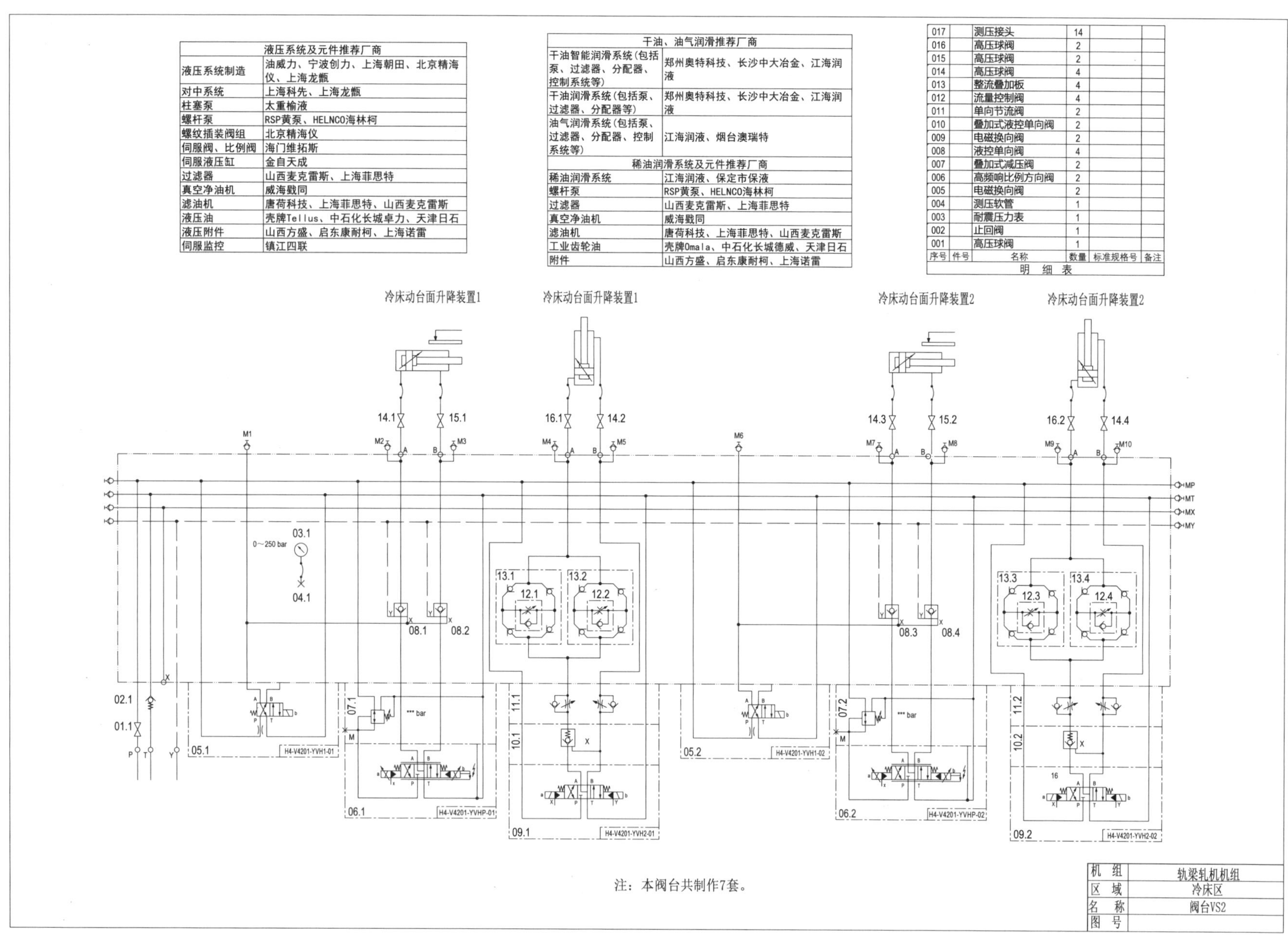

液压系统及元件推荐厂商	
液压系统制造	油威力、宁波创力、上海朝田、北京精海仪、上海龙甑
对中系统	上海科先、上海龙甑
柱塞泵	太重榆液
螺杆泵	RSP黄泵、HELNCO海林柯
螺纹插装阀组	北京精海仪
伺服阀、比例阀	海门维拓斯
伺服液压缸	金自天成
过滤器	山西麦克雷斯、上海菲思特
真空净油机	威海戥同
滤油机	唐荷科技、上海菲思特、山西麦克雷斯
液压油	壳牌Tellus、中石化长城卓力、天津日石
液压附件	山西方盛、启东康耐柯、上海诺雷
伺服监控	镇江四联

干油、油气润滑推荐厂商	
干油智能润滑系统(包括泵、过滤器、分配器、控制系统等)	郑州奥特科技、长沙中大冶金、江海润液
干油润滑系统(包括泵、过滤器、分配器等)	郑州奥特科技、长沙中大冶金、江海润液
油气润滑系统(包括泵、过滤器、分配器、控制系统等)	江海润液、烟台澳瑞特
稀油润滑系统及元件推荐厂商	
稀油润滑系统	江海润液、保定市保液
螺杆泵	RSP黄泵、HELNCO海林柯
过滤器	山西麦克雷斯、上海菲思特
真空净油机	威海戥同
滤油机	唐荷科技、上海菲思特、山西麦克雷斯
工业齿轮油	壳牌Omala、中石化长城德威、天津日石
附件	山西方盛、启东康耐柯、上海诺雷

序号	件号	名称	数量	标准规格号	备注
017		测压接头	14		
016		高压球阀	2		
015		高压球阀	2		
014		高压球阀	4		
013		整流叠加板	4		
012		流量控制阀	4		
011		单向节流阀	2		
010		叠加式液控单向阀	2		
009		电磁换向阀	2		
008		液控单向阀	4		
007		叠加式减压阀	2		
006		高频响比例方向阀	2		
005		电磁换向阀	2		
004		测压软管	1		
003		耐震压力表	1		
002		止回阀	1		
001		高压球阀	1		

明 细 表

注：本阀台共制作7套。

机 组	轨梁轧机机组
区 域	冷床区
名 称	阀台VS2
图 号	

8.4.5 冷床区阀台 VS3 原理图

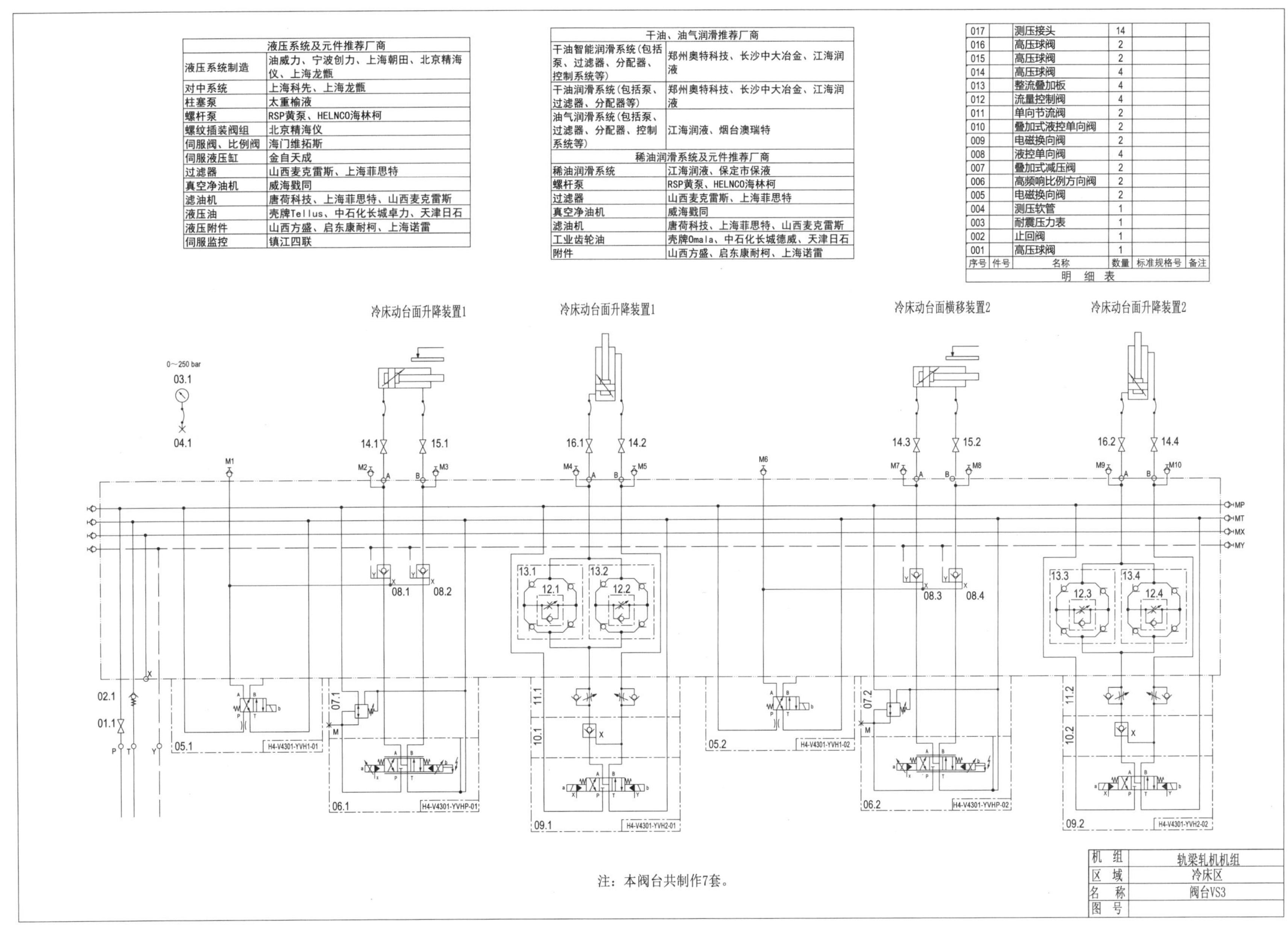

液压系统及元件推荐厂商	
液压系统制造	油威力、宁波创力、上海朝田、北京精海仪、上海龙甑
对中系统	上海科先、上海龙甑
柱塞泵	太重榆液
螺杆泵	RSP黄泵、HELNCO海林柯
螺纹插装阀组	北京精海仪
伺服阀、比例阀	海门维拓斯
伺服液压缸	金自天成
过滤器	山西麦克雷斯、上海菲思特
真空净油机	威海戥同
滤油机	唐荷科技、上海菲思特、山西麦克雷斯
液压油	壳牌Tellus、中石化长城卓力、天津日石
液压附件	山西方盛、启东康耐柯、上海诺雷
伺服监控	镇江四联

干油、油气润滑推荐厂商	
干油智能润滑系统(包括泵、过滤器、分配器、控制系统等)	郑州奥特科技、长沙中大冶金、江海润液
干油润滑系统(包括泵、过滤器、分配器等)	郑州奥特科技、长沙中大冶金、江海润液
油气润滑系统(包括泵、过滤器、分配器、控制系统等)	江海润液、烟台澳瑞特
稀油润滑系统及元件推荐厂商	
稀油润滑系统	江海润液、保定市保液
螺杆泵	RSP黄泵、HELNCO海林柯
过滤器	山西麦克雷斯、上海菲思特
真空净油机	威海戥同
滤油机	唐荷科技、上海菲思特、山西麦克雷斯
工业齿轮油	壳牌Omala、中石化长城德威、天津日石
附件	山西方盛、启东康耐柯、上海诺雷

序号	件号	名称	数量	标准规格号	备注
017		测压接头	14		
016		高压球阀	2		
015		高压球阀	2		
014		高压球阀	4		
013		整流叠加板	4		
012		流量控制阀	4		
011		单向节流阀	2		
010		叠加式液控单向阀	2		
009		电磁换向阀	2		
008		液控单向阀	4		
007		叠加式减压阀	2		
006		高频响比例方向阀	2		
005		电磁换向阀	2		
004		测压软管	1		
003		耐震压力表	1		
002		止回阀	1		
001		高压球阀	1		

明　细　表

机　组	轨梁轧机机组
区　域	冷床区
名　称	阀台VS3
图　号	

8.4.6 冷床区阀台 VS4 原理图

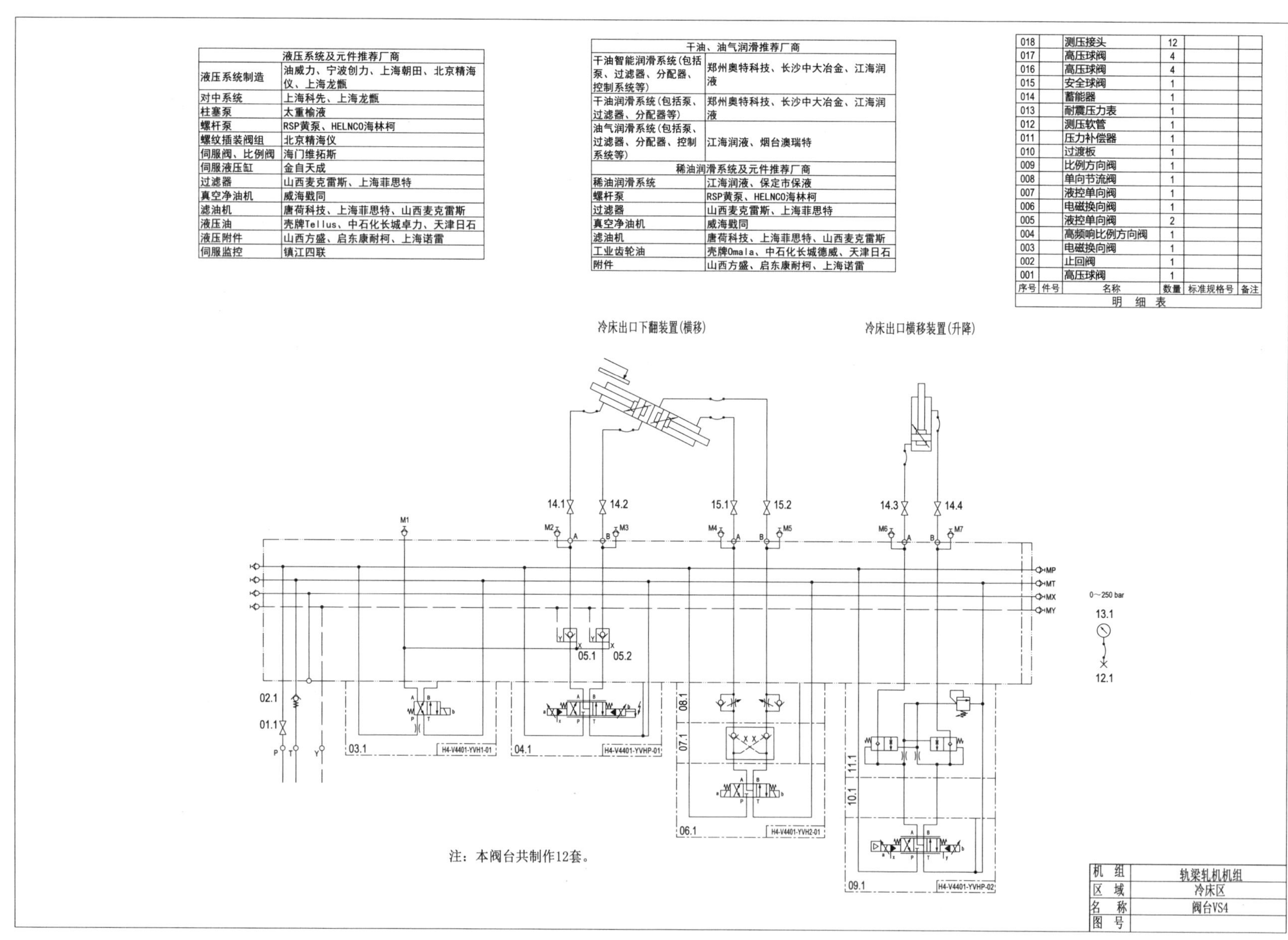

液压系统及元件推荐厂商	
液压系统制造	油威力、宁波创力、上海朝田、北京精海仪、上海龙甑
对中系统	上海科先、上海龙甑
柱塞泵	太重榆液
螺杆泵	RSP黄泵、HELNCO海林柯
螺纹插装阀组	北京精海仪
伺服阀、比例阀	海门维拓斯
伺服液压缸	金自天成
过滤器	山西麦克雷斯、上海菲思特
真空净油机	威海戳同
滤油机	唐荷科技、上海菲思特、山西麦克雷斯
液压油	壳牌Tellus、中石化长城卓力、天津日石
液压附件	山西方盛、启东康耐柯、上海诺雷
伺服监控	镇江四联

干油、油气润滑推荐厂商	
干油智能润滑系统(包括泵、过滤器、分配器、控制系统等)	郑州奥特科技、长沙中大冶金、江海润液
干油润滑系统(包括泵、过滤器、分配器等)	郑州奥特科技、长沙中大冶金、江海润液
油气润滑系统(包括泵、过滤器、分配器、控制系统等)	江海润液、烟台澳瑞特
稀油润滑系统及元件推荐厂商	
稀油润滑系统	江海润液、保定市保液
螺杆泵	RSP黄泵、HELNCO海林柯
过滤器	山西麦克雷斯、上海菲思特
真空净油机	威海戳同
滤油机	唐荷科技、上海菲思特、山西麦克雷斯
工业齿轮油	壳牌Omala、中石化长城德威、天津日石
附件	山西方盛、启东康耐柯、上海诺雷

序号	件号	名称	数量	标准规格号	备注
018		测压接头	12		
017		高压球阀	4		
016		高压球阀	4		
015		安全球阀	1		
014		蓄能器	1		
013		耐震压力表	1		
012		测压软管	1		
011		压力补偿器	1		
010		过渡板	1		
009		比例方向阀	1		
008		单向节流阀	1		
007		液控单向阀	1		
006		电磁换向阀	1		
005		液控单向阀	2		
004		高频响比例方向阀	1		
003		电磁换向阀	1		
002		止回阀	1		
001		高压球阀	1		
明细表					

注：本阀台共制作12套。

机组	轨梁轧机机组
区域	冷床区
名称	阀台VS4
图号	

8.5 矫直机区液压系统

8.5.1 矫直机泵站原理图

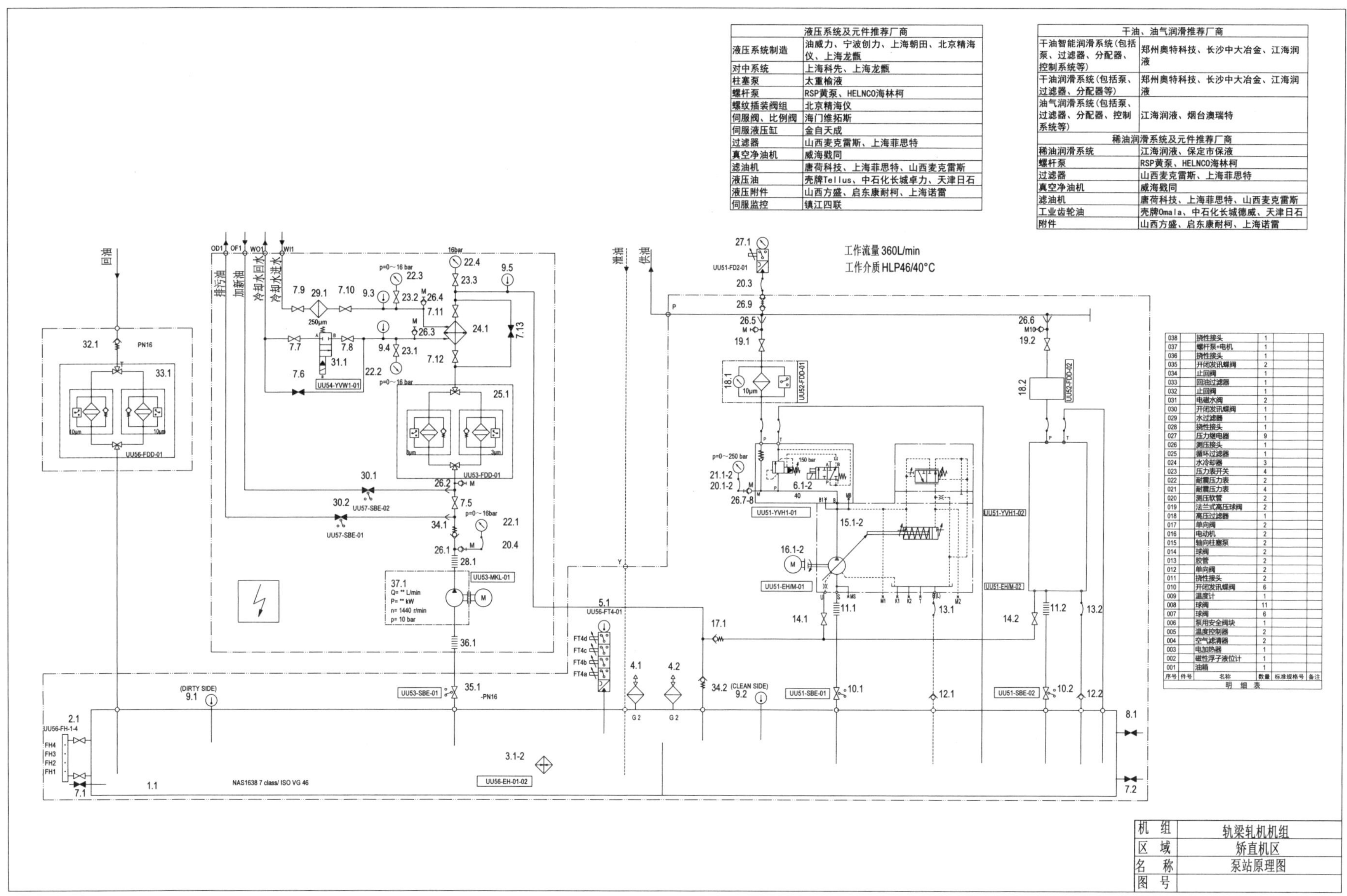

液压系统及元件推荐厂商	
液压系统制造	油威力、宁波创力、上海朝田、北京精海仪、上海龙甑
对中系统	上海科先、上海龙甑
柱塞泵	太重榆液
螺杆泵	RSP黄泵、HELNCO海林柯
螺纹插装阀组	北京精海仪
伺服阀、比例阀	海门维拓斯
伺服液压缸	金自天成
过滤器	山西麦克雷斯、上海菲思特
真空净油机	威海戥同
滤油机	唐荷科技、上海菲思特、山西麦克雷斯
液压油	壳牌Tellus、中石化长城卓力、天津日石
液压附件	山西方盛、启东康耐柯、上海诺雷
伺服监控	镇江四联

干油、油气润滑推荐厂商	
干油智能润滑系统(包括泵、过滤器、分配器、控制系统等)	郑州奥特科技、长沙中大冶金、江海润液
干油润滑系统(包括泵、过滤器、分配器等)	郑州奥特科技、长沙中大冶金、江海润液
油气润滑系统(包括泵、过滤器、分配器、控制系统等)	江海润液、烟台澳瑞特
稀油润滑系统及元件推荐厂商	
稀油润滑系统	江海润液、保定市保液
螺杆泵	RSP黄泵、HELNCO海林柯
过滤器	山西麦克雷斯、上海菲思特
真空净油机	威海戥同
滤油机	唐荷科技、上海菲思特、山西麦克雷斯
工业齿轮油	壳牌Omala、中石化长城德威、天津日石
附件	山西方盛、启东康耐柯、上海诺雷

038		挠性接头	1		
037		螺杆泵+电机	1		
036		挠性接头	1		
035		开闭发讯蝶阀	2		
034		止回阀	1		
033		回油过滤器	1		
032		止回阀	1		
031		电磁水阀	2		
030		开闭发讯蝶阀	1		
029		水过滤器	1		
028		挠性接头	1		
027		压力继电器	9		
026		测压接头	1		
025		循环过滤器	1		
024		水冷却器	3		
023		压力表开关	4		
022		耐震压力表	2		
021		耐震压力表	4		
020		测压软管	2		
019		法兰式高压球阀	2		
018		高压过滤器	1		
017		单向阀	2		
016		电动机	2		
015		轴向柱塞泵	2		
014		球阀	2		
013		胶管	2		
012		单向阀	2		
011		挠性接头	2		
010		开闭发讯蝶阀	6		
009		温度计	1		
008		球阀	11		
007		球阀	6		
006		泵用安全阀块	1		
005		温度控制器	2		
004		空气滤清器	2		
003		电加热器	1		
002		磁性浮子液位计	1		
001		油箱	1		
序号	件号	名称	数量	标准规格号	备注
明　细　表					

机　组	轨梁轧机机组
区　域	矫直机区
名　称	泵站原理图
图　号	

8.5.2 矫直机蓄能器站原理图

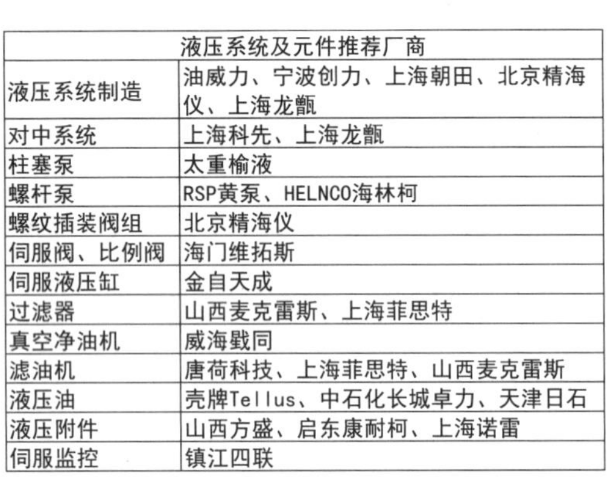

液压系统及元件推荐厂商	
液压系统制造	油威力、宁波创力、上海朝田、北京精海仪、上海龙甑
对中系统	上海科先、上海龙甑
柱塞泵	太重榆液
螺杆泵	RSP黄泵、HELNCO海林柯
螺纹插装阀组	北京精海仪
伺服阀、比例阀	海门维拓斯
伺服液压缸	金自天成
过滤器	山西麦克雷斯、上海菲思特
真空净油机	威海戥同
滤油机	唐荷科技、上海菲思特、山西麦克雷斯
液压油	壳牌Tellus、中石化长城卓力、天津日石
液压附件	山西方盛、启东康耐柯、上海诺雷
伺服监控	镇江四联

干油、油气润滑推荐厂商	
干油智能润滑系统(包括泵、过滤器、分配器、控制系统等)	郑州奥特科技、长沙中大冶金、江海润液
干油润滑系统(包括泵、过滤器、分配器等)	郑州奥特科技、长沙中大冶金、江海润液
油气润滑系统(包括泵、过滤器、分配器、控制系统等)	江海润液、烟台澳瑞特
稀油润滑系统及元件推荐厂商	
稀油润滑系统	江海润液、保定市保液
螺杆泵	RSP黄泵、HELNCO海林柯
过滤器	山西麦克雷斯、上海菲思特
真空净油机	威海戥同
滤油机	唐荷科技、上海菲思特、山西麦克雷斯
工业齿轮油	壳牌Omala、中石化长城德威、天津日石
附件	山西方盛、启东康耐柯、上海诺雷

序号	件号	名称	数量	标准规格号	备注
008		测压软管	1		
007		耐震压力表	1		
006		安全截止阀块	4		
005		蓄能器	4		
004		方向阀	1		
003		控制盖板	1		
002		插装阀	1		
001		高压球阀	1		
明 细 表					

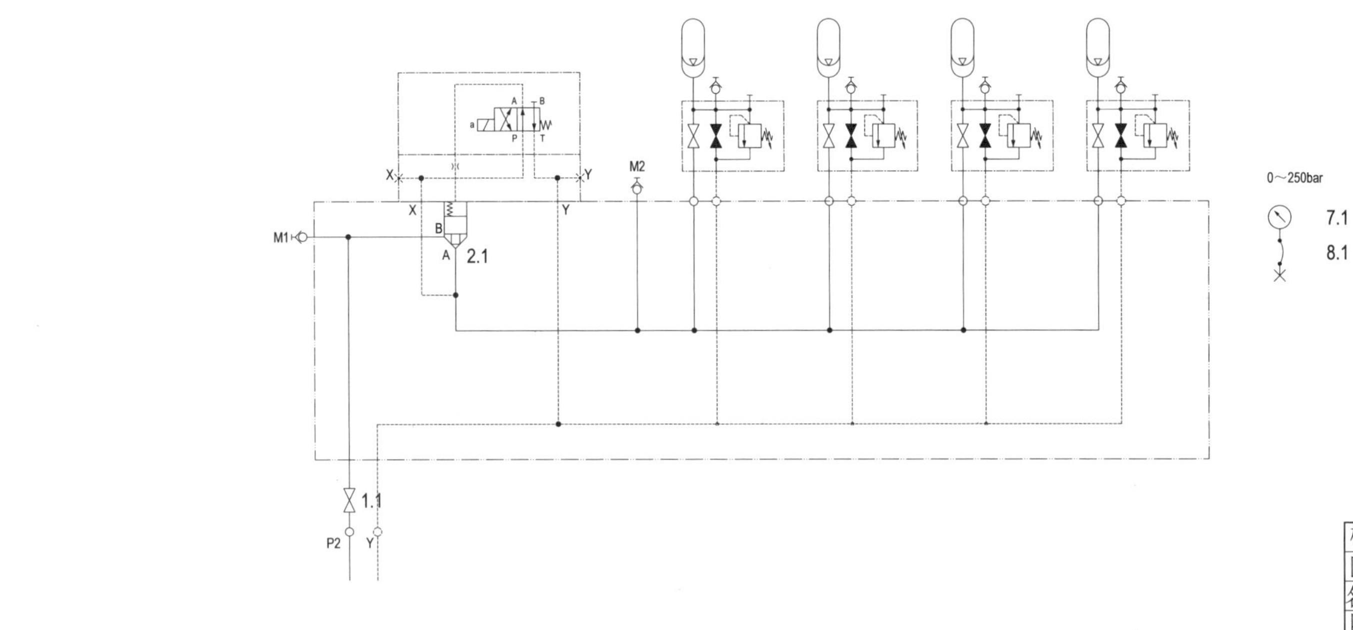

机 组	轨梁轧机机组
区 域	矫直机区
名 称	蓄能器站
图 号	

8.5.3 矫直机阀台 VS1 原理图

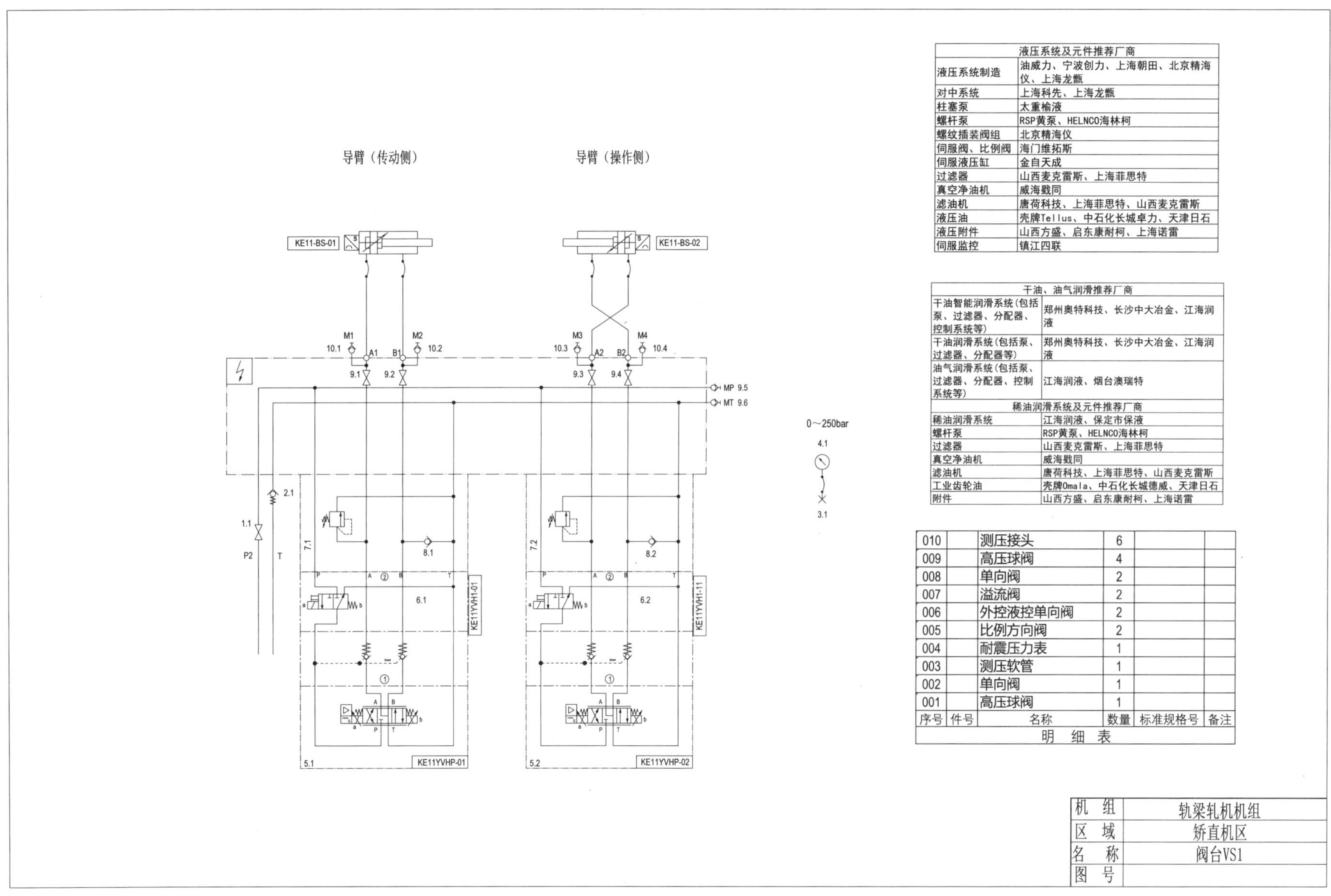

液压系统及元件推荐厂商	
液压系统制造	油威力、宁波创力、上海朝田、北京精海仪、上海龙甑
对中系统	上海科先、上海龙甑
柱塞泵	太重榆液
螺杆泵	RSP黄泵、HELNCO海林柯
螺纹插装阀组	北京精海仪
伺服阀、比例阀	海门维拓斯
伺服液压缸	金自天成
过滤器	山西麦克雷斯、上海菲思特
真空净油机	威海戡同
滤油机	唐荷科技、上海菲思特、山西麦克雷斯
液压油	壳牌Tellus、中石化长城卓力、天津日石
液压附件	山西方盛、启东康耐柯、上海诺雷
伺服监控	镇江四联

干油、油气润滑推荐厂商	
干油智能润滑系统(包括泵、过滤器、分配器、控制系统等)	郑州奥特科技、长沙中大冶金、江海润液
干油润滑系统(包括泵、过滤器、分配器等)	郑州奥特科技、长沙中大冶金、江海润液
油气润滑系统(包括泵、过滤器、分配器、控制系统等)	江海润液、烟台澳瑞特
稀油润滑系统及元件推荐厂商	
稀油润滑系统	江海润液、保定市保液
螺杆泵	RSP黄泵、HELNCO海林柯
过滤器	山西麦克雷斯、上海菲思特
真空净油机	威海戡同
滤油机	唐荷科技、上海菲思特、山西麦克雷斯
工业齿轮油	壳牌Omala、中石化长城德威、天津日石
附件	山西方盛、启东康耐柯、上海诺雷

序号	件号	名称	数量	标准规格号	备注
010		测压接头	6		
009		高压球阀	4		
008		单向阀	2		
007		溢流阀	2		
006		外控液控单向阀	2		
005		比例方向阀	2		
004		耐震压力表	1		
003		测压软管	1		
002		单向阀	1		
001		高压球阀	1		
明　细　表					

机　组	轧梁轧机机组
区　域	矫直机区
名　称	阀台VS1
图　号	

8.5.4 矫直机阀台 VS2 原理图

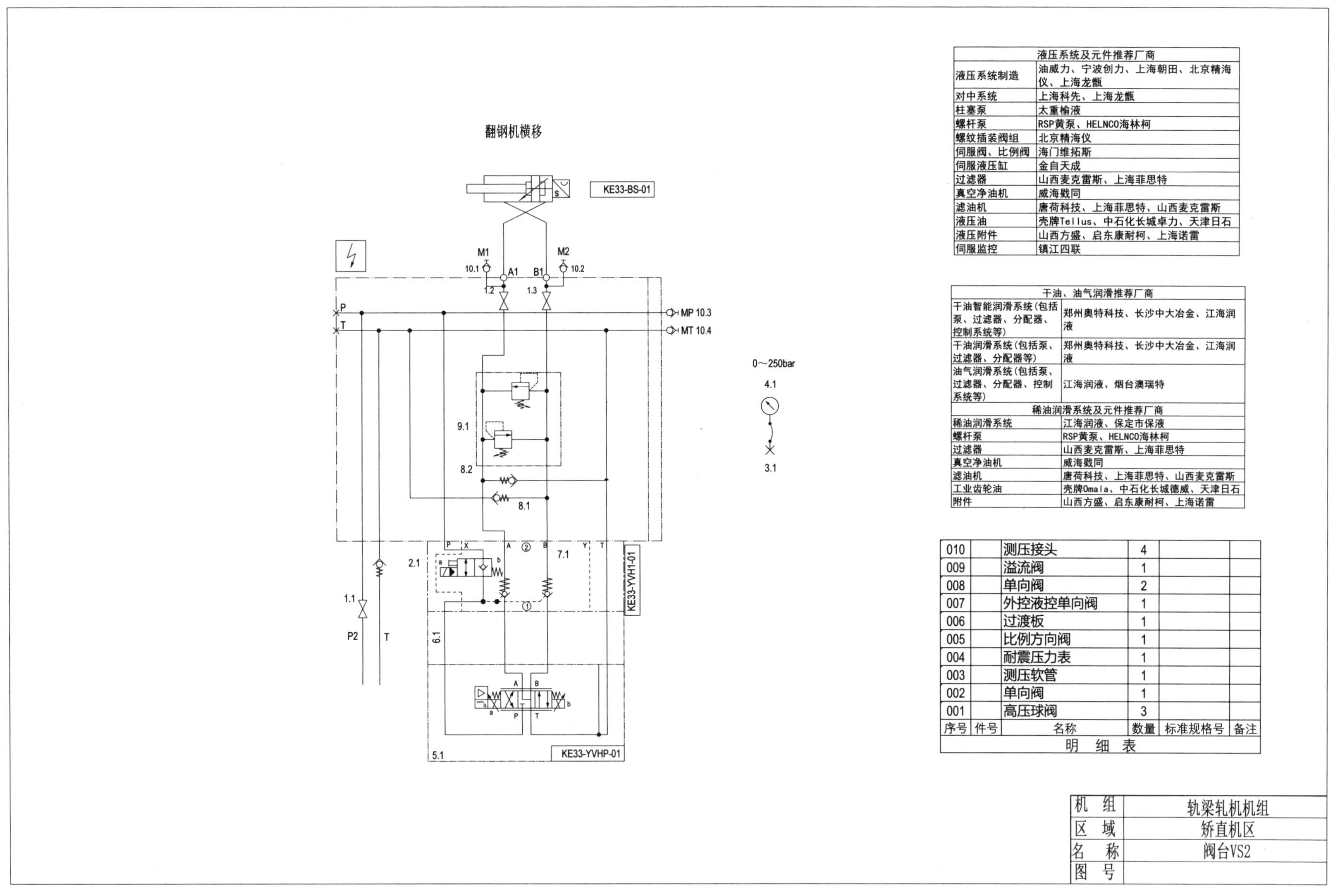

液压系统及元件推荐厂商	
液压系统制造	油威力、宁波创力、上海朝田、北京精海仪、上海龙甑
对中系统	上海科先、上海龙甑
柱塞泵	太重榆液
螺杆泵	RSP黄泵、HELNCO海林柯
螺纹插装阀组	北京精海仪
伺服阀、比例阀	海门维拓斯
伺服液压缸	金自天成
过滤器	山西麦克雷斯、上海菲思特
真空净油机	威海戥同
滤油机	唐荷科技、上海菲思特、山西麦克雷斯
液压油	壳牌Tellus、中石化长城卓力、天津日石
液压附件	山西方盛、启东康耐柯、上海诺雷
伺服监控	镇江四联

干油、油气润滑推荐厂商	
干油智能润滑系统(包括泵、过滤器、分配器、控制系统等)	郑州奥特科技、长沙中大冶金、江海润液
干油润滑系统(包括泵、过滤器、分配器等)	郑州奥特科技、长沙中大冶金、江海润液
油气润滑系统(包括泵、过滤器、分配器、控制系统等)	江海润液、烟台澳瑞特
稀油润滑系统及元件推荐厂商	
稀油润滑系统	江海润液、保定市保液
螺杆泵	RSP黄泵、HELNCO海林柯
过滤器	山西麦克雷斯、上海菲思特
真空净油机	威海戥同
滤油机	唐荷科技、上海菲思特、山西麦克雷斯
工业齿轮油	壳牌Omala、中石化长城德威、天津日石
附件	山西方盛、启东康耐柯、上海诺雷

序号	件号	名称	数量	标准规格号	备注
010		测压接头	4		
009		溢流阀	1		
008		单向阀	2		
007		外控液控单向阀	1		
006		过渡板	1		
005		比例方向阀	1		
004		耐震压力表	1		
003		测压软管	1		
002		单向阀	1		
001		高压球阀	3		

明　细　表

机　组	轨梁轧机机组
区　域	矫直机区
名　称	阀台VS2
图　号	

8.5.5 矫直机阀台 VS3 原理图

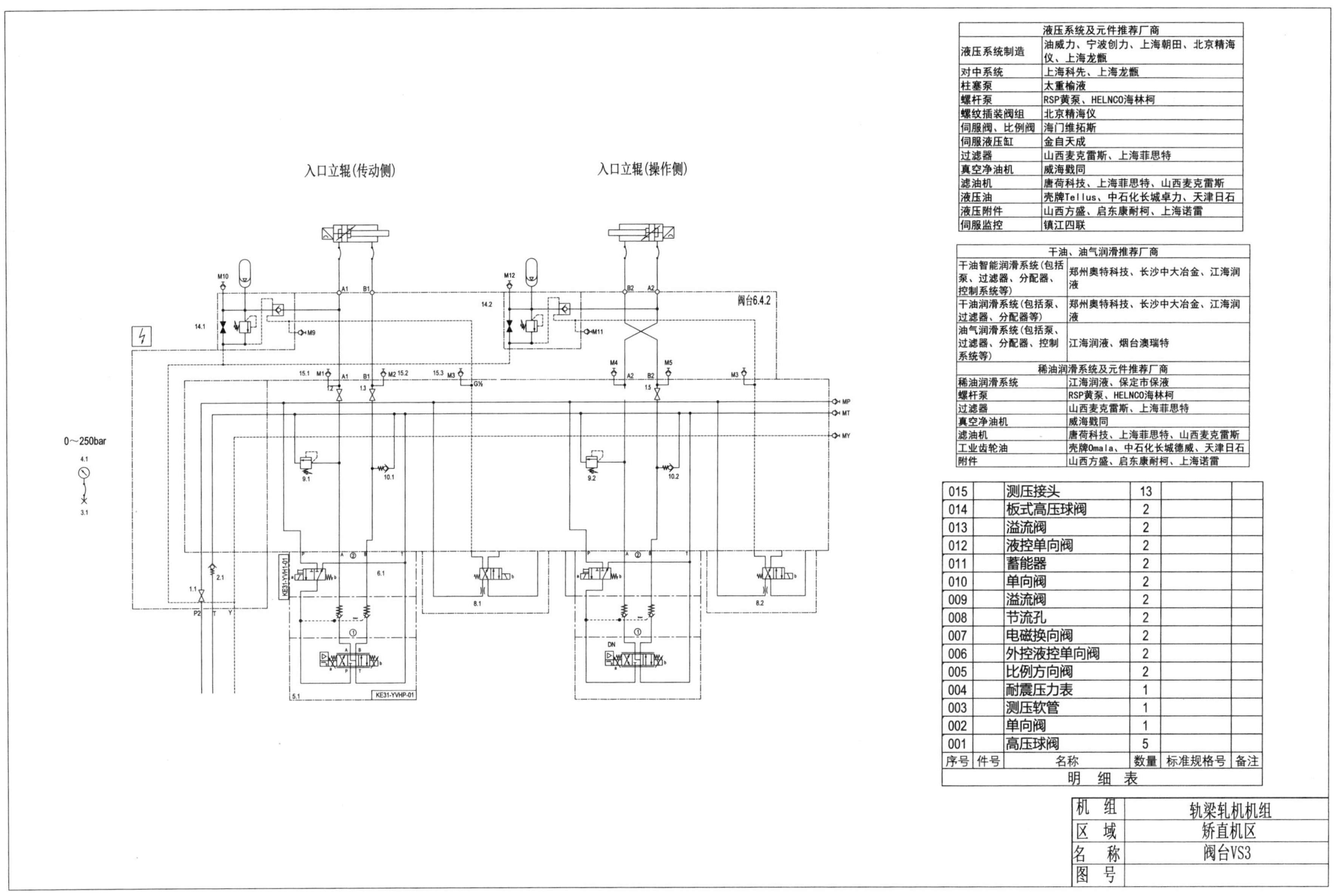

液压系统及元件推荐厂商	
液压系统制造	油威力、宁波创力、上海朝田、北京精海仪、上海龙甑
对中系统	上海科先、上海龙甑
柱塞泵	太重榆液
螺杆泵	RSP黄泵、HELNCO海林柯
螺纹插装阀组	北京精海仪
伺服阀、比例阀	海门维拓斯
伺服液压缸	金自天成
过滤器	山西麦克雷斯、上海菲思特
真空净油机	威海戳同
滤油机	唐荷科技、上海菲思特、山西麦克雷斯
液压油	壳牌Tellus、中石化长城卓力、天津日石
液压附件	山西方盛、启东康耐柯、上海诺雷
伺服监控	镇江四联

干油、油气润滑推荐厂商	
干油智能润滑系统(包括泵、过滤器、分配器、控制系统等)	郑州奥特科技、长沙中大冶金、江海润液
干油润滑系统(包括泵、过滤器、分配器等)	郑州奥特科技、长沙中大冶金、江海润液
油气润滑系统(包括泵、过滤器、分配器、控制系统等)	江海润液、烟台澳瑞特
稀油润滑系统及元件推荐厂商	
稀油润滑系统	江海润液、保定市保液
螺杆泵	RSP黄泵、HELNCO海林柯
过滤器	山西麦克雷斯、上海菲思特
真空净油机	威海戳同
滤油机	唐荷科技、上海菲思特、山西麦克雷斯
工业齿轮油	壳牌Omala、中石化长城德威、天津日石
附件	山西方盛、启东康耐柯、上海诺雷

序号	件号	名称	数量	标准规格号	备注
015		测压接头	13		
014		板式高压球阀	2		
013		溢流阀	2		
012		液控单向阀	2		
011		蓄能器	2		
010		单向阀	2		
009		溢流阀	2		
008		节流孔	2		
007		电磁换向阀	2		
006		外控液控单向阀	2		
005		比例方向阀	2		
004		耐震压力表	1		
003		测压软管	1		
002		单向阀	1		
001		高压球阀	5		
明　细　表					

机　组	轨梁轧机机组
区　域	矫直机区
名　称	阀台VS3
图　号	

8.5.6 矫直机阀台 VS4 原理图

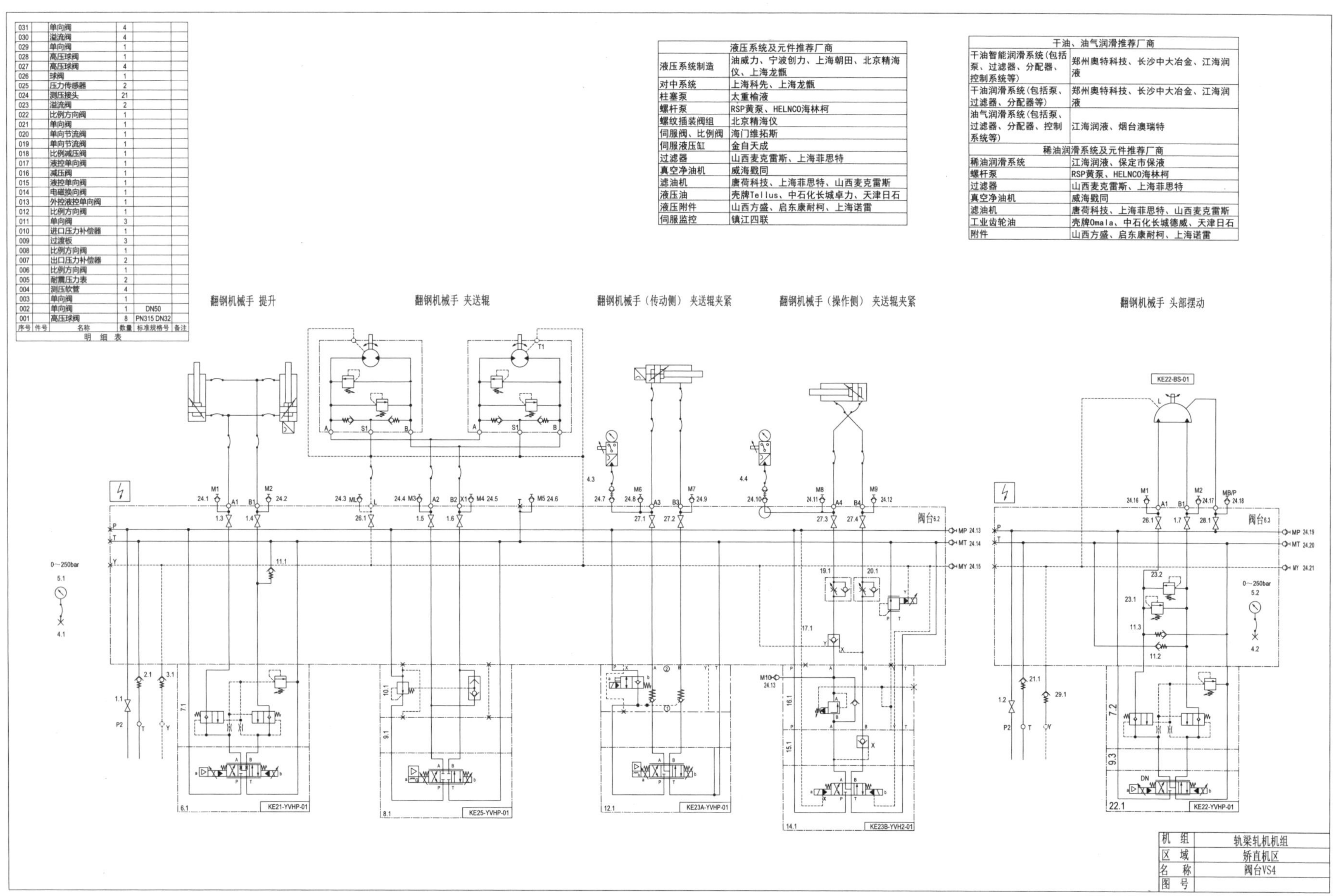

序号	件号	名称	数量	标准规格号	备注
031		单向阀	4		
030		溢流阀	4		
029		单向阀	1		
028		高压球阀	1		
027		高压球阀	4		
026		球阀	1		
025		压力传感器	2		
024		测压接头	21		
023		溢流阀	2		
022		比例方向阀	1		
021		单向阀	1		
020		单向节流阀	1		
019		单向节流阀	1		
018		比例减压阀	1		
017		液控单向阀	1		
016		减压阀	1		
015		液控单向阀	1		
014		电磁换向阀	1		
013		外控液控单向阀	1		
012		比例方向阀	1		
011		单向阀	3		
010		进口压力补偿器	1		
009		过渡板	3		
008		比例方向阀	1		
007		出口压力补偿器	2		
006		比例方向阀	1		
005		耐震压力表	2		
004		测压软管	4		
003		单向阀	1		
002		单向阀	1	DN50	
001		高压球阀	8	PN315 DN32	

明 细 表

液压系统及元件推荐厂商	
液压系统制造	油威力、宁波创力、上海朝田、北京精海仪、上海龙甑
对中系统	上海科先、上海龙甑
柱塞泵	太重榆液
螺杆泵	RSP黄泵、HELNCO海林柯
螺纹插装阀组	北京精海仪
伺服阀、比例阀	海门维拓斯
伺服液压缸	金自天成
过滤器	山西麦克雷斯、上海菲思特
真空净油机	威海戥同
滤油机	唐荷科技、上海菲思特、山西麦克雷斯
液压油	壳牌Tellus、中石化长城卓力、天津日石
液压附件	山西方盛、启东康耐柯、上海诺雷
伺服监控	镇江四联

干油、油气润滑推荐厂商	
干油智能润滑系统(包括泵、过滤器、分配器、控制系统等)	郑州奥特科技、长沙中大冶金、江海润液
干油润滑系统(包括泵、过滤器、分配器等)	郑州奥特科技、长沙中大冶金、江海润液
油气润滑系统(包括泵、过滤器、分配器、控制系统等)	江海润液、烟台澳瑞特
稀油润滑系统及元件推荐厂商	
稀油润滑系统	江海润液、保定市保液
螺杆泵	RSP黄泵、HELNCO海林柯
过滤器	山西麦克雷斯、上海菲思特
真空净油机	威海戥同
滤油机	唐荷科技、上海菲思特、山西麦克雷斯
工业齿轮油	壳牌Omala、中石化长城德威、天津日石
附件	山西方盛、启东康耐柯、上海诺雷

8.5.7 矫直机阀台 VS5 原理图

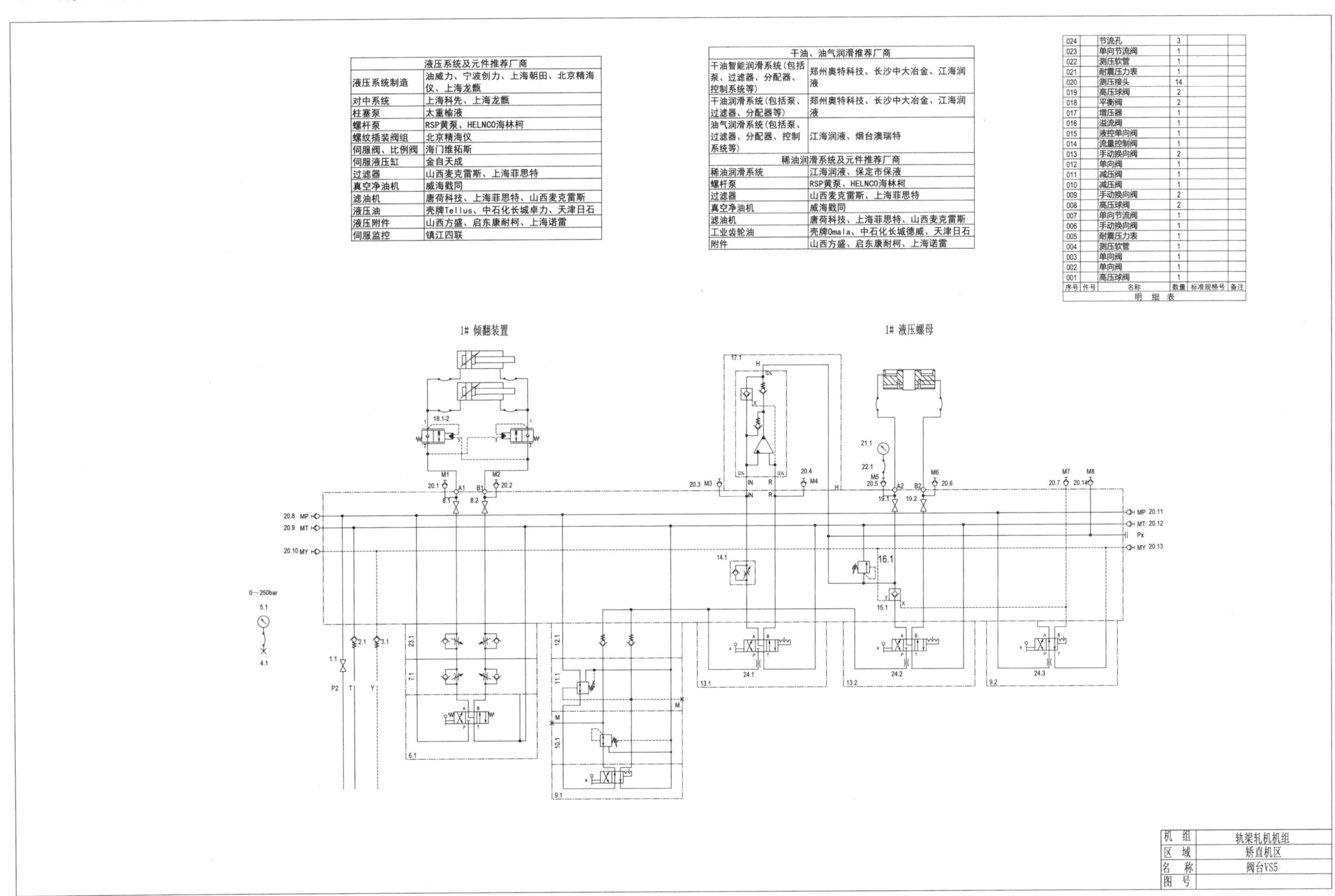

液压系统及元件推荐厂商	
液压系统制造	油威力、宁波创力、上海朝田、北京精海仪、上海龙甑
对中系统	上海科先、上海龙甑
柱塞泵	太重榆液
螺杆泵	RSP黄泵、HELNCO海林柯
螺纹插装阀组	北京精海仪
伺服阀、比例阀	海门维拓斯
伺服液压缸	金自天成
过滤器	山西麦克雷斯、上海菲思特
真空净油机	威海戥同
滤油机	唐荷科技、上海菲思特、山西麦克雷斯
液压油	壳牌Tellus、中石化长城卓力、天津日石
液压附件	山西方盛、启东康耐柯、上海诺雷
伺服监控	镇江四联

干油、油气润滑推荐厂商	
干油智能润滑系统(包括泵、过滤器、分配器、控制系统等)	郑州奥特科技、长沙中大冶金、江海润液
干油润滑系统(包括泵、过滤器、分配器等)	郑州奥特科技、长沙中大冶金、江海润液
油气润滑系统(包括泵、过滤器、分配器、控制系统等)	江海润液、烟台澳瑞特
稀油润滑系统及元件推荐厂商	
稀油润滑系统	江海润液、保定市保液
螺杆泵	RSP黄泵、HELNCO海林柯
过滤器	山西麦克雷斯、上海菲思特
真空净油机	威海戥同
滤油机	唐荷科技、上海菲思特、山西麦克雷斯
工业齿轮油	壳牌Omala、中石化长城德威、天津日石
附件	山西方盛、启东康耐柯、上海诺雷

序号	件号	名称	数量	标准规格号	备注
024		节流孔	3		
023		单向节流阀	1		
022		测压软管	1		
021		耐震压力表	1		
020		测压接头	14		
019		高压球阀	2		
018		平衡阀	2		
017		增压器	1		
016		溢流阀	1		
015		液控单向阀	1		
014		流量控制阀	1		
013		手动换向阀	2		
012		单向阀	1		
011		减压阀	1		
010		减压阀	1		
009		手动换向阀	2		
008		高压球阀	2		
007		单向节流阀	1		
006		手动换向阀	1		
005		耐震压力表	1		
004		测压软管	1		
003		单向阀	1		
002		单向阀	1		
001		高压球阀	1		
明　细　表					

机　组	轨梁轧机机组
区　域	矫直机区
名　称	阀台VS5
图　号	

8.5.8 矫直机阀台 VS6 原理图

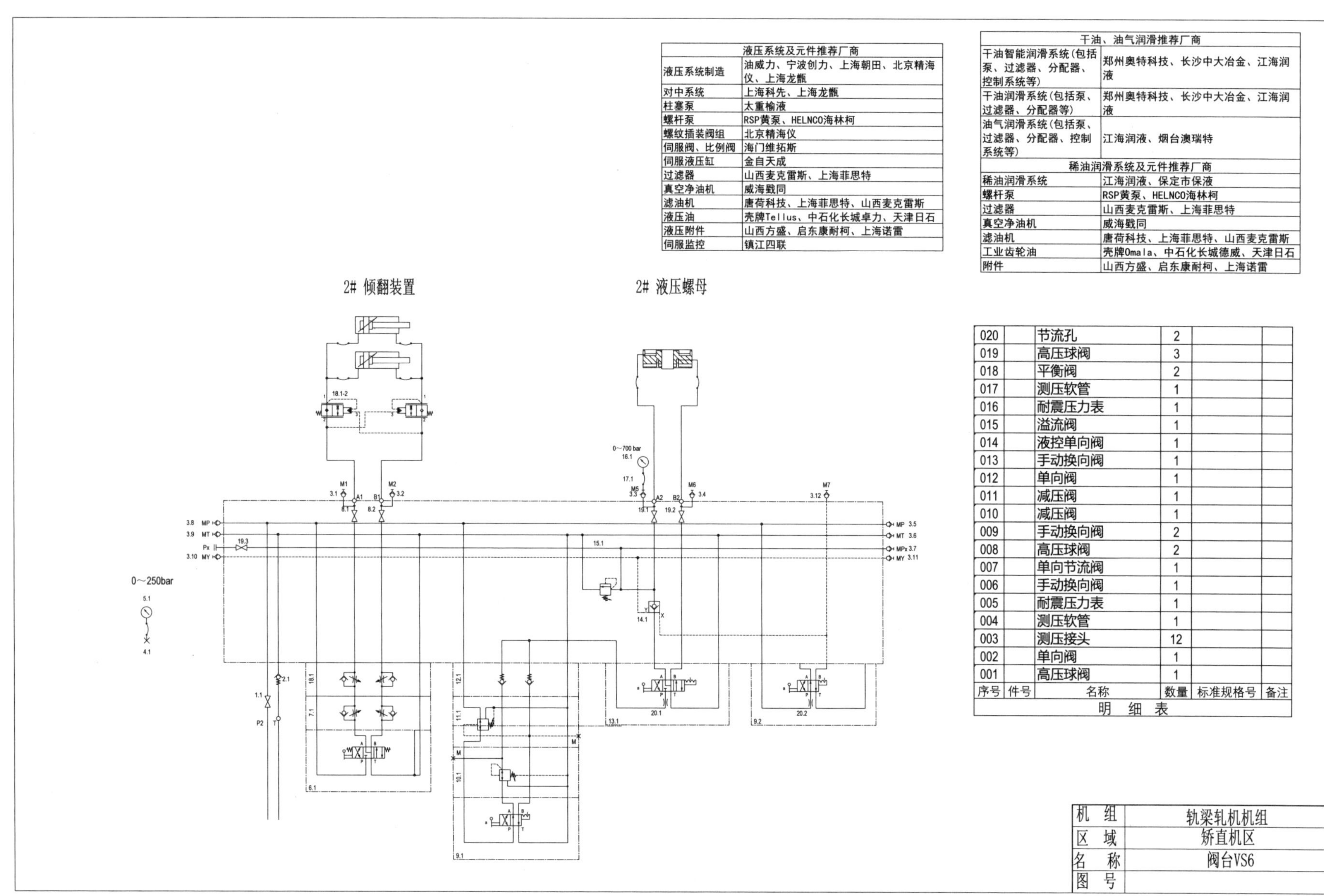

液压系统及元件推荐厂商	
液压系统制造	油威力、宁波创力、上海朝田、北京精海仪、上海龙甑
对中系统	上海科先、上海龙甑
柱塞泵	太重榆液
螺杆泵	RSP黄泵、HELNCO海林柯
螺纹插装阀组	北京精海仪
伺服阀、比例阀	海门维拓斯
伺服液压缸	金自天成
过滤器	山西麦克雷斯、上海菲思特
真空净油机	威海戥同
滤油机	唐荷科技、上海菲思特、山西麦克雷斯
液压油	壳牌Tellus、中石化长城卓力、天津日石
液压附件	山西方盛、启东康耐柯、上海诺雷
伺服监控	镇江四联

干油、油气润滑推荐厂商	
干油智能润滑系统(包括泵、过滤器、分配器、控制系统等)	郑州奥特科技、长沙中大冶金、江海润液
干油润滑系统(包括泵、过滤器、分配器等)	郑州奥特科技、长沙中大冶金、江海润液
油气润滑系统(包括泵、过滤器、分配器、控制系统等)	江海润液、烟台澳瑞特
稀油润滑系统及元件推荐厂商	
稀油润滑系统	江海润液、保定市保液
螺杆泵	RSP黄泵、HELNCO海林柯
过滤器	山西麦克雷斯、上海菲思特
真空净油机	威海戥同
滤油机	唐荷科技、上海菲思特、山西麦克雷斯
工业齿轮油	壳牌Omala、中石化长城德威、天津日石
附件	山西方盛、启东康耐柯、上海诺雷

序号	件号	名称	数量	标准规格号	备注
020		节流孔	2		
019		高压球阀	3		
018		平衡阀	2		
017		测压软管	1		
016		耐震压力表	1		
015		溢流阀	1		
014		液控单向阀	1		
013		手动换向阀	1		
012		单向阀	1		
011		减压阀	1		
010		减压阀	1		
009		手动换向阀	2		
008		高压球阀	2		
007		单向节流阀	1		
006		手动换向阀	1		
005		耐震压力表	1		
004		测压软管	1		
003		测压接头	12		
002		单向阀	1		
001		高压球阀	1		

明　细　表

机　组	轧梁轧机机组
区　域	矫直机区
名　称	阀台VS6
图　号	

8.6 编组区液压系统

8.6.1 编组区液压系统液压泵站原理图

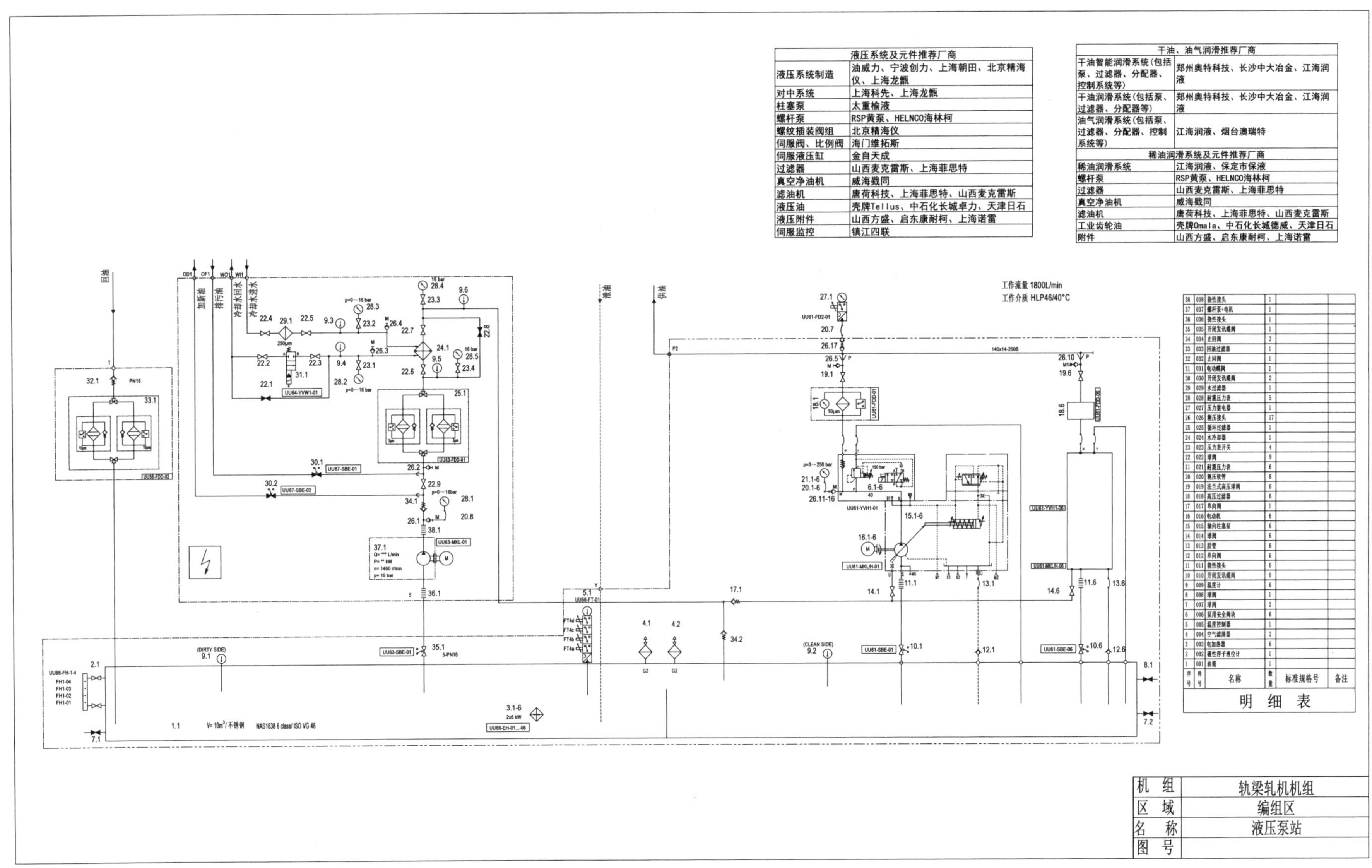

液压系统及元件推荐厂商	
液压系统制造	油威力、宁波创力、上海朝田、北京精海仪、上海龙甑
对中系统	上海科先、上海龙甑
柱塞泵	太重榆液
螺杆泵	RSP黄泵、HELNCO海林柯
螺纹插装阀组	北京精海仪
伺服阀、比例阀	海门维拓斯
伺服液压缸	金自天成
过滤器	山西麦克雷斯、上海菲思特
真空净油机	威海戥同
滤油机	唐荷科技、上海菲思特、山西麦克雷斯
液压油	壳牌Tellus、中石化长城卓力、天津日石
液压附件	山西方盛、启东康耐柯、上海诺雷
伺服监控	镇江四联

干油、油气润滑推荐厂商	
干油智能润滑系统（包括泵、过滤器、分配器、控制系统等）	郑州奥特科技、长沙中大冶金、江海润液
干油润滑系统（包括泵、过滤器、分配器等）	郑州奥特科技、长沙中大冶金、江海润液
油气润滑系统（包括泵、过滤器、分配器、控制系统等）	江海润液、烟台澳瑞特
稀油润滑系统及元件推荐厂商	
稀油润滑系统	江海润液、保定市保液
螺杆泵	RSP黄泵、HELNCO海林柯
过滤器	山西麦克雷斯、上海菲思特
真空净油机	威海戥同
滤油机	唐荷科技、上海菲思特、山西麦克雷斯
工业齿轮油	壳牌Omala、中石化长城德威、天津日石
附件	山西方盛、启东康耐柯、上海诺雷

序号	件号	名称	数量	标准规格号	备注
38	038	挠性接头	1		
37	037	螺杆泵+电机	1		
36	036	挠性接头	1		
35	035	开闭发讯蝶阀	1		
34	034	止回阀	2		
33	033	回油过滤器	1		
32	032	止回阀	1		
31	031	电动蝶阀	1		
30	030	开闭发讯蝶阀	2		
29	029	水过滤器	1		
28	028	耐震压力表	5		
27	027	压力继电器	1		
26	026	测压接头	17		
25	025	循环过滤器	1		
24	024	水冷却器	1		
23	023	压力表开关	4		
22	022	球阀	9		
21	021	耐震压力表	6		
20	020	测压软管	8		
19	019	法兰式高压球阀	6		
18	018	高压过滤器	6		
17	017	单向阀	1		
16	016	电动机	6		
15	015	轴向柱塞泵	6		
14	014	球阀	6		
13	013	胶管	6		
12	012	单向阀	6		
11	011	挠性接头	6		
10	010	开闭发讯蝶阀	6		
9	009	温度计	6		
8	008	球阀	1		
7	007	球阀	2		
6	006	泵用安全阀块	6		
5	005	温度控制器	1		
4	004	空气滤清器	2		
3	003	电加热器	6		
2	002	磁性浮子液位计	1		
1	001	油箱	1		

明　细　表

机　组	轧梁轧机机组
区　域	编组区
名　称	液压泵站
图　号	

8.6.2 编组区液压系统蓄能器站原理图

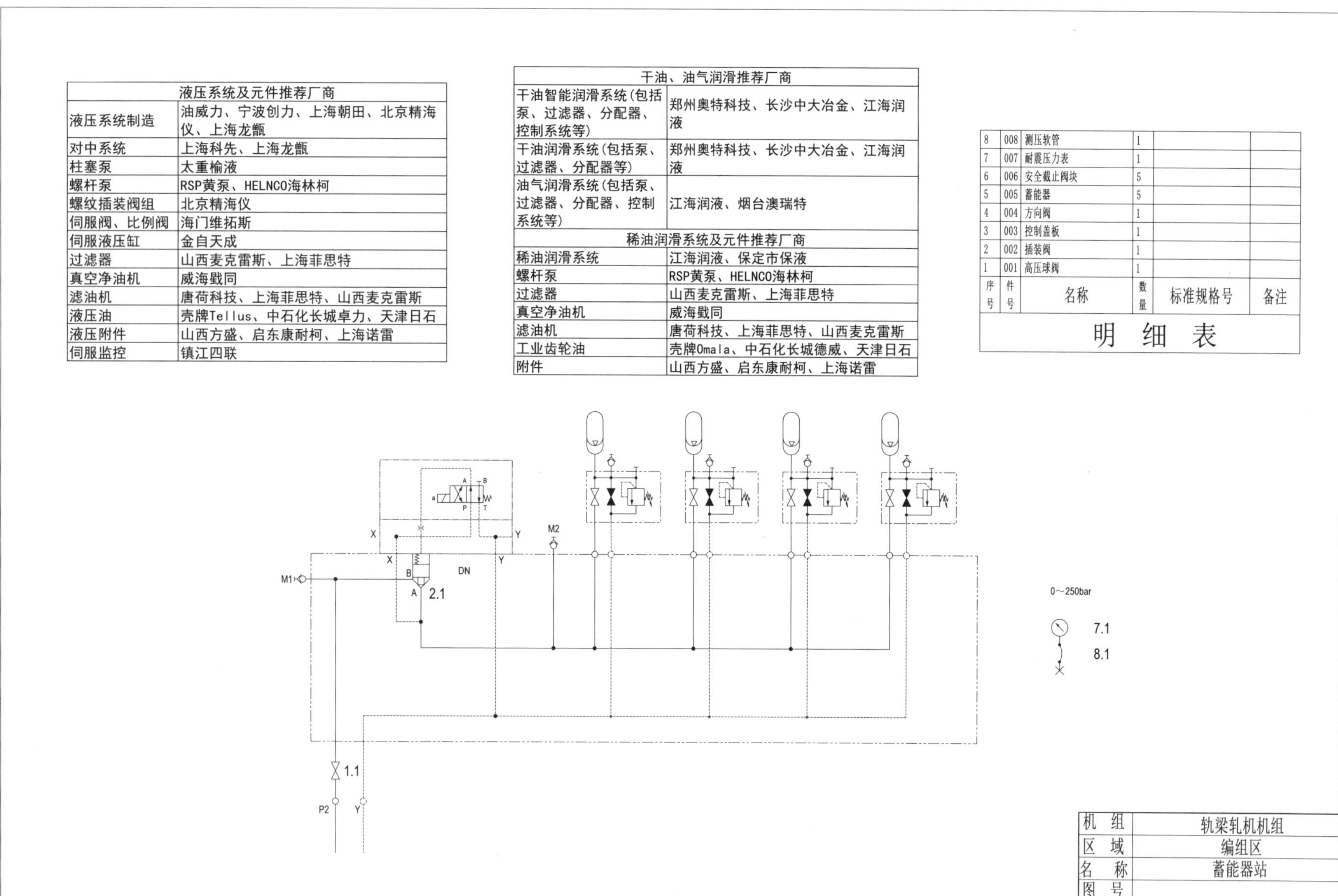

液压系统及元件推荐厂商	
液压系统制造	油威力、宁波创力、上海朝田、北京精海仪、上海龙甑
对中系统	上海科先、上海龙甑
柱塞泵	太重榆液
螺杆泵	RSP黄泵、HELNCO海林柯
螺纹插装阀组	北京精海仪
伺服阀、比例阀	海门维拓斯
伺服液压缸	金自天成
过滤器	山西麦克雷斯、上海菲思特
真空净油机	威海戥同
滤油机	唐荷科技、上海菲思特、山西麦克雷斯
液压油	壳牌Tellus、中石化长城卓力、天津日石
液压附件	山西方盛、启东康耐柯、上海诺雷
伺服监控	镇江四联

干油、油气润滑推荐厂商	
干油智能润滑系统(包括泵、过滤器、分配器、控制系统等)	郑州奥特科技、长沙中大冶金、江海润液
干油润滑系统(包括泵、过滤器、分配器等)	郑州奥特科技、长沙中大冶金、江海润液
油气润滑系统(包括泵、过滤器、分配器、控制系统等)	江海润液、烟台澳瑞特
稀油润滑系统及元件推荐厂商	
稀油润滑系统	江海润液、保定市保液
螺杆泵	RSP黄泵、HELNCO海林柯
过滤器	山西麦克雷斯、上海菲思特
真空净油机	威海戥同
滤油机	唐荷科技、上海菲思特、山西麦克雷斯
工业齿轮油	壳牌Omala、中石化长城德威、天津日石
附件	山西方盛、启东康耐柯、上海诺雷

序号	件号	名称	数量	标准规格号	备注
8	008	测压软管	1		
7	007	耐震压力表	1		
6	006	安全截止阀块	5		
5	005	蓄能器	5		
4	004	方向阀	1		
3	003	控制盖板	1		
2	002	插装阀	1		
1	001	高压球阀	1		

明细表

机组	轨梁轧机机组
区域	编组区
名称	蓄能器站
图号	

8.6.3 编组区液压系统阀台 VS1 原理图

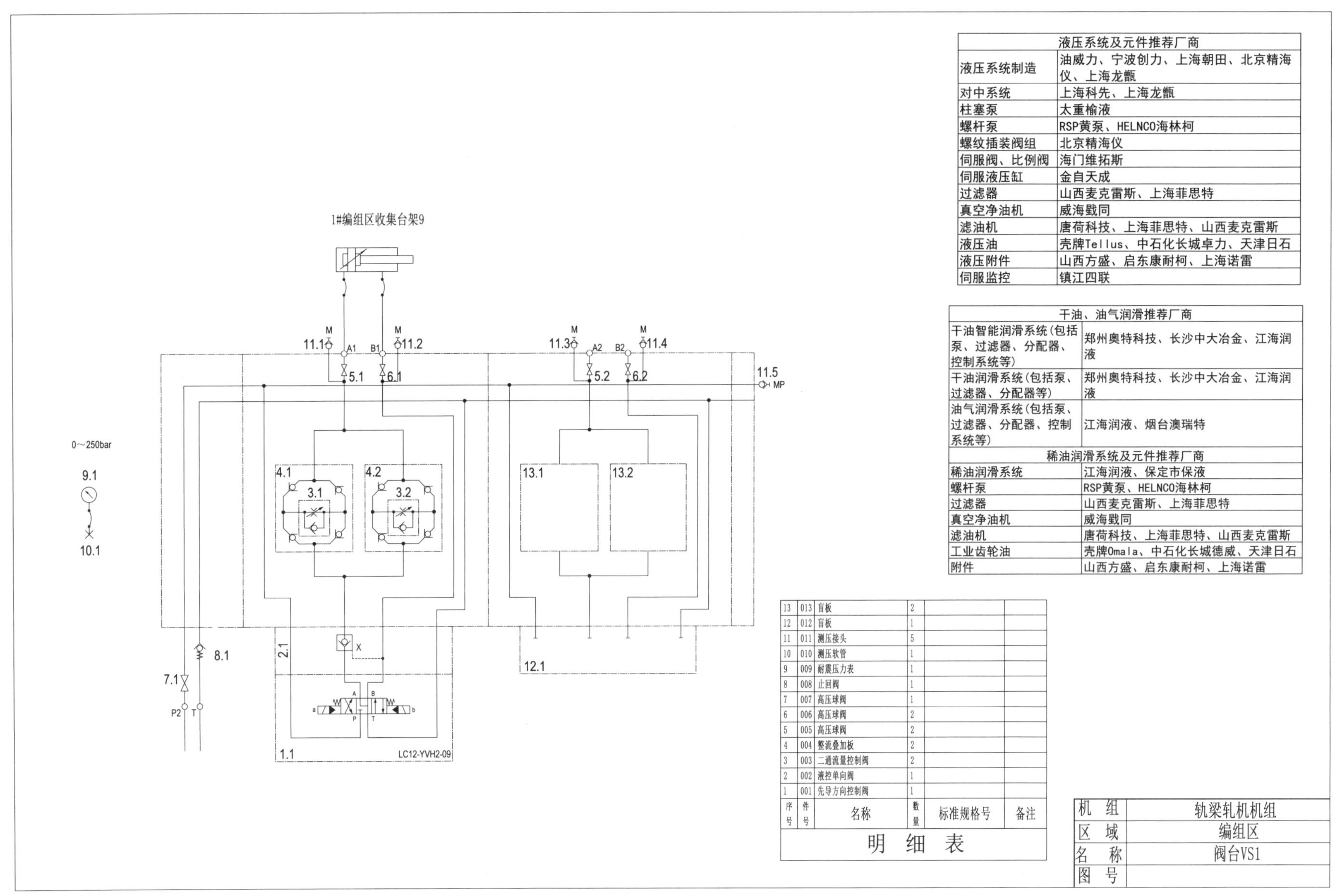

液压系统及元件推荐厂商	
液压系统制造	油威力、宁波创力、上海朝田、北京精海仪、上海龙甑
对中系统	上海科先、上海龙甑
柱塞泵	太重榆液
螺杆泵	RSP黄泵、HELNCO海林柯
螺纹插装阀组	北京精海仪
伺服阀、比例阀	海门维拓斯
伺服液压缸	金自天成
过滤器	山西麦克雷斯、上海菲思特
真空净油机	威海戳同
滤油机	唐荷科技、上海菲思特、山西麦克雷斯
液压油	壳牌Tellus、中石化长城卓力、天津日石
液压附件	山西方盛、启东康耐柯、上海诺雷
伺服监控	镇江四联

干油、油气润滑推荐厂商	
干油智能润滑系统(包括泵、过滤器、分配器、控制系统等)	郑州奥特科技、长沙中大冶金、江海润液
干油润滑系统(包括泵、过滤器、分配器等)	郑州奥特科技、长沙中大冶金、江海润液
油气润滑系统(包括泵、过滤器、分配器、控制系统等)	江海润液、烟台澳瑞特
稀油润滑系统及元件推荐厂商	
稀油润滑系统	江海润液、保定市保液
螺杆泵	RSP黄泵、HELNCO海林柯
过滤器	山西麦克雷斯、上海菲思特
真空净油机	威海戳同
滤油机	唐荷科技、上海菲思特、山西麦克雷斯
工业齿轮油	壳牌Omala、中石化长城德威、天津日石
附件	山西方盛、启东康耐柯、上海诺雷

序号	件号	名称	数量	标准规格号	备注
13	013	盲板	2		
12	012	盲板	1		
11	011	测压接头	5		
10	010	测压软管	1		
9	009	耐震压力表	1		
8	008	止回阀	1		
7	007	高压球阀	1		
6	006	高压球阀	2		
5	005	高压球阀	2		
4	004	整流叠加板	2		
3	003	二通流量控制阀	2		
2	002	液控单向阀	1		
1	001	先导方向控制阀	1		
明细表					

机　组	轨梁轧机机组
区　域	编组区
名　称	阀台VS1
图　号	

8.6.4 编组区液压系统阀台 VS2 原理图

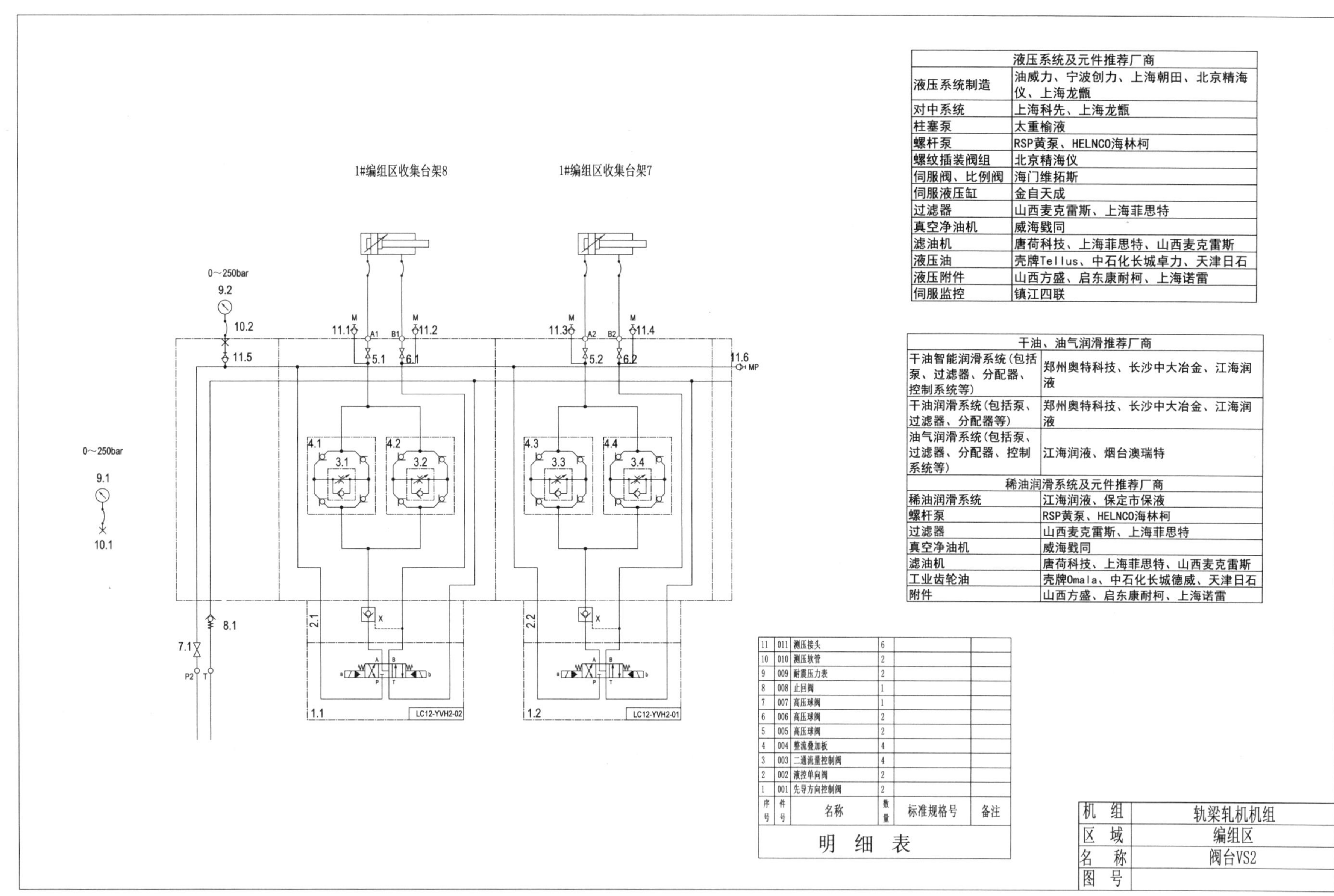

液压系统及元件推荐厂商	
液压系统制造	油威力、宁波创力、上海朝田、北京精海仪、上海龙甑
对中系统	上海科先、上海龙甑
柱塞泵	太重榆液
螺杆泵	RSP黄泵、HELNCO海林柯
螺纹插装阀组	北京精海仪
伺服阀、比例阀	海门维拓斯
伺服液压缸	金自天成
过滤器	山西麦克雷斯、上海菲思特
真空净油机	威海戥同
滤油机	唐荷科技、上海菲思特、山西麦克雷斯
液压油	壳牌Tellus、中石化长城卓力、天津日石
液压附件	山西方盛、启东康耐柯、上海诺雷
伺服监控	镇江四联

干油、油气润滑推荐厂商	
干油智能润滑系统(包括泵、过滤器、分配器、控制系统等)	郑州奥特科技、长沙中大冶金、江海润液
干油润滑系统(包括泵、过滤器、分配器等)	郑州奥特科技、长沙中大冶金、江海润液
油气润滑系统(包括泵、过滤器、分配器、控制系统等)	江海润液、烟台澳瑞特
稀油润滑系统及元件推荐厂商	
稀油润滑系统	江海润液、保定市保液
螺杆泵	RSP黄泵、HELNCO海林柯
过滤器	山西麦克雷斯、上海菲思特
真空净油机	威海戥同
滤油机	唐荷科技、上海菲思特、山西麦克雷斯
工业齿轮油	壳牌Omala、中石化长城德威、天津日石
附件	山西方盛、启东康耐柯、上海诺雷

序号	件号	名称	数量	标准规格号	备注
11	011	测压接头	6		
10	010	测压软管	2		
9	009	耐震压力表	2		
8	008	止回阀	1		
7	007	高压球阀	1		
6	006	高压球阀	2		
5	005	高压球阀	2		
4	004	整流叠加板	4		
3	003	二通流量控制阀	4		
2	002	液控单向阀	2		
1	001	先导方向控制阀	2		

明 细 表

机 组	轨梁轧机机组
区 域	编组区
名 称	阀台VS2
图 号	

8.6.5 编组区液压系统阀台 VS3 原理图

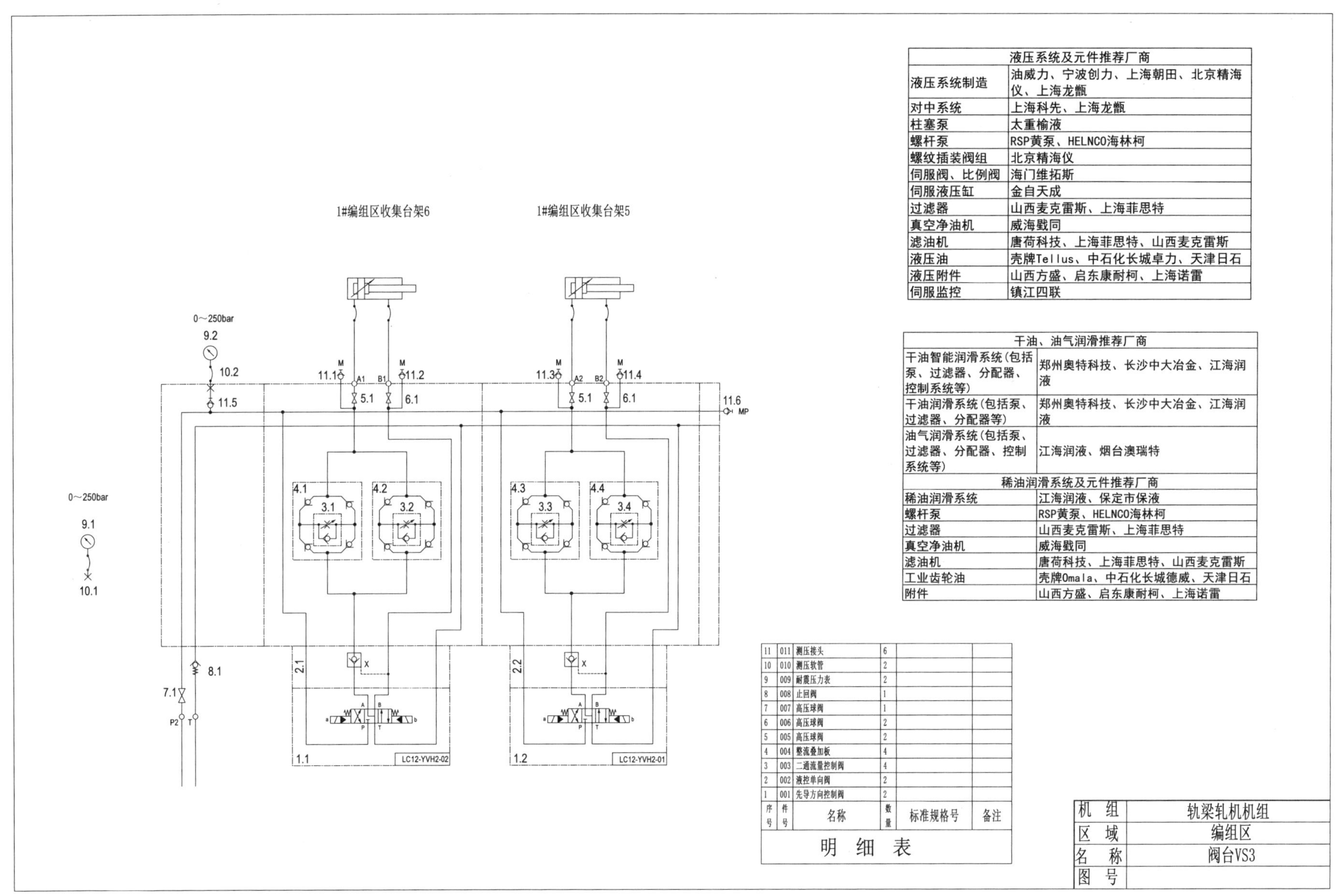

液压系统及元件推荐厂商	
液压系统制造	油威力、宁波创力、上海朝田、北京精海仪、上海龙甑
对中系统	上海科先、上海龙甑
柱塞泵	太重榆液
螺杆泵	RSP黄泵、HELNCO海林柯
螺纹插装阀组	北京精海仪
伺服阀、比例阀	海门维拓斯
伺服液压缸	金自天成
过滤器	山西麦克雷斯、上海菲思特
真空净油机	威海戥同
滤油机	唐荷科技、上海菲思特、山西麦克雷斯
液压油	壳牌Tellus、中石化长城卓力、天津日石
液压附件	山西方盛、启东康耐柯、上海诺雷
伺服监控	镇江四联

干油、油气润滑推荐厂商	
干油智能润滑系统(包括泵、过滤器、分配器、控制系统等)	郑州奥特科技、长沙中大冶金、江海润液
干油润滑系统(包括泵、过滤器、分配器等)	郑州奥特科技、长沙中大冶金、江海润液
油气润滑系统(包括泵、过滤器、分配器、控制系统等)	江海润液、烟台澳瑞特
稀油润滑系统及元件推荐厂商	
稀油润滑系统	江海润液、保定市保液
螺杆泵	RSP黄泵、HELNCO海林柯
过滤器	山西麦克雷斯、上海菲思特
真空净油机	威海戥同
滤油机	唐荷科技、上海菲思特、山西麦克雷斯
工业齿轮油	壳牌Omala、中石化长城德威、天津日石
附件	山西方盛、启东康耐柯、上海诺雷

序号	件号	名称	数量	标准规格号	备注
11	011	测压接头	6		
10	010	测压软管	2		
9	009	耐震压力表	2		
8	008	止回阀	1		
7	007	高压球阀	1		
6	006	高压球阀	2		
5	005	高压球阀	2		
4	004	整流叠加板	4		
3	003	二通流量控制阀	4		
2	002	液控单向阀	2		
1	001	先导方向控制阀	2		

明　细　表

机　组	轧梁轧机机组
区　域	编组区
名　称	阀台VS3
图　号	

8.6.6 编组区液压系统阀台 VS4 原理图

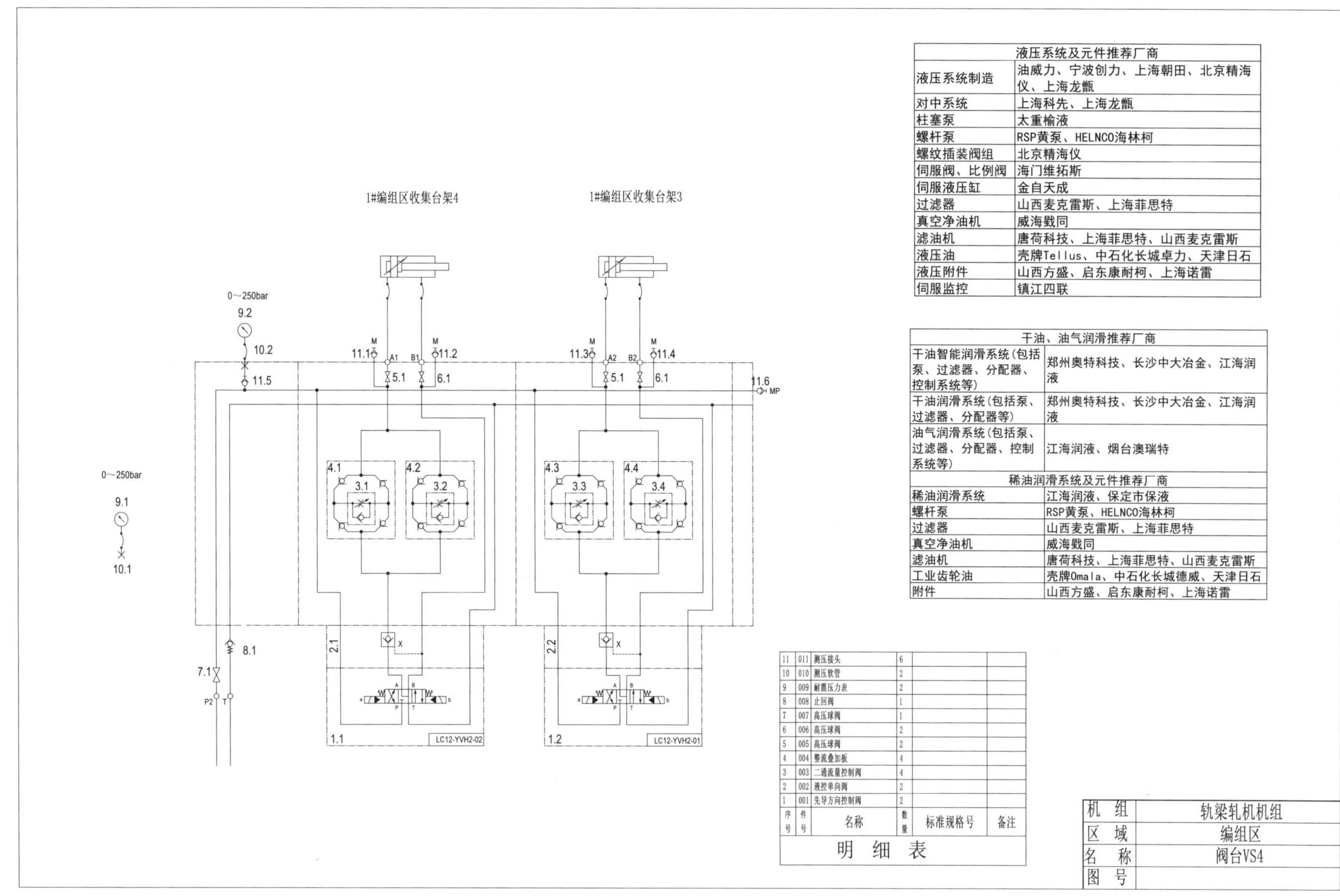

液压系统及元件推荐厂商	
液压系统制造	油威力、宁波创力、上海朝田、北京精海仪、上海龙甑
对中系统	上海科先、上海龙甑
柱塞泵	太重榆液
螺杆泵	RSP黄泵、HELNCO海林柯
螺纹插装阀组	北京精海仪
伺服阀、比例阀	海门维拓斯
伺服液压缸	金自天成
过滤器	山西麦克雷斯、上海菲思特
真空净油机	威海戥同
滤油机	唐荷科技、上海菲思特、山西麦克雷斯
液压油	壳牌Tellus、中石化长城卓力、天津日石
液压附件	山西方盛、启东康耐柯、上海诺雷
伺服监控	镇江四联

干油、油气润滑推荐厂商	
干油智能润滑系统(包括泵、过滤器、分配器、控制系统等)	郑州奥特科技、长沙中大冶金、江海润液
干油润滑系统(包括泵、过滤器、分配器等)	郑州奥特科技、长沙中大冶金、江海润液
油气润滑系统(包括泵、过滤器、分配器、控制系统等)	江海润液、烟台澳瑞特
稀油润滑系统及元件推荐厂商	
稀油润滑系统	江海润液、保定市保液
螺杆泵	RSP黄泵、HELNCO海林柯
过滤器	山西麦克雷斯、上海菲思特
真空净油机	威海戥同
滤油机	唐荷科技、上海菲思特、山西麦克雷斯
工业齿轮油	壳牌Omala、中石化长城德威、天津日石
附件	山西方盛、启东康耐柯、上海诺雷

序号	件号	名称	数量	标准规格号	备注
11	011	测压接头	6		
10	010	测压软管	2		
9	009	耐震压力表	2		
8	008	止回阀	1		
7	007	高压球阀	1		
6	006	高压球阀	2		
5	005	高压球阀	2		
4	004	整流叠加板	4		
3	003	二通流量控制阀	4		
2	002	液控单向阀	2		
1	001	先导方向控制阀	2		

明 细 表

机 组	轨梁轧机机组
区 域	编组区
名 称	阀台VS4
图 号	

8.6.7 编组区液压系统阀台 VS5 原理图

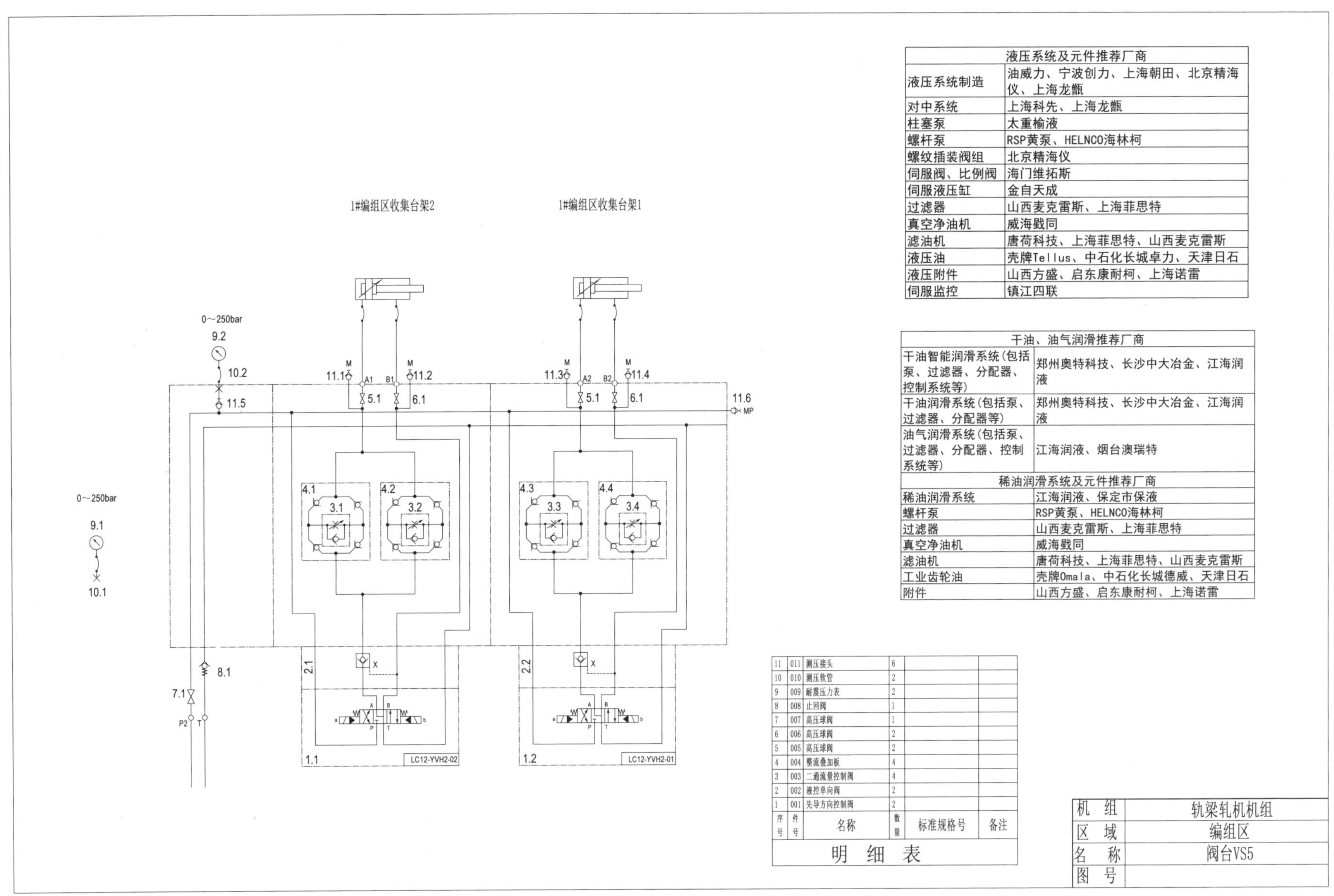

液压系统及元件推荐厂商	
液压系统制造	油威力、宁波创力、上海朝田、北京精海仪、上海龙甑
对中系统	上海科先、上海龙甑
柱塞泵	太重榆液
螺杆泵	RSP黄泵、HELNCO海林柯
螺纹插装阀组	北京精海仪
伺服阀、比例阀	海门维拓斯
伺服液压缸	金自天成
过滤器	山西麦克雷斯、上海菲思特
真空净油机	威海戥同
滤油机	唐荷科技、上海菲思特、山西麦克雷斯
液压油	壳牌Tellus、中石化长城卓力、天津日石
液压附件	山西方盛、启东康耐柯、上海诺雷
伺服监控	镇江四联

干油、油气润滑推荐厂商	
干油智能润滑系统(包括泵、过滤器、分配器、控制系统等)	郑州奥特科技、长沙中大冶金、江海润液
干油润滑系统(包括泵、过滤器、分配器等)	郑州奥特科技、长沙中大冶金、江海润液
油气润滑系统(包括泵、过滤器、分配器、控制系统等)	江海润液、烟台澳瑞特
稀油润滑系统及元件推荐厂商	
稀油润滑系统	江海润液、保定市保液
螺杆泵	RSP黄泵、HELNCO海林柯
过滤器	山西麦克雷斯、上海菲思特
真空净油机	威海戥同
滤油机	唐荷科技、上海菲思特、山西麦克雷斯
工业齿轮油	壳牌Omala、中石化长城德威、天津日石
附件	山西方盛、启东康耐柯、上海诺雷

序号	件号	名称	数量	标准规格号	备注
11	011	测压接头	6		
10	010	测压软管	2		
9	009	耐震压力表	2		
8	008	止回阀	1		
7	007	高压球阀	1		
6	006	高压球阀	2		
5	005	高压球阀	2		
4	004	整流叠加板	4		
3	003	二通流量控制阀	4		
2	002	液控单向阀	2		
1	001	先导方向控制阀	2		

明　细　表

机　组	轧梁轧机机组
区　域	编组区
名　称	阀台VS5
图　号	

8.7 定尺机区液压系统

8.7.1 定尺机区液压系统液压泵站原理图

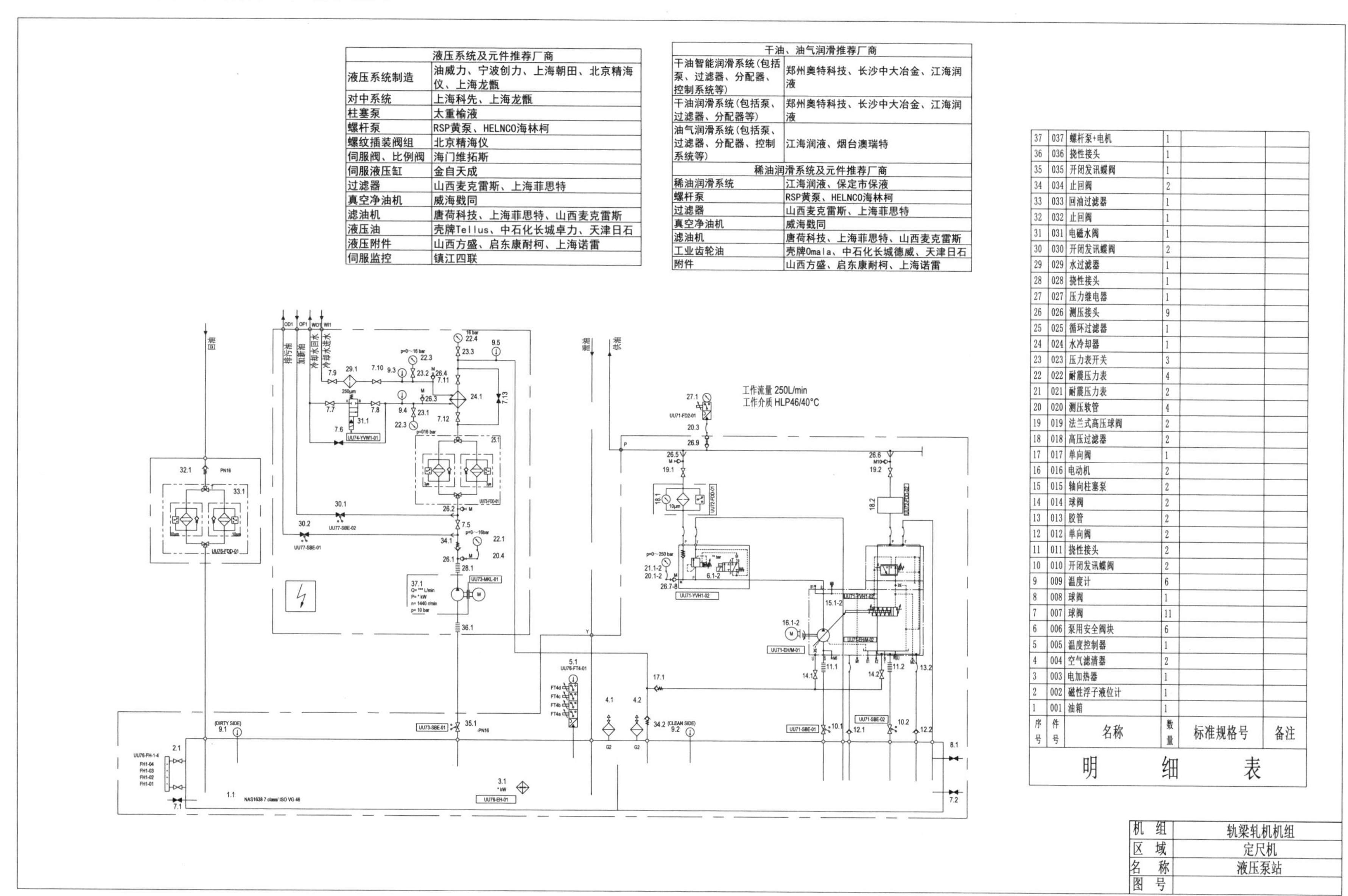

液压系统及元件推荐厂商	
液压系统制造	油威力、宁波创力、上海朝田、北京精海仪、上海龙甑
对中系统	上海科先、上海龙甑
柱塞泵	太重榆液
螺杆泵	RSP黄泵、HELNCO海林柯
螺纹插装阀组	北京精海仪
伺服阀、比例阀	海门维拓斯
伺服液压缸	金自天成
过滤器	山西麦克雷斯、上海菲思特
真空净油机	威海戥同
滤油机	唐荷科技、上海菲思特、山西麦克雷斯
液压油	壳牌Tellus、中石化长城卓力、天津日石
液压附件	山西方盛、启东康耐柯、上海诺雷
伺服监控	镇江四联

干油、油气润滑推荐厂商	
干油智能润滑系统(包括泵、过滤器、分配器、控制系统等)	郑州奥特科技、长沙中大冶金、江海润液
干油润滑系统(包括泵、过滤器、分配器等)	郑州奥特科技、长沙中大冶金、江海润液
油气润滑系统(包括泵、过滤器、分配器、控制系统等)	江海润液、烟台澳瑞特
稀油润滑系统及元件推荐厂商	
稀油润滑系统	江海润液、保定市保液
螺杆泵	RSP黄泵、HELNCO海林柯
过滤器	山西麦克雷斯、上海菲思特
真空净油机	威海戥同
滤油机	唐荷科技、上海菲思特、山西麦克雷斯
工业齿轮油	壳牌Omala、中石化长城德威、天津日石
附件	山西方盛、启东康耐柯、上海诺雷

序号	件号	名称	数量	标准规格号	备注
37	037	螺杆泵+电机	1		
36	036	挠性接头	1		
35	035	开闭发讯蝶阀	1		
34	034	止回阀	2		
33	033	回油过滤器	1		
32	032	止回阀	1		
31	031	电磁水阀	1		
30	030	开闭发讯蝶阀	2		
29	029	水过滤器	1		
28	028	挠性接头	1		
27	027	压力继电器	1		
26	026	测压接头	9		
25	025	循环过滤器	1		
24	024	水冷却器	1		
23	023	压力表开关	3		
22	022	耐震压力表	4		
21	021	耐震压力表	2		
20	020	测压软管	4		
19	019	法兰式高压球阀	2		
18	018	高压过滤器	2		
17	017	单向阀	1		
16	016	电动机	2		
15	015	轴向柱塞泵	2		
14	014	球阀	2		
13	013	胶管	2		
12	012	单向阀	2		
11	011	挠性接头	2		
10	010	开闭发讯蝶阀	2		
9	009	温度计	6		
8	008	球阀	1		
7	007	球阀	11		
6	006	泵用安全阀块	6		
5	005	温度控制器	1		
4	004	空气滤清器	2		
3	003	电加热器	1		
2	002	磁性浮子液位计	1		
1	001	油箱	1		

明　细　表

机　组	轨梁轧机机组
区　域	定尺机
名　称	液压泵站
图　号	

8.7.2 定尺机区液压系统阀台 VS 原理图

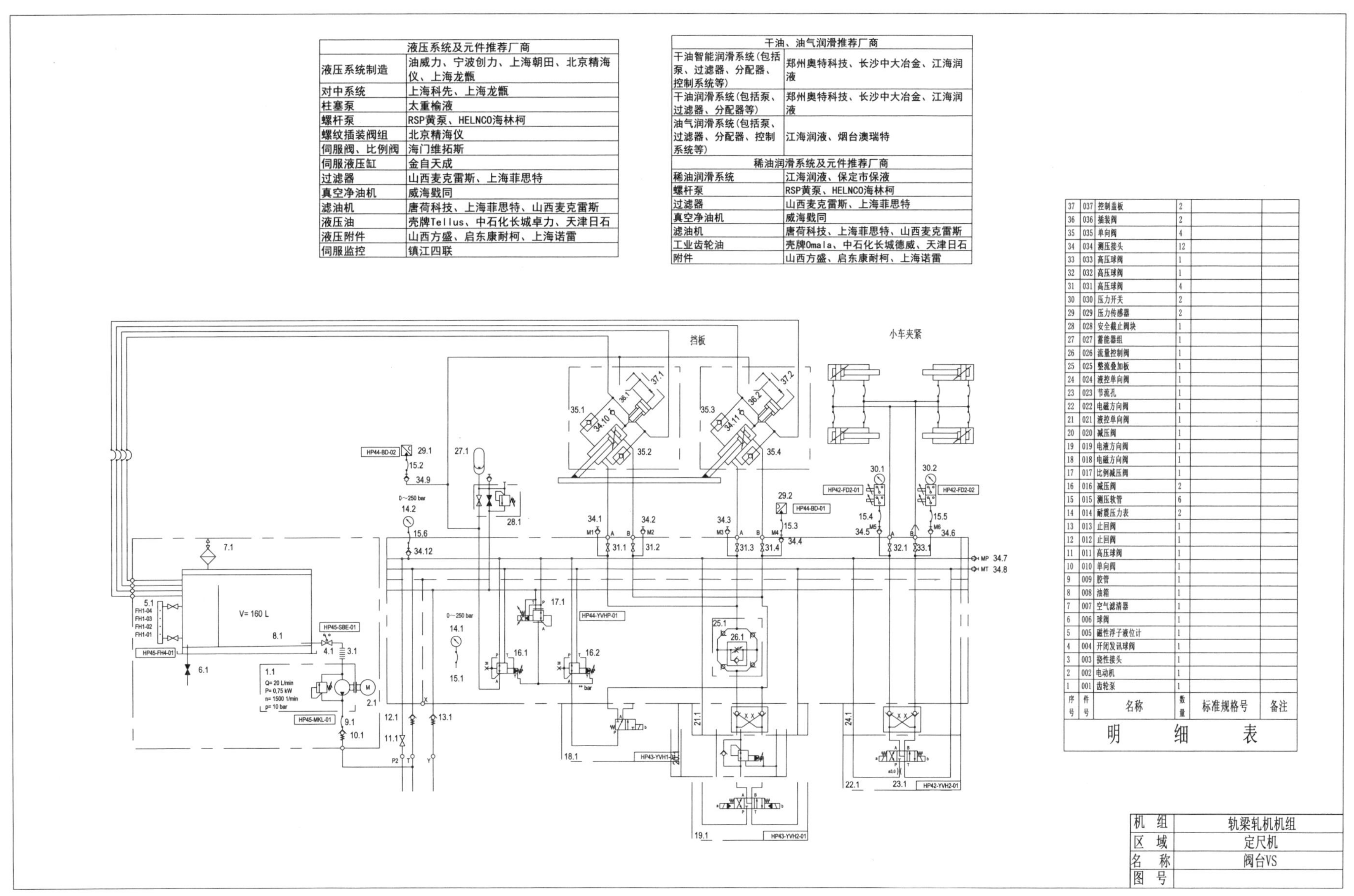

液压系统及元件推荐厂商	
液压系统制造	油威力、宁波创力、上海朝田、北京精海仪、上海龙甑
对中系统	上海科先、上海龙甑
柱塞泵	太重榆液
螺杆泵	RSP黄泵、HELNCO海林柯
螺纹插装阀组	北京精海仪
伺服阀、比例阀	海门维拓斯
伺服液压缸	金自天成
过滤器	山西麦克雷斯、上海菲思特
真空净油机	威海戥同
滤油机	唐荷科技、上海菲思特、山西麦克雷斯
液压油	壳牌Tellus、中石化长城卓力、天津日石
液压附件	山西方盛、启东康耐柯、上海诺雷
伺服监控	镇江四联

干油、油气润滑推荐厂商	
干油智能润滑系统(包括泵、过滤器、分配器、控制系统等)	郑州奥特科技、长沙中大冶金、江海润液
干油润滑系统(包括泵、过滤器、分配器等)	郑州奥特科技、长沙中大冶金、江海润液
油气润滑系统(包括泵、过滤器、分配器、控制系统等)	江海润液、烟台澳瑞特
稀油润滑系统及元件推荐厂商	
稀油润滑系统	江海润液、保定市保液
螺杆泵	RSP黄泵、HELNCO海林柯
过滤器	山西麦克雷斯、上海菲思特
真空净油机	威海戥同
滤油机	唐荷科技、上海菲思特、山西麦克雷斯
工业齿轮油	壳牌Omala、中石化长城德威、天津日石
附件	山西方盛、启东康耐柯、上海诺雷

序号	件号	名称	数量	标准规格号	备注
37	037	控制盖板	2		
36	036	插装阀	2		
35	035	单向阀	4		
34	034	测压接头	12		
33	033	高压球阀	1		
32	032	高压球阀	1		
31	031	高压球阀	4		
30	030	压力开关	2		
29	029	压力传感器	2		
28	028	安全截止阀块	1		
27	027	蓄能器组	1		
26	026	流量控制阀	1		
25	025	整流叠加板	1		
24	024	液控单向阀	1		
23	023	节流孔	1		
22	022	电磁方向阀	1		
21	021	液控单向阀	1		
20	020	减压阀	1		
19	019	电液方向阀	1		
18	018	电磁方向阀	1		
17	017	比例减压阀	1		
16	016	减压阀	2		
15	015	测压软管	6		
14	014	耐震压力表	2		
13	013	止回阀	1		
12	012	止回阀	1		
11	011	高压球阀	1		
10	010	单向阀	1		
9	009	胶管	1		
8	008	油箱	1		
7	007	空气滤清器	1		
6	006	球阀	1		
5	005	磁性浮子液位计	1		
4	004	开闭发讯球阀	1		
3	003	挠性接头	1		
2	002	电动机	1		
1	001	齿轮泵	1		

明　　细　　表

机　组	轨梁轧机机组
区　域	定尺机
名　称	阀台VS
图　号	

8.8 码垛区液压系统

8.8.1 码垛区液压系统液压泵站原理图

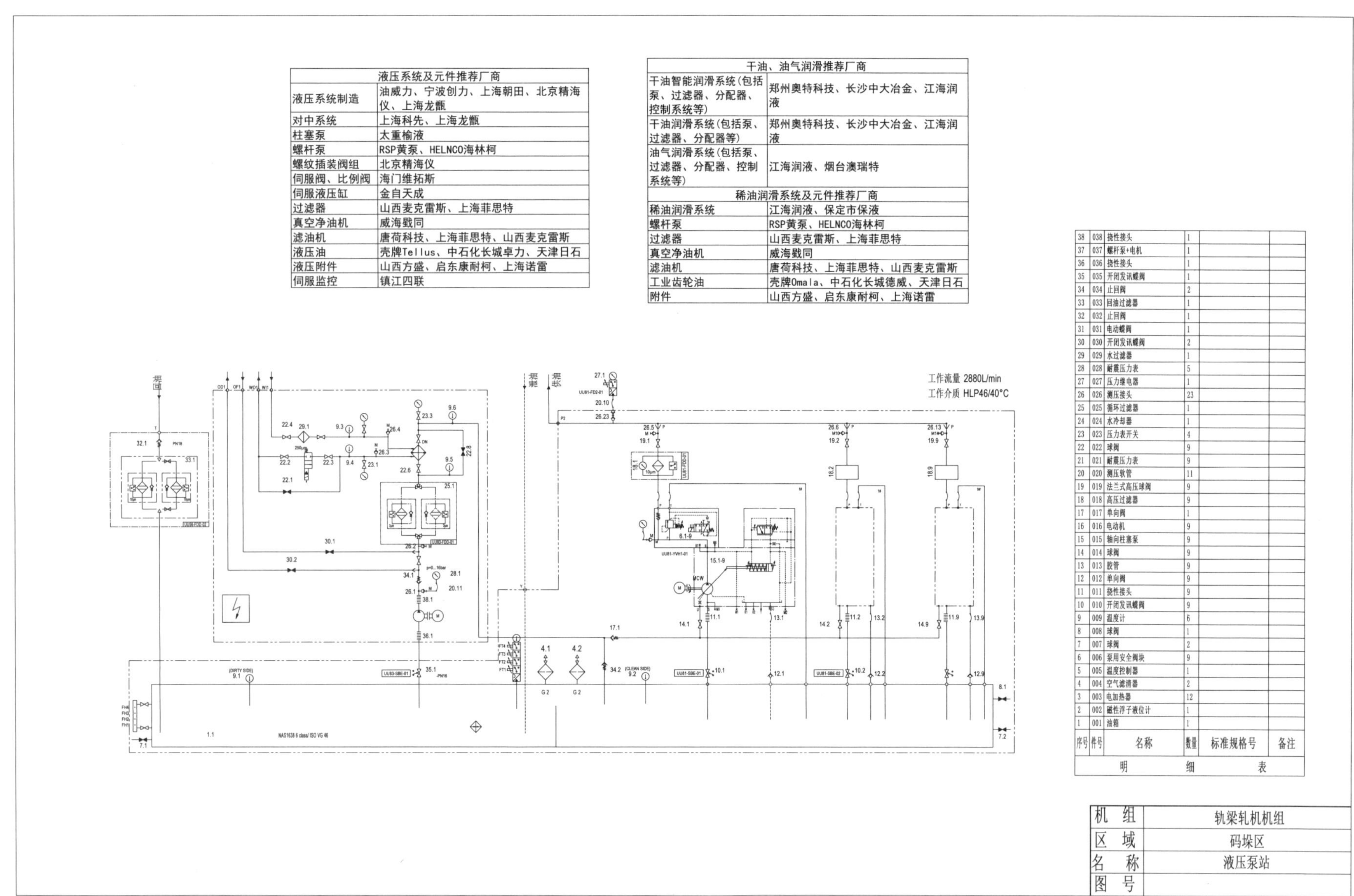

液压系统及元件推荐厂商	
液压系统制造	油威力、宁波创力、上海朝田、北京精海仪、上海龙甑
对中系统	上海科先、上海龙甑
柱塞泵	太重榆液
螺杆泵	RSP黄泵、HELNCO海林柯
螺纹插装阀组	北京精海仪
伺服阀、比例阀	海门维拓斯
伺服液压缸	金自天成
过滤器	山西麦克雷斯、上海菲思特
真空净油机	威海戥同
滤油机	唐荷科技、上海菲思特、山西麦克雷斯
液压油	壳牌Tellus、中石化长城卓力、天津日石
液压附件	山西方盛、启东康耐柯、上海诺雷
伺服监控	镇江四联

干油、油气润滑推荐厂商	
干油智能润滑系统(包括泵、过滤器、分配器、控制系统等)	郑州奥特科技、长沙中大冶金、江海润液
干油润滑系统(包括泵、过滤器、分配器等)	郑州奥特科技、长沙中大冶金、江海润液
油气润滑系统(包括泵、过滤器、分配器、控制系统等)	江海润液、烟台澳瑞特
稀油润滑系统及元件推荐厂商	
稀油润滑系统	江海润液、保定市保液
螺杆泵	RSP黄泵、HELNCO海林柯
过滤器	山西麦克雷斯、上海菲思特
真空净油机	威海戥同
滤油机	唐荷科技、上海菲思特、山西麦克雷斯
工业齿轮油	壳牌Omala、中石化长城德威、天津日石
附件	山西方盛、启东康耐柯、上海诺雷

序号	件号	名称	数量	标准规格号	备注
38	038	挠性接头	1		
37	037	螺杆泵+电机	1		
36	036	挠性接头	1		
35	035	开闭发讯蝶阀	1		
34	034	止回阀	2		
33	033	回油过滤器	1		
32	032	止回阀	1		
31	031	电动蝶阀	1		
30	030	开闭发讯蝶阀	2		
29	029	水过滤器	1		
28	028	耐震压力表	5		
27	027	压力继电器	1		
26	026	测压接头	23		
25	025	循环过滤器	1		
24	024	水冷却器	1		
23	023	压力表开关	4		
22	022	球阀	9		
21	021	耐震压力表	9		
20	020	测压软管	11		
19	019	法兰式高压球阀	9		
18	018	高压过滤器	9		
17	017	单向阀	1		
16	016	电动机	9		
15	015	轴向柱塞泵	9		
14	014	球阀	9		
13	013	胶管	9		
12	012	单向阀	9		
11	011	挠性接头	9		
10	010	开闭发讯蝶阀	9		
9	009	温度计	6		
8	008	球阀	1		
7	007	球阀	2		
6	006	泵用安全阀块	9		
5	005	温度控制器	1		
4	004	空气滤清器	2		
3	003	电加热器	12		
2	002	磁性浮子液位计	1		
1	001	油箱	1		
明细表					

机组	轨梁轧机机组
区域	码垛区
名称	液压泵站
图号	

8.8.2 码垛区液压系统蓄能器站原理图

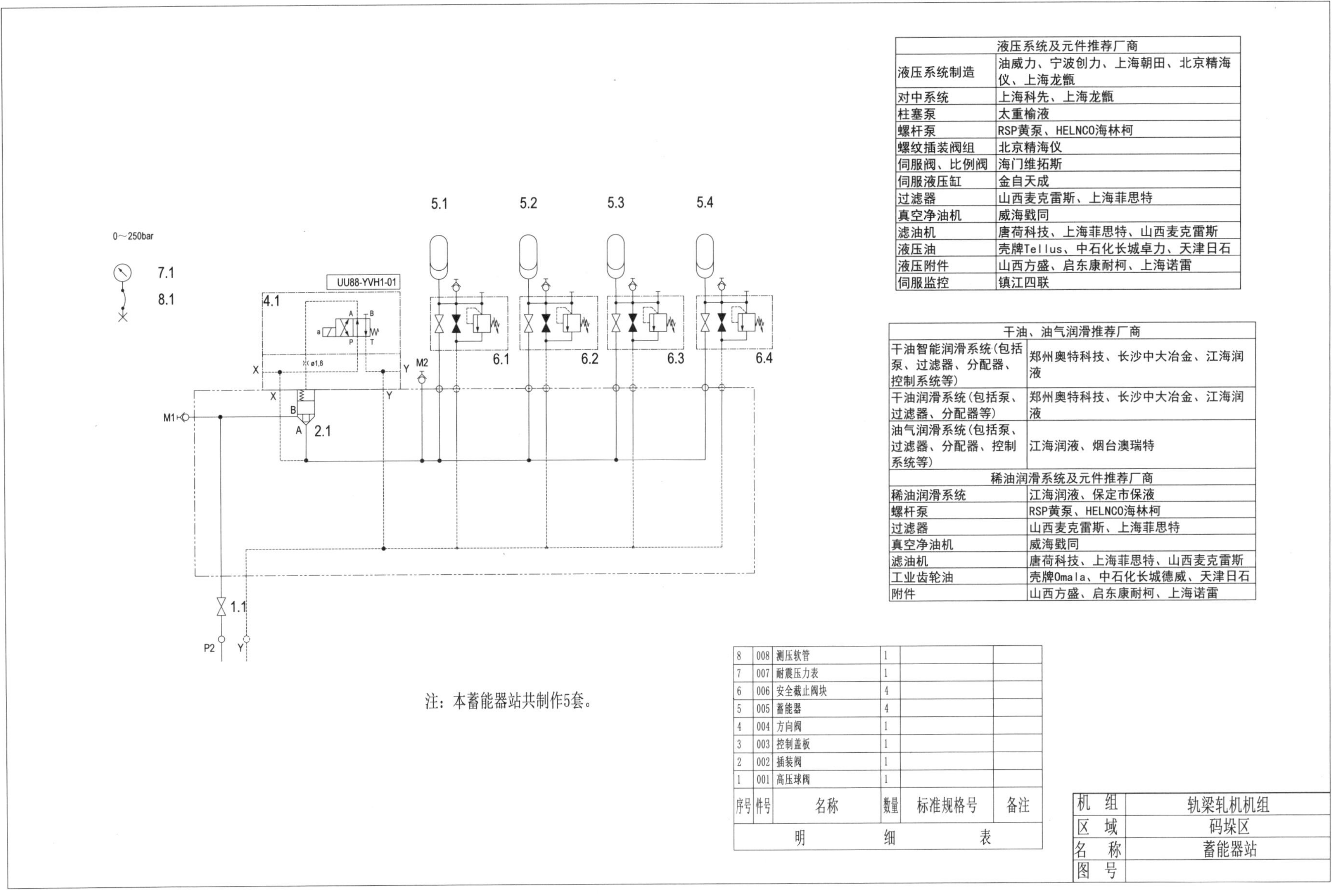

液压系统及元件推荐厂商	
液压系统制造	油威力、宁波创力、上海朝田、北京精海仪、上海龙甑
对中系统	上海科先、上海龙甑
柱塞泵	太重榆液
螺杆泵	RSP黄泵、HELNCO海林柯
螺纹插装阀组	北京精海仪
伺服阀、比例阀	海门维拓斯
伺服液压缸	金自天成
过滤器	山西麦克雷斯、上海菲思特
真空净油机	威海戥同
滤油机	唐荷科技、上海菲思特、山西麦克雷斯
液压油	壳牌Tellus、中石化长城卓力、天津日石
液压附件	山西方盛、启东康耐柯、上海诺雷
伺服监控	镇江四联

干油、油气润滑推荐厂商	
干油智能润滑系统(包括泵、过滤器、分配器、控制系统等)	郑州奥特科技、长沙中大冶金、江海润液
干油润滑系统(包括泵、过滤器、分配器等)	郑州奥特科技、长沙中大冶金、江海润液
油气润滑系统(包括泵、过滤器、分配器、控制系统等)	江海润液、烟台澳瑞特
稀油润滑系统及元件推荐厂商	
稀油润滑系统	江海润液、保定市保液
螺杆泵	RSP黄泵、HELNCO海林柯
过滤器	山西麦克雷斯、上海菲思特
真空净油机	威海戥同
滤油机	唐荷科技、上海菲思特、山西麦克雷斯
工业齿轮油	壳牌Omala、中石化长城德威、天津日石
附件	山西方盛、启东康耐柯、上海诺雷

序号	件号	名称	数量	标准规格号	备注
8	008	测压软管	1		
7	007	耐震压力表	1		
6	006	安全截止阀块	4		
5	005	蓄能器	4		
4	004	方向阀	1		
3	003	控制盖板	1		
2	002	插装阀	1		
1	001	高压球阀	1		
明细表					

机组	轨梁轧机机组
区域	码垛区
名称	蓄能器站
图号	

8.8.3 码垛区液压系统阀台 VS1 原理图（1）

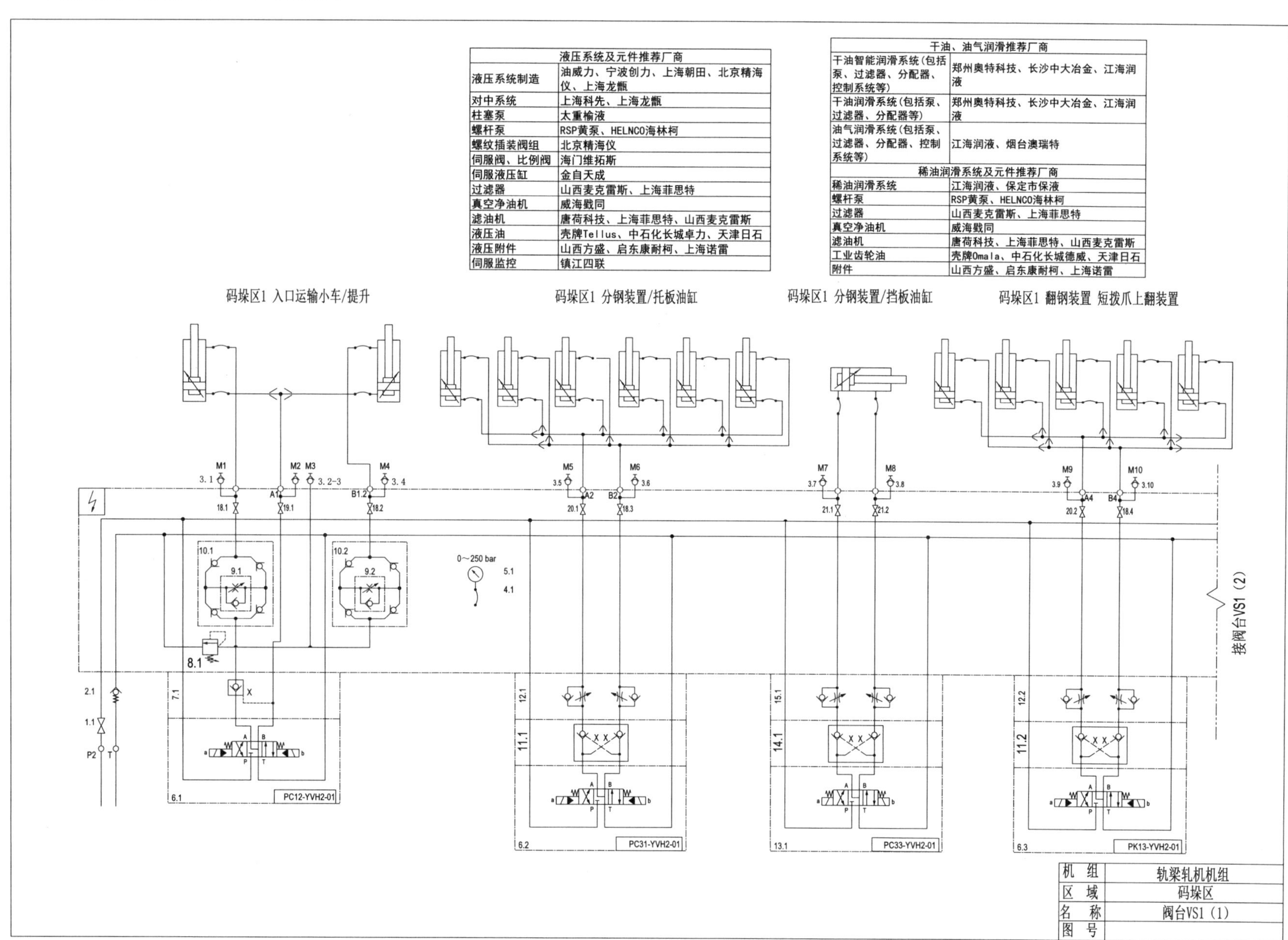

液压系统及元件推荐厂商	
液压系统制造	油威力、宁波创力、上海朝田、北京精海仪、上海龙甑
对中系统	上海科先、上海龙甑
柱塞泵	太重榆液
螺杆泵	RSP黄泵、HELNCO海林柯
螺纹插装阀组	北京精海仪
伺服阀、比例阀	海门维拓斯
伺服液压缸	金自天成
过滤器	山西麦克雷斯、上海菲思特
真空净油机	威海戥同
滤油机	唐荷科技、上海菲思特、山西麦克雷斯
液压油	壳牌Tellus、中石化长城卓力、天津日石
液压附件	山西方盛、启东康耐柯、上海诺雷
伺服监控	镇江四联

干油、油气润滑推荐厂商	
干油智能润滑系统(包括泵、过滤器、分配器、控制系统等)	郑州奥特科技、长沙中大冶金、江海润液
干油润滑系统(包括泵、过滤器、分配器等)	郑州奥特科技、长沙中大冶金、江海润液
油气润滑系统(包括泵、过滤器、分配器、控制系统等)	江海润液、烟台澳瑞特
稀油润滑系统及元件推荐厂商	
稀油润滑系统	江海润液、保定市保液
螺杆泵	RSP黄泵、HELNCO海林柯
过滤器	山西麦克雷斯、上海菲思特
真空净油机	威海戥同
滤油机	唐荷科技、上海菲思特、山西麦克雷斯
工业齿轮油	壳牌Omala、中石化长城德威、天津日石
附件	山西方盛、启东康耐柯、上海诺雷

8.8.4 码垛区液压系统阀台 VS1 原理图（2）

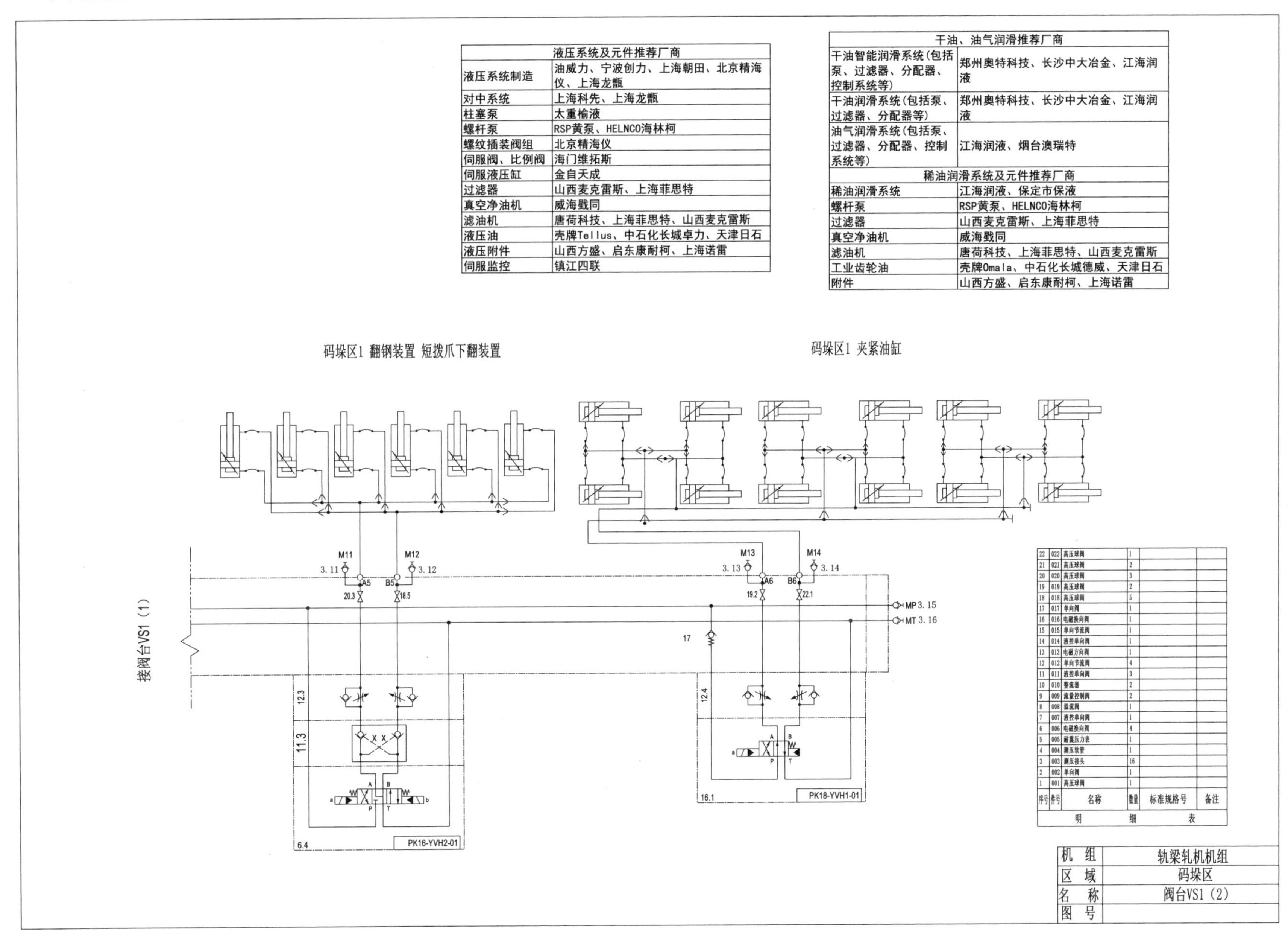

液压系统及元件推荐厂商	
液压系统制造	油威力、宁波创力、上海朝田、北京精海仪、上海龙甑
对中系统	上海科先、上海龙甑
柱塞泵	太重榆液
螺杆泵	RSP黄泵、HELNCO海林柯
螺纹插装阀组	北京精海仪
伺服阀、比例阀	海门维拓斯
伺服液压缸	金自天成
过滤器	山西麦克雷斯、上海菲思特
真空净油机	威海戥同
滤油机	唐荷科技、上海菲思特、山西麦克雷斯
液压油	壳牌Tellus、中石化长城卓力、天津日石
液压附件	山西方盛、启东康耐柯、上海诺雷
伺服监控	镇江四联

干油、油气润滑推荐厂商	
干油智能润滑系统(包括泵、过滤器、分配器、控制系统等)	郑州奥特科技、长沙中大冶金、江海润液
干油润滑系统(包括泵、过滤器、分配器等)	郑州奥特科技、长沙中大冶金、江海润液
油气润滑系统(包括泵、过滤器、分配器、控制系统等)	江海润液、烟台澳瑞特
稀油润滑系统及元件推荐厂商	
稀油润滑系统	江海润液、保定市保液
螺杆泵	RSP黄泵、HELNCO海林柯
过滤器	山西麦克雷斯、上海菲思特
真空净油机	威海戥同
滤油机	唐荷科技、上海菲思特、山西麦克雷斯
工业齿轮油	壳牌Omala、中石化长城德威、天津日石
附件	山西方盛、启东康耐柯、上海诺雷

序号	件号	名称	数量	标准规格号	备注
22	022	高压球阀	1		
21	021	高压球阀	2		
20	020	高压球阀	3		
19	019	高压球阀	2		
18	018	高压球阀	5		
17	017	单向阀	1		
16	016	电磁换向阀	1		
15	015	单向节流阀	1		
14	014	液控单向阀	1		
13	013	电磁方向阀	1		
12	012	单向节流阀	4		
11	011	液控单向阀	3		
10	010	整流器	2		
9	009	流量控制阀	2		
8	008	溢流阀	1		
7	007	液控单向阀	1		
6	006	电磁换向阀	4		
5	005	耐震压力表	1		
4	004	测压软管	1		
3	003	测压接头	16		
2	002	单向阀	1		
1	001	高压球阀	1		
明细表					

机　组	轧梁轧机机组
区　域	码垛区
名　称	阀台VS1（2）
图　号	

8.8.5 码垛区液压系统阀台 VS2 原理图（1）

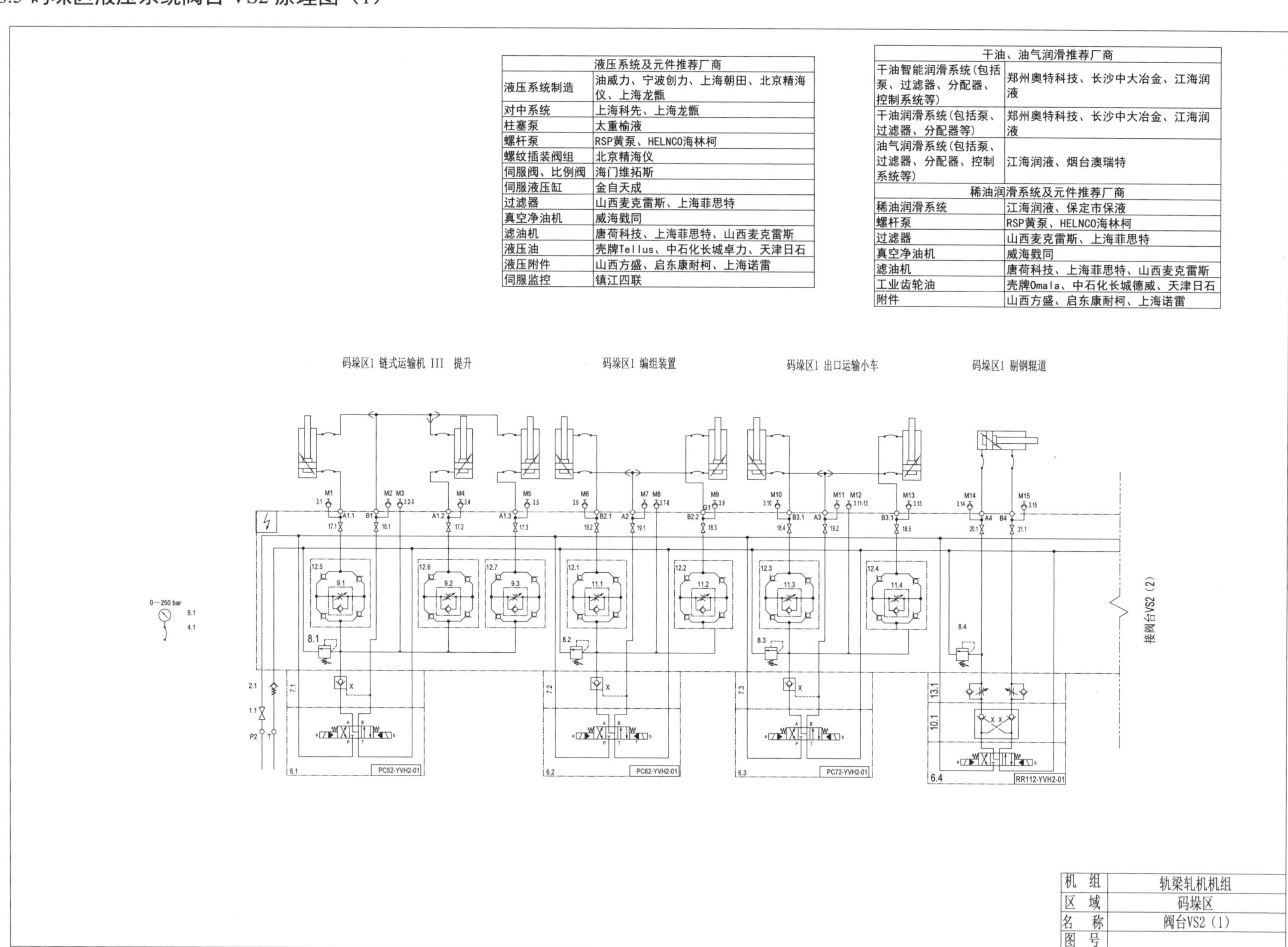

液压系统及元件推荐厂商	
液压系统制造	油威力、宁波创力、上海朝田、北京精海仪、上海龙甑
对中系统	上海科先、上海龙甑
柱塞泵	太重榆液
螺杆泵	RSP黄泵、HELNCO海林柯
螺纹插装阀组	北京精海仪
伺服阀、比例阀	海门维拓斯
伺服液压缸	金自天成
过滤器	山西麦克雷斯、上海菲思特
真空净油机	威海戥同
滤油机	唐荷科技、上海菲思特、山西麦克雷斯
液压油	壳牌Tellus、中石化长城卓力、天津日石
液压附件	山西方盛、启东康耐柯、上海诺雷
伺服监控	镇江四联

干油、油气润滑推荐厂商	
干油智能润滑系统(包括泵、过滤器、分配器、控制系统等)	郑州奥特科技、长沙中大冶金、江海润液
干油润滑系统(包括泵、过滤器、分配器等)	郑州奥特科技、长沙中大冶金、江海润液
油气润滑系统(包括泵、过滤器、分配器、控制系统等)	江海润液、烟台澳瑞特
稀油润滑系统及元件推荐厂商	
稀油润滑系统	江海润液、保定市保液
螺杆泵	RSP黄泵、HELNCO海林柯
过滤器	山西麦克雷斯、上海菲思特
真空净油机	威海戥同
滤油机	唐荷科技、上海菲思特、山西麦克雷斯
工业齿轮油	壳牌Omala、中石化长城德威、天津日石
附件	山西方盛、启东康耐柯、上海诺雷

机　组	轨梁轧机机组
区　域	码垛区
名　称	阀台VS2（1）
图　号	

8.8.6 码垛区液压系统阀台 VS2 原理图（2）

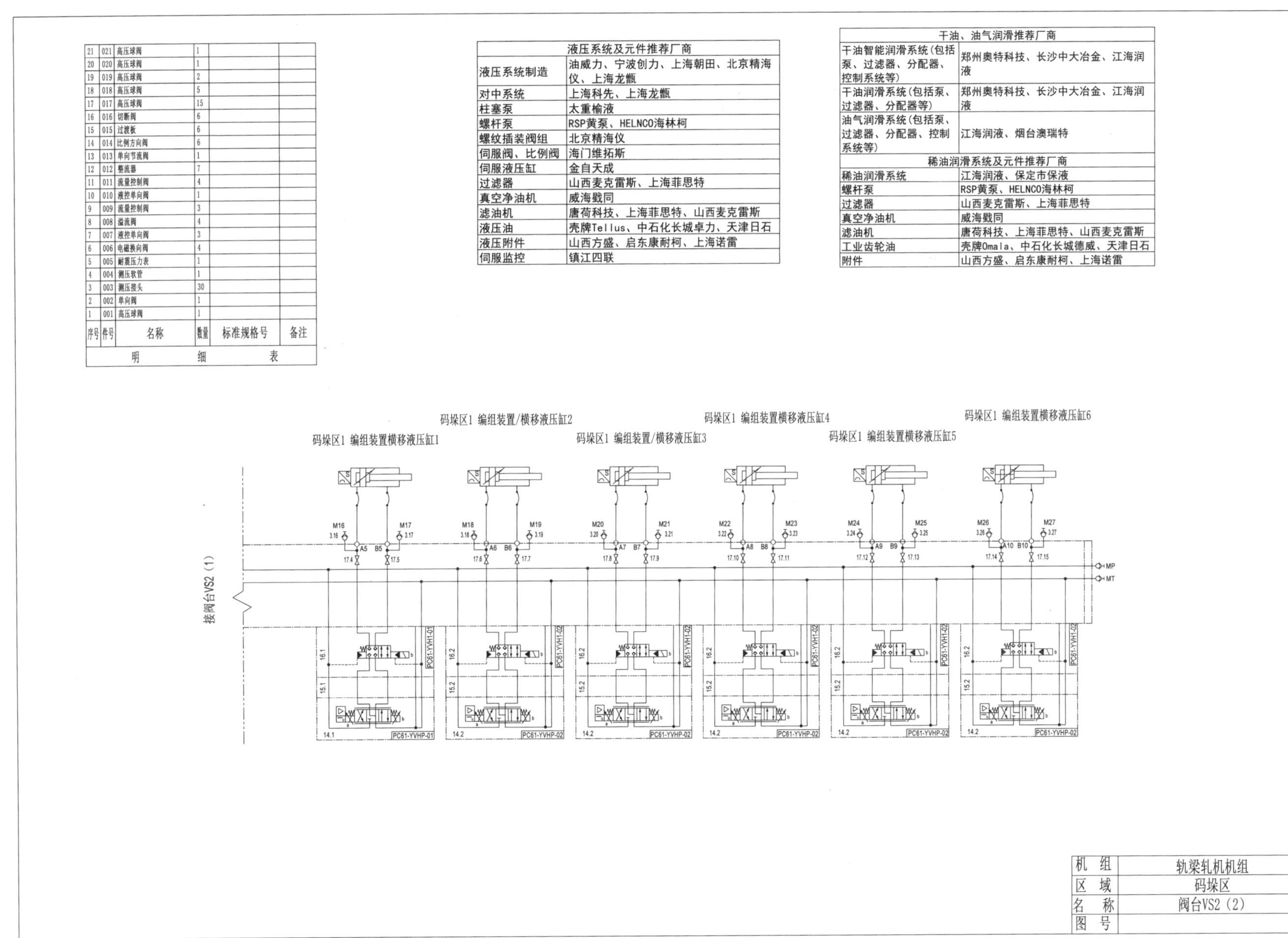

21	021	高压球阀	1		
20	020	高压球阀	1		
19	019	高压球阀	2		
18	018	高压球阀	5		
17	017	高压球阀	15		
16	016	切断阀	6		
15	015	过渡板	6		
14	014	比例方向阀	6		
13	013	单向节流阀	1		
12	012	整流器	7		
11	011	流量控制阀	4		
10	010	液控单向阀	1		
9	009	流量控制阀	3		
8	008	溢流阀	4		
7	007	液控单向阀	3		
6	006	电磁换向阀	4		
5	005	耐震压力表	1		
4	004	测压软管	1		
3	003	测压接头	30		
2	002	单向阀	1		
1	001	高压球阀	1		
序号	件号	名称	数量	标准规格号	备注
明细表					

液压系统及元件推荐厂商	
液压系统制造	油威力、宁波创力、上海朝田、北京精海仪、上海龙甑
对中系统	上海科先、上海龙甑
柱塞泵	太重榆液
螺杆泵	RSP黄泵、HELNCO海林柯
螺纹插装阀组	北京精海仪
伺服阀、比例阀	海门维拓斯
伺服液压缸	金自天成
过滤器	山西麦克雷斯、上海菲思特
真空净油机	威海戬同
滤油机	唐荷科技、上海菲思特、山西麦克雷斯
液压油	壳牌Tellus、中石化长城卓力、天津日石
液压附件	山西方盛、启东康耐柯、上海诺雷
伺服监控	镇江四联

干油、油气润滑推荐厂商	
干油智能润滑系统（包括泵、过滤器、分配器、控制系统等）	郑州奥特科技、长沙中大冶金、江海润液
干油润滑系统（包括泵、过滤器、分配器等）	郑州奥特科技、长沙中大冶金、江海润液
油气润滑系统（包括泵、过滤器、分配器、控制系统等）	江海润液、烟台澳瑞特
稀油润滑系统及元件推荐厂商	
稀油润滑系统	江海润液、保定市保液
螺杆泵	RSP黄泵、HELNCO海林柯
过滤器	山西麦克雷斯、上海菲思特
真空净油机	威海戬同
滤油机	唐荷科技、上海菲思特、山西麦克雷斯
工业齿轮油	壳牌Omala、中石化长城德威、天津日石
附件	山西方盛、启东康耐柯、上海诺雷

机　组	轨梁轧机机组
区　域	码垛区
名　称	阀台VS2（2）
图　号	

8.8.7 码垛区液压系统阀台 VS3 原理图（1）

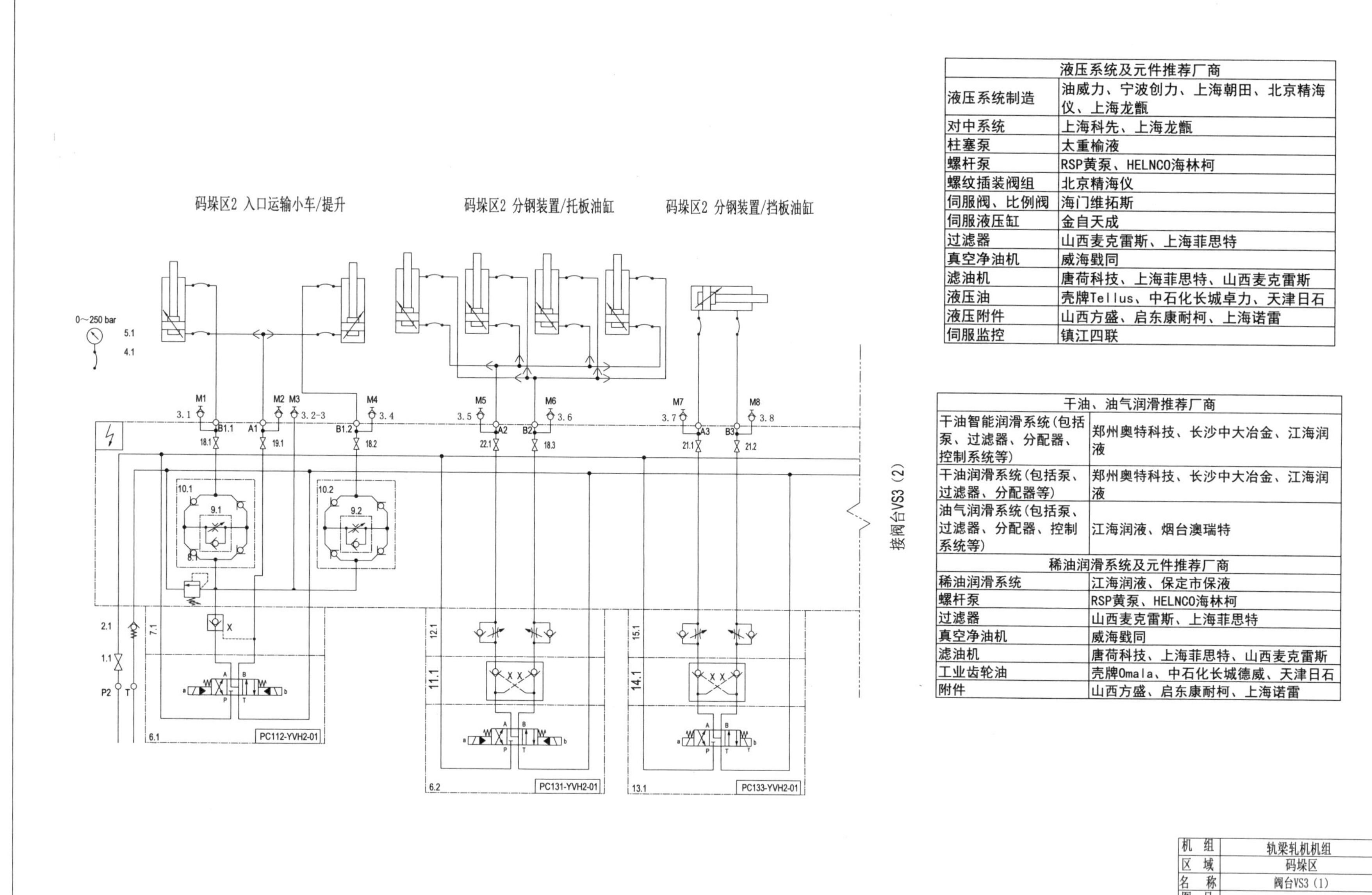

液压系统及元件推荐厂商	
液压系统制造	油威力、宁波创力、上海朝田、北京精海仪、上海龙甑
对中系统	上海科先、上海龙甑
柱塞泵	太重榆液
螺杆泵	RSP黄泵、HELNCO海林柯
螺纹插装阀组	北京精海仪
伺服阀、比例阀	海门维拓斯
伺服液压缸	金自天成
过滤器	山西麦克雷斯、上海菲思特
真空净油机	威海戬同
滤油机	唐荷科技、上海菲思特、山西麦克雷斯
液压油	壳牌Tellus、中石化长城卓力、天津日石
液压附件	山西方盛、启东康耐柯、上海诺雷
伺服监控	镇江四联

干油、油气润滑推荐厂商	
干油智能润滑系统(包括泵、过滤器、分配器、控制系统等)	郑州奥特科技、长沙中大冶金、江海润液
干油润滑系统(包括泵、过滤器、分配器等)	郑州奥特科技、长沙中大冶金、江海润液
油气润滑系统(包括泵、过滤器、分配器、控制系统等)	江海润液、烟台澳瑞特
稀油润滑系统及元件推荐厂商	
稀油润滑系统	江海润液、保定市保液
螺杆泵	RSP黄泵、HELNCO海林柯
过滤器	山西麦克雷斯、上海菲思特
真空净油机	威海戬同
滤油机	唐荷科技、上海菲思特、山西麦克雷斯
工业齿轮油	壳牌Omala、中石化长城德威、天津日石
附件	山西方盛、启东康耐柯、上海诺雷

机　组	轨梁轧机机组
区　域	码垛区
名　称	阀台VS3（1）
图　号	

8.8.8 码垛区液压系统阀台 VS3 原理图（2）

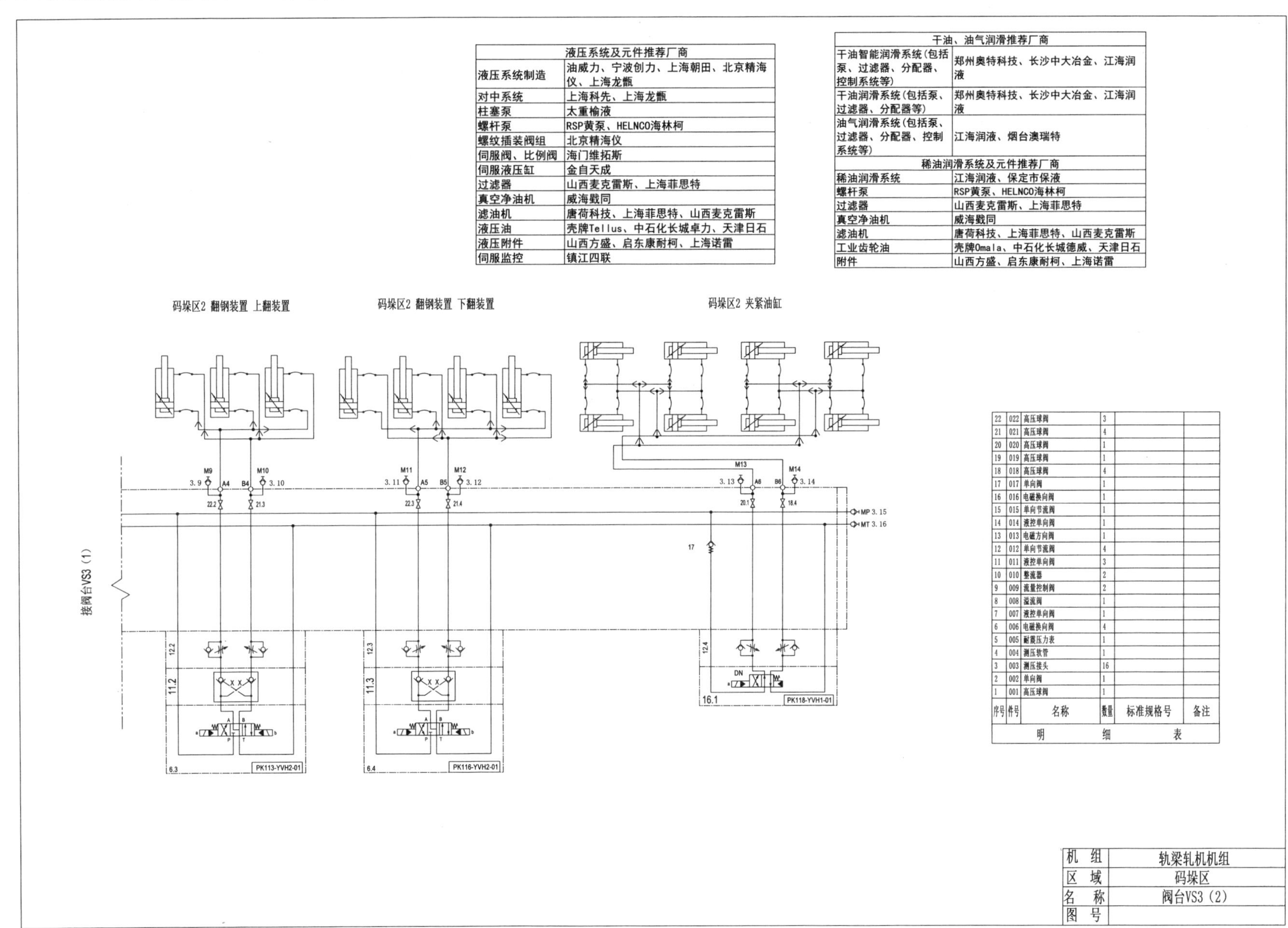

液压系统及元件推荐厂商	
液压系统制造	油威力、宁波创力、上海朝田、北京精海仪、上海龙甑
对中系统	上海科先、上海龙甑
柱塞泵	太重榆液
螺杆泵	RSP黄泵、HELNCO海林柯
螺纹插装阀组	北京精海仪
伺服阀、比例阀	海门维拓斯
伺服液压缸	金自天成
过滤器	山西麦克雷斯、上海菲思特
真空净油机	威海戥同
滤油机	唐荷科技、上海菲思特、山西麦克雷斯
液压油	壳牌Tellus、中石化长城卓力、天津日石
液压附件	山西方盛、启东康耐柯、上海诺雷
伺服监控	镇江四联

干油、油气润滑推荐厂商	
干油智能润滑系统(包括泵、过滤器、分配器、控制系统等)	郑州奥特科技、长沙中大冶金、江海润液
干油润滑系统(包括泵、过滤器、分配器等)	郑州奥特科技、长沙中大冶金、江海润液
油气润滑系统(包括泵、过滤器、分配器、控制系统等)	江海润液、烟台澳瑞特
稀油润滑系统及元件推荐厂商	
稀油润滑系统	江海润液、保定市保液
螺杆泵	RSP黄泵、HELNCO海林柯
过滤器	山西麦克雷斯、上海菲思特
真空净油机	威海戥同
滤油机	唐荷科技、上海菲思特、山西麦克雷斯
工业齿轮油	壳牌Omala、中石化长城德威、天津日石
附件	山西方盛、启东康耐柯、上海诺雷

序号	件号	名称	数量	标准规格号	备注
22	022	高压球阀	3		
21	021	高压球阀	4		
20	020	高压球阀	1		
19	019	高压球阀	1		
18	018	高压球阀	4		
17	017	单向阀	1		
16	016	电磁换向阀	1		
15	015	单向节流阀	1		
14	014	液控单向阀	1		
13	013	电磁方向阀	1		
12	012	单向节流阀	4		
11	011	液控单向阀	3		
10	010	整流器	2		
9	009	流量控制阀	2		
8	008	溢流阀	1		
7	007	液控单向阀	1		
6	006	电磁换向阀	4		
5	005	耐震压力表	1		
4	004	测压软管	1		
3	003	测压接头	16		
2	002	单向阀	1		
1	001	高压球阀	1		
明细表					

机组	轨梁轧机机组
区域	码垛区
名称	阀台VS3（2）
图号	

8.8.9 码垛区液压系统阀台 VS4 原理图（1）

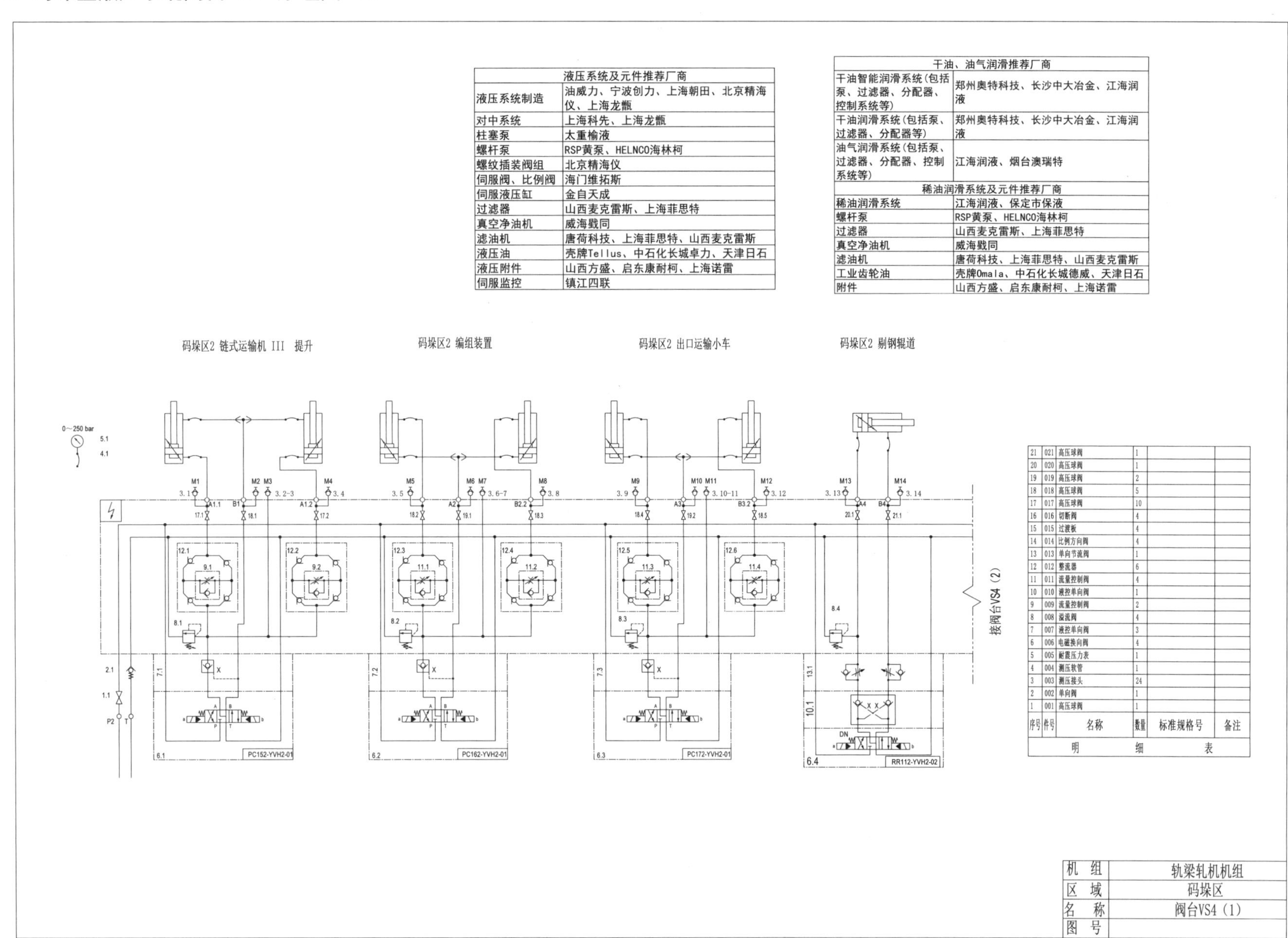

液压系统及元件推荐厂商	
液压系统制造	油威力、宁波创力、上海朝田、北京精海仪、上海龙甑
对中系统	上海科先、上海龙甑
柱塞泵	太重榆液
螺杆泵	RSP黄泵、HELNCO海林柯
螺纹插装阀组	北京精海仪
伺服阀、比例阀	海门维拓斯
伺服液压缸	金自天成
过滤器	山西麦克雷斯、上海菲思特
真空净油机	威海戥同
滤油机	唐荷科技、上海菲思特、山西麦克雷斯
液压油	壳牌Tellus、中石化长城卓力、天津日石
液压附件	山西方盛、启东康耐柯、上海诺雷
伺服监控	镇江四联

干油、油气润滑推荐厂商	
干油智能润滑系统（包括泵、过滤器、分配器、控制系统等）	郑州奥特科技、长沙中大冶金、江海润液
干油润滑系统（包括泵、过滤器、分配器等）	郑州奥特科技、长沙中大冶金、江海润液
油气润滑系统（包括泵、过滤器、分配器、控制系统等）	江海润液、烟台澳瑞特
稀油润滑系统及元件推荐厂商	
稀油润滑系统	江海润液、保定市保液
螺杆泵	RSP黄泵、HELNCO海林柯
过滤器	山西麦克雷斯、上海菲思特
真空净油机	威海戥同
滤油机	唐荷科技、上海菲思特、山西麦克雷斯
工业齿轮油	壳牌Omala、中石化长城德威、天津日石
附件	山西方盛、启东康耐柯、上海诺雷

序号	件号	名称	数量	标准规格号	备注
21	021	高压球阀	1		
20	020	高压球阀	1		
19	019	高压球阀	2		
18	018	高压球阀	5		
17	017	高压球阀	10		
16	016	切断阀	4		
15	015	过渡板	4		
14	014	比例方向阀	4		
13	013	单向节流阀	1		
12	012	整流器	6		
11	011	流量控制阀	4		
10	010	液控单向阀	1		
9	009	流量控制阀	2		
8	008	溢流阀	4		
7	007	液控单向阀	3		
6	006	电磁换向阀	4		
5	005	耐震压力表	1		
4	004	测压软管	1		
3	003	测压接头	24		
2	002	单向阀	1		
1	001	高压球阀	1		
明细表					

机组	轨梁轧机机组
区域	码垛区
名称	阀台VS4（1）
图号	

8.8.10 码垛区液压系统阀台 VS4 原理图（2）

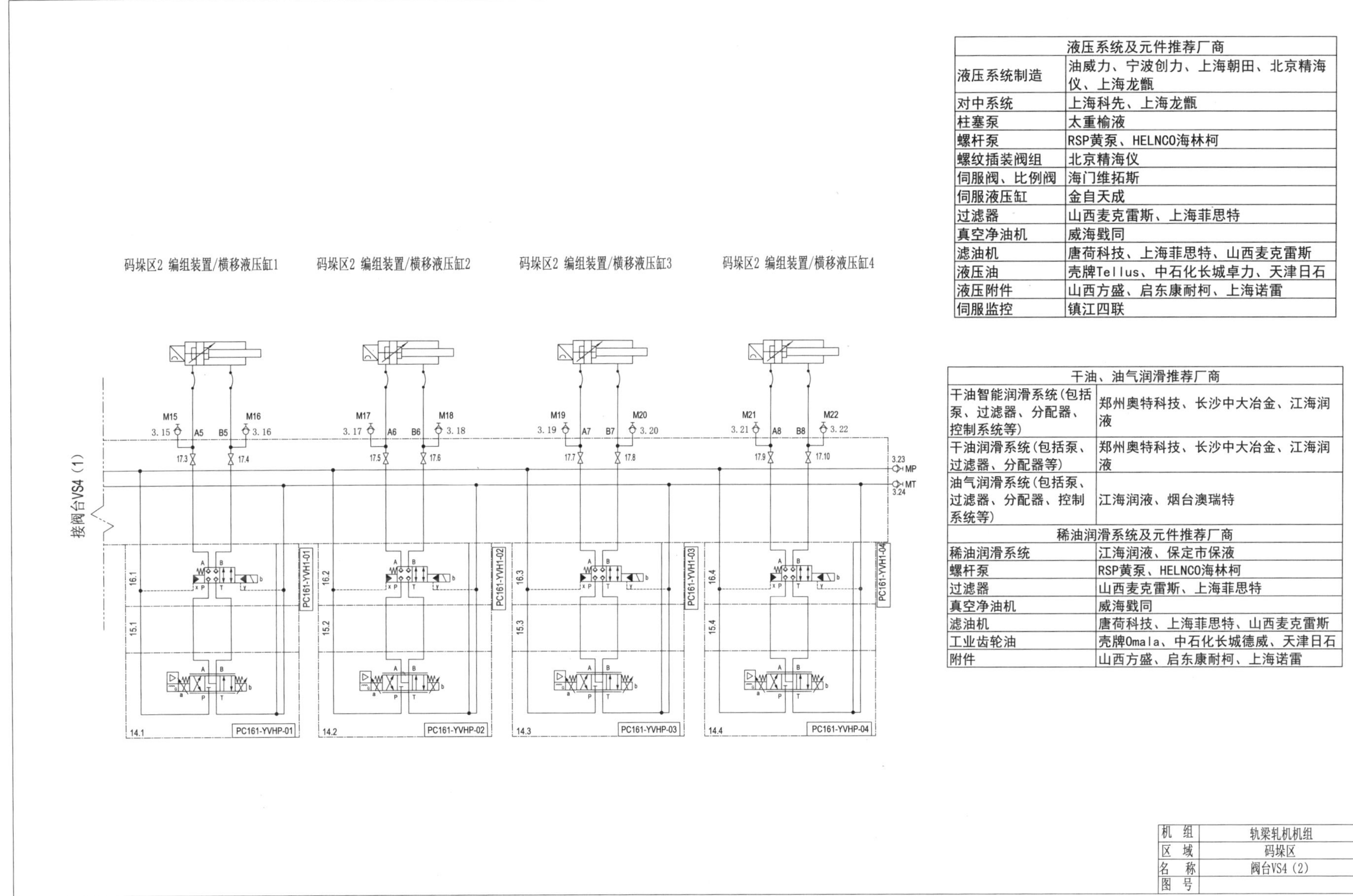

液压系统及元件推荐厂商	
液压系统制造	油威力、宁波创力、上海朝田、北京精海仪、上海龙甑
对中系统	上海科先、上海龙甑
柱塞泵	太重榆液
螺杆泵	RSP黄泵、HELNCO海林柯
螺纹插装阀组	北京精海仪
伺服阀、比例阀	海门维拓斯
伺服液压缸	金自天成
过滤器	山西麦克雷斯、上海菲思特
真空净油机	威海戳同
滤油机	唐荷科技、上海菲思特、山西麦克雷斯
液压油	壳牌Tellus、中石化长城卓力、天津日石
液压附件	山西方盛、启东康耐柯、上海诺雷
伺服监控	镇江四联

干油、油气润滑推荐厂商	
干油智能润滑系统(包括泵、过滤器、分配器、控制系统等)	郑州奥特科技、长沙中大冶金、江海润液
干油润滑系统(包括泵、过滤器、分配器等)	郑州奥特科技、长沙中大冶金、江海润液
油气润滑系统(包括泵、过滤器、分配器、控制系统等)	江海润液、烟台澳瑞特
稀油润滑系统及元件推荐厂商	
稀油润滑系统	江海润液、保定市保液
螺杆泵	RSP黄泵、HELNCO海林柯
过滤器	山西麦克雷斯、上海菲思特
真空净油机	威海戳同
滤油机	唐荷科技、上海菲思特、山西麦克雷斯
工业齿轮油	壳牌Omala、中石化长城德威、天津日石
附件	山西方盛、启东康耐柯、上海诺雷

机　组	轨梁轧机机组
区　域	码垛区
名　称	阀台VS4（2）
图　号	

8.8.11 码垛区液压系统阀台 VS5 原理图（1）

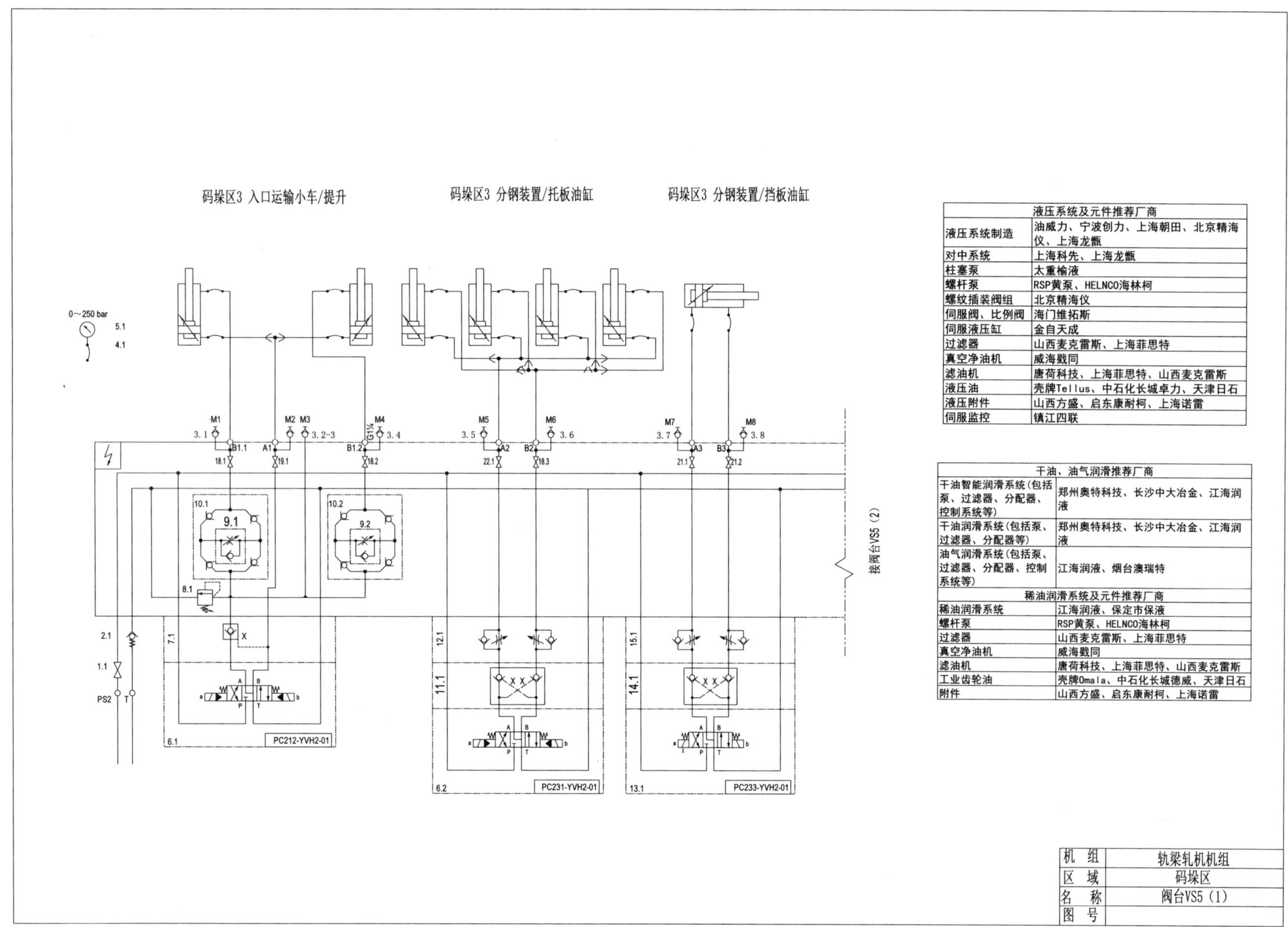

液压系统及元件推荐厂商	
液压系统制造	油威力、宁波创力、上海朝田、北京精海仪、上海龙甑
对中系统	上海科先、上海龙甑
柱塞泵	太重榆液
螺杆泵	RSP黄泵、HELNCO海林柯
螺纹插装阀组	北京精海仪
伺服阀、比例阀	海门维拓斯
伺服液压缸	金自天成
过滤器	山西麦克雷斯、上海菲思特
真空净油机	威海戬同
滤油机	唐荷科技、上海菲思特、山西麦克雷斯
液压油	壳牌Tellus、中石化长城卓力、天津日石
液压附件	山西方盛、启东康耐柯、上海诺雷
伺服监控	镇江四联

干油、油气润滑推荐厂商	
干油智能润滑系统(包括泵、过滤器、分配器、控制系统等)	郑州奥特科技、长沙中大冶金、江海润液
干油润滑系统(包括泵、过滤器、分配器等)	郑州奥特科技、长沙中大冶金、江海润液
油气润滑系统(包括泵、过滤器、分配器、控制系统等)	江海润液、烟台澳瑞特
稀油润滑系统及元件推荐厂商	
稀油润滑系统	江海润液、保定市保液
螺杆泵	RSP黄泵、HELNCO海林柯
过滤器	山西麦克雷斯、上海菲思特
真空净油机	威海戬同
滤油机	唐荷科技、上海菲思特、山西麦克雷斯
工业齿轮油	壳牌Omala、中石化长城德威、天津日石
附件	山西方盛、启东康耐柯、上海诺雷

机　组	轨梁轧机机组
区　域	码垛区
名　称	阀台VS5（1）
图　号	

8.8.12 码垛区液压系统阀台 VS5 原理图（2）

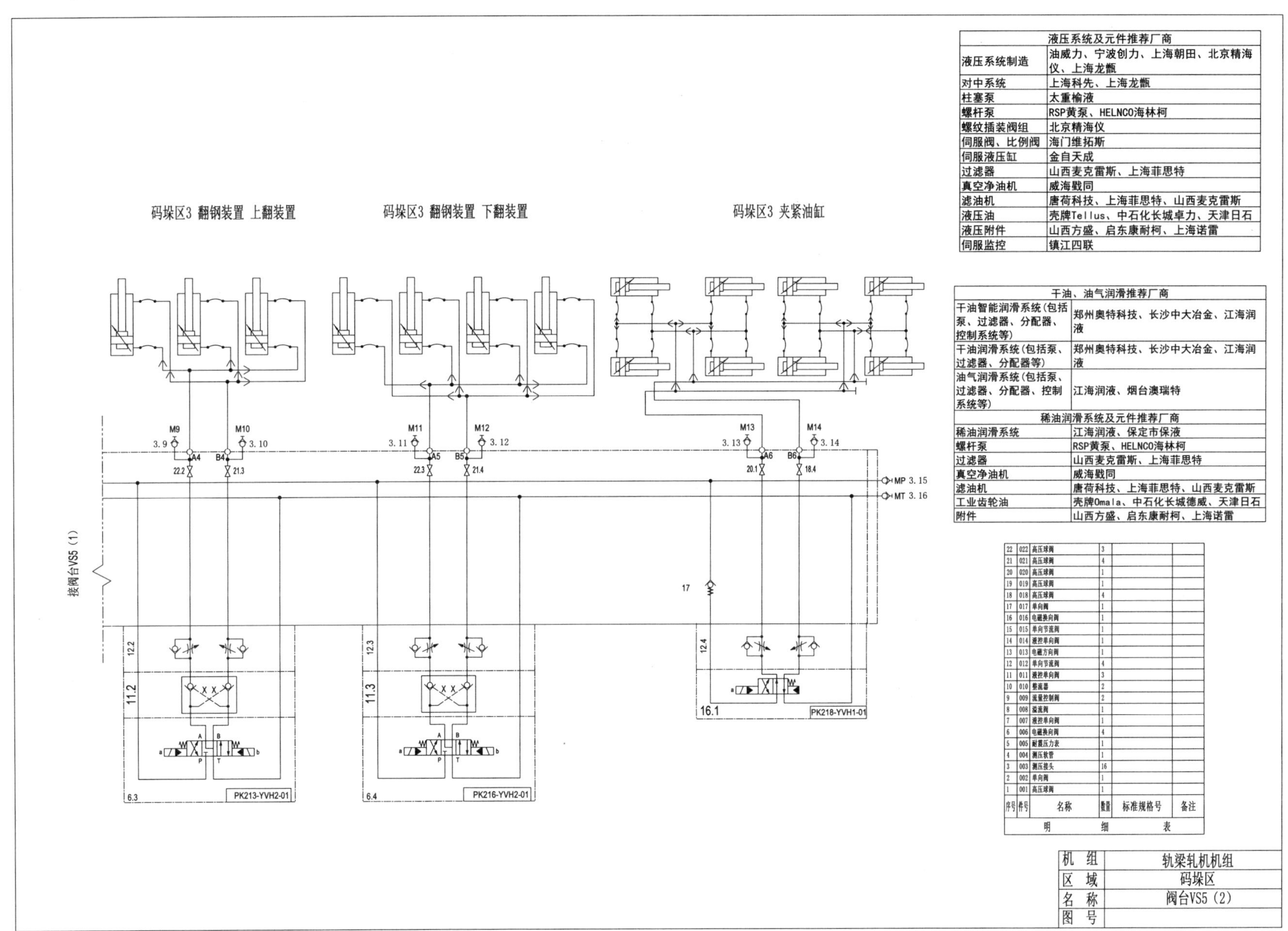

液压系统及元件推荐厂商	
液压系统制造	油威力、宁波创力、上海朝田、北京精海仪、上海龙甑
对中系统	上海科先、上海龙甑
柱塞泵	太重榆液
螺杆泵	RSP黄泵、HELNCO海林柯
螺纹插装阀组	北京精海仪
伺服阀、比例阀	海门维拓斯
伺服液压缸	金自天成
过滤器	山西麦克雷斯、上海菲思特
真空净油机	威海戬同
滤油机	唐荷科技、上海菲思特、山西麦克雷斯
液压油	壳牌Tellus、中石化长城卓力、天津日石
液压附件	山西方盛、启东康耐柯、上海诺雷
伺服监控	镇江四联

干油、油气润滑推荐厂商	
干油智能润滑系统（包括泵、过滤器、分配器、控制系统等）	郑州奥特科技、长沙中大冶金、江海润液
干油润滑系统（包括泵、过滤器、分配器等）	郑州奥特科技、长沙中大冶金、江海润液
油气润滑系统（包括泵、过滤器、分配器、控制系统等）	江海润液、烟台澳瑞特
稀油润滑系统及元件推荐厂商	
稀油润滑系统	江海润液、保定市保液
螺杆泵	RSP黄泵、HELNCO海林柯
过滤器	山西麦克雷斯、上海菲思特
真空净油机	威海戬同
滤油机	唐荷科技、上海菲思特、山西麦克雷斯
工业齿轮油	壳牌Omala、中石化长城德威、天津日石
附件	山西方盛、启东康耐柯、上海诺雷

序号	件号	名称	数量	标准规格号	备注
22	022	高压球阀	3		
21	021	高压球阀	4		
20	020	高压球阀	1		
19	019	高压球阀	1		
18	018	高压球阀	4		
17	017	单向阀	1		
16	016	电磁换向阀	1		
15	015	单向节流阀	1		
14	014	液控单向阀	1		
13	013	电磁方向阀	1		
12	012	单向节流阀	4		
11	011	液控单向阀	3		
10	010	整流器	2		
9	009	流量控制阀	2		
8	008	溢流阀	1		
7	007	液控单向阀	1		
6	006	电磁换向阀	4		
5	005	耐震压力表	1		
4	004	测压软管	1		
3	003	测压接头	16		
2	002	单向阀	1		
1	001	高压球阀	1		
明　细　表					

机　组	轨梁轧机机组
区　域	码垛区
名　称	阀台VS5（2）
图　号	

8.8.13 码垛区液压系统阀台 VS6 原理图（1）

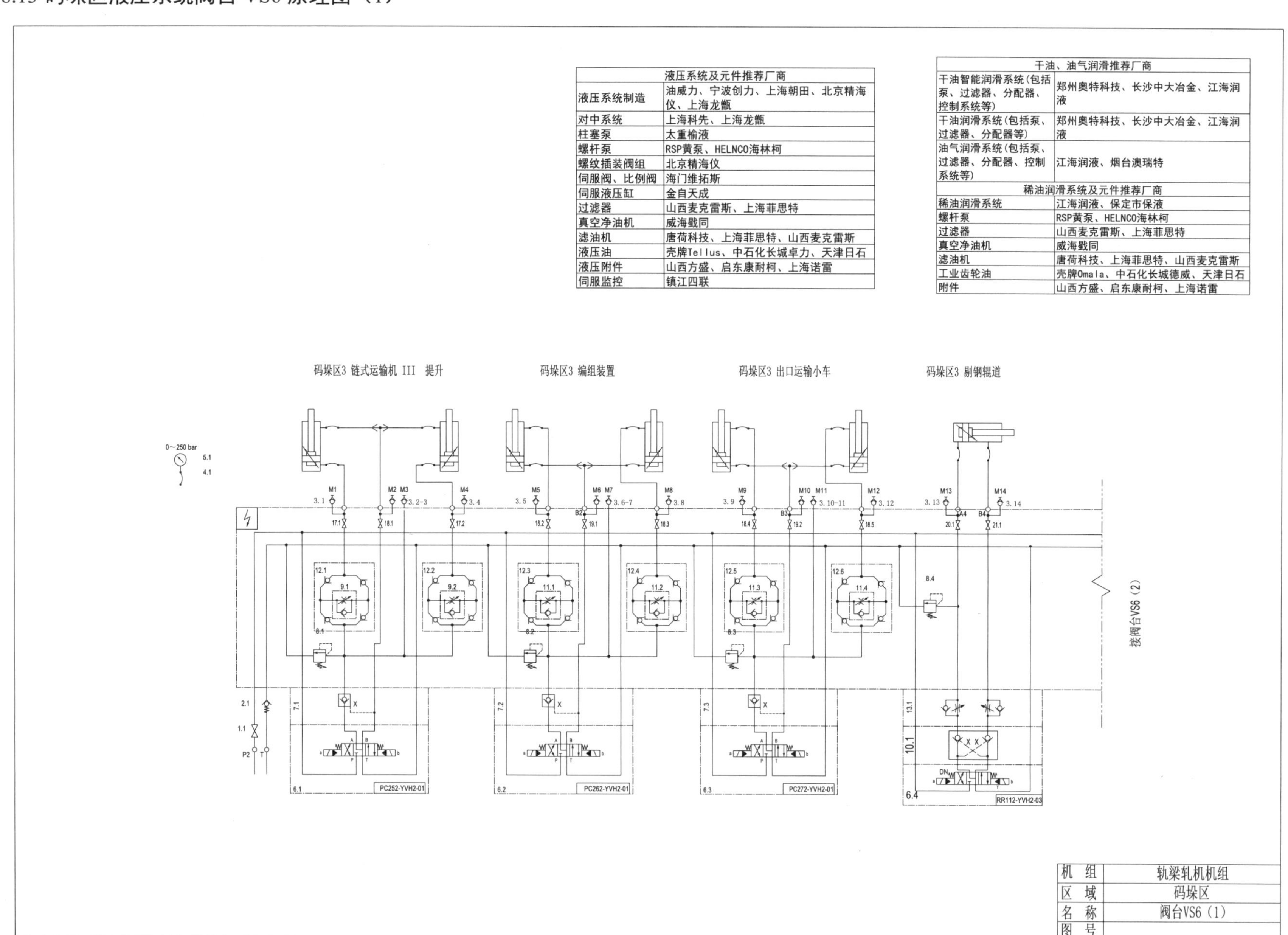

液压系统及元件推荐厂商	
液压系统制造	油威力、宁波创力、上海朝田、北京精海仪、上海龙甑
对中系统	上海科先、上海龙甑
柱塞泵	太重榆液
螺杆泵	RSP黄泵、HELNCO海林柯
螺纹插装阀组	北京精海仪
伺服阀、比例阀	海门维拓斯
伺服液压缸	金自天成
过滤器	山西麦克雷斯、上海菲思特
真空净油机	威海戳同
滤油机	唐荷科技、上海菲思特、山西麦克雷斯
液压油	壳牌Tellus、中石化长城卓力、天津日石
液压附件	山西方盛、启东康耐柯、上海诺雷
伺服监控	镇江四联

干油、油气润滑推荐厂商	
干油智能润滑系统(包括泵、过滤器、分配器、控制系统等)	郑州奥特科技、长沙中大冶金、江海润液
干油润滑系统(包括泵、过滤器、分配器等)	郑州奥特科技、长沙中大冶金、江海润液
油气润滑系统(包括泵、过滤器、分配器、控制系统等)	江海润液、烟台澳瑞特
稀油润滑系统及元件推荐厂商	
稀油润滑系统	江海润液、保定市保液
螺杆泵	RSP黄泵、HELNCO海林柯
过滤器	山西麦克雷斯、上海菲思特
真空净油机	威海戳同
滤油机	唐荷科技、上海菲思特、山西麦克雷斯
工业齿轮油	壳牌Omala、中石化长城德威、天津日石
附件	山西方盛、启东康耐柯、上海诺雷

机 组	轨梁轧机机组
区 域	码垛区
名 称	阀台VS6（1）
图 号	

8.8.14 码垛区液压系统阀台 VS6 原理图（2）

液压系统及元件推荐厂商	
液压系统制造	油威力、宁波创力、上海朝田、北京精海仪、上海龙甑
对中系统	上海科先、上海龙甑
柱塞泵	太重榆液
螺杆泵	RSP黄泵、HELNCO海林柯
螺纹插装阀组	北京精海仪
伺服阀、比例阀	海门维拓斯
伺服液压缸	金自天成
过滤器	山西麦克雷斯、上海菲思特
真空净油机	威海戥同
滤油机	唐荷科技、上海菲思特、山西麦克雷斯
液压油	壳牌Tellus、中石化长城卓力、天津日石
液压附件	山西方盛、启东康耐柯、上海诺雷
伺服监控	镇江四联

干油、油气润滑推荐厂商	
干油智能润滑系统(包括泵、过滤器、分配器、控制系统等)	郑州奥特科技、长沙中大冶金、江海润液
干油润滑系统(包括泵、过滤器、分配器等)	郑州奥特科技、长沙中大冶金、江海润液
油气润滑系统(包括泵、过滤器、分配器、控制系统等)	江海润液、烟台澳瑞特
稀油润滑系统及元件推荐厂商	
稀油润滑系统	江海润液、保定市保液
螺杆泵	RSP黄泵、HELNCO海林柯
过滤器	山西麦克雷斯、上海菲思特
真空净油机	威海戥同
滤油机	唐荷科技、上海菲思特、山西麦克雷斯
工业齿轮油	壳牌Omala、中石化长城德威、天津日石
附件	山西方盛、启东康耐柯、上海诺雷

序号	件号	名称	数量	标准规格号	备注
21	021	高压球阀	1		
20	020	高压球阀	1		
19	019	高压球阀	2		
18	018	高压球阀	5		
17	017	高压球阀	10		
16	016	切断阀	4		
15	015	过渡板	4		
14	014	比例方向阀	4		
13	013	单向节流阀	1		
12	012	整流器	6		
11	011	流量控制阀	4		
10	010	液控单向阀	1		
9	009	流量控制阀	2		
8	008	溢流阀	4		
7	007	液控单向阀	3		
6	006	电磁换向阀	4		
5	005	耐震压力表	1		
4	004	测压软管	1		
3	003	测压接头	24		
2	002	单向阀	1		
1	001	高压球阀	1		
明细表					

码垛区3 编组装置/横移液压缸1　码垛区3 编组装置/横移液压缸2　码垛区3 编组装置/横移液压缸3　码垛区3 编组装置/横移液压缸4

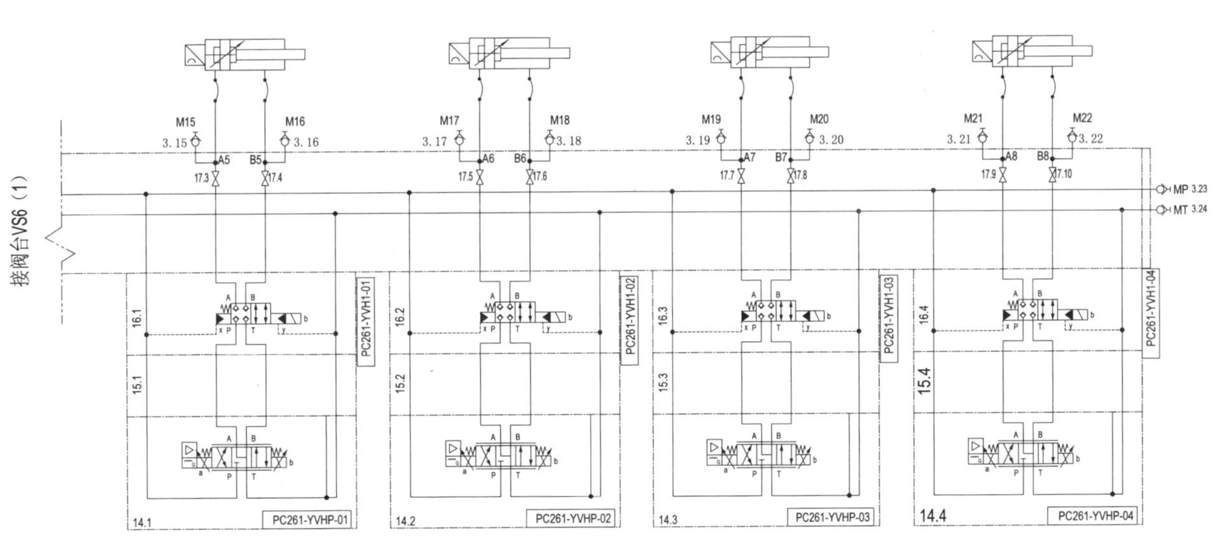

机组	轨梁轧机机组
区域	码垛区
名称	阀台VS6（2）
图号	

8.8.15 码垛区液压系统阀台 VS7 原理图

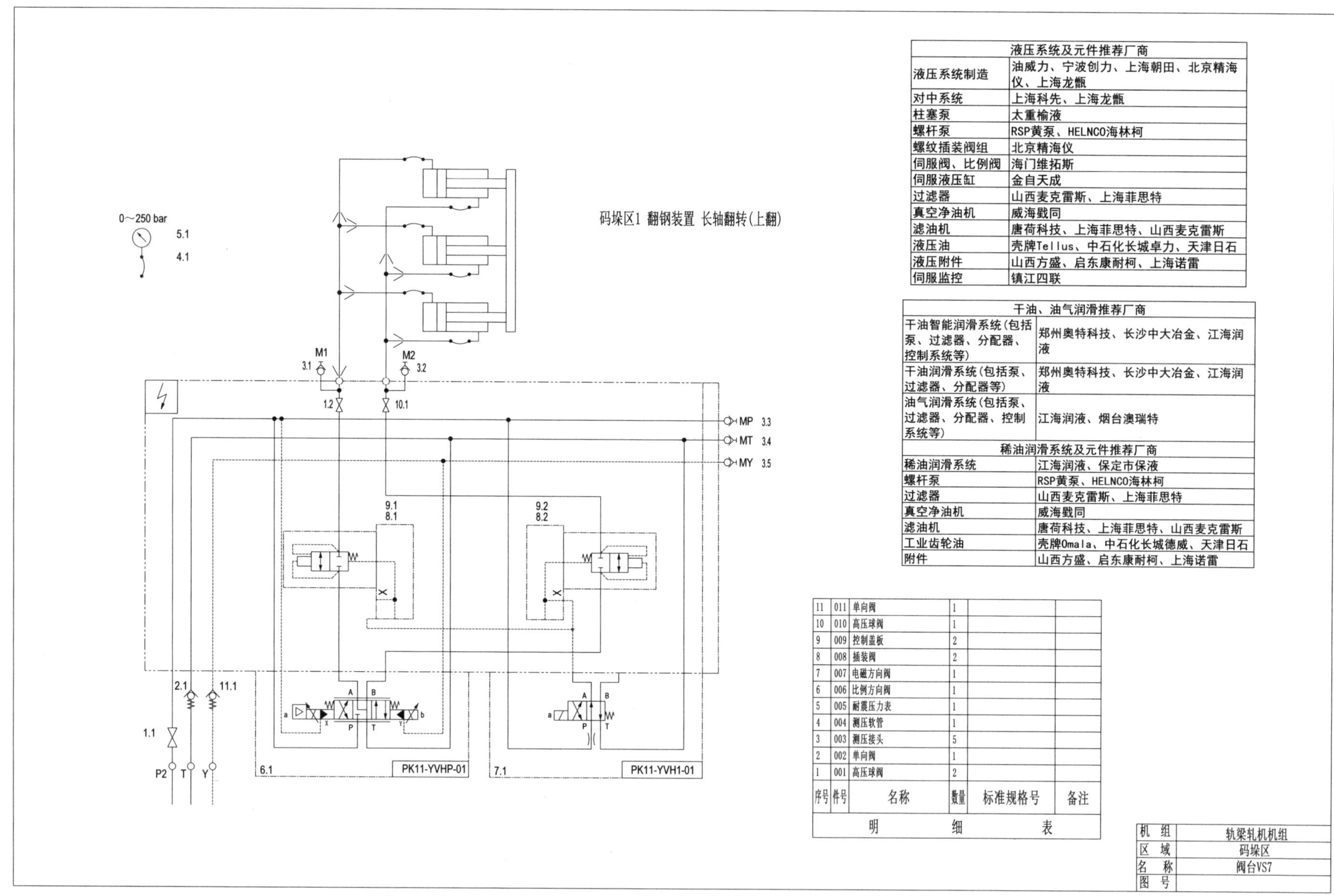

液压系统及元件推荐厂商	
液压系统制造	油威力、宁波创力、上海朝田、北京精海仪、上海龙甑
对中系统	上海科先、上海龙甑
柱塞泵	太重榆液
螺杆泵	RSP黄泵、HELNCO海林柯
螺纹插装阀组	北京精海仪
伺服阀、比例阀	海门维拓斯
伺服液压缸	金自天成
过滤器	山西麦克雷斯、上海菲思特
真空净油机	威海戥同
滤油机	唐荷科技、上海菲思特、山西麦克雷斯
液压油	壳牌Tellus、中石化长城卓力、天津日石
液压附件	山西方盛、启东康耐柯、上海诺雷
伺服监控	镇江四联

干油、油气润滑推荐厂商	
干油智能润滑系统(包括泵、过滤器、分配器、控制系统等)	郑州奥特科技、长沙中大冶金、江海润液
干油润滑系统(包括泵、过滤器、分配器等)	郑州奥特科技、长沙中大冶金、江海润液
油气润滑系统(包括泵、过滤器、分配器、控制系统等)	江海润液、烟台澳瑞特
稀油润滑系统及元件推荐厂商	
稀油润滑系统	江海润液、保定市保液
螺杆泵	RSP黄泵、HELNCO海林柯
过滤器	山西麦克雷斯、上海菲思特
真空净油机	威海戥同
滤油机	唐荷科技、上海菲思特、山西麦克雷斯
工业齿轮油	壳牌Omala、中石化长城德威、天津日石
附件	山西方盛、启东康耐柯、上海诺雷

序号	件号	名称	数量	标准规格号	备注
11	011	单向阀	1		
10	010	高压球阀	1		
9	009	控制盖板	2		
8	008	插装阀	2		
7	007	电磁方向阀	1		
6	006	比例方向阀	1		
5	005	耐震压力表	1		
4	004	测压软管	1		
3	003	测压接头	5		
2	002	单向阀	1		
1	001	高压球阀	2		
明细表					

机组	轨梁轧机机组
区域	码垛区
名称	阀台VS7
图号	

8.8.16 码垛区液压系统阀台 VS8 原理图

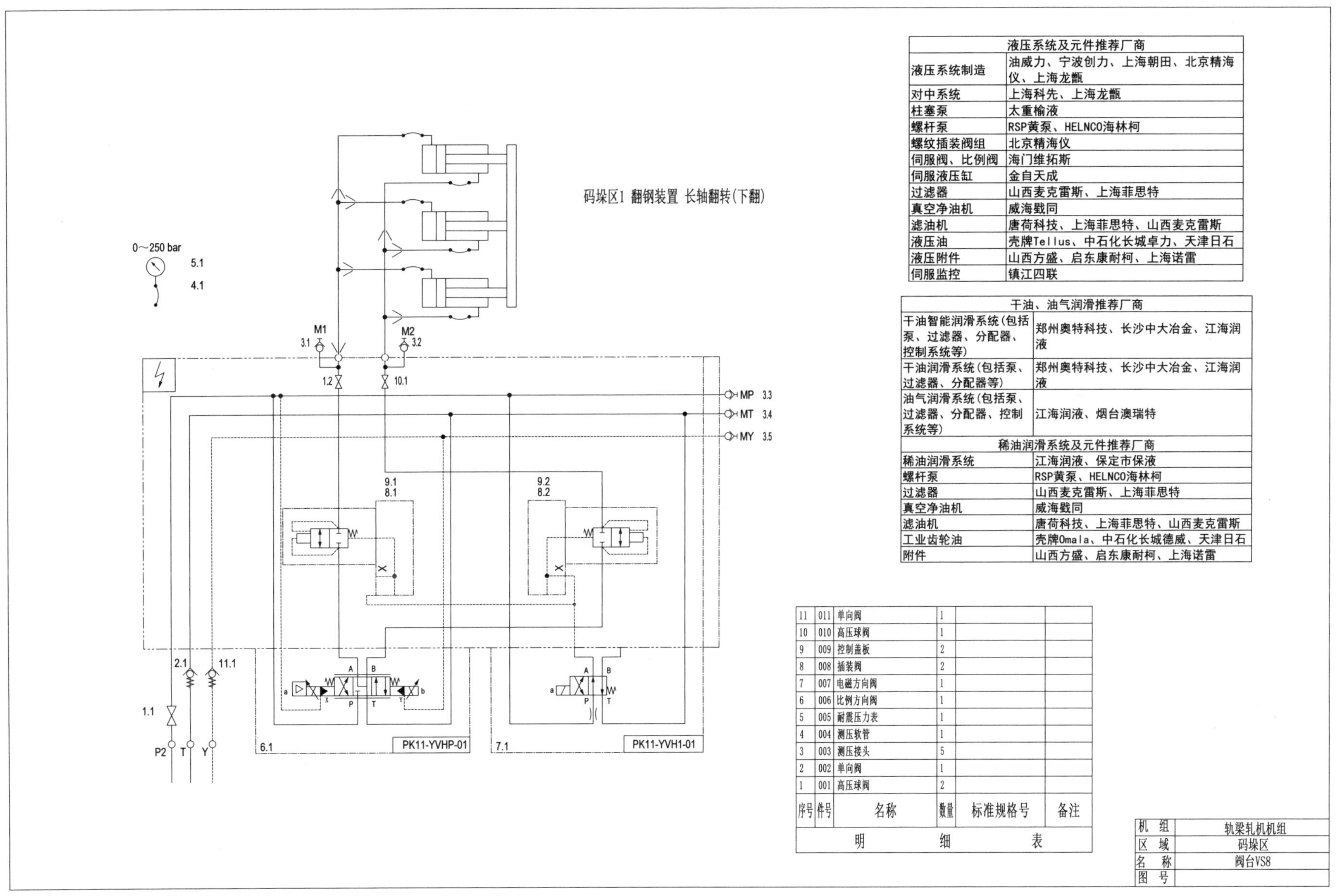

液压系统及元件推荐厂商	
液压系统制造	油威力、宁波创力、上海朝田、北京精海仪、上海龙甑
对中系统	上海科先、上海龙甑
柱塞泵	太重榆液
螺杆泵	RSP黄泵、HELNCO海林柯
螺纹插装阀组	北京精海仪
伺服阀、比例阀	海门维拓斯
伺服液压缸	金自天成
过滤器	山西麦克雷斯、上海菲思特
真空净油机	威海戥同
滤油机	唐荷科技、上海菲思特、山西麦克雷斯
液压油	壳牌Tellus、中石化长城卓力、天津日石
液压附件	山西方盛、启东康耐柯、上海诺雷
伺服监控	镇江四联

干油、油气润滑推荐厂商	
干油智能润滑系统(包括泵、过滤器、分配器、控制系统等)	郑州奥特科技、长沙中大冶金、江海润液
干油润滑系统(包括泵、过滤器、分配器等)	郑州奥特科技、长沙中大冶金、江海润液
油气润滑系统(包括泵、过滤器、分配器、控制系统等)	江海润液、烟台澳瑞特
稀油润滑系统及元件推荐厂商	
稀油润滑系统	江海润液、保定市保液
螺杆泵	RSP黄泵、HELNCO海林柯
过滤器	山西麦克雷斯、上海菲思特
真空净油机	威海戥同
滤油机	唐荷科技、上海菲思特、山西麦克雷斯
工业齿轮油	壳牌Omala、中石化长城德威、天津日石
附件	山西方盛、启东康耐柯、上海诺雷

序号	件号	名称	数量	标准规格号	备注
11	011	单向阀	1		
10	010	高压球阀	1		
9	009	控制盖板	2		
8	008	插装阀	2		
7	007	电磁方向阀	1		
6	006	比例方向阀	1		
5	005	耐震压力表	1		
4	004	测压软管	1		
3	003	测压接头	5		
2	002	单向阀	1		
1	001	高压球阀	2		
明细表					

机组	轨梁轧机机组
区域	码垛区
名称	阀台VS8
图号	

8.8.17 码垛区液压系统阀台 VS9 原理图

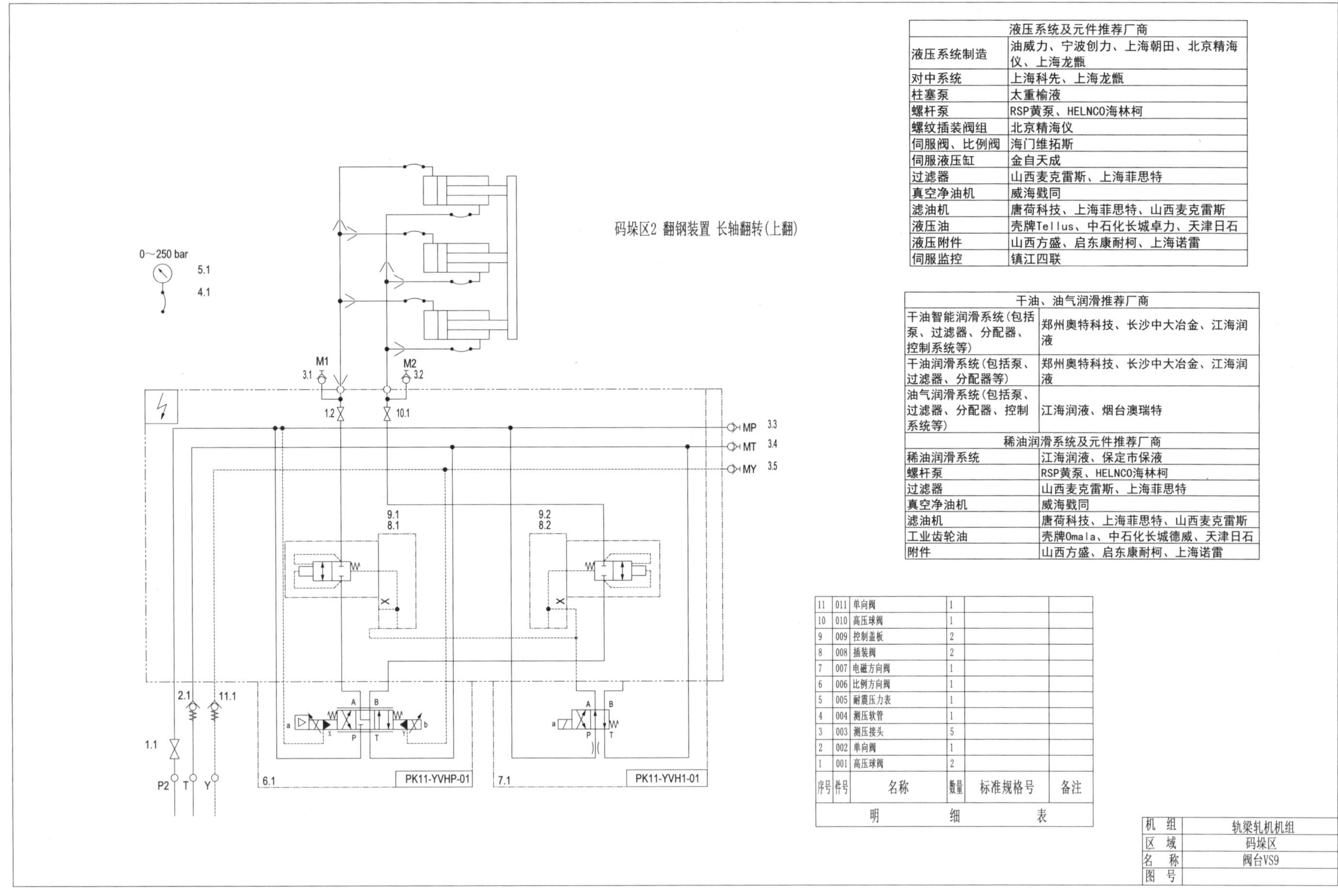

液压系统及元件推荐厂商	
液压系统制造	油威力、宁波创力、上海朝田、北京精海仪、上海龙甑
对中系统	上海科先、上海龙甑
柱塞泵	太重榆液
螺杆泵	RSP黄泵、HELNCO海林柯
螺纹插装阀组	北京精海仪
伺服阀、比例阀	海门维拓斯
伺服液压缸	金自天成
过滤器	山西麦克雷斯、上海菲思特
真空净油机	威海戥同
滤油机	唐荷科技、上海菲思特、山西麦克雷斯
液压油	壳牌Tellus、中石化长城卓力、天津日石
液压附件	山西方盛、启东康耐柯、上海诺雷
伺服监控	镇江四联

干油、油气润滑推荐厂商	
干油智能润滑系统(包括泵、过滤器、分配器、控制系统等)	郑州奥特科技、长沙中大冶金、江海润液
干油润滑系统(包括泵、过滤器、分配器等)	郑州奥特科技、长沙中大冶金、江海润液
油气润滑系统(包括泵、过滤器、分配器、控制系统等)	江海润液、烟台澳瑞特
稀油润滑系统及元件推荐厂商	
稀油润滑系统	江海润液、保定市保液
螺杆泵	RSP黄泵、HELNCO海林柯
过滤器	山西麦克雷斯、上海菲思特
真空净油机	威海戥同
滤油机	唐荷科技、上海菲思特、山西麦克雷斯
工业齿轮油	壳牌Omala、中石化长城德威、天津日石
附件	山西方盛、启东康耐柯、上海诺雷

11	011	单向阀	1		
10	010	高压球阀	1		
9	009	控制盖板	2		
8	008	插装阀	2		
7	007	电磁方向阀	1		
6	006	比例方向阀	1		
5	005	耐震压力表	1		
4	004	测压软管	1		
3	003	测压接头	5		
2	002	单向阀	1		
1	001	高压球阀	2		
序号	件号	名称	数量	标准规格号	备注
明		细		表	

机　组	轨梁轧机机组
区　域	码垛区
名　称	阀台VS9
图　号	

8.8.18 码垛区液压系统阀台 VS10 原理图

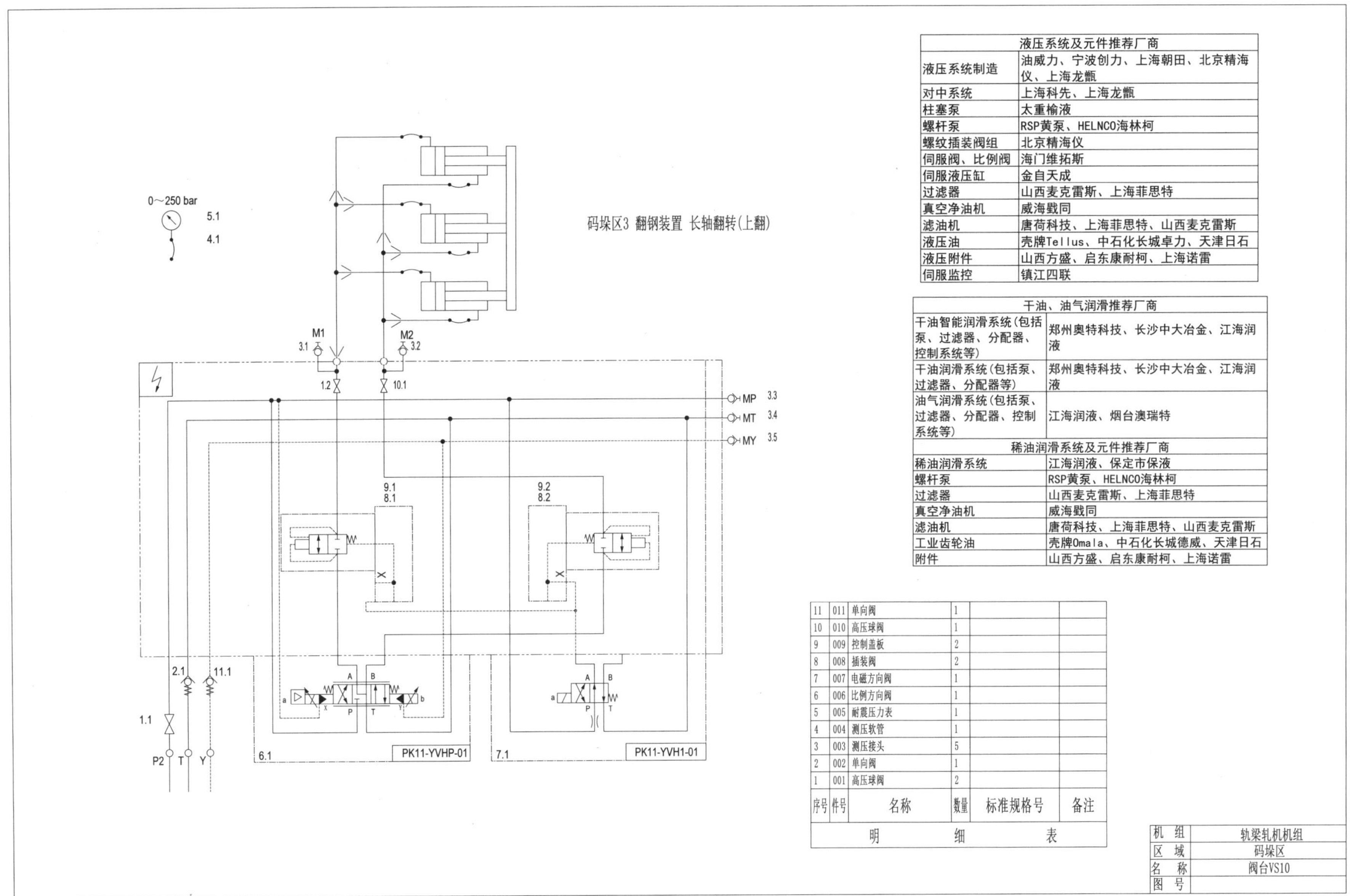

液压系统及元件推荐厂商	
液压系统制造	油威力、宁波创力、上海朝田、北京精海仪、上海龙甑
对中系统	上海科先、上海龙甑
柱塞泵	太重榆液
螺杆泵	RSP黄泵、HELNCO海林柯
螺纹插装阀组	北京精海仪
伺服阀、比例阀	海门维拓斯
伺服液压缸	金自天成
过滤器	山西麦克雷斯、上海菲思特
真空净油机	威海戥同
滤油机	唐荷科技、上海菲思特、山西麦克雷斯
液压油	壳牌Tellus、中石化长城卓力、天津日石
液压附件	山西方盛、启东康耐柯、上海诺雷
伺服监控	镇江四联

干油、油气润滑推荐厂商	
干油智能润滑系统(包括泵、过滤器、分配器、控制系统等)	郑州奥特科技、长沙中大冶金、江海润液
干油润滑系统(包括泵、过滤器、分配器等)	郑州奥特科技、长沙中大冶金、江海润液
油气润滑系统(包括泵、过滤器、分配器、控制系统等)	江海润液、烟台澳瑞特
稀油润滑系统及元件推荐厂商	
稀油润滑系统	江海润液、保定市保液
螺杆泵	RSP黄泵、HELNCO海林柯
过滤器	山西麦克雷斯、上海菲思特
真空净油机	威海戥同
滤油机	唐荷科技、上海菲思特、山西麦克雷斯
工业齿轮油	壳牌Omala、中石化长城德威、天津日石
附件	山西方盛、启东康耐柯、上海诺雷

序号	件号	名称	数量	标准规格号	备注
11	011	单向阀	1		
10	010	高压球阀	1		
9	009	控制盖板	2		
8	008	插装阀	2		
7	007	电磁方向阀	1		
6	006	比例方向阀	1		
5	005	耐震压力表	1		
4	004	测压软管	1		
3	003	测压接头	5		
2	002	单向阀	1		
1	001	高压球阀	2		

明　细　表

机 组	轨梁轧机机组
区 域	码垛区
名 称	阀台VS10
图 号	

8.8.19 码垛区液压系统阀台 VS11 原理图

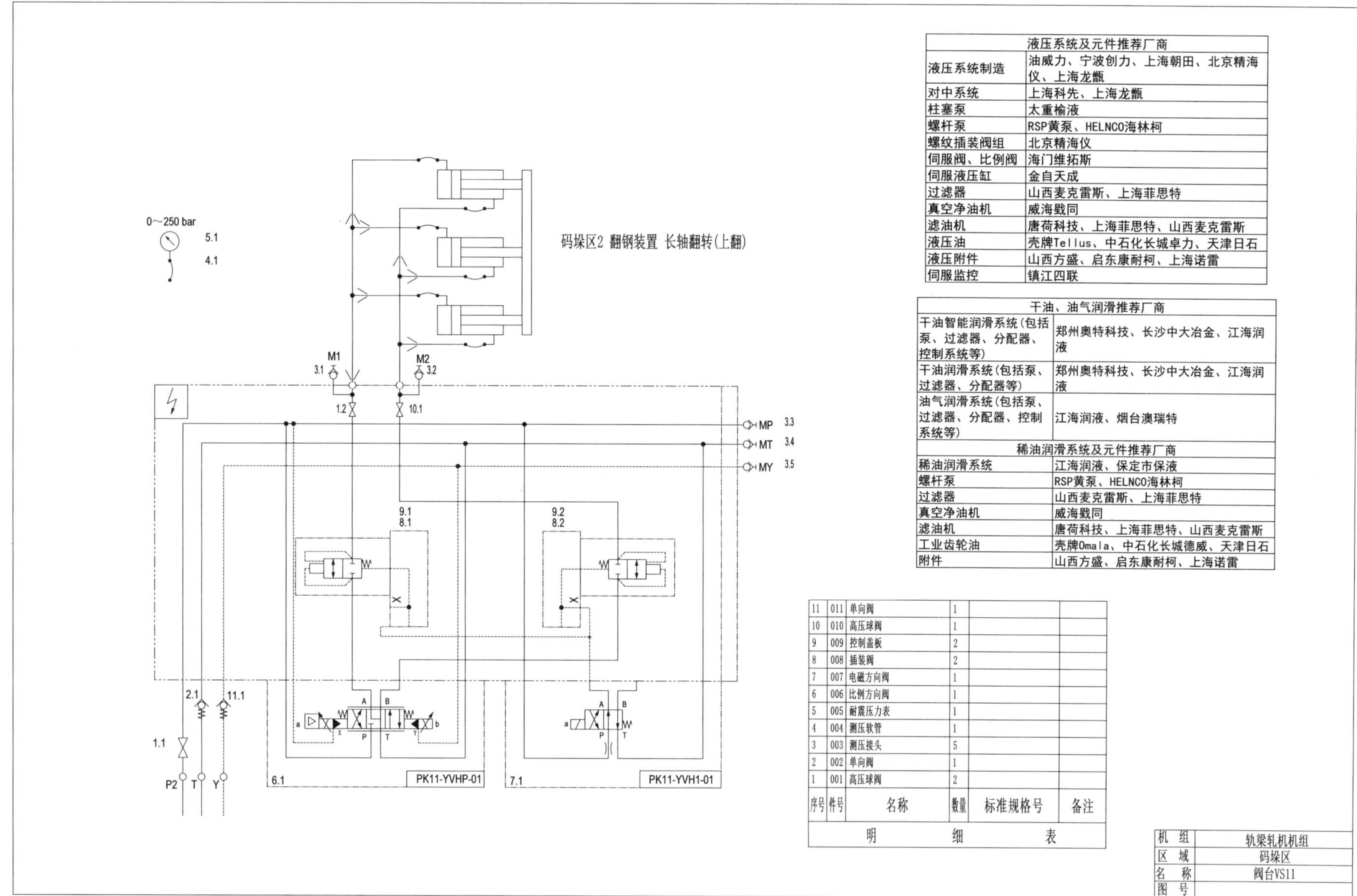

液压系统及元件推荐厂商	
液压系统制造	油威力、宁波创力、上海朝田、北京精海仪、上海龙甑
对中系统	上海科先、上海龙甑
柱塞泵	太重榆液
螺杆泵	RSP黄泵、HELNCO海林柯
螺纹插装阀组	北京精海仪
伺服阀、比例阀	海门维拓斯
伺服液压缸	金自天成
过滤器	山西麦克雷斯、上海菲思特
真空净油机	威海戦同
滤油机	唐荷科技、上海菲思特、山西麦克雷斯
液压油	壳牌Tellus、中石化长城卓力、天津日石
液压附件	山西方盛、启东康耐柯、上海诺雷
伺服监控	镇江四联

干油、油气润滑推荐厂商	
干油智能润滑系统(包括泵、过滤器、分配器、控制系统等)	郑州奥特科技、长沙中大冶金、江海润液
干油润滑系统(包括泵、过滤器、分配器等)	郑州奥特科技、长沙中大冶金、江海润液
油气润滑系统(包括泵、过滤器、分配器、控制系统等)	江海润液、烟台澳瑞特
稀油润滑系统及元件推荐厂商	
稀油润滑系统	江海润液、保定市保液
螺杆泵	RSP黄泵、HELNCO海林柯
过滤器	山西麦克雷斯、上海菲思特
真空净油机	威海戦同
滤油机	唐荷科技、上海菲思特、山西麦克雷斯
工业齿轮油	壳牌Omala、中石化长城德威、天津日石
附件	山西方盛、启东康耐柯、上海诺雷

序号	件号	名称	数量	标准规格号	备注
11	011	单向阀	1		
10	010	高压球阀	1		
9	009	控制盖板	2		
8	008	插装阀	2		
7	007	电磁方向阀	1		
6	006	比例方向阀	1		
5	005	耐震压力表	1		
4	004	测压软管	1		
3	003	测压接头	5		
2	002	单向阀	1		
1	001	高压球阀	2		
明		细		表	

机　组	轨梁轧机机组
区　域	码垛区
名　称	阀台VS11
图　号	

8.8.20 码垛区液压系统阀台 VS12 原理图

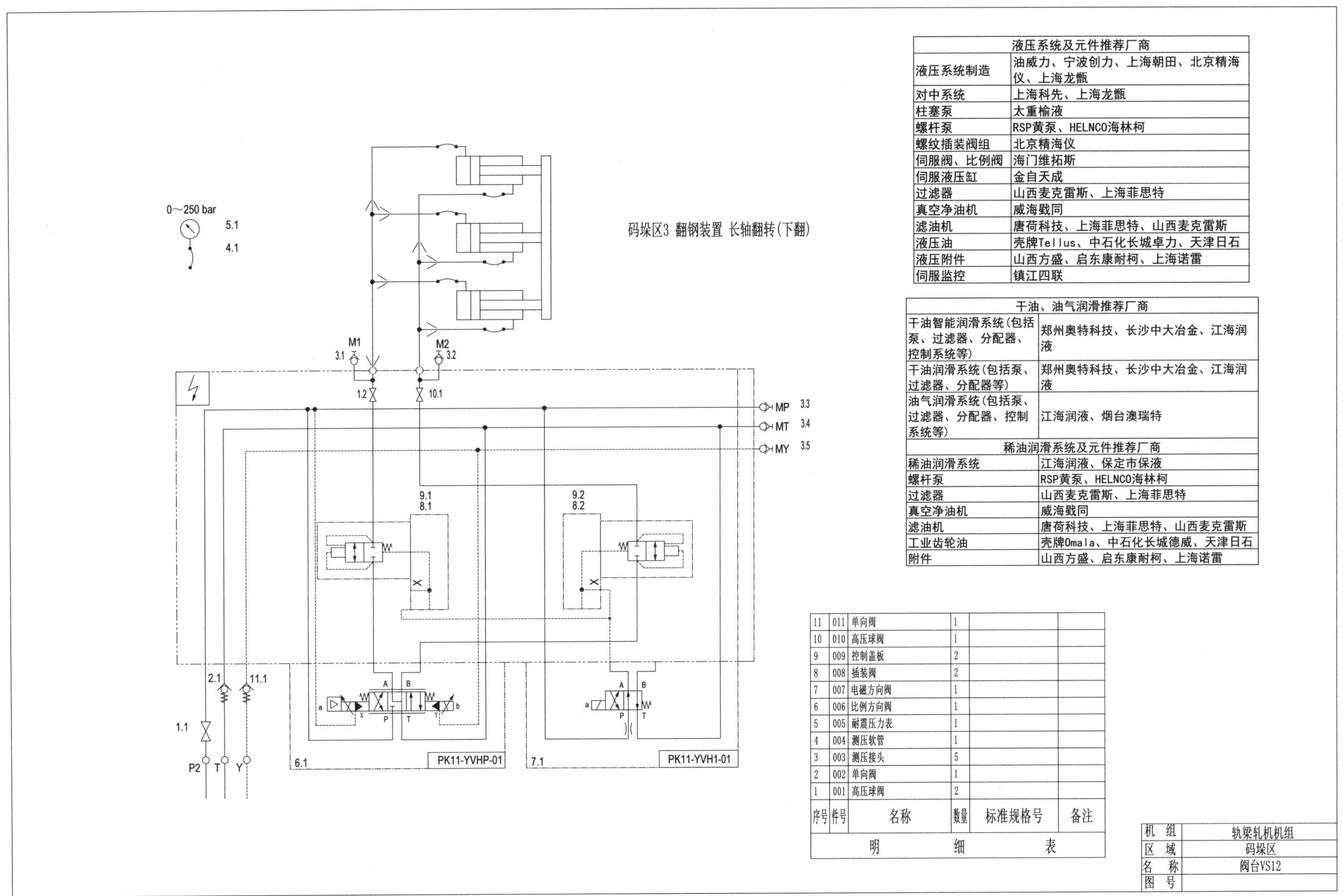

液压系统及元件推荐厂商	
液压系统制造	油威力、宁波创力、上海朝田、北京精海仪、上海龙甑
对中系统	上海科先、上海龙甑
柱塞泵	太重榆液
螺杆泵	RSP黄泵、HELNCO海林柯
螺纹插装阀组	北京精海仪
伺服阀、比例阀	海门维拓斯
伺服液压缸	金自天成
过滤器	山西麦克雷斯、上海菲思特
真空净油机	威海戥同
滤油机	唐荷科技、上海菲思特、山西麦克雷斯
液压油	壳牌Tellus、中石化长城卓力、天津日石
液压附件	山西方盛、启东康耐柯、上海诺雷
伺服监控	镇江四联

干油、油气润滑推荐厂商	
干油智能润滑系统(包括泵、过滤器、分配器、控制系统等)	郑州奥特科技、长沙中大冶金、江海润液
干油润滑系统(包括泵、过滤器、分配器等)	郑州奥特科技、长沙中大冶金、江海润液
油气润滑系统(包括泵、过滤器、分配器、控制系统等)	江海润液、烟台澳瑞特
稀油润滑系统及元件推荐厂商	
稀油润滑系统	江海润液、保定市保液
螺杆泵	RSP黄泵、HELNCO海林柯
过滤器	山西麦克雷斯、上海菲思特
真空净油机	威海戥同
滤油机	唐荷科技、上海菲思特、山西麦克雷斯
工业齿轮油	壳牌Omala、中石化长城德威、天津日石
附件	山西方盛、启东康耐柯、上海诺雷

序号	件号	名称	数量	标准规格号	备注
11	011	单向阀	1		
10	010	高压球阀	1		
9	009	控制盖板	2		
8	008	插装阀	2		
7	007	电磁方向阀	1		
6	006	比例方向阀	1		
5	005	耐震压力表	1		
4	004	测压软管	1		
3	003	测压接头	5		
2	002	单向阀	1		
1	001	高压球阀	2		
明细表					

机组	轨梁轧机机组
区域	码垛区
名称	阀台VS12
图号	

8.8.21 码垛区液压系统阀台 VS13 原理图

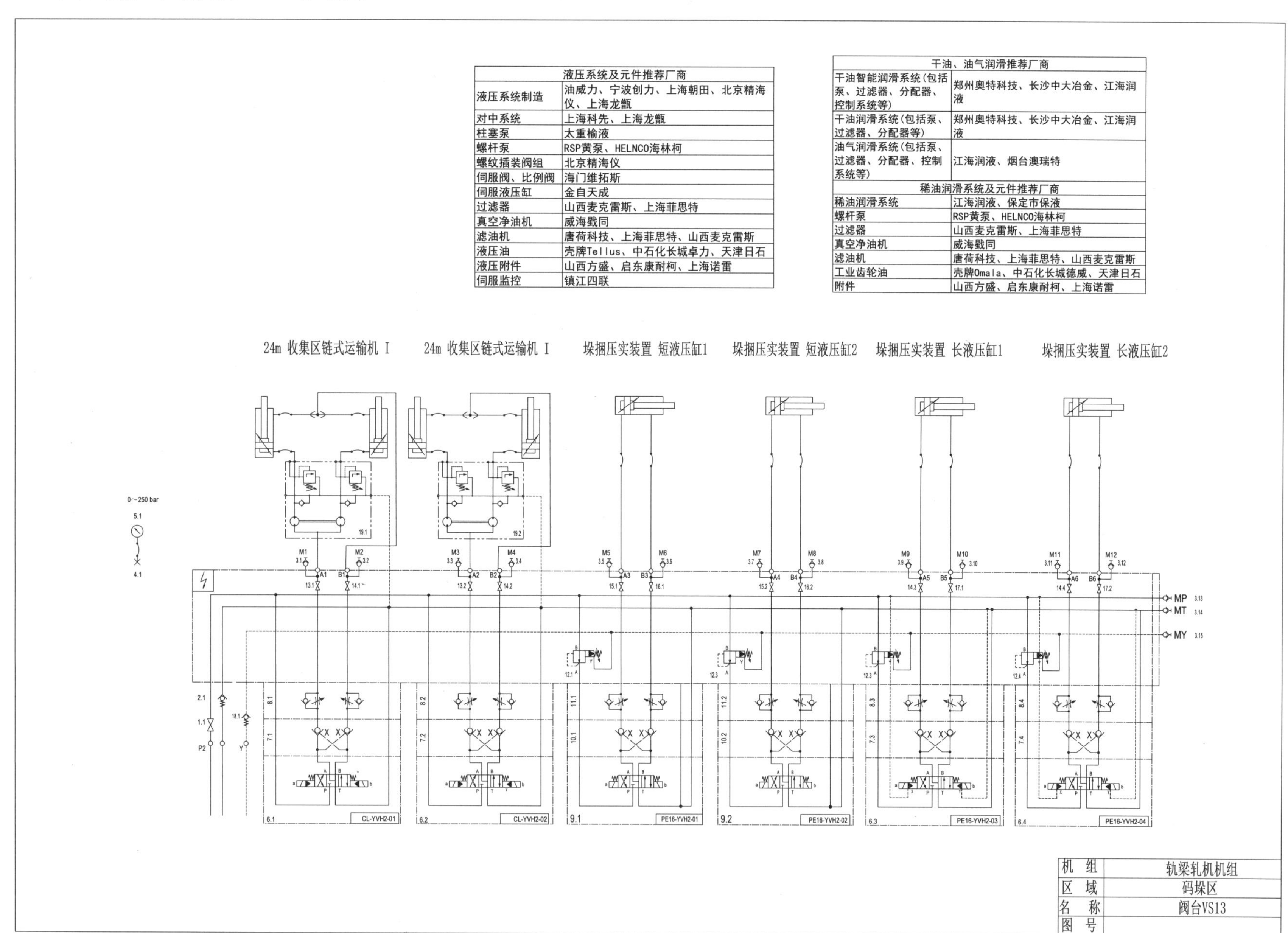

液压系统及元件推荐厂商	
液压系统制造	油威力、宁波创力、上海朝田、北京精海仪、上海龙甑
对中系统	上海科先、上海龙甑
柱塞泵	太重榆液
螺杆泵	RSP黄泵、HELNCO海林柯
螺纹插装阀组	北京精海仪
伺服阀、比例阀	海门维拓斯
伺服液压缸	金自天成
过滤器	山西麦克雷斯、上海菲思特
真空净油机	威海戥同
滤油机	唐荷科技、上海菲思特、山西麦克雷斯
液压油	壳牌Tellus、中石化长城卓力、天津日石
液压附件	山西方盛、启东康耐柯、上海诺雷
伺服监控	镇江四联

干油、油气润滑推荐厂商	
干油智能润滑系统(包括泵、过滤器、分配器、控制系统等)	郑州奥特科技、长沙中大冶金、江海润液
干油润滑系统(包括泵、过滤器、分配器等)	郑州奥特科技、长沙中大冶金、江海润液
油气润滑系统(包括泵、过滤器、分配器、控制系统等)	江海润液、烟台澳瑞特
稀油润滑系统及元件推荐厂商	
稀油润滑系统	江海润液、保定市保液
螺杆泵	RSP黄泵、HELNCO海林柯
过滤器	山西麦克雷斯、上海菲思特
真空净油机	威海戥同
滤油机	唐荷科技、上海菲思特、山西麦克雷斯
工业齿轮油	壳牌Omala、中石化长城德威、天津日石
附件	山西方盛、启东康耐柯、上海诺雷

机 组	轨梁轧机机组
区 域	码垛区
名 称	阀台VS13
图 号	

8.8.22 码垛区液压系统阀台 VS14 原理图

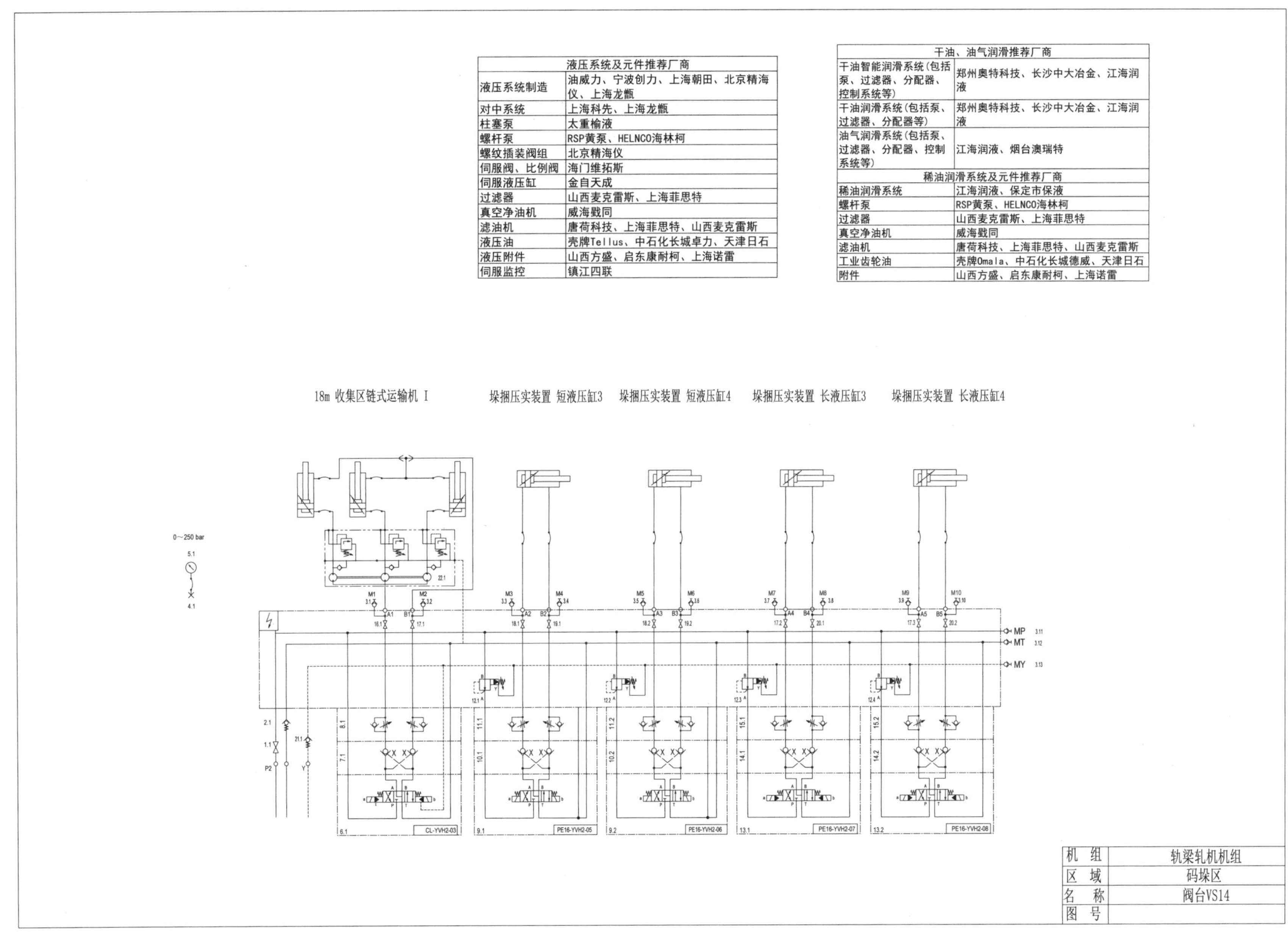

液压系统及元件推荐厂商	
液压系统制造	油威力、宁波创力、上海朝田、北京精海仪、上海龙甑
对中系统	上海科先、上海龙甑
柱塞泵	太重榆液
螺杆泵	RSP黄泵、HELNCO海林柯
螺纹插装阀组	北京精海仪
伺服阀、比例阀	海门维拓斯
伺服液压缸	金自天成
过滤器	山西麦克雷斯、上海菲思特
真空净油机	威海戥同
滤油机	唐荷科技、上海菲思特、山西麦克雷斯
液压油	壳牌Tellus、中石化长城卓力、天津日石
液压附件	山西方盛、启东康耐柯、上海诺雷
伺服监控	镇江四联

干油、油气润滑推荐厂商	
干油智能润滑系统(包括泵、过滤器、分配器、控制系统等)	郑州奥特科技、长沙中大冶金、江海润液
干油润滑系统(包括泵、过滤器、分配器等)	郑州奥特科技、长沙中大冶金、江海润液
油气润滑系统(包括泵、过滤器、分配器、控制系统等)	江海润液、烟台澳瑞特
稀油润滑系统及元件推荐厂商	
稀油润滑系统	江海润液、保定市保液
螺杆泵	RSP黄泵、HELNCO海林柯
过滤器	山西麦克雷斯、上海菲思特
真空净油机	威海戥同
滤油机	唐荷科技、上海菲思特、山西麦克雷斯
工业齿轮油	壳牌Omala、中石化长城德威、天津日石
附件	山西方盛、启东康耐柯、上海诺雷

8.8.23 码垛区液压系统阀台 VS13 和阀台 VS14 明细表

液压系统及元件推荐厂商	
液压系统制造	油威力、宁波创力、上海朝田、北京精海仪、上海龙甑
对中系统	上海科先、上海龙甑
柱塞泵	太重榆液
螺杆泵	RSP黄泵、HELNCO海林柯
螺纹插装阀组	北京精海仪
伺服阀、比例阀	海门维拓斯
伺服液压缸	金自天成
过滤器	山西麦克雷斯、上海菲思特
真空净油机	威海戥同
滤油机	唐荷科技、上海菲思特、山西麦克雷斯
液压油	壳牌Tellus、中石化长城卓力、天津日石
液压附件	山西方盛、启东康耐柯、上海诺雷
伺服监控	镇江四联

干油、油气润滑推荐厂商	
干油智能润滑系统(包括泵、过滤器、分配器、控制系统等)	郑州奥特科技、长沙中大冶金、江海润液
干油润滑系统(包括泵、过滤器、分配器等)	郑州奥特科技、长沙中大冶金、江海润液
油气润滑系统(包括泵、过滤器、分配器、控制系统等)	江海润液、烟台澳瑞特
稀油润滑系统及元件推荐厂商	
稀油润滑系统	江海润液、保定市保液
螺杆泵	RSP黄泵、HELNCO海林柯
过滤器	山西麦克雷斯、上海菲思特
真空净油机	威海戥同
滤油机	唐荷科技、上海菲思特、山西麦克雷斯
工业齿轮油	壳牌Omala、中石化长城德威、天津日石
附件	山西方盛、启东康耐柯、上海诺雷

序号	件号	名称	数量	标准规格号	备注
19	019	同步马达	2		
18	018	单向阀	1		
17	017	高压球阀	2		
16	016	高压球阀	2		
15	015	高压球阀	2		
14	014	高压球阀	4		
13	013	高压球阀	2		
12	012	减压阀	4		
11	011	单向节流阀	2		
10	010	液控单向阀	2		
9	009	电磁方向阀	2		
8	008	单向节流阀	4		
7	007	液控单向阀	4		
6	006	电磁换向阀	4		
5	005	耐震压力表	1		
4	004	测压软管	1		
3	003	测压接头	16		
2	002	单向阀	1		
1	001	高压球阀	1		
明		细			表(VS13)

码垛区液压系统图　阀台VS13

序号	件号	名称	数量	标准规格号	备注
22	022	同步马达	1		
21	021	单向阀	1		
20	020	高压球阀	2		
19	019	高压球阀	2		
18	018	高压球阀	2		
17	017	高压球阀	3		
16	016	高压球阀	1		
15	015	单向节流阀	2		
14	014	液控单向阀	2		
13	013	电磁换向阀	2		
12	012	减压阀	4		
11	011	单向节流阀	2		
10	010	液控单向阀	2		
9	009	电磁方向阀	2		
8	008	单向节流阀	1		
7	007	液控单向阀	1		
6	006	电磁换向阀	1		
5	005	耐震压力表	1		
4	004	测压软管	1		
3	003	测压接头	13		
2	002	单向阀	1		
1	001	高压球阀	1		
明		细			表(VS14)

码垛区液压系统图　阀台VS14

8.8.24 码垛区液压系统阀台 VS15 原理图

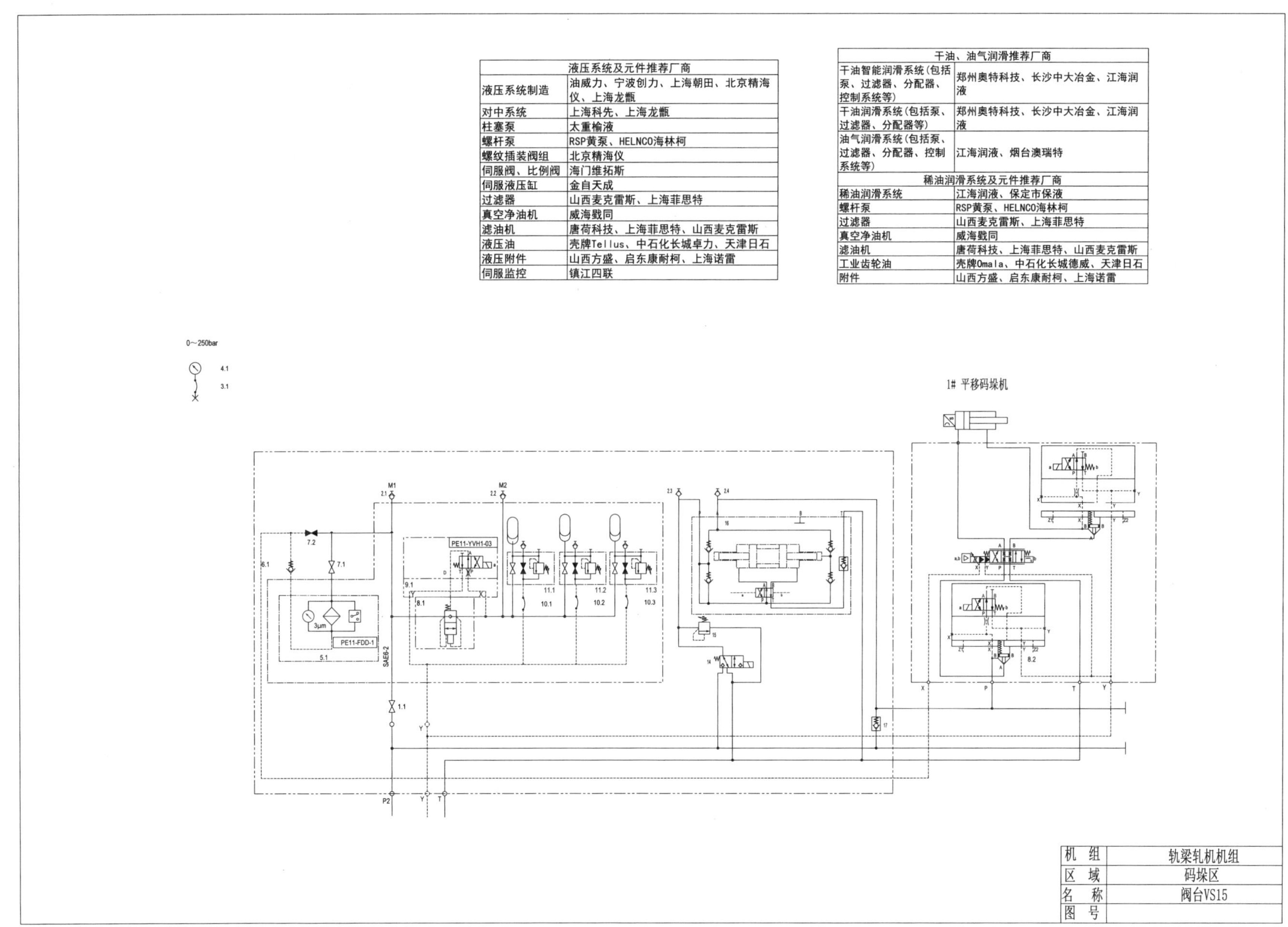

液压系统及元件推荐厂商	
液压系统制造	油威力、宁波创力、上海朝田、北京精海仪、上海龙甑
对中系统	上海科先、上海龙甑
柱塞泵	太重榆液
螺杆泵	RSP黄泵、HELNCO海林柯
螺纹插装阀组	北京精海仪
伺服阀、比例阀	海门维拓斯
伺服液压缸	金自天成
过滤器	山西麦克雷斯、上海菲思特
真空净油机	威海戥同
滤油机	唐荷科技、上海菲思特、山西麦克雷斯
液压油	壳牌Tellus、中石化长城卓力、天津日石
液压附件	山西方盛、启东康耐柯、上海诺雷
伺服监控	镇江四联

干油、油气润滑推荐厂商	
干油智能润滑系统(包括泵、过滤器、分配器、控制系统等)	郑州奥特科技、长沙中大冶金、江海润液
干油润滑系统(包括泵、过滤器、分配器等)	郑州奥特科技、长沙中大冶金、江海润液
油气润滑系统(包括泵、过滤器、分配器、控制系统等)	江海润液、烟台澳瑞特
稀油润滑系统及元件推荐厂商	
稀油润滑系统	江海润液、保定市保液
螺杆泵	RSP黄泵、HELNCO海林柯
过滤器	山西麦克雷斯、上海菲思特
真空净油机	威海戥同
滤油机	唐荷科技、上海菲思特、山西麦克雷斯
工业齿轮油	壳牌Omala、中石化长城德威、天津日石
附件	山西方盛、启东康耐柯、上海诺雷

8.8.25 码垛区液压系统阀台 VS16 原理图

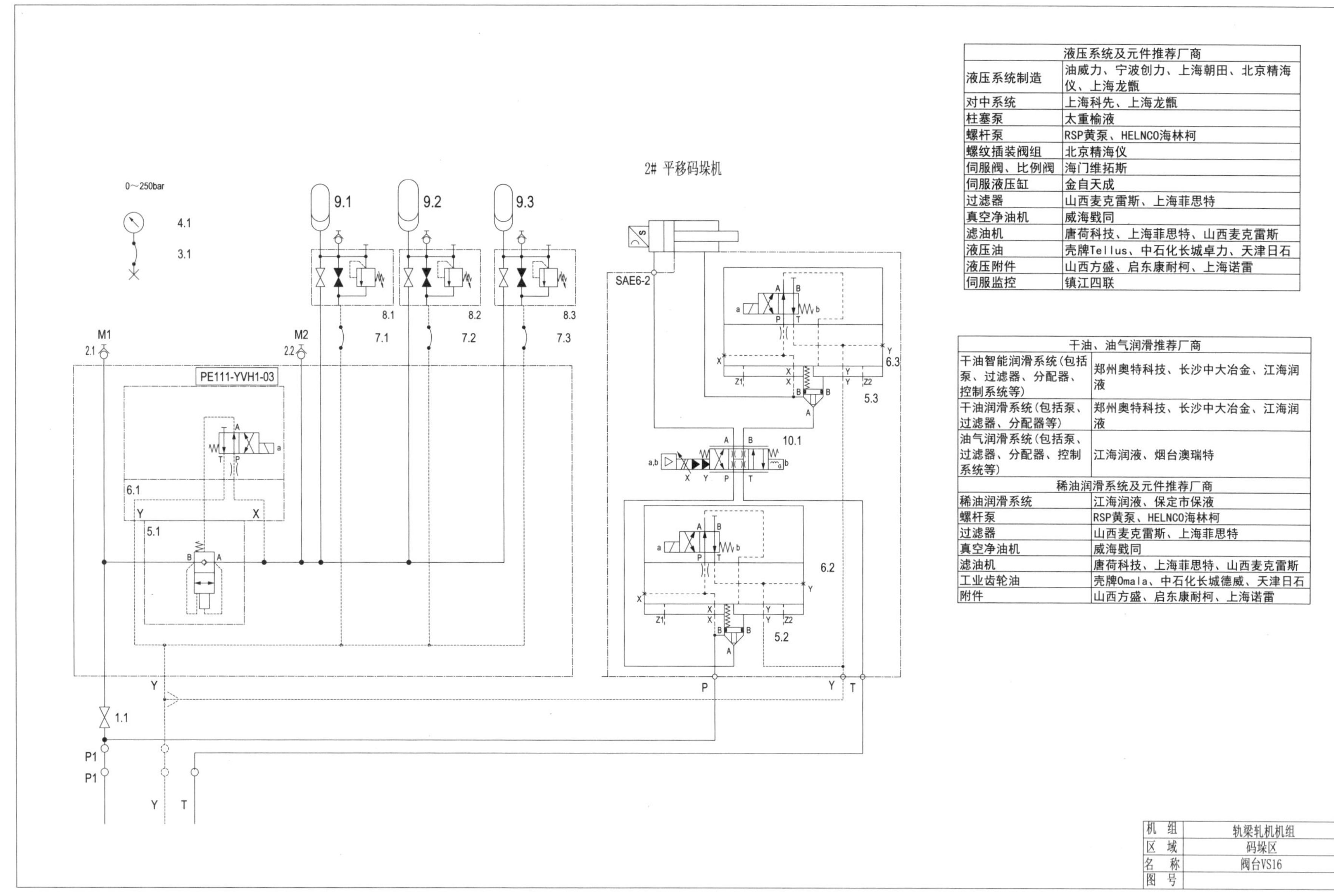

液压系统及元件推荐厂商	
液压系统制造	油威力、宁波创力、上海朝田、北京精海仪、上海龙甑
对中系统	上海科先、上海龙甑
柱塞泵	太重榆液
螺杆泵	RSP黄泵、HELNCO海林柯
螺纹插装阀组	北京精海仪
伺服阀、比例阀	海门维拓斯
伺服液压缸	金自天成
过滤器	山西麦克雷斯、上海菲思特
真空净油机	威海戬同
滤油机	唐荷科技、上海菲思特、山西麦克雷斯
液压油	壳牌Tellus、中石化长城卓力、天津日石
液压附件	山西方盛、启东康耐柯、上海诺雷
伺服监控	镇江四联

干油、油气润滑推荐厂商	
干油智能润滑系统(包括泵、过滤器、分配器、控制系统等)	郑州奥特科技、长沙中大冶金、江海润液
干油润滑系统(包括泵、过滤器、分配器等)	郑州奥特科技、长沙中大冶金、江海润液
油气润滑系统(包括泵、过滤器、分配器、控制系统等)	江海润液、烟台澳瑞特

稀油润滑系统及元件推荐厂商	
稀油润滑系统	江海润液、保定市保液
螺杆泵	RSP黄泵、HELNCO海林柯
过滤器	山西麦克雷斯、上海菲思特
真空净油机	威海戬同
滤油机	唐荷科技、上海菲思特、山西麦克雷斯
工业齿轮油	壳牌Omala、中石化长城德威、天津日石
附件	山西方盛、启东康耐柯、上海诺雷

机　组	轨梁轧机机组
区　域	码垛区
名　称	阀台VS16
图　号	

8.8.26 码垛区液压系统阀台 VS17 原理图

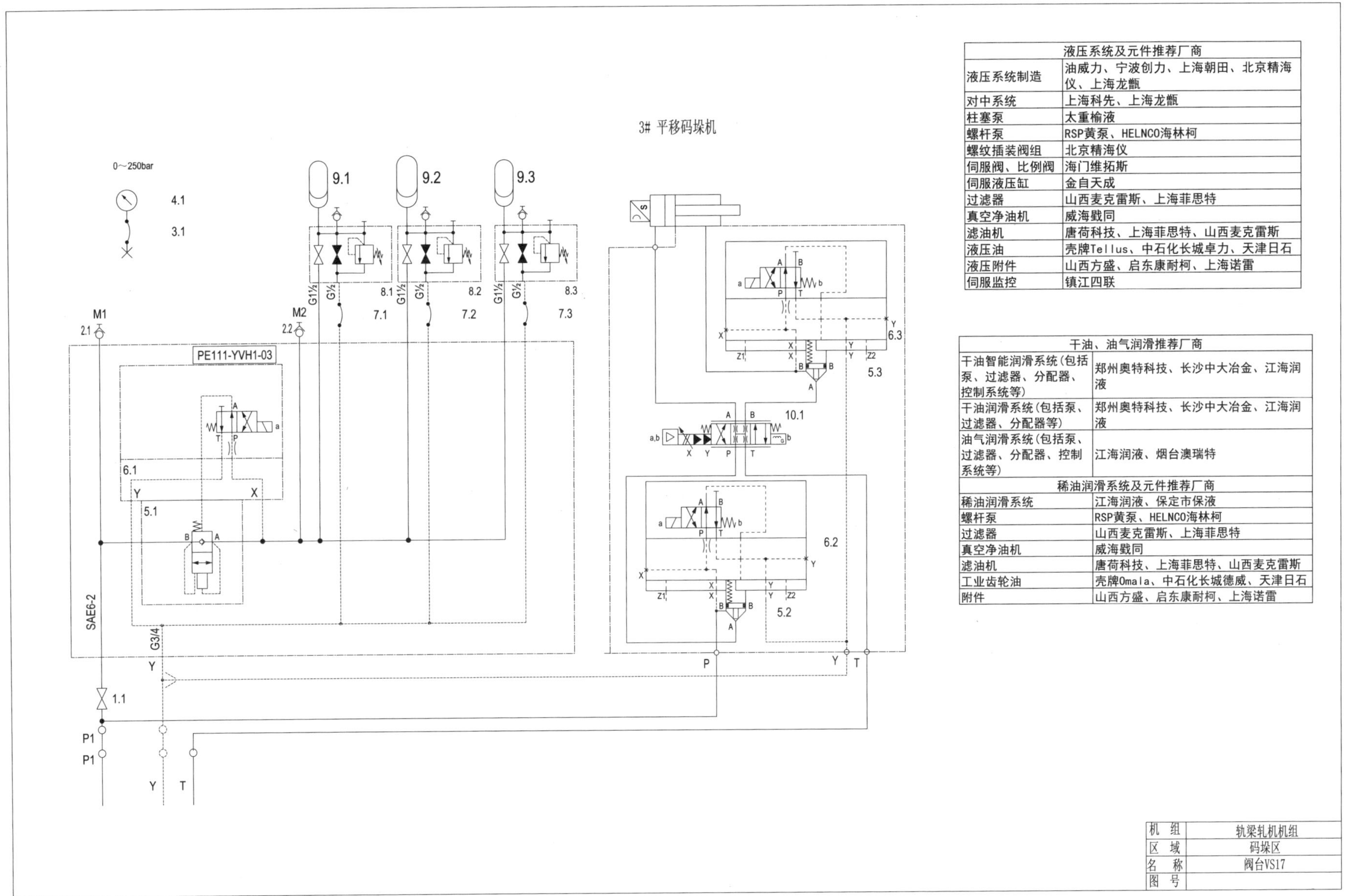

液压系统及元件推荐厂商	
液压系统制造	油威力、宁波创力、上海朝田、北京精海仪、上海龙甑
对中系统	上海科先、上海龙甑
柱塞泵	太重榆液
螺杆泵	RSP黄泵、HELNCO海林柯
螺纹插装阀组	北京精海仪
伺服阀、比例阀	海门维拓斯
伺服液压缸	金自天成
过滤器	山西麦克雷斯、上海菲思特
真空净油机	威海戬同
滤油机	唐荷科技、上海菲思特、山西麦克雷斯
液压油	壳牌Tellus、中石化长城卓力、天津日石
液压附件	山西方盛、启东康耐柯、上海诺雷
伺服监控	镇江四联

干油、油气润滑推荐厂商	
干油智能润滑系统(包括泵、过滤器、分配器、控制系统等)	郑州奥特科技、长沙中大冶金、江海润液
干油润滑系统(包括泵、过滤器、分配器等)	郑州奥特科技、长沙中大冶金、江海润液
油气润滑系统(包括泵、过滤器、分配器、控制系统等)	江海润液、烟台澳瑞特
稀油润滑系统及元件推荐厂商	
稀油润滑系统	江海润液、保定市保液
螺杆泵	RSP黄泵、HELNCO海林柯
过滤器	山西麦克雷斯、上海菲思特
真空净油机	威海戬同
滤油机	唐荷科技、上海菲思特、山西麦克雷斯
工业齿轮油	壳牌Omala、中石化长城德威、天津日石
附件	山西方盛、启东康耐柯、上海诺雷

机　组	轨梁轧机机组
区　域	码垛区
名　称	阀台VS17
图　号	

8.8.27 码垛区液压系统阀台 VS15、阀台 VS16 和阀台 VS17 明细表

序号	件号	名称	数量	标准规格号	备注
17	017	单向阀	1		
16	016	增压器	1		
15	015	溢流阀	1		
14	014	电磁换向阀	1		
13	013	比例方向阀	1		
12	012	蓄能器安全球阀	3		
11	011	蓄能器	3		
10	010	胶管	3		
9	009	控制盖板(带方向阀)	3		
8	008	插装阀	3		
7	007	高压球阀	2		
6	006	单向阀	1		
5	005	高压过滤器	1		
4	004	耐震压力表	1		
3	003	测压软管	1		
2	002	测压接头	4		
1	001	高压球阀	1		

明细表(VS15)

码垛区液压系统图　阀台VS15

序号	件号	名称	数量	标准规格号	备注
10	010	比例方向阀	1		
9	009	蓄能器安全球阀	3		
8	008	蓄能器	3		
7	007	胶管	3		
6	006	控制盖板(带方向阀)	3		
5	005	插装阀	3		
4	004	耐震压力表	1		
3	003	测压软管	1		
2	002	测压接头	2		
1	001	高压球阀	1		

明细表(VS16)

码垛区液压系统图　阀台VS16

序号	件号	名称	数量	标准规格号	备注
10	010	比例方向阀	1		
9	009	蓄能器安全球阀	3		
8	008	蓄能器	3		
7	007	胶管	3		
6	006	控制盖板(带方向阀)	3		
5	005	插装阀	3		
4	004	耐震压力表	1		
3	003	测压软管	1		
2	002	测压接头	2		
1	001	高压球阀	1		

明细表(VS17)

码垛区液压系统图　阀台VS17

液压系统及元件推荐厂商	
液压系统制造	油威力、宁波创力、上海朝田、北京精海仪、上海龙甑
对中系统	上海科先、上海龙甑
柱塞泵	太重榆液
螺杆泵	RSP黄泵、HELNCO海林柯
螺纹插装阀组	北京精海仪
伺服阀、比例阀	海门维拓斯
伺服液压缸	金自天成
过滤器	山西麦克雷斯、上海菲思特
真空净油机	威海戬同
滤油机	唐荷科技、上海菲思特、山西麦克雷斯
液压油	壳牌Tellus、中石化长城卓力、天津日石
液压附件	山西方盛、启东康耐柯、上海诺雷
伺服监控	镇江四联

干油、油气润滑推荐厂商	
干油智能润滑系统(包括泵、过滤器、分配器、控制系统等)	郑州奥特科技、长沙中大冶金、江海润液
干油润滑系统(包括泵、过滤器、分配器等)	郑州奥特科技、长沙中大冶金、江海润液
油气润滑系统(包括泵、过滤器、分配器、控制系统等)	江海润液、烟台澳瑞特
稀油润滑系统及元件推荐厂商	
稀油润滑系统	江海润液、保定市保液
螺杆泵	RSP黄泵、HELNCO海林柯
过滤器	山西麦克雷斯、上海菲思特
真空净油机	威海戬同
滤油机	唐荷科技、上海菲思特、山西麦克雷斯
工业齿轮油	壳牌Omala、中石化长城德威、天津日石
附件	山西方盛、启东康耐柯、上海诺雷

8.9 BD 轧机轧辊准备区液压系统

8.9.1 轧辊准备区液压系统液压泵站原理图

液压系统及元件推荐厂商	
液压系统制造	油威力、宁波创力、上海朝田、北京精海仪、上海龙甑
对中系统	上海科先、上海龙甑
柱塞泵	太重榆液
螺杆泵	RSP黄泵、HELNCO海林柯
螺纹插装阀组	北京精海仪
伺服阀、比例阀	海门维拓斯
伺服液压缸	金自天成
过滤器	山西麦克雷斯、上海菲思特
真空净油机	威海戥同
滤油机	唐荷科技、上海菲思特、山西麦克雷斯
液压油	壳牌Tellus、中石化长城卓力、天津日石
液压附件	山西方盛、启东康耐柯、上海诺雷
伺服监控	镇江四联

干油、油气润滑推荐厂商	
干油智能润滑系统(包括泵、过滤器、分配器、控制系统等)	郑州奥特科技、长沙中大冶金、江海润液
干油润滑系统(包括泵、过滤器、分配器等)	郑州奥特科技、长沙中大冶金、江海润液
油气润滑系统(包括泵、过滤器、分配器、控制系统等)	江海润液、烟台澳瑞特
稀油润滑系统及元件推荐厂商	
稀油润滑系统	江海润液、保定市保液
螺杆泵	RSP黄泵、HELNCO海林柯
过滤器	山西麦克雷斯、上海菲思特
真空净油机	威海戥同
滤油机	唐荷科技、上海菲思特、山西麦克雷斯
工业齿轮油	壳牌Omala、中石化长城德威、天津日石
附件	山西方盛、启东康耐柯、上海诺雷

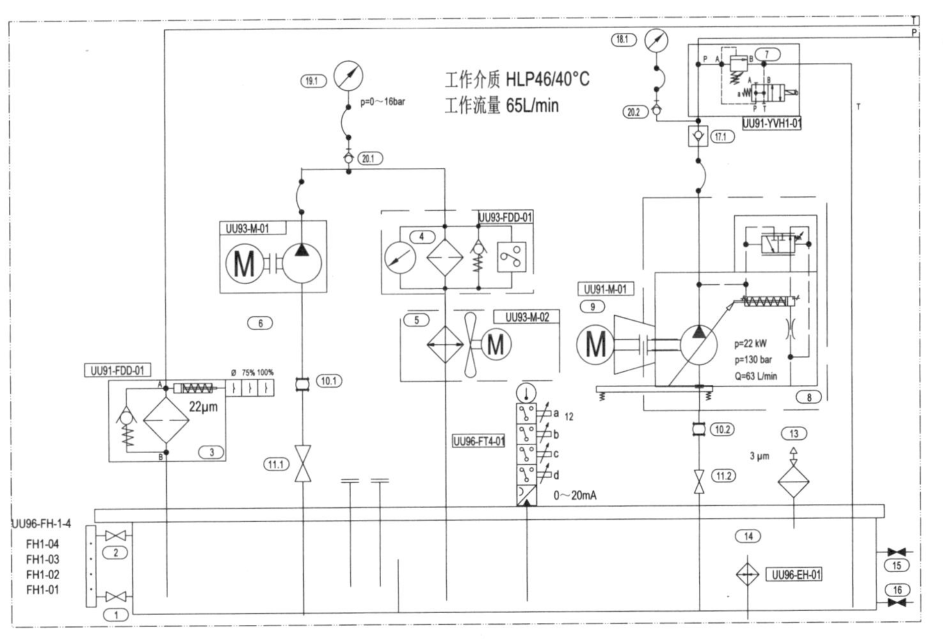

序号	件号	名称	数量	标准规格号	备注
20	020	测压接头	2		
19	019	耐震压力表	1		
18	018	耐震压力表	1		
17	017	单向阀	1		
16	016	低压球阀	1		
15	015	低压球阀	1		
14	014	电加热器	1		
13	013	空气滤清器	1		
12	012	电子温度继电器	1		
11	011	球阀(带发讯)	2		
10	010	挠性接头	2		
9	009	主泵电机	1		
8	008	轴向柱塞变量泵	1		
7	007	先导式溢流阀	1		
6	006	循环泵	1		
5	005	风冷却器	1		
4	004	循环过滤器	1		
3	003	回油过滤器	1		
2	002	液位控制继电器	1		
1	001	油箱	1		
明　细　表					

机　组	轨梁轧机机组
区　域	轧辊准备区
名　称	液压泵站
图　号	

8.9.2 轧辊准备区液压系统阀台 VS1 原理图（1）

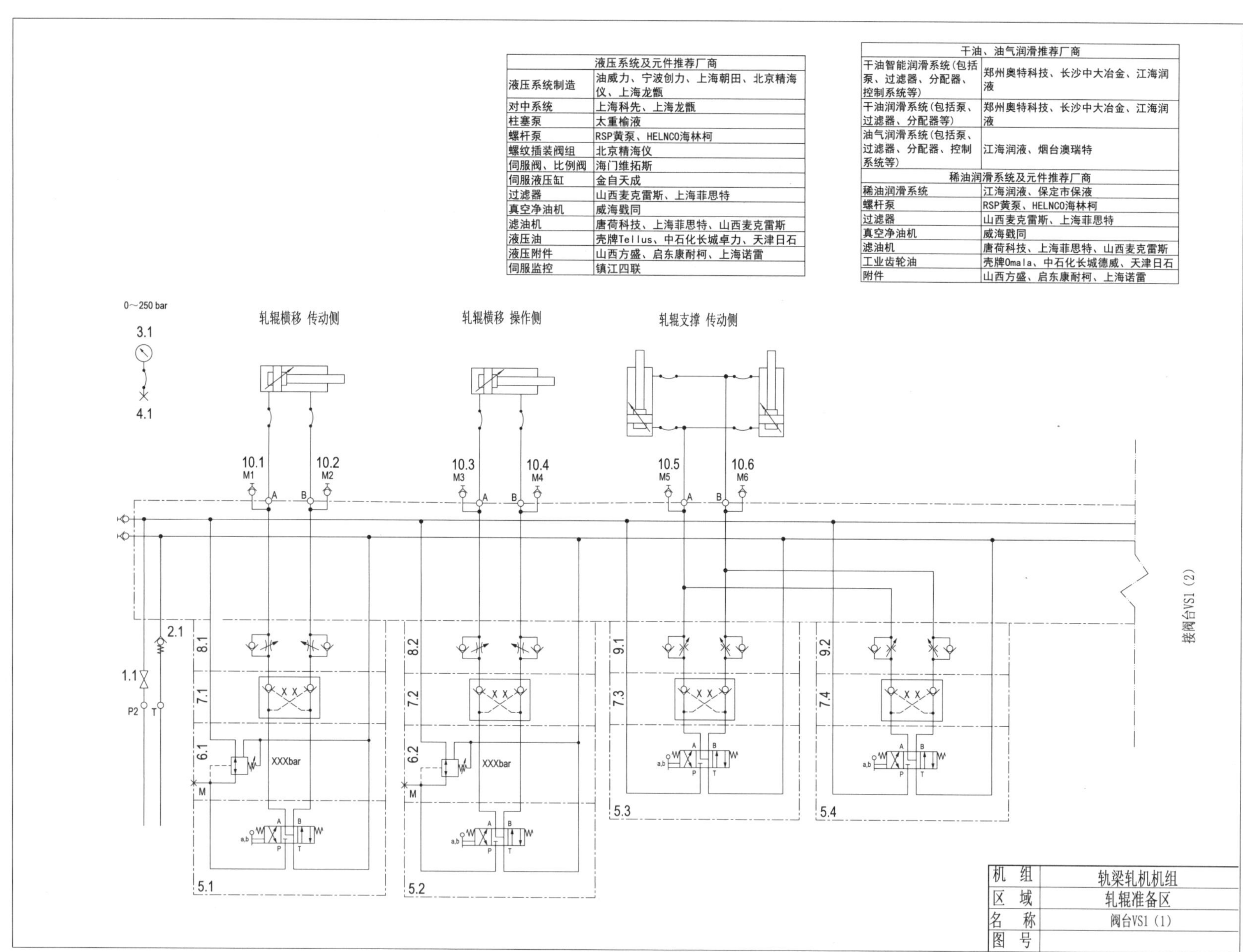

液压系统及元件推荐厂商	
液压系统制造	油威力、宁波创力、上海朝田、北京精海仪、上海龙甑
对中系统	上海科先、上海龙甑
柱塞泵	太重榆液
螺杆泵	RSP黄泵、HELNCO海林柯
螺纹插装阀组	北京精海仪
伺服阀、比例阀	海门维拓斯
伺服液压缸	金自天成
过滤器	山西麦克雷斯、上海菲思特
真空净油机	威海戥同
滤油机	唐荷科技、上海菲思特、山西麦克雷斯
液压油	壳牌Tellus、中石化长城卓力、天津日石
液压附件	山西方盛、启东康耐柯、上海诺雷
伺服监控	镇江四联

干油、油气润滑推荐厂商	
干油智能润滑系统(包括泵、过滤器、分配器、控制系统等)	郑州奥特科技、长沙中大冶金、江海润液
干油润滑系统(包括泵、过滤器、分配器等)	郑州奥特科技、长沙中大冶金、江海润液
油气润滑系统(包括泵、过滤器、分配器、控制系统等)	江海润液、烟台澳瑞特
稀油润滑系统及元件推荐厂商	
稀油润滑系统	江海润液、保定市保液
螺杆泵	RSP黄泵、HELNCO海林柯
过滤器	山西麦克雷斯、上海菲思特
真空净油机	威海戥同
滤油机	唐荷科技、上海菲思特、山西麦克雷斯
工业齿轮油	壳牌Omala、中石化长城德威、天津日石
附件	山西方盛、启东康耐柯、上海诺雷

机 组	轨梁轧机机组
区 域	轧辊准备区
名 称	阀台VS1（1）
图 号	

8.9.3 轧辊准备区液压系统阀台 VS1 原理图（2）

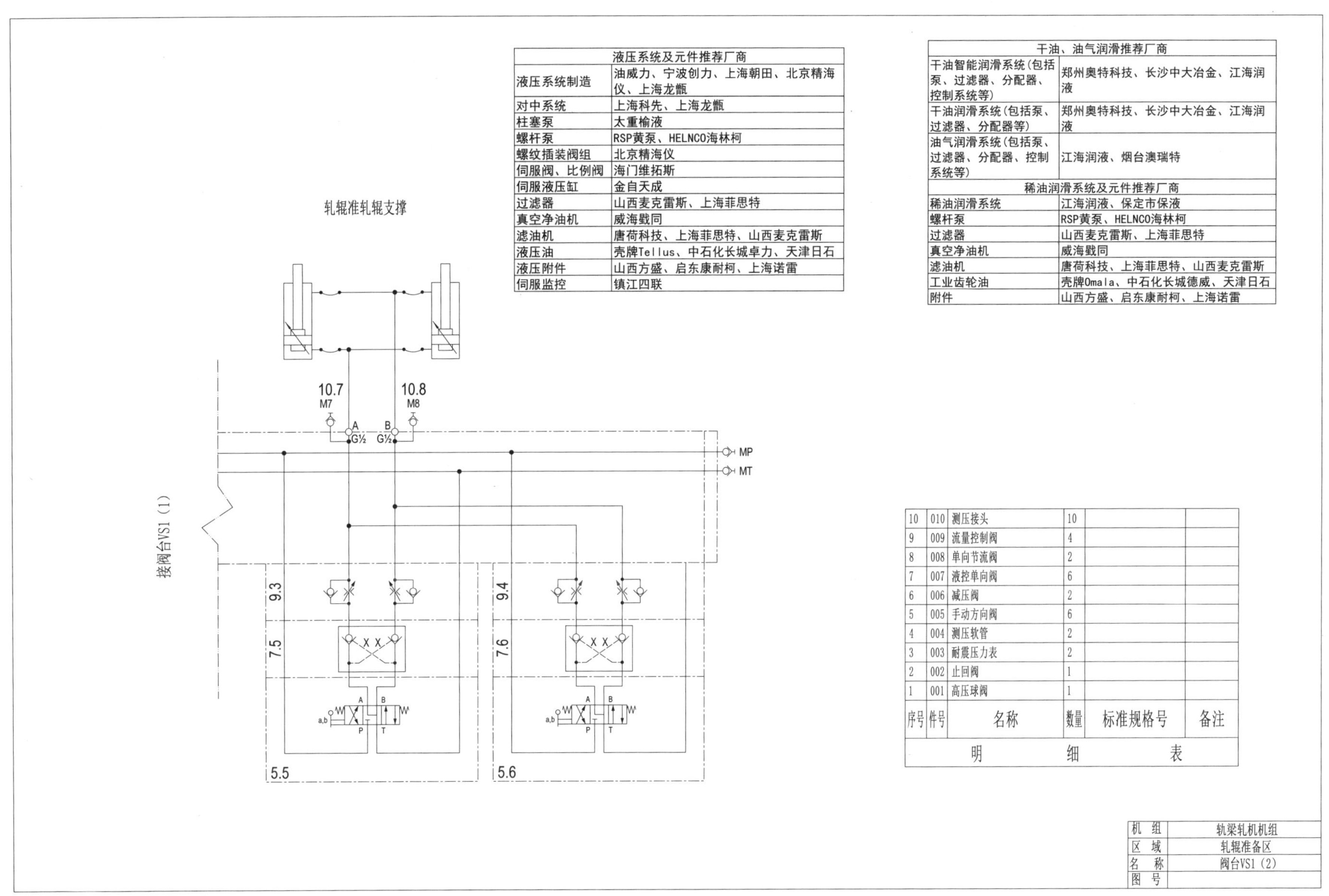

液压系统及元件推荐厂商	
液压系统制造	油威力、宁波创力、上海朝田、北京精海仪、上海龙甑
对中系统	上海科先、上海龙甑
柱塞泵	太重榆液
螺杆泵	RSP黄泵、HELNCO海林柯
螺纹插装阀组	北京精海仪
伺服阀、比例阀	海门维拓斯
伺服液压缸	金自天成
过滤器	山西麦克雷斯、上海菲思特
真空净油机	威海戥同
滤油机	唐荷科技、上海菲思特、山西麦克雷斯
液压油	壳牌Tellus、中石化长城卓力、天津日石
液压附件	山西方盛、启东康耐柯、上海诺雷
伺服监控	镇江四联

干油、油气润滑推荐厂商	
干油智能润滑系统(包括泵、过滤器、分配器、控制系统等)	郑州奥特科技、长沙中大冶金、江海润液
干油润滑系统(包括泵、过滤器、分配器等)	郑州奥特科技、长沙中大冶金、江海润液
油气润滑系统(包括泵、过滤器、分配器、控制系统等)	江海润液、烟台澳瑞特
稀油润滑系统及元件推荐厂商	
稀油润滑系统	江海润液、保定市保液
螺杆泵	RSP黄泵、HELNCO海林柯
过滤器	山西麦克雷斯、上海菲思特
真空净油机	威海戥同
滤油机	唐荷科技、上海菲思特、山西麦克雷斯
工业齿轮油	壳牌Omala、中石化长城德威、天津日石
附件	山西方盛、启东康耐柯、上海诺雷

序号	件号	名称	数量	标准规格号	备注
10	010	测压接头	10		
9	009	流量控制阀	4		
8	008	单向节流阀	2		
7	007	液控单向阀	6		
6	006	减压阀	2		
5	005	手动方向阀	6		
4	004	测压软管	2		
3	003	耐震压力表	2		
2	002	止回阀	1		
1	001	高压球阀	1		
明细表					

机组	轨梁轧机机组
区域	轧辊准备区
名称	阀台VS1（2）
图号	

8.10 CCS 轧机维修区液压系统

8.10.1 CCS 轧辊装配区液压系统液压泵站原理图

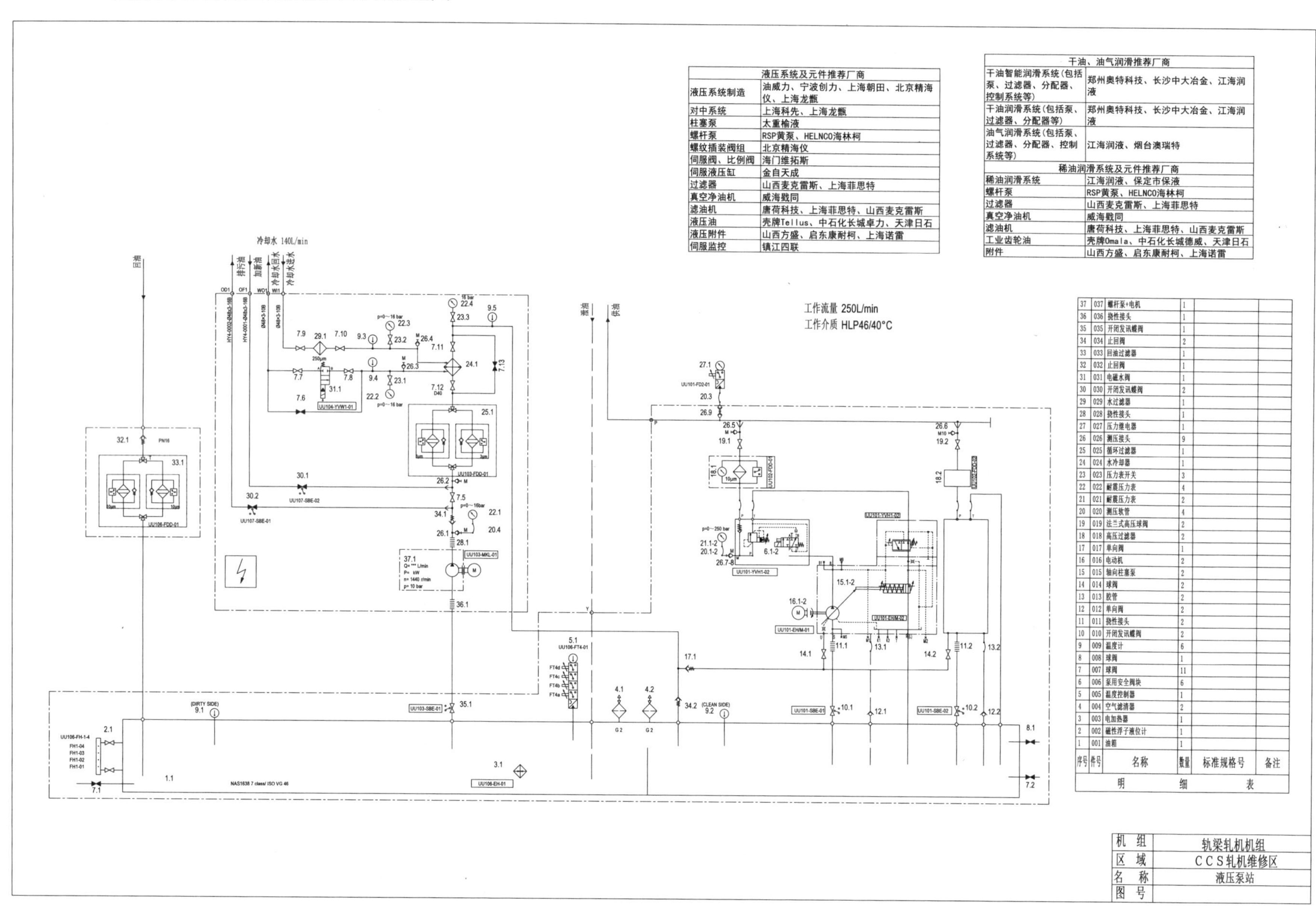

液压系统及元件推荐厂商	
液压系统制造	油威力、宁波创力、上海朝田、北京精海仪、上海龙甑
对中系统	上海科先、上海龙甑
柱塞泵	太重榆液
螺杆泵	RSP黄泵、HELNCO海林柯
螺纹插装阀组	北京精海仪
伺服阀、比例阀	海门维拓斯
伺服液压缸	金自天成
过滤器	山西麦克雷斯、上海菲思特
真空净油机	威海戥同
滤油机	唐荷科技、上海菲思特、山西麦克雷斯
液压油	壳牌Tellus、中石化长城卓力、天津日石
液压附件	山西方盛、启东康耐柯、上海诺雷
伺服监控	镇江四联

干油、油气润滑推荐厂商	
干油智能润滑系统(包括泵、过滤器、分配器、控制系统等)	郑州奥特科技、长沙中大冶金、江海润液
干油润滑系统(包括泵、过滤器、分配器等)	郑州奥特科技、长沙中大冶金、江海润液
油气润滑系统(包括泵、过滤器、分配器、控制系统等)	江海润液、烟台澳瑞特
稀油润滑系统及元件推荐厂商	
稀油润滑系统	江海润液、保定市保液
螺杆泵	RSP黄泵、HELNCO海林柯
过滤器	山西麦克雷斯、上海菲思特
真空净油机	威海戥同
滤油机	唐荷科技、上海菲思特、山西麦克雷斯
工业齿轮油	壳牌Omala、中石化长城德威、天津日石
附件	山西方盛、启东康耐柯、上海诺雷

序号	件号	名称	数量	标准规格号	备注
37	037	螺杆泵+电机	1		
36	036	挠性接头	1		
35	035	开闭发讯蝶阀	1		
34	034	止回阀	2		
33	033	回油过滤器	1		
32	032	止回阀	1		
31	031	电磁水阀	1		
30	030	开闭发讯蝶阀	2		
29	029	水过滤器	1		
28	028	挠性接头	1		
27	027	压力继电器	1		
26	026	测压接头	9		
25	025	循环过滤器	1		
24	024	水冷却器	1		
23	023	压力表开关	3		
22	022	耐震压力表	4		
21	021	耐震压力表	2		
20	020	测压软管	4		
19	019	法兰式高压球阀	2		
18	018	高压过滤器	2		
17	017	单向阀	1		
16	016	电动机	2		
15	015	轴向柱塞泵	2		
14	014	球阀	2		
13	013	胶管	2		
12	012	单向阀	2		
11	011	挠性接头	2		
10	010	开闭发讯蝶阀	2		
9	009	温度计	6		
8	008	球阀	1		
7	007	球阀	11		
6	006	泵用安全阀块	6		
5	005	温度控制器	1		
4	004	空气滤清器	2		
3	003	电加热器	1		
2	002	磁性浮子液位计	1		
1	001	油箱	1		
明细表					

机组	轨梁轧机机组
区域	CCS轧机维修区
名称	液压泵站
图号	

8.10.2 CCS 轧辊装配区液压系统阀台 VS1 原理图

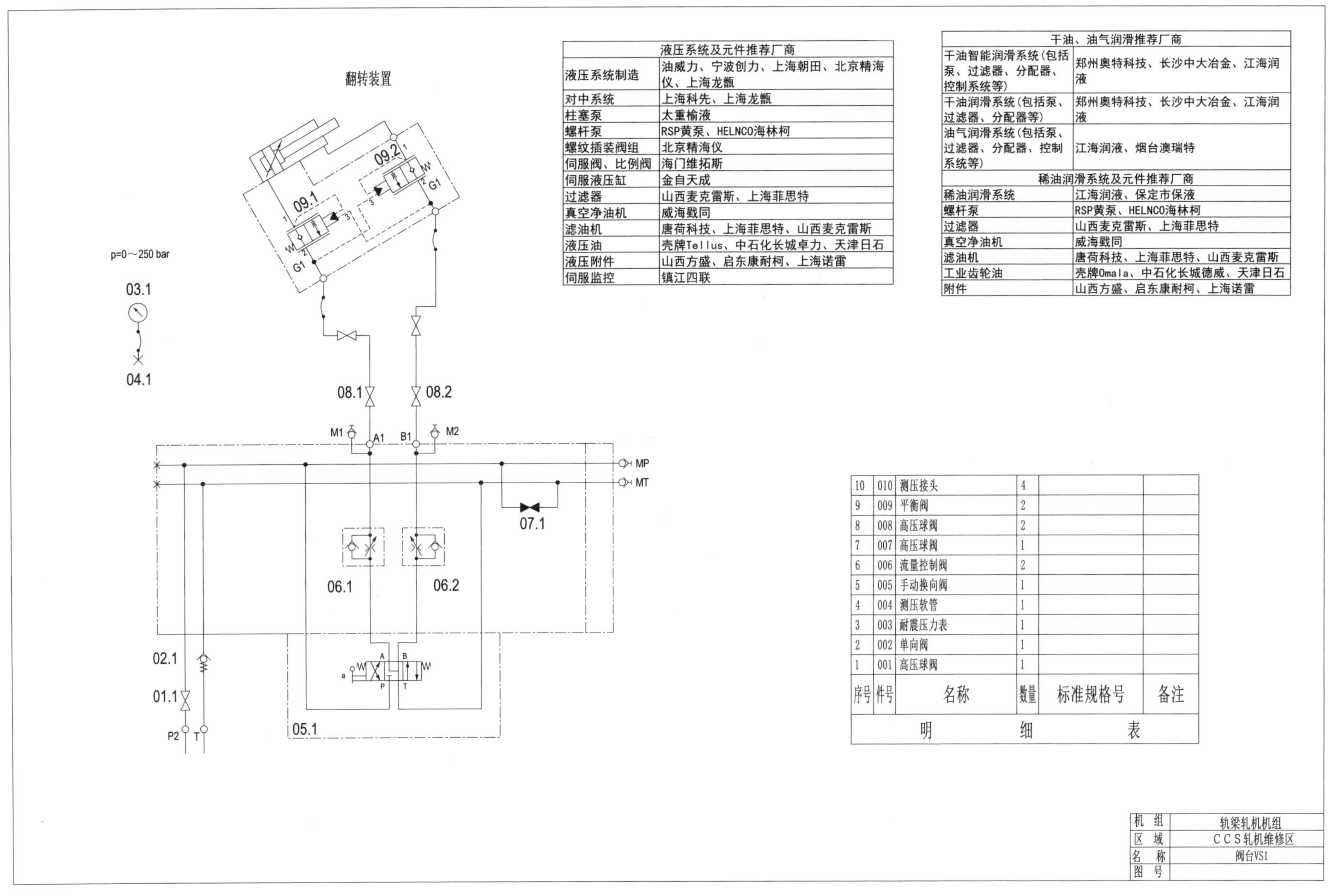

液压系统及元件推荐厂商	
液压系统制造	油威力、宁波创力、上海朝田、北京精海仪、上海龙甑
对中系统	上海科先、上海龙甑
柱塞泵	太重榆液
螺杆泵	RSP黄泵、HELNCO海林柯
螺纹插装阀组	北京精海仪
伺服阀、比例阀	海门维拓斯
伺服液压缸	金自天成
过滤器	山西麦克雷斯、上海菲思特
真空净油机	威海戥同
滤油机	唐荷科技、上海菲思特、山西麦克雷斯
液压油	壳牌Tellus、中石化长城卓力、天津日石
液压附件	山西方盛、启东康耐柯、上海诺雷
伺服监控	镇江四联

干油、油气润滑推荐厂商	
干油智能润滑系统(包括泵、过滤器、分配器、控制系统等)	郑州奥特科技、长沙中大冶金、江海润液
干油润滑系统(包括泵、过滤器、分配器等)	郑州奥特科技、长沙中大冶金、江海润液
油气润滑系统(包括泵、过滤器、分配器、控制系统等)	江海润液、烟台澳瑞特
稀油润滑系统及元件推荐厂商	
稀油润滑系统	江海润液、保定市保液
螺杆泵	RSP黄泵、HELNCO海林柯
过滤器	山西麦克雷斯、上海菲思特
真空净油机	威海戥同
滤油机	唐荷科技、上海菲思特、山西麦克雷斯
工业齿轮油	壳牌Omala、中石化长城德威、天津日石
附件	山西方盛、启东康耐柯、上海诺雷

序号	件号	名称	数量	标准规格号	备注
10	010	测压接头	4		
9	009	平衡阀	2		
8	008	高压球阀	2		
7	007	高压球阀	1		
6	006	流量控制阀	2		
5	005	手动换向阀	1		
4	004	测压软管	1		
3	003	耐震压力表	1		
2	002	单向阀	1		
1	001	高压球阀	1		
明细表					

机组	轨梁轧机机组
区域	CCS轧机维修区
名称	阀台VS1
图号	

8.10.3 CCS 轧辊装配区液压系统阀台 VS2 原理图

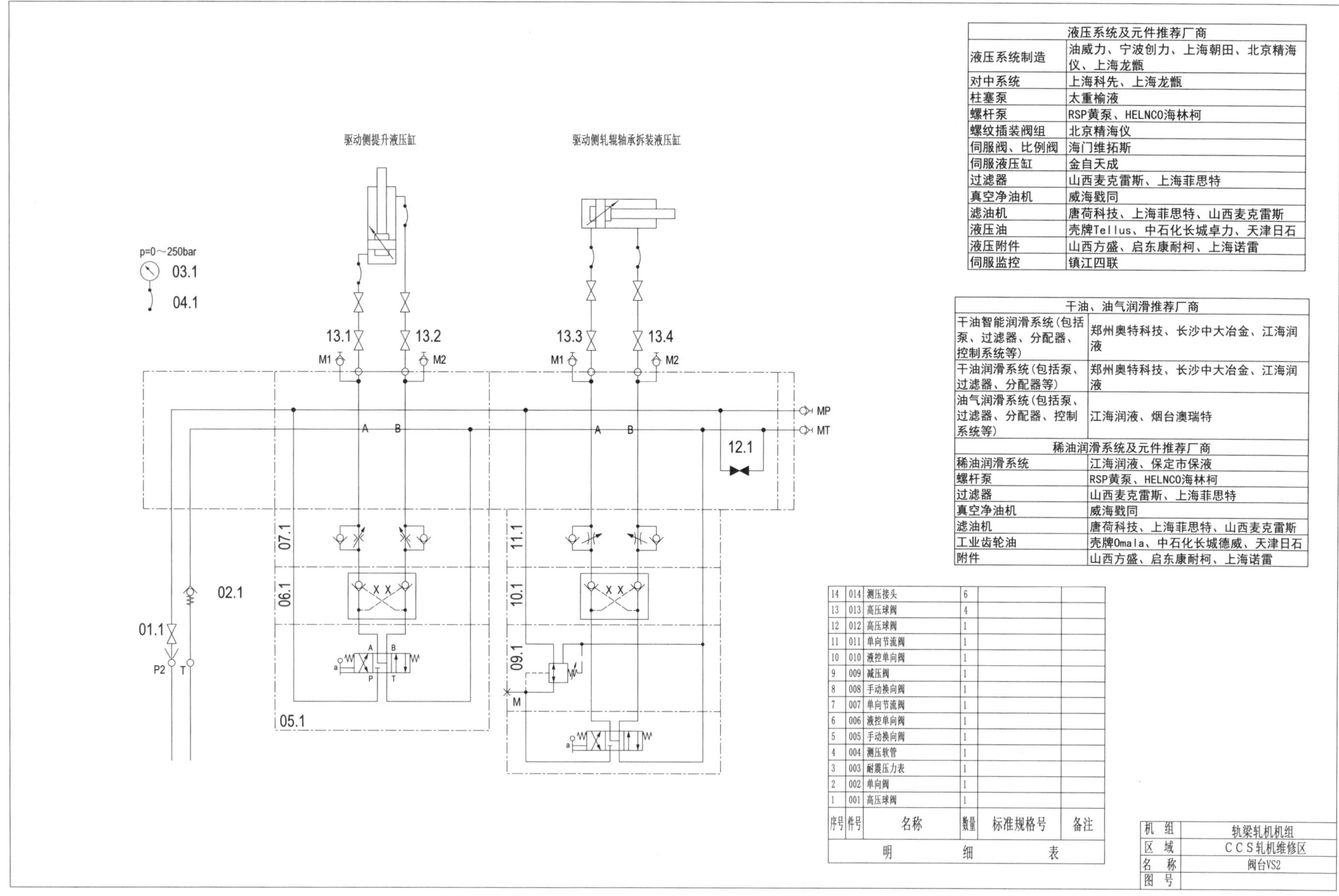

液压系统及元件推荐厂商	
液压系统制造	油威力、宁波创力、上海朝田、北京精海仪、上海龙甑
对中系统	上海科先、上海龙甑
柱塞泵	太重榆液
螺杆泵	RSP黄泵、HELNCO海林柯
螺纹插装阀组	北京精海仪
伺服阀、比例阀	海门维拓斯
伺服液压缸	金自天成
过滤器	山西麦克雷斯、上海菲思特
真空净油机	威海戥同
滤油机	唐荷科技、上海菲思特、山西麦克雷斯
液压油	壳牌Tellus、中石化长城卓力、天津日石
液压附件	山西方盛、启东康耐柯、上海诺雷
伺服监控	镇江四联

干油、油气润滑推荐厂商	
干油智能润滑系统(包括泵、过滤器、分配器、控制系统等)	郑州奥特科技、长沙中大冶金、江海润液
干油润滑系统(包括泵、过滤器、分配器等)	郑州奥特科技、长沙中大冶金、江海润液
油气润滑系统(包括泵、过滤器、分配器、控制系统等)	江海润液、烟台澳瑞特
稀油润滑系统及元件推荐厂商	
稀油润滑系统	江海润液、保定市保液
螺杆泵	RSP黄泵、HELNCO海林柯
过滤器	山西麦克雷斯、上海菲思特
真空净油机	威海戥同
滤油机	唐荷科技、上海菲思特、山西麦克雷斯
工业齿轮油	壳牌Omala、中石化长城德威、天津日石
附件	山西方盛、启东康耐柯、上海诺雷

序号	件号	名称	数量	标准规格号	备注
14	014	测压接头	6		
13	013	高压球阀	4		
12	012	高压球阀	1		
11	011	单向节流阀	1		
10	010	液控单向阀	1		
9	009	减压阀	1		
8	008	手动换向阀	1		
7	007	单向节流阀	1		
6	006	液控单向阀	1		
5	005	手动换向阀	1		
4	004	测压软管	1		
3	003	耐震压力表	1		
2	002	单向阀	1		
1	001	高压球阀	1		

明细表

机组	轨梁轧机机组
区域	CCS轧机维修区
名称	阀台VS2
图号	

8.10.4 CCS 轧辊装配区液压系统阀台 VS3 原理图

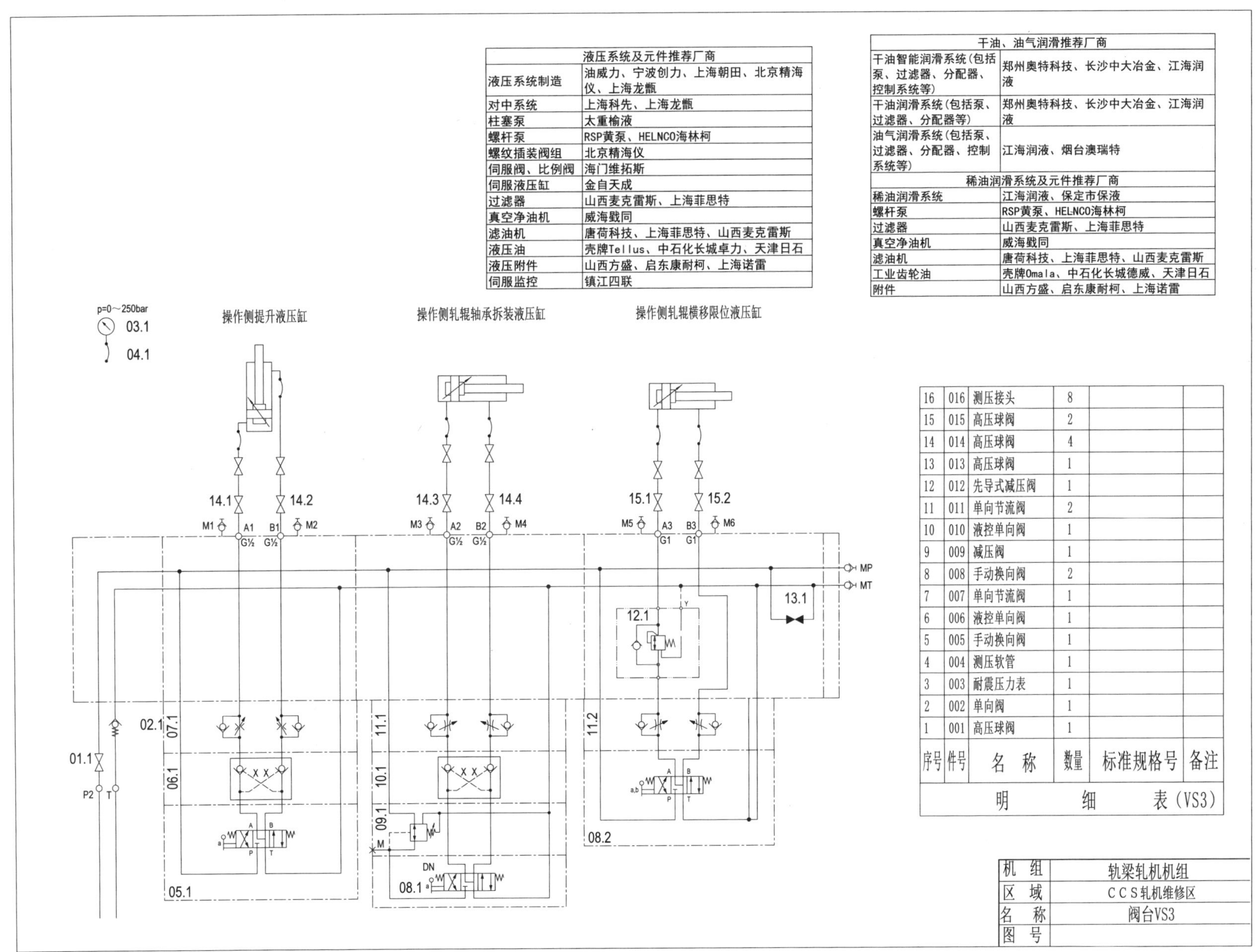

液压系统及元件推荐厂商	
液压系统制造	油威力、宁波创力、上海朝田、北京精海仪、上海龙甑
对中系统	上海科先、上海龙甑
柱塞泵	太重榆液
螺杆泵	RSP黄泵、HELNCO海林柯
螺纹插装阀组	北京精海仪
伺服阀、比例阀	海门维拓斯
伺服液压缸	金自天成
过滤器	山西麦克雷斯、上海菲思特
真空净油机	威海戬同
滤油机	唐荷科技、上海菲思特、山西麦克雷斯
液压油	壳牌Tellus、中石化长城卓力、天津日石
液压附件	山西方盛、启东康耐柯、上海诺雷
伺服监控	镇江四联

干油、油气润滑推荐厂商	
干油智能润滑系统(包括泵、过滤器、分配器、控制系统等)	郑州奥特科技、长沙中大冶金、江海润液
干油润滑系统(包括泵、过滤器、分配器等)	郑州奥特科技、长沙中大冶金、江海润液
油气润滑系统(包括泵、过滤器、分配器、控制系统等)	江海润液、烟台澳瑞特
稀油润滑系统及元件推荐厂商	
稀油润滑系统	江海润液、保定市保液
螺杆泵	RSP黄泵、HELNCO海林柯
过滤器	山西麦克雷斯、上海菲思特
真空净油机	威海戬同
滤油机	唐荷科技、上海菲思特、山西麦克雷斯
工业齿轮油	壳牌Omala、中石化长城德威、天津日石
附件	山西方盛、启东康耐柯、上海诺雷

序号	件号	名　称	数量	标准规格号	备注
16	016	测压接头	8		
15	015	高压球阀	2		
14	014	高压球阀	4		
13	013	高压球阀	1		
12	012	先导式减压阀	1		
11	011	单向节流阀	2		
10	010	液控单向阀	1		
9	009	减压阀	1		
8	008	手动换向阀	2		
7	007	单向节流阀	1		
6	006	液控单向阀	1		
5	005	手动换向阀	1		
4	004	测压软管	1		
3	003	耐震压力表	1		
2	002	单向阀	1		
1	001	高压球阀	1		
明　细　表（VS3）					

机　组	轨梁轧机机组
区　域	CCS轧机维修区
名　称	阀台VS3
图　号	

8.10.5 CCS 轧辊装配区液压系统阀台 VS4 原理图

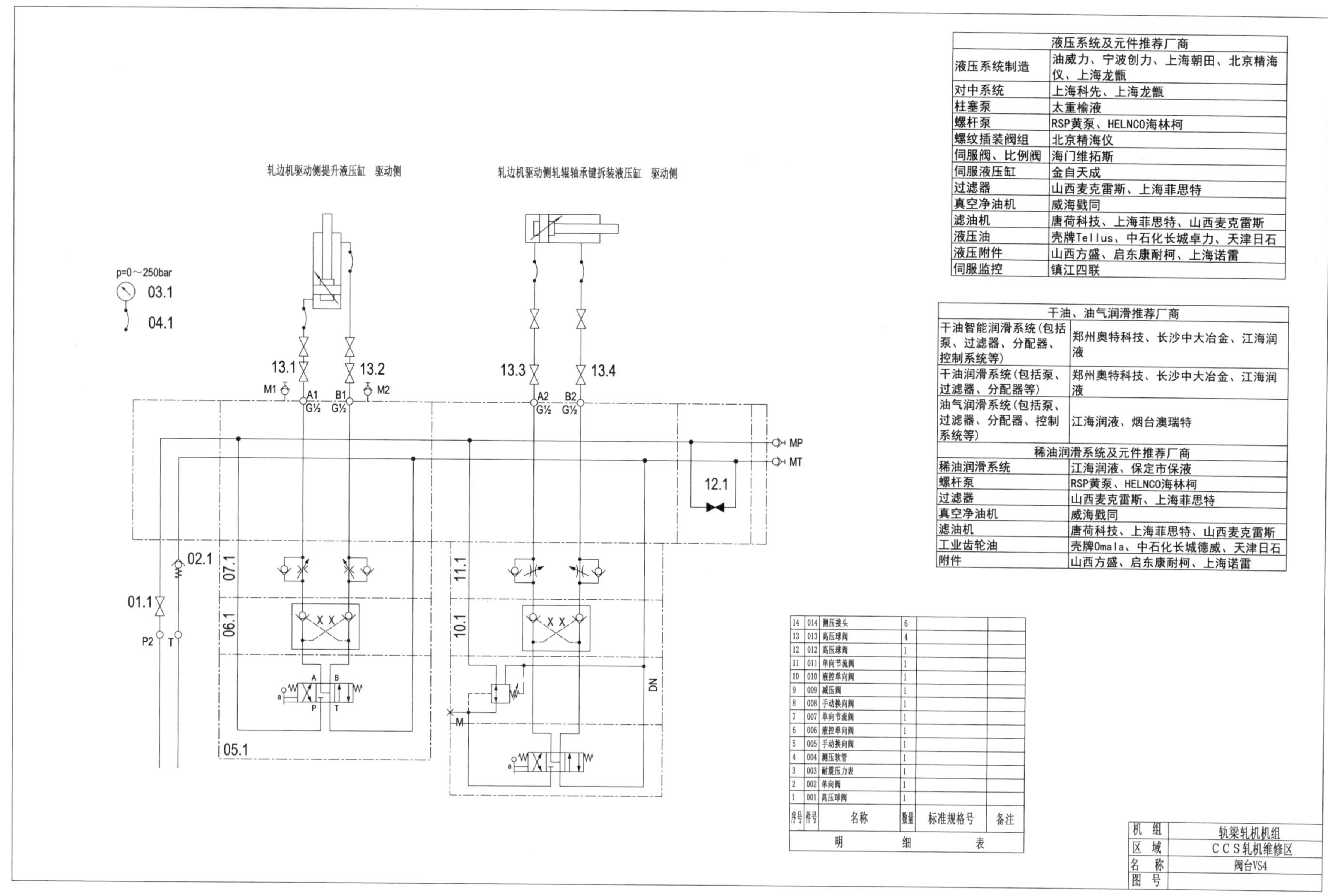

液压系统及元件推荐厂商	
液压系统制造	油威力、宁波创力、上海朝田、北京精海仪、上海龙甑
对中系统	上海科先、上海龙甑
柱塞泵	太重榆液
螺杆泵	RSP黄泵、HELNCO海林柯
螺纹插装阀组	北京精海仪
伺服阀、比例阀	海门维拓斯
伺服液压缸	金自天成
过滤器	山西麦克雷斯、上海菲思特
真空净油机	威海戬同
滤油机	唐荷科技、上海菲思特、山西麦克雷斯
液压油	壳牌Tellus、中石化长城卓力、天津日石
液压附件	山西方盛、启东康耐柯、上海诺雷
伺服监控	镇江四联

干油、油气润滑推荐厂商	
干油智能润滑系统(包括泵、过滤器、分配器、控制系统等)	郑州奥特科技、长沙中大冶金、江海润液
干油润滑系统(包括泵、过滤器、分配器等)	郑州奥特科技、长沙中大冶金、江海润液
油气润滑系统(包括泵、过滤器、分配器、控制系统等)	江海润液、烟台澳瑞特
稀油润滑系统及元件推荐厂商	
稀油润滑系统	江海润液、保定市保液
螺杆泵	RSP黄泵、HELNCO海林柯
过滤器	山西麦克雷斯、上海菲思特
真空净油机	威海戬同
滤油机	唐荷科技、上海菲思特、山西麦克雷斯
工业齿轮油	壳牌Omala、中石化长城德威、天津日石
附件	山西方盛、启东康耐柯、上海诺雷

序号	件号	名称	数量	标准规格号	备注
14	014	测压接头	6		
13	013	高压球阀	4		
12	012	高压球阀	1		
11	011	单向节流阀	1		
10	010	液控单向阀	1		
9	009	减压阀	1		
8	008	手动换向阀	1		
7	007	单向节流阀	1		
6	006	液控单向阀	1		
5	005	手动换向阀	1		
4	004	测压软管	1		
3	003	耐震压力表	1		
2	002	单向阀	1		
1	001	高压球阀	1		
明细表					

机组	轨梁轧机机组
区域	CCS轧机维修区
名称	阀台VS4
图号	

8.10.6 CCS 轧辊装配区液压系统阀台 VS5 原理图

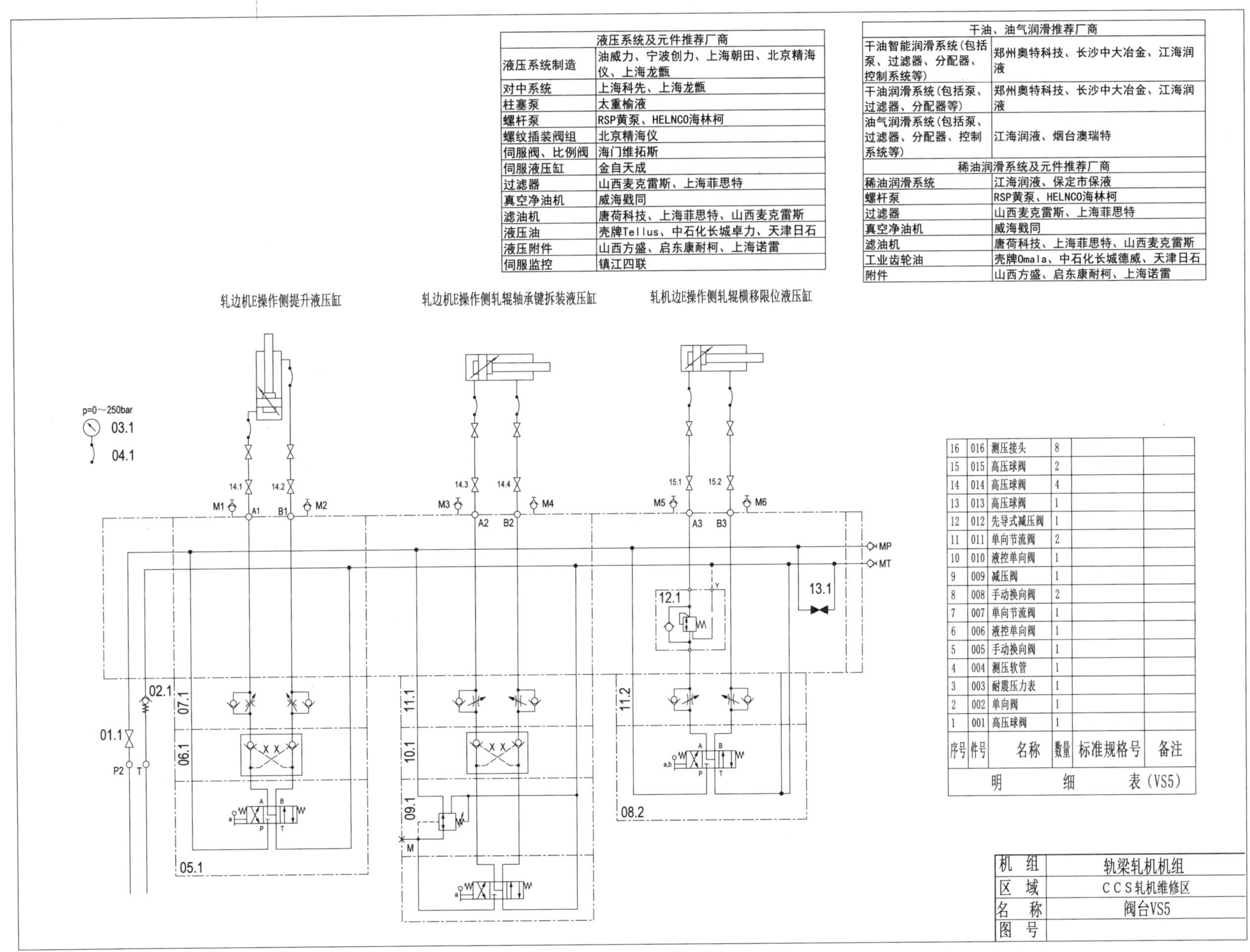

液压系统及元件推荐厂商	
液压系统制造	油威力、宁波创力、上海朝田、北京精海仪、上海龙甑
对中系统	上海科先、上海龙甑
柱塞泵	太重榆液
螺杆泵	RSP黄泵、HELNCO海林柯
螺纹插装阀组	北京精海仪
伺服阀、比例阀	海门维拓斯
伺服液压缸	金自天成
过滤器	山西麦克雷斯、上海菲思特
真空净油机	威海戦同
滤油机	唐荷科技、上海菲思特、山西麦克雷斯
液压油	壳牌Tellus、中石化长城卓力、天津日石
液压附件	山西方盛、启东康耐柯、上海诺雷
伺服监控	镇江四联

干油、油气润滑推荐厂商	
干油智能润滑系统(包括泵、过滤器、分配器、控制系统等)	郑州奥特科技、长沙中大冶金、江海润液
干油润滑系统(包括泵、过滤器、分配器等)	郑州奥特科技、长沙中大冶金、江海润液
油气润滑系统(包括泵、过滤器、分配器、控制系统等)	江海润液、烟台澳瑞特
稀油润滑系统及元件推荐厂商	
稀油润滑系统	江海润液、保定市保液
螺杆泵	RSP黄泵、HELNCO海林柯
过滤器	山西麦克雷斯、上海菲思特
真空净油机	威海戦同
滤油机	唐荷科技、上海菲思特、山西麦克雷斯
工业齿轮油	壳牌Omala、中石化长城德威、天津日石
附件	山西方盛、启东康耐柯、上海诺雷

序号	件号	名称	数量	标准规格号	备注
16	016	测压接头	8		
15	015	高压球阀	2		
14	014	高压球阀	4		
13	013	高压球阀	1		
12	012	先导式减压阀	1		
11	011	单向节流阀	2		
10	010	液控单向阀	1		
9	009	减压阀	1		
8	008	手动换向阀	2		
7	007	单向节流阀	1		
6	006	液控单向阀	1		
5	005	手动换向阀	1		
4	004	测压软管	1		
3	003	耐震压力表	1		
2	002	单向阀	1		
1	001	高压球阀	1		

明　　细　　表(VS5)

机　组	轨梁轧机机组
区　域	CCS轧机维修区
名　称	阀台VS5
图　号	

第 9 章　棒线材液压系统原理图

9.1 炉前区液压系统

9.1.1 液压站原理图

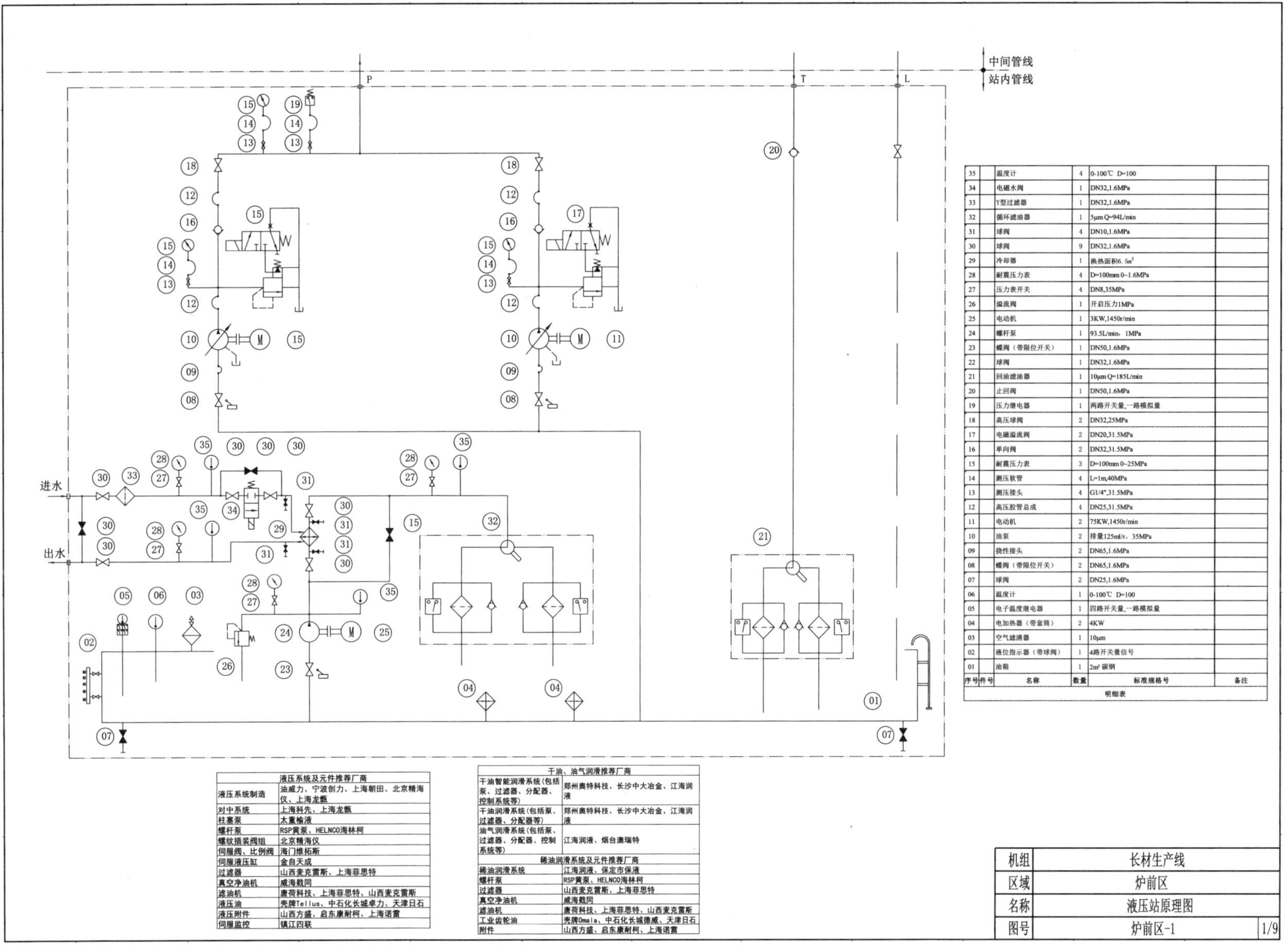

序号	件号	名称	数量	标准规格号	备注
35		温度计	4	0-100℃ D=100	
34		电磁水阀	1	DN32,1.6MPa	
33		Y型过滤器	1	DN32,1.6MPa	
32		循环滤油器	1	5μm Q=94L/min	
31		球阀	4	DN10,1.6MPa	
30		球阀	9	DN32,1.6MPa	
29		冷却器	1	换热面积6. 5m²	
28		耐震压力表	4	D=100mm 0~1.6MPa	
27		压力表开关	4	DN8,35MPa	
26		溢流阀	1	开启压力1MPa	
25		电动机	1	3KW,1450r/min	
24		螺杆泵	1	93.5L/min，1MPa	
23		蝶阀（带限位开关）	1	DN50,1.6MPa	
22		球阀	1	DN32,1.6MPa	
21		回油滤油器	1	10μm Q=185L/min	
20		止回阀	1	DN50,1.6MPa	
19		压力继电器	1	两路开关量,一路模拟量	
18		高压球阀	2	DN32,25MPa	
17		电磁溢流阀	2	DN20,31.5MPa	
16		单向阀	2	DN32,31.5MPa	
15		耐震压力表	3	D=100mm 0~25MPa	
14		测压软管	4	L=1m,40MPa	
13		测压接头	4	G1/4",31.5MPa	
12		高压胶管总成	4	DN25,31.5MPa	
11		电动机	2	75KW,1450r/min	
10		油泵	2	排量125ml/r，35MPa	
09		挠性接头	2	DN65,1.6MPa	
08		蝶阀（带限位开关）	2	DN65,1.6MPa	
07		球阀	2	DN25,1.6MPa	
06		温度计	1	0-100℃ D=100	
05		电子温度继电器	1	四路开关量,一路模拟量	
04		电加热器（带套筒）	2	4KW	
03		空气滤清器	1	10μm	
02		液位指示器（带球阀）	1	4路开关量信号	
01		油箱	1	2m³ 碳钢	

明细表

液压系统及元件推荐厂商	
液压系统制造	油威力、宁波创力、上海朝田、北京精海仪、上海龙甑
对中系统	上海科先、上海龙甑
柱塞泵	太重榆液
螺杆泵	RSP黄泵、HELNCO海林柯
螺纹插装阀组	北京精海仪
伺服阀、比例阀	海门维拓斯
伺服液压缸	金自天成
过滤器	山西麦克雷斯、上海菲思特
真空净油机	威海戴同
滤油机	唐荷科技、上海菲思特、山西麦克雷斯
液压油	壳牌Tellus、中石化长城卓力、天津日石
液压附件	山西方盛、启东康耐柯、上海诺雷
伺服监控	镇江四联

干油、油气润滑推荐厂商	
干油智能润滑系统(包括泵、过滤器、分配器、控制系统等)	郑州奥特科技、长沙中大冶金、江海润液
干油润滑系统(包括泵、过滤器、分配器等)	郑州奥特科技、长沙中大冶金、江海润液
油气润滑系统(包括泵、过滤器、分配器、控制系统等)	江海润液、烟台澳瑞特
稀油润滑系统及元件推荐厂商	
稀油润滑系统	江海润液、保定市保液
螺杆泵	RSP黄泵、HELNCO海林柯
过滤器	山西麦克雷斯、上海菲思特
真空净油机	威海戴同
滤油机	唐荷科技、上海菲思特、山西麦克雷斯
工业齿轮油	壳牌Omala、中石化长城德威、天津日石
附件	山西方盛、启东康耐柯、上海诺雷

机组	长材生产线	
区域	炉前区	
名称	液压站原理图	
图号	炉前区-1	1/9

9.1.2 蓄能器组原理图

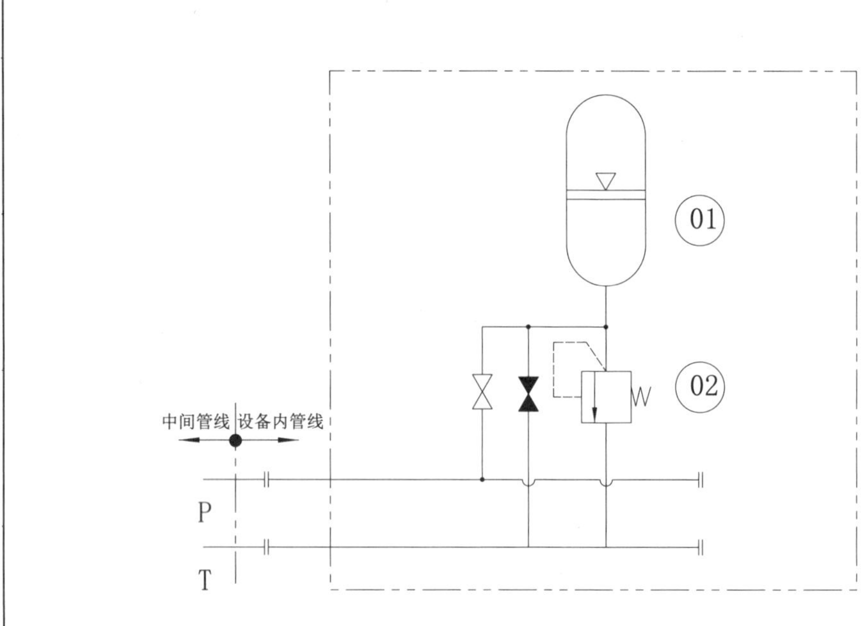

序号	件号	名称	数量	标准规格号	备注
02		安全阀组	1	DN20	
01		蓄能器	1	50L，31.5MPa	

明细表

液压系统及元件推荐厂商	
液压系统制造	油威力、宁波创力、上海朝田、北京精海仪、上海龙甑
对中系统	上海科先、上海龙甑
柱塞泵	太重榆液
螺杆泵	RSP黄泵、HELNCO海林柯
螺纹插装阀组	北京精海仪
伺服阀、比例阀	海门维拓斯
伺服液压缸	金自天成
过滤器	山西麦克雷斯、上海菲思特
真空净油机	威海戥同
滤油机	唐荷科技、上海菲思特、山西麦克雷斯
液压油	壳牌Tellus、中石化长城卓力、天津日石
液压附件	山西方盛、启东康耐柯、上海诺雷
伺服监控	镇江四联

干油、油气润滑推荐厂商	
干油智能润滑系统(包括泵、过滤器、分配器、控制系统等)	郑州奥特科技、长沙中大冶金、江海润液
干油润滑系统(包括泵、过滤器、分配器等)	郑州奥特科技、长沙中大冶金、江海润液
油气润滑系统(包括泵、过滤器、分配器、控制系统等)	江海润液、烟台澳瑞特
稀油润滑系统及元件推荐厂商	
稀油润滑系统	江海润液、保定市保液
螺杆泵	RSP黄泵、HELNCO海林柯
过滤器	山西麦克雷斯、上海菲思特
真空净油机	威海戥同
滤油机	唐荷科技、上海菲思特、山西麦克雷斯
工业齿轮油	壳牌Omala、中石化长城德威、天津日石
附件	山西方盛、启东康耐柯、上海诺雷

机组	长材生产线	
区域	炉前区	
名称	蓄能器组原理图	
图号	炉前区-2	2/9

9.1.3 保温罩液压阀台原理图

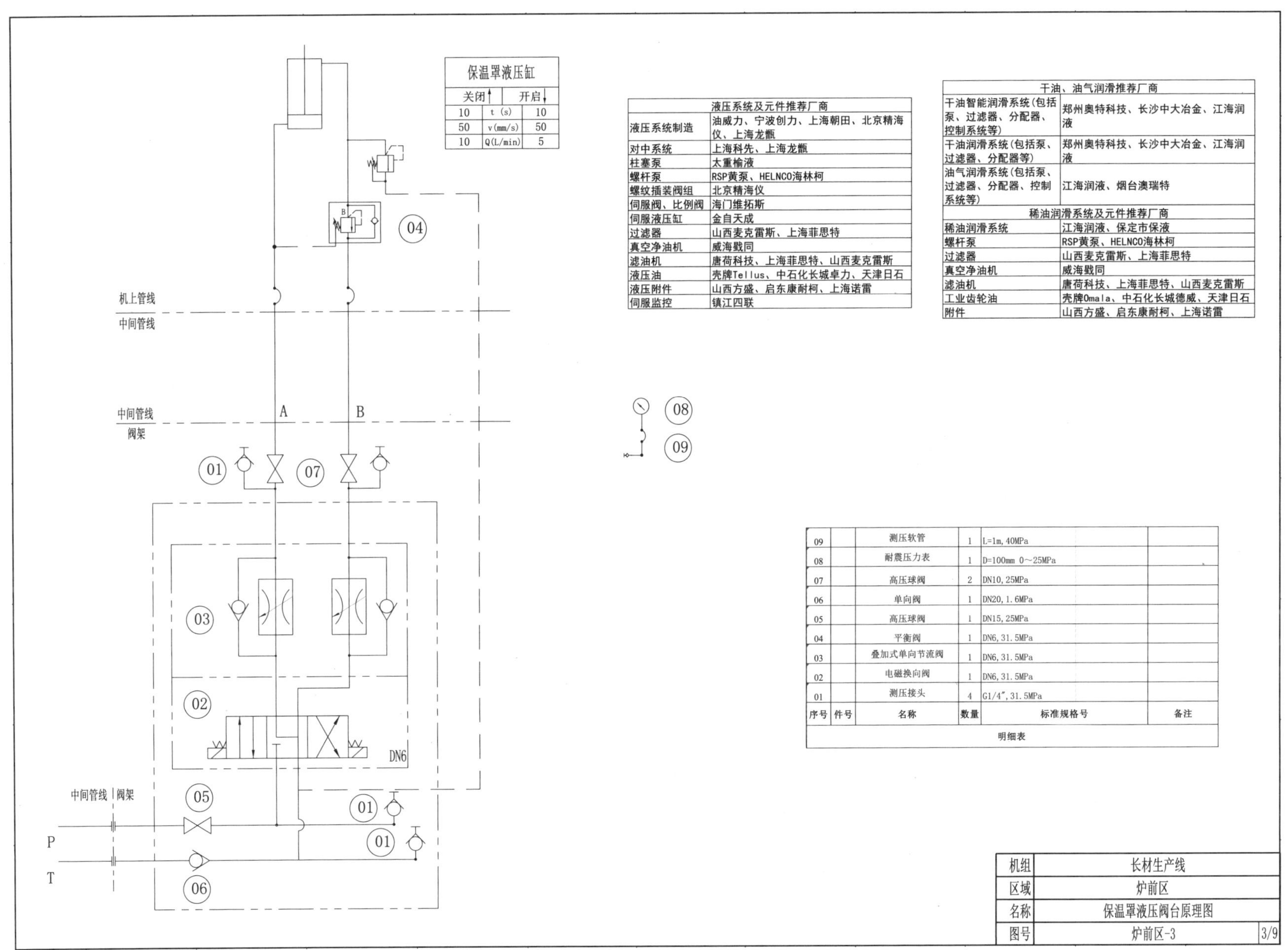

保温罩液压缸		
关闭↑		开启↓
10	t (s)	10
50	v(mm/s)	50
10	Q(L/min)	5

液压系统及元件推荐厂商	
液压系统制造	油威力、宁波创力、上海朝田、北京精海仪、上海龙甑
对中系统	上海科先、上海龙甑
柱塞泵	太重榆液
螺杆泵	RSP黄泵、HELNCO海林柯
螺纹插装阀组	北京精海仪
伺服阀、比例阀	海门维拓斯
伺服液压缸	金自天成
过滤器	山西麦克雷斯、上海菲思特
真空净油机	威海戥同
滤油机	唐荷科技、上海菲思特、山西麦克雷斯
液压油	壳牌Tellus、中石化长城卓力、天津日石
液压附件	山西方盛、启东康耐柯、上海诺雷
伺服监控	镇江四联

干油、油气润滑推荐厂商	
干油智能润滑系统(包括泵、过滤器、分配器、控制系统等)	郑州奥特科技、长沙中大冶金、江海润液
干油润滑系统(包括泵、过滤器、分配器等)	郑州奥特科技、长沙中大冶金、江海润液
油气润滑系统(包括泵、过滤器、分配器、控制系统等)	江海润液、烟台澳瑞特
稀油润滑系统及元件推荐厂商	
稀油润滑系统	江海润液、保定市保液
螺杆泵	RSP黄泵、HELNCO海林柯
过滤器	山西麦克雷斯、上海菲思特
真空净油机	威海戥同
滤油机	唐荷科技、上海菲思特、山西麦克雷斯
工业齿轮油	壳牌Omala、中石化长城德威、天津日石
附件	山西方盛、启东康耐柯、上海诺雷

序号	件号	名称	数量	标准规格号	备注
09		测压软管	1	L=1m, 40MPa	
08		耐震压力表	1	D=100mm 0～25MPa	
07		高压球阀	2	DN10, 25MPa	
06		单向阀	1	DN20, 1.6MPa	
05		高压球阀	1	DN15, 25MPa	
04		平衡阀	1	DN6, 31.5MPa	
03		叠加式单向节流阀	1	DN6, 31.5MPa	
02		电磁换向阀	1	DN6, 31.5MPa	
01		测压接头	4	G1/4″, 31.5MPa	
明细表					

机组	长材生产线	
区域	炉前区	
名称	保温罩液压阀台原理图	
图号	炉前区-3	3/9

9.1.4 推钢台架液压阀架原理图

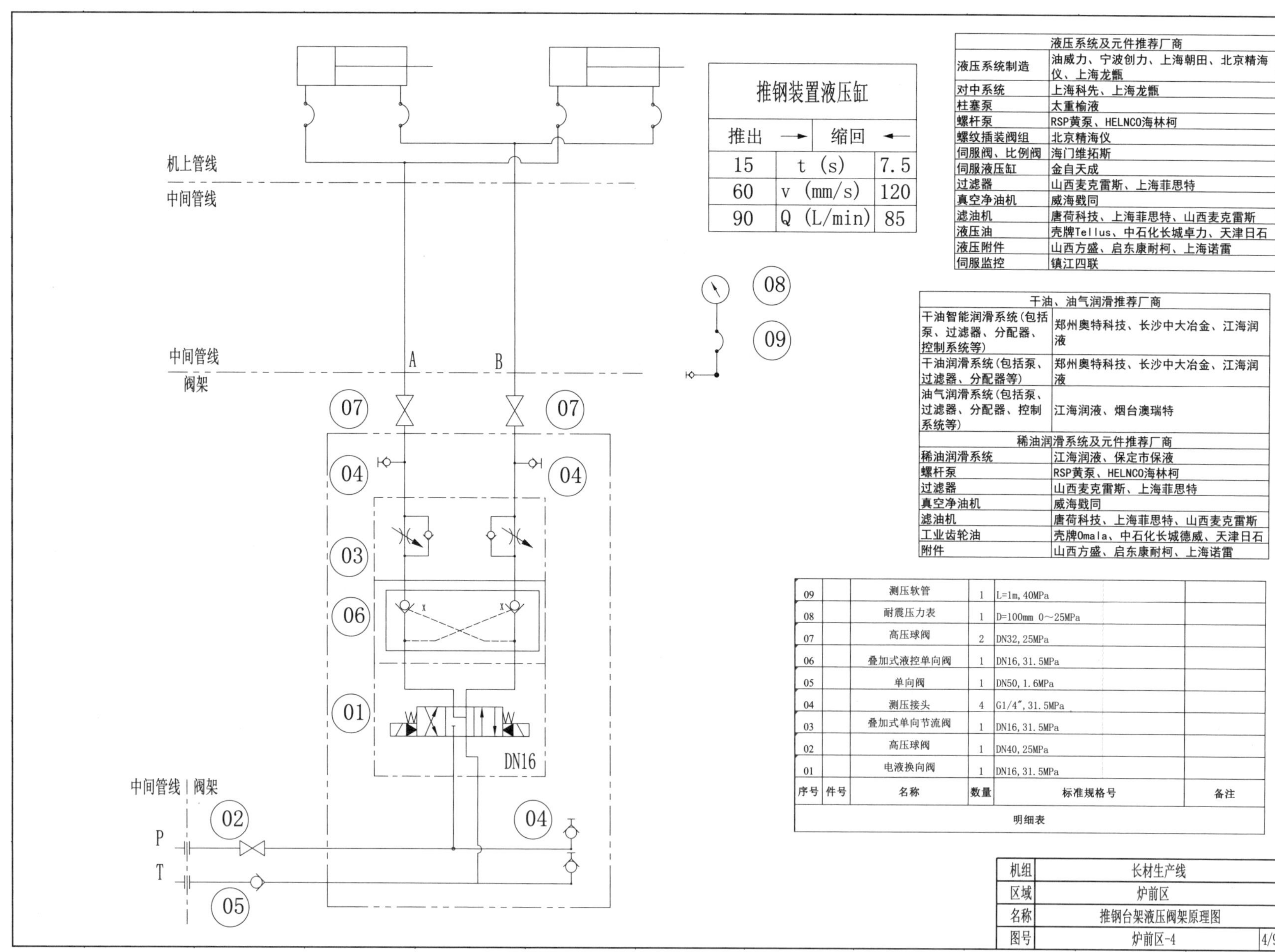

推钢装置液压缸		
推出 →		缩回 ←
15	t (s)	7.5
60	v (mm/s)	120
90	Q (L/min)	85

液压系统及元件推荐厂商	
液压系统制造	油威力、宁波创力、上海朝田、北京精海仪、上海龙甑
对中系统	上海科先、上海龙甑
柱塞泵	太重榆液
螺杆泵	RSP黄泵、HELNCO海林柯
螺纹插装阀组	北京精海仪
伺服阀、比例阀	海门维拓斯
伺服液压缸	金自天成
过滤器	山西麦克雷斯、上海菲思特
真空净油机	威海戦同
滤油机	唐荷科技、上海菲思特、山西麦克雷斯
液压油	壳牌Tellus、中石化长城卓力、天津日石
液压附件	山西方盛、启东康耐柯、上海诺雷
伺服监控	镇江四联

干油、油气润滑推荐厂商	
干油智能润滑系统(包括泵、过滤器、分配器、控制系统等)	郑州奥特科技、长沙中大冶金、江海润液
干油润滑系统(包括泵、过滤器、分配器等)	郑州奥特科技、长沙中大冶金、江海润液
油气润滑系统(包括泵、过滤器、分配器、控制系统等)	江海润液、烟台澳瑞特
稀油润滑系统及元件推荐厂商	
稀油润滑系统	江海润液、保定市保液
螺杆泵	RSP黄泵、HELNCO海林柯
过滤器	山西麦克雷斯、上海菲思特
真空净油机	威海戦同
滤油机	唐荷科技、上海菲思特、山西麦克雷斯
工业齿轮油	壳牌Omala、中石化长城德威、天津日石
附件	山西方盛、启东康耐柯、上海诺雷

序号	件号	名称	数量	标准规格号	备注
09		测压软管	1	L=1m, 40MPa	
08		耐震压力表	1	D=100mm 0～25MPa	
07		高压球阀	2	DN32, 25MPa	
06		叠加式液控单向阀	1	DN16, 31.5MPa	
05		单向阀	1	DN50, 1.6MPa	
04		测压接头	4	G1/4″, 31.5MPa	
03		叠加式单向节流阀	1	DN16, 31.5MPa	
02		高压球阀	1	DN40, 25MPa	
01		电液换向阀	1	DN16, 31.5MPa	

明细表

机组	长材生产线	
区域	炉前区	
名称	推钢台架液压阀架原理图	
图号	炉前区-4	4/9

9.1.5 拨钢装置液压阀架原理图

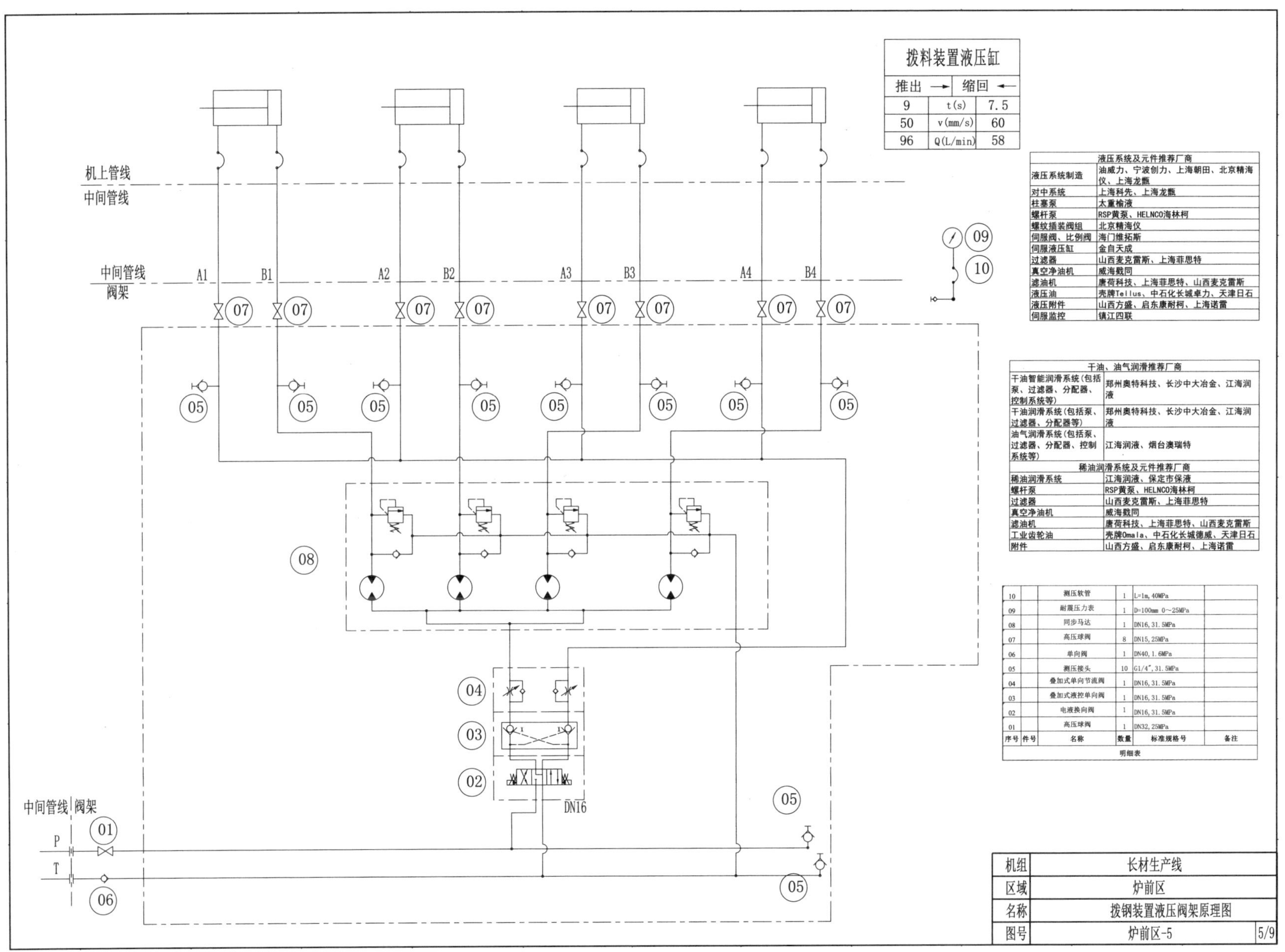

拨料装置液压缸		
推出 →		缩回 ←
9	t(s)	7.5
50	v(mm/s)	60
96	Q(L/min)	58

液压系统及元件推荐厂商	
液压系统制造	油威力、宁波创力、上海朝田、北京精海仪、上海龙甑
对中系统	上海科先、上海龙甑
柱塞泵	太重榆液
螺杆泵	RSP黄泵、HELNCO海林柯
螺纹插装阀组	北京精海仪
伺服阀、比例阀	海门维拓斯
伺服液压缸	金自天成
过滤器	山西麦克雷斯、上海菲思特
真空净油机	威海戥同
滤油机	唐荷科技、上海菲思特、山西麦克雷斯
液压油	壳牌Tellus、中石化长城卓力、天津日石
液压附件	山西方盛、启东康耐柯、上海诺雷
伺服监控	镇江四联

干油、油气润滑推荐厂商	
干油智能润滑系统(包括泵、过滤器、分配器、控制系统等)	郑州奥特科技、长沙中大冶金、江海润液
干油润滑系统(包括泵、过滤器、分配器等)	郑州奥特科技、长沙中大冶金、江海润液
油气润滑系统(包括泵、过滤器、分配器、控制系统等)	江海润液、烟台澳瑞特
稀油润滑系统及元件推荐厂商	
稀油润滑系统	江海润液、保定市保液
螺杆泵	RSP黄泵、HELNCO海林柯
过滤器	山西麦克雷斯、上海菲思特
真空净油机	威海戥同
滤油机	唐荷科技、上海菲思特、山西麦克雷斯
工业齿轮油	壳牌Omala、中石化长城德威、天津日石
附件	山西方盛、启东康耐柯、上海诺雷

序号	件号	名称	数量	标准规格号	备注
10		测压软管	1	L=1m, 40MPa	
09		耐震压力表	1	D=100mm 0～25MPa	
08		同步马达	1	DN16, 31.5MPa	
07		高压球阀	8	DN15, 25MPa	
06		单向阀	1	DN40, 1.6MPa	
05		测压接头	10	G1/4", 31.5MPa	
04		叠加式单向节流阀	1	DN16, 31.5MPa	
03		叠加式液控单向阀	1	DN16, 31.5MPa	
02		电液换向阀	1	DN16, 31.5MPa	
01		高压球阀	1	DN32, 25MPa	
明细表					

机组	长材生产线	
区域	炉前区	
名称	拨钢装置液压阀架原理图	
图号	炉前区-5	5/9

9.1.6 上料台架液压阀架原理图

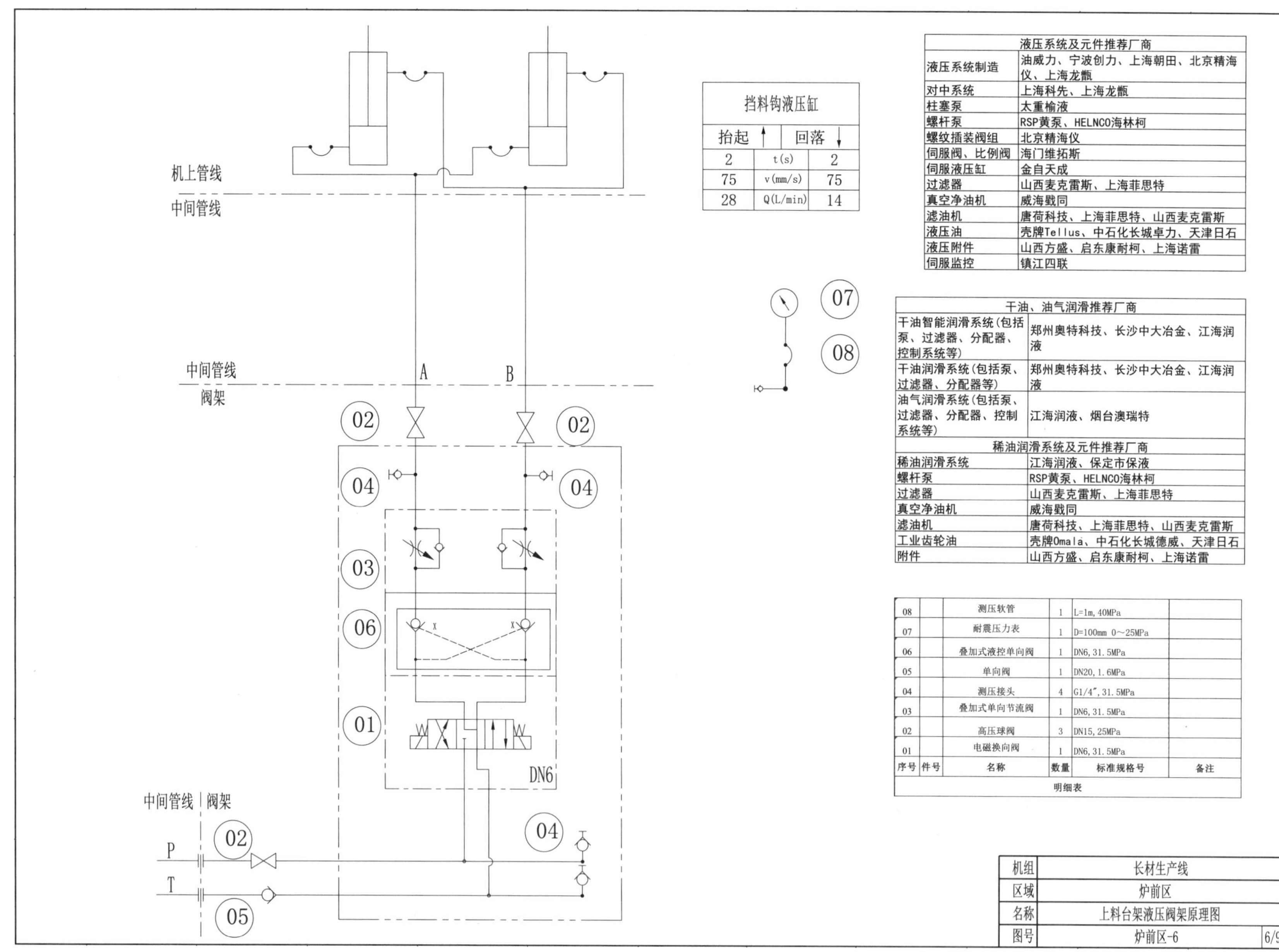

挡料钩液压缸		
抬起 ↑		回落 ↓
2	t(s)	2
75	v(mm/s)	75
28	Q(L/min)	14

液压系统及元件推荐厂商	
液压系统制造	油威力、宁波创力、上海朝田、北京精海仪、上海龙甑
对中系统	上海科先、上海龙甑
柱塞泵	太重榆液
螺杆泵	RSP黄泵、HELNCO海林柯
螺纹插装阀组	北京精海仪
伺服阀、比例阀	海门维拓斯
伺服液压缸	金自天成
过滤器	山西麦克雷斯、上海菲思特
真空净油机	威海戬同
滤油机	唐荷科技、上海菲思特、山西麦克雷斯
液压油	壳牌Tellus、中石化长城卓力、天津日石
液压附件	山西方盛、启东康耐柯、上海诺雷
伺服监控	镇江四联

干油、油气润滑推荐厂商	
干油智能润滑系统(包括泵、过滤器、分配器、控制系统等)	郑州奥特科技、长沙中大冶金、江海润液
干油润滑系统(包括泵、过滤器、分配器等)	郑州奥特科技、长沙中大冶金、江海润液
油气润滑系统(包括泵、过滤器、分配器、控制系统等)	江海润液、烟台澳瑞特
稀油润滑系统及元件推荐厂商	
稀油润滑系统	江海润液、保定市保液
螺杆泵	RSP黄泵、HELNCO海林柯
过滤器	山西麦克雷斯、上海菲思特
真空净油机	威海戬同
滤油机	唐荷科技、上海菲思特、山西麦克雷斯
工业齿轮油	壳牌Omala、中石化长城德威、天津日石
附件	山西方盛、启东康耐柯、上海诺雷

序号	件号	名称	数量	标准规格号	备注
08		测压软管	1	L=1m, 40MPa	
07		耐震压力表	1	D=100mm 0～25MPa	
06		叠加式液控单向阀	1	DN6, 31.5MPa	
05		单向阀	1	DN20, 1.6MPa	
04		测压接头	4	G1/4", 31.5MPa	
03		叠加式单向节流阀	1	DN6, 31.5MPa	
02		高压球阀	3	DN15, 25MPa	
01		电磁换向阀	1	DN6, 31.5MPa	
明细表					

机组	长材生产线	
区域	炉前区	
名称	上料台架液压阀架原理图	
图号	炉前区-6	6/9

9.1.7 称重装置液压阀架原理图

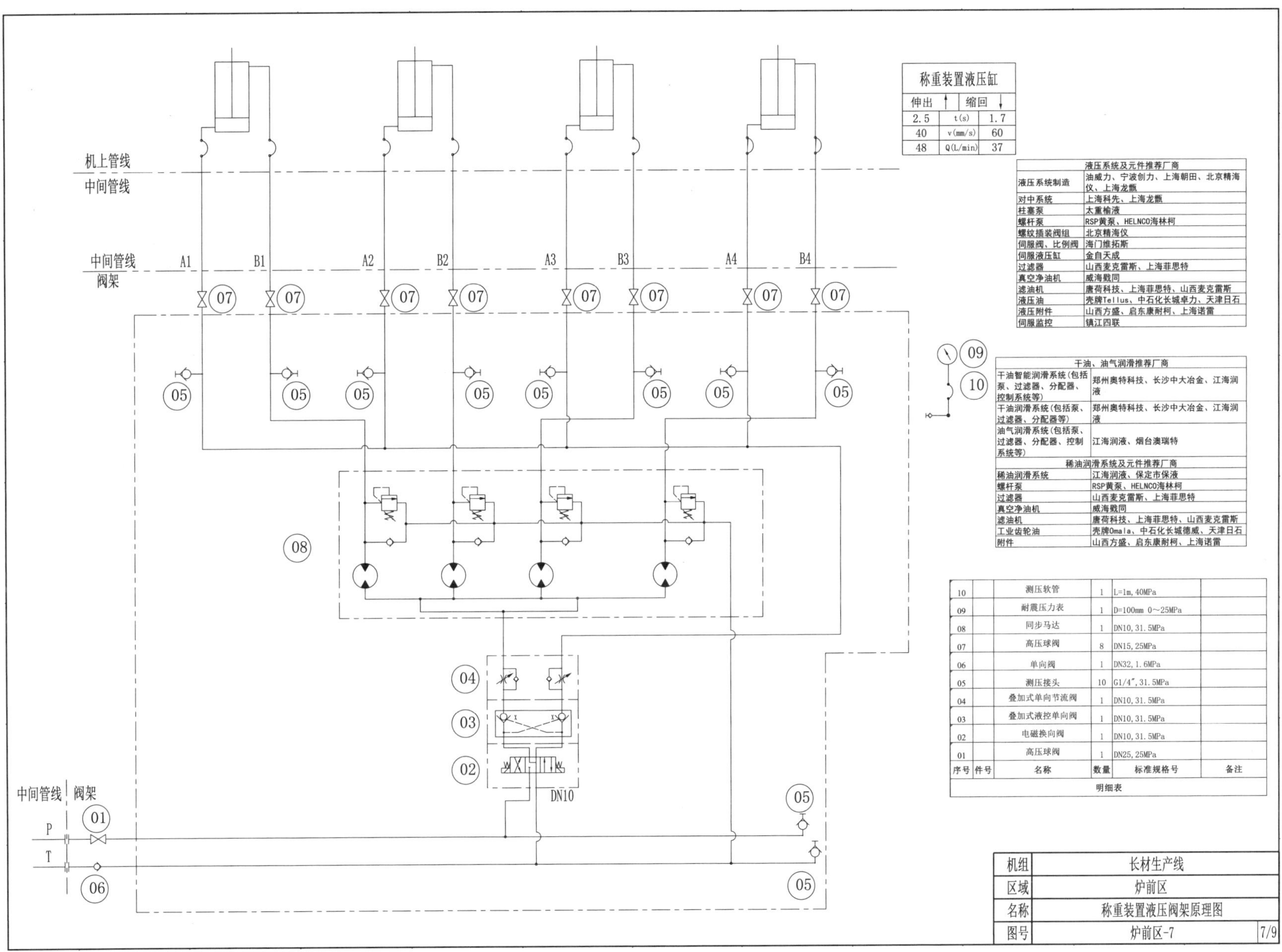

称重装置液压缸		
伸出 ↑		缩回 ↓
2.5	t(s)	1.7
40	v(mm/s)	60
48	Q(L/min)	37

液压系统及元件推荐厂商	
液压系统制造	油威力、宁波创力、上海朝田、北京精海仪、上海龙甑
对中系统	上海科先、上海龙甑
柱塞泵	太重榆液
螺杆泵	RSP黄泵、HELNCO海林柯
螺纹插装阀组	北京精海仪
伺服阀、比例阀	海门维拓斯
伺服液压缸	金自天成
过滤器	山西麦克雷斯、上海菲思特
真空净油机	威海戥同
滤油机	唐荷科技、上海菲思特、山西麦克雷斯
液压油	壳牌Tellus、中石化长城卓力、天津日石
液压附件	山西方盛、启东康耐柯、上海诺雷
伺服监控	镇江四联

干油、油气润滑推荐厂商	
干油智能润滑系统(包括泵、过滤器、分配器、控制系统等)	郑州奥特科技、长沙中大冶金、江海润液
干油润滑系统(包括泵、过滤器、分配器等)	郑州奥特科技、长沙中大冶金、江海润液
油气润滑系统(包括泵、过滤器、分配器、控制系统等)	江海润液、烟台澳瑞特
稀油润滑系统及元件推荐厂商	
稀油润滑系统	江海润液、保定市保液
螺杆泵	RSP黄泵、HELNCO海林柯
过滤器	山西麦克雷斯、上海菲思特
真空净油机	威海戥同
滤油机	唐荷科技、上海菲思特、山西麦克雷斯
工业齿轮油	壳牌Omala、中石化长城德威、天津日石
附件	山西方盛、启东康耐柯、上海诺雷

序号	件号	名称	数量	标准规格号	备注
10		测压软管	1	L=1m, 40MPa	
09		耐震压力表	1	D=100mm 0～25MPa	
08		同步马达	1	DN10, 31.5MPa	
07		高压球阀	8	DN15, 25MPa	
06		单向阀	1	DN32, 1.6MPa	
05		测压接头	10	G1/4″, 31.5MPa	
04		叠加式单向节流阀	1	DN10, 31.5MPa	
03		叠加式液控单向阀	1	DN10, 31.5MPa	
02		电磁换向阀	1	DN10, 31.5MPa	
01		高压球阀	1	DN25, 25MPa	

明细表

机组	长材生产线	
区域	炉前区	
名称	称重装置液压阀架原理图	
图号	炉前区-7	7/9

9.1.8 剔出装置液压阀架原理图

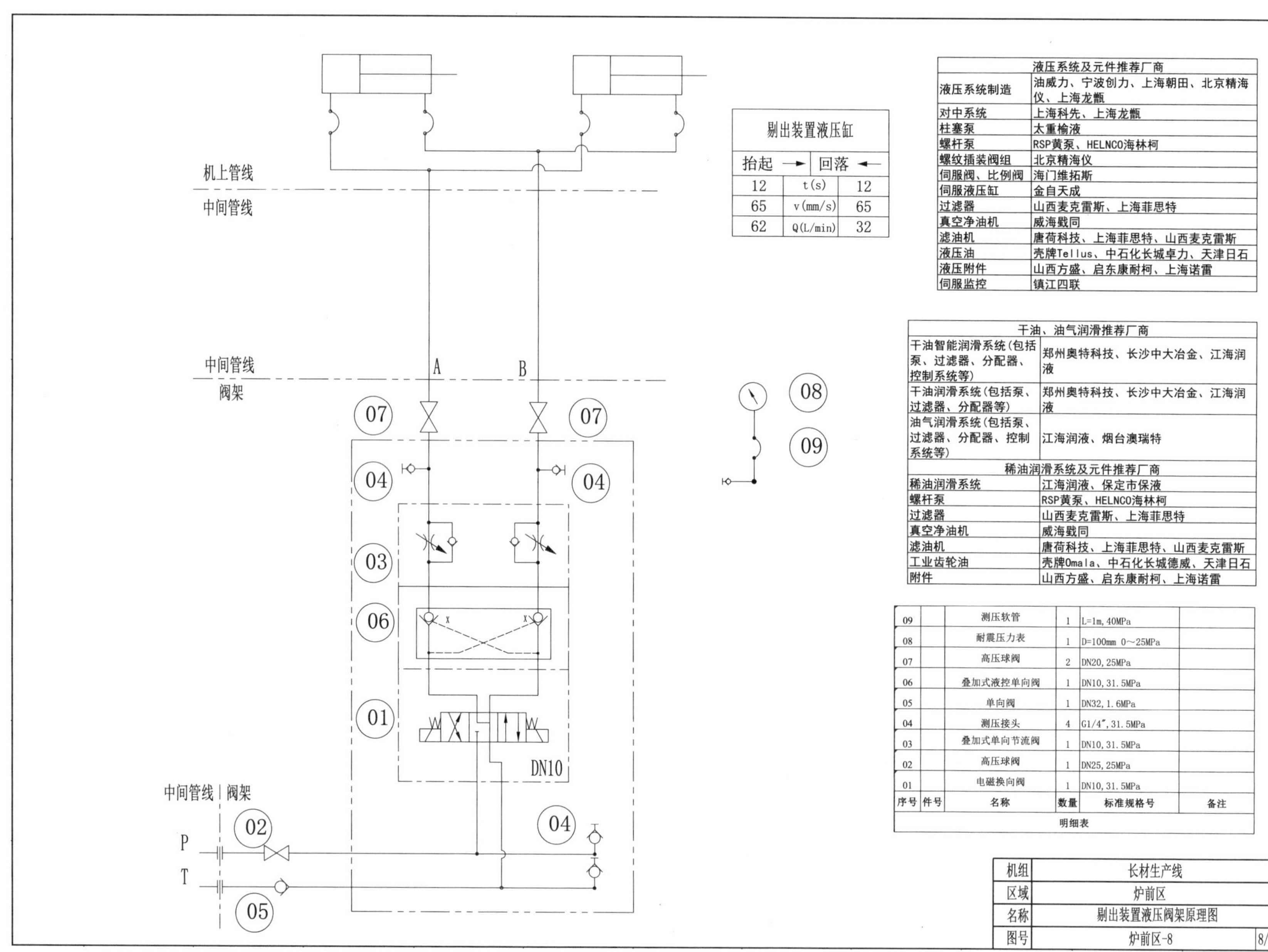

9.1.9 步进上料装置液压阀台原理图

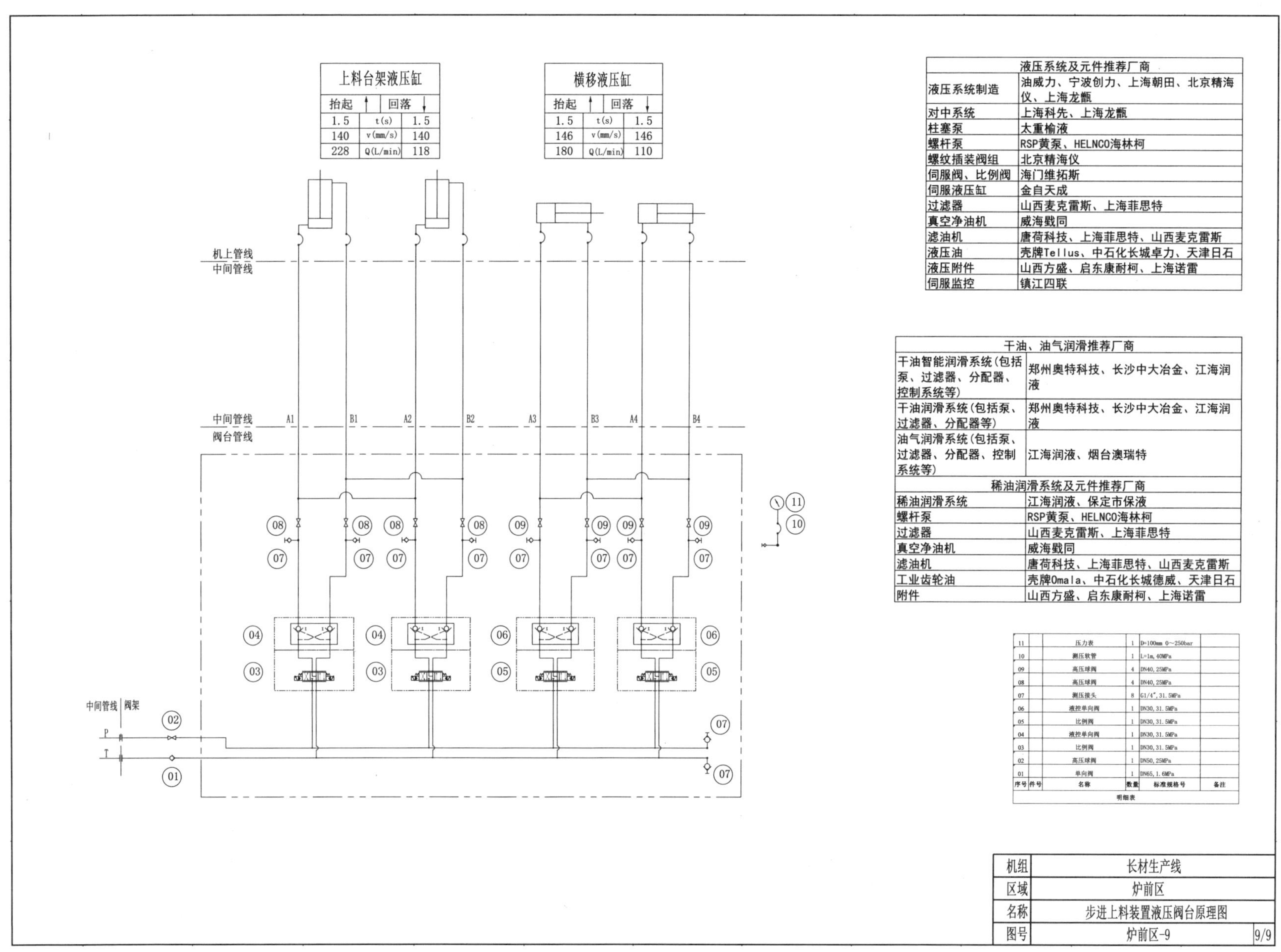

液压系统及元件推荐厂商	
液压系统制造	油威力、宁波创力、上海朝田、北京精海仪、上海龙甑
对中系统	上海科先、上海龙甑
柱塞泵	太重榆液
螺杆泵	RSP黄泵、HELNCO海林柯
螺纹插装阀组	北京精海仪
伺服阀、比例阀	海门维拓斯
伺服液压缸	金自天成
过滤器	山西麦克雷斯、上海菲思特
真空净油机	威海戬同
滤油机	唐荷科技、上海菲思特、山西麦克雷斯
液压油	壳牌Tellus、中石化长城卓力、天津日石
液压附件	山西方盛、启东康耐柯、上海诺雷
伺服监控	镇江四联

干油、油气润滑推荐厂商	
干油智能润滑系统(包括泵、过滤器、分配器、控制系统等)	郑州奥特科技、长沙中大冶金、江海润液
干油润滑系统(包括泵、过滤器、分配器等)	郑州奥特科技、长沙中大冶金、江海润液
油气润滑系统(包括泵、过滤器、分配器、控制系统等)	江海润液、烟台澳瑞特
稀油润滑系统及元件推荐厂商	
稀油润滑系统	江海润液、保定市保液
螺杆泵	RSP黄泵、HELNCO海林柯
过滤器	山西麦克雷斯、上海菲思特
真空净油机	威海戬同
滤油机	唐荷科技、上海菲思特、山西麦克雷斯
工业齿轮油	壳牌Omala、中石化长城德威、天津日石
附件	山西方盛、启东康耐柯、上海诺雷

序号	件号	名称	数量	标准规格号	备注
11		压力表	1	D=100mm 0～250bar	
10		测压软管	1	L=1m, 40MPa	
09		高压球阀	4	DN40, 25MPa	
08		高压球阀	4	DN40, 25MPa	
07		测压接头	8	G1/4", 31.5MPa	
06		液控单向阀	1	DN30, 31.5MPa	
05		比例阀	1	DN30, 31.5MPa	
04		液控单向阀	1	DN30, 31.5MPa	
03		比例阀	1	DN30, 31.5MPa	
02		高压球阀	1	DN50, 25MPa	
01		单向阀	1	DN65, 1.6MPa	

明细表

9.2 轧机区液压系统

9.2.1 液压站原理图

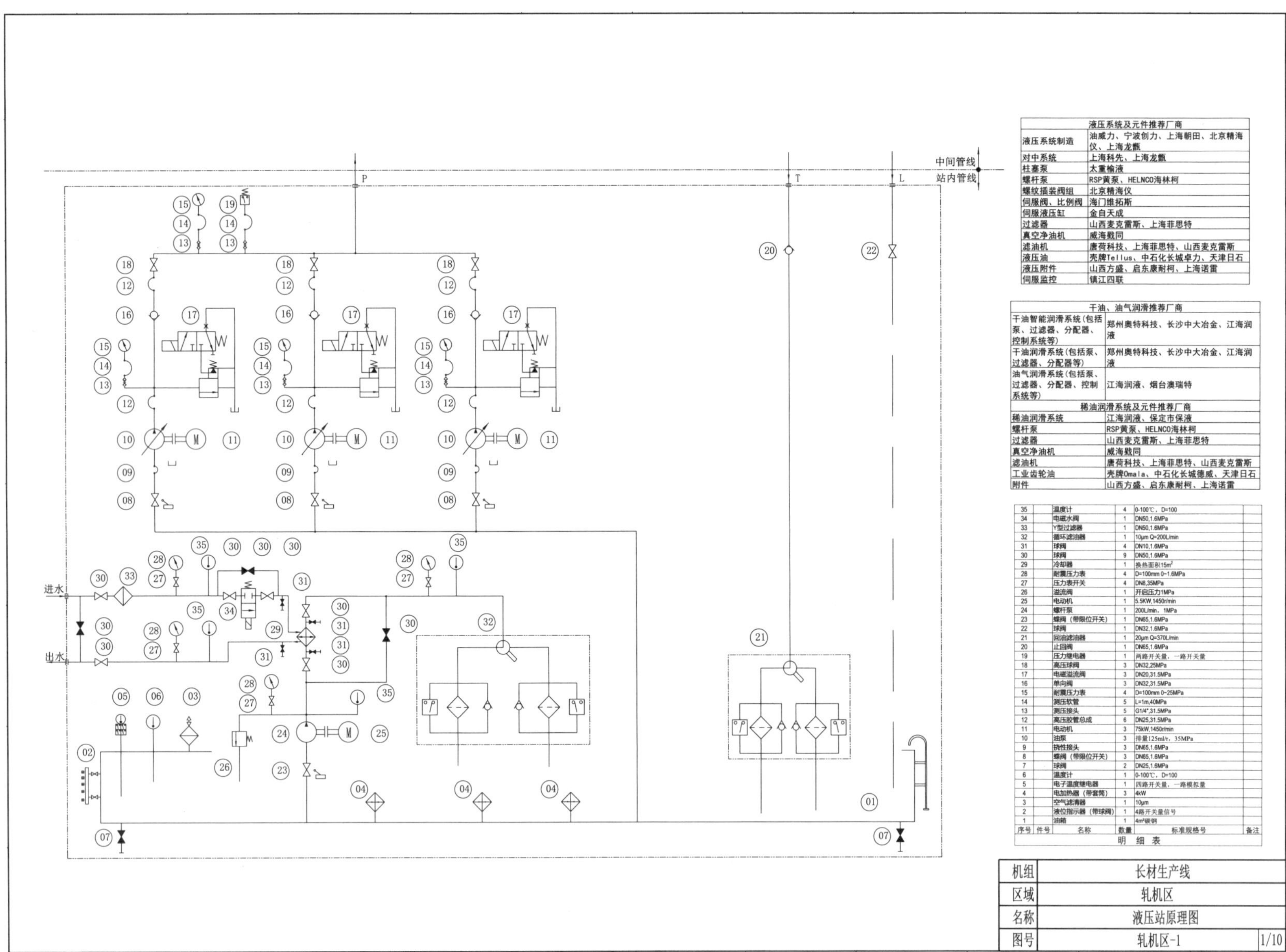

液压系统及元件推荐厂商	
液压系统制造	油威力、宁波创力、上海朝田、北京精海仪、上海龙甑
对中系统	上海科先、上海龙甑
柱塞泵	太重榆液
螺杆泵	RSP黄泵、HELNCO海林柯
螺纹插装阀组	北京精海仪
伺服阀、比例阀	海门维拓斯
伺服液压缸	金自天成
过滤器	山西麦克雷斯、上海菲思特
真空净油机	威海戳同
滤油机	唐荷科技、上海菲思特、山西麦克雷斯
液压油	壳牌Tellus、中石化长城卓力、天津日石
液压附件	山西方盛、启东康耐柯、上海诺雷
伺服监控	镇江四联

干油、油气润滑推荐厂商	
干油智能润滑系统(包括泵、过滤器、分配器、控制系统等)	郑州奥特科技、长沙中大冶金、江海润液
干油润滑系统(包括泵、过滤器、分配器等)	郑州奥特科技、长沙中大冶金、江海润液
油气润滑系统(包括泵、过滤器、分配器、控制系统等)	江海润液、烟台澳瑞特
稀油润滑系统及元件推荐厂商	
稀油润滑系统	江海润液、保定市保液
螺杆泵	RSP黄泵、HELNCO海林柯
过滤器	山西麦克雷斯、上海菲思特
真空净油机	威海戳同
滤油机	唐荷科技、上海菲思特、山西麦克雷斯
工业齿轮油	壳牌Omala、中石化长城德威、天津日石
附件	山西方盛、启东康耐柯、上海诺雷

序号	件号	名称	数量	标准规格号	备注
35		温度计	4	0-100℃，D=100	
34		电磁水阀	1	DN50,1.6MPa	
33		Y型过滤器	1	DN50,1.6MPa	
32		循环滤油器	1	10μm Q=200L/min	
31		球阀	4	DN10,1.6MPa	
30		球阀	9	DN50,1.6MPa	
29		冷却器	1	换热面积15m²	
28		耐震压力表	4	D=100mm 0~1.6MPa	
27		压力表开关	4	DN8,35MPa	
26		溢流阀	1	开启压力1MPa	
25		电动机	1	5.5KW,1450r/min	
24		螺杆泵	1	200L/min，1MPa	
23		蝶阀（带限位开关）	1	DN65,1.6MPa	
22		球阀	1	DN32,1.6MPa	
21		回油滤油器	1	20μm Q=370L/min	
20		止回阀	1	DN65,1.6MPa	
19		压力继电器	1	两路开关量，一路开关量	
18		高压球阀	3	DN32,25MPa	
17		电磁溢流阀	3	DN20,31.5MPa	
16		单向阀	3	DN32,31.5MPa	
15		耐震压力表	4	D=100mm 0~25MPa	
14		测压软管	5	L=1m,40MPa	
13		测压接头	5	G1/4",31.5MPa	
12		高压胶管总成	6	DN25,31.5MPa	
11		电动机	3	75kW,1450r/min	
10		油泵	3	排量125ml/r，35MPa	
9		挠性接头	3	DN65,1.6MPa	
8		蝶阀（带限位开关）	3	DN65,1.6MPa	
7		球阀	2	DN25,1.6MPa	
6		温度计	1	0-100℃，D=100	
5		电子温度继电器	1	四路开关量，一路模拟量	
4		电加热器（带套筒）	3	4kW	
3		空气滤清器	1	10μm	
2		液位指示器（带球阀）	1	4路开关量信号	
1		油箱	1	4m³碳钢	

明 细 表

机组	长材生产线	
区域	轧机区	
名称	液压站原理图	
图号	轧机区-1	1/10

9.2.2 蓄能器组原理图

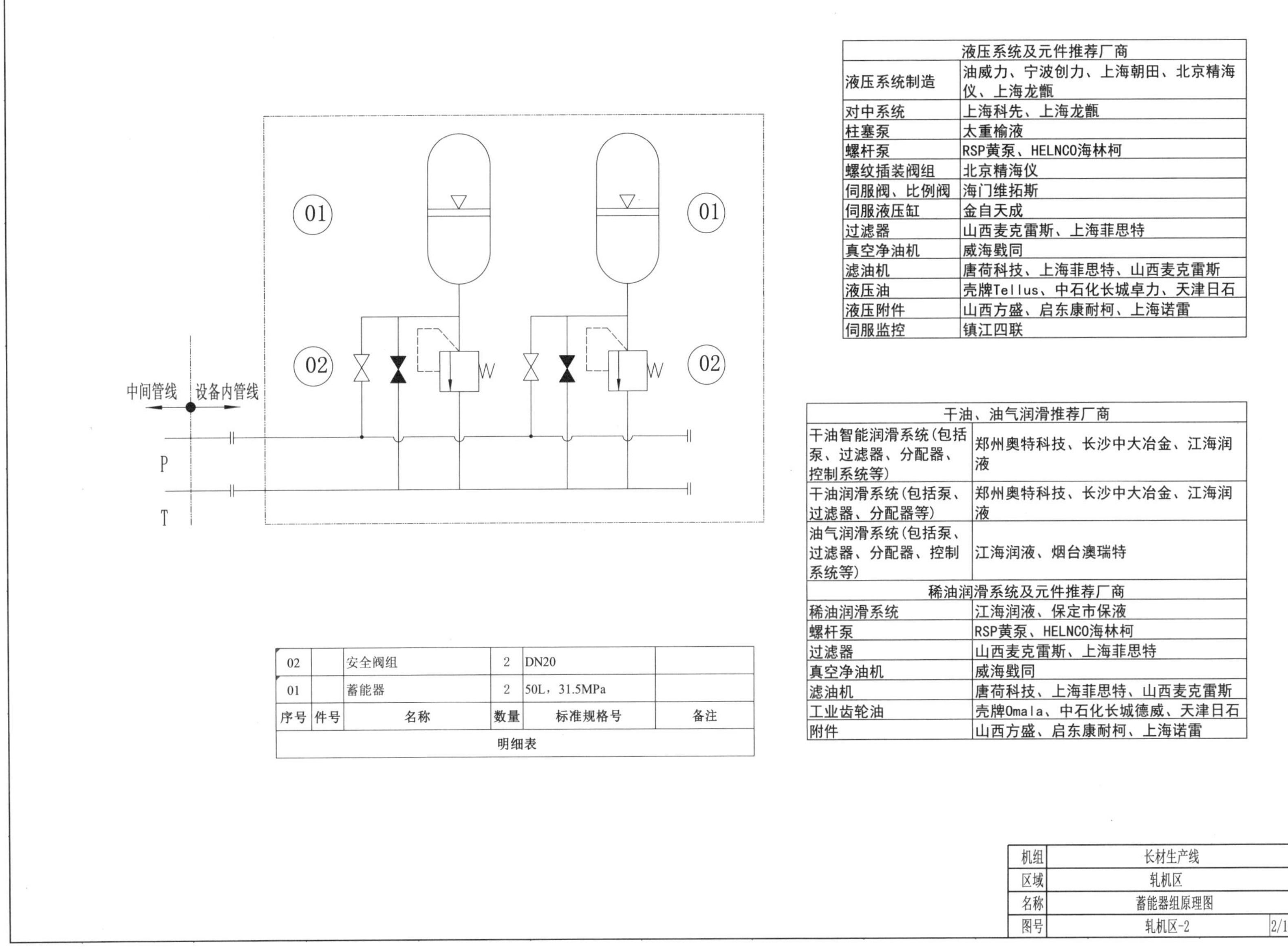

液压系统及元件推荐厂商	
液压系统制造	油威力、宁波创力、上海朝田、北京精海仪、上海龙甑
对中系统	上海科先、上海龙甑
柱塞泵	太重榆液
螺杆泵	RSP黄泵、HELNCO海林柯
螺纹插装阀组	北京精海仪
伺服阀、比例阀	海门维拓斯
伺服液压缸	金自天成
过滤器	山西麦克雷斯、上海菲思特
真空净油机	威海戥同
滤油机	唐荷科技、上海菲思特、山西麦克雷斯
液压油	壳牌Tellus、中石化长城卓力、天津日石
液压附件	山西方盛、启东康耐柯、上海诺雷
伺服监控	镇江四联

干油、油气润滑推荐厂商	
干油智能润滑系统(包括泵、过滤器、分配器、控制系统等)	郑州奥特科技、长沙中大冶金、江海润液
干油润滑系统(包括泵、过滤器、分配器等)	郑州奥特科技、长沙中大冶金、江海润液
油气润滑系统(包括泵、过滤器、分配器、控制系统等)	江海润液、烟台澳瑞特
稀油润滑系统及元件推荐厂商	
稀油润滑系统	江海润液、保定市保液
螺杆泵	RSP黄泵、HELNCO海林柯
过滤器	山西麦克雷斯、上海菲思特
真空净油机	威海戥同
滤油机	唐荷科技、上海菲思特、山西麦克雷斯
工业齿轮油	壳牌Omala、中石化长城德威、天津日石
附件	山西方盛、启东康耐柯、上海诺雷

序号	件号	名称	数量	标准规格号	备注
02		安全阀组	2	DN20	
01		蓄能器	2	50L，31.5MPa	

明细表

机组	长材生产线	
区域	轧机区	
名称	蓄能器组原理图	
图号	轧机区-2	2/10

9.2.3 水平轧机（短应力线轧机）液压阀架原理图

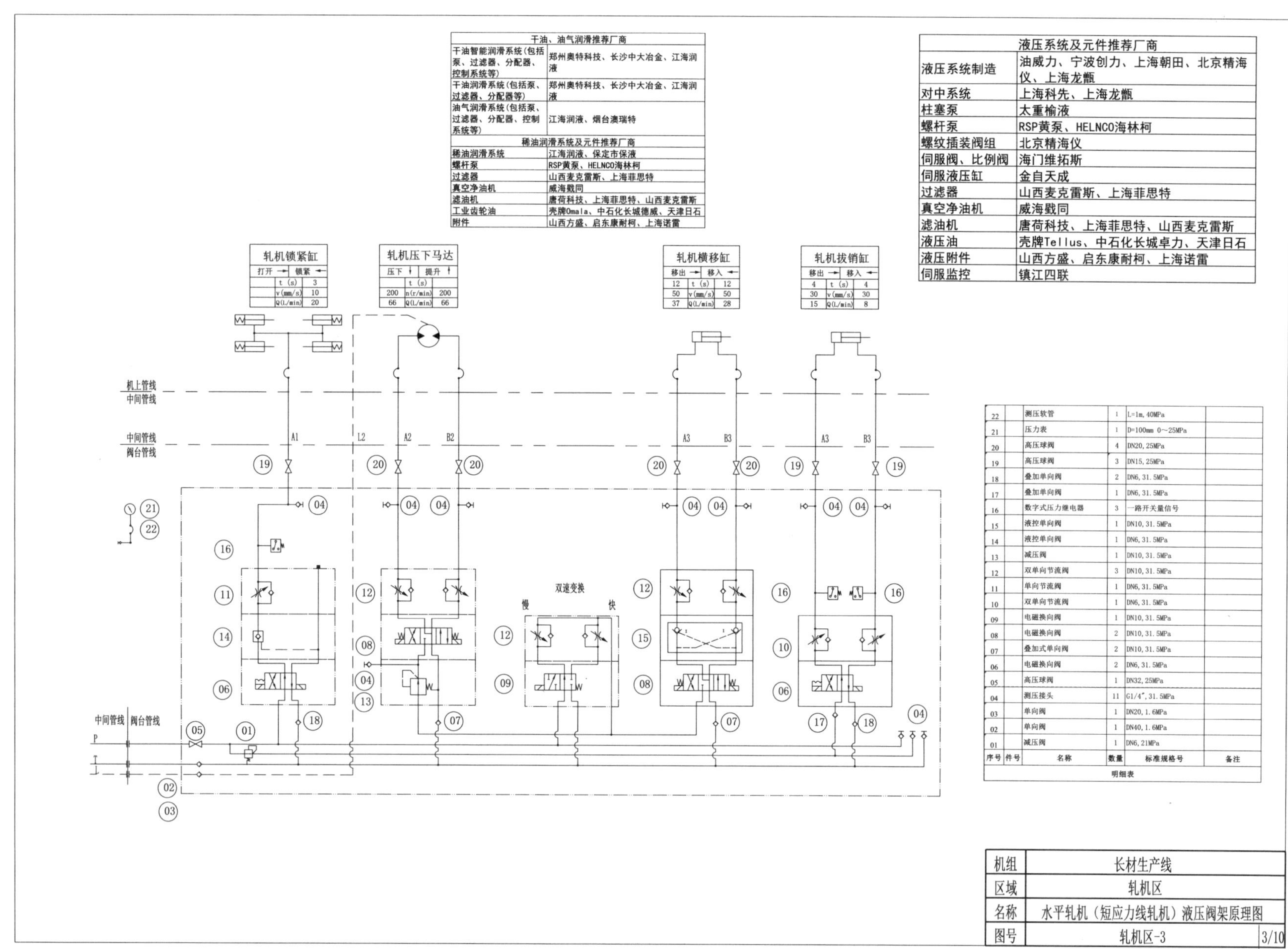

干油、油气润滑推荐厂商	
干油智能润滑系统(包括泵、过滤器、分配器、控制系统等)	郑州奥特科技、长沙中大冶金、江海润液
干油润滑系统(包括泵、过滤器、分配器等)	郑州奥特科技、长沙中大冶金、江海润液
油气润滑系统(包括泵、过滤器、分配器、控制系统等)	江海润液、烟台澳瑞特
稀油润滑系统及元件推荐厂商	
稀油润滑系统	江海润液、保定市保液
螺杆泵	RSP黄泵、HELNCO海林柯
过滤器	山西麦克雷斯、上海菲思特
真空净油机	威海戥同
滤油机	唐荷科技、上海菲思特、山西麦克雷斯
工业齿轮油	壳牌Omala、中石化长城德威、天津日石
附件	山西方盛、启东康耐柯、上海诺雷

液压系统及元件推荐厂商	
液压系统制造	油威力、宁波创力、上海朝田、北京精海仪、上海龙甑
对中系统	上海科先、上海龙甑
柱塞泵	太重榆液
螺杆泵	RSP黄泵、HELNCO海林柯
螺纹插装阀组	北京精海仪
伺服阀、比例阀	海门维拓斯
伺服液压缸	金自天成
过滤器	山西麦克雷斯、上海菲思特
真空净油机	威海戥同
滤油机	唐荷科技、上海菲思特、山西麦克雷斯
液压油	壳牌Tellus、中石化长城卓力、天津日石
液压附件	山西方盛、启东康耐柯、上海诺雷
伺服监控	镇江四联

轧机锁紧缸		
打开 →		锁紧 ←
	t (s)	3
	v (mm/s)	10
	Q (L/min)	20

轧机压下马达		
压下 ↓		提升 ↑
	t (s)	
200	n (r/min)	200
66	Q (L/min)	66

轧机横移缸		
移出 →		移入 ←
12	t (s)	12
50	v (mm/s)	50
37	Q (L/min)	28

轧机拔销缸		
移出 →		移入 ←
4	t (s)	4
30	v (mm/s)	30
15	Q (L/min)	8

序号	件号	名称	数量	标准规格号	备注
22		测压软管	1	L=1m, 40MPa	
21		压力表	1	D=100mm 0～25MPa	
20		高压球阀	4	DN20, 25MPa	
19		高压球阀	3	DN15, 25MPa	
18		叠加单向阀	2	DN6, 31.5MPa	
17		叠加单向阀	1	DN6, 31.5MPa	
16		数字式压力继电器	3	一路开关量信号	
15		液控单向阀	1	DN10, 31.5MPa	
14		液控单向阀	1	DN6, 31.5MPa	
13		减压阀	1	DN10, 31.5MPa	
12		双单向节流阀	3	DN10, 31.5MPa	
11		单向节流阀	1	DN6, 31.5MPa	
10		双单向节流阀	1	DN6, 31.5MPa	
09		电磁换向阀	1	DN10, 31.5MPa	
08		电磁换向阀	2	DN10, 31.5MPa	
07		叠加式单向阀	2	DN10, 31.5MPa	
06		电磁换向阀	2	DN6, 31.5MPa	
05		高压球阀	1	DN32, 25MPa	
04		测压接头	11	G1/4", 31.5MPa	
03		单向阀	1	DN20, 1.6MPa	
02		单向阀	1	DN40, 1.6MPa	
01		减压阀	1	DN6, 21MPa	

明细表

机组	长材生产线	
区域	轧机区	
名称	水平轧机（短应力线轧机）液压阀架原理图	
图号	轧机区-3	3/10

9.2.4 立式轧机（短应力线轧机）液压阀架系统原理图

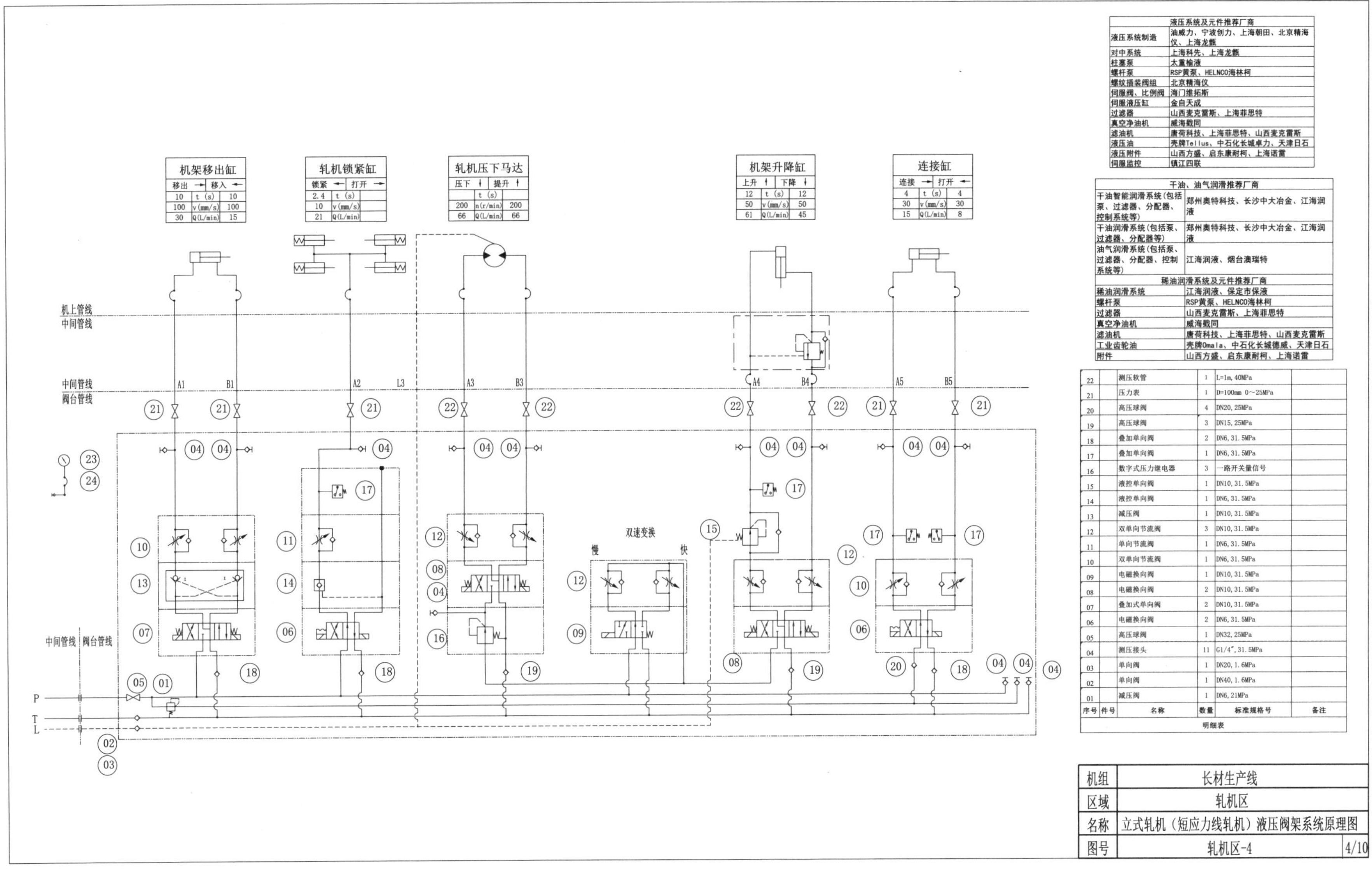

液压系统及元件推荐厂商	
液压系统制造	油威力、宁波创力、上海朝田、北京精海仪、上海龙甑
对中系统	上海科先、上海龙甑
柱塞泵	太重榆液
螺杆泵	RSP黄泵、HELNCO海林柯
螺纹插装阀组	北京精海仪
伺服阀、比例阀	海门维拓斯
伺服液压缸	金自天成
过滤器	山西麦克雷斯、上海菲思特
真空净油机	威海戥同
滤油机	唐荷科技、上海菲思特、山西麦克雷斯
液压油	壳牌Tellus、中石化长城卓力、天津日石
液压附件	山西方盛、启东康耐柯、上海诺雷
伺服监控	镇江四联

干油、油气润滑推荐厂商	
干油智能润滑系统(包括泵、过滤器、分配器、控制系统等)	郑州奥特科技、长沙中大冶金、江海润液
干油润滑系统(包括泵、过滤器、分配器等)	郑州奥特科技、长沙中大冶金、江海润液
油气润滑系统(包括泵、过滤器、分配器、控制系统等)	江海润液、烟台澳瑞特
稀油润滑系统及元件推荐厂商	
稀油润滑系统	江海润液、保定市保液
螺杆泵	RSP黄泵、HELNCO海林柯
过滤器	山西麦克雷斯、上海菲思特
真空净油机	威海戥同
滤油机	唐荷科技、上海菲思特、山西麦克雷斯
工业齿轮油	壳牌Omala、中石化长城德威、天津日石
附件	山西方盛、启东康耐柯、上海诺雷

序号	件号	名称	数量	标准规格号	备注
22		测压软管	1	L=1m, 40MPa	
21		压力表	1	D=100mm 0～25MPa	
20		高压球阀	4	DN20, 25MPa	
19		高压球阀	3	DN15, 25MPa	
18		叠加单向阀	2	DN6, 31.5MPa	
17		叠加单向阀	1	DN6, 31.5MPa	
16		数字式压力继电器	3	一路开关量信号	
15		液控单向阀	1	DN10, 31.5MPa	
14		液控单向阀	1	DN6, 31.5MPa	
13		减压阀	1	DN10, 31.5MPa	
12		双单向节流阀	3	DN10, 31.5MPa	
11		单向节流阀	1	DN6, 31.5MPa	
10		双单向节流阀	1	DN6, 31.5MPa	
09		电磁换向阀	1	DN10, 31.5MPa	
08		电磁换向阀	2	DN10, 31.5MPa	
07		叠加式单向阀	2	DN10, 31.5MPa	
06		电磁换向阀	2	DN6, 31.5MPa	
05		高压球阀	1	DN32, 25MPa	
04		测压接头	11	G1/4″, 31.5MPa	
03		单向阀	1	DN20, 1.6MPa	
02		单向阀	1	DN40, 1.6MPa	
01		减压阀	1	DN6, 21MPa	
明细表					

机组	长材生产线	
区域	轧机区	
名称	立式轧机（短应力线轧机）液压阀架系统原理图	
图号	轧机区-4	4/10

9.2.5 平立轧机（短应力线轧机）液压阀架系统原理图（1）

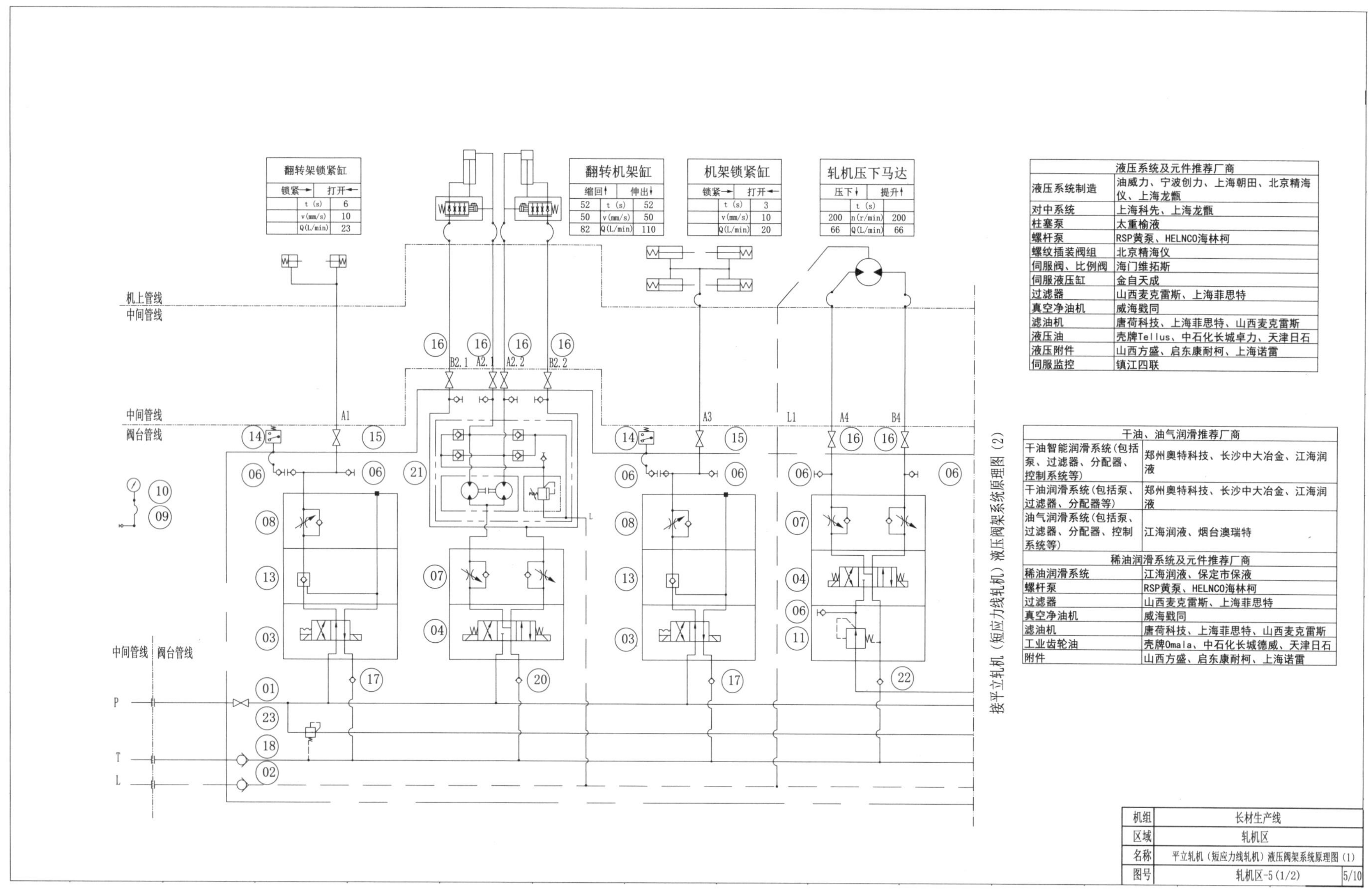

翻转架锁紧缸		
锁紧→		打开←
	t (s)	6
	v (mm/s)	10
	Q (L/min)	23

翻转机架缸		
缩回↑		伸出↓
52	t (s)	52
50	v (mm/s)	50
82	Q (L/min)	110

机架锁紧缸		
锁紧→		打开←
	t (s)	3
	v (mm/s)	10
	Q (L/min)	20

轧机压下马达		
压下↓		提升↑
	t (s)	
200	n (r/min)	200
66	Q (L/min)	66

液压系统及元件推荐厂商	
液压系统制造	油威力、宁波创力、上海朝田、北京精海仪、上海龙甑
对中系统	上海科先、上海龙甑
柱塞泵	太重榆液
螺杆泵	RSP黄泵、HELNCO海林柯
螺纹插装阀组	北京精海仪
伺服阀、比例阀	海门维拓斯
伺服液压缸	金自天成
过滤器	山西麦克雷斯、上海菲思特
真空净油机	威海戥同
滤油机	唐荷科技、上海菲思特、山西麦克雷斯
液压油	壳牌Tellus、中石化长城卓力、天津日石
液压附件	山西方盛、启东康耐柯、上海诺雷
伺服监控	镇江四联

干油、油气润滑推荐厂商	
干油智能润滑系统(包括泵、过滤器、分配器、控制系统等)	郑州奥特科技、长沙中大冶金、江海润液
干油润滑系统(包括泵、过滤器、分配器等)	郑州奥特科技、长沙中大冶金、江海润液
油气润滑系统(包括泵、过滤器、分配器、控制系统等)	江海润液、烟台澳瑞特
稀油润滑系统及元件推荐厂商	
稀油润滑系统	江海润液、保定市保液
螺杆泵	RSP黄泵、HELNCO海林柯
过滤器	山西麦克雷斯、上海菲思特
真空净油机	威海戥同
滤油机	唐荷科技、上海菲思特、山西麦克雷斯
工业齿轮油	壳牌Omala、中石化长城德威、天津日石
附件	山西方盛、启东康耐柯、上海诺雷

机组	长材生产线	
区域	轧机区	
名称	平立轧机（短应力线轧机）液压阀架系统原理图（1）	
图号	轧机区-5(1/2)	5/10

9.2.6 平立轧机（短应力线轧机）液压阀架系统原理图（2）

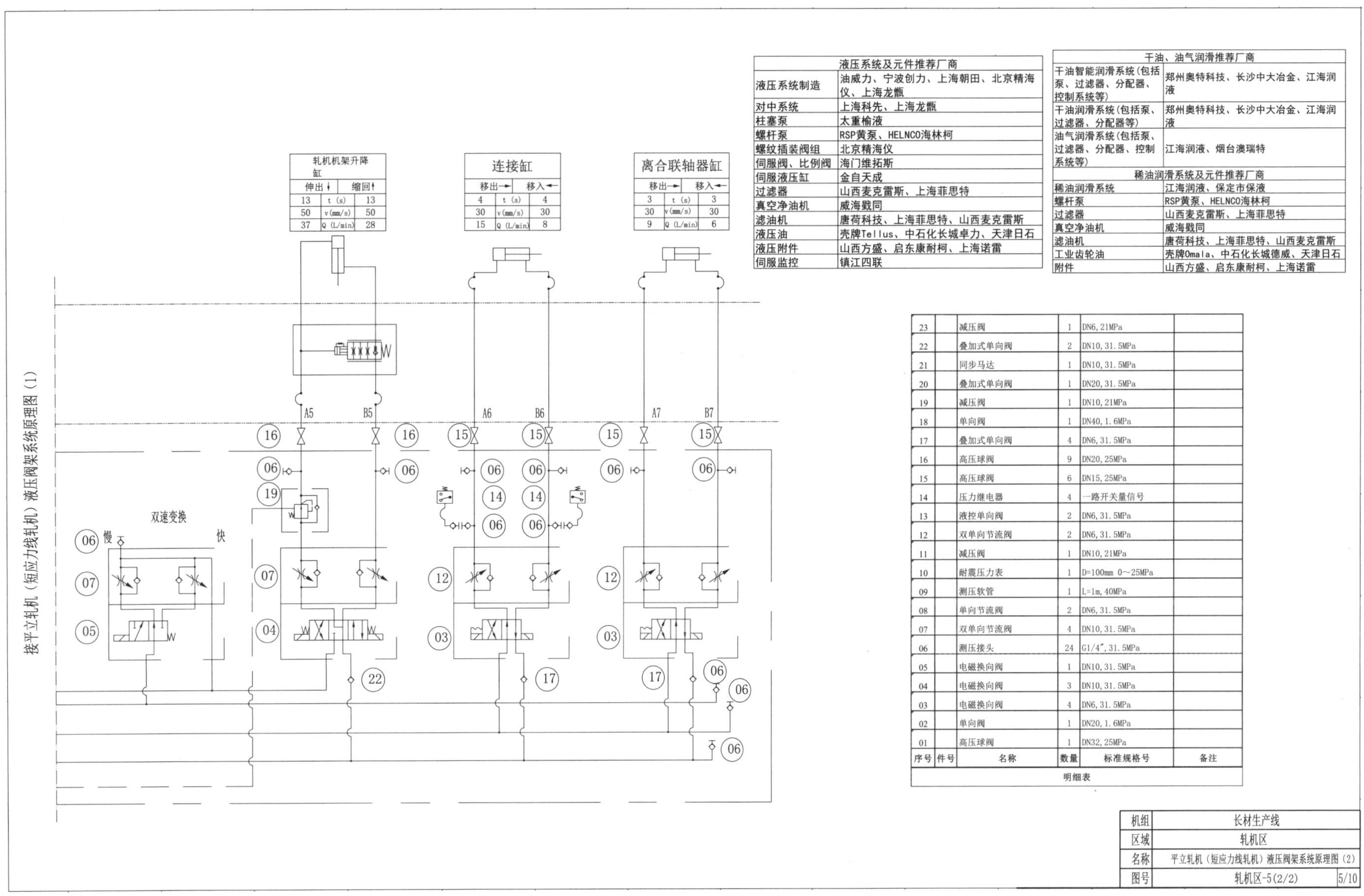

轧机机架升降缸		
伸出↓		缩回↑
13	t (s)	13
50	v(mm/s)	50
37	Q (L/min)	28

连接缸		
移出→		移入←
4	t (s)	4
30	v(mm/s)	30
15	Q (L/min)	8

离合联轴器缸		
移出→		移入←
3	t (s)	3
30	v(mm/s)	30
9	Q (L/min)	6

液压系统及元件推荐厂商	
液压系统制造	油威力、宁波创力、上海朝田、北京精海仪、上海龙甑
对中系统	上海科先、上海龙甑
柱塞泵	太重榆液
螺杆泵	RSP黄泵、HELNCO海林柯
螺纹插装阀组	北京精海仪
伺服阀、比例阀	海门维拓斯
伺服液压缸	金自天成
过滤器	山西麦克雷斯、上海菲思特
真空净油机	威海戥同
滤油机	唐荷科技、上海菲思特、山西麦克雷斯
液压油	壳牌Tellus、中石化长城卓力、天津日石
液压附件	山西方盛、启东康耐柯、上海诺雷
伺服监控	镇江四联

干油、油气润滑推荐厂商	
干油智能润滑系统(包括泵、过滤器、分配器、控制系统等)	郑州奥特科技、长沙中大冶金、江海润液
干油润滑系统(包括泵、过滤器、分配器等)	郑州奥特科技、长沙中大冶金、江海润液
油气润滑系统(包括泵、过滤器、分配器、控制系统等)	江海润液、烟台澳瑞特
稀油润滑系统及元件推荐厂商	
稀油润滑系统	江海润液、保定市保液
螺杆泵	RSP黄泵、HELNCO海林柯
过滤器	山西麦克雷斯、上海菲思特
真空净油机	威海戥同
滤油机	唐荷科技、上海菲思特、山西麦克雷斯
工业齿轮油	壳牌Omala、中石化长城德威、天津日石
附件	山西方盛、启东康耐柯、上海诺雷

序号	件号	名称	数量	标准规格号	备注
23		减压阀	1	DN6, 21MPa	
22		叠加式单向阀	2	DN10, 31.5MPa	
21		同步马达	1	DN10, 31.5MPa	
20		叠加式单向阀	1	DN20, 31.5MPa	
19		减压阀	1	DN10, 21MPa	
18		单向阀	1	DN40, 1.6MPa	
17		叠加式单向阀	4	DN6, 31.5MPa	
16		高压球阀	9	DN20, 25MPa	
15		高压球阀	6	DN15, 25MPa	
14		压力继电器	4	一路开关量信号	
13		液控单向阀	2	DN6, 31.5MPa	
12		双单向节流阀	2	DN6, 31.5MPa	
11		减压阀	1	DN10, 21MPa	
10		耐震压力表	1	D=100mm 0～25MPa	
09		测压软管	1	L=1m, 40MPa	
08		单向节流阀	2	DN6, 31.5MPa	
07		双单向节流阀	4	DN10, 31.5MPa	
06		测压接头	24	G1/4", 31.5MPa	
05		电磁换向阀	1	DN10, 31.5MPa	
04		电磁换向阀	3	DN10, 31.5MPa	
03		电磁换向阀	4	DN6, 31.5MPa	
02		单向阀	1	DN20, 1.6MPa	
01		高压球阀	1	DN32, 25MPa	

明细表

机组	长材生产线	
区域	轧机区	
名称	平立轧机（短应力线轧机）液压阀架系统原理图（2）	
图号	轧机区-5(2/2)	5/10

9.2.7 水平轧机（闭口轧机）液压阀架原理图

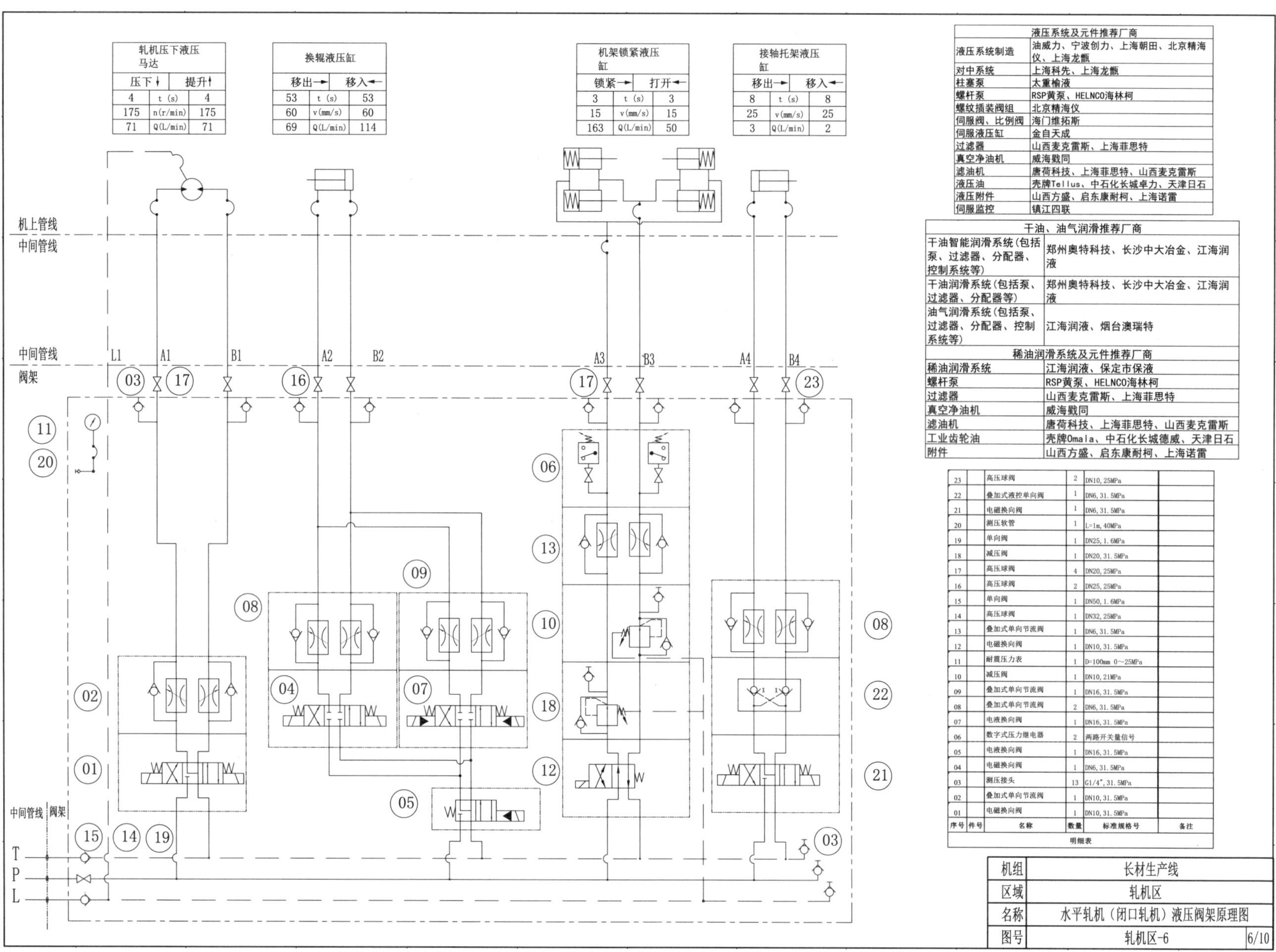

轧机压下液压马达		
压下↓		提升↑
4	t (s)	4
175	n(r/min)	175
71	Q(L/min)	71

换辊液压缸		
移出→		移入←
53	t (s)	53
60	v(mm/s)	60
69	Q(L/min)	114

机架锁紧液压缸		
锁紧→		打开←
3	t (s)	3
15	v(mm/s)	15
163	Q(L/min)	50

接轴托架液压缸		
移出→		移入←
8	t (s)	8
25	v(mm/s)	25
3	Q(L/min)	2

液压系统及元件推荐厂商	
液压系统制造	油威力、宁波创力、上海朝田、北京精海仪、上海龙甑
对中系统	上海科先、上海龙甑
柱塞泵	太重榆液
螺杆泵	RSP黄泵、HELNCO海林柯
螺纹插装阀组	北京精海仪
伺服阀、比例阀	海门维拓斯
伺服液压缸	金自天成
过滤器	山西麦克雷斯、上海菲思特
真空净油机	威海戥同
滤油机	唐荷科技、上海菲思特、山西麦克雷斯
液压油	壳牌Tellus、中石化长城卓力、天津日石
液压附件	山西方盛、启东康耐柯、上海诺雷
伺服监控	镇江四联

干油、油气润滑推荐厂商	
干油智能润滑系统(包括泵、过滤器、分配器、控制系统等)	郑州奥特科技、长沙中大冶金、江海润液
干油润滑系统(包括泵、过滤器、分配器等)	郑州奥特科技、长沙中大冶金、江海润液
油气润滑系统(包括泵、过滤器、分配器、控制系统等)	江海润液、烟台澳瑞特

稀油润滑系统及元件推荐厂商	
稀油润滑系统	江海润液、保定市保液
螺杆泵	RSP黄泵、HELNCO海林柯
过滤器	山西麦克雷斯、上海菲思特
真空净油机	威海戥同
滤油机	唐荷科技、上海菲思特、山西麦克雷斯
工业齿轮油	壳牌Omala、中石化长城德威、天津日石
附件	山西方盛、启东康耐柯、上海诺雷

序号	件号	名称	数量	标准规格号	备注
23		高压球阀	2	DN10, 25MPa	
22		叠加式液控单向阀	1	DN6, 31.5MPa	
21		电磁换向阀	1	DN6, 31.5MPa	
20		测压软管	1	L=1m, 40MPa	
19		单向阀	1	DN25, 1.6MPa	
18		减压阀	1	DN20, 31.5MPa	
17		高压球阀	4	DN20, 25MPa	
16		高压球阀	2	DN25, 25MPa	
15		单向阀	1	DN50, 1.6MPa	
14		高压球阀	1	DN32, 25MPa	
13		叠加式单向节流阀	1	DN6, 31.5MPa	
12		电磁换向阀	1	DN10, 31.5MPa	
11		耐震压力表	1	D=100mm 0～25MPa	
10		减压阀	1	DN10, 21MPa	
09		叠加式单向节流阀	1	DN16, 31.5MPa	
08		叠加式单向节流阀	2	DN6, 31.5MPa	
07		电液换向阀	1	DN16, 31.5MPa	
06		数字式压力继电器	2	两路开关量信号	
05		电液换向阀	1	DN16, 31.5MPa	
04		电磁换向阀	1	DN6, 31.5MPa	
03		测压接头	13	G1/4", 31.5MPa	
02		叠加式单向节流阀	1	DN10, 31.5MPa	
01		电磁换向阀	1	DN10, 31.5MPa	

明细表

机组	长材生产线	
区域	轧机区	
名称	水平轧机（闭口轧机）液压阀架原理图	
图号	轧机区-6	6/10

9.2.8 立式轧机（闭口轧机）液压阀架原理图

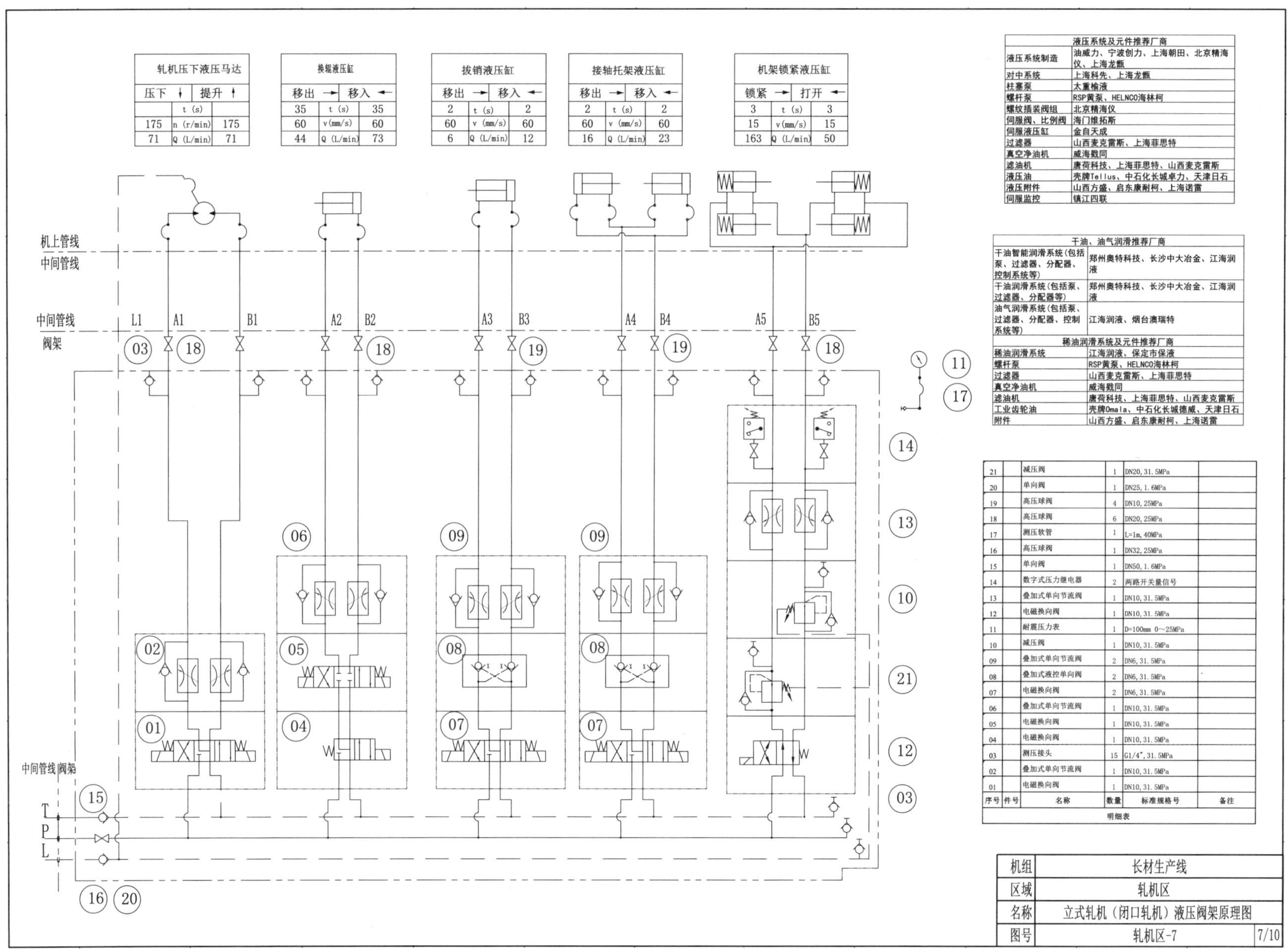

轧机压下液压马达		
压下 ↓		提升 ↑
	t (s)	
175	n (r/min)	175
71	Q (L/min)	71

换辊液压缸		
移出 →		移入 ←
35	t (s)	35
60	v (mm/s)	60
44	Q (L/min)	73

拔销液压缸		
移出 →		移入 ←
2	t (s)	2
60	v (mm/s)	60
6	Q (L/min)	12

接轴托架液压缸		
移出 →		移入 ←
2	t (s)	2
60	v (mm/s)	60
16	Q (L/min)	23

机架锁紧液压缸		
锁紧 →		打开 ←
3	t (s)	3
15	v (mm/s)	15
163	Q (L/min)	50

液压系统及元件推荐厂商	
液压系统制造	油威力、宁波创力、上海朝田、北京精海仪、上海龙甑
对中系统	上海科先、上海龙甑
柱塞泵	太重榆液
螺杆泵	RSP黄泵、HELNCO海林柯
螺纹插装阀组	北京精海仪
伺服阀、比例阀	海门维拓斯
伺服液压缸	金自天成
过滤器	山西麦克雷斯、上海菲思特
真空净油机	威海戥同
滤油机	唐荷科技、上海菲思特、山西麦克雷斯
液压油	壳牌Tellus、中石化长城卓力、天津日石
液压附件	山西方盛、启东康耐柯、上海诺雷
伺服监控	镇江四联

干油、油气润滑推荐厂商	
干油智能润滑系统(包括泵、过滤器、分配器、控制系统等)	郑州奥特科技、长沙中大冶金、江海润液
干油润滑系统(包括泵、过滤器、分配器等)	郑州奥特科技、长沙中大冶金、江海润液
油气润滑系统(包括泵、过滤器、分配器、控制系统等)	江海润液、烟台澳瑞特
稀油润滑系统及元件推荐厂商	
稀油润滑系统	江海润液、保定市保液
螺杆泵	RSP黄泵、HELNCO海林柯
过滤器	山西麦克雷斯、上海菲思特
真空净油机	威海戥同
滤油机	唐荷科技、上海菲思特、山西麦克雷斯
工业齿轮油	壳牌Omala、中石化长城德威、天津日石
附件	山西方盛、启东康耐柯、上海诺雷

21		减压阀	1	DN20, 31.5MPa	
20		单向阀	1	DN25, 1.6MPa	
19		高压球阀	4	DN10, 25MPa	
18		高压球阀	6	DN20, 25MPa	
17		测压软管	1	L=1m, 40MPa	
16		高压球阀	1	DN32, 25MPa	
15		单向阀	1	DN50, 1.6MPa	
14		数字式压力继电器	2	两路开关量信号	
13		叠加式单向节流阀	1	DN10, 31.5MPa	
12		电磁换向阀	1	DN10, 31.5MPa	
11		耐震压力表	1	D=100mm 0～25MPa	
10		减压阀	1	DN10, 31.5MPa	
09		叠加式单向节流阀	2	DN6, 31.5MPa	
08		叠加式液控单向阀	2	DN6, 31.5MPa	
07		电磁换向阀	2	DN6, 31.5MPa	
06		叠加式单向节流阀	1	DN10, 31.5MPa	
05		电磁换向阀	1	DN10, 31.5MPa	
04		电磁换向阀	1	DN10, 31.5MPa	
03		测压接头	15	G1/4", 31.5MPa	
02		叠加式单向节流阀	1	DN10, 31.5MPa	
01		电磁换向阀	1	DN10, 31.5MPa	
序号	件号	名称	数量	标准规格号	备注
明细表					

机组	长材生产线	
区域	轧机区	
名称	立式轧机（闭口轧机）液压阀架原理图	
图号	轧机区-7	7/10

9.2.9 翻转装置液压阀台原理图

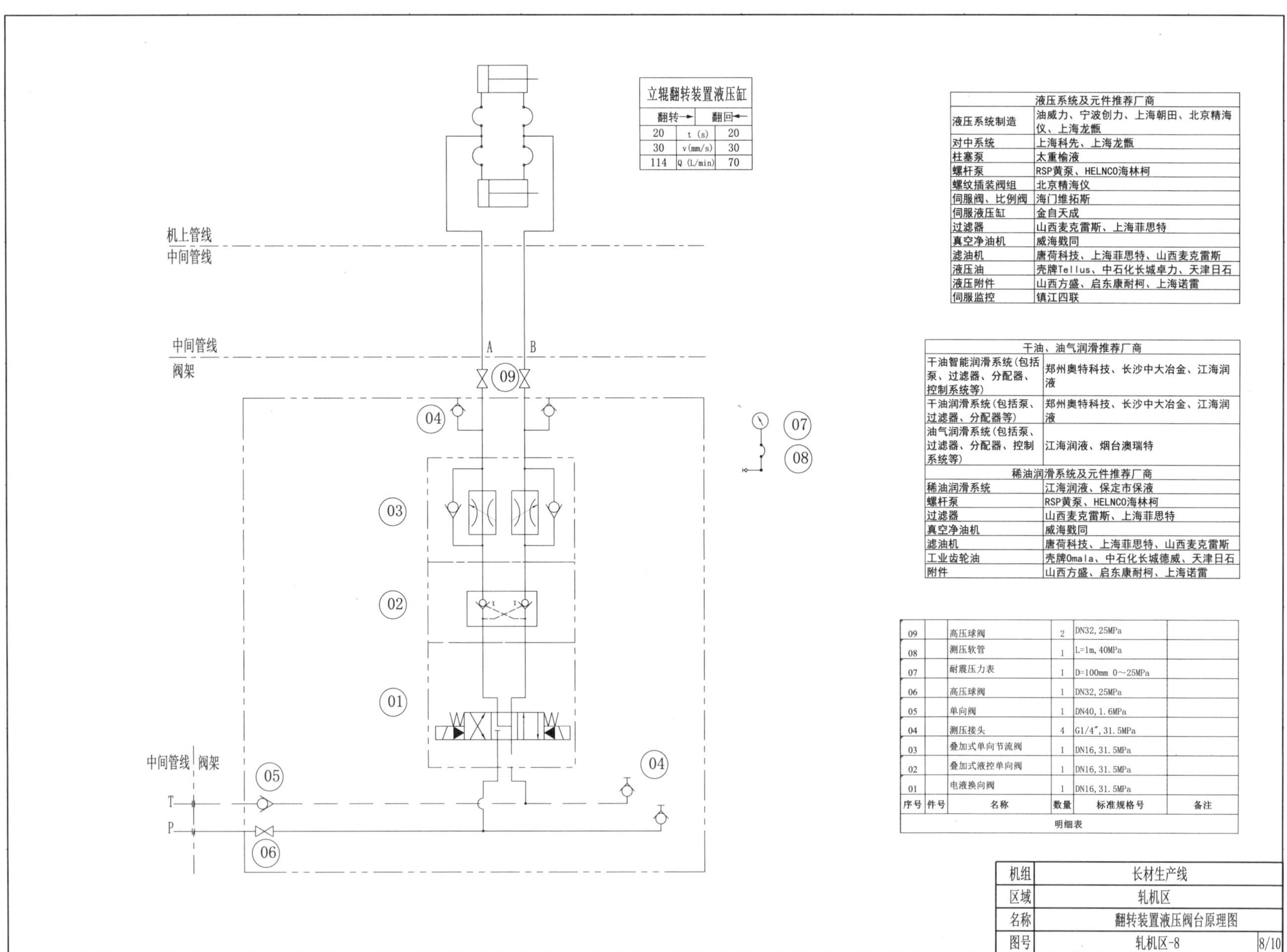

立辊翻转装置液压缸		
翻转→		翻回←
20	t (s)	20
30	v(mm/s)	30
114	Q (L/min)	70

液压系统及元件推荐厂商	
液压系统制造	油威力、宁波创力、上海朝田、北京精海仪、上海龙甑
对中系统	上海科先、上海龙甑
柱塞泵	太重榆液
螺杆泵	RSP黄泵、HELNCO海林柯
螺纹插装阀组	北京精海仪
伺服阀、比例阀	海门维拓斯
伺服液压缸	金自天成
过滤器	山西麦克雷斯、上海菲思特
真空净油机	威海戥同
滤油机	唐荷科技、上海菲思特、山西麦克雷斯
液压油	壳牌Tellus、中石化长城卓力、天津日石
液压附件	山西方盛、启东康耐柯、上海诺雷
伺服监控	镇江四联

干油、油气润滑推荐厂商	
干油智能润滑系统(包括泵、过滤器、分配器、控制系统等)	郑州奥特科技、长沙中大冶金、江海润液
干油润滑系统(包括泵、过滤器、分配器等)	郑州奥特科技、长沙中大冶金、江海润液
油气润滑系统(包括泵、过滤器、分配器、控制系统等)	江海润液、烟台澳瑞特
稀油润滑系统及元件推荐厂商	
稀油润滑系统	江海润液、保定市保液
螺杆泵	RSP黄泵、HELNCO海林柯
过滤器	山西麦克雷斯、上海菲思特
真空净油机	威海戥同
滤油机	唐荷科技、上海菲思特、山西麦克雷斯
工业齿轮油	壳牌Omala、中石化长城德威、天津日石
附件	山西方盛、启东康耐柯、上海诺雷

序号	件号	名称	数量	标准规格号	备注
09		高压球阀	2	DN32, 25MPa	
08		测压软管	1	L=1m, 40MPa	
07		耐震压力表	1	D=100mm 0～25MPa	
06		高压球阀	1	DN32, 25MPa	
05		单向阀	1	DN40, 1.6MPa	
04		测压接头	4	G1/4″, 31.5MPa	
03		叠加式单向节流阀	1	DN16, 31.5MPa	
02		叠加式液控单向阀	1	DN16, 31.5MPa	
01		电液换向阀	1	DN16, 31.5MPa	

明细表

机组	长材生产线	
区域	轧机区	
名称	翻转装置液压阀台原理图	
图号	轧机区-8	8/10

9.2.10 水冷装置液压阀架原理图

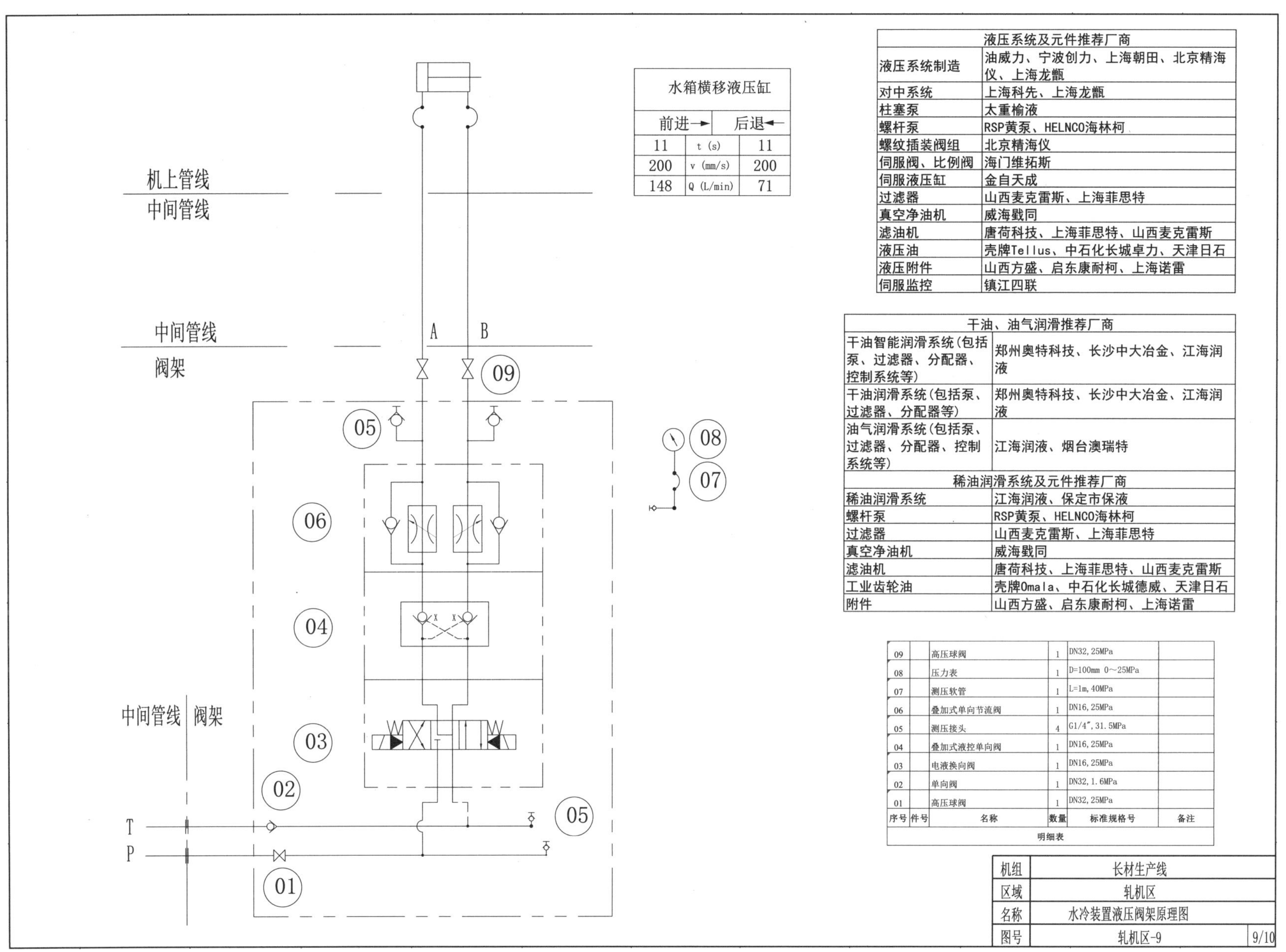

水箱横移液压缸		
前进→		后退←
11	t (s)	11
200	v (mm/s)	200
148	Q (L/min)	71

液压系统及元件推荐厂商	
液压系统制造	油威力、宁波创力、上海朝田、北京精海仪、上海龙甑
对中系统	上海科先、上海龙甑
柱塞泵	太重榆液
螺杆泵	RSP黄泵、HELNCO海林柯
螺纹插装阀组	北京精海仪
伺服阀、比例阀	海门维拓斯
伺服液压缸	金自天成
过滤器	山西麦克雷斯、上海菲思特
真空净油机	威海戥同
滤油机	唐荷科技、上海菲思特、山西麦克雷斯
液压油	壳牌Tellus、中石化长城卓力、天津日石
液压附件	山西方盛、启东康耐柯、上海诺雷
伺服监控	镇江四联

干油、油气润滑推荐厂商	
干油智能润滑系统(包括泵、过滤器、分配器、控制系统等)	郑州奥特科技、长沙中大冶金、江海润液
干油润滑系统(包括泵、过滤器、分配器等)	郑州奥特科技、长沙中大冶金、江海润液
油气润滑系统(包括泵、过滤器、分配器、控制系统等)	江海润液、烟台澳瑞特
稀油润滑系统及元件推荐厂商	
稀油润滑系统	江海润液、保定市保液
螺杆泵	RSP黄泵、HELNCO海林柯
过滤器	山西麦克雷斯、上海菲思特
真空净油机	威海戥同
滤油机	唐荷科技、上海菲思特、山西麦克雷斯
工业齿轮油	壳牌Omala、中石化长城德威、天津日石
附件	山西方盛、启东康耐柯、上海诺雷

序号	件号	名称	数量	标准规格号	备注
09		高压球阀	1	DN32, 25MPa	
08		压力表	1	D=100mm 0～25MPa	
07		测压软管	1	L=1m, 40MPa	
06		叠加式单向节流阀	1	DN16, 25MPa	
05		测压接头	4	G1/4″, 31.5MPa	
04		叠加式液控单向阀	1	DN16, 25MPa	
03		电液换向阀	1	DN16, 25MPa	
02		单向阀	1	DN32, 1.6MPa	
01		高压球阀	1	DN32, 25MPa	

明细表

机组	长材生产线	
区域	轧机区	
名称	水冷装置液压阀架原理图	
图号	轧机区-9	9/10

9.2.11 分钢辊道液压阀架原理图

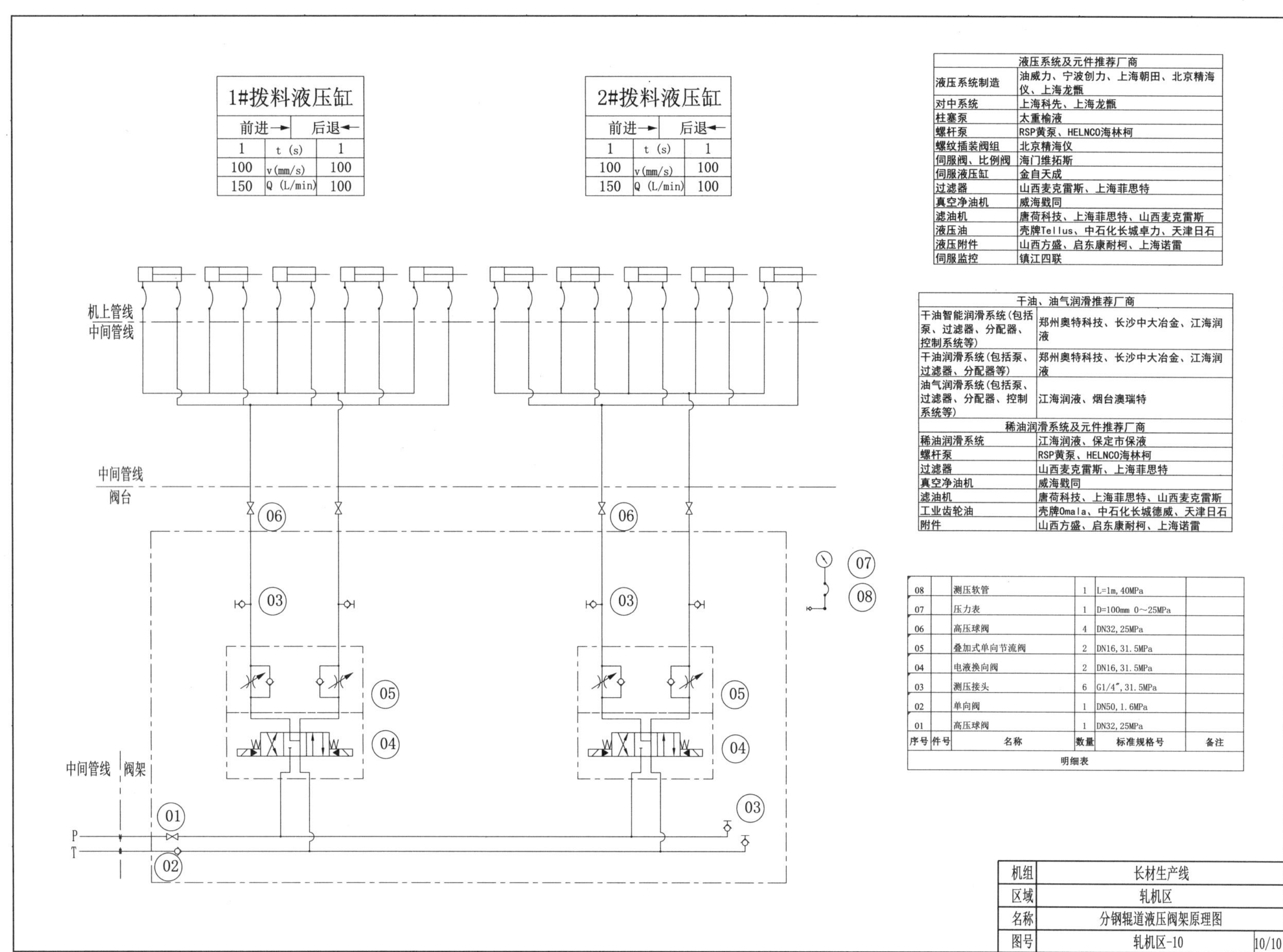

1#拨料液压缸		
前进→		后退←
1	t (s)	1
100	v(mm/s)	100
150	Q (L/min)	100

2#拨料液压缸		
前进→		后退←
1	t (s)	1
100	v(mm/s)	100
150	Q (L/min)	100

液压系统及元件推荐厂商	
液压系统制造	油威力、宁波创力、上海朝田、北京精海仪、上海龙甑
对中系统	上海科先、上海龙甑
柱塞泵	太重榆液
螺杆泵	RSP黄泵、HELNCO海林柯
螺纹插装阀组	北京精海仪
伺服阀、比例阀	海门维拓斯
伺服液压缸	金自天成
过滤器	山西麦克雷斯、上海菲思特
真空净油机	威海戥同
滤油机	唐荷科技、上海菲思特、山西麦克雷斯
液压油	壳牌Tellus、中石化长城卓力、天津日石
液压附件	山西方盛、启东康耐柯、上海诺雷
伺服监控	镇江四联

干油、油气润滑推荐厂商	
干油智能润滑系统(包括泵、过滤器、分配器、控制系统等)	郑州奥特科技、长沙中大冶金、江海润液
干油润滑系统(包括泵、过滤器、分配器等)	郑州奥特科技、长沙中大冶金、江海润液
油气润滑系统(包括泵、过滤器、分配器、控制系统等)	江海润液、烟台澳瑞特
稀油润滑系统及元件推荐厂商	
稀油润滑系统	江海润液、保定市保液
螺杆泵	RSP黄泵、HELNCO海林柯
过滤器	山西麦克雷斯、上海菲思特
真空净油机	威海戥同
滤油机	唐荷科技、上海菲思特、山西麦克雷斯
工业齿轮油	壳牌Omala、中石化长城德威、天津日石
附件	山西方盛、启东康耐柯、上海诺雷

序号	件号	名称	数量	标准规格号	备注
08		测压软管	1	L=1m, 40MPa	
07		压力表	1	D=100mm 0～25MPa	
06		高压球阀	4	DN32, 25MPa	
05		叠加式单向节流阀	2	DN16, 31.5MPa	
04		电液换向阀	2	DN16, 31.5MPa	
03		测压接头	6	G1/4″, 31.5MPa	
02		单向阀	1	DN50, 1.6MPa	
01		高压球阀	1	DN32, 25MPa	
明细表					

机组	长材生产线	
区域	轧机区	
名称	分钢辊道液压阀架原理图	
图号	轧机区-10	10/10

9.3 线材高速区液压系统

9.3.1 高速区液压站原理图

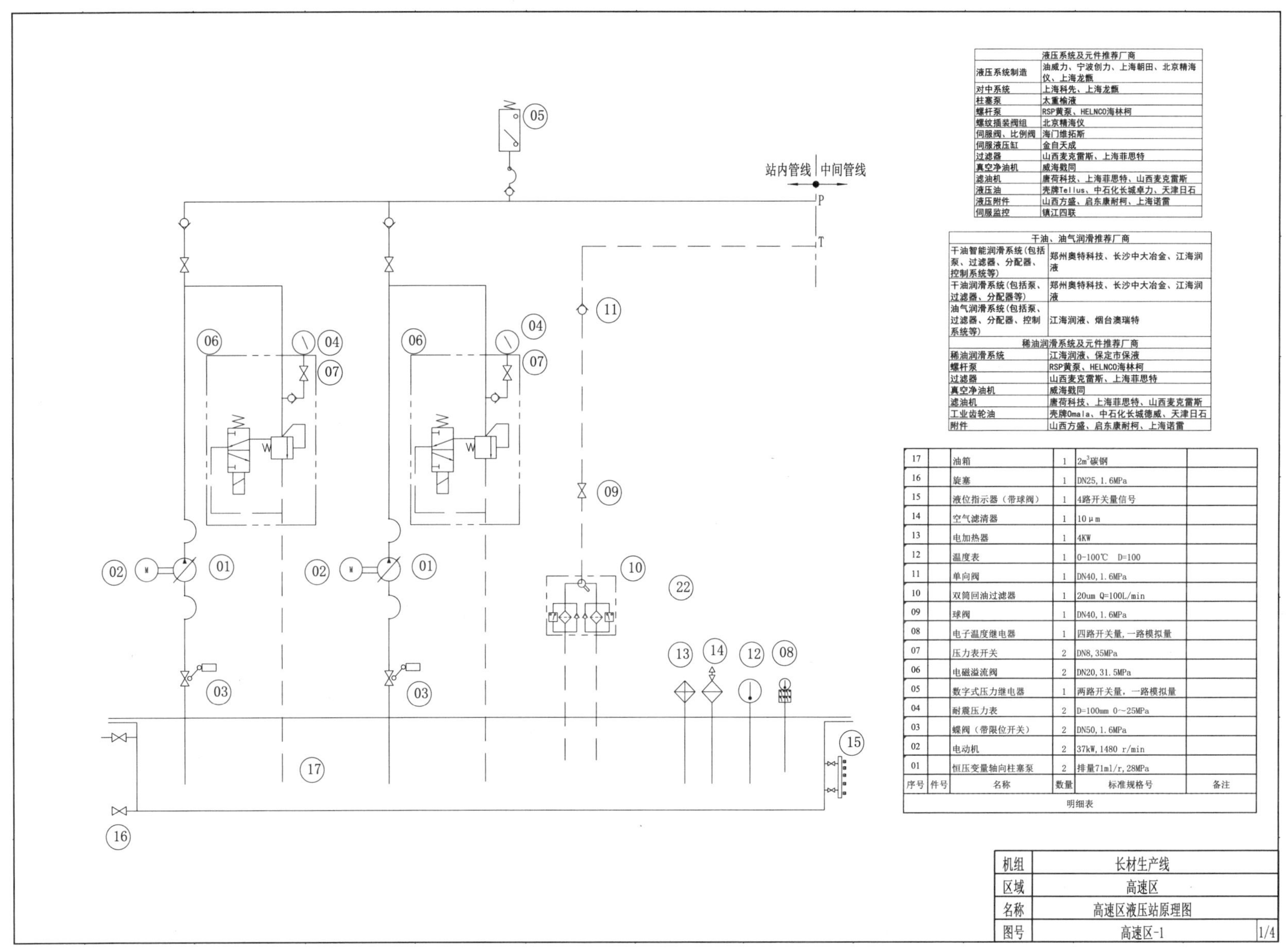

液压系统及元件推荐厂商	
液压系统制造	油威力、宁波创力、上海朝田、北京精海仪、上海龙甑
对中系统	上海科先、上海龙甑
柱塞泵	太重榆液
螺杆泵	RSP黄泵、HELNCO海林柯
螺纹插装阀组	北京精海仪
伺服阀、比例阀	海门维拓斯
伺服液压缸	金自天成
过滤器	山西麦克雷斯、上海菲思特
真空净油机	威海戥同
滤油机	唐荷科技、上海菲思特、山西麦克雷斯
液压油	壳牌Tellus、中石化长城卓力、天津日石
液压附件	山西方盛、启东康耐柯、上海诺雷
伺服监控	镇江四联

干油、油气润滑推荐厂商	
干油智能润滑系统(包括泵、过滤器、分配器、控制系统等)	郑州奥特科技、长沙中大冶金、江海润液
干油润滑系统(包括泵、过滤器、分配器等)	郑州奥特科技、长沙中大冶金、江海润液
油气润滑系统(包括泵、过滤器、分配器、控制系统等)	江海润液、烟台澳瑞特
稀油润滑系统及元件推荐厂商	
稀油润滑系统	江海润液、保定市保液
螺杆泵	RSP黄泵、HELNCO海林柯
过滤器	山西麦克雷斯、上海菲思特
真空净油机	威海戥同
滤油机	唐荷科技、上海菲思特、山西麦克雷斯
工业齿轮油	壳牌Omala、中石化长城德威、天津日石
附件	山西方盛、启东康耐柯、上海诺雷

序号	件号	名称	数量	标准规格号	备注
17		油箱	1	$2m^3$碳钢	
16		旋塞	1	DN25, 1.6MPa	
15		液位指示器（带球阀）	1	4路开关量信号	
14		空气滤清器	1	10μm	
13		电加热器	1	4KW	
12		温度表	1	0-100℃　D=100	
11		单向阀	1	DN40, 1.6MPa	
10		双筒回油过滤器	1	20um Q=100L/min	
09		球阀	1	DN40, 1.6MPa	
08		电子温度继电器	1	四路开关量, 一路模拟量	
07		压力表开关	2	DN8, 35MPa	
06		电磁溢流阀	2	DN20, 31.5MPa	
05		数字式压力继电器	1	两路开关量，一路模拟量	
04		耐震压力表	2	D=100mm 0～25MPa	
03		蝶阀（带限位开关）	2	DN50, 1.6MPa	
02		电动机	2	37kW, 1480 r/min	
01		恒压变量轴向柱塞泵	2	排量71ml/r, 28MPa	
明细表					

机组	长材生产线	
区域	高速区	
名称	高速区液压站原理图	
图号	高速区-1	1/4

9.3.2 预精轧机液压阀架原理图

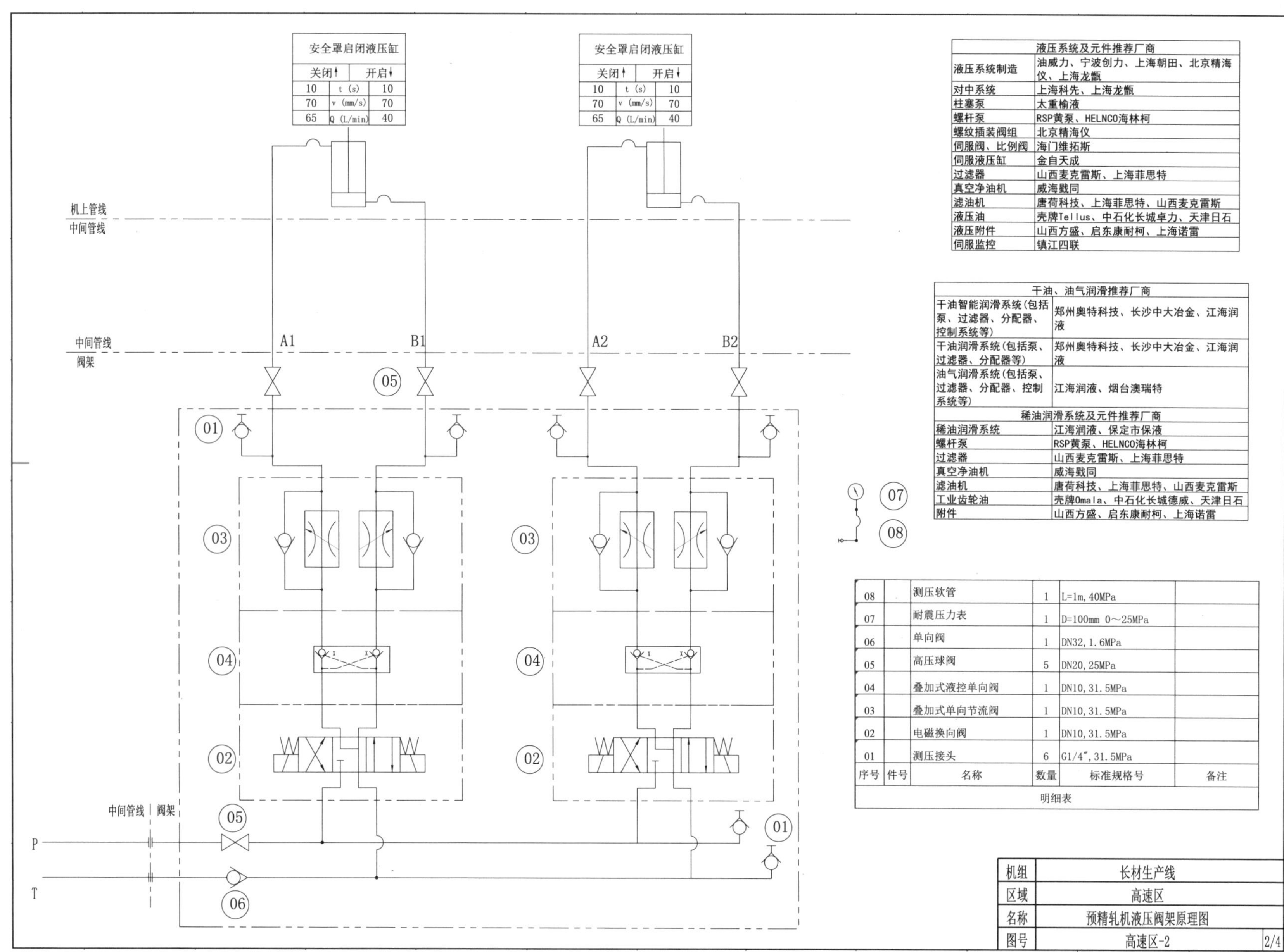

液压系统及元件推荐厂商	
液压系统制造	油威力、宁波创力、上海朝田、北京精海仪、上海龙甑
对中系统	上海科先、上海龙甑
柱塞泵	太重榆液
螺杆泵	RSP黄泵、HELNCO海林柯
螺纹插装阀组	北京精海仪
伺服阀、比例阀	海门维拓斯
伺服液压缸	金自天成
过滤器	山西麦克雷斯、上海菲思特
真空净油机	威海戥同
滤油机	唐荷科技、上海菲思特、山西麦克雷斯
液压油	壳牌Tellus、中石化长城卓力、天津日石
液压附件	山西方盛、启东康耐柯、上海诺雷
伺服监控	镇江四联

干油、油气润滑推荐厂商	
干油智能润滑系统(包括泵、过滤器、分配器、控制系统等)	郑州奥特科技、长沙中大冶金、江海润液
干油润滑系统(包括泵、过滤器、分配器等)	郑州奥特科技、长沙中大冶金、江海润液
油气润滑系统(包括泵、过滤器、分配器、控制系统等)	江海润液、烟台澳瑞特
稀油润滑系统及元件推荐厂商	
稀油润滑系统	江海润液、保定市保液
螺杆泵	RSP黄泵、HELNCO海林柯
过滤器	山西麦克雷斯、上海菲思特
真空净油机	威海戥同
滤油机	唐荷科技、上海菲思特、山西麦克雷斯
工业齿轮油	壳牌Omala、中石化长城德威、天津日石
附件	山西方盛、启东康耐柯、上海诺雷

序号	件号	名称	数量	标准规格号	备注
08		测压软管	1	L=1m, 40MPa	
07		耐震压力表	1	D=100mm 0～25MPa	
06		单向阀	1	DN32, 1.6MPa	
05		高压球阀	5	DN20, 25MPa	
04		叠加式液控单向阀	1	DN10, 31.5MPa	
03		叠加式单向节流阀	1	DN10, 31.5MPa	
02		电磁换向阀	1	DN10, 31.5MPa	
01		测压接头	6	G1/4", 31.5MPa	

明细表

机组	长材生产线	
区域	高速区	
名称	预精轧机液压阀架原理图	
图号	高速区-2	2/4

9.3.3 精轧机液压阀架原理图

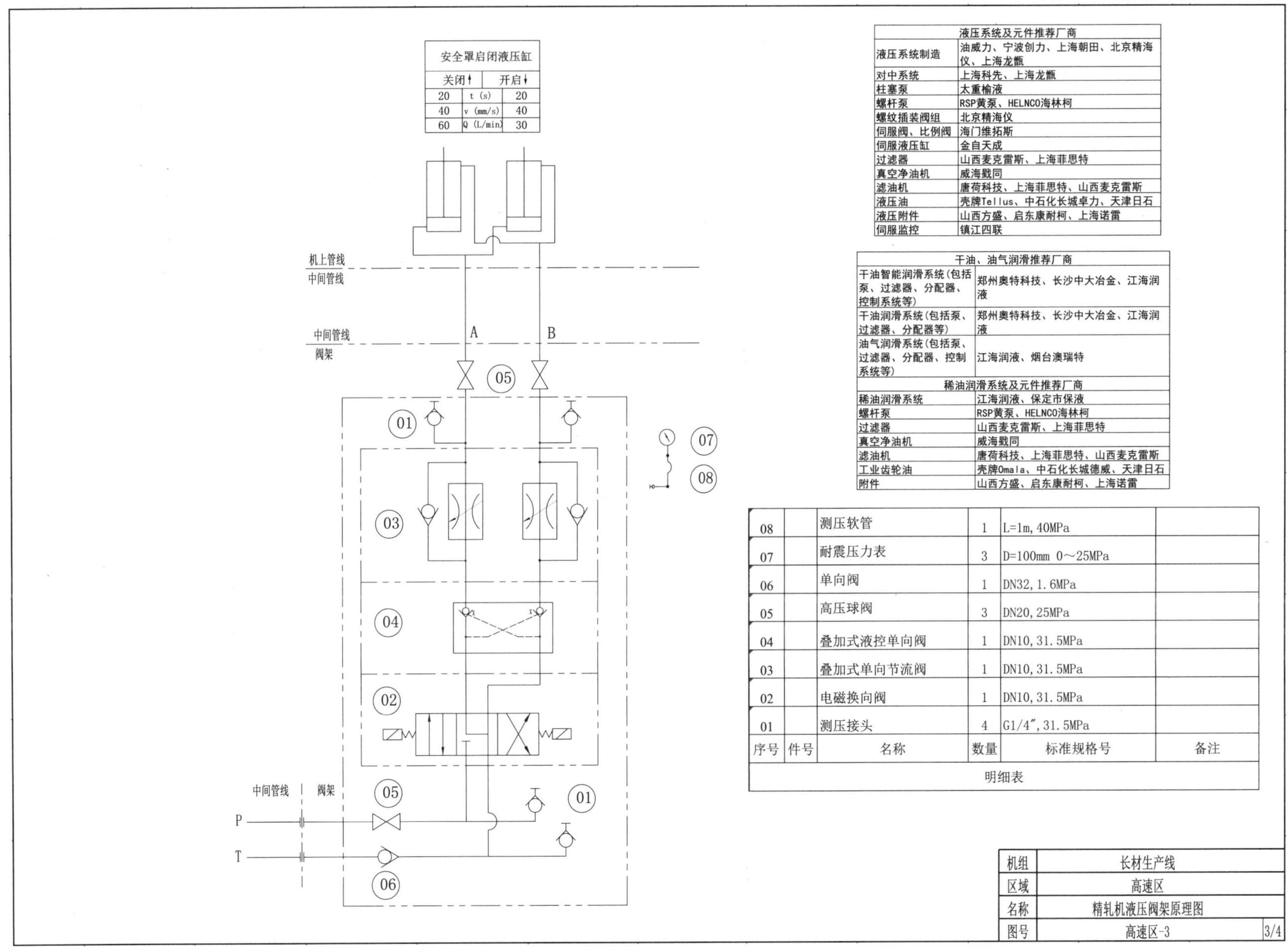

安全罩启闭液压缸		
关闭↑		开启↓
20	t (s)	20
40	v (mm/s)	40
60	Q (L/min)	30

液压系统及元件推荐厂商	
液压系统制造	油威力、宁波创力、上海朝田、北京精海仪、上海龙甑
对中系统	上海科先、上海龙甑
柱塞泵	太重榆液
螺杆泵	RSP黄泵、HELNCO海林柯
螺纹插装阀组	北京精海仪
伺服阀、比例阀	海门维拓斯
伺服液压缸	金自天成
过滤器	山西麦克雷斯、上海菲思特
真空净油机	威海戥同
滤油机	唐荷科技、上海菲思特、山西麦克雷斯
液压油	壳牌Tellus、中石化长城卓力、天津日石
液压附件	山西方盛、启东康耐柯、上海诺雷
伺服监控	镇江四联

干油、油气润滑推荐厂商	
干油智能润滑系统(包括泵、过滤器、分配器、控制系统等)	郑州奥特科技、长沙中大冶金、江海润液
干油润滑系统(包括泵、过滤器、分配器等)	郑州奥特科技、长沙中大冶金、江海润液
油气润滑系统(包括泵、过滤器、分配器、控制系统等)	江海润液、烟台澳瑞特
稀油润滑系统及元件推荐厂商	
稀油润滑系统	江海润液、保定市保液
螺杆泵	RSP黄泵、HELNCO海林柯
过滤器	山西麦克雷斯、上海菲思特
真空净油机	威海戥同
滤油机	唐荷科技、上海菲思特、山西麦克雷斯
工业齿轮油	壳牌Omala、中石化长城德威、天津日石
附件	山西方盛、启东康耐柯、上海诺雷

序号	件号	名称	数量	标准规格号	备注
08		测压软管	1	L=1m, 40MPa	
07		耐震压力表	3	D=100mm 0～25MPa	
06		单向阀	1	DN32, 1.6MPa	
05		高压球阀	3	DN20, 25MPa	
04		叠加式液控单向阀	1	DN10, 31.5MPa	
03		叠加式单向节流阀	1	DN10, 31.5MPa	
02		电磁换向阀	1	DN10, 31.5MPa	
01		测压接头	4	G1/4″, 31.5MPa	
明细表					

机组	长材生产线	
区域	高速区	
名称	精轧机液压阀架原理图	
图号	高速区-3	3/4

9.3.4 吐丝机液压阀架原理图

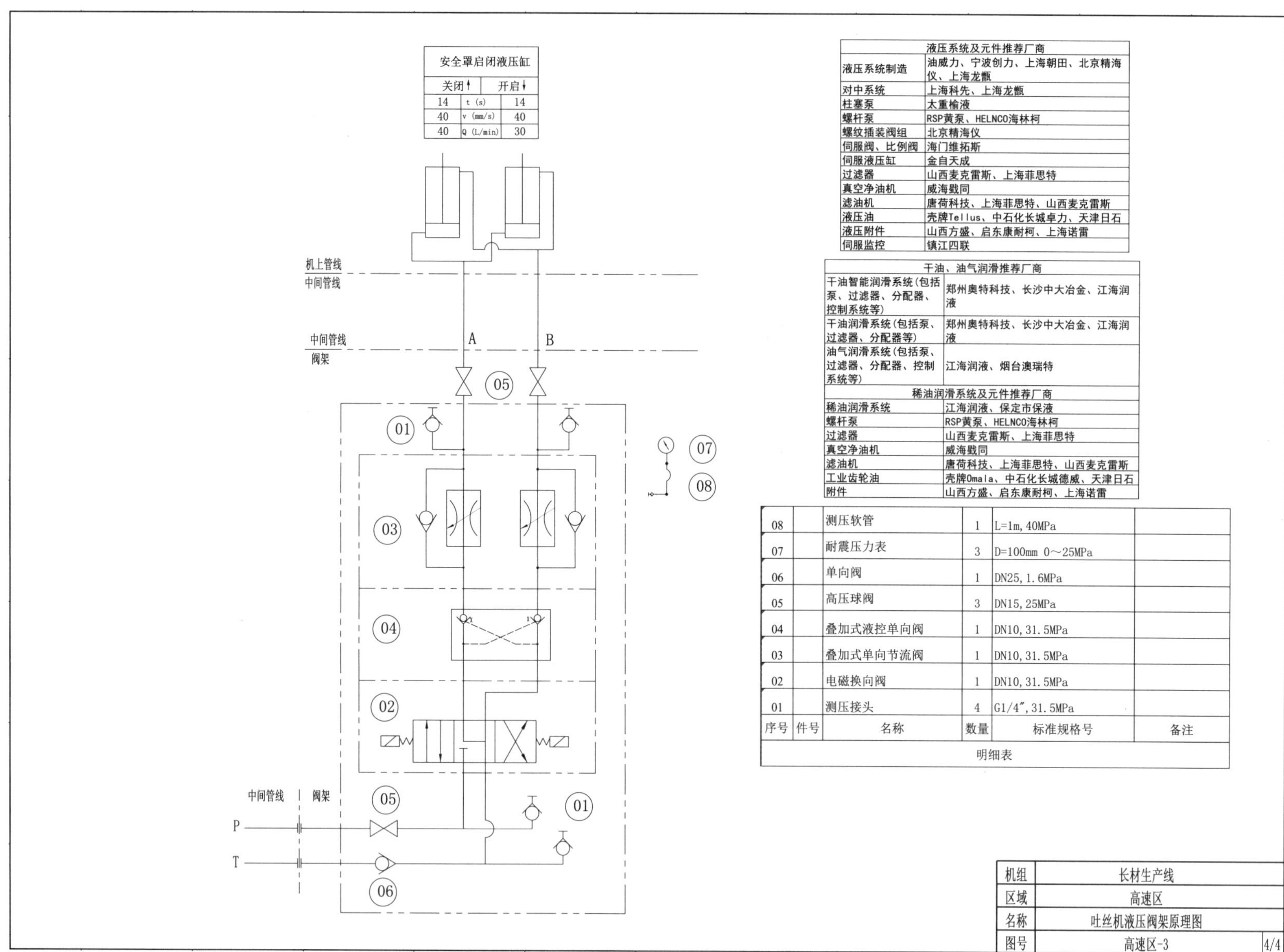

液压系统及元件推荐厂商	
液压系统制造	油威力、宁波创力、上海朝田、北京精海仪、上海龙甑
对中系统	上海科先、上海龙甑
柱塞泵	太重榆液
螺杆泵	RSP黄泵、HELNCO海林柯
螺纹插装阀组	北京精海仪
伺服阀、比例阀	海门维拓斯
伺服液压缸	金自天成
过滤器	山西麦克雷斯、上海菲思特
真空净油机	威海戳同
滤油机	唐荷科技、上海菲思特、山西麦克雷斯
液压油	壳牌Tellus、中石化长城卓力、天津日石
液压附件	山西方盛、启东康耐柯、上海诺雷
伺服监控	镇江四联

干油、油气润滑推荐厂商	
干油智能润滑系统(包括泵、过滤器、分配器、控制系统等)	郑州奥特科技、长沙中大冶金、江海润液
干油润滑系统(包括泵、过滤器、分配器等)	郑州奥特科技、长沙中大冶金、江海润液
油气润滑系统(包括泵、过滤器、分配器、控制系统等)	江海润液、烟台澳瑞特
稀油润滑系统及元件推荐厂商	
稀油润滑系统	江海润液、保定市保液
螺杆泵	RSP黄泵、HELNCO海林柯
过滤器	山西麦克雷斯、上海菲思特
真空净油机	威海戳同
滤油机	唐荷科技、上海菲思特、山西麦克雷斯
工业齿轮油	壳牌Omala、中石化长城德威、天津日石
附件	山西方盛、启东康耐柯、上海诺雷

序号	件号	名称	数量	标准规格号	备注
08		测压软管	1	L=1m, 40MPa	
07		耐震压力表	3	D=100mm 0～25MPa	
06		单向阀	1	DN25, 1.6MPa	
05		高压球阀	3	DN15, 25MPa	
04		叠加式液控单向阀	1	DN10, 31.5MPa	
03		叠加式单向节流阀	1	DN10, 31.5MPa	
02		电磁换向阀	1	DN10, 31.5MPa	
01		测压接头	4	G1/4″, 31.5MPa	

明细表

机组	长材生产线	
区域	高速区	
名称	吐丝机液压阀架原理图	
图号	高速区-3	4/4

9.4 线材收集区液压系统

9.4.1 称重部分液压站原理图

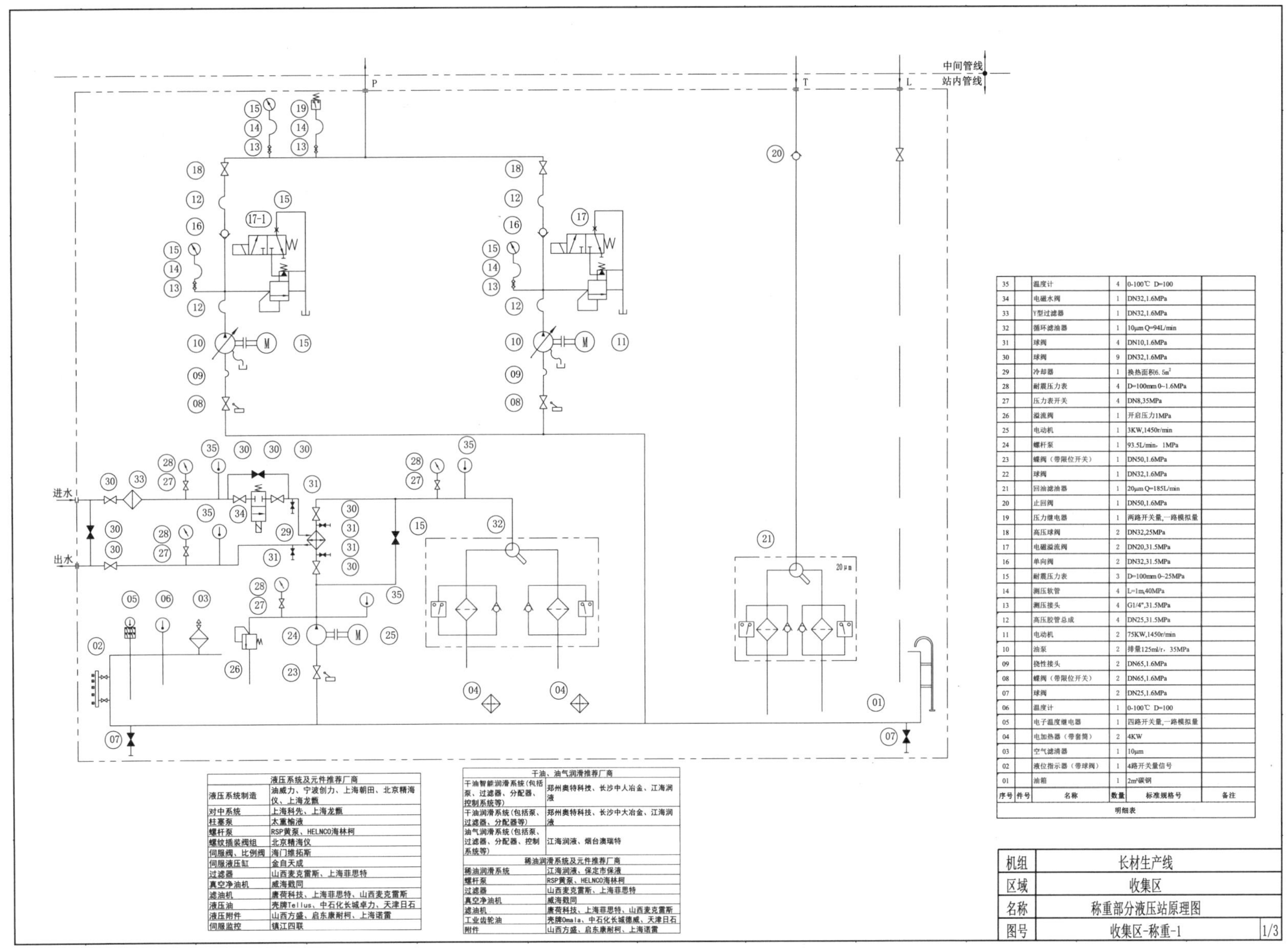

35		温度计	4	0-100℃ D=100	
34		电磁水阀	1	DN32,1.6MPa	
33		Y型过滤器	1	DN32,1.6MPa	
32		循环滤油器	1	10μm Q=94L/min	
31		球阀	4	DN10,1.6MPa	
30		球阀	9	DN32,1.6MPa	
29		冷却器	1	换热面积6. 5m²	
28		耐震压力表	4	D=100mm 0~1.6MPa	
27		压力表开关	4	DN8,35MPa	
26		溢流阀	1	开启压力1MPa	
25		电动机	1	3KW,1450r/min	
24		螺杆泵	1	93.5L/min，1MPa	
23		蝶阀（带限位开关）	1	DN50,1.6MPa	
22		球阀	1	DN32,1.6MPa	
21		回油滤油器	1	20μm Q=185L/min	
20		止回阀	1	DN50,1.6MPa	
19		压力继电器	1	两路开关量,一路模拟量	
18		高压球阀	2	DN32,25MPa	
17		电磁溢流阀	2	DN20,31.5MPa	
16		单向阀	2	DN32,31.5MPa	
15		耐震压力表	3	D=100mm 0~25MPa	
14		测压软管	4	L=1m,40MPa	
13		测压接头	4	G1/4",31.5MPa	
12		高压胶管总成	4	DN25,31.5MPa	
11		电动机	2	75KW,1450r/min	
10		油泵	2	排量125ml/r，35MPa	
09		挠性接头	2	DN65,1.6MPa	
08		蝶阀（带限位开关）	2	DN65,1.6MPa	
07		球阀	2	DN25,1.6MPa	
06		温度计	1	0-100℃ D=100	
05		电子温度继电器	1	四路开关量,一路模拟量	
04		电加热器（带套筒）	2	4KW	
03		空气滤清器	1	10μm	
02		液位指示器（带球阀）	1	4路开关量信号	
01		油箱	1	2m³碳钢	
序号	件号	名称	数量	标准规格号	备注
明细表					

液压系统及元件推荐厂商	
液压系统制造	油威力、宁波创力、上海朝田、北京精海仪、上海龙甑
对中系统	上海科先、上海龙甑
柱塞泵	太重榆液
螺杆泵	RSP黄泵、HELNCO海林柯
螺纹插装阀组	北京精海仪
伺服阀、比例阀	海门维拓斯
伺服液压缸	金自天成
过滤器	山西麦克雷斯、上海菲思特
真空净油机	威海戥同
滤油机	唐荷科技、上海菲思特、山西麦克雷斯
液压油	壳牌Tellus、中石化长城卓力、天津日石
液压附件	山西方盛、启东康耐柯、上海诺雷
伺服监控	镇江四联

干油、油气润滑推荐厂商	
干油智能润滑系统(包括泵、过滤器、分配器、控制系统等)	郑州奥特科技、长沙中人冶金、江海润液
干油润滑系统(包括泵、过滤器、分配器等)	郑州奥特科技、长沙中大冶金、江海润液
油气润滑系统(包括泵、过滤器、分配器、控制系统等)	江海润液、烟台澳瑞特
稀油润滑系统及元件推荐厂商	
稀油润滑系统	江海润液、保定市保液
螺杆泵	RSP黄泵、HELNCO海林柯
过滤器	山西麦克雷斯、上海菲思特
真空净油机	威海戥同
滤油机	唐荷科技、上海菲思特、山西麦克雷斯
工业齿轮油	壳牌Omala、中石化长城德威、天津日石
附件	山西方盛、启东康耐柯、上海诺雷

机组	长材生产线	
区域	收集区	
名称	称重部分液压站原理图	
图号	收集区-称重-1	1/3

9.4.2 称重部分蓄能器组原理图

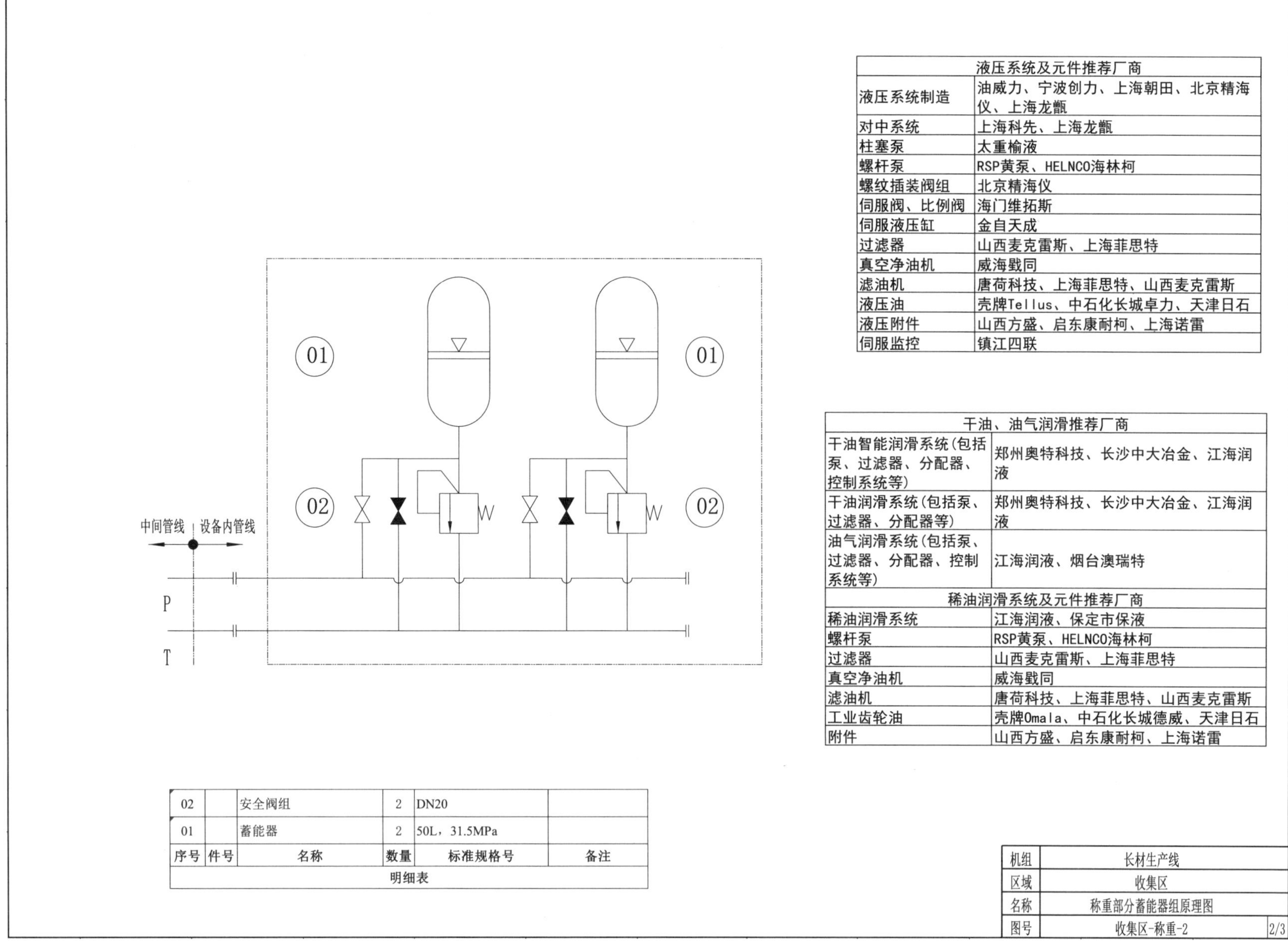

液压系统及元件推荐厂商	
液压系统制造	油威力、宁波创力、上海朝田、北京精海仪、上海龙甑
对中系统	上海科先、上海龙甑
柱塞泵	太重榆液
螺杆泵	RSP黄泵、HELNCO海林柯
螺纹插装阀组	北京精海仪
伺服阀、比例阀	海门维拓斯
伺服液压缸	金自天成
过滤器	山西麦克雷斯、上海菲思特
真空净油机	威海戥同
滤油机	唐荷科技、上海菲思特、山西麦克雷斯
液压油	壳牌Tellus、中石化长城卓力、天津日石
液压附件	山西方盛、启东康耐柯、上海诺雷
伺服监控	镇江四联

干油、油气润滑推荐厂商	
干油智能润滑系统(包括泵、过滤器、分配器、控制系统等)	郑州奥特科技、长沙中大冶金、江海润液
干油润滑系统(包括泵、过滤器、分配器等)	郑州奥特科技、长沙中大冶金、江海润液
油气润滑系统(包括泵、过滤器、分配器、控制系统等)	江海润液、烟台澳瑞特
稀油润滑系统及元件推荐厂商	
稀油润滑系统	江海润液、保定市保液
螺杆泵	RSP黄泵、HELNCO海林柯
过滤器	山西麦克雷斯、上海菲思特
真空净油机	威海戥同
滤油机	唐荷科技、上海菲思特、山西麦克雷斯
工业齿轮油	壳牌Omala、中石化长城德威、天津日石
附件	山西方盛、启东康耐柯、上海诺雷

序号	件号	名称	数量	标准规格号	备注
02		安全阀组	2	DN20	
01		蓄能器	2	50L，31.5MPa	

明细表

机组	长材生产线	
区域	收集区	
名称	称重部分蓄能器组原理图	
图号	收集区-称重-2	2/3

9.4.3 盘卷称液压阀架原理图

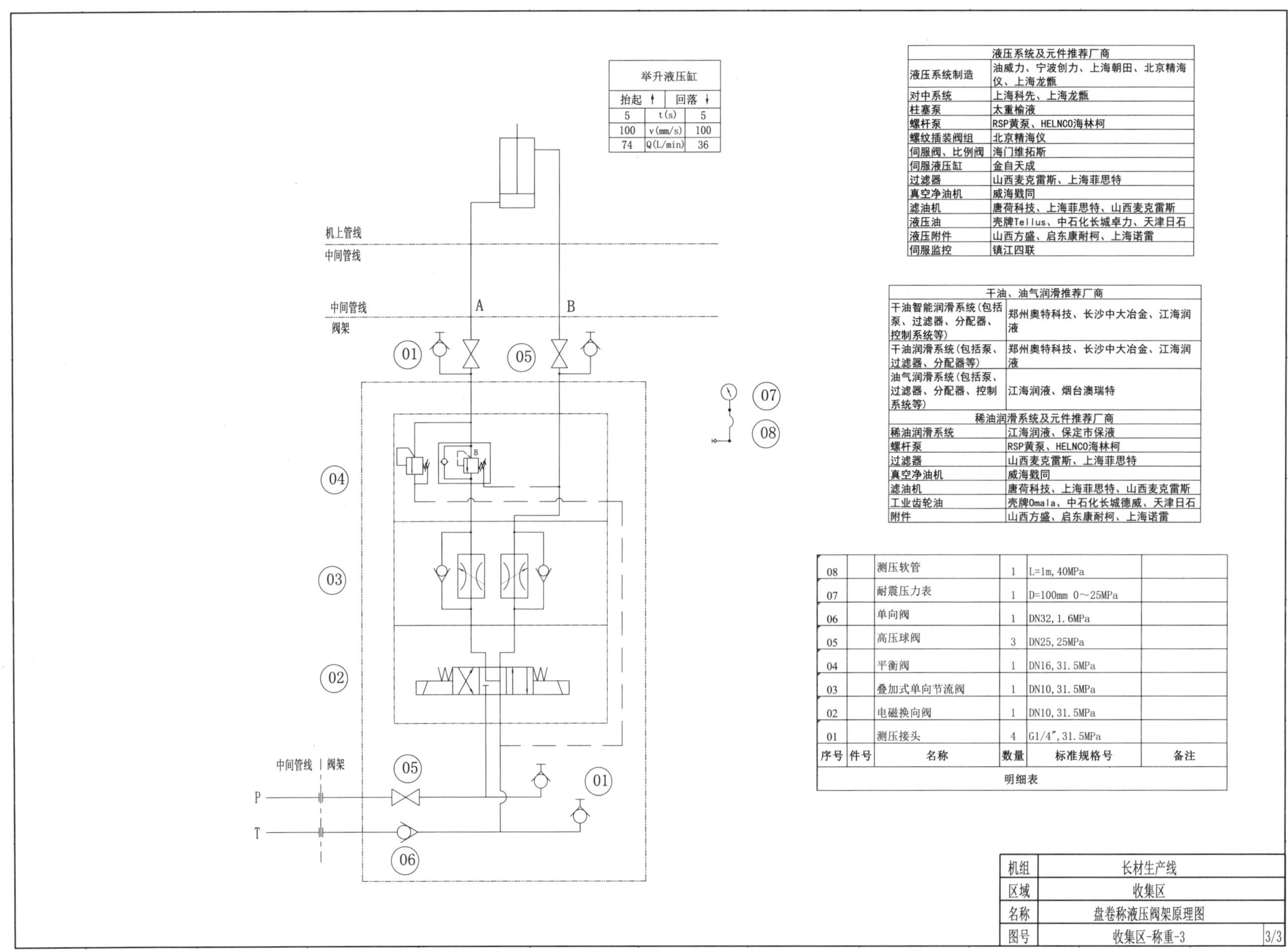

举升液压缸		
抬起 ↑		回落 ↓
5	t(s)	5
100	v(mm/s)	100
74	Q(L/min)	36

液压系统及元件推荐厂商	
液压系统制造	油威力、宁波创力、上海朝田、北京精海仪、上海龙甑
对中系统	上海科先、上海龙甑
柱塞泵	太重榆液
螺杆泵	RSP黄泵、HELNCO海林柯
螺纹插装阀组	北京精海仪
伺服阀、比例阀	海门维拓斯
伺服液压缸	金自天成
过滤器	山西麦克雷斯、上海菲思特
真空净油机	威海戥同
滤油机	唐荷科技、上海菲思特、山西麦克雷斯
液压油	壳牌Tellus、中石化长城卓力、天津日石
液压附件	山西方盛、启东康耐柯、上海诺雷
伺服监控	镇江四联

干油、油气润滑推荐厂商	
干油智能润滑系统(包括泵、过滤器、分配器、控制系统等)	郑州奥特科技、长沙中大冶金、江海润液
干油润滑系统(包括泵、过滤器、分配器等)	郑州奥特科技、长沙中大冶金、江海润液
油气润滑系统(包括泵、过滤器、分配器、控制系统等)	江海润液、烟台澳瑞特
稀油润滑系统及元件推荐厂商	
稀油润滑系统	江海润液、保定市保液
螺杆泵	RSP黄泵、HELNCO海林柯
过滤器	山西麦克雷斯、上海菲思特
真空净油机	威海戥同
滤油机	唐荷科技、上海菲思特、山西麦克雷斯
工业齿轮油	壳牌Omala、中石化长城德威、天津日石
附件	山西方盛、启东康耐柯、上海诺雷

序号	件号	名称	数量	标准规格号	备注
08		测压软管	1	L=1m, 40MPa	
07		耐震压力表	1	D=100mm 0～25MPa	
06		单向阀	1	DN32, 1.6MPa	
05		高压球阀	3	DN25, 25MPa	
04		平衡阀	1	DN16, 31.5MPa	
03		叠加式单向节流阀	1	DN10, 31.5MPa	
02		电磁换向阀	1	DN10, 31.5MPa	
01		测压接头	4	G1/4″, 31.5MPa	

明细表

机组	长材生产线	
区域	收集区	
名称	盘卷称液压阀架原理图	
图号	收集区-称重-3	3/3

9.4.4 集卷部分液压站原理图

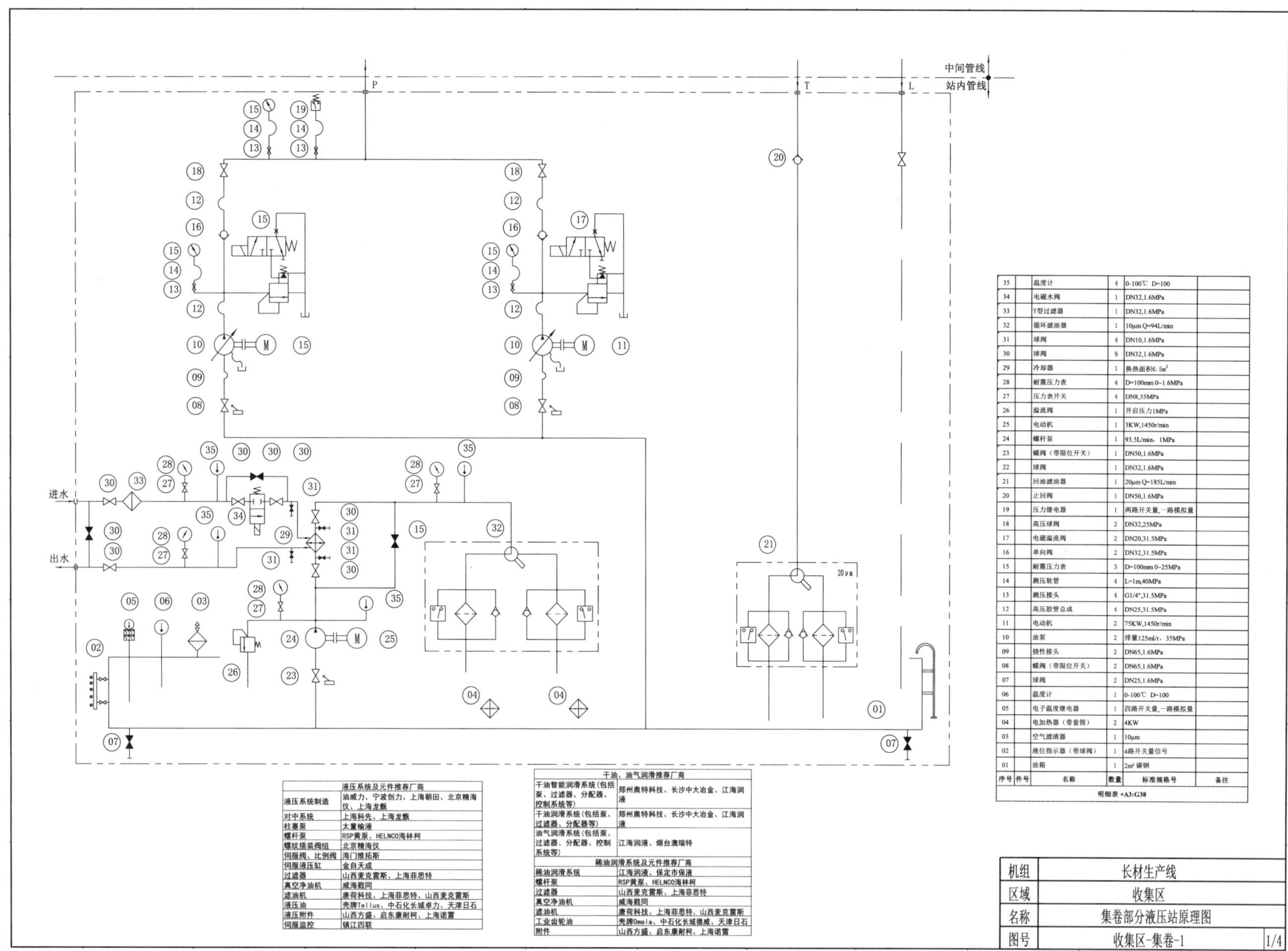

序号	件号	名称	数量	标准规格号	备注
35		温度计	4	0-100℃ D=100	
34		电磁水阀	1	DN32,1.6MPa	
33		Y型过滤器	1	DN32,1.6MPa	
32		循环滤油器	1	10μm Q=94L/min	
31		球阀	4	DN10,1.6MPa	
30		球阀	9	DN32,1.6MPa	
29		冷却器	1	换热面积6.5m²	
28		耐震压力表	4	D=100mm 0~1.6MPa	
27		压力表开关	4	DN8,35MPa	
26		溢流阀	1	开启压力1MPa	
25		电动机	1	3KW,1450r/min	
24		螺杆泵	1	93.5L/min，1MPa	
23		蝶阀（带限位开关）	1	DN50,1.6MPa	
22		球阀	1	DN32,1.6MPa	
21		回油滤油器	1	20μm Q=185L/min	
20		止回阀	1	DN50,1.6MPa	
19		压力继电器	1	两路开关量,一路模拟量	
18		高压球阀	2	DN32,25MPa	
17		电磁溢流阀	2	DN20,31.5MPa	
16		单向阀	2	DN32,31.5MPa	
15		耐震压力表	3	D=100mm 0~25MPa	
14		测压软管	4	L=1m,40MPa	
13		测压接头	4	G1/4",31.5MPa	
12		高压胶管总成	4	DN25,31.5MPa	
11		电动机	2	75KW,1450r/min	
10		油泵	2	排量125ml/r，35MPa	
09		挠性接头	2	DN65,1.6MPa	
08		蝶阀（带限位开关）	2	DN65,1.6MPa	
07		球阀	2	DN25,1.6MPa	
06		温度计	1	0-100℃ D=100	
05		电子温度继电器	1	四路开关量,一路模拟量	
04		电加热器（带套筒）	2	4KW	
03		空气滤清器	1	10μm	
02		液位指示器（带球阀）	1	4路开关量信号	
01		油箱	1	2m³ 碳钢	
明细表 +A3:G38					

液压系统及元件推荐厂商	
液压系统制造	油威力、宁波创力、上海朝田、北京精海仪、上海龙甑
对中系统	上海科先、上海龙甑
柱塞泵	太重榆液
螺杆泵	RSP黄泵、HELNCO海林柯
螺纹插装阀组	北京精海仪
伺服阀、比例阀	海门维拓斯
伺服液压缸	金自天成
过滤器	山西麦克雷斯、上海菲思特
真空净油机	威海戥同
滤油机	唐荷科技、上海菲思特、山西麦克雷斯
液压油	壳牌Tellus、中石化长城卓力、天津日石
液压附件	山西方盛、启东康耐柯、上海诺雷
伺服监控	镇江四联

干油、油气润滑推荐厂商	
干油智能润滑系统(包括泵、过滤器、分配器、控制系统等)	郑州奥特科技、长沙中大冶金、江海润液
干油润滑系统(包括泵、过滤器、分配器等)	郑州奥特科技、长沙中大冶金、江海润液
油气润滑系统(包括泵、过滤器、分配器、控制系统等)	江海润液、烟台澳瑞特
稀油润滑系统及元件推荐厂商	
稀油润滑系统	江海润液、保定市保液
螺杆泵	RSP黄泵、HELNCO海林柯
过滤器	山西麦克雷斯、上海菲思特
真空净油机	威海戥同
滤油机	唐荷科技、上海菲思特、山西麦克雷斯
工业齿轮油	壳牌Omala、中石化长城德威、天津日石
附件	山西方盛、启东康耐柯、上海诺雷

机组	长材生产线	
区域	收集区	
名称	集卷部分液压站原理图	
图号	收集区-集卷-1	1/4

9.4.5 集卷部分蓄能器组原理图

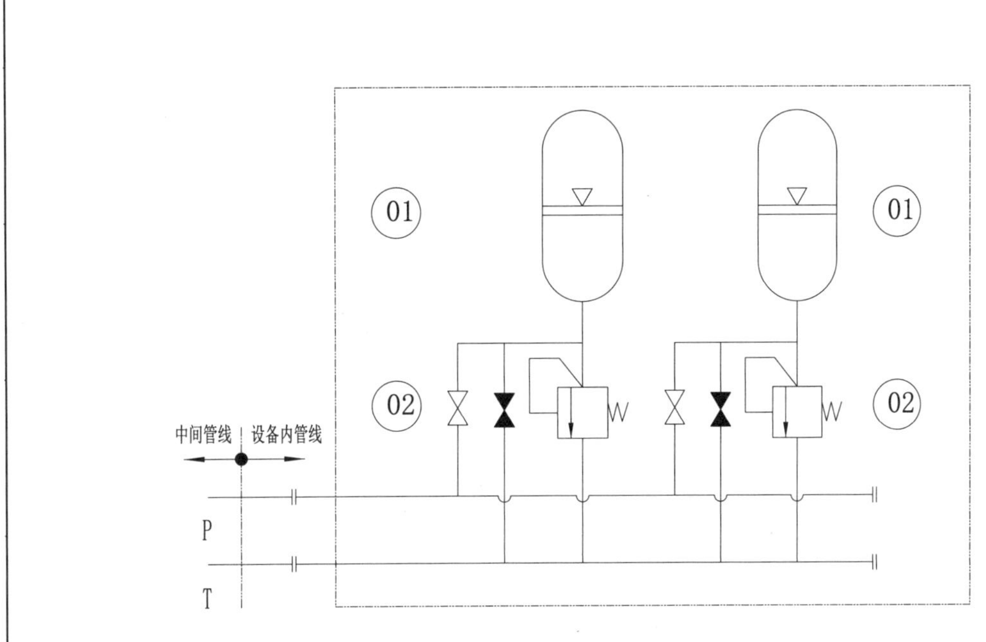

液压系统及元件推荐厂商	
液压系统制造	油威力、宁波创力、上海朝田、北京精海仪、上海龙甑
对中系统	上海科先、上海龙甑
柱塞泵	太重榆液
螺杆泵	RSP黄泵、HELNCO海林柯
螺纹插装阀组	北京精海仪
伺服阀、比例阀	海门维拓斯
伺服液压缸	金自天成
过滤器	山西麦克雷斯、上海菲思特
真空净油机	威海戥同
滤油机	唐荷科技、上海菲思特、山西麦克雷斯
液压油	壳牌Tellus、中石化长城卓力、天津日石
液压附件	山西方盛、启东康耐柯、上海诺雷
伺服监控	镇江四联

干油、油气润滑推荐厂商	
干油智能润滑系统(包括泵、过滤器、分配器、控制系统等)	郑州奥特科技、长沙中大冶金、江海润液
干油润滑系统(包括泵、过滤器、分配器等)	郑州奥特科技、长沙中大冶金、江海润液
油气润滑系统(包括泵、过滤器、分配器、控制系统等)	江海润液、烟台澳瑞特
稀油润滑系统及元件推荐厂商	
稀油润滑系统	江海润液、保定市保液
螺杆泵	RSP黄泵、HELNCO海林柯
过滤器	山西麦克雷斯、上海菲思特
真空净油机	威海戥同
滤油机	唐荷科技、上海菲思特、山西麦克雷斯
工业齿轮油	壳牌Omala、中石化长城德威、天津日石
附件	山西方盛、启东康耐柯、上海诺雷

序号	件号	名称	数量	标准规格号	备注
02		安全阀组	2	DN20	
01		蓄能器	2	50L，31.5MPa	
明细表					

机组	长材生产线	
区域	收集区	
名称	集卷部分蓄能器组原理图	
图号	收集区-集卷-2	2/4

9.4.6 盘卷接收液压阀架原理图

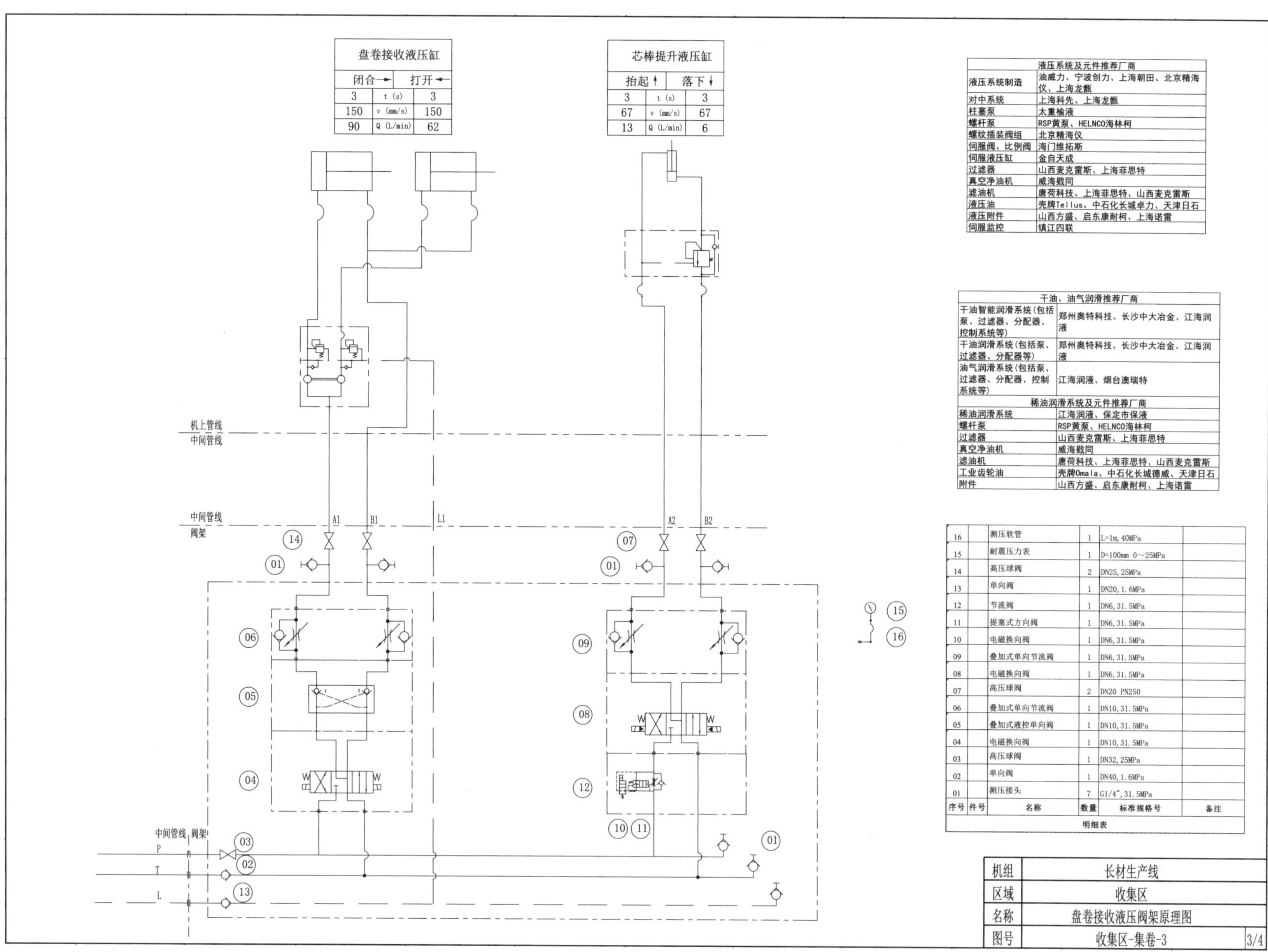

液压系统及元件推荐厂商	
液压系统制造	油威力、宁波创力、上海朝田、北京精海仪、上海龙甑
对中系统	上海科先、上海龙甑
柱塞泵	太重榆液
螺杆泵	RSP黄泵、HELNCO海林柯
螺纹插装阀组	北京精海仪
伺服阀、比例阀	海门维拓斯
伺服液压缸	金自天成
过滤器	山西麦克雷斯、上海菲思特
真空净油机	威海戥同
滤油机	唐荷科技、上海菲思特、山西麦克雷斯
液压油	壳牌Tellus、中石化长城卓力、天津日石
液压附件	山西方盛、启东康耐柯、上海诺雷
伺服监控	镇江四联

干油、油气润滑推荐厂商	
干油智能润滑系统(包括泵、过滤器、分配器、控制系统等)	郑州奥特科技、长沙中大冶金、江海润液
干油润滑系统(包括泵、过滤器、分配器等)	郑州奥特科技、长沙中大冶金、江海润液
油气润滑系统(包括泵、过滤器、分配器、控制系统等)	江海润液、烟台澳瑞特
稀油润滑系统及元件推荐厂商	
稀油润滑系统	江海润液、保定市保液
螺杆泵	RSP黄泵、HELNCO海林柯
过滤器	山西麦克雷斯、上海菲思特
真空净油机	威海戥同
滤油机	唐荷科技、上海菲思特、山西麦克雷斯
工业齿轮油	壳牌Omala、中石化长城德威、天津日石
附件	山西方盛、启东康耐柯、上海诺雷

序号	件号	名称	数量	标准规格号	备注
16		测压软管	1	L=1m, 40MPa	
15		耐震压力表	1	D=100mm 0~25MPa	
14		高压球阀	2	DN25, 25MPa	
13		单向阀	1	DN20, 1.6MPa	
12		节流阀	1	DN6, 31.5MPa	
11		提塞式方向阀	1	DN6, 31.5MPa	
10		电磁换向阀	1	DN6, 31.5MPa	
09		叠加式单向节流阀	1	DN6, 31.5MPa	
08		电磁换向阀	1	DN6, 31.5MPa	
07		高压球阀	2	DN20 PN250	
06		叠加式单向节流阀	1	DN10, 31.5MPa	
05		叠加式液控单向阀	1	DN10, 31.5MPa	
04		电磁换向阀	1	DN10, 31.5MPa	
03		高压球阀	1	DN32, 25MPa	
02		单向阀	1	DN40, 1.6MPa	
01		测压接头	7	G1/4″, 31.5MPa	

明细表

9.4.7 运卷小车液压阀块原理图

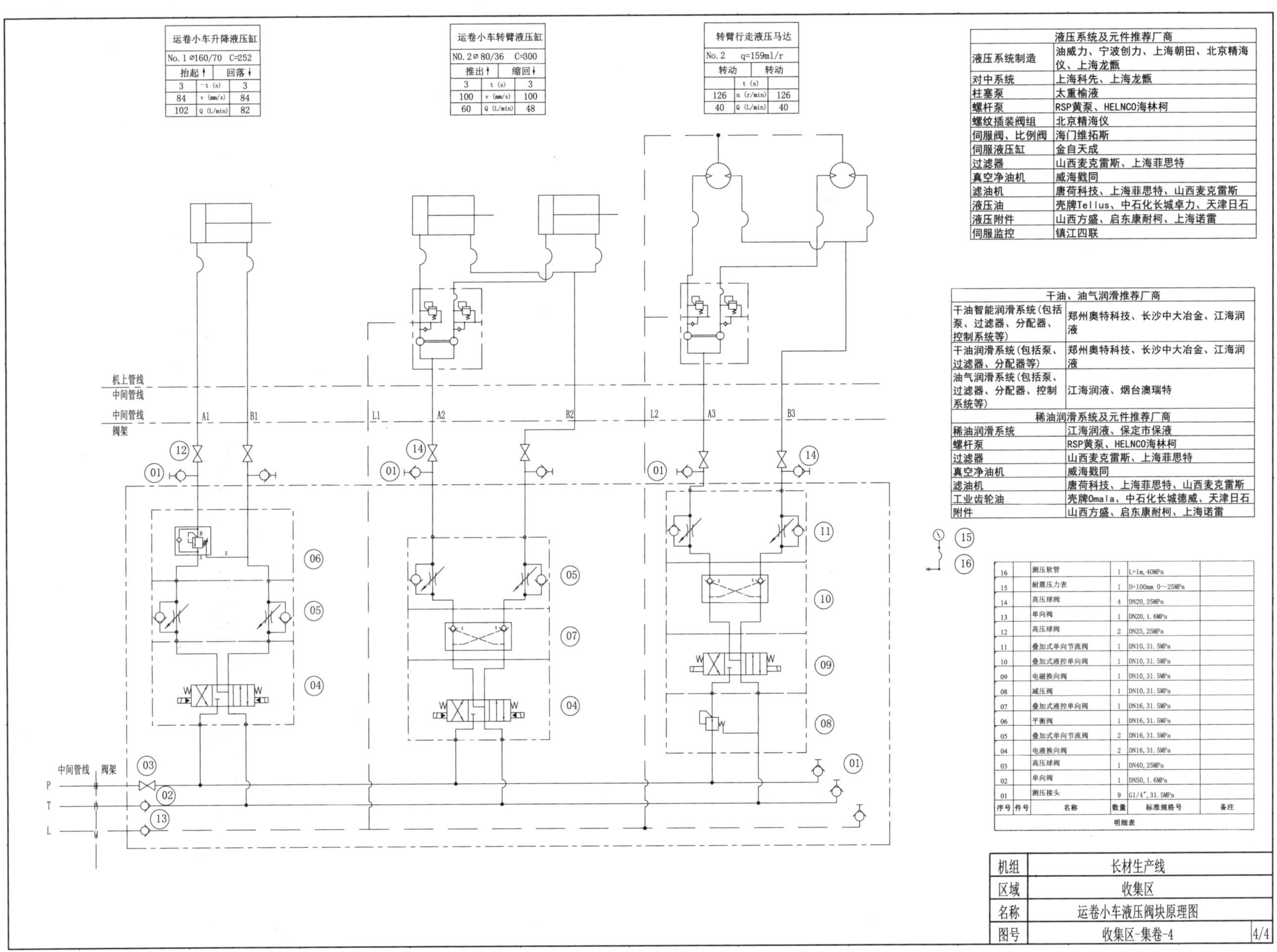

运卷小车升降液压缸		
No. 1 ⌀160/70　C=252		
抬起↑		回落↓
3	t (s)	3
84	v (mm/s)	84
102	Q (L/min)	82

运卷小车转臂液压缸		
NO. 2 ⌀ 80/36　C=300		
推出↑		缩回↓
3	t (s)	3
100	v (mm/s)	100
60	Q (L/min)	48

转臂行走液压马达		
No. 2　q=159ml/r		
转动		转动
	t (s)	
126	n (r/min)	126
40	Q (L/min)	40

液压系统及元件推荐厂商	
液压系统制造	油威力、宁波创力、上海朝田、北京精海仪、上海龙甑
对中系统	上海科先、上海龙甑
柱塞泵	太重榆液
螺杆泵	RSP黄泵、HELNCO海林柯
螺纹插装阀组	北京精海仪
伺服阀、比例阀	海门维拓斯
伺服液压缸	金自天成
过滤器	山西麦克雷斯、上海菲思特
真空净油机	威海戥同
滤油机	唐荷科技、上海菲思特、山西麦克雷斯
液压油	壳牌Tellus、中石化长城卓力、天津日石
液压附件	山西方盛、启东康耐柯、上海诺雷
伺服监控	镇江四联

干油、油气润滑推荐厂商	
干油智能润滑系统(包括泵、过滤器、分配器、控制系统等)	郑州奥特科技、长沙中大冶金、江海润液
干油润滑系统(包括泵、过滤器、分配器等)	郑州奥特科技、长沙中大冶金、江海润液
油气润滑系统(包括泵、过滤器、分配器、控制系统等)	江海润液、烟台澳瑞特
稀油润滑系统及元件推荐厂商	
稀油润滑系统	江海润液、保定市保液
螺杆泵	RSP黄泵、HELNCO海林柯
过滤器	山西麦克雷斯、上海菲思特
真空净油机	威海戥同
滤油机	唐荷科技、上海菲思特、山西麦克雷斯
工业齿轮油	壳牌Omala、中石化长城德威、天津日石
附件	山西方盛、启东康耐柯、上海诺雷

序号	件号	名称	数量	标准规格号	备注
16		测压软管	1	L=1m, 40MPa	
15		耐震压力表	1	D=100mm 0～25MPa	
14		高压球阀	4	DN20, 25MPa	
13		单向阀	1	DN20, 1.6MPa	
12		高压球阀	2	DN25, 25MPa	
11		叠加式单向节流阀	1	DN10, 31.5MPa	
10		叠加式液控单向阀	1	DN10, 31.5MPa	
09		电磁换向阀	1	DN10, 31.5MPa	
08		减压阀	1	DN10, 31.5MPa	
07		叠加式液控单向阀	1	DN16, 31.5MPa	
06		平衡阀	1	DN16, 31.5MPa	
05		叠加式单向节流阀	2	DN16, 31.5MPa	
04		电液换向阀	2	DN16, 31.5MPa	
03		高压球阀	1	DN40, 25MPa	
02		单向阀	1	DN50, 1.6MPa	
01		测压接头	9	G1/4″, 31.5MPa	

明细表

机组	长材生产线	
区域	收集区	
名称	运卷小车液压阀块原理图	
图号	收集区-集卷-4	4/4

9.4.8 卸卷液压站原理图

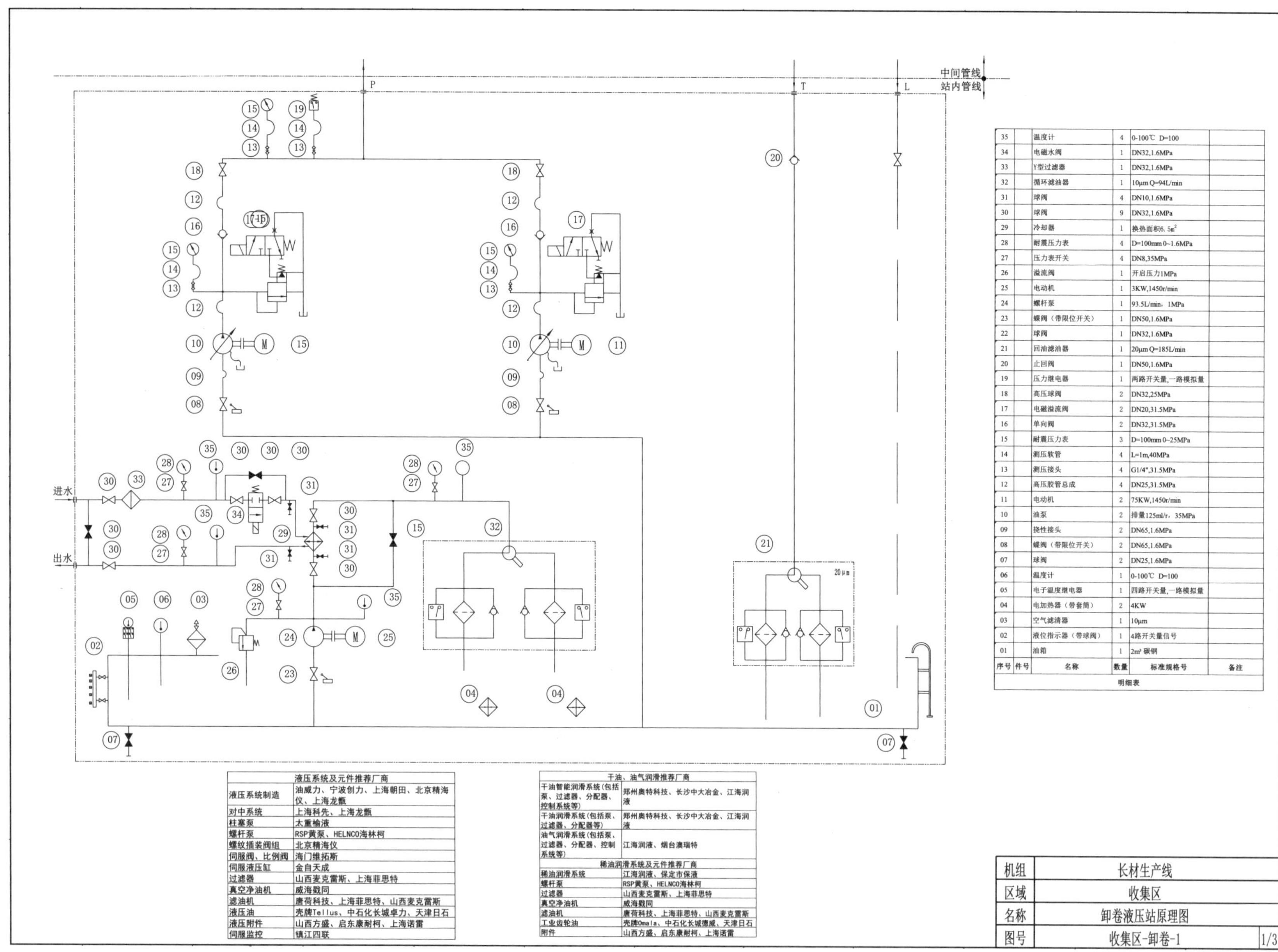

序号	件号	名称	数量	标准规格号	备注
35		温度计	4	0-100℃ D=100	
34		电磁水阀	1	DN32,1.6MPa	
33		Y型过滤器	1	DN32,1.6MPa	
32		循环滤油器	1	10μm Q=94L/min	
31		球阀	4	DN10,1.6MPa	
30		球阀	9	DN32,1.6MPa	
29		冷却器	1	换热面积6. 5m²	
28		耐震压力表	4	D=100mm 0~1.6MPa	
27		压力表开关	4	DN8,35MPa	
26		溢流阀	1	开启压力1MPa	
25		电动机	1	3KW,1450r/min	
24		螺杆泵	1	93.5L/min，1MPa	
23		蝶阀（带限位开关）	1	DN50,1.6MPa	
22		球阀	1	DN32,1.6MPa	
21		回油滤油器	1	20μm Q=185L/min	
20		止回阀	1	DN50,1.6MPa	
19		压力继电器	1	两路开关量,一路模拟量	
18		高压球阀	2	DN32,25MPa	
17		电磁溢流阀	2	DN20,31.5MPa	
16		单向阀	2	DN32,31.5MPa	
15		耐震压力表	3	D=100mm 0~25MPa	
14		测压软管	4	L=1m,40MPa	
13		测压接头	4	G1/4",31.5MPa	
12		高压胶管总成	4	DN25,31.5MPa	
11		电动机	2	75KW,1450r/min	
10		油泵	2	排量125ml/r，35MPa	
09		挠性接头	2	DN65,1.6MPa	
08		蝶阀（带限位开关）	2	DN65,1.6MPa	
07		球阀	2	DN25,1.6MPa	
06		温度计	1	0-100℃ D=100	
05		电子温度继电器	1	四路开关量,一路模拟量	
04		电加热器（带套筒）	2	4KW	
03		空气滤清器	1	10μm	
02		液位指示器（带球阀）	1	4路开关量信号	
01		油箱	1	2m³ 碳钢	

明细表

液压系统及元件推荐厂商	
液压系统制造	油威力、宁波创力、上海朝田、北京精海仪、上海龙甑
对中系统	上海科先、上海龙甑
柱塞泵	太重榆液
螺杆泵	RSP黄泵、HELNCO海林柯
螺纹插装阀组	北京精海仪
伺服阀、比例阀	海门维拓斯
伺服液压缸	金自天成
过滤器	山西麦克雷斯、上海菲思特
真空净油机	威海戳同
滤油机	唐荷科技、上海菲思特、山西麦克雷斯
液压油	壳牌Tellus、中石化长城卓力、天津日石
液压附件	山西方盛、启东康耐柯、上海诺雷
伺服监控	镇江四联

干油、油气润滑推荐厂商	
干油智能润滑系统(包括泵、过滤器、分配器、控制系统等)	郑州奥特科技、长沙中大冶金、江海润液
干油润滑系统(包括泵、过滤器、分配器等)	郑州奥特科技、长沙中大冶金、江海润液
油气润滑系统(包括泵、过滤器、分配器、控制系统等)	江海润液、烟台澳瑞特
稀油润滑系统及元件推荐厂商	
稀油润滑系统	江海润液、保定市保液
螺杆泵	RSP黄泵、HELNCO海林柯
过滤器	山西麦克雷斯、上海菲思特
真空净油机	威海戳同
滤油机	唐荷科技、上海菲思特、山西麦克雷斯
工业齿轮油	壳牌Omala、中石化长城德威、天津日石
附件	山西方盛、启东康耐柯、上海诺雷

机组	长材生产线	
区域	收集区	
名称	卸卷液压站原理图	
图号	收集区-卸卷-1	1/3

9.4.9 卸卷蓄能器组原理图

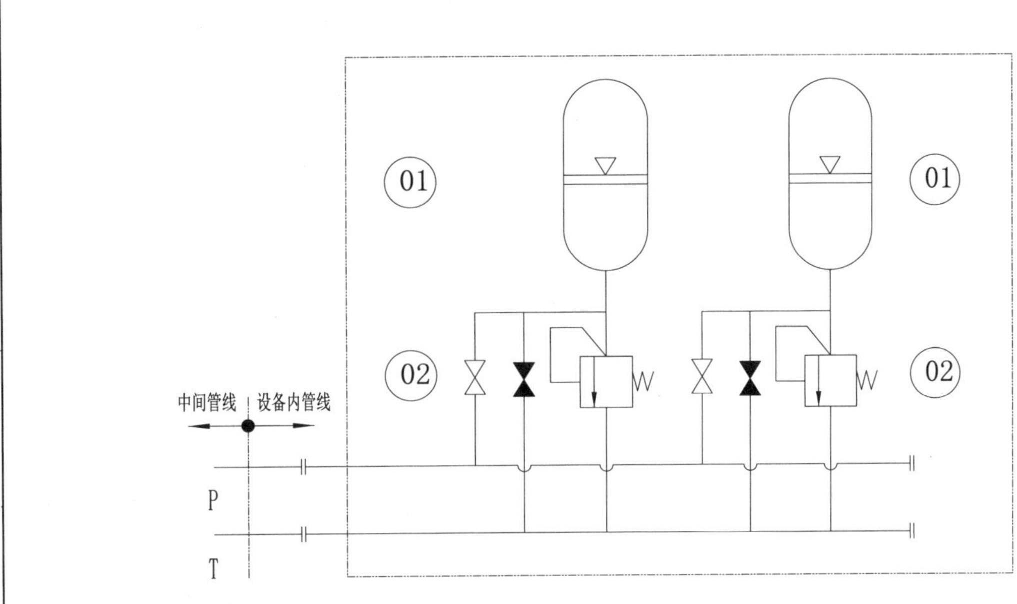

液压系统及元件推荐厂商	
液压系统制造	油威力、宁波创力、上海朝田、北京精海仪、上海龙甑
对中系统	上海科先、上海龙甑
柱塞泵	太重榆液
螺杆泵	RSP黄泵、HELNCO海林柯
螺纹插装阀组	北京精海仪
伺服阀、比例阀	海门维拓斯
伺服液压缸	金自天成
过滤器	山西麦克雷斯、上海菲思特
真空净油机	威海戥同
滤油机	唐荷科技、上海菲思特、山西麦克雷斯
液压油	壳牌Tellus、中石化长城卓力、天津日石
液压附件	山西方盛、启东康耐柯、上海诺雷
伺服监控	镇江四联

干油、油气润滑推荐厂商	
干油智能润滑系统(包括泵、过滤器、分配器、控制系统等)	郑州奥特科技、长沙中大冶金、江海润液
干油润滑系统(包括泵、过滤器、分配器等)	郑州奥特科技、长沙中大冶金、江海润液
油气润滑系统(包括泵、过滤器、分配器、控制系统等)	江海润液、烟台澳瑞特
稀油润滑系统及元件推荐厂商	
稀油润滑系统	江海润液、保定市保液
螺杆泵	RSP黄泵、HELNCO海林柯
过滤器	山西麦克雷斯、上海菲思特
真空净油机	威海戥同
滤油机	唐荷科技、上海菲思特、山西麦克雷斯
工业齿轮油	壳牌Omala、中石化长城德威、天津日石
附件	山西方盛、启东康耐柯、上海诺雷

序号	件号	名称	数量	标准规格号	备注
02		安全阀组	2	DN20	
01		蓄能器	2	50L，31.5MPa	

明细表

机组	长材生产线	
区域	收集区	
名称	卸卷蓄能器组原理图	
图号	收集区-卸卷-2	2/3

9.4.10 卸卷机液压阀架原理图

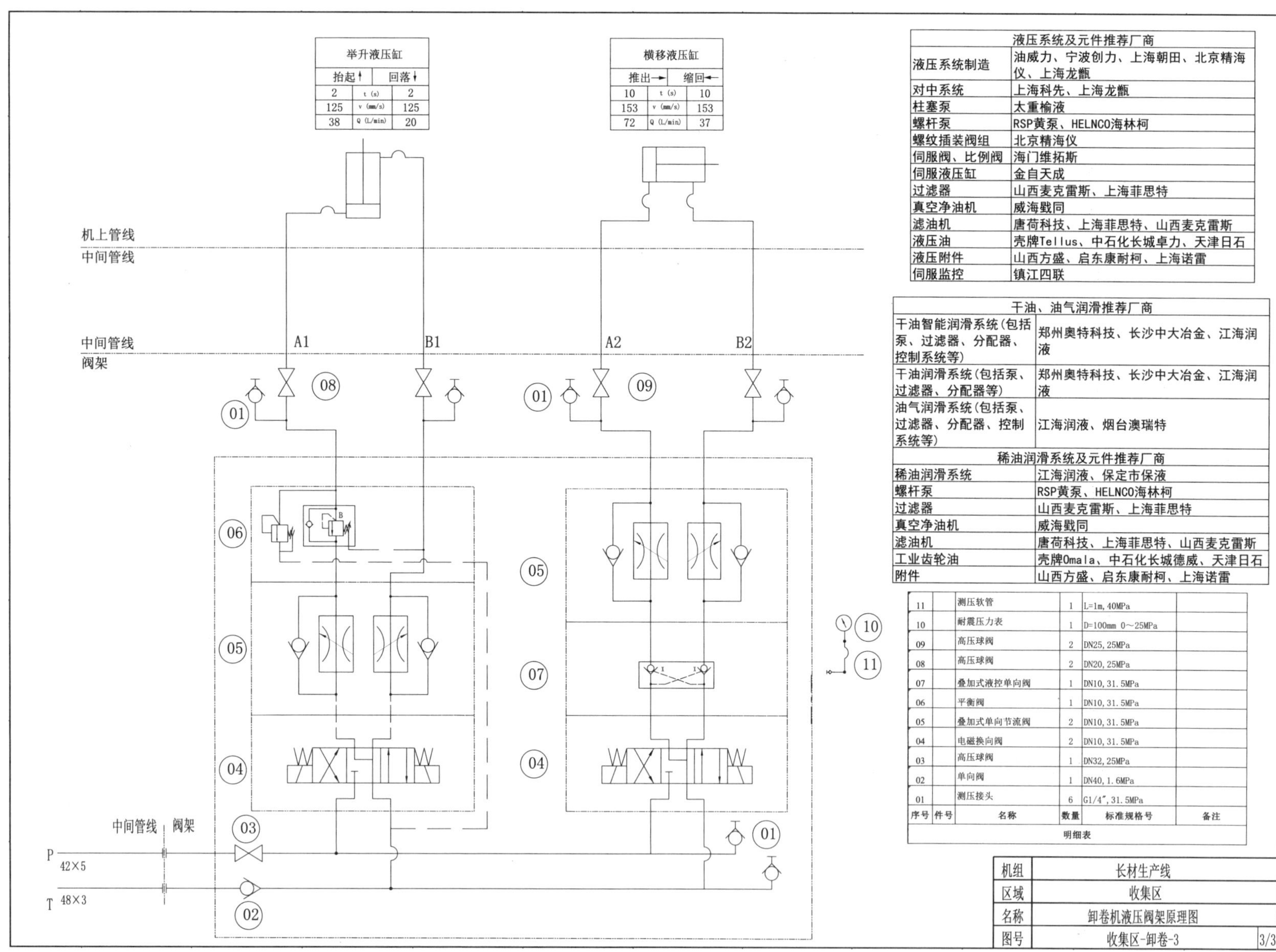

举升液压缸		
抬起↑		回落↓
2	t (s)	2
125	v (mm/s)	125
38	Q (L/min)	20

横移液压缸		
推出→		缩回←
10	t (s)	10
153	v (mm/s)	153
72	Q (L/min)	37

液压系统及元件推荐厂商	
液压系统制造	油威力、宁波创力、上海朝田、北京精海仪、上海龙甑
对中系统	上海科先、上海龙甑
柱塞泵	太重榆液
螺杆泵	RSP黄泵、HELNCO海林柯
螺纹插装阀组	北京精海仪
伺服阀、比例阀	海门维拓斯
伺服液压缸	金自天成
过滤器	山西麦克雷斯、上海菲思特
真空净油机	威海戥同
滤油机	唐荷科技、上海菲思特、山西麦克雷斯
液压油	壳牌Tellus、中石化长城卓力、天津日石
液压附件	山西方盛、启东康耐柯、上海诺雷
伺服监控	镇江四联

干油、油气润滑推荐厂商	
干油智能润滑系统(包括泵、过滤器、分配器、控制系统等)	郑州奥特科技、长沙中大冶金、江海润液
干油润滑系统(包括泵、过滤器、分配器等)	郑州奥特科技、长沙中大冶金、江海润液
油气润滑系统(包括泵、过滤器、分配器、控制系统等)	江海润液、烟台澳瑞特
稀油润滑系统及元件推荐厂商	
稀油润滑系统	江海润液、保定市保液
螺杆泵	RSP黄泵、HELNCO海林柯
过滤器	山西麦克雷斯、上海菲思特
真空净油机	威海戥同
滤油机	唐荷科技、上海菲思特、山西麦克雷斯
工业齿轮油	壳牌Omala、中石化长城德威、天津日石
附件	山西方盛、启东康耐柯、上海诺雷

序号	件号	名称	数量	标准规格号	备注
11		测压软管	1	L=1m, 40MPa	
10		耐震压力表	1	D=100mm 0～25MPa	
09		高压球阀	2	DN25, 25MPa	
08		高压球阀	2	DN20, 25MPa	
07		叠加式液控单向阀	1	DN10, 31.5MPa	
06		平衡阀	1	DN10, 31.5MPa	
05		叠加式单向节流阀	2	DN10, 31.5MPa	
04		电磁换向阀	2	DN10, 31.5MPa	
03		高压球阀	1	DN32, 25MPa	
02		单向阀	1	DN40, 1.6MPa	
01		测压接头	6	G1/4″, 31.5MPa	
明细表					

机组	长材生产线	
区域	收集区	
名称	卸卷机液压阀架原理图	
图号	收集区-卸卷-3	3/3

9.5 冷床区液压系统

9.5.1 冷床区液压站原理图

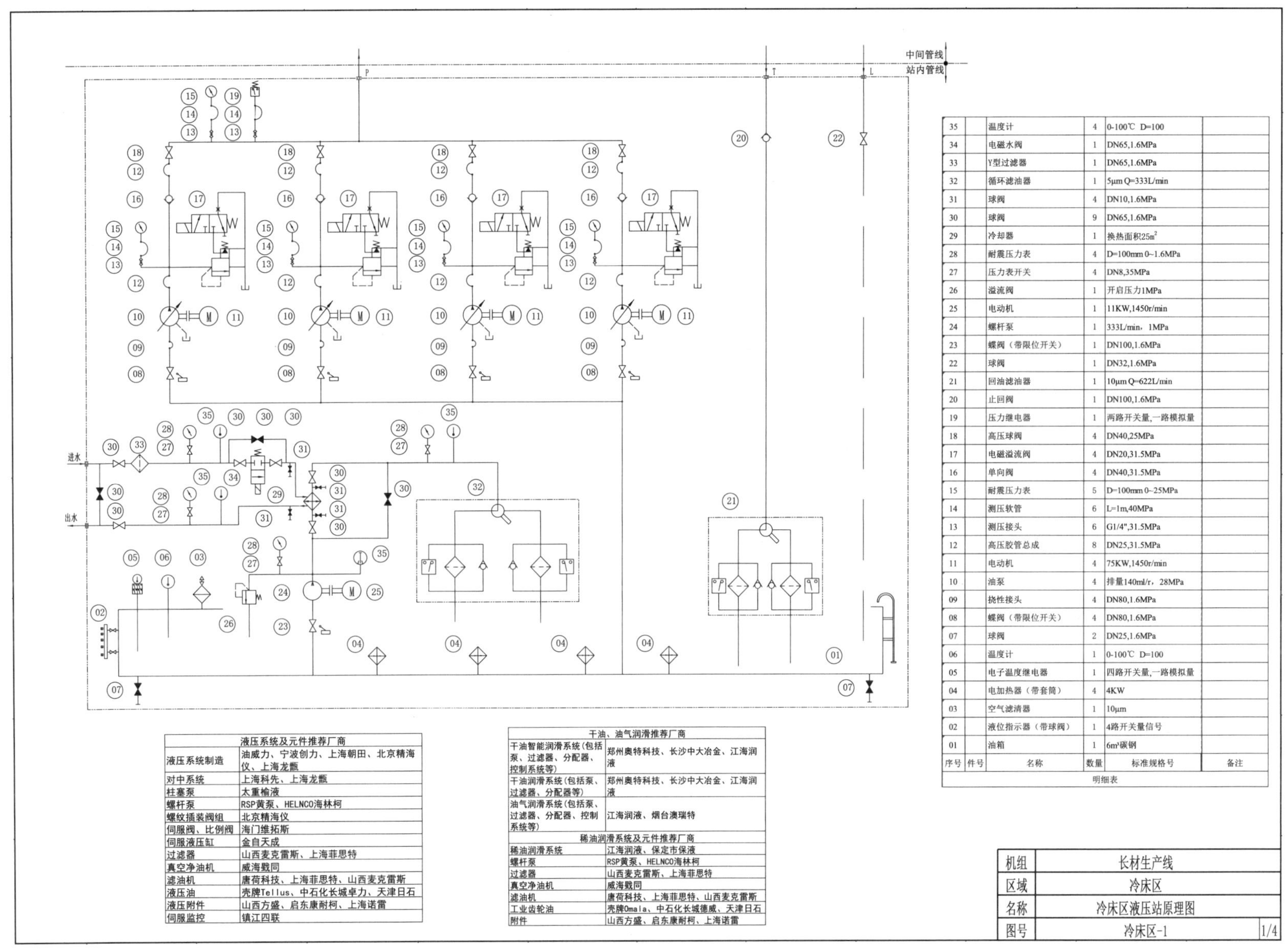

序号	件号	名称	数量	标准规格号	备注
35		温度计	4	0-100℃ D=100	
34		电磁水阀	1	DN65,1.6MPa	
33		Y型过滤器	1	DN65,1.6MPa	
32		循环滤油器	1	5μm Q=333L/min	
31		球阀	4	DN10,1.6MPa	
30		球阀	9	DN65,1.6MPa	
29		冷却器	1	换热面积25m^2	
28		耐震压力表	4	D=100mm 0~1.6MPa	
27		压力表开关	4	DN8,35MPa	
26		溢流阀	1	开启压力1MPa	
25		电动机	1	11KW,1450r/min	
24		螺杆泵	1	333L/min，1MPa	
23		蝶阀（带限位开关）	1	DN100,1.6MPa	
22		球阀	1	DN32,1.6MPa	
21		回油滤油器	1	10μm Q=622L/min	
20		止回阀	1	DN100,1.6MPa	
19		压力继电器	1	两路开关量,一路模拟量	
18		高压球阀	4	DN40,25MPa	
17		电磁溢流阀	4	DN20,31.5MPa	
16		单向阀	4	DN40,31.5MPa	
15		耐震压力表	5	D=100mm 0~25MPa	
14		测压软管	6	L=1m,40MPa	
13		测压接头	6	G1/4",31.5MPa	
12		高压胶管总成	8	DN25,31.5MPa	
11		电动机	4	75KW,1450r/min	
10		油泵	4	排量140ml/r，28MPa	
09		挠性接头	4	DN80,1.6MPa	
08		蝶阀（带限位开关）	4	DN80,1.6MPa	
07		球阀	2	DN25,1.6MPa	
06		温度计	1	0-100℃ D=100	
05		电子温度继电器	1	四路开关量,一路模拟量	
04		电加热器（带套筒）	4	4KW	
03		空气滤清器	1	10μm	
02		液位指示器（带球阀）	1	4路开关量信号	
01		油箱	1	6m^{3}碳钢	

明细表

液压系统及元件推荐厂商	
液压系统制造	油威力、宁波创力、上海朝田、北京精海仪、上海龙甑
对中系统	上海科先、上海龙甑
柱塞泵	太重榆液
螺杆泵	RSP黄泵、HELNCO海林柯
螺纹插装阀组	北京精海仪
伺服阀、比例阀	海门维拓斯
伺服液压缸	金自天成
过滤器	山西麦克雷斯、上海菲思特
真空净油机	威海戥同
滤油机	唐荷科技、上海菲思特、山西麦克雷斯
液压油	壳牌Tellus、中石化长城卓力、天津日石
液压附件	山西方盛、启东康耐柯、上海诺雷
伺服监控	镇江四联

干油、油气润滑推荐厂商	
干油智能润滑系统(包括泵、过滤器、分配器、控制系统等)	郑州奥特科技、长沙中大冶金、江海润液
干油润滑系统(包括泵、过滤器、分配器等)	郑州奥特科技、长沙中大冶金、江海润液
油气润滑系统(包括泵、过滤器、分配器、控制系统等)	江海润液、烟台澳瑞特
稀油润滑系统及元件推荐厂商	
稀油润滑系统	江海润液、保定市保液
螺杆泵	RSP黄泵、HELNCO海林柯
过滤器	山西麦克雷斯、上海菲思特
真空净油机	威海戥同
滤油机	唐荷科技、上海菲思特、山西麦克雷斯
工业齿轮油	壳牌Omala、中石化长城德威、天津日石
附件	山西方盛、启东康耐柯、上海诺雷

机组	长材生产线	
区域	冷床区	
名称	冷床区液压站原理图	
图号	冷床区-1	1/4

9.5.2 蓄能器组原理图

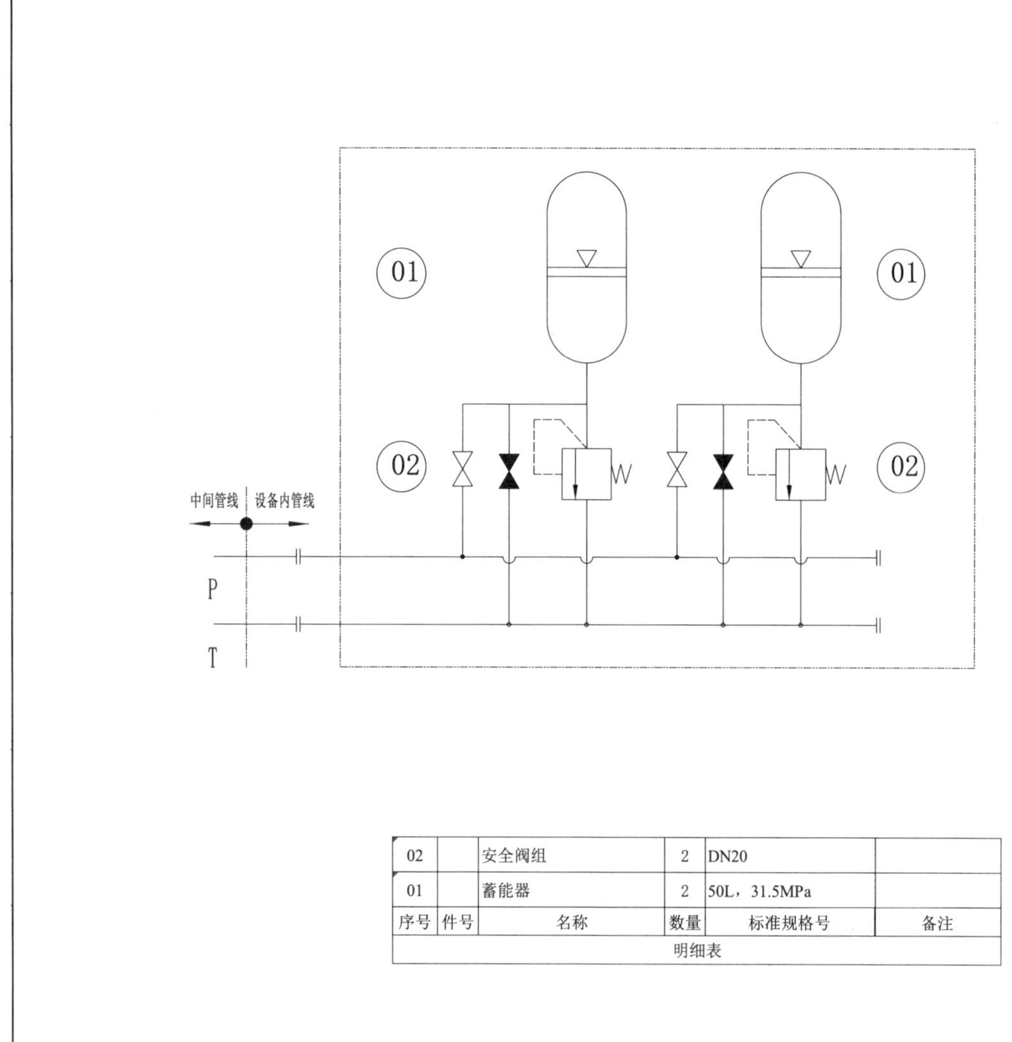

02		安全阀组	2	DN20	
01		蓄能器	2	50L，31.5MPa	
序号	件号	名称	数量	标准规格号	备注
明细表					

液压系统及元件推荐厂商	
液压系统制造	油威力、宁波创力、上海朝田、北京精海仪、上海龙甑
对中系统	上海科先、上海龙甑
柱塞泵	太重榆液
螺杆泵	RSP黄泵、HELNCO海林柯
螺纹插装阀组	北京精海仪
伺服阀、比例阀	海门维拓斯
伺服液压缸	金自天成
过滤器	山西麦克雷斯、上海菲思特
真空净油机	威海戬同
滤油机	唐荷科技、上海菲思特、山西麦克雷斯
液压油	壳牌Tellus、中石化长城卓力、天津日石
液压附件	山西方盛、启东康耐柯、上海诺雷
伺服监控	镇江四联

干油、油气润滑推荐厂商	
干油智能润滑系统(包括泵、过滤器、分配器、控制系统等)	郑州奥特科技、长沙中大冶金、江海润液
干油润滑系统(包括泵、过滤器、分配器等)	郑州奥特科技、长沙中大冶金、江海润液
油气润滑系统(包括泵、过滤器、分配器、控制系统等)	江海润液、烟台澳瑞特
稀油润滑系统及元件推荐厂商	
稀油润滑系统	江海润液、保定市保液
螺杆泵	RSP黄泵、HELNCO海林柯
过滤器	山西麦克雷斯、上海菲思特
真空净油机	威海戬同
滤油机	唐荷科技、上海菲思特、山西麦克雷斯
工业齿轮油	壳牌Omala、中石化长城德威、天津日石
附件	山西方盛、启东康耐柯、上海诺雷

机组	长材生产线	
区域	冷床区	
名称	蓄能器组原理图	
图号	冷床区-2	2/4

9.5.3 制动板升降液压阀架原理图

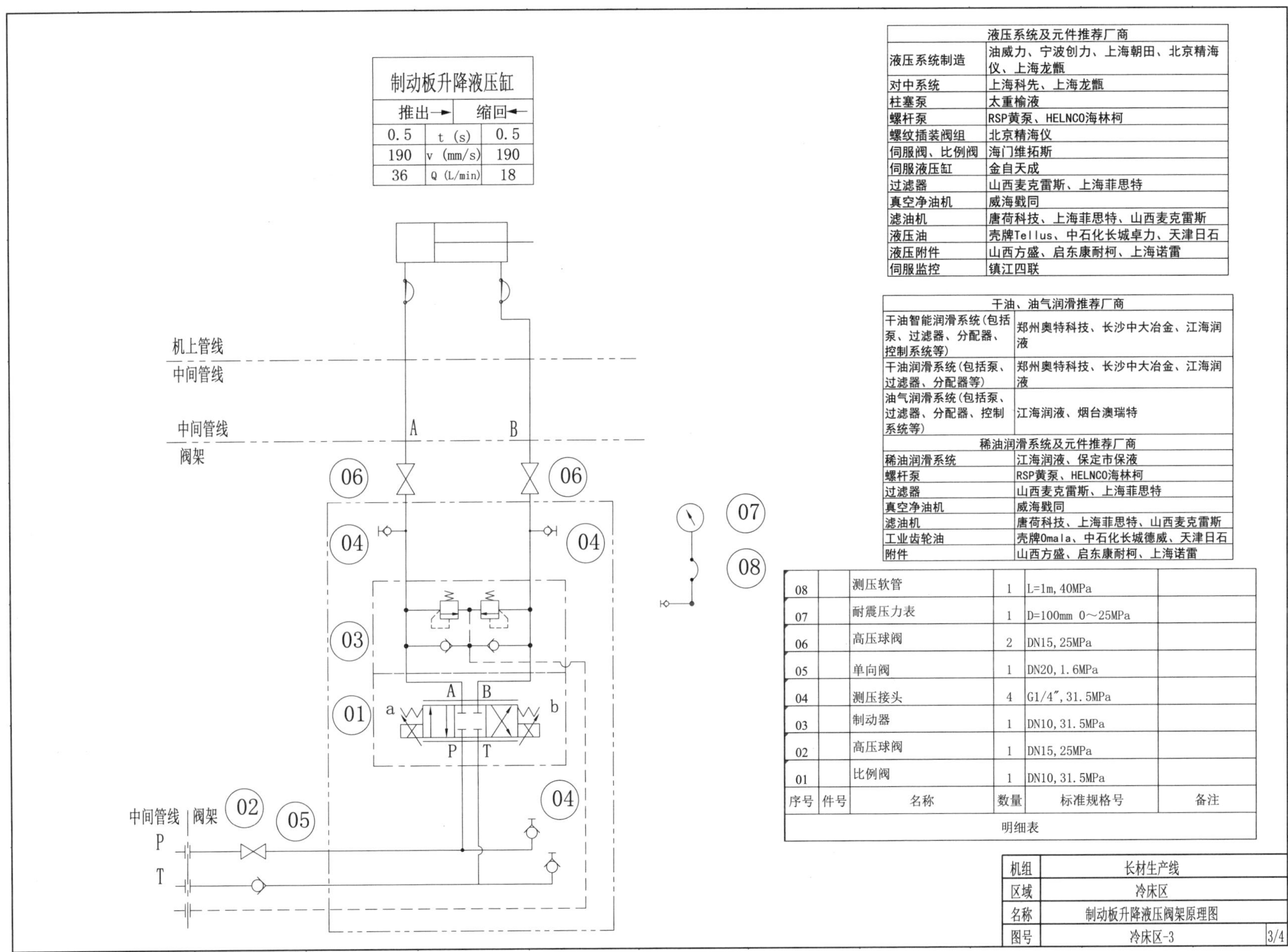

制动板升降液压缸		
推出→		缩回←
0.5	t (s)	0.5
190	v (mm/s)	190
36	Q (L/min)	18

液压系统及元件推荐厂商	
液压系统制造	油威力、宁波创力、上海朝田、北京精海仪、上海龙甑
对中系统	上海科先、上海龙甑
柱塞泵	太重榆液
螺杆泵	RSP黄泵、HELNCO海林柯
螺纹插装阀组	北京精海仪
伺服阀、比例阀	海门维拓斯
伺服液压缸	金自天成
过滤器	山西麦克雷斯、上海菲思特
真空净油机	威海戥同
滤油机	唐荷科技、上海菲思特、山西麦克雷斯
液压油	壳牌Tellus、中石化长城卓力、天津日石
液压附件	山西方盛、启东康耐柯、上海诺雷
伺服监控	镇江四联

干油、油气润滑推荐厂商	
干油智能润滑系统(包括泵、过滤器、分配器、控制系统等)	郑州奥特科技、长沙中大冶金、江海润液
干油润滑系统(包括泵、过滤器、分配器等)	郑州奥特科技、长沙中大冶金、江海润液
油气润滑系统(包括泵、过滤器、分配器、控制系统等)	江海润液、烟台澳瑞特
稀油润滑系统及元件推荐厂商	
稀油润滑系统	江海润液、保定市保液
螺杆泵	RSP黄泵、HELNCO海林柯
过滤器	山西麦克雷斯、上海菲思特
真空净油机	威海戥同
滤油机	唐荷科技、上海菲思特、山西麦克雷斯
工业齿轮油	壳牌Omala、中石化长城德威、天津日石
附件	山西方盛、启东康耐柯、上海诺雷

序号	件号	名称	数量	标准规格号	备注
08		测压软管	1	L=1m, 40MPa	
07		耐震压力表	1	D=100mm 0～25MPa	
06		高压球阀	2	DN15, 25MPa	
05		单向阀	1	DN20, 1.6MPa	
04		测压接头	4	G1/4″, 31.5MPa	
03		制动器	1	DN10, 31.5MPa	
02		高压球阀	1	DN15, 25MPa	
01		比例阀	1	DN10, 31.5MPa	
明细表					

机组	长材生产线	
区域	冷床区	
名称	制动板升降液压阀架原理图	
图号	冷床区-3	3/4

9.5.4 卸料装置液压阀架原理图

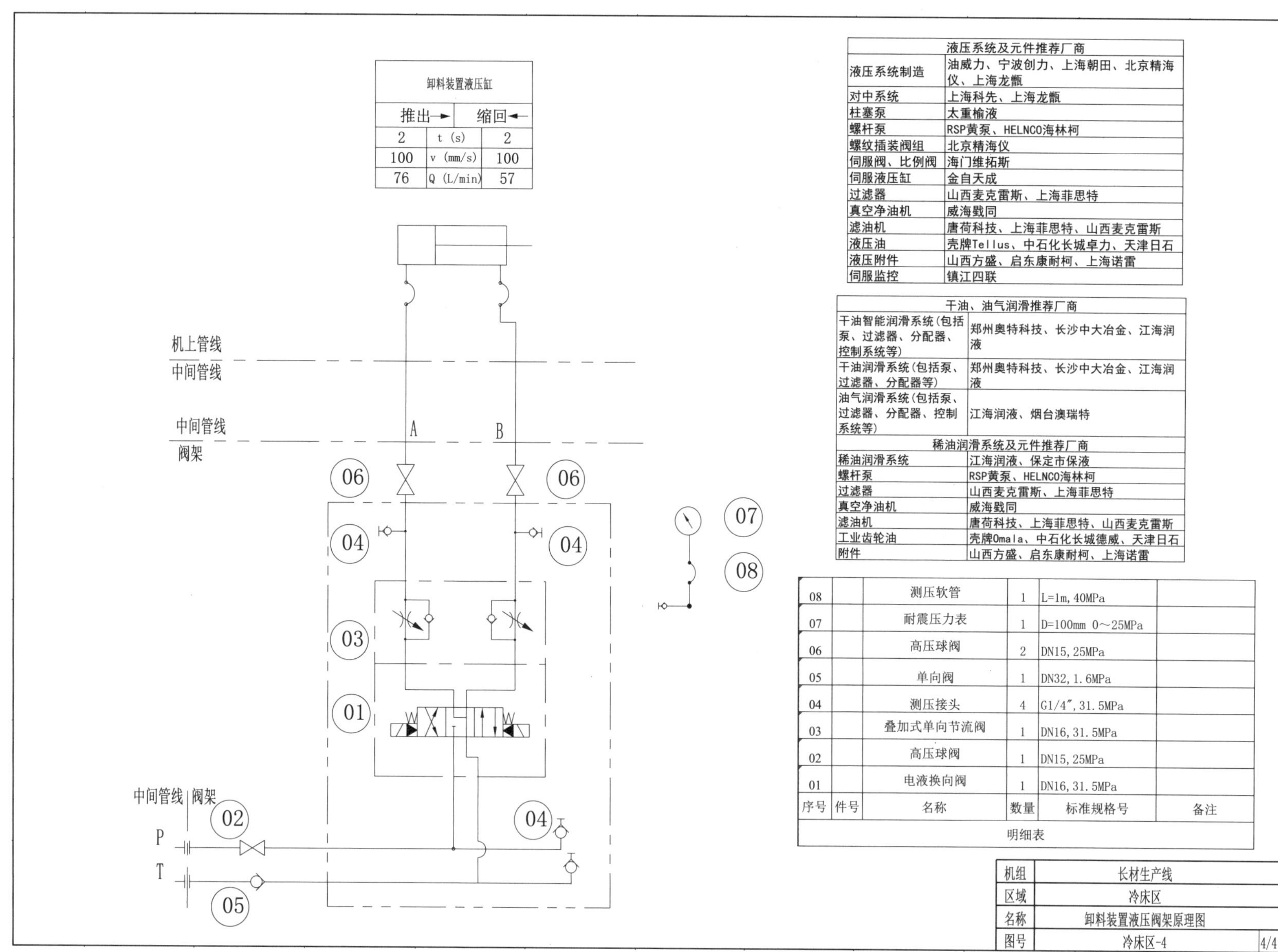

9.6 棒材收集区液压系统

9.6.1 液压站原理图

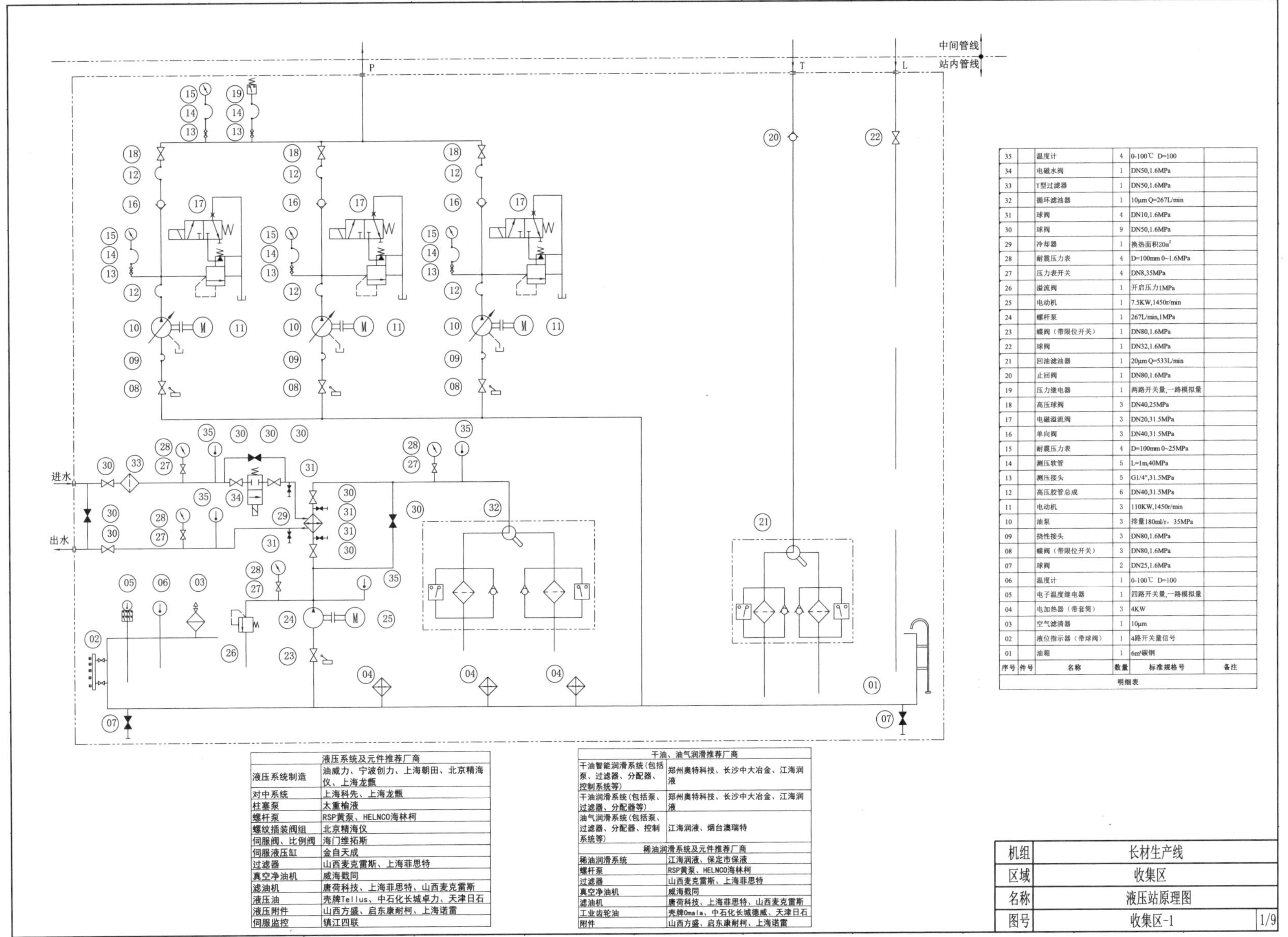

序号	件号	名称	数量	标准规格号	备注
35		温度计	4	0-100℃ D=100	
34		电磁水阀	1	DN50,1.6MPa	
33		Y型过滤器	1	DN50,1.6MPa	
32		循环滤油器	1	10μm Q=267L/min	
31		球阀	4	DN10,1.6MPa	
30		球阀	9	DN50,1.6MPa	
29		冷却器	1	换热面积20m²	
28		耐震压力表	4	D=100mm 0~1.6MPa	
27		压力表开关	4	DN8,35MPa	
26		溢流阀	1	开启压力1MPa	
25		电动机	1	7.5KW,1450r/min	
24		螺杆泵	1	267L/min,1MPa	
23		蝶阀（带限位开关）	1	DN80,1.6MPa	
22		球阀	1	DN32,1.6MPa	
21		回油滤油器	1	20μm Q=533L/min	
20		止回阀	1	DN80,1.6MPa	
19		压力继电器	1	两路开关量,一路模拟量	
18		高压球阀	3	DN40,25MPa	
17		电磁溢流阀	3	DN20,31.5MPa	
16		单向阀	3	DN40,31.5MPa	
15		耐震压力表	4	D=100mm 0~25MPa	
14		测压软管	5	L=1m,40MPa	
13		测压接头	5	G1/4",31.5MPa	
12		高压胶管总成	6	DN40,31.5MPa	
11		电动机	3	110KW,1450r/min	
10		油泵	3	排量180ml/r，35MPa	
09		挠性接头	3	DN80,1.6MPa	
08		蝶阀（带限位开关）	3	DN80,1.6MPa	
07		球阀	2	DN25,1.6MPa	
06		温度计	1	0-100℃ D=100	
05		电子温度继电器	1	四路开关量,一路模拟量	
04		电加热器（带套筒）	3	4KW	
03		空气滤清器	1	10μm	
02		液位指示器（带球阀）	1	4路开关量信号	
01		油箱	1	6m³碳钢	
明细表					

液压系统及元件推荐厂商	
液压系统制造	油威力、宁波创力、上海朝田、北京精海仪、上海龙甑
对中系统	上海科先、上海龙甑
柱塞泵	太重榆液
螺杆泵	RSP黄泵、HELNCO海林柯
螺纹插装阀组	北京精海仪
伺服阀、比例阀	海门维拓斯
伺服液压缸	金自天成
过滤器	山西麦克雷斯、上海菲思特
真空净油机	威海戳同
滤油机	唐荷科技、上海菲思特、山西麦克雷斯
液压油	壳牌Tellus、中石化长城卓力、天津日石
液压附件	山西方盛、启东康耐柯、上海诺雷
伺服监控	镇江四联

干油、油气润滑推荐厂商	
干油智能润滑系统(包括泵、过滤器、分配器、控制系统等)	郑州奥特科技、长沙中大冶金、江海润液
干油润滑系统(包括泵、过滤器、分配器等)	郑州奥特科技、长沙中大冶金、江海润液
油气润滑系统(包括泵、过滤器、分配器、控制系统等)	江海润液、烟台澳瑞特
稀油润滑系统及元件推荐厂商	
稀油润滑系统	江海润液、保定市保液
螺杆泵	RSP黄泵、HELNCO海林柯
过滤器	山西麦克雷斯、上海菲思特
真空净油机	威海戳同
滤油机	唐荷科技、上海菲思特、山西麦克雷斯
工业齿轮油	壳牌Omala、中石化长城德威、天津日石
附件	山西方盛、启东康耐柯、上海诺雷

机组	长材生产线	
区域	收集区	
名称	液压站原理图	
图号	收集区-1	1/9

9.6.2 蓄能器组原理图

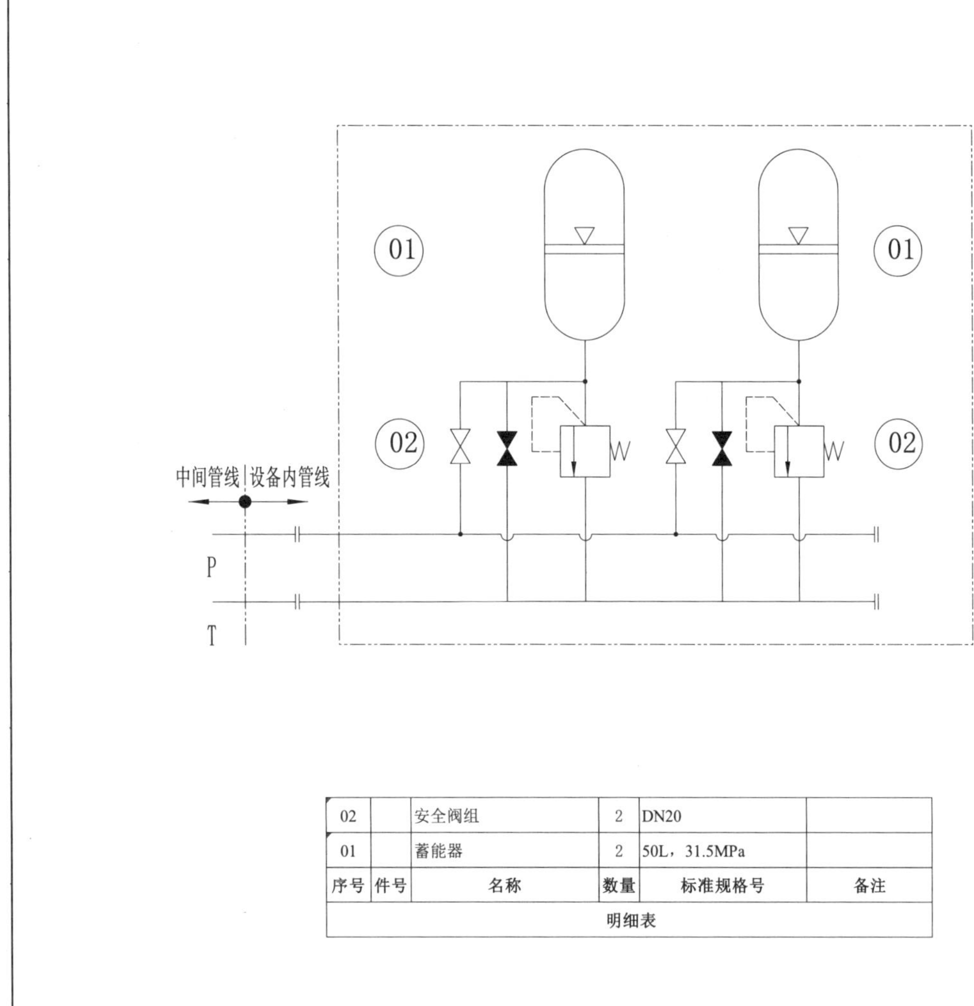

序号	件号	名称	数量	标准规格号	备注
02		安全阀组	2	DN20	
01		蓄能器	2	50L，31.5MPa	

明细表

液压系统及元件推荐厂商	
液压系统制造	油威力、宁波创力、上海朝田、北京精海仪、上海龙甑
对中系统	上海科先、上海龙甑
柱塞泵	太重榆液
螺杆泵	RSP黄泵、HELNCO海林柯
螺纹插装阀组	北京精海仪
伺服阀、比例阀	海门维拓斯
伺服液压缸	金自天成
过滤器	山西麦克雷斯、上海菲思特
真空净油机	威海戥同
滤油机	唐荷科技、上海菲思特、山西麦克雷斯
液压油	壳牌Tellus、中石化长城卓力、天津日石
液压附件	山西方盛、启东康耐柯、上海诺雷
伺服监控	镇江四联

干油、油气润滑推荐厂商	
干油智能润滑系统(包括泵、过滤器、分配器、控制系统等)	郑州奥特科技、长沙中大冶金、江海润液
干油润滑系统(包括泵、过滤器、分配器等)	郑州奥特科技、长沙中大冶金、江海润液
油气润滑系统(包括泵、过滤器、分配器、控制系统等)	江海润液、烟台澳瑞特
稀油润滑系统及元件推荐厂商	
稀油润滑系统	江海润液、保定市保液
螺杆泵	RSP黄泵、HELNCO海林柯
过滤器	山西麦克雷斯、上海菲思特
真空净油机	威海戥同
滤油机	唐荷科技、上海菲思特、山西麦克雷斯
工业齿轮油	壳牌Omala、中石化长城德威、天津日石
附件	山西方盛、启东康耐柯、上海诺雷

机组	长材生产线	
区域	收集区	
名称	蓄能器组原理图	
图号	收集区-2	2/9

9.6.3 摆动辊道液压阀架原理图

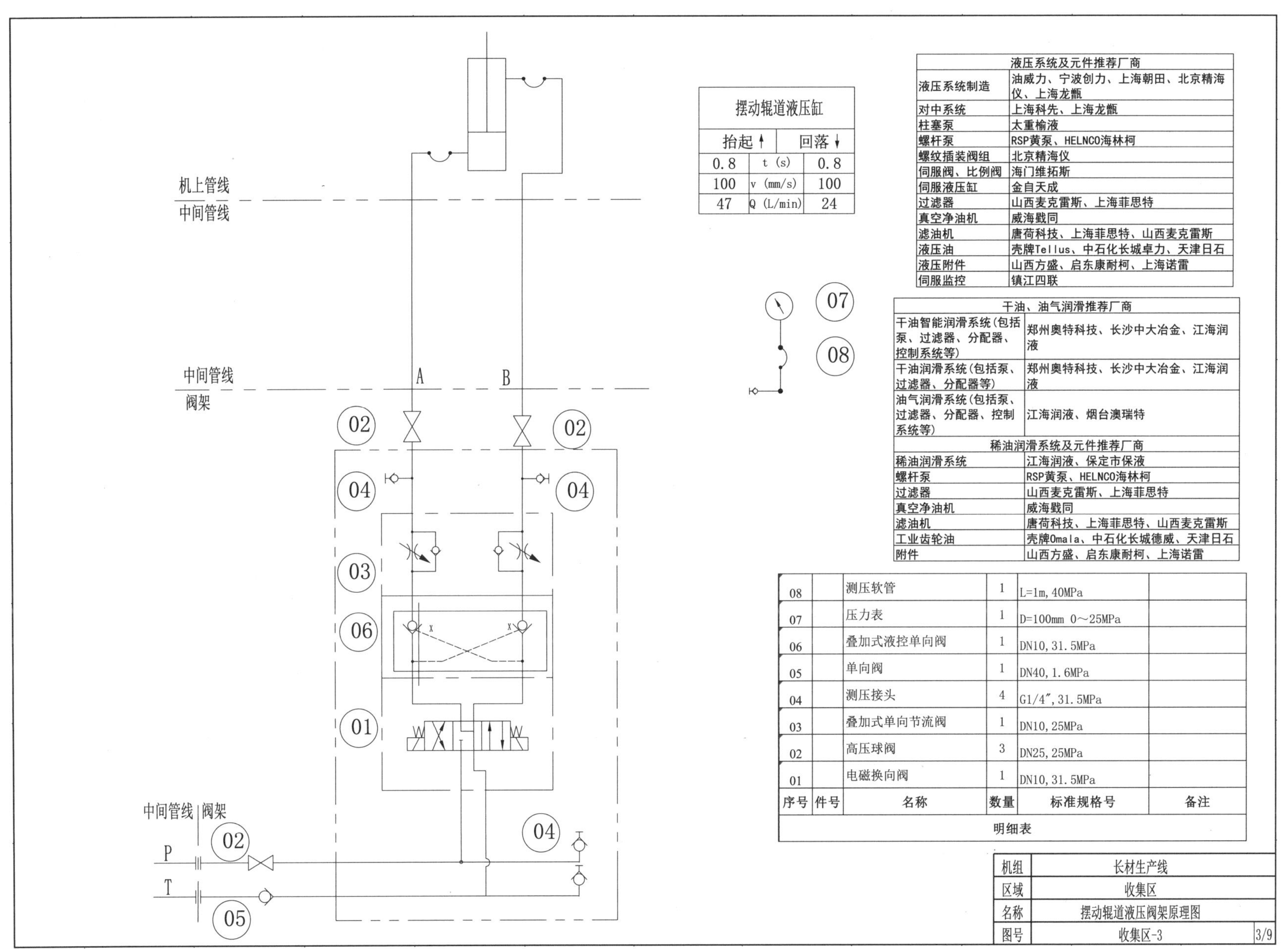

摆动辊道液压缸		
抬起↑		回落↓
0.8	t (s)	0.8
100	v (mm/s)	100
47	Q (L/min)	24

液压系统及元件推荐厂商	
液压系统制造	油威力、宁波创力、上海朝田、北京精海仪、上海龙甑
对中系统	上海科先、上海龙甑
柱塞泵	太重榆液
螺杆泵	RSP黄泵、HELNCO海林柯
螺纹插装阀组	北京精海仪
伺服阀、比例阀	海门维拓斯
伺服液压缸	金自天成
过滤器	山西麦克雷斯、上海菲思特
真空净油机	威海戥同
滤油机	唐荷科技、上海菲思特、山西麦克雷斯
液压油	壳牌Tellus、中石化长城卓力、天津日石
液压附件	山西方盛、启东康耐柯、上海诺雷
伺服监控	镇江四联

干油、油气润滑推荐厂商	
干油智能润滑系统(包括泵、过滤器、分配器、控制系统等)	郑州奥特科技、长沙中大冶金、江海润液
干油润滑系统(包括泵、过滤器、分配器等)	郑州奥特科技、长沙中大冶金、江海润液
油气润滑系统(包括泵、过滤器、分配器、控制系统等)	江海润液、烟台澳瑞特
稀油润滑系统及元件推荐厂商	
稀油润滑系统	江海润液、保定市保液
螺杆泵	RSP黄泵、HELNCO海林柯
过滤器	山西麦克雷斯、上海菲思特
真空净油机	威海戥同
滤油机	唐荷科技、上海菲思特、山西麦克雷斯
工业齿轮油	壳牌Omala、中石化长城德威、天津日石
附件	山西方盛、启东康耐柯、上海诺雷

序号	件号	名称	数量	标准规格号	备注
08		测压软管	1	L=1m, 40MPa	
07		压力表	1	D=100mm 0～25MPa	
06		叠加式液控单向阀	1	DN10, 31.5MPa	
05		单向阀	1	DN40, 1.6MPa	
04		测压接头	4	G1/4″, 31.5MPa	
03		叠加式单向节流阀	1	DN10, 25MPa	
02		高压球阀	3	DN25, 25MPa	
01		电磁换向阀	1	DN10, 31.5MPa	

明细表

机组	长材生产线	
区域	收集区	
名称	摆动辊道液压阀架原理图	
图号	收集区-3	3/9

9.6.4 升降横移小车液压阀架原理图

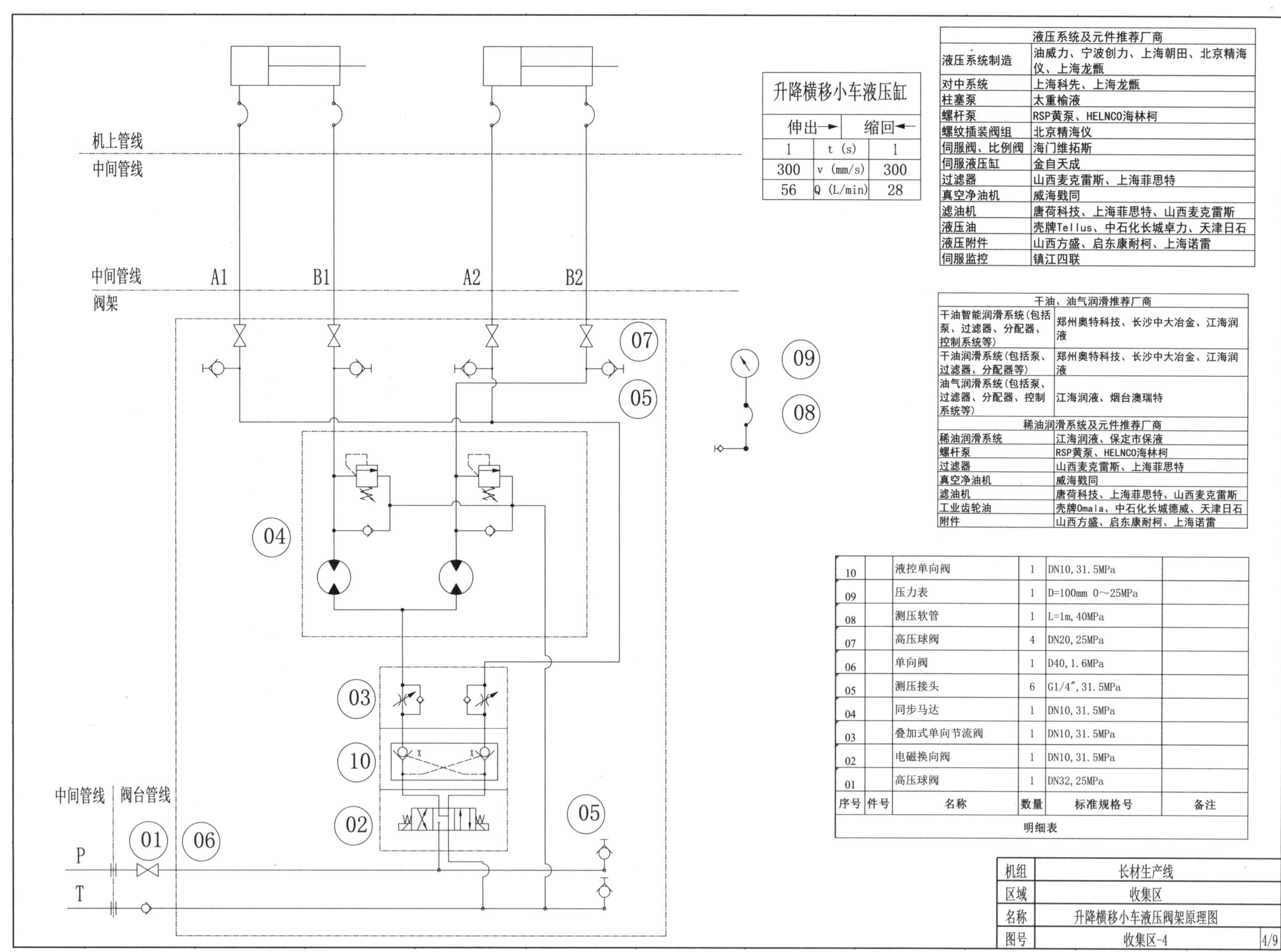

升降横移小车液压缸		
伸出→		缩回←
1	t (s)	1
300	v (mm/s)	300
56	Q (L/min)	28

液压系统及元件推荐厂商	
液压系统制造	油威力、宁波创力、上海朝田、北京精海仪、上海龙甑
对中系统	上海科先、上海龙甑
柱塞泵	太重榆液
螺杆泵	RSP黄泵、HELNCO海林柯
螺纹插装阀组	北京精海仪
伺服阀、比例阀	海门维拓斯
伺服液压缸	金自天成
过滤器	山西麦克雷斯、上海菲思特
真空净油机	威海戬同
滤油机	唐荷科技、上海菲思特、山西麦克雷斯
液压油	壳牌Tellus、中石化长城卓力、天津日石
液压附件	山西方盛、启东康耐柯、上海诺雷
伺服监控	镇江四联

干油、油气润滑推荐厂商	
干油智能润滑系统(包括泵、过滤器、分配器、控制系统等)	郑州奥特科技、长沙中大冶金、江海润液
干油润滑系统(包括泵、过滤器、分配器等)	郑州奥特科技、长沙中大冶金、江海润液
油气润滑系统(包括泵、过滤器、分配器、控制系统等)	江海润液、烟台澳瑞特
稀油润滑系统及元件推荐厂商	
稀油润滑系统	江海润液、保定市保液
螺杆泵	RSP黄泵、HELNCO海林柯
过滤器	山西麦克雷斯、上海菲思特
真空净油机	威海戬同
滤油机	唐荷科技、上海菲思特、山西麦克雷斯
工业齿轮油	壳牌Omala、中石化长城德威、天津日石
附件	山西方盛、启东康耐柯、上海诺雷

序号	件号	名称	数量	标准规格号	备注
10		液控单向阀	1	DN10, 31. 5MPa	
09		压力表	1	D=100mm 0～25MPa	
08		测压软管	1	L=1m, 40MPa	
07		高压球阀	4	DN20, 25MPa	
06		单向阀	1	D40, 1. 6MPa	
05		测压接头	6	G1/4", 31. 5MPa	
04		同步马达	1	DN10, 31. 5MPa	
03		叠加式单向节流阀	1	DN10, 31. 5MPa	
02		电磁换向阀	1	DN10, 31. 5MPa	
01		高压球阀	1	DN32, 25MPa	

明细表

机组	长材生产线	
区域	收集区	
名称	升降横移小车液压阀架原理图	
图号	收集区-4	4/9

9.6.5 成品升降链液压阀架原理图

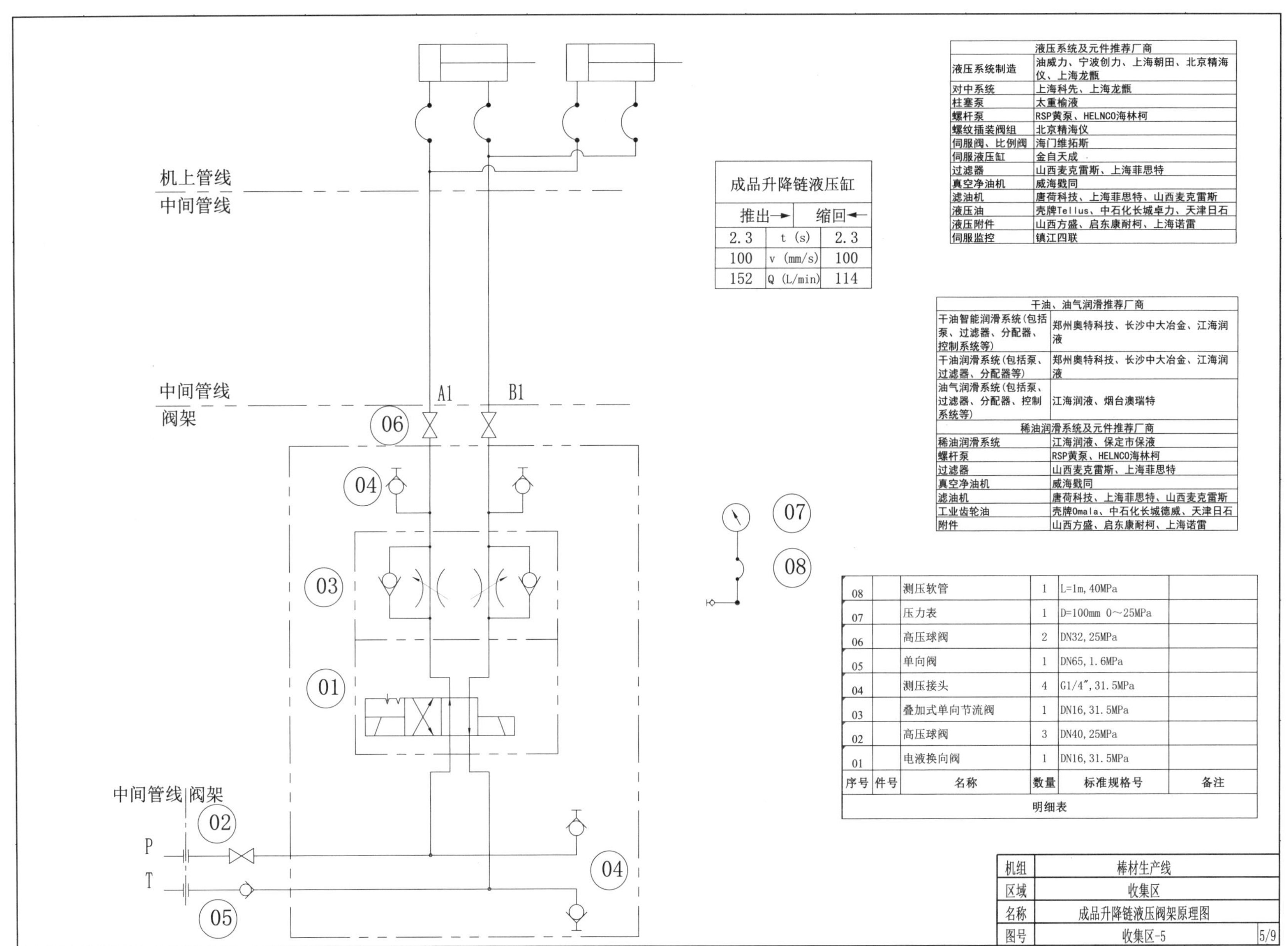

成品升降链液压缸		
推出→		缩回←
2.3	t (s)	2.3
100	v (mm/s)	100
152	Q (L/min)	114

液压系统及元件推荐厂商	
液压系统制造	油威力、宁波创力、上海朝田、北京精海仪、上海龙甑
对中系统	上海科先、上海龙甑
柱塞泵	太重榆液
螺杆泵	RSP黄泵、HELNCO海林柯
螺纹插装阀组	北京精海仪
伺服阀、比例阀	海门维拓斯
伺服液压缸	金自天成
过滤器	山西麦克雷斯、上海菲思特
真空净油机	威海戥同
滤油机	唐荷科技、上海菲思特、山西麦克雷斯
液压油	壳牌Tellus、中石化长城卓力、天津日石
液压附件	山西方盛、启东康耐柯、上海诺雷
伺服监控	镇江四联

干油、油气润滑推荐厂商	
干油智能润滑系统(包括泵、过滤器、分配器、控制系统等)	郑州奥特科技、长沙中大冶金、江海润液
干油润滑系统(包括泵、过滤器、分配器等)	郑州奥特科技、长沙中大冶金、江海润液
油气润滑系统(包括泵、过滤器、分配器、控制系统等)	江海润液、烟台澳瑞特
稀油润滑系统及元件推荐厂商	
稀油润滑系统	江海润液、保定市保液
螺杆泵	RSP黄泵、HELNCO海林柯
过滤器	山西麦克雷斯、上海菲思特
真空净油机	威海戥同
滤油机	唐荷科技、上海菲思特、山西麦克雷斯
工业齿轮油	壳牌Omala、中石化长城德威、天津日石
附件	山西方盛、启东康耐柯、上海诺雷

序号	件号	名称	数量	标准规格号	备注
08		测压软管	1	L=1m, 40MPa	
07		压力表	1	D=100mm 0～25MPa	
06		高压球阀	2	DN32, 25MPa	
05		单向阀	1	DN65, 1.6MPa	
04		测压接头	4	G1/4″, 31.5MPa	
03		叠加式单向节流阀	1	DN16, 31.5MPa	
02		高压球阀	3	DN40, 25MPa	
01		电液换向阀	1	DN16, 31.5MPa	
明细表					

机组	棒材生产线	
区域	收集区	
名称	成品升降链液压阀架原理图	
图号	收集区-5	5/9

9.6.6 短尺剔出液压阀架原理图

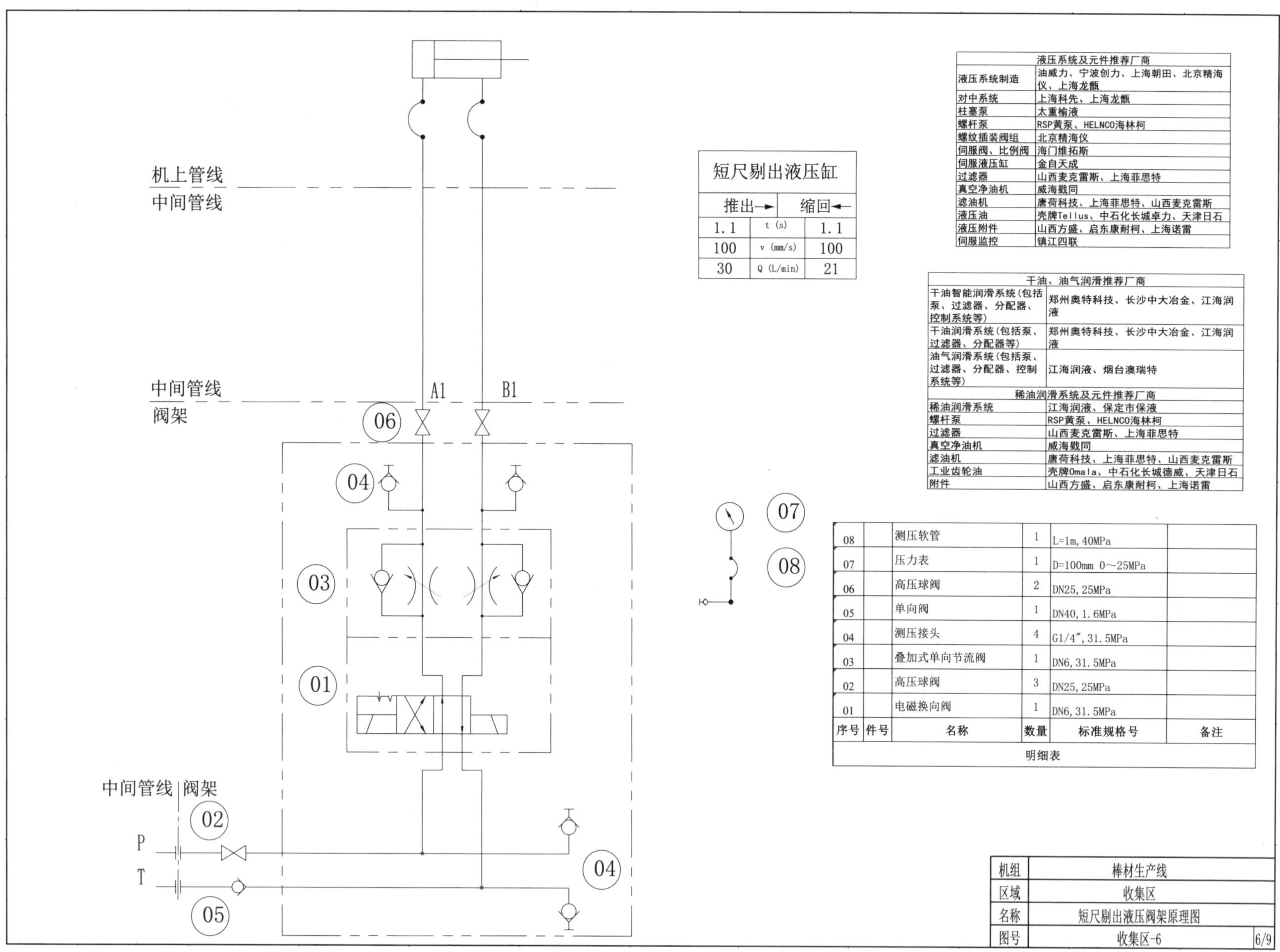

短尺剔出液压缸		
推出→		缩回←
1.1	t (s)	1.1
100	v (mm/s)	100
30	Q (L/min)	21

液压系统及元件推荐厂商	
液压系统制造	油威力、宁波创力、上海朝田、北京精海仪、上海龙甑
对中系统	上海科先、上海龙甑
柱塞泵	太重榆液
螺杆泵	RSP黄泵、HELNCO海林柯
螺纹插装阀组	北京精海仪
伺服阀、比例阀	海门维拓斯
伺服液压缸	金自天成
过滤器	山西麦克雷斯、上海菲思特
真空净油机	威海戳同
滤油机	唐荷科技、上海菲思特、山西麦克雷斯
液压油	壳牌Tellus、中石化长城卓力、天津日石
液压附件	山西方盛、启东康耐柯、上海诺雷
伺服监控	镇江四联

干油、油气润滑推荐厂商	
干油智能润滑系统(包括泵、过滤器、分配器、控制系统等)	郑州奥特科技、长沙中大冶金、江海润液
干油润滑系统(包括泵、过滤器、分配器等)	郑州奥特科技、长沙中大冶金、江海润液
油气润滑系统(包括泵、过滤器、分配器、控制系统等)	江海润液、烟台澳瑞特
稀油润滑系统及元件推荐厂商	
稀油润滑系统	江海润液、保定市保液
螺杆泵	RSP黄泵、HELNCO海林柯
过滤器	山西麦克雷斯、上海菲思特
真空净油机	威海戳同
滤油机	唐荷科技、上海菲思特、山西麦克雷斯
工业齿轮油	壳牌Omala、中石化长城德威、天津日石
附件	山西方盛、启东康耐柯、上海诺雷

序号	件号	名称	数量	标准规格号	备注
08		测压软管	1	L=1m, 40MPa	
07		压力表	1	D=100mm 0～25MPa	
06		高压球阀	2	DN25, 25MPa	
05		单向阀	1	DN40, 1.6MPa	
04		测压接头	4	G1/4", 31.5MPa	
03		叠加式单向节流阀	1	DN6, 31.5MPa	
02		高压球阀	3	DN25, 25MPa	
01		电磁换向阀	1	DN6, 31.5MPa	

明细表

机组	棒材生产线	
区域	收集区	
名称	短尺剔出液压阀架原理图	
图号	收集区-6	6/9

9.6.7 成型器液压阀架原理图

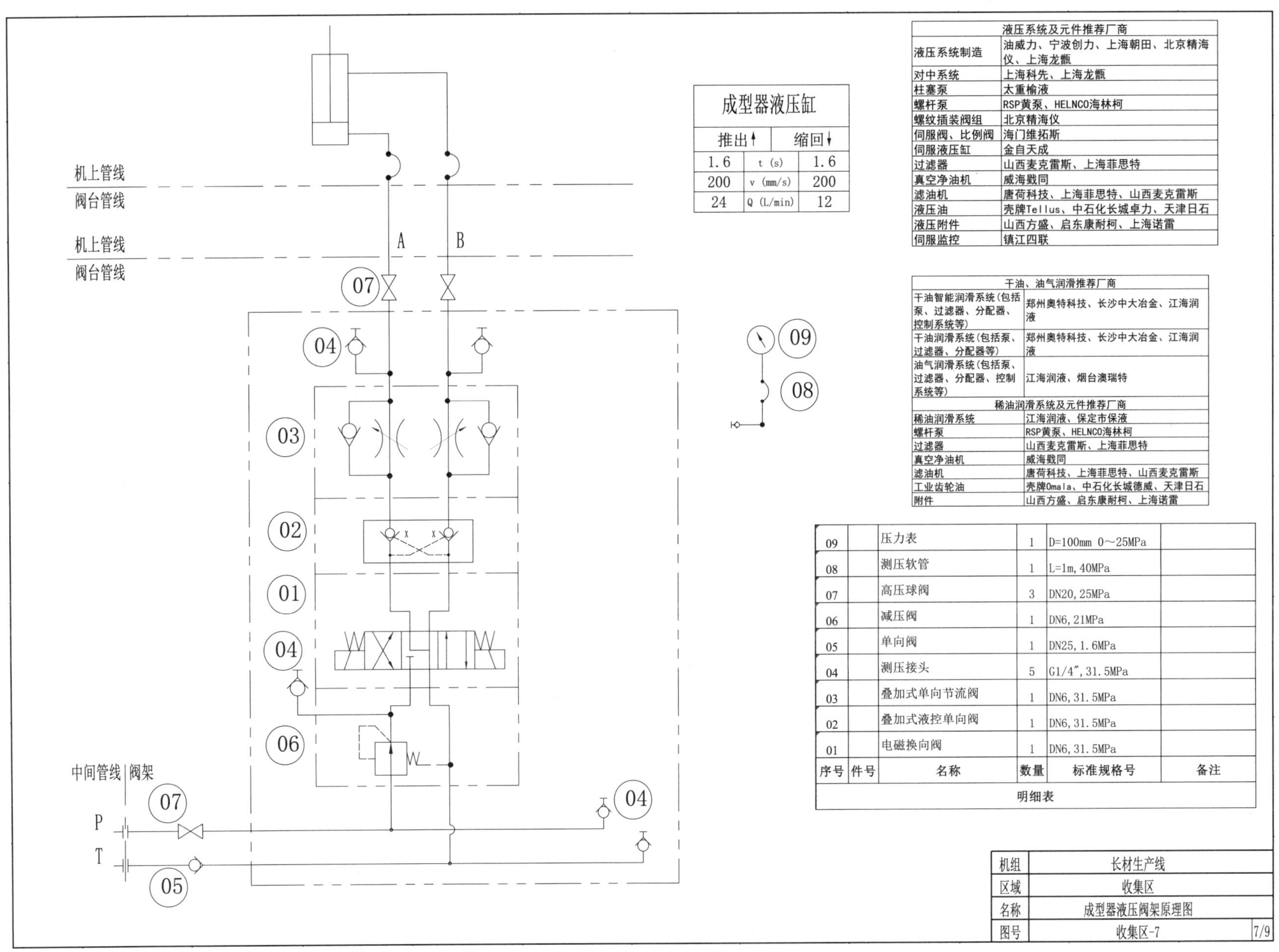

成型器液压缸		
推出↑		缩回↓
1.6	t (s)	1.6
200	v (mm/s)	200
24	Q (L/min)	12

液压系统及元件推荐厂商	
液压系统制造	油威力、宁波创力、上海朝田、北京精海仪、上海龙甑
对中系统	上海科先、上海龙甑
柱塞泵	太重榆液
螺杆泵	RSP黄泵、HELNCO海林柯
螺纹插装阀组	北京精海仪
伺服阀、比例阀	海门维拓斯
伺服液压缸	金自天成
过滤器	山西麦克雷斯、上海菲思特
真空净油机	威海戥同
滤油机	唐荷科技、上海菲思特、山西麦克雷斯
液压油	壳牌Tellus、中石化长城卓力、天津日石
液压附件	山西方盛、启东康耐柯、上海诺雷
伺服监控	镇江四联

干油、油气润滑推荐厂商	
干油智能润滑系统(包括泵、过滤器、分配器、控制系统等)	郑州奥特科技、长沙中大冶金、江海润液
干油润滑系统(包括泵、过滤器、分配器等)	郑州奥特科技、长沙中大冶金、江海润液
油气润滑系统(包括泵、过滤器、分配器、控制系统等)	江海润液、烟台澳瑞特
稀油润滑系统及元件推荐厂商	
稀油润滑系统	江海润液、保定市保液
螺杆泵	RSP黄泵、HELNCO海林柯
过滤器	山西麦克雷斯、上海菲思特
真空净油机	威海戥同
滤油机	唐荷科技、上海菲思特、山西麦克雷斯
工业齿轮油	壳牌Omala、中石化长城德威、天津日石
附件	山西方盛、启东康耐柯、上海诺雷

序号	件号	名称	数量	标准规格号	备注
09		压力表	1	D=100mm 0～25MPa	
08		测压软管	1	L=1m, 40MPa	
07		高压球阀	3	DN20, 25MPa	
06		减压阀	1	DN6, 21MPa	
05		单向阀	1	DN25, 1.6MPa	
04		测压接头	5	G1/4″, 31.5MPa	
03		叠加式单向节流阀	1	DN6, 31.5MPa	
02		叠加式液控单向阀	1	DN6, 31.5MPa	
01		电磁换向阀	1	DN6, 31.5MPa	
明细表					

机组	长材生产线	
区域	收集区	
名称	成型器液压阀架原理图	
图号	收集区-7	7/9

9.6.8 挡料装置液压阀架原理图

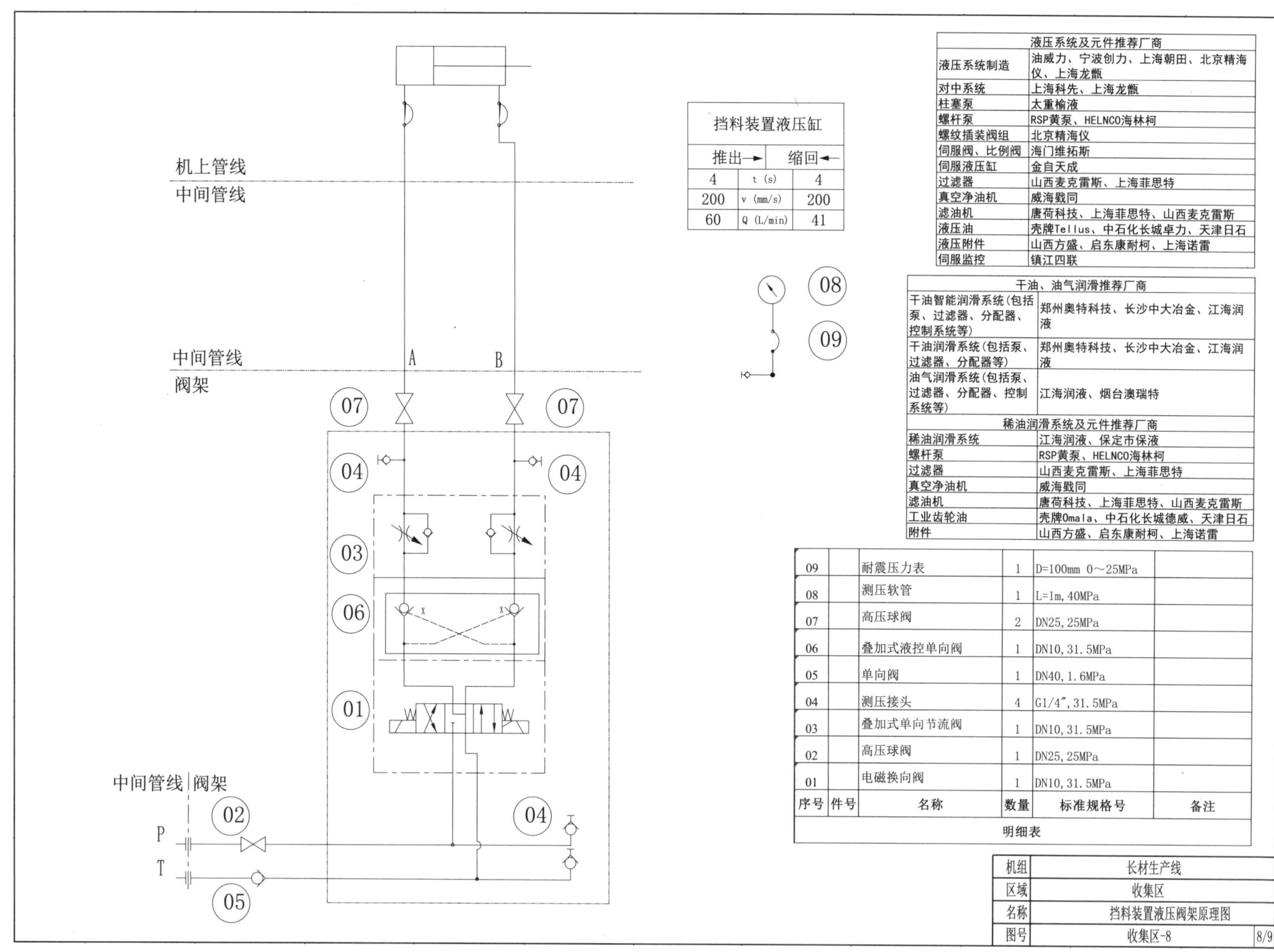

挡料装置液压缸		
推出→		缩回←
4	t (s)	4
200	v (mm/s)	200
60	Q (L/min)	41

液压系统及元件推荐厂商	
液压系统制造	油威力、宁波创力、上海朝田、北京精海仪、上海龙甑
对中系统	上海科先、上海龙甑
柱塞泵	太重榆液
螺杆泵	RSP黄泵、HELNCO海林柯
螺纹插装阀组	北京精海仪
伺服阀、比例阀	海门维拓斯
伺服液压缸	金自天成
过滤器	山西麦克雷斯、上海菲思特
真空净油机	威海戥同
滤油机	唐荷科技、上海菲思特、山西麦克雷斯
液压油	壳牌Tellus、中石化长城卓力、天津日石
液压附件	山西方盛、启东康耐柯、上海诺雷
伺服监控	镇江四联

干油、油气润滑推荐厂商	
干油智能润滑系统(包括泵、过滤器、分配器、控制系统等)	郑州奥特科技、长沙中大冶金、江海润液
干油润滑系统(包括泵、过滤器、分配器等)	郑州奥特科技、长沙中大冶金、江海润液
油气润滑系统(包括泵、过滤器、分配器、控制系统等)	江海润液、烟台澳瑞特
稀油润滑系统及元件推荐厂商	
稀油润滑系统	江海润液、保定市保液
螺杆泵	RSP黄泵、HELNCO海林柯
过滤器	山西麦克雷斯、上海菲思特
真空净油机	威海戥同
滤油机	唐荷科技、上海菲思特、山西麦克雷斯
工业齿轮油	壳牌Omala、中石化长城德威、天津日石
附件	山西方盛、启东康耐柯、上海诺雷

序号	件号	名称	数量	标准规格号	备注
09		耐震压力表	1	D=100mm 0～25MPa	
08		测压软管	1	L=1m, 40MPa	
07		高压球阀	2	DN25, 25MPa	
06		叠加式液控单向阀	1	DN10, 31.5MPa	
05		单向阀	1	DN40, 1.6MPa	
04		测压接头	4	G1/4″, 31.5MPa	
03		叠加式单向节流阀	1	DN10, 31.5MPa	
02		高压球阀	1	DN25, 25MPa	
01		电磁换向阀	1	DN10, 31.5MPa	

明细表

机组	长材生产线	
区域	收集区	
名称	挡料装置液压阀架原理图	
图号	收集区-8	8/9

9.6.9 升降挡板液压阀架原理图

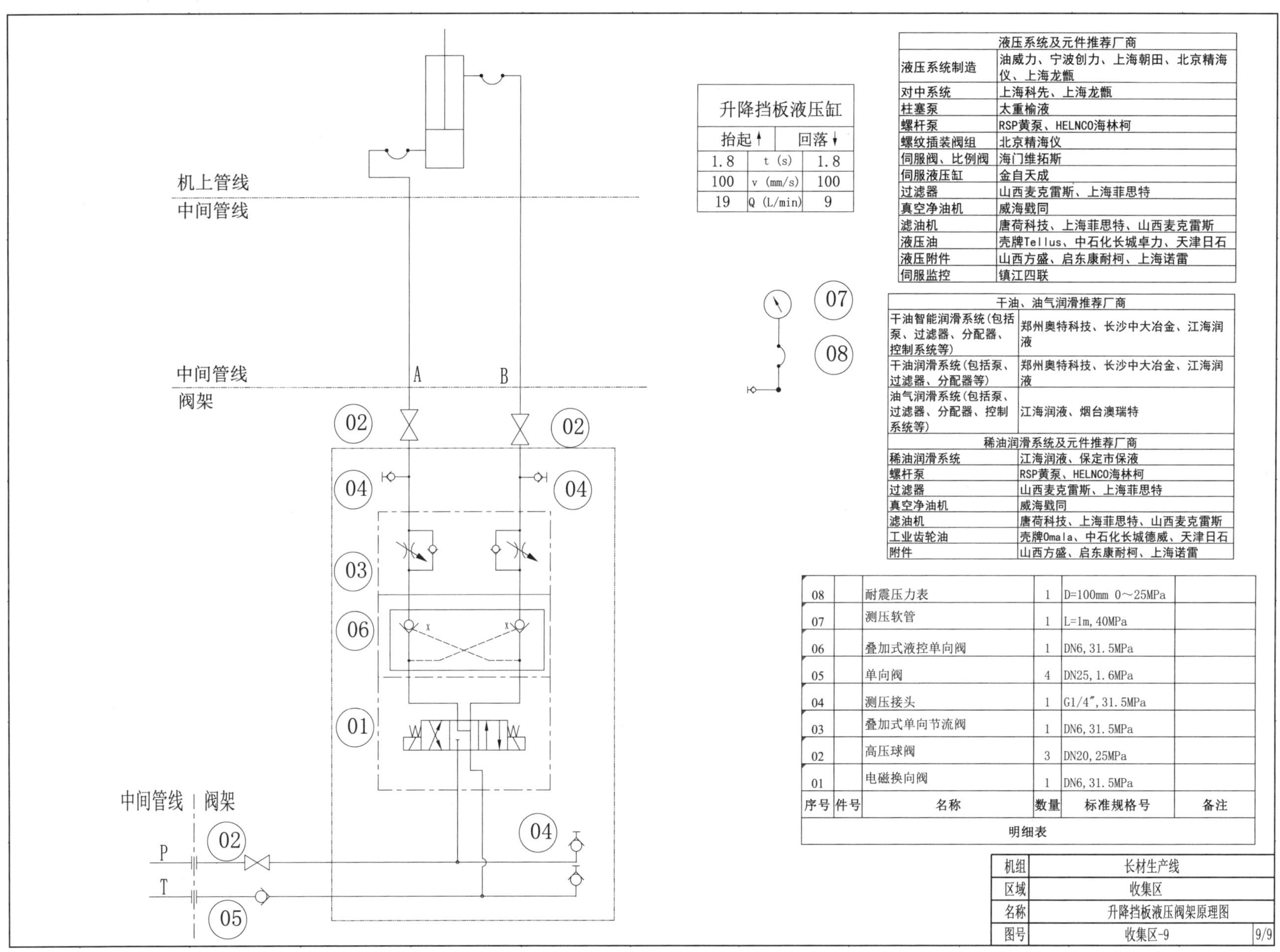

升降挡板液压缸		
抬起↑		回落↓
1.8	t (s)	1.8
100	v (mm/s)	100
19	Q (L/min)	9

液压系统及元件推荐厂商	
液压系统制造	油威力、宁波创力、上海朝田、北京精海仪、上海龙甑
对中系统	上海科先、上海龙甑
柱塞泵	太重榆液
螺杆泵	RSP黄泵、HELNCO海林柯
螺纹插装阀组	北京精海仪
伺服阀、比例阀	海门维拓斯
伺服液压缸	金自天成
过滤器	山西麦克雷斯、上海菲思特
真空净油机	威海戥同
滤油机	唐荷科技、上海菲思特、山西麦克雷斯
液压油	壳牌Tellus、中石化长城卓力、天津日石
液压附件	山西方盛、启东康耐柯、上海诺雷
伺服监控	镇江四联

干油、油气润滑推荐厂商	
干油智能润滑系统(包括泵、过滤器、分配器、控制系统等)	郑州奥特科技、长沙中大冶金、江海润液
干油润滑系统(包括泵、过滤器、分配器等)	郑州奥特科技、长沙中大冶金、江海润液
油气润滑系统(包括泵、过滤器、分配器、控制系统等)	江海润液、烟台澳瑞特
稀油润滑系统及元件推荐厂商	
稀油润滑系统	江海润液、保定市保液
螺杆泵	RSP黄泵、HELNCO海林柯
过滤器	山西麦克雷斯、上海菲思特
真空净油机	威海戥同
滤油机	唐荷科技、上海菲思特、山西麦克雷斯
工业齿轮油	壳牌Omala、中石化长城德威、天津日石
附件	山西方盛、启东康耐柯、上海诺雷

序号	件号	名称	数量	标准规格号	备注
08		耐震压力表	1	D=100mm 0～25MPa	
07		测压软管	1	L=1m, 40MPa	
06		叠加式液控单向阀	1	DN6, 31.5MPa	
05		单向阀	4	DN25, 1.6MPa	
04		测压接头	1	G1/4″, 31.5MPa	
03		叠加式单向节流阀	1	DN6, 31.5MPa	
02		高压球阀	3	DN20, 25MPa	
01		电磁换向阀	1	DN6, 31.5MPa	

明细表

机组	长材生产线	
区域	收集区	
名称	升降挡板液压阀架原理图	
图号	收集区-9	9/9

9.7 开坯区液压系统

9.7.1 开坯区液压站原理图

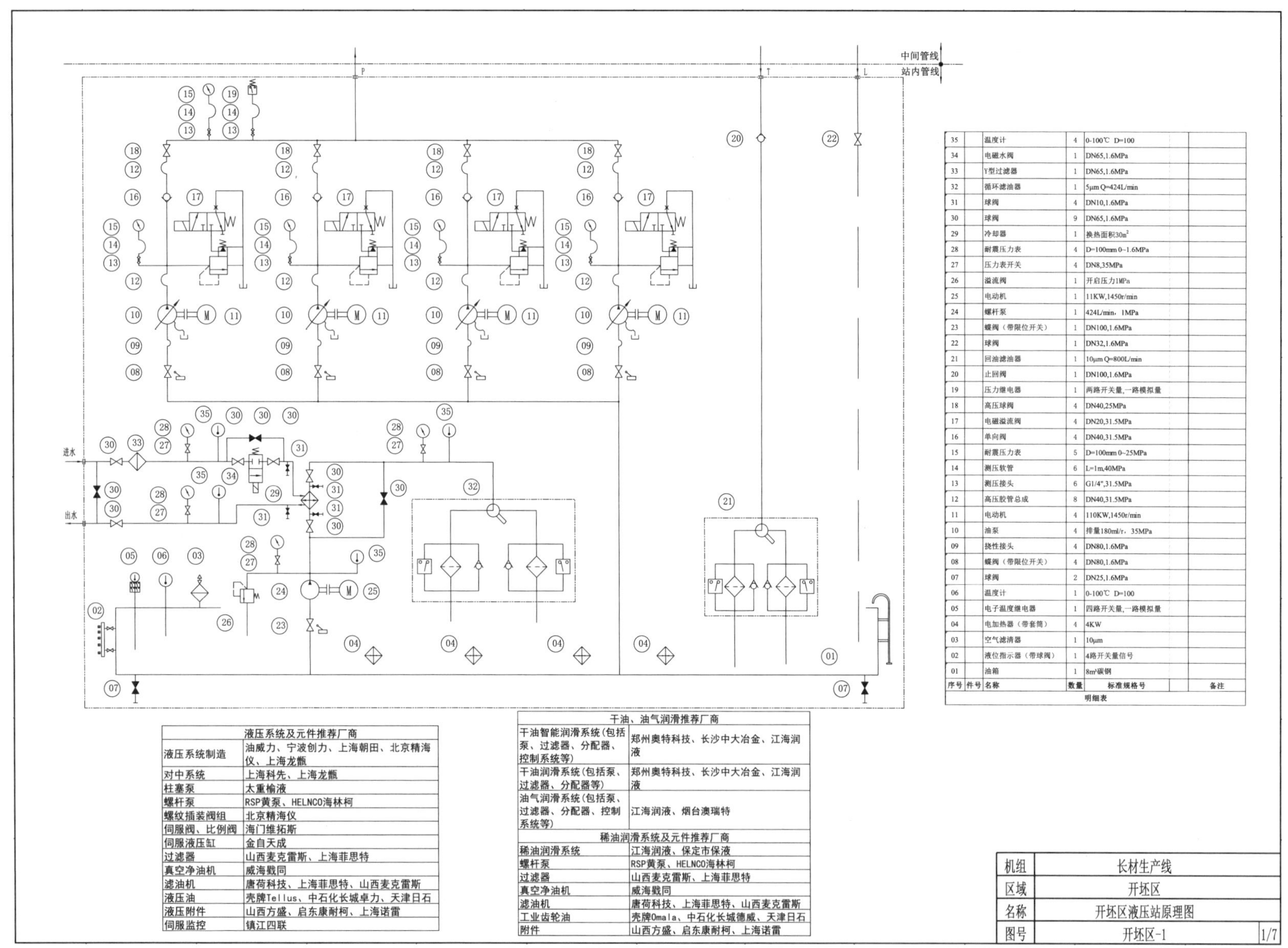

序号	件号	名称	数量	标准规格号	备注
35		温度计	4	0-100℃ D=100	
34		电磁水阀	1	DN65,1.6MPa	
33		Y型过滤器	1	DN65,1.6MPa	
32		循环滤油器	1	5μm Q=424L/min	
31		球阀	4	DN10,1.6MPa	
30		球阀	9	DN65,1.6MPa	
29		冷却器	1	换热面积30m²	
28		耐震压力表	4	D=100mm 0~1.6MPa	
27		压力表开关	4	DN8,35MPa	
26		溢流阀	1	开启压力1MPa	
25		电动机	1	11KW,1450r/min	
24		螺杆泵	1	424L/min，1MPa	
23		蝶阀（带限位开关）	1	DN100,1.6MPa	
22		球阀	1	DN32,1.6MPa	
21		回油滤油器	1	10μm Q=800L/min	
20		止回阀	1	DN100,1.6MPa	
19		压力继电器	1	两路开关量,一路模拟量	
18		高压球阀	4	DN40,25MPa	
17		电磁溢流阀	4	DN20,31.5MPa	
16		单向阀	4	DN40,31.5MPa	
15		耐震压力表	5	D=100mm 0~25MPa	
14		测压软管	6	L=1m,40MPa	
13		测压接头	6	G1/4",31.5MPa	
12		高压胶管总成	8	DN40,31.5MPa	
11		电动机	4	110KW,1450r/min	
10		油泵	4	排量180ml/r，35MPa	
09		挠性接头	4	DN80,1.6MPa	
08		蝶阀（带限位开关）	4	DN80,1.6MPa	
07		球阀	2	DN25,1.6MPa	
06		温度计	1	0-100℃ D=100	
05		电子温度继电器	1	四路开关量,一路模拟量	
04		电加热器（带套筒）	4	4KW	
03		空气滤清器	1	10μm	
02		液位指示器（带球阀）	1	4路开关量信号	
01		油箱	1	8m³碳钢	

明细表

液压系统及元件推荐厂商	
液压系统制造	油威力、宁波创力、上海朝田、北京精海仪、上海龙甑
对中系统	上海科先、上海龙甑
柱塞泵	太重榆液
螺杆泵	RSP黄泵、HELNCO海林柯
螺纹插装阀组	北京精海仪
伺服阀、比例阀	海门维拓斯
伺服液压缸	金自天成
过滤器	山西麦克雷斯、上海菲思特
真空净油机	威海戥同
滤油机	唐荷科技、上海菲思特、山西麦克雷斯
液压油	壳牌Tellus、中石化长城卓力、天津日石
液压附件	山西方盛、启东康耐柯、上海诺雷
伺服监控	镇江四联

干油、油气润滑推荐厂商	
干油智能润滑系统(包括泵、过滤器、分配器、控制系统等)	郑州奥特科技、长沙中大冶金、江海润液
干油润滑系统(包括泵、过滤器、分配器等)	郑州奥特科技、长沙中大冶金、江海润液
油气润滑系统(包括泵、过滤器、分配器、控制系统等)	江海润液、烟台澳瑞特
稀油润滑系统及元件推荐厂商	
稀油润滑系统	江海润液、保定市保液
螺杆泵	RSP黄泵、HELNCO海林柯
过滤器	山西麦克雷斯、上海菲思特
真空净油机	威海戥同
滤油机	唐荷科技、上海菲思特、山西麦克雷斯
工业齿轮油	壳牌Omala、中石化长城德威、天津日石
附件	山西方盛、启东康耐柯、上海诺雷

机组	长材生产线	
区域	开坯区	
名称	开坯区液压站原理图	
图号	开坯区-1	1/7

9.7.2 蓄能器组原理图

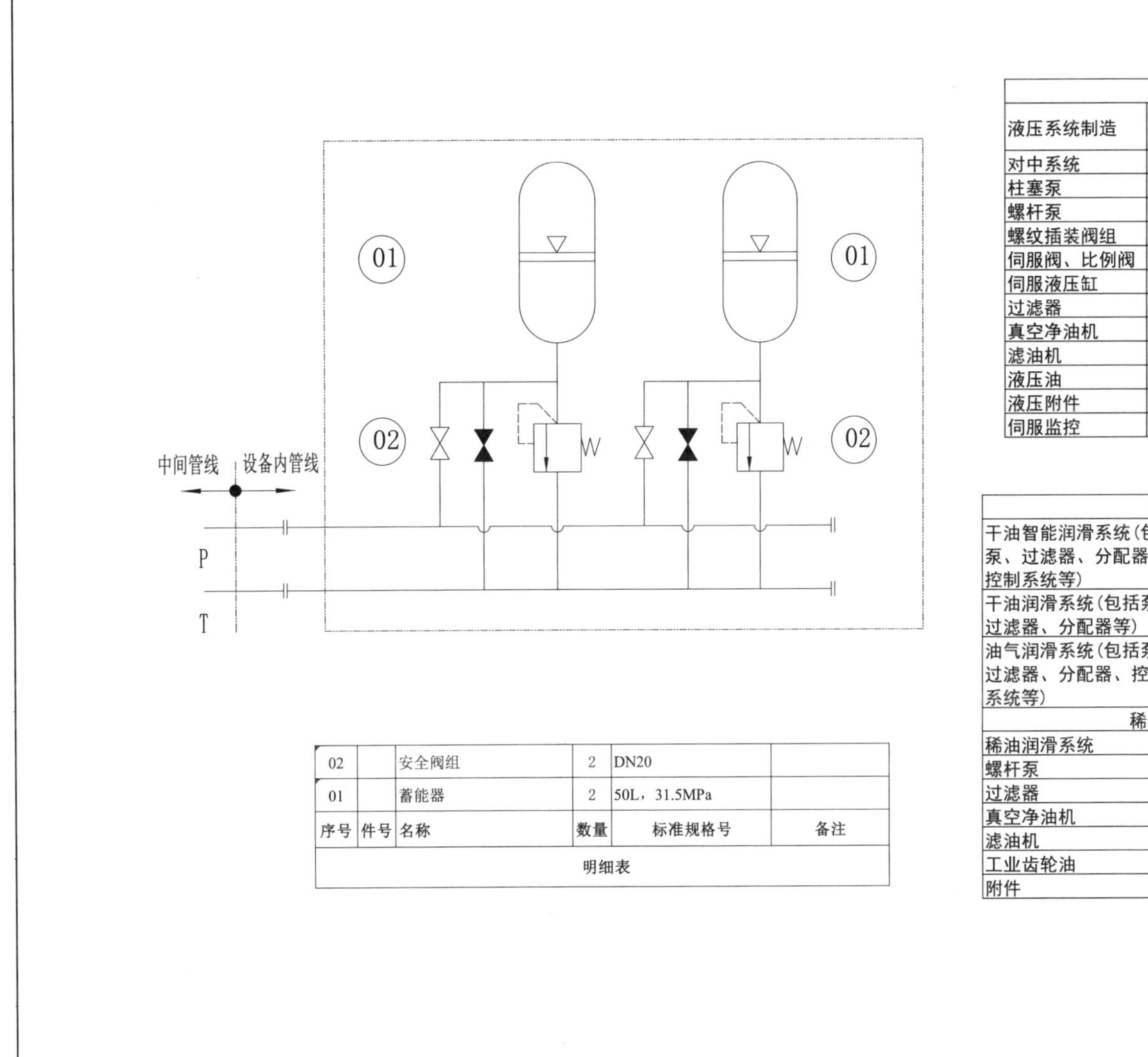

02		安全阀组	2	DN20	
01		蓄能器	2	50L，31.5MPa	
序号	件号	名称	数量	标准规格号	备注
明细表					

液压系统及元件推荐厂商	
液压系统制造	油威力、宁波创力、上海朝田、北京精海仪、上海龙甑
对中系统	上海科先、上海龙甑
柱塞泵	太重榆液
螺杆泵	RSP黄泵、HELNCO海林柯
螺纹插装阀组	北京精海仪
伺服阀、比例阀	海门维拓斯
伺服液压缸	金自天成
过滤器	山西麦克雷斯、上海菲思特
真空净油机	威海戥同
滤油机	唐荷科技、上海菲思特、山西麦克雷斯
液压油	壳牌Tellus、中石化长城卓力、天津日石
液压附件	山西方盛、启东康耐柯、上海诺雷
伺服监控	镇江四联

干油、油气润滑推荐厂商	
干油智能润滑系统(包括泵、过滤器、分配器、控制系统等)	郑州奥特科技、长沙中大冶金、江海润液
干油润滑系统(包括泵、过滤器、分配器等)	郑州奥特科技、长沙中大冶金、江海润液
油气润滑系统(包括泵、过滤器、分配器、控制系统等)	江海润液、烟台澳瑞特
稀油润滑系统及元件推荐厂商	
稀油润滑系统	江海润液、保定市保液
螺杆泵	RSP黄泵、HELNCO海林柯
过滤器	山西麦克雷斯、上海菲思特
真空净油机	威海戥同
滤油机	唐荷科技、上海菲思特、山西麦克雷斯
工业齿轮油	壳牌Omala、中石化长城德威、天津日石
附件	山西方盛、启东康耐柯、上海诺雷

机组	长材生产线	
区域	开坯区	
名称	蓄能器组原理图	
图号	开坯区-2	2/7

9.7.3 翻钢机阀架液压原理图

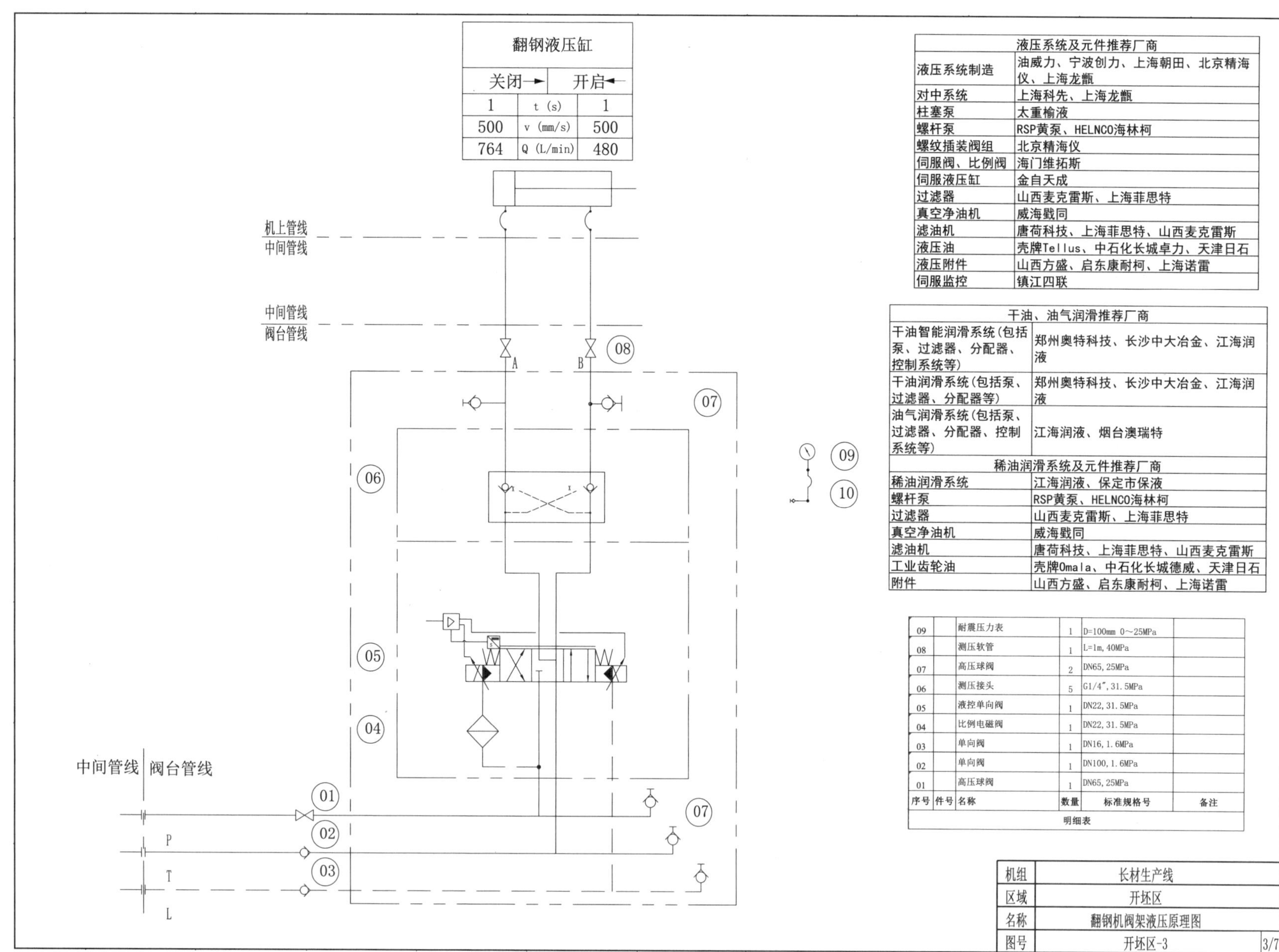

翻钢液压缸		
关闭→		开启←
1	t (s)	1
500	v (mm/s)	500
764	Q (L/min)	480

液压系统及元件推荐厂商	
液压系统制造	油威力、宁波创力、上海朝田、北京精海仪、上海龙甑
对中系统	上海科先、上海龙甑
柱塞泵	太重榆液
螺杆泵	RSP黄泵、HELNCO海林柯
螺纹插装阀组	北京精海仪
伺服阀、比例阀	海门维拓斯
伺服液压缸	金自天成
过滤器	山西麦克雷斯、上海菲思特
真空净油机	威海戳同
滤油机	唐荷科技、上海菲思特、山西麦克雷斯
液压油	壳牌Tellus、中石化长城卓力、天津日石
液压附件	山西方盛、启东康耐柯、上海诺雷
伺服监控	镇江四联

干油、油气润滑推荐厂商	
干油智能润滑系统(包括泵、过滤器、分配器、控制系统等)	郑州奥特科技、长沙中大冶金、江海润液
干油润滑系统(包括泵、过滤器、分配器等)	郑州奥特科技、长沙中大冶金、江海润液
油气润滑系统(包括泵、过滤器、分配器、控制系统等)	江海润液、烟台澳瑞特
稀油润滑系统及元件推荐厂商	
稀油润滑系统	江海润液、保定市保液
螺杆泵	RSP黄泵、HELNCO海林柯
过滤器	山西麦克雷斯、上海菲思特
真空净油机	威海戳同
滤油机	唐荷科技、上海菲思特、山西麦克雷斯
工业齿轮油	壳牌Omala、中石化长城德威、天津日石
附件	山西方盛、启东康耐柯、上海诺雷

序号	件号	名称	数量	标准规格号	备注
09		耐震压力表	1	D=100mm 0～25MPa	
08		测压软管	1	L=1m, 40MPa	
07		高压球阀	2	DN65, 25MPa	
06		测压接头	5	G1/4″, 31.5MPa	
05		液控单向阀	1	DN22, 31.5MPa	
04		比例电磁阀	1	DN22, 31.5MPa	
03		单向阀	1	DN16, 1.6MPa	
02		单向阀	1	DN100, 1.6MPa	
01		高压球阀	1	DN65, 25MPa	

明细表

机组	长材生产线	
区域	开坯区	
名称	翻钢机阀架液压原理图	
图号	开坯区-3	3/7

9.7.4 轧辊平衡液压阀台原理图

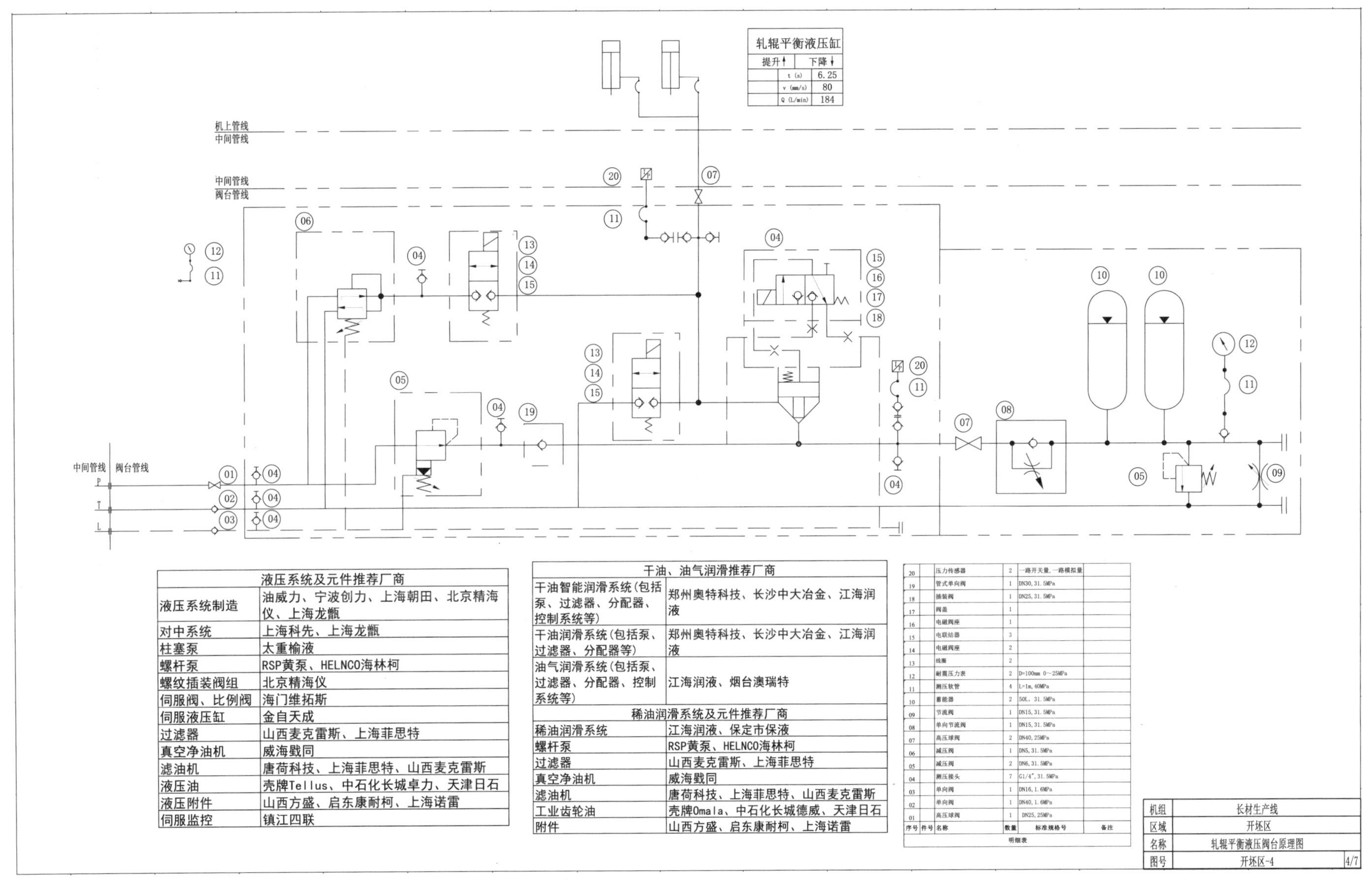

轧辊平衡液压缸		
提升↑		下降↓
	t (s)	6.25
	v (mm/s)	80
	Q (L/min)	184

液压系统及元件推荐厂商	
液压系统制造	油威力、宁波创力、上海朝田、北京精海仪、上海龙甑
对中系统	上海科先、上海龙甑
柱塞泵	太重榆液
螺杆泵	RSP黄泵、HELNCO海林柯
螺纹插装阀组	北京精海仪
伺服阀、比例阀	海门维拓斯
伺服液压缸	金自天成
过滤器	山西麦克雷斯、上海菲思特
真空净油机	威海戥同
滤油机	唐荷科技、上海菲思特、山西麦克雷斯
液压油	壳牌Tellus、中石化长城卓力、天津日石
液压附件	山西方盛、启东康耐柯、上海诺雷
伺服监控	镇江四联

干油、油气润滑推荐厂商	
干油智能润滑系统(包括泵、过滤器、分配器、控制系统等)	郑州奥特科技、长沙中大冶金、江海润液
干油润滑系统(包括泵、过滤器、分配器等)	郑州奥特科技、长沙中大冶金、江海润液
油气润滑系统(包括泵、过滤器、分配器、控制系统等)	江海润液、烟台澳瑞特
稀油润滑系统及元件推荐厂商	
稀油润滑系统	江海润液、保定市保液
螺杆泵	RSP黄泵、HELNCO海林柯
过滤器	山西麦克雷斯、上海菲思特
真空净油机	威海戥同
滤油机	唐荷科技、上海菲思特、山西麦克雷斯
工业齿轮油	壳牌Omala、中石化长城德威、天津日石
附件	山西方盛、启东康耐柯、上海诺雷

序号	件号	名称	数量	标准规格号	备注
20		压力传感器	2	一路开关量，一路模拟量	
19		管式单向阀	1	DN30, 31.5MPa	
18		插装阀	1	DN25, 31.5MPa	
17		阀盖	1		
16		电磁阀座	1		
15		电联结器	3		
14		电磁阀座	2		
13		线圈	2		
12		耐震压力表	2	D=100mm 0～25MPa	
11		测压软管	4	L=1m, 40MPa	
10		蓄能器	2	50L, 31.5MPa	
09		节流阀	1	DN15, 31.5MPa	
08		单向节流阀	1	DN15, 31.5MPa	
07		高压球阀	2	DN40, 25MPa	
06		减压阀	1	DN5, 31.5MPa	
05		减压阀	2	DN6, 31.5MPa	
04		测压接头	7	G1/4", 31.5MPa	
03		单向阀	1	DN16, 1.6MPa	
02		单向阀	1	DN40, 1.6MPa	
01		高压球阀	1	DN25, 25MPa	
明细表					

机组	长材生产线	
区域	开坯区	
名称	轧辊平衡液压阀台原理图	
图号	开坯区-4	4/7

9.7.5 压下装置液压阀架原理图

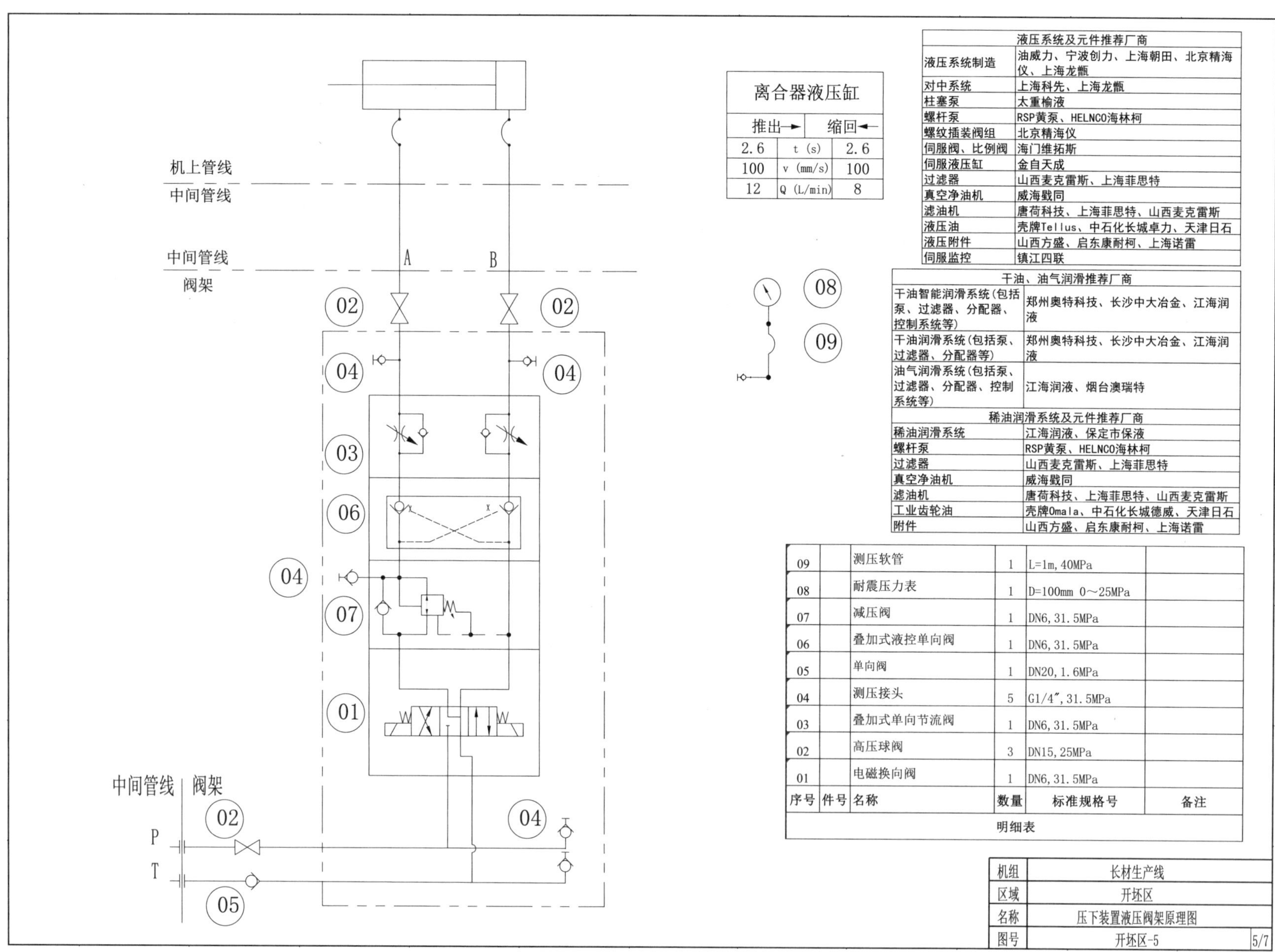

离合器液压缸		
推出→		缩回←
2.6	t (s)	2.6
100	v (mm/s)	100
12	Q (L/min)	8

液压系统及元件推荐厂商	
液压系统制造	油威力、宁波创力、上海朝田、北京精海仪、上海龙甑
对中系统	上海科先、上海龙甑
柱塞泵	太重榆液
螺杆泵	RSP黄泵、HELNCO海林柯
螺纹插装阀组	北京精海仪
伺服阀、比例阀	海门维拓斯
伺服液压缸	金自天成
过滤器	山西麦克雷斯、上海菲思特
真空净油机	威海戡同
滤油机	唐荷科技、上海菲思特、山西麦克雷斯
液压油	壳牌Tellus、中石化长城卓力、天津日石
液压附件	山西方盛、启东康耐柯、上海诺雷
伺服监控	镇江四联

干油、油气润滑推荐厂商	
干油智能润滑系统(包括泵、过滤器、分配器、控制系统等)	郑州奥特科技、长沙中大冶金、江海润液
干油润滑系统(包括泵、过滤器、分配器等)	郑州奥特科技、长沙中大冶金、江海润液
油气润滑系统(包括泵、过滤器、分配器、控制系统等)	江海润液、烟台澳瑞特
稀油润滑系统及元件推荐厂商	
稀油润滑系统	江海润液、保定市保液
螺杆泵	RSP黄泵、HELNCO海林柯
过滤器	山西麦克雷斯、上海菲思特
真空净油机	威海戡同
滤油机	唐荷科技、上海菲思特、山西麦克雷斯
工业齿轮油	壳牌Omala、中石化长城德威、天津日石
附件	山西方盛、启东康耐柯、上海诺雷

序号	件号	名称	数量	标准规格号	备注
09		测压软管	1	L=1m, 40MPa	
08		耐震压力表	1	D=100mm 0～25MPa	
07		减压阀	1	DN6, 31.5MPa	
06		叠加式液控单向阀	1	DN6, 31.5MPa	
05		单向阀	1	DN20, 1.6MPa	
04		测压接头	5	G1/4", 31.5MPa	
03		叠加式单向节流阀	1	DN6, 31.5MPa	
02		高压球阀	3	DN15, 25MPa	
01		电磁换向阀	1	DN6, 31.5MPa	

明细表

机组	长材生产线	
区域	开坯区	
名称	压下装置液压阀架原理图	
图号	开坯区-5	5/7

9.7.6 换辊装置液压阀台原理图（1）

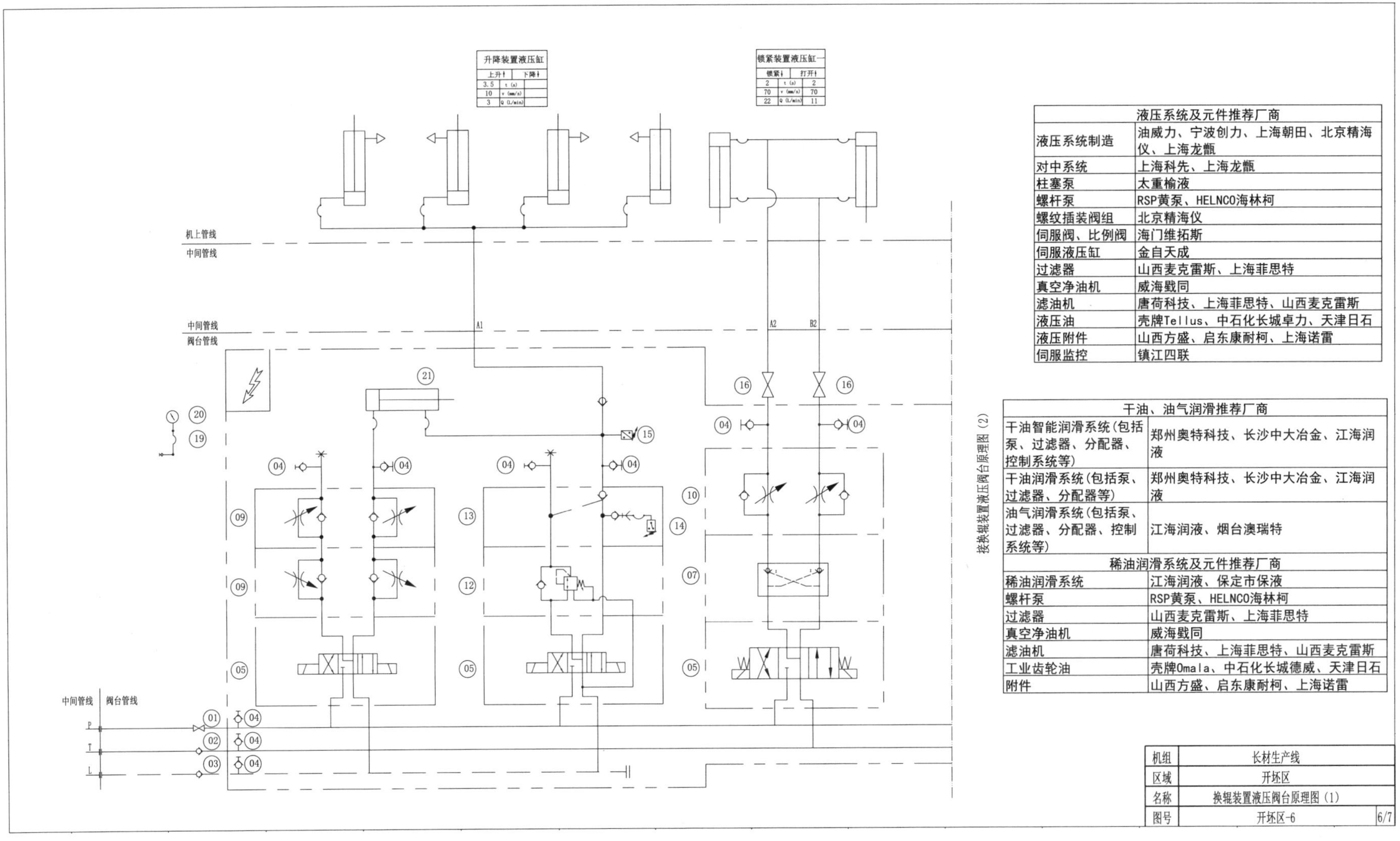

升降装置液压缸		
上升↑		下降↓
3.5	t (s)	
10	v (mm/s)	
3	Q (L/min)	

锁紧装置液压缸		
锁紧↓		打开↑
2	t (s)	2
70	v (mm/s)	70
22	Q (L/min)	11

液压系统及元件推荐厂商	
液压系统制造	油威力、宁波创力、上海朝田、北京精海仪、上海龙甑
对中系统	上海科先、上海龙甑
柱塞泵	太重榆液
螺杆泵	RSP黄泵、HELNCO海林柯
螺纹插装阀组	北京精海仪
伺服阀、比例阀	海门维拓斯
伺服液压缸	金自天成
过滤器	山西麦克雷斯、上海菲思特
真空净油机	威海戥同
滤油机	唐荷科技、上海菲思特、山西麦克雷斯
液压油	壳牌Tellus、中石化长城卓力、天津日石
液压附件	山西方盛、启东康耐柯、上海诺雷
伺服监控	镇江四联

干油、油气润滑推荐厂商	
干油智能润滑系统(包括泵、过滤器、分配器、控制系统等)	郑州奥特科技、长沙中大冶金、江海润液
干油润滑系统(包括泵、过滤器、分配器等)	郑州奥特科技、长沙中大冶金、江海润液
油气润滑系统(包括泵、过滤器、分配器、控制系统等)	江海润液、烟台澳瑞特

稀油润滑系统及元件推荐厂商	
稀油润滑系统	江海润液、保定市保液
螺杆泵	RSP黄泵、HELNCO海林柯
过滤器	山西麦克雷斯、上海菲思特
真空净油机	威海戥同
滤油机	唐荷科技、上海菲思特、山西麦克雷斯
工业齿轮油	壳牌Omala、中石化长城德威、天津日石
附件	山西方盛、启东康耐柯、上海诺雷

机组	长材生产线	
区域	开坯区	
名称	换辊装置液压阀台原理图（1）	
图号	开坯区-6	6/7

9.7.7 换辊装置液压阀台原理图（2）

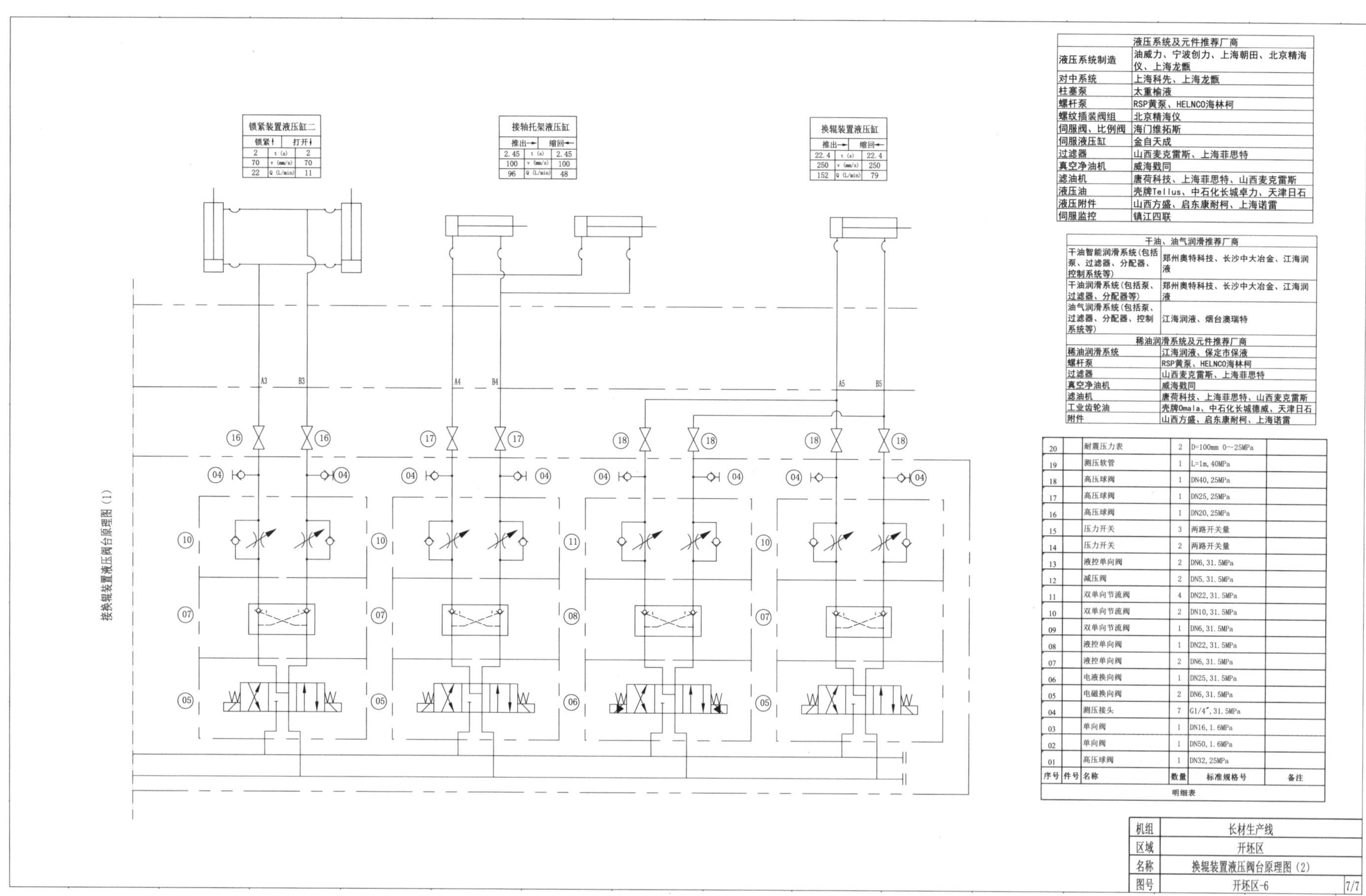

锁紧装置液压缸二		
锁紧↑		打开↓
2	t (s)	2
70	v (mm/s)	70
22	Q (L/min)	11

接轴托架液压缸		
推出→		缩回←
2.45	t (s)	2.45
100	v (mm/s)	100
96	Q (L/min)	48

换辊装置液压缸		
推出→		缩回←
22.4	t (s)	22.4
250	v (mm/s)	250
152	Q (L/min)	79

液压系统及元件推荐厂商	
液压系统制造	油威力、宁波创力、上海朝田、北京精海仪、上海龙甑
对中系统	上海科先、上海龙甑
柱塞泵	太重榆液
螺杆泵	RSP黄泵、HELNCO海林柯
螺纹插装阀组	北京精海仪
伺服阀、比例阀	海门维拓斯
伺服液压缸	金自天成
过滤器	山西麦克雷斯、上海菲思特
真空净油机	威海戥同
滤油机	唐荷科技、上海菲思特、山西麦克雷斯
液压油	壳牌Tellus、中石化长城卓力、天津日石
液压附件	山西方盛、启东康耐柯、上海诺雷
伺服监控	镇江四联

干油、油气润滑推荐厂商	
干油智能润滑系统(包括泵、过滤器、分配器、控制系统等)	郑州奥特科技、长沙中大冶金、江海润液
干油润滑系统(包括泵、过滤器、分配器等)	郑州奥特科技、长沙中大冶金、江海润液
油气润滑系统(包括泵、过滤器、分配器、控制系统等)	江海润液、烟台澳瑞特
稀油润滑系统及元件推荐厂商	
稀油润滑系统	江海润液、保定市保液
螺杆泵	RSP黄泵、HELNCO海林柯
过滤器	山西麦克雷斯、上海菲思特
真空净油机	威海戥同
滤油机	唐荷科技、上海菲思特、山西麦克雷斯
工业齿轮油	壳牌Omala、中石化长城德威、天津日石
附件	山西方盛、启东康耐柯、上海诺雷

序号	件号	名称	数量	标准规格号	备注
20		耐震压力表	2	D=100mm 0～25MPa	
19		测压软管	1	L=1m, 40MPa	
18		高压球阀	1	DN40, 25MPa	
17		高压球阀	1	DN25, 25MPa	
16		高压球阀	1	DN20, 25MPa	
15		压力开关	3	两路开关量	
14		压力开关	2	两路开关量	
13		液控单向阀	2	DN6, 31.5MPa	
12		减压阀	2	DN5, 31.5MPa	
11		双单向节流阀	4	DN22, 31.5MPa	
10		双单向节流阀	2	DN10, 31.5MPa	
09		双单向节流阀	1	DN6, 31.5MPa	
08		液控单向阀	1	DN22, 31.5MPa	
07		液控单向阀	2	DN6, 31.5MPa	
06		电液换向阀	1	DN25, 31.5MPa	
05		电磁换向阀	2	DN6, 31.5MPa	
04		测压接头	7	G1/4″, 31.5MPa	
03		单向阀	1	DN16, 1.6MPa	
02		单向阀	1	DN50, 1.6MPa	
01		高压球阀	1	DN32, 25MPa	

明细表

机组	长材生产线	
区域	开坯区	
名称	换辊装置液压阀台原理图（2）	
图号	开坯区-6	7/7

9.8 横移编组区液压系统

9.8.1 横移编组区液压站原理图

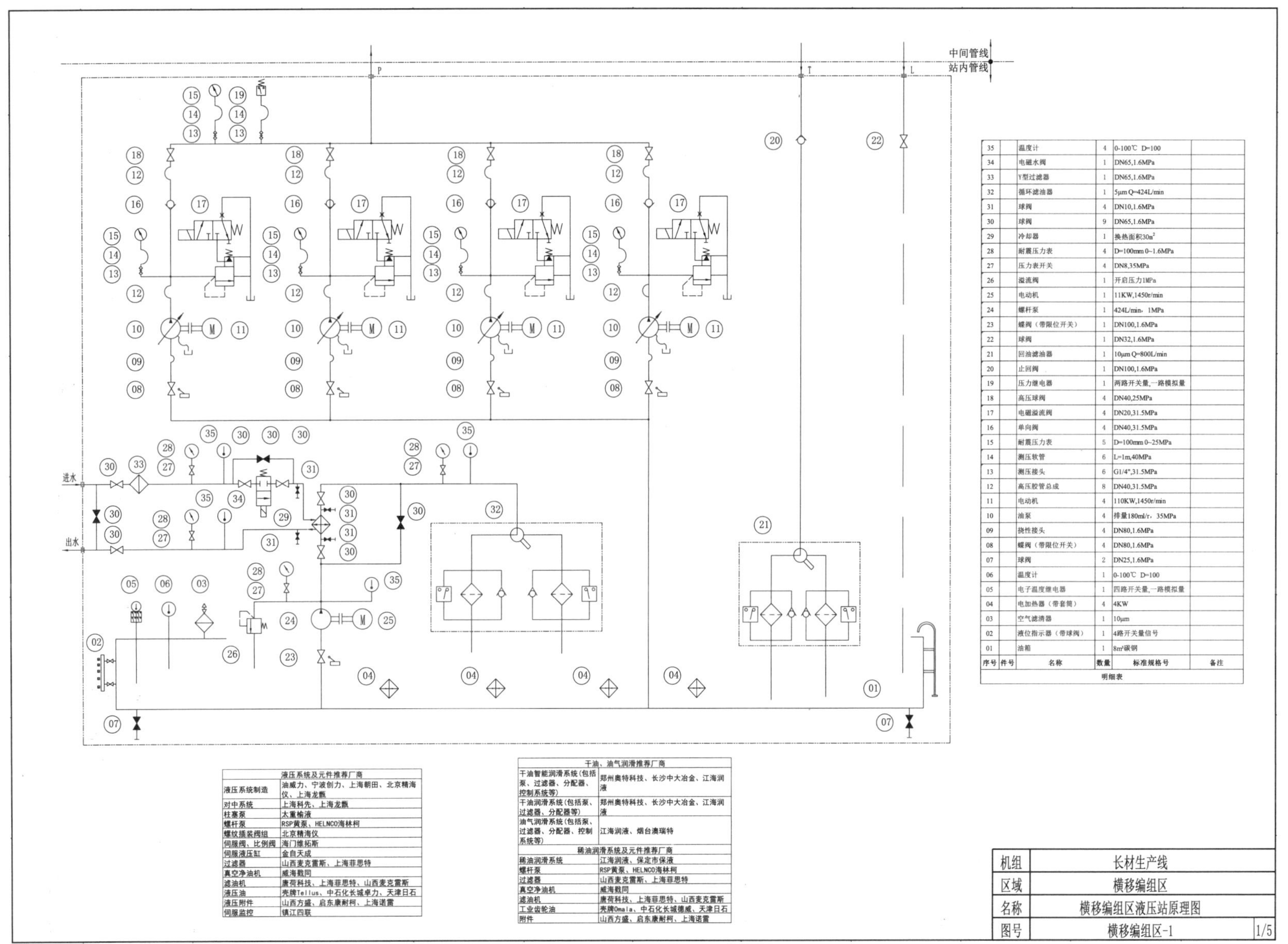

序号	件号	名称	数量	标准规格号	备注
35		温度计	4	0-100℃ D=100	
34		电磁水阀	1	DN65,1.6MPa	
33		Y型过滤器	1	DN65,1.6MPa	
32		循环滤油器	1	5μm Q=424L/min	
31		球阀	4	DN10,1.6MPa	
30		球阀	9	DN65,1.6MPa	
29		冷却器	1	换热面积30m²	
28		耐震压力表	4	D=100mm 0~1.6MPa	
27		压力表开关	4	DN8,35MPa	
26		溢流阀	1	开启压力1MPa	
25		电动机	1	11KW,1450r/min	
24		螺杆泵	1	424L/min，1MPa	
23		蝶阀（带限位开关）	1	DN100,1.6MPa	
22		球阀	1	DN32,1.6MPa	
21		回油滤油器	1	10μm Q=800L/min	
20		止回阀	1	DN100,1.6MPa	
19		压力继电器	1	两路开关量,一路模拟量	
18		高压球阀	4	DN40,25MPa	
17		电磁溢流阀	4	DN20,31.5MPa	
16		单向阀	4	DN40,31.5MPa	
15		耐震压力表	5	D=100mm 0~25MPa	
14		测压软管	6	L=1m,40MPa	
13		测压接头	6	G1/4",31.5MPa	
12		高压胶管总成	8	DN40,31.5MPa	
11		电动机	4	110KW,1450r/min	
10		油泵	4	排量180ml/r，35MPa	
09		挠性接头	4	DN80,1.6MPa	
08		蝶阀（带限位开关）	4	DN80,1.6MPa	
07		球阀	2	DN25,1.6MPa	
06		温度计	1	0-100℃ D=100	
05		电子温度继电器	1	四路开关量,一路模拟量	
04		电加热器（带套筒）	4	4KW	
03		空气滤清器	1	10μm	
02		液位指示器（带球阀）	1	4路开关量信号	
01		油箱	1	8m³碳钢	

明细表

液压系统及元件推荐厂商	
液压系统制造	油威力、宁波创力、上海朝田、北京精海仪、上海龙甑
对中系统	上海科先、上海龙甑
柱塞泵	太重榆液
螺杆泵	RSP黄泵、HELNCO海林柯
螺纹插装阀组	北京精海仪
伺服阀、比例阀	海门维拓斯
伺服液压缸	金自天成
过滤器	山西麦克雷斯、上海菲思特
真空净油机	威海戥同
滤油机	唐荷科技、上海菲思特、山西麦克雷斯
液压油	壳牌Tellus、中石化长城卓力、天津日石
液压附件	山西方盛、启东康耐柯、上海诺雷
伺服监控	镇江四联

干油、油气润滑推荐厂商	
干油智能润滑系统(包括泵、过滤器、分配器、控制系统等)	郑州奥特科技、长沙中大冶金、江海润液
干油润滑系统(包括泵、过滤器、分配器等)	郑州奥特科技、长沙中大冶金、江海润液
油气润滑系统(包括泵、过滤器、分配器、控制系统等)	江海润液、烟台澳瑞特
稀油润滑系统及元件推荐厂商	
稀油润滑系统	江海润液、保定市保液
螺杆泵	RSP黄泵、HELNCO海林柯
过滤器	山西麦克雷斯、上海菲思特
真空净油机	威海戥同
滤油机	唐荷科技、上海菲思特、山西麦克雷斯
工业齿轮油	壳牌Omala、中石化长城德威、天津日石
附件	山西方盛、启东康耐柯、上海诺雷

机组	长材生产线	
区域	横移编组区	
名称	横移编组区液压站原理图	
图号	横移编组区-1	1/5

9.8.2 蓄能器组原理图

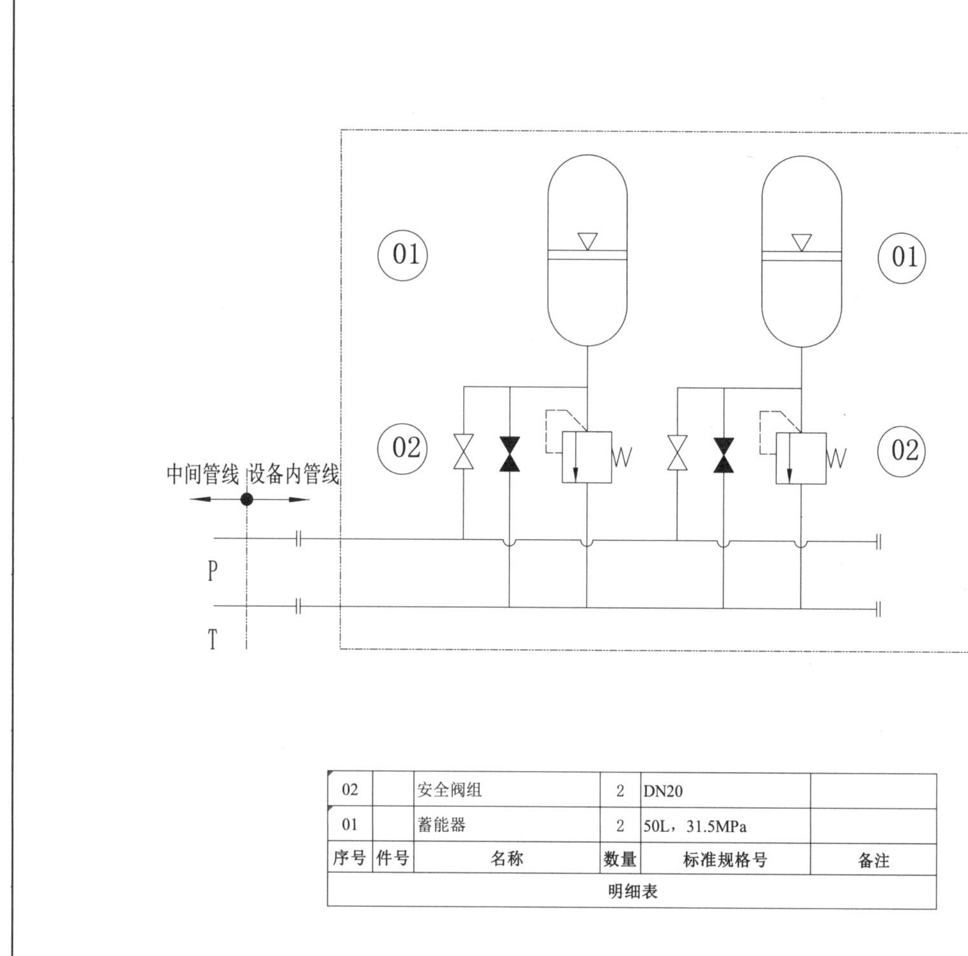

02		安全阀组	2	DN20	
01		蓄能器	2	50L，31.5MPa	
序号	件号	名称	数量	标准规格号	备注
明细表					

液压系统及元件推荐厂商	
液压系统制造	油威力、宁波创力、上海朝田、北京精海仪、上海龙甑
对中系统	上海科先、上海龙甑
柱塞泵	太重榆液
螺杆泵	RSP黄泵、HELNCO海林柯
螺纹插装阀组	北京精海仪
伺服阀、比例阀	海门维拓斯
伺服液压缸	金自天成
过滤器	山西麦克雷斯、上海菲思特
真空净油机	威海戥同
滤油机	唐荷科技、上海菲思特、山西麦克雷斯
液压油	壳牌Tellus、中石化长城卓力、天津日石
液压附件	山西方盛、启东康耐柯、上海诺雷
伺服监控	镇江四联

干油、油气润滑推荐厂商	
干油智能润滑系统(包括泵、过滤器、分配器、控制系统等)	郑州奥特科技、长沙中大冶金、江海润液
干油润滑系统(包括泵、过滤器、分配器等)	郑州奥特科技、长沙中大冶金、江海润液
油气润滑系统(包括泵、过滤器、分配器、控制系统等)	江海润液、烟台澳瑞特
稀油润滑系统及元件推荐厂商	
稀油润滑系统	江海润液、保定市保液
螺杆泵	RSP黄泵、HELNCO海林柯
过滤器	山西麦克雷斯、上海菲思特
真空净油机	威海戥同
滤油机	唐荷科技、上海菲思特、山西麦克雷斯
工业齿轮油	壳牌Omala、中石化长城德威、天津日石
附件	山西方盛、启东康耐柯、上海诺雷

机组	长材生产线	
区域	横移编组区	
名称	蓄能器组原理图	
图号	横移编组区-2	2/5

9.8.3 分钢道岔液压阀架原理图

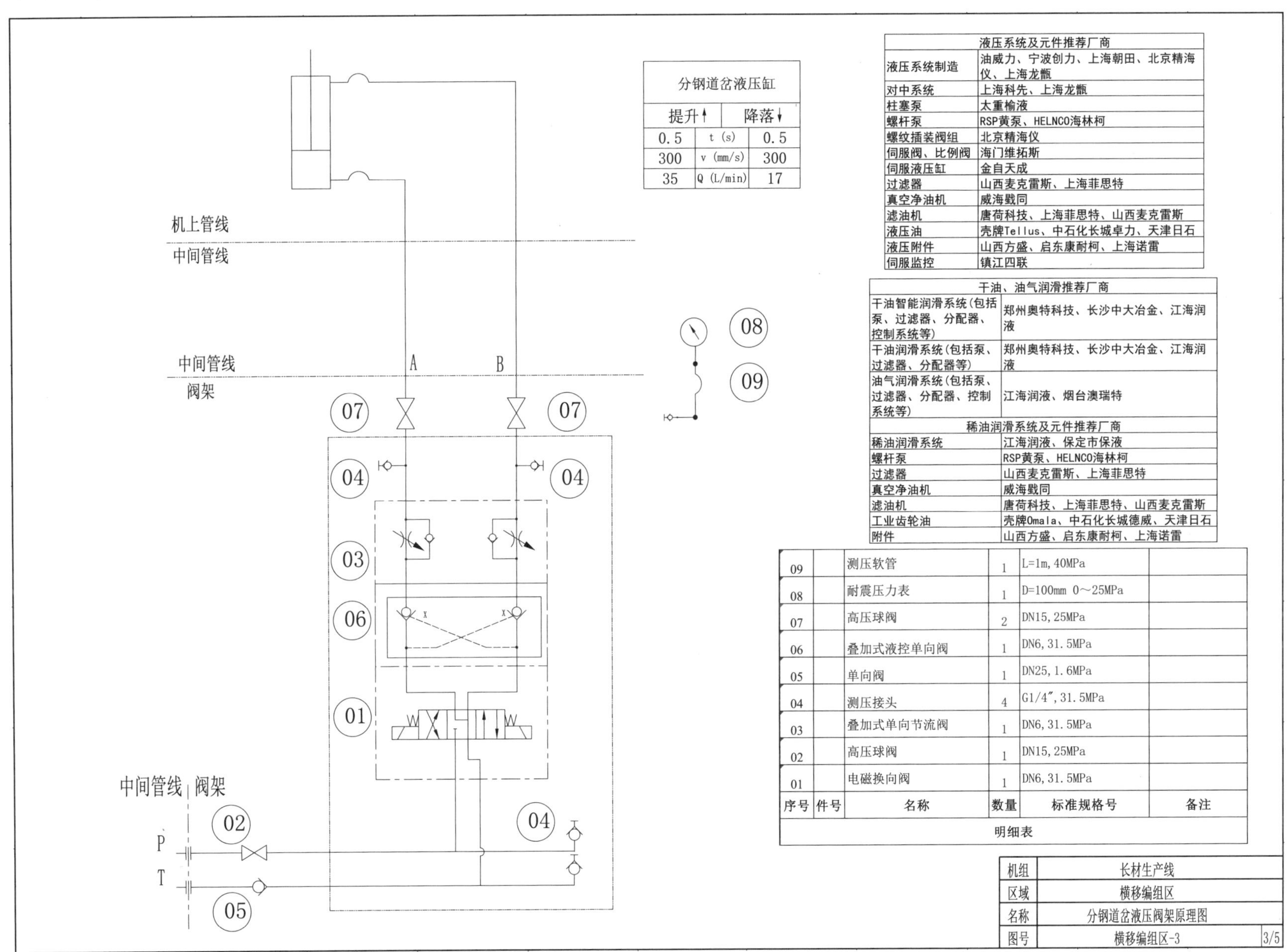

分钢道岔液压缸		
提升↑		降落↓
0.5	t (s)	0.5
300	v (mm/s)	300
35	Q (L/min)	17

液压系统及元件推荐厂商	
液压系统制造	油威力、宁波创力、上海朝田、北京精海仪、上海龙甑
对中系统	上海科先、上海龙甑
柱塞泵	太重榆液
螺杆泵	RSP黄泵、HELNCO海林柯
螺纹插装阀组	北京精海仪
伺服阀、比例阀	海门维拓斯
伺服液压缸	金自天成
过滤器	山西麦克雷斯、上海菲思特
真空净油机	威海戥同
滤油机	唐荷科技、上海菲思特、山西麦克雷斯
液压油	壳牌Tellus、中石化长城卓力、天津日石
液压附件	山西方盛、启东康耐柯、上海诺雷
伺服监控	镇江四联

干油、油气润滑推荐厂商	
干油智能润滑系统(包括泵、过滤器、分配器、控制系统等)	郑州奥特科技、长沙中大冶金、江海润液
干油润滑系统(包括泵、过滤器、分配器等)	郑州奥特科技、长沙中大冶金、江海润液
油气润滑系统(包括泵、过滤器、分配器、控制系统等)	江海润液、烟台澳瑞特
稀油润滑系统及元件推荐厂商	
稀油润滑系统	江海润液、保定市保液
螺杆泵	RSP黄泵、HELNCO海林柯
过滤器	山西麦克雷斯、上海菲思特
真空净油机	威海戥同
滤油机	唐荷科技、上海菲思特、山西麦克雷斯
工业齿轮油	壳牌Omala、中石化长城德威、天津日石
附件	山西方盛、启东康耐柯、上海诺雷

序号	件号	名称	数量	标准规格号	备注
09		测压软管	1	L=1m, 40MPa	
08		耐震压力表	1	D=100mm 0～25MPa	
07		高压球阀	2	DN15, 25MPa	
06		叠加式液控单向阀	1	DN6, 31.5MPa	
05		单向阀	1	DN25, 1.6MPa	
04		测压接头	4	G1/4″, 31.5MPa	
03		叠加式单向节流阀	1	DN6, 31.5MPa	
02		高压球阀	1	DN15, 25MPa	
01		电磁换向阀	1	DN6, 31.5MPa	

明细表

机组	长材生产线	
区域	横移编组区	
名称	分钢道岔液压阀架原理图	
图号	横移编组区-3	3/5

9.8.4 横移运输小车液压阀台原理图

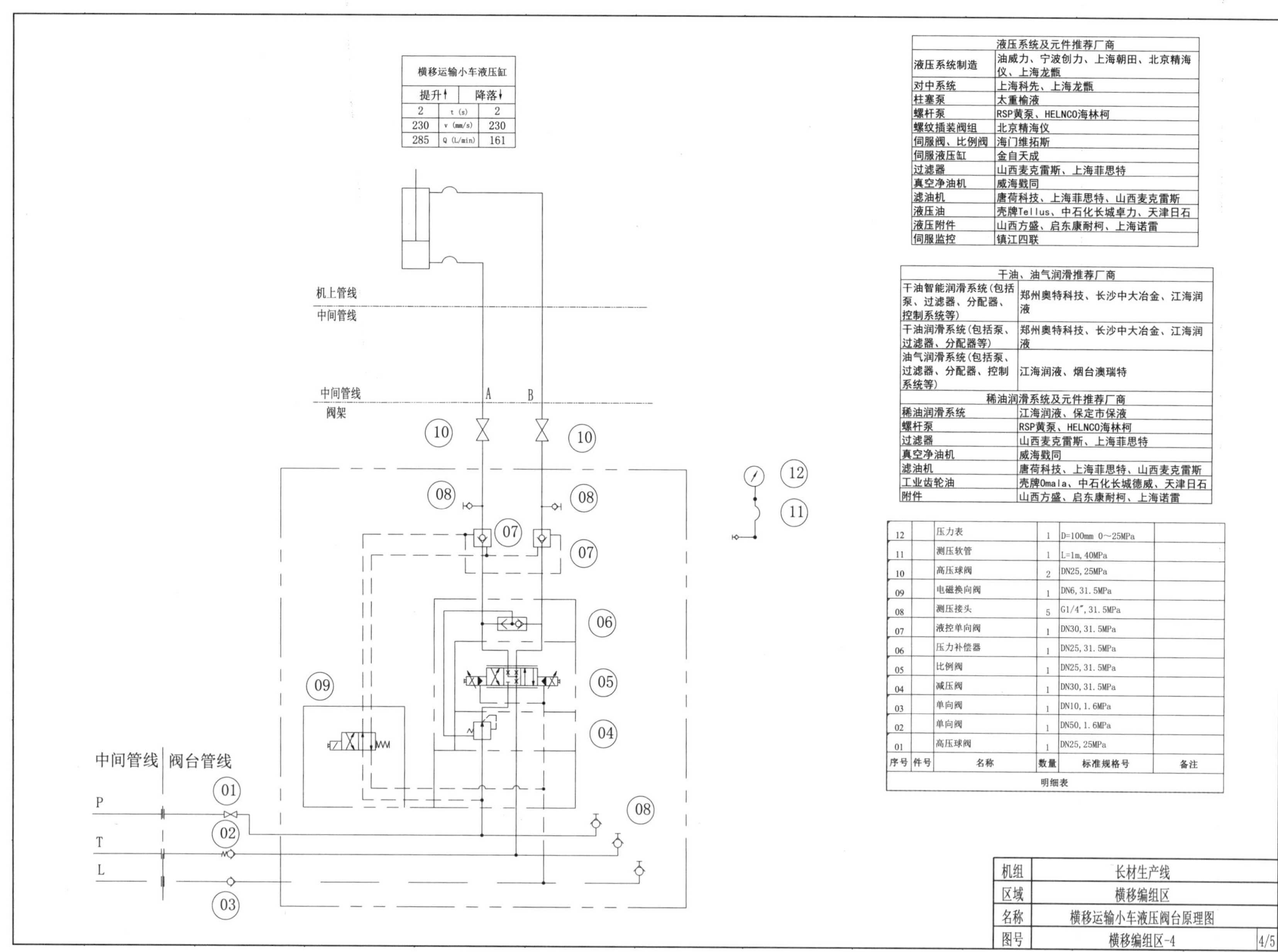

液压系统及元件推荐厂商	
液压系统制造	油威力、宁波创力、上海朝田、北京精海仪、上海龙甑
对中系统	上海科先、上海龙甑
柱塞泵	太重榆液
螺杆泵	RSP黄泵、HELNCO海林柯
螺纹插装阀组	北京精海仪
伺服阀、比例阀	海门维拓斯
伺服液压缸	金自天成
过滤器	山西麦克雷斯、上海菲思特
真空净油机	威海戳同
滤油机	唐荷科技、上海菲思特、山西麦克雷斯
液压油	壳牌Tellus、中石化长城卓力、天津日石
液压附件	山西方盛、启东康耐柯、上海诺雷
伺服监控	镇江四联

干油、油气润滑推荐厂商	
干油智能润滑系统(包括泵、过滤器、分配器、控制系统等)	郑州奥特科技、长沙中大冶金、江海润液
干油润滑系统(包括泵、过滤器、分配器等)	郑州奥特科技、长沙中大冶金、江海润液
油气润滑系统(包括泵、过滤器、分配器、控制系统等)	江海润液、烟台澳瑞特
稀油润滑系统及元件推荐厂商	
稀油润滑系统	江海润液、保定市保液
螺杆泵	RSP黄泵、HELNCO海林柯
过滤器	山西麦克雷斯、上海菲思特
真空净油机	威海戳同
滤油机	唐荷科技、上海菲思特、山西麦克雷斯
工业齿轮油	壳牌Omala、中石化长城德威、天津日石
附件	山西方盛、启东康耐柯、上海诺雷

序号	件号	名称	数量	标准规格号	备注
12		压力表	1	D=100mm 0～25MPa	
11		测压软管	1	L=1m, 40MPa	
10		高压球阀	2	DN25, 25MPa	
09		电磁换向阀	1	DN6, 31.5MPa	
08		测压接头	5	G1/4″, 31.5MPa	
07		液控单向阀	1	DN30, 31.5MPa	
06		压力补偿器	1	DN25, 31.5MPa	
05		比例阀	1	DN25, 31.5MPa	
04		减压阀	1	DN30, 31.5MPa	
03		单向阀	1	DN10, 1.6MPa	
02		单向阀	1	DN50, 1.6MPa	
01		高压球阀	1	DN25, 25MPa	
明细表					

机组	长材生产线	
区域	横移编组区	
名称	横移运输小车液压阀台原理图	
图号	横移编组区-4	4/5

9.8.5 拨料机构液压阀架原理图

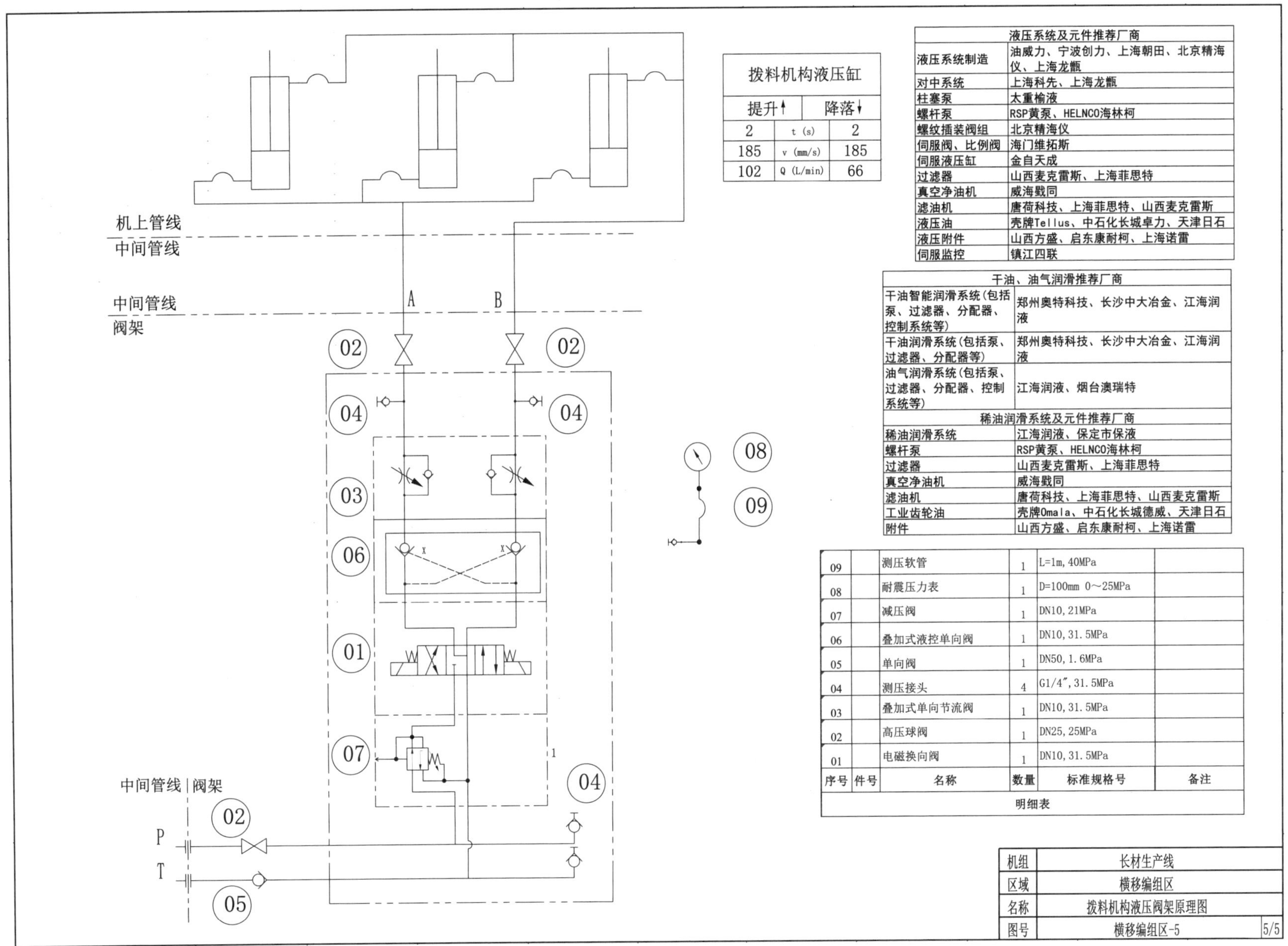

第 10 章　冷连轧液压系统原理图

10.1 入口液压系统

10.1.1 入口液压系统泵站原理图（1）

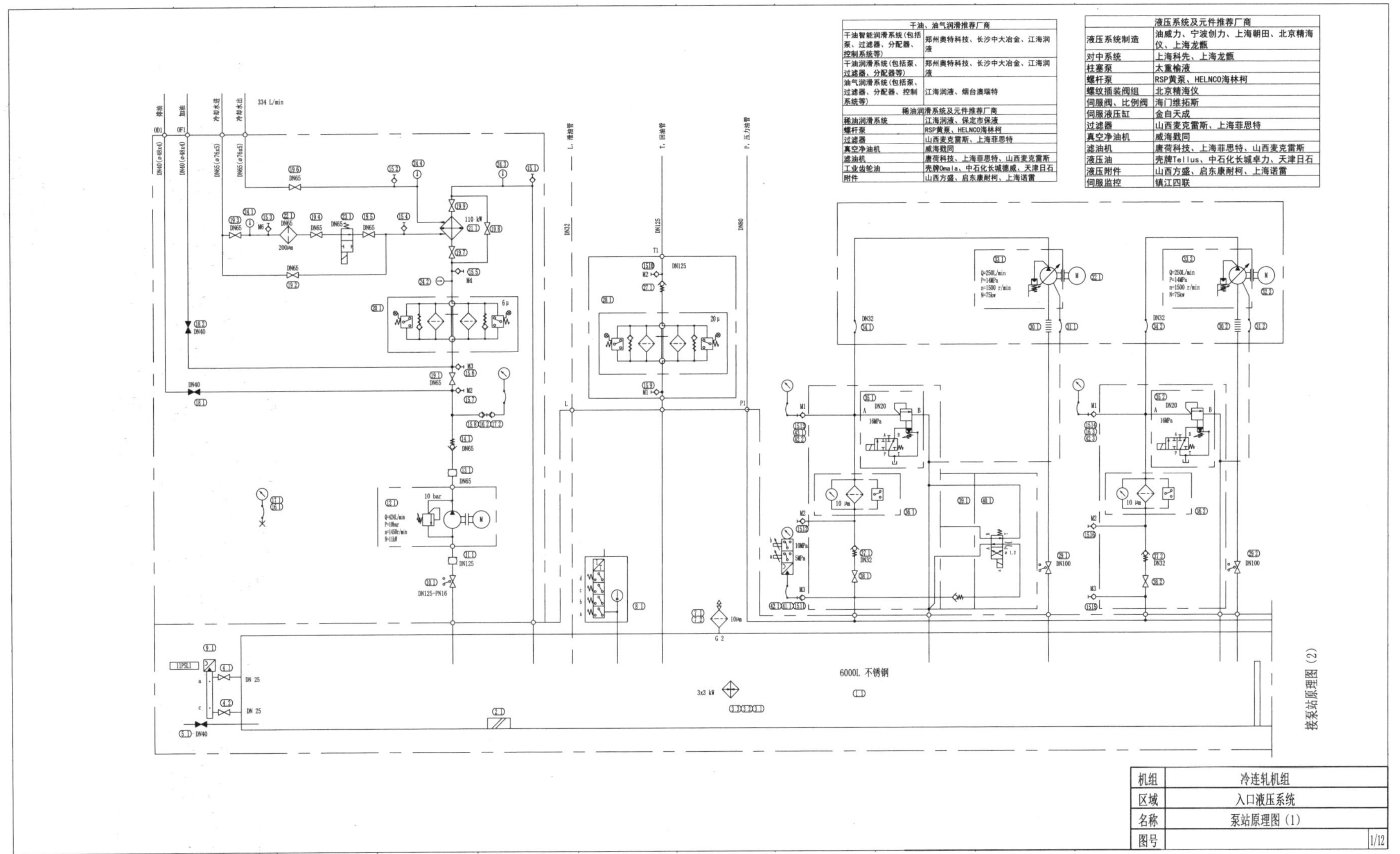

干油、油气润滑推荐厂商	
干油智能润滑系统(包括泵、过滤器、分配器、控制系统等)	郑州奥特科技、长沙中大冶金、江海润液
干油润滑系统(包括泵、过滤器、分配器等)	郑州奥特科技、长沙中大冶金、江海润液
油气润滑系统(包括泵、过滤器、分配器、控制系统等)	江海润液、烟台澳瑞特
稀油润滑系统及元件推荐厂商	
稀油润滑系统	江海润液、保定市保液
螺杆泵	RSP黄泵、HELNCO海林柯
过滤器	山西麦克雷斯、上海菲思特
真空净油机	威海戥同
滤油机	唐荷科技、上海菲思特、山西麦克雷斯
工业齿轮油	壳牌Omala、中石化长城德威、天津日石
附件	山西方盛、启东康耐柯、上海诺雷

液压系统及元件推荐厂商	
液压系统制造	油威力、宁波创力、上海朝田、北京精海仪、上海龙甑
对中系统	上海科先、上海龙甑
柱塞泵	太重榆液
螺杆泵	RSP黄泵、HELNCO海林柯
螺纹插装阀组	北京精海仪
伺服阀、比例阀	海门维拓斯
伺服液压缸	金自天成
过滤器	山西麦克雷斯、上海菲思特
真空净油机	威海戥同
滤油机	唐荷科技、上海菲思特、山西麦克雷斯
液压油	壳牌Tellus、中石化长城卓力、天津日石
液压附件	山西方盛、启东康耐柯、上海诺雷
伺服监控	镇江四联

机组	冷连轧机组
区域	入口液压系统
名称	泵站原理图（1）
图号	1/12

10.1.2 入口液压系统泵站原理图（2）

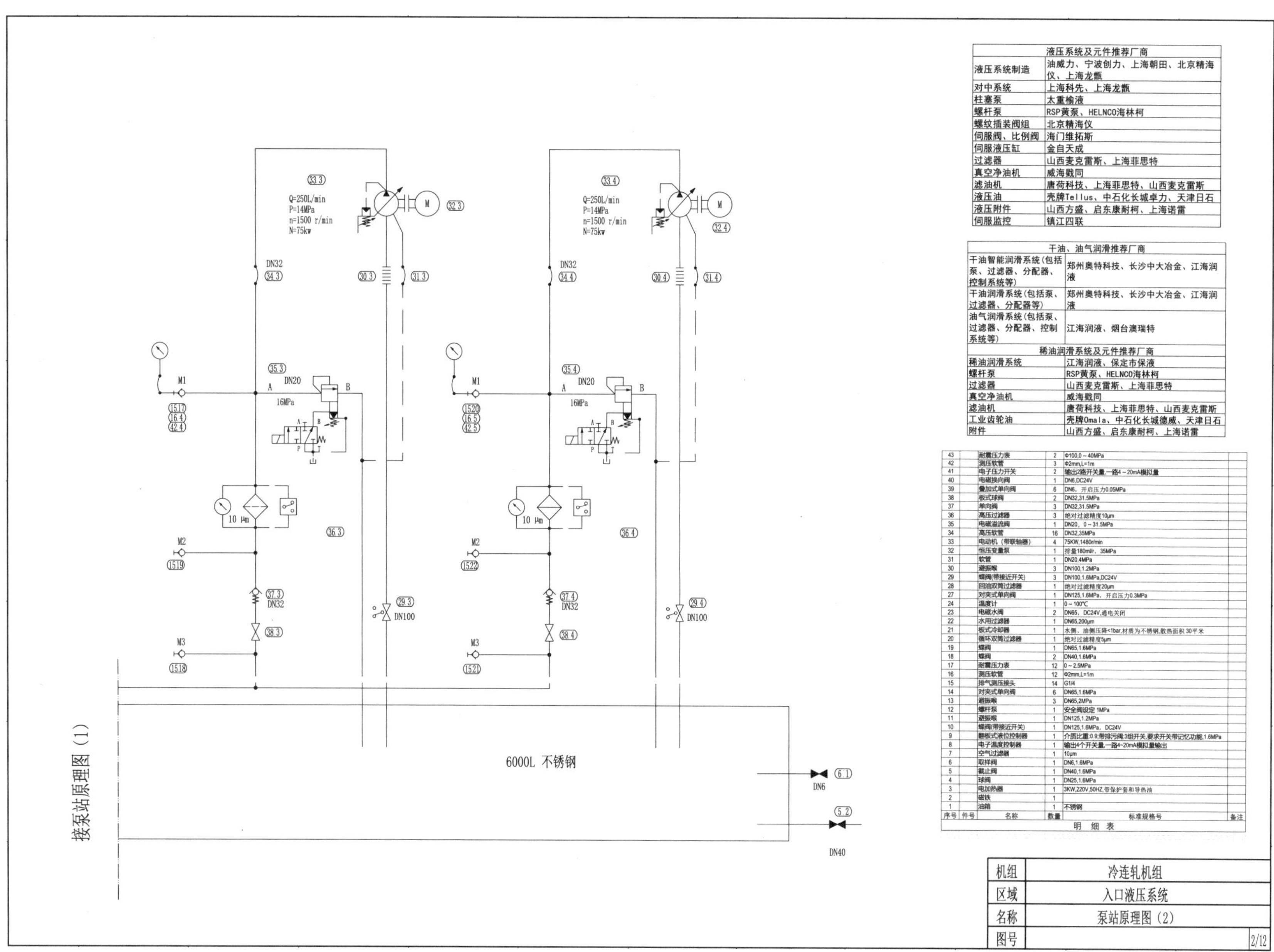

液压系统及元件推荐厂商	
液压系统制造	油威力、宁波创力、上海朝田、北京精海仪、上海龙甑
对中系统	上海科先、上海龙甑
柱塞泵	太重榆液
螺杆泵	RSP黄泵、HELNCO海林柯
螺纹插装阀组	北京精海仪
伺服阀、比例阀	海门维拓斯
伺服液压缸	金自天成
过滤器	山西麦克雷斯、上海菲思特
真空净油机	威海戥同
滤油机	唐荷科技、上海菲思特、山西麦克雷斯
液压油	壳牌Tellus、中石化长城卓力、天津日石
液压附件	山西方盛、启东康耐柯、上海诺雷
伺服监控	镇江四联

干油、油气润滑推荐厂商	
干油智能润滑系统(包括泵、过滤器、分配器、控制系统等)	郑州奥特科技、长沙中大冶金、江海润液
干油润滑系统(包括泵、过滤器、分配器等)	郑州奥特科技、长沙中大冶金、江海润液
油气润滑系统(包括泵、过滤器、分配器、控制系统等)	江海润液、烟台澳瑞特
稀油润滑系统及元件推荐厂商	
稀油润滑系统	江海润液、保定市保液
螺杆泵	RSP黄泵、HELNCO海林柯
过滤器	山西麦克雷斯、上海菲思特
真空净油机	威海戥同
滤油机	唐荷科技、上海菲思特、山西麦克雷斯
工业齿轮油	壳牌Omala、中石化长城德威、天津日石
附件	山西方盛、启东康耐柯、上海诺雷

序号	件号	名称	数量	标准规格号	备注
43		耐震压力表	2	Φ100,0～40MPa	
42		测压软管	3	Φ2mm,L=1m	
41		电子压力开关	2	输出2路开关量,一路4～20mA模拟量	
40		电磁换向阀	1	DN6,DC24V	
39		叠加式单向阀	6	DN6，开启压力0.05MPa	
38		板式球阀	2	DN32,31.5MPa	
37		单向阀	3	DN32,31.5MPa	
36		高压过滤器	3	绝对过滤精度10μm	
35		电磁溢流阀	1	DN20，0～31.5MPa	
34		高压软管	16	DN32,35MPa	
33		电动机（带联轴器）	4	75KW,1480r/min	
32		恒压变量泵	1	排量180ml/r，35MPa	
31		软管	1	DN20,4MPa	
30		避振喉	3	DN100,1.2MPa	
29		蝶阀(带接近开关)	3	DN100,1.6MPa,DC24V	
28		回油双筒过滤器	1	绝对过滤精度20μm	
27		对夹式单向阀	1	DN125,1.6MPa，开启压力0.3MPa	
24		温度计	1	0～100℃	
23		电磁水阀	2	DN65，DC24V,通电关闭	
22		水用过滤器	1	DN65,200μm	
21		板式冷却器	1	水侧、油侧压降<1bar,材质为不锈钢,散热面积 30平米	
20		循环双筒过滤器	1	绝对过滤精度5μm	
19		蝶阀	1	DN65,1.6MPa	
18		蝶阀	2	DN40,1.6MPa	
17		耐震压力表	12	0～2.5MPa	
16		测压软管	12	Φ2mm,L=1m	
15		排气测压接头	14	G1/4	
14		对夹式单向阀	6	DN65,1.6MPa	
13		避振喉	3	DN65,2MPa	
12		螺杆泵	1	安全阀设定 1MPa	
11		避振喉	1	DN125,1.2MPa	
10		蝶阀(带接近开关)	1	DN125,1.6MPa，DC24V	
9		翻板式液位控制器	1	介质比重:0.9;带排污阀;3组开关,要求开关带记忆功能,1.6MPa	
8		电子温度控制器	1	输出4个开关量,一路4~20mA模拟量输出	
7		空气过滤器	1	10μm	
6		取样阀	1	DN6,1.6MPa	
5		截止阀	1	DN40,1.6MPa	
4		球阀	1	DN25,1.6MPa	
3		电加热器	1	3KW,220V,50HZ,带保护套和导热油	
2		磁铁	1		
1		油箱	1	不锈钢	

明 细 表

机组	冷连轧机组
区域	入口液压系统
名称	泵站原理图（2）
图号	2/12

10.1.3 入口液压系统蓄能器组原理图

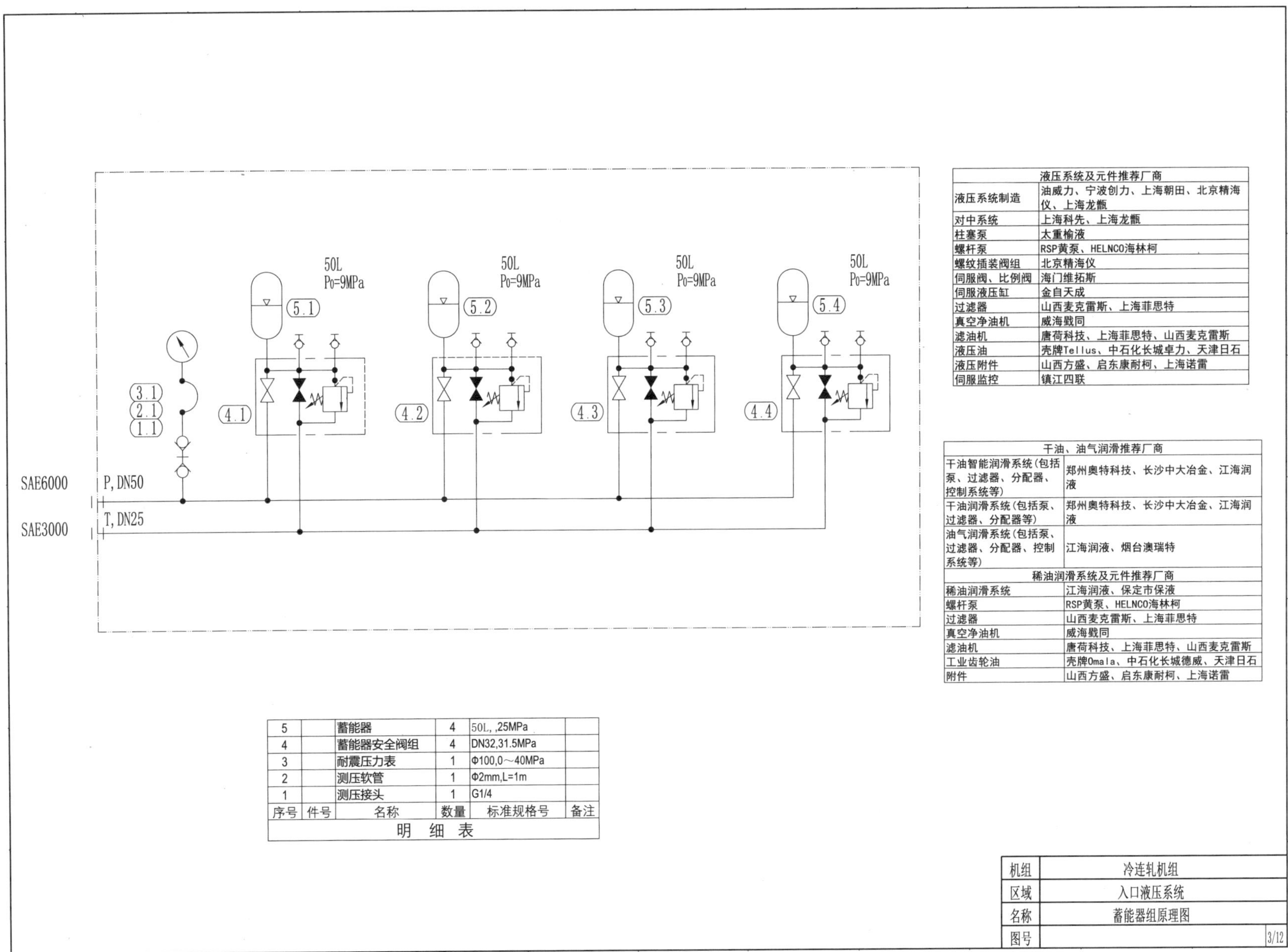

液压系统及元件推荐厂商	
液压系统制造	油威力、宁波创力、上海朝田、北京精海仪、上海龙甑
对中系统	上海科先、上海龙甑
柱塞泵	太重榆液
螺杆泵	RSP黄泵、HELNCO海林柯
螺纹插装阀组	北京精海仪
伺服阀、比例阀	海门维拓斯
伺服液压缸	金自天成
过滤器	山西麦克雷斯、上海菲思特
真空净油机	威海戥同
滤油机	唐荷科技、上海菲思特、山西麦克雷斯
液压油	壳牌Tellus、中石化长城卓力、天津日石
液压附件	山西方盛、启东康耐柯、上海诺雷
伺服监控	镇江四联

干油、油气润滑推荐厂商	
干油智能润滑系统(包括泵、过滤器、分配器、控制系统等)	郑州奥特科技、长沙中大冶金、江海润液
干油润滑系统(包括泵、过滤器、分配器等)	郑州奥特科技、长沙中大冶金、江海润液
油气润滑系统(包括泵、过滤器、分配器、控制系统等)	江海润液、烟台澳瑞特
稀油润滑系统及元件推荐厂商	
稀油润滑系统	江海润液、保定市保液
螺杆泵	RSP黄泵、HELNCO海林柯
过滤器	山西麦克雷斯、上海菲思特
真空净油机	威海戥同
滤油机	唐荷科技、上海菲思特、山西麦克雷斯
工业齿轮油	壳牌Omala、中石化长城德威、天津日石
附件	山西方盛、启东康耐柯、上海诺雷

序号	件号	名称	数量	标准规格号	备注
5		蓄能器	4	50L, ,25MPa	
4		蓄能器安全阀组	4	DN32,31.5MPa	
3		耐震压力表	1	Φ100,0～40MPa	
2		测压软管	1	Φ2mm,L=1m	
1		测压接头	1	G1/4	

明　细　表

机组	冷连轧机组
区域	入口液压系统
名称	蓄能器组原理图
图号	3/12

10.1.4 入口液压系统阀台 VS1 原理图（1）

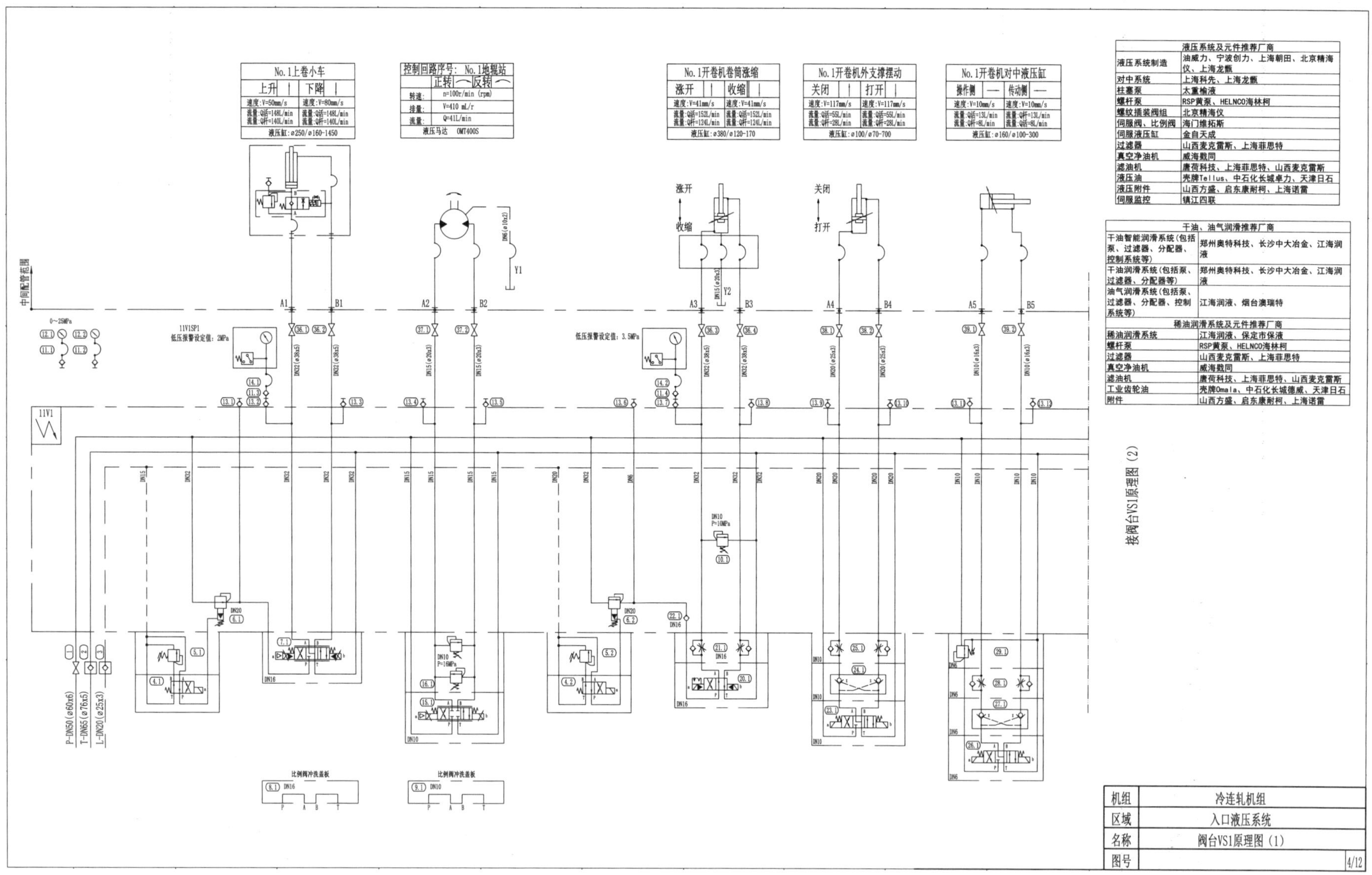

10.1.5 入口液压系统阀台 VS1 原理图（2）

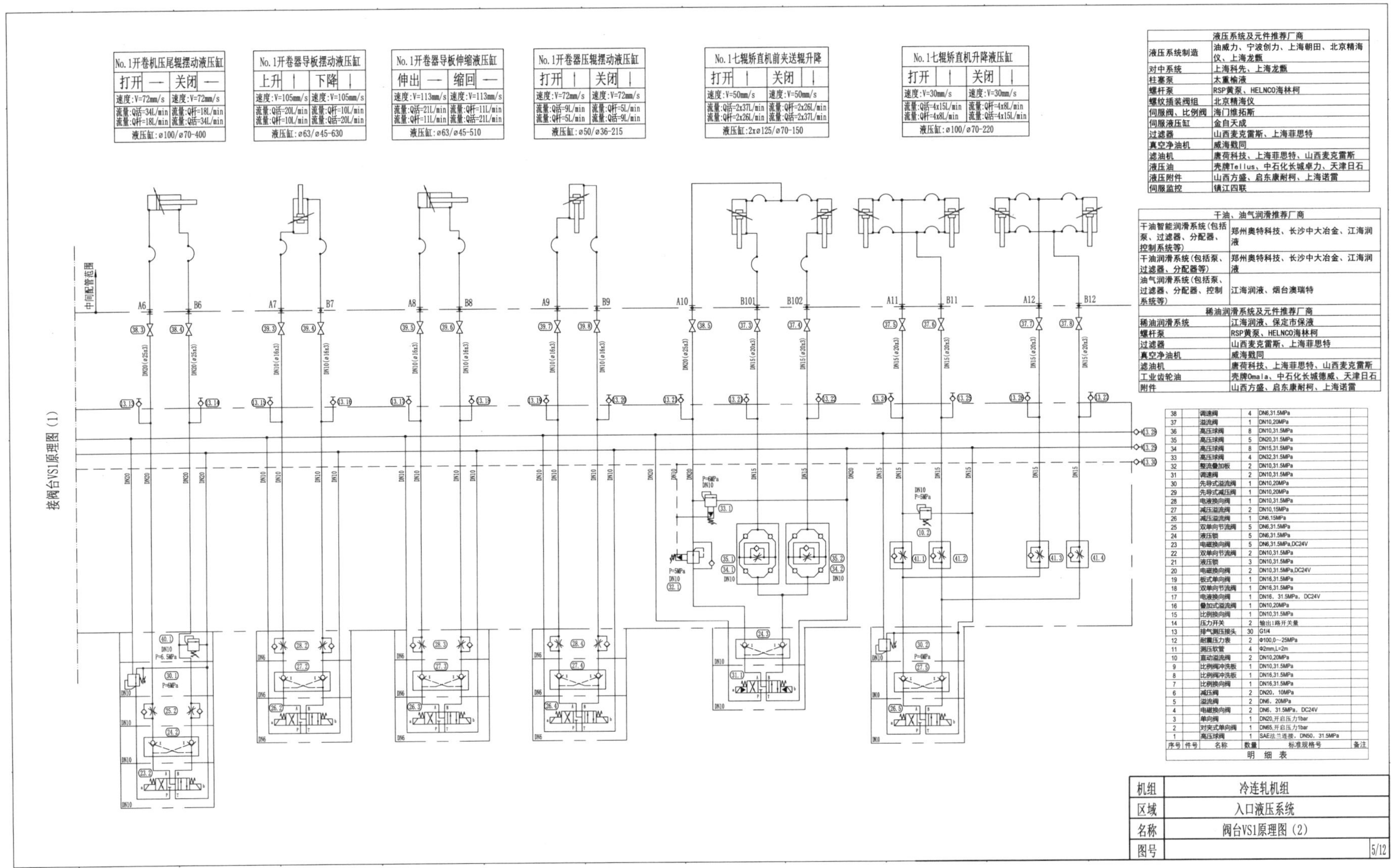

10.1.6 入口液压系统阀台 VS2 原理图（1）

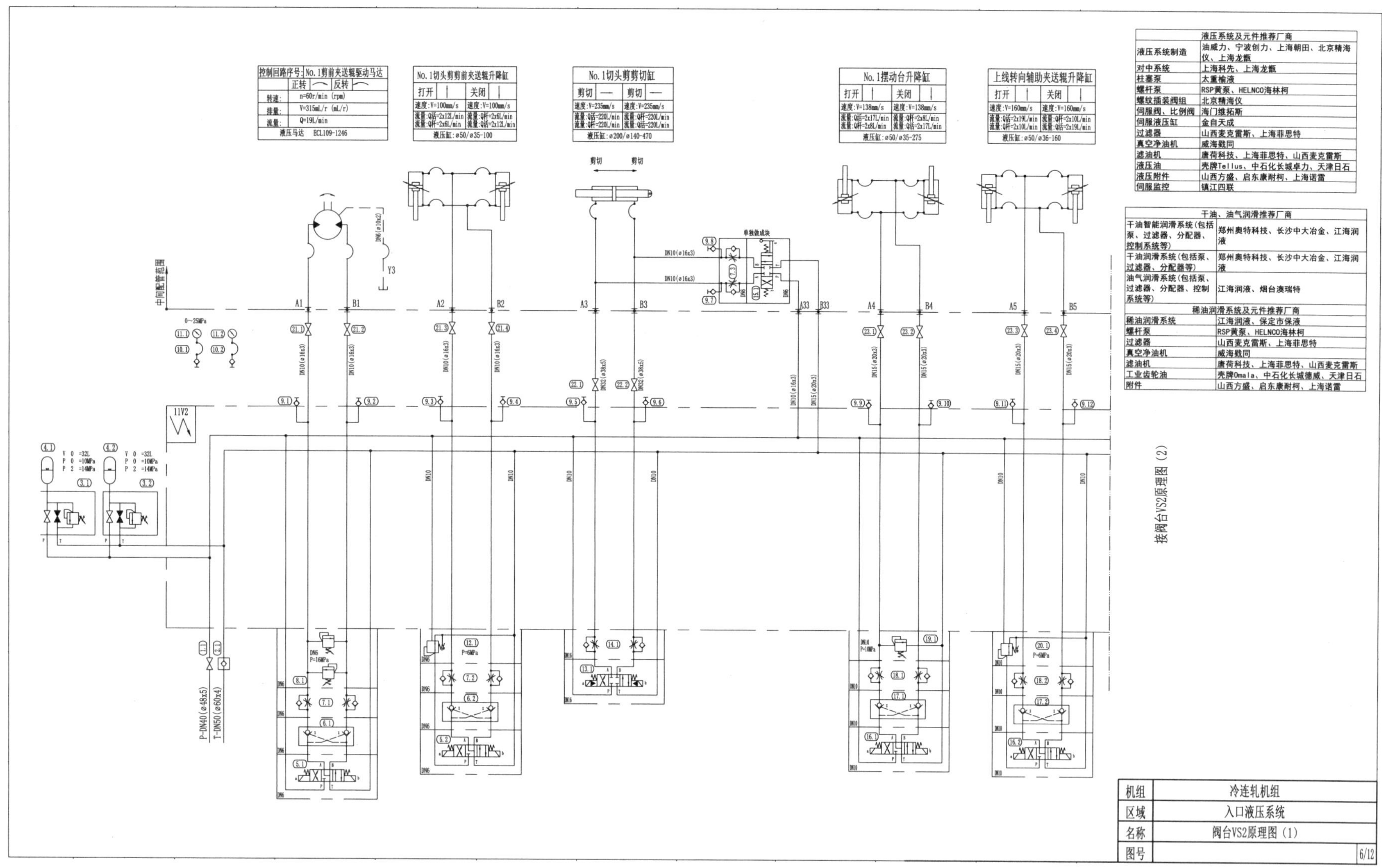

10.1.7 入口液压系统阀台 VS2 原理图（2）

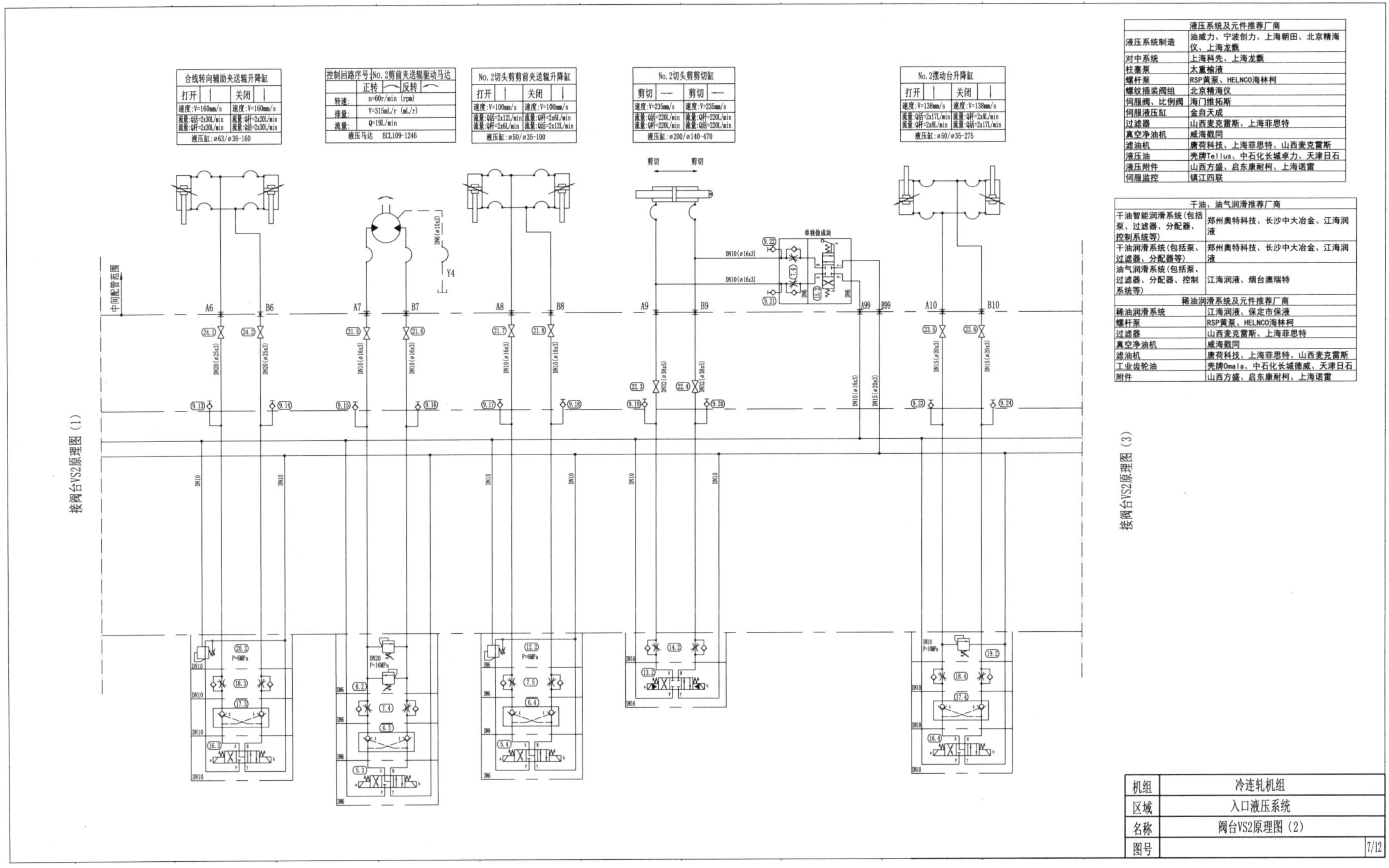

10.1.8 入口液压系统阀台 VS2 原理图（3）

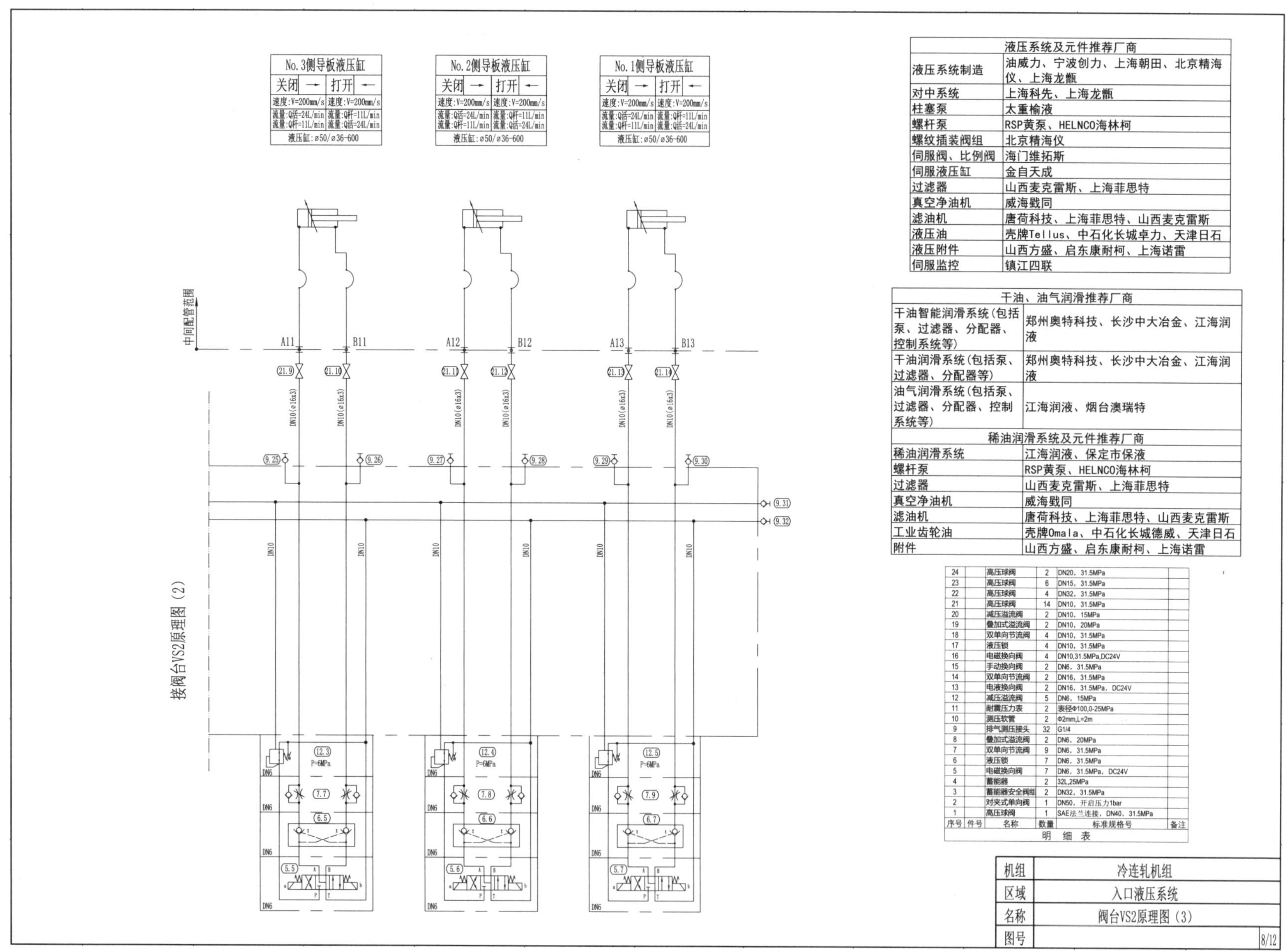

液压系统及元件推荐厂商	
液压系统制造	油威力、宁波创力、上海朝田、北京精海仪、上海龙甑
对中系统	上海科先、上海龙甑
柱塞泵	太重榆液
螺杆泵	RSP黄泵、HELNCO海林柯
螺纹插装阀组	北京精海仪
伺服阀、比例阀	海门维拓斯
伺服液压缸	金自天成
过滤器	山西麦克雷斯、上海菲思特
真空净油机	威海戥同
滤油机	唐荷科技、上海菲思特、山西麦克雷斯
液压油	壳牌Tellus、中石化长城卓力、天津日石
液压附件	山西方盛、启东康耐柯、上海诺雷
伺服监控	镇江四联

干油、油气润滑推荐厂商	
干油智能润滑系统(包括泵、过滤器、分配器、控制系统等)	郑州奥特科技、长沙中大冶金、江海润液
干油润滑系统(包括泵、过滤器、分配器等)	郑州奥特科技、长沙中大冶金、江海润液
油气润滑系统(包括泵、过滤器、分配器、控制系统等)	江海润液、烟台澳瑞特
稀油润滑系统及元件推荐厂商	
稀油润滑系统	江海润液、保定市保液
螺杆泵	RSP黄泵、HELNCO海林柯
过滤器	山西麦克雷斯、上海菲思特
真空净油机	威海戥同
滤油机	唐荷科技、上海菲思特、山西麦克雷斯
工业齿轮油	壳牌Omala、中石化长城德威、天津日石
附件	山西方盛、启东康耐柯、上海诺雷

序号	件号	名称	数量	标准规格号	备注
24		高压球阀	2	DN20，31.5MPa	
23		高压球阀	6	DN15，31.5MPa	
22		高压球阀	4	DN32，31.5MPa	
21		高压球阀	14	DN10，31.5MPa	
20		减压溢流阀	2	DN10，15MPa	
19		叠加式溢流阀	2	DN10，20MPa	
18		双单向节流阀	4	DN10，31.5MPa	
17		液压锁	4	DN10，31.5MPa	
16		电磁换向阀	4	DN10,31.5MPa,DC24V	
15		手动换向阀	2	DN6，31.5MPa	
14		双单向节流阀	2	DN16，31.5MPa	
13		电液换向阀	2	DN16，31.5MPa，DC24V	
12		减压溢流阀	5	DN6，15MPa	
11		耐震压力表	2	表径Φ100,0-25MPa	
10		测压软管	2	Φ2mm,L=2m	
9		排气测压接头	32	G1/4	
8		叠加式溢流阀	2	DN6，20MPa	
7		双单向节流阀	9	DN6，31.5MPa	
6		液压锁	7	DN6，31.5MPa	
5		电磁换向阀	7	DN6，31.5MPa，DC24V	
4		蓄能器	2	32L,25MPa	
3		蓄能器安全阀组	2	DN32，31.5MPa	
2		对夹式单向阀	1	DN50，开启压力1bar	
1		高压球阀	1	SAE法兰连接，DN40，31.5MPa	

明 细 表

机组	冷连轧机组
区域	入口液压系统
名称	阀台VS2原理图（3）
图号	8/12

10.1.9 入口液压系统阀台 VS3 原理图（1）

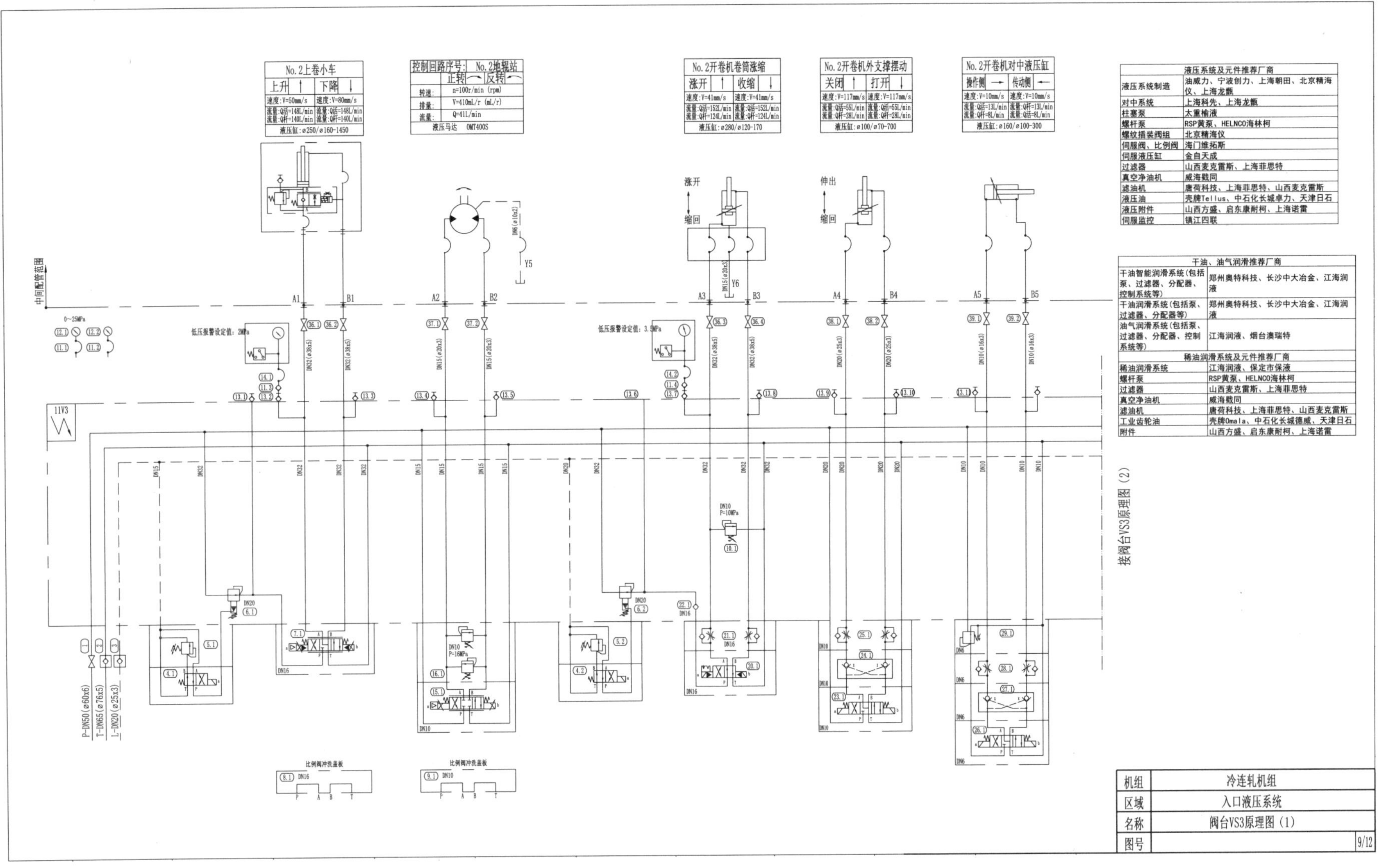

10.1.10 入口液压系统阀台 VS3 原理图（2）

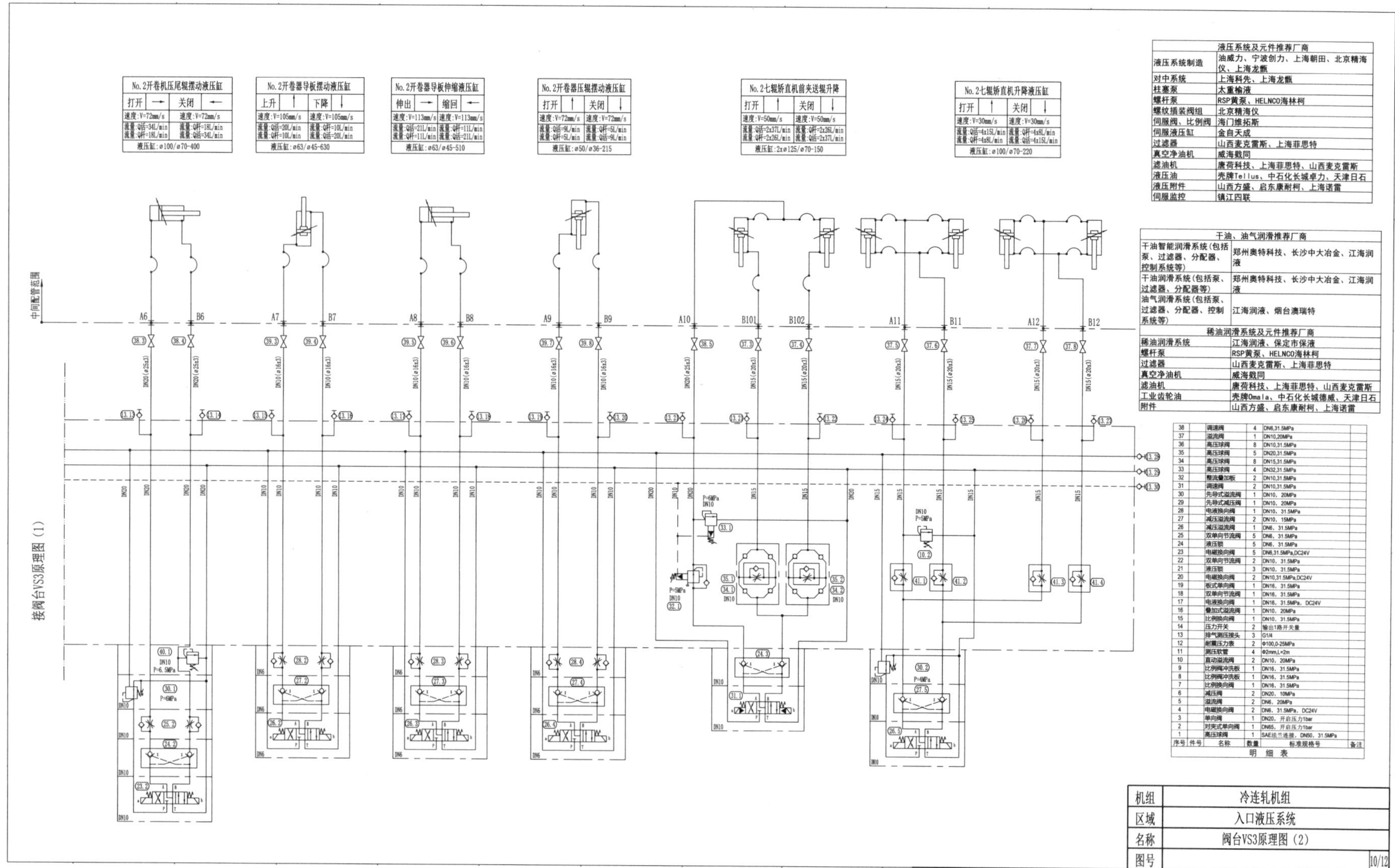

液压系统及元件推荐厂商	
液压系统制造	油威力、宁波创力、上海朝田、北京精海仪、上海龙甑
对中系统	上海科先、上海龙甑
柱塞泵	太重榆液
螺杆泵	RSP黄泵、HELNCO海林柯
螺纹插装阀组	北京精海仪
伺服阀、比例阀	海门维拓斯
伺服液压缸	金自天成
过滤器	山西麦克雷斯、上海菲思特
真空净油机	威海戳同
滤油机	唐荷科技、上海菲思特、山西麦克雷斯
液压油	壳牌Tellus、中石化长城卓力、天津日石
液压附件	山西方盛、启东康耐柯、上海诺雷
伺服监控	镇江四联

干油、油气润滑推荐厂商	
干油智能润滑系统(包括泵、过滤器、分配器、控制系统等)	郑州奥特科技、长沙中大冶金、江海润液
干油润滑系统(包括泵、过滤器、分配器等)	郑州奥特科技、长沙中大冶金、江海润液
油气润滑系统(包括泵、过滤器、分配器、控制系统等)	江海润液、烟台澳瑞特
稀油润滑系统及元件推荐厂商	
稀油润滑系统	江海润液、保定市保液
螺杆泵	RSP黄泵、HELNCO海林柯
过滤器	山西麦克雷斯、上海菲思特
真空净油机	威海戳同
滤油机	唐荷科技、上海菲思特、山西麦克雷斯
工业齿轮油	壳牌Omala、中石化长城德威、天津日石
附件	山西方盛、启东康耐柯、上海诺雷

序号	件号	名称	数量	标准规格号	备注
38		调速阀	4	DN6,31.5MPa	
37		溢流阀	1	DN10,20MPa	
36		高压球阀	8	DN10,31.5MPa	
35		高压球阀	5	DN20,31.5MPa	
34		高压球阀	8	DN15,31.5MPa	
33		高压球阀	4	DN32,31.5MPa	
32		整流叠加板	2	DN10,31.5MPa	
31		调速阀	2	DN10,31.5MPa	
30		先导式溢流阀	1	DN10，20MPa	
29		先导式减压阀	1	DN10，20MPa	
28		电液换向阀	1	DN10，31.5MPa	
27		减压溢流阀	2	DN10，15MPa	
26		减压溢流阀	1	DN6，31.5MPa	
25		双单向节流阀	5	DN6，31.5MPa	
24		液压锁	5	DN6，31.5MPa	
23		电磁换向阀	5	DN6,31.5MPa,DC24V	
22		双单向节流阀	2	DN10，31.5MPa	
21		液压锁	3	DN10，31.5MPa	
20		电磁换向阀	2	DN10,31.5MPa,DC24V	
19		板式单向阀	1	DN16，31.5MPa	
18		双单向节流阀	1	DN16，31.5MPa	
17		电液换向阀	1	DN16，31.5MPa，DC24V	
16		叠加式溢流阀	1	DN10，20MPa	
15		比例换向阀	1	DN10，31.5MPa	
14		压力开关	2	输出1路开关量	
13		排气测压接头	3	G1/4	
12		耐震压力表	2	Φ100,0-25MPa	
11		测压软管	4	Φ2mm,L=2m	
10		直动溢流阀	2	DN10，20MPa	
9		比例阀冲洗板	1	DN16，31.5MPa	
8		比例阀冲洗板	1	DN16，31.5MPa	
7		比例换向阀	1	DN16，31.5MPa	
6		减压阀	2	DN20，10MPa	
5		溢流阀	2	DN6，20MPa	
4		电磁换向阀	2	DN6，31.5MPa，DC24V	
3		单向阀	1	DN20，开启压力1bar	
2		对夹式单向阀	1	DN65，开启压力1bar	
1		高压球阀	1	SAE法兰连接，DN50，31.5MPa	
明细表					

机组	冷连轧机组
区域	入口液压系统
名称	阀台VS3原理图（2）
图号	10/12

10.1.11 入口液压系统阀台 VS3 原理图（3）

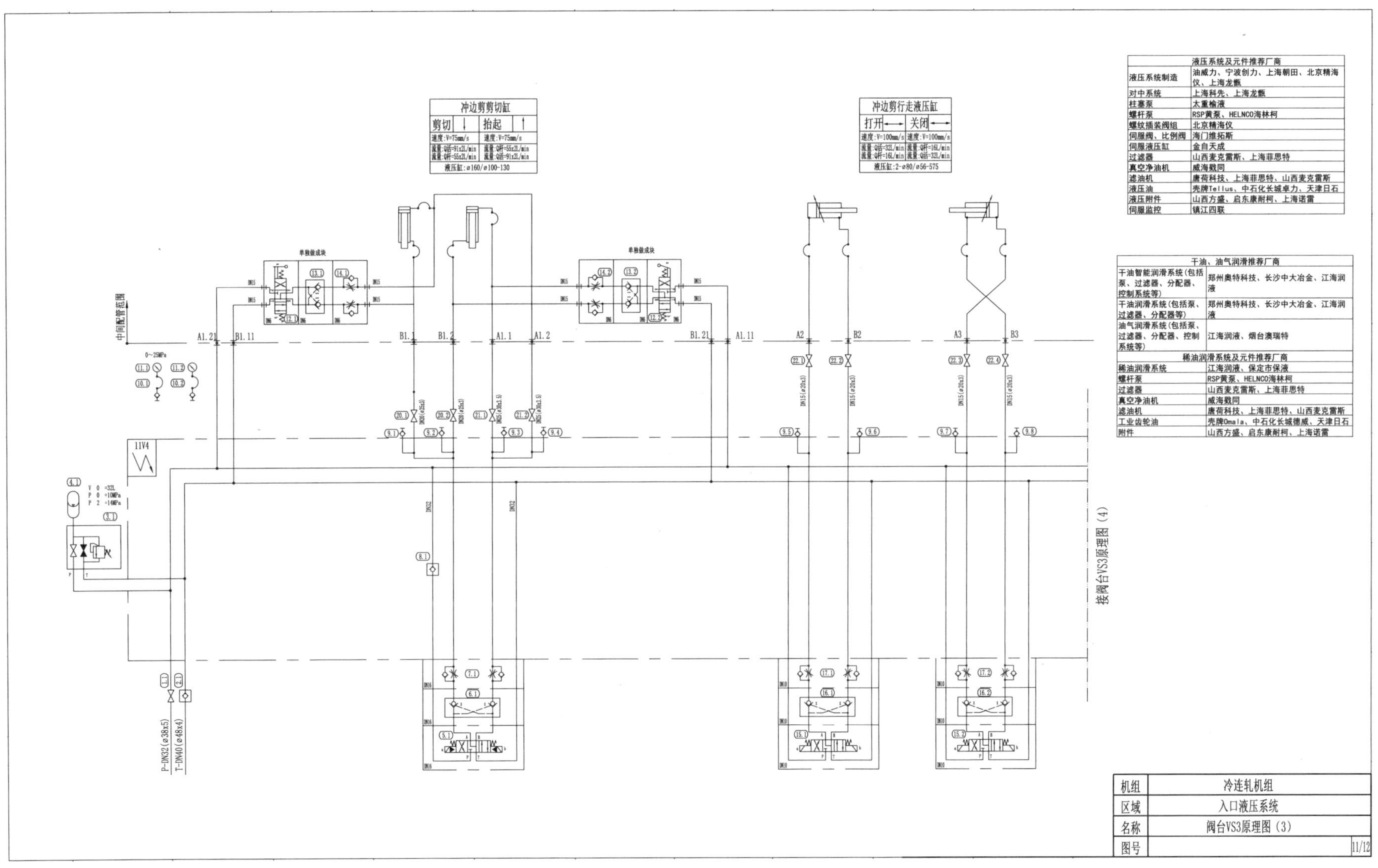

冲边剪剪切缸			
剪切	↓	抬起	↑
速度：V=75mm/s		速度：V=75mm/s	
流量：Q活=91x2L/min 流量：Q杆=55x2L/min		流量：Q杆=55x2L/min 流量：Q活=91x2L/min	
液压缸：ø160/ø100-130			

冲边剪行走液压缸			
打开	←→	关闭	←→
速度：V=100mm/s		速度：V=100mm/s	
流量：Q活=32L/min 流量：Q杆=16L/min		流量：Q杆=16L/min 流量：Q活=32L/min	
液压缸：2-ø80/ø56-575			

液压系统及元件推荐厂商	
液压系统制造	油威力、宁波创力、上海朝田、北京精海仪、上海龙甑
对中系统	上海科先、上海龙甑
柱塞泵	太重榆液
螺杆泵	RSP黄泵、HELNCO海林柯
螺纹插装阀组	北京精海仪
伺服阀、比例阀	海门维拓斯
伺服液压缸	金自天成
过滤器	山西麦克雷斯、上海菲思特
真空净油机	威海戥同
滤油机	唐荷科技、上海菲思特、山西麦克雷斯
液压油	壳牌Tellus、中石化长城卓力、天津日石
液压附件	山西方盛、启东康耐柯、上海诺雷
伺服监控	镇江四联

干油、油气润滑推荐厂商	
干油智能润滑系统（包括泵、过滤器、分配器、控制系统等）	郑州奥特科技、长沙中大冶金、江海润液
干油润滑系统（包括泵、过滤器、分配器等）	郑州奥特科技、长沙中大冶金、江海润液
油气润滑系统（包括泵、过滤器、分配器、控制系统等）	江海润液、烟台澳瑞特
稀油润滑系统及元件推荐厂商	
稀油润滑系统	江海润液、保定市保液
螺杆泵	RSP黄泵、HELNCO海林柯
过滤器	山西麦克雷斯、上海菲思特
真空净油机	威海戥同
滤油机	唐荷科技、上海菲思特、山西麦克雷斯
工业齿轮油	壳牌Omala、中石化长城德威、天津日石
附件	山西方盛、启东康耐柯、上海诺雷

机组	冷连轧机组
区域	入口液压系统
名称	阀台VS3原理图（3）
图号	11/12

10.1.12 入口液压系统阀台 VS3 原理图（4）

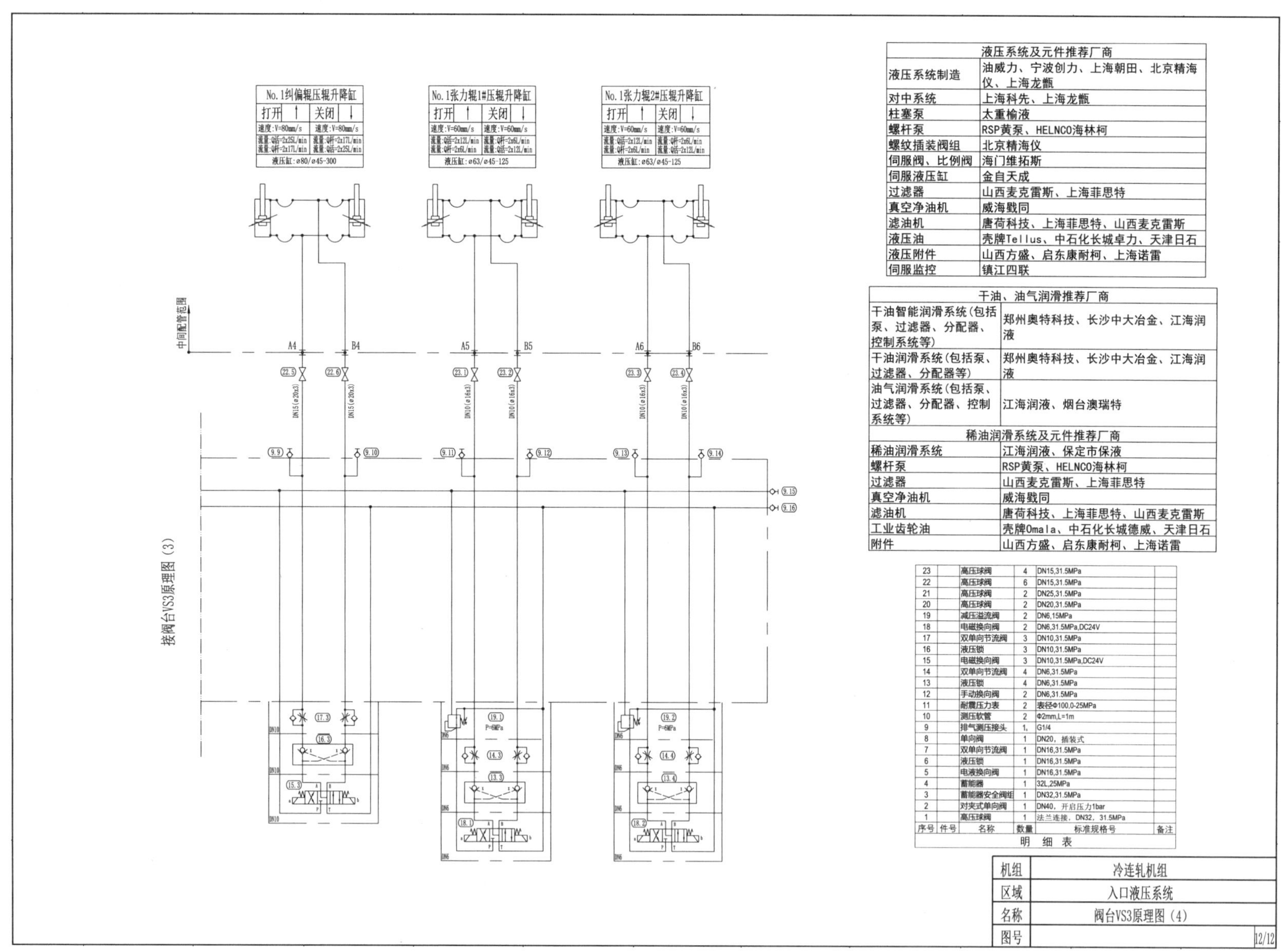

液压系统及元件推荐厂商	
液压系统制造	油威力、宁波创力、上海朝田、北京精海仪、上海龙甑
对中系统	上海科先、上海龙甑
柱塞泵	太重榆液
螺杆泵	RSP黄泵、HELNCO海林柯
螺纹插装阀组	北京精海仪
伺服阀、比例阀	海门维拓斯
伺服液压缸	金自天成
过滤器	山西麦克雷斯、上海菲思特
真空净油机	威海戬同
滤油机	唐荷科技、上海菲思特、山西麦克雷斯
液压油	壳牌Tellus、中石化长城卓力、天津日石
液压附件	山西方盛、启东康耐柯、上海诺雷
伺服监控	镇江四联

干油、油气润滑推荐厂商	
干油智能润滑系统(包括泵、过滤器、分配器、控制系统等)	郑州奥特科技、长沙中大冶金、江海润液
干油润滑系统(包括泵、过滤器、分配器等)	郑州奥特科技、长沙中大冶金、江海润液
油气润滑系统(包括泵、过滤器、分配器、控制系统等)	江海润液、烟台澳瑞特
稀油润滑系统及元件推荐厂商	
稀油润滑系统	江海润液、保定市保液
螺杆泵	RSP黄泵、HELNCO海林柯
过滤器	山西麦克雷斯、上海菲思特
真空净油机	威海戬同
滤油机	唐荷科技、上海菲思特、山西麦克雷斯
工业齿轮油	壳牌Omala、中石化长城德威、天津日石
附件	山西方盛、启东康耐柯、上海诺雷

序号	件号	名称	数量	标准规格号	备注
23		高压球阀	4	DN15,31.5MPa	
22		高压球阀	6	DN15,31.5MPa	
21		高压球阀	2	DN25,31.5MPa	
20		高压球阀	2	DN20,31.5MPa	
19		减压溢流阀	2	DN6,15MPa	
18		电磁换向阀	2	DN6,31.5MPa,DC24V	
17		双单向节流阀	3	DN10,31.5MPa	
16		液压锁	3	DN10,31.5MPa	
15		电磁换向阀	3	DN10,31.5MPa,DC24V	
14		双单向节流阀	4	DN6,31.5MPa	
13		液压锁	4	DN6,31.5MPa	
12		手动换向阀	2	DN6,31.5MPa	
11		耐震压力表	2	表径Φ100,0-25MPa	
10		测压软管	2	Φ2mm,L=1m	
9		排气测压接头	1,	G1/4	
8		单向阀	1	DN20，插装式	
7		双单向节流阀	1	DN16,31.5MPa	
6		液压锁	1	DN16,31.5MPa	
5		电液换向阀	1	DN16,31.5MPa	
4		蓄能器	1	32L,25MPa	
3		蓄能器安全阀组	1	DN32,31.5MPa	
2		对夹式单向阀	1	DN40，开启压力1bar	
1		高压球阀	1	法兰连接，DN32，31.5MPa	

明　细　表

机组	冷连轧机组
区域	入口液压系统
名称	阀台VS3原理图（4）
图号	12/12

10.2 轧机辅助液压系统

10.2.1 轧机辅助液压系统泵站原理图（1）

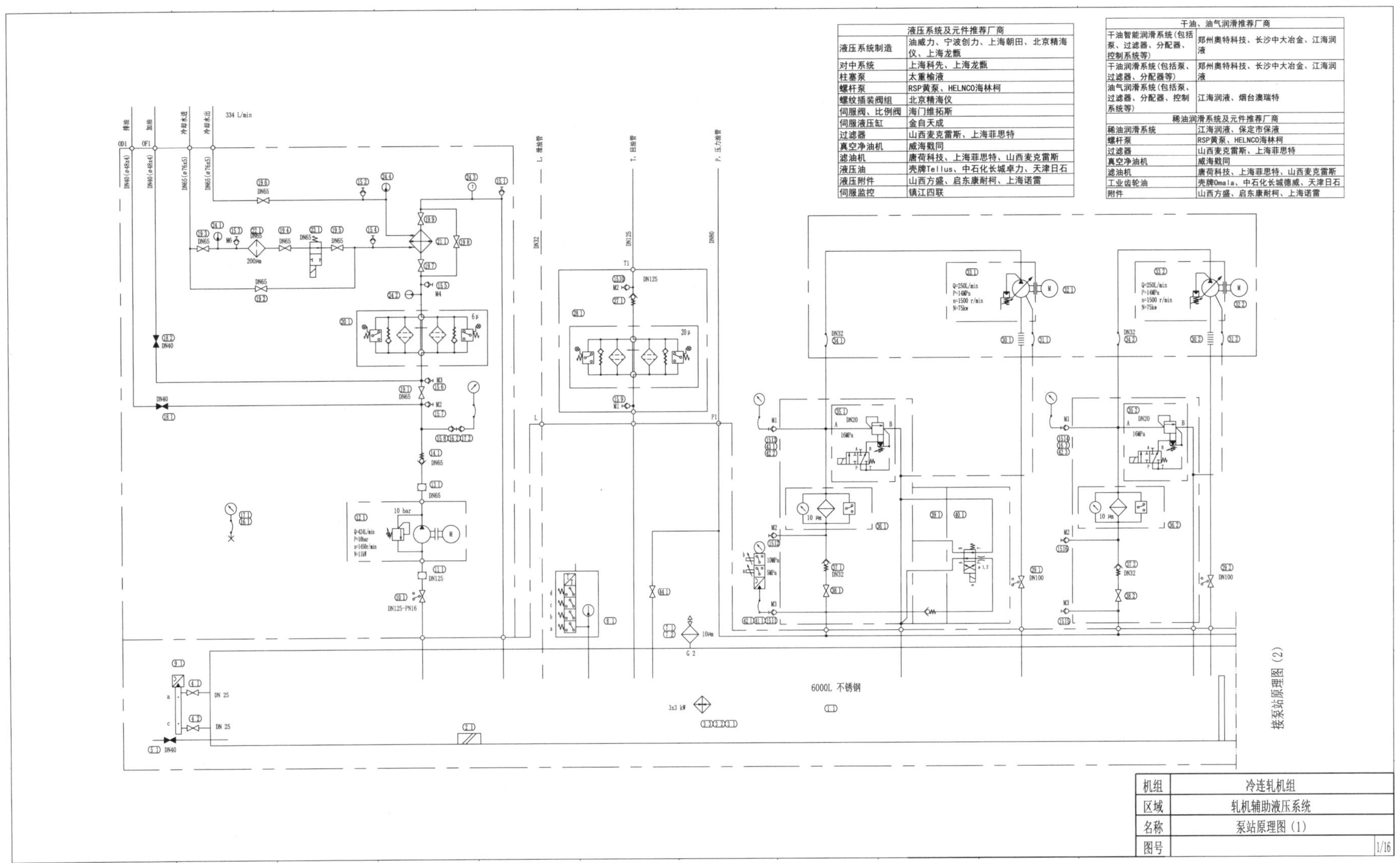

液压系统及元件推荐厂商	
液压系统制造	油威力、宁波创力、上海朝田、北京精海仪、上海龙甑
对中系统	上海科先、上海龙甑
柱塞泵	太重榆液
螺杆泵	RSP黄泵、HELNCO海林柯
螺纹插装阀组	北京精海仪
伺服阀、比例阀	海门维拓斯
伺服液压缸	金自天成
过滤器	山西麦克雷斯、上海菲思特
真空净油机	威海戥同
滤油机	唐荷科技、上海菲思特、山西麦克雷斯
液压油	壳牌Tellus、中石化长城卓力、天津日石
液压附件	山西方盛、启东康耐柯、上海诺雷
伺服监控	镇江四联

干油、油气润滑推荐厂商	
干油智能润滑系统(包括泵、过滤器、分配器、控制系统等)	郑州奥特科技、长沙中大冶金、江海润液
干油润滑系统(包括泵、过滤器、分配器等)	郑州奥特科技、长沙中大冶金、江海润液
油气润滑系统(包括泵、过滤器、分配器、控制系统等)	江海润液、烟台澳瑞特
稀油润滑系统及元件推荐厂商	
稀油润滑系统	江海润液、保定市保液
螺杆泵	RSP黄泵、HELNCO海林柯
过滤器	山西麦克雷斯、上海菲思特
真空净油机	威海戥同
滤油机	唐荷科技、上海菲思特、山西麦克雷斯
工业齿轮油	壳牌Omala、中石化长城德威、天津日石
附件	山西方盛、启东康耐柯、上海诺雷

10.2.2 轧机辅助液压系统泵站原理图（2）

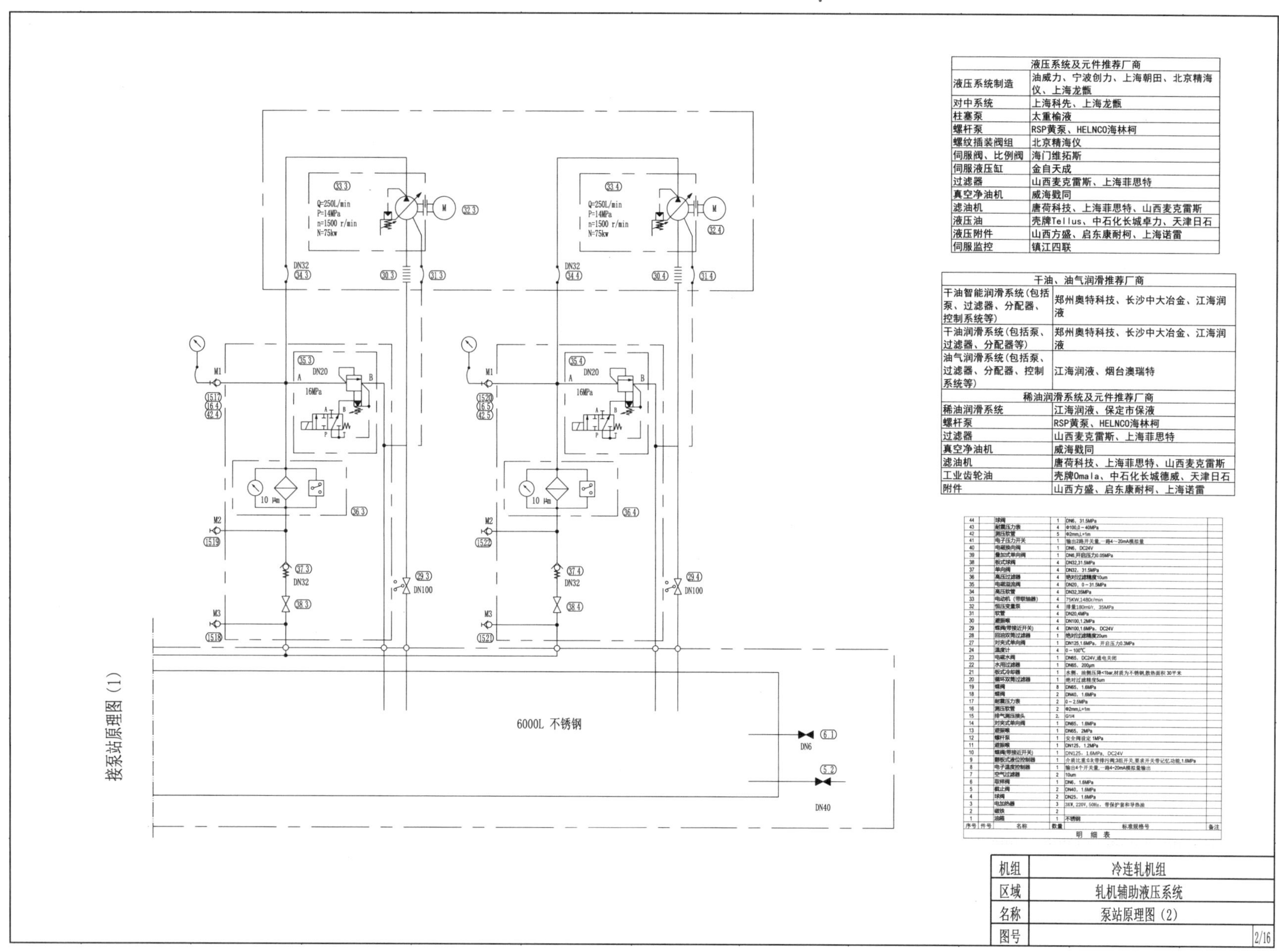

液压系统及元件推荐厂商	
液压系统制造	油威力、宁波创力、上海朝田、北京精海仪、上海龙甑
对中系统	上海科先、上海龙甑
柱塞泵	太重榆液
螺杆泵	RSP黄泵、HELNCO海林柯
螺纹插装阀组	北京精海仪
伺服阀、比例阀	海门维拓斯
伺服液压缸	金自天成
过滤器	山西麦克雷斯、上海菲思特
真空净油机	威海戥同
滤油机	唐荷科技、上海菲思特、山西麦克雷斯
液压油	壳牌Tellus、中石化长城卓力、天津日石
液压附件	山西方盛、启东康耐柯、上海诺雷
伺服监控	镇江四联

干油、油气润滑推荐厂商	
干油智能润滑系统(包括泵、过滤器、分配器、控制系统等)	郑州奥特科技、长沙中大冶金、江海润液
干油润滑系统(包括泵、过滤器、分配器等)	郑州奥特科技、长沙中大冶金、江海润液
油气润滑系统(包括泵、过滤器、分配器、控制系统等)	江海润液、烟台澳瑞特
稀油润滑系统及元件推荐厂商	
稀油润滑系统	江海润液、保定市保液
螺杆泵	RSP黄泵、HELNCO海林柯
过滤器	山西麦克雷斯、上海菲思特
真空净油机	威海戥同
滤油机	唐荷科技、上海菲思特、山西麦克雷斯
工业齿轮油	壳牌Omala、中石化长城德威、天津日石
附件	山西方盛、启东康耐柯、上海诺雷

序号	件号	名称	数量	标准规格号	备注
44		球阀	1	DN6，31.5MPa	
43		耐震压力表	4	Φ100,0～40MPa	
42		测压软管	5	Φ2mm,L=1m	
41		电子压力开关	1	输出2路开关量,一路4～20mA模拟量	
40		电磁换向阀	1	DN6，DC24V	
39		叠加式单向阀	1	DN6,开启压力0.05MPa	
38		板式球阀	4	DN32,31.5MPa	
37		单向阀	4	DN32，31.5MPa	
36		高压过滤器	4	绝对过滤精度10um	
35		电磁溢流阀	4	DN20，0～31.5MPa	
34		高压软管	4	DN32,35MPa	
33		电动机（带联轴器）	4	75KW,1480r/min	
32		恒压变量泵	4	排量180ml/r，35MPa	
31		软管	4	DN20,4MPa	
30		避振喉	4	DN100,1.2MPa	
29		蝶阀(带接近开关)	4	DN100,1.6MPa，DC24V	
28		回油双筒过滤器	1	绝对过滤精度20um	
27		对夹式单向阀	1	DN125,1.6MPa，开启压力0.3MPa	
24		温度计	4	0～100℃	
23		电磁水阀	1	DN65，DC24V,通电关闭	
22		水用过滤器	1	DN65，200μm	
21		板式冷却器	1	水侧、油侧压降<1bar,材质为不锈钢,散热面积 30平米	
20		循环双筒过滤器	1	绝对过滤精度5um	
19		蝶阀	8	DN65，1.6MPa	
18		蝶阀	2	DN40，1.6MPa	
17		耐震压力表	2	0～2.5MPa	
16		测压软管	2	Φ2mm,L=1m	
15		排气测压接头	2.	G1/4	
14		对夹式单向阀	1	DN65，1.6MPa	
13		避振喉	1	DN65，2MPa	
12		螺杆泵	1	安全阀设定 1MPa	
11		避振喉	1	DN125，1.2MPa	
10		蝶阀(带接近开关)	1	DN125，1.6MPa，DC24V	
9		翻板式液位控制器	1	介质比重0.9;带排污阀;3组开关,要求开关带记忆功能,1.6MPa	
8		电子温度控制器	1	输出4个开关量,一路4~20mA模拟量输出	
7		空气过滤器	2	10um	
6		取样阀	1	DN6，1.6MPa	
5		截止阀	2	DN40，1.6MPa	
4		球阀	2	DN25，1.6MPa	
3		电加热器	3	3KW，220V，50Hz，带保护套和导热油	
2		磁铁	2		
1		油箱	1	不锈钢	

明 细 表

10.2.3 轧机辅助液压系统蓄能器组原理图

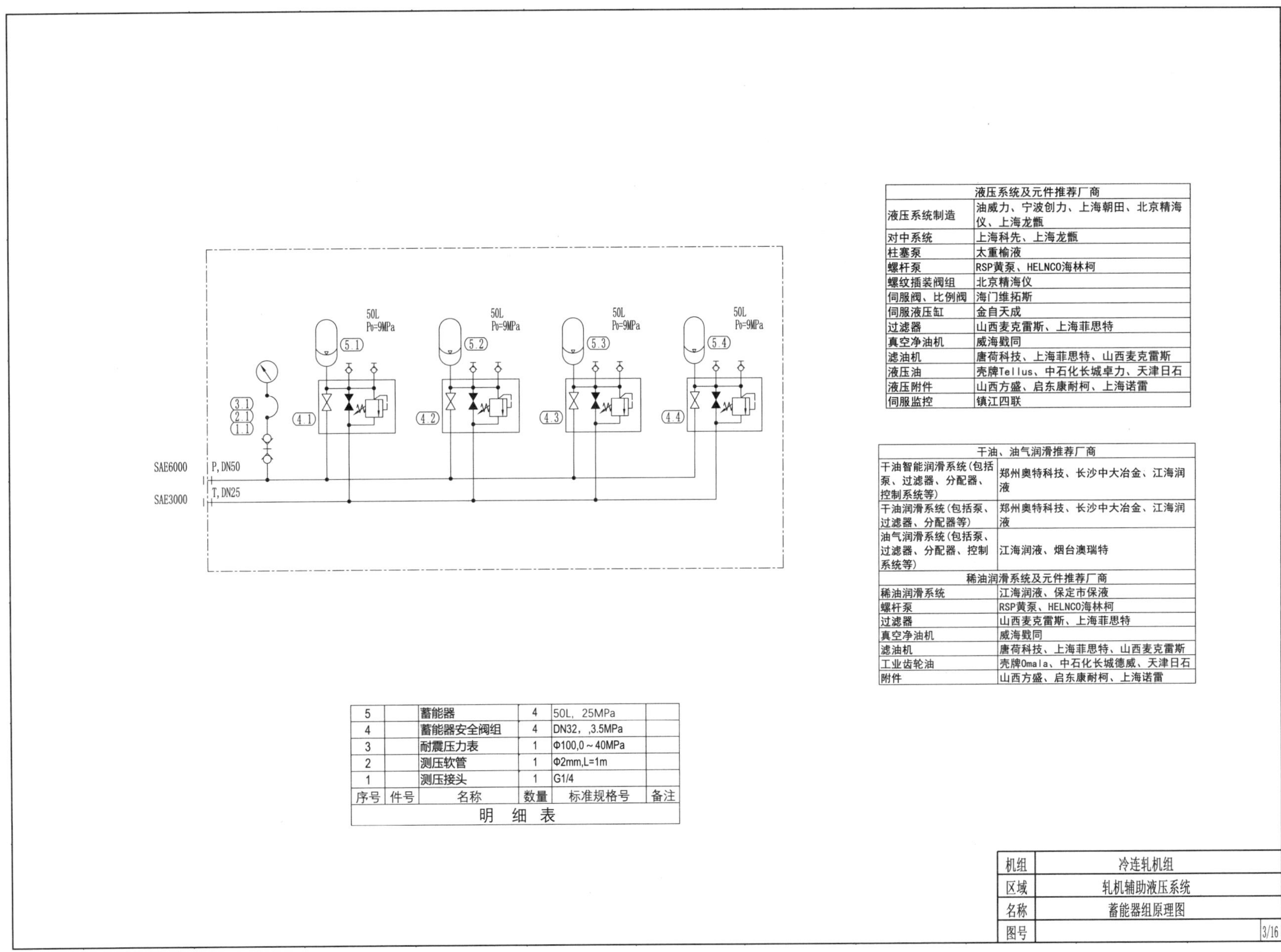

液压系统及元件推荐厂商	
液压系统制造	油威力、宁波创力、上海朝田、北京精海仪、上海龙甑
对中系统	上海科先、上海龙甑
柱塞泵	太重榆液
螺杆泵	RSP黄泵、HELNCO海林柯
螺纹插装阀组	北京精海仪
伺服阀、比例阀	海门维拓斯
伺服液压缸	金自天成
过滤器	山西麦克雷斯、上海菲思特
真空净油机	威海戳同
滤油机	唐荷科技、上海菲思特、山西麦克雷斯
液压油	壳牌Tellus、中石化长城卓力、天津日石
液压附件	山西方盛、启东康耐柯、上海诺雷
伺服监控	镇江四联

干油、油气润滑推荐厂商	
干油智能润滑系统(包括泵、过滤器、分配器、控制系统等)	郑州奥特科技、长沙中大冶金、江海润液
干油润滑系统(包括泵、过滤器、分配器等)	郑州奥特科技、长沙中大冶金、江海润液
油气润滑系统(包括泵、过滤器、分配器、控制系统等)	江海润液、烟台澳瑞特
稀油润滑系统及元件推荐厂商	
稀油润滑系统	江海润液、保定市保液
螺杆泵	RSP黄泵、HELNCO海林柯
过滤器	山西麦克雷斯、上海菲思特
真空净油机	威海戳同
滤油机	唐荷科技、上海菲思特、山西麦克雷斯
工业齿轮油	壳牌Omala、中石化长城德威、天津日石
附件	山西方盛、启东康耐柯、上海诺雷

序号	件号	名称	数量	标准规格号	备注
5		蓄能器	4	50L，25MPa	
4		蓄能器安全阀组	4	DN32，,3.5MPa	
3		耐震压力表	1	Φ100,0～40MPa	
2		测压软管	1	Φ2mm,L=1m	
1		测压接头	1	G1/4	

明　细　表

机组	冷连轧机组
区域	轧机辅助液压系统
名称	蓄能器组原理图
图号	3/16

10.2.4 轧机辅助液压系统阀台 VS1 原理图

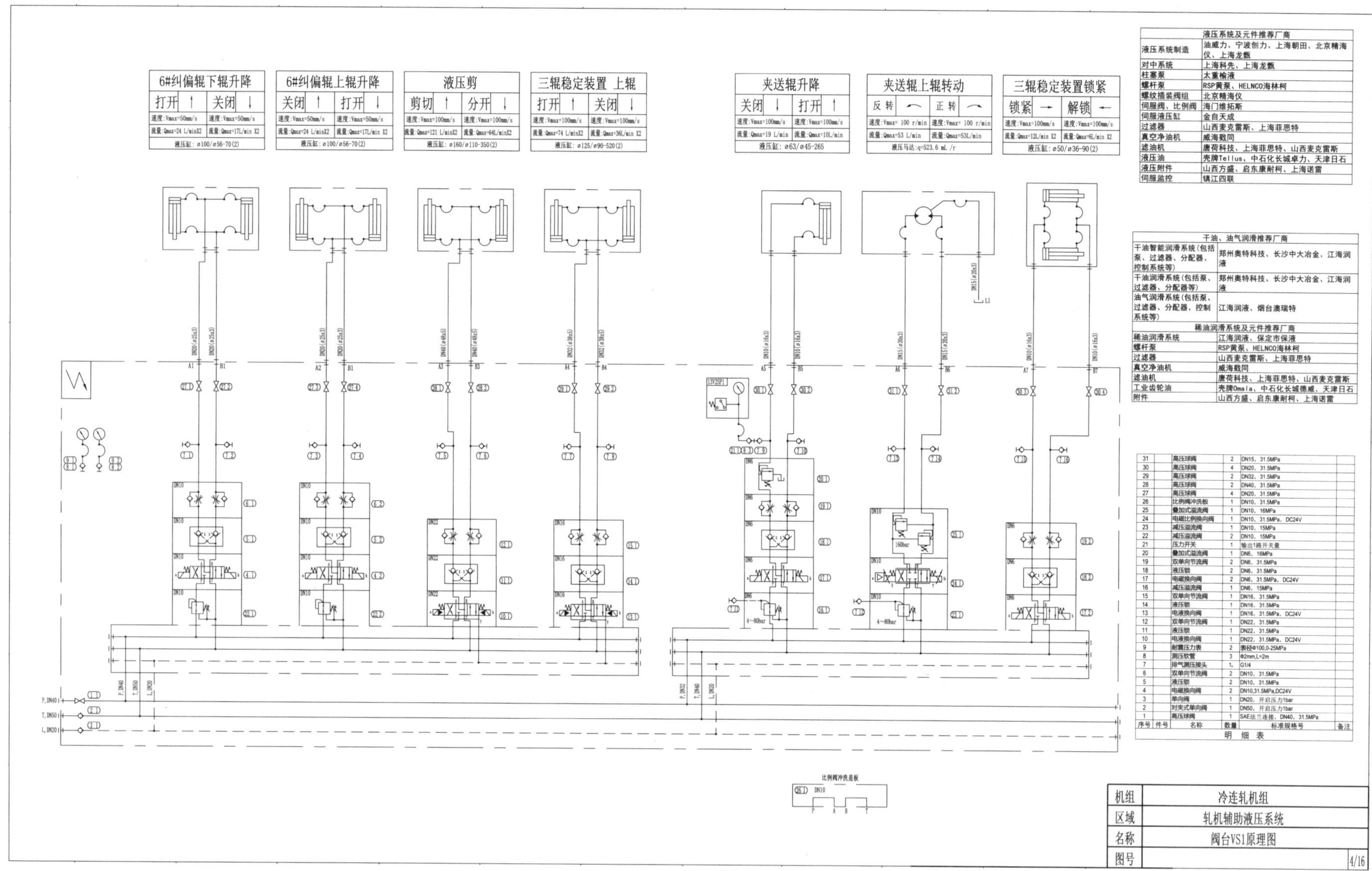

液压系统及元件推荐厂商	
液压系统制造	油威力、宁波创力、上海朝田、北京精海仪、上海龙甑
对中系统	上海科先、上海龙甑
柱塞泵	太重榆液
螺杆泵	RSP黄泵、HELNCO海林柯
螺纹插装阀组	北京精海仪
伺服阀、比例阀	海门维拓斯
伺服液压缸	金自天成
过滤器	山西麦克雷斯、上海菲思特
真空净油机	威海戥同
滤油机	唐荷科技、上海菲思特、山西麦克雷斯
液压油	壳牌Tellus、中石化长城卓力、天津日石
液压附件	山西方盛、启东康耐柯、上海诺雷
伺服监控	镇江四联

干油、油气润滑推荐厂商	
干油智能润滑系统(包括泵、过滤器、分配器、控制系统等)	郑州奥特科技、长沙中大冶金、江海润液
干油润滑系统(包括泵、过滤器、分配器等)	郑州奥特科技、长沙中大冶金、江海润液
油气润滑系统(包括泵、过滤器、分配器、控制系统等)	江海润液、烟台澳瑞特
稀油润滑系统及元件推荐厂商	
稀油润滑系统	江海润液、保定市保液
螺杆泵	RSP黄泵、HELNCO海林柯
过滤器	山西麦克雷斯、上海菲思特
真空净油机	威海戥同
滤油机	唐荷科技、上海菲思特、山西麦克雷斯
工业齿轮油	壳牌Omala、中石化长城德威、天津日石
附件	山西方盛、启东康耐柯、上海诺雷

序号	件号	名称	数量	标准规格号	备注
31		高压球阀	2	DN15，31.5MPa	
30		高压球阀	4	DN20，31.5MPa	
29		高压球阀	2	DN32，31.5MPa	
28		高压球阀	2	DN40，31.5MPa	
27		高压球阀	4	DN20，31.5MPa	
26		比例阀冲洗板	1	DN10，31.5MPa	
25		叠加式溢流阀	1	DN10，16MPa	
24		电磁比例换向阀	1	DN10，31.5MPa，DC24V	
23		减压溢流阀	1	DN10，15MPa	
22		减压溢流阀	2	DN10，15MPa	
21		压力开关	1	输出1路开关量	
20		叠加式溢流阀	1	DN6，16MPa	
19		双单向节流阀	2	DN6，31.5MPa	
18		液压锁	2	DN6，31.5MPa	
17		电磁换向阀	2	DN6，31.5MPa，DC24V	
16		减压溢流阀	1	DN6，15MPa	
15		双单向节流阀	1	DN16，31.5MPa	
14		液压锁	1	DN16，31.5MPa	
13		电液换向阀	1	DN16，31.5MPa，DC24V	
12		双单向节流阀	1	DN22，31.5MPa	
11		液压锁	1	DN22，31.5MPa	
10		电液换向阀	1	DN22，31.5MPa，DC24V	
9		耐震压力表	2	表径Φ100,0-25MPa	
8		测压软管	3	Φ2mm,L=2m	
7		排气测压接头	1	G1/4	
6		双单向节流阀	2	DN10，31.5MPa	
5		液压锁	2	DN10，31.5MPa	
4		电磁换向阀	2	DN10,31.5MPa,DC24V	
3		单向阀	1	DN20，开启压力1bar	
2		对夹式单向阀	1	DN50，开启压力1bar	
1		高压球阀	1	SAE法兰连接，DN40，31.5MPa	

明 细 表

10.2.5 轧机辅助液压系统阀台 VS2 原理图（1）

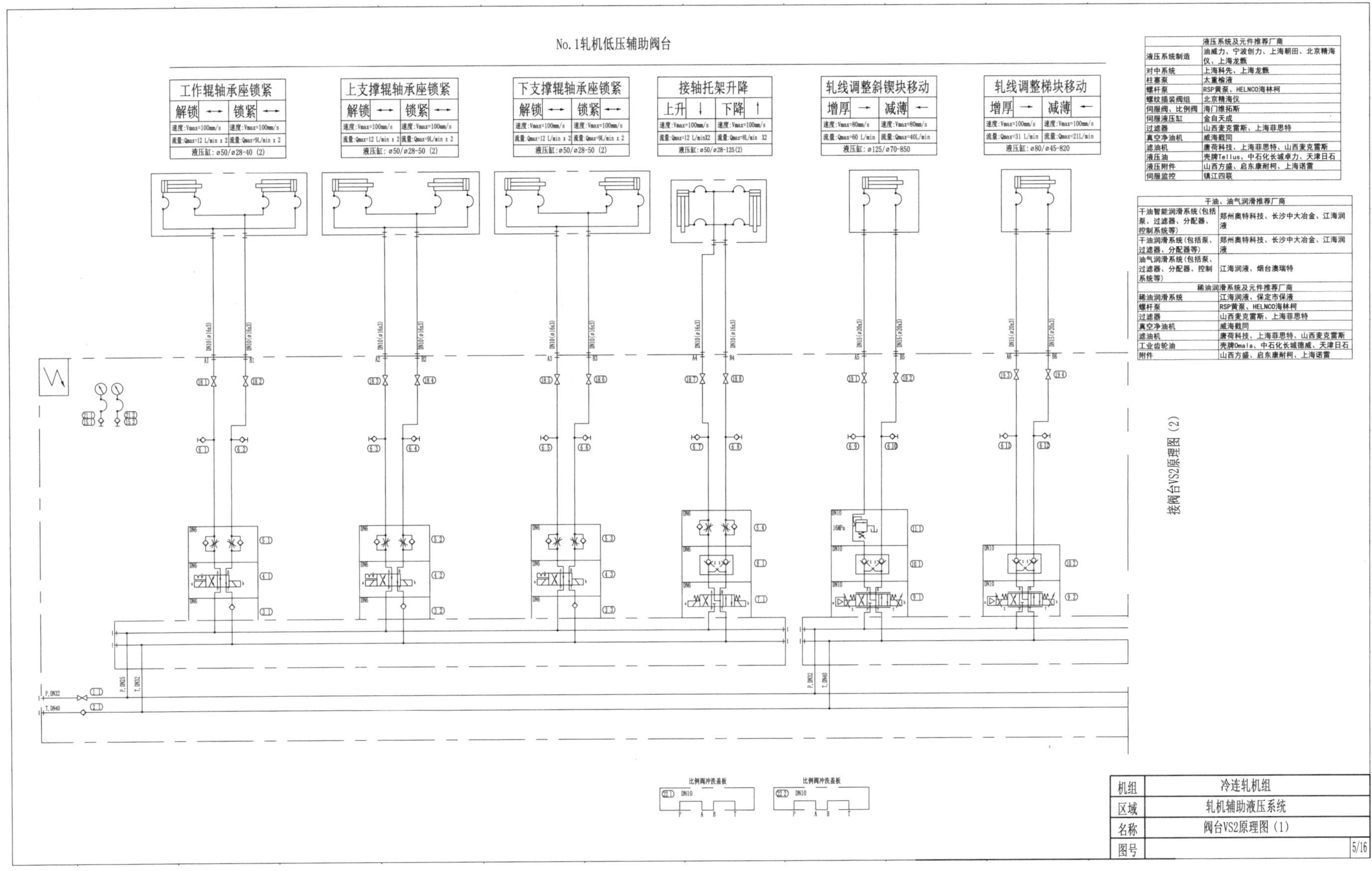

液压系统及元件推荐厂商	
液压系统制造	油威力、宁波创力、上海朝田、北京精海仪、上海龙甑
对中系统	上海科先、上海龙甑
柱塞泵	太重榆液
螺杆泵	RSP黄泵、HELNCO海林柯
螺纹插装阀组	北京精海仪
伺服阀、比例阀	海门维拓斯
伺服液压缸	金自天成
过滤器	山西麦克雷斯、上海菲思特
真空净油机	威海戳同
滤油机	唐荷科技、上海菲思特、山西麦克雷斯
液压油	壳牌Tellus、中石化长城卓力、天津日石
液压附件	山西方盛、启东康耐柯、上海诺雷
伺服监控	镇江四联

干油、油气润滑推荐厂商	
干油智能润滑系统(包括泵、过滤器、分配器、控制系统等)	郑州奥特科技、长沙中大冶金、江海润液
干油润滑系统(包括泵、过滤器、分配器等)	郑州奥特科技、长沙中大冶金、江海润液
油气润滑系统(包括泵、过滤器、分配器、控制系统等)	江海润液、烟台澳瑞特
稀油润滑系统及元件推荐厂商	
稀油润滑系统	江海润液、保定市保液
螺杆泵	RSP黄泵、HELNCO海林柯
过滤器	山西麦克雷斯、上海菲思特
真空净油机	威海戳同
滤油机	唐荷科技、上海菲思特、山西麦克雷斯
工业齿轮油	壳牌Omala、中石化长城德威、天津日石
附件	山西方盛、启东康耐柯、上海诺雷

10.2.6 轧机辅助液压系统阀台 VS2 原理图（2）

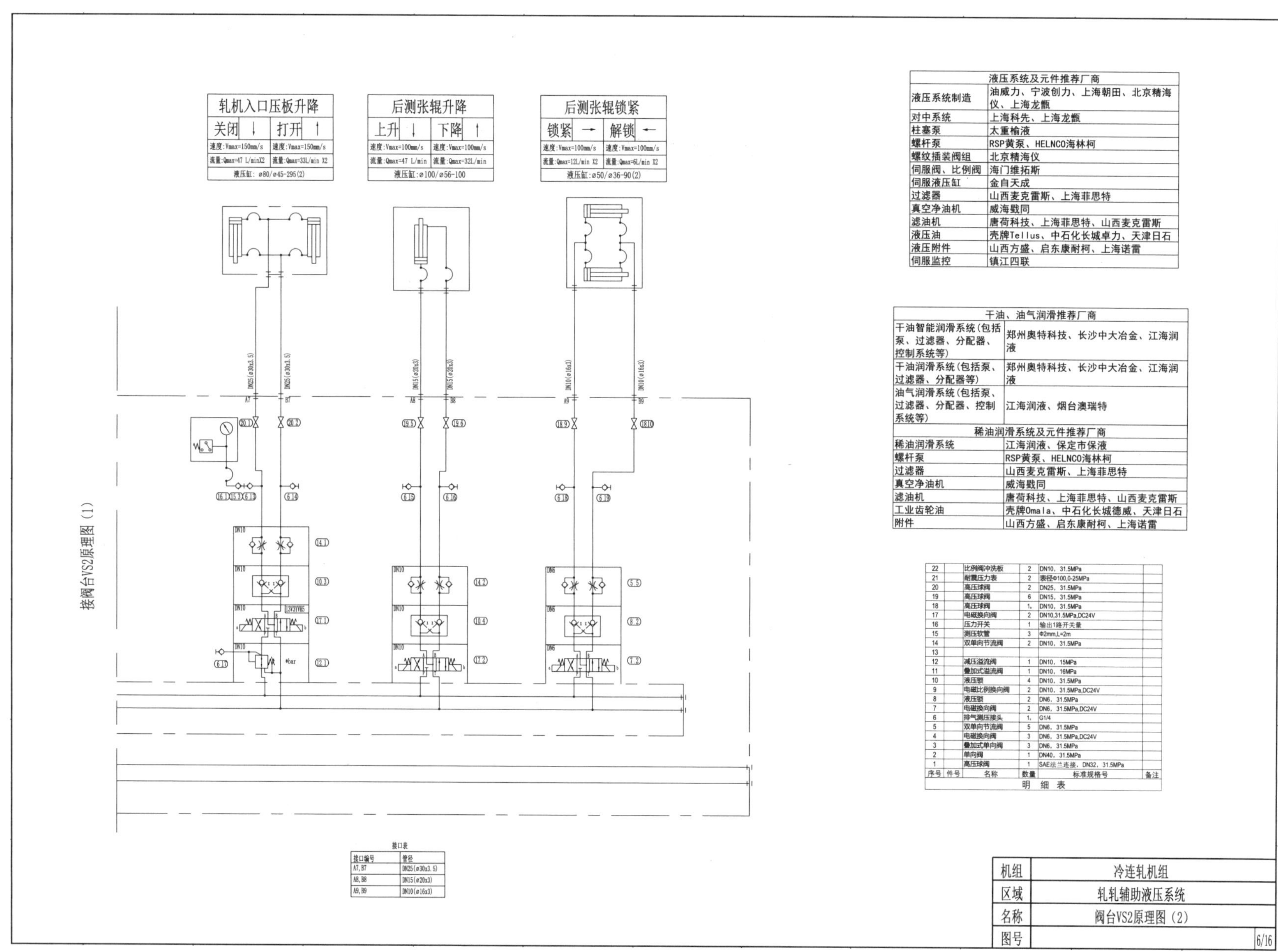

液压系统及元件推荐厂商	
液压系统制造	油威力、宁波创力、上海朝田、北京精海仪、上海龙甑
对中系统	上海科先、上海龙甑
柱塞泵	太重榆液
螺杆泵	RSP黄泵、HELNCO海林柯
螺纹插装阀组	北京精海仪
伺服阀、比例阀	海门维拓斯
伺服液压缸	金自天成
过滤器	山西麦克雷斯、上海菲思特
真空净油机	威海戥同
滤油机	唐荷科技、上海菲思特、山西麦克雷斯
液压油	壳牌Tellus、中石化长城卓力、天津日石
液压附件	山西方盛、启东康耐柯、上海诺雷
伺服监控	镇江四联

干油、油气润滑推荐厂商	
干油智能润滑系统（包括泵、过滤器、分配器、控制系统等）	郑州奥特科技、长沙中大冶金、江海润液
干油润滑系统（包括泵、过滤器、分配器等）	郑州奥特科技、长沙中大冶金、江海润液
油气润滑系统（包括泵、过滤器、分配器、控制系统等）	江海润液、烟台澳瑞特
稀油润滑系统及元件推荐厂商	
稀油润滑系统	江海润液、保定市保液
螺杆泵	RSP黄泵、HELNCO海林柯
过滤器	山西麦克雷斯、上海菲思特
真空净油机	威海戥同
滤油机	唐荷科技、上海菲思特、山西麦克雷斯
工业齿轮油	壳牌Omala、中石化长城德威、天津日石
附件	山西方盛、启东康耐柯、上海诺雷

序号	件号	名称	数量	标准规格号	备注
22		比例阀冲洗板	2	DN10，31.5MPa	
21		耐震压力表	2	表径Φ100,0-25MPa	
20		高压球阀	2	DN25，31.5MPa	
19		高压球阀	6	DN15，31.5MPa	
18		高压球阀	1。	DN10，31.5MPa	
17		电磁换向阀	2	DN10,31.5MPa,DC24V	
16		压力开关	1	输出1路开关量	
15		测压软管	3	Φ2mm,L=2m	
14		双单向节流阀	2	DN10，31.5MPa	
13					
12		减压溢流阀	1	DN10，15MPa	
11		叠加式溢流阀	1	DN10，16MPa	
10		液压锁	4	DN10，31.5MPa	
9		电磁比例换向阀	2	DN10，31.5MPa,DC24V	
8		液压锁	2	DN6，31.5MPa	
7		电磁换向阀	2	DN6，31.5MPa,DC24V	
6		排气测压接头	1，	G1/4	
5		双单向节流阀	5	DN6，31.5MPa	
4		电磁换向阀	3	DN6，31.5MPa,DC24V	
3		叠加式单向阀	3	DN6，31.5MPa	
2		单向阀	1	DN40，31.5MPa	
1		高压球阀	1	SAE法兰连接，DN32，31.5MPa	

明细表

接口表

接口编号	管径
A7, B7	DN25(ø30x3.5)
A8, B8	DN15(ø20x3)
A9, B9	DN10(ø16x3)

机组	冷连轧机组
区域	轧轧辅助液压系统
名称	阀台VS2原理图（2）
图号	6/16

10.2.7 轧机辅助液压系统阀台 VS3 原理图（1）

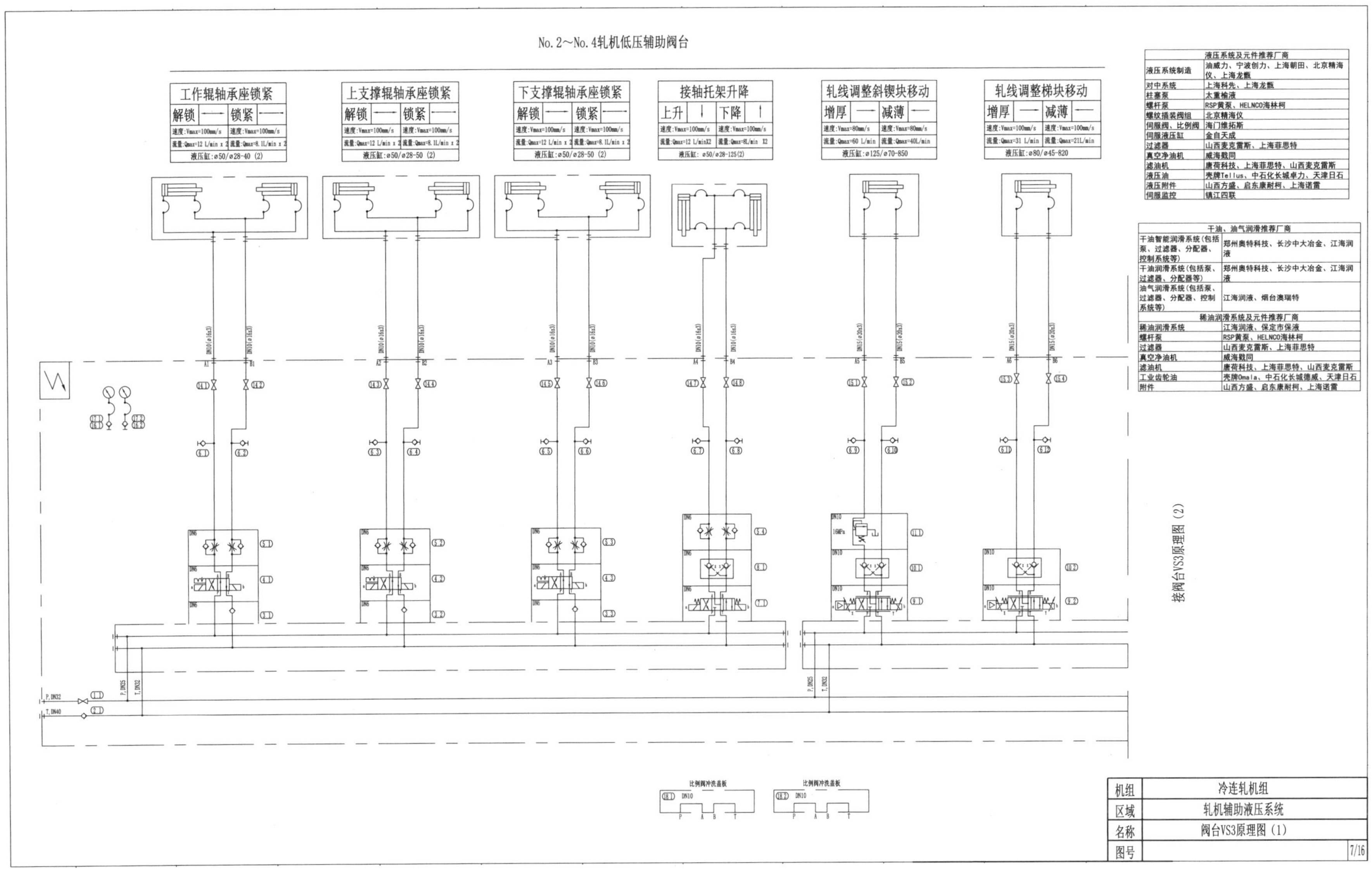

液压系统及元件推荐厂商	
液压系统制造	油威力、宁波创力、上海朝田、北京精海仪、上海龙甑
对中系统	上海科先、上海龙甑
柱塞泵	太重榆液
螺杆泵	RSP黄泵、HELNCO海林柯
螺纹插装阀组	北京精海仪
伺服阀、比例阀	海门维拓斯
伺服液压缸	金自天成
过滤器	山西麦克雷斯、上海菲思特
真空净油机	威海戥同
滤油机	唐荷科技、上海菲思特、山西麦克雷斯
液压油	壳牌Tellus、中石化长城卓力、天津日石
液压附件	山西方盛、启东康耐柯、上海诺雷
伺服监控	镇江四联

干油、油气润滑推荐厂商	
干油智能润滑系统(包括泵、过滤器、分配器、控制系统等)	郑州奥特科技、长沙中大冶金、江海润液
干油润滑系统(包括泵、过滤器、分配器等)	郑州奥特科技、长沙中大冶金、江海润液
油气润滑系统(包括泵、过滤器、分配器、控制系统等)	江海润液、烟台澳瑞特
稀油润滑系统及元件推荐厂商	
稀油润滑系统	江海润液、保定市保液
螺杆泵	RSP黄泵、HELNCO海林柯
过滤器	山西麦克雷斯、上海菲思特
真空净油机	威海戥同
滤油机	唐荷科技、上海菲思特、山西麦克雷斯
工业齿轮油	壳牌Omala、中石化长城德威、天津日石
附件	山西方盛、启东康耐柯、上海诺雷

10.2.8 轧机辅助液压系统阀台 VS3 原理图（2）

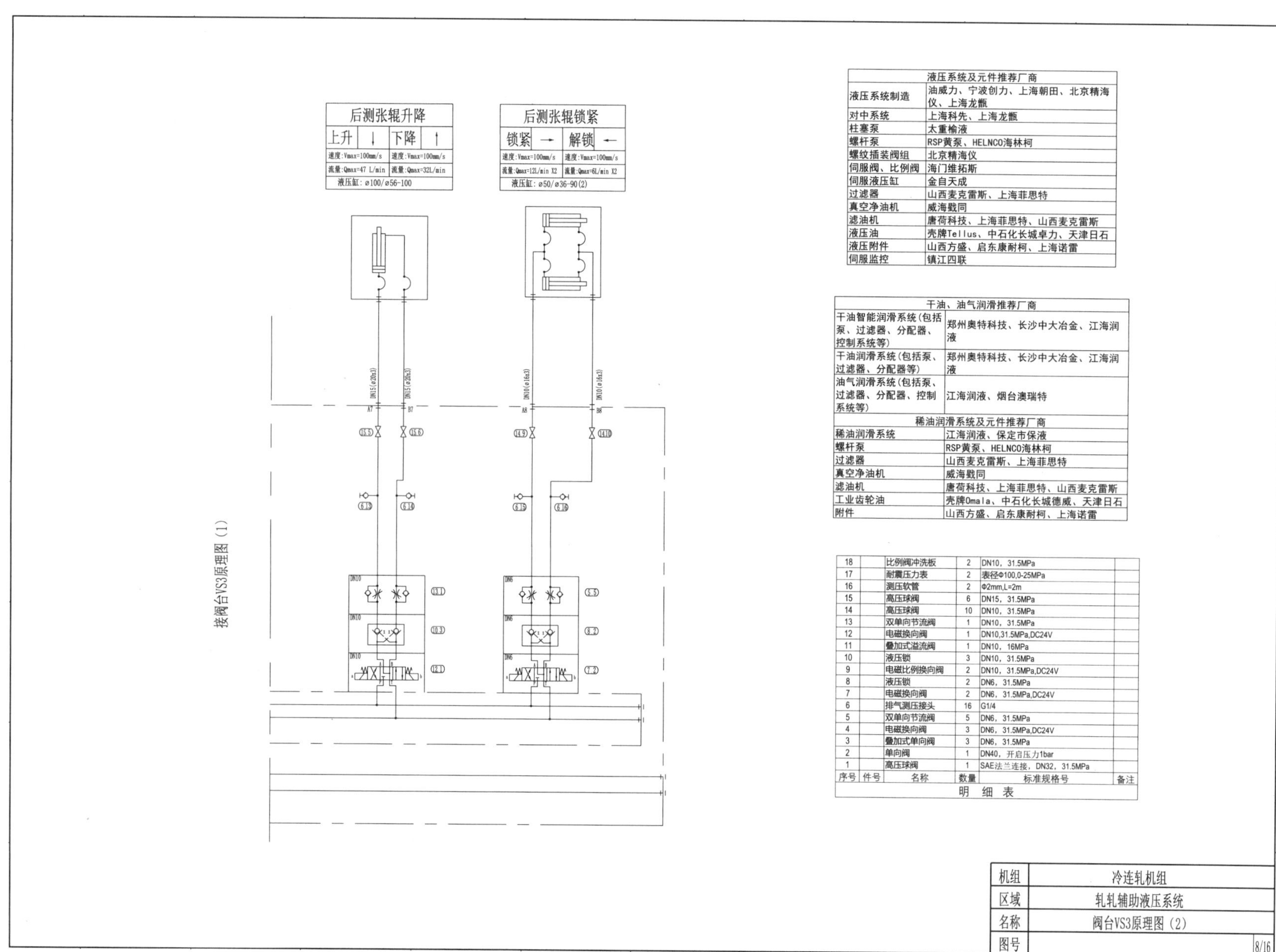

液压系统及元件推荐厂商	
液压系统制造	油威力、宁波创力、上海朝田、北京精海仪、上海龙甑
对中系统	上海科先、上海龙甑
柱塞泵	太重榆液
螺杆泵	RSP黄泵、HELNCO海林柯
螺纹插装阀组	北京精海仪
伺服阀、比例阀	海门维拓斯
伺服液压缸	金自天成
过滤器	山西麦克雷斯、上海菲思特
真空净油机	威海戥同
滤油机	唐荷科技、上海菲思特、山西麦克雷斯
液压油	壳牌Tellus、中石化长城卓力、天津日石
液压附件	山西方盛、启东康耐柯、上海诺雷
伺服监控	镇江四联

干油、油气润滑推荐厂商	
干油智能润滑系统（包括泵、过滤器、分配器、控制系统等）	郑州奥特科技、长沙中大冶金、江海润液
干油润滑系统（包括泵、过滤器、分配器等）	郑州奥特科技、长沙中大冶金、江海润液
油气润滑系统（包括泵、过滤器、分配器、控制系统等）	江海润液、烟台澳瑞特
稀油润滑系统及元件推荐厂商	
稀油润滑系统	江海润液、保定市保液
螺杆泵	RSP黄泵、HELNCO海林柯
过滤器	山西麦克雷斯、上海菲思特
真空净油机	威海戥同
滤油机	唐荷科技、上海菲思特、山西麦克雷斯
工业齿轮油	壳牌Omala、中石化长城德威、天津日石
附件	山西方盛、启东康耐柯、上海诺雷

序号	件号	名称	数量	标准规格号	备注
18		比例阀冲洗板	2	DN10，31.5MPa	
17		耐震压力表	2	表径Φ100,0-25MPa	
16		测压软管	2	Φ2mm,L=2m	
15		高压球阀	6	DN15，31.5MPa	
14		高压球阀	10	DN10，31.5MPa	
13		双单向节流阀	1	DN10，31.5MPa	
12		电磁换向阀	1	DN10,31.5MPa,DC24V	
11		叠加式溢流阀	1	DN10，16MPa	
10		液压锁	3	DN10，31.5MPa	
9		电磁比例换向阀	2	DN10，31.5MPa,DC24V	
8		液压锁	2	DN6，31.5MPa	
7		电磁换向阀	2	DN6，31.5MPa,DC24V	
6		排气测压接头	16	G1/4	
5		双单向节流阀	5	DN6，31.5MPa	
4		电磁换向阀	3	DN6，31.5MPa,DC24V	
3		叠加式单向阀	3	DN6，31.5MPa	
2		单向阀	1	DN40，开启压力1bar	
1		高压球阀	1	SAE法兰连接，DN32，31.5MPa	

明 细 表

10.2.9 轧机辅助液压系统阀台 VS4 原理图

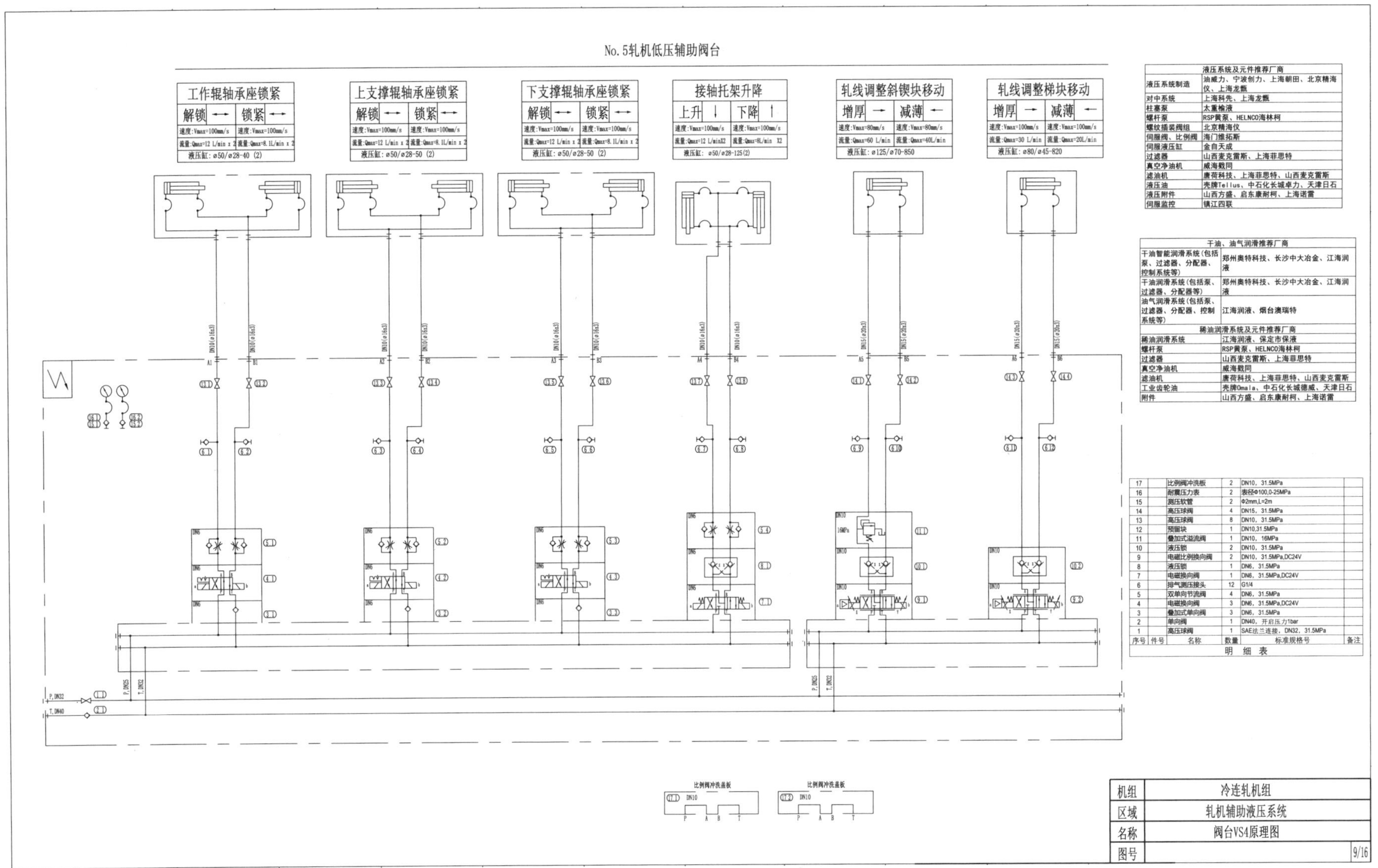

液压系统及元件推荐厂商	
液压系统制造	油威力、宁波创力、上海朝田、北京精海仪、上海龙甑
对中系统	上海科先、上海龙甑
柱塞泵	太重榆液
螺杆泵	RSP黄泵、HELNCO海林柯
螺纹插装阀组	北京精海仪
伺服阀、比例阀	海门维拓斯
伺服液压缸	金自天成
过滤器	山西麦克雷斯、上海菲思特
真空净油机	威海戳同
滤油机	唐荷科技、上海菲思特、山西麦克雷斯
液压油	壳牌Tellus、中石化长城卓力、天津日石
液压附件	山西方盛、启东康耐柯、上海诺雷
伺服监控	镇江四联

干油、油气润滑推荐厂商	
干油智能润滑系统(包括泵、过滤器、分配器、控制系统等)	郑州奥特科技、长沙中大冶金、江海润液
干油润滑系统(包括泵、过滤器、分配器等)	郑州奥特科技、长沙中大冶金、江海润液
油气润滑系统(包括泵、过滤器、分配器、控制系统等)	江海润液、烟台澳瑞特
稀油润滑系统及元件推荐厂商	
稀油润滑系统	江海润液、保定市保液
螺杆泵	RSP黄泵、HELNCO海林柯
过滤器	山西麦克雷斯、上海菲思特
真空净油机	威海戳同
滤油机	唐荷科技、上海菲思特、山西麦克雷斯
工业齿轮油	壳牌Omala、中石化长城德威、天津日石
附件	山西方盛、启东康耐柯、上海诺雷

序号	件号	名称	数量	标准规格号	备注
17		比例阀冲洗板	2	DN10，31.5MPa	
16		耐震压力表	2	表径Φ100,0-25MPa	
15		测压软管	2	Φ2mm,L=2m	
14		高压球阀	4	DN15，31.5MPa	
13		高压球阀	8	DN10，31.5MPa	
12		预留块	1	DN10,31.5MPa	
11		叠加式溢流阀	1	DN10，16MPa	
10		液压锁	2	DN10，31.5MPa	
9		电磁比例换向阀	2	DN10，31.5MPa,DC24V	
8		液压锁	1	DN6，31.5MPa	
7		电磁换向阀	1	DN6，31.5MPa,DC24V	
6		排气测压接头	12	G1/4	
5		双单向节流阀	4	DN6，31.5MPa	
4		电磁换向阀	3	DN6，31.5MPa,DC24V	
3		叠加式单向阀	3	DN6，31.5MPa	
2		单向阀	1	DN40，开启压力1bar	
1		高压球阀	1	SAE法兰连接，DN32，31.5MPa	

明　细　表

机组	冷连轧机组
区域	轧机辅助液压系统
名称	阀台VS4原理图
图号	9/16

10.2.10 轧机辅助液压系统阀台 VS5 原理图

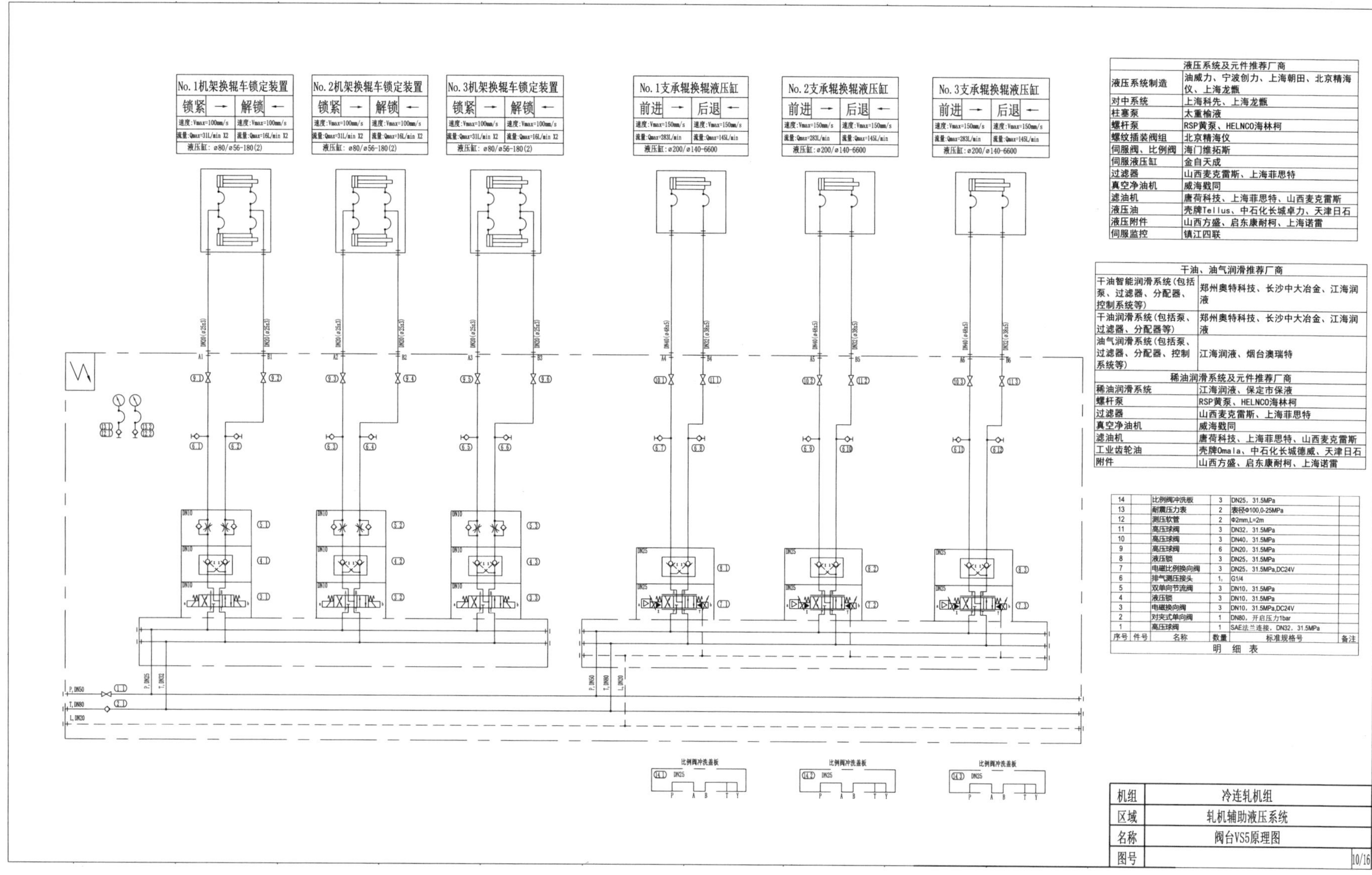

液压系统及元件推荐厂商	
液压系统制造	油威力、宁波创力、上海朝田、北京精海仪、上海龙甑
对中系统	上海科先、上海龙甑
柱塞泵	太重榆液
螺杆泵	RSP黄泵、HELNCO海林柯
螺纹插装阀组	北京精海仪
伺服阀、比例阀	海门维拓斯
伺服液压缸	金自天成
过滤器	山西麦克雷斯、上海菲思特
真空净油机	威海戥同
滤油机	唐荷科技、上海菲思特、山西麦克雷斯
液压油	壳牌Tellus、中石化长城卓力、天津日石
液压附件	山西方盛、启东康耐柯、上海诺雷
伺服监控	镇江四联

干油、油气润滑推荐厂商	
干油智能润滑系统(包括泵、过滤器、分配器、控制系统等)	郑州奥特科技、长沙中大冶金、江海润液
干油润滑系统(包括泵、过滤器、分配器等)	郑州奥特科技、长沙中大冶金、江海润液
油气润滑系统(包括泵、过滤器、分配器、控制系统等)	江海润液、烟台澳瑞特
稀油润滑系统及元件推荐厂商	
稀油润滑系统	江海润液、保定市保液
螺杆泵	RSP黄泵、HELNCO海林柯
过滤器	山西麦克雷斯、上海菲思特
真空净油机	威海戥同
滤油机	唐荷科技、上海菲思特、山西麦克雷斯
工业齿轮油	壳牌Omala、中石化长城德威、天津日石
附件	山西方盛、启东康耐柯、上海诺雷

序号	件号	名称	数量	标准规格号	备注
14		比例阀冲洗板	3	DN25，31.5MPa	
13		耐震压力表	2	表径Φ100,0-25MPa	
12		测压软管	2	Φ2mm,L=2m	
11		高压球阀	3	DN32，31.5MPa	
10		高压球阀	3	DN40，31.5MPa	
9		高压球阀	6	DN20，31.5MPa	
8		液压锁	3	DN25，31.5MPa	
7		电磁比例换向阀	3	DN25，31.5MPa,DC24V	
6		排气测压接头	1:	G1/4	
5		双单向节流阀	3	DN10，31.5MPa	
4		液压锁	3	DN10，31.5MPa	
3		电磁换向阀	3	DN10，31.5MPa,DC24V	
2		对夹式单向阀	1	DN80，开启压力1bar	
1		高压球阀	1	SAE法兰连接，DN32，31.5MPa	

明 细 表

10.2.11 轧机辅助液压系统阀台 VS6 原理图

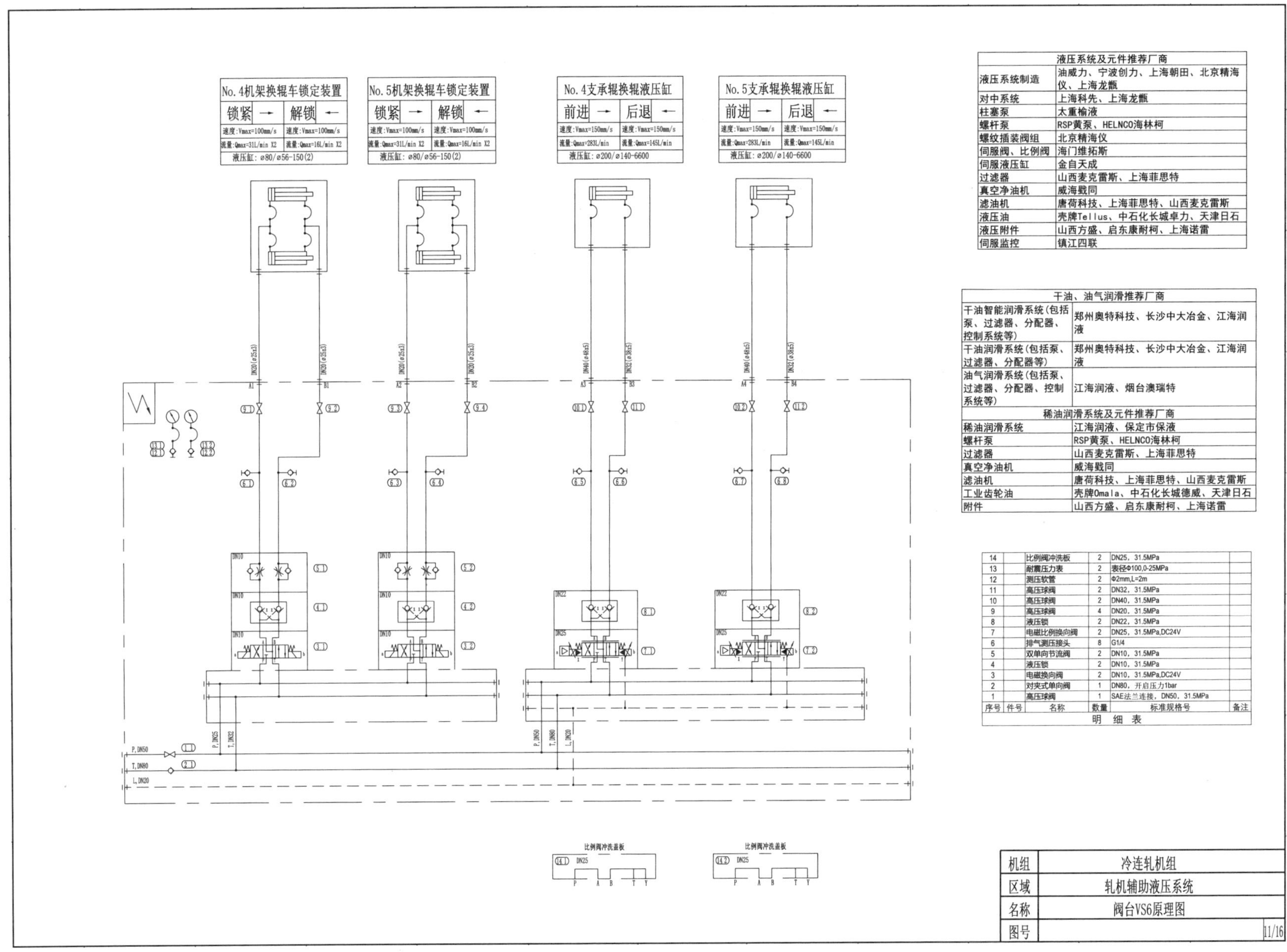

液压系统及元件推荐厂商	
液压系统制造	油威力、宁波创力、上海朝田、北京精海仪、上海龙甑
对中系统	上海科先、上海龙甑
柱塞泵	太重榆液
螺杆泵	RSP黄泵、HELNCO海林柯
螺纹插装阀组	北京精海仪
伺服阀、比例阀	海门维拓斯
伺服液压缸	金自天成
过滤器	山西麦克雷斯、上海菲思特
真空净油机	威海戥同
滤油机	唐荷科技、上海菲思特、山西麦克雷斯
液压油	壳牌Tellus、中石化长城卓力、天津日石
液压附件	山西方盛、启东康耐柯、上海诺雷
伺服监控	镇江四联

干油、油气润滑推荐厂商	
干油智能润滑系统(包括泵、过滤器、分配器、控制系统等)	郑州奥特科技、长沙中大冶金、江海润液
干油润滑系统(包括泵、过滤器、分配器等)	郑州奥特科技、长沙中大冶金、江海润液
油气润滑系统(包括泵、过滤器、分配器、控制系统等)	江海润液、烟台澳瑞特
稀油润滑系统及元件推荐厂商	
稀油润滑系统	江海润液、保定市保液
螺杆泵	RSP黄泵、HELNCO海林柯
过滤器	山西麦克雷斯、上海菲思特
真空净油机	威海戥同
滤油机	唐荷科技、上海菲思特、山西麦克雷斯
工业齿轮油	壳牌Omala、中石化长城德威、天津日石
附件	山西方盛、启东康耐柯、上海诺雷

序号	件号	名称	数量	标准规格号	备注
14		比例阀冲洗板	2	DN25，31.5MPa	
13		耐震压力表	2	表径Φ100,0-25MPa	
12		测压软管	2	Φ2mm,L=2m	
11		高压球阀	2	DN32，31.5MPa	
10		高压球阀	2	DN40，31.5MPa	
9		高压球阀	4	DN20，31.5MPa	
8		液压锁	2	DN22，31.5MPa	
7		电磁比例换向阀	2	DN25，31.5MPa,DC24V	
6		排气测压接头	8	G1/4	
5		双单向节流阀	2	DN10，31.5MPa	
4		液压锁	2	DN10，31.5MPa	
3		电磁换向阀	2	DN10，31.5MPa,DC24V	
2		对夹式单向阀	1	DN80，开启压力1bar	
1		高压球阀	1	SAE法兰连接，DN50，31.5MPa	

明　细　表

机组	冷连轧机组
区域	轧机辅助液压系统
名称	阀台VS6原理图
图号	11/16

10.2.12 轧机辅助液压系统阀台 VS7 原理图（1）

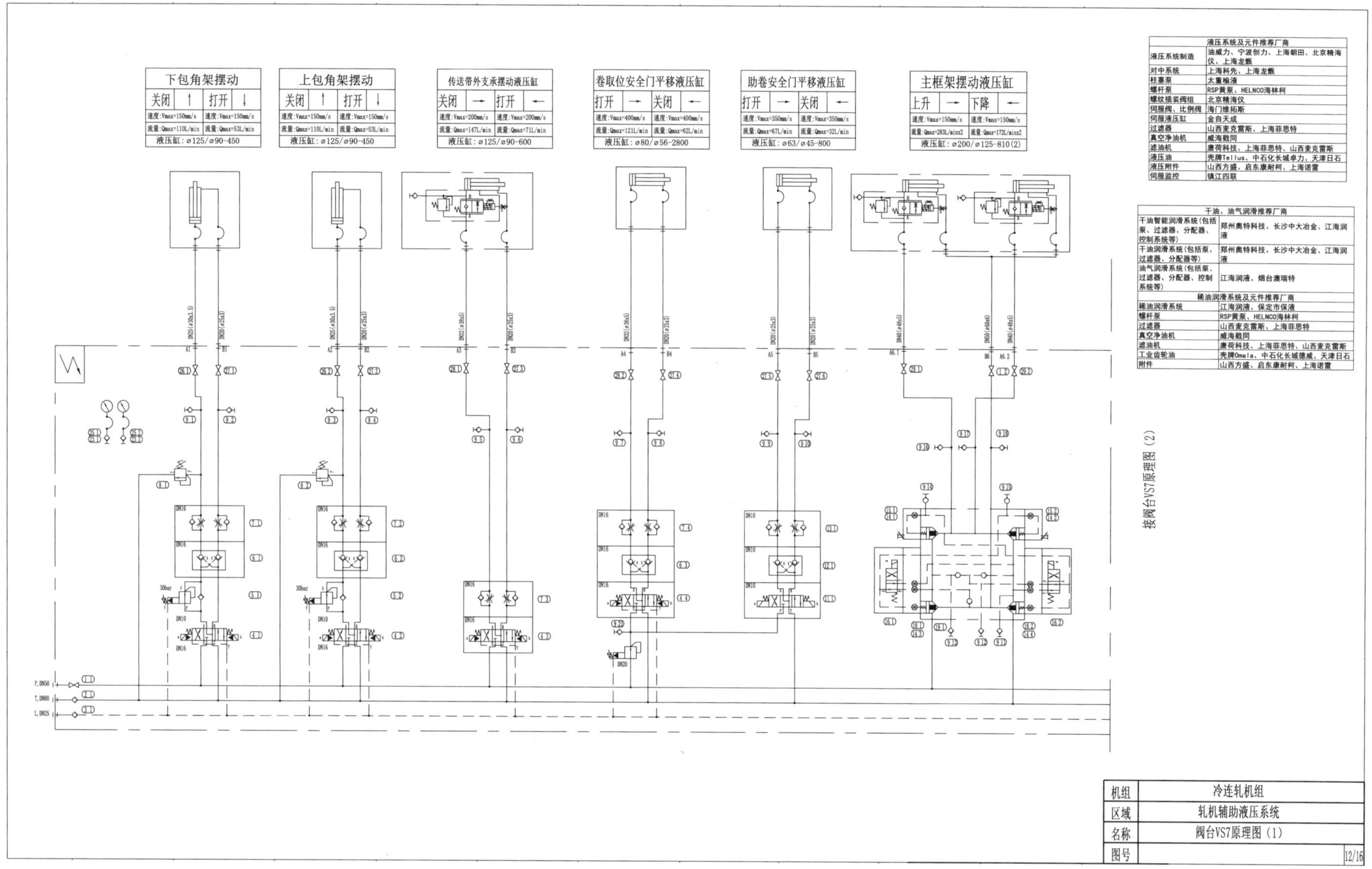

液压系统及元件推荐厂商	
液压系统制造	油威力、宁波创力、上海朝田、北京精海仪、上海龙甑
对中系统	上海科先、上海龙甑
柱塞泵	太重榆液
螺杆泵	RSP黄泵、HELNCO海林柯
螺纹插装阀组	北京精海仪
伺服阀、比例阀	海门维拓斯
伺服液压缸	金自天成
过滤器	山西麦克雷斯、上海菲思特
真空净油机	威海戥同
滤油机	唐荷科技、上海菲思特、山西麦克雷斯
液压油	壳牌Tellus、中石化长城卓力、天津日石
液压附件	山西方盛、启东康耐柯、上海诺雷
伺服监控	镇江四联

干油、油气润滑推荐厂商	
干油智能润滑系统(包括泵、过滤器、分配器、控制系统等)	郑州奥特科技、长沙中大冶金、江海润液
干油润滑系统(包括泵、过滤器、分配器等)	郑州奥特科技、长沙中大冶金、江海润液
油气润滑系统(包括泵、过滤器、分配器、控制系统等)	江海润液、烟台澳瑞特
稀油润滑系统及元件推荐厂商	
稀油润滑系统	江海润液、保定市保液
螺杆泵	RSP黄泵、HELNCO海林柯
过滤器	山西麦克雷斯、上海菲思特
真空净油机	威海戥同
滤油机	唐荷科技、上海菲思特、山西麦克雷斯
工业齿轮油	壳牌Omala、中石化长城德威、天津日石
附件	山西方盛、启东康耐柯、上海诺雷

10.2.13 轧机辅助液压系统阀台 VS7 原理图（2）

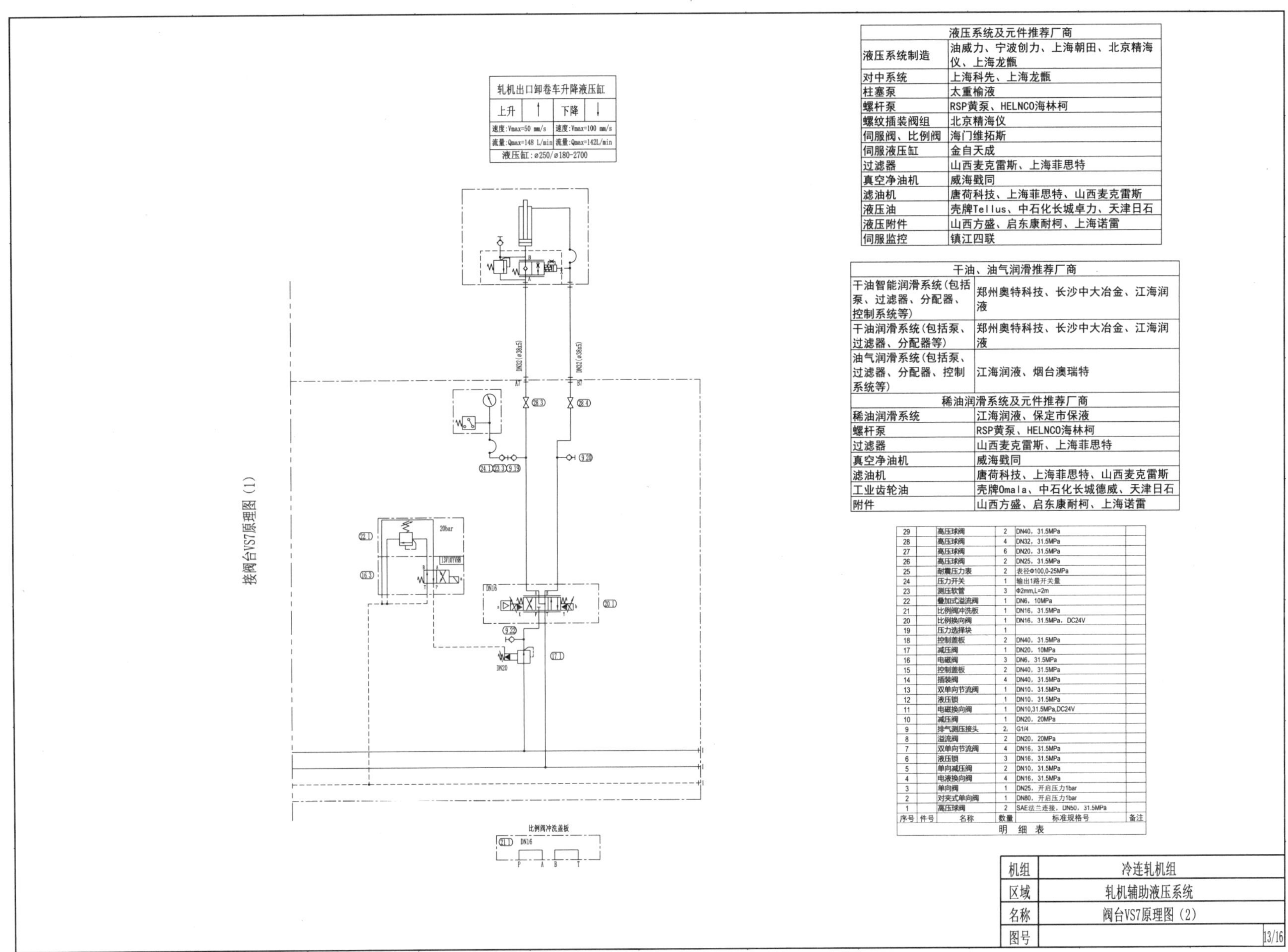

液压系统及元件推荐厂商	
液压系统制造	油威力、宁波创力、上海朝田、北京精海仪、上海龙甑
对中系统	上海科先、上海龙甑
柱塞泵	太重榆液
螺杆泵	RSP黄泵、HELNCO海林柯
螺纹插装阀组	北京精海仪
伺服阀、比例阀	海门维拓斯
伺服液压缸	金自天成
过滤器	山西麦克雷斯、上海菲思特
真空净油机	威海戥同
滤油机	唐荷科技、上海菲思特、山西麦克雷斯
液压油	壳牌Tellus、中石化长城卓力、天津日石
液压附件	山西方盛、启东康耐柯、上海诺雷
伺服监控	镇江四联

干油、油气润滑推荐厂商	
干油智能润滑系统(包括泵、过滤器、分配器、控制系统等)	郑州奥特科技、长沙中大冶金、江海润液
干油润滑系统(包括泵、过滤器、分配器等)	郑州奥特科技、长沙中大冶金、江海润液
油气润滑系统(包括泵、过滤器、分配器、控制系统等)	江海润液、烟台澳瑞特
稀油润滑系统及元件推荐厂商	
稀油润滑系统	江海润液、保定市保液
螺杆泵	RSP黄泵、HELNCO海林柯
过滤器	山西麦克雷斯、上海菲思特
真空净油机	威海戥同
滤油机	唐荷科技、上海菲思特、山西麦克雷斯
工业齿轮油	壳牌Omala、中石化长城德威、天津日石
附件	山西方盛、启东康耐柯、上海诺雷

序号	件号	名称	数量	标准规格号	备注
29		高压球阀	2	DN40，31.5MPa	
28		高压球阀	4	DN32，31.5MPa	
27		高压球阀	6	DN20，31.5MPa	
26		高压球阀	2	DN25，31.5MPa	
25		耐震压力表	2	表径Φ100,0-25MPa	
24		压力开关	1	输出1路开关量	
23		测压软管	3	Φ2mm,L=2m	
22		叠加式溢流阀	1	DN6，10MPa	
21		比例阀冲洗板	1	DN16，31.5MPa	
20		比例换向阀	1	DN16，31.5MPa，DC24V	
19		压力选择块	1		
18		控制盖板	2	DN40，31.5MPa	
17		减压阀	1	DN20，10MPa	
16		电磁阀	3	DN6，31.5MPa	
15		控制盖板	2	DN40，31.5MPa	
14		插装阀	4	DN40，31.5MPa	
13		双单向节流阀	1	DN10，31.5MPa	
12		液压锁	1	DN10，31.5MPa	
11		电磁换向阀	1	DN10,31.5MPa,DC24V	
10		减压阀	1	DN20，20MPa	
9		排气测压接头	2	G1/4	
8		溢流阀	2	DN20，20MPa	
7		双单向节流阀	4	DN16，31.5MPa	
6		液压锁	3	DN16，31.5MPa	
5		单向减压阀	2	DN10，31.5MPa	
4		电液换向阀	4	DN16，31.5MPa	
3		单向阀	1	DN25，开启压力1bar	
2		对夹式单向阀	1	DN80，开启压力1bar	
1		高压球阀	2	SAE法兰连接，DN50，31.5MPa	

明　细　表

机组	冷连轧机组
区域	轧机辅助液压系统
名称	阀台VS7原理图（2）
图号	13/16

10.2.14 轧机辅助液压系统阀台 VS8 原理图（1）

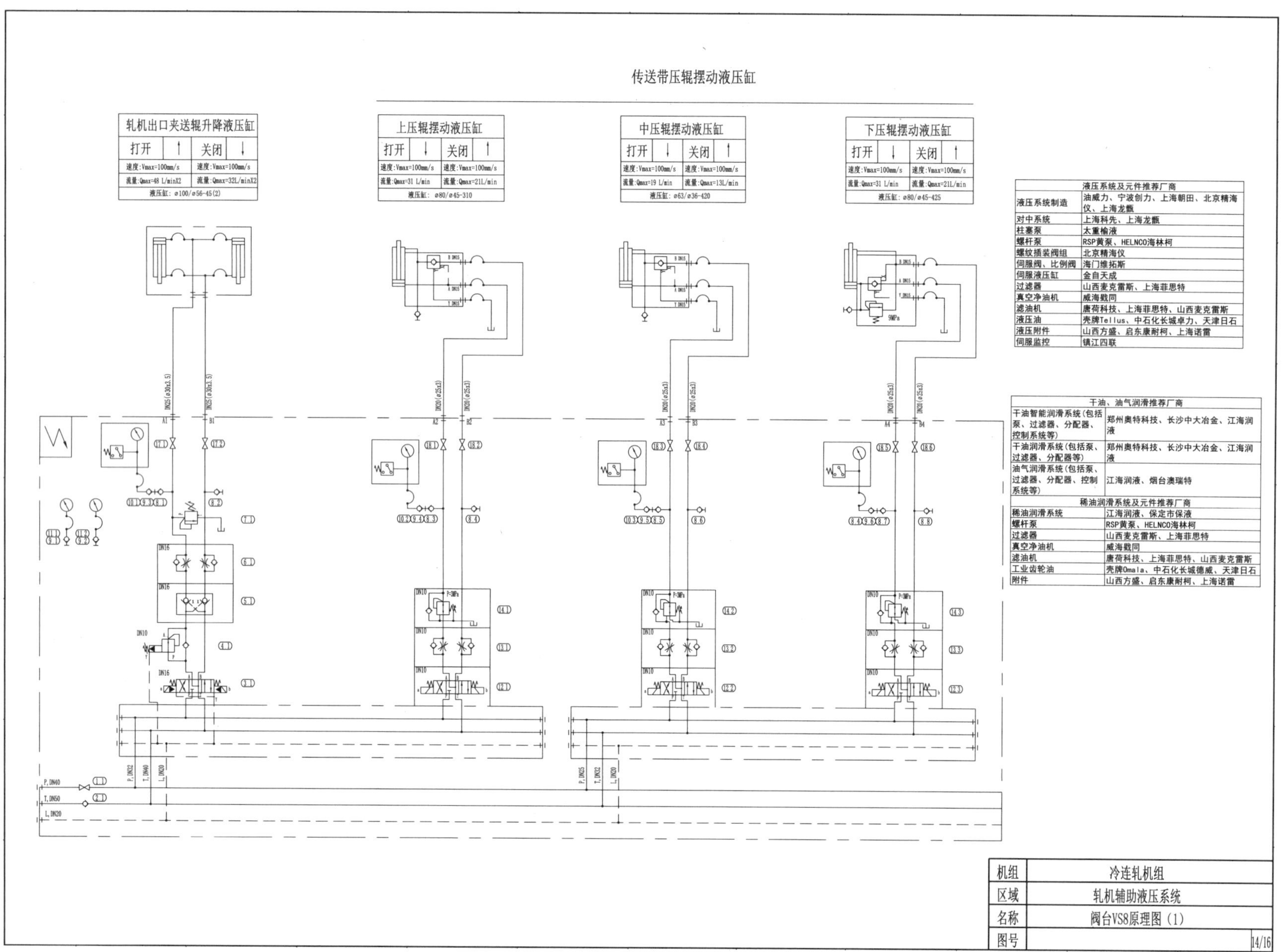

10.2.15 轧机辅助液压系统阀台 VS8 原理图（2）

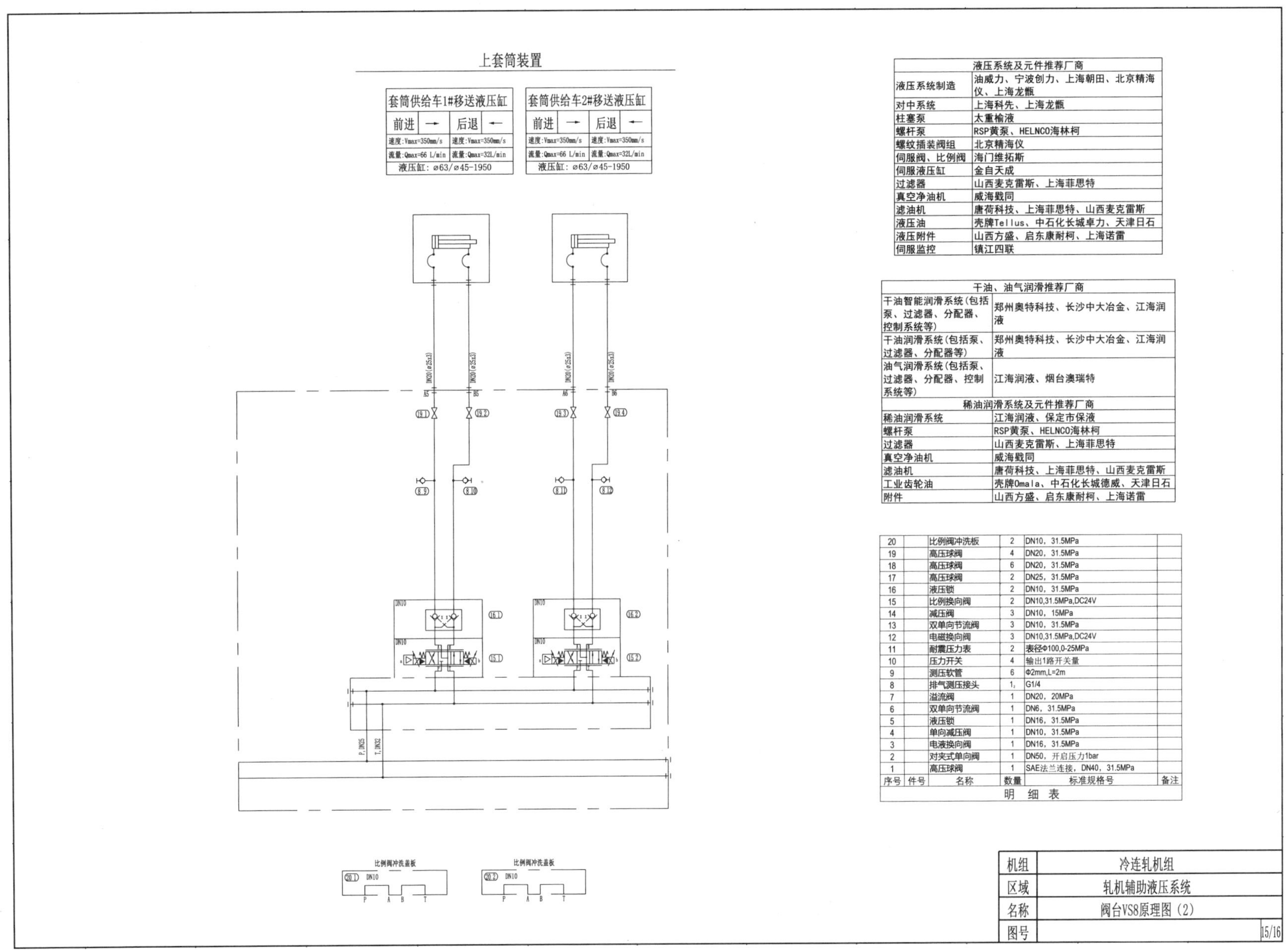

液压系统及元件推荐厂商	
液压系统制造	油威力、宁波创力、上海朝田、北京精海仪、上海龙甑
对中系统	上海科先、上海龙甑
柱塞泵	太重榆液
螺杆泵	RSP黄泵、HELNCO海林柯
螺纹插装阀组	北京精海仪
伺服阀、比例阀	海门维拓斯
伺服液压缸	金自天成
过滤器	山西麦克雷斯、上海菲思特
真空净油机	威海戳同
滤油机	唐荷科技、上海菲思特、山西麦克雷斯
液压油	壳牌Tellus、中石化长城卓力、天津日石
液压附件	山西方盛、启东康耐柯、上海诺雷
伺服监控	镇江四联

干油、油气润滑推荐厂商	
干油智能润滑系统(包括泵、过滤器、分配器、控制系统等)	郑州奥特科技、长沙中大冶金、江海润液
干油润滑系统(包括泵、过滤器、分配器等)	郑州奥特科技、长沙中大冶金、江海润液
油气润滑系统(包括泵、过滤器、分配器、控制系统等)	江海润液、烟台澳瑞特
稀油润滑系统及元件推荐厂商	
稀油润滑系统	江海润液、保定市保液
螺杆泵	RSP黄泵、HELNCO海林柯
过滤器	山西麦克雷斯、上海菲思特
真空净油机	威海戳同
滤油机	唐荷科技、上海菲思特、山西麦克雷斯
工业齿轮油	壳牌Omala、中石化长城德威、天津日石
附件	山西方盛、启东康耐柯、上海诺雷

明细表

序号	件号	名称	数量	标准规格号	备注
20		比例阀冲洗板	2	DN10，31.5MPa	
19		高压球阀	4	DN20，31.5MPa	
18		高压球阀	6	DN20，31.5MPa	
17		高压球阀	2	DN25，31.5MPa	
16		液压锁	2	DN10，31.5MPa	
15		比例换向阀	2	DN10,31.5MPa,DC24V	
14		减压阀	3	DN10，15MPa	
13		双单向节流阀	3	DN10，31.5MPa	
12		电磁换向阀	3	DN10,31.5MPa,DC24V	
11		耐震压力表	2	表径Φ100,0-25MPa	
10		压力开关	4	输出1路开关量	
9		测压软管	6	Φ2mm,L=2m	
8		排气测压接头	1,	G1/4	
7		溢流阀	1	DN20，20MPa	
6		双单向节流阀	1	DN6，31.5MPa	
5		液压锁	1	DN16，31.5MPa	
4		单向减压阀	1	DN10，31.5MPa	
3		电液换向阀	1	DN16，31.5MPa	
2		对夹式单向阀	1	DN50，开启压力1bar	
1		高压球阀	1	SAE法兰连接，DN40，31.5MPa	

10.2.16 轧机辅助液压系统阀台 VS9 原理图

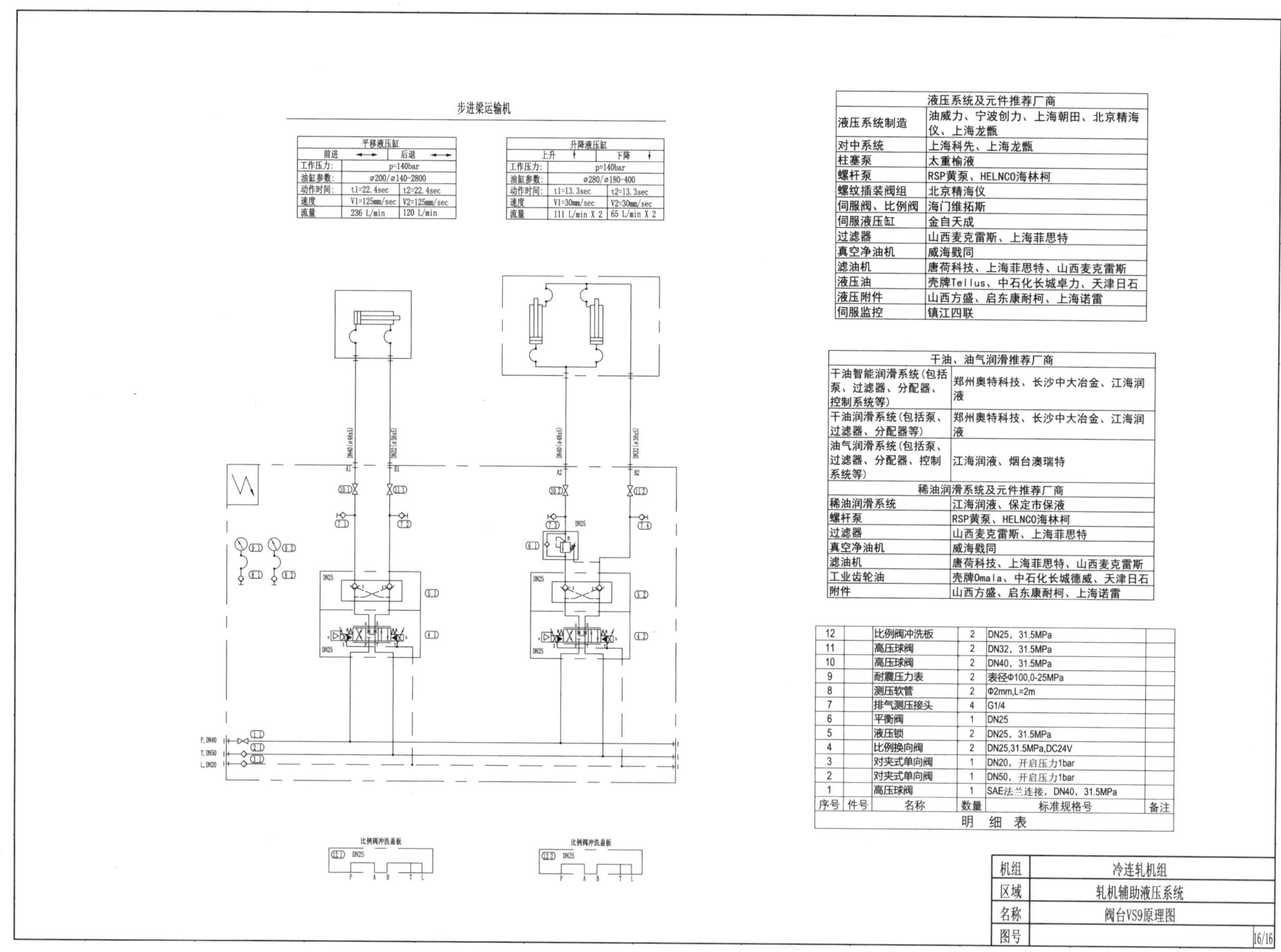

平移液压缸		
前进 ←→		后退 ←→
工作压力:	p=140bar	
油缸参数:	ø200/ø140-2800	
动作时间:	t1=22.4sec	t2=22.4sec
速度	V1=125mm/sec	V2=125mm/sec
流量	236 L/min	120 L/min

升降液压缸		
上升 ↑		下降 ↓
工作压力:	p=140bar	
油缸参数:	ø280/ø180-400	
动作时间:	t1=13.3sec	t2=13.3sec
速度	V1=30mm/sec	V2=30mm/sec
流量	111 L/min X 2	65 L/min X 2

液压系统及元件推荐厂商	
液压系统制造	油威力、宁波创力、上海朝田、北京精海仪、上海龙甑
对中系统	上海科先、上海龙甑
柱塞泵	太重榆液
螺杆泵	RSP黄泵、HELNCO海林柯
螺纹插装阀组	北京精海仪
伺服阀、比例阀	海门维拓斯
伺服液压缸	金自天成
过滤器	山西麦克雷斯、上海菲思特
真空净油机	威海戴同
滤油机	唐荷科技、上海菲思特、山西麦克雷斯
液压油	壳牌Tellus、中石化长城卓力、天津日石
液压附件	山西方盛、启东康耐柯、上海诺雷
伺服监控	镇江四联

干油、油气润滑推荐厂商	
干油智能润滑系统（包括泵、过滤器、分配器、控制系统等）	郑州奥特科技、长沙中大冶金、江海润液
干油润滑系统（包括泵、过滤器、分配器等）	郑州奥特科技、长沙中大冶金、江海润液
油气润滑系统（包括泵、过滤器、分配器、控制系统等）	江海润液、烟台澳瑞特
稀油润滑系统及元件推荐厂商	
稀油润滑系统	江海润液、保定市保液
螺杆泵	RSP黄泵、HELNCO海林柯
过滤器	山西麦克雷斯、上海菲思特
真空净油机	威海戴同
滤油机	唐荷科技、上海菲思特、山西麦克雷斯
工业齿轮油	壳牌Omala、中石化长城德威、天津日石
附件	山西方盛、启东康耐柯、上海诺雷

序号	件号	名称	数量	标准规格号	备注
12		比例阀冲洗板	2	DN25，31.5MPa	
11		高压球阀	2	DN32，31.5MPa	
10		高压球阀	2	DN40，31.5MPa	
9		耐震压力表	2	表径Φ100,0-25MPa	
8		测压软管	2	Φ2mm,L=2m	
7		排气测压接头	4	G1/4	
6		平衡阀	1	DN25	
5		液压锁	2	DN25，31.5MPa	
4		比例换向阀	2	DN25,31.5MPa,DC24V	
3		对夹式单向阀	1	DN20，开启压力1bar	
2		对夹式单向阀	1	DN50，开启压力1bar	
1		高压球阀	1	SAE法兰连接，DN40，31.5MPa	

明　细　表

机组	冷连轧机组
区域	轧机辅助液压系统
名称	阀台VS9原理图
图号	16/16

10.3 轧机伺服液压系统

10.3.1 轧机伺服液压系统泵站原理图（1）

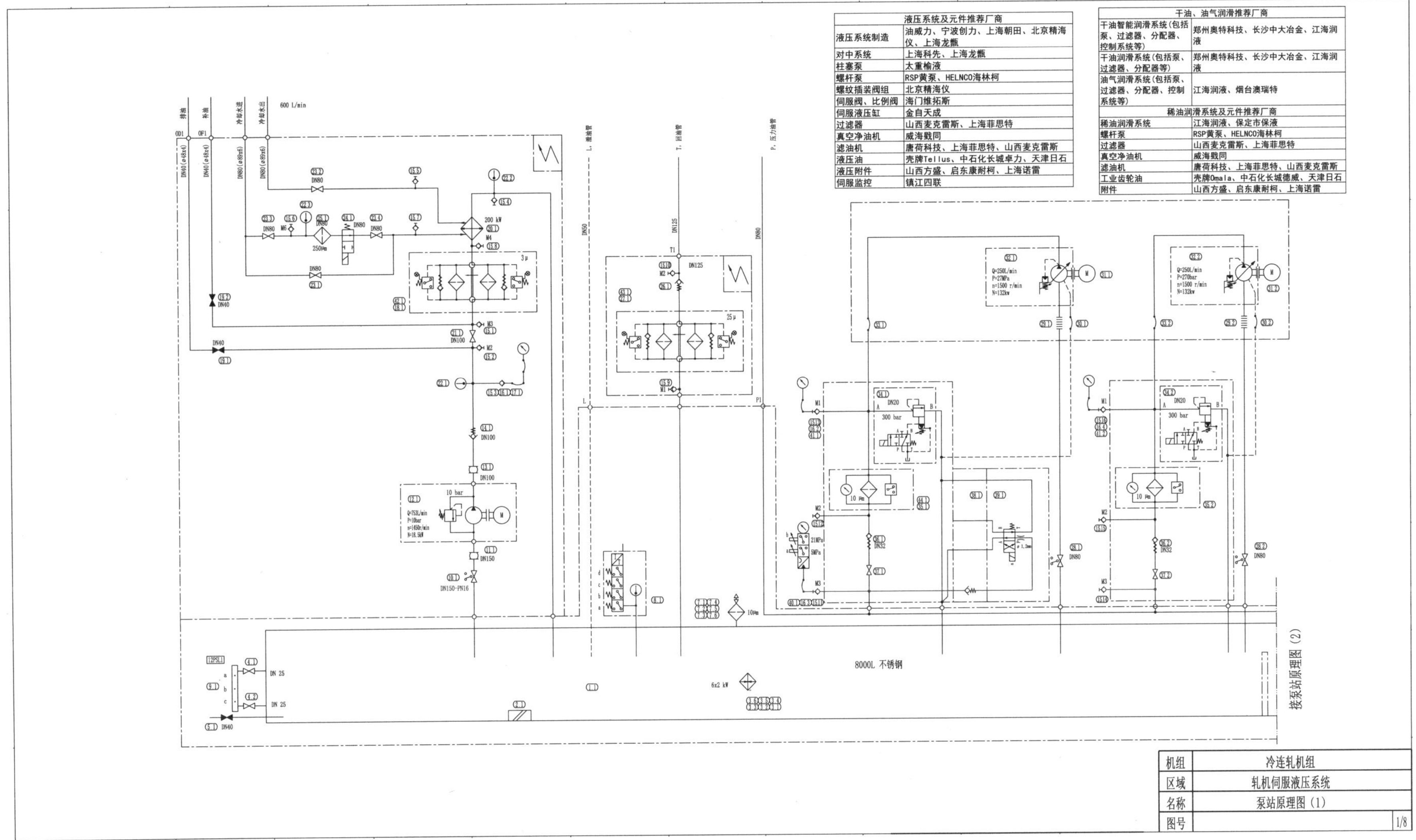

液压系统及元件推荐厂商	
液压系统制造	油威力、宁波创力、上海朝田、北京精海仪、上海龙甑
对中系统	上海科先、上海龙甑
柱塞泵	太重榆液
螺杆泵	RSP黄泵、HELNCO海林柯
螺纹插装阀组	北京精海仪
伺服阀、比例阀	海门维拓斯
伺服液压缸	金自天成
过滤器	山西麦克雷斯、上海菲思特
真空净油机	威海戬同
滤油机	唐荷科技、上海菲思特、山西麦克雷斯
液压油	壳牌Tellus、中石化长城卓力、天津日石
液压附件	山西方盛、启东康耐柯、上海诺雷
伺服监控	镇江四联

干油、油气润滑推荐厂商	
干油智能润滑系统(包括泵、过滤器、分配器、控制系统等)	郑州奥特科技、长沙中大冶金、江海润液
干油润滑系统(包括泵、过滤器、分配器等)	郑州奥特科技、长沙中大冶金、江海润液
油气润滑系统(包括泵、过滤器、分配器、控制系统等)	江海润液、烟台澳瑞特
稀油润滑系统及元件推荐厂商	
稀油润滑系统	江海润液、保定市保液
螺杆泵	RSP黄泵、HELNCO海林柯
过滤器	山西麦克雷斯、上海菲思特
真空净油机	威海戬同
滤油机	唐荷科技、上海菲思特、山西麦克雷斯
工业齿轮油	壳牌Omala、中石化长城德威、天津日石
附件	山西方盛、启东康耐柯、上海诺雷

机组	冷连轧机组	
区域	轧机伺服液压系统	
名称	泵站原理图（1）	
图号		1/8

10.3.2 轧机伺服液压系统泵站原理图（2）

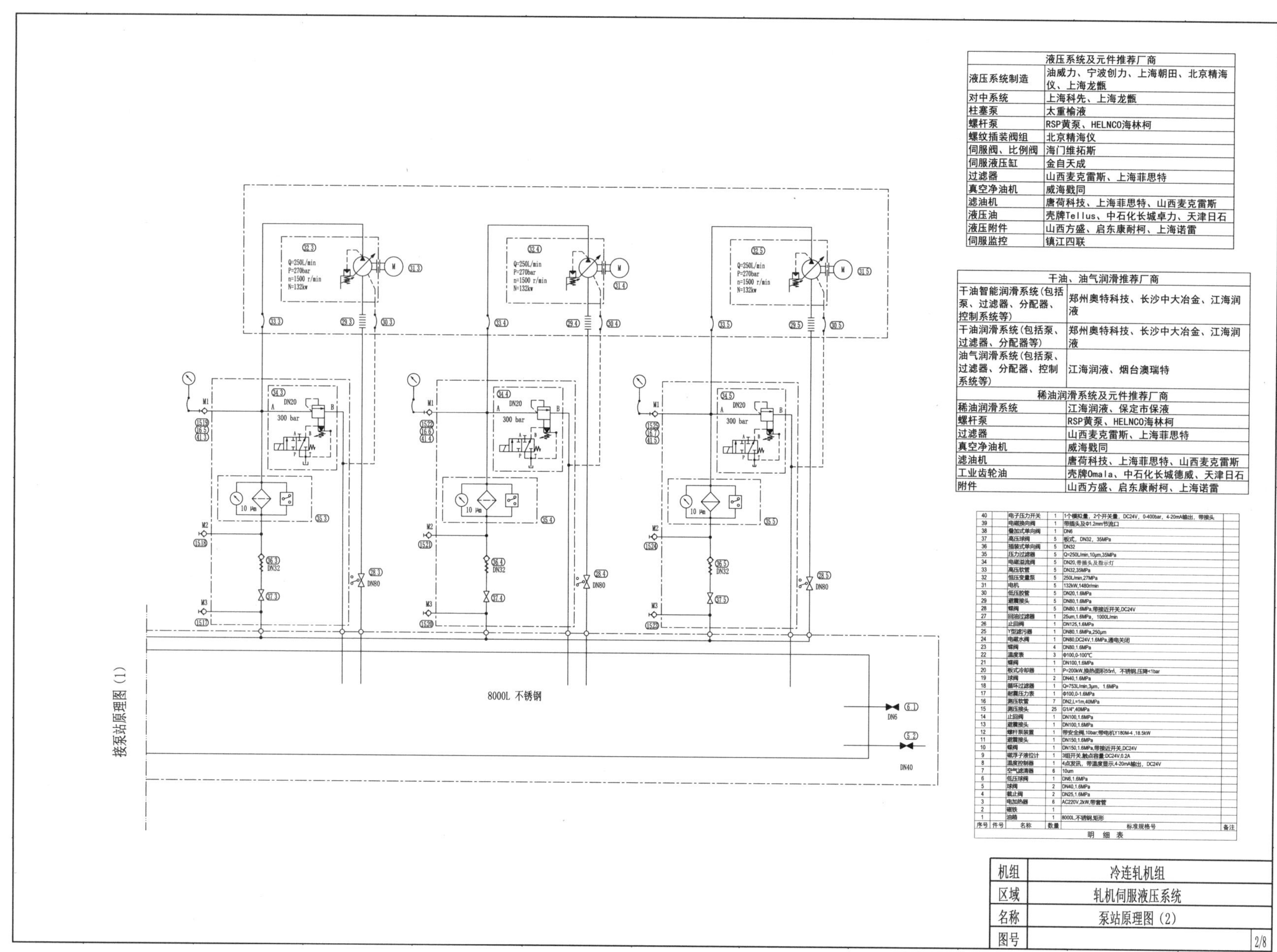

液压系统及元件推荐厂商	
液压系统制造	油威力、宁波创力、上海朝田、北京精海仪、上海龙甑
对中系统	上海科先、上海龙甑
柱塞泵	太重榆液
螺杆泵	RSP黄泵、HELNCO海林柯
螺纹插装阀组	北京精海仪
伺服阀、比例阀	海门维拓斯
伺服液压缸	金自天成
过滤器	山西麦克雷斯、上海菲思特
真空净油机	威海戴同
滤油机	唐荷科技、上海菲思特、山西麦克雷斯
液压油	壳牌Tellus、中石化长城卓力、天津日石
液压附件	山西方盛、启东康耐柯、上海诺雷
伺服监控	镇江四联

干油、油气润滑推荐厂商	
干油智能润滑系统(包括泵、过滤器、分配器、控制系统等)	郑州奥特科技、长沙中大冶金、江海润液
干油润滑系统(包括泵、过滤器、分配器等)	郑州奥特科技、长沙中大冶金、江海润液
油气润滑系统(包括泵、过滤器、分配器、控制系统等)	江海润液、烟台澳瑞特
稀油润滑系统及元件推荐厂商	
稀油润滑系统	江海润液、保定市保液
螺杆泵	RSP黄泵、HELNCO海林柯
过滤器	山西麦克雷斯、上海菲思特
真空净油机	威海戴同
滤油机	唐荷科技、上海菲思特、山西麦克雷斯
工业齿轮油	壳牌Omala、中石化长城德威、天津日石
附件	山西方盛、启东康耐柯、上海诺雷

序号	件号	名称	数量	标准规格号	备注
40		电子压力开关	1	1个模拟量，2个开关量，DC24V，0-400bar，4-20mA输出，带接头	
39		电磁换向阀	1	带插头及Φ1.2mm节流口	
38		叠加式单向阀	1	DN6	
37		高压球阀	5	板式，DN32，35MPa	
36		插装式单向阀	5	DN32	
35		压力过滤器	5	Q=250L/min,10μm,35MPa	
34		电磁溢流阀	5	DN20,带插头及指示灯	
33		高压软管	5	DN32,35MPa	
32		恒压变量泵	5	250L/min,27MPa	
31		电机	5	132kW,1480r/min	
30		低压胶管	5	DN20,1.6MPa	
29		避震接头	5	DN80,1.6MPa	
28		蝶阀	5	DN80,1.6MPa,带接近开关,DC24V	
27		回油过滤器	1	25um,1.6MPa，1000L/min	
26		止回阀	1	DN125,1.6MPa	
25		Y型滤污器	1	DN80,1.6MPa,250μm	
24		电磁水阀	1	DN80,DC24V,1.6MPa,通电关闭	
23		蝶阀	4	DN80,1.6MPa	
22		温度表	3	Φ100,0-100℃	
21		蝶阀	1	DN100,1.6MPa	
20		板式冷却器	1	P=200kW,换热面积55㎡，不锈钢,压降<1bar	
19		球阀	2	DN40,1.6MPa	
18		循环过滤器	1	Q=753L/min,3μm，1.6MPa	
17		耐震压力表	1	Φ100,0-1.6MPa	
16		测压软管	7	DN2,L=1m,40MPa	
15		测压接头	25	G1/4",40MPa	
14		止回阀	1	DN100,1.6MPa	
13		避震接头	1	DN100,1.6MPa	
12		螺杆泵装置	1	带安全阀,10bar;带电机Y180M-4 ,18.5kW	
11		避震接头	1	DN150,1.6MPa	
10		蝶阀	1	DN150,1.6MPa,带接近开关,DC24V	
9		磁浮子液位计	1	3组开关,触点容量:DC24V,0.2A	
8		温度控制器	1	4点发讯，带温度显示,4-20mA输出，DC24V	
7		空气滤清器	6	10um	
6		低压球阀	1	DN6,1.6MPa	
5		球阀	2	DN40,1.6MPa	
4		截止阀	2	DN25,1.6MPa	
3		电加热器	6	AC220V,2kW,带套管	
2		磁铁	1		
1		油箱	1	8000L,不锈钢,矩形	

明 细 表

机组	冷连轧机组
区域	轧机伺服液压系统
名称	泵站原理图（2）
图号	2/8

10.3.3 轧机伺服液压系统蓄能器组原理图

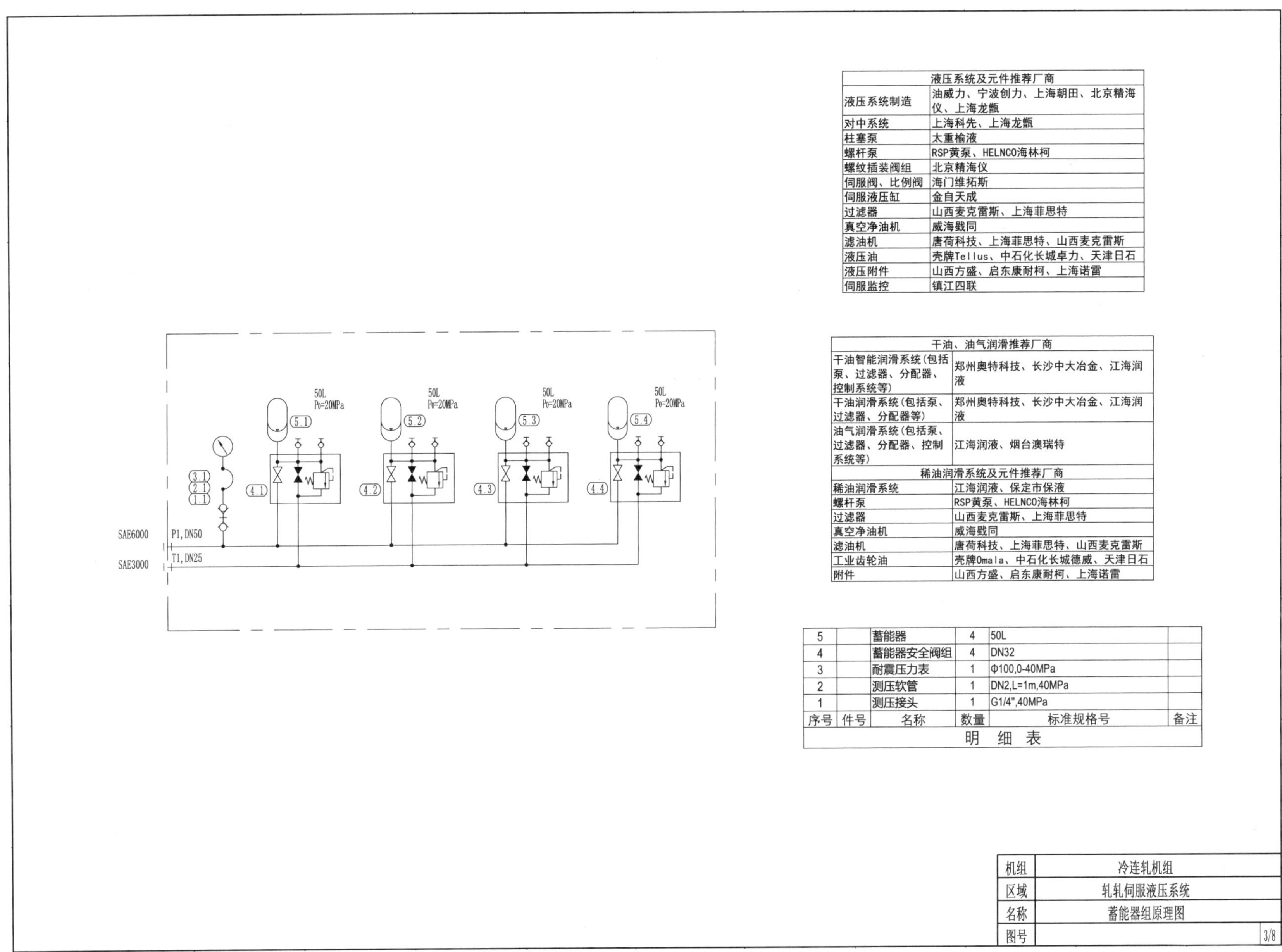

液压系统及元件推荐厂商	
液压系统制造	油威力、宁波创力、上海朝田、北京精海仪、上海龙甑
对中系统	上海科先、上海龙甑
柱塞泵	太重榆液
螺杆泵	RSP黄泵、HELNCO海林柯
螺纹插装阀组	北京精海仪
伺服阀、比例阀	海门维拓斯
伺服液压缸	金自天成
过滤器	山西麦克雷斯、上海菲思特
真空净油机	威海戥同
滤油机	唐荷科技、上海菲思特、山西麦克雷斯
液压油	壳牌Tellus、中石化长城卓力、天津日石
液压附件	山西方盛、启东康耐柯、上海诺雷
伺服监控	镇江四联

干油、油气润滑推荐厂商	
干油智能润滑系统(包括泵、过滤器、分配器、控制系统等)	郑州奥特科技、长沙中大冶金、江海润液
干油润滑系统(包括泵、过滤器、分配器等)	郑州奥特科技、长沙中大冶金、江海润液
油气润滑系统(包括泵、过滤器、分配器、控制系统等)	江海润液、烟台澳瑞特
稀油润滑系统及元件推荐厂商	
稀油润滑系统	江海润液、保定市保液
螺杆泵	RSP黄泵、HELNCO海林柯
过滤器	山西麦克雷斯、上海菲思特
真空净油机	威海戥同
滤油机	唐荷科技、上海菲思特、山西麦克雷斯
工业齿轮油	壳牌Omala、中石化长城德威、天津日石
附件	山西方盛、启东康耐柯、上海诺雷

序号	件号	名称	数量	标准规格号	备注
5		蓄能器	4	50L	
4		蓄能器安全阀组	4	DN32	
3		耐震压力表	1	Φ100,0-40MPa	
2		测压软管	1	DN2,L=1m,40MPa	
1		测压接头	1	G1/4",40MPa	

明　细　表

机组	冷连轧机组
区域	轧机伺服液压系统
名称	蓄能器组原理图
图号	3/8

10.3.4 HGC 控制阀台原理图

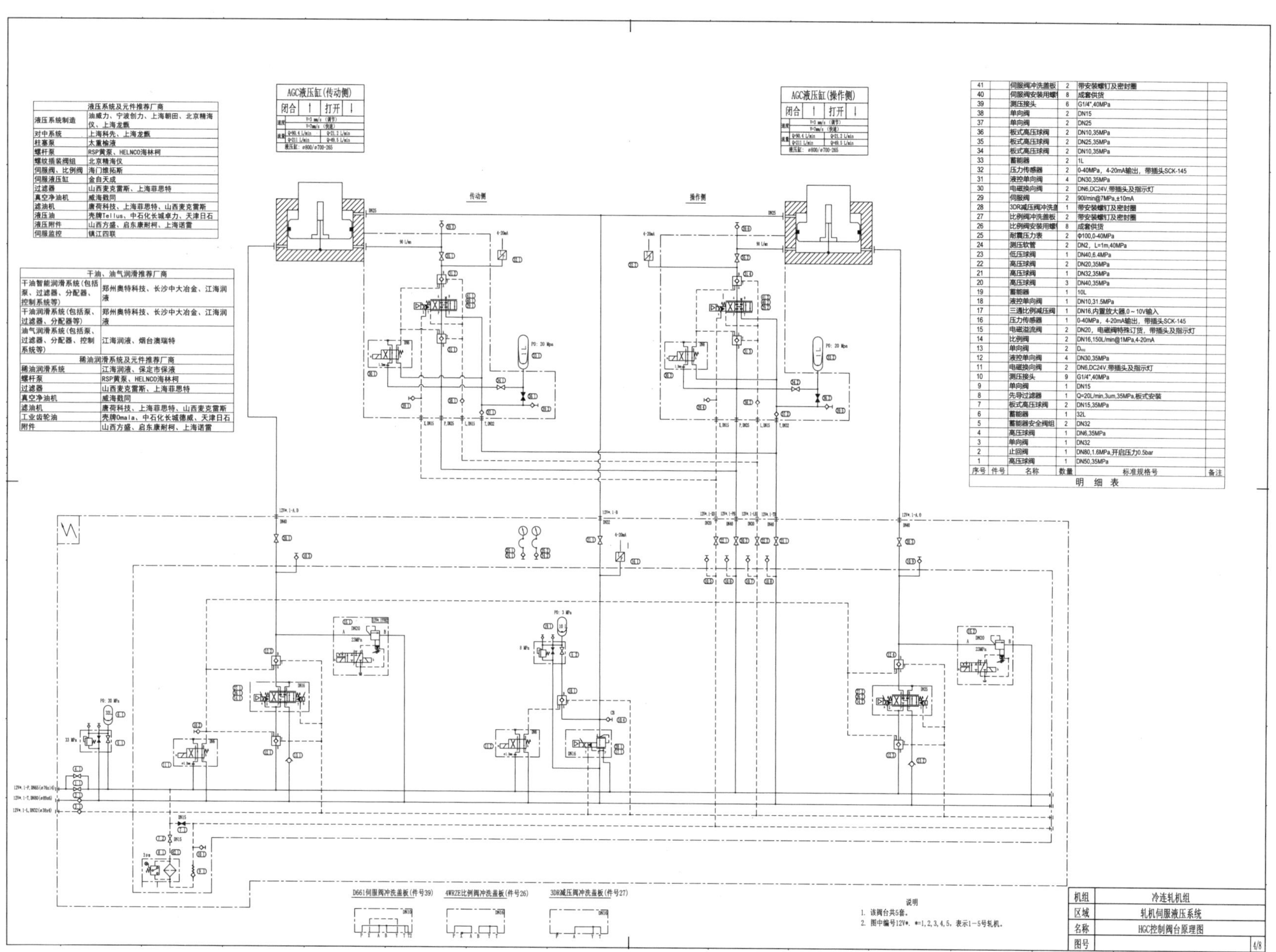

液压系统及元件推荐厂商	
液压系统制造	油威力、宁波创力、上海朝田、北京精海仪、上海龙甑
对中系统	上海科先、上海龙甑
柱塞泵	太重榆液
螺杆泵	RSP黄泵、HELNCO海林柯
螺纹插装阀组	北京精海仪
伺服阀、比例阀	海门维拓斯
伺服液压缸	金自天成
过滤器	山西麦克雷斯、上海菲思特
真空净油机	威海戥同
滤油机	唐荷科技、上海菲思特、山西麦克雷斯
液压油	壳牌Tellus、中石化长城卓力、天津日石
液压附件	山西方盛、启东康耐柯、上海诺雷
伺服监控	镇江四联

干油、油气润滑推荐厂商	
干油智能润滑系统(包括泵、过滤器、分配器、控制系统等)	郑州奥特科技、长沙中大冶金、江海润液
干油润滑系统(包括泵、过滤器、分配器等)	郑州奥特科技、长沙中大冶金、江海润液
油气润滑系统(包括泵、过滤器、分配器、控制系统等)	江海润液、烟台澳瑞特
稀油润滑系统及元件推荐厂商	
稀油润滑系统	江海润液、保定市保液
螺杆泵	RSP黄泵、HELNCO海林柯
过滤器	山西麦克雷斯、上海菲思特
真空净油机	威海戥同
滤油机	唐荷科技、上海菲思特、山西麦克雷斯
工业齿轮油	壳牌Omala、中石化长城德威、天津日石
附件	山西方盛、启东康耐柯、上海诺雷

序号	件号	名称	数量	标准规格号	备注
41		伺服阀冲洗盖板	2	带安装螺钉及密封圈	
40		伺服阀安装用螺钉	8	成套供货	
39		测压接头	6	G1/4",40MPa	
38		单向阀	2	DN15	
37		单向阀	2	DN25	
36		板式高压球阀	2	DN10,35MPa	
35		板式高压球阀	2	DN25,35MPa	
34		板式高压球阀	2	DN10,35MPa	
33		蓄能器	2	1L	
32		压力传感器	2	0-40MPa，4-20mA输出，带插头SCK-145	
31		液控单向阀	4	DN30,35MPa	
30		电磁换向阀	2	DN6,DC24V,带插头及指示灯	
29		伺服阀	2	90l/min@7MPa,±10mA	
28		3DR减压阀冲洗盖	1	带安装螺钉及密封圈	
27		比例阀冲洗盖板	2	带安装螺钉及密封圈	
26		比例阀安装用螺钉	8	成套供货	
25		耐震压力表	2	Φ100,0-40MPa	
24		测压软管	2	DN2，L=1m,40MPa	
23		低压球阀	1	DN40,6.4MPa	
22		高压球阀	2	DN20,35MPa	
21		高压球阀	1	DN32,35MPa	
20		高压球阀	3	DN40,35MPa	
19		蓄能器	1	10L	
18		液控单向阀	1	DN10,31.5MPa	
17		三通比例减压阀	1	DN16,内置放大器,0～10V输入	
16		压力传感器	1	0-40MPa，4-20mA输出，带插头SCK-145	
15		电磁溢流阀	2	DN20，电磁阀特殊订货，带插头及指示灯	
14		比例阀	2	DN16,150L/min@1MPa,4-20mA	
13		单向阀	2	[illegible]	
12		液控单向阀	4	DN30,35MPa	
11		电磁换向阀	2	DN6,DC24V,带插头及指示灯	
10		测压接头	9	G1/4",40MPa	
9		单向阀	1	DN15	
8		先导过滤器	1	Q=20L/min,3um,35MPa,板式安装	
7		板式高压球阀	2	DN15,35MPa	
6		蓄能器	1	32L	
5		蓄能器安全阀组	2	DN32	
4		高压球阀	1	DN6,35MPa	
3		单向阀	1	DN32	
2		止回阀	1	DN80,1.6MPa,开启压力0.5bar	
1		高压球阀	1	DN50,35MPa	

明　细　表

说明

1. 该阀台共5套。
2. 图中编号12V*. *=1,2,3,4,5. 表示1－5号轧机。

机组	冷连轧机组
区域	轧机伺服液压系统
名称	HGC控制阀台原理图
图号	4/8

10.3.5 弯辊及窜辊控制阀台原理图（1）

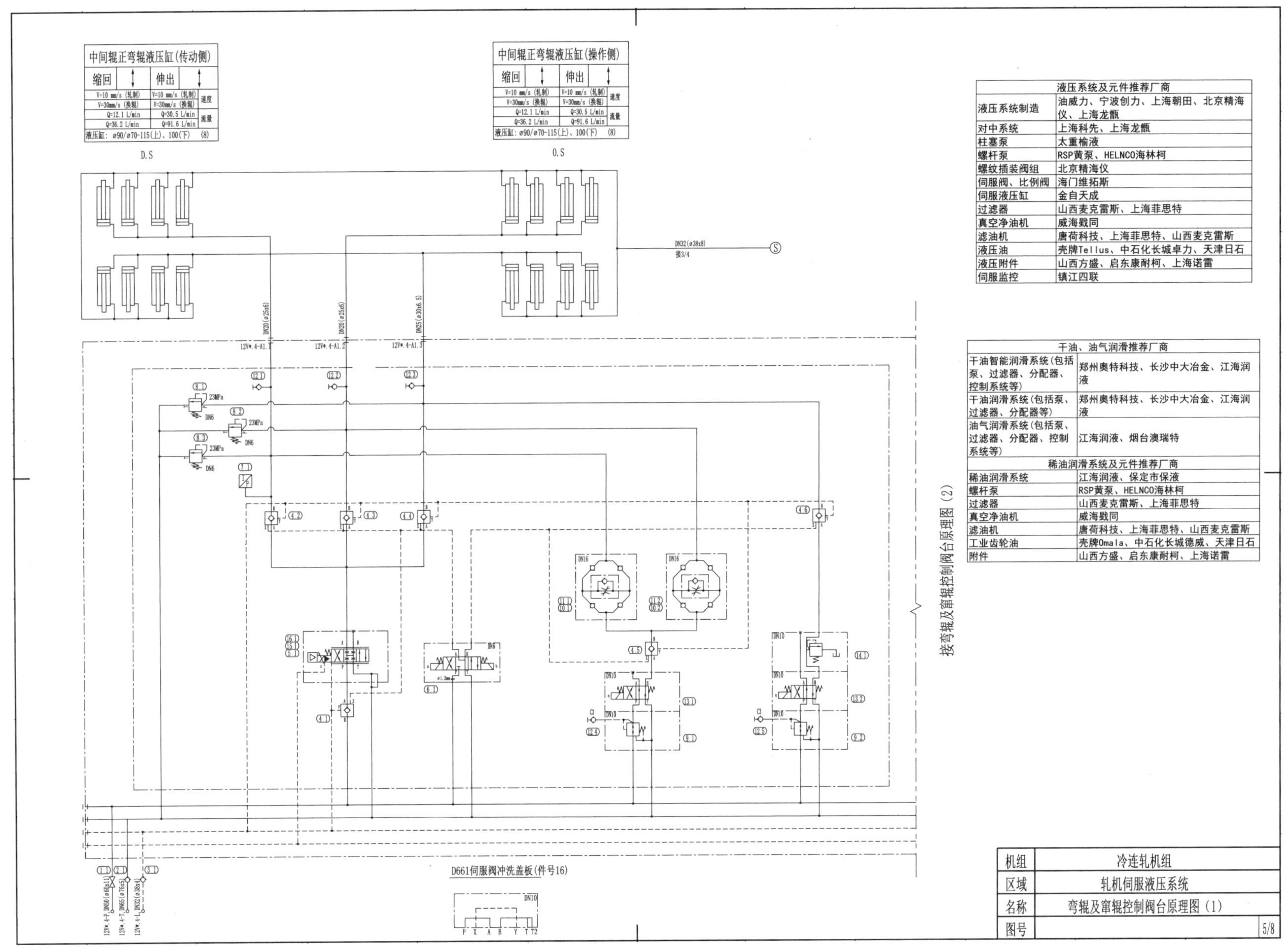

中间辊正弯辊液压缸(传动侧)		
缩回 ↕	伸出 ↕	
V=10 mm/s（轧制）	V=10 mm/s（轧制）	速度
V=30mm/s（换辊）	V=30mm/s（换辊）	
Q=12.1 L/min	Q=30.5 L/min	流量
Q=36.2 L/min	Q=91.6 L/min	
液压缸：ø90/ø70-115(上)、100(下)　(8)		

中间辊正弯辊液压缸(操作侧)		
缩回 ↕	伸出 ↕	
V=10 mm/s（轧制）	V=10 mm/s（轧制）	速度
V=30mm/s（换辊）	V=30mm/s（换辊）	
Q=12.1 L/min	Q=30.5 L/min	流量
Q=36.2 L/min	Q=91.6 L/min	
液压缸：ø90/ø70-115(上)、100(下)　(8)		

液压系统及元件推荐厂商	
液压系统制造	油威力、宁波创力、上海朝田、北京精海仪、上海龙甑
对中系统	上海科先、上海龙甑
柱塞泵	太重榆液
螺杆泵	RSP黄泵、HELNCO海林柯
螺纹插装阀组	北京精海仪
伺服阀、比例阀	海门维拓斯
伺服液压缸	金自天成
过滤器	山西麦克雷斯、上海菲思特
真空净油机	威海戥同
滤油机	唐荷科技、上海菲思特、山西麦克雷斯
液压油	壳牌Tellus、中石化长城卓力、天津日石
液压附件	山西方盛、启东康耐柯、上海诺雷
伺服监控	镇江四联

干油、油气润滑推荐厂商	
干油智能润滑系统(包括泵、过滤器、分配器、控制系统等)	郑州奥特科技、长沙中大冶金、江海润液
干油润滑系统(包括泵、过滤器、分配器等)	郑州奥特科技、长沙中大冶金、江海润液
油气润滑系统(包括泵、过滤器、分配器、控制系统等)	江海润液、烟台澳瑞特
稀油润滑系统及元件推荐厂商	
稀油润滑系统	江海润液、保定市保液
螺杆泵	RSP黄泵、HELNCO海林柯
过滤器	山西麦克雷斯、上海菲思特
真空净油机	威海戥同
滤油机	唐荷科技、上海菲思特、山西麦克雷斯
工业齿轮油	壳牌Omala、中石化长城德威、天津日石
附件	山西方盛、启东康耐柯、上海诺雷

机组	冷连轧机组
区域	轧机伺服液压系统
名称	弯辊及窜辊控制阀台原理图（1）
图号	5/8

10.3.6 弯辊及窜辊控制阀台原理图（2）

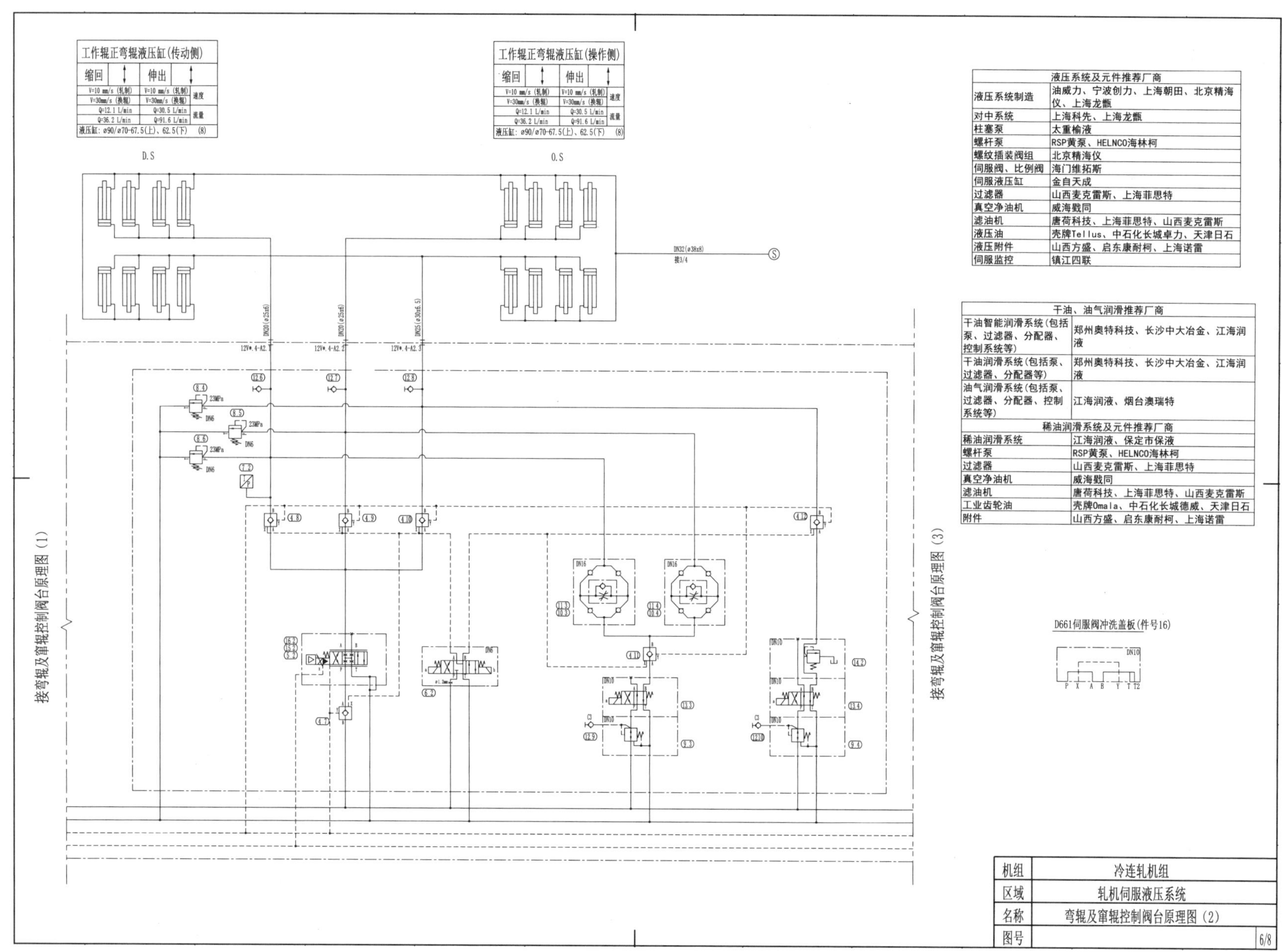

液压系统及元件推荐厂商	
液压系统制造	油威力、宁波创力、上海朝田、北京精海仪、上海龙甑
对中系统	上海科先、上海龙甑
柱塞泵	太重榆液
螺杆泵	RSP黄泵、HELNCO海林柯
螺纹插装阀组	北京精海仪
伺服阀、比例阀	海门维拓斯
伺服液压缸	金自天成
过滤器	山西麦克雷斯、上海菲思特
真空净油机	威海戳同
滤油机	唐荷科技、上海菲思特、山西麦克雷斯
液压油	壳牌Tellus、中石化长城卓力、天津日石
液压附件	山西方盛、启东康耐柯、上海诺雷
伺服监控	镇江四联

干油、油气润滑推荐厂商	
干油智能润滑系统(包括泵、过滤器、分配器、控制系统等)	郑州奥特科技、长沙中大冶金、江海润液
干油润滑系统(包括泵、过滤器、分配器等)	郑州奥特科技、长沙中大冶金、江海润液
油气润滑系统(包括泵、过滤器、分配器、控制系统等)	江海润液、烟台澳瑞特
稀油润滑系统及元件推荐厂商	
稀油润滑系统	江海润液、保定市保液
螺杆泵	RSP黄泵、HELNCO海林柯
过滤器	山西麦克雷斯、上海菲思特
真空净油机	威海戳同
滤油机	唐荷科技、上海菲思特、山西麦克雷斯
工业齿轮油	壳牌Omala、中石化长城德威、天津日石
附件	山西方盛、启东康耐柯、上海诺雷

10.3.7 弯辊及窜辊控制阀台原理图（3）

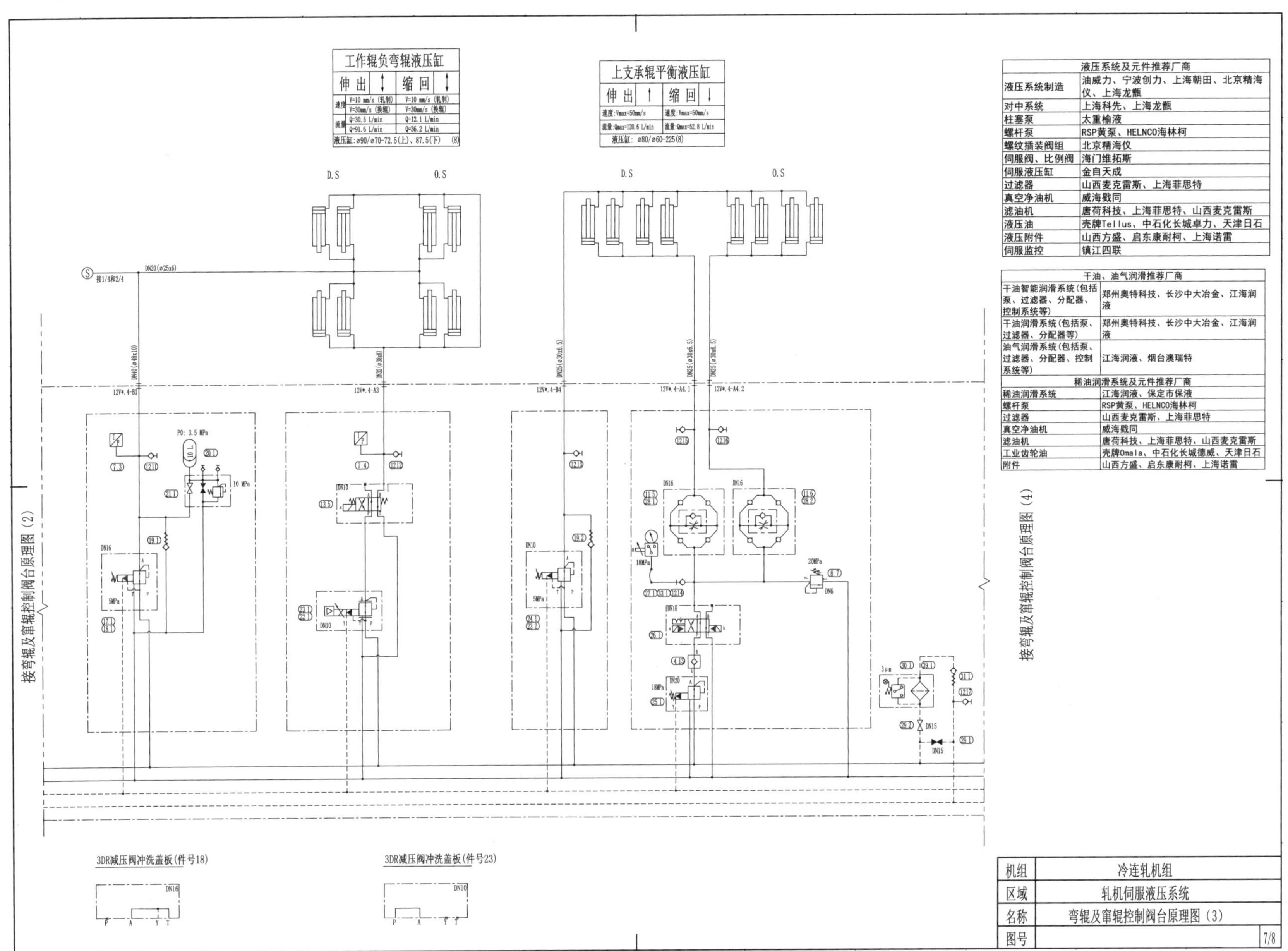

工作辊负弯辊液压缸			
伸 出	↕	缩 回	↕
速度	V=10 mm/s（轧制）	V=10 mm/s（轧制）	
	V=30mm/s（换辊）	V=30mm/s（换辊）	
流量	Q=30.5 L/min	Q=12.1 L/min	
	Q=91.6 L/min	Q=36.2 L/min	
液压缸：⌀90/⌀70-72.5(上)、87.5(下)　(8)			

上支承辊平衡液压缸			
伸 出	↑	缩 回	↓
速度：Vmax=50mm/s		速度：Vmax=50mm/s	
流量：Qmax=120.6 L/min		流量：Qmax=52.8 L/min	
液压缸：⌀80/⌀60-225(8)			

液压系统及元件推荐厂商	
液压系统制造	油威力、宁波创力、上海朝田、北京精海仪、上海龙甑
对中系统	上海科先、上海龙甑
柱塞泵	太重榆液
螺杆泵	RSP黄泵、HELNCO海林柯
螺纹插装阀组	北京精海仪
伺服阀、比例阀	海门维拓斯
伺服液压缸	金自天成
过滤器	山西麦克雷斯、上海菲思特
真空净油机	威海戥同
滤油机	唐荷科技、上海菲思特、山西麦克雷斯
液压油	壳牌Tellus、中石化长城卓力、天津日石
液压附件	山西方盛、启东康耐柯、上海诺雷
伺服监控	镇江四联

干油、油气润滑推荐厂商	
干油智能润滑系统(包括泵、过滤器、分配器、控制系统等)	郑州奥特科技、长沙中大冶金、江海润液
干油润滑系统(包括泵、过滤器、分配器等)	郑州奥特科技、长沙中大冶金、江海润液
油气润滑系统(包括泵、过滤器、分配器、控制系统等)	江海润液、烟台澳瑞特
稀油润滑系统及元件推荐厂商	
稀油润滑系统	江海润液、保定市保液
螺杆泵	RSP黄泵、HELNCO海林柯
过滤器	山西麦克雷斯、上海菲思特
真空净油机	威海戥同
滤油机	唐荷科技、上海菲思特、山西麦克雷斯
工业齿轮油	壳牌Omala、中石化长城德威、天津日石
附件	山西方盛、启东康耐柯、上海诺雷

机组	冷连轧机组
区域	轧机伺服液压系统
名称	弯辊及窜辊控制阀台原理图（3）
图号	7/8

10.3.8 弯辊及窜辊控制阀台原理图（4）

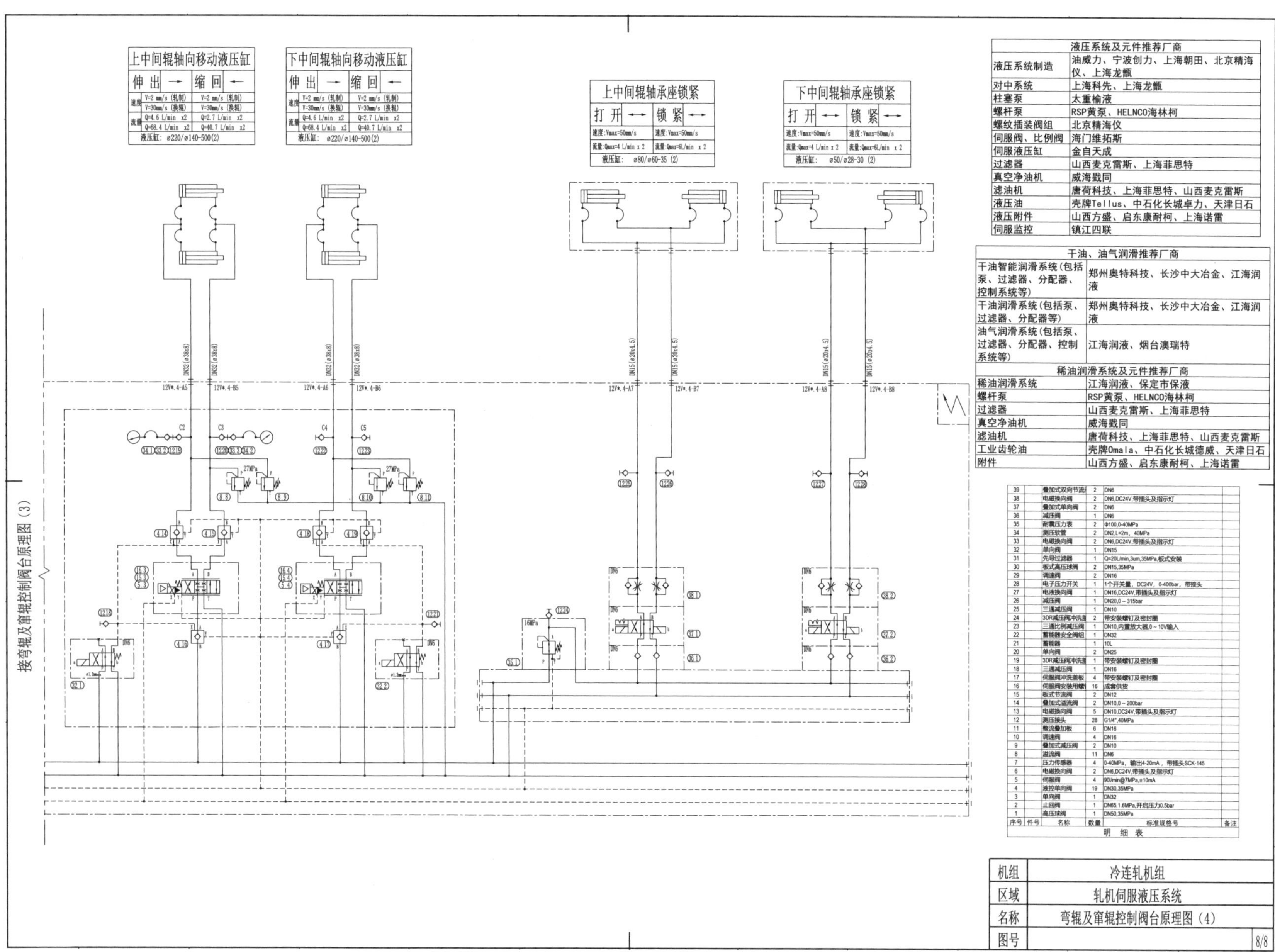

液压系统及元件推荐厂商	
液压系统制造	油威力、宁波创力、上海朝田、北京精海仪、上海龙甑
对中系统	上海科先、上海龙甑
柱塞泵	太重榆液
螺杆泵	RSP黄泵、HELNCO海林柯
螺纹插装阀组	北京精海仪
伺服阀、比例阀	海门维拓斯
伺服液压缸	金自天成
过滤器	山西麦克雷斯、上海菲思特
真空净油机	威海戥同
滤油机	唐荷科技、上海菲思特、山西麦克雷斯
液压油	壳牌Tellus、中石化长城卓力、天津日石
液压附件	山西方盛、启东康耐柯、上海诺雷
伺服监控	镇江四联

干油、油气润滑推荐厂商	
干油智能润滑系统(包括泵、过滤器、分配器、控制系统等)	郑州奥特科技、长沙中大冶金、江海润液
干油润滑系统(包括泵、过滤器、分配器等)	郑州奥特科技、长沙中大冶金、江海润液
油气润滑系统(包括泵、过滤器、分配器、控制系统等)	江海润液、烟台澳瑞特
稀油润滑系统及元件推荐厂商	
稀油润滑系统	江海润液、保定市保液
螺杆泵	RSP黄泵、HELNCO海林柯
过滤器	山西麦克雷斯、上海菲思特
真空净油机	威海戥同
滤油机	唐荷科技、上海菲思特、山西麦克雷斯
工业齿轮油	壳牌Omala、中石化长城德威、天津日石
附件	山西方盛、启东康耐柯、上海诺雷

序号	件号	名称	数量	标准规格号	备注
39		叠加式双向节流	2	DN6	
38		电磁换向阀	2	DN6,DC24V,带插头及指示灯	
37		叠加式单向阀	2	DN6	
36		减压阀	1	DN6	
35		耐震压力表	2	Φ100,0-40MPa	
34		测压软管	2	DN2,L=2m，40MPa	
33		电磁换向阀	2	DN6,DC24V,带插头及指示灯	
32		单向阀	1	DN15	
31		先导过滤器	1	Q=20L/min,3um,35MPa,板式安装	
30		板式高压球阀	2	DN15,35MPa	
29		调速阀	2	DN16	
28		电子压力开关	1	1个开关量，DC24V，0-400bar，带接头	
27		电液换向阀	1	DN16,DC24V,带插头及指示灯	
26		减压阀	1	DN20,0～315bar	
25		三通减压阀	1	DN10	
24		3DR减压阀冲洗盖	2	带安装螺钉及密封圈	
23		三通比例减压阀	1	DN10,内置放大器,0～10V输入	
22		蓄能器安全阀组	1	DN32	
21		蓄能器	1	10L	
20		单向阀	2	DN25	
19		3DR减压阀冲洗盖	1	带安装螺钉及密封圈	
18		三通减压阀	1	DN16	
17		伺服阀冲洗盖板	4	带安装螺钉及密封圈	
16		伺服阀安装用螺钉	16	成套供货	
15		板式节流阀	2	DN12	
14		叠加式溢流阀	2	DN10,0～200bar	
13		电磁换向阀	5	DN10,DC24V,带插头及指示灯	
12		测压接头	28	G1/4",40MPa	
11		整流叠加板	6	DN16	
10		调速阀	4	DN16	
9		叠加式减压阀	2	DN10	
8		溢流阀	11	DN6	
7		压力传感器	4	0-40MPa，输出4-20mA，带插头SCK-145	
6		电磁换向阀	2	DN6,DC24V,带插头及指示灯	
5		伺服阀	4	90l/min@7MPa,±10mA	
4		液控单向阀	19	DN30,35MPa	
3		单向阀	1	DN32	
2		止回阀	1	DN65,1.6MPa,开启压力0.5bar	
1		高压球阀	1	DN50,35MPa	

明细表

机组	冷连轧机组
区域	轧机伺服液压系统
名称	弯辊及窜辊控制阀台原理图（4）
图号	8/8

第 11 章　连续热镀锌液压系统原理图

11.1 入口液压系统

11.1.1 泵站原理图

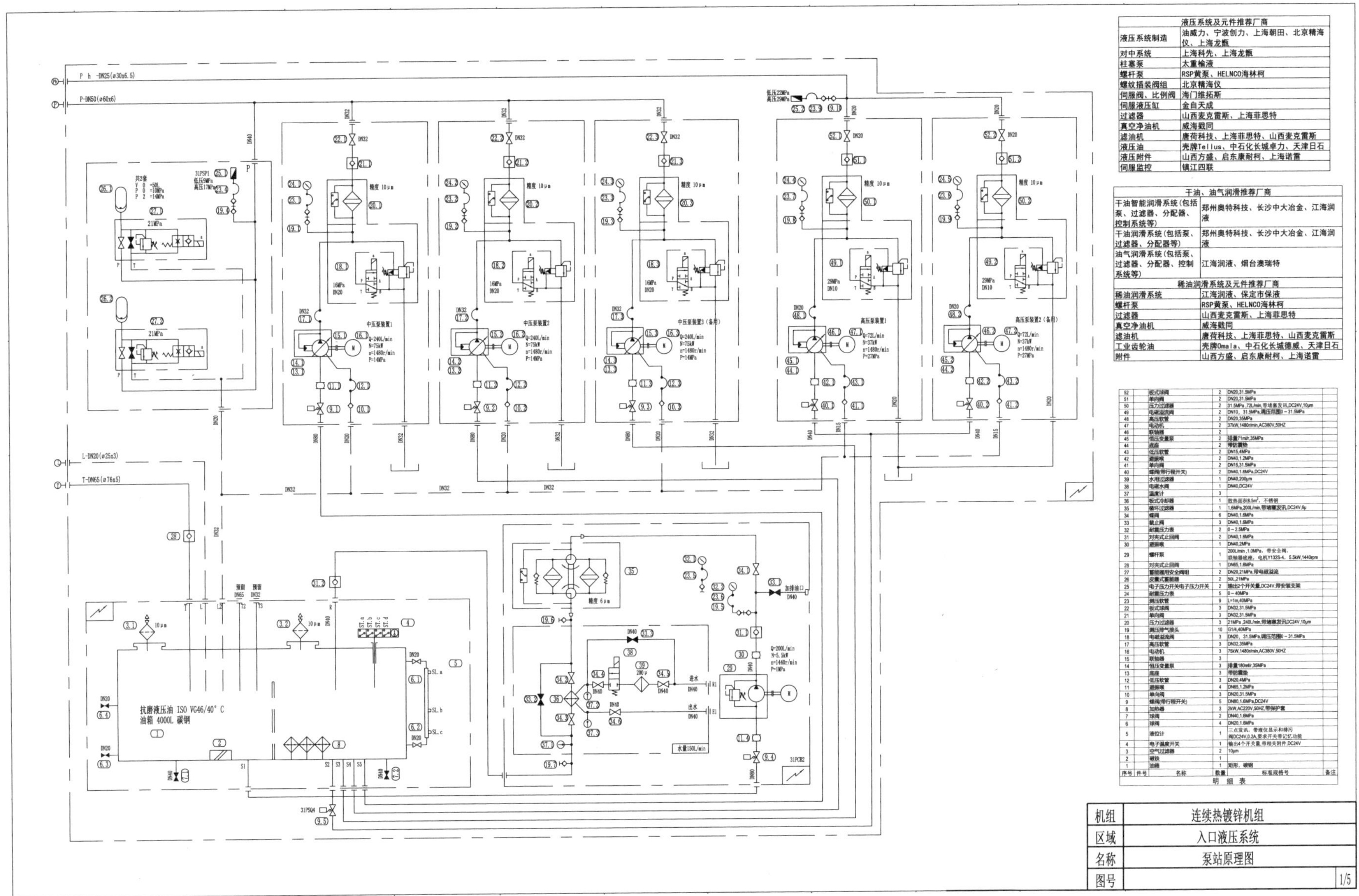

11.1.2 阀台 VS1 原理图

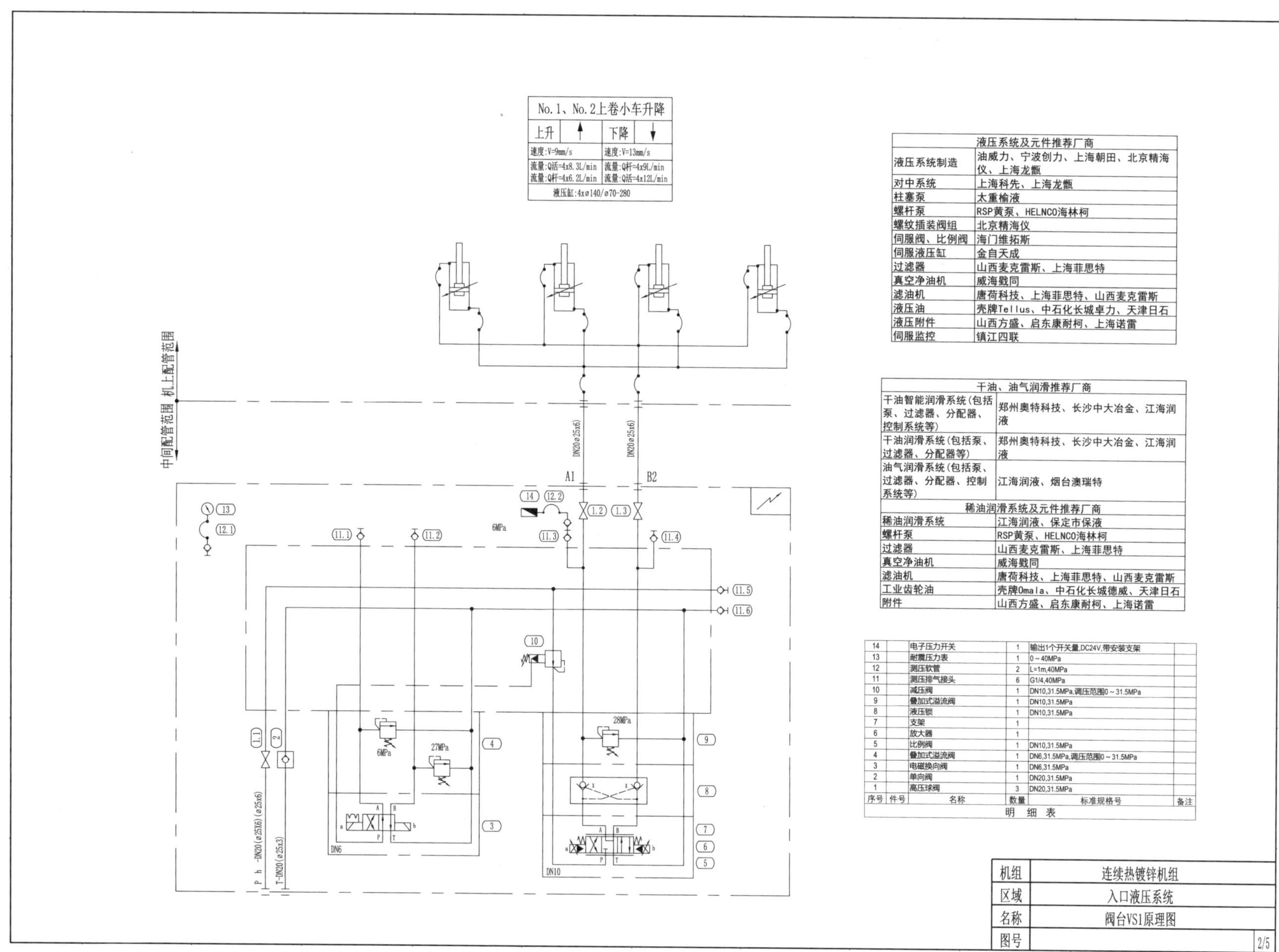

液压系统及元件推荐厂商	
液压系统制造	油威力、宁波创力、上海朝田、北京精海仪、上海龙甑
对中系统	上海科先、上海龙甑
柱塞泵	太重榆液
螺杆泵	RSP黄泵、HELNCO海林柯
螺纹插装阀组	北京精海仪
伺服阀、比例阀	海门维拓斯
伺服液压缸	金自天成
过滤器	山西麦克雷斯、上海菲思特
真空净油机	威海戥同
滤油机	唐荷科技、上海菲思特、山西麦克雷斯
液压油	壳牌Tellus、中石化长城卓力、天津日石
液压附件	山西方盛、启东康耐柯、上海诺雷
伺服监控	镇江四联

干油、油气润滑推荐厂商	
干油智能润滑系统(包括泵、过滤器、分配器、控制系统等)	郑州奥特科技、长沙中大冶金、江海润液
干油润滑系统(包括泵、过滤器、分配器等)	郑州奥特科技、长沙中大冶金、江海润液
油气润滑系统(包括泵、过滤器、分配器、控制系统等)	江海润液、烟台澳瑞特
稀油润滑系统及元件推荐厂商	
稀油润滑系统	江海润液、保定市保液
螺杆泵	RSP黄泵、HELNCO海林柯
过滤器	山西麦克雷斯、上海菲思特
真空净油机	威海戥同
滤油机	唐荷科技、上海菲思特、山西麦克雷斯
工业齿轮油	壳牌Omala、中石化长城德威、天津日石
附件	山西方盛、启东康耐柯、上海诺雷

序号	件号	名称	数量	标准规格号	备注
14		电子压力开关	1	输出1个开关量,DC24V,带安装支架	
13		耐震压力表	1	0～40MPa	
12		测压软管	2	L=1m,40MPa	
11		测压排气接头	6	G1/4,40MPa	
10		减压阀	1	DN10,31.5MPa,调压范围0～31.5MPa	
9		叠加式溢流阀	1	DN10,31.5MPa	
8		液压锁	1	DN10,31.5MPa	
7		支架	1		
6		放大器	1		
5		比例阀	1	DN10,31.5MPa	
4		叠加式溢流阀	1	DN6,31.5MPa,调压范围0～31.5MPa	
3		电磁换向阀	1	DN6,31.5MPa	
2		单向阀	1	DN20,31.5MPa	
1		高压球阀	3	DN20,31.5MPa	

明 细 表

机组	连续热镀锌机组
区域	入口液压系统
名称	阀台VS1原理图
图号	2/5

11.1.3 阀台 VS2 原理图

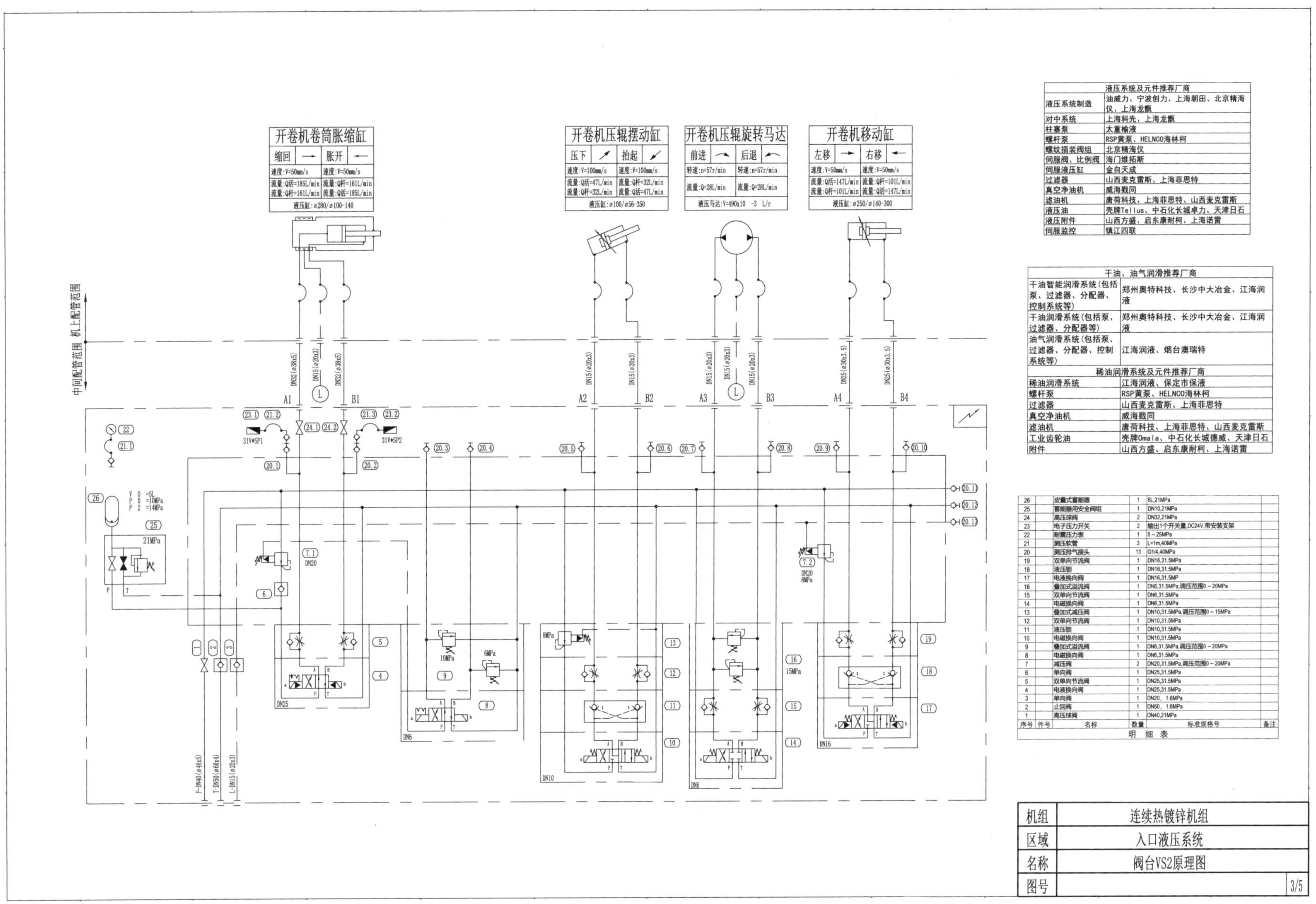

液压系统及元件推荐厂商	
液压系统制造	油威力、宁波创力、上海朝田、北京精海仪、上海龙甑
对中系统	上海科先、上海龙甑
柱塞泵	太重榆液
螺杆泵	RSP黄泵、HELNCO海林柯
螺纹插装阀组	北京精海仪
伺服阀、比例阀	海门维拓斯
伺服液压缸	金自天成
过滤器	山西麦克雷斯、上海菲思特
真空净油机	威海戥同
滤油机	唐荷科技、上海菲思特、山西麦克雷斯
液压油	壳牌Tellus、中石化长城卓力、天津日石
液压附件	山西方盛、启东康耐柯、上海诺雷
伺服监控	镇江四联

干油、油气润滑推荐厂商	
干油智能润滑系统(包括泵、过滤器、分配器、控制系统等)	郑州奥特科技、长沙中大冶金、江海润液
干油润滑系统(包括泵、过滤器、分配器等)	郑州奥特科技、长沙中大冶金、江海润液
油气润滑系统(包括泵、过滤器、分配器、控制系统等)	江海润液、烟台澳瑞特
稀油润滑系统及元件推荐厂商	
稀油润滑系统	江海润液、保定市保液
螺杆泵	RSP黄泵、HELNCO海林柯
过滤器	山西麦克雷斯、上海菲思特
真空净油机	威海戥同
滤油机	唐荷科技、上海菲思特、山西麦克雷斯
工业齿轮油	壳牌Omala、中石化长城德威、天津日石
附件	山西方盛、启东康耐柯、上海诺雷

序号	件号	名称	数量	标准规格号	备注
26		皮囊式蓄能器	1	5L,21MPa	
25		蓄能器用安全阀组	1	DN10,21MPa	
24		高压球阀	2	DN32,21MPa	
23		电子压力开关	2	输出1个开关量,DC24V,带安装支架	
22		耐震压力表	1	0～25MPa	
21		测压软管	3	L=1m,40MPa	
20		测压排气接头	13	G1/4,40MPa	
19		双单向节流阀	1	DN16,31.5MPa	
18		液压锁	1	DN16,31.5MPa	
17		电液换向阀	1	DN16,31.5MP	
16		叠加式溢流阀	1	DN6,31.5MPa,调压范围0～20MPa	
15		双单向节流阀	1	DN6,31.5MPa	
14		电磁换向阀	1	DN6,31.5MPa	
13		叠加式减压阀	1	DN10,31.5MPa,调压范围0～15MPa	
12		双单向节流阀	1	DN10,31.5MPa	
11		液压锁	1	DN10,31.5MPa	
10		电磁换向阀	1	DN10,31.5MPa	
9		叠加式溢流阀	1	DN6,31.5MPa,调压范围0～20MPa	
8		电磁换向阀	1	DN6,31.5MPa	
7		减压阀	2	DN20,31.5MPa,调压范围0～20MPa	
6		单向阀	1	DN25,31.5MPa	
5		双单向节流阀	1	DN25,31.5MPa	
4		电液换向阀	1	DN25,31.5MPa	
3		单向阀	1	DN20，1.6MPa	
2		止回阀	1	DN50，1.6MPa	
1		高压球阀	1	DN40,21MPa	

明　细　表

机组	连续热镀锌机组
区域	入口液压系统
名称	阀台VS2原理图
图号	3/5

11.1.4 阀台 VS3 原理图

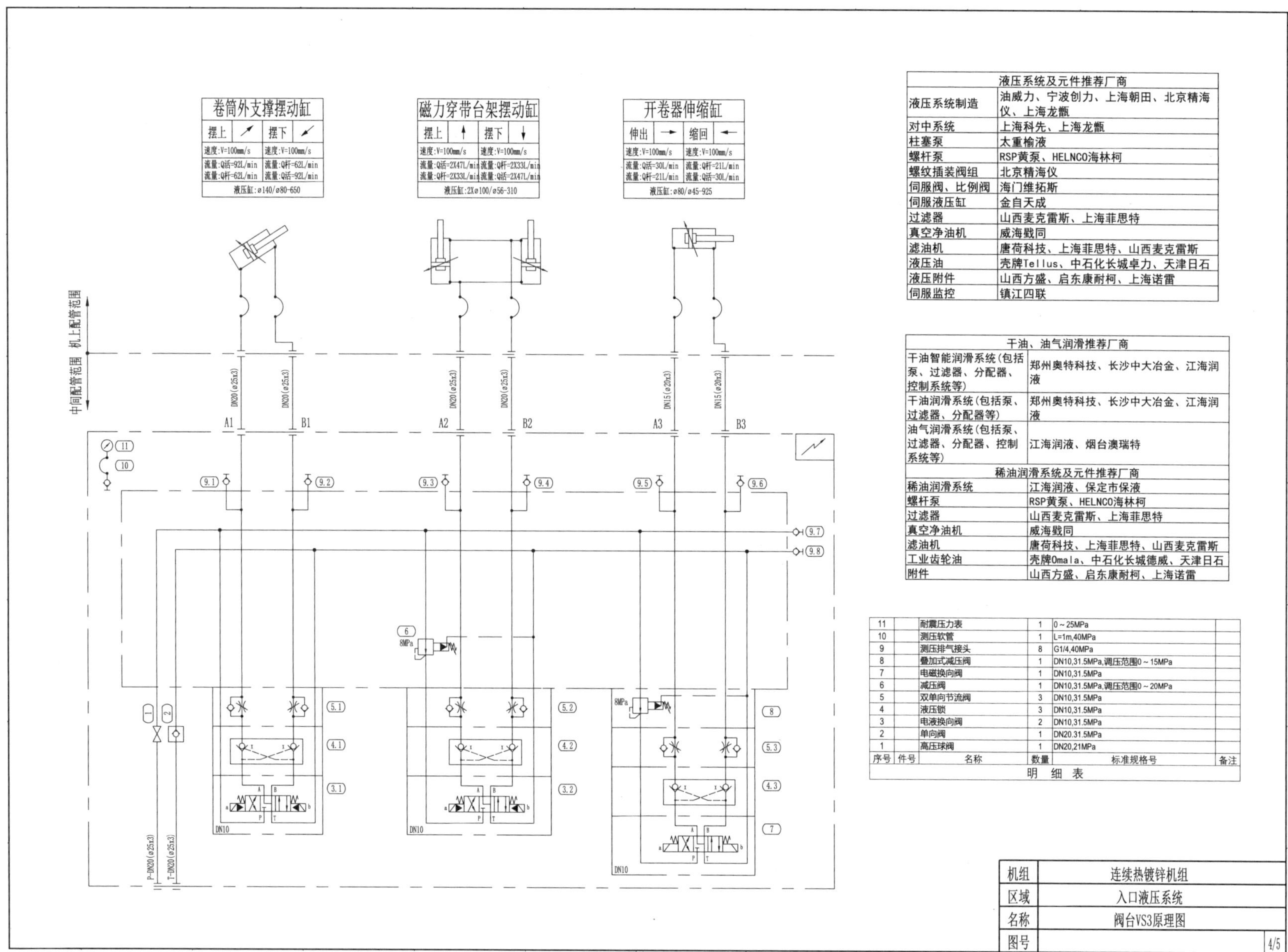

液压系统及元件推荐厂商	
液压系统制造	油威力、宁波创力、上海朝田、北京精海仪、上海龙甑
对中系统	上海科先、上海龙甑
柱塞泵	太重榆液
螺杆泵	RSP黄泵、HELNCO海林柯
螺纹插装阀组	北京精海仪
伺服阀、比例阀	海门维拓斯
伺服液压缸	金自天成
过滤器	山西麦克雷斯、上海菲思特
真空净油机	威海戬同
滤油机	唐荷科技、上海菲思特、山西麦克雷斯
液压油	壳牌Tellus、中石化长城卓力、天津日石
液压附件	山西方盛、启东康耐柯、上海诺雷
伺服监控	镇江四联

干油、油气润滑推荐厂商	
干油智能润滑系统(包括泵、过滤器、分配器、控制系统等)	郑州奥特科技、长沙中大冶金、江海润液
干油润滑系统(包括泵、过滤器、分配器等)	郑州奥特科技、长沙中大冶金、江海润液
油气润滑系统(包括泵、过滤器、分配器、控制系统等)	江海润液、烟台澳瑞特
稀油润滑系统及元件推荐厂商	
稀油润滑系统	江海润液、保定市保液
螺杆泵	RSP黄泵、HELNCO海林柯
过滤器	山西麦克雷斯、上海菲思特
真空净油机	威海戬同
滤油机	唐荷科技、上海菲思特、山西麦克雷斯
工业齿轮油	壳牌Omala、中石化长城德威、天津日石
附件	山西方盛、启东康耐柯、上海诺雷

序号	件号	名称	数量	标准规格号	备注
11		耐震压力表	1	0～25MPa	
10		测压软管	1	L=1m,40MPa	
9		测压排气接头	8	G1/4,40MPa	
8		叠加式减压阀	1	DN10,31.5MPa,调压范围0～15MPa	
7		电磁换向阀	1	DN10,31.5MPa	
6		减压阀	1	DN10,31.5MPa,调压范围0～20MPa	
5		双单向节流阀	3	DN10,31.5MPa	
4		液压锁	3	DN10,31.5MPa	
3		电液换向阀	2	DN10,31.5MPa	
2		单向阀	1	DN20.31.5MPa	
1		高压球阀	1	DN20,21MPa	

明 细 表

机组	连续热镀锌机组
区域	入口液压系统
名称	阀台VS3原理图
图号	4/5

11.1.5 阀台 VS4 原理图

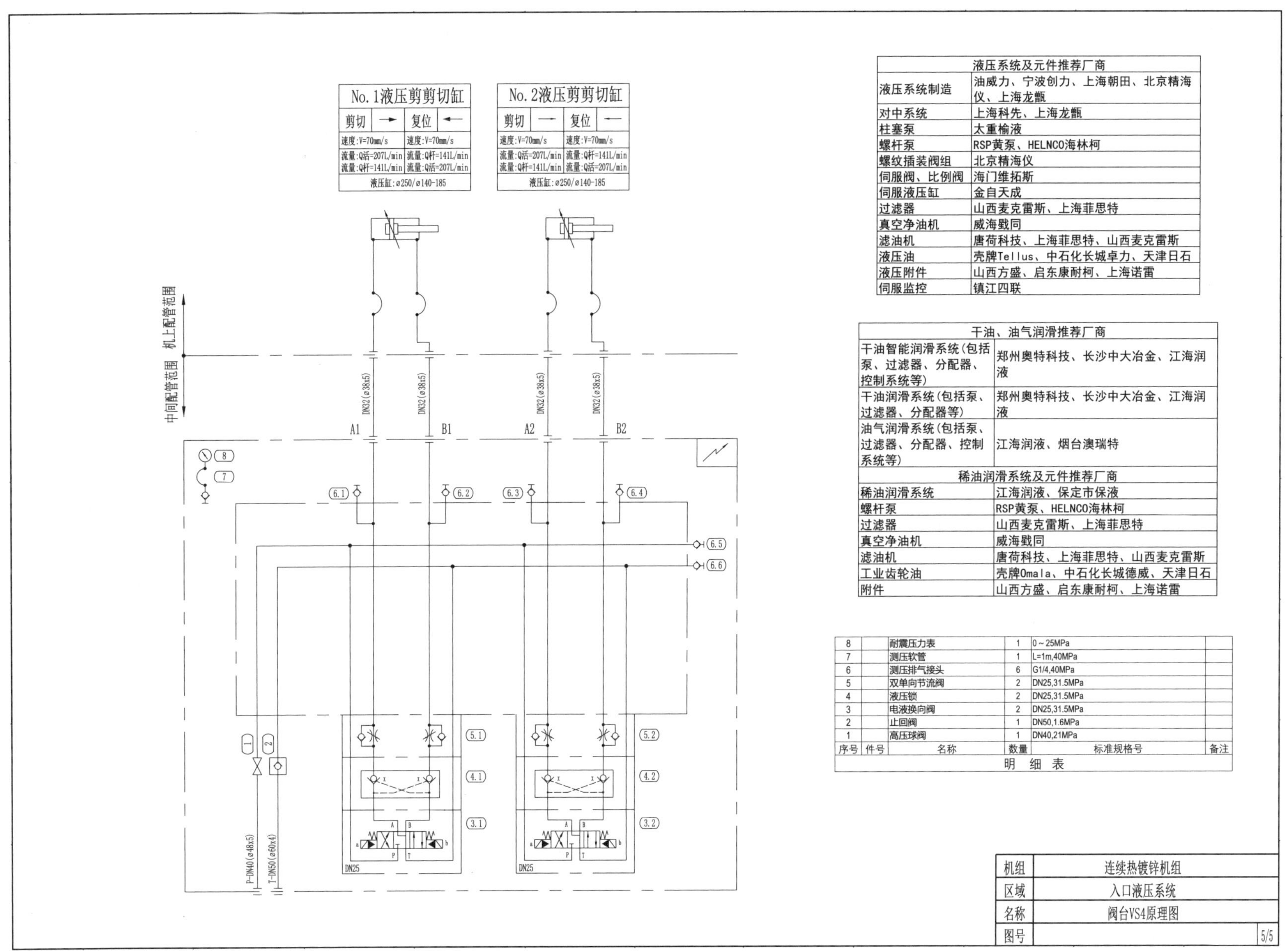

液压系统及元件推荐厂商	
液压系统制造	油威力、宁波创力、上海朝田、北京精海仪、上海龙甑
对中系统	上海科先、上海龙甑
柱塞泵	太重榆液
螺杆泵	RSP黄泵、HELNCO海林柯
螺纹插装阀组	北京精海仪
伺服阀、比例阀	海门维拓斯
伺服液压缸	金自天成
过滤器	山西麦克雷斯、上海菲思特
真空净油机	威海戥同
滤油机	唐荷科技、上海菲思特、山西麦克雷斯
液压油	壳牌Tellus、中石化长城卓力、天津日石
液压附件	山西方盛、启东康耐柯、上海诺雷
伺服监控	镇江四联

干油、油气润滑推荐厂商	
干油智能润滑系统(包括泵、过滤器、分配器、控制系统等)	郑州奥特科技、长沙中大冶金、江海润液
干油润滑系统(包括泵、过滤器、分配器等)	郑州奥特科技、长沙中大冶金、江海润液
油气润滑系统(包括泵、过滤器、分配器、控制系统等)	江海润液、烟台澳瑞特
稀油润滑系统及元件推荐厂商	
稀油润滑系统	江海润液、保定市保液
螺杆泵	RSP黄泵、HELNCO海林柯
过滤器	山西麦克雷斯、上海菲思特
真空净油机	威海戥同
滤油机	唐荷科技、上海菲思特、山西麦克雷斯
工业齿轮油	壳牌Omala、中石化长城德威、天津日石
附件	山西方盛、启东康耐柯、上海诺雷

序号	件号	名称	数量	标准规格号	备注
8		耐震压力表	1	0～25MPa	
7		测压软管	1	L=1m,40MPa	
6		测压排气接头	6	G1/4,40MPa	
5		双单向节流阀	2	DN25,31.5MPa	
4		液压锁	2	DN25,31.5MPa	
3		电液换向阀	2	DN25,31.5MPa	
2		止回阀	1	DN50,1.6MPa	
1		高压球阀	1	DN40,21MPa	

明　细　表

机组	连续热镀锌机组
区域	入口液压系统
名称	阀台VS4原理图
图号	5/5

11.2 出口液压系统

11.2.1 泵站原理图

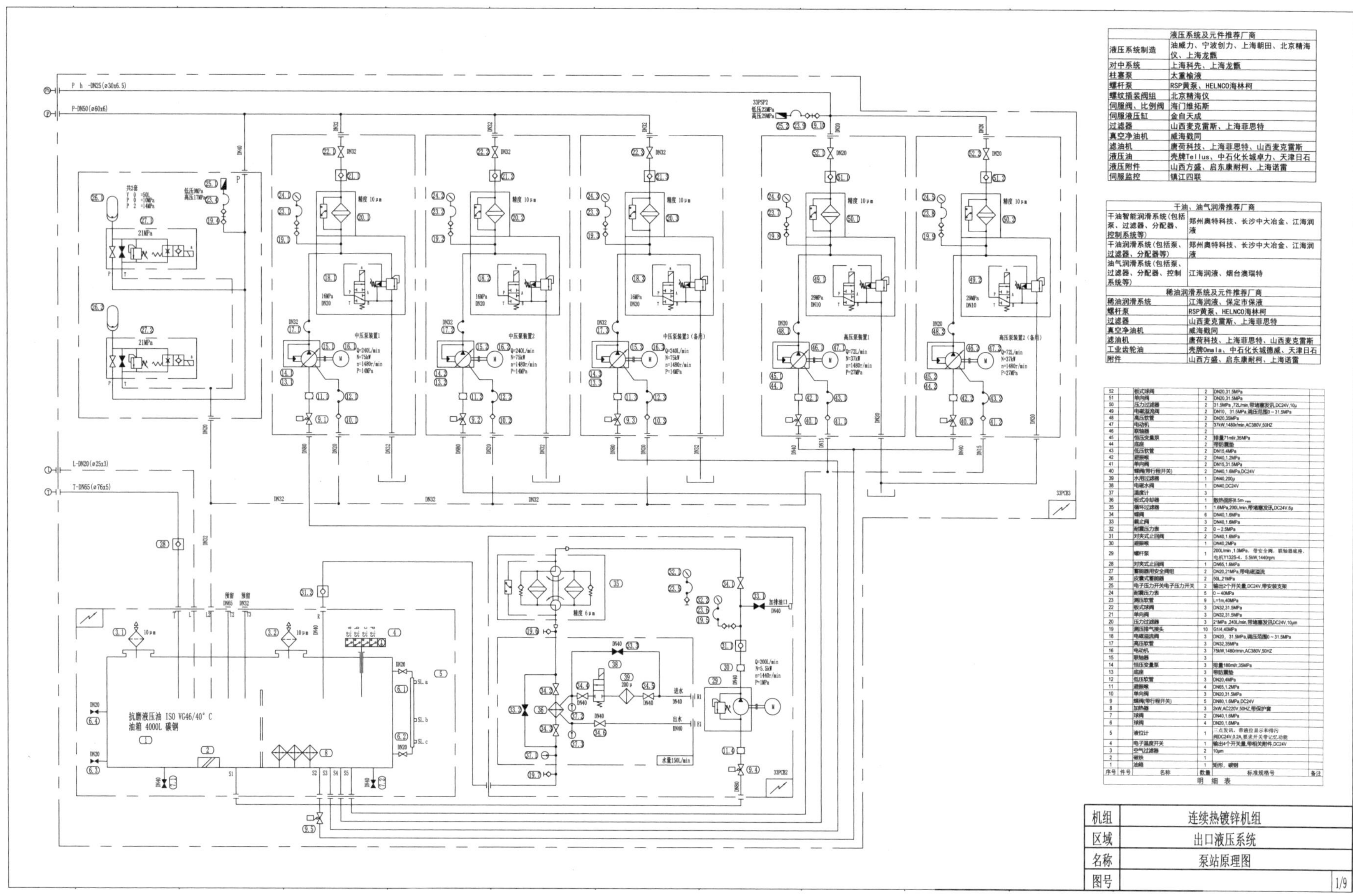

11.2.2 阀台 VS1 原理图（1）

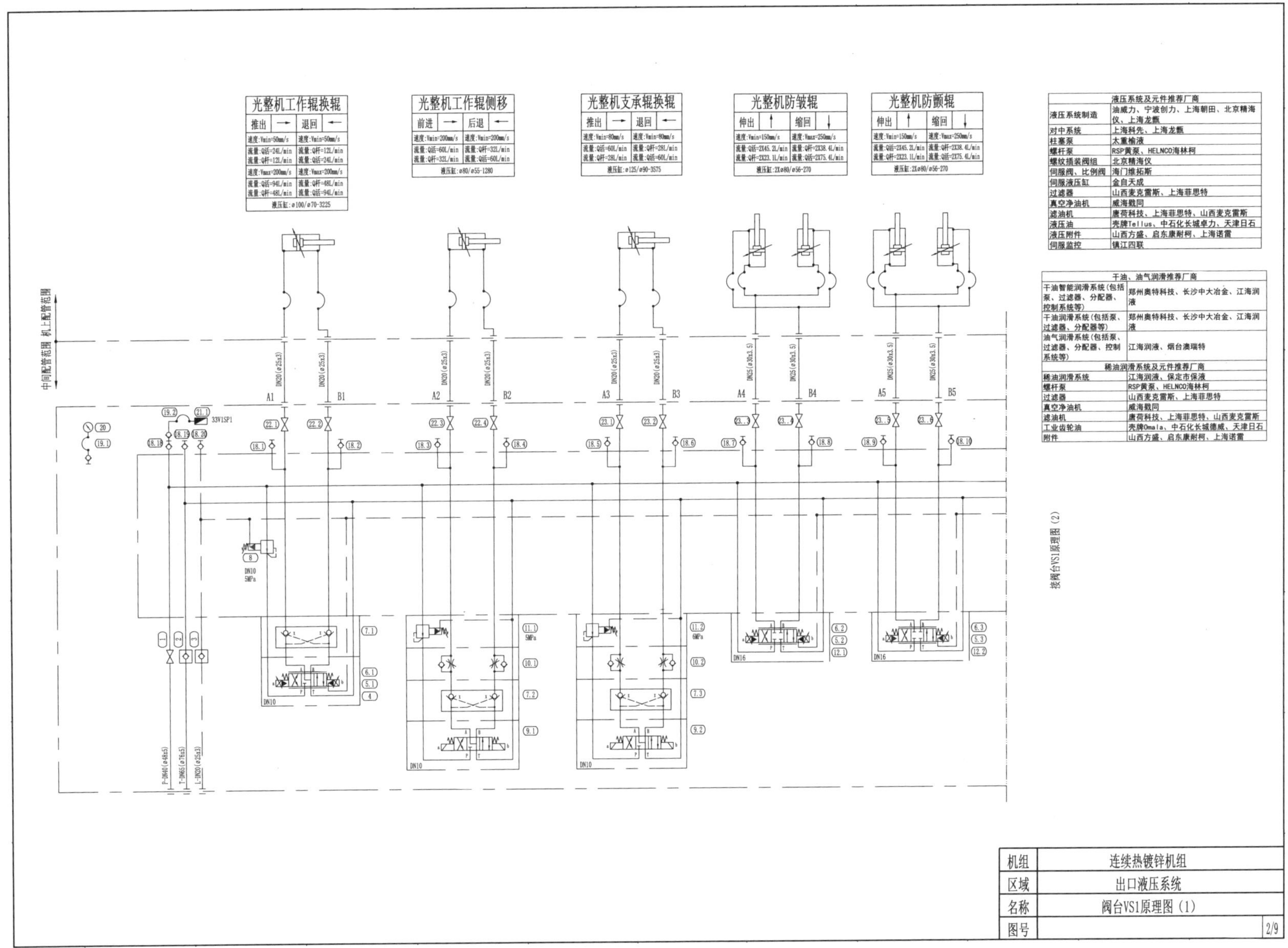

液压系统及元件推荐厂商	
液压系统制造	油威力、宁波创力、上海朝田、北京精海仪、上海龙甑
对中系统	上海科先、上海龙甑
柱塞泵	太重榆液
螺杆泵	RSP黄泵、HELNCO海林柯
螺纹插装阀组	北京精海仪
伺服阀、比例阀	海门维拓斯
伺服液压缸	金自天成
过滤器	山西麦克雷斯、上海菲思特
真空净油机	威海戥同
滤油机	唐荷科技、上海菲思特、山西麦克雷斯
液压油	壳牌Tellus、中石化长城卓力、天津日石
液压附件	山西方盛、启东康耐柯、上海诺雷
伺服监控	镇江四联

干油、油气润滑推荐厂商	
干油智能润滑系统(包括泵、过滤器、分配器、控制系统等)	郑州奥特科技、长沙中大冶金、江海润液
干油润滑系统(包括泵、过滤器、分配器等)	郑州奥特科技、长沙中大冶金、江海润液
油气润滑系统(包括泵、过滤器、分配器、控制系统等)	江海润液、烟台澳瑞特
稀油润滑系统及元件推荐厂商	
稀油润滑系统	江海润液、保定市保液
螺杆泵	RSP黄泵、HELNCO海林柯
过滤器	山西麦克雷斯、上海菲思特
真空净油机	威海戥同
滤油机	唐荷科技、上海菲思特、山西麦克雷斯
工业齿轮油	壳牌Omala、中石化长城德威、天津日石
附件	山西方盛、启东康耐柯、上海诺雷

机组	连续热镀锌机组
区域	出口液压系统
名称	阀台VS1原理图（1）
图号	2/9

11.2.3 阀台 VS1 原理图（2）

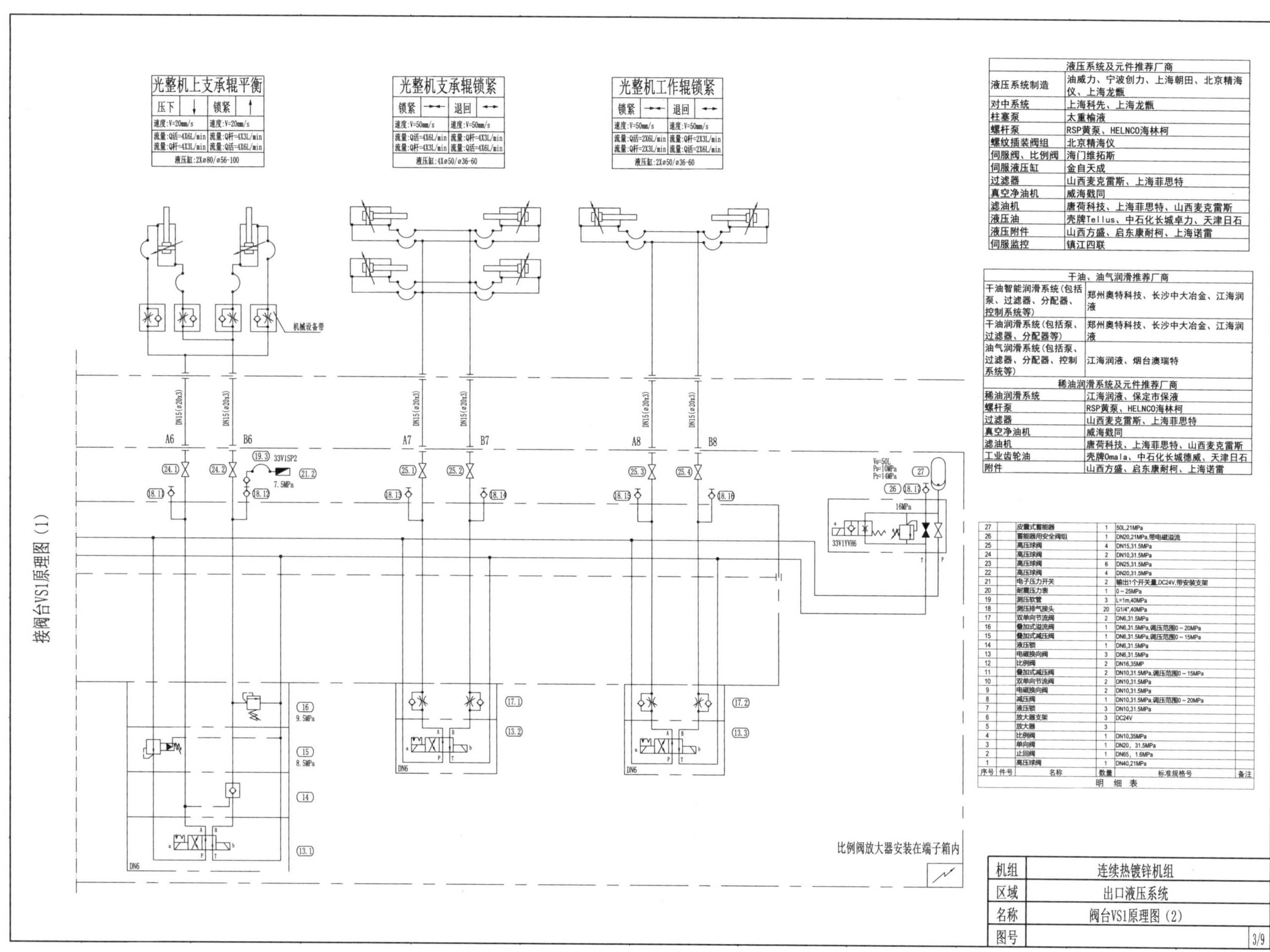

液压系统及元件推荐厂商	
液压系统制造	油威力、宁波创力、上海朝田、北京精海仪、上海龙甑
对中系统	上海科先、上海龙甑
柱塞泵	太重榆液
螺杆泵	RSP黄泵、HELNCO海林柯
螺纹插装阀组	北京精海仪
伺服阀、比例阀	海门维拓斯
伺服液压缸	金自天成
过滤器	山西麦克雷斯、上海菲思特
真空净油机	威海戥同
滤油机	唐荷科技、上海菲思特、山西麦克雷斯
液压油	壳牌Tellus、中石化长城卓力、天津日石
液压附件	山西方盛、启东康耐柯、上海诺雷
伺服监控	镇江四联

干油、油气润滑推荐厂商	
干油智能润滑系统（包括泵、过滤器、分配器、控制系统等）	郑州奥特科技、长沙中大冶金、江海润液
干油润滑系统（包括泵、过滤器、分配器等）	郑州奥特科技、长沙中大冶金、江海润液
油气润滑系统（包括泵、过滤器、分配器、控制系统等）	江海润液、烟台澳瑞特
稀油润滑系统及元件推荐厂商	
稀油润滑系统	江海润液、保定市保液
螺杆泵	RSP黄泵、HELNCO海林柯
过滤器	山西麦克雷斯、上海菲思特
真空净油机	威海戥同
滤油机	唐荷科技、上海菲思特、山西麦克雷斯
工业齿轮油	壳牌Omala、中石化长城德威、天津日石
附件	山西方盛、启东康耐柯、上海诺雷

序号	件号	名称	数量	标准规格号	备注
27		皮囊式蓄能器	1	50L,21MPa	
26		蓄能器用安全阀组	1	DN20,21MPa,带电磁溢流	
25		高压球阀	4	DN15,31.5MPa	
24		高压球阀	2	DN10,31.5MPa	
23		高压球阀	6	DN25,31.5MPa	
22		高压球阀	4	DN20,31.5MPa	
21		电子压力开关	2	输出1个开关量,DC24V,带安装支架	
20		耐震压力表	1	0～25MPa	
19		测压软管	3	L=1m,40MPa	
18		测压排气接头	20	G1/4",40MPa	
17		双单向节流阀	2	DN6,31.5MPa	
16		叠加式溢流阀	1	DN6,31.5MPa,调压范围0～20MPa	
15		叠加式减压阀	1	DN6,31.5MPa,调压范围0～15MPa	
14		液压锁	1	DN6,31.5MPa	
13		电磁换向阀	3	DN6,31.5MPa	
12		比例阀	2	DN16,35MP	
11		叠加式减压阀	2	DN10,31.5MPa,调压范围0～15MPa	
10		双单向节流阀	2	DN10,31.5MPa	
9		电磁换向阀	2	DN10,31.5MPa	
8		减压阀	1	DN10,31.5MPa,调压范围0～20MPa	
7		液压锁	3	DN10,31.5MPa	
6		放大器支架	3	DC24V	
5		放大器	3		
4		比例阀	1	DN10,35MPa	
3		单向阀	1	DN20，31.5MPa	
2		止回阀	1	DN65，1.6MPa	
1		高压球阀	1	DN40,21MPa	

明 细 表

机组	连续热镀锌机组
区域	出口液压系统
名称	阀台VS1原理图（2）
图号	3/9

11.2.4 阀台 VS2 原理图

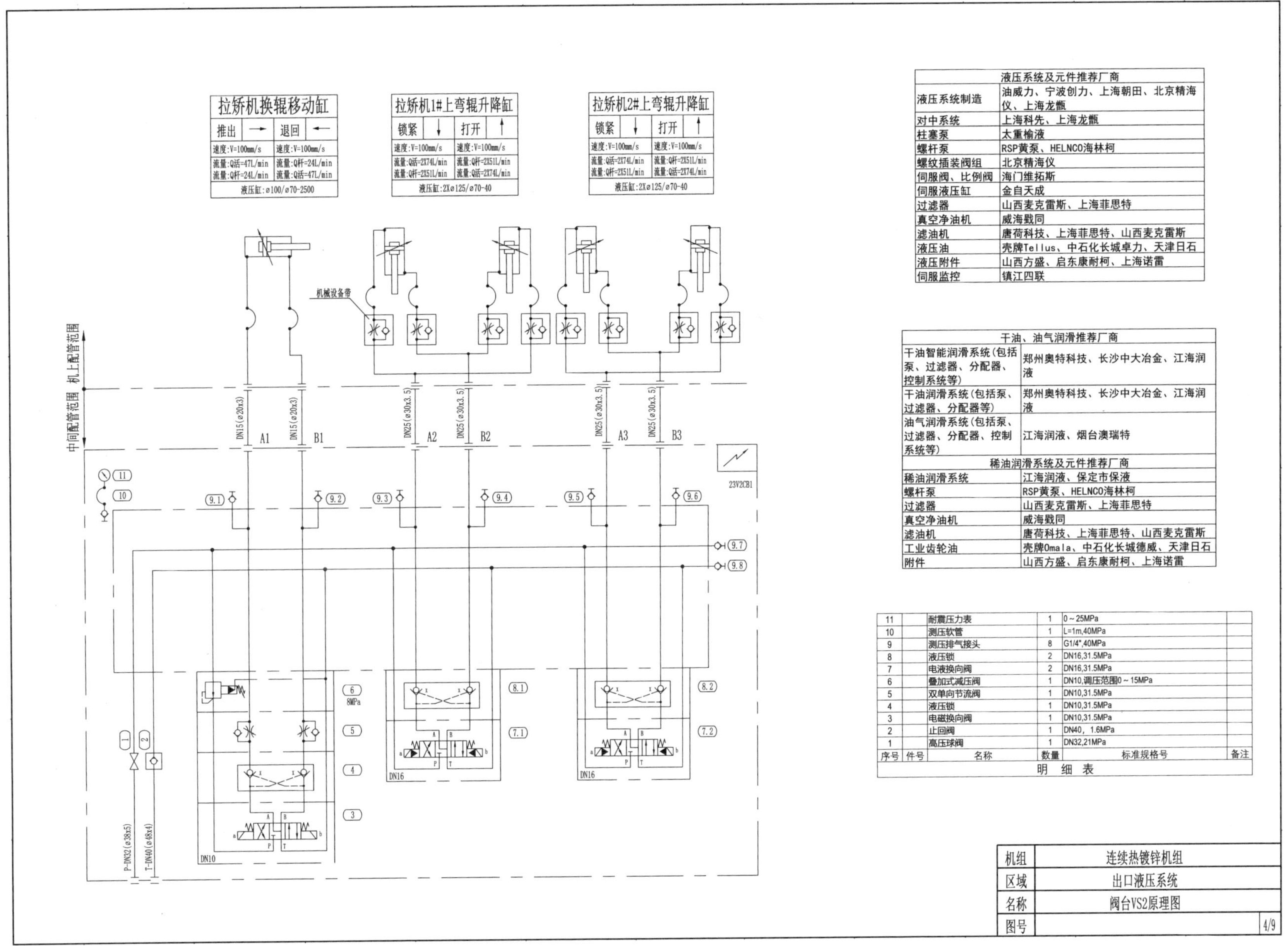

液压系统及元件推荐厂商	
液压系统制造	油威力、宁波创力、上海朝田、北京精海仪、上海龙甑
对中系统	上海科先、上海龙甑
柱塞泵	太重榆液
螺杆泵	RSP黄泵、HELNCO海林柯
螺纹插装阀组	北京精海仪
伺服阀、比例阀	海门维拓斯
伺服液压缸	金自天成
过滤器	山西麦克雷斯、上海菲思特
真空净油机	威海戳同
滤油机	唐荷科技、上海菲思特、山西麦克雷斯
液压油	壳牌Tellus、中石化长城卓力、天津日石
液压附件	山西方盛、启东康耐柯、上海诺雷
伺服监控	镇江四联

干油、油气润滑推荐厂商	
干油智能润滑系统(包括泵、过滤器、分配器、控制系统等)	郑州奥特科技、长沙中大冶金、江海润液
干油润滑系统(包括泵、过滤器、分配器等)	郑州奥特科技、长沙中大冶金、江海润液
油气润滑系统(包括泵、过滤器、分配器、控制系统等)	江海润液、烟台澳瑞特
稀油润滑系统及元件推荐厂商	
稀油润滑系统	江海润液、保定市保液
螺杆泵	RSP黄泵、HELNCO海林柯
过滤器	山西麦克雷斯、上海菲思特
真空净油机	威海戳同
滤油机	唐荷科技、上海菲思特、山西麦克雷斯
工业齿轮油	壳牌Omala、中石化长城德威、天津日石
附件	山西方盛、启东康耐柯、上海诺雷

序号	件号	名称	数量	标准规格号	备注
11		耐震压力表	1	0～25MPa	
10		测压软管	1	L=1m,40MPa	
9		测压排气接头	8	G1/4",40MPa	
8		液压锁	2	DN16,31.5MPa	
7		电液换向阀	2	DN16,31.5MPa	
6		叠加式减压阀	1	DN10,调压范围0～15MPa	
5		双单向节流阀	1	DN10,31.5MPa	
4		液压锁	1	DN10,31.5MPa	
3		电磁换向阀	1	DN10,31.5MPa	
2		止回阀	1	DN40，1.6MPa	
1		高压球阀	1	DN32,21MPa	
明　细　表					

机组	连续热镀锌机组
区域	出口液压系统
名称	阀台VS2原理图
图号	4/9

11.2.5 阀台 VS3 原理图

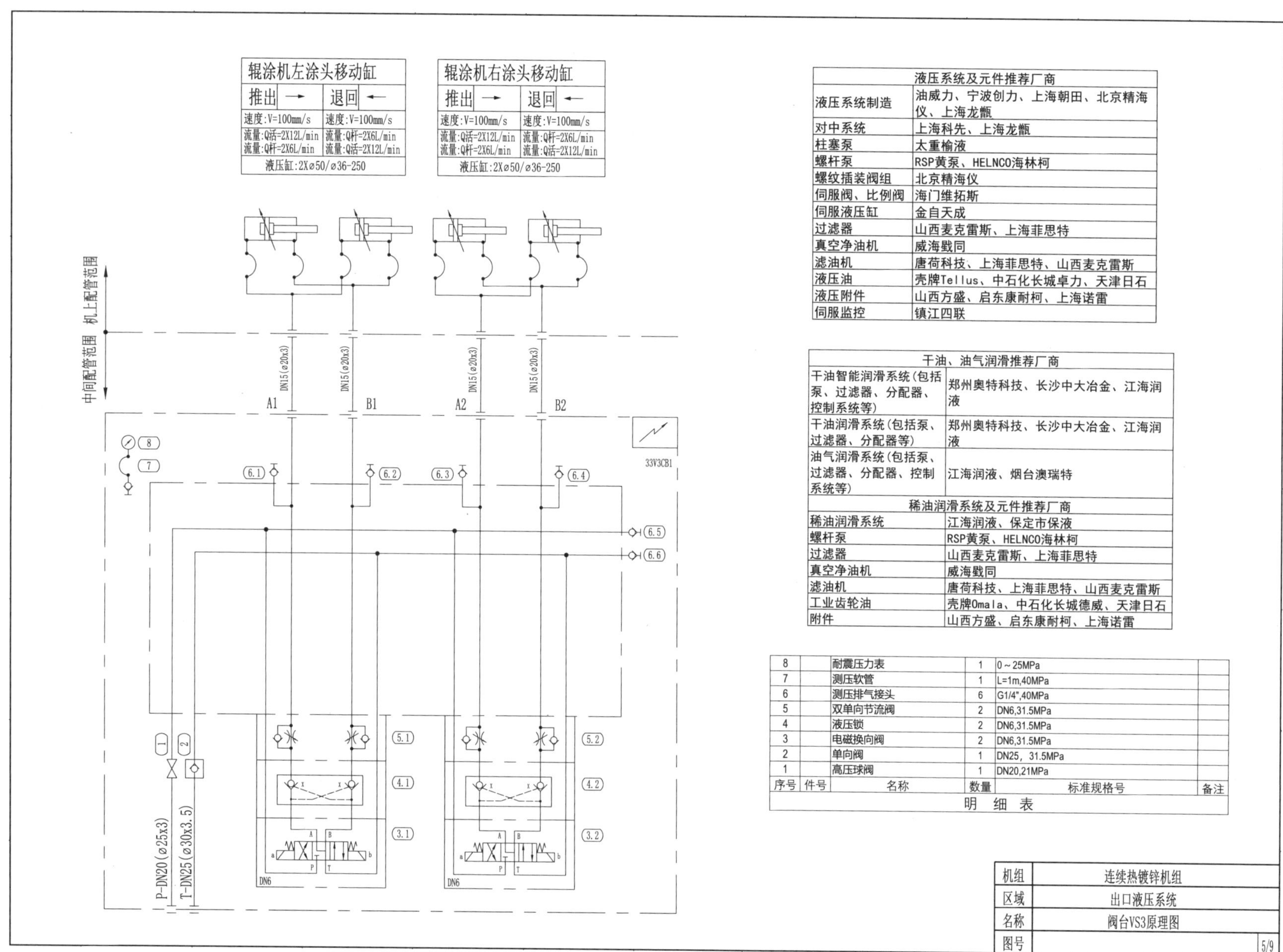

液压系统及元件推荐厂商	
液压系统制造	油威力、宁波创力、上海朝田、北京精海仪、上海龙甑
对中系统	上海科先、上海龙甑
柱塞泵	太重榆液
螺杆泵	RSP黄泵、HELNCO海林柯
螺纹插装阀组	北京精海仪
伺服阀、比例阀	海门维拓斯
伺服液压缸	金自天成
过滤器	山西麦克雷斯、上海菲思特
真空净油机	威海戥同
滤油机	唐荷科技、上海菲思特、山西麦克雷斯
液压油	壳牌Tellus、中石化长城卓力、天津日石
液压附件	山西方盛、启东康耐柯、上海诺雷
伺服监控	镇江四联

干油、油气润滑推荐厂商	
干油智能润滑系统(包括泵、过滤器、分配器、控制系统等)	郑州奥特科技、长沙中大冶金、江海润液
干油润滑系统(包括泵、过滤器、分配器等)	郑州奥特科技、长沙中大冶金、江海润液
油气润滑系统(包括泵、过滤器、分配器、控制系统等)	江海润液、烟台澳瑞特
稀油润滑系统及元件推荐厂商	
稀油润滑系统	江海润液、保定市保液
螺杆泵	RSP黄泵、HELNCO海林柯
过滤器	山西麦克雷斯、上海菲思特
真空净油机	威海戥同
滤油机	唐荷科技、上海菲思特、山西麦克雷斯
工业齿轮油	壳牌Omala、中石化长城德威、天津日石
附件	山西方盛、启东康耐柯、上海诺雷

序号	件号	名称	数量	标准规格号	备注
8		耐震压力表	1	0～25MPa	
7		测压软管	1	L=1m,40MPa	
6		测压排气接头	6	G1/4",40MPa	
5		双单向节流阀	2	DN6,31.5MPa	
4		液压锁	2	DN6,31.5MPa	
3		电磁换向阀	2	DN6,31.5MPa	
2		单向阀	1	DN25, 31.5MPa	
1		高压球阀	1	DN20,21MPa	

明 细 表

机组	连续热镀锌机组
区域	出口液压系统
名称	阀台VS3原理图
图号	5/9

11.2.6 阀台 VS4 原理图

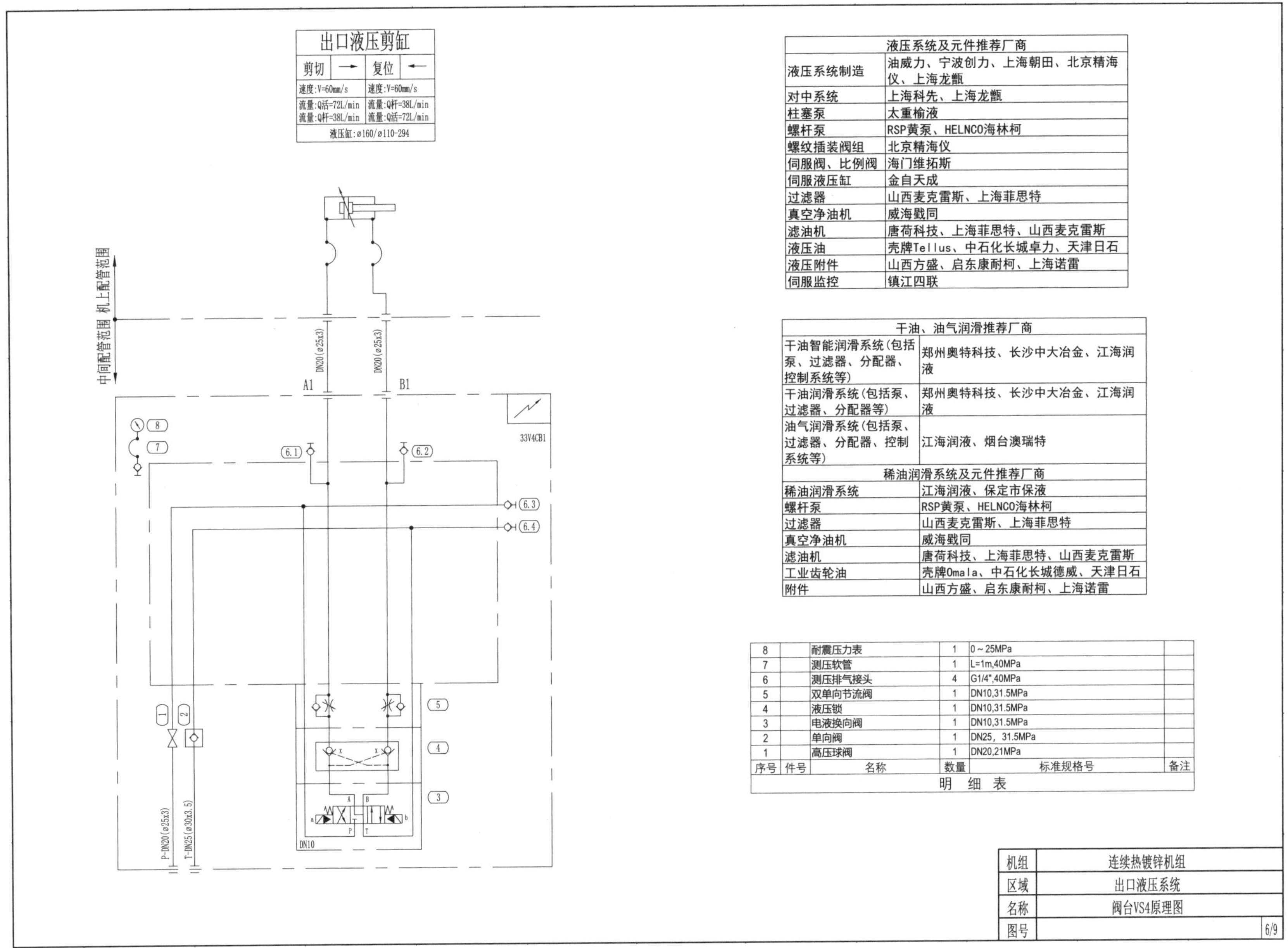

出口液压剪缸			
剪切	→	复位	←
速度:V=60mm/s		速度:V=60mm/s	
流量:Q活=72L/min 流量:Q杆=38L/min		流量:Q杆=38L/min 流量:Q活=72L/min	
液压缸:⌀160/⌀110-294			

液压系统及元件推荐厂商	
液压系统制造	油威力、宁波创力、上海朝田、北京精海仪、上海龙甑
对中系统	上海科先、上海龙甑
柱塞泵	太重榆液
螺杆泵	RSP黄泵、HELNCO海林柯
螺纹插装阀组	北京精海仪
伺服阀、比例阀	海门维拓斯
伺服液压缸	金自天成
过滤器	山西麦克雷斯、上海菲思特
真空净油机	威海戢同
滤油机	唐荷科技、上海菲思特、山西麦克雷斯
液压油	壳牌Tellus、中石化长城卓力、天津日石
液压附件	山西方盛、启东康耐柯、上海诺雷
伺服监控	镇江四联

干油、油气润滑推荐厂商	
干油智能润滑系统(包括泵、过滤器、分配器、控制系统等)	郑州奥特科技、长沙中大冶金、江海润液
干油润滑系统(包括泵、过滤器、分配器等)	郑州奥特科技、长沙中大冶金、江海润液
油气润滑系统(包括泵、过滤器、分配器、控制系统等)	江海润液、烟台澳瑞特
稀油润滑系统及元件推荐厂商	
稀油润滑系统	江海润液、保定市保液
螺杆泵	RSP黄泵、HELNCO海林柯
过滤器	山西麦克雷斯、上海菲思特
真空净油机	威海戢同
滤油机	唐荷科技、上海菲思特、山西麦克雷斯
工业齿轮油	壳牌Omala、中石化长城德威、天津日石
附件	山西方盛、启东康耐柯、上海诺雷

8		耐震压力表	1	0～25MPa	
7		测压软管	1	L=1m,40MPa	
6		测压排气接头	4	G1/4",40MPa	
5		双单向节流阀	1	DN10,31.5MPa	
4		液压锁	1	DN10,31.5MPa	
3		电液换向阀	1	DN10,31.5MPa	
2		单向阀	1	DN25，31.5MPa	
1		高压球阀	1	DN20,21MPa	
序号	件号	名称	数量	标准规格号	备注
明　细　表					

机组	连续热镀锌机组	
区域	出口液压系统	
名称	阀台VS4原理图	
图号		6/9

11.2.7 阀台 VS5 原理图

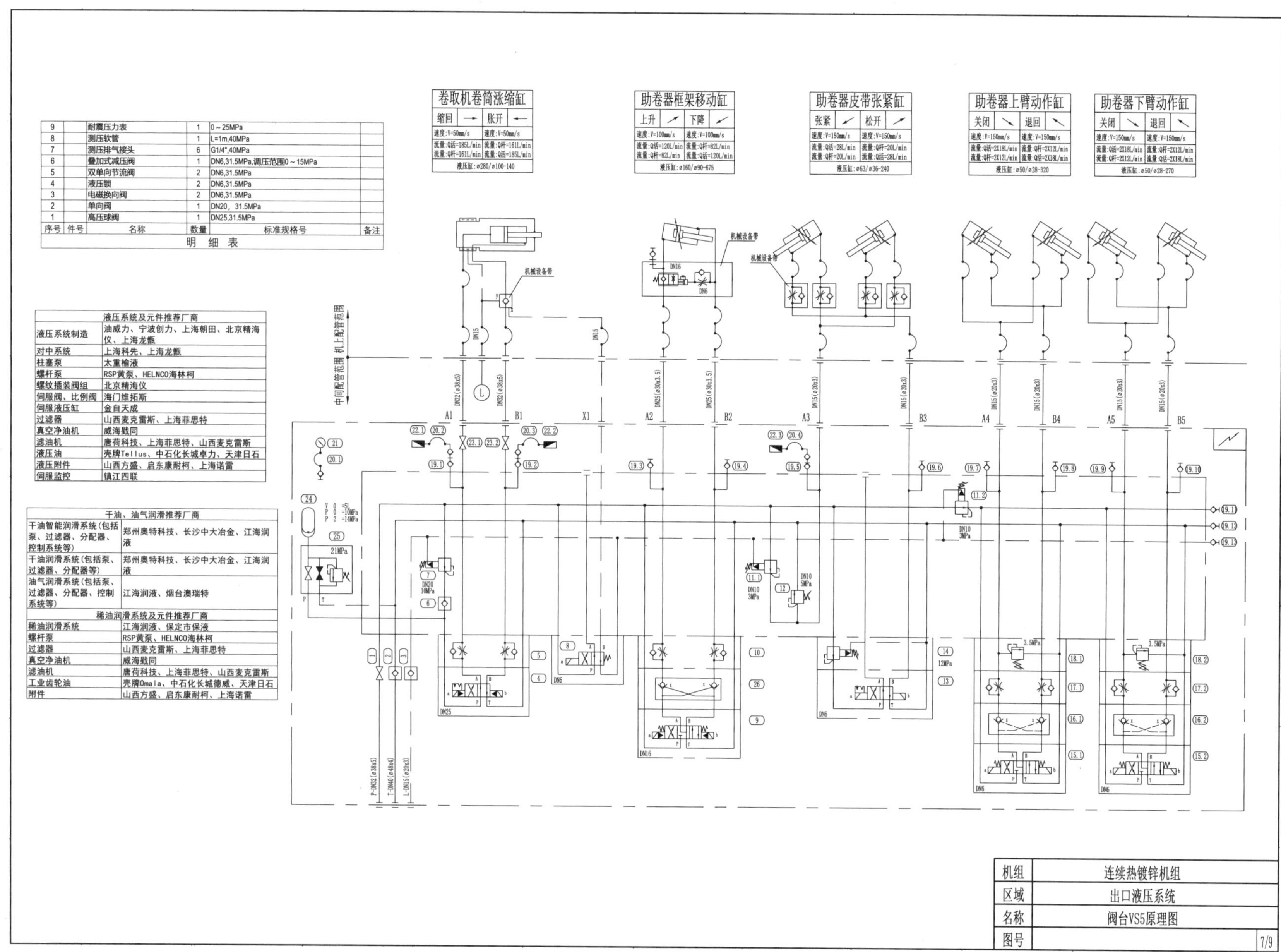

序号	件号	名称	数量	标准规格号	备注
9		耐震压力表	1	0～25MPa	
8		测压软管	1	L=1m,40MPa	
7		测压排气接头	6	G1/4",40MPa	
6		叠加式减压阀	1	DN6,31.5MPa,调压范围0～15MPa	
5		双单向节流阀	2	DN6,31.5MPa	
4		液压锁	2	DN6,31.5MPa	
3		电磁换向阀	2	DN6,31.5MPa	
2		单向阀	1	DN20，31.5MPa	
1		高压球阀	1	DN25,31.5MPa	

明细表

液压系统及元件推荐厂商	
液压系统制造	油威力、宁波创力、上海朝田、北京精海仪、上海龙甑
对中系统	上海科先、上海龙甑
柱塞泵	太重榆液
螺杆泵	RSP黄泵、HELNCO海林柯
螺纹插装阀组	北京精海仪
伺服阀、比例阀	海门维拓斯
伺服液压缸	金自天成
过滤器	山西麦克雷斯、上海菲思特
真空净油机	威海戳同
滤油机	唐荷科技、上海菲思特、山西麦克雷斯
液压油	壳牌Tellus、中石化长城卓力、天津日石
液压附件	山西方盛、启东康耐柯、上海诺雷
伺服监控	镇江四联

干油、油气润滑推荐厂商	
干油智能润滑系统(包括泵、过滤器、分配器、控制系统等)	郑州奥特科技、长沙中大冶金、江海润液
干油润滑系统(包括泵、过滤器、分配器等)	郑州奥特科技、长沙中大冶金、江海润液
油气润滑系统(包括泵、过滤器、分配器、控制系统等)	江海润液、烟台澳瑞特
稀油润滑系统及元件推荐厂商	
稀油润滑系统	江海润液、保定市保液
螺杆泵	RSP黄泵、HELNCO海林柯
过滤器	山西麦克雷斯、上海菲思特
真空净油机	威海戳同
滤油机	唐荷科技、上海菲思特、山西麦克雷斯
工业齿轮油	壳牌Omala、中石化长城德威、天津日石
附件	山西方盛、启东康耐柯、上海诺雷

机组	连续热镀锌机组
区域	出口液压系统
名称	阀台VS5原理图
图号	7/9

11.2.8 阀台 VS6 原理图

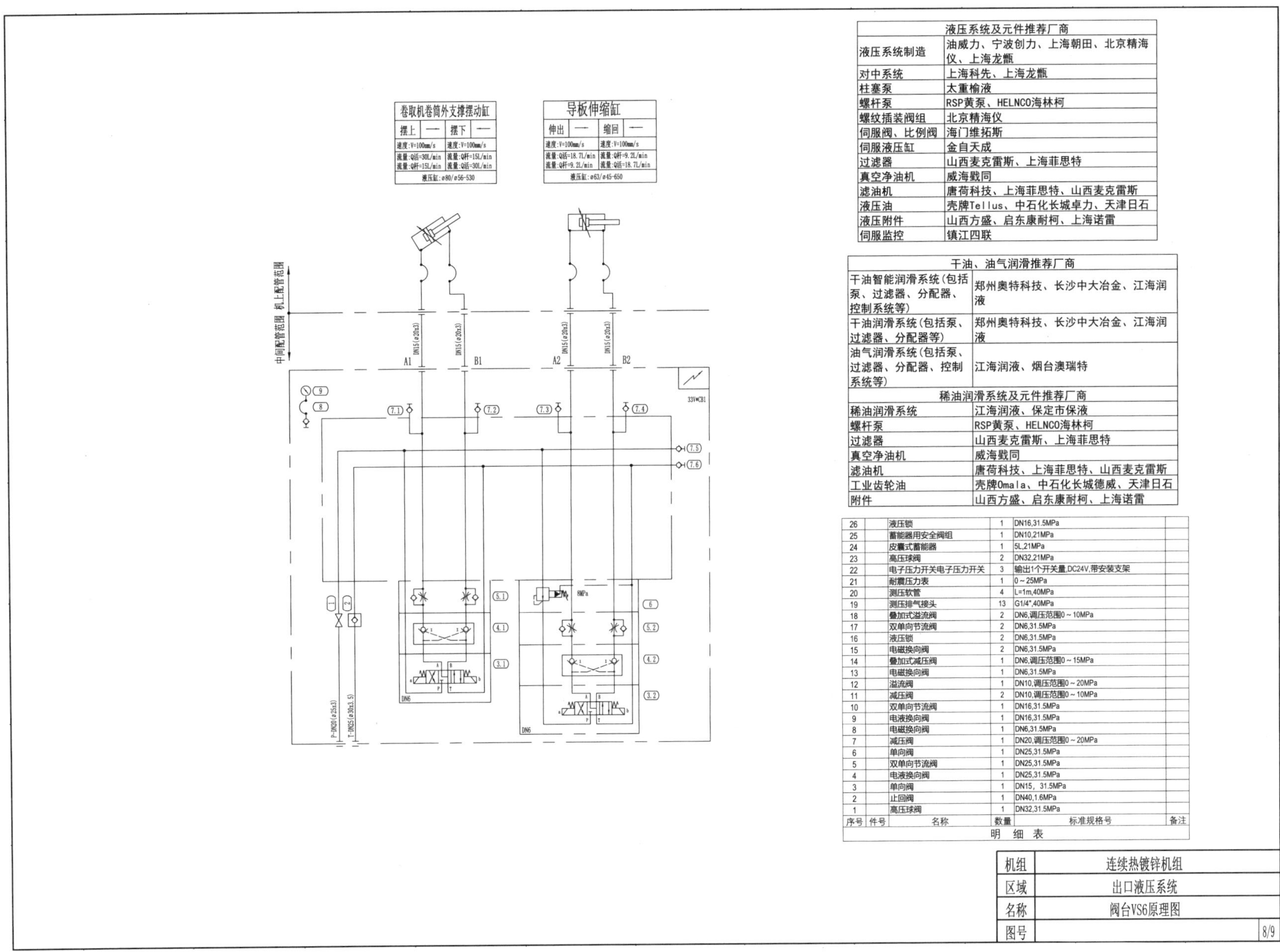

液压系统及元件推荐厂商	
液压系统制造	油威力、宁波创力、上海朝田、北京精海仪、上海龙甑
对中系统	上海科先、上海龙甑
柱塞泵	太重榆液
螺杆泵	RSP黄泵、HELNCO海林柯
螺纹插装阀组	北京精海仪
伺服阀、比例阀	海门维拓斯
伺服液压缸	金自天成
过滤器	山西麦克雷斯、上海菲思特
真空净油机	威海戥同
滤油机	唐荷科技、上海菲思特、山西麦克雷斯
液压油	壳牌Tellus、中石化长城卓力、天津日石
液压附件	山西方盛、启东康耐柯、上海诺雷
伺服监控	镇江四联

干油、油气润滑推荐厂商	
干油智能润滑系统(包括泵、过滤器、分配器、控制系统等)	郑州奥特科技、长沙中大冶金、江海润液
干油润滑系统(包括泵、过滤器、分配器等)	郑州奥特科技、长沙中大冶金、江海润液
油气润滑系统(包括泵、过滤器、分配器、控制系统等)	江海润液、烟台澳瑞特
稀油润滑系统及元件推荐厂商	
稀油润滑系统	江海润液、保定市保液
螺杆泵	RSP黄泵、HELNCO海林柯
过滤器	山西麦克雷斯、上海菲思特
真空净油机	威海戥同
滤油机	唐荷科技、上海菲思特、山西麦克雷斯
工业齿轮油	壳牌Omala、中石化长城德威、天津日石
附件	山西方盛、启东康耐柯、上海诺雷

序号	件号	名称	数量	标准规格号	备注
26		液压锁	1	DN16,31.5MPa	
25		蓄能器用安全阀组	1	DN10,21MPa	
24		皮囊式蓄能器	1	5L,21MPa	
23		高压球阀	2	DN32,21MPa	
22		电子压力开关电子压力开关	3	输出1个开关量,DC24V,带安装支架	
21		耐震压力表	1	0～25MPa	
20		测压软管	4	L=1m,40MPa	
19		测压排气接头	13	G1/4",40MPa	
18		叠加式溢流阀	2	DN6,调压范围0～10MPa	
17		双单向节流阀	2	DN6,31.5MPa	
16		液压锁	2	DN6,31.5MPa	
15		电磁换向阀	2	DN6,31.5MPa	
14		叠加式减压阀	1	DN6,调压范围0～15MPa	
13		电磁换向阀	1	DN6,31.5MPa	
12		溢流阀	1	DN10,调压范围0～20MPa	
11		减压阀	2	DN10,调压范围0～10MPa	
10		双单向节流阀	1	DN16,31.5MPa	
9		电液换向阀	1	DN16,31.5MPa	
8		电磁换向阀	1	DN6,31.5MPa	
7		减压阀	1	DN20,调压范围0～20MPa	
6		单向阀	1	DN25,31.5MPa	
5		双单向节流阀	1	DN25,31.5MPa	
4		电液换向阀	1	DN25,31.5MPa	
3		单向阀	1	DN15，31.5MPa	
2		止回阀	1	DN40,1.6MPa	
1		高压球阀	1	DN32,31.5MPa	

明　细　表

机组	连续热镀锌机组
区域	出口液压系统
名称	阀台VS6原理图
图号	8/9

11.2.9 阀台 VS7 原理图

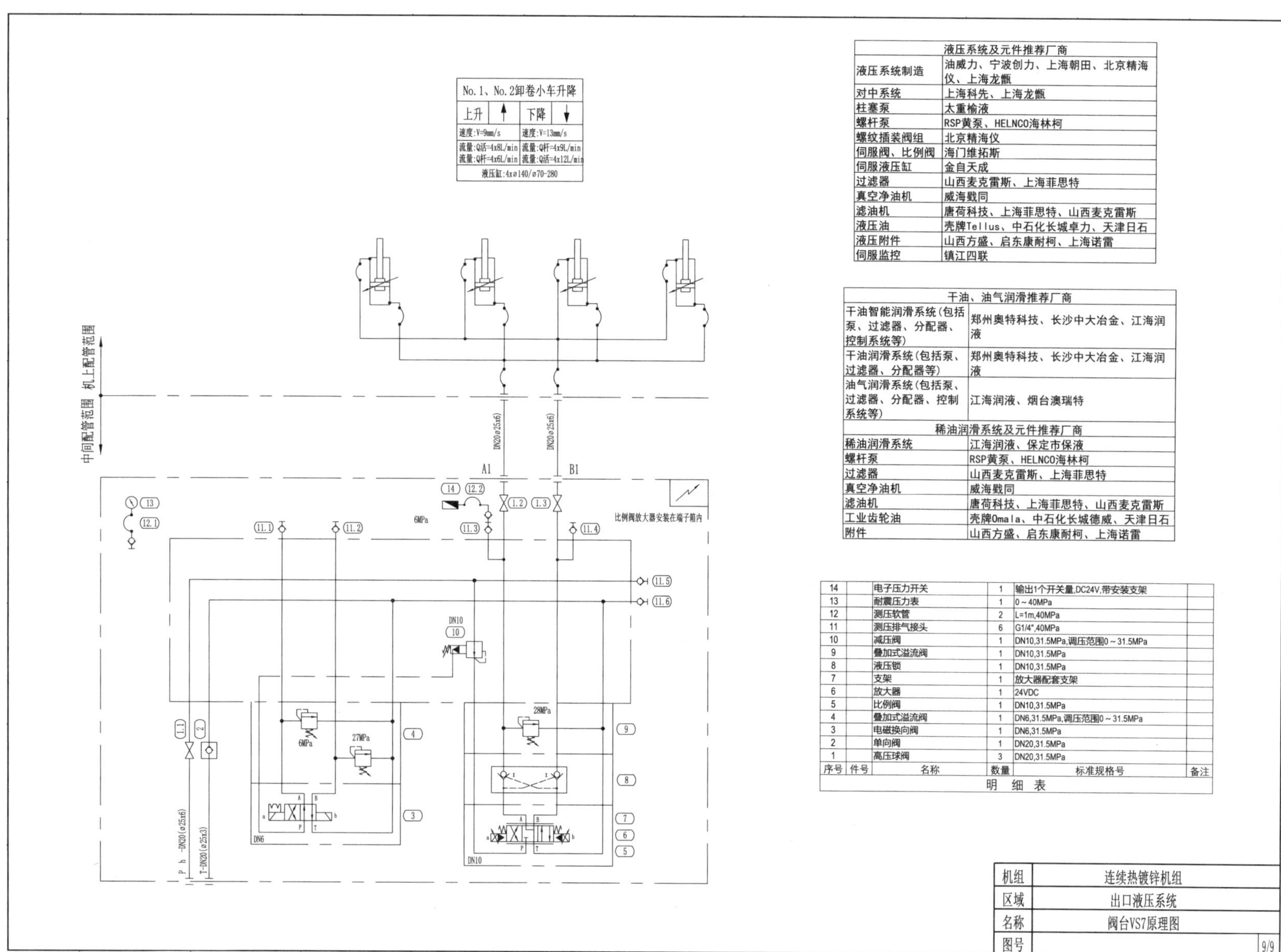

No. 1、No. 2卸卷小车升降			
上升	↑	下降	↓
速度:V=9mm/s		速度:V=13mm/s	
流量:Q活=4x8L/min 流量:Q杆=4x6L/min		流量:Q杆=4x9L/min 流量:Q活=4x12L/min	
液压缸:4xø140/ø70-280			

液压系统及元件推荐厂商	
液压系统制造	油威力、宁波创力、上海朝田、北京精海仪、上海龙甑
对中系统	上海科先、上海龙甑
柱塞泵	太重榆液
螺杆泵	RSP黄泵、HELNCO海林柯
螺纹插装阀组	北京精海仪
伺服阀、比例阀	海门维拓斯
伺服液压缸	金自天成
过滤器	山西麦克雷斯、上海菲思特
真空净油机	威海戥同
滤油机	唐荷科技、上海菲思特、山西麦克雷斯
液压油	壳牌Tellus、中石化长城卓力、天津日石
液压附件	山西方盛、启东康耐柯、上海诺雷
伺服监控	镇江四联

干油、油气润滑推荐厂商	
干油智能润滑系统(包括泵、过滤器、分配器、控制系统等)	郑州奥特科技、长沙中大冶金、江海润液
干油润滑系统(包括泵、过滤器、分配器等)	郑州奥特科技、长沙中大冶金、江海润液
油气润滑系统(包括泵、过滤器、分配器、控制系统等)	江海润液、烟台澳瑞特
稀油润滑系统及元件推荐厂商	
稀油润滑系统	江海润液、保定市保液
螺杆泵	RSP黄泵、HELNCO海林柯
过滤器	山西麦克雷斯、上海菲思特
真空净油机	威海戥同
滤油机	唐荷科技、上海菲思特、山西麦克雷斯
工业齿轮油	壳牌Omala、中石化长城德威、天津日石
附件	山西方盛、启东康耐柯、上海诺雷

序号	件号	名称	数量	标准规格号	备注
14		电子压力开关	1	输出1个开关量,DC24V,带安装支架	
13		耐震压力表	1	0～40MPa	
12		测压软管	2	L=1m,40MPa	
11		测压排气接头	6	G1/4",40MPa	
10		减压阀	1	DN10,31.5MPa,调压范围0～31.5MPa	
9		叠加式溢流阀	1	DN10,31.5MPa	
8		液压锁	1	DN10,31.5MPa	
7		支架	1	放大器配套支架	
6		放大器	1	24VDC	
5		比例阀	1	DN10,31.5MPa	
4		叠加式溢流阀	1	DN6,31.5MPa,调压范围0～31.5MPa	
3		电磁换向阀	1	DN6,31.5MPa	
2		单向阀	1	DN20,31.5MPa	
1		高压球阀	3	DN20,31.5MPa	

明 细 表

机组	连续热镀锌机组
区域	出口液压系统
名称	阀台VS7原理图
图号	9/9

11.3 光整机伺服液压系统

11.3.1 泵站原理图

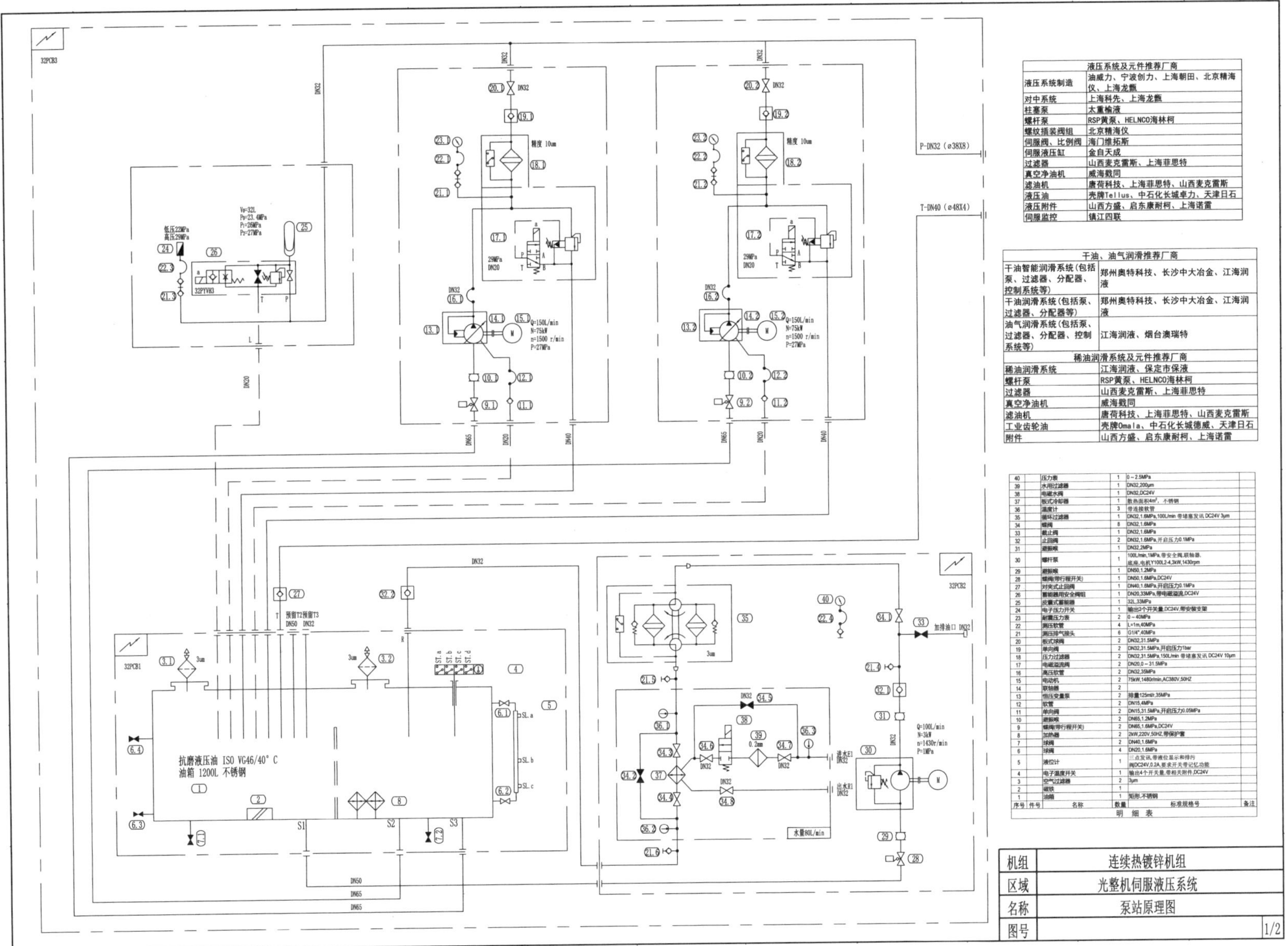

液压系统及元件推荐厂商	
液压系统制造	油威力、宁波创力、上海朝田、北京精海仪、上海龙甑
对中系统	上海科先、上海龙甑
柱塞泵	太重榆液
螺杆泵	RSP黄泵、HELNCO海林柯
螺纹插装阀组	北京精海仪
伺服阀、比例阀	海门维拓斯
伺服液压缸	金自天成
过滤器	山西麦克雷斯、上海菲思特
真空净油机	威海戥同
滤油机	唐荷科技、上海菲思特、山西麦克雷斯
液压油	壳牌Tellus、中石化长城卓力、天津日石
液压附件	山西方盛、启东康耐柯、上海诺雷
伺服监控	镇江四联

干油、油气润滑推荐厂商	
干油智能润滑系统(包括泵、过滤器、分配器、控制系统等)	郑州奥特科技、长沙中大冶金、江海润液
干油润滑系统(包括泵、过滤器、分配器等)	郑州奥特科技、长沙中大冶金、江海润液
油气润滑系统(包括泵、过滤器、分配器、控制系统等)	江海润液、烟台澳瑞特
稀油润滑系统及元件推荐厂商	
稀油润滑系统	江海润液、保定市保液
螺杆泵	RSP黄泵、HELNCO海林柯
过滤器	山西麦克雷斯、上海菲思特
真空净油机	威海戥同
滤油机	唐荷科技、上海菲思特、山西麦克雷斯
工业齿轮油	壳牌Omala、中石化长城德威、天津日石
附件	山西方盛、启东康耐柯、上海诺雷

序号	件号	名称	数量	标准规格号	备注
40		压力表	1	0～2.5MPa	
39		水用过滤器	1	DN32,200μm	
38		电磁水阀	1	DN32,DC24V	
37		板式冷却器	1	散热面积4m²，不锈钢	
36		温度计	3	带连接软管	
35		循环过滤器	1	DN32,1.6MPa,100L/min 带堵塞发讯 DC24V 3μm	
34		蝶阀	8	DN32,1.6MPa	
33		截止阀	1	DN32,1.6MPa	
32		止回阀	2	DN32,1.6MPa,开启压力0.1MPa	
31		避振喉	1	DN32,2MPa	
30		螺杆泵	1	100L/min,1MPa,带安全阀,联轴器,底座,电机Y100L2-4,3kW,1430rpm	
29		避振喉	1	DN50,1.2MPa	
28		蝶阀(带行程开关)	1	DN50,1.6MPa,DC24V	
27		对夹式止回阀	1	DN40,1.6MPa,开启压力0.1MPa	
26		蓄能器用安全阀组	1	DN20,33MPa,带电磁溢流,DC24V	
25		皮囊式蓄能器	1	32L,33MPa	
24		电子压力开关	1	输出2个开关量,DC24V,带安装支架	
23		耐震压力表	2	0～40MPa	
22		测压软管	4	L=1m,40MPa	
21		测压排气接头	6	G1/4",40MPa	
20		板式球阀	2	DN32,31.5MPa	
19		单向阀	2	DN32,31.5MPa,开启压力1bar	
18		压力过滤器	2	DN32,31.5MPa,150L/min 带堵塞发讯 DC24V 10μm	
17		电磁溢流阀	2	DN20,0～31.5MPa	
16		高压软管	2	DN32,35MPa	
15		电动机	2	75kW,1480r/min,AC380V,50HZ	
14		联轴器	2		
13		恒压变量泵	2	排量125ml/r,35MPa	
12		软管	2	DN15,4MPa	
11		单向阀	2	DN15,31.5MPa,开启压力0.05MPa	
10		避振喉	2	DN65,1.2MPa	
9		蝶阀(带行程开关)	2	DN65,1.6MPa,DC24V	
8		加热器	2	2kW,220V,50HZ,带保护套	
7		球阀	2	DN40,1.6MPa	
6		球阀	4	DN20,1.6MPa	
5		液位计	1	三点发讯,带液位显示和排污阀DC24V,0.2A,要求开关带记忆功能	
4		电子温度开关	1	输出4个开关量,带相关附件,DC24V	
3		空气过滤器	2	3μm	
2		磁铁	1		
1		油箱	1	矩形,不锈钢	

明　细　表

机组	连续热镀锌机组
区域	光整机伺服液压系统
名称	泵站原理图
图号	1/2

11.3.2 阀台 VS1 原理图

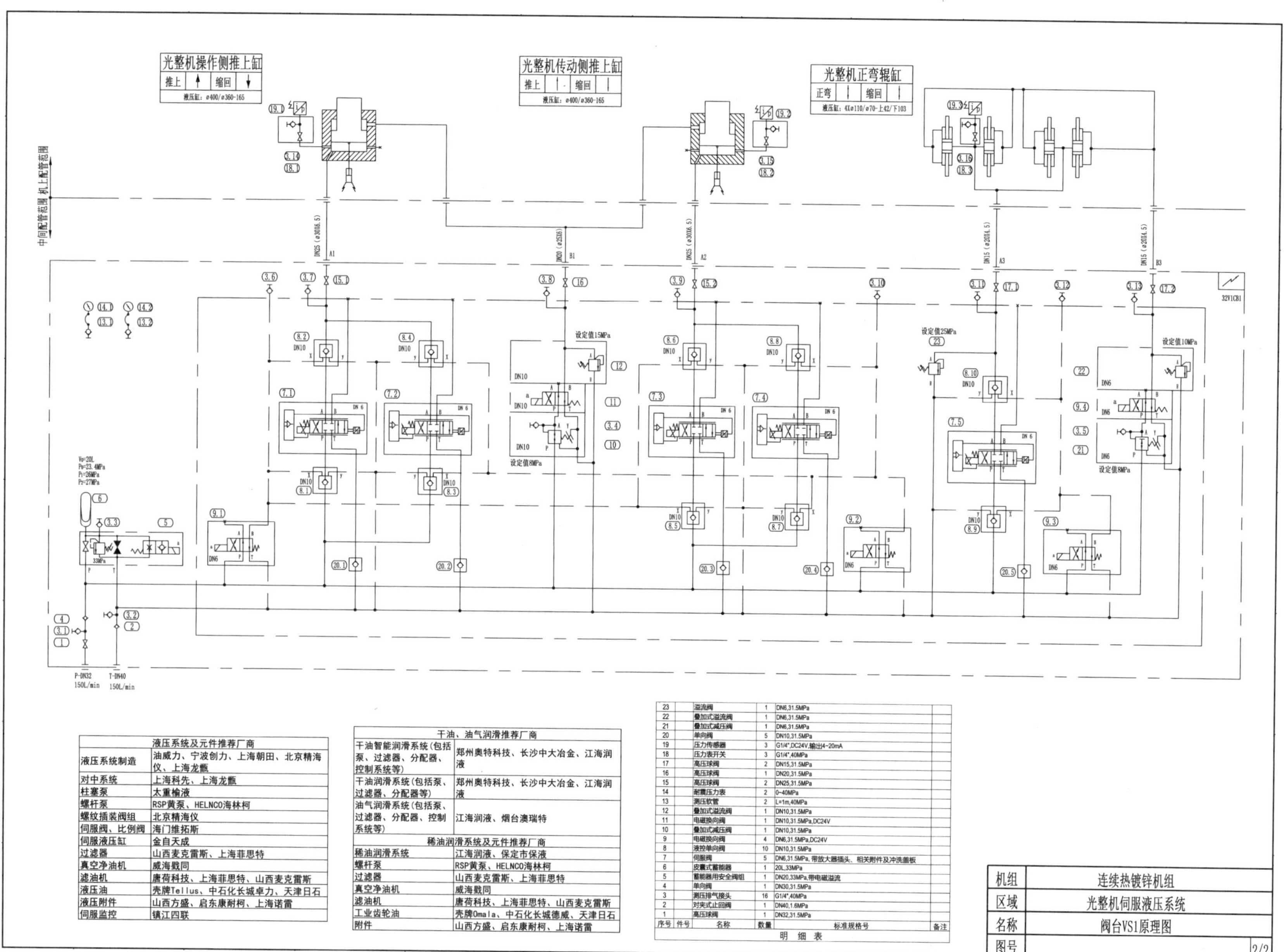

液压系统及元件推荐厂商	
液压系统制造	油威力、宁波创力、上海朝田、北京精海仪、上海龙甑
对中系统	上海科先、上海龙甑
柱塞泵	太重榆液
螺杆泵	RSP黄泵、HELNCO海林柯
螺纹插装阀组	北京精海仪
伺服阀、比例阀	海门维拓斯
伺服液压缸	金自天成
过滤器	山西麦克雷斯、上海菲思特
真空净油机	威海戥同
滤油机	唐荷科技、上海菲思特、山西麦克雷斯
液压油	壳牌Tellus、中石化长城卓力、天津日石
液压附件	山西方盛、启东康耐柯、上海诺雷
伺服监控	镇江四联

干油、油气润滑推荐厂商	
干油智能润滑系统(包括泵、过滤器、分配器、控制系统等)	郑州奥特科技、长沙中大冶金、江海润液
干油润滑系统(包括泵、过滤器、分配器等)	郑州奥特科技、长沙中大冶金、江海润液
油气润滑系统(包括泵、过滤器、分配器、控制系统等)	江海润液、烟台澳瑞特
稀油润滑系统及元件推荐厂商	
稀油润滑系统	江海润液、保定市保液
螺杆泵	RSP黄泵、HELNCO海林柯
过滤器	山西麦克雷斯、上海菲思特
真空净油机	威海戥同
滤油机	唐荷科技、上海菲思特、山西麦克雷斯
工业齿轮油	壳牌Omala、中石化长城德威、天津日石
附件	山西方盛、启东康耐柯、上海诺雷

序号	件号	名称	数量	标准规格号	备注
23		溢流阀	1	DN6,31.5MPa	
22		叠加式溢流阀	1	DN6,31.5MPa	
21		叠加式减压阀	1	DN6,31.5MPa	
20		单向阀	5	DN10,31.5MPa	
19		压力传感器	3	G1/4",DC24V,输出4~20mA	
18		压力表开关	3	G1/4",40MPa	
17		高压球阀	2	DN15,31.5MPa	
16		高压球阀	1	DN20,31.5MPa	
15		高压球阀	2	DN25,31.5MPa	
14		耐震压力表	2	0~40MPa	
13		测压软管	2	L=1m,40MPa	
12		叠加式溢流阀	1	DN10,31.5MPa	
11		电磁换向阀	1	DN10,31.5MPa,DC24V	
10		叠加式减压阀	1	DN10,31.5MPa	
9		电磁换向阀	4	DN6,31.5MPa,DC24V	
8		液控单向阀	10	DN10,31.5MPa	
7		伺服阀	5	DN6,31.5MPa,带放大器插头、相关附件及冲洗盖板	
6		皮囊式蓄能器	1	20L,33MPa	
5		蓄能器用安全阀组	1	DN20,33MPa,带电磁溢流	
4		单向阀	1	DN30,31.5MPa	
3		测压排气接头	16	G1/4",40MPa	
2		对夹式止回阀	1	DN40,1.6MPa	
1		高压球阀	1	DN32,31.5MPa	

明细表

机组	连续热镀锌机组
区域	光整机伺服液压系统
名称	阀台VS1原理图
图号	2/2

第 12 章　润滑系统原理图

12.1 粗中轧区

12.1.1 粗中轧区稀油润滑系统原理图（润滑站）

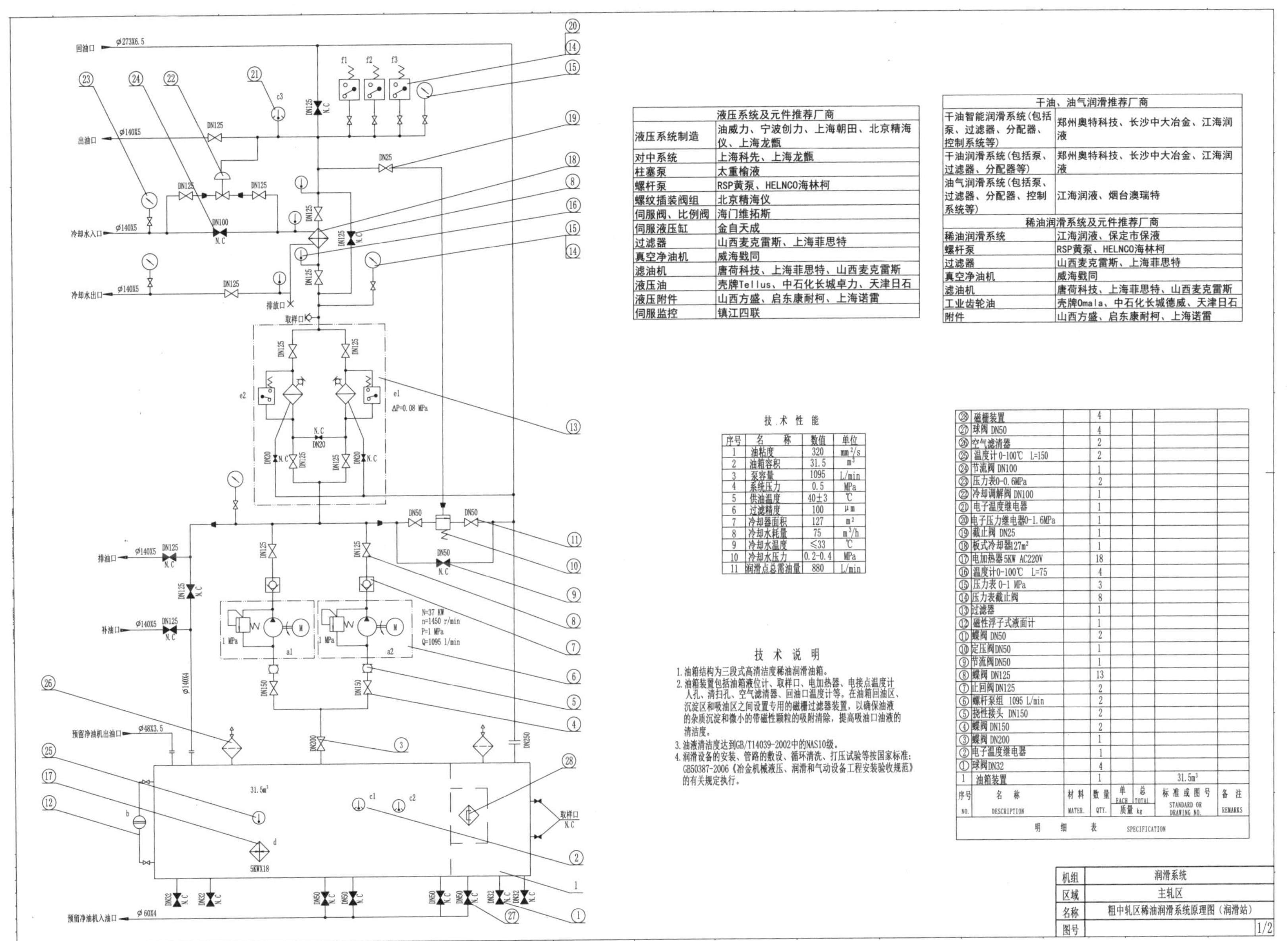

液压系统及元件推荐厂商	
液压系统制造	油威力、宁波创力、上海朝田、北京精海仪、上海龙甑
对中系统	上海科先、上海龙甑
柱塞泵	太重榆液
螺杆泵	RSP黄泵、HELNCO海林柯
螺纹插装阀组	北京精海仪
伺服阀、比例阀	海门维拓斯
伺服液压缸	金自天成
过滤器	山西麦克雷斯、上海菲思特
真空净油机	威海戥同
滤油机	唐荷科技、上海菲思特、山西麦克雷斯
液压油	壳牌Tellus、中石化长城卓力、天津日石
液压附件	山西方盛、启东康耐柯、上海诺雷
伺服监控	镇江四联

干油、油气润滑推荐厂商	
干油智能润滑系统(包括泵、过滤器、分配器、控制系统等)	郑州奥特科技、长沙中大冶金、江海润液
干油润滑系统(包括泵、过滤器、分配器等)	郑州奥特科技、长沙中大冶金、江海润液
油气润滑系统(包括泵、过滤器、分配器、控制系统等)	江海润液、烟台澳瑞特
稀油润滑系统及元件推荐厂商	
稀油润滑系统	江海润液、保定市保液
螺杆泵	RSP黄泵、HELNCO海林柯
过滤器	山西麦克雷斯、上海菲思特
真空净油机	威海戥同
滤油机	唐荷科技、上海菲思特、山西麦克雷斯
工业齿轮油	壳牌Omala、中石化长城德威、天津日石
附件	山西方盛、启东康耐柯、上海诺雷

技 术 性 能

序号	名　　称	数值	单位
1	油粘度	320	mm^2/s
2	油箱容积	31.5	m^3
3	泵容量	1095	L/min
4	系统压力	0.5	MPa
5	供油温度	40±3	℃
6	过滤精度	100	μm
7	冷却器面积	127	m^2
8	冷却水耗量	75	m^3/h
9	冷却水温度	≤33	℃
10	冷却水压力	0.2-0.4	MPa
11	润滑点总需油量	880	L/min

技 术 说 明

1. 油箱结构为三段式高清洁度稀油润滑油箱。
2. 油箱装置包括油箱液位计、取样口、电加热器、电接点温度计人孔、清扫孔、空气滤清器、回油口温度计等。在油箱回油区、沉淀区和吸油区之间设置专用的磁栅过滤器装置，以确保油液的杂质沉淀和微小的带磁性颗粒的吸附清除，提高吸油口油液的清洁度。
3. 油液清洁度达到GB/T14039-2002中的NAS10级。
4. 润滑设备的安装、管路的敷设、循环清洗、打压试验等按国家标准：GB50387-2006《冶金机械液压、润滑和气动设备工程安装验收规范》的有关规定执行。

序号 NO.	名　称 DESCRIPTION	材料 MATER.	数量 QTY.	单 EACH 质量 kg	总 TOTAL 质量 kg	标准或图号 STANDARD OR DRAWING NO.	备注 REMARKS
㉘	磁栅装置		4				
㉗	球阀 DN50		4				
㉖	空气滤清器		2				
㉕	温度计 0-100℃　L=150		2				
㉔	节流阀 DN100		1				
㉓	压力表0-0.6MPa		2				
㉒	冷却调解阀 DN100		1				
㉑	电子温度继电器		1				
⑳	电子压力继电器0-1.6MPa		1				
⑲	截止阀 DN25		1				
⑱	板式冷却器127m²		1				
⑰	电加热器5KW AC220V		18				
⑯	温度计0-100℃　L=75		4				
⑮	压力表 0-1 MPa		3				
⑭	压力表截止阀		8				
⑬	过滤器		1				
⑫	磁性浮子式液面计		1				
⑪	蝶阀 DN50		2				
⑩	定压阀DN50		1				
⑨	节流阀DN50		1				
⑧	蝶阀 DN125		13				
⑦	止回阀DN125		2				
⑥	螺杆泵组 1095 L/min		2				
⑤	挠性接头 DN150		2				
④	蝶阀 DN150		2				
③	蝶阀 DN200		1				
②	电子温度继电器		1				
①	球阀DN32		4				
1	油箱装置		1			31.5m³	

明　细　表　SPECIFICATION

机组	润滑系统
区域	主轧区
名称	粗中轧区稀油润滑系统原理图（润滑站）
图号	1/2

12.1.2 粗中轧区稀油润滑系统原理图（总图）

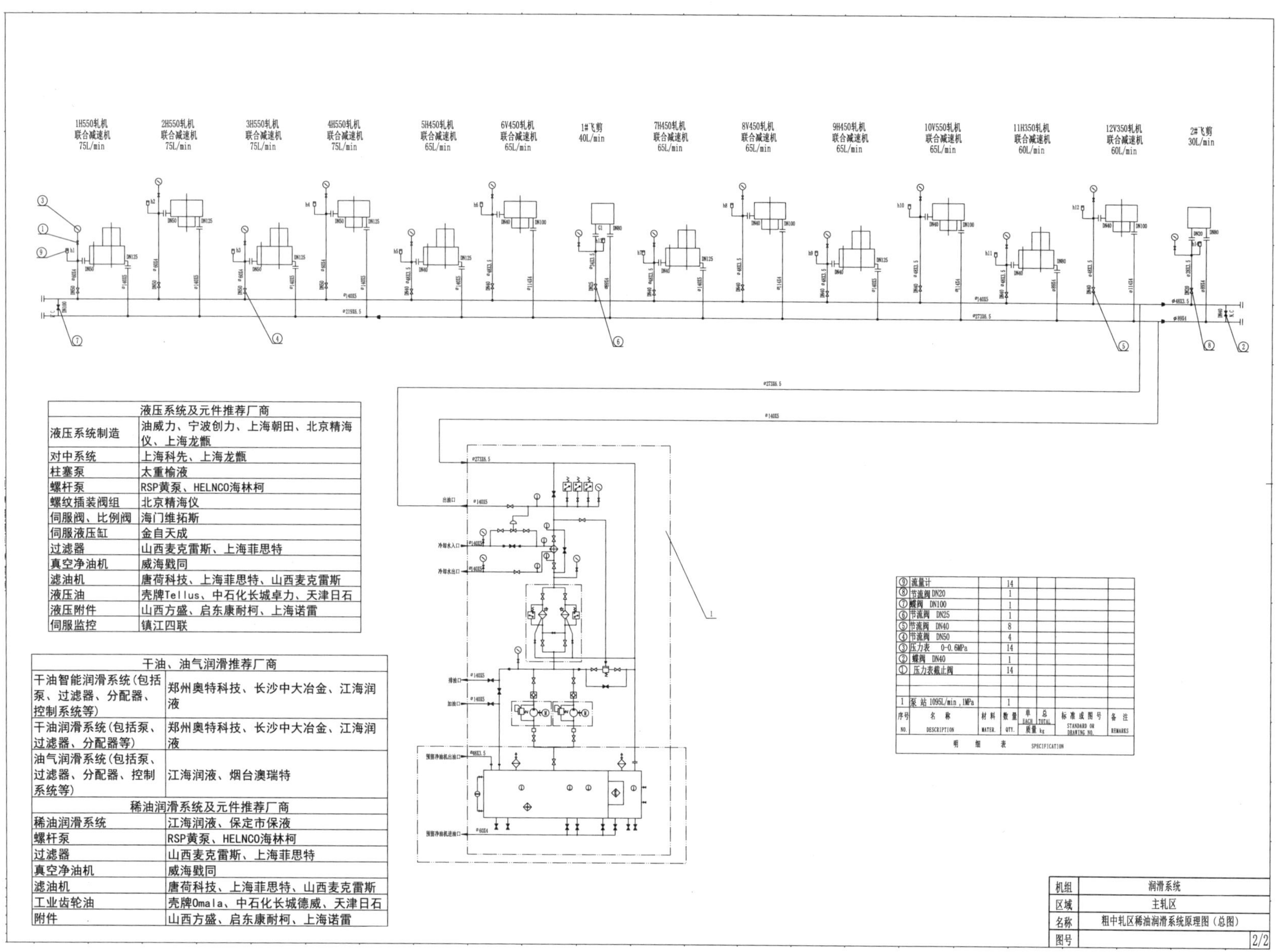

液压系统及元件推荐厂商	
液压系统制造	油威力、宁波创力、上海朝田、北京精海仪、上海龙甑
对中系统	上海科先、上海龙甑
柱塞泵	太重榆液
螺杆泵	RSP黄泵、HELNCO海林柯
螺纹插装阀组	北京精海仪
伺服阀、比例阀	海门维拓斯
伺服液压缸	金自天成
过滤器	山西麦克雷斯、上海菲思特
真空净油机	威海戳同
滤油机	唐荷科技、上海菲思特、山西麦克雷斯
液压油	壳牌Tellus、中石化长城卓力、天津日石
液压附件	山西方盛、启东康耐柯、上海诺雷
伺服监控	镇江四联

干油、油气润滑推荐厂商	
干油智能润滑系统(包括泵、过滤器、分配器、控制系统等)	郑州奥特科技、长沙中大冶金、江海润液
干油润滑系统(包括泵、过滤器、分配器等)	郑州奥特科技、长沙中大冶金、江海润液
油气润滑系统(包括泵、过滤器、分配器、控制系统等)	江海润液、烟台澳瑞特
稀油润滑系统及元件推荐厂商	
稀油润滑系统	江海润液、保定市保液
螺杆泵	RSP黄泵、HELNCO海林柯
过滤器	山西麦克雷斯、上海菲思特
真空净油机	威海戳同
滤油机	唐荷科技、上海菲思特、山西麦克雷斯
工业齿轮油	壳牌Omala、中石化长城德威、天津日石
附件	山西方盛、启东康耐柯、上海诺雷

⑨	流量计		14				
⑧	节流阀 DN20		1				
⑦	蝶阀 DN100		1				
⑥	节流阀 DN25		1				
⑤	节流阀 DN40		8				
④	节流阀 DN50		4				
③	压力表 0-0.6MPa		14				
②	蝶阀 DN40		1				
①	压力表截止阀		14				
1	泵站 1095L/min，1MPa		1				
序号 NO.	名称 DESCRIPTION	材料 MATER.	数量 QTY.	单 EACH 质量 kg	总 TOTAL	标准或图号 STANDARD OR DRAWING NO.	备注 REMARKS
明细表 SPECIFICATION							

机组	润滑系统
区域	主轧区
名称	粗中轧区稀油润滑系统原理图（总图）
图号	2/2

12.2 加热炉区

12.2.1 干油润滑系统原理图

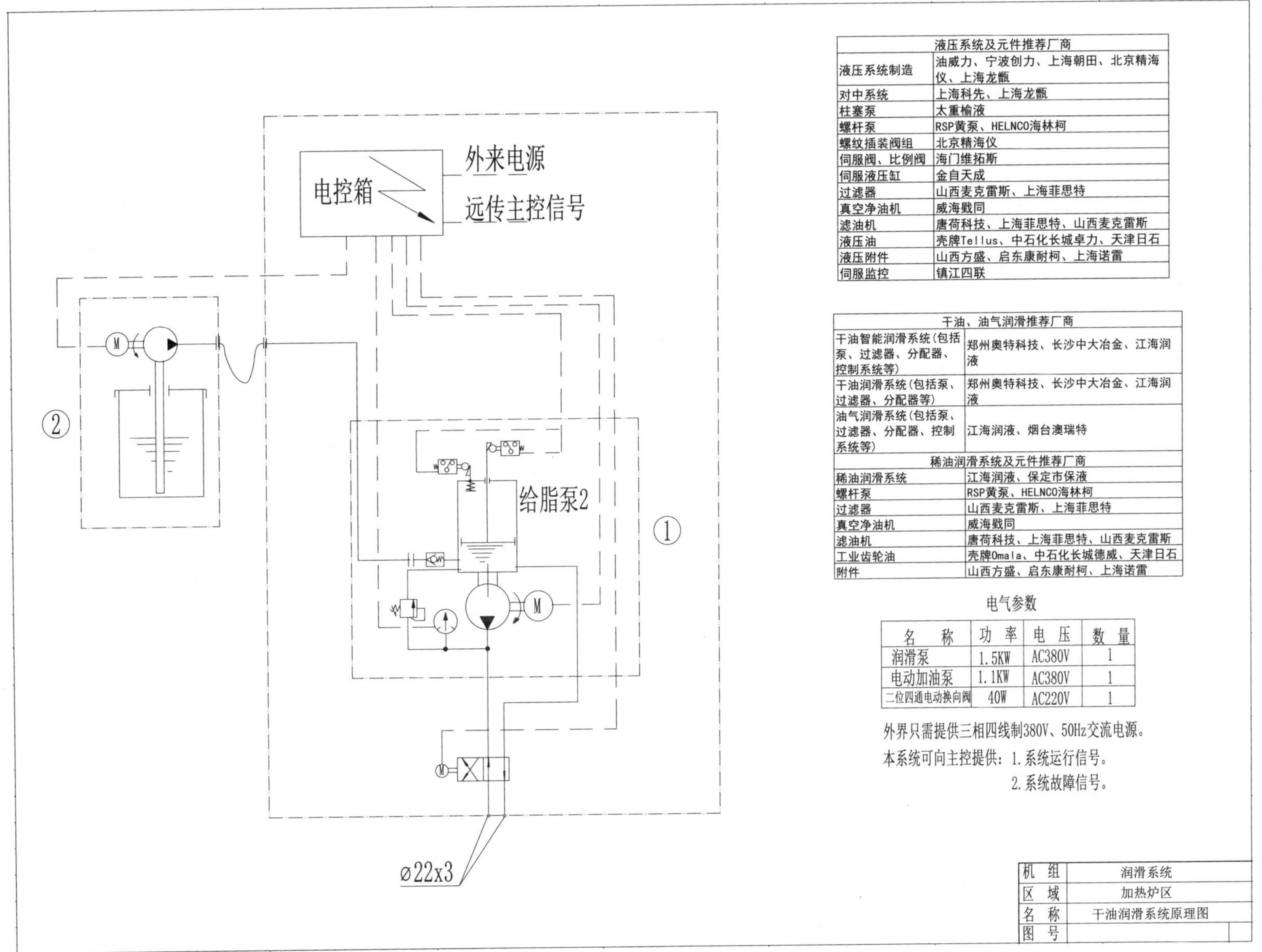

液压系统及元件推荐厂商	
液压系统制造	油威力、宁波创力、上海朝田、北京精海仪、上海龙甑
对中系统	上海科先、上海龙甑
柱塞泵	太重榆液
螺杆泵	RSP黄泵、HELNCO海林柯
螺纹插装阀组	北京精海仪
伺服阀、比例阀	海门维拓斯
伺服液压缸	金自天成
过滤器	山西麦克雷斯、上海菲思特
真空净油机	威海戥同
滤油机	唐荷科技、上海菲思特、山西麦克雷斯
液压油	壳牌Tellus、中石化长城卓力、天津日石
液压附件	山西方盛、启东康耐柯、上海诺雷
伺服监控	镇江四联

干油、油气润滑推荐厂商	
干油智能润滑系统（包括泵、过滤器、分配器、控制系统等）	郑州奥特科技、长沙中大冶金、江海润液
干油润滑系统（包括泵、过滤器、分配器等）	郑州奥特科技、长沙中大冶金、江海润液
油气润滑系统（包括泵、过滤器、分配器、控制系统等）	江海润液、烟台澳瑞特
稀油润滑系统及元件推荐厂商	
稀油润滑系统	江海润液、保定市保液
螺杆泵	RSP黄泵、HELNCO海林柯
过滤器	山西麦克雷斯、上海菲思特
真空净油机	威海戥同
滤油机	唐荷科技、上海菲思特、山西麦克雷斯
工业齿轮油	壳牌Omala、中石化长城德威、天津日石
附件	山西方盛、启东康耐柯、上海诺雷

电气参数

名　称	功　率	电　压	数　量
润滑泵	1.5KW	AC380V	1
电动加油泵	1.1KW	AC380V	1
二位四通电动换向阀	40W	AC220V	1

机　组	润滑系统
区　域	加热炉区
名　称	干油润滑系统原理图
图　号	

12.3 预精轧、精轧区

12.3.1 预精轧稀油润滑系统原理图（泵站）

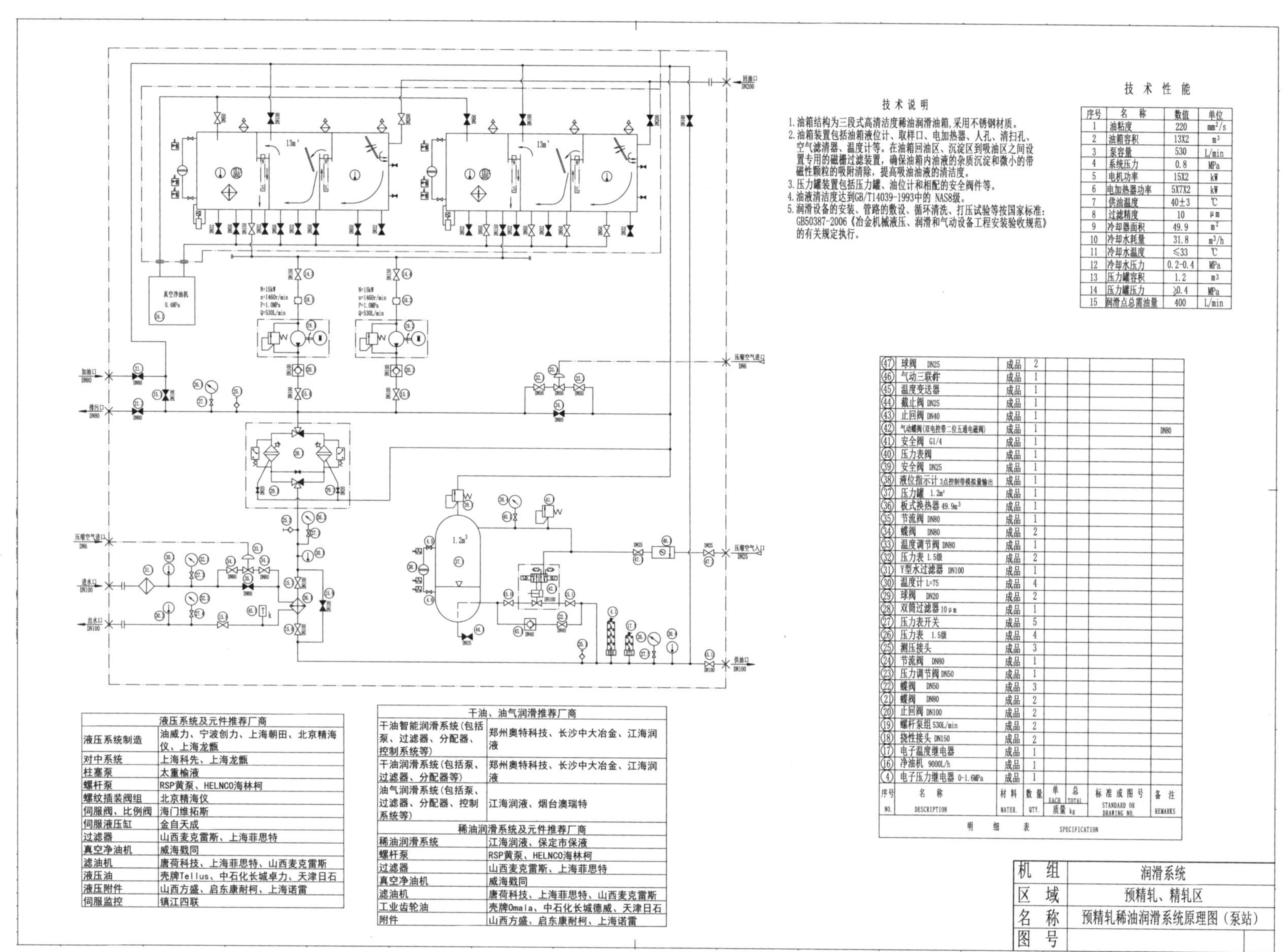

技 术 说 明

1. 油箱结构为三段式高清洁度稀油润滑油箱，采用不锈钢材质。
2. 油箱装置包括油箱液位计、取样口、电加热器、人孔、清扫孔、空气滤清器、温度计等。在油箱回油区、沉淀区到吸油区之间设置专用的磁栅过滤装置，确保油箱内油液的杂质沉淀和微小的带磁性颗粒的吸附清除，提高吸油油液的清洁度。
3. 压力罐装置包括压力罐、油位计和相配的安全阀件等。
4. 油液清洁度达到GB/T14039-1993中的 NAS8级。
5. 润滑设备的安装、管路的敷设、循环清洗、打压试验等按国家标准：GB50387-2006《冶金机械液压、润滑和气动设备工程安装验收规范》的有关规定执行。

技 术 性 能

序号	名　称	数值	单位
1	油粘度	220	mm^2/s
2	油箱容积	13X2	m^3
3	泵容量	530	L/min
4	系统压力	0.8	MPa
5	电机功率	15X2	kW
6	电加热器功率	5X7X2	kW
7	供油温度	40±3	℃
8	过滤精度	10	μm
9	冷却器面积	49.9	m^2
10	冷却水耗量	31.8	m^3/h
11	冷却水温度	≤33	℃
12	冷却水压力	0.2-0.4	MPa
13	压力罐容积	1.2	m^3
14	压力罐压力	≥0.4	MPa
15	润滑点总需油量	400	L/min

序号 NO.	名　称 DESCRIPTION	材料 MATER.	数量 QTY.	单 EACH 质量 kg	总 TOTAL 质量 kg	标准或图号 STANDARD OR DRAWING NO.	备注 REMARKS
47	球阀 DN25	成品	2				
46	气动三联件	成品	1				
45	温度变送器	成品	1				
44	截止阀 DN25	成品	1				
43	止回阀 DN40	成品	1				
42	气动蝶阀(双电控带二位五通电磁阀)	成品	1				DN80
41	安全阀 G1/4	成品	1				
40	压力表阀	成品	1				
39	安全阀 DN25	成品	1				
38	液位指示计 3点控制带模拟量输出	成品	1				
37	压力罐 1.2m³	成品	1				
36	板式换热器 49.9m³	成品	1				
35	节流阀 DN80	成品	1				
34	蝶阀 DN80	成品	2				
33	温度调节阀 DN80	成品	1				
32	压力表 1.5级	成品	2				
31	Y型水过滤器 DN100	成品	1				
30	温度计 L=75	成品	4				
29	球阀 DN20	成品	2				
28	双筒过滤器 10μm	成品	1				
27	压力表开关	成品	5				
26	压力表 1.5级	成品	4				
25	测压接头	成品	3				
24	节流阀 DN80	成品	1				
23	压力调节阀 DN50	成品	1				
22	蝶阀 DN50	成品	3				
21	蝶阀 DN80	成品	2				
20	止回阀 DN100	成品	2				
19	螺杆泵组 530L/min	成品	2				
18	挠性接头 DN150	成品	2				
17	电子温度继电器	成品	1				
16	净油机 9000L/h	成品	1				
4	电子压力继电器 0-1.6MPa	成品	1				

明　细　表　SPECIFICATION

液压系统及元件推荐厂商	
液压系统制造	油威力、宁波创力、上海朝田、北京精海仪、上海龙甑
对中系统	上海科先、上海龙甑
柱塞泵	太重榆液
螺杆泵	RSP黄泵、HELNCO海林柯
螺纹插装阀组	北京精海仪
伺服阀、比例阀	海门维拓斯
伺服液压缸	金自天成
过滤器	山西麦克雷斯、上海菲思特
真空净油机	威海戥同
滤油机	唐荷科技、上海菲思特、山西麦克雷斯
液压油	壳牌Tellus、中石化长城卓力、天津日石
液压附件	山西方盛、启东康耐柯、上海诺雷
伺服监控	镇江四联

干油、油气润滑推荐厂商	
干油智能润滑系统(包括泵、过滤器、分配器、控制系统等)	郑州奥特科技、长沙中大冶金、江海润液
干油润滑系统(包括泵、过滤器、分配器等)	郑州奥特科技、长沙中大冶金、江海润液
油气润滑系统(包括泵、过滤器、分配器、控制系统等)	江海润液、烟台澳瑞特
稀油润滑系统及元件推荐厂商	
稀油润滑系统	江海润液、保定市保液
螺杆泵	RSP黄泵、HELNCO海林柯
过滤器	山西麦克雷斯、上海菲思特
真空净油机	威海戥同
滤油机	唐荷科技、上海菲思特、山西麦克雷斯
工业齿轮油	壳牌Omala、中石化长城德威、天津日石
附件	山西方盛、启东康耐柯、上海诺雷

机　组	润滑系统
区　域	预精轧、精轧区
名　称	预精轧稀油润滑系统原理图（泵站）
图　号	

12.3.2 预精轧稀油润滑系统原理图（站外）

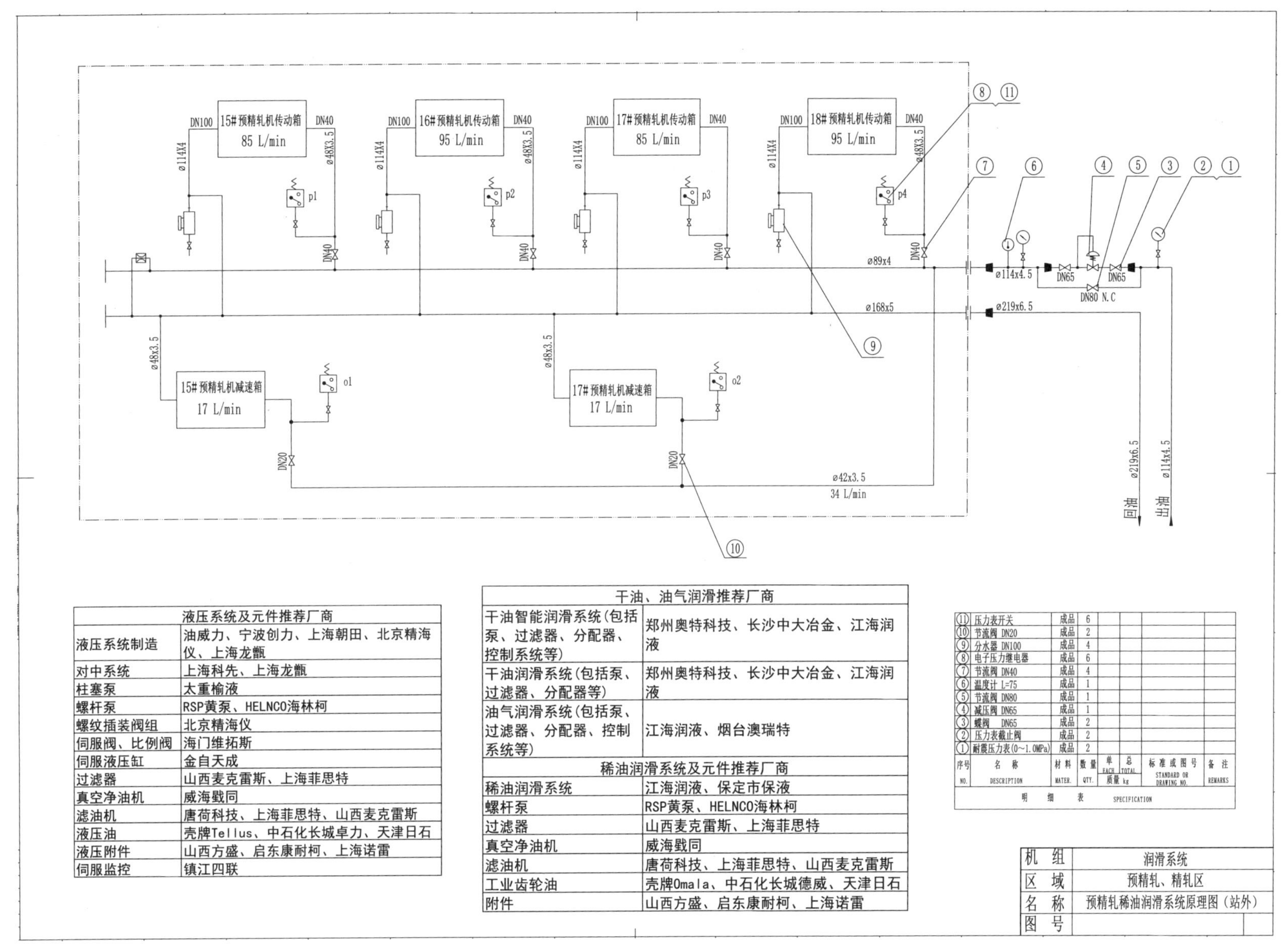

液压系统及元件推荐厂商	
液压系统制造	油威力、宁波创力、上海朝田、北京精海仪、上海龙甑
对中系统	上海科先、上海龙甑
柱塞泵	太重榆液
螺杆泵	RSP黄泵、HELNCO海林柯
螺纹插装阀组	北京精海仪
伺服阀、比例阀	海门维拓斯
伺服液压缸	金自天成
过滤器	山西麦克雷斯、上海菲思特
真空净油机	威海戥同
滤油机	唐荷科技、上海菲思特、山西麦克雷斯
液压油	壳牌Tellus、中石化长城卓力、天津日石
液压附件	山西方盛、启东康耐柯、上海诺雷
伺服监控	镇江四联

干油、油气润滑推荐厂商	
干油智能润滑系统(包括泵、过滤器、分配器、控制系统等)	郑州奥特科技、长沙中大冶金、江海润液
干油润滑系统(包括泵、过滤器、分配器等)	郑州奥特科技、长沙中大冶金、江海润液
油气润滑系统(包括泵、过滤器、分配器、控制系统等)	江海润液、烟台澳瑞特
稀油润滑系统及元件推荐厂商	
稀油润滑系统	江海润液、保定市保液
螺杆泵	RSP黄泵、HELNCO海林柯
过滤器	山西麦克雷斯、上海菲思特
真空净油机	威海戥同
滤油机	唐荷科技、上海菲思特、山西麦克雷斯
工业齿轮油	壳牌Omala、中石化长城德威、天津日石
附件	山西方盛、启东康耐柯、上海诺雷

序号 NO.	名称 DESCRIPTION	材料 MATER.	数量 QTY.	单 EACH 质量 kg	总 TOTAL 质量 kg	标准或图号 STANDARD OR DRAWING NO.	备注 REMARKS
⑪	压力表开关	成品	6				
⑩	节流阀 DN20	成品	2				
⑨	分水器 DN100	成品	4				
⑧	电子压力继电器	成品	6				
⑦	节流阀 DN40	成品	4				
⑥	温度计 L=75	成品	1				
⑤	节流阀 DN80	成品	1				
④	减压阀 DN65	成品	1				
③	蝶阀 DN65	成品	2				
②	压力表截止阀	成品	2				
①	耐震压力表(0～1.0MPa)	成品	2				

明　细　表　SPECIFICATION

机组	润滑系统
区域	预精轧、精轧区
名称	预精轧稀油润滑系统原理图（站外）
图号	

12.3.3 精轧稀油润滑系统原理图（泵站）

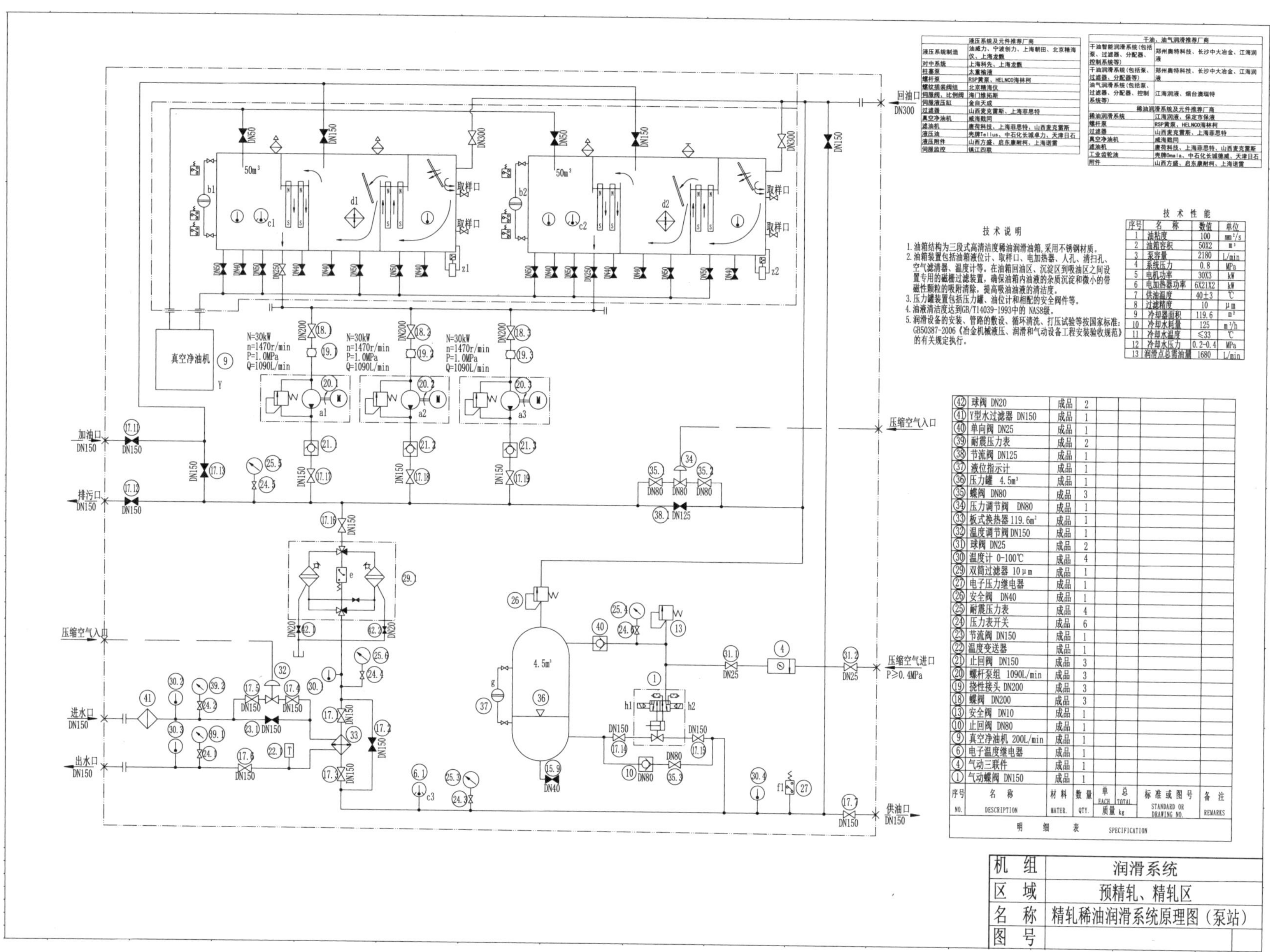

液压系统及元件推荐厂商	
液压系统制造	油威力、宁波创力、上海朝田、北京精海仪、上海龙甑
对中系统	上海科先、上海龙甑
柱塞泵	太重榆液
螺杆泵	RSP黄泵、HELNCO海林柯
螺纹插装阀组	北京精海仪
伺服阀、比例阀	海门维拓斯
伺服液压缸	金自天成
过滤器	山西麦克雷斯、上海菲思特
真空净油机	威海数同
滤油机	唐荷科技、上海菲思特、山西麦克雷斯
液压油	壳牌Tellus、中石化长城卓力、天津日石
液压附件	山西方盛、启东康耐柯、上海诺雷
伺服监控	镇江四联

干油、油气润滑推荐厂商	
干油智能润滑系统（包括泵、过滤器、分配器、控制系统等）	郑州奥特科技、长沙中大冶金、江海润液
干油润滑系统（包括泵、过滤器、分配器等）	郑州奥特科技、长沙中大冶金、江海润液
油气润滑系统（包括泵、过滤器、分配器、控制系统等）	江海润液、烟台澳瑞特
稀油润滑系统及元件推荐厂商	
稀油润滑系统	江海润液、保定市保液
螺杆泵	RSP黄泵、HELNCO海林柯
过滤器	山西麦克雷斯、上海菲思特
真空净油机	威海数同
滤油机	唐荷科技、上海菲思特、山西麦克雷斯
工业齿轮油	壳牌Omala、中石化长城德威、天津日石
附件	山西方盛、启东康耐柯、上海诺雷

技术说明

1. 油箱结构为三段式高清洁度稀油润滑油箱，采用不锈钢材质。
2. 油箱装置包括油箱液位计、取样口、电加热器、人孔、清扫孔、空气滤清器、温度计等。在油箱回油区、沉淀区到吸油区之间设置专用的磁栅过滤装置，确保油箱内油液的杂质沉淀和微小的带磁性颗粒的吸附清除，提高吸油油液的清洁度。
3. 压力罐装置包括压力罐、油位计和相配的安全阀件等。
4. 油液清洁度达到GB/T14039-1993中的 NAS8级。
5. 润滑设备的安装、管路的敷设、循环清洗、打压试验等按国家标准：GB50387-2006《冶金机械液压、润滑和气动设备工程安装验收规范》的有关规定执行。

技术性能

序号	名称	数值	单位
1	油粘度	100	mm^2/s
2	油箱容积	50X2	m^3
3	泵容量	2180	L/min
4	系统压力	0.8	MPa
5	电机功率	30X3	kW
6	电加热器功率	6X21X2	kW
7	供油温度	40±3	℃
8	过滤精度	10	μm
9	冷却器面积	119.6	m^2
10	冷却水耗量	125	m^3/h
11	冷却水温度	≤33	℃
12	冷却水压力	0.2-0.4	MPa
13	润滑点总需油量	1680	L/min

序号 NO.	名称 DESCRIPTION	材料 MATER.	数量 QTY.	单 EACH 质量 kg	总 TOTAL 质量 kg	标准或图号 STANDARD OR DRAWING NO.	备注 REMARKS
42	球阀 DN20	成品	2				
41	Y型水过滤器 DN150	成品	1				
40	单向阀 DN25	成品	1				
39	耐震压力表	成品	2				
38	节流阀 DN125	成品	1				
37	液位指示计	成品	1				
36	压力罐 4.5m³	成品	1				
35	蝶阀 DN80	成品	3				
34	压力调节阀 DN80	成品	1				
33	板式换热器 119.6m²	成品	1				
32	温度调节阀 DN150	成品	1				
31	球阀 DN25	成品	2				
30	温度计 0-100℃	成品	4				
29	双筒过滤器 10μm	成品	1				
27	电子压力继电器	成品	1				
26	安全阀 DN40	成品	1				
25	耐震压力表	成品	4				
24	压力表开关	成品	6				
23	节流阀 DN150	成品	1				
22	温度变送器	成品	1				
21	止回阀 DN150	成品	3				
20	螺杆泵组 1090L/min	成品	3				
19	挠性接头 DN200	成品	3				
18	蝶阀 DN200	成品	3				
13	安全阀 DN10	成品	1				
10	止回阀 DN80	成品	1				
9	真空净油机 200L/min	成品	1				
6	电子温度继电器	成品	1				
4	气动三联件	成品	1				
1	气动蝶阀 DN150	成品	1				

明细表 SPECIFICATION

机组	润滑系统
区域	预精轧、精轧区
名称	精轧稀油润滑系统原理图（泵站）
图号	

12.3.4 精轧稀油润滑系统原理图（站外）

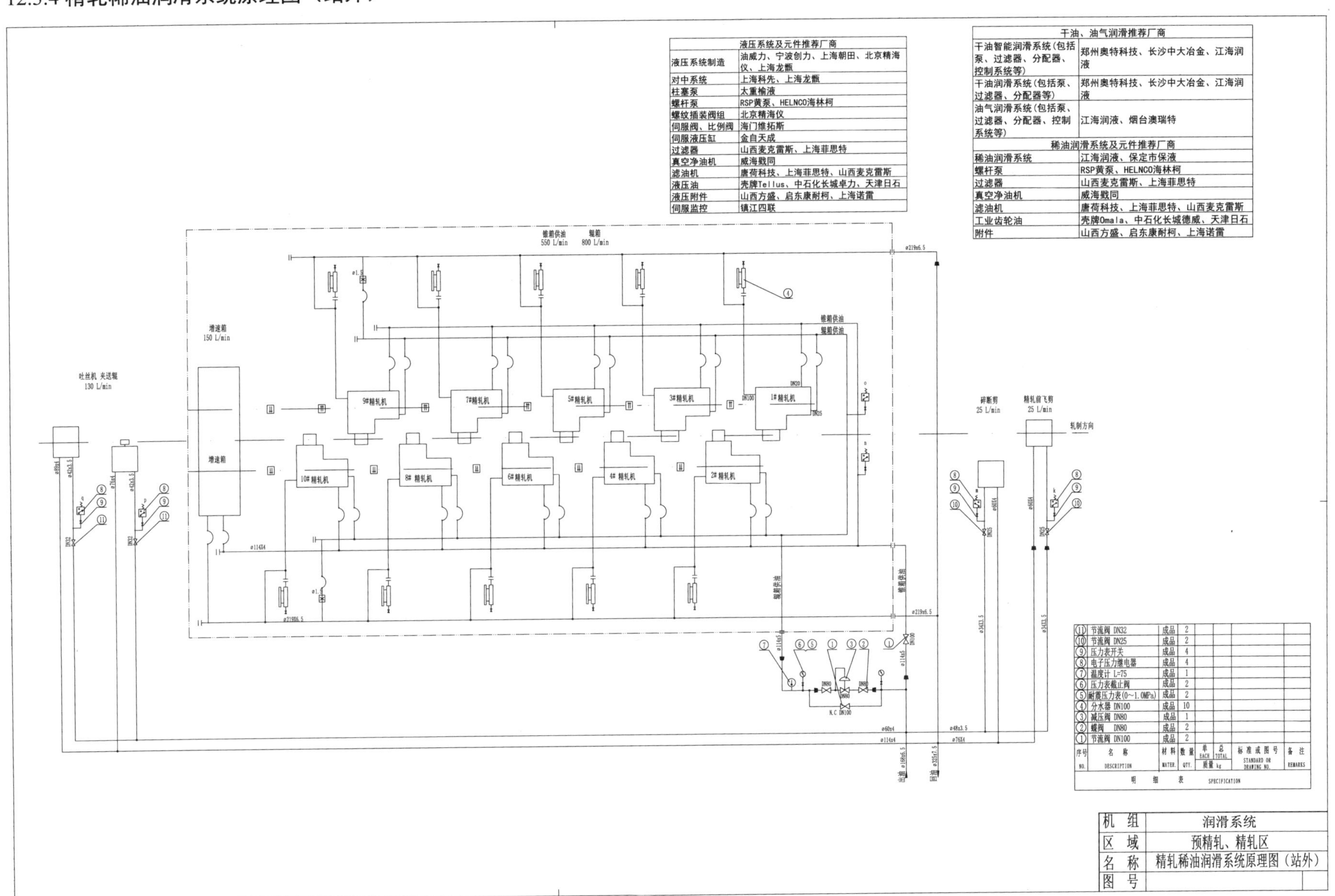

液压系统及元件推荐厂商	
液压系统制造	油威力、宁波创力、上海朝田、北京精海仪、上海龙甑
对中系统	上海科先、上海龙甑
柱塞泵	太重榆液
螺杆泵	RSP黄泵、HELNCO海林柯
螺纹插装阀组	北京精海仪
伺服阀、比例阀	海门维拓斯
伺服液压缸	金自天成
过滤器	山西麦克雷斯、上海菲思特
真空净油机	威海戥同
滤油机	唐荷科技、上海菲思特、山西麦克雷斯
液压油	壳牌Tellus、中石化长城卓力、天津日石
液压附件	山西方盛、启东康耐柯、上海诺雷
伺服监控	镇江四联

干油、油气润滑推荐厂商	
干油智能润滑系统(包括泵、过滤器、分配器、控制系统等)	郑州奥特科技、长沙中大冶金、江海润液
干油润滑系统(包括泵、过滤器、分配器等)	郑州奥特科技、长沙中大冶金、江海润液
油气润滑系统(包括泵、过滤器、分配器、控制系统等)	江海润液、烟台澳瑞特
稀油润滑系统及元件推荐厂商	
稀油润滑系统	江海润液、保定市保液
螺杆泵	RSP黄泵、HELNCO海林柯
过滤器	山西麦克雷斯、上海菲思特
真空净油机	威海戥同
滤油机	唐荷科技、上海菲思特、山西麦克雷斯
工业齿轮油	壳牌Omala、中石化长城德威、天津日石
附件	山西方盛、启东康耐柯、上海诺雷

序号 NO.	名称 DESCRIPTION	材料 MATER.	数量 QTY.	单 EACH 质量 kg	总 TOTAL 质量 kg	标准或图号 STANDARD OR DRAWING NO.	备注 REMARKS
⑪	节流阀 DN32	成品	2				
⑩	节流阀 DN25	成品	2				
⑨	压力表开关	成品	4				
⑧	电子压力继电器	成品	4				
⑦	温度计 L=75	成品	1				
⑥	压力表截止阀	成品	2				
⑤	耐震压力表(0~1.0MPa)	成品	2				
④	分水器 DN100	成品	10				
③	减压阀 DN80	成品	1				
②	蝶阀 DN80	成品	2				
①	节流阀 DN100	成品	2				

明细表 SPECIFICATION

机组	润滑系统
区域	预精轧、精轧区
名称	精轧稀油润滑系统原理图（站外）
图号	

12.3.5 精轧区稀油润滑系统原理图（总图）

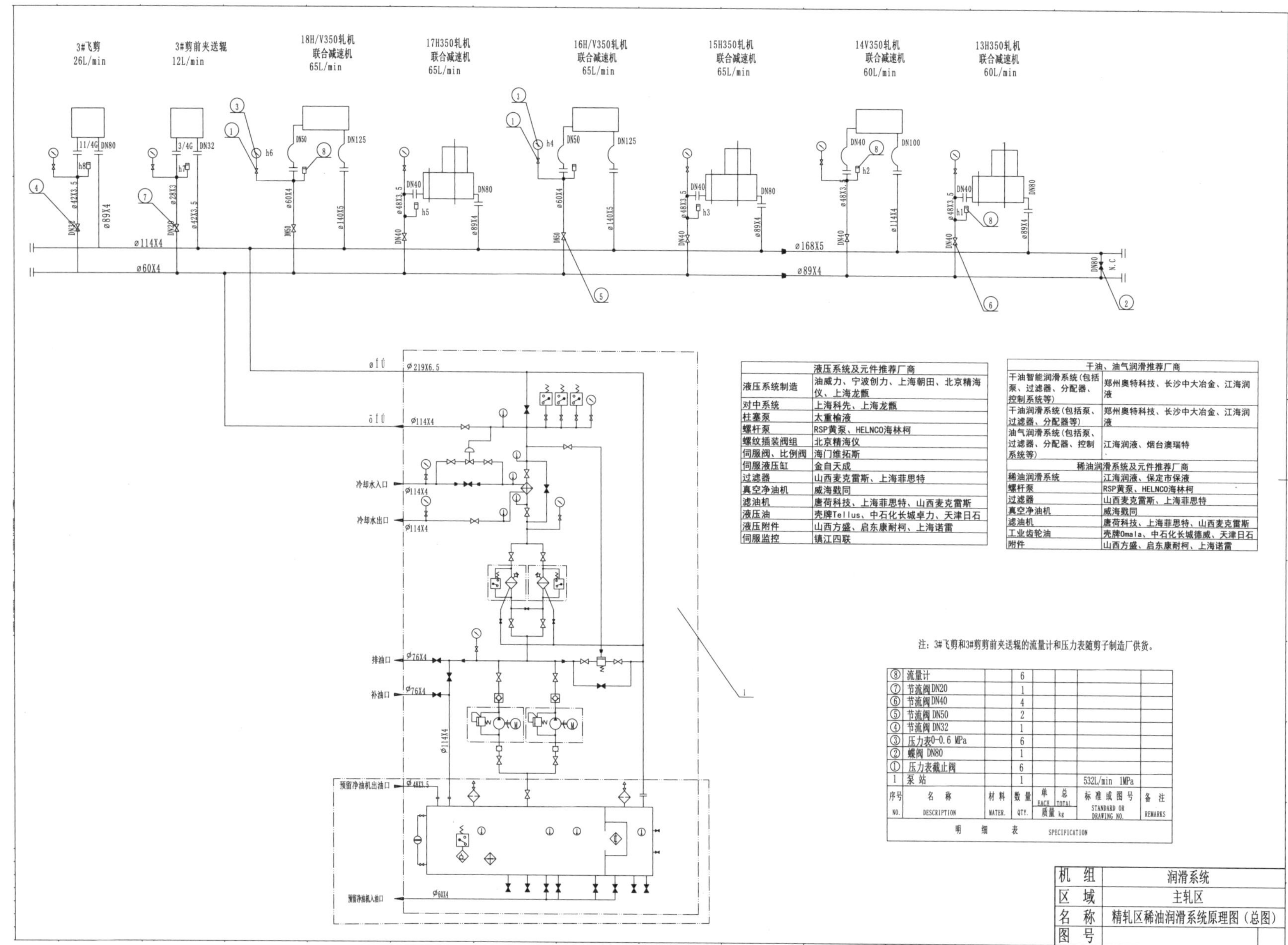

液压系统及元件推荐厂商	
液压系统制造	油威力、宁波创力、上海朝田、北京精海仪、上海龙甑
对中系统	上海科先、上海龙甑
柱塞泵	太重榆液
螺杆泵	RSP黄泵、HELNCO海林柯
螺纹插装阀组	北京精海仪
伺服阀、比例阀	海门维拓斯
伺服液压缸	金自天成
过滤器	山西麦克雷斯、上海菲思特
真空净油机	威海戥同
滤油机	唐荷科技、上海菲思特、山西麦克雷斯
液压油	壳牌Tellus、中石化长城卓力、天津日石
液压附件	山西方盛、启东康耐柯、上海诺雷
伺服监控	镇江四联

干油、油气润滑推荐厂商	
干油智能润滑系统(包括泵、过滤器、分配器、控制系统等)	郑州奥特科技、长沙中大冶金、江海润液
干油润滑系统(包括泵、过滤器、分配器等)	郑州奥特科技、长沙中大冶金、江海润液
油气润滑系统(包括泵、过滤器、分配器、控制系统等)	江海润液、烟台澳瑞特
稀油润滑系统及元件推荐厂商	
稀油润滑系统	江海润液、保定市保液
螺杆泵	RSP黄泵、HELNCO海林柯
过滤器	山西麦克雷斯、上海菲思特
真空净油机	威海戥同
滤油机	唐荷科技、上海菲思特、山西麦克雷斯
工业齿轮油	壳牌Omala、中石化长城德威、天津日石
附件	山西方盛、启东康耐柯、上海诺雷

注：3#飞剪和3#剪剪前夹送辊的流量计和压力表随剪子制造厂供货。

⑧	流量计		6				
⑦	节流阀DN20		1				
⑥	节流阀DN40		4				
⑤	节流阀 DN50		2				
④	节流阀 DN32		1				
③	压力表0-0.6 MPa		6				
②	蝶阀 DN80		1				
①	压力表截止阀		6				
1	泵站		1			532L/min 1MPa	
序号 NO.	名称 DESCRIPTION	材料 MATER.	数量 QTY.	单 EACH 质量 kg	总 TOTAL	标准或图号 STANDARD OR DRAWING NO.	备注 REMARKS
明细表 SPECIFICATION							

机组	润滑系统
区域	主轧区
名称	精轧区稀油润滑系统原理图（总图）
图号	

12.3.6 精轧区稀油润滑系统原理图（润滑站）

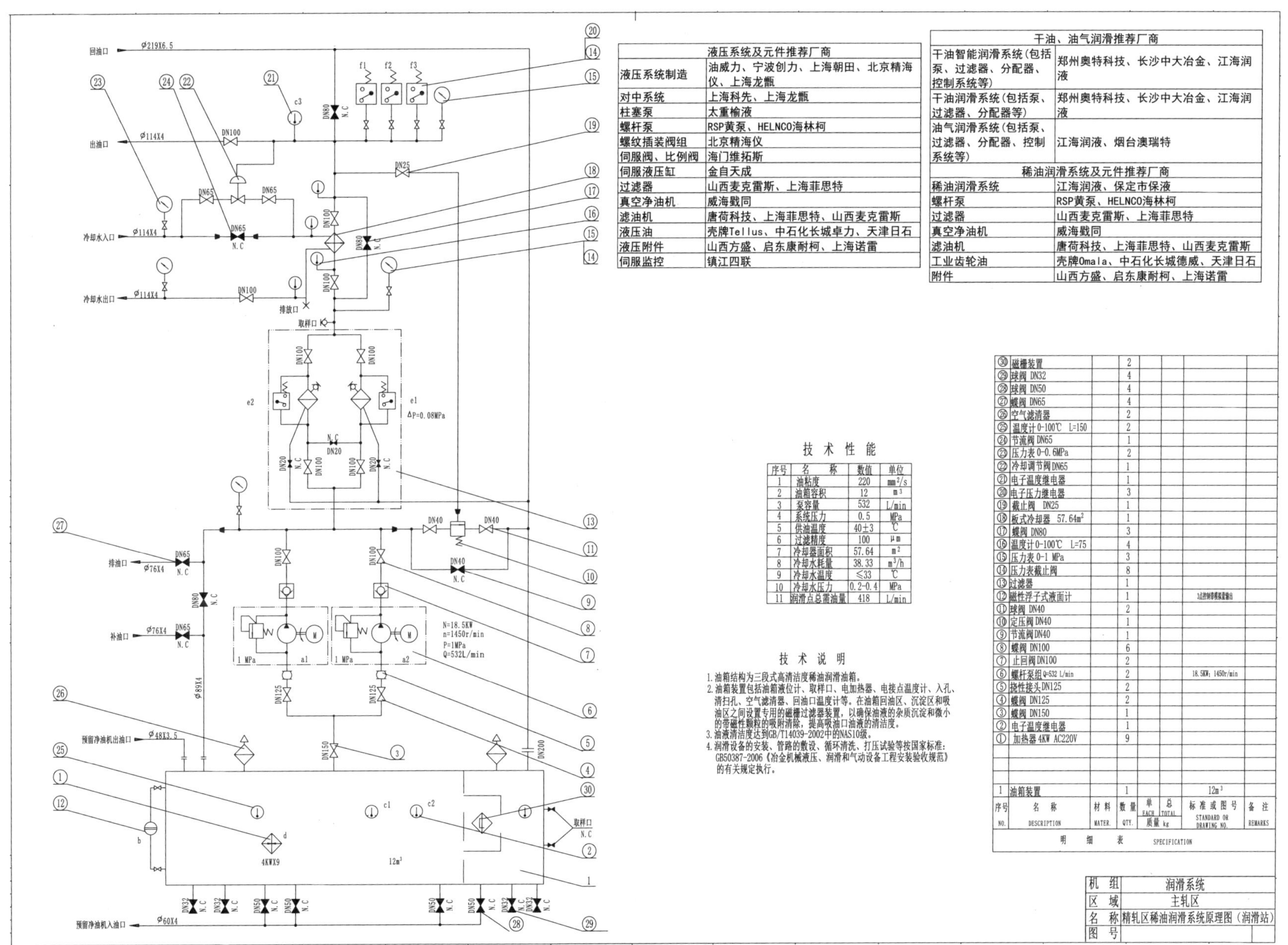

液压系统及元件推荐厂商	
液压系统制造	油威力、宁波创力、上海朝田、北京精海仪、上海龙甑
对中系统	上海科先、上海龙甑
柱塞泵	太重榆液
螺杆泵	RSP黄泵、HELNCO海林柯
螺纹插装阀组	北京精海仪
伺服阀、比例阀	海门维拓斯
伺服液压缸	金自天成
过滤器	山西麦克雷斯、上海菲思特
真空净油机	威海戥同
滤油机	唐荷科技、上海菲思特、山西麦克雷斯
液压油	壳牌Tellus、中石化长城卓力、天津日石
液压附件	山西方盛、启东康耐柯、上海诺雷
伺服监控	镇江四联

干油、油气润滑推荐厂商	
干油智能润滑系统（包括泵、过滤器、分配器、控制系统等）	郑州奥特科技、长沙中大冶金、江海润液
干油润滑系统（包括泵、过滤器、分配器等）	郑州奥特科技、长沙中大冶金、江海润液
油气润滑系统（包括泵、过滤器、分配器、控制系统等）	江海润液、烟台澳瑞特
稀油润滑系统及元件推荐厂商	
稀油润滑系统	江海润液、保定市保液
螺杆泵	RSP黄泵、HELNCO海林柯
过滤器	山西麦克雷斯、上海菲思特
真空净油机	威海戥同
滤油机	唐荷科技、上海菲思特、山西麦克雷斯
工业齿轮油	壳牌Omala、中石化长城德威、天津日石
附件	山西方盛、启东康耐柯、上海诺雷

技 术 性 能

序号	名　　称	数值	单位
1	油粘度	220	mm^2/s
2	油箱容积	12	m^3
3	泵容量	532	L/min
4	系统压力	0.5	MPa
5	供油温度	40±3	℃
6	过滤精度	100	μm
7	冷却器面积	57.64	m^2
8	冷却水耗量	38.33	m^3/h
9	冷却水温度	≤33	℃
10	冷却水压力	0.2-0.4	MPa
11	润滑点总需油量	418	L/min

技 术 说 明

1. 油箱结构为三段式高清洁度稀油润滑油箱。
2. 油箱装置包括油箱液位计、取样口、电加热器、电接点温度计、入孔、清扫孔、空气滤清器、回油口温度计等。在油箱回油区、沉淀区和吸油区之间设置专用的磁栅过滤器装置，以确保油液的杂质沉淀和微小的带磁性颗粒的吸附清除，提高吸油口油液的清洁度。
3. 油液清洁度达到GB/T14039-2002中的NAS10级。
4. 润滑设备的安装、管路的敷设、循环清洗、打压试验等按国家标准：GB50387-2006《冶金机械液压、润滑和气动设备工程安装验收规范》的有关规定执行。

㉚	磁栅装置		2				
㉙	球阀 DN32		4				
㉘	球阀 DN50		4				
㉗	蝶阀 DN65		4				
㉖	空气滤清器		2				
㉕	温度计 0-100℃　L=150		2				
㉔	节流阀 DN65		1				
㉓	压力表 0-0.6MPa		2				
㉒	冷却调节阀 DN65		1				
㉑	电子温度继电器		1				
⑳	电子压力继电器		3				
⑲	截止阀　DN25		1				
⑱	板式冷却器　$57.64m^2$		1				
⑰	蝶阀 DN80		3				
⑯	温度计 0-100℃　L=75		4				
⑮	压力表 0-1 MPa		3				
⑭	压力表截止阀		8				
⑬	过滤器		1				
⑫	磁性浮子式液面计		1			3点控制带模拟量输出	
⑪	球阀 DN40		2				
⑩	定压阀 DN40		1				
⑨	节流阀 DN40		1				
⑧	蝶阀 DN100		6				
⑦	止回阀 DN100		2				
⑥	螺杆泵组 Q=532 L/min		2			18.5KW; 1450r/min	
⑤	挠性接头 DN125		2				
④	蝶阀 DN125		2				
③	蝶阀 DN150		1				
②	电子温度继电器		1				
①	加热器 4KW AC220V		9				
1	油箱装置		1			$12m^3$	
序号 NO.	名　称 DESCRIPTION	材料 MATER.	数量 QTY.	单 EACH 质量 kg	总 TOTAL 质量 kg	标准或图号 STANDARD OR DRAWING NO.	备注 REMARKS

明　细　表　SPECIFICATION

机　组	润滑系统
区　域	主轧区
名　称	精轧区稀油润滑系统原理图（润滑站）
图　号	

12.3.7 油气原理图

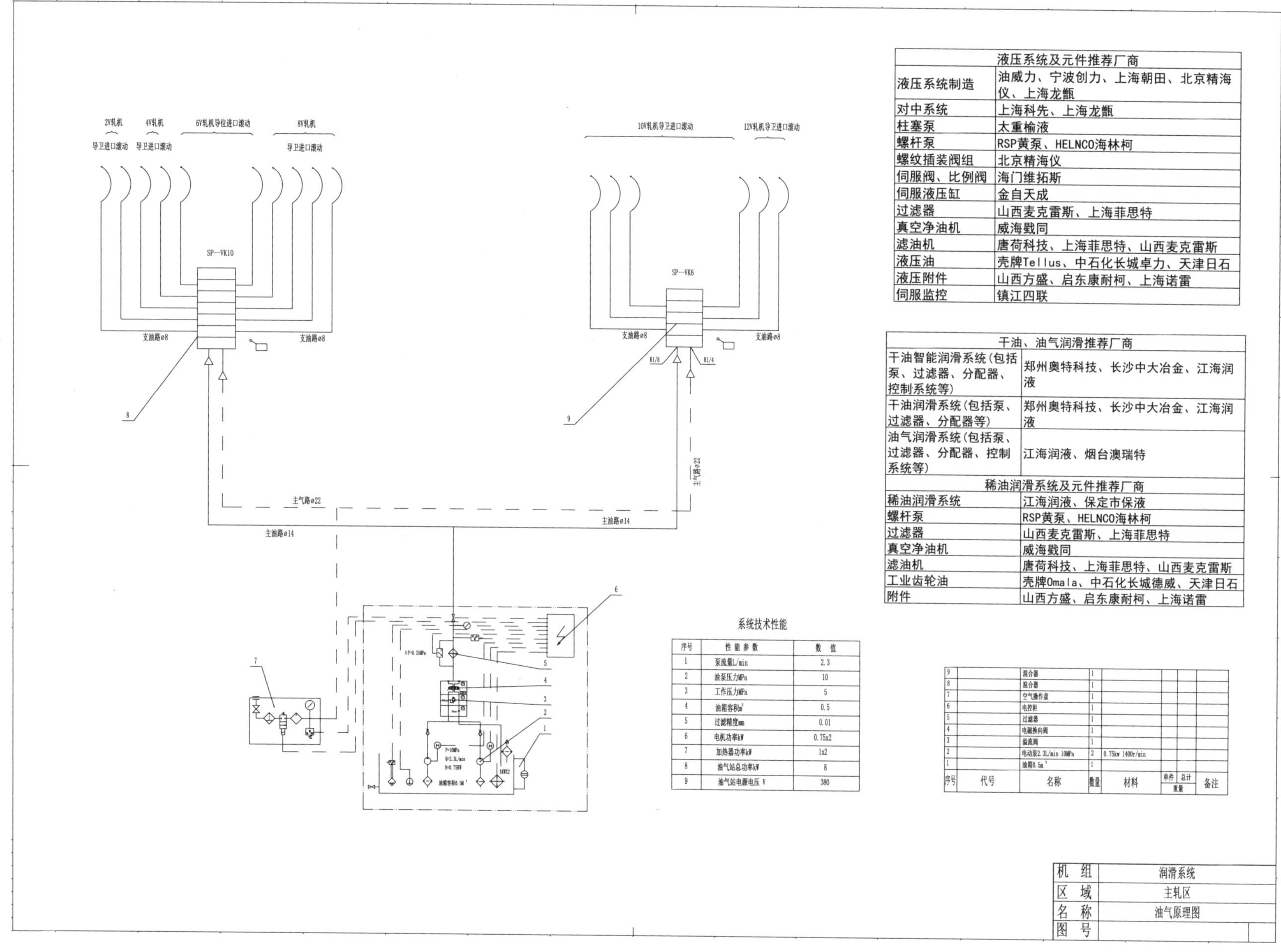

液压系统及元件推荐厂商	
液压系统制造	油威力、宁波创力、上海朝田、北京精海仪、上海龙甑
对中系统	上海科先、上海龙甑
柱塞泵	太重榆液
螺杆泵	RSP黄泵、HELNCO海林柯
螺纹插装阀组	北京精海仪
伺服阀、比例阀	海门维拓斯
伺服液压缸	金自天成
过滤器	山西麦克雷斯、上海菲思特
真空净油机	威海戥同
滤油机	唐荷科技、上海菲思特、山西麦克雷斯
液压油	壳牌Tellus、中石化长城卓力、天津日石
液压附件	山西方盛、启东康耐柯、上海诺雷
伺服监控	镇江四联

干油、油气润滑推荐厂商	
干油智能润滑系统(包括泵、过滤器、分配器、控制系统等)	郑州奥特科技、长沙中大冶金、江海润液
干油润滑系统(包括泵、过滤器、分配器等)	郑州奥特科技、长沙中大冶金、江海润液
油气润滑系统(包括泵、过滤器、分配器、控制系统等)	江海润液、烟台澳瑞特
稀油润滑系统及元件推荐厂商	
稀油润滑系统	江海润液、保定市保液
螺杆泵	RSP黄泵、HELNCO海林柯
过滤器	山西麦克雷斯、上海菲思特
真空净油机	威海戥同
滤油机	唐荷科技、上海菲思特、山西麦克雷斯
工业齿轮油	壳牌Omala、中石化长城德威、天津日石
附件	山西方盛、启东康耐柯、上海诺雷

系统技术性能

序号	性能参数	数　值
1	泵流量L/min	2.3
2	油泵压力MPa	10
3	工作压力MPa	5
4	油箱容积m^3	0.5
5	过滤精度mm	0.01
6	电机功率kW	0.75x2
7	加热器功率kW	1x2
8	油气站总功率kW	8
9	油气站电源电压 V	380

序号	代号	名称	数量	材料	单件重量	总计重量	备注
9		混合器	1				
8		混合器	1				
7		空气操作盘	1				
6		电控柜	1				
5		过滤器	1				
4		电磁换向阀	1				
3		溢流阀	1				
2		电动泵2.3L/min 10MPa	2	0.75kw 1400r/min			
1		油箱0.5m^3	1				

机　组	润滑系统
区　域	主轧区
名　称	油气原理图
图　号	

第 13 章　智能干油集中润滑系统原理图

13.1 智能干油集中润滑系统原理图

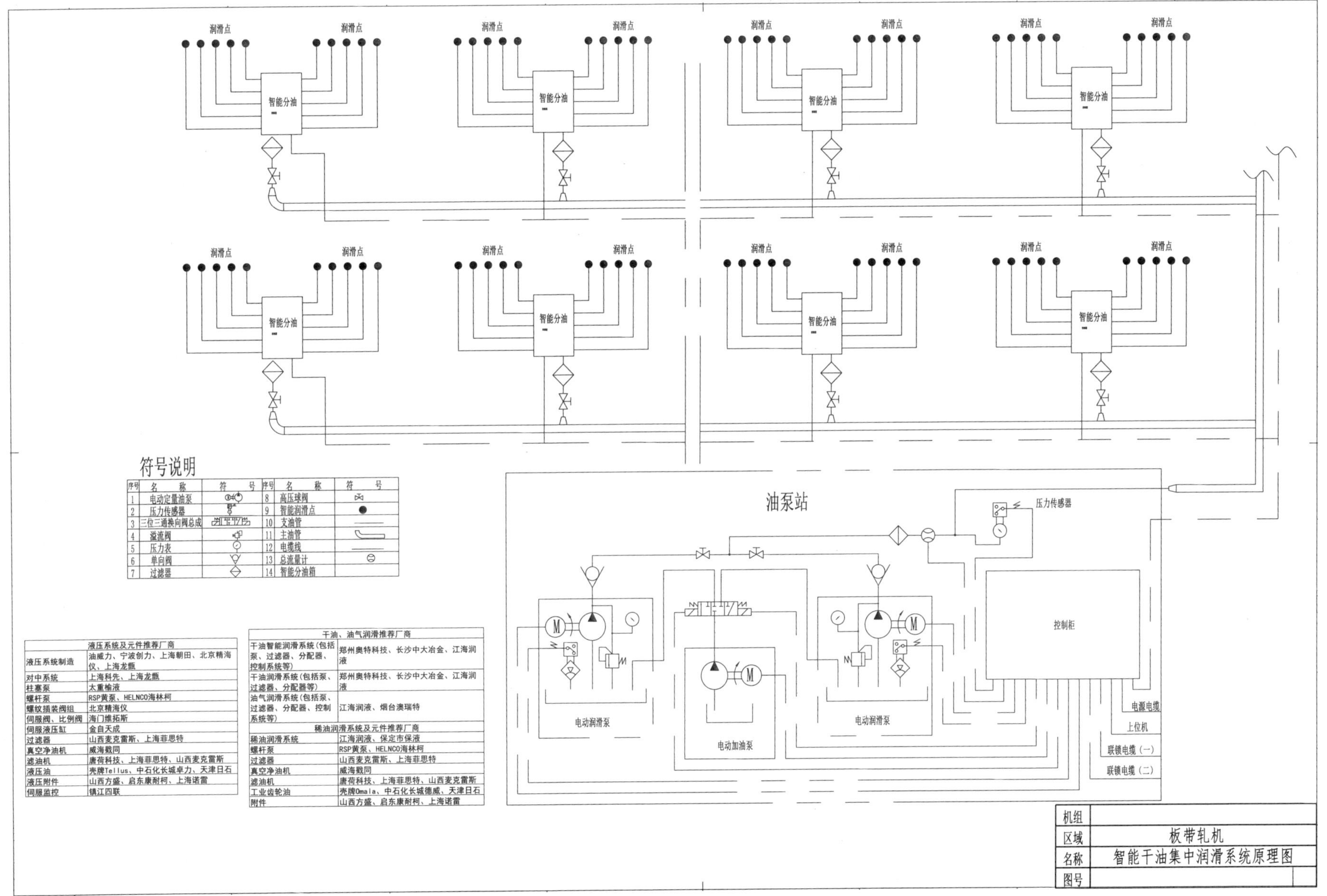

符号说明

序号	名称	符号	序号	名称	符号
1	电动定量油泵		8	高压球阀	
2	压力传感器		9	智能润滑点	
3	三位三通换向阀总成		10	支油管	
4	溢流阀		11	主油管	
5	压力表		12	电缆线	
6	单向阀		13	总流量计	
7	过滤器		14	智能分油箱	

液压系统及元件推荐厂商	
液压系统制造	油威力、宁波创力、上海朝田、北京精海仪、上海龙甑
对中系统	上海科先、上海龙甑
柱塞泵	太重榆液
螺杆泵	RSP黄泵、HELNCO海林柯
螺纹插装阀组	北京精海仪
伺服阀、比例阀	海门维拓斯
伺服液压缸	金自天成
过滤器	山西麦克雷斯、上海菲思特
真空净油机	威海戥同
滤油机	唐荷科技、上海菲思特、山西麦克雷斯
液压油	壳牌Tellus、中石化长城卓力、天津日石
液压附件	山西方盛、启东康耐柯、上海诺雷
伺服监控	镇江四联

干油、油气润滑推荐厂商	
干油智能润滑系统(包括泵、过滤器、分配器、控制系统等)	郑州奥特科技、长沙中大冶金、江海润液
干油润滑系统(包括泵、过滤器、分配器等)	郑州奥特科技、长沙中大冶金、江海润液
油气润滑系统(包括泵、过滤器、分配器、控制系统等)	江海润液、烟台澳瑞特
稀油润滑系统及元件推荐厂商	
稀油润滑系统	江海润液、保定市保液
螺杆泵	RSP黄泵、HELNCO海林柯
过滤器	山西麦克雷斯、上海菲思特
真空净油机	威海戥同
滤油机	唐荷科技、上海菲思特、山西麦克雷斯
工业齿轮油	壳牌Omala、中石化长城德威、天津日石
附件	山西方盛、启东康耐柯、上海诺雷